中国风景园林学会 编

中国风景园林学会2020年会

（下 册）

风景园林·公园城市·健康生活

Landscape Architecture, Park City and Healthy Life

CHSLA 2020

中国建筑工业出版社

目　　录

（上　册）

公园城市理论及实践

公园城市视角下产业社区的场景营造初探
——以鹿溪智谷兴隆片区概念规划为例
…… 康梦琦（3）

生活圈导向下公园城市营造思考与实践
——以重庆市永川区为例
…… 白佳尼　邢　忠　程灿辉（10）

聚焦日常景观的社区生活圈与绿地公共性研究
…… 陈丽花　金云峰　万　亿　王淳淳（17）

基于城市特征及人群需求分析的深圳公园城市规划策略研究
…… 邓慧弢　于光宇　赵纯燕　黄思涵（21）

初探淄博市全域公园城市建设规划中传导体系的构建
…… 董治国（31）

“公园城市”视角下《伦敦环境战略》规划对我国的启示
…… 何梦雨　孙玉莹（36）

公园绿地景观美学评价方法与影响因子研究进展
…… 胡汪涵　杨　凡　史　琰　包志毅（39）

基于多种出行模式的城市公园绿地可达性研究
——以石家庄市区为例
…… 黄金静　戴　彦（48）

基于对公园城市建设理论与实践的思考
…… 郎　莹　董山平（52）

公园城市践行下的城市有机更新战略路径探索
——以成都市新都区中心城区为例
…… 李洁莲　张利欣（55）

中国北方省域公园城市与旅游经济协同关系研究
…… 李姝晓（60）

“公园城市”视角下环城绿色空间的发展回顾与优化探索
——以成都锦城公园为例
…… 李玉婷　郑巧依　雷春梅　钱　云（66）

城市滨水公共空间优化途径
——基于新加坡花园城市和成都公园城市滨水公共空间的比较研究
…… 付彦荣　张清彦　王诗源　罗言云（77）

李驹先生近代城市公园实践研究
…… 马含琴　赵纪军　李景奇（82）

公园城市生态景观建设的评价指标体系构建研究
…… 马子豪（86）

公园城市研究述评
——基于中国知网重要文献的计量分析
…… 孟庆贺　顾大治　王　彬　李　阳（91）

论公园城市建设的“共性”与“个性”
…… 孟诗棋　赵纪军（95）

伦敦成为英国首座国家公园城市策略简析
…… 莫　菲（101）

基于公园城市理论的公园绿地系统连接方式思考
…… 李倩芸（106）

基于公众生态文化需求的公园城市研究
——以北京双秀公园园艺驿站网络搭建为例
…… 牛牧菁　雷大海　孟繁博（110）

公园城市与城乡融合发展互馈机理研究
…… 谭　林（116）

成都公园城市建设背景下西蜀园林遗产保护与利用
…… 王艳婷　鲁　琳（121）

基于自然的解决方案与公园城市理论现阶段的比较研究
…… 魏瀚宇　阎　波（128）

“公园城市”理念下旧城公园社区空间布局及基础设施建设探究
——以成都少城片区为例
…… 吴晓奕（135）

健康效益下城市绿地品质与日常生活空间研究
…… 吴钰宾　金云峰　钱　翀（141）

基于网络评论的郊野公园景观旅游体验研究
…… 冯　珊　许瑶涵　邵　龙（147）

公园城市理念下的区域绿色空间规划探索
——以北京市房山区为例
…… 张峻珩（153）

基于文化遗产保护下的裕固族聚落乡土景观特征解析
——以大草滩村为例
…… 张　琪　崔文河（157）

社会集体记忆在湖南吉首公园城市建设中的实践应用研究
…… 张文英　毛筱芮（163）

城市公共空间与健康生活

城市绿地对公共健康的影响机制研究
——近20年国外期刊的分析
…… 毕世波　杨　超　陈　明　戴　菲（177）

文化基因转译视角下的传统风貌区公共空间品质提升策略研究
——以重庆市同兴传统风貌区为例
…… 蔡卓霖　戴　菲　毕世波（186）

基于空间句法的开放公园对社区高活力街道影响研究
…… 曹凤仪　刘晓光（194）

基于大众点评数据景观要素提取的城市公共空间公众生态审美感知研究
——以上海世博后滩公园为例
…… 曹　阳　江卉卿（201）

基于空间功能的滨水区假日活力影响因素分析
…… 曾明璇　林诗琪　张德顺（207）

深圳社区公园周边土地利用对老年人体力活动频率影响研究
…… 曾子熙　朱　逊　赵晓龙（214）

墨尔本社区公共开放空间宜居品质提升的导控途径探究
…… 陈栋菲（219）

基于环境行为学的山地老旧社区公共空间研究
——以重庆市上大田湾社区为例
…… 戴连婕 刘 骏 黄雪飘（226）
健康视角下的城市公共空间研究进展
——基于2000-2020年英文文献的计量分析
…… 丁梦月 胡一可（233）
意大利米兰 Corso Vittorio Emanuele Ⅱ步行街视觉环境研究
…… 董莉晶（242）
户外观演空间探析
——以韩国为例
…… 董璐瑶 朱 捷（249）
基于体力活动的山地社区体育公园健康促进研究
——以重庆都市区为例
…… 方子晨（257）
睡眠障碍型亚健康人群的景观偏好研究
…… 冯 晴 杨 洁（263）
福州三坊七巷历史街区街巷空间视觉偏好研究
…… 高雅玲 张铭桓 邓诗靖 黄 河（270）
上海滨江活力测度与影响因素研究
——以杨浦滨江与徐汇滨江为例
…… 耿易凡 赵双睿（276）
疫情期间城市绿地与公众健康网络舆情分析及对策
…… 郭艳欣 应 君 张一奇（285）
老旧工业社区公园空间特征与运动健康绩效关联性研究
——以哈尔滨为例
…… 侯韫婧 赵 艺 战美伶 许大为（291）
不同类型滨水空间冬季小气候物理因子及人体热舒适度分析
——以上海市浦东滨江为例
…… 黄洒葎 刘苏燕（296）
亚热带地区都市型滨水绿道夏季微气候效应与热舒适情况研究
——以广州东濠涌绿道为例
…… 梁 策 黄钰婷 吴隽宇（302）
寒地城市社区绿地人群社交距离调查与分析
…… 贾佳音 朱 逊 胡秋月（312）
城市建成环境对心理健康影响及相关机制
…… 江湘蓉 William Sullivan（317）
基于CFD模拟的居住区绿地空间空气质量研究
…… 张宇峰 李翠燕 李日毅（323）
城郊型森林公园绿色锻炼减压效益研究
…… 李房英 朱哲民 周 璐 胡国敏 钟丽玲（331）
公园徒步系统的空间句法凸空间模型适用性讨论
——基于VGI数据验证
…… 李家康 陈 坚（337）
青岛近代园林公共活动变迁及其动因研究（1897-1938年）
…… 李见哲 张泣晴 蒋 鑫 王向荣（344）
中心城市区划发展差异视角下的都市农业空间格局特征研究
——以东京都市民农园为例
…… 戴 菲 李姝颖 苏 畅（348）
无人驾驶汽车背景下城市共享街道空间设计初探
…… 李娅琪 袁鸿菲（355）
面向微气候的疫情背景下铁路客运站站前广场微气候景观优化研究
…… 李奕霖 陈睿智（360）
基于PSPL方法的城市公共空间的分析与研究
——以北京CBD景华北街街道空间为例
…… 刘德嘉（365）
基于Cadna/A环境噪声预测分析的机场降噪景观布局与营建策略研究
——以北京新机场军用航线北绿地为例
…… 刘煜彤 李科慧 陈泓宇 李 雄（374）
基于SWAT模型的森林湿地景观格局构建对水质的影响研究
——以东三更生村森林湿地公园为例
…… 吕英烁 郑 曦（379）
山地公园夏季休闲活动与微气候热舒适关联研究
——以重庆市电视塔公园为例
钱 杨 张俊杰 郭庭鸿 杨 涛 肖佳妍 宋雨芮（386）
城市环境压力与地表温度的尺度相关关系
——以武汉市主城区为例
…… 阮梦婕 关艺蕾 朱春阳（394）
公园城市导向下城市风廊规划设计对策
——以济南市中心城区为例
…… 施俊婕 肖华斌（399）
明代文人山水园林绘画中的健康思想研究
——以文徵明山水园林画作为例
…… 苏晓丽 王彩云 秦仁强（404）
安妮·斯本与磨坊河项目启示：一种潜在的闲置地更新方式
…… 孙 虎 侯泓旭 孙晓峰（411）
新型冠状病毒肺炎疫情背景下居家心理压力及公园景观照片的缓解作用
…… 孙思杰 刘文平（416）
大运河公共空间服务绩效研究
——以杭州运河文化广场为例
…… 唐慧超 刘 璐 洪 泉 吴 凡（421）
城市社区公园景观健康绩效评价研究
…… 陶 聪 李佳芯（427）
城市公园的可达性对游客流量影响分析
——以纽约曼哈顿岛为例
…… 田 卉（433）
基于风环境模拟的宣城彩金湖生态片区空间形态优化研究
王 彬 李永超 孟庆贺 杨震雯 张婉玉 潘世东（437）
汉口中山公园的变迁研究：动因、功能与格局
…… 王佳峰 戴 菲 毕世波（443）
社区公园夏季游客数量及活动类型与微气候热舒适度关联研究
——以重庆渝高公园为例
…… 肖佳妍 张俊杰 宋雨芮 罗融融 陈洪聪 杨 涛 钱 杨（448）
北京旧城区复合风貌的道路交叉口景观视觉和谐度量化评价
——以东四十条桥到车公庄桥路段为例
…… 肖睿珂 李 雄（453）
基于三维可达性的中西方高密度街区开放空间服务特征及公共性比较
——以广州珠江新城和纽约曼哈顿为例
…… 江海燕 梁挚呈 肖 希 吴玲玲（459）
湿热地区冬季室外休憩空间热环境适老化设计要素研究
——以华南理工大学教工生活区为例

……………………………………………… 方小山　谢诗祺（467）
从《吴友如画宝》看城镇空间中公共活动的健康意义
…………………… 许家瑞　姜昊岑　景延飞　刘庭风（475）
非正规经济视野下的流动摊贩选址特征与建议
——以广州市长湴村为例
……………………………… 杨嘉妍　方小山　李敏稚（481）
北京老城区居民自发园艺活动特征及其健康影响研究
——以大栅栏为例
……………………………… 杨　璐　张龄允　李　倞（490）
公园城市理念下城市公共空间再挖掘
——以重庆市三处典型地下公共空间为例
……………………………………… 杨若琳　朱维嘉（498）
城市公园夏季微气候舒适度研究
——以重庆市沙坪公园为例
…………………… 杨　涛　张俊杰　罗融融　钱　杨
宋雨芮　肖佳妍　范川华（505）
桥阴空间文创商业利用及其景观改造策略研究
——以成都市人南高架桥为例
……………………………… 杨　鑫　杨　茜　殷利华（511）
老旧社区公共空间适老性更新策略研究
——以北京市丰台区朱家坟小区为例
…………………… 杨　峥　杨玉冰　王韵双　王沛永（517）
近30年国内康复景观研究现状与趋势
——基于Citespace可视化分析
……………………………… 游礼枭　张绿水　刘　牧（523）
社会空间背景下广场舞影响的人群心理变化
——以清河地区为例
……………………………………… 翟启明　史诗雨（530）
公共空间树荫下人群PM2.5健康风险评估
——以三峡广场为例
……………………………………………… 张　浩（535）
基于新冠防疫期景观偏好的居住区绿地规划
………… 李雨奇　刘佳雯　胡雨婕　梁天傲　章　莉（545）
国际历史文化街区研究热点及趋势的知识图谱分析
……………………………………… 赵　煦　李静波（552）

城市生物多样性

生物友好型住区建筑及外部空间设计导引研究
——以成都市金牛区为例
……………………………… 杜威月　吴莹婕　毕凌岚（561）
基于生物多样性社区理念的城市生态廊道规划设计研究
——以广钢工业遗产博览公园为例
…………………… 江海燕　陆　剑　蔡云楠　江朵拉（567）
生物友好型住区评价体系研究
——以成都市为例
……………………………… 吴莹婕　杜威月　毕凌岚（575）
基于CiteSpace V的生态补偿与生态效益评估知识图谱分析
…………………… 袁轶男　金云峰　崔钰晗　梁引馨（581）
寒地城市湿地公园植物群落偏好的季相特征研究
……………………………… 张佳妮　朱　逊　张雅倩（588）
以目标物种为导向的城市生境网络构建
……………………………… 赵　静　梁尧钦　梅　娟（595）
基于InVEST模型的区域生境质量评价与优化分析
——以2015-2018年雄安新区为例
……………………………………… 周　凯　郑　曦（601）

绿色基础设施

市域冗余生态网络的重要性评价方法研究
……………………………… 安文雅　吴　冰　刘晓光（607）
粗放型屋顶绿化雨水滞蓄研究趋势与展望
……………………………………………… 蔡君一（611）
防疫视角下的城市边缘区防灾避险绿地选址探究
——以北京市浅山区为例
……………………………………… 蔡怡然　郑　曦（616）
广义基础设施理论的融合与发展
——绿色基础设施与基础设施建筑学
……………………………………………… 陈启光（620）
金衢盆地古堰坝灌区研究
——以金华市白沙溪三十六堰为例
……………………………………………… 方濒曦（625）
基于生态系统服务供需的城市绿色基础设施网络构建研究
——以北京市通州区为例
……………………………………… 高　娜　郑　曦（632）
基于热环境改善的街道绿化研究进展
…………………… 郭晓晖　包志毅　吴　凡　晏　海（636）
高速铁路建设对沿线区域土地利用和景观格局的影响
——以京广高铁湖北段为例
……………………………… 殷利华　杭　天　杜慧敏（642）
基于MSPA与电路理论的城市绿色基础设施网络构建与优化研究
——以福州市为例
黄　河　平潇菡　高雅玲　闫　晨　许贤书　谢祥财（648）
基于景观格局表征的绿色基础设施降温效应研究
——以太原市六城区为例
……………………………………… 黄俊达　王云才（656）
城市慢行系统规划视角下的绿色基础设施优化策略研究
——以重庆市永川区为例
……………………………………………… 蒋一心（661）
城市公园公共交通可达性对居住区房价的影响评价分析
——以北京市为例
……………………………………… 兰亦阳　郑　曦（666）
徐州市潘安湖湿地生态系统服务价值评估
……………………………………………… 李　娜（671）
基于绿色基础设施评价的城市湿地营造路径研究
——以北京市内永定河平原城市段为例
………… 李亚丽　汤大为　徐拾佳　马　嘉　张云路（677）
以DEMATEL方法探讨绿色基础设施景观韧性评价
……………………………………………… 林沛毅（682）
已建公园的绿色基础设施设计途径探析
——以广西百色市半岛公园为例
……………………………………… 谭　琪　刘丽君（689）
重庆两江新区绿色基础设施网络格局时空变化特征研究
……………………………………………… 冉　玥（696）
基于科学知识图谱的中国城市绿地系统研究现状与进展
……………………………………… 王雪原　周　燕（700）
黄浦江滨水景观空间对周边工人新村小区的经济效益影响

探究
…… 杨　奕　阿琳娜（710）
上海滨海盐碱地区环境适应性雨水花园结构优化
…… 于冰沁　车生泉　王　璐　胡绍颖（716）
基于高光谱遥感技术的城市绿地构成要素快速识别
…… 张桂莲　易　扬　张　浪　邢璐琪　郑谐维　林　勇　江子尧（721）
基于康养资源服务评价的森林康养步道选线与优化研究
——以福建清流为例
…… 张子灿　冯　悦　张云路　马　嘉（727）

（下　册）

风景名胜区与自然保护地

基于生态系统服务热点评估的北京密云区保护地体系优化研究
…… 艾　昕　郑　曦（735）
视觉景观质量评价在西班牙国土景观中的应用
…… 程　璐　张晋石（739）
德国重叠自然保护地管理经验对我国自然保护地整合优化的启示
…… 洪　莹（745）
乡愁景观的物质载体探寻方法研究
…… 孟凡力（752）
休旅介入视角下西南丘陵村落发展路径及重构策略研究
——以重庆黄瓜山乡村旅游区为例
…… 陶星宇（758）
广西森林康养资源空间分布与优化利用
…… 田梦瑶　郑文俊（763）
弹性理念下的盐碱化内陆湖景观修复研究
——以黄旗海湿地自然保护区为例
…… 王琦瑾　朱建宁（768）
文旅古镇游人活力的测度与影响因素研究
——以乌镇西栅为例
…… 徐孟远（774）
20 世纪 50 年代武汉东湖风景区规划设计研究
…… 张仕烜　赵纪军（779）
基于 GIS 技术的文化景观整体价值保护方法国际动态研究
…… 赵晨思　杨　晨（790）

风景园林规划设计

中国古典园林声景研究及其对现代园林规划设计的启发
——以苏州拙政园为例
…… 敖梦雪（799）
中国海洋大学鱼山校区校园空间形态变迁特征研究
…… 曹馨予　陈　菲　张　安（803）
生命周期视角下的城市滨水生态景观设计研究
——以武汉东湖凌波门栈道为例
…… 陈佳欣　马煜箫　朱玉蓉（810）
花港观鱼公园研究面面观
——兼论中国现代园林史研究
…… 陈　曦　赵纪军（817）
基于空间句法的玉溪市北阁下村空间保护研究
…… 鲁俊奇　韩　丽　樊智丰　马　聪　马长乐（824）
《濠畔绘卷》
——游戏化设计在城市历史环境更新中的应用
…… 高　伟　郭雨薇　江帆影（830）
论“园中园”在中国现代公园中的传承与拓新
…… 何梦瑶　赵纪军（838）
存量语境下单位制社区公共空间微更新策略研究
——以攀枝花市为例
…… 黄　怡　邓　宏（844）
公园城市背景下社区型工厂遗址保护更新探讨
——以重庆长征厂为例
…… 黄子明　戴　菲　陈　明（853）
气候变化背景下居民健康脆弱性空间识别与规划研究
——以北京市浅山区为例
…… 李嘉艺　施　瑶　郑　曦（861）
郊野公园的景观降噪模式探究
——以北京新机场临空经济区降噪公园设计为例
…… 李科慧　刘煜彤　李　雄（865）
基于 VR 技术的风景名胜区景点设计评价方法研究
——以四川宜宾蜀南竹海中华大熊猫苑为例
…… 李　礼　潘　翔　刘嘉敏（872）
武汉近代自建城市公园发展比较研究
——以首义公园与中山公园为例
…… 李文佩　戴　菲　陈　明（878）
公园城市背景下生境质量与自然游憩的耦合分析与发展优化
——以上海市崇明区为例
…… 梁　爽　王　敏（886）
日本江户时期大名庭园特征与发展研究
…… 刘家睿　赵人镜　李　雄（890）
基于生态博物馆理念的乡村景观遗产的保护研究
——以成都市明月村为例
…… 刘美伶　陈莹莹　宗　桦（896）
风景园林视角下我国农业文化遗产研究现状及展望
…… 马含琴　李景奇　戴　菲（902）
北京二道绿隔地区郊野公园选址研究
——以丰台、大兴、房山区为例
…… 乔洁冰　熊　杰　冉　藜　张晓佳　张凯莉（908）
传统城市区域风景研究综述
…… 覃文柯　何　茜　王　贞　万　敏（915）
临汾盆地引泉灌溉系统及其区域景观格局探究
…… 钟誉嘉　林　箐（921）
中东铁路遗产廊道全域旅游发展模式研究
…… 唐岳兴　朱　逊　赵　巍（927）
公园城市背景下西南山区农业公园生态系统服务价值变化
…… 王凯璐（932）
基于艺文分析的民国之前滇池恢复性环境特征研究
…… 王思颖　刘娟娟（937）
基于湖盆风景特性的长江中游平原地区八景系统词云分析
…… 王之羿　张　敏　张嘉妮　王　贞（943）
青岛市中山公园空间变迁特征研究
…… 徐晓彤　苗积广　沈莉颖　张　安（951）
基于 MSPA 和电路理论的武汉市生态网络优化研究

…………………… 杨 超 戴 菲 陈 明 裴子懿（958）
基于hedonic模型的城市公共绿地的价值评估
——以北京市朝阳区为例
…………………………………………………… 尹雪梅（963）
景观特征评估在传统村落保护规划与管控中的应用
——以筠连县马家村为例
…………………………………………………… 袁文梓（971）
成都市西来镇乡土景观类型与空间格局探究
…………………………………………… 张启茂 杨青娟（976）
针对气候变化的三角洲城市韧性景观构建策略研究
——以荷兰鹿特丹为例
…………………… 赵海月 夏哲超 许晓明 张伟东（981）
基于空间与程序途径的城市绿地景观公正研究
…………………………………………… 周兆森 林广思（986）
滨江开放空间与公交站点步行接驳优化研究
——以上海市黄浦江滨江为例
…………………… 邹可人 金云峰 陈奕言 丛楷昕（991）

风景园林植物

川西林盘典型乔木夏季降雨截留研究
——以三道堰镇为例
…………………… 陈莹莹 姚鳗卿 王 倩 宗 桦（1001）
上海6种常见绿化树种凋落物现存量研究
…………………………… 陈 颖 张庆费 戴兴安（1008）
街道植物空间与步行活动愉悦感的关联研究
…………………………… 高 翔 董贺轩 冯雅伦（1012）
基于五感疗法的森林康养型植物景观规划设计探究
…………………… 公 蕾 时 薏 秦 琦 李运远（1021）
基于日照分析的建筑中庭植物种植设计
…………………………………………………… 关乐禾（1028）
植物在城市绿地中的健康应用
——以夹竹桃科植物毒性调查与分析为例
…………………………………………………… 何 婷（1034）
我国台湾地区当代植物园复兴者潘富俊教授理论与实践述略
…………………………………………… 李宝勇 彭 博（1038）
彩叶植物在武汉市公园花境中的应用调查分析
…………………………………………… 李凤蝶 刘秀丽（1043）
北京市公园绿地边缘植物群落降噪效果研究
李嘉乐 李新宇 刘秀萍 段敏杰 王 行 许 蕊（1047）
杭州西湖山地园林植物景观演变研究
——以西泠印社为例
…………………………… 沈姗姗 杨 凡 包志毅（1050）
应用i-Tree模型对校园行道树生态效益评价分析
…………………… 宋思贤 王 凯 张俊猛 张延龙（1058）
城市海湾湿地植物资源和入侵植物调查研究
——以厦门市杏林湾湿地一期工程为例
…………………………………………… 王俊淇 陈欣欣（1063）
基于草本植物景观的城市脆弱生境修复自然途径
…………………………… 王 睿 朱文莉 朱 玲（1068）
不同矾根品种在杭州地区绿墙应用适应性研究
…………………… 王圣杰 史 琰 李上善 包志毅（1074）
基于街景图像的郑州市中心城区街道绿视率及影响因素分析
…………………………… 薛翘楚 张智通 王旭东（1081）
从《红楼梦》浅析传统养生视角下的园林康养植物
…………………………… 张 瑾 张艺璇 王洪成（1087）

风景园林工程

"公园城市"背景下的园林材料文化表达研究
…………………… 陈泓宇 刘煜彤 胡盛劼 李 雄（1097）
严寒城市社区绿地秋季微气候特征分析
…………………………… 胡秋月 朱 逊 贾佳音（1102）
基于用户体验的居住空间垂直绿化设计迭代探索
——以"长屋计划"为例
………… 萧 蕾 梁家豪 许安江 吴若宇 赖 敏（1109）
桥阴海绵体颗粒物影响ENVI-met模拟及景观改善研究
…………………………………………… 秦凡凡 殷利华（1116）
城市微更新视角下都市农业技术"鱼菜共生"系统的运用
…………………………………………… 杨 格 汪 民（1124）
公园城市理念下黄土台塬地区城市水土保持景观化的策略研究
…………………………………………… 张雅迪 段 威（1129）
树木支架在强风环境中对树木的影响研究
…………………………………………… 周子芥 肖毅强（1139）

风景园林管理

景观维护的生态影响与管理调控研究展望
…………………………………………………… 史 琰（1147）
城市道路光环境调查及行道树影响研究
——以郑州市平安大道为例
王旭东 吴 岩 吴文志 韩 星 崔思贤 卢伟娜（1152）
关于园林设计作品全过程参与的探讨
——以2019年中国北京世界园艺博览会百果园项目为例
…………………………………………………… 于新江（1158）
圆明园遗址公园的纪念性价值分析
…………………… 张红卫 刘 捷 荀燕双 张孟增（1163）
天坛公园复壮井（沟）对古树根周土壤性状的影响
…………………………………………………… 张 卉（1168）
基于眼动追踪的城市湿地公园游步道视觉偏好研究
…………………………… 张雅倩 朱 逊 高 铭（1172）
园林定额在工程造价管理中的作用研究
——以《深圳市园林建筑绿化工程消耗量定额（2017）》为例
…………………… 周燕飞 谢亚旗 钟文龙 张红标（1177）

科技创新与应用

基于CiteSpace的乡村景观图谱分析
…………………………… 李达豪 王 通 彭琳玉（1183）
从第21届国际数字景观大会展望数字风景园林技术研究热点和前沿
…………………………… 李 欣 何子琦 张 炜（1191）
基于空间句法的旧城居住区公共空间品质提升研究
——以济南历下区泺文路社区为例
…………………………………………………… 马小川（1200）
修复后土壤园林绿化再利用难点浅析
………… 王国玉 栾亚宁 穆晓红 白伟岚 曲 辰（1205）
基于POI数据的城市公园服务功能区识别研究
——以重庆主城区43个公园为例
…………………………………………………… 吴嘉铭（1211）
美国Enviro Atlas生态系统服务制图项目的实践意义与启发
…………………………………………… 徐 霞 张 炜（1215）

历史文化街区游憩领域圈规模研究
…………………………………………… 游佩逸　李静波（1223）

摘要

公园城市背景下的"浙派园林学"体系构建
…………………………………………… 陈　波　王月瑶（1233）
以小清河滨河公园设计为例探讨公园中的城市发展趋势
…………………………………………… 陈朝霞　刁文妍（1233）
公园城市研究进展与启示
…………………………………………… 陈　冲　彭旭路（1234）
韧性协同视角下公园城市规划设计的思考
…………………………………………… 陈思裕　邱　建（1234）
公园城市思想下的城市近郊旅游地规划方法探索
——以烟台市养马岛为例
…………………………………………………… 程冰月（1235）
非专业视角下的"公园城市"理念与认知
…………………………………………… 樊雨濛　赵纪军（1235）
不一样的风景：柏林特色公共空间对中国的启示
…………………………………… 解铭威　韩静怡　王向荣（1236）
改革开放以来城市绿色高质量发展之路
——新时代公园城市理念的历史逻辑与发展路径
…………………… 韩若楠　王凯平　张云路　李　雄（1236）
"公园城市"的绿色治理实现路径研究
——以杭州为例
…………………………………………………… 胡　月（1237）
从城市治理角度探讨深圳公园城市建设
…………………… 黄思涵　于光宇　赵纯燕　邓慧弢（1238）
生态都市主义视角下公园城市实践策略
——以习水县中心城区总体城市设计为例
…………………………………………… 李和平　陶文珺（1238）
日本的公园城市基本理念和实践
………………………………………… 李玉红　进士五十八（1239）
基于治理理论的我国城市公共空间更新模式的探索
——以上海黄浦江两岸地区为例
…………………… 梁引馨　金云峰　崔钰晗　袁轶男（1240）
公园城市理念下公园绿地生态系统文化服务供需平衡研究
…………………………………… 刘　颂　杨　莹　颜文涛（1240）
紧凑城市视角下老城区公园城市建设策略研究
——以成都市少城片区为例
…………………………………………… 权凇立　杨青娟（1241）
公园城市理念下长城文化遗产载体的应用
——以山海关区为例
…………………… 尚筱玥　姚　旺　李　严　张玉坤（1241）
城市动物园发展方向的思考与探索
…………………………………………………… 沈实现（1242）
城市历史视角下的南昌公园城市建设实践
…………………………………… 苏　源　张　蓓　周真真（1242）
西班牙风景园林的历史及融合发展
…… 孙　力　张德顺　Luz Pardo del Viejo　姚驰远（1243）
公园城市背景下的滨水空间规划途径探究
——以成都府南河滨水绿地为例
…………………………………………………… 王佳欣（1243）
基于人体舒适度的园林建筑设计策略研究
——以厦门中山公园为例
…………………………………………………… 王　娟（1244）
基于 SWOT 分析法的公园城市建设路径探析
——以山西省太原市为例
…………………………………………… 王紫彦　牛莉芹（1244）
多元利益主体视角下的成都市公园城市建设政策体系及推进策略研究
魏琪力　王诗源　李春容　罗言云　杨宇荻　王倩娜（1245）
基于视觉景观的公园城市绿地系统构建研究
…………………………………………………… 吴倩薇（1246）
古代城市园林选址布局对当代公园城市建设的借鉴
——以福州为例
…………………………………………… 吴怡婧　周向频（1246）
儿童视角下城市综合公园评价指标体系构建及实例研究
——以西安市环城公园为例
…………………… 席亚斐　吴　焱　周亚强　刘小科（1247）
公园城市理论引导的城市转型发展逻辑与战略
——以黑龙江省伊春市为例
…………………………………………… 薛竣桓　王云才（1247）
公园城市视角下关于城市历史公园更新的思考
——以重庆市渝中区鹅岭公园为例
…………………………………………… 鄢雨晴　杜春兰（1248）
栖息地质量评价视角下城市河流生态建设要点
…………………………………………… 缪　琳　尹　豪（1248）
公园城市视角下的深圳城市公园优化提升策略探析
…………………………………………… 于光宇　宋佳骏（1249）
公园城市语境下成都市新都区城市魅力空间组织研究
…………………………………………… 张利欣　李洁莲（1250）
巴塞罗那城市公园发展历程与特征研究
…………………………………………………… 张思凝（1250）
绿地公平视角下的公园城市规划建设策略
…………………………………… 赵广旭　戴　菲　陈　明（1251）
公园城市视角下桂林老旧公园有机更新的困境与路径探析
…………………………………………… 朱莉莎　王　晓（1251）
国土空间规划体系下公园城市在县级层面的实践研究
——以四川省威远县为例
…………………………………………… 庄凯月　杨培峰（1252）
疫情期间绿地及开敞空间拓展功能研究
…………………………………………………… 蔡丽敏（1252）
基于图像语义分割的城市绿道服务效能研究
…………………………………………… 蔡诗韵　谭少华（1253）
沉浸式动物园的生态景观营造
——以长春市野生动物园为例
…………………………………… 曹艺砾　王　坤　王中龙（1253）
基于公共健康效益的城市蓝色空间规划设计探析
…………………………………………… 岑清雅　袁鸿菲（1254）
促进人群健康的山地城市社区生活圈公共开放空间优化研究
…………………………………………… 陈多多　谭少华（1254）
健康导向下的城市公园更新策略研究
——以重庆九曲河湿地公园为例
…………………………………………… 程懿昕　杜春兰（1255）
空间正义视角下的老旧社区健康景观营造策略探究
…………………………………………… 邓代江　杜春兰（1256）
公园城市理论下北京市居民城市公园与休闲健康生活的半耦合关系探讨

……………………………………………… 丁呼捷　林　箐（1256）
社区公园健康空间营造初探
……………………………………………… 杜丹妮　李　岩（1257）
四川成都洛带古镇人居环境特色研究
……………………………………………… 费　月　冯一博（1257）
自然与健康：Kaplan 注意力恢复理论研究探析
……………………………………… 高　铭　朱　逊　张雅倩（1258）
基于国外经验对比的中国康养资源承载力评价体系现状及展望
……………………………………………………… 顾越天（1258）
新冠疫情背景下构建城市绿地康复景观的设计策略
……………………………………………… 韩开雪　韩　飞（1259）
基于类型学理论的重庆两江区域公共性滨水空间研究
……………………………………………………… 韩　悦（1259）
追溯田园空间
——探析可食景观在城市社区中的应用
……………………………………………………… 胡欣萌（1260）
健康中国理念视角下的重庆山城步道复兴策略研究
……………………………………………………… 皇甫苗华（1260）
基于古代城水关系的公园城市营建探讨
——以抚州为例
……………………………………………… 蒋羊瑾　林　箐（1261）
基于巢湖流域水环境的合肥城市山水格局形成机制探究
……………………………………………… 韩静怡　解铭威（1262）
文化多样性视角下的我国城市墓园植物景观提升策略探索
……………………………………… 金亚璐　杨　凡　包志毅（1262）
公共健康视角下城市滨水空间景观发展探讨
——以重庆北滨路为例
……………………………………………………… 李　晨（1263）
积极老龄化视角下的城市老旧社区公共空间提升策略研究
——以重庆渝中宏声巷社区为例
……………………………………………………… 李岱珍（1264）
名人故居的声景感知恢复效益
……………………… 李景瑞　赵　巍　瑞庆璇　李红雨（1264）
公园城市背景下以公共健康为导向的城市蓝绿空间评价体系初探
……………………………………………… 李柳意　郑　曦（1265）
城市森林公园儿童活动场地的景观设计研究与实践
——以北京副中心城市绿心森林公园儿童园为例
……………………………………………… 李　潇　李金晨（1265）
重庆解放碑步行街公共空间与公共活动多样性调查
……………………………………………… 李姿默　孙　锟（1266）
基于 GIS 的贵阳市开敞空间布局适宜性研究
……………………………… 梁　晨　李加忠　龚　宇（1267）
公园城市背景下医院界面的设计策略
……………………………………………………… 林永杰（1267）
基于 GIS 和地统计学的城市公园绿地土壤性质空间变异性研究
……………………… 刘秀萍　李新宇　戴子云　赵松婷（1268）
城市郊野地区的再野化营建
——以重庆市中梁山矿坑群为例
……………………………………… 龙　彬　李　静　熊梦琦（1268）
基于健康生活视角的东北老工业城市公共绿地研究
……………………………………………… 潘晓钰　吴远翔（1269）
基于行为观察法的地铁出入口空间景观研究
……………………………………………………… 彭　佳（1269）
公园城市背景下绿道驿站与人群行为的关系探讨
——以锦江绿道太升桥至华新路桥段为例
……………………………………………………… 唐雨倩（1270）
健身、社交、生活：专类公园的日常触媒倾向
……………………… 王淳淳　金云峰　陶　楠　陈丽花（1270）
健康视角下侗族传统人居空间环境适应智慧
——以广西高秀侗寨为例
……………………………………………… 王　娜　郑文俊（1271）
空间行为视角下的地下过街人行通道优化策略研究
……………………………………………………… 王　怡（1271）
健康街道导向下街道更新研究
——以重庆市渝北区余松路为例
……………………………………………… 吴　鹏　刘　磊（1272）
3～6 岁儿童对户外游戏空间的需求研究(以北京地区儿童为例)
……………………………………………………… 吴　桐（1273）
城市中心城区公园连接道系统的整合
……………………………………………………… 许哲瑶（1273）
公园城市背景下背街小巷行道树对街道夏季微气候的影响研究
——以成都市青羊区为例
……………………………… 姚鳗卿　陈莹莹　宗　桦（1274）
公园城市语境下的公园边界空间对公共健康的影响研究及设计策略
……………………………………………………… 尹子佩（1274）
积极缝补：武汉城市段高铁高架桥下空间利用调研及思考
……………………………… 张明明　张　雨　殷利华（1275）
冰雪空间文化基因研究
……………………………………………………… 张　鹏（1276）
老旧小区自发性种植引导策略研究
——武汉市桥西社区为例
……………………………… 张　雨　高映歆　殷利华（1276）
公共健康视角下青岛德占时期城市园林建设研究
……………………………… 张沚晴　李见哲　王向荣（1277）
基于韧性视角的社区公共空间灾害应对评价体系研究
……………………………………………………… 赵　涵（1277）
空间句法视角下的历史文化街区健身空间构建策略研究
——以重庆市磁器口历史文化街区为例
……………………………………………………… 邹宇航（1278）
以动物栖息为导向的城市森林营建策略探讨
……………………………………………… 刘芝若　尹　豪（1279）
北京市地方标准《绿地保育式生物防治技术规程》解读
………… 任斌斌　王建红　王幸大　车少臣　李　广
邵金丽　刘　倩　李　薇（1279）
拒绝还是接纳？后疫情时代都市野生动物“市民”栖息策略浅析
……………………………………………… 武　岳　余　洋（1280）
基于城市生态保护修复的小微湿地建设
——以北京亚运村小微湿地为例
……………………………………………………… 夏　康（1280）
基于生态敏感性的河道岸线功能划分研究
……………………………… 陈圣天　付　晖　陈永根（1281）
基于 GIS 的城市建成区绿道规划研究
——以杭州城东新城区域绿道规划为例
……………………………………………… 段金玉　谭　欣（1281）

岭南水乡绿色基础设施构建策略初探
——以鹤山市古劳水乡为例
…… 蒋 迪（1282）
基于生态系统健康评价的矿业城市绿色基础设施规划研究
…… 金 华 吴远翔 潘晓钰（1283）
基于文献计量分析的绿色基础设施研究进展
…… 李涵璟 许 涛（1283）
绿色基础设施对提升城市水文调节服务能力的研究
…… 马薛骑 袁鸿菲（1284）
公共安全与风险应对下防护绿地类型的效用与功能研究
…… 彭 茜 金云峰 梁引馨 崔钰晗（1284）
公园城市视角下北京市中心城区绿道优化研究
…… 苏俊伊 刘志成（1285）
长江流域江心洲绿色基础设施韧性规划探析
…… 杨诗扬 赵晨晔 张清海（1285）
南昌市西湖区城市公园可达性评价研究
——基于老年人步行视角
…… 张绿水 尹中健 赵小利 刘 昊（1286）
新加坡 ABC 水计划的后期管理与启示
…… 钟秀惠 李 胜（1287）
基于水文过程的城市内涝成因研究
…… 周 燕 田 亮 刘雅婧 冉玲于（1287）
基于空间句法的古镇空间形态演变分析
——以成都蒲江县西来古镇为例
…… 陈 倩 杨青娟（1288）
规划、反馈与调整
——自然公园科普资源动态化规划管理研究
…… 董享帝 欧 静（1288）
英国国土空间宁静地评估框架研究以及对我国的启示
…… 冯婧婕 许晓青（1289）
基于 InVEST 模型的蒙山风景区生境质量评价及规划优化研究
…… 李 豪 吴明豪 刘志成（1290）
公园城市理念下城中型自然保护地的整合优化研究
——以武汉市东湖自然保护地为例
…… 龙婷婷 罗晶晶（1290）
基于 GIS 的景观生态风险评估
——以北京市浅山区为例
…… 倪 畅 周 凯 郑 曦（1291）
美国自然风景河流保护背后的河流价值认知演变
…… 苏 晴 曹 磊 杨冬冬（1292）
基于游客与居民感知的西来古镇乡土景观元素开发保护研究
…… 张弘毅 杨青娟（1292）
莫斯科城市绿地系统规划演进研究
…… TARASOVA ALEKSANDRA 朱 逊 张雅倩（1293）
草原传统人居环境营造中的自然智慧初探
——以新疆维吾尔自治区哈萨克族传统人居环境为例
…… 阿拉衣·阿不都艾力 刘珂秀 刘滨谊（1293）
基于网络游记数据的泸沽湖风景区旅游形象优化提升分析
…… 董 乐 许 琛 陈保禄（1294）
西方现代园林对古典园林的继承与发展
——以德国联邦园林展为例
…… 霍 达（1295）
数字景观设计在居住区植物配置上的应用
——以苏州弘阳上熙名苑项目为例
…… 季浩宁 周 旋（1295）
重庆马元溪滨河公园综合景观设计
…… 李国庆 朱 捷 吴国铧（1296）
叙事视角下城市记忆场所更新的“时空耦合”设计
——海盐中心茧厂空间场所更新改造为例
…… 李佳芯 陆邵明 陶 聪（1296）
基于 SBE 法的大学校园景观美景度评价
——以西南林业大学和云南大学为例
…… 李畴畴 韩 丽 魏翠梅 樊智丰 马长乐（1297）
中国传统理想人居的园林艺术特征
——以《红楼梦》大观园为例
…… 李庆军 黄河三角洲（滨州）国家农业科技园区管理委员会（1298）
钱塘江中游传统村落八景文化现象初探
…… 李 烨 何嘉丽 王 欣（1298）
基于叙述性偏好法的街道绿色空间景观偏好研究
…… 蔺阿琳 娄健坤 滕书言（1299）
健康需求视角下森林康养资源识别与空间评价研究
——以三明市天芳悦潭森林康养基地为例
…… 刘 恋 马 嘉 李 雄（1299）
基于 CiteSpace 的我国风景园林空间类型研究进展
…… 刘 欣 熊和平（1300）
基于开放景观空间的桂林环城水系的演进
…… 龙良初 赵鸿钰 贾 珍（1301）
国内外八景文化及其研究综述
…… 潘莹紫 江佩宜 余思奇 万 敏（1301）
传统城市公园的困境与重生
——以南京玄武湖菱洲岛乐园营造为例
…… 石 可（1302）
近郊单位社区适老化更新研究
——以重庆市北碚区磨心坡社区为例
…… 唐芝玉（1302）
研诗写意——浅析乾隆南苑御制诗在南苑森林湿地公园规划设计中意境表达的指导作用
…… 王 坤 韩炳越 刘 华（1303）
重庆山地滨水空间景观更新设计研究
——以重庆朝天门码头为例
…… 吴 霁 吴祥艳（1304）
基于雨水利用的城市绿地设计策略研究
——以武汉市青山区为例
…… 叶 阳 袁鸿菲（1304）
浅析苏州当代城墙保护与利用方式及其带来的启示
…… 殷涵楚（1305）
交旅融合背景下阳朔至荔浦高速公路某服务区体验式景观设计
…… 张俊杰 周韦世 艾 乔 姚 阳 罗维维（1306）
陈封怀的植物园规划设计理念与实践研究
…… 钟 迪 赵纪军（1306）
乡土景观之聚落图式研究
——以蒙古族聚落形式为例
…… 朱 敏 李 森 毕启东（1307）
环滇池湿地公园园林植物外来物种入侵风险评估研究
…… 陈云彪 穆艳霞（1308）

景园复合式植物群落形态量化研究
——以杭州城市公园为例
………………………………………………… 樊益扬　成玉宁（1308）
白玉兰根围细菌及菌根真菌遗传多样性分析
…………………………………………………………… 何小丽（1309）
美国康奈尔大学“创造都市伊甸园”课程介绍与评析
……… 洪　泉　[美] 尼娜·劳伦·巴苏克　唐慧超（1310）
花园城市建设背景下舟山市园林彩化植物综合评价
……………………… 李上善　朱怀真　张明月　包志毅（1310）
公园城市理念下的校园开放空间体系与特色景观研究
——以南京农业大学卫岗校区为例
……………………………… 邵海燕　马锦义　郜　晴（1311）
2019 北京世园会室外展区草本植物种类与应用调查
……………………………… 沈　倩　张　清　董　丽（1311）
濒危兰科植物三蕊兰全长转录组 SSR 序列特征及其功能分析
………… 王　涛　罗樊强　池　森　杨　禹　张　毓（1312）
遗产保护视角下对于杭州行道树建设规划的思考
——以杭州市西湖区为例
………… 张明月　朱怀真　李上善　杨　凡　包志毅（1313）
北京常见的几种园林树木的修剪反应探究
……………………………………………… 周佳敏　马天赫（1313）
西北高寒高原地区的土壤盐碱化改良策略探究
……………………………………………… 聂浦珍　骆天庆（1314）
基于公共卫生视角下的公园绿化养护优化管理
——以北京动物园为例
……………………………… 郭金辉　牟宁宁　崔雅芳（1314）
叙事语境下水西庄人—事—意—景关联探讨
……………………………………………… 秦　荣　刘庭风（1315）
基于深度学习的生活圈街道空间视觉环境识别及居民感知影响研究
……………………………… 胡一可　温　雯　耿华雄（1315）
新基建背景下生态园林智慧管养的探索与思考
…………………………………………………………… 胡优华（1316）

风景名胜区与自然保护地

基于生态系统服务热点评估的北京密云区保护地体系优化研究①

Optimization of Protective Land System in Miyun County of Beijing Based on Hot Point Assessment of Ecosystem Services

艾 昕 郑 曦*

摘 要： 北京市密云区有多个自然保护区和风景名胜区，生物资源和生态价值丰富，为城市提供了大量生态系统服务。在全国自然保护地整合优化的政策趋势下，本研究以包含生物多样性在内的生态系统服务为保护特征，分析生态系统服务热点作为保护的关键性区域，通过系统保护规划模型 Marxan 运算密云区优先保护区的空间分布，并进行模拟推演确定保护效率较高的保护区范围，对现有保护地体系进行优化。最后增加的保护地面积共 473.3km^2，多集中在现有自然保护地和风景名胜区周边，对现有保护地进行优化形成了连接度更高的保护地网络。

关键词： 生态系统服务热点；自然保护区；系统保护规划；保护地优化

Abstract: There are many nature reserves and scenic spots in Miyun County, Beijing, with abundant biological resources and ecological value, providing a large number of ecosystem services for the city. Under the policy trend of integration and optimization of national natural protection sites, this study takes ecosystem services including biodiversity as protection characteristics, analyses hot spots of ecosystem services as key areas for protection, calculates the spatial distribution of priority protected areas in Miyun County through system protection planning model Marxan, determines the protected areas with high protection efficiency through simulation and deduction, and optimize the existing protection site system. Finally, 473.3km^2 of protected areas are added, which are mostly concentrated around the existing nature reserves and scenic spots. The existing protected areas are optimized to form a more connected protected area network.

Key words: Ecosystem Services Hotspot; Nature Reserve; System Protection Planning; Optimization of Protected Area

引言

自然保护地是由各级政府依法划定或确认，对重要的自然生态系统、自然遗迹、自然景观及其所承载的自然资源、生态功能和文化价值实施长期保护的陆域或海域[1]。我国自然保护地体系建设在过去 60 多年的发展中，取得了良好成效。目前，我国的自然保护地体系是一种多层级、多类型体系，由自然保护区、风景名胜区及森林公园等 10 多种保护地组成[2]。但是目前我国保护地体系多以“抢救式保护”为主，缺乏顶层设计，保护地存在重叠交错，交叉管理和有保护空缺等问题[2]。2019 年 6 月，中共中央办公厅、国务院办公厅针对自然保护地现有问题印发了《关于建立以国家公园为主体的自然保护地体系的指导意见》[1]，自然资源部、国家林业和草原局研究制定《全国自然保护地整合优化指导意见》[3]，进一步明确了以国家公园为主体，自然保护区为基础，各类自然公园为补充的自然保护地分类系统[4]。因此亟须探索适用于我国现状保护地分布的保护地体系优化的方法。系统保护规划理论最早应用于保护生物学领域进行保护地体系的规划，能够量化保护目标、保护成本，并综合考虑保护体系连通性、人为干扰因素。基于系统保护规划模型开发的 Marxan 模型是空间选址优化算法，以迭代计算结果得出的不可替代的规划单元为依据，决定作为保护地体系的补充的需要优先保护的区域[5]。

国内传统的保护区规划制定多以濒危物种作为指示物种进行保护区范围的规划，但存在着如对物种及其相关研究不够全面、深入，对物种选择的方法、监测及验证不足等缺陷[6]。因此，从生态系统服务的角度对保护优先区进行评估和划定，对生态系统服务的维护和生态环境的保护意义非凡[7-10]。随着生态系统服务的提出，生态系统服务作为全面的评估体系可以对包括生物多样性在内的多种生态价值进行综合分析，符合实施意见中对保护地维护生态价值、自然资源的要求。判断生态系统服务较高的区域，可以把有限的人力、财力和物力资源投入到对维护生态系统服务最高效的关键性区域，节省保护区建立时有限的保护成本。国外有研究将识别生态系统服务热点纳入生态系统服务评估制图中，热点的概念最早应用于生物多样性优先保护研究中[11]，而生态系统服务热点可以认为是区域内一种或多种生态系统服务占比高、管理价值比较大的区域[6]。因此本文以北京市密云区为例，选取能代表密云区生态功能特点的生态系统服务指

① 基金项目：国家重点研发计划（编号 2019YFD11004021）。

标，并识别其热点范围作为保护特征，应用系统保护规划理论，采用Marxan模型运算维护密云区生态系统服务的优先保护区域，优化保护地体系。

1 研究区域

密云区位于北京市生态涵养区，是首都最重要的水源地[12]。密云区三面环山，中部平坦。现状自然条件优越，生态资源丰富，是自然保护地、水源保护地等高生态保护价值区域高度集中的区域。区内河流众多，有北京市重要饮用水源密云水库，有3个自然保护区和4个风景名胜区（表1）。现有自然保护区和风景名胜区之间存在独立分散的问题，亟需对密云区保护区布局进行优化，形成更稳定更科学的保护地体系。密云区面积2229.45km^2，参考国内外研究[13-15]对生境斑块大小的研究和模型需要的数据精度等，将研究区域划分为8919个单位面积为25hm^{2}的规划单元。

密云区现状自然保护区和风景名胜区　　表1

序号	自然保护区名称	保护类型	占地面积（hm^2）	批建时间
1	云蒙山自然保护区	森林生态系统	4388	1999.12
2	云峰山自然保护区	森林生态系统	2233	2000.12
3	雾灵山自然保护区	森林生态系统	4152.4	2000.12
4	云蒙山风景名胜区	市级	19837	2000
5	司马台风景名胜区	区县级	3500	2000
6	白龙潭风景名胜区	区县级	1000	2000
7	云岫谷风景名胜区	区县级	2000	2000

2 研究方法

2.1 数据来源与处理

生态系统服务指标众多，选取能代表密云区生态功能特点的生态系统服务指标，包括水源涵养、固碳释氧及水土保持3个调节服务，水资源供给1个供给服务和生物多样性1个支持服务（表2）。其中生物多样性指标选取北京市珍稀濒危鸟类，以鹳形目（Ⅰ级）、雁形目（Ⅰ级）、雁形目（Ⅱ级）、鸮形目（Ⅱ级）和隼形目（Ⅱ级）等作为指示物种，借助MaxEnt对物种的潜在分布进行模拟。生物多样性的保护特征数据即为得到的预测保护鸟类空间分布概率图。

生态系统服务评估选取的指标与来源　　表2

类型	指标数量	名称	单位	数据来源与处理
调节服务	3个	固碳释氧	t/a	2010年中国生态系统服务空间数据集[16]
		水源涵养	m^3/a	
		土壤保持	t/(hm^2·a)	
支持服务	1个	生物多样性	无量纲	以北京珍稀保护鸟类为指示物种，使用MaxEnt预测分布概率
供给服务	1个	水资源供给	元/hm^2	中国陆地生态系统服务价值空间分布数据集（2015年）[17]

2.2 生态系统服务热点分析

本文对ESs热点识别采用的是空间统计方法，利用GIS平台中的热点分析工具（Hotspot Analysis），该工具是基于Getis-Ord G_i^*统计指数的。通过计算各斑块的得分，可以判断集聚是否明显。公式中，x_j为斑块j的属性值，w_{ij}为斑块i和j之间的空间权重矩阵，n为斑块总数。

$$G_i^* = \frac{\sum_{j=1}^{n} w_{ij} x_j - \overline{X} \sum_{j=1}^{n} w_{ij}}{S\sqrt{\frac{\left[n\sum_{j=1}^{n} w_{ij}^2 - \left(\sum_{j=1}^{n} w_{ij}\right)\right]^2}{n-1}}}$$

$$\overline{X} = \frac{\sum_{j=1}^{n} x_j}{n} \quad S = \sqrt{\frac{\sum_{j=1}^{n} x_j^2}{n-1} - (\overline{X})^2}$$

2.3 优先保护区选址方法

2.3.1 Marxan模型原理及参数设置

Marxan模型是一种选址优化算法，通过保护成本和保护目标构建规划单元的赋值函数，并通过迭代算法选择保护目标和保护成本最低的单元集合构成优先保护区。Marxan通过模拟退火法实现保护特征，其目标函数公式如下：

$$Objective function = \sum_{PUs} Cost + BLM \sum_{PUs} Boundary + \sum_{Features} FPF \times Feature\ Penalty$$

式中，$\sum_{PUs} Cost$为成本因子，即所构建的保护区域中所有规划单元的成本和；$BLM \sum_{PUs} Boundary$为边界因子，即边界长度系数BLM（常数）与选中的规划单元边界长度和$\sum_{PUs} Boundary$相乘；$\sum_{Features} FPF \times Feature\ Penalty$是未达到目标的服务为目标函数添加的惩罚值，保护特征惩罚因子FPF越高时，满足特定保护特征目标的相对重要性也越高[18]。由于调节与支持服务对于生态涵养区具有重要的保护价值，因此将调节与支持服务的FPF赋值为10。

模拟退火法优先将保护价值较高、保护成本较低的规划单元作为优先保护区域的构成单元，并通过迭代法选择性价比最高的不可替代的单元。当结果中得到的单元所包含的ESs总和满足预期目标，则这些单元即可组成优先保护区。此模型主要用于确保预设保护目标的实现和规划总成本的最低。

2.3.2 保护目标和成本因素

本研究的保护特征是生态系统服务，在模型运算时要量化设置每个保护特征的保护目标用于限制空间选址[6]。保护目标是指优先保护区需保护的生态系统服务数量占该服务全域保护总量的百分比。优先保护区的形成需要单元集合覆盖的 ESs 总量达到最初预想的目标数量。

因为已经识别生态系统服务热点区域作为保护特征，避免了广泛保护低生态系统服务区域对保护区布局结果的产生冗余影响。并考虑到密云区生态价值高，存在大量林地和有条件形成保护区的区域，所以参考 Domischa[19]、Mônica[13] 等的研究，设置生物多样性保护目标为总量的 100%，其他各生态系统服务保护目标为各自总量的 85%。

选择人类碳足迹[20]作为系统保护规划中的保护成本，碳足迹越大代表人类影响指数越高，越不利于保护区的构建。

2.3.3 边缘长度调整系数测试

Marxan 需要设置边缘长度调整系数（*BLM*）来控制选取的优先保护区域的分散程度[21]，随着 *BLM* 数值的增加，保护区域的总边界会更小即保护地体系更紧凑，选取的保护区域聚合和连接性就越高，相应的保护地面积降低成本也会更低[22]。在保护地体系的构建优化中，连接性更强的布局往往拥有更大的边界长度，因此对 *BLM* 参数设置的调试，可以寻找较低成本而连接性较高的布局结果。在其他参数不变的情况下，通过测试不同的 *BLM* 值可以比较总成本的变化，将 *BLM* 值和总成本绘制成关系图可以寻找到转折点，该转折点代表的保护地体系是平衡了成本和边界长度的最佳布局。

3 结果与讨论

3.1 生态系统服务分布结果

根据结果可知，固碳释氧 ESs 分布较高的是西北部的龙云山及周边山区。水源涵养 ESs 分布较高的是中部的密云水库及周边地区。土壤保持 ESs 分布较高的是东南的云岫谷、丫髻山、唐指山及周边山区及西北的云蒙山、龙云山及周边山区。生物多样性 ESs 分布较高的是中部的密云水库、西部的云蒙山及北部的双山及周边地区。水资源供给 ESs 分布较高的是中部的密云水库及周边地区。

根据结果可知，固碳释氧 ESs 中极显著热点占比 11.66%，面积为 259.88km²。水源涵养 ESs 中极显著热点占比 8.85%，面积为 197.24km²。土壤保持 ESs 中极显著热点占比 25.43%，面积为 567.06km²。生物多样性 ESs 中极显著热点占比为 11.99%，面积为 267.38km²。水资源供给 ESs 中极显著热点占比为 4.98%，面积为 110.93km²。

3.2 优先保护区空间分布

将边缘长度调整系数 *BLM* 按固定乘数 5 依次递增进行测试，以便在一个较大的数值跨度内进行多次采样，判断一个平衡了边界长度和保护成本的目标函数，即曲线的转折点。图为 *BLM* 分别为 0.04、0.2、1、5、25、100、125、625 及 1000 时绘制的关系曲线图（图 1），本研究采用转折点 *BLM* 数值 125 作为参数。

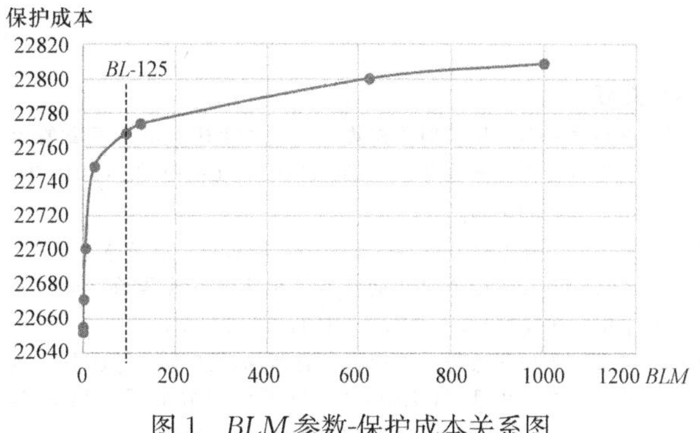

图 1 *BLM* 参数-保护成本关系图

以生态系统服务热点区域作为保护特征，在设置的保护目标和保护成本及 *BLM* 值的限制下，Marxan 空间选址优化算法经过 100 次迭代运算得到了满足保护目标，保护成本更低的“best _ run”保护区布局，得到密云区生态系统服务保护优先区域分布。密云区保护地体系在优化之后连接性增加，成为更稳定更完整的保护地网络。运算出的优先保护区域多集中在现状生态系统服务较高的位置，保护目的得以实现，并且多结合现状自然保护区和风景名胜区分布，较好实现了现状保护地的优化整合。较大面积的保护区域新增加位置位于西侧密云和怀柔交界处的龙潭沟一直到龙云山区域、云峰山北侧的柏岔山片区以及达峪沟村区域的山林地等，较小面积的保护区域位于城区周边的浅山地带，包括南山山前区域和冶山山前区域等，符合生态涵养区密云区国土空间分区规划中的建设引导[12]。本研究选址得到的生态系统服务优先保护区域总面积 1044.41km²，其中新增的保护地范围面积为 473.3km²，得到连接度更高、保护效率更高的生态系统服务价值保护优先区域空间布局。

4 结论

本研究以识别生态系统服务热点为保护特征，结合系统保护规划理论构建的保护地优化体系，可以分析对生态系统服务保护的至关重要的区域，弥补了传统 ESs 评估时采用自然间断等方法确定重要区域的范围的不准确性，避免了过度保护较低生态价值的区域而浪费的人力、财力成本。对我国自然保护地整合优化大趋势下的生态保护地保护优化、空间选址具有指导意义。

保护地类型以国家公园为主体，包含多种公园风景区等绿地空间。在密云区未来的保护地优化整合工作中，参考本研究选址的 ESs 优先保护区域，可分类别的赋予功能，靠近城市或具有文化遗产价值的保护区域可以设置为风景名胜区、郊野公园、森林公园和小面积游憩绿地等，具有高敏感度高保护价值的区域可以补充自然保护区范围。

本研究虽然考虑了 ESs 热点识别，但仍有一定局限性，在未来的研究中，可以综合考虑多种 ESs 指标，构建生态保护和文化价值兼具的保护地体系。本文作为示例性研究保护目标设置的尽可能全面，未来可以通过不同保护目标的测试，判断不同优先级的保护区域以指导规划。

参考文献

[1] 中共中央办公厅　国务院办公厅. 关于建立以国家公园为主体的自然保护地体系的指导意见. [EB/OL]. (2019-06-26) [2020-10-03].

[2] 黄宝荣，马永欢，黄凯，苏利阳，张丛林，程多威，王毅. 推动以国家公园为主体的自然保护地体系改革的思考[J]. 中国科学院院刊，2018，33(12)：1342-1351.

[3] 国家林业和草原局. 中国特色自然保护地体系建设全面启动. [EB/OL]. (2019-01-15) [2020-10-03]. http//：www. forestry. gov. cn/zrbh/1470/20190115/093737438432938. html.

[4] 马童慧，吕偲，雷光春. 中国自然保护地空间重叠分析与保护地体系优化整合对策[J]. 生物多样性，2019，27(07)：758-771.

[5] 张路，欧阳志云，徐卫华. 系统保护规划的理论、方法及关键问题[J]. 生态学报，2015，35(04)：1284-1295.

[6] 王壮壮，张立伟，李旭谱，王鹏涛，李英杰，吕一河，延军平. 流域生态系统服务热点与冷点时空格局特征[J]. 生态学报，2019，39(03)：823-834.

[7] Maron M，Mitchell M G E，Runting R K，et al. Towards a threat assessment framework for ecosystem services[J]. Trends in Ecology & Evolution，2017，32(4)：240-248.

[8] Nakaoka M，Sudo K，Namba M，et al. TSUNAGARI：A new interdisciplinary and transdisciplinary study toward conservation and sustainable use of biodiversity and ecosystem services[J]. Ecological Research，2018，33(1)：35-49.

[9] Cai W B，Gibbs D，Zhang L，et al. Identifying hotspots and management of critical ecosystem services in rapidly urbanizing Yangtze River Delta Region，China[J]. Journal of Environmental Management，2017，191：258-267.

[10] Xiao Y，Xiao Q. Identifying key areas of ecosystem services potential to improve ecological management in Chongqing City，southwest China[J]. Environmental Monitoring and Assessment，2018，190(4)：258.

[11] Schroter M，Remme R P. Spatial prioritisation for conserving ecosystem services：Comparing hotspots with heuristic optimisation [J]. Landscape Ecology，2016，31 (2)：431-450.

[12] 北京市密云区人民政府.《密云分区规划(国土空间规划)(2017-2035 年)》成果予以公布[R/OL]. (2019-12-27) [2020-10-03]. http：//www. bjmy. gov. cn/art/2019/12/27/art _ 5725 _ 10913. html.

[13] Lanzasa M，Hermoso V，De-Miguel S，et al. Designing a network of green infrastructure to enhance the conservation value of protected areas and maintain ecosystem services [J]. Science of the Total Environment，2019，651：541-550.

[14] 杜勇，税伟，孙晓瑞，等. 海湾型城市生态系统服务权衡的情景模拟：以福建省泉州市为例[J]. 应用生态学报，2019，30(12)：4293-4302.

[15] 欧小杨，郑曦. 基于系统保护规划方法的城市边缘区绿色空间优先保护区域规划——以北京市第二道绿化隔离地区为例[C]. //中国风景园林学会. 中国风景园林学会 2019 年会论文集(下册). 中国风景园林学会：中国风景园林学会，2019：8.

[16] 张路，肖燚，郑华，等. 2010 年中国生态系统服务空间数据集. V1. Science Data Bank[EB/OL]. (2017-07-14)[2020-04-08]. http：//www. dx. doi. org/10. 11922/sciencedb. 458.

[17] 徐新良. 中国陆地生态系统服务价值空间分布数据集. 中国科学院资源环境科学数据中心数据注册与出版系统[EB/OL]. [2020-04-08]. http：//www. resdc. cn/DOI.

[18] Watts M E，Ball I R.，Stewart R S，et al. Marxan with zones：Software for optimal conservation based land and sea-use zoning[J]. Environmental Modelling and Software，2009，24(12)：1513-1521.

[19] Domisch S，Kakouei K，Martíne L S，et al. Social equity shapes zone-selection：Balancing aquatic biodiversity conservation and ecosystem services delivery in the transboundary danube river basin[J]. Science of The Total Environment，2019(656)：797-807.

[20] Wildlife Conservation Society. Human carbon footprint data set[EB/OL]. WCS，and Center for International Earth Science Information Network - CIESIN，2005.

[21] Ardron J A，Possingham H P，Klein C J. (eds). Marxan Good Practices Handbook，Version 2. Parcific Marine Analysis and Research Association，Victoria，BC，Canada. 2010.

[22] Hermoso V，Abell R，Linke S，et al. The role of protected areas for freshwater biodiversity conservation：Challenges and opportunities in a rapidly changing world[J]. Aquatic Conservation：Marine and Freshwater Ecosystems，2016 (26)：3-11.

作者简介

艾昕，1996 年 1 月，女，蒙古族，辽宁省丹东，在读硕士，北京林业大学园林学院，学生，研究方向为风景园林规划设计与理论。电子邮箱：1975152256@qq. com。

郑曦，1978 年 8 月，男，汉族，北京，博士，北京林业大学园林学院，教授，研究方向为风景园林规划设计与理论。电子邮箱：zhengxi@bjfu. edu. cn。

视觉景观质量评价在西班牙国土景观中的应用

Application of Visual Landscape Quality Assessment in Spanish Land Landscape

程 璐 张晋石

摘 要： 首先探讨了视觉景观及视觉景观质量的概念，从方法研究、技术手段的发展变化两个方面简要介绍了西班牙视觉景观质量评价的研究进展。随后进一步阐述了视觉景观质量评价在西班牙国土景观中的应用，主要包括在森林和乡村景观方面、沿海和河流景观方面以及区域规划方面的应用，并对实际案例进行了分析。在此基础上，进行总结和展望，得出对于我国视觉景观质量评价的借鉴意义。

关键词： 西班牙；景观感知；视觉景观质量评价；公众偏好

Abstract: The paper first discusses the concept of visual landscape and visual landscape quality, and briefly introduces the research progress of Spain's visual landscape quality evaluation from two aspects: method research and technological means development. After that, it further describes the application of visual landscape quality assessment in Spanish territorial landscape. mainly in forest and rural landscapes, coastal and river landscapes and regional planning, and gives practical examples. On this basis, the summary and outlook are summarized, and the implications for the evaluation of visual landscape quality in China are drawn.

Key words: Spain; Landscape Perception; Visual Landscape Quality Evaluation; Public Preference

1 视觉景观及视觉景观质量评价的概念

2000年通过的《欧洲景观公约》(European Landscape Convention，简称ELC）中，对“景观”做出明确解读：景观是人们感知到的，以自然因素和（或）人为因素作用及相互作用结果为特征的场所[1]。人们塑造景观，也成为景观的一部分，并形成对景观的感知。ELC一方面强调了自然因素及人为因素间的相互作用；另一方面，强调了景观的“感知”。视觉景观可以解释为在某一具有明显视觉特征的特定区域，为观察者带来较强视觉感知和印象的地理实体。

视觉景观评价（Visual Landscape Assessment，部分学者称为视觉评估、视觉景观评估、景观视觉评价）指的是用来描述和评估风景美（Scenic Beauty）的方法和工具[2]，主要包含视觉景观质量评价及视觉影响评价两个研究方向。视觉景观评价的核心是确定景观关键要素并评估其景观价值。在此基础上，可将视觉景观质量评价理解为基于一定评价目的，依靠定性和定量、客观统计与主观描述结合获取评价信息的过程，评价结果可为景观保护和管理及国土规划提供客观依据[3]。

理论层面上，Lothian[4]将视觉景观领域几种分类框架进行总结，将其分为客观学派及主观学派。主客两学派间一直存在争论。客观学派认为景观质量是地形、植被、水体等景观内在要素的客观属性；主观学派认为景观价值主要基于观察者的主观感知。Daniel认为，两大学派对于观察者和景观内在要素分别承担何种作用存在分歧，但均承认景观价值源自景观内在要素与人类的感知判断过程间的相互作用。这一观点为两学派的融合作出理论铺垫。

2 西班牙视觉景观质量评价

2.1 西班牙视觉景观质量评价的方法

方法层面上，西班牙视觉景观质量评价主要可以分为基于专家的评估（专家方法、属客观学派）及基于公众的评估（感知方法、属主观学派）两种模式。基于专家的评估主要是通过模型对景观客观价值进行量化。其偏向于分析物理特征，成果主要为各区域、各层次的视觉景观质量图。基于公众的评估在研究领域占主导地位，其强调公众参与，主要采用公众调查形式揭示观察者对景观价值的认知。

20世纪70年代，西班牙逐步开始了视觉景观质量评价的研究。20世纪末期，研究以基于专家的评估方法为主；21世纪初期，心理物理范式成为主要研究方向。

2.1.1 基于专家的评估

在专家方法领域内，Ramos. A[5]开发了一种网格技术方法，以六边形划分景观单元，为西班牙的视觉景观质量评价奠定了基础。

签署ELC后，西班牙学者率先在区域一级绘制视觉景观质量图。之后，Otero[6]将行动扩展到国家一级，其成果地图已用于西班牙基础设施计划（2000-2020年）相关的战略环境评估中。在此基础上，Martín[7]进一步扩大范围，提出欧洲景观地理模型。但由于缺乏文化因素等变量的欧洲范围数据，该研究主要评估了景观物理属性，具有一定局限性。

专家方法的成果在西班牙国土景观乃至地中海地区的管理实践中起到很大作用，支持了政府对于国土景观的保护和管理。

2.1.2 基于公众的评估

主观学派中，心理物理范式的方法使用十分广泛。其中最具代表性的是景观偏好的研究。学者们用数据解释人类先天的景观偏好共性，同时，如 Rodriguez-Darias[8] 也研究了社会人口学特征（文化、教育水平等）对景观偏好的差异影响。

Sayadi 是景观偏好研究领域的代表人物。Sayadi[9] 使用联合分析（Conjoint Analysis）评估了农业景观的环境外部性。之后，又进一步使用联合分析（C. A.）和条件价值评估（C. V.）的方法，检验了西班牙乡村景观的功能。

基于公众的评估不可避免地受到观察者主观因素影响，且想要应用于实际决策中具有一定难度。因此常与专家方法结合使用，作为检验或补充内容。

2.1.3 综合的方法

如今，专家方法与感知方法互为补充，趋于结合。更多学者选用物理、美学和心理属性结合的方法，使视觉景观质量评价的应用更加广泛。据专家确定景观客观特征，由公众完成感知或偏好的评估，以平衡景观内在要素和公众意愿。

Arriaza[10] 提出的方法受到广泛使用。首先衡量公众偏好，再由专家权衡景观要素对整体视觉景观质量的贡献。Arriaza 有关乡村景观的结论具有一定代表性。

Cañas 评估方法是西班牙最具代表性的物理、美学和心理方法之一。与 Arriaza 方法的不同在于其使用先专家后公众的研究顺序。据地中海景观特征，涉及水体、植被等 16 项因子，42 个变量（表 1）。Cañas 方法具有一定创新性，西班牙之后的视觉景观质量评价方法很大程度受到 Cañas 的影响。

Cañas 评估模型中考虑的因子和变量　　表 1

因子组别	因子	变量（X_i）
物理	水体	类型/海岸线/运动/数量
	地形	类型
	植被	覆盖/多元化/质量/类型
	雪	覆盖
	土地利用	类型
美学	动物群	存在/兴趣/可见性/波幅
	风景	类型/存在
	声音	类型/存在
	气味	类型
	文化资源	存在/类型/兴趣/可见性
	变更	侵扰/碎片化/水平线/视线阻挡
	形态	多元化/对比/兼容性

续表

因子组别	因子	变量（X_i）
心理	颜色	多元化/对比/兼容性
	质地	多元化/对比/兼容性/结构线
	整体性	比例/情感性
	表达	刺激性/象征主义

随后，Álvaro Ramírez[11] 将 Cañas 方法应用于乡村道路景观质量评价。他提出简化模型，仅考虑 Cañas 的 16 个因子中的 4 个：植被、土地利用、形态和质地。简化模型比 Cañas 方法更适用于乡村道路景观，可用于同类基础设施的规划决策。

随着地理学、生态学的发展，视觉景观质量评价开始融合其他学科的理念，其学科综合性日趋明显。各学者所使用的综合方法虽有所区别，但遵循相同的基本流程。可在 Lothian[12] 总结的综合方法的基础上，将其抽象为 3 个阶段：数据的收集与整理、数据的描述与分析及数据的应用与表达（图 1）。各方法的主要区别在于专家方法（A 部分）和感知方法（B 部分）的使用顺序和技术手段。

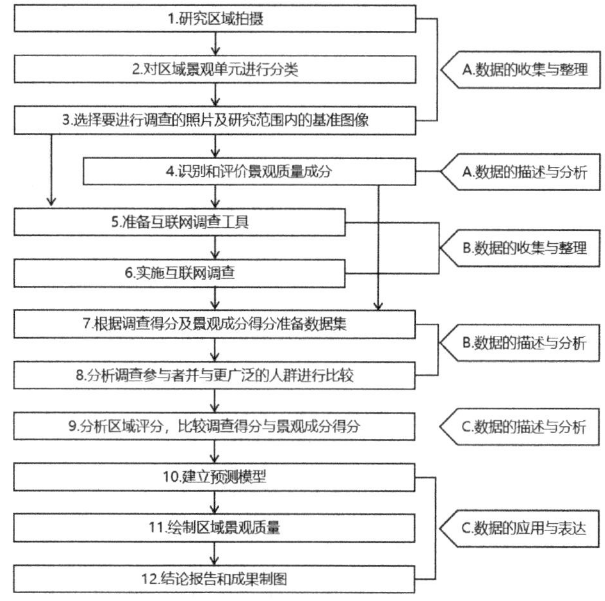

图 1　视觉景观质量评价的基本流程
（据 Lothian 的图表改绘）

2.2 技术手段的发展与变化

新技术正应用于视觉景观质量评价各个阶段中。在数据的收集与整理阶段，早期采用现场结合制图评估的方式。在公众偏好研究中，主要通过照片、录像等媒介进行研究，近些年来，新媒体提高了调查效率。

照片一直是至今使用最广泛的媒介，但其无法评估视觉之外的潜在多样性要素（声音、气味等），始终具有时空局限性。而视觉景观与观察者间的互动是动态的。因此无人机航拍、遥感等新技术被广泛使用，以对景观进行多角度，全方位的“绘像（Mapping）”，进行更有效度和信度的研究。如 Garcia-Gutierrez J[13] 提出了一种基于激光雷达传感器（LiDAR）和智能技术的方法，随后采用监督学习算法构建模型，实现了研究进程自动化。

地理信息系统（GIS）是现阶段视觉景观质量评价的有力工具，其模拟景观动态变化的优势日益突出。同时，以GIS为基础衍生出许多软件及模型，提高了景观动态模拟的真实度。如Juan M. Domingo-Santos[14]从数字高程模型（DEM）出发，提出一种地形可视化分析工具，可较准确地预测采伐等活动的潜在视觉影响。

3D可视化促进了增强现实（AR）、虚拟现实（VR）的应用。“增强现实”使得真实世界与虚拟影像叠合，“虚拟现实”使观察者能够与虚拟环境交互。虽然视觉仍是目前感知景观的重要方式，但新技术支持了多感官体验一体化，使研究进入新维度。如Germán Pérez-Martíneza[15]研究了纪念性场所的音景评估，开发了一种基于声音感知的方法，改善了音景质量。但该领域依然缺乏规范性的指导，存在许多现实性问题有待解决，因此也具有更高的研究价值和可能性。

各种技术手段的发展可以看出，现阶段的视觉景观质量评价已突破“视觉”的维度，呈现多尺度多角度模拟、多感官体验、广泛公众参与的发展趋势。

3 视觉景观质量评价在西班牙的应用

3.1 森林和乡村景观中的应用

西班牙地理位置优势独特，森林、农业资源丰富，2016年农业面积26.27万km^2，占国土面积的52.58%［数据来源：世界发展指标数据库（World Bank WDI）］。一方面，人类对于森林和乡村景观的认识已不局限于生产，而有娱乐休闲等更多需求；另一方面，农业和畜牧业的现代化使得森林和乡村景观质量受到影响，反而提高了人类对于景观质量的重视程度。因此西班牙的视觉景观质量评价最先应用于国土中森林和乡村景观的研究。

在森林和乡村景观的领域，主要的研究主题有：评估有机农场对景观质量的贡献[16]；据与森林结构和管理相关的变量预测林分美景度[17]；对农业景观的审美属性进行客观量化[18]；对特定农业景观脆弱性的研究[19]；结合地理学对山区自然空间的研究[20]等。

同时，也有学者以乡村道路景观为研究对象，或从道路使用者视角衡量乡村景观质量。如Martín[21]设计了一种方法，从高速公路视角评估景观特征和风景质量。其方法论如图2所示。

3.2 沿海及河流景观中的应用

西班牙三面环海，境内河流跌宕曲折，沿海及河流景观资源十分优越。在沿海及河流景观领域，主要的研究主题有：使用简单现场方法评估河流和河岸生境生态质量[22]；综合评估公众对海滩质量的看法[23]；安达卢西亚的海滩质量评估、沿海风光评估[24,25]；分析河岸土地覆盖数据对河岸质量进行建模的能力[25]；评估城市河流走廊的价值和改善偏好[26]；引入保护区海滩指数（DIBA），动态评估保护区海滩质量[27]等。有关沿海及河流景观的研究对于西班牙的旅游业有很大帮助，有助于提升景观

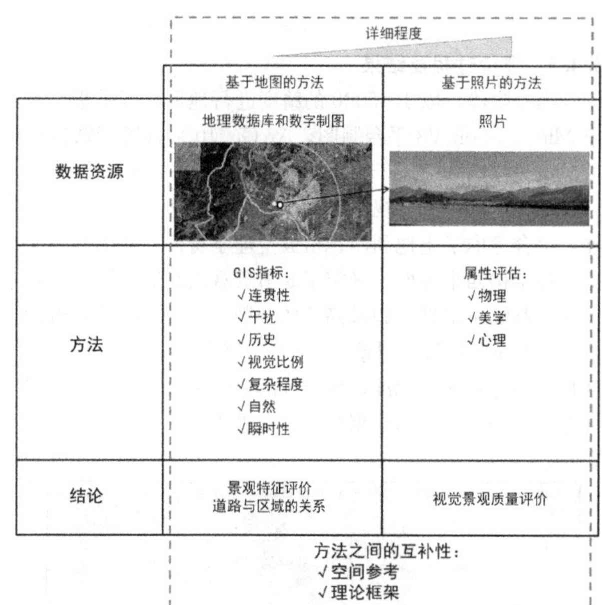

图2 Martín（2016）的方法论

质量，创造更大的生态、社会、经济效益。

3.3 区域规划中的应用

在小尺度视觉景观质量研究的基础上，学者们将眼光放至整个西班牙国土区域，乃至欧洲范围，逐渐将评价应用于更大尺度的国土景观中。新技术为景观质量评价向更大的时空尺度拓展提供了强有力的后盾，为国土规划提供了科学支撑。

另一方面，旅游业和景观资源是相互依存的，因此也有学者将视觉景观质量评价逐步应用到旅游规划当中。如Aranzabal[28]量化了游客偏好与景观的关系，绘制出潜在游客满意度地图。其使用的方法是以景观保护为参考，进行旅游规划的有用工具。

3.4 案例分析

本文选择Serrano Giné的案例进行研究，基于以下原因：首先，ELC非常重视不具有特殊审美价值的日常景观。Muntanyyes d'Ordal地区作为城市边缘区不仅结构复杂，也是日常景观的典型代表；其次，捍卫景观价值的各种联合运动要求对该地区的自然价值给予更多关注[29]；最后，西班牙专注于城市边缘区视觉景观质量评价的研究有限，该案例具有很高的应用价值，可为住宅、工业等制定合适的选址，为国土规划提供参考工具。

3.4.1 研究区域概况

研究区域位于巴塞罗那大都市区附近的Muntanyyes d'Ordal地区，面积约为150km^2。该区域平均人口密度较高，土地利用情况复杂且具有明显山地特征。

3.4.2 评价方法

Serrano Giné使用间接的综合景观评估方法，从视觉景观质量和景观脆弱性两方面进行系统评估，同时考虑了生态学因素，并对当地居民进行访谈收集资料作为补充。

3.4.3 评价过程及结果

第一阶段，以 1∶5000 的精度进行地形数据采集。基于 Microstation V8 平台制图，ArcGis 10 平台进行数据分析。该数据矩阵适用于 1∶10000 的地形数据整合处理。

第二阶段，进行视觉景观质量评价。从视觉感知的角度，综合考虑了土地利用、植被生理学特征、地形和领土的总体结构四个方面，确定了 8 项景观内在质量因素，每个因素都赋予最低 1 到最高 5 的分数；5 项外在的积极因素（+2 分）和消极因素（−1 分）（表 2）。据对研究地区具有参考意义的标准，确定各部分领土价值，得到最终视觉景观质量图，结果划分为 5 个等级（图 3）。

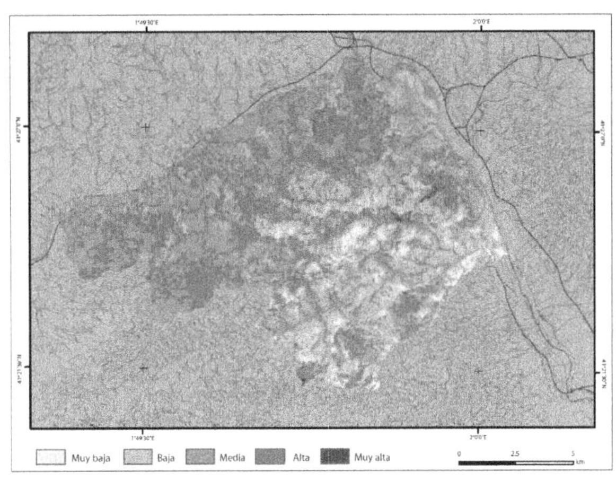

图 3　景观质量图

视觉景观质量评价中考虑的变量　　表 2

	变量	评估等级
景观内在质量	土地利用	1～5 分
	植被综合价值	1～5 分
	植被顶级群落	1～5 分
	植被保护状况	1～5 分
	植被稀有性	1～5 分
	植被层丰富性	1～5 分
	地形美学价值	1～5 分
	景观破碎度	1～5 分
景观外在质量	独特植被	+2 分
	独特地形	+2 分
	文化元素	+2 分
	艺术元素	+2 分
	工业设施	−1 分

第三阶段，进行景观脆弱性评价。评价分为内在视觉脆弱性和外在视觉脆弱性两部分。内在视觉脆弱性由改变视觉吸收能力的变量组成，如地形、坡度或方向等；外在视觉脆弱性由城市中心，铁路、道路等宏观视角的视域计算得出（表 3）。通过二者叠加建立景观视觉脆弱性综合图，结果划分为 5 个等级（图 4）。

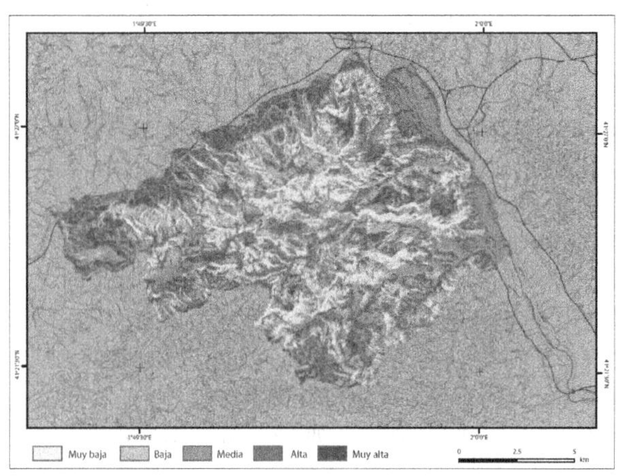

图 4　景观脆弱性图

景观脆弱性评价时考虑的变量　　表 3

	变量	评估等级
景观内在脆弱性	植被层	1～5 分
	地形方向	1～5 分
	地形坡度	1～5 分
景观外在脆弱性	瞭望点的视域	1～5 分
	城市中心的视域	1～5 分
	铁路网的视域	1～5 分
	公路网的视域	1～5 分

最终，为方便土地管理者使用，将视觉景观质量图与景观脆弱性图合并重分类，结果划分为 5 个等级：极低、低、中、高和极高，低质量值和低脆弱性值意味着接受新规划的能力较强。据综合地图可得，研究区域约 5.97% 的地区具有“极高”接受新规划的能力，其余大部分表面（44.71%和 25.08%）显示出“高”和“中”的价值，表明约 70%的区域可以进行干预而对视觉景观质量不会有过大影响（图 5）。

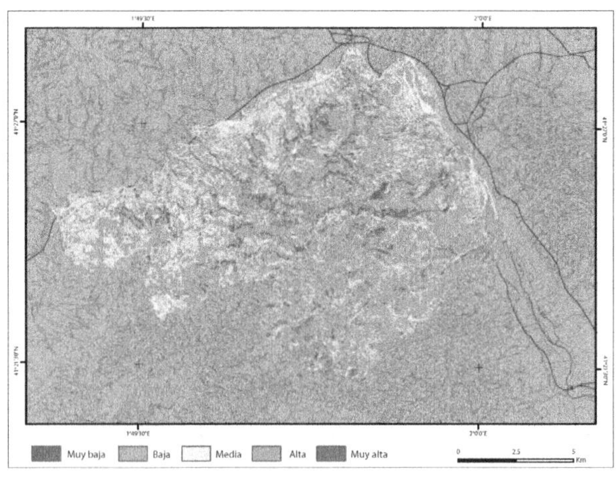

图 5　重分类的景观质量和脆弱性综合地图

该研究适用于国土空间规划，尤其在大型城市边缘的复杂地区。它可以高精度识别可干预区域，有助于改善景观质量和人们的生活质量，并用来提升日常景观的尊严和价值。同时评价也可进一步加入社会、经济等层面因素，以更全面地指导规划政策的制定。

3.5 西班牙的视觉景观质量评价的特点

在ELC的指导下，西班牙的视觉景观质量评价在21世纪初总体有了长足的发展，其主要特点如下。

3.5.1 研究区域有所局限，研究类型更加广泛

早期研究受到多方面限制，主要为小尺度森林、乡村景观的研究，研究区域集中于西班牙的几处平原地带。随着技术的发展，山地、河流、海岸等区域不再"望尘莫及"，近些年复杂区域的研究明显增多。同时，西班牙快速的城市化也促进了其对日常景观及城市边缘区景观的研究，以能真正贴近日常生活，指导实际的规划决策。

3.5.2 研究方法更为综合，技术手段发展迅速

在理论层面上，主客观两大学派趋于融合，总体上理论进展较为缓慢，但不乏前沿思想的产生。更多研究集中在方法层面上，整体呈现从单一的专家或感知方法走向综合方法的趋势，研究的科学有效性有了很大提高。在技术层面上，GIS、增强现实等的出现，提高了评价精度，使得视觉景观质量评价的实践价值提升。方法和技术手段的革新拓宽了相关研究在景观资源保护、管理和国土规划等领域的应用。

3.5.3 学科综合性日益明显，公众友好性提高

广义的景观已超出美学意义，逐渐成为融合地理学、生态学等的复合概念。学者大量使用哲学、心理学、统计学等学科知识，使研究成果在政策制定者及公众面前更有说服力。同时，广泛科学的公众参与形式，丰富的景观可视化表现形式，也拉近了研究和公众认知的距离。

4 对中国的启示

国内视觉景观质量评价的研究主要集中于林业及乡村景观、道路景观、风景区等主题，更多针对具有特殊价值的景观进行深入研究。相较于西班牙，一定程度上缺乏对于城市边缘区及沿海地区的研究，以及对于日常景观的评价。应努力拉近研究与国土景观规划决策实践的距离，真正将视觉景观质量评价应用到日常生活中，服务于实际的规划决策。同时对于公众偏好的研究也相对较少，有待进一步充实。

中国自20世纪末期开始学习欧美国家的视觉景观质量评价方法，如美景度评估法（SBE）、层次分析法（AHP）等，并对其进行调整和改编以适用我国的国土景观，但整体上较为缺乏创新的本土化方法。

视觉景观质量评价的研究，需要专业人士及公众的共同参与。近些年来，中国的技术手段发展迅速，GIS、3D可视化等在专业研究人员中已能较熟练运用，但公众普及度不高。积极加强公众参与，才能达成共同的景观质量目标。

参考文献

[1] Council of Europe. The European Landscape Convention [R]. Florence, s. n. 2000.

[2] Daniel T C. Whither scenic beauty? Visual landscape quality assessment in the 21st century [J]. Landscape and Urban Planning, 2001, 54: 1-4.

[3] 姚玉敏，徐迎碧. 景观视觉环境质量评价研究进展[J]. 园艺与种苗，2013(07)：11-13+16.

[4] Lothtan A. Landscape and the philosophy of aesthetics: Is landscape quality inherent in the landscape or in the eye of the beholder? [J]. Landscape and Urban Planning, 1999. 44(4): 177-198.

[5] Ramos A, Ramos F, Cifuentes P, et al. Visual landscape evaluation, a grid technique[J]. Landscape Planning, 1976, 3(1): 67-88.

[6] Otero I, Mancebo S, Ortega E, et al. Mapping landscape quality in Spain[J]. M+A Rev. Electrónic@ Medioambiente, 2007(4): 18-34.

[7] Ramos B M, Pastor I O. Mapping the visual landscape quality in Europe using physical attributes[J]. Journal of Maps, 2012, 8(1), 56-61.

[8] Rodriguez-Darias A , Santana-Talavera A , Diaz-Rodriguez P. Landscape Perceptions and Social Evaluation of Heritage-Building Processes[J]. Environmental Policy and Governance, 2016, 26(5): 394-408.

[9] Sayadi S , Roa M C G , Requena J C . Ranking versus scale rating in conjoint analysis: Evaluating landscapes in mountainous regions in southeastern Spain[J]. Ecological Economics, 2005, 55(4): 539-550.

[10] Arriaza M , Cañas-Madueño J A. Assessing the visual quality of rural landscapes[J]. Landscape & Urban Planning, 2004, 69(1): 0-125.

[11] RamírezÁ, Ayuga-Téllez E, Gallego E, et al. A simplified model to assess landscape quality from rural roads in Spain [J]. Agriculture, Ecosystems & Environment, 2011, 142 (3-4): 205-212.

[12] Lothian A. Measuring and Mapping Landscape Quality Using the Community Preferences Method[C]//New Zealand Planning Institute Annual Conference Blenheim URL: http: //www. scenicsolutions. com. au/8. % 20Papers. 2012, 20.

[13] Garcia-Gutierrez J , Gon^Alves-Seco L , Riquelme-Santos J C . Automatic environmental quality assessment for mixed-land zones using lidar and intelligent techniques[J]. Expert Systems with Applications, 2011, 38(6): 6805-6813.

[14] Domingo-Santos J M, de Villarán R F, Rapp-Arrarás Í, et al. The visual exposure in forest and rural landscapes: An algorithm and a GIS tool[J]. Landscape and Urban Planning, 2011, 101(1): 52-58.

[15] Pérez-Martínez G, Torija A J, Ruiz D P. Soundscape assessment of a monumental place: A methodology based on the perception of dominant sounds[J]. Landscape and Urban Planning, 2018, 169: 12-21.

[16] Kuiper J. A checklist approach to evaluate the contribution of organic farms to landscape quality[J]. Agriculture, Ecosystems and Environment, 2000, 77(1): 143-156.

[17] Blasco E, González-Olabarria J R, Rodriguéz-Veiga P, et al. Predicting scenic beauty of forest stands in Catalonia (North-east Spain)[J]. Journal of Forestry Research, 2009, 20(1): 73-78.

[18] Zubelzu S, Del Campo C. Assessment method for agricul-

tural landscapes through the objective quantification of aesthetic attributes[J]. International Journal of Environmental Research, 2014, 8(4): 1251-1260.

[19] Nekhay O, Arriaza M. How attractive is upland olive groves landscape? Application of the analytic hierarchy process and GIS in southern Spain [J]. Sustainability, 2016, 8(11): 1160.

[20] Martínez-Graña A M, Silva P G, Goy J L, et al. Geomorphology applied to landscape analysis for planning and management of natural spaces. Case study: Las Batuecas-S. de Francia and Quilamas natural parks, (Salamanca, Spain) [J]. Science of the Total Environment, 2017, 584: 175-188.

[21] Martín B, Ortega E, Otero I, et al. Landscape character assessment with GIS using map-based indicators and photographs in the relationship between landscape and roads[J]. Journal of Environmental Management, 2016, 180: 324-334.

[22] Munné A, Prat N, Solá C, et al. A simple field method for assessing the ecological quality of riparian habitat in rivers and streams: QBR index[J]. Aquatic Conservation: Marine and Freshwater Ecosystems, 2003, 13(2): 147-163.

[23] Roca E, Villares M, Ortego M I. Assessing public perceptions on beach quality according to beach users' profile: A case study in the Costa Brava (Spain)[J]. Tourism Management, 2009, 30(4): 598-607.

[24] Micallef A, Williams A T, Gallego Fernandez J B. Bathing area quality and landscape evaluation on the Mediterranean coast of Andalucia, Spain[J]. Journal of Coastal Research, 2011 (61): 87-95.

[25] Fernández D, Barquín J, Álvarez-Cabria M, et al. Land-use coverage as an indicator of riparian quality[J]. Ecological Indicators, 2014, 41: 165-174.

[26] Garcia X, Benages-Albert M, Pavón D, et al. Public participation GIS for assessing landscape values and improvement preferences in urban stream corridors[J]. Applied Geography, 2017, 87: 184-196.

[27] Serrano Giné D, Pérez Albert Y, Bonfill Cerveró C. The DIBA: A dynamic assessment tool for beach quality in protected areas[J]. Scottish Geographical Journal, 2018, 134 (3-4): 237-256.

[28] De Aranzabal I, Schmitz M F, Pineda F D. Integrating landscape analysis and planning: A multi-scale approach for oriented management of tourist recreation[J]. Environmental Management, 2009, 44(5): 938.

[29] Giné D S. Ensayo metodológico para la valoración estética del paisaje. Aplicación en Muntanyes d'Ordal (Barcelona) [J]. Geographicalia, 2008 (54): 99-112.

作者简介

程璐，1996 年生，女，汉族，河南，北京林业大学园林学院硕士研究生在读，研究方向为风景园林规划与设计。电子邮箱：252131666@qq.com。

张晋石，1979 年生，男，汉族，山东，北京林业大学园林学院副教授，研究方向为风景园林规划与设计。电子邮箱：bj_zjs@126.com。

德国重叠自然保护地管理经验对我国自然保护地整合优化的启示

Enlightenment of German Management Experience of Overlapping Protected Area on the Integration and Optimization of Protected Area in China

洪　莹

摘　要：通过梳理我国自然保护地整合优化工作的背景和进展，本文指出保护地空间整合优化的技术方法已逐渐明晰，但在支撑整合优化的管理体制建设和部门合作机制等方面，仍存在许多空白。通过对德国重叠保护地管理模式的研究，总结了其强调规划管理、部门合作紧密、系统功能完整的重要特点。归纳了德国经验对我国自然保护地整合优化在分区管控和合作机制方面的启示。

关键词：自然保护地；保护地整合优化；德国重叠保护地

Abstract: By combing the background and progress of the integration and optimization of nature reserves in China, this paper points out that the technical methods of spatial integration and optimization of nature reserves have gradually become clear, but there are still many gaps in the management system construction and department cooperation mechanism supporting the integration and optimization. Based on the research on the management mode of overlapping protected areas in Germany, the paper summarizes the important features of planning management, close cooperation among departments and complete system functions. This paper summarizes the Enlightenment of German experience on the integration and optimization of nature reserves in China in terms of zoning control and cooperation mechanism.

Key words: Protected Area; Integration and Optimization of Protected area; German Overlapping Protected Area

1　背景

2019年中央全面深化改革委员会第六次会议审议通过了《关于建立以国家公园为主体的自然保护地体系的指导意见》（下面简称《指导意见》），提出“形成以国家公园为主体、自然保护区为基础、各类自然公园为补充的自然保护地管理体系”[1]。在此顶层设计框架下，如何构建新的自然保护地体系，其中，自然保护地的整合优化成为当前国土空间规划的热点内容之一。2020年3月自然资源部、国家林业和草原局发布《关于做好自然保护区范围及功能分区优化调整前期有关工作的函》自然资函［2020］71号（下面简称71号函），就开展保护地的整合优化的工作重心和主要内容提出了指导思想和基本原则。目前我国自然保护地空间重叠现象普遍，导致保护对象重复、保护目标不清，对应管理部门职能交错，造成主管部门之间管理冲突、内耗严重。因此加快推进自然保护地空间和管理制度的整合优化，是当前保护地体系重构的当务之急，也是本文研究讨论的重点。

2　我国自然保护地整合优化进展

71号函指出自然保护地优化整合，应以生物多样性评估为基础，建立科学评价体系，着眼解决现实矛盾冲突和历史遗留问题，为确定合理的优化调整方案做好准备。突出的历史遗留问题主要是不同类型不同级别自然保护地之间的重叠，以及自然保护地与其他用地类型的重叠，包括建成区、永久基本农田、重大基础设施建设项目等。针对范围调整面临的主要情况，函提出十点科学调边的指导原则。另外，71号函还强调需进一步完善保护地的功能分区，并细化管控要求，即实现从核心区、缓冲区、实验区三区，向核心保护区、一般控制区两区的转变[2]。

在此基础上，各省积极推动自然保护地的整合优化工作，并出台相应的技术指南。以福建省为例，《福建省自然保护地整合优化技术指南》提出了自然保护地交叉重叠整合的通用标准。①原则上按照国家级和省级自然保护区优先、同级别保护强度高优先、不同级别的低级别服从高级别的顺序进行整合；②国家级和省级自然保护区与各类自然保护地交叉重叠时，原则上保留国家级和省级自然保护区。若无国家级和省级自然保护区，原则上以高一级的自然保护地为主体进行整合并确定自然保护地类型；③整合过程中涉及两个关键技术，即自然保护地自然属性和资源价值综合评估和同质性评价。前者来源于《福建省自然保护地评估论证技术方案（试行）》，主要确定保护地的重要程度，以确定重叠部分是继续保留作自然保护区，还是划为自然公园。后者是为了确定重叠或邻近保护地是否可以整合成为一个保护地。

3　自然保护地整合相关研究综述

自然保护地整合优化工作在各省正处于启动阶段，针对当前整合工作开展的实施难点，已有一些学者对保护地整合优化实施路径、技术要点、边界调整等方面的问题进行了初步探讨和研究：①空间分析基础。张芳玲等人通过对东北地区自然保护地数量特征分析，建议依据生态系统的空间分布合理完善保护地空间网络[3]。马童慧等人进一步通过自然保护地空间重叠分析，提出对重叠聚集严重的区域进行优先整合，再根据保护地主导生态系统服务类型，对保护地归并分类进行初步判断[4-5]；②整合实施路径。学者们基于对 71 号函内容的解读，系统化构建了保护地整合的工作路径。唐芳林等人提出了以“自然资源和保护现状研究—自然保护地结构优化—归并整合”为主要流程，以资源价值评估为重要依据的方案路径[6]。在评估方面，唐小平等人通过明确三类保护地的分系统定位，通过自然属性、生态价值和管理目标的综合评价进行保护地新旧体系的转换[7]；③风景名胜区的整合归并。作为兼具较高生物多样性服务功能和文化遗产的保护地类型，风景名胜区的类型归并和边界调整在保护地整合过程中备受关注。金英等人通过梳理国家级风景名胜区与其他国家级自然保护地和国土空间交叉重叠的情况，提出应当依据国家公园候选名单[8]，将提名的风景名胜区归类为国家公园[9]。张同升等人则认为还应考虑风景名胜区的自身特性，面积过小、可游面积比例过高、城市型和近郊型的风景名胜区不宜划并为国家公园[10]；④整合优化实践。目前已有学者对青海湖流域自然保护地整合优化进行了实践总结，刘增力等人通过对青海湖地区重点保护对象、保护需求、自然资源本底和管理可行性的综合分析，建议将青海湖流域完整的生态系统范围作为国家公园拟建方案[11]。

除了空间整合，还有许多学者认为应从立法保障和管理体制改革等方面，推进构建保护地整合的政策支撑体系。在立法方面，学者们普遍提出应该加快以国家公园为主体的自然保护地综合立法，以“基本法+专类法+一区一法”作为立法框架[12-14]。在管理模式上，大部分学者都提议建立创新多元化的体制机制[13-15]，逐渐推行开放式、参与式合作型管理模式，并在纵向上实行国家地方分级管理[16]。通过综合立法规定保护地的法律效力和建立目的，有助于明确各类保护地的内涵特征和本质区别，对分类整合工作提供指导。而通过刚性的空间管控和弹性多元的合作机制，则为保护地整合后提供实施机制保障。

总的来说，在《指导意见》和 71 号函陆续发布，全国各地各层面积极推进保护地整合工作的背景下，保护地空间整合优化的技术方法已逐渐明晰，但在支撑整合优化的管理体制建设，在应保尽保的指导原则下构建部门合作机制等方面，仍然存在许多可以探讨的空间。本文希望通过对德国自然保护地重叠情况，重叠自然保护地如何实现有效管控，以及部分重叠情况存在的合理性进行介绍和分析，为我国自然保护地整合优化提供借鉴。

4 德国保护地重叠情况和管理方法

4.1 德国自然保护地重叠情况

根据《联邦自然保护法》，德国的自然保护地共分为 11 种类型，分别是自然保护区、国家公园、国家自然历史遗迹、生物圈保护区、景观保护区、自然公园、自然遗迹、受保护的景观要素、受特别保护的栖息地、动物栖息地保护区（Natura 2000）、鸟类保护区（Natura 2000）[17]。其中大尺度的保护地主要包括国家公园、生物圈保护区、景观保护区和自然公园，其保护范围连续且功能复合。相比之下，自然保护区、Natura 2000 动植物栖息地保护区和鸟类保护区斑块则是以支持生物多样性为主的生境保护斑块，主要呈现破碎化分布的特征。与中国保护地现状类似，德国的各类保护地也存在大量保护范围叠合的情况，即大尺度保护地中包含大量生境保护斑块。另外，国家公园、生物圈保护区和自然公园之间也存在一定重叠包含情况。但是在管理实践中，范围重叠并未对德国自然保护地的管理效果产生明显影响。

4.2 德国重叠自然保护地管控原则

通过访谈调研和相关实证研究，笔者认为，德国针对范围重叠保护地的管理方法遵循了以下 3 条逻辑。

4.2.1 保护等级低的服从等级高的保护地的管控原则

根据联邦自然保护局 BFN 官方建议的保护等级，属于一级的是自然保护区和国家公园，属于二级的是生物圈保护区、受保护的景观要素、Natura 2000 动植物栖息地保护区和鸟类保护区，属于三级的是自然公园和景观保护区。当不同保护等级的保护地发生范围重叠时，重叠部分应当遵循保护等级高的保护地的管控原则。在德国，这种情况较多出现于自然保护区、国家公园、生物圈保护区和 Natura 2000 保护区落于自然公园和景观保护区范围内。以图林根州海尼希国家公园和自然公园为例，国家公园位于自然公园内部（图 1）。两个公园都设有自己的管理局，国家公园单独划分出去由国家公园管理局负责，自然公园管理局不能管国家公园内的事务。而国家公园的外围协同则与自然公园有密切广泛的合作。这一点与 71 号函中提到的自然保护地整合优化要满足保护强度不降低要求相一致。

4.2.2 国家公园与生物圈保护区的管控分区相协调

上述举例针对的是保护地重叠最简单的情况，即重叠的保护地只有一方有管控分区的要求，因此无需进一步协调重叠部分内部的管控分区边界，只需遵照保护地之间保护等级的逻辑即可。需要说明的是，德国在联邦自然保护局官方层面获得广泛共识的，需要进行分区管控的保护地是国家公园和生物圈保护区，其他的诸如自然公园，虽然也可以根据自身情况将公园内最具生态保护价值的区域进行区分，但是没有严格的强度分区管控要求。因此，只有当国家公园和生物圈保护区范围发生重叠时，需要进一步协调二者的管控分区边界。

按照管控强度等级，国家公园分区依次为自然动力区、自然发展区和维护区，生物圈保护区分区依次为核心区、缓冲区和发展区。为方便区分，下面的讨论将分区称为，国家公园一级管控区（自然动力区）、二级管控区（自然发展区）、三级管控区（维护区），生物圈保护区一级管控区（核心区）、二级管控区（缓冲区）、三级管控区

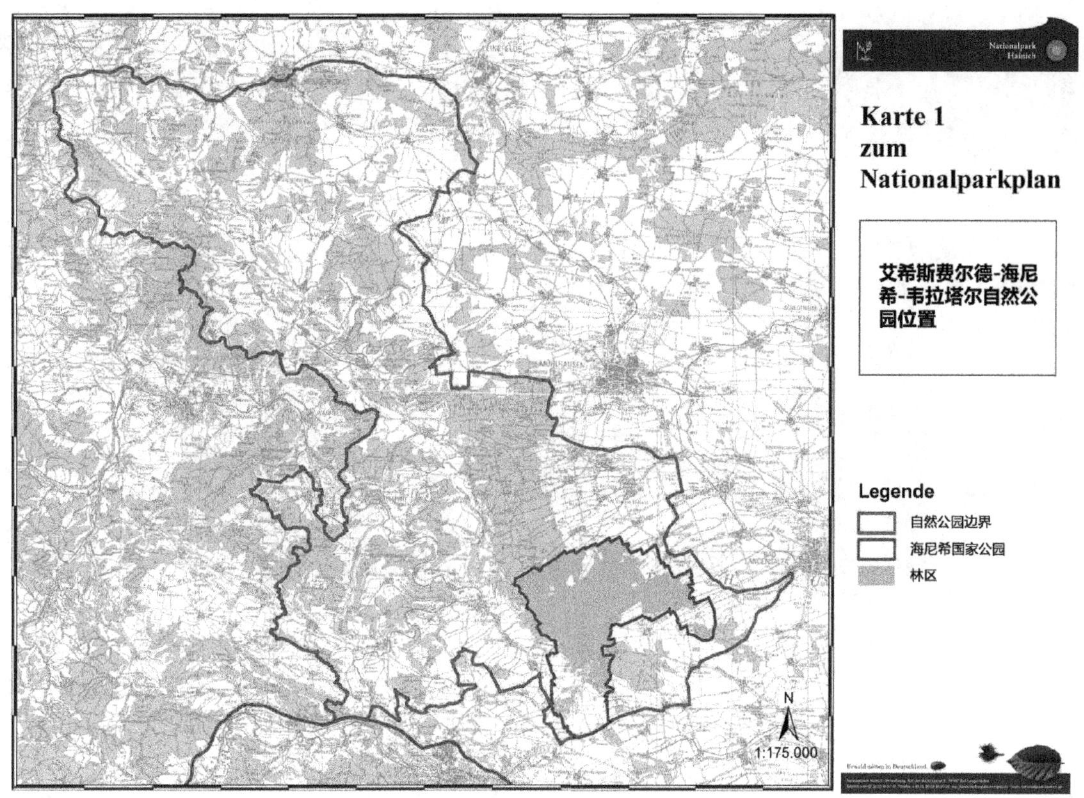

图 1 海尼希自然公园管理局和国家公园管理局管辖范围
（图片来源：海尼希国家公园管理局）

（发展区）。以拜仁州贝斯加登国家公园和生物圈保护区为例（图 2、图 3），生物圈保护区一级管控区完整地包含在国家公园内，而二级管控区由国家公园的三级管控区和另外两块自然保护区组成。德国重叠保护地管控分区边界的协调，遵循了保护地间保护等级和保护地内管控等级的双重原则（图 4）。

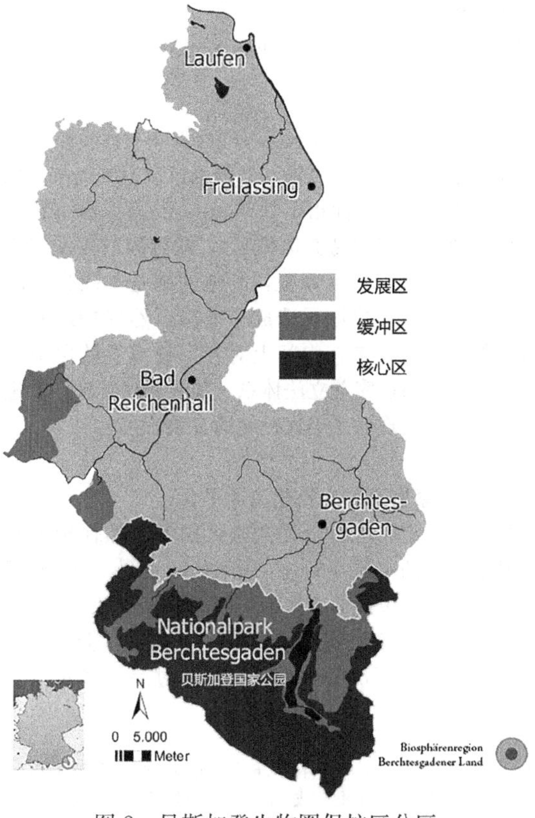

图 2 贝斯加登生物圈保护区分区

遵循这一原则，国家公园和生物圈保护区若遇到与自然保护区（保护等级为一级）重叠的情况，则将自然保护区划到前两者的一级管控区中；若遇到与 Natura 2000 保护区（保护等级为二级）重叠的情况，则将 Natura 2000 动植物栖息地保护区划到前两者的二级管控区中。

4.2.3 各自然保护主管当局之间统筹协作

国家公园、生物圈保护区、景观保护区和自然公园包含了大量的自然保护区、Natura 2000 动植物栖息地保护区和鸟类保护区斑块。德国之所以能够在保护地范围叠合的情况下继续推进保护工作，并保证实施效果，有赖于部门之间有力的合作。通过研究大尺度自然保护地的相关规划，管理局须针对范围内的自然保护区、Natura 2000 保护区和其他受保护的景观要素和生物群落，分别与其负责当局密切合作，制定并实施符合其保护和发展目标的管理计划。以罗恩生物圈保护区为例（图 5），缓冲区和 Natura 2000 地区保护罗恩生物圈保护区的典型栖息地方面发挥重要作用。通过具体的管理计划，在 Natura 2000 的各个地区，确保以生态为导向的管理，目的是保持生境典型物种的组成，该计划正在与负责 Natura 2000 自然保护当局的密切协调下制定[19]。

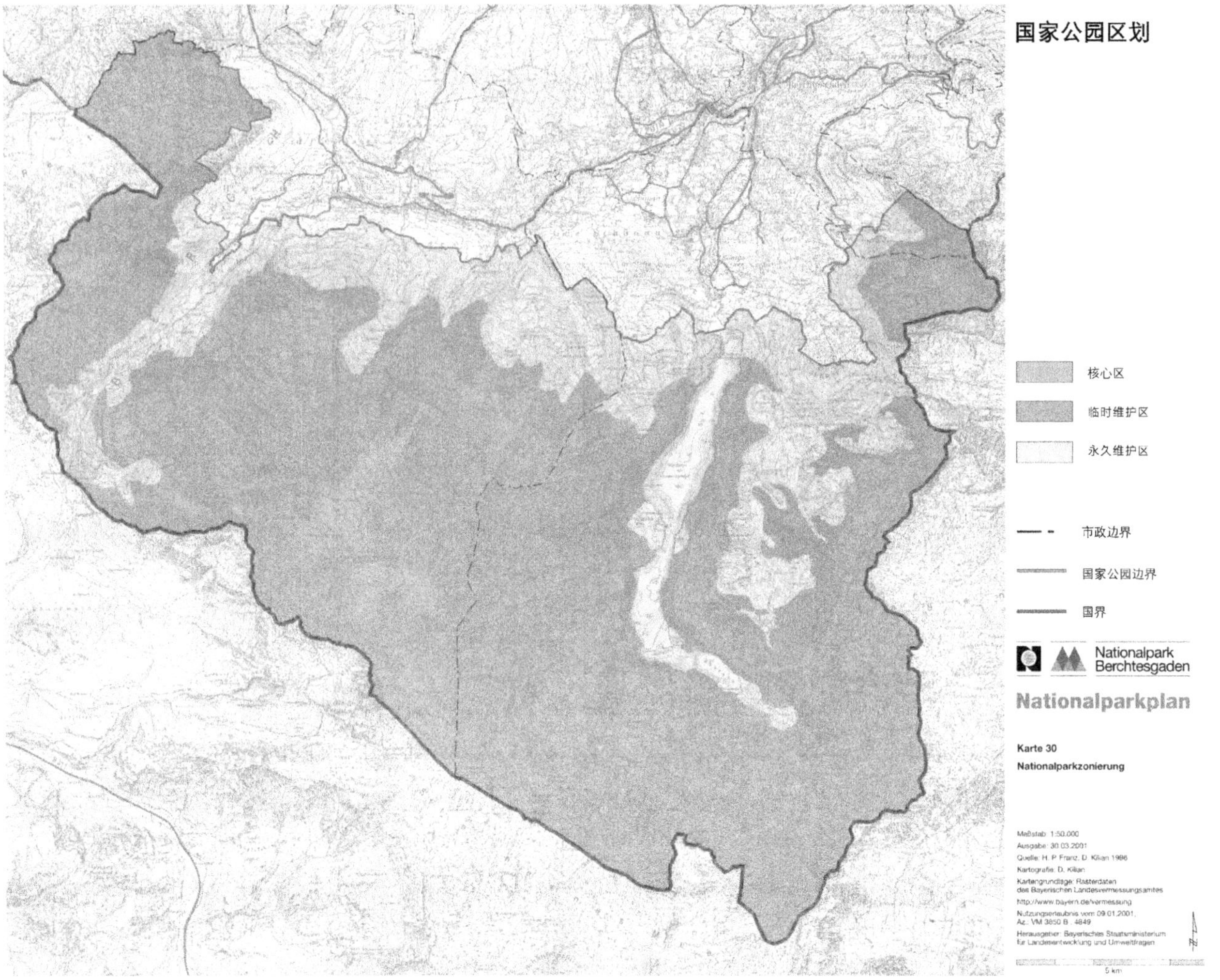

国家公园区划

核心区
临时维护区
永久维护区
市政边界
国家公园边界
国界
Nationalpark Berchtesgaden
Nationalparkplan
Karte 30
Nationalparkzonierung

图 3　贝斯加登国家公园分区管控图①

（图片来源：https：//www. nationalpark-berchtesgaden. bayern. de/medien/publikationen/nationalparkplan/doc/karte _ nationalparkzonierung. pdf）

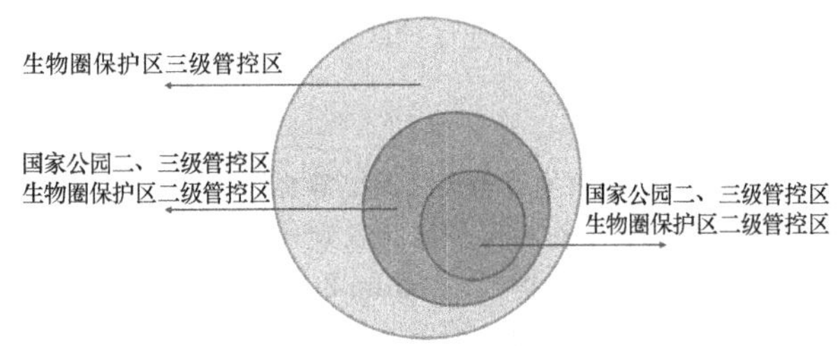

图 4　德国国家公园和生物圈保护区管控分区边界协调示意

（图片来源：作者自绘）

4.3　德国重叠自然保护地的管控特征

4.3.1　尊重历史现状，强调规划管理

德国自然保护地体系有十分悠久的建设历史。不同历史阶段对自然保护地类型建设的侧重不同，例如德国早期偏重自然保护区的建设，20 世纪 90 年代开始才逐渐建立起国家公园体系。另外，德国也包含不同体系的保护地系统，例如欧盟层面指定的 Natura 2000 系统（包含动植物栖息地保护区和鸟类保护区），联合国教科文组织层面指定的生物圈保护区系统，其他的则是本国自身的保护地系统。诸多历史原因造成了德国自然保护地的大量重叠。然而德国并未在空间上对各系统重叠的保护地进行整合，而是通过完善立法体系，加强规划管理，促进部门合作的方法实现对各类保护地的有效管控。

4.3.2　部门紧密合作，搭建沟通平台

构建工作组、组织听证会是德国各自然保护地管理机构开展合作的主要方式。以国家公园为例，国家管理局组织相关专业人员形成工作组，编制国家公园规划。规划的通过需要由国家公园咨询委员会召开听证会，召集所有利益相关方进行决策投票，决议通过后向各州自然环

① 贝斯加登国家公园的维护区分为临时维护区和永久维护区。国家公园建立之时核心区的面积不足 75%，只有 66.6%，因此将核心区外围维护区中近自然的部分划作临时维护区，通过人工的生态系统维护管理手段，将临时维护区逐步转化为核心区[18]。在转化完成之前，根据管控措施及其强度，可以将核心区、临时维护区、永久维护区视作一级管控区、二级管控区、三级管控区。

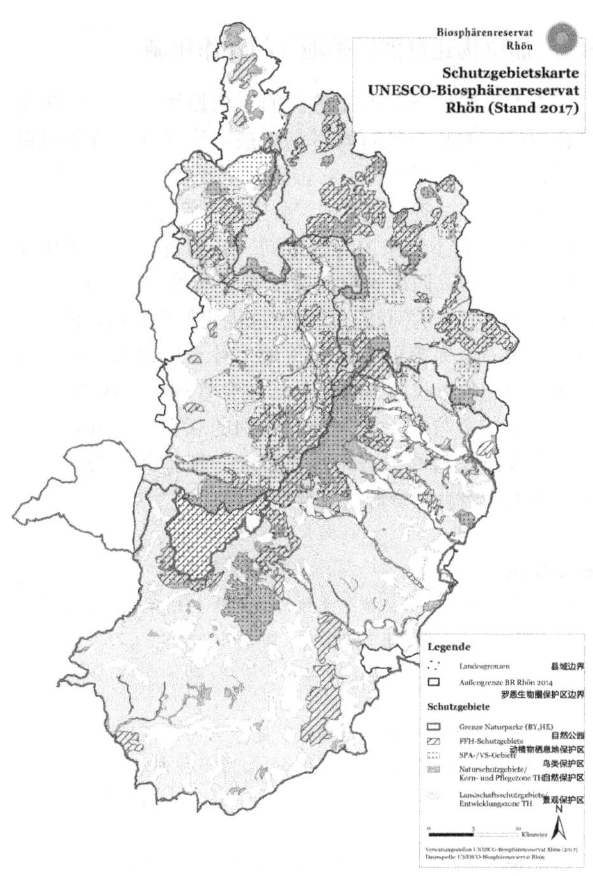

图 5　罗恩生物圈保护区其他自然保护地分布

（图片来源：罗恩生物圈保护区框架管理计划 2018 第一卷[19]

境保护厅上报，审批通过后进行公示。针对地跨州界的国家公园，通过成立州际联合管理局，对整个公园进行统筹管理，跨州合作紧密。联合管理局一般采用轮值主席制，定期召开例会讨论相关事宜。管理局的下属机构也可以提议跨州合作，提议通过后能得到州层面的支持（图 6）。

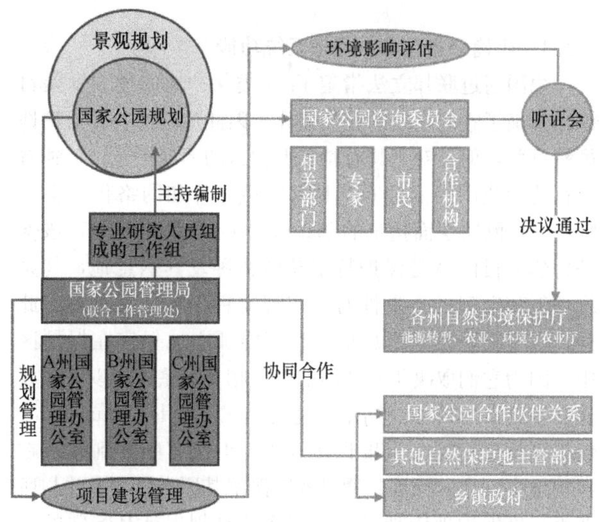

图 6　德国国家公园管理的主要程序

（图片来源：作者根据 Hainich，Harz，Müritz 国家公园管理局访谈情况整理）

对于跨境合作，以易北河生物圈保护区为例，考虑到流域生态系统的完整性，其保护范围跨越 5 个州，每个联邦州（石勒苏益格－荷尔斯泰因州因所占面积太小而除外）都成立了一个单独的地区行政机构，该州政府通过州工作组在特定主题和空间基础上进行合作[20]。其中，易北河合作工作组（KAG）和环境教育工作组（AGUBE）一直是易北河和州工作组的重要合作对话平台和伙伴。这些跨区协会促进各方信息交换，并为讨论和协调与地区发展有关的项目提供了合作框架。KAG 致力于与联邦各州对话，积极参与建立和开发生物圈保护区的过程，确保民众的信息公开和合作过程，通过促进性项目使生物圈促进各县农村的经济、社会、生态发展（图 7）。

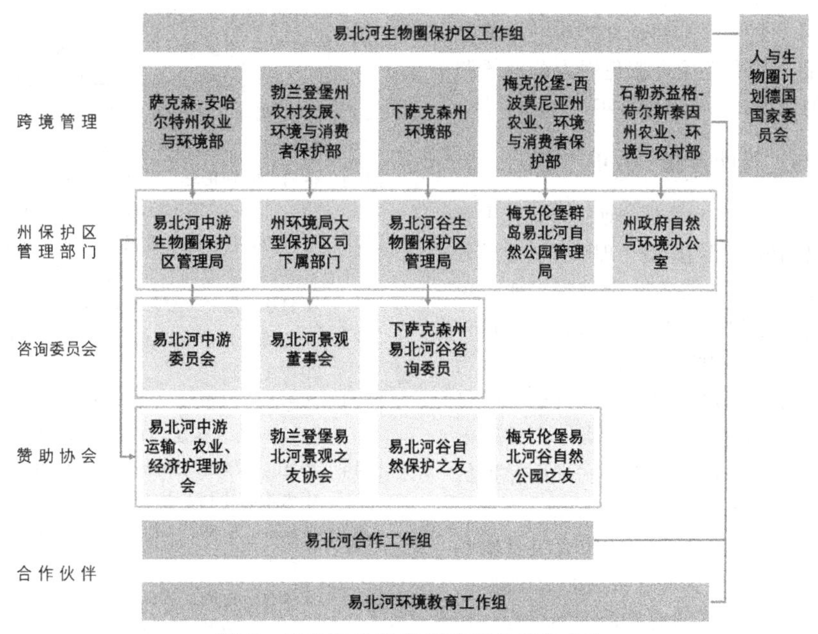

图 7　易北河生物圈保护区的跨境合作

（图片来源：根据教科文组织跨州生物圈保护区“易北河景观”概念框架[20]整理）

4.3.3 明确分类差异，保证系统功能

德国通过联邦立法指定了11类保护地的建立发展目标，明确了它们之间的分类差异。因此德国的各类保护地虽然重叠，但是对于具有特殊保护目的的保护地，单独看其在德国范围内的分布，具有区域连片和网络化的空间特点。以欧盟层面指定的Natura 2000保护区为例，该保护地建立目的就是保护特定动植物种及其栖息地，其系统功能和空间的连贯性对于实现物种保护非常重要。此外，许多物种及其栖息地类型不能孤立地保存在保护区中，因为它们取决于与环境的某些相互关系，所以有必要建立生物群落的功能网络。这也是虽然大量Natura 2000保护区位于德国大尺度保护地内，但没有归并到其所在保护地类别中的原因，通过继续保留其原本分类，并与所在大尺度保护地管理局共同制定管计划保证其特殊的保护目标。

5 德国经验对我国自然保护地整合优化的启示

结合我国当前自然保护地整合优化工作的开展方向和德国经验，笔者认为，应当从以下3方面进一步支撑并保障自然保护地的整合优化。

5.1 重构整合后自然保护地的分区管控体系

基于71号函提出的“三区变两区”的自然保护地分区转变，参考德国各系统保护地在区域层面保证了各自功能和空间连贯性的特征，我国自然保护地在整合优化的过程中，一定要充分考虑和评价重叠或相邻保护地保护目标的特殊性。例如自然保护区作为珍稀濒危物种的保护地，在省市级向上一级自然保护区和国家公园整合，或同级别自然保护区向国家公园整合的过程中，应当充分考虑其原本珍稀物种的特殊保护目标和要求，在整合后的分区管控要求中将其细化落实，避免因为范围的调整，导致自然保护地的保护目标得不到落实。

5.2 “制度刚性”与“管理弹性”并重

在目前强调“一地一牌”的自然保护地整合优化主导政策背景下，制度刚性为明确部门职责，理顺保护地的分类管理提供了坚实基础，但是在原有十余种保护地向现在三类保护地整合归并的过程中，难免会出现“一刀切”的情况。以风景名胜区为例，按照目前的整合分类，应当归为自然风景公园，但是许多风景名胜区兼具极高的自然保护价值和人文历史游憩价值。单一分类一定程度上会使具有复合价值的保护地，面临损失某一方面保护价值的问题。自然保护地体系的设立，本质上是为了处理自然生态系统保护与开发的关系。德国经验没有过度依赖制度刚性，而是通过构建多元、弹性、协商的管理制度，实现了重叠保护地在多元目标下的有效治理和管控。在风景名胜区将被保留的情况下，德国经验为复合价值的保护地管理提供了经验借鉴。

5.3 加快构建自然保护地部门合作机制

本着自然生态系统完整性的重构原则，自然保护地整合后必将面临打破行政区划壁垒，建立部门合作机制的问题。以泸沽湖为例，它位于云南省和四川省的交界，湖区分别位于两省行政范围，分属两个管理局。同时泸沽湖还面临两个部分保护等级不同（云南省境内属于国家级风景名胜区，四川省境内属于省级风景名胜区），两个管理局缺乏合作的问题。在保护地优化整合之后，泸沽湖将整合成一个完整的自然保护地。对于这种跨行政的自然保护地，参考我国各种跨区域联合管理示范区的模式，应当建立一个与其保护等级同级别的联合管理局，对保护地范围内完整的生态系统进行统一保护和管理，并直接由其上一级自然资源主管部门管理。

参考文献

[1] 关于建立以国家公园为主体的自然保护地体系的指导意见［EB/OL］. 中共中央办公厅，国务院办公厅.［2020-06-20］. http://www.gov.cn/zhengce/2019-06/26/content_5403497.htm.

[2] 关于做好自然保护区范围及功能分区优化调整前期有关工作的函［EB/OL］. 自然资源部，国家林业和草原局.（2020-03）［2020-06-20］. http://www.china-npa.org/info/2835.jspx.

[3] 张芳玲，蒲真，梁晓玉等. 中国东北地区自然保护地数量特征分析［J］. 北京林业大学学报，2020，42(02)：61-7.

[4] 马童慧，吕偲，雷光春. 中国自然保护地空间重叠分析与保护地体系优化整合对策［J］. 生物多样性，2019，27(07)：758-71.

[5] 马童慧. 中国湿地类型自然保护地空间重叠分布与整合优化对策研究［D］. 北京：北京林业大学，2019.

[6] 唐芳林，吕雪蕾，蔡芳等. 自然保护地整合优化方案思考［J］. 风景园林，2020，27(03)：8-13.

[7] 唐小平，刘增力，马炜. 我国自然保护地整合优化规则与路径研究［J］. 林业资源管理，2020，(01)：1-10.

[8] 欧阳志云 徐卫华，杜傲，等. 中国国家公园总体空间布局研究［M］. 北京：中国环境集团出版社集团，2018.

[9] 金英，周雄，疏良仁. 国家级风景名胜区的整合归并与边界调整研究［J］. 规划师，2019，35(22)：50-5.

[10] 张同升，孙艳芝. 自然保护地优化整合对风景名胜区的影响［J］. 中国国土资源经济，2019，32(10)：8-19.

[11] 刘增力，孙乔昀，曹赫等. 基于自然保护地整合优化的国家公园边界探讨——以拟建青海湖国家公园为例［J］. 风景园林，2020，27(03)：29-34.

[12] 吕忠梅. 关于自然保护地立法的新思考［J］. 环境保护，2019（Z1）.

[13] 吕忠梅. 以国家公园为主体的自然保护地体系立法思考［J］. 生物多样性，2019，27(02)：128-36.

[14] 李挺. 整体性思维背景下的我国自然保护地立法——以法律体系的建构与整合为视角［J］. 环境保护，2019，(9).

[15] 张振威，杨锐. 中国国家公园与自然保护地立法若干问题探讨［J］. 中国园林，2016，32(02)：70-3.

[16] 王权典. 再论自然保护区立法基本问题——兼评《自然保护地法》与《自然保护区域法》之草案稿［J］. 中州学刊，2007(3)：92-6.

[17] Gesetz über Naturschutz und Landschaftspflege (Bundesna-

turschutzgesetz-BNatSchG）德国联邦自然保护法［EB/OL］.（2009-07-29）［2020-03-02］. http//：www. gesetze-im-internet. de/bnatschg _ 2009/BJNR254210009. html.

［18］ Nationalpark Berchtesgaden Nationalparkplan 贝斯加登国家公园规划［EB/OL］. Germany：Nationalparkverwaltung Berchtesgaden.（2001-03-30）［2020-05-09］. https//：www. nationalpark-berchtesgaden. bayern. de/medien/publikationen/nationalparkplan/doc/nationalparkplan. pdf.

［19］ Neues Rahmenkonzept 2018 UNESCO-Biosphärenreservat Rhön Band I-Wo stehen wir?［EB/OL］. Germany：Verwaltungsstellen UNESCO-Biosphärenreservat Rhön in Bayern，Hessen und Thüringen.）［2019-12-20］. https//：biosphaerenreservat-rhoen. de/neues-rahmenkonzept-2018.

［20］ Rahmenkonzept für das länderübergreifende UNESCO-Biosphärenreservat "Flusslandschaft Elbe"教科文组织跨州生物圈保护区"易北河景观"概念框架［EB/OL］. Germany.（2006）［2020-04-11］. https//：www. flusslandschaft-elbe. de/upload/downloads/Rahmenkonzept _ BR _ Flusslandschaft _ Elbe-fertig-April-07. pdf.

作者简介

洪莹，1992 年 8 月生，女，汉，云南，硕士研究生，上海同济城市规划设计研究院有限公司，规划师，研究方向为景观生态规划方向。电子邮箱：2319785230@qq. com。

乡愁景观的物质载体探寻方法研究

Research on the Material Carrier of Nostalgia Landscape

孟凡力

摘　要：探寻乡愁景观的物质载体对于乡村、古镇和聚落的规划设计有重要意义。在当前国内研究中，乡愁景观研究的相关方法缺少对于地域特征和情感认知的联系，多停留于意向的提炼。本文通过构建乡愁景观物质载体的研究方法，将具体场地地域特征与情感认知进行结合。研究方法从2个视角进行构建，将照片感知评分和景观因子量化评分结合构建模型，2类模型进行偏差分析，得出具体景观因子对于乡愁情感感知的贡献度，从而找到物质载体。同时，文章选取西来古镇为对象进行方法应用，找到2类人群对于西来古镇的乡愁载体要素，同时对未来规划设计提出借鉴意见。

关键词：乡愁景观；景观因子评估；照片感知；物质载体

Abstract: It is of great significance to explore the material carrier of nostalgia landscape for the planning and design of villages, ancient towns and settlements. In the current domestic research, the relevant methods of nostalgia landscape research lack of the relationship between regional characteristics and emotional cognition, and mostly stay in the refinement of intention. In this paper, through the construction of nostalgia landscape material carrier research methods, the specific site regional characteristics and emotional cognition are combined. The research method is constructed from two perspectives, combining the photo perception score and landscape factor quantitative score to construct the model. The two types of models are analyzed for deviation, and the contribution of specific landscape factors to nostalgia emotion perception is obtained, so as to find the material carrier. At the same time, this paper selects Xilai ancient town as the object to carry out the method application, finds the nostalgia carrier elements of two groups of people for Xilai ancient town, and puts forward some suggestions for future planning and design.

Key words: Homesickness Landscape; Landscape Factor Assessment; Photo Perception; Material Carrier

1　乡愁景观物质载体探寻的意义

1.1　乡愁景观的定义

"乡愁"最早出现在《奥德修斯的旅行》中[1]。对于乡愁的定义，最初心理学家和社会学家将乡愁当作心理学的词汇形容远离故土作战的士兵对家乡的思念[2]。后来乡愁一词被用来形容对遥远事物思念或渴望的情感[3]。鲍加特纳认为，可以从认知维度和情感维度分析乡愁，认知维度专注于对过去的记忆，而情感维度则强调这些记忆所引发的情感，这种情感包括积极的和消极的两种情感。回忆过去让人们感觉温暖、兴奋和自信，但无法重现的记忆让人们感觉沮丧和失落[4]。有学者认为乡愁是一种情感，这种情感是关于人们童年或其他事物，如家人、伙伴以及朋友等的一种记忆[5]。

对于"乡愁景观"，王新宇提出，乡愁景观是指与人文景观相融共存、体现地域特色、富含文化，能使人产生归属感的生态景观[6]，强调景观与人文精神的一致性；吕游认为乡愁情感是乡村居民代代相传延续人文情怀的表现方式，不同的乡村都具有不同的乡愁文化与代表元素[7]，强调历史性和地域性。本文所定义的乡愁景观是在某一地域内，即使不对该地有情感寄托的人也会因该地域内的某种景观所营造出的氛围而产生乡愁情感，强调普遍性和地域性。

1.2　国内乡愁景观研究现状

当前国内对于乡愁景观的研究，一部分集中于从诗词歌赋中进行提取意向结合调查问卷的形式，对其中的意向与乡愁情感进行关联。例如，张智惠和吴敏在"乡愁景观载体元素体系研究"中[8]，通过对田园诗词、田园山水画、纪录片以及问卷调查的形式对乡愁景观的关键词进行提取，并研究各类途径的乡愁偏重和各类载体元素的乡愁偏重，有小部分的人群感知研究，但是没有落到地域空间上。还有一部分对某一地域进行景观分析，从多个要素入手进行理性分析进而得出相关设计指导意见。例如，吕游和郑潇在"乡村振兴背景下的乡愁景观营造策略"中，着重从田林、水体和民居建筑进行景观分析，提出设计意见，但是对于乡愁的情感认知没有具体强调。前者强调人的主观感受和情绪表达，后者强调地域特征。因此，国内对于乡愁景观的研究目前几乎没有将人群情感和地域特征进行联系的合理研究方法，只在2个方面进行趋向势的结合。

1.3　规划设计的依赖性和地域载体研究的缺失性

乡愁情感已经成为各大乡村、古镇和聚落旅游的主打方向，通过乡愁情感引导流失人口回归田园，吸引外来人群成为新村民是很多乡村规划的目的，目的的相似性导致大多规划设计的同质化，因此结合地域特点是规避同质性的主要手段，而乡愁情感如何落实到地域特征中也是研究的主要趋势。对于当前国内相关文献的研究也发现此领域的空白性和趋向性，本文研究方法的提出意义即为满足规划设计的依赖性和填补地域载体研究的缺失性，以表现乡愁情感的物质载体。

2　乡愁景观物质载体探寻的方法研究

2.1　地域照片的采集

收集乡村、古镇或聚落的相关场景照片，采集的照片需满足以下条件：①照片内容尽量为多景观要素组成的景观场所，避免照片中特写某一景物；②照片视角与人的双眼高度平齐，表现该场景的主要视角。

2.2　照片评价者的选择

对于照片的乡愁情感感知可以分为2个视角：①去过该地的人，其对于该地域会有一定的空间感知记忆和情感依附，是对该地首先具有乡愁基础的人，通过对照片的乡愁情感感知，可以找到该地易于寄托情感的景观场景。②没去过该地的人，是以该地的场景氛围触发乡愁情感的代表，体现乡愁情感的普遍性，此类人反映大众对于乡愁情感的基础场景感知，可以找到大众乡愁情感的主要景观载体。

通过2类人的感知偏差分析，可以找到该地域中可以寄托乡愁情感的景观场景和可以表达乡愁情感的景观场景，2类场景的区别在于场景情感的主动与被动，前者由第一类人群反映，是被动接受人群的情感激动；后者由第二类人群反映，是主动唤醒未来到访人群的乡愁情感。

2.3　乡愁感知的评分方法

用对场地照片情感感知的调查问卷方式，对于去过该地的人群，询问离开后，你对此照片中场景的怀念感知，以怀念程度进行打分；对于没去过该地的人群，询问此照片代入原真乡野的感知，以代入程度进行打分。评判中采用7分制为衡量标准，判分为3、2、1、0、−1、−2、−3。3分为怀念程度或代入程度最高，−3分为怀念程度或代入程度最低。

2.4　评分值的标准化处理

由于调查问卷的评判结果是由景观本身的特征和评判者的审美尺度两方面决定的，而观察者的身份效应是明显的，为了消除个体评价起点和审美价值不同导致的影响，评判值需要进行标准化处理：

$$Z_{xy}=(R_{xy}-R_y)S_{xy}$$

$$Z_x=\sum_y Z_{xy}/N_y$$

式中，Z_{xy}是第y个评判者对第x张照片的标准化值；R_{xy}是第y个评判者对第x张照片的评分值；R_y是第y个评判者对所有的群落样本的评分值的平均值；S_{xy}是第y个评判者对所有的群落样本的评分值的标准差；Z_x是第x张照片的景观标准化得分值；N_y是评判者总人数；Z_x分为去过的人Z_{x1}和没去过的人Z_{x2}两类分值。

3　乡愁景观物质载体探寻的结果分析方法

3.1　景观要素分解

对采集照片进行要素分解，可将场景与情感的关系落实于具体的景观要素中而找到乡愁情感的物质载体，从而切实服务到规划设计中对乡愁场景进行塑造。

景观因子分类表的得出：①瓦西里·康定斯基指出：点、线、面是造型艺术表现的最基本语言和单位[8]，因此以点线面分类出发进行因子分解。②在姜月和张鹰对于传统聚落构成要素分类与特征分析研究[9]中，将传统聚落划分7个类别、17个要素内容，但该文着重分析具体的每个要素本身的形态特性。而本文更强调各要素的空间应用和场景烘托表现，且此方法更宏观，因此对该篇论文中部分过于具体的要素进行整合，初步筛选景观因子分类表。③邀请5位从事风景园林的教授，5位从事风景园林相关行业的社会人士和5位研究生二年级的专业学生作为专家组，对景观因子分类表进行审阅，补充整合未提及的要素，对分类中表达不明确和疏漏的因子进行修改，形成最终版评估表格（表1）。

对22个因子评定量化，且其中部分可直接定量得分。其他无法定量的因子用10分值的等级打分，列出1和10两个极值的打分要求，2～9省略，并邀请专家组15位成员对采集的照片进行因子评价。

景观要素分解评估表　　**表1**

类目	景观要素	要素因子	1	10
点要素A	建筑A1	建筑形态独特性A11	形态普通	形态独特
		建筑色彩丰富性A12	色彩量化	
		建筑用材多样性A13	用材类型量化	
		建筑地方文化性A14	不体现当地文化	贴近当地文化
		建筑乡土性A15	不表现地方特色	形式贴近地方风貌
	景观小品A2	小品文化认知性A21	不体现当地文化	贴近当地文化
		小品乡土性A22	材料色彩等不适宜当地	材料色彩等贴近地方风貌
	植物A3	植物种植优美度A31	没有美学价值	种植优美，具有美学价值
		植物树龄古老性A32	树龄小	树龄老
		植物生长程度A33	植物生长差	植物生长良好
		植物群落丰富度A34	物种数量量化	

续表

类目	景观要素	要素因子	1	10
线要素 B	街巷 B1	街巷表皮丰富度 B11	表皮单一化，没有特色	表皮有多样的形式和细节
		街巷空间多样性 B12	空间没有凹凸变化	空间疏密凹凸表现丰富
	道路 B2	道路形态优美度 B21	形态没有美学价值	形态优美，具有美学价值
		道路乡土性 B22	不具有当地特色	贴近当地风貌
	河流 B3	驳岸生态性 B31	生态性弱，硬质驳岸	驳岸生态自然
		亲水性 B32	亲水性差	亲水性强
		河流空间优美度 B33	空间没有美学价值	空间优美，具有美学价值
面要素 C	山体 C1	地形变化程度 C11	地形变化少	地形变化丰富
	农田 C2	农作物物种多样性 C21	农作物物种量化	
		农田色彩丰富度 C22	色彩量化	
		农田肌理感 C23	肌理感表现弱	肌理感突出

（资料来源：作者自绘）

3.2 回归模型建立

专家组对因子评价完成后进行平均值处理，作为照片的量化评分。将其与照片感知结果 Z_x 输入到 SPSS23 进行相关性分析（Z_x 分为去过的人 Z_{x1} 和没去过的人 Z_{x2}），通过相关性分析，可以找到景观因子分值与照片感知结果 Z_{x1} 和 Z_{x2} 的关系，两类感知结果（Z_{x1} 和 Z_{x2}）分别选出与其相关性最强 5 个因子。

两类感知结合和其相关性最强的 5 个因子分别进行模型构建。将 5 类因子和感知结果代入多元线性回归模型，对其 R 值和显著值进行验证，得出以 5 类因子分值为自变量、以照片感知结果为因变量的乡愁景观物质载体评价模型。最终得出 2 类人群评判的 2 个乡愁景观物质载体评价模型，进行偏差分析。

3.3 模型分析

对两个模型单独分析，分析 5 个因子对照片感知得分的贡献度大小，贡献度越大，说明该因子对照片乡愁感知的影响越大，在规划设计中越应重点保护和设计。对 2 个模型的相关因子对比分析，结合因子类型和具体场地节点，发现 2 类人群对于乡愁感知的不同侧重，找到规划设计的侧重方向。还可对 2 个模型的 R 值和显著性进行对比分析，可分析模型的准确度。

4 研究方法的应用

4.1 前期数据收集

以西来古镇为例，采集并筛选西来古镇照片 18 张，覆盖西来古镇主要节点。对照片设计问卷（问卷形式见 2.3 节），共收集问卷 190 份，其中去过的人填写问卷 95 份，没去过的人填写问卷 91 份，无效问卷 4 份。同时组建专家小组 15 人（构成见 3.1 节）对 18 张照片进行景观因子评分。

4.2 数据处理

根据拟定的乡愁景观物质载体探寻的研究方法，以西来古镇为应用，对此方法进行实证。得出两类人群（Z_{x1} 为去过的人，Z_{x2} 为没去过的人）的照片标准化感知得分（表 2）、景观因子评估得分（表 3）。

照片标准化感知得分 **表 2**

照片编号	1	2	3	4	5	6	7	8	9	10	11	12	13	14	15	16	17	18
Z_{x1}	0.55	0.20	−0.12	0.35	0.73	0.15	−0.06	−0.24	−0.60	0.38	0.01	−0.54	−0.79	−0.08	0.30	0.37	−0.56	−0.04
Z_{x2}	0.30	0.05	−0.21	0.47	0.92	0.58	0.08	−0.15	−0.38	0.49	0.06	−1.38	−0.90	0.14	−0.74	0.22	0.41	0.04

（资料来源：作者自绘）

景观因子评估得分 **表 3**

因子 \ 照片编号	1	2	3	4	5	6	7	8	9
A11	7.25	6.60	5.10	6.80	—	6.50	6.90	—	6.50
A12	9.00	5.00	4.00	4.00	—	2.50	4.00	—	3.70
A13	5.00	4.00	4.00	4.00	—	2.00	5.00	—	2.00
A14	8.25	6.95	5.85	6.45	—	6.95	6.80	—	4.55
A15	7.80	6.70	6.05	6.60	—	7.45	6.65	—	5.40

续表

因子 \ 照片编号	1	2	3	4	5	6	7	8	9
A21	5.70	6.30	5.10	6.00	—	6.70	6.50	5.85	—
A22	6.15	6.15	5.10	6.00	—	6.15	6.15	5.90	—
A31	4.90	6.60	6.50	5.10	7.70	7.45	7.15	7.00	5.80
A32	6.10	6.00	5.85	5.25	8.00	7.20	7.75	7.00	5.10
A33	6.05	6.45	6.35	5.40	7.60	7.50	7.90	7.55	5.15
A34	3.00	4.50	4.50	1.00	6.00	7.00	8.50	4.00	9.50
B11	—	—	5.90	6.60	—	—	—	—	—
B12	—	—	6.15	6.40	—	—	—	—	—
B21	—	—	—	5.90	—	7.30	—	7.55	—
B22	—	—	—	6.60	—	6.40	—	7.50	—
B31	—	—	—	—	—	8.10	7.85	—	5.05
B32	—	—	—	—	7.00	7.55	6.60	—	4.50
B33	—	—	—	—	6.85	7.90	6.05	—	4.90
C11	—	—	—	—	6.90	7.25	5.90	—	6.20
C21	—	—	—	—	—	—	—	—	5.50
C22	—	—	—	—	—	—	—	—	3.00
C23	—	—	—	—	—	—	—	—	5.65

因子 \ 照片编号	10	11	12	13	14	15	16	17	18
A11	—	7.55	5.70	5.00	5.05	7.35	—	7.45	—
A12	—	5.70	5.00	4.00	7.50	1.00	—	2.50	—
A13	—	4.00	4.00	2.00	1.00	4.00	—	4.00	—
A14	—	6.00	6.00	3.55	5.75	6.60	—	5.95	—
A15	—	4.85	4.85	3.35	3.90	7.20	—	6.35	—
A21	5.15	—	5.10	3.15	5.45	6.60	6.70	—	—
A22	6.25	—	5.75	3.15	4.50	6.70	6.15	—	—
A31	7.85	6.15	6.50	—	6.40	—	8.15	6.45	5.15
A32	8.65	4.95	6.40	—	6.60	—	7.50	6.00	4.65
A33	8.90	6.50	6.65	—	6.60	—	7.40	7.70	5.60
A34	6.00	6.00	4.50	—	6.00	—	6.00	6.00	3.00
B11	—	—	6.40	—	—	6.50	—	—	—
B12	—	—	6.70	—	—	7.15	—	5.60	6.10
B21	8.15	—	—	3.70	—	7.00	7.55	6.85	—
B22	6.85	—	—	3.35	—	6.00	7.20	6.90	—
B31	—	7.25	6.60	—	—	—	6.10	—	—
B32	—	5.45	5.70	—	—	—	7.60	—	—
B33	—	6.00	5.55	—	—	—	6.80	—	—
C11	—	5.55	—	—	6.30	—	5.50	—	4.15
C21	—	—	—	—	1.00	—	4.00	—	2.50
C22	—	—	—	—	3.00	—	3.00	—	3.00
C23	—	—	—	—	5.35	—	5.15	—	5.95

4.3 模型构建

用 SPSS23 分析照片感知得分与景观因子评估得分相关性，筛选结果（表 4）。

照片感知得分与景观因子评估得分相关性 表 4

Z_{x1}要素相关因子	相关系数	显著性
建筑地方文化性 A14	0.655	0.003
建筑乡土性 A15	0.577	0.012
景观小品乡土性 A22	0.550	0.018
植物树龄古老性 A32	0.514	0.029
亲水性 B32	0.493	0.037
Z_{x2}要素相关因子	相关系数	显著性
景观小品文化认知性 A21	0.475	0.047
街巷空间多样性 B12	0.562	0.015
道路乡土性 B22	0.498	0.036
亲水性 B32	0.525	0.025
河流空间优美度 B33	0.526	0.025

资料来源：SPSS 软件。

将 Z_{x1} 和 Z_{x2} 要素相关因子和 Z_{x1} 和 Z_{x2} 代入多元线性回归方程；得出 2 类人群的乡愁景观物质载体评价模型如下：

模型一：$Z_{x1}=-3.143+0.206A_{14}-0.052A_{15}-0.255A_{22}-0.123A_{32}+0.239B_{32}$

式中，Z_{x1} 为去过西来古镇的人的乡愁感知评分；A_{14} 为将建筑地方文化性；A_{15} 为建筑乡土性；A_{22} 为景观小品乡土性；A_{32} 为植物树龄古老性；B_{32} 为亲水性。检验结果如下：模型一 $R=0.754$，具有较高的拟合度。模型的 Sig 系数为 0.037，模型显著度高，具有较高的实际价值。

模型二：$Z_{x2}=1.191+0.160A_{21}-0.789B_{12}+0.139B_{22}-0.151B_{32}+0.451B_{33}$

式中，Z_{x2} 为没去西来古镇的人的乡愁感知评分；A_{21} 为将景观小品文化认知性；B_{12} 为街巷空间多样性；B_{22} 为道路乡土性；B_{32} 为亲水性；B_{33} 为河流空间优美度。检验结果如下：模型二 $R=0.807$，具有较高的拟合度。模型的 Sig 系数为 0.016，模型显著度高，具有较高的实际价值。

4.4 模型解析

4.4.1 因子贡献性和相关因子类型分析

根据模型系数的绝对大小比较，对于模型一，景观因子贡献度从大到小的顺序依次为：景观小品乡土性、亲水性、建筑地方文化性、植物树龄古老性、建筑乡土性；对于模型二，景观因子贡献度从大到小的顺序依次为：街巷空间多样性、河流空间优美度、景观小品文化认知性、亲水性、道路乡土性。

由此可知，两类人群均对空间的亲水性感知较为强烈，说明场地中的临溪河及其周边所形成的空间环境是大多数人乡愁寄托的主要载体类型，临溪河现有的景观氛围能代表大部分人对于乡愁里河流的感知载体，因此后续开发因着重对于临溪河进行景观节点的规划，但同时要注重保护现有的景观氛围和场所精神。

对于模型一，去过西来古镇的人对建筑、植物、景观小品的乡愁感知有侧重；可以说明去过西来古镇的人对当地的观音树、夫妻树、骑楼、木结构民居、临溪塔、廊桥等景观节点的情感追溯较强烈，这些节点多为 A 类要素，即点要素为主，说明在该地生活过或游览过的人会以具体某个点为中心寄托乡愁；对于模型二，没去过西来古镇的人对街巷、河流和道路的乡愁感知有侧重。说明没去过的人对其街巷、河流和道路的空间格局容易唤起乡愁情思，这类要素均为 B 类要素，即线型要素，说明对于未去过该地的人，线型要素更容易触发情感归属。

在相关因子中未出现 C 类要素，即面型要素，说明以人为尺度的景观感知对于面型要素的感知不够强烈，可能是面型要素的尺度较大，而人在寄托乡愁时通常会寄托于“物”即点要素，线型要素所展现的场所空间尺度也易于寄托情感。

4.4.2 数据与模型的标准分析

根据模型 R 值和 Sig 值分析，对于模型一，$R=0.754$，$Sig=0.037$；对于模型二，$R=0.807$，$Sig=0.016$。

两者对比发现，没去过的人会对模型的指向性更为明确，模型的准确性更高，而去过的人所得模型相对较弱，但也满足模型建立的基本标准，说明对于没去过的人会对乡愁感知趋于相同载体，乡愁寄托载体有趋于大众化的趋势，所选择出来的相关因子能代表大多数人对乡愁的寄托；但对于去过的人对要素的多样性和地域性感知更为强烈，由于当地所出现的特定的事或人会对不同要素寄托不同的情感，因此对于模型的建立会有一定的分散作用，但依然能找到一定的相关因子。因此在当前规划设计中，对当地人乡愁的表达要更具有地域性和多样性，而若想吸引更多外来人口，因更加着重打造模型二的主要贡献因子。

5 结论与讨论

通过照片景观因子评估结合照片情感感知的方法构建出乡愁景观物质载体模型，找到景观因子对于两类人群乡愁感知的影响力。对于去过的人群所构成的模型一可以进一步挖掘场地特色乡愁景观物质载体，体现场地的地域性，可以在旅游规划开发中作为场地特色重点开发，作为其旅游品牌发展的重点。对于没去过的人所构建的模型二作为乡愁空间氛围唤起的主要基调设计，在开发中保证其所有的乡土性和原真性，不破坏其历史痕迹和肌理。在模型二所有的大环境氛围营建上，对模型一的景观因子进行特色凸显和重点节点设计。同时，负相关的因子会着重强调其与开发力度的关系，需要设计者着重关注。

参考文献

[1] 谢新丽，吕群超．“乡愁”记忆、场所认同与旅游满意：乡村旅游消费意愿影响因素[J]．山西师范大学学报（自然科学版），2017，31(02)：100-109.

[2] Wing-Y C，Constantine S，Tim W. Induced nostalgia increases optimism（via social-connectedness and self-esteem）among individuals high，but not low，in trait nostalgia[J]. Personality and Individual Differences，2016，90.

[3] Van Tilburg M，Vingerhoets A. Psychological Aspects of Geographical Moves：Homesickness and Acculturation stress [M]. Holland：Amsterdam University Press，1992.

[4] Stephan E，Sedikides C，Wildschut T. Mental travel into the past：Differentiating recollections of nostalgic ordinary and positive events[J]. Euro-pean Journal of Social Psychology，2012，42(3)：290-298.

[5] 王新宇. 新型城镇化背景下的"乡愁型"景观设计研究初探[J]. 绿色科技，2017(19)：1-5.

[6] 吕游，郑潇. 乡村振兴背景下的乡愁景观营造策略[J]. 居舍，2019(31)：121.

[7] 张智惠，吴敏. "乡愁景观"载体元素体系研究[J]. 中国园林，2019，35(11)：97-101.

[8] 康定斯基. 康定斯基论点线面[M]. 北京：中国人民大学出版社，2003.

[9] 徐鼎，王忠君. 基于SBE法的岭南四大名园景观美学评价[J]. 中国城市林业，2017，15(01)：20-24.

[10] 王娜，钟永德，黎森. 基于SBE法的城郊森林公园森林林内景观美学质量评价[J]. 西北林学院学报，2017，32(01)：308-314.

作者简介

孟凡力，1997年5月生，女，汉族，新疆阜康，西南交通大学建筑与设计学院风景园林系在读研究生，研究方向为景观规划与设计。电子邮箱：845820689@qq. com。

休旅介入视角下西南丘陵村落发展路径及重构策略研究①

——以重庆黄瓜山乡村旅游区为例

Research on the Development Path and Reconstruction Strategy of Hilly Villages in Southwest China from the Perspective of Tourism Intervention: Taking Chongqing Cucumber Mountain Rural Tourism Area as an Example

陶星宇

摘　要： 近年来，现代农业观光等乡村旅游项目逐渐成为西南地区贫困村落经济增长的主要抓手。在此背景下，如何制订科学的旅游转型重构策略，是乡村振兴面临的重要问题。本文以重庆永川黄瓜山乡村旅游区内三个典型村落为例，采用实地调研与访谈等方法，研究不同村落在旅游发展过程中，不同的开发模式与空间规划所造成的差异化发展结果及其内在影响机理。通过总结归纳，提出休旅介入视角下西南丘陵村落的重构策略，以期为政府决策，推动村落可持续发展提供借鉴。

关键词： 乡村旅游；发展模式；空间规划；重构策略

Abstract: In recent years, rural tourism projects such as modern agricultural tourism have gradually become the main focus of the economic growth of poor villages in Southwest China. In this context, how to formulate a scientific tourism transformation and reconstruction strategy is an important issue facing rural revitalization. This paper takes three typical villages in the Cucumber Mountain Rural Tourism Zone in Yongchuan, Chongqing as examples, and uses methods such as field surveys and interviews to study the differential development results and results of different development models and spatial planning in different villages in the process of tourism development. Internal influence mechanism. Through summary and induction, the restructuring strategy of hilly villages in the southwest under the perspective of tourism intervention is proposed, in order to provide reference for government decision-making and promote the sustainable development of villages.

Key words: Countryside Tourism; Development Model; Spatial Planning; Restructuring Strategy

引言

西南地区由于地形地貌复杂，相对闭塞，可用耕地数量少，多数村落长期处于贫困状态[1]。近年来，发展乡村旅游，利用旅游带动村落基础设施建设与经济发展，增加村民收入成为西南地区村落脱贫致富的主要手段[2]。为了适应旅游发展的需要，村落原有的人地关系、产业结构、空间格局等必然面临转型与重构[3]。目前村落旅游发展与重构的研究主要关注传统村落的文化遗产保护与再生[4]、可持续发展[5]、多主体参与机制[6]、旅游地社区利益[7]等议题。如刘逸、黄凯旋等人以安徽宏村与西递的发展路径为例，借助嵌入性理论探讨了不同发展路径的嵌入性高低，揭示该类旅游地可持续发展的机制[8]；陈燕纯、王鹏飞基于行动者网络理论分别对深圳官湖村多主体参与旅游发展的动力机制和空间重构特征、北京麻裕房村空间商品化的演化机制进行了分析[9-10]；于健通过借鉴台湾地区社区营造经验，提出旅游型村庄发展中鼓励社区参与、维护社区利益的发展策略[11]。国内学者对于传统村落旅游开发模式及村落旅游发展机制已有丰富的研究成果，但对历史文化底蕴不足，旅游资源匮乏的非传统村落如何发展旅游，以何种策略进行转型重构还鲜有研究。由于历史原因与地形因素，西南丘陵地区的村落空间结构松散，建筑风貌凌乱，缺乏旅游的物质空间载体，因此难以照搬传统村落的旅游发展路径。探索适合西南丘陵地区村落旅游发展的重构策略，是当下亟须解决的问题。

本文以黄瓜山乡村旅游区内3个村落自旅游开发以来的发展路径为案例展开比较研究，从社会经济发展、基础设施建设、物质空间环境和旅游产业规模等方面阐述各村落发展路径所带来的收益与弊端。揭示旅游开发模式与空间规划影响村落发展差异的内在机理，提出相应的重构策略，为村落旅游发展可持续研究提供借鉴。

1　黄瓜山村、八角寺村、代家店村案例

黄瓜山村、代家店村、八角寺村位于重庆永川黄瓜山乡村旅游区内，是典型的通过旅游带动经济发展与基础设施建设，提高村民收入的村落。其中黄瓜山村入选第一批“全国乡村旅游重点村”，八角寺村被农业农村部评为“全国美丽休闲乡村”。3个村落在地理位置、自然资源、社会文化上均有高度的相似性。然而，3个村落因为采用

① 基金项目：科技部国家重点研发计划（子课题），村镇聚落空间重构的数字模拟（2018YFD1100305-3）。

了不同的旅游发展模式与旅游空间规划，村落整体发展也因此大为不同。本文通过查阅相关文献，综合考虑数据的可获得性，从社会经济发展、基础设施建设、生态环境保护、旅游产业规模4个方面共提取12个指标表征村落整体发展状况（表1），其中黄瓜山部分数据来自《黄瓜山村村志》，其余两村数据由两村村委会提供。

三个村落整体发展状况统计表　　表1

维度	指标	黄瓜山村	代家店村	八角寺村
A社会经济发展	A1人口净流出率	13.79%	22.73%	23.45%
	A2人口结构	19%	21%	25%
	A3人均年收入	20289元/年	11000元/年	7000元/年
B基础设施建设	B1道路里程数	57.79 km	36.80km	42km
	B2公服设施数量	12	11	9
	B3建设用地面积占比	11.87%	10.70%	9.85%
C生态环境保护	C1林地面积占比	23.64%	7.84%	12.80%
	C2耕地面积占比	39.27%	76.67%	62.52%
	C3园地面积占比	16.10%	4.60%	11.35%
D旅游产业规模	D1旅游年收入	6000万元	1200万元	2000万元
	D2旅游人次	60万/年	20万/年	80万/年
	D3旅游用地总面积	6600亩	1000亩	5450亩

1.1　旅游发展路径

三个村落的旅游发展路径主要由两部分组成，一是社会经济方面的旅游开发模式，二是物质环境层面的旅游空间规划，本文从这两方面进行阐述。

1.1.1　旅游开发模式

（1）黄瓜山模式

黄瓜山村是3个村落中旅游开发最早的，可以追溯到20世纪90年代，永川区统一规划在黄瓜山沿线建永川“百里优质水果长廊”。黄瓜山村作为“百里优质水果长廊”的核心区，全村种上了成片的梨树。到2000年黄瓜山村民人均收入1185元，其中梨产业人均收入850元。种植梨树带来的经济收入给当地村民开办农家乐奠定了经济基础。1999年开始，在政府主导下，黄瓜山村年年举办赏花节、梨子节，以梨花作为优势旅游资源带动发展农业观光型乡村旅游。2004年，黄瓜山村被评为全国农业旅游示范点，2006年，黄瓜山村邀请重庆市规划局编制《中华梨村规划》，2008年“中华梨村”被评为重庆市十大乡村旅游景区。在旅游发展期间，黄瓜山村通过“政府帮扶＋企业投资＋村民集资＋土地倒包”的模式进行旅游开发：政府出资进行基础设施建设、种植技术培训、编制乡村旅游规划方案、举办文化宣传活动；企业投资创办现代农业园区，通过“公司＋基地＋农户”的产销模式，实现生产、销售一体化，带动村民收入增长；村民将土地以一定的价格倒包给农业园区，每年收取土地流转金；部分村民在政府补贴帮助下，依托农业园区观光旅游的客流量集资开办农家乐，提供农家菜、民宿等特色旅游产品，促进旅游业快速稳定发展。但近年来，黄瓜山年旅游人次基本稳定在60余万次，旅游淡季游客数量下降，出现旅游增长乏力的现象。

（2）代家店模式

代家店村旅游开发在2008年左右，依托紧邻黄瓜山村的区位优势、黄瓜山的自然风光等旅游资源吸引外来资本投资休闲度假山庄、狩猎场等乡村旅游项目。与黄瓜山村村民自主开办农家乐、旅游经营高度根植于地方所不同，代家店村由于缺少特色农业品牌带动，村民没有足够的积蓄开办农家乐，代家店村采用“政府帮扶＋中小企业投资＋土地倒包”的旅游开发模式。该模式将旅游项目直接交予外来资本打造，村民只是作为土地的供应方，在旅游发展的过程中参与程度低。与黄瓜山村模式相比，代家店模式由于更容易筹措资金，无需改建老旧民居，规模化运营等优势，在旅游开发的早期提供了更快的发展速度。但2017年以后，由于狩猎野生动物等特色旅游项目受到法律限制，餐饮、住宿品质不高，该模式的弊端逐渐开始显现。

（3）八角寺模式

八角寺村位于黄瓜山脚下，因村内有昌州八景之一的八角攒青寺而得名。在2011年引入田园综合体项目之前，是所在街道最穷的贫困村。八角寺村采用“政府、龙头企业共同投资＋土地倒包”的旅游开发模式：政府引入旅游开发龙头企业，双方共同出资进行旅游开发；村民将土地集中成片倒包给企业，流转土地数千亩，将村内9个社全部纳入田园综合体开发范围，通过田园综合体建设完善村内交通体系。2015年，开设城区和景区间的往返公交线路，方便村民出行；2017年被评为“全国美丽休闲乡村”，形成以6km长上跨桥、观光大道、湖滨路、沿山环道为主体的园区主干道体系，并有游客步行道、生产便道、机耕道共计30余公里长道路连接园区各处生产区域及景点。相较于黄瓜山与代家店模式，八角寺模式短期投入较大，对投资企业要求较高，但旅游发展速度快，在短时间内形成规模化的旅游产业。与黄瓜山村类似，八角寺村近年来虽然旅游客流量较多，但增长陷入瓶颈，同时面临融资困难、村民增收乏力等难题。

1.1.2 旅游空间规划

三个村落在旅游空间规划上，黄瓜山村旅游项目分布呈现“一轴多枝”的空间结构：以森林大道为主轴，旅游项目沿村级道路鱼骨状分布，规模较小的农家乐、餐饮娱乐设施在规模较大的农业观光园区周边呈团簇状聚集；代家店村呈现“道路主导”的空间结构，旅游项目分布在主要干道两侧；八角寺村呈现“单核放射”的空间结构，以田园综合体为核心，村民农家乐零星分布在田园综合体周边，但数量较少，均在综合体核心区之内（图1）。

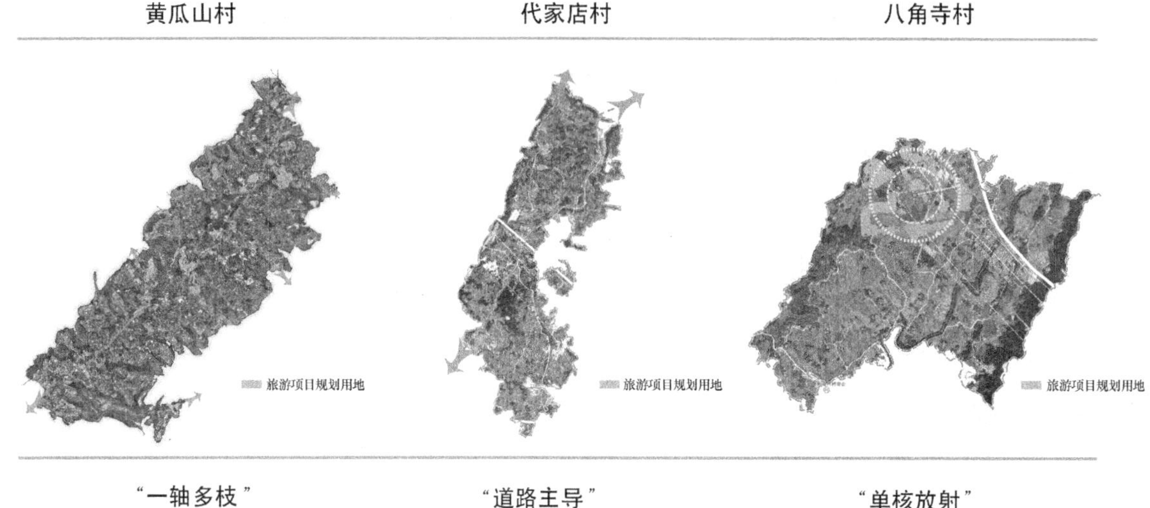

图1 三个村落旅游空间规划
（图片来源：作者自绘）

1.2 比较研究

从村落总体发展情况来看，三种旅游发展路径在促进社会经济发展、完善基础设施建设，扩大旅游产业规模上均发挥了积极作用，但程度有所不同。尤其在生态环境上，从统计数据可看出，三个村落耕地、林地、园地的占比总和均大于80%，说明三个村落在旅游发展过程中，以农业观光为核心，避免大拆大建的发展模式对乡村风貌保留起到了积极作用。村落生态空间变化主要体现在耕地、林地、园地三类型用地的互相转化上，且由于旅游观光的需要，原来破碎化、杂乱化的乡村景观变得集约化、条理化。不同发展路径对村落产生的收益对比如表2（越高表示收益程度越大）（表3）：

不同发展路径收益比较表　　表2

维度	收益	黄瓜山路径	代家店路径	八角寺路径
A社会经济发展	缓解村落空心化	高	中	低
	带动村民收入增加	高	中	低
B基础设施建设	推动道路建设	高	低	中
	推动公服设施建设	高	中	低
C生态环境保护	保留乡村风貌	高	高	高
	美化生态环境	高	高	高
D旅游产业规模	扩大旅游产业规模	中	低	高
	增加旅游人次	中	低	高

虽然取得了一定的发展成果，但三种发展路径目前仍然面临乡村旅游带动范围有限、旅游发展忽视空间公平、土地资源闲置浪费等问题。从三个村落整体发展状况来看，其在旅游发展中存在的弊端如下表（越高表示存在弊端越大）（表3）。

不同发展路径弊端比较表　　表3

维度	弊端	黄瓜山路径	代家店路径	八角寺路径
A社会经济发展	旅游带动范围有限	低	高	高
	村落人口老龄化	低	中	高
B基础设施建设	发展忽视空间公平	低	高	高
D旅游产业规模	土地资源闲置浪费	低	中	中
	旅游项目低端、审美不高	中	高	低

2 差异化发展的内在机理

虽然前文厘清了不同发展路径的收益与弊端，但要制订针对性的重构策略，还需分析发现三个村落差异化发展的内在机理。本文从开发模式与空间规划两方面分析其如何影响村落发展。

2.1 开发模式对村落发展差异的影响

开发模式对村落发展差异的影响主要体现在社会经济与旅游发展上。黄瓜山村模式在社会经济发展上具有显著优势，原因在于旅游经营地方性强、旅游产品多样性高。黄瓜山村的特色农业品牌在创立过程中使当地村民掌握了种植技术，积累了财富，同时带来了旅游客源。村民可以通过在农业园区上班、自主开办农家乐等方式直接参与旅游产业，不用外出打工也能获得可观的收入，农业园区和村民呈互利共赢的关系。相较于此，旅游经营地方性与社会经济发展水平最低的八角寺村，其田园综合体由龙头企业和政府共同打造，由于田园综合体景区内的餐饮服务与村民的农家乐形成竞争关系，造成村民的农家乐难以维系，村民仅作为土地的供应方，土地倒包出去之后土地流转金成为唯一收入来源，人均年收入远不及黄瓜山村。无地可种还推动村民外出打工增加收入，加速了村落空心化的进程。旅游总收入上，黄瓜山村模式以农业观光为核心，搭配餐饮、民宿、会议、文化节日等多种高附加值的旅游产品，而代家店与八角寺村的旅游产品较为单一，前者以餐饮娱乐为主，后者以农业观光为主。这也是八角寺村虽然旅游人次高于黄瓜山村，但旅游总收入却不及黄瓜山村的原因。

八角寺村模式的旅游发展速度最快，原因在于田园综合体由一家企业采用整体规划与建设的开发模式，相较于黄瓜山村、代家店村多主体参与的开发模式，能迅速调配资源，不存在各主体之间的矛盾与协调过程。同时龙头企业能投入大量资金进行旅游开发，具备丰富的开发经验，避免开发过程中出现各种问题。三个村落旅游开发模式在旅游经营地方性、旅游产品多样性、旅游发展速度快慢上的对比如表 4 所示。

不同开发模式比较表　　表 4

开发模式	旅游经营地方性	旅游产品多样性	旅游发展速度
黄瓜山村模式	高	高	低
代家店村模式	中	低	中
八角寺村模式	低	中	高

2.2 空间规划对村落发展差异的影响

空间规划对村落发展差异的影响主要体现在基础设施建设与旅游发展上。黄瓜山村的基础设施建设优于其余两村，原因在于通过“一轴多枝、团簇聚集”的旅游空间规划使旅游项目的基础设施建设与村落基础设施建设相结合，村社均被网状道路所覆盖，多数村社在旅游项目的辐射范围之内，空间公平得到保证。相较于此，代家店村旅游空间规划聚焦于旅游干道周边，八角寺村限于田园综合体园区内部，两村基础设施建设也随之呈现出空间发展不均衡的特征。

旅游空间规划还通过影响旅游项目布局与游客观光体验，进而影响旅游产业发展。在“一轴多枝”的空间规划下，旅游项目往往具有较为富裕的扩展空间，能适应多种旅游设施的用地需求；“道路主导”型的空间规划则使旅游项目在一侧的用地扩张受限，旅游用地形状呈现面宽窄、进深深的形态特征；“单核放射”型的空间规划在早期旅游项目扩展较为自由，但具备一定规模以后新增旅游用地需考虑与原有旅游项目的功能与空间关系，所以往往需要整体规划，提前预留相应旅游项目用地，但因此会造成征得的土地闲置，资源浪费的问题。在游客观光体验上，“一轴多枝”型与“道路主导”型的旅游项目布局较为分散，游玩效率较低，所需时间长，要得到较好的游客观光体验，需要旅游项目间的连接路径富有特色。如相较于黄瓜山村各旅游点间道路两侧秀美的自然风光，代家店村旅游干道两侧景观则稍显乏味，在游客观光体验上不如黄瓜山村。“单核放射”型的旅游项目则布局紧凑，游玩效率高，紧凑连续的观光过程给游客带来较强的体验感（表 5）。

不同空间规划比较表　　表 5

旅游空间规划	道路形态	道路密度变化	旅游项目扩展方式	游客观光体验
“一轴多枝”	网状	密度均匀	较为自由	游玩效率较低，时间长，游客体验依赖连接路径
“道路主导”	枝状	由干道向两侧降低	一侧受限、向进深发展	游玩效率较低，时间长，游客体验依赖连接路径
“单核放射”	网状	由内向外降低	整体规划、预留用地	游玩效率高、时间短、游客体验感强

3 重构策略

通过对三个村落发展路径的比较，笔者从三个村落的开发模式和空间规划上取长补短、相互借鉴，结合其影响村落发展的内在机理，提出对西南丘陵地区的村落发展更具针对性的重构策略。

3.1 开发模式重构

村落开发模式重构应注重结合龙头企业的带动性与旅游经营的地方性。在引入龙头企业投资方面，改变以往单一企业的投资方式，采用不同专业领域企业共同入股、联合开发的方式，各企业负责各自部分，使旅游开发专业化、模块化。在提高旅游经营的地方性上，村集体成立旅游开发合作社，建立村社内部的金融互助合作方式，使村民可将土地、房屋等产权抵押给合作社来实现融资。以较低风险将村民组织起来，整合碎片化资源促进乡村规划与建设，农民手里的资源变成股权，使农民参与旅游开发中，分享旅游开发带来的红利。开发企业对村民进行相应技能培训，吸纳村民作为旅游项目员工，让村内中青年可以在地就业，缓解村落空心化与老年化的问题。

3.2 空间规划重构

村落空间重构应注重在引入龙头企业集中成片开发的过程中，为追求旅游发展速度与规模，陷入“单核放射”的空间规划，导致空间发展不平衡，游客游玩时间短的问题。应将“单核”拆分为规模较小的“多核”，减少前期大规模征地带来的土地闲置问题。重点优先发展几处特色旅游项目，随后挖掘村落潜在的旅游资源，因地制宜地规划旅游项目，逐步形成“一轴多枝”的空间结构。在各旅游项目间的连接路径上，丰富道路景观，同时规划旅游观光车、自行车骑行、慢跑步道等多种交通方式，建立适合农业观光的交通体系，以旅游带动村落的整体发展。

4 结语

西南丘陵村落在旅游发展过程中，面对城镇化、村落空心化、旅游竞争加剧等外部挑战，必须通过转型重构的方式保持旅游增长。本文通过三个典型旅游村落发展路径的比较研究，提出了针对当前发展问题的重构策略。但村落重构是一个复杂而长期的过程，随着外界条件的不断变化，重构策略也应相应调整，理想的重构策略应当具备动态的重构方式以及对于未来环境变化趋势的预判，是仍需深入研究的课题。

参考文献

[1] 刘愿理，廖和平，巫芯宇，等．西南喀斯特地区耕地破碎与贫困的空间耦合关系研究[J]．西南大学学报：自然科学版，2019，41(1)：10-20.

[2] 冯伟林，陶聪冲．西南民族地区旅游扶贫绩效评价研究——以重庆武陵山片区为调查对象[J]．中国农业资源与区划，2017，38(6)：157-163.

[3] 邓海萍，黎均文，孟谦，等．旅游转向下大都市边缘地区乡村空间重构研究[J]．规划师，2018(S2)：95-99.

[4] 林祖锐，常江，刘婕，等．旅游发展影响下传统村落的整合与重构——以河北省邢台县英谈传统村落为例[J]．现代城市研究，2015(6)：32-38.

[5] 张成渝．村落文化景观保护与可持续发展的两种实践——解读生态博物馆和乡村旅游[J]．同济大学学报：社会科学版，2011，22(3)：35-44.

[6] 单彦名，赵天宇．寸木成村，有人成落——不同主体的传统村落保护和建设对策研究[J]．小城镇建设，2018，36(A01)：80-85.

[7] Yang，Zhenzhi，et al. Analysis of core stakeholder behaviour in the tourism community using economic game theory [J]. Tourism Economics，2015，21(6)：1169-1187.

[8] 刘逸，黄凯旋，保继刚，等．嵌入性对古村落旅游地经济可持续发展的影响机制研究——以西递、宏村为例[J]．地理科学，2020，40(1)：128-136.

[9] 陈燕纯，杨忍，王敏．基于行动者网络和共享经济视角的乡村民宿发展及空间重构——以深圳官湖村为例[J]．地理科学进展，2018，37(5)：718-730.

[10] 王鹏飞，王瑞璠．行动者网络理论与农村空间商品化——以北京市麻峪房村乡村旅游为例[J]．地理学报，2017，72(8)：1408-1418.

[11] 于健，刘畅．旅游型村庄规划策略初探——借鉴台湾地区社区营造经验[J]．2016.

作者简介

陶星宇，1994 年生，男，汉族，四川泸州，重庆大学建筑城规学院硕士研究生，研究方向为村镇聚落空间重构、数字模拟。电子邮箱：1153698047@qq.com。

广西森林康养资源空间分布与优化利用

Spatial Distribution and Optimal Utilization of Forest Health Resources in Guangxi

田梦瑶　郑文俊*

摘　要： 在国家助力康养产业发展的趋势下，森林资源地凭借其天然的康养效用而逐渐被广泛认可。广西拥有丰富的森林康养资源，研究广西森林康养资源的空间分布和利用模式有助于林业资源优势转化和产业结构调整。本文结合 ArcGIS 地理空间分析和地理数据统计工具，利用平均最近邻、地理集中指数、核密度分析和基尼系数等方法，从类型数量、空间分布、利用模式等方面解读广西森林康养目的地和潜在森林康养资源的空间分布及开发利用现状。结果表明：①省域尺度上，广西森林康养要素点总体呈现“分布广泛，局部聚集”的空间特征，其中潜在森林康养资源呈现“多核聚集”的较高程度聚集性；②市域尺度上，广西森林康养要素点在各个城市的分布均衡性较低；③当前广西森林康养资源主要包括森林温泉型、森林药养型、森林文化型、森林娱乐型、森林科普型等利用模式但在格局优化、产品开发、产业联动等方面存在较大提升空间。根据研究结果提出优化路径，有助于广西森林康养资源的精准开发和森林游憩体系的整体性规划，进而推动森林康养产业高质量发展。

关键词： 森林康养；空间分布；优化利用；广西

Abstract: In the trend of the national health industry, the forest resource has gained wide recognition depending on its natural health effect. Guangxi is rich in forest health resources. Studying the spatial distribution and utilization modes is helpful to transform the advantage of forestry resources and adjust the industrial structure. In this paper, the spatial distribution, development and utilization status of forest health destination and potential resources in Guangxi were interpreted from the aspects of type, quantity, spatial distribution and utilization modes. ArcGIS geographic spatial analysis and geographic data statistical tools and methods such as the average nearest-neighbor distance, kernel density estimation and Geordie coefficient are used. The results show that: ①On the provincial scale, the factors of forest health in Guangxi generally show the spatial characteristics of "wide distribution and local aggregation", among which the potential forest health resources show a high degree of aggregation of "multicore aggregation"; ②On the city territory, the distribution proportionality of forest health and nutrition elements in each city of Guangxi is low; ③At present, the forest health resources in Guangxi mainly include forest hot spring type, forest medicine type, forest culture type, forest entertainment type, forest science type and other utilization modes, and there is a large room for improvement in optimum of quantitative structure, product development and industrial linkage. According to the research results, the optimization suggestions are put forward, which is helpful to the accurate exploitation of forest health resources and the overall planning of forest recreation system in Guangxi, thus promoting the high-quality development of forest health industry.

Key words: Forest Health; Spatial Distribution; Optimal Utilization; Guangxi

引言

随着工业化和城市化进程加快，附加产生的环境问题和社会问题使人们对于健康生活的需求与日俱增。国家确立并大力实施“健康中国”战略[1]，其中森林康养作为我国大健康产业的核心板块正不断成为我国绿色经济发展的新动能。森林康养以森林疗养为核心业态，涵盖森林旅游、休闲、健身等受众广泛的多种业态[2]，使人们通过森林环境感知达到缓解亚健康状态的目的。国外对于森林康养的研究集中于森林资源的医养效用，包括对精神情绪的心理调节功用[3-5]以及对身体机能的生理修复和恢复效用[6-8]。国内对于森林康养的研究则集中于分析森林康养资源的影响因素[9,10]并在此基础上构建价值评估体系[11-12]，探讨最适宜的开发模式[13-14]。

广西是我国的林业大省，但森林康养产业的发展还处于起步阶段。基于国内外森林康养相关研究热点与区域康养产业发展阶段，本研究对广西森林康养目的地、潜在森林康养资源及其整体分布特征分别进行分析，对现状利用模式进行探讨并提出森林康养资源利用的优化建议，旨在充分挖掘广西区域林业资源特色，助推西南地区生态文明建设。

1　研究区域与研究方法

1.1　研究区域概况

广西地处我国华南地区，云贵高原东南、两广丘陵西部，具有沿海、沿江、沿边的区位优势[15]。广西整体地势西北高东南低，海拔跨度大，属热带季风气候和亚热带季风气候，气候温暖，雨水充沛，森林资源优势得天独厚且分异程度较大。近年来广西造林绿化工程效果显著，森林资源覆盖率逐年增长，据广西壮族自治区林业局官方数据统计，2018 年度广西森林覆盖率达到 62.37%，位居全国三强。独特的地形地貌特征和植被资源为广西森林康养产业发展提供了基础，截至2019年广西已初步形成森林旅游系列点，包含已建成的森林康养目的地和潜在森林康养资源点（表1），在森林景观观赏、森林康养体验等方面对林业资源进行开发利用，使得广西森林康养业态日渐丰富。

广西森林康养要素点类型及数量　表1

	森林康养要素类型	数量
森林康养目的地	国家森林康养基地	4
	国家森林养生和森林体验国家重点建设基地	4
	全国森林康养基地试点	15
	广西森林康养基地	24
	广西森林体验基地	13
	森林人家	39
	广西花卉苗木观光基地	9
潜在森林康养资源	（森林生态型）自然保护区	51
	国家级森林公园	23
	自治区级森林公园	35
	市县级森林公园	5
	总计	222

注：以上数据源自广西壮族自治区林业局网站及相关文件。

1.2 广西森林康养资源利用现状

广西森林康养目的地依托森林资源并结合当地的民族文化、温泉资源、草药资源、特色农业等优势，主要形成了森林温泉型、森林药养型、森林娱乐型、森林科普型和森林文化型5种主要利用模式并延伸出丰富的产品谱系（表2），通过“森林+”产业模式的运作带动了当地其他产业的发展。

广西森林康养资源利用现状　表2

利用模式	开发方向	典型案例
森林温泉型	温泉疗养 温泉度假	广西西溪森林温泉康养森林基地、龙胜温泉森林养生国家重点建设基地、上思十万大山森林温泉康养基地
森林药养型	草药生态 疗养保健	八步区森林仙草产业示范区、河池市凤山县凤旁林场森林康养基地、六万大山森林康养基地、南宁金花小镇森林康养基地
森林娱乐型	山地运动 休闲娱乐	拉浪森林康养基地、大明山汉江欢乐谷森林康养基地
森林科普型	环境教育 户外课堂	三门江国家森林公园森林体验基地、广西南宁良凤江国家森林康养基地、广西东兴景观树博览园国家森林康养基地、广西派阳山鸿鹄森林康养基地
森林文化型	文化融合 深度康养	融水苗族自治县龙女沟景区、环江牛角寨森林体验基地、桂林义江缘森林体验基地

1.3 研究方法

本研究运用平均最近邻、地理集中指数和核密度估计对广西森林康养系列要素点的空间分布类型和空间分布聚集程度进行分析，利用洛伦兹曲线、基尼系数对广西各地市分布的均衡性进行分析，全面反映广西森林康养资源的空间分布特征。

1.3.1 平均最近邻（*NNI*）

平均最近邻用于定量描述要素点的邻近程度从而判断其空间分布类型和特征[16]。首先计算出各要素点的实际最邻近距离与理论最邻近距离，二者之比得出最邻近距离指数（*NNI*），反映已开发的目的地、潜在资源点以及整体的分布类型。其表达式为：

$$l_a=\sum_{i=1}^{n}\frac{l_i}{n},\ l_b=\frac{1}{2\sqrt{n/S}},\ R=l_a/l_b \tag{1}$$

式中：l_a 为各要素点之间的实际最邻近距离，l_b 为理论最邻近距离；l_i 为第 i 个要素点与最邻近的要素点的距离；S 为广西壮族自治区面积；n 为要素点的总数；R 为森林康养目的地或潜在森林康养资源的最邻近指数（*NNI*），当 $R<1$ 时，表示要素点趋于聚集分布，空间分布类型为聚集型；当 $R=1$ 时，表示要素点趋于随机分布，空间分布类型为随机型；当 $R>1$ 时，表示要素点趋于离散分布，空间分布类型为离散型。

1.3.2 地理集中指数（*G*）

地理集中指数作为研究要素在区域内分布集中程度的重要指标，可以反映广西已开发的森林康养目的地、潜在资源点以及整体分布的聚集程度。其表达式为：

$$G=100\times\sqrt{\sum_{i=1}^{n}\left(\frac{x_i}{T}\right)^2},\ (0<G<100) \tag{2}$$

式中：G 为要素点的地理集中指数，n 为城市总数，T 为要素点总数，x_i 为第 i 个城市的要素点数量。G 值越高，说明森林康养要素点的分布越趋于集中，反之越分散[17]。

为了更准确地衡量广西森林康养目的地、潜在森林康养资源及其整体分布的聚集程度，本研究在地理集中指数（G）的基础上引入平均地理集中指数（$\overline{G}$），通过 G 与 $\overline{G}$ 的对比对要素点空间分布的聚集程度进行分析。其表达式为：

$$\overline{G}=100\times\sqrt{\sum_{i=1}^{n}(1/n)^2} \tag{3}$$

地理集中指数在运算过程中，即使要素数量平均分布于每个城市，分布集中度也会因为计算范围不同而结果不同，因此仅使用地理集中指数时结果可能会产生偏差，因此本文引入集中度系数 G'[18]，以此作为地理集中指数 G 与平均地理集中指数 $\overline{G}$ 的比较参数。当 $G>\overline{G}$ 时，说明森林康养要素点呈聚集分布，且 G' 越大，表明森林康养要素点分布越集中；越小，则表明分布越分散。其表达式为：

$$\Delta G=100\left[\sqrt{\sum_{i=1}^{n}(X_i/T)^2}-\sqrt{\sum_{i=1}^{n}1/n^2}\right] \tag{4}$$

$$G'=(\Delta G/\overline{G})\times 100 \tag{5}$$

式中：$\overline{G}$ 为平均地理集中指数，G' 为集中度系数，n 为城市总数；$\overline{x}$ 为各类森林康养要素点平均分布于广西各地市时的数量；T 为各类森林康养要素点总数。

1.3.3 核密度估计

核密度估计是计算要素在其周边区域范围内的密度的非参数化空间分析方法[19]。空间中某类要素点的属性分布在定义半径的圆形范围内，分布密度从中心开始根据核函数规定的方式随距离衰减，极限距离的密度为0[20]。核密度分析用于探索森林康养资源点和目的地在区域范围内的分布密度，从而识别其在区域内的分布规律。

1.3.4 基尼系数

基尼系数用于描述要素点在区域分布的离散程度，可以反映森林康养目的地和资源点在广西分布的均衡性。其表达式为：

$$G_{ini} = \frac{-\sum_{i=1}^{n} P_i \ln P_i}{\ln N},\ C = 1 - G_{ini} \tag{6}$$

式中：G_{ini} 为基尼系数；P_i 为第 i 个城市森林康养资源点或森林康养目的地的数量占总数的比重；N 为广西城市数量；C 为均匀分布度。G_{ini} 值越大表示分布越集中，反之越分散。

2 广西森林康养资源空间分布特征

本文基于广西壮族自治区林业局评定的 2019 年广西森林旅游点信息，利用"高德地图坐标拾取系统"拾取各要素点的坐标，把具有多重属性的坐标点进行单一属性剥离，得到广西森林康养要素点共 169 处，包含已开发的广西森林康养目的地 77 处和潜在森林康养资源 92 处。将数据导入 ArcGIS 10.2 后得到各类森林康养要素点的分布图，从空间分布类型、空间分布聚集程度以及各地市森林康养要素点分布的均衡性三方面对空间分布特征进行量化分析。

2.1 空间分布类型分析

运用 ArcGIS 10.2 软件分别对广西森林康养目的地、潜在森林康养资源以及广西森林康养要素点整体分布进行平均最近邻分析，得出最邻近指数 R。分析结果（表 3）表明，三类要素的实际最邻近距离均小于理论最邻近距离且最邻近指数小于 1，说明广西森林康养目的地、潜在森林康养资源及其整体分布均呈聚集状态，空间结构为聚集型。

平均最近邻分析结果　　表 3

结果	广西森林康养目的地	广西潜在森林康养资源	广西森林康养要素点
实际最邻近距离（l_a）	24.953km	29.367km	19.055km
理论最邻近距离（l_b）	30.610km	33.769km	24.991km
最邻近指数（R）	0.815	0.869	0.763

2.2 空间分布聚集程度分析

根据式（2）、式（3）、式（4）、式（5）计算出广西森林康养目的地、潜在森林康养资源以及森林康养要素点整体分布的地理集中指数（G）、平均地理集中指数（$\overline{G}$）和集中度系数（G'）（表 4），$G > \overline{G}$，说明以上三类森林康养要素点在广西范围内呈聚集分布且潜在森林康养资源的聚集程度高于已开发的森林康养目的地。

为了进一步反映广西森林康养资源点的空间分布聚集现象，对三类森林康养要素点进行核密度分析，已开发的广西森林康养目的地分布范围较广，以南宁、桂林、贺州、河池、钦州、崇左等城市为主要分布区域，其他地区的分布较分散或呈现不明显的聚集性；广西尚未开发的潜在森林康养资源分布较为广泛且呈现出"多核聚集"的分布特征，桂西地区主要集中于百色和崇左，中部地区集中于南宁和来宾，桂东主要集中于桂林、贺州和梧州，这些区域的潜在森林康养资源集中度较好，因此可作为森林康养目的地的重点开发区域；从广西森林康养要素点的整体分布来看，其空间分布特征与森林康养目的地的分布特征相似，总体呈现"分布广泛，局部聚集"的空间分布格局。

地理集中指数分析结果　　表 4

结果	广西森林康养目的地	广西潜在森林康养资源	广西森林康养要素点
地理集中指数（G）	32.571	33.537	31.327
平均地理集中指数（$\overline{G}$）	26.726	26.726	26.726
集中度系数 G'	21.871	25.486	17.217

2.3 空间分布均衡性分析

基于平均最近邻、地理集中指数分析和核密度估计可知，广西森林康养目的地、潜在森林康养资源以及整体分布在省域尺度上呈现聚集分布态势。为了描述各城市之间分布的均衡程度，本文根据森林康养目的地、潜在森林康养资源以及整体要素点的数量分别计算出累计比重和均匀分布累计比重，绘制出空间分布洛伦兹曲线（图 2～图 4），可见广西森林康养目的地、潜在森林康养资源以及整体要素点的洛伦兹曲线均向下弯曲，说明其空间分布呈现非均衡特征[21]。

整体来看南宁拥有的森林康养要素点最多，占比 17.12%，而防城港、北海分别有 4、5 处，仅占比 1%～3%；已开发的森林康养目的地方面，南宁、河池、桂林的数量分布较多，累计占比 42.86%，而来宾与北海的森林康养目的地较少，仅占比 2.6%；潜在森林康养资源中，百色、桂林和南宁数量最多，累计占比 48.91%，而防城港仅有一处，进一步表明广西各地市之间的森林康养要素点的整体分布差异较大，均衡度较低（图 1）。

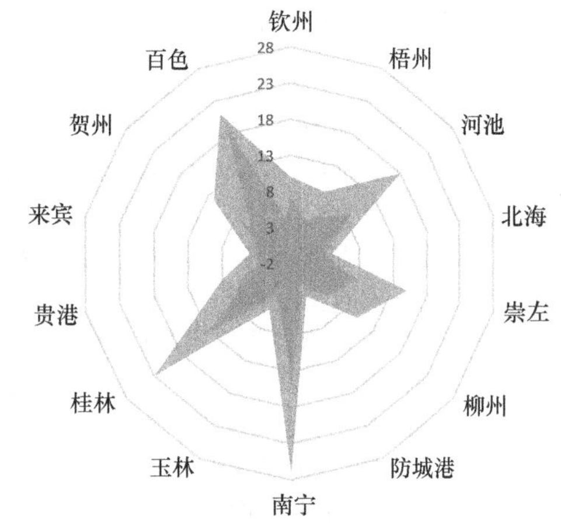

图 1 广西各城市森林康养资源系列数量分布

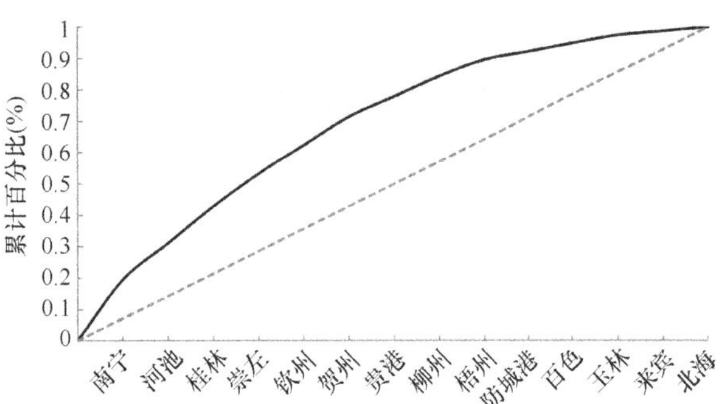

图 2 广西森林康养目的地分布洛伦兹曲线

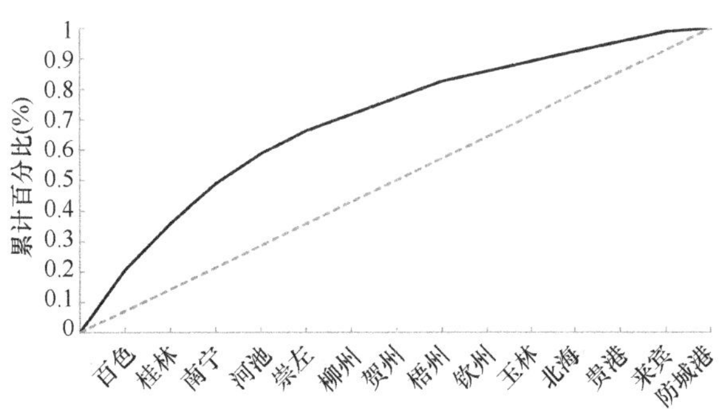

图 3 广西潜在森林康养资源分布洛伦兹曲线

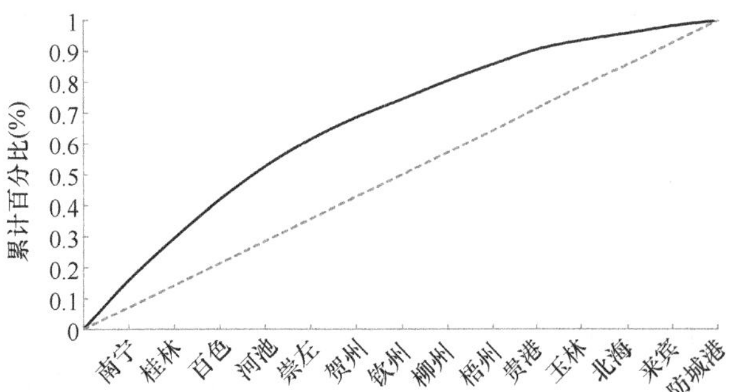

图 4 广西森林康养要素点分布洛伦兹曲线

为了进一步验证广西各地市森林康养目的地、潜在森林康养资源以及其整体分布的均衡程度，引用空间结构分析中衡量空间要素分布均衡程度的基尼系数[22]。根据式（6）计算得出广西森林康养目的地、潜在森林康养资源以及整体分布的基尼系数和均匀分布度（表 5），进一步反映了森林康养要素点在广西各城市分布集中性显著、均衡度较低的特征。

基尼系数分析结果 **表 5**

结果	广西森林康养目的地	广西潜在森林康养资源	广西森林康养要素点
基尼系数（G_{ini}）	0.908	0.903	0.929
均匀分布度（C）	0.0914	0.0969	0.0705

3 广西森林康养资源优化利用

基于对已开发的森林康养目的地、潜在森林康养资源以及要素点整体分布的分析来看，广西森林康养产业存在空间分布不均衡、产品体系异质性较低以及利用模式较单一等问题，因此提出优化路径以期提升广西森林康养产业发展质量。

3.1 区域协同联动，优化空间格局

每个城市森林康养产业的专业化环境与配套服务体系的形成都需要较长的发展周期，这与区域经济地理格局和资源禀赋有很大的关系。图 1 结果显示，当前广西森林康养产业发展的区域差异较大，南宁、桂林、百色等地作为森林康养产业基础较好的地区，应当充分发挥其作为“增长极”的作用，运用科学手段对周边的森林资源进行评估，在与城市上位规划和国土空间规划相衔接的前提下选择适宜开发森林康养产业的环境作为周边协同发展区域，通过开发具有不同特色的森林康养项目带动周边城市森林康养产业的发展，共享发展资源，形成良好的地域分工体系，避免区域间的过度竞争。对于经济发展落后、资源优势不明显的城市，政府应加强政策扶持和引导，通过森林康养基地、森林人家等森林康养系列项目的等级和质量认定提升知名度，促进区域联动发展，形成新的发展格局。

3.2 建设产业体系，培育区域品牌

广西森林康养目的地多数依托森林公园、自然保护区、风景名胜区等进行建设并形成 5 种主要利用模式，模式之间的相互结合将会产生更大的集聚效益。由于每个地区的资源优势、经济水平和市场需求不同，产业发展的侧重点也不同，因此可以因地制宜培育涵盖多种模式的森林康养项目，形成包括生态旅游、康养疗养、乡村创业等多种业态的森林康养产业链，打造区域森林康养品牌，对于北海、防城港、来宾等森林康养产业基础较弱的城市来说将形成新的产业热点。此外，森林康养产业需要多方面的保障因素，通过“互联网＋”构建包括信息宣传体系、公共服务体系、经济规划体系、生态保护体系、管理

与评价体系等完善的森林康养产业发展保障体系有助于森林康养产业的健康发展。

3.3 文化深度融合，提升产品内涵

由于森林康养产业对自然资源的依赖较大，产品开发容易出现自然性较强的同质化现象，因此广西可以充分利用区域文化优势，开发出具有文化特色的森林康养项目，提升产品内涵。广西作为多民族聚居地，康养产业可以与民族文化相互渗透，以少数民族的民俗、饮食、医药等作为切入点，结合民族聚居地的天然生态环境打造具有民族特色的森林康养项目。此外，引入长寿文化、地磁文化和历史文化等深度养生文化打造衍生产品，促进人们由"环境养身"向"文化养心"的转化，有助于从健康观的层面使人们达到均衡养生的效果。以文化资源为取向的森林康养体验地，既能够以文化为依托开展深度康养产品，反之也可以促进文化的传承和保护。

4 结语

广西丰富的森林资源塑造了天然的康养游憩地，通过多样化森林康养项目的规划和建设可以使之成为"均衡康养"的绝佳之境。文章通过地理学统计方法定量分析广西森林康养目的地和潜在森林康养资源的空间分布特征和利用现状，从空间格局优化、产业体系建设和产品内涵提升等方面提出优化利用路径，对于西南地区森林康养特色产业的发展具有借鉴意义。后续研究将注重面状数据的收集并从时间序列考虑森林康养要素点的时空演变特征，深度思考广西森林康养资源应如何优化利用。

参考文献

[1] 王克春，马智慧，孙裕增，等. 健康中国背景下大健康产业共建共享的社会协同[J]. 中国卫生经济，2020，39(1)：70-73.

[2] 邓三龙. 森林康养的理论研究与实践[J]. 世界林业研究，2016，29(06)：1-6.

[3] Song，C.，et al. Association between the Psychological Effects of Viewing Forest La-ndscapes and Trait Anxiety Level[J]. Internat-ional Journal of Environmental Research and Public Health. 2020，17(15).

[4] Park，BJ.，et al. Relationship between psychological responses and physical environm-ents in forest settings[J]. Landscape and Urb-an Planning. 2011，102(1)：24-32.

[5] Morita，E.，et al. Psychological effects of forest environments on healthy adults：Shin-rin-yoku (forest-air bathing，walking) as a possible method of stress reduction[J]. Public Health. 2007，121(1)：54-63.

[6] Lee，Juyoung.，et al. Restorative effects of viewing real forest landscapes，based on a comparison with urban landscapes [J]. Scandi-navian of Forest Research. 2009，24 (3)：227-234.

[7] Haluza，Daniela.，et al. Green Perspectives for Public Health：A Narrative Review on the Physiological Effects of Experiencing Outdoor Nature[J]. International Journal of En-vironmental Research and Public Health. 2014，11(5)：5445-5461.

[8] Choi，Jong-Hwan. The Effect of 12-Week Forest Walking on Functional Fitness and Body Image in the Elderly Women [J]. The J-ournal of Korean institute of Forest Recreation. 2017，21(3)：47-56.

[9] 王政，杨霞. 森林康养空间分布特征及其影响因素研究——以四川森林康养基地为例[J]. 林业资源管理，2020，(2)：146-153.

[10] 张彩红，薛伟，辛颖. 玉舍国家森林公园康养旅游可持续发展因素分析[J]. 浙江农林大学学报，2020，37(4)：769-777.

[11] 郑沛，杨林伟，韩玮，等. 基于生态系统服务功能的森林社会效益价值评估——以云南省森林资源为例[J]. 生态经济，2020，36(5)：161-170.

[12] 周凤杰，蒋涤非. 森林资源生态价值评估和生态补偿的系统动力学模型分析[J]. 江苏农业科学，2018，46(20)：325-329.

[13] 李甜江，马建忠，王世超，等. 云南森林康养典型模式研究[J]. 西部林业科学，2020，49(3)：60-65.

[14] 王世超，刘红位，李甜江，等. 滇西北森林温泉康养模式研究[J]. 西部林业科学，2020，49(2)：160-164.

[15] 黄甫权. 利用MapBasic7.0制作基于MapInfo的广西森林资源连续清查控制点生成程序[J]. 现代园艺，2020，43(01)：210-211.

[16] 徐冬，黄震方，吕龙，等. 基于POI挖掘的城市休闲旅游空间特征研究——以南京为例[J]. 地理与地理信息科学，2018，34(1)：59-64，70.

[17] 唐承财，孙孟瑶，万紫微. 京津冀城市群高等级景区分布特征及影响因素[J]. 经济地理，2019，39(10)：204-213.

[18] 朱沁夫，李昭，杨樨. 用地理集中指数衡量游客集中程度方法的一个改进[J]. 旅游学刊，2011，26(4)：26-29.

[19] 李燕，王芳. 北京的人口、交通和土地利用发展战略：基于东京都市圈的比较分析[J]. 经济地理，2017，37(04)：5-14.

[20] 王鹤超，徐浩. 基于POI及核密度分析的上海城乡交错带分布研究[J]. 上海交通大学学报(农业科学版)，2019，37(1)：1-5，18.

[21] 赵鹏宇，刘芳，崔嫱. 山西省康养旅游资源空间分布特征及影响因素[J]. 西北师范大学学报(自然科学版)，2020，56(4)：112-119.

[22] 崔卫华，王之禹，徐博. 世界工业遗产的空间分布特征与影响因素[J]. 经济地理，2017，37(06)：198-205.

作者简介

田梦瑶，1997年生，女，汉族，山东济宁，硕士，桂林理工大学旅游与风景园林学院，风景园林学专业在读研究生，研究方向为风景旅游规划与景观管理。电子邮箱：511897198@qq.com。

郑文俊，1979年生，男，汉族，湖北天门，博士，教授，博士生导师，桂林理工大学旅游与风景园林学院副院长，教育部高等学校建筑类风景园林专业教学指导分委员会委员。研究方向为风景园林历史与理论。电子邮箱：149480860@qq.com。

弹性理念下的盐碱化内陆湖景观修复研究
——以黄旗海湿地自然保护区为例

Research on Landscape Restoration of Salinized Inland Lake under the Concept of Resilient:
Taking Huangqihai Wetland Nature Reserve as an Example

王琦瑾　朱建宁

摘　要：当前国内的湿地研究主要聚集在东南沿海水系较丰富的地区，而对于内陆干旱地区的湿地的研究还较少。受人类活动和自然环境的影响，我国干旱地区内陆湖湖面萎缩和盐碱化问题严重，同时对于地方生态环境和动植物多样性都带来了极大的消极影响。针对现存问题，研究结合干旱地区水资源匮乏、湿地恢复周期较长的特征，基于弹性设计理念，通过多阶段的净水、蓄水、去盐、留鸟等手段，并将传统的工程手段和生态以及景观的设计手法结合，使场地形成弹性发展的可持续生态景观。
关键词：湿地；盐碱化；弹性；生态治理

Abstract: At present, domestic wetland research is mainly concentrated in areas with richer water systems in the southeast coast, while there is less research on wetlands in inland arid areas. Affected by human activities and the natural environment, inland lakes in arid areas of our country have suffered serious problems of shrinkage and salinization. At the same time, they have had a great negative impact on the local ecological environment and the diversity of animals and plants. In view of the existing problems, the study combines the characteristics of the lack of water resources in arid areas and the long recovery cycle of wetlands, based on the concept of resilient landscape, through multi-stage water purification, water storage, salt removal, and bird retention, and the combination of traditional engineering methods and ecological and landscape design, the site forms a sustainable ecological landscape with resilient development.
Key words: Wetland; Salinization; Resilient; Ecological Management

引言

内蒙古地区自然地理环境特殊，使得其湖泊生态系统的脆弱性在全国范围内尤为突出[1]。由于其季候特征明显，冬季寒冷漫长，全年干燥多风，导致植被丰富度低，以灌丛和草本为主，且生长缓慢，生态系统抵抗力低下，在湖泊湿地盐碱化治理中，对传统刚性的工程设施手段表现出一定的不适应性。而弹性理念正是强调系统在面对干扰时，能够通过不断的自身调节来适应外部环境，始终处于一种动态的调整变化中，从而保持整体湿地环境的相对稳定。但是，目前国内对弹性的研究以城市环境为主，针对干旱地区内陆湖的弹性规划设计研究较少。本研究以黄旗海湿地自然保护区的景观修复为例，通过调研与分析，提出基于弹性设计理念，构建能够有效适应干旱地区内陆湖盐碱地的动态修复新途径。

1　研究背景

1.1　内陆湖湿地退化

近年来，随着各地兴修水利，农牧活动的侵占以及过度开采地下水等行为，导致湿地普遍出现了污染加剧、水面萎缩、盐碱化问题加剧以及生态系统功能丧失等问题。在近30年间，我国原面积大于1km^{2}的湖泊消失了243个。在2000-2010年间，我国最大面积超过1000km^{2}的湖泊共计12个，其中6个在萎缩[2]。受气候影响，西北干旱区域湿地生态系统尤为脆弱，随着湿地萎缩，气候干旱加剧，蒸发增强，盐渍堆积，生态退化加剧，又进一步加剧了湿地的萎缩和退化，形成恶性循环[3]。

内陆湖泊湿地是内蒙古地区主要的水资源组成部分，对维持草原生态系统稳定性具有重要作用，同时受到气候、海拔等因素影响，相较于长江中下游、珠江三角洲等平原地区，湿地生态系统脆弱性更为突出。近年来，受到多方面因素影响，内蒙古地区内陆湖湿地普遍出现衰减退化的迹象，其原因主要有3个方面：一是由于全球气候变化，内蒙古地区大部分内陆湖的大气降水量出现了一定程度的减少，造成降水量与湖水蒸发量差值增大；二是地表径流补给的不同程度下的减少，其原因主要是人类生产活动对水资源的不合理利用；三是植被覆盖的减少使得流域内水分涵养能力减弱；四是人类活动，包括破坏草场、对水资源的过度开发、不合理的截留蓄水等行为，均会对整体流域产生严重破坏[4]。

1.2　干旱地区湿地修复方法和理论

在干旱地区湿地治理与保护方法上，目前普遍使用的方法主要有应对干旱气候的影响和把控人类活动影响 2 个方面，包括建立科学合理的水利设施，在丰水年储水以备干旱年使用；规范人类生产及生活用水量，杜绝废水的直接排放；恢复天然草场，增强区域生态系统的稳定性；拆除不合理的水利设施，改善为了工农业生产而随意修建堤坝、水闸、水库的行为。

受气候和地理环境影响，干旱区的湿地退化往往还会导致严重的盐碱化问题，据统计，全球盐碱地正以每年 $1\times10^6 \sim 1.5\times10^6 hm^2$ 的速度在增长。我国盐碱地主要在西北部干旱地区、三江平原、黄淮海以及沿海平原地区分布[5]。自 20 世纪 70 年代起，开始提出“排水洗盐”并采用工程措施对盐碱问题进行治理，通过明沟和暗管两类水渠，主要依循水盐运移的规律进行整治，但因其工程影响范围过大且易发管渗事故，所以人们又开始探索其他方法。针对盐碱化的问题，目前主要通过农业措施、水利措施、生物措施、化学措施进行治理与恢复。大量的实践和研究表明，因地制宜地选用适当措施可以有效改善盐碱化问题，

在本案例中，结合场地独特的自然地理，水文地质等条件，从生态修复、弹性设计的角度出发，因地制宜地提出应对湿地盐碱化和生态系统衰退的策略。通过不同阶段的湿地的弹性修复和调整，将区域生态环境、区域经济特色、景观空间形态等进行结合，提供一种盐碱化湿地修复的新思路。

2 区域概况与现状问题

2.1 区域概况

黄旗海位于内蒙古乌兰察布市察哈尔右翼前旗，是内蒙古八大内陆湖之一，水域面积曾达 $110km^2$，与岱海湿地自然保护区并为市辖两大省级湿地自然保护区，同时还是市城区附近唯一的一处大型天然湿地①。黄旗海的存在，使得该区域形成了独特的湿地景观，成为候鸟迁徙繁殖的聚集地。其中尤以大天鹅居多，据当地 2000 年观测显示，大天鹅迁徙数量可达上万只②。

黄旗海自然保护区及其周边的草甸草原，地处干旱大陆性气候区，对于气候变化非常敏感，降水量年际变化大，有丰水年与枯水年交替现象。干旱指数年际间波动较大，总体呈现上升趋势。

近百年来，黄旗海水域面积下降很快，由于气候、上游的拦截及地下水位下降等原因，黄旗海湖面面积日益萎缩，遍地盐碱，仅有少量间歇性补水汇入。从 20 世纪中叶起，人口快速增长给自然资源带来了新压力，同时受全球气候变暖降水量减小影响，原有 17 条供水河道陆续全部干涸或断流，黄旗海一度失去水源补给。加上生活生产废弃物的排放，湖泊逐渐由淡水湖转变成咸水湖。2017 年随着霸王河的重新补水，黄旗海水面逐渐恢复③(图 1)。

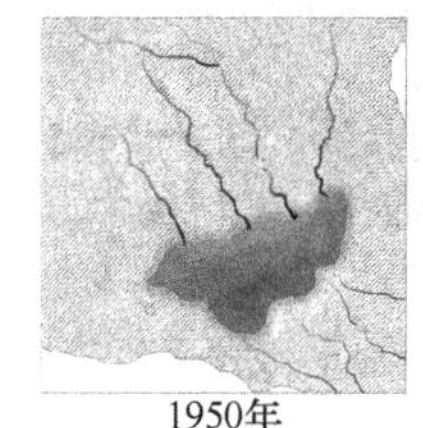
1950年

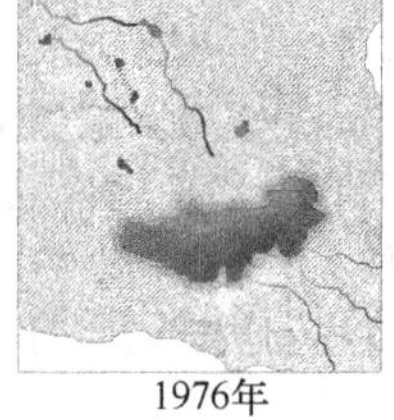
1976年

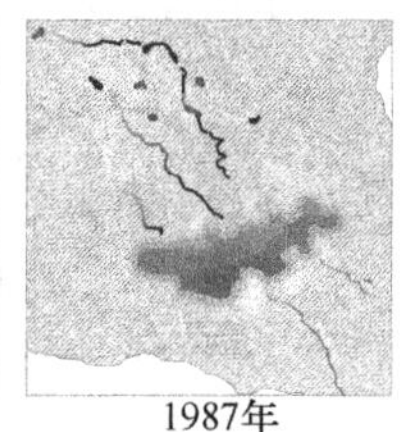
1987年

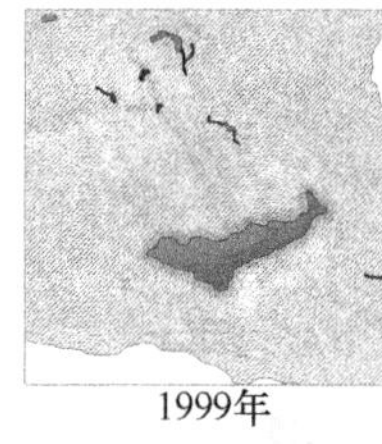
1999年

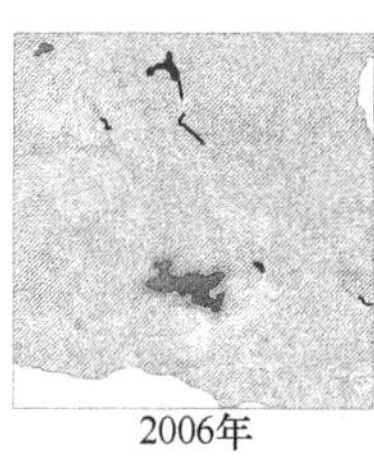
2006年

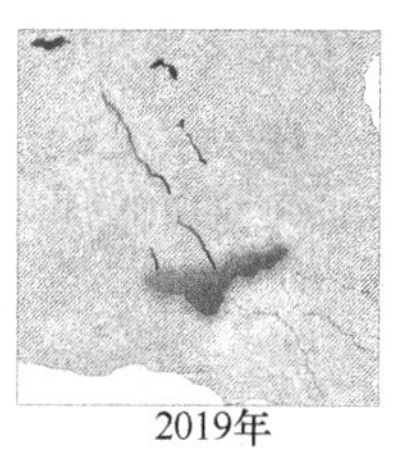
2019年

图 1　黄旗海近年水面变化关系

2.2 问题影响

2.2.1 盐碱化

由于黄旗海水源补给缺失，逐年干旱，地下水位下降，沿湖土壤盐碱化加重，土壤板结开裂，原生植物破坏殆尽，由于水面不断缩小，盐度增高，黄旗海成为强碱性咸水湖，既不能引用也无法灌溉。

2.2.2 湿地退化

随着工业发展，气候干旱，工农业用水量增加，黄旗海流域内各地兴修水利，截流了部分补给，工业废水不断排放至湖区，导致水域面积和深度逐渐缩小，水质恶化，湖中鱼类绝迹，其他水生植物也逐渐消亡殆尽。

2.2.3 候鸟栖息地消失

人口密度的增加，农、牧、渔及旅游业的发展，湿地环境不断发生变化，鸟类也不同程度受到影响。原本在此越冬和生活的候鸟与留鸟数量逐渐下降，黄旗海流域物种多样性和丰富度大大减少。

3 规划目标

希望通过生态自然的手法和雨水收集净化及盐碱治理等人工干预结合的方式，使黄旗海湿地退化，土壤盐碱的问题得到修复，使其重现生机与活力。

根据北方干旱地区湿地恢复较为缓慢的实际情况，结合弹性的设计理念分阶段进行景观修复，以多阶段、多

① 内蒙古黄旗海盆地三维地质建模及地下水数值模拟，韩小强。
② 黄旗海湿地——濒临消失的候鸟天堂。
③ 气候变化对黄旗海湿地生态环境的影响及其对策，皇彦。

层级的修复理念，使场地在每个不同的修复阶段都呈现出独有的景观风貌。

在生态修复的一系列过程中，也通过“土壤改良—种植—养殖”的综合模式，从经济作物碱蓬草和官村鲫鱼、白虾养殖中获取经济效益，拉动产业发展。并且通过优化植物群落的方式构建鸟类栖息环境，重建候鸟栖息地。随着时间推移，让这片土地呈现出现草原红海滩的独特风貌，并再现原有的牛羊鸟类共生共存的美好情境。

4 弹性理念下的黄旗海景观规划设计策略

4.1 总体策略

尊重自然的力量，建立了一个良好的自然循环系统，并以弹性的设计理念为指导，强调在长期修复过程中把握不同阶段下的场地特征，重视各阶段下修复过程和其独有的景观风貌（图 2～图 4）。

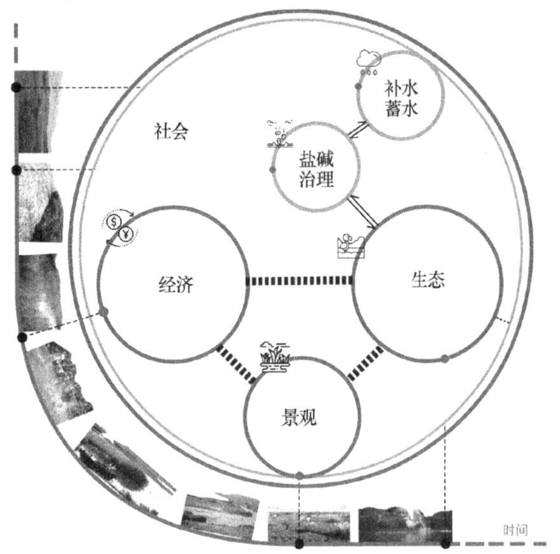

图 2 目标策略图

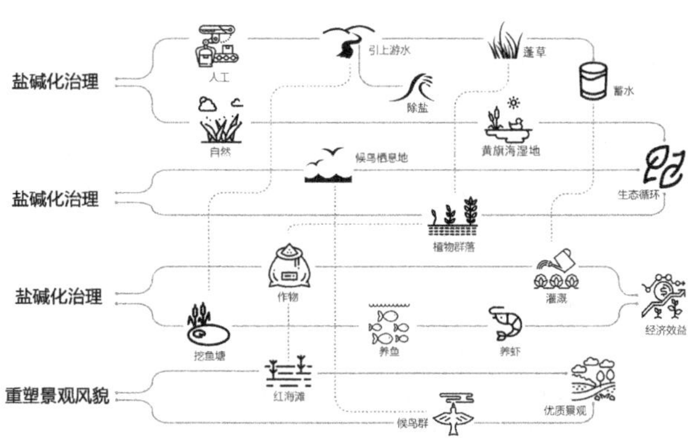

图 3 循环策略图

在现状盐度增高的湖水和土壤区域整理地形，引水冲盐形成若干河道支流，并在其周边进行“台草—浅池”复合手段治理盐碱。在其余土地继续种植场地内原有的碱蓬草，形成“碱蓬草+”的植物群落，生物手法治理盐碱。并且在一定时间段内形成草原红海滩湿地风貌。此外，本案还关注场地的雨水收集，由于该地区气候较为干旱，因此季节性的降雨和洪水十分珍贵，研究注重对洪水径流下的淡水资源进行存蓄利用。解决了该区域干旱和引淡洗盐的问题。

4.2 蓄水策略

场地气候干旱，丰水年与枯水年交替明显，因此在丰水期蓄水尤为重要。蓄水主要通过在剖面上不同高程上放置内置水箱，收集地表及雨水径流。水箱外接水管，水管壁设置渗水点，上下级水箱之间联通，保证水量。水箱之间通过渗水管保证坡面土壤湿润，提升植物丰度及蓄水能力，减缓枯水期对于场地的影响。并对周边台坡地附近的雨水进行收集利用。同时对于地下水开采进行限制，并对周边农牧过度开发进行强制转移，退耕退牧还草，帮助湿地自我修复（图 5）。

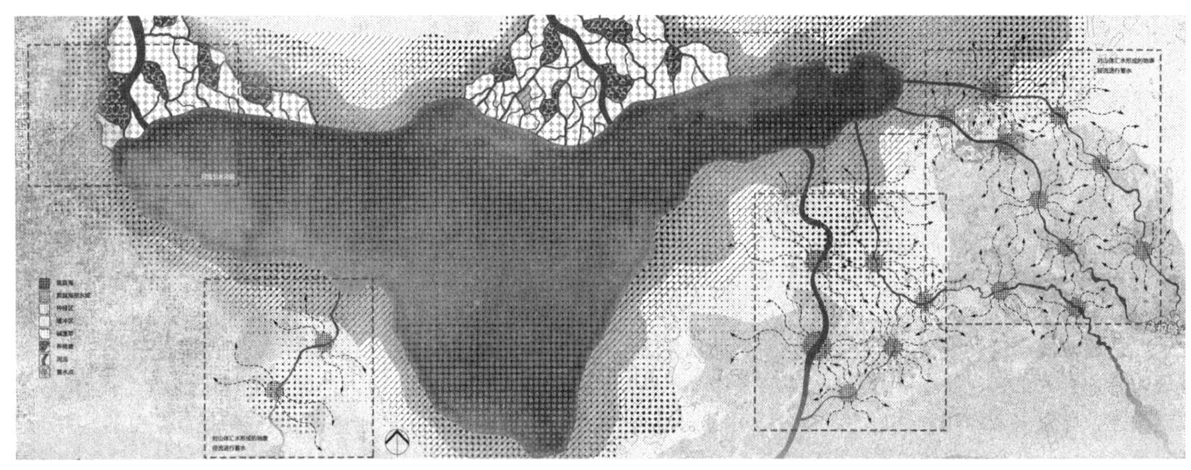

图 4 设计平面概念图

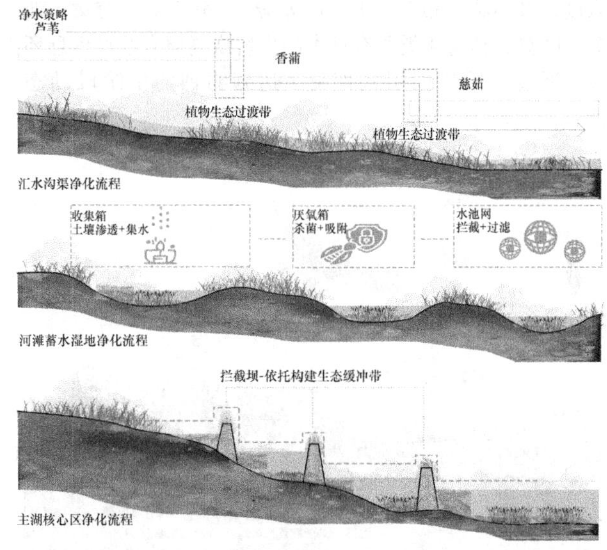

图 5　蓄水策略图

4.3　净水策略

首先通过对场地区域分类，主要分为地表河道、水岸湿地及主湖沿线 3 类。地表河道主要通过植物进行分级过滤，选用芦苇—香蒲—茨菇的净化模式，在植物的交界区域设立生态缓冲区。水岸湿地主要通过分级的水塘逐层净化的方式，先以收集水箱进行范围水源蓄积，再用厌氧箱等吸附杀菌型装置二级净化，最后经由水塘过滤网流入湖内。主湖沿线利用分水拦截坝作多级分流，同时拦截坝可作为景观及水草的陆基基础，便于核心区的保护以及多层景观的营建（图 6、图 7）。

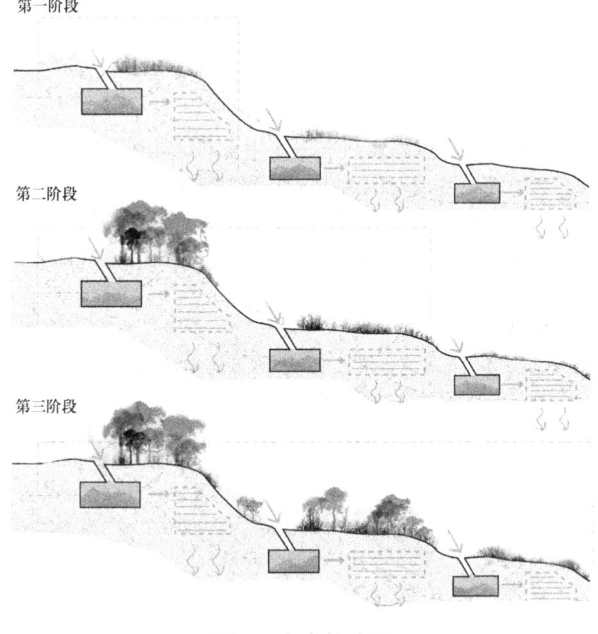

图 6　净水策略图

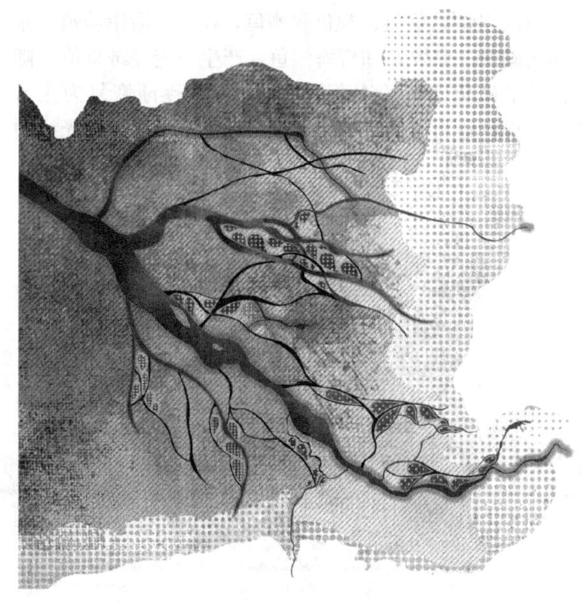

图 7　净水概念图

4.4　盐碱治理策略

陆基盐碱化主要通过借助进入场地的水源进行引水冲盐进行调节，首先巩固原有的供水水系，拓展和巩固河道蓄水及河道周边生态环境，同时对周边地表径流进行水系梳理。在第一阶段水系巩固之后，引多条支流入湖，扩大河口三角洲冲刷面积，增加三角洲区域淡水含量，逐渐引入耐盐碱植物巩固区域生态系统，并逐渐扩大。第三阶段逐渐在水网密集区形成多处集蓄水区域，引入水生动植物，形成完善的水岸湿地系统，隔离陆基盐碱环境，逐渐改善陆基盐碱状况。同时利用咸水冰灌溉—土壤改良—种植养殖的综合模式，将湖区周边生产功能和去盐碱手段相结合，在冬季抽提咸水结冰成咸水冰，春季咸水融化时灌溉盐碱地，融化时，先融化的高浓度咸水入渗，然后融化出的矿化度较低的微咸水并结合降雨淋盐，为植物生长提供适宜的土壤水分和低盐条件①。

4.5　恢复候鸟栖息地策略

该地区原有鸟类数量和种类丰富，其中夏候鸟占 50%，留鸟占 11.67%，旅鸟占 38.33%，主要为候鸟的中转居留地。原生的植被类型为半干旱区森林草原，其特征是草原、草甸和森林植被共存，其中多年生、旱生草本植物是主要类型，在低湿地区有盐生、中生、湿生的草甸植被。主要加强种植干预的耐水湿、抗盐碱的植物有碱蓬草，辅助以蒲草、芦苇配置在湿地周边；不耐涝但抗盐碱的植物如马莲、羊草和苜蓿配置在地势稍高的地区。在湿地中的盐类、芦苇及苇草资源是发展轻工业的原材料②。同时通过净化，使得湿地水源盐度不同程度下降，在鱼池

① 咸水结冰灌溉改良盐碱地的研究进展及展望。

② 退化盐沼湿地盐碱化空间变异与芦苇群落的演替关系，杨帆。

里养殖淡水鱼如草鱼、鲤鱼和鲫鱼，在湿地沿岸养殖咸水鱼如凡湖鱼、雅罗鱼和青海湟鱼，产生一定经济价值，随着湖泊盐碱化问题的逐渐解决，淡水鱼逐渐恢复为主流鱼类。设计还将湖区分为4种类型，在水深程度、光线射入度以及植物分布上产生不同差异①。分别对应游禽、涉禽、陆禽、猛禽4类原有鸟类的生境恢复原有候鸟栖息环境，通过分阶段的引入恢复，达到物种的多阶段动态演替。

图8　恢复候鸟栖息地策略

5　结语

设计在解决黄旗海生态问题的同时，还为当地特色发展提供了可能，带动了当地“官村鲫鱼”、碱蓬草经济收益和红海滩风貌的发展。经过时间和自然的力量，以期黄旗海恢复曾经的生机与活力，再现塞外圣洁明塘的美誉。

研究将生态化的手段和景观设计相结合，为内陆盐碱地的治理和生态修复提供思路和方法。本次研究尚处于概念阶段，同时由于时间、应用条件的限制，其中有关地质、水文、工程等诸多问题还有待在更为专业、实际的研究中进一步探讨。但本案对于盐碱问题的处理，因地制宜地糅合了多方面的技术措施考量，如水利措施、生物措施、生态措施以及景观表现等，同时考虑到了当地特殊的气候、水文变化，所以提出相应的应对策略。相比较于单纯的工程措施、生物措施等，本案的应对策略突出生态、弹性等特点，且可因地制宜地适用于其他盐碱化湿地区，具有普适性。希望对改善湿地盐碱化进行的一系列探讨与研究，为同类型自然保护区的保护可持续发展带来促进意义和一定的参考价值。

参考文献

[1]　秦大河，王绍武，董光荣. 中国西部环境演变评估(第一卷)[M]. 北京：科学出版社，2002.

[2]　颜雄，魏贤亮，魏千贺，等. 湖泊湿地保护与修复研究进展[J]. 山东农业科学，2017，49(05)：151-158.

[3]　薛达元，蒋明康. 中国自然保护区对生物多样性保护的贡献[J]. 自然资源学报，1995(03)：286-292.

[4]　丹旸. 内蒙古典型草原地区内陆湖面积变化研究[D]. 呼和浩特：内蒙古师范大学，2019.

[5]　刘建红. 盐碱地开发治理研究进展[J]. 山西农业科学，2008，36(12)：51-53.

[6]　韩小强. 内蒙古黄旗海盆地三维地质建模及地下水数值模拟[D]. 南京：南京大学，2018.

①　中国自然保护区对生物多样性保护的贡献，薛达元。

[7] 杨帆，章光新，尹雄锐，等. 退化盐沼湿地盐碱化空间变异与芦苇群落的演替关系[J]. 生态学报，2009，29(10)：5291-5298.
[8] 薛达元，蒋明康. 中国自然保护区对生物多样性保护的贡献[J]. 自然资源学报，1995，3：286-293.

作者简介

王琦瑾，在读硕士研究生，主要研究方向为风景园林规划设计，北京林业大学园林学院，电子邮箱：wangqijin817@163.com。

朱建宁，博士生导师，北京林业大学教授，电子邮箱：blzjn@vip.sina.com。

文旅古镇游人活力的测度与影响因素研究

——以乌镇西栅为例

The Study on Measurement Method and Influence Factors of Street Dynamic in Tourism Town:

A Case Study in Wuzhen Xishan

徐孟远

摘　要：街道空间是文旅古镇中容纳游人活动的重要空间载体。游人在古镇街道空间中的行为分布是古镇空间游人活力的具体表现形式，能够直观有效地反映游人的旅游感知和使用偏好。因此，研究游人行为分布的测度方法和影响因素，对旅游目的地的规划和改造有着重要的现实价值。本文选择乌镇西栅景区作为研究对象，通过大数据方法对古镇街道游人行为分布数据进行采集和处理，通过统计学模型挖掘其影响要素，发现空间句法理论下的视觉转向度和空间限定率指标与街段游人活力显著相关。在此基础上，从环境行为学视角对文旅古镇街道空间的规划设计提出了建议。

关键词：文旅古镇；空间句法；游人行为

Abstract: Streets are the major venue where visitors' activities take place in cultural tourism town. Visitors' spatial distribution pattern is the manifestation of the vitality of the streets, directly reflecting the perception and preference of the visitors. Therefore, it is of great importance for planners and researchers to study measurement methods and influence factors of visitors' spatial distribution in order to conduct planning and redevelopment of cultural tourism towns. This research selects Xishan district of Wuzhen as the research object, collects visitors' distribution data and explores street environmental characteristics that impact visitors' behavior. It is found that the variables of angular step depth and visual clustering coefficient are significantly correlated to the vitality of street visitors. Further suggestions for cultural tourism town planning are proposed based on the findings.

Key words: Cultural Tourism Town; Spatial Syntax; Visitors' Behavior

1　研究背景

在我国城市工业文明迅速发展的背景下，城市居民普遍产生对田园小镇景致的怀旧情结，因此文旅古镇成为新的旅游热点，涌现了周庄、同里、乌镇、丽江等一批古镇旅游开发的成功案例[1]。但近年来这些文旅古镇旅游项目日益暴露出景区内部人流冷热不均、人流聚集在核心街段的“进得去、散不开”等问题，影响了古镇空间的综合使用[2]。因此有必要对于古镇游客行为模式和影响因素进行解析，便于为之后的古镇规划设计提供辅助决策支持，促进古镇旅游地的可持续发展[3]。

目前针对古镇游人行为的研究已经有了一定成果，总体而言，旅游目的地的空间环境要素对于游人行为选择有重要影响，尤其是针对场地内部较小空间的环境特征与游人活动的相关研究近年来也受到了较多的关注。现有研究主要针对古镇环境下具体的景观空间要素，例如街道界面要素、设施等。现有研究也广泛应用空间句法理论对古镇内部空间结构进行量化描述[4]。空间句法是由希利尔在20世纪70年代提出的描述建筑和城市空间模式的理论方法和语言，其基本思想是对空间进行尺度划分和空间分割，分析其复杂的关系，目前已广泛应用于公共空间特征和与使用者行为的研究中，证实了将空间句法理论方法应用于小尺度景区游客行为分析的可行性与适用性[5,6]。

近年来空间句法理论也在不断更新发展，基于“凸空间”的视域分析模型已经相当成熟，即使用无限细分的方格网，将空间结构转译成小方格组成的空间系统后，考察元素之间的数学关系，具备精细化等优点，但目前研究中应用视域分析方法分析和测度古镇空间并进行游人活动分析的研究还比较少[7]。因此，本文拟通过针对乌镇的实证研究提取分析游人的空间行为特征，进一步探索针对游人活力分析的古镇街道空间环境特征指标体系，为后续的古镇规划设计及旅游策略研究提供依据和分析框架上的建议。

基于上述研究背景，本研究拟回答以下两个研究问题：

问题1：哪些文旅古镇环境要素显著影响游人对于空间的使用偏好？

问题2：基于空间句法视域分析方法的文旅古镇环境要素指标是否在游人活力分析上具有适用性？能否作为现有指标体系的有价值补充？

2　数据

2.1　样本范围选择

本次研究选取乌镇西栅景区作为研究文旅古镇游人活动与环境要素相关性的调研分析样本对象。乌镇位于浙江省桐乡市北端，地处富饶的杭嘉湖平原中心，是一个有1300年建镇史的江南古镇。2001年，乌镇保护开发一期工程东栅景区工程成功运作后，乌镇从2003年开始启动镇保护二期工程对西栅街区实施保护开发。西栅景区纵横交叉河道9000多米，存留了大量明清古建和老街长弄，古建筑外观上保留了古色古香的韵味，呈现了中国江南水乡古镇的风貌，是一典型“观光加休闲体验型”古镇景区。具体研究范围涵盖西栅景区中横贯景区东西的西栅老街两侧商业业态较为集中的区域，如图1所示。

图1　乌镇西栅研究范围

2.2　研究样本划分

本研究所用的乌镇基础数据来源于百度地图数据（爬取自2020年5月4日)。研究利用爬虫程序通过百度应用提供的开放应用程序编程接口（API）设定对角坐标抓取获得。爬取范围覆盖案例区域及案例区域周边用于研究的建成环境数据。该数据包含建筑物边界、水体边界、道路、POI等内容的空间地理坐标等信息。为便于下一步统计分析，将研究范围根据道路网络实际情况划分为44个街段作为基本的研究样本单元，具体样本划分如图2所示。

图2　乌镇西栅研究样本划分

2.3　古镇环境特征指标体系的构建

本研究中子样本街段的环境特征指标，即本研究中的自变量，主要包括两方面的内容：一是现有研究中应用较为成熟的古镇环境特征指标，涵盖基本空间特征、界面设计特征、环境设施特征、业态特征等多方面内容，具体包括10项指标：街段DH比、贴线率、临水率、绿视率、界面透明度、界面招牌密度和业态吸引力[8-12]；二是根据空间句法理论下的视觉分析指标，包括集成度、视觉转向度和空间限定率。各项指标测算方法如下：

（1）D/H反映了行人所处场所的空间尺度，数据通过激光测距仪对样本街段的步行街宽度、建筑高度测量计算获得。计算公式为：D/H＝街道宽度D/建筑高度H。各街段建筑高度（以出檐高度为准）和相应街段宽度（如宽度有变化，计算平均宽度），如只有一侧有建筑，D/H减半。

（2）贴线率是指由多个建筑的立面构成的街墙立面跨及所在街区长度的百分比，表达了临路建筑物的连续及底层建筑物的退让程度。计算公式为：贴线率＝（街墙立面线长度/建筑控制线长度）×100％

（3）在古镇项目中，河道、人工湖都是常用的设计要素，也被认为是提升环境质量吸引人气的重要设计方法。临水率指样本街段开敞临水面的比例。计算公式为：临水率＝街段内滨水开敞界面长度/街段长度。

（4）绿视率指人的视野中绿色植物所占的比例，该指标能在一定程度上反映古镇街道的综合环境质量情况，因此也是影响游人活动的重要因素。绿视率计算方法为：在样本街段两端人视角高度拍摄街段照片，在Photoshop软件计算照片中可视绿色植物像素占整张照片像素的比例，然后将各街段两端照片绿色植物像素比例的平均值作为该街段的绿视率。

（5）透明度指各街段中具有视线渗透度的建筑界面水平长度占建筑界面沿街总长度的比例。具体计算指标中沿用之前研究较为成熟的方法，即将店面的空间通透程度分为：门面完全打开的开放式店面（Ⅰ类)；视线可以直接看到室内的透明玻璃橱窗（Ⅱ类)；设置江南古镇传统形式的木栅橱窗和门（Ⅲ类)；室内外的视觉被阻隔的不透实墙（Ⅳ类)（包含不透明平面广告）。计算公式为：透明度＝（Ⅰ类界面面积×1＋Ⅱ类界面面积×0.75＋Ⅲ类界面面积×0.5)/街段的建筑界面沿街总面积。

（6）招牌是道路沿街立面的重要标志物，对活动起着一定的引导作用，是行人驻足停留的一个重要因素。本次研究中，招牌密度是指各街段内的招牌总数量与该街段长度的比例。计算公式为：招牌密度＝街段内招牌数量/街段总长度。

（7）街段各类业态经营者的吸引力也是影响游人行为活动的重要因素。本研究抓取样本范围内所有经营店铺在大众点评网上的评价得分，取各街段子样本范围内店铺的平均得分作为该子样本的业态吸引力指标。

（8）集成度（Visual Integration Value）的内涵是，针对每个具体元素，穷尽所有可能性之后，从其他空间到此元素花费的视觉折转步数，对此取倒数。视觉整合度的值越小，说明折转花费越多，表示这个元素要看到其他元素需要更多的转折，越不容易被看到。换句话说，视觉整合度衡量了一个空间吸引视线达到的潜力，视觉整合度越高，空间的可达性越高。

（9）视觉转向度（Angular Step Depth）是空间句法理论中针对空间元素的深度的一种描述方法。其内涵为，从特定元素出发，达到某一个目标元素最小要转过多少角度。视觉转向度的值越低，则该空间要素的通达性越好。

（10）视觉限定率（Visual Clustering Coefficient）是空间句法理论中针对空间视线联系特征所提出的一种特定指标，指的是沿街道两侧的建筑界面在视觉方面的限定效果的强弱。视觉限定率越高，说明样本街段的空间界面在限制和约束视线方面较强，反之则受到的遮蔽越弱。

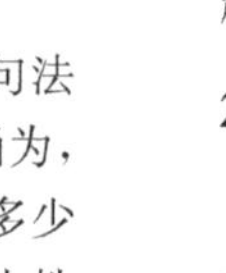

2.4 子样本空间环境指标测度

本研究对乌镇调研区域的44个样本街段了实地调研，部分街段的环境现状如图3所示。根据百度爬取获得的原始建成环境数据并结合现场勘查调研，在ArcGIS和Depthmap平台创建分析底图，并根据上述特征指标的量化方法得到了城市街道建成环境特征指标的量化数据。

图3 部分研究样本现状图

2.5 乌镇游人活动数据采集

本研究所用的乌镇游人数据来源于百度地图热力图数据，利用爬虫程序通过百度应用提供的开放应用程序编程接口（API）设定对角坐标抓取获得。选择天气良好的工作日5天和周末2天（2020年5月4日至5月10日），从早上9：00至晚上22：00每间隔1h爬取1次百度热力图数据，单个数据点包括4个属性，分别为经度、纬度、时间和人口活动强度，最终共获得有效数据共计36479条。根据研究需要对原始数据进行核密度分析，最终游人活动强度核密度分析结果如图4所示。各样本空间范围内的平均核密度值定义为各子样本的游人活力指标，即本研究的因变量[13]。

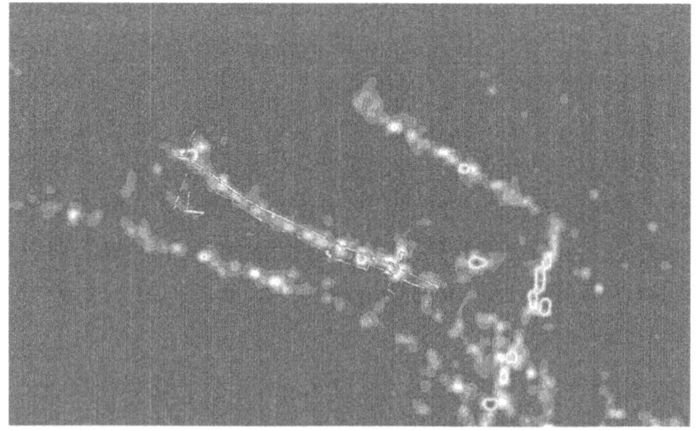

图4 游人活动核密度分析处理结果

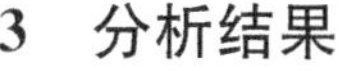

3 分析结果

3.1 常规环境特征指标相关性分析

首先检验不包括空间句法相关指标的7项古镇环境特征指标与游人活动的相关性，应用SPSS17.0软件平台进行多元线性回归分析，检验游人活力是否与上述自变量存在显著关联，分析结果如表1所示，可以发现模型R方仅有0.34，说明此模型拟合度不佳，仅能解释少部分游人活力变化。

常规环境特征指标模型汇总 **表1**

模型	R	R方	调整R方	标准估计的误差
	0.583^a	0.340	0.212	0.0061271

a. 预测变量：(常量)，招牌密度，贴线率，业态吸引力，*DH*比，透明度，绿视率，临水率

3.2 使用者区域环境特征分析

将基于空间句法理论的3项指标加入分析模型，应用SPSS17.0软件平台进行多元线性回归分析，分析结果如表2所示。

含空间句法环境特征指标模型汇总　　表2

模型	R	R方	调整R方	标准估计的误差
	0.794[a]	0.631	0.519	0.0047872

a. 预测变量：(常量)，招牌密度，贴线率，业态吸引力，空间限定率，DH比，整合度，视觉转向度，透明度，绿视率，临水率

结果显示，模型在增加三个空间句法理论相关指标后，对原始数据的拟合明显提升（表2），模型R方上升至0.631，说明总体拟合程度较好，选取的自变量能够对游人活力状况有较好的解释度。除业态吸引力之外，新增的视觉转向度和空间限定率指标均与游人活力呈现显著相关（表3）。

含空间句法环境特征指标模型系数　　表3

模型	非标准化系数		标准系数	t	$Sig.$
	B	标准误差	试用版		
(常量)	−0.016	0.013	—	−1.242	0.223
透明度	−0.007	0.004	−0.239	−1.921	0.063
业态吸引力	0.000	0.000	0.427	3.732	0.001
整合度	0.005	0.003	0.180	1.502	0.143
视觉转向度	−0.021	0.005	−0.529	−4.182	0.000
空间限定率	0.066	0.024	0.325	2.711	0.011
贴线率	−0.005	0.005	−0.132	−1.010	0.320
DH比	0.001	0.001	0.068	0.541	0.592
绿视率	0.027	0.015	0.238	1.727	0.094
临水率	−0.004	0.003	−0.275	−1.583	0.123
招牌密度	0.038	0.024	0.284	1.605	0.118

分析结果表明：①子样本街段的视觉转向度对其游人活力存在显著影响，并呈负相关。这说明视线转向度越高的区域，意味着视线到达需要更大角度的视线折转，相应游人活力则越低。此结果与目前文献的实证研究成果一致，视线转向度高的区域往往是视线受到遮蔽的角落空间，从游人行进过程中的空间认知来讲，角落空间不易受到无特定行进目标的游客的感知，导致其总体进入率偏低；②子样本街段的空间限定率游人活力存在显著的正相关，即街段两侧建筑界面的围合度越高，则街段对游人活动的促进作用越高。说明古镇街道两侧空间适度围合，有助于形成积极空间增强游人的领域感和归属感，从而吸引游人驻足，延长游览时间；③子样本街段的透明度与游人活力呈现负相关效应，意味着透明开敞的街道底层界面反而会抑制游人停留驻足等游赏活动，这一点与绝大部分现有文献的结论恰好相反。一般研究认为透明开敞的商业街道底层界面有助于吸引商业观望活动的发生，同时弱化底层的边界效应，引导逗留活动的发生。本实证研究中相反的结论的可能原因是大部分现有实证研究选取的是城市环境下的现代商业街，而在文旅古镇的建成环境背景下，透明度低的半封闭形式由于更接近中国传统古镇的传统界面形式，因此也更贴近游客的文化心理认同，从而相较于透明橱窗式界面具备更高的文化吸引力。

4 讨论

4.1 结论与建议

本文将空间句法理论下的视线分析方法引入文旅古镇景区下的小尺度空间分析，以乌镇西栅为研究对象，通过大数据方法收集并解析游人活动的空间分布，探究其与古镇街道环境特征之间的关联性，对本领域的研究框架方法和实证成果提供了有益的补充。

总结研究成果可发现，乌镇西栅的部分次要道路过于曲折，导致从沿河主要游线上必须通过多次视线转折才能被游人所感知，一定程度上阻碍了吸引游客深入内部的可能性，加大了景区整体的“进得去、散不开”的问题。在未来的规划调整中，对于此类街段可进行业态上的引导和调整，一方面可以在视觉转向度最低的地段布置具备高吸引力的特殊业态（如文化表演等），保证该区域街段的基础人流量，另一方面可以在进入此街段的主要路口处设置景观小品或标识，降低经过此处人流的行进速度，提升主要游线上的游人选择次要游线的可能性。传统上认为街道空间尺度对游人活动存在较大影响，但在本研究中，D/H和贴线率2项指标均未发现与游人活力存在统计意义上的关联，而空间句法方法中，描述街道两侧界面围合效果强弱的视觉限定率指标与游人活力显著相关，该指标可以在未来游人活力相关研究和实践中作为街道空间特征指标体系的有益补充。

4.2 研究限制和未来展望

由于现实条件的限制，本研究也存在一定的局限性。首先，本研究在采样时间较为集中，可能会受到天气和临时活动的干扰，影响结论的准确性。另外，游人在子样本街段上的活动分布受到邻近街段功能业态和空间要素的影响，如何将邻近街段的影响纳入定量分析模型仍需进一步探讨。

参考文献

[1] 钟士恩，章锦河. 从古镇旅游消费看传统性与现代性、后现代性的关系[J]. 旅游学刊，2014，29(07)：5-7.

[2] 毛媛媛，殷玲，孙庆颖，朱予楠，范燕群，戴晓玲. 基于旅游者行为地图的同里景点优化策略研究[A]. 中国城市规划学会，重庆市人民政府. 活力城乡 美好人居——2019中国城市规划年会论文集(13风景环境规划)[C]. 中国城市规划学会、重庆市人民政府：中国城市规划学会，2019，10.

[3] 林岚，许志晖，丁登山. 旅游者空间行为及其国内外研究综述[J]. 地理科学，2007(03)：434-439.

[4] 陈泳，倪丽鸿，戴晓玲，等. 基于空间句法的江南古镇步行空间结构解析——以同里为例[J]. 建筑师，2013(02)：75-83.

[5] 吴子豪，方奕璇，石张睿. 基于空间句法的历史文化街区

空间形态研究——以苏州阊门历史文化街区为例[J]. 建筑与文化，2019(12)：36-38.

[6] 陈可石，潘安妮. 基于空间句法理论的旅游小镇空间结构概述及案例研究[J]. 现代城市研究，2014(08)：86-93.

[7] 比尔·希列尔，盛强. 空间句法的发展现状与未来[J]. 建筑学报，2014(08)：60-65.

[8] 徐磊青，刘念，卢济威. 公共空间密度、系数与微观品质对城市活力的影响——上海轨交站域的显微观察[J]. 新建筑，2015(04)：21-26.

[9] 徐磊青，康琦. 商业街的空间与界面特征对步行者停留活动的影响——以上海市南京西路为例[J]. 城市规划学刊，2014(03)：104-111.

[10] 陈泳，赵杏花. 基于步行者视角的街道底层界面研究——以上海市淮海路为例[J]. 城市规划，2014，38(06)：24-31.

[11] 韩君伟，董靓. 基于心理物理方法的街道景观视觉评价研究[J]. 中国园林，2015，31(05)：116-119.

[12] 李道增. 环境行为学概论[M]. 北京：清华大学出版社，1999.

[13] 冉桂华，杨晔轩，殷浤益，马云龙，戴璐莺，李蝶，杨元维. 一种热力图的景区人流量动态监测方法[J]. 计算机与数字工程，2018，46(11)：2329-2332+2350.

[14] Fatemi N S, Tabibian M, Bahrainy H. A review of relationship between environmental quality and citizen's behavioral patterns in public spaces (Case study: Mashhad Kouhsangi and Qaranei streets)[J]. International Journal of Architecture and Urban Development, 2018, 8(2): 25-36.

作者简介

徐孟远，1983年12月生，男，汉族，辽宁沈阳，博士研究生，现任桂林理工大学旅游与风景园林学院副教授，主要研究方向为公共空间使用者时空行为模式分析。电子邮箱：mengyuan03@foxmail.com。

20 世纪 50 年代武汉东湖风景区规划设计研究[①]

Research on the Planning and Design of Wuhan East Lake Scenic Area in the 1950s

张仕烜　赵纪军*

摘　要：城市风景区是公园城市建设中的重要一环，是连通城市绿地和大地风景的桥梁。东湖风景区从曾经国内第一个以“风景区”为名的规划项目[1]，到如今成长为武汉市中心城区的“城市绿心”，它的规划建设历史与武汉的城市发展息息相关。从 1950 年东湖风景区开始规划建设，到 1960 年第一阶段建设高潮结束，这 10 年间东湖的发展从一片荒芜到成为市民的乐园，展示了那个时代风景园林人对于风景区建设的宏伟蓝图。本文通过分析这段时期内东湖风景区规划设计的重要历程，研究参与其中并对规划设计产生重要影响的人物经历，展示 10 年间东湖风景区所取得的规划成果，并最终归纳 20 世纪 50 年代东湖发展的成就与缺失，以期管窥新中国第一批风景园林学者对于风景区及其与城市关系的一些思想与理念，来对如今公园城市发展背景下城市风景区的建设提供一定的启发。

关键词：风景园林；公园城市；东湖风景区；规划历史

Abstract: The urban scenic area, which serves as a bridge between urban green space and landscape, is playing an important role in the construction of park cities nowadays. The East Lake Scenic Area, which was the first domestic planning project named “Scenic Area”, has grown into “the Urban Green Heart” of central Wuhan now. The history of the planning and development of the East Lake Scenic Area is closely related to Wuhan's urban development. The planning and construction of the East Lake Scenic Area were initiated in 1950, and by the end of the first phase of its construction in 1960, the East lake has been transformed from a wasteland of ash to a paradise for citizens. This dramatic change has shown the grand vision of the landscape architects in that era. By analyzing the big moments of planning and design of the East Lake Scenic Area during this period, studying the people who have deeply participated and greatly influenced this planning and design, and showing the planning outcomes of the East Lake Scenic Area in the past 10 years, this article will summarize the achievements and deficiencies in the development of the East Lake in the 1950s, while also hoping to take a glimpse at some of the ideas and concepts about the scenic area and its relationship with the city from the very first landscape architecture scholars working in the new China after 1949, so as to provide enlightenment for the construction of urban scenic areas under the big background of park city development at present.

Key words: Landscape Architecture; Park City; East Lake Scenic Area; Planning History

随着如今公园城市的营城模式成为城市建设的新浪潮，公园与城市的融合、自然与文化的交互成为城市发展的美好愿景。想要使“老百姓走出去就像从家里走到自己的花园一样”[2]，就需要城市内的绿地、公园甚至风景区形成严密而全面的网络，为市民群体提供从环境到生活品质的提升。东湖风景区作为位于武汉城市中心城区的城市“绿心”，如今已发展成为拥有由百余公里绿道所串联的六大片区组成的山水人文胜地，是市民与旅游者享受自然风光、探寻人文历史的首选之一。它是近百年来几代东湖建设者所付出的心血与寄托的理想，也在今天成为武汉建设“公园城市”的一张重要名片。

其实在近百年的东湖发展史中，它就一直与武汉的城市发展密不可分，是武汉城市生态的重要组成部分。早在民国时期，东湖周边的“琴园”与“海光农圃”都已对市民开放，为市民提供了休闲娱乐的场所，虽不是属于真正的城市公园，但也对东湖在武汉的城市定位打下了基础。而在抗日战争胜利后不久，民国武汉政府也曾拟定“东湖公园”的建设，并将其视作建设“花园都市”的城市公园系统中的重要一环。而武汉在中华人民共和国成立后，也就是 20 世纪 50 年代的这个节点，是东湖风景区建设发展的第一个重要时期，东湖的发展规划成为武汉城市修复与发展最先付诸实施的项目之一[3]，并完成了从“公园”到“风景区”的华丽转变。本文希望通过研究这个时期东湖风景区规划与设计的重要历程与取得的重要成果，来探寻新中国第一批风景园林工作者对于城市内的风景名胜区建设的宏伟蓝图，从中体会他们对于城市与公园、风景区之间关系的认识。并在梳理我国第一个风景区的发展脉络与经验中，进一步思考风景名胜区在公园城市发展中的地位与作用。

1　建设历程：从“公园”到“风景区”

中华人民共和国成立后，城市改造成为恢复民生与经济的重要环节，在许多新的城市规划中，公园体系已经纳入规划的范围内，并扮演着提升市民生活品质的重要角色。而东湖风景区的建设计划就是在这样的背景下上马的，从 1950 年正式成立风景区到 1959 年第一轮建设高潮结束，这 10 年的建设为如今的东湖格局进行了奠基与

① 基金项目：国家自然科学基金面上项目（编号 52078227）资助。

蓝图构想。深入的了解这段发展史，就可以发现，20世纪50年代的东湖规划既受到一定的东湖发展变化的影响，也与当时的城市建设息息相关，更重要的是离不开几份重要文件的规划参与，因此本文通过几个时间阶段的划分来回顾这段时期发展的重要历程。

1.1 20世纪上半叶东湖的发展

1899年，湖广总督张之洞为解决沙湖水系的水患问题，着手修建武青堤，至1902年“武泰”闸与“武丰”闸竣工，使得东湖水体与沙湖分离，从与长江相连的天然湖泊成为人工调控的湖泊。自此东湖不再泛滥，为后续的发展提供了基础。20世纪20年代，新历史考证学派的兴起也对东湖的人文历史起到了助推作用，“东湖”之名的缘起从清同治年间的《江夏县志》向前推至了南宋年间的《舆地纪胜》与《方舆胜览》，同时南宋诗人袁说友的诗文也描绘了当时东湖及湖上的东园已成为文人名士游玩尽兴的胜地。可以说，经过20多年的变化，东湖已经具备自己独特的自然资源与文化资源，因此也被当时的有识之士所看重。

浙江商人任桐就是第一位醉心于东湖风光的开发者，他在沙湖边购买土地建设了百余亩的“琴园”作为自己的宅邸，并整理总结了沙湖、东湖地区的风光美景，提炼出“沙湖十六景”，并配以楹联编辑成《沙湖志》，自称“沙湖居士”。与任桐私交甚好的首义功臣杨铎也在琴园与沙湖游览后著述了《沙湖三唱》。这两部作品也成为后来许多东湖景区景点名字由来所参考的范本[4]。他自己修建了从武昌城前往琴园的道路琴园路，又从琴园至待驾山开辟了湖山路，改变了之前沙湖地区交通不便、游人不愿前往的情况，从此吸引了不少市民来此观光。然而时局动荡，加上1931年突发大水，琴园被毁于一旦。但任先生对沙湖、东湖地区所做的贡献值得我们敬佩。

1930年，武汉本地银行家周苍柏先生看到市民们沉迷赌博与鸦片，想为他们重新打造一处可以娱乐休闲、陶冶情操的场所。于是用自己积蓄的30万银圆购买了东湖西岸的一片土地，创建了武汉第一个集花木种植与观赏游乐一体的开放式公园“海光农圃”。海光农圃经过数年发展，占地已达两千余亩，全园分为4片区域，一区为核心景区、二区为苗圃、三区为果园和动物园、四区为教育区[3]。周先生希望市民们来此不仅可以欣赏自然风光，更可以寓教于乐，改变原先那些陋习。但随即而来的战争动荡让海光农圃经历了被侵占、毁坏的打击。在抗战胜利后，虽然周先生收回了土地，甚至购置了听涛半岛作为五区，但受制于经济条件和接踵而来的内战，农圃无法达到之前的规模。1949年武汉解放后，周先生便萌生了捐献海光农圃建设人民大众的公园的想法，6月他主动将其捐献给国家时，海光农圃的范围已经扩大到东临东湖、西至老东湖路、南近双湖桥、北到海洋公园，包括现在的东湖宾馆、听涛景区、海洋世界、省博物馆、翠柳新村和附近一所学校的大片区域[5]。周总理亲自批复，感谢了周先生的义举，并更名成立了东湖公园。

经历了前50年的风云变幻，东湖在自然资源上不再受到其他区域影响，展现出自己独特的湖光山色，人文资源上除了学者的挖掘，更是在珞珈山附近于1928年修筑成立了新武汉大学的校园，形成了以历史文化与人文教育交融的浓厚氛围。加上海光农圃的部分开发，为东湖地区之后的发展打下了坚实的基础[6]。在1947年还处于国民武汉政府管辖期间时，就曾在《武汉三镇交通系统土地使用计划纲要》中阐明：

> 以公园系统而言，武汉去现代都市之标准远甚，实则武汉有江河环绕，湖山掩映，稍加布置，实不难成为世界最伟大与优美之花园都市……而市外最大之公园，将为东湖公园，以供市民星期假日游览之需。[7]

因此，如何建设东湖公园，合理的利用这些资源和背景，就成为新武汉成立之初，城市建设的一项重要议题。

1.2 规划期（1949-1951年）

东湖地区水域广阔，占地极广，如何规划定义它在武汉城市的定位以及发展的目标是首先需要当时的领导者们所决定的。1949年9月，中南军政委员会接收海光农圃后首先将其命名为东湖公园，并于1950年1月24日成立东湖建设委员会[8]。不过起先的东湖公园部分只包括了东湖西岸的一部分，并不能代表整个东湖区域的山水形胜以及人文情怀。因此在同年9月，中南军政委员会收到了两份提案，一份是“为建设东湖公园，请于1951年支播专款以作建设经费，并划定地区作为建设公园范围”的提案；另一份则是周苍柏先生提出的“建设东湖公园及东湖养鱼提案”[6]，里面列举了周先生多年经营东湖所得出的一些建设经验：

> 一是东湖自然环境优美，为武汉唯一风景区，如果加以建设，供各界人士游览，对大众娱乐及提高群众文化均有极大作用。
>
> 二是东湖环境恬静，气候适宜，将来在周围布景和建设各种医院及疗养所，作为中南全区病伤战士及干部理想疗养场所。
>
> 三是作为国际友人及国内贵宾接待休息游览的理想场所。[6]

除此之外，这份提案还对东湖养鱼、发展渔业生产提出了自己的建议与理由。这里已经可以看出，规划者们的目光不仅是把东湖作为城市公园，而希望它成为扩展至整个东湖的大规划区域。于是军政委邀请当时的在上海进行绿地规划设计的程世抚先生参与东湖设计，并从他的建议中，决定将东湖作为一个“风景区”进行规划建设。1950年10月25日，军政委通过了两份提案，决定开展建设“东湖风景区”，并在11月30日以会民088号令的形式正式下达了《成立东湖建设委员会统一管理东湖风景区并养鱼计划》[6]。这份通令包含了建设之初的各项管理规定，包括：一是为保护东湖全区自然风景而将“东湖公园”改称为“东湖风景区”；二是根据“划定以湖水夏汛水位为准，周围三至五里地区作风景区范围”的原则，形成了以“自宾阳门向东北至青山镇，武毕闸一日青山市向南至王家店，自王家店向西至宾阳门”[9]的3条公路形成的大三角形，包含了东湖与阳义湖（现杨汉湖）的规划区域，总面积约105.5km^2，其中水面38.25km^2；三是同意在东湖内养鱼，并交给东湖建设委员会管理，作为中南内湖养鱼的实验场所，收益可用作日常经费；四是将范围内土地、山林、湖沼都收归国有，统一管理；五是地方行政仍由当地政府管辖，但委员会为保护建设与渔场不被破坏，可以自设警察若干人；六是下设管理处负责日常工作；七是下拨20亿旧币作为筹建经费；八是任命了以中南军区政治部陶铸为主任委员、共29名成员组成的东湖风景区建设委员会[10]。

1950年12月2日，建设委员会任命万流一为东湖风景区管理处处长，负责日常工作，并发布了由程世抚主持编写的《武汉东湖风景区分期建设草案纲要》（后续简称《分期建设纲要》）的初步内容。里面主要提出了11处可做开发的风景据点以及5项主要设计原则。在设计原则中，针对风景区建设的自然和人文交融性，提出：

(1) 在设计大规模风景区时，设计者的使命应是做向导。按照首先探寻景色、勘察地形及植物种类、布置交通网络，然后再点缀建筑物、植树造林的步骤进行。

(2) 天然景色绝对不是人工所能改造的，设计人员要保存天然风景的真面目，遵守自然发展的规律。对于建设人工建筑，可在坡度和缓的山腰建造房屋，既可避免风害，又可与自然融为一体。虽然中国的亭、阁、廊、榭尺度与维持费用不合大众化要求，但茅亭、竹榭淳朴与自然和谐。总之“人为建筑在天然环境中，以谦虚陪衬为宜。建筑及步径材料，以就地取材为主。当地原料的构造，宜愈近天然愈好，水泥不易于自然界调和，务须少用”[9]。

(3) 土方工程，必须顺着天然地势，不要暴露斜坡断面。

(4) 在不妨碍视线处，可以大片造林，但仍须留出空地以防火灾，游人也可眺望或休息。风景林丛宜稀疏，才符合透露风景线的原则。

(5) 休疗养场所应该安静、向阳，并且与游览区隔离。

这些原则可以说是开创性的为风景区建设提供了指导的方向，除此之外，里面还提出了三期逐步建设的计划，希望在1960年前全部建设完成。由此，东湖风景区开始了以《分期建设纲要》为指导的正式建设历程。

1.3 拓荒期（1951-1953年）

《分期建设纲要》首次阐明了风景区建设的各项原则，它希望东湖的建设避免像西湖那样人为建设盖过了天然风景。当时的东湖虽有部分开采石块与乱砍树木的破坏，但情况还不严重，房屋不多，人口也稀少，因此较为适合按照纲要的内容进行规划和管理。

不过此时的东湖风景区可以算一片荒芜，道路交通不畅，具体的山形地势了解也不过全面。因此首要任务就是勘察开发风景区的山水地势，整顿管理风景区内的土地房屋问题。关于后者，中南军政委员会在1951年5月22日特别发布了《关于东湖风景区范围内土地房屋及有关问题的处理规定》[10]，内容规定了：一是风景区内的土地及地上建筑物与附着物，分别用没收、征收、征购、捐献等方式收归国有，并且不在进行土地改革之列。二是凡属于公有土地与建筑物，无论属于什么系统部门，都应移交东湖风景区建设委员会管理。三是具体说明了各种收归方式。这份规定解决了当时风景区内土地归属复杂、难以开展工作的问题，也为勘察拓荒的进行提供了保障。

而在勘察方面，虽然条件非常艰苦，但在万流一处长的带领的勘测队，经过3年的时间，完成了规划范围内73.24km^{2}陆地和水面的勘察，将风景区的山形地势首次一览无余；走遍了沿湖87km泥泞小路，规划出了最初的景区路网[11]。同时还在走访过程中，从当地居民的口述以及实地遗迹的考察中，整理归纳了包括三国时期刘备郊天台、关公卓刀泉、鲁肃马冢以及吴王庙、饮马池、清河桥等典故遗存，极大地丰富了东湖的人文历史。

与此同时，原“海光农圃”所在的东湖公园区域保留了原先寓教于乐的理念，建设起了一批新的建筑广场，重新为市民观光娱乐提供了去处。这段时间的建设包括了1950年建成的先月亭、可竹轩和湖滨小楼；1951年修成的听涛轩、可歌亭以及1953年完成的桔颂亭、欸乃亭（图1）。除了景观建筑的修筑，东湖客舍、陶铸楼等一系列为来宾准备的休息居住场所也选址在宾阳门以南，西岸幽静处逐步建成。而同时，施洋烈士陵园与九女墩作为重要的革命纪念地和人文遗址，在此期间进行了修筑与维护。并且随着拓荒的过程逐步对于土地性质有了深入的了解，在磨山南麓和客舍周边移栽种植了各类林木，形成了初步的梅花园、梨园以及具有经济价值的种植园。另外在风景区之外，沿原先武昌城南的小东门外修建的民主路也贯通至东湖南岸与武汉大学相接，华中科技大学和中南民族学院也接连定址于东湖风景区以南。在经历了三年最初的发展之后，东湖风景区有了更为清晰的设计方向，并且初步形成了西岸观光休憩、南岸人文与种植的结构，整个风景区呈现欣欣向荣之势。

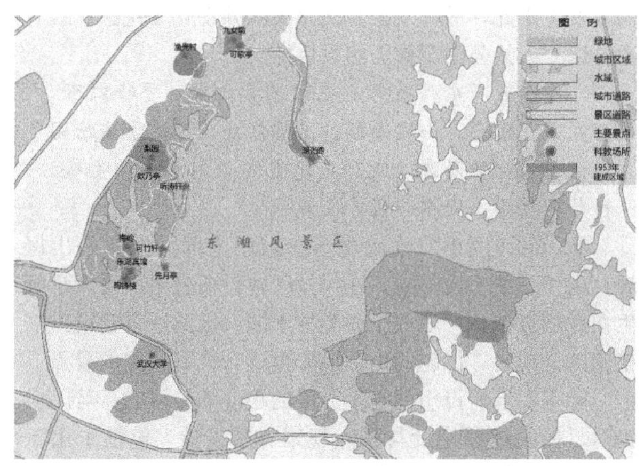

图1 1953年东湖风景区主要建成区域
（图片来源：作者自绘）

1.4 建设期（1953-1956年）

1953年是“一五”计划的开局之年，东湖风景区管理处也在《分期建设草案纲要》的指导下拟定发布了以其为指导的《东湖风景区五年计划草案》[6]（后续简称《五年计划》），这份草案在《分期建设纲要》的基础上汇聚了前3年艰苦实地考察与调研所得的成果，对东湖风景区的自身发展定位、功能片区划分、细部景点规划进行了具体的阐述与说明。并以《分期建设纲要》中的一期建设步骤为目标，设定了5年内需要具体完成的建设成果提供了指导意见与方向。其中，关于对自身发展定位的研究结合了武汉市“一五”计划提出的围绕工业区进行城市建设的规划目标，提出：

> 武汉市为中南区行政中心，商业交通均居首要，全市居民逾百万，但绿地面积若以6.07亩/200人之合理标准计算，全市公园面积尚相差太远。为配合工业建设，且国际友人纷至沓来，无论游览或休养，东湖风景区之建设均为刻不容缓之急务[10]。

在阐述了风景区建设的紧迫性后，《五年计划》也通过新武汉接下来5年的城市发展方向，依据各片区与城市联系的紧密度以及自身自然和文化资源的发掘程度进行了风景区内的功能分区划分：

> 东湖位置目前虽为武昌郊区，但新武汉市未来的建设方针划洪山南北为“行政区”；青山以南为“工业区”，五年之内将先后兴工，昔日的农田荒山将成为熙来攘往的闹市，东湖西岸及北岸将毗连此闹市，人口众多，交通繁盛，布置方面当以“都市公园”为矢的[10]。

《五年计划》将与城市联系度高的东湖西岸与北岸的作为这一阶段的首要建设对象，成为接纳市民的主要窗口，力图塑造“都市公园”式的游览体验。

> 东湖东岸及南岸已分别划为休养疗养区及文化区，人烟较稀，且必需宁静……故东南岸的布置当以“天然公园”为正鹄[10]。

东湖东岸即杨义湖周边自然风光好，且由于与其他区域被湖水所隔开，人烟稀少，适合修身养性，建设休养疗养区，南岸湖港纵横，地点幽静，历史上有过不少人物轶事发生于此，适合发掘其文化内涵并设立文化区。二者适合以“天然公园”作为建设目标。

> 磨山五峰东西展开，屹立东湖之中，登峰四顾，全湖饱览无余，山坡南倾，土质佳良，最适于植物园之设立。为便居高远眺，拟建宝塔亭阁于西面主峰，植物园则背山面水，设于南麓[10]。

磨山的5座山峰连绵坐落于东湖南部的一片凸出区域，由于南坡土质上乘，在风景区建设前就由武汉大学师生在此积极造林，形成了各类林木园。因此适合建设发展植物园。同时，优越的山顶风光也适合设置相应的景点。

除了以上所设想的5个分区的功能划分，《五年计划》也对具体的细部建设与景点规划有所设计，包括了山水设计、建筑设计和植物分布3个方面。

(1) 在植物布置中，起草者们结合实地调研中对东湖周边土质以及现有植物资源的探查，认为应以风景林、果园与苗圃建设为主，同时也可设置植物园、各类专类花园，力图将东湖打造成为中南地区的植物中心地。

(2) 在建筑内容上，则提出了应修建各类公共场所满足风景区各类文化娱乐活动的需求，包括植物园、博物馆、图书馆、展览馆、动物园、儿童游乐园等。在景观建筑设计中，则在景区内布置了各种亭台楼阁、桥榭庭轩。这些建筑都对其样式、色彩、高度等指标进行了统一审核规范，并提出了对应的设计方案，力求不对天然景色产生影响或破坏。

(3) 最后在山水设计上，参照了《分期建设纲要》中对于土方工程的设计原则，即在临水区域尽量保持天然地势，只在必要地方建设造石驳岸或者人工堤岸。在山丘区域则尽量顺地形在和缓坡面造屋，层数不宜过高，并可搭配圆形树冠树木陪衬以调和环境。以此为依据对于磨山、珞珈山、天鹅池等景点进行了规划。

在这些设计指导下，东湖风景区的各个片区都紧锣密鼓的开展起了建设。而在后续建设过程中，由于各区功能划分的不同，以及由于实际情况做出的调整，整个风景区逐渐形成了特色鲜明的不同分区。

西岸与北岸形成了3个不同的片区：听涛区、华林区与落雁区。其中华林区大部分逐步开始建设东湖宾馆及配套设施，成为具有政治接待任务的重要区域而不再对公众开放。而以海光农圃为基础的听涛区，在这4年间建起了从南边与华林区隔堤相望的可竹轩，到北面与落雁区相邻的长天楼的一系列亭台楼阁，并通过沿湖堤路与湖上廊桥组成的游览环线，打造出了一片老少咸宜的都市公园空间。为了增添更为浓厚的人文氛围，加深东湖的文化内涵，时任处长万流一也邀请了诸多名家为这些亭台楼阁题词取名。由此诞生了一系列诸如可竹轩、听涛轩、濒湖画廊、沧浪亭、行吟阁等诗情画意的名称，成为点缀这一条自然风景项链上的人文情怀宝石。靠北的落雁区由于稍显地理劣势，在发展上以发掘自身人文资源为重点，打造了九女墩与湖光阁的2处文化景点，既可独立体验小范围的湖心游览，也与听涛区由渡船与桥梁相互连接，形成了大范围的游园循环。

东岸在1954年选址东湖湖畔的黄家大湾，建设了武昌东湖疗养院，占地2.53hm^2。大楼正临东湖，背靠小山，环境十分幽静美丽。而南岸通过考证与发掘，设立了伏虎山麓的卓刀泉庙与关公桥遗址、伏虎山南麓的辛亥革命烈士墓以及南望山南麓的蛮王冢等多个具有历史文化内涵的古迹遗址。由于风景区建设资金捉襟见肘，这两片区域在后续命名为清河区与龙泉区，但未能进一步开发形成《草案》中所设想的“天然公园”。

磨山五峰区域则在原先已有的林木园基础上，风景区管理处邀请当时的华中农学院与武汉大学的农学教授们搜集中南、西南一带的林木品种移栽此处进行学术研究，同时也能产生一定的经济价值。经过几年的积累，最终在1954年成立了磨山植物园，邀请赵守边先生担任首任主任。而磨山区的山顶风光也是设置景点的绝佳之处，在《五年计划》中拟修建宝塔亭阁，但该方案由于资金、选址及发展规划优先度等问题一直未能实现，是这份计划中比较令人遗憾的地方。但这个想法一直保留到了1982年第二次东湖风景区建设的高潮期，并在磨山西顶建设了朱碑亭与千帆亭，也算是体现了这份五年计划的前瞻性。

除了以上根据《五年计划》形成的6个分区，以武大校园珞珈山为核心的珞珈区和与中南军政委员会及湖北省政府毗邻的洪山区作为了功能分区划分的最后2块拼图。至此，在《分期建设纲要》中所提出的11处风景据点，根据实际建设的情况，演变成了东湖风景区在这一阶段规划的8个分区：洪山、珞珈、华林、听涛、落雁、清河、磨山以及龙泉。

在建设期的4年里，东湖风景区基本上每个分区内都在稳步的推进建设计划，是这10年内开发速度最快的一个阶段，并且随着华林区与听涛区的逐步完善，无论是接待国家领导人还是国际友人的能力，以及对市民的吸引力都在显著的增加。并且在科研开发、生态疗养，以及湖面保护上等不同的风景区功能建设上取得了不容忽视的成果。

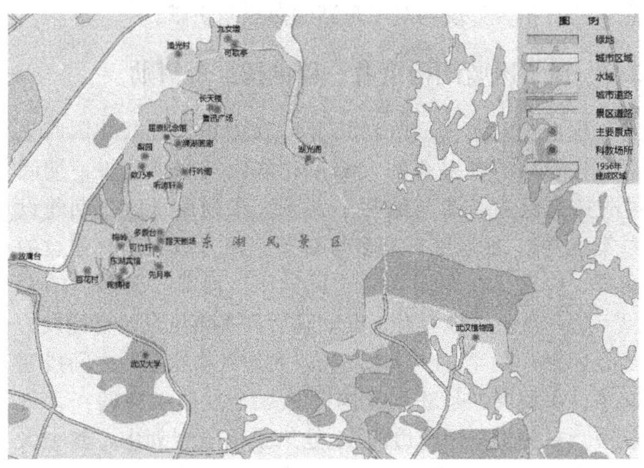

图2　1956年东湖风景区主要建成区域

（图片来源：作者自绘）

1.5　完善期（1956-1959年）

1956年5月，东湖管理处设计出版了一部名为《武汉的东湖》的小册子，可以说是一本为游客介绍东湖名胜风光和建设情况的宣传册。同时《东湖风景区总体规划草图说明》[12]也起草发布，为《五年计划》的建设情况作了说明，并提出了下一步需要建设完善的内容（图2）。

听涛区的建设在这段时间基本是完善与丰富的过程，鲁迅雕像、屈原纪念馆是对人文历史的丰富；长天楼、濒湖画廊以及黄鹂湾长廊将整个区域内的流线进一步完善，加上邀请了名家名士的题词作联，俨然已成为自然风光和人文情怀共融的主要观光区。磨山区的磨山植物园经过2年的发展，成为中南地区重要的植物基地，因此被武汉植物园筹委会选中，并于1958年11月正式成立中国科学院武汉植物园，将其科学研究进一步扩充发展[13]。同时，在菱角湖边建设了新的东湖梅花培育基地，种植70余种2000余株梅花，并在1956年成立了东湖梅园，集梅花参观和培育研究于一体。除此之外，华林区东湖客舍以及清河区的疗养院也进一步进行了完善。

这段时间东湖的建设发展不仅限于风景区本身的完善，也包括了周边配套公共建筑的引进和修建。1956年秋，邀请了当时还在筹建的湖北省博物馆到华林区落址，并于1959年修成开放陈列展览大楼[14]。在翠柳村客馆周边建设了东湖运动场，可以容纳万人，吸引市民来此开展各种球类活动。另外还有当时的湖北省工农业展览馆等也位于东湖附近，为市民出行提供了丰富的游览参观选择。

20世纪50年代的最后3年，东湖风景区的建设虽然依旧收获了不少的成果，但相对于曾经提出的在1960年全部完成的目标还是有所差距。资金的不足以及中南行政机构的变化导致城市建设方向的转变都是影响了东湖建设的原因。但我们依旧可以看到，曾经在《分期纲要》中所展望的丰富内涵和对自然风光的保护以及人文价值的挖掘，都能很好地保留并在此时的风景区中表现(图3)。

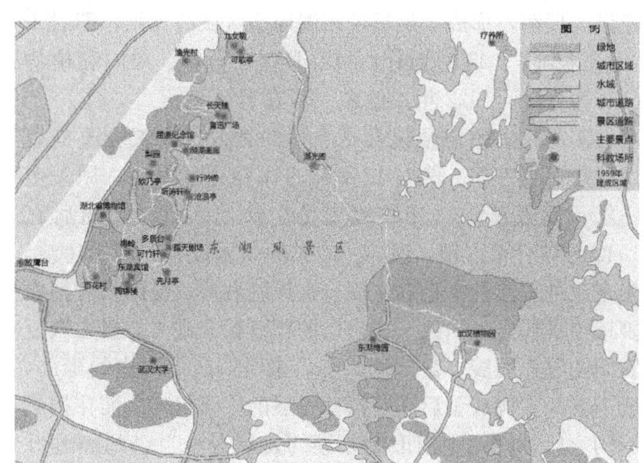

图3　1959年东湖风景区主要建成区域

（图片来源：作者自绘）

1.6　后续进展

如今我们仍可以从当年的记载中看出这第一个10年间，东湖发展所发生的巨大变化。在1962年东湖风景区管理处移交建设管理权给武汉市人民委员会时所作的《关于东湖风景区当前建设情况及今后建设意见的报告》中，我们可以一窥这10年所取得的成果：

> 东湖风景区自1950年开始筹建以来，在中央和省、市的正确领导与关怀下，随着武汉市的建设，也得到了很大的发展。目前，已经初具规模而成为我市最大的游览区。现已可供开放游览的有华林区、听涛区及落雁区、洪山区、珞珈区的一部分，总面积达8088.64亩……东湖风景区现已成为我市的中心，不仅是武汉人的乐园，而且是中外人士路经武汉的必游之地[10]。

从这份报告中，我们可以看到经过这10年的规划与建设，东湖从一块战后凋敝的“农圃”变身为当时武汉人最大的“乐园”，虽然在许多细节中受制于资金与建设周期的原因而存在未尽之处，但也基本实现了在规划之初所确定的“建设一个世界级风景区”的基调。从“公园”到“风景区”，这种概念上的转变使得东湖拥有了更广阔的视野与更丰富的发展潜力，为其成为1982年首批国家重点风景名胜区打下了基础，也为我们展现了中华人民共和国成立后第一批园林事业规划者们所绘制的宏伟蓝图以及建设者们付出的勤劳心血。

2　大匠之识：从“农圃”到“乐园”

20世纪50年代东湖风景区的建设，作为全国第一个城市风景区，聚集了当时各界人士的关心与参与。在每一个阶段中，都有为东湖付出了心血与精力的重要参与者，对这10年东湖的规划建设产生了深远而值得铭记的影响。

2.1 “东湖之父”：周苍柏

周苍柏先生（1888-1970年）本身是一位银行家与实业家，但他对东湖的山水风光极为热爱。在1930年初始兴建“海光农圃”的过程中，他加入了许多自己对于公园建设的理解，形成了最早的东湖周边区域的规划，即对于“海光农圃”4区的划分：核心景区、苗圃、果园和植物园、教育区。1932年，他进一步在青山地区办起了一个农村实验区，邀请金陵女子大学的教授负责农业改良以及治理病虫害[5]。然而1938年日军侵占武汉后，周先生一家流落重庆，海光农圃先是交给他人打理，随后在1942年被日军占领，毁坏了原先的娱乐设施、房屋建筑，用来改种军需的水稻和蓖麻。抗战胜利后，民国政府把农圃还给了周先生，他又将自己的积蓄投入进去，极力恢复农圃的原先面貌，甚至购买了后来听涛区范围内的半岛，成为五区，构成了后续听涛区发展的主要框架。而在捐献给国家后，周先生依旧为东湖的发展分享自己的经验并提出自己的见解，“建设东湖公园及东湖养鱼提案”就是他对于东湖建设的经验想法的总结。而在其后提交的“对于东湖养鱼的刍议”中，先生则先是分析了东湖广阔的水域和目前渔民较少的数量以及渔获量，而后谈到了东湖对于养鱼的优势环境与条件，并提出了可以以此为示范区进行宣传教育，最终达到养殖、生产、教育和观赏一体的发展体系。之后直至1960年迁居北京，周先生也一直在建设委员会副主任的位置上尽心尽力参与风景区的建设。他为东湖的建设奠定了基础，无愧于“东湖之父”的名称。

2.2 东湖建设的开拓者：万流一

万流一先生（1907-1978年）在中华人民共和国成立后曾在北京学习政法，1950年设立东湖风景区管理处后被推荐成为第一任处长。对于这个新角色，他深感责任重大，因此很快在荒芜的东湖边住下，开始了他的园林建设生涯。万先生成为处长时，对于东湖和园林建设都知之不多。于是他一方面请教各地学者学习园林知识，一方面带领几十位技术人员与园林工人们一起踏遍了整个风景区了解东湖状况。东湖的气候、土壤条件，植物花草的适宜程度以及楼阁亭台的营建方式都在这段时期内被万先生渐渐了解并胸有成竹。同时他也十分善于吸纳人才，听取意见。1952年他任命了余树勋为设计室主任，1953年邀请赵守边成为磨山植物园主任，以及张难先先生关于屈原纪念馆的建设建议、陈俊愉先生对于梅花培育的建议他也都进行了采纳与交流。这些都让东湖的建设按照计划有条不紊地进行，逐步形成了风景区的雏形。之后万先生一方面为筹措经费四处奔走，时任中南行政委员会副主席李先念、秘书长张执一、财经委员会主任李一清、民政部部长郑绍文都成为他“化缘”的对象，这些经费都成为东湖的一座座亭台楼阁，见证了他不断开拓的足迹。另一方面，他也不断邀请来访公园的各界名士为东湖新建的建筑取名、题词、作联，以此来更好的吸引游客。董必武、宋庆龄、何香凝、郭沫若等名家都为九女墩题词纪念过；而行吟阁的题词也由郭沫若先生所作；施洋烈士墓则是董必武先生题词。朱德在东湖畅游时也应其邀请写下了“东湖暂让西湖好，今后将比西湖强”的诗句[15]。这些题词与书法，都给东湖风景区更增添了一份人文色彩。

在1960年万流一被调离东湖后，他其实依然非常关心东湖的情况，也把自己的余生都献给了东湖的重建恢复中。在今天我们在听涛景区依旧可以看到不少当时万先生所留下的作品，这些古典雅致的亭台楼阁都代表着东湖的开拓者万流一对于东湖的热爱与贡献。

2.3 风景区蓝图构筑者：程世抚、余树勋

程世抚先生（1907-1988年）在中华人民共和国成立后首先参与的是上海的大都市计划以及绿地建设，期间受邀来武汉主持参与编写了《武汉东湖风景区分期建设草案纲要》。他运用自己多年对于中西方风景园林建设的研究，提出了在东湖建立“风景区”而非“公园”的意见。这一点上，他具有了影响其后许多年风景园林建设的高瞻远瞩，在“城市绿化”和“大地景物规划”之间搭建起了一座桥梁，是联系我国园林3个发展层次的一大创新[1]。在关于东湖周边的11处风景据点规划中，其中大部分在10年建设中，成为了8大分区的主要依据。而如马鞍山、吹笛山一带则在后续的建设中成为森林公园所在之处。这些风景据点的划分与功能建议，如今仍值得我们学习。另外，5点设计原则也体现了程先生因地制宜的设计理念，他把设计师的使命定义为做向导，希望我们在风景区的设计中更多的是展示风光而不是建造风光[16]。在今天的东湖风景区中，依旧可以看到这些设计原则的身影。

余树勋先生（1919-2013年）1952年到武汉大学园艺系任教，教学中在磨山上参与过植树造林。之后接受邀请担任东湖风景区设计室主任一职，负责参与编制第一版的总体规划。余先生认为，园林是人类对自然美的浓缩和再创造，只要深入实际，查阅文献，收集各方面的资料，认真听取有关领导和园林同行的意见，是可以将东湖建设好的[17]。因此他在五年计划实行期间，组织了多次调查，摸清了东湖地区的地形、地貌、土壤、水域深浅、自然植被、气象变化及社会历史等情况，先后提出了几个方案，经反复修改、推敲，最终拟出了《东湖风景区总体规划草图说明》。他的规划思想力求自然，充分利用东湖自然山水的优势，突出武汉楚文化的丰富蕴茫，把华中亚热带植物资源融于其中[18]。

2.4 景点设计：冯纪忠，张难先

冯纪忠先生（1915-2009年）是受到程世抚先生的邀请，规划设计了东湖风景区最早建设的建筑之一——“东湖疗养所”，也就是后来的东湖客舍。他在调研过程中，根据场地微微隆起的地势，以及临湖的柔美轮廓，确定了避免头重脚轻，过于高大的建筑设想，并作出了高低错落、符合因地制宜的设计原则[19]。最终形成的客舍是两座幽静的甲乙两幢，屋顶用的是青瓦、砖墙面兼用了当地

石料冰纹砌法和微加米黄色的石灰粉刷，粉前不剔灰缝。结构上联廊的屋顶非常丰富，都保持了三角形这种双坡的结构构建逻辑，内部上也用借景的手法，使得甲乙两幢都可以和湖面交相辉映，入景如画。从远处看，整个建筑物和地形是融合的，好像是自然生成的一般，体现出先生设计的山水意境，十分具有感染力[20]。虽然先生曾在回忆中提到了对于客舍真正修建后某些地方的不满意，包括窗格的大小以及加添的二层卧室。但作为东湖第一批建成的建筑，它依然受到了许多来此居住的领导人的喜爱，这种融建筑于山水的设计，为东湖增添了一处不可多得的景点。

张难先先生（1874-1968 年）是当时的中南军政委员会副主席，在 1952 年时被万流一处长邀请来为九女墩撰写碑文，他感觉自己难以胜任，于是请董必武先生来作文，而自己则担当书写之职。这篇《东湖九女墩碑记》最终在 1953 年 4 月 4 日完成，成为他第一次与东湖的交集。之后他经常游览东湖风景区，感慨于美丽风光的同时，逐渐形成在东湖建一座纪念屈原建筑的设想。因为当时虽在秭归有屈原祠，但交通不便，难以前往，使得一般人误以为作为湖北省作为屈原的家乡却没有凭吊屈原的地方。这个想法也得到了万流一的大力赞同。他们一道向军政委员会的领导提出建议，并商榷了几个建设方案，最终选定了先在湖畔设立一处三层四角飞檐的楼阁，内部树立一座屈原昂首挺立，长啸行吟的雕像。这也就是后来的“行吟阁”。1954 年 6 月楼阁即将完工之时，张难先又提出希望可以收集屈原有关著作图片，丰富其中内容。这个建议得到了张执一和李先念的支持，因此在 1956 年又在行吟阁边新修一座屈原纪念馆，来展览与屈原有关的诗书歌赋等展品。张先生为增添馆藏，四处奔走，邀请了包括郭沫若、董必武、齐白石、钱基博与钱钟书父子等诸多名家为屈原赋诗、作画以及收集历史文献[21]，将屈原纪念馆逐渐建设成为了东湖一处重要的历史人文景点。

2.5 专类花园：陈俊愉、赵守边

赵守边先生（1916-2003 年）和陈俊愉先生（1917-2012 年）都是研究园艺出身。赵先生在 1951 年开办了中南烈士陵园苗圃，由于武汉地区当时盛行梅花种植，家家户户喜爱梅花，赵先生也因此迷恋上了梅花研究。1954 年，万流一邀请赵先生担任了磨山植物园首任主任。同时由于规划功能的变化，华林区的东湖梅岭不再作为梅花的种植基地，因此需重新选址、引进树种，成立新的“梅园”。赵先生在当时在华中农学院任职的陈俊愉教授的倡导下，前往四川、云南、贵州和黄山等地收集了梅花品种 74 个、树苗 2000 余株、大梅树 500 余株[22]。运回武汉后，在菱角湖边的磨山南麓建立了新的东湖梅园。1957 年，赵先生又与陈先生共同鉴定了现有的梅花品种，使得东湖梅园成为了中南地区重要的梅花培育和研究基地[23]。其后直到 20 世纪 80 年代，二老依旧为梅园付出着自己的心血，到 1991 年磨山梅园成立中国梅花研究中心时，园内已有 206 个梅花品种，占地 33.3hm^2[24]。他们为东湖最初的专类花园建设作出了卓著的贡献。

以上前辈人物都是在东湖风景区早期建设中起到了重要推动作用，并被浓墨重彩地记录下来的大家大匠，他们是当时为风景区建设付出了辛勤热血的工作者们的缩影，为东湖风景区在从“农圃”转变为市民的“乐园”所取得的丰富成果中贡献出自己的力量。

3 营建绩效：从“听涛”到“落雁”

在经过了 3 年拓荒与规划后形成的《东湖风景区五年计划草案》中，将东湖依照山水形势分为 8 区，包括：洪山、珞珈、华林、听涛、落雁、清河、磨山与龙泉。至 1959 年，6 年的建设完成了其中包括华林区、听涛区，以及落雁区、洪山区、珞珈区的一部分[10]。在这 530 余公顷的面积内，有蕴含历史人文的名胜古迹、诗情画意的亭台楼阁以及展现自然风光的苗圃花园，一改昔日荒凉的面貌。这其中许多成果保留至今，为我们窥探当时的设计思想与规划理念提供了丰富的展示。

3.1 听涛区

听涛区作为海光农圃的主要“继承者”，在规划中一直扮演着市民观赏景物、游玩休闲的城市公园角色。而在主要游览景点的打造上，设计者们结合东湖所在地区的楚文化历史以及古典园林中的形制，修建了一系列的亭台楼阁错落于听涛半岛之上。这些风景建筑与湖滨的景色相互串联，形成了丰富的游览体验，古典雅致的造型与名称体现出当时风景区建设的人文情怀。同时在中后期的建设中，为了增添更多的历史文化底蕴并提供寓教于乐的功能，听涛区也修建了一些怀古咏今的纪念场所。

在听涛区最南端伸出的狭长区域被称为“老鼠尾”，其上建有先月亭，是景区最早建设的建筑之一，飞檐叠翠，宝顶深蓝。犹如两层荷花叶荡漾在湖水的中间。在东湖西岸南端伸向湖中的长堤上，与武汉大学隔湖遥遥相对。亭以宋代苏麟的“近水楼台先得月”诗句而命名，同时也是纪念周苍柏先生为东湖开发做出的贡献。

向北靠近华林区与听涛区的分界柳堤的旁边是可竹轩，在轩的周围生长有修竹数百支，临风摇曳的时候可以听见竹林之声，因此取“宁可食无肉，不可居无竹”这个寓意而建造。轩前有一座石坊，上面题有“疑海听涛”四个字。临近湖的一边建有长廊，叫做“柳浪渡”，因周围柳丝拂面而得名，是游人等待渡船的地方。继续向北经过一座露天剧场则是多景台，以曲廊的形式位于一座土山之上。周围有紫竹翠柏所环绕。登上台面，可以南望珞珈山，北望湖光阁，东望磨山，加上湖面上的波光掠影，气象万千，使人有“多景”的感觉，故而名为多景台。

沿湖而行在黄鹂湾上修建有听涛轩和沧浪亭，前者崇脊、展檐，檐角左端朝前稍拐，右端向后略斜，周围用 40 根立柱支架，并配上花孔围栏，显得气势开朗。这种设计使得风吹过轩中时，可以感受到松声与涛声相和，因而得名。而后者黑瓦飞檐，较为小巧玲珑。它名字来源于《渔父》“沧浪之水清兮，可以濯吾缨；沧浪之水浊兮，可以濯吾足”。两处小品一座依山，一座近水，相得益彰。

在景区核心的小岛上，建设的是纪念屈原的行吟阁，这里四面环水，由新筑长堤上的荷风桥通达。是取《楚

辞·渔父》中屈原“行吟泽畔”之意命名。阁前竖有屈原的全身塑像。在这座阁上可以凭栏远眺，观东湖碧波千里，感受自然与人文风光的交融。另外，为了进一步收藏与展示屈原的生平和作品，在湖堤往北经过落羽桥的三角洲南侧进一步修建了濒湖画廊和屈原纪念馆。濒湖画廊依地势而建，凭借建筑物与自然环境的巧妙结合，能取到收湖光山色入廊的艺术效果。屈原纪念馆陈列了搜集自全国各地名家关于屈原的作品与研究资料，成为展示这位荆楚文化代表人物的重要场所。

在和行吟阁隔岸相对的是东湖梨园，是从原先农圃时期果园改造而来。此处占地30余公顷，种植了各类果树，包括栗、桃、枇杷、苹果等，由于以梨树为主因而称为“梨园”。经过重新规划设计的梨园不仅仅是种植培育的苗圃，也是吸引游客的观赏景园。在园内西部有雪梨轩，南部陡坡有欸乃亭，是休憩赏景、登高望湖的佳处。

梨园以东是长天楼和鲁迅广场。前者结构美丽，气势恢宏，翠瓦飞檐，十分壮观。楼内宽敞明亮，从两端的笔直宽敞的柱廊可以到达左右两座方亭。在这里游人凭窗远眺，东湖的山光水色尽收眼底，如同这座楼的名字“秋水共长天一色”一般。因此这里曾接待过许多中央领导人与国际友人。而楼边的鲁迅广场则显得肃穆，广场上的鲁迅半身座像依靠苍松翠柏，令人心生敬仰。

听涛区由于有海光农圃的建设基础，以及距离城市最为接近，自然成为了到1959年为止建设的最完整的一片区域，并且其中的景点结构绝大部分如今依旧保留。行走于这块古典与现代交汇，自然与人文交织的景区，可以非常清晰地看到当时设计者们所赋予它的风采。

3.2 华林区

华林区位于听涛区西南，是一处地理环境相对幽静但和城市道路连接方便的半岛。因此这里在建设之初是作为园圃种植研究的场所，以及客舍宾馆的修建之处。在1950年刚设立东湖风景区项目之时，就在此先兴建了一座灰砖两层小洋楼，是为时任东湖建设委员会主任陶铸所设立的居所。由于环境上佳，这里随后也逐步扩建了东湖宾馆以及湖滨客舍的其他居所，成为了大家都青睐有加的休憩之地。

东湖客舍以南是百花村，这里由于地势起伏同时适宜种植，因此迁种了各类名贵花木。比如南部为“枫林渡”主要以枫树为主，渡口配有六角亭，在秋冬之交是赏景的好地方；西部则是桂花与栗树为主；中部建有荷花池与华盖亭，夏季清香四溢，解暑纳凉。而在东面与北面则有四季不同的花卉展览花园和温室，培育有包括牡丹、菊花、月季、梅椿等品种，是展示风景区园艺工人们辛勤成果的地方。紧邻百花村的梅岭，曾经也是梅花种植培育的重要之处，除了梅花，这里也种植了雪松和修竹，将“岁寒三友”齐聚于此，并在岭的高处修建报春亭，来观赏这里暗香疏影的美景。但后来由于建设需要，梅花种植培育逐步迁到磨山区。

另外，东湖风景区也在规划中逐步加入了周边配套功能区的配置，包括吸纳了诸多武汉市大型展览场所落户于此。华林区的湖北省博物馆就是其中的代表。1956年秋，东湖风景区管理处邀请当时还未定址的湖北省博物馆到风景区发展，并将毗邻华林区的一栋1600m^{2}的新大楼长期无偿提供给博物馆使用，为风景区增添了诸多文博事业的光彩。该馆于1957年元旦开放，并在1959年春新建一栋陈列展示楼，从此成为湖北省文物展示与研究的重要场所，也让风景区更加增添了人文历史气息。

3.3 落雁区

落雁区位于听涛区北面，是重要历史遗迹和风景建筑保留的场所，同时由于有深入东湖中心的湖心落雁岛，因此也是游览湖光与养殖渔业的地区。落雁区的核心景点是渔光村北面的九女墩，这里是太平天国时期反抗清军的九位女英雄的埋骨之地。当时为避清政府迫害，故不称坟而称墩。1949年后，政府将墩培土重修建起来一座纪念碑以示纪念，并邀请了董必武先生为其题写碑文。1956年11月15日九女墩成为湖北省文物保护单位。碑顶悬挂银铃，风振铃鸣，配以拍岸怒涛，颇具当年女英雄们金戈铁马、激战疆场的意境。在九女墩旁还建有可歌亭供游人驻足休憩，同时表达了这些巾帼的可歌可泣。

而在落雁岛上，则有唯一保留至中华人民共和国成立后的东湖风景建筑湖光阁。此阁上下两层，八角攒尖顶，飞檐外展，上覆翠瓦，掩映于疏林之间，更显卓俊俏丽。[12]

落雁区与今天的落雁景区所处位置不同，在当时是历史人文与自然风光较为集中的区域，但由于开发时间受限以及湖心岛和主要景点相隔较为分开，并没有形成如听涛区一样完整的游园路线。但依然可以看出风景区建设者们对于历史遗迹的尊重，对自然本身的保护，并未在此过度开发娱乐游乐项目或者大刀阔斧的改变地理形态。

3.4 磨山区

磨山区与听涛区隔湖相望，通过后来修建的湖堤道路也可以从落雁岛前往抵达。这里山丘连绵，本身林木繁多，适合进行科研培育工作。原先磨山南麓就有海光农圃时期保留下来的以及武汉大学师生学习科研的桃林、梅林、杏林、草莓园等多种园林苗圃，之后东湖管理处对其进行进一步的规划，形成了早期的磨山植物园，其后这里被武汉植物园筹委会看中，决定改建为武汉植物园。1958年1月，陈封怀教授由南京中山植物园来武汉植物园任主任。1958年11月11日，中国科学院12次常务会议批准，武汉植物园筹委会授名为中国科学院武汉植物园。与此同一时期，在东湖梅岭被征作他用后，1954年赵守边先生前往四川、云南、贵州以及黄山等地收集梅花品种74个，共2000余株，栽植于磨山植物园西南。1956年正式建立东湖梅园，并于1957年由赵先生与陈俊愉院士进行了品种鉴定。此外，磨山区内本身也有包括刘备郊天台在内的一些历史遗迹，在规划中是希望将这些地方都建立成为参观游览的景点，受限于时间与经费，这些计划在20世纪50年代的建设中未能实现，但这些历史遗迹的发现与考据，成为了后来建设的有力帮助。

这4个区基本集中了这一时期绝大多数的建设成果，并且也都大多保留至今。我们可以看到，这些成果不是单纯的大刀阔斧的修建供游人休闲娱乐的场所，而是根据山水风貌以及人文古迹来规划合理的分区与游览路线，并在游线上点缀布置相应的景点。并且景区的分布也紧密地结合当时的城市建设与市民的生产生活，离市区较近的华林、听涛区主要以观光游览、休憩养生为主；而以武汉大学等高等院校校园为主的洪山与珞珈区则成为了人文古迹汇集的区域；最后具有丰富自然资源的磨山区则着重育苗与收集植物品种，主要集中了观赏与研究一体的专类园区、植物园科学研究所以及各类苗圃。同时在风景区外，针对城市到景区的交通连接也做出了合理的规划与改善，一共修筑了3条从市内前往东湖的公路作为不同的游览路线，真正地把东湖纳入武汉的城市发展中来（表1、图4）。

20世纪50年代东湖建成主要建筑与机构一览表

表1

景区	风景建筑	建成年代（年）	备注
听涛区	可竹轩	1950	
	先月亭	1950	
	听涛轩	1951	
	桔颂亭	1953	
	梨园	1953	
	欸乃亭	1953	
	行吟阁	1955	
	露天剧场	1956	
	多景台	1956	
	濒湖画廊	1956	
	长天楼	1956	
	东湖运动场	1956	公共建筑
	屈原纪念馆	1956	展览建筑
	鲁迅广场	1956	
	沧浪亭	1958	
华林区	饮马池与鄂公窑	—	历史遗迹
	陶铸楼	1950	
	东湖宾馆	1953	
	东湖梅岭	1953	
	百花村	1956	
	放鹰台	1956	历史遗迹
	湖北省博物馆	1957	展览建筑
落雁区	楚王墓	—	历史遗迹
	湖光阁	1931	中华人民共和国成立前唯一保留风景建筑
	渔光村	1951	
	九女墩	1951	纪念建筑
	可歌亭	1951	

续表

景区	风景建筑	建成年代（年）	备注
磨山区	中科院武汉植物园	1956	科研机构
	东湖梅园	1956	科研机构
洪山区与珞珈区	六一纪念亭	1948	纪念建筑
	施洋烈士陵园	1953	纪念建筑
	洪山宝塔	—	历史建筑
	宝通寺	—	历史建筑
	李北海故宅	—	历史遗迹
	洪山摩崖	—	历史遗迹

（表格来源：作者自制）

图4　1956年东湖风景区已建成的部分建筑与景点（图片来源：东湖风景区管理处编. 武汉的东湖［M］. 武汉：湖北人民出版社，1956）

4 未尽之业：从“规划”到“现实”

当然，在20世纪50年代的东湖规划建设过程并非一帆风顺，建设成果也并非尽善尽美。根据所搜集到的相关记载可以发现，受制于经济条件、时代背景等因素的影响，从规划理念、设计完成度以及具体建设情况都或多或少存在着未尽之处。

首先是中华人民共和国成立初期百废待兴，作为武汉城市复兴的项目之一，东湖风景区的建设并未得到固定的园林建设拨款。除去初期中南军政委员会的20亿旧币（相当于20万元）的筹建费，以及万流一先生多次向来东湖视察的领导请求所得到的临时拨款，剩余部分都来自他想方设法进行的开源节流：包括将园林绿化任务实行分片包干；营业部门自负盈亏；压缩行政编制甚至周末义务服务与劳动等[15]。这些方式虽取得了一定的效果，但也使得项目的进展被无可奈何的拖延。因此在《五年计划草案》中提出的8个分区建设，到1959年也只能完成其中的华林与听涛区，以及其他区的一部分。

除去经济因素的影响，规划本身也有着一定的局限性，在一些细节上有所缺失。比如景区厕所的设置在建设初期没有考虑游人容量的问题而未建设专门的大型厕所，直至1967年才在濒湖画廊建成第一座大型厕所。另外，落雁景区与清河景区位于东湖的西北面与东北面，与其他景区相隔较远，相互间的交通连接规划不够完善，这也是在第一个10年间这两个景区游客参与度与建设程度都比较低的一个原因。

另外在建设过程中，其他功能区的建设并未跟上主体景区的脚步，导致相关有需求的人员的相关体验受到了影响。例如在清河区建设的东湖疗养院曾在1955年9月的报刊中被登载了如下消息：

> （黄家大湾的）疗养院无论在基本建设、环境布置、医疗设备、行政和交通工具购置等方面，浪费均极严重，共计财务损失大十一万九千三百七十八元，而且，这所工人疗养院地址选择很不恰当，离市区太远，交通非常不便，既无饮水，又无电源[25]。

可以看到，虽然整体的风景区规划比较井然有序，但细分的相关具体规划与建设则受到了各方因素的影响而显得参差不齐，无法令人满意。

虽然在从“规划”到“现实”的过程中的建设成果有所折扣，但总体上并不影响这10年东湖风景区规划建设的高光与亮点。如今的东湖风景区基本就是继承了当初建设的结构，并将其中许多规划中的理想转化为了现实。比如东湖管理处曾希望将风景区向东南方的九峰山发展，来联通那里考察发现的许多名胜古迹。而这个想法最终变成了如今的九峰山森林公园，成为了东湖游玩的重要去处。可以说，这些未尽之处，反而更能体现出一份完善的风景区规划是需要经过实践成果的检验来修正与改进的。其中最值得受到启发的一点，就是关于游客与景区管理间的反馈与修正的迭代过程。规划之初某些地方对于游客的使用与参与的评估可能与真实情况存在差异，这时就需要管理者适时地把这些公众参与反映出的不合理之处转化为改进的目标。这也适用于城市与风景区之间的关系，如何让市民更好地体验从城市到风景区、再回归城市的体验，将会是建设如今公园城市的重要评估标准。

5 结语

武汉东湖风景区作为中华人民共和国首个规划设计的风景区，是武汉城市发展中的重要组成部分。它在20世纪50年代的规划建设实践探索不仅为我们留下了东湖风景区的基本格局，也为风景名胜区的建设以及与城市间的关系带来了普遍性的启示意义。

一是20世纪50年代初的风景园林规划者们并没有用当时普遍的城市公园体系去定义东湖，而是把整个东湖湖面与周边地区作为整体，共同规划为一个包括自然资源与人文资源共存的风景区，展现出极具高瞻远瞩的思想高度。把自然与文化元素融合，用更宏观的视野去看待城市与山水的联系，是可以为如今山水城市、公园城市的建设所借鉴的。

二是极具洞悉力的规划策略将东湖的规划过程做出合理的分期与分区建设，使得建设过程能够有条不紊，并且提前开发部分园区，减少资金所带来的压力。这个在《分期建设草案纲要》中提出的由道路网建设为架构，再填充各种内容的规划理念，以及大体分为公园区、疗养区、农业科研区以及保护区的基本功能分区思路都是在其后多年仍值得学习与借鉴的范例[26]。

三是因地制宜、因区而异的规划标准在东湖风景区建设中所起到的重要作用。经过前面3年的实地考察与调研，对于每个分区内自然资源与人文资源有了足够的掌握后再编撰的《五年计划草案》对后来多版的东湖风景区规划方案都产生了深远的影响。可以说，正是这种在地化的差异性，使得东湖风景区的每个分区都能具有自己的特色。这也是在公园城市建设中值得考量的一点，是追求生态效益还是美学因素需要通过实际的资源状况来判断，而不是简单的带入到公园网络体系中去。

回顾对于20世纪50年代武汉东湖风景区规划设计的研究，由于年代较为久远，可考资料的有限，以及本人学识水平的不足，可能对于这10年的规划设计历程的梳理还不够清晰，只能大致展现这期间的重要历程与成果，还未能完全展示这一规划本身所具有的广度与深度。但我想通过本文的一点研究，让我们有机会一窥70年前中华人民共和国的第一批风景园林学者对于风景区以及其与城市关系的一些理念与看法，对如今公园城市发展背景下城市风景区的展望提供一定的启发。

参考文献

[1] 陈俊愉. 忆程老(世抚)教诲数事——自1946年以来的主要启示和感受[J]. 中国园林，2004(08)：29-30.

[2] 金云峰，杜伊. “公园城市”：生态价值与人文关怀并存[J]. 城乡规划，2019(01)：21-22.

[3] 黎智，黄道忠，武汉地方志编纂委员会. 武汉市志·大事记[M]. 武汉：武汉大学出版社，1990.

[4] 陈丽芳. 任桐的《沙湖志》和扬铎的《沙湖三唱》[J]. 武汉文史资料，2012(03)：58-60.

[5] 水世阁. 东湖之父——周苍柏[J]. 武汉文史资料，2019(01)：49-55.
[6] 王平. 周苍柏与东湖"海光农圃"[J]. 湖北档案，2015(02)：41-42.
[7] 武汉市城市规划管理局. 武汉市城市规划志[M]. 武汉：武汉出版社，1999.
[8] 邓国茂. 东湖风景区建设的起源与发展[J]. 武汉建设，2006(01)：38.
[9] 程世抚，程绪珂. 武汉东湖风景区分期建设草案纲要[M]. 程世抚程绪珂论文集. 上海：上海文化出版社，1997.
[10] 涂文学. 东湖史话[M]. 武汉：武汉出版社，2004.
[11] 吴传健. 东湖风景区的开拓者万流一[J]. 武汉文史资料，2000(05)：30-32.
[12] 东湖风景区管理处. 武汉的东湖[M]. 武汉：湖北人民出版社，1956.
[13] 陈平平. 中国科学院武汉分院五十年 1956-2006[M]. 武汉：武汉出版社，2006.
[14] 黎先耀，张秋英. 中国博物馆指南[M]. 北京：中国旅游出版社，1988.
[15] 吴传健. 东湖风景区的奠基人——万流一[J]. 武汉文史资料，2004(03)：8-10.
[16] 房宸. 程世抚先生学术思想及职业实践研究[D]. 武汉：华中科技大学，2018.
[17] 董保华，罗铮. 深切怀念余树勋先生[J]. 中国园林，2014，30(10)：55-57.
[18] 王其超，张行言. 怀念良师益友余树勋先生[J]. 中国园林，2014，30(10)：48-49.
[19] 同济大学建筑与城市规划学院. 建筑弦柱：冯纪忠论稿[M]. 上海：上海科学技术出版社，2003.
[20] 赵冰，冯叶，刘小虎. 客舍春色——冯纪忠作品研讨之二[J]. 华中建筑，2010，28(05)：1-4.
[21] 张铭玉. 张难先先生传[M]. 北京：世界人文画报社，2011.
[22] 张艳芳. 东湖育梅五十年——记著名梅花专家赵守边[J]. 花木盆景(花卉园艺)，2001(05)：1.
[23] 刘秀晨. 永留梅香在人间——记陈俊愉院士[J]. 中国园林，2012，28(08)：16-17.
[24] 毛庆山. 一代梅痴——赵守边(谨以此文纪念我国著名梅花专家赵守边逝世一周年)[J]. 北京林业大学学报，2004(S1)：136-138.
[25] 李煦著. 史地寻幽集[M]. 武汉：长江出版社，2015.
[26] 何济钦. 报学垦荒终不悔——记城市园林规划专家程世抚及作品[J]. 中国园林，2004(06)：4-12.
[27] 选成，治平，长安. 东湖风景区[J]. 武汉文史资料，1994(04)：61-63.
[28] 中国科学技术协会. 中国科学技术专家传略 农学编 园艺卷 2[M]. 北京：中国农业出版社，1999.
[29] 武汉市洪山区地方志编纂委员会. 洪山区志[M]. 武汉：武汉出版社，2009.
[30] 涂文学，刘庆平. 图说武汉城市史[M]. 武汉：武汉出版社，2010.
[31] 武汉市人民政府文史研究馆. 武汉名城话古今[M]. 武汉：汉口球场街印刷厂，1987.
[32] 武汉指南编辑委员会. 武汉指南 区域卷[M]. 武汉：武汉出版社，2008.
[33] 徐晓红，武汉市地图集[M]. 北京：中国地图出版社，2015.
[34] 肖剑平，刘美春，尹雅婧，等. 地图见证武汉城市发展变化[J]. 测绘地理信息，2017，42(05)：116-121.
[35] 廖小韵. 地图见证武汉的发展[J]. 中国测绘，2016(02)：64-65.
[36] 武汉市国土资源和规划局. 规划武汉图集[M]. 北京：中国建筑工业出版社，2010.
[37] 《武汉历史地图集》编纂委员会. 武汉历史地图集[M]. 北京：中国地图出版社，1998.

作者简介

张仕烜，1995 年生，男，汉族，湖北，华中科技大学建筑与城市规划学院硕士研究生，研究方向为风景园林历史与理论。电子邮箱：463598805@qq. com。

赵纪军，1976 年生，男，汉族，河北，华中科技大学建筑与城市规划学院教授，博士生导师，研究方向为风景园林历史与理论。电子邮箱：jijunzhao@qq. com。

基于GIS技术的文化景观整体价值保护方法国际动态研究

Research on the International Trends of GIS-based Cultural Landscape Value Conservation Approaches

赵晨思　杨　晨*

摘　要：文化景观类遗产的保护不仅是国内外遗产领域研究的前沿，也是遗产保护技术方法中的难点。近年来，国际上聚焦利用GIS技术对文化景观价值进行整体性保护，逐步建立了跨越精英与大众、自然与文化、历时与现实价值的多种技术方法。本文回顾并分析了近10年来的相关国际文献和案例资料，识别了基于GIS技术的文化景观整体价值保护的创新思路与方法：①构建PP-GIS平台支持利益相关者参与景观价值诠释；②利用GIS技术定量化整合不同学科景观价值评估结果；③通过GIS技术动态智能监测景观格局变化与价值威胁。结论部分提出了建立中国文化景观遗产保护技术体系的启示。

关键词：文化景观；遗产保护；价值评估；国际趋势；整体性保护；GIS

Abstract: The protection of cultural landscape heritage is not only the frontier of research in the field of heritage conservation, but also a difficulty in the technical methods. In recent years, the international heritage research has focused on the use of GIS technology to protect the value of cultural landscapes, and has gradually established a variety of technical methods that span the elite and the public, nature and culture, diachronic and realistic values. This paper reviews and analyzes relevant international literature and important cases in the past ten years, and identifies innovative ideas and methods for the overall value protection of cultural landscapes based on GIS: ① Build a PP－GIS platform to support stakeholders' participation in landscape value interpretation; ② Use GIS technology to quantitatively integrate the landscape value assessment results of different disciplines; ③ Use GIS technology to dynamically and intelligently monitor landscape pattern changes and value threats. The conclusion part puts forward the implications for the protection technology system of Chinese cultural landscape heritage.

Key words: Cultural Landscape; Heritage Conservation; International Trends; Integrated Conservation; GIS

1　背景

文化景观是人与自然在长期互动中形成的具有多维价值的遗产类型，它构建了一种新价值观来重新阅读各类遗产，即使是已经被认定为自然或文化遗产的国家公园、自然保护地、乡村、历史城镇、风景名胜区等景观也都兼具有景物物质对象以及特定族群的文化意识[1-3]。对遗产价值进行全面系统的记录、评价与监测是科学制定保护规划的基础，因此在遗产价值保护视野得到极大拓展的背景下，在实践环节中全面了解遗产不同价值的方法也就有了更迫切的现实需求。

文化景观真实记录了不同地域在不同文化意识持续作用下的演进过程，其价值只有在与特定地域及创造主体进行联系时才能被彰显[4]，因此在这类遗产价值中，精英与大众、文化与自然、历时与现实都是不可分割的整体[1]。过去对不同学科领域价值实行分头保护，强调价值诠释中的精英话语与遗址凝固价值的方法，造成了不同学科领域价值评价标准与工作口径不一，难以进行对接与整合，在技术层面缺乏能够采集大量公众价值认知数据与遗产动态变化数据的方法。而GIS凭借着在采集时空信息，叠合分析多类型因子，以及可视化空间信息上的优势[5]，使对不同价值进行记录、评估与监测的实践工作能够在同一平台上得到整合，并直接对接空间规划编制，成为了辅助研究者落实文化景观价值整体保护思想的热门技术平台。国际上，尤其是西方国家在这方面已经积累了相对成熟的经验，从而在遗产保护实践中弥合了过去被割裂的不同价值间的界限。相较而言，中国近年才在理论层面上逐渐理解文化景观所传达的价值观与自身传统景观营造中所追求的人地和谐智慧具有高度契合性。但GIS技术应用仍局限于对生态环境或视觉美学等单类价值的保护中[6,7]，由于缺乏利用GIS平台将不同价值信息空间化处理的方法，导致公众参与、多学科协同、尊重合理演变等文化景观方法论难以在保护实践中落实[8-10]。本文对国外探索出的基于GIS平台来整体保护文化景观遗产多维价值的方法开展研究，希望能识别该领域的国际前沿动态，为我国文化景观遗产保护的技术发展提供参考。

2　研究方法

在Web of Sciences数据库中，采用GIS与文化景观遗产（Cultural Landscape Heritage），或国家公园（National Park）、自然保护地（Natural Reserve）、历史性城镇（Historical Urban）、乡村（Rural Area）为关键词，共检索到文献766篇，涵盖环境生态、地理、多样性保护、科学技术、社会文化、农业、森林与公共政策等领域。以搜索结果中近10年发表的——可代表GIS应用前沿技术；包含价值记录、评估与监测等完整实践环节——

即分析结果可直接指导价值整体保护规划；且针对不同人群、学科或时间任一维度中的不同价值进行整体保护——可反映最新遗产领域保护价值观的50篇文献，来梳理与总结在文化景观价值整体保护实践中GIS的不同应用方向及其对弥合不同价值界限所做出的贡献；进而，研究选取了对GIS应用步骤的文字与图片描述翔实完整的20篇文献来阐述不同GIS应用目标中的关键操作方法，并对这些方法的优劣势进行剖析；最后根据以上结论，探索将中国文化景观遗产地多维价值信息空间化，以支撑遗产价值整体保护实践的GIS应用途径。

3 国际文化景观遗产价值整体保护中的GIS应用

3.1 应用方向

通过文献梳理，本文发现国际上GIS在文化景观遗产地价值记录、评估与监测等实践环节中对价值进行整体保护的应用方向主要有3个：一为构建PP-GIS平台，鼓励不同利益相关者参与遗产地价值诠释，以平衡公众与专家话语权；二为引入统一评价指标作为媒介，在识别价值关联要素后，根据指标计算方式，利用GIS来计算与叠合不同价值质量，以整合不同学科领域价值质量的评估监测结果；三为通过GIS监测、计算与对比不同时期产地的景观空间格局，并分析变化对价值质量造成的威胁，这打通了历史、现实与将来的联系。其中除最基础的客观形态与数据记录功能外，最受欢迎的GIS分析工具包括空间数据探索、叠加分析、空间插值、热点分析或核密度分析等[11,12]，这充分发挥了GIS在辅助分析与思维推理上的优势来帮助研究者进一步获取在直接观察中难以捕捉的信息。

3.2 应用目标与关键方法

（1）平衡大众与精英话语权

PP-GIS是常用的邀请公众参与文化景观遗产地价值诠释的平台，公众可根据自身经验将对遗产地不同区域价值的认知——包括感受到的价值特征、监测到的价值质量威胁、识别出的价值关联要素等以地图标绘的形式置入遗产地地图中。由此研究者可获得基于空间点位的公众主观感受数据，利用热点分析或和核密度分析工具进行处理后，便能直观呈现公众视角下的遗产价值描述地图。

如Greg Brown与Delene Weber认为给公众带来正面或负面感受的空间代表着其评估监测到的价值质量较高或遭受威胁的区域，不同区域价值的重要性或待整治的紧迫程度分别与表达正面或负面感受的人数成正比，而影响感受的因子则指向保护或整治恢复的关键价值关联要素。因此在为澳大利亚维多利亚州国家公园体系制定保护规划前，他们利用PP—GIS向外来游客、本地居民与公园管理者提供了地图以及表示正、负面感受的标记，如社交、野生动植物观赏，或垃圾、拥挤、不健康的植物等，受访者根据自身体验在网络平台中将对应标记放置于地图上的相关位置，并可选用文本进一步注释对该位置的感受。在调研结束后，借助GIS热点分析工具提取了正、负面感受标记点的集聚情况，获得了需要重点保护或及时进行管理补救的区域，通过使用频次较高的正、负面标记所传达的信息确定了保护或修复工作的对象[13]（图1）。

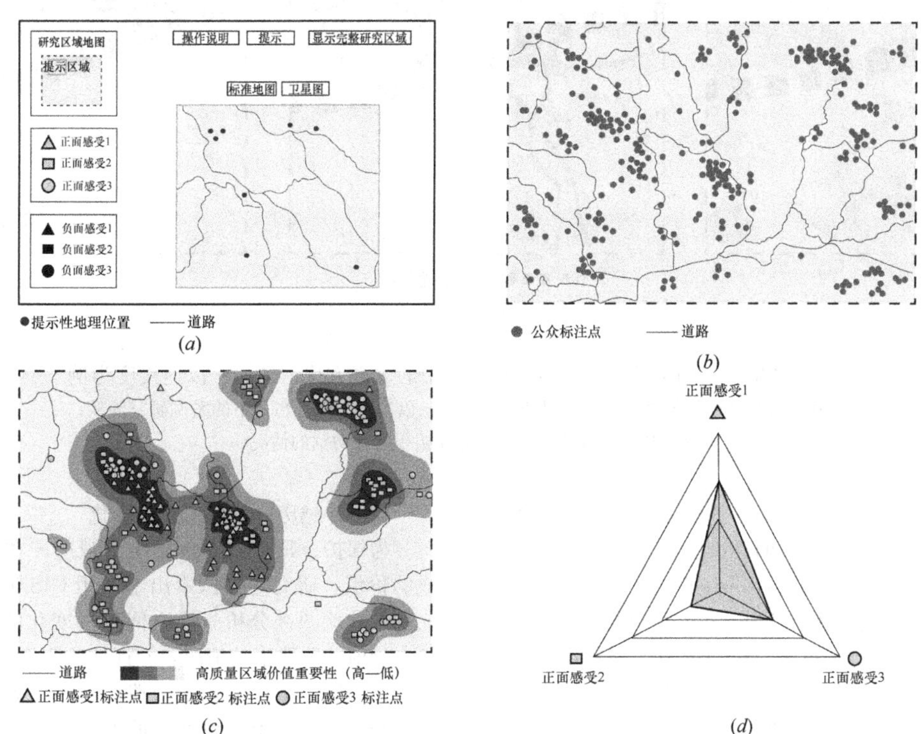

图1 PP-GIS在平衡大众与精英价值诠释话语权中的关键方法示意

（a）PP-GIS界面与标注符号设计；（b）基于GIS平台的公众标注点汇总；（c）利用核密度分析工具分类处理公众标注点以获得价值评估监测结果——以正面感受标注点为例；（d）重点保护或恢复区域标注信息数量统计雷达图——以高质量价值区为例

（2）整合自然和文化学科领域视角

采取统一指标对文化遗产地不同价值质量进行监测评估，为在 GIS 平台中计算与叠加不同学科领域价值以获得整体评估结果提供了有效的媒介。现采用的指标主要来源于 2 个学科领域，其操作方法也不尽相同：

一为景观生态学领域中的景观生态格局指标，这类指标通常被延伸至其他领域以联系文化景观遗产地中的不同价值。如 Grzegorz Mikusinski 等在评估监测公路修建对附近瑞典一乡村生态、社会与文化价值的影响时，采用了衡量栖息地破碎化对生物活动影响的重要标准——连接度作为评价指标，并将其定义扩展至社会与文化中，提出了生态连接度、社会连接度与文化连接度 3 个子指标，分别用于衡量某一距离阈值内生物活动的落叶林与草本斑块间的连接程度、人们社交与户外游憩活动的高频率路线以及农耕者在村舍与庄园之间的活动路线这 3 个价值关联要素被新公路割裂的程度。在 GIS 平台中识别 3 类路线后分析其被车道切割的程度，则可了解生态、社会、文化价值的受损程度[14]（图 2）。

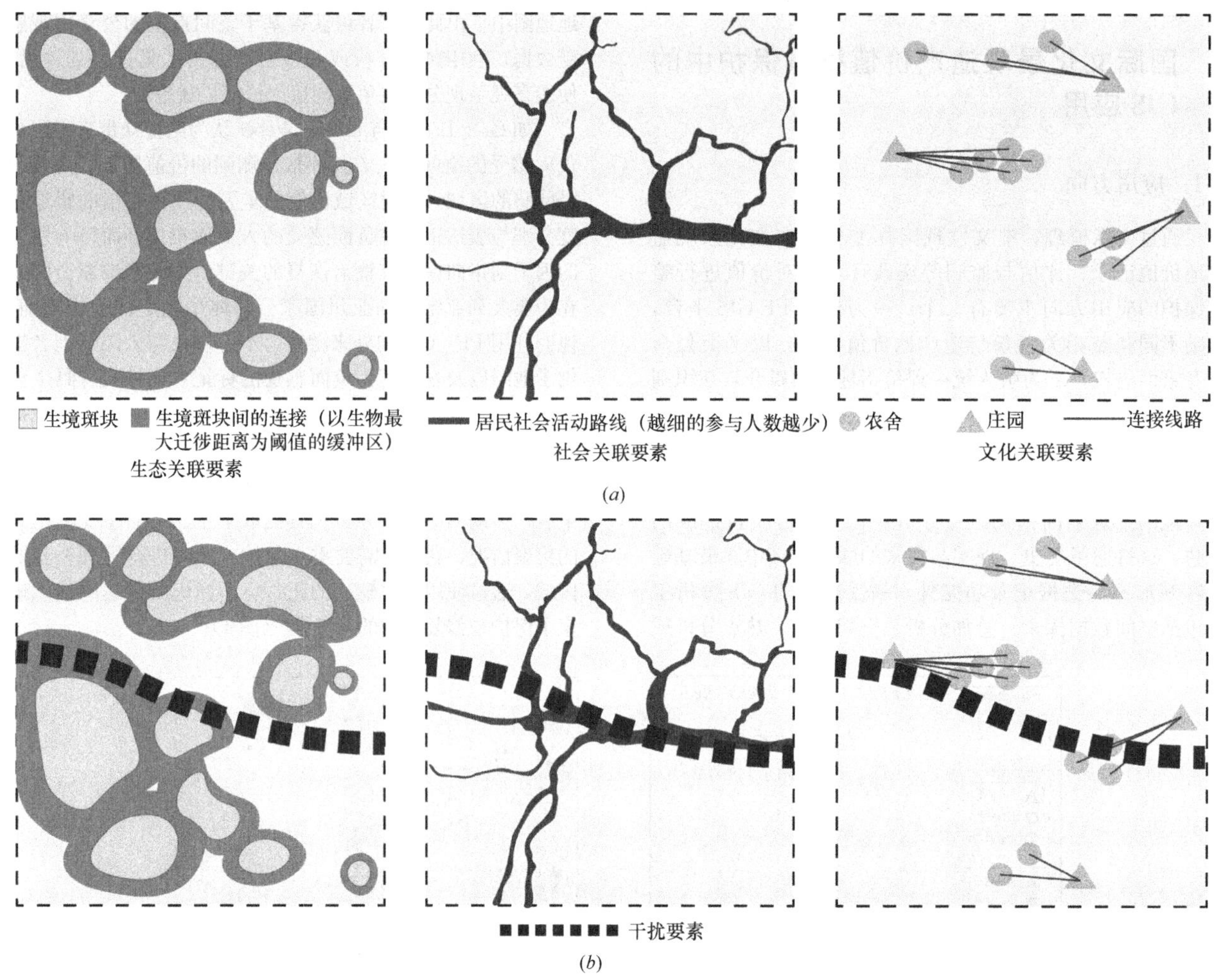

图 2　景观生态格局指标在整合多学科价值中的关键方法示意——以连接度为例

（a）基于 GIS 平台的价值关联要素识别与记录——以参考文献［14］中的案例研究为例；
（b）观察价值关联要素间的连接程度被切割的情况

二为以传统遗产保护领域提出的真实性、完整性作为衡量不同学科领域价值质量的标准。在意大利阿西西市价值质量的研究中，Marco Vizzari 就采用了这一评价指标，邀请专家大众对物理自然、历史文化与社会代表价值的关联要素质量进行了打分。在利用 GIS 核密度分析工具分别对 3 类要素质量的评价结果进行处理生成不同颜色的单类价值连续质量面后，将 3 者进行叠置，图像中颜色变化则可以表达出 3 类价值是如何相互关联并影响区域的价值质量，颜色深浅则可以帮助识别值得保护的高质量价值区域与价值退化区域[15]（图 3）。

（3）跨越历时与现实发展变化

为保护、延续或重塑文化景观遗产在历史层积中形成的价值，研究者们探索出了利用 GIS 记录与对比各年代遗产地地图来分析景观空间格局变化的方法，以此来清查价值关联要素的情况，并评估监测价值质量。

在 GIS 中记录文化景观遗产地中景观发生变化的位置，并统计该景观用地面积的变化量以及用地类型的变化频率是最为直观简单地呈现遗产地变化的一种方式。如 M. Gallardo 与 J. Martínez-Vega 在研究马德里 30 年景观变化中通过统计各类型用地的增加、损失、交换与总变化量、变化位置与频率，并将统计结果利用 GIS 平台映射至文化景观遗产地地图中，来了解在历史发展中所形成的城市景观肌理是否被破坏[16]（图 4）。

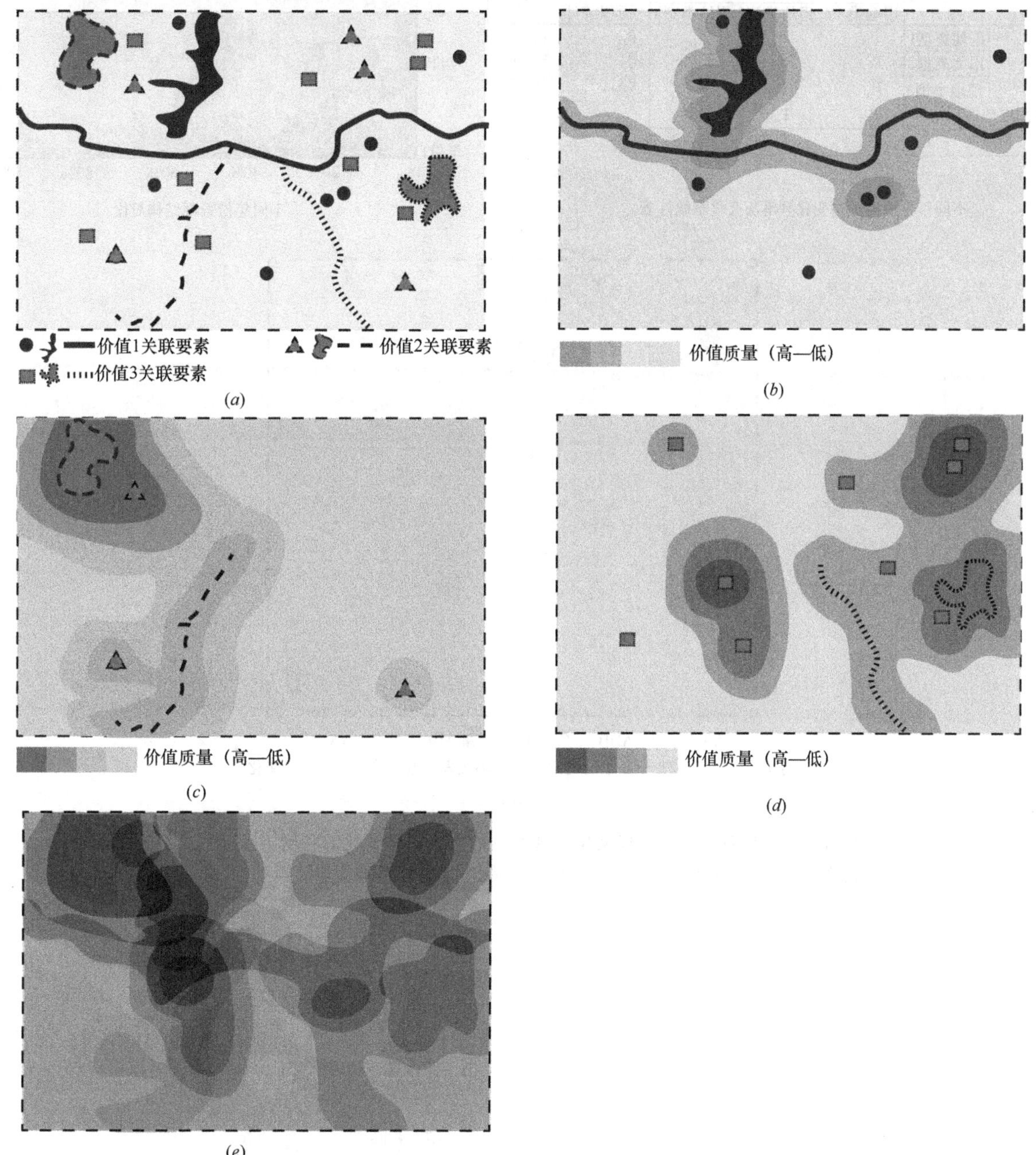

图 3　真实性与完整性指标在整合多学科价值中的关键方法示意

(a) 基于 GIS 平台的价值关联要素识别与记录；(b) 利用核密度分析工具图示化价值 1 关联要素质量评估结果；(c) 利用核密度分析工具图示化价值 2 关联要素质量评估结果；(d) 利用核密度分析工具图示化价值 3 关联要素质量评估结果；(e) 价值质量评估结果叠加图（颜色深浅表示价值质量高低，色相表示综合价值质量中三类价值的相互关系）

部分研究还尝试以景观格局指标来抽象地提取与对比不同时期文化景观遗产空间结构特征，这些指标计算结果能够直接表明文化景观遗产价值遭受的损害，而 GIS 提供的分析工具或插件可以辅助便捷地计算各类指标。如 Veerle Van Eetvelde 与 Marc Antrop 等在研究 1775-2000 年城市发展和交通建设对比利时法兰德斯市的景观价值的影响时，在采用上一方法的基础上，引入了斑块数量、平均斑块面积、斑块密度、形状指数、异质性等景观指标来衡量与对比不同时期研究区域内林地、耕地、居民点等用地结构的变化，以了解研究区域内景观的破碎化程度；类似的，Daniel 团队在研究欧洲城市扩张对周边景观价值质量的影响中，则引入了连接度、密度、分散度、土地使用混合度等指标来识别质量下降最为严重的区域[17]（图 5）。

		年份2			年份1用地面积统计	损失
		用地类型1	用地类型2	用地类型3		
年份1	用地类型1	P_{11}	P_{12}	P_{13}	P_{1+}	$P_{1+}-P_{11}$
	用地类型2	P_{21}	P_{22}	P_{23}	P_{2+}	$P_{2+}-P_{22}$
	用地类型3	P_{31}	P_{32}	P_{33}	P_{3+}	$P_{3+}-P_{33}$
年份2用地面积统计		P_{+1}	P_{+2}	P_{+3}		
得到		$P_{+1}-P_{11}$	$P_{+2}-P_{22}$	$P_{+3}-P_{33}$		

不同年份用地类型变化频率与变化量统计表

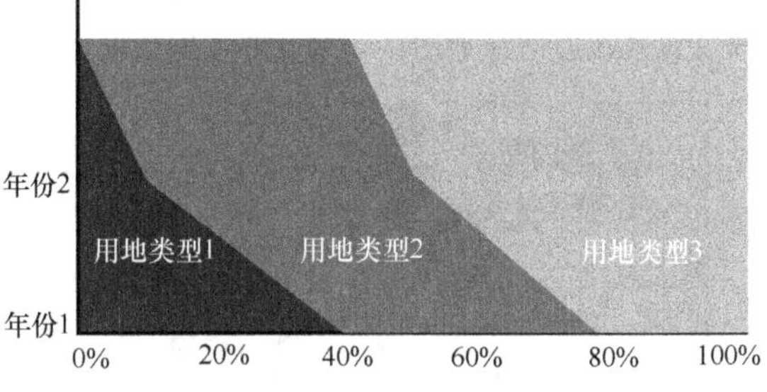

不同年份景观结构对比

(*a*)

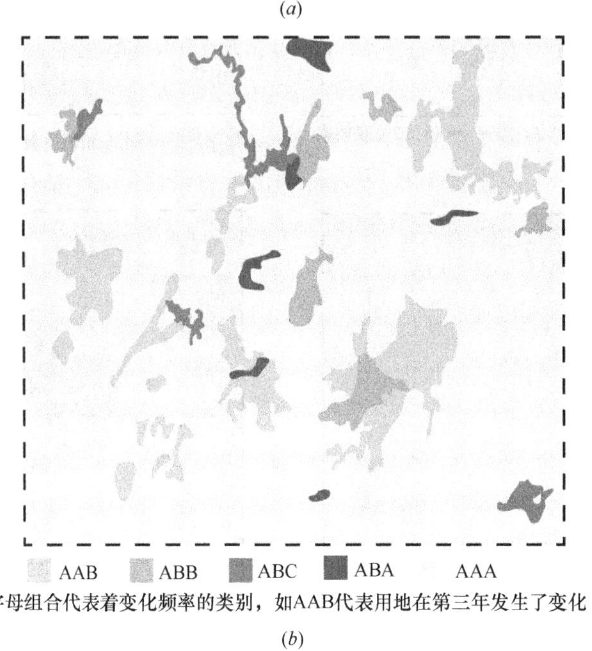

字母组合代表着变化频率的类别，如AAB代表用地在第三年发生了变化

(*b*)

图 4　统计与对比不同年代文化景观遗产地景观用地变化的关键方法示意

（*a*）统计不同年份景观变化；（*b*）利用 GIS 平台图示化展示用地变化频率（3 个年份）

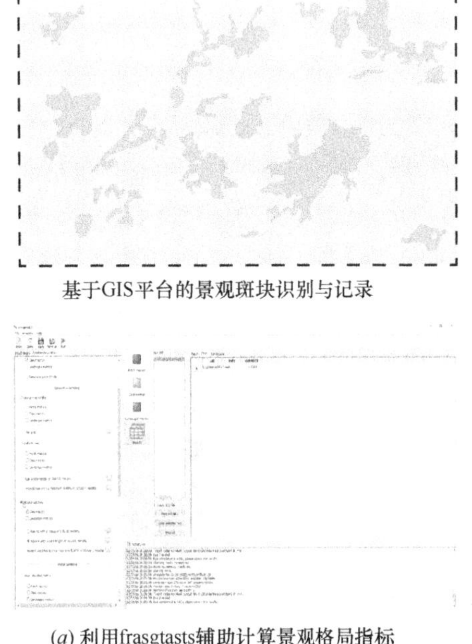

基于GIS平台的景观斑块识别与记录

(*a*) 利用frasgtasts辅助计算景观格局指标

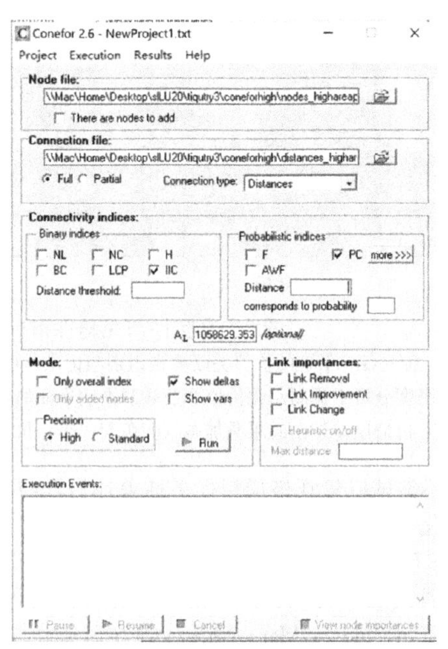

(*b*) 利用Conefor辅助计算景观格局指标

图 5　景观格局指标提取不同年代文化景观遗产地空间格局的关键方法示意

3.3 GIS 技术在文化景观整体价值保护中的价值评析

这3个GIS应用方向目前只实现了在文化景观遗产价值记录、评价与监测各实践环节中对精英与大众、自然与文化、历时和现实任意一个维度内不同价值的整体保护。为进一步整合与保护不同维度的价值，还需评析在各实践环节中不同GIS应用方向及操作方法的优劣势。

其中PP－GIS平台通过提供清晰易懂的遗产地地图与感受图标，降低了公众参与文化景观遗产价值诠释的门槛，因而研究者能便捷地获得大量关于不同人群价值认知的数据，发现在专业视角下难以察觉的潜在价值与威胁。但这一方法无法反映公众难以观察到的区域中的价值，也无法体现受到破坏甚至消失殆尽的价值，因此需要在实践中结合能对不同学科或不同年代价值进行整体保护的GIS应用方法来弥补这一缺陷。在用以叠合遗产地不同学科价值的媒介中，景观生态格局指标由于具有明确的定义与计算方式，研究者可以据此充分利用GIS在辅助计算分析上的优势，快速综合不同学科视角对遗产地整体景观质量进行评估监测，但不同景观生态格局指标往往只能评价特定的空间结构，如连接度更适用于评价关联要素呈线性分布的价值；而真实性、完整性的评价标准虽然相对模糊，且对参与人员自身的专业素养要求较高，却也给了研究者针对不同遗产价值特点进行延伸解释的弹性空间，因此其更具普适性。在基于GIS平台记录遗产地价值演进过程的方法中，通过对比不同年代遗产地景观的变化，能够最为直观地反映文化景观遗产在长期历史发展中所形成与消亡的价值，而利用景观格局指标来提取对比景观空间结构，还能进一步衡量遗产地整体景观肌理被损害的程度。

4 总结与启示

对于国际上已经探索出的利用GIS技术在文化景观遗产地价值整体保护实践不同工作环节中弥合不同价值界限的实效方法，我国可以从以下3个方面入手对其进行借鉴，以建立基于GIS平台的中国文化景观遗产保护技术体系，解决目前文化景观遗产地价值整体保护理论研究难以落地，而GIS应用对自然人文系统完整保护关注不足的问题：①建立文化景观遗产多维价值数据库，基于中国目前对文化景观遗产价值体系的认知与理论研究，树立空间化意识，利用PP-GIS等平台鼓励不同人群共同参与采集与记录文化景观遗产的价值及其关联要素；②构建具有普适性的价值评价监测指标体系，国际上已提出的在GIS平台中采用景观格局指标来衡量监测文化景观遗产价值质量的方法，能为研究者提供准确且能直接表明价值所受威胁的评估结果，中国可进一步总结出适用于评估监测不同类型价值的指标体系，并在各文化景观遗产价值保护工作进行推广，降低评估与监测中对专家经验的依赖；③充分利用GIS中辅助计算与推理的工具，这可以大大提高对价值识别、评估与监测的效率，并帮助抽象提取遗产价值的空间结构特征，获得在直接观察中难以发觉的潜在信息。

参考文献

[1] 韩锋．文化景观——填补自然和文化之间的空白[J]．中国园林，2010，26(09)：7-11.

[2] 韩锋．世界遗产“文化自然之旅”与中国文化景观之贡献[J]．中国园林，2019，35(04)：47-51.

[3] 王应临，张玉钧．中国自然保护地体系下风景遗产保护路径探讨[J]．风景园林，2020，27(03)：14-17.

[4] 莱奥内拉·斯卡佐西，王溪，李璟昱．国际古迹遗址理事会《关于乡村景观遗产的准则》(2017)产生的语境与概念解读[J]．中国园林，2018，34(11)：5-9.

[5] 张慧，刘晶晶．2000—2018年GIS在我国建筑遗产保护中的研究述评[J]．世界建筑，2019(07)：120-123＋133.

[6] 崔少征．基于GIS技术的风景名胜区生态分区研究[D]．北京：北京林业大学，2013.

[7] 贾翠霞．基于GIS和遥感的景观视觉资源评价[D]．西安：西安建筑科技大学，2010.

[8] 彭琳．整体价值视角下风景名胜区保护对象认知研究[J]．西部人居环境学刊，2019，34(06)：1-8.

[9] 王应临．基于多重价值识别的风景名胜区社区规划研究[D]．北京：清华大学，2014.

[10] 陈耀华，刘强．中国自然文化遗产的价值体系及保护利用[J]．地理研究，2012，31(06)：1111-1120.

[11] 康勇卫，梁志华．我国GIS研究进展述评(2011～2015年)——兼谈GIS在城乡建筑遗产保护领域的应用[J]．测绘与空间地理信息，2016，39(10)：24-27＋32.

[12] Sebastiano C，Giuseppe B. Mapping traditional cultural landscapes in the Mediterranean area using a combined multidisciplinary approach：Method and application to Mount Etna (Sicily；Italy)[J]．Landscape and Urban Planning，100(2011)：98-108.

[13] Greg B，Delene W. Public participation GIS：A new method for national park planning[J]．Landscape and Urban Planning，2011，102：1-15.

[14] Grzegorz M，Malgorzata B，Hans A，et al. Integrating ecological，social and cultural dimensions in the implementation of the landscape convention[J]．Landscape Research 2013，38：384-393.

[15] Marco V. Spatial modelling of potential landscape quality [J]．Applied Geography 2011，31：108-118.

[16] Veerle Van E，Marc A. Indicators for assessing changing landscape character of cultural landscapes in Flanders (Belgium)[J]．Land Use Policy 2009，26：901-910.

[17] Gallardo M，Martínez-Vega J. Three decades of land-use changes in the region of Madrid and how they relate to territorial planning[J]．European Planning Studies，2016，24 (5)：534-534.

[18] Agapiou V. Lysandrou D D，Alexakis K et al. Cultural heritage management and monitoring using remote sensing data and GIS：The case study of Paphos area，Cyprus[J]．Computers，Environment and Urban Systems，2015，54.

[19] Gallardo M，Martinez-Vega J. Three decades of land-use changes in the region of Madrid and how they relate to territorial planning[J]．European Planning Studies，2016(24).

[20] Abdelaziz E，Rosa L. On the use of satellite imagery and GIS tools to detect and characterize the urbanization around heritage sites：The case studies of the catacombs of Mustafa

Kamel in Alexandria, Egypt and the Aragonese Castle in Baia, Italy[J]. Sustainablity, 2019, 11(7).

[21] Nadia K, Timothy I. Monitoring islamic archaeological landscapes in ethiopia using open source satellite imagery [J]. Journal of Field Archaeology, 2019, 44 (6): 401-419.

[22] Mateusz C, Krzyszt of R, Marek O. Use of GIS tools in sustainable heritage management-The importance of data generalization in spatial modeling [J]. Sustainablity, 2019, 11.

[23] Palmer M H, Feyerherm A. Visual convincing of intangible cultural relationships using maps: A case study of the Tongariro National Park World Heritage nomination dossier[J]. Canadian Geographer-Geographe Canadien, 2019, 62: 81-92.

[24] Carlo G, Guilherme N A. Promoting cultural resources integration using GIS.

[25] Hans A, Mats G, Per A. Cultural heritage connectivity. A tool for EIA in transportationinfrastructure planning[J]. Transportation Research Part D, 2010, 15: 463-472.

作者简介

赵晨思，1995 年 7 月生，女，汉族，福建，硕士研究生在读，同济大学建筑与城市规划学院景观系，研究方向为文化景观遗产与风景名胜区规划。电子邮箱：476693763@qq.com。

杨晨，1985 年生，男，江苏，澳大利亚昆士兰理工大学景观建筑学博士，同济大学建筑与城市规划学院景观学系助理教授，硕士生导师，研究方向为文化景观、数字化遗产、地理信息系统数据库设计。电子邮箱：chen.yang@tongji.edu.cn。

风景园林规划设计

中国古典园林声景研究及其对现代园林规划设计的启发

——以苏州拙政园为例

Research on Soundscape of Chinese Classical Gardens and Its Inspiration to Modern Garden Planning and Design:

A Case Study of Zhuozheng Garden in Suzhou

敖梦雪

摘　要：中国古典园林，在世界园林的历史中绽放着绚丽的色彩，在祖国灿烂的文化宝库中，更是一颗美丽的明珠。声景作为景观的一部分，早已在我国古典园林中得到应用和发展。中国古典园林声景的发展历史悠久，其形成源于园林情感的形成，其中有很多经验启发亦可运用于现代园林的规划设计。本文研究了中国古典园林中的声景，从概念、历史渊源、结构和构造方法等方面进行了阐述，并以苏州拙政园为例进行了详细分析，总结了声景景观运用于园林设计的优势与亮点。

关键词：中国古典园林；声景；拙政园

Abstract: Chinese classical garden, in the history of the world garden blooming with gorgeous colors, in the motherland's splendid cultural treasure house, is a beautiful pearl. As a part of landscape, soundscape has long been applied and developed in Chinese classical gardens. Chinese classical garden soundscape has a long history of development, its formation comes from the formation of garden emotion, and many experience inspiration can also be applied to the planning and design of modern garden. This paper studies the soundscape in Chinese classical gardens from the aspects of concept, historical origin, structure and construction method, and makes a detailed analysis with Zhuozheng garden in Suzhou as an example, and summarizes the advantages and highlights of soundscape in landscape design.

Key words: Chinese Classical Gardens; Soundscape; Humble Administrator's Garden

1　概念

1.1　中国古典园林声景的概念

声景，又称声音风景，其概念最早是由加拿大作曲家R. Murray. Schafer于20世纪60年代提出的[1]。听觉景观是现代环境声学的重要发展方向之一[2]。

中国创造良好景观的历史源远流长。在古典园林中，有许多有声的景点，如利用风、雨、雪、鸟、兽、虫等自然因素创造出有声的自然景观，如“夜雨芭蕉”“听雨人秋竹”“听取蛙声一片”；也有人的活动创造出有声的场景，如“夜半钟声”。在自然和社会人文活动中，这些都体现了声音美的魅力[3]。

1.2　中国古典园林声景的历史渊源

中国古典园林，是建立在自然条件下成长的，但源于自然，又高于自然。它是由园林意境形成的，充满诗意和丰富多彩的情调，注重建筑美与自然美的结合，又具有悠久的发展历史。

1.2.1　殷周秦汉时期

在西周时代的巨大的贵族花园——“灵囿”，是中国历史上出现最早的园林。“王在灵囿，麀鹿攸伏，鹿鹿濯濯，白鸟鹤鹤。王在灵沼，砖物鱼跃”。当时，花园里还巧妙地使用了许多其他声音，声音被附在动物身上，花园里出现了其他园林建筑元素或人类活动。

1.2.2　东晋至唐宋年间

园林创作在这个时期经历了一个转折，从建筑主体到以自然山水为主体，形成了周武忠园林的意境观念。在花园里，声音从存在上升到意境的塑造。在这一时期，出现了园林的意境。有些园林依靠声音来创造意境，声景的历史渊源可以追溯到这一点。

1.2.3　宋元时期

宋元以后，是临摹园林成熟的最后阶段，健全的园林建设也越来越成熟。比如良岳万松林“苍苍森列万株松，终日无风亦自风白鹤来时清露下，月明天籁满秋空”。大家越来越重视声景建设，更是出现了以声景为主题的景点。

1.2.4　明清时期

明清时期，园林意境成为园林创作的最高境界。大量园林景观和风景名胜区都是以声景为主题的，比如拙政园中留听阁的“秋阴不散霜飞晚，留得残荷听雨声”之意、承德避暑山庄的万壑松风。在这一时期，声景建设达到了空前的繁荣[4]。

1.3 中国古典园林声景的结构

中国古典园林根据声景的理论将声音分为三种，即背景音、信号音和标志音[5]，而根据声音的特色和功能不同，可以分为两种，即标志音和背景音。

1.3.1 标志音

标志音指的是某一园林环境或区域中最具代表性的声音。在中国古典园林中，标志音主要包括自然声和人工声。它是园林空间的灵魂，形成独特的声景，是欣赏声景的重要对象。

（1）自然声

自然声是指自然界中存在的各种声音[6]。中国古典园林中的声景主要以自然声为主。《小窗幽记·集绮》中有“论声之韵者，曰溪声、涧声、竹声、松声、山禽声、幽壑声、落花声……”。

（2）人工声

人工声是指人的活动所产生的声音，比如铃声、钢琴声、唱歌声、歌剧声等。中国古典园林中的人工声主要由中国戏曲声乐、丝绸竹风音乐、编钟音乐、木柴歌、渔歌等组成。

1.3.2 背景音

背景音是在一定的园林环境中经常听到的声音，如风、水、鸟、昆虫等的声音。背景音也能反映某一园林环境特征。例如，南平夜铃里的鸟、虫鸣叫是上面的钟声的背景音，数百万松林的风中的野声是松林的背景音[7]。

2 中国古典园林声景的营造方法

中国古典园林景观的建设不一定存在于所有的景观要素之中，它是将主题和意境有效结合到自然设计元素（例如植物、地形和景观）中形成的最高艺术。它在合理引入一致性的基础上，山水创造出丰富的声学环境的内涵。

2.1 园林植物与声景观的营造

在自然世界中，不同形式的植物在自然环境（如风和雨）的影响下会发出不同的声音。在环境和元素的影响下，它们有着不同的声音和场景的意境。在我国大型园林设计中，山林的一些自然风貌也是必不可少的；在小面积的空间里，例如豪宅的院子里，香蕉、梧桐、松树、竹子等植物越来越让人喜欢，当雨天来临时，雨滴打在芭蕉上发出清脆的声音。

2.2 地形与声景观的营造

不同地形的存在影响着古典园林的结构，一般来说常见的地形有平面、凹面和凸面3种。平地会给人带来一种平坦、开阔、安全以及舒适的感觉，因此古时候人们会在这片土地上设置静止的水体，以大面积的草坪和高大的树木相结合，创造出与环境大气相适应的良好景观。凸面地形具有运动感和连续性，它可以将水、风、动物等各种声音和场景结合起来，形成一个小的生态环境，对周围的小气候有一定的影响。凹形地形的存在则放大了自然声，对环境噪声有很好的掩蔽效果。

2.3 园林建筑与声景观的营造

风景园林不仅是景观的重要组成部分，还是声音景观的重要组成部分。在我国古典园林的建设中，关于场地的选择，建筑师往往会根据不同声源的特点选择不同的场地。而在建筑的问题上，建筑师们会利用建筑物的墙壁、装饰品和复合空间在外力作用下产生不同的声音[8]。

3 案例分析——苏州拙政园声景构成研究

3.1 拙政园声音的来源构成

3.1.1 标志音

拙政园（图1、图2）中有很多声景便是以自然声源为标志音（表1）。园中的留听阁，取意李商隐的“秋阴不散霜飞晚，留得枯荷听雨声”。秋雨，一个人一扇窗子，听池前的雨残荷花，自得其乐。听雨廊也是以大自然为主题的雨，廊前有一湾水湾，几片荷叶。雨天静静地坐在门廊里，倾听雨滴落在不同场景中的声音[9]。

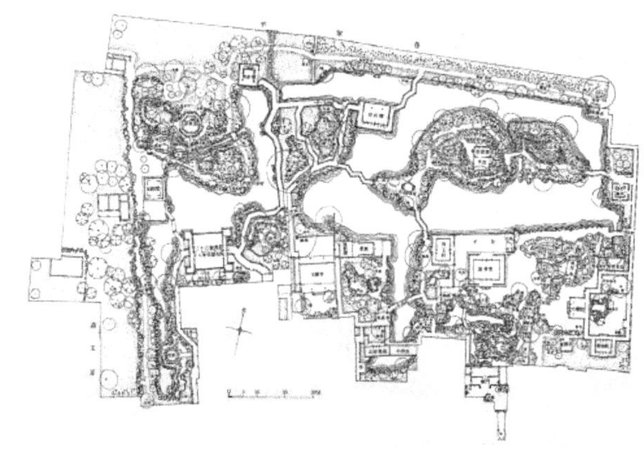

图1 拙政园平面图
（图片来源：摘自《苏州古典园林》）

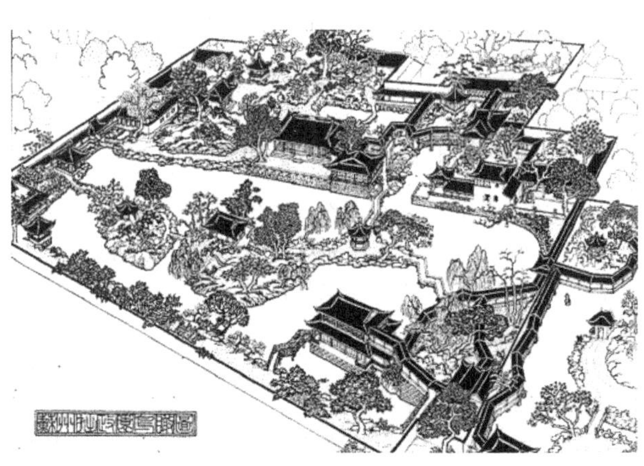

图2 拙政园鸟瞰图（图片来源：摘自《江南园林论》）

拙政园中的标志音　　　表 1

标志音分类	声景名称
自然声	风、雨、雷、电声；鸟鸣、虫鸣声；水流声；树叶声等
人工声	琴声、钟声、戏曲声、交谈声、叫卖声、脚步声等

3.1.2 背景声

拙政园中“梧竹幽居”（图 3）中，风和鸟的鸣叫声突显出景区的宁静。同时，风吹过梧桐、竹林的声音，形成了该地区特有的凄凉秋风。

图 3　拙政园“梧竹幽居”
（图片来源：来自网络）

3.2 拙政园声景环境营造方法

3.2.1 植物类型与声景构成

拙政园建筑周边广栽芭蕉，如“听雨轩”；水中植荷花，如“留听阁”[10]（图 4、图 5）；山亭内种植有松柏，绿意盎然，减少外界干扰，形成幽静的环境；河畔亭旁种植有梧桐或竹叶，如园中“梧竹幽居”、梧桐与风相结合。山间亭畔遍植松柏，如中部东西岛，绿意盎然，降低外界干扰，形成隐蔽幽静的环境；河畔亭侧特植梧桐或竹叶，梧竹结合风。

图 4　听雨轩　　　　　图 5　留听阁
（图片来源：徐荣荣《苏州拙政园声景构成研究》）

3.2.2 地形营造与声景构成

拙政园以水体为主体，山石环绕，水体又分为若干部分[11]。驳岸用湖石和黄石堆砌，凹凸，水循环。当风起时，清波轻轻拍打着不同材质的护岸，让游客有不同的声音享受。假山的周围分布着假山并与之交融，不仅可以降低外界的噪声，形成一个安静的声环境，而且可以利用假山堆积的山体，形成“高山流水”景观。

3.2.3 建筑形式与声景构成

一堵高墙围绕着简陋的行政花园而建，形成了一个整体封闭的空间，与外面嘈杂的空间隔离开来。花园内的建筑通过院墙和长廊相互交错，形成大墙小墙的观察空间，为花园创造了一个安静、健康的环境。

3.3 案例小结

综上所述，拙政园发声造景是客观存在的，发声造景与整个园林融为一体。整个园林环境自然幽静，人们对园林有很好的印象。虽然与现代声景研究中成熟的物理检测技术和数据统计模型相比，拙政园的声景构成明显依赖于园丁的经验，但是，它将声音的诗意体验及其技术合理性统一到景观建设的基本原理中，并将声环境控制从技术层面扩展到景观审美层面，值得现代景观设计的研究和拓展应用[12]。中国现代景观设计一直注重视觉体验，声景的建设大多停留在表面。通过对中国传统园林声景的研究，可以为现代园林声景的建设引入新的思路[13]。

4 对现代风景园林规划设计的启示

4.1 引入与保护自然声源

研究表明，人类对自然气息和声响的好感度和协调度都很高[14]。古典园林声景的重点在于其注重自然环境的营造，通常是以自然的声音营造出山林野趣和诗情画意的空间氛围。因此，在现代景观设计中，可预先借助现代科技和各种调查手法来了解听者对于不同声音的感知和喜好，再在此基础上进行“投其所好”的合理规划。通过整体环境规划和植物群落配置进行合理的景观布局，吸引和创造出更美妙的声音景观，并营造出符合人类听觉审美和文化需求的声环境。

4.2 拓展多维感官体验

在古典园林中，文人作为造园的主导者和游赏者，在造园活动中融入了自己对于声音的感受和品味，并以诗情画意的手法表达出来。在这个过程中，人的身心体验得到了充分的尊重。声景营造运用于现代景观设计中，为了促进人与环境之间的互动互融，需要利用各种设计手段，并根据场地的不同主题和功能来创造和谐的声音景观。同时，我们也应该从视觉审美、声觉审美领域拓展开来，适当引入嗅觉、触觉等其他感官体验，引导人们以多维度的感官去认知，更好地激发内心情感共鸣。

4.3 与空间环境相结合

从选址规划到空间布局，传统造园活动中对声景的营造都提供了符合声学规律的场所环境。而现代景观提倡开放和互动，声景的规划设计往往由于手法不当，容易受到外界因素的影响与干扰。因此，在现代风景园林规划设计过程中，我们可以借鉴传统的造园理念，利用人工构筑物或观景元素，如假山、树丛、墙面、影壁等作为屏障，并结合实际需求，营造出不同的局部声环境。这样一来，声景之间有分有合，存在差异和组合，重点鲜明而又背景和谐[15]。

5 结语

中国古典园林最大的特点是充分体现园林的整体意境，这也是现代声景研究中的一个关键问题。现代声景不仅仅局限于降噪，还需要关注声音、听者和环境之间的关系，以及丰富的自然环境和人文环境的景观体验。因此，中国古典园林中的声景构建技术将为现代园林中声景的研究提供启示[16]。

声景观是景观中的重要组成部分。将声景观的概念引入风景园林规划设计中，不仅可以为景观的发展和研究提供新的内容，而且可以拓宽景观的视野，丰富景观的设计技术。更重要的是，它能更全面地满足人们对植物学各种功能的需求。在今后的景观设计研究和实践中，我们应该加强对园林空间中声音元素的研究，积极将这一理念运用到景观设计实践中，进而鼓励和推动其他相关景观元素的设计，实现景观整体形态的多方位、多视角，从而充分感知和体验景观，加强景观设计与人与自然环境和谐发展的桥梁[17]。

参考文献

[1] Wrights on K. An introduction to acoustic ecology, sounds cape [J]. The Journal of Acoustic Ecology, 2000(9): 10.

[2] 袁晓梅．中国古典园林声景思想的形成及演进[J]. 中国园林，2009，25(07)：32-38.

[3] Lin J H. Studies on tannins of the bark of macaranga tanarius (L) Muell[J]. Food and Drugs Analysis, 1993, 1(3): 273-80.

[4] 程秀萍．中国古典园林声境的营造研究[D]. 武汉：华中农业大学，2008.

[5] 凌强．日本城市景观建设及其对我国的启示[J]. 日本研究，2006(02)：44-48.

[6] [日]国土交通省，2003a，美丽国家建设政策大纲，http：//www. Mlit. go. jp/keikan/keikan _ portal. html.

[7] 孙鉴鉴，张召．中国古典园林中的声景营造[J]. 山东林业科技，2012，42(01)：56-59.

[8] 邵妙馨．中国古典园林声景观的营造手法简述[J]. 住宅与房地产，2015(22)：168.

[9] 彭一刚．中国古典园林分析[M]. 北京：中国建筑工业出版社，2000.

[10] 袁晓梅，吴硕贤．拙政园的隔声降噪功能研究[J]. 建筑科学，2007(11)：75-78.

[11] 张涛，王立强，姚建．苏州拙政园空间特征分析[J]. 沈阳大学学报，2010，22(02)：39-41.

[12] 吴硕贤．袁晓梅．中国古代园林的声景观营造[J]. 建筑学报．2007(02)：70-72.

[13] 徐荣荣，雍振华．苏州拙政园声景构成研究[J]. 苏州科技学院学报(工程技术版)，2016，29(01)：71-76.

[14] 葛坚，卜菁华．关于城市公园声景观及其设计的探讨[J]. 建筑学报，2003(09)：58-60.

[15] 王雪凡．传统园林的声环境研究——苏州拙政园声景体验与分析[J]. 建筑与文化，2017(01)：180-181.

[16] 罗枫，陈江．浅析中国古典园林中的声景营造[J]. 华中建筑，2011，29(11)：107-109.

[17] 郭以德．园林声景观设计初探[D]. 南京：南京林业大学，2010.

作者简介

敖梦雪，1996年7月，女，汉族，湖北省武汉市，硕士研究生，现就读于华中科技大学建筑与城市规划学院风景园林专业，研究方向景观规划设计。

中国海洋大学鱼山校区校园空间形态变迁特征研究

Study on the Transition Characteristics of Space Form of Yushan Campus, Ocean University of China

曹馨予　陈　菲　张　安*

摘　要：为明确中国海洋大学鱼山校区校园历史文化价值，本文通过对比其在不同历史时期平面图，从校园功能性质、规划布局、功能分区三方面对校园空间变迁特征进行研究，明确了：①德占俾斯麦兵营时期场地有明显轴线特征；②民国时期场地首次出现教育功能，私立青岛大学成立后随校园发展建设，今鱼山校区北部初显雏形；③国立山大复校后与原日本中学校合旧址二为一，今鱼山校区校园整体格局初步形成；④中华人民共和国成立后，校园新建建筑，道路、绿地系统及校园功能也随之完善。

关键词：风景园林；中国海洋大学鱼山校区；校园；空间形态；变迁特征

Abstract: In order to clarify the historical and cultural value of the Yushan Campus of the Ocean University of China, this paper studies the spatial transition characteristics of campus space from three aspects of campus functional property planning, layout and functional zoning, made clear that: ①The site of the Bismarck barracks had an obvious axis characteristic. ②The education function appeared for the first time in the Republic of China. After the establishment of the Private Qingdao University, with the development of the campus construction, the northern area of the Yushan campus is now taking shape. ③After the restoration of National Shandong University and the former Japanese Secondary school, the overall structure of the Yushan campus has taken shape. ④After the founding of the People's Republic of China, some buildings have been built, the roads, green space system and campus functions have been improved accordingly, and the space form of the campus has not changed greatly.

Key words: Landscape Architecture; Yushan Campus of Ocean University of China; Campus; Space form; Transition Characteristics

中国海洋大学鱼山校区为海大老校区，位于青岛市老城区，曾被评为中国十大最美校园之一。校园前身为德占时修建的俾斯麦兵营，六二楼、胜利楼为日占时期建造的日本中学校旧址，1922 年私立青岛大学成立，南京国民政府统治时期及第二次日占时期，学校又先后被占为日本兵营及美军兵营。直至中华人民共和国成立前，校园整体格局才初步形成。校园发展至今已有百余年，其历史变迁对近代青岛的发展有着重要意义。

校园空间以其独特的艺术特征在中国建筑和园林史上拥有巨大的学术研究价值，其相关研究多集中于构成特点及形式变化等方面的宏观讨论。目前，国内外学者的研究为中国海洋大学鱼山校区提供了综合理解，包括校园内历史建筑[1,2]、校园规划[3,4]、植物景观[5]等方面，特别是江本砚结合时代背景对其校园发展及空间构成进行了详细论述[6]，对校区南北区域分别就空间构成及景观样式变化进行了研究，集中于校园空间的形成及演变阶段[7]。本研究将德占与日占时期青岛城市规划图、私立青岛大学成立后各阶段校园平面图以及各时期历史图片等作为主要研究对象资料，结合时代背景从校园功能性质、规划布局、功能分区 3 方面[8]出发，对中国海洋大学鱼山校区各历史时期的空间形态变迁特征进行考察。

1　研究方法

1.1　调查方法

于 2019 年 7 月 17 日至 26 日多次走访青岛市图书馆、档案馆，9 月 4 日走访中国海洋大学校史馆，同时结合互联网查阅相关研究文献，收集平面图、老照片等。并于 2019 年 8 月 26 日至 9 月 3 日多次到中国海洋大学鱼山校区内对场地进行现场调研。

1.2　研究方法

根据历史时期将中国海洋大学鱼山校区的整体变迁划分为德占时期（1897-1914 年）、民国时期（1914-1949 年）、中华人民共和国时期（1949 年至今）三个历史阶段（图 1）。

将 1907 年俾斯麦兵营平面图[9]、第一次日占时期青岛规划图[10]、私立青岛大学平面图[11]、1935 年国立山东大学平面图[12]、国立山东大学复校后平面图[13]、中国海洋大学平面图[14]（表 1）六张平面图作为研究主要对象资料，绘制中国海洋大学鱼山校区各时期平面图，对校区不同时期功能性质、空间规划布局、功能分区进行分析，研究其校园空间形态变迁特征。

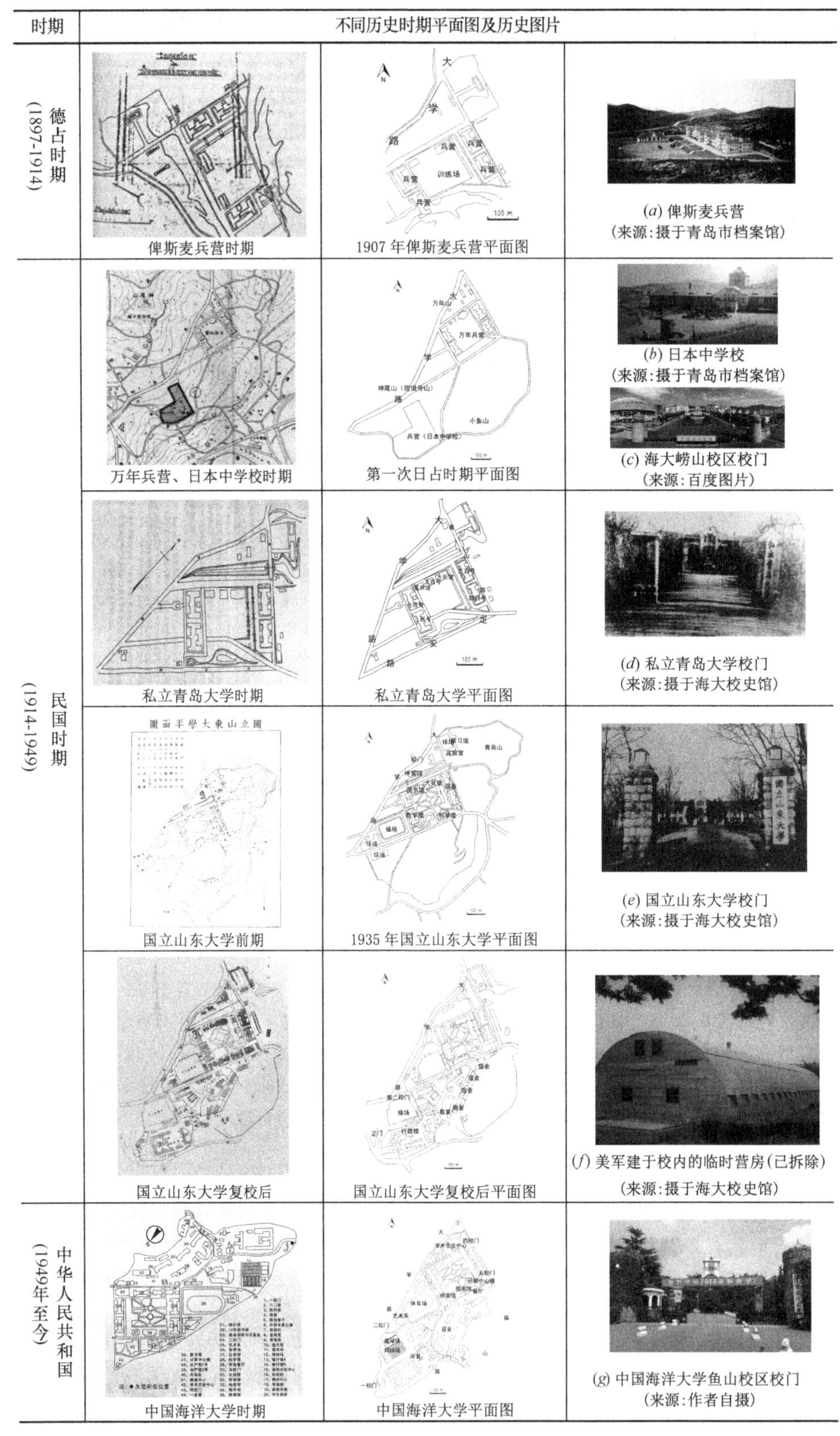

图 1 中国海洋大学鱼山校区各时期平面图及历史图片

(图片来源:据《青岛城市与军事要塞研究 1897-1914》[9]、青岛市档案馆[10]、《青岛海洋大学大事记》[11]、《国立山东大学一览》[12]、海大校史馆[13]、海大鱼山校区导览图[14]改绘)

海大鱼山校区名称、功能、发展沿革表 **表 1**

时期		时间	名称	性质	备注
	德占时期	1897 年	俾斯麦兵营	兵营	1897 年，德国借“巨野教案”武力侵占胶州湾。自 1899 年 10 月先后建造了三座兵营
	第一次日占	1921 年	万年兵营 日本中学校	兵营 校园	1914 年日本侵略者为侵占青岛对德发动战争，德军战败。日本中学校建成于 1921 年
	北洋政府统治	1924 年	私立青岛大学	校园	1922 年北洋政府收回对青岛的主权，1924 年 9 月私立青岛大学开学，校舍为原德兵营
民国时期	南京国民政府第一次统治	1930 年	国立青岛大学 国立山大前期	校园	1930 年 4 月 26 日南京国民政府任命杨振声为青岛大学校长；9 月 21 日国立青岛大学正式成立；9 月 27 日青岛大学改名为山东大学；1937 年秋山东大学奉令迁西安，又改迁重庆，旋即奉命停办
	第二次日占	1938 年	日本兵营	兵营	1938 年 1 月 10 日日本海军在崂山山东头登陆，侵占青岛
	南京国民政府第二次统治	1946 年	美军兵营	兵营	1946 年 2 月国民政府教育部同意恢复停办的山东大学，正式委任赵太侔为校长，筹划在青岛复校事宜。12 月 28 日国立山东大学举行复校庆祝大会
		1949 年	国立山东大学后期	校园	1949 年 2 月 3 日山东大学正式收回大学路被美军占用的校舍
中华人民共和国		1951 年	山东大学	校园	1951 年 3 月 8 日中共山东分局派彭康、张宗麟来青岛主持山东大学与华东大学合并工作。3 月 19 日新山大全校 3000 人举行开学典礼暨合校庆祝大会
		1958 年	山东海洋学院	校园	1958 年 10 月 27 日至 11 月 2 日山东大学除海洋、水产、地质三系及附属中学外，由青岛迁往济南
		1988 年	青岛海洋大学	校园	1988 年 1 月 21 日，山东海洋学院更名为青岛海洋大学。1989 年 11 月 10 日，逸夫海洋科技馆举行奠基仪式
		2002 年	中国海洋大学	校园	2002 年更名为中国海洋大学

（资料来源：根据《青岛市志・大事记》[15]及《青岛市志・城市规划建筑志》[16]中内容整理）

2 中国海洋大学鱼山校区概况与时代背景

由表 1 可知，①海大鱼山校区在名称上由最初的兵营到第一次日占时期的万年兵营、日本中学校，私立青岛大学成立后又历经不同办学时期，多次更改校名，直至 2002 年更名为中国海洋大学沿用至今；②校区在性质上由最初的俾斯麦兵营后又历经校园与兵营的多次变迁，最终从国立山大后期至今一直为校园。

明朝中期始，鱼山校区为青岛村辖地，位于今八关山、青岛山和信号山围拢区域，是青岛村的草场。清朝末期由于海防需要移防胶澳，两个营驻扎在海大鱼山校区[17]，此时鱼山校区为中国传统院落式布局的清军兵营（图 2）。

图 2 清军兵营
（图片来源：摄于青岛市档案馆）

1898 年出台青岛历史上第一份城市规划方案，确定了城市主要功能分区和重要公共建筑选址。东部为兵营和炮兵兵营，附近为别墅区和浴场区，所有驻军营房都要尽可能建在山坡高低的西南角[18]。德国侵略者在青岛修建了三座兵营，其中俾斯麦兵营（图 1*a*）最为典型。兵营共有营房四座，在炮兵营旧址“嵩武兵营”修建。营房平面为 H 形，中间围合出练兵场。阶梯式山墙山花及新哥特式装饰为当时德国兵营建筑的通例[19]。附设有专供士兵使用的洗衣坊和装配抽水马桶的厕所[20]。这些条件为后期大学的创办提供了丰富的物质条件。

为纪念 1949 年 6 月 2 日青岛解放，这两栋建筑在

1950年被命名为“六二楼”与“胜利楼”。现为学校行政办公楼，是青岛风貌保护建筑。入口朝向西南，临鱼山路，为今中国海洋大学鱼山校区正门入口，由两座巨大的花岗岩石柱（图1*g*）组成，成为如今海大校门的重要要素（图1*g*、图1*c*）。

1924年8月，胶澳督办公署将原俾斯麦兵营划拨为学校永久校址，私立青岛大学创办（图1*d*）。1928年5月私立青岛大学因战乱停办。1930年国立青岛大学接收原私立青岛大学校址成立，1932年更名为国立山东大学（图1*e*）。

1938年日本侵略者二次占领青岛，国立山东大学校园再次沦为日军兵营。1945年抗战胜利后，国立山东大学将原日本中学校收为校舍。美军登陆青岛后，校园再次被美军占为兵营。1946年，国立山东大学复校（图1*f*），确定鱼山路5号为大学本部[23]。1949年美军撤离青岛后，原日本中学校与俾斯麦兵营合二为一，今海大鱼山校区的基本格局初步形成。1951年华东大学与国立山东大学合并，学校定名山东大学（图3）。1958年山大主体迁往济南，留在青岛的部分院系筹建了山东海洋学院（图4）。1988年学校更名为青岛海洋大学。进入20世纪90年代后中国高等教育快速发展，鱼山校区继续完善校园基础建设，2002年更名为中国海洋大学（图1*g*），校园的教学、科研、生活服务等功能不断完善，逐渐成为一所海洋学科特色显著、学科门类齐全的综合性大学。

图3　山东大学校门
（图片来源：摄于海大校史馆）

图4　山东海洋学院校门
（图片来源：摄于海大校史馆）

3　中国海洋大学鱼山校区校园空间变迁特征

校园是一种形成较早、较完备的一种公共建筑群园林[24]，其内部建筑、活动场地、道路、绿化等环境要素合成若干功能，各种不同功能类别产生相应具体的布局、结构和功能分区，使得校园空间形态演变成为影响校园整体空间环境的重要因素。本文对比分析中国海洋大学鱼山校区各历史发展时期的功能性质、空间规划布局、功能分区（图5），对中国海洋大学鱼山校区校园空间形态的变迁进行探讨。

中国海洋大学鱼山校区空间形态变迁过程图　　　　**表2**

时期	功能性质	空间规划布局	功能分区	空间形态变迁过程图
德占时期 （1897-1914）	俾斯麦兵营 性质：兵营 功能：训练、居住	建筑沿场地周边分布，呈轴对称分布	有训练用中心空地，内部无其他道路	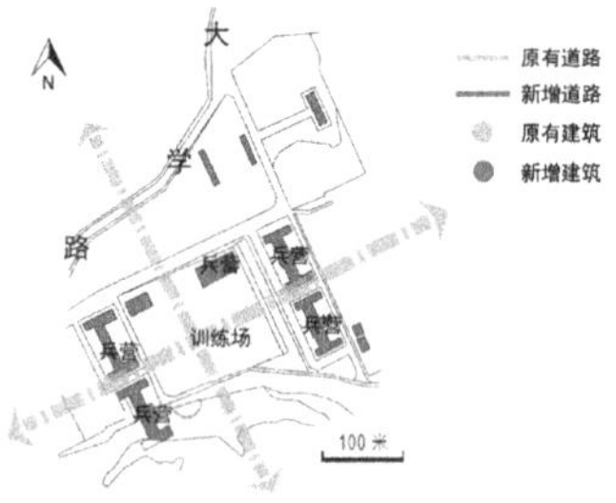
民国时期 （1914-1949）	万年兵营、日本中学校 性质：兵营＋校园 功能：训练、居住、教育、生活、游憩、道路	场地范围增大，新增部分建筑，呈轴对称分布	学校和兵营相互独立，东西向道路成为南北两部分明显分界线	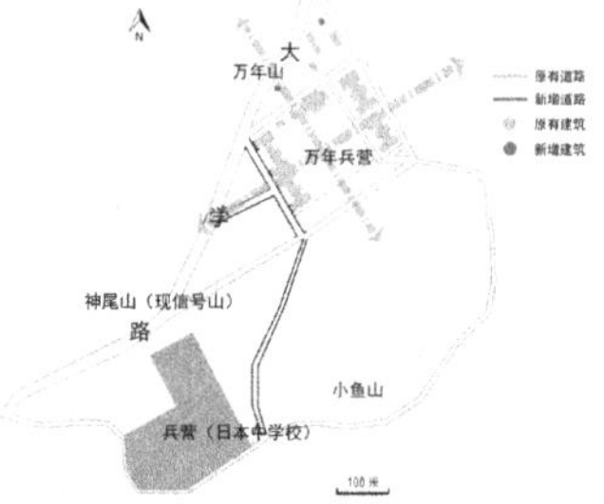

续表

时期	功能性质	空间规划布局	功能分区	空间形态变迁过程图
民国时期 （1914-1949）	私立青岛大学 性质：校园 功能：教育、生活、游憩、道路	沿用原有兵营建筑，沿用原有轴线，呈轴对称分布	内部增设道路	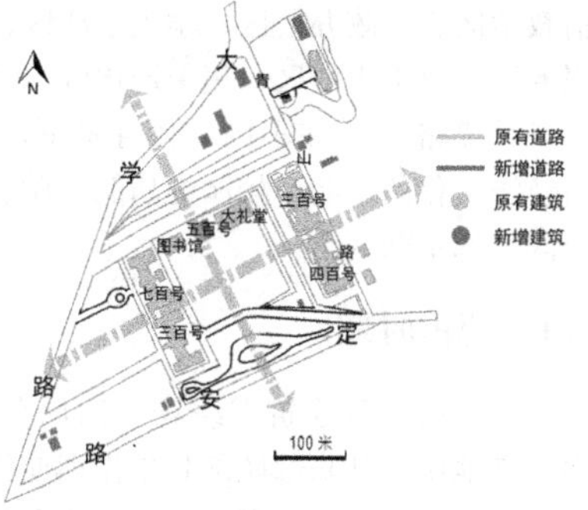
	国立山东大学前期 性质：校园+兵营 功能：教育、生活、游憩、道路	新增部分教学科研建筑，随着建设发展轴线增多	内部道路系统化，出现校园绿地，集中绿地形态初步形成	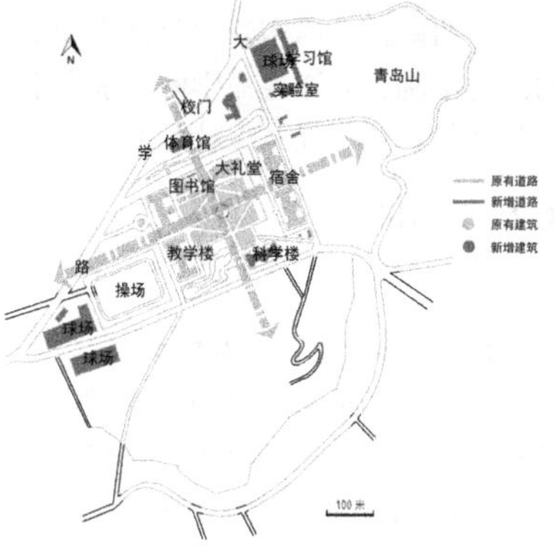
	国立山东大学复校后 性质：校园 功能：教育、生活、游憩、道路	国立山东大学与原日本中学校旧址合二为一，在原有格局基础上增设建筑，原有轴线不变，场地西侧绿地出现轴线	南北两部分合二为一，内部道路增多，绿地增多	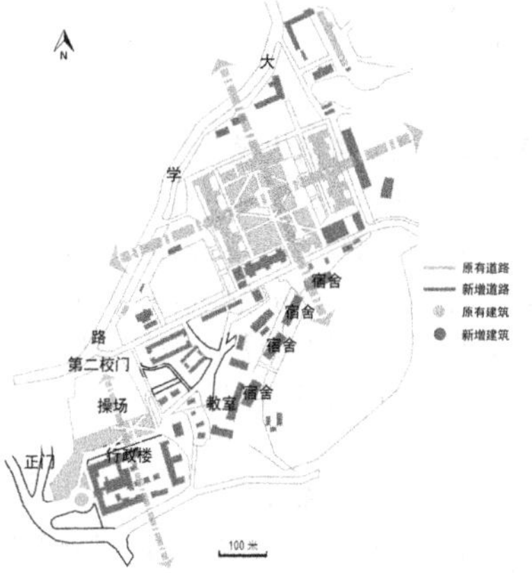
中华人民共和国 （1949年至今）	中国海洋大学 性质：校园 功能：教育、生活、游憩、道路	原有格局不变，建筑密度增大，新建筑多沿地形而建	校园内部功能逐步发展完善	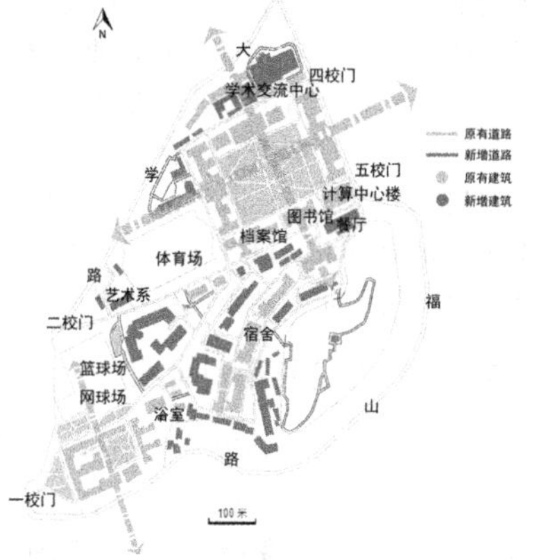

（资料来源：作者自绘）

《中国近代园林史》中指出，近代校园规划与园林建设理念，多反映于校园规划布局、功能分区等方面。规划布局分为庭院式、中心式、自然式和独立式；功能分区包括教学区、行政办公区、学生生活区、体育运动区、后勤服务区、教工生活区、集中绿化区、场圃试验区、校办工厂以及道路[24]。在不同时代背景下，由于受到不同的政治经济文化的影响，校园的功能性质、规划布局以及功能分区也都不断变化。

3.1 德占时期

此时期兵营建筑围绕场地四周分布，营房所围绕的中心空地用于驻防部队的日常作训使用，功能单一。内部无其他道路，形成了东西向、南北向两条明显的轴线。场地为今海大鱼山校区北半部分，东部为八关山，地势为东北高、西南低。四座营房分别为今中国海洋大学鱼山校区的医药学院、海洋生命学院、水产学院、食品科学与工程学院建筑，建筑样式保持相对完整。

3.2 民国时期

3.2.1 万年兵营、日本中学校

此时期场地被东西向道路明显分为南北两部分，南部日本中学校和北部万年兵营相互独立，无明显联系，场地首次出现教育功能。兵营区域建筑布局沿用德占时期布局，依旧具有明显的轴线特征，道路系统仍沿用德占时期道路。日本中学校区域校门朝西，为今海大鱼山校区正门。

3.2.2 私立青岛大学

此时期原兵营的性质完全转变为教学功能，校门位于场地西南侧，朝向大学路，建筑布局与轴线仍与原兵营时期相同。由于场地性质变为校园，内部为满足校园使用，较兵营时期增设了道路。此时校园处于早期发展阶段，功能分区种类较少。

3.2.3 国立山东大学

国立山东大学前期阶段，原俾斯麦兵营建筑围合空间已形成集中绿地，米字形格局已初步形成，轴线特征更加明显，使周围建筑及风格更加突出。为满足教学科研需求，陆续建造的建筑使这段时期的校园基础建设得到了巨大的发展，今鱼山校区北部区域初显雏形。国立山东大学复校后，与日本中学校合二为一，今鱼山校区的整体基本格局初步形成。校园内已形成俾斯麦兵营建筑组团、日本中学校建筑组团以及1930年代建设的建筑组团。校园功能分区初步向多种类逐步发展。

3.3 中华人民共和国时期

随着时代的发展以及其他校区的修建，校园建设更加注重使用功能的完善，除建筑密度增大，整体空间形态已无大变化，绿地系统、道路系统随着校园的建设也不断完善，以图书馆前广场、西门入口处、篮球场南侧台阶、八关山等为代表的集中绿地区域逐步形成。校园功能分区也逐步完善。

如今的校园已不仅是教育和学习的场所，更是师生日常生活的空间。经过对场地的多次现场调研可知，由于场地原为兵营的特殊性质及后续建设，校园内道路大多狭窄，且后期建设的建筑因顺应场地高差而造成道路体系混乱，同时，部分区域公共空间使用率不高且类型单一等情况普遍存在。此外，对基础设施的后期维护管理不足，更加使得校园在一定程度上已经不能满足当今师生的使用。因此，校园在延续其历史文脉的基础上，使师生有更强烈的归属感是校园今后建设发展的重要任务之一。

4 结语

中国海洋大学鱼山校区历经百年历史变迁，在场地功能性质方面，由最初的渔村、兵营逐步演变为如今的综合性大学；在空间规划布局方面，俾斯麦兵营的建设为后续学校的建设提供了良好的条件，原俾斯麦兵营及日本中学校旧址均得以保留，场地轴线特征明显，在此基础上修建其他教学及科研用建筑，使校园逐步由最初建筑围合出独立的兵营空间到南北两部分兵营、教育功能融合，使原有要素得到了良好的保留延续，演变为如今分区明确、内部道路及绿地系统完善的校园空间。

中国海洋大学鱼山校区为国人在齐鲁大地上创办的第一所本科起点的具有现代意义上的高等学府，见证了青岛城市的历史发展和变迁，是青岛发展的缩影，在青岛诸多高校中具有无可替代的代表性和极高的历史价值。

参考文献

[1] 钱毅，任璞．青岛德国近代建筑中来自殖民地外廊风格的影响[J]. 华中建筑，2014，32(10)：19-24.

[2] 刘敏．青岛历史文化名城价值评价与文化生态保护更新[D]. 重庆：重庆大学，2004.

[3] 朱钧珍．中国近代园林史(上篇)[M]. 北京：中国建筑工业出版社，2012.

[4] 袁征．山东地区高校传统校园建筑的地域性研究[D]. 济南：山东建筑大学，2014.

[5] 王彦卜．微更新视角下的青岛市市南区樱花特色景观优化提升规划设计研究[D]. 青岛：青岛理工大学，2019.

[6] 江本砚．中国青島市における公園緑地の形成と変容[D]. 筑波：筑波大学，2014.

[7] 江本砚．中国海洋大学構内空間構成の形成過程とその特徴[J]. ランドスケープ研究，2015，78(5)：437-442.

[8] 朱钧珍．中国近代园林史(上篇)[M]. 北京：中国建筑工业出版社，2012.

[9] 约尔克·阿泰尔特．青岛城市与军事要塞建设研究：1897-1914[M]. 青岛：青岛出版社，2011.

[10] 第一次日占时期的青岛城市规划图(1915年)[Z]. 青岛：青岛市档案馆所藏.

[11] 王元忠．青岛海洋大学大事记[M]. 青岛：青岛海洋大学出版社，1999.

[12] 国立山东大学．国立山东大学一览——1935年事[M]，1935(一).

[13] 国立山东大学平面图(复校后)[Z]. 青岛：中国海洋大学校史馆所藏.

[14] 中国海洋大学鱼山校区导览图．中国海洋大学鱼山校区平

面图[Z]. 青岛：中国海洋大学鱼山校区.

[15] 青岛地方史志研究院. 青岛市志(大事记). 青岛. 青岛市情网，1999[2020-9-25]. http://qdsq. qingdao. gov. cn/n15752132/ n20546827/n25938256/index. html

[16] 青岛地方史志研究院. 青岛市志城市规划建筑志. 青岛. 青岛市情网，1999[2020-9-25]. http://qdsq. qingdao. gov. cn/n15752132/n20546827/n26338277/n26373883/191025151629286220. html

[17] 杨洪勋. 中国海洋大学校园变迁的历史回眸. 青岛. 中国海洋大学，2017[2020-09-25]. http://xiaoyouhui. ouc. edu. cn/infoSingle: Article. do? articleId=7453&columnId=3333.

[18] 于新华. 青岛开埠十七年——《胶澳发展备忘录》全译[M]. 北京：中国档案出版社，2007.

[19] 青岛地方史志研究院. 青岛市志城市规划建筑志. 青岛. 青岛市情网，1999[2020-9-25]. http://qdsq. qingdao. gov. cn/n15752132/n20546827/n26338277/n2637883/191025151629286220. html

[20] 约尔克·阿泰尔特. 青岛城市与军事要塞建设研究：1897-1914[M]. 青岛：青岛出版社，2011.

[21] 托尔斯藤. 华纳. 近代青岛的城市规划与建设[M]. 南京：东南大学出版社，2011.

[22] 托尔斯藤. 华纳. 青岛市档案馆. 近代青岛的城市规划与建设[M]. 南京：东南大学出版社，2011.

[23] 杨洪勋. 中国海洋大学校园变迁的历史回眸. 青岛. 中国海洋大学，2017[2020-09-25]. http://xiaoyouhui. ouc. edu. cn/infoSingleArticle. do? articleId=7453&columnId=3333.

[24] 朱钧珍. 中国近代园林史(上篇)[M]. 北京：中国建筑工业出版社，2012.

作者简介

曹馨予，1995年6月生，女，满族，吉林，在读硕士，青岛理工大学建筑与城乡规划学院，研究方向为风景园林历史与理论。电子邮箱：809891902@qq. com。

陈菲，1982年8月生，女，汉族，吉林白山，博士，青岛理工大学建筑与城乡规划学院，副教授、副系主任，研究方向为景观环境评价。电子邮箱：chenfei3913@126. com。

张安，1975年11月生，男，汉族，上海，博士，青岛理工大学建筑与城乡规划学院，副教授、系主任，研究方向为风景园林历史与理论。电子邮箱：983611238@qq. com。

生命周期视角下的城市滨水生态景观设计研究
——以武汉东湖凌波门栈道为例

Research on Urban Waterfront Ecological Landscape Design from the Perspective of Life Cycle:
—A Case on the Lingbo Gate Plank Road in East Lake, Wuhan

陈佳欣　马煜箫　朱玉蓉

摘　要： 城市滨水空间兼顾景观功能、休闲游憩功能与生态功能，是健康城市生活的重要载体，也是人—城市—自然有机大系统的关键节点。基于游客偏好、生态环境与设施承载力的阶段性变化特征，从生命周期视角动态地对武汉东湖凌波门栈道这一典型城市滨水空间进行周期分析，总结周期性设计流程框架，并提出注重空间特色、尊重整体生态环境、低成本低影响的生态景观设计策略，以期为人类、城市、自然三者的可持续健康互动提供一种可能性。

关键词： 生命周期；生态景观；滨水空间；东湖

Abstract: Urban waterfront space takes into account landscape functions, leisure and recreation functions, and ecological functions. It is an important carrier of healthy urban life and a key node of the human-city-natural organic system. Based on the phase change characteristics of tourist preferences, ecological environment and facility carrying capacity, the cycle analysis of the typical urban waterfront space of Wuhan East Lake Lingbomen Plank Road is dynamically carried out from the perspective of life cycle, the periodic design process framework is summarized, and the focus is put forward The ecological landscape design strategy of spatial characteristics, respect for the overall ecological environment, low cost and low impact, is expected to provide a possibility for the sustainable and healthy interaction of human, city and nature.

Key words: Life-cycle; Ecological Landscape; Waterfront Space; East Lake

1　城市滨水空间发展困境与挑战

1.1　城市滨水空间发展的困境

人类生存劳作和水环境息息相关，根据地理条件不同，现代城市中有着丰富的滨水空间，如人工水道、江河、湖泊、海洋、湿地等水体与陆地相邻的岸线空间。由于突出的亲水性与景观信息丰富度，城市滨水空间一般作为休闲绿地为人类提供游憩场所[1]，是健康城市生活的重要载体。但：

（1）人工建造活动与污染物排放导致水质被污染，自然环境恶化，生态资源与景观资源退化；

（2）传统设计中生硬的景观塑造无法满足城市居民日益增长的精神需求与丰富多元的休闲、娱乐、运动需要；

（3）在漫长的发展历史中城市居民和当地水域形成了良好健康的互动关系，但现代游赏设施与以亲水活动为核心的地域文化严重脱节，缺少特色。

以上困境令城市滨水空间逐渐失去了环境健康与景观趣味[2]，人与自然的良性互动关系不复存在。武汉东湖的变化即为城市滨水景观典型案例，20世纪初东湖水质优良，武汉大学在凌波门附近东湖岸边修建数条品字形栈道，自然水域与人工泳池相结合，再加上周边滨水区文化设施、亲水设施的缺口，凌波门栈道成为最受欢迎的城市滨水风光。20世纪后半叶的人工建设活动令东湖原有自然景观和湿地环境被破坏，40年的时间中水质不断富营养化，生物多样性大幅下降[3]，前往东湖游泳的市民也越来越少，凌波门处水腥扑鼻。直至21世纪人们开始重点治理东湖水环境，湖中水质才趋于稳定，凌波门栈道也在经历了拆除重开风波之后再次迎来游人。但栈桥步行空间局促、游人负荷过大、植物群落难以逆向恢复、水质不能满足游泳需求，以上问题令有着悠久人文背景与优美风光的凌波门栈道停留在小规模观光阶段，难以成为受公众认可的城市公共名片。

1.2　生态景观设计的挑战

传统景观设计以人类活动为核心诉求，缺少对自然界物质及能量循环方式的生态思考。工业化及人类活动带来的环境污染和景观维护成本，城市景观不再限于单纯塑造空间美化环境，而是开始与生态设计结合[4]。通过保留或模拟自然循环过程以实现减少破坏甚至恢复生态环境的目的。基于这一初衷，人们提出各种生态手法，如维持植物生境与动物栖息地、保证自然水文循环过程、吸收污染物、减少能量消耗与碳排放等。

以上这些生态设计均在完工初期取得了不错的观景效果与生态收益，相比传统设计手法，城市自然环境受到的冲击更小，在部分针对性方案中甚至可以看到生态问题的实际性改善。生态景观设计的确行之有效，但另一方面也有其局限性：

（1）缺少对施工过程的环境影响考虑，造成更多的污染与排放：景观材料的生产、运输、日常使用和更新拆除阶段均会排放大量温室气体，维护排放量偏高的情况下需要近30年才能实现碳平衡[5]。一个工程度过高的景观难以取得综合的生态效益。

（2）生态系统研究不足，带来次生问题：引入特定种类植物对吸附污染、改善环境有重大意义，但人工配置的植物群落稳定性差，不少生态设计中的人工景观在数年之后走向崩溃；另一方面，由于难以预测外来物种在当地环境中的优势程度，以风眼莲为代表的引进植物疯狂繁殖成为入侵物种，为当地生态环境带来新的问题。

（3）环境变化后，缺乏下一阶段的后续治理方案：生态景观投入使用后对环境产生影响，随着土壤与水体的优化或是其他突发事件导致的生境改变，原始生态方案难以在新环境中运行，生物群落自然发生演替，种群结构的改变令景观失去预期效果。

2 滨水生态景观的生命周期研究

2.1 生命周期理论

狭义上的“生命周期”指生物学中生命从出现到灭亡的完整变化过程，之后在其他学科中扩展成为“事物由始而终的所有阶段”。其中以巴特勒提出的旅游地生命周期理论[6]传播最为广泛，他认为一处旅游地的演化共有探索、参与、发展、稳固、停滞、后停滞六个阶段，也有其他学者从施工全周期的碳排放计算[7]、轨道交通全周期的节能设计[8]、绿色建筑全周期的管理策略[9]、材料再生框架下的后工业景观设计[10]以及全年龄友好型的城市设计[11]。综合而言，生命周期设计是一种关注项目全阶段的动态策略，基于生命周期规律进行的生态景观设计可以对施工改造影响、群落演替后综合生境、景观效益与后续需求进行分析，并提出对应方案。

滨水生态景观具备休闲娱乐、亲水自然、景观设施的特征，其生命周期体现在景观旅游属性、水体生态属性、设施营建属性上。针对东湖凌波门栈道现临的景点发展需求与水体治理需求，从景观、生态、施工三方面对栈道进行生命周期解读，以保证设计系统性与延续性。以生态景观设计为基础，以生命周期分析为核心，突出滨水空间的场地特色与人文特征，继承发扬城市居民与自然环境的良性互动，实现城市、自然、人类的共同生长与和谐统一。

2.2 滨水生态景观的周期性特征探讨

2.2.1 景观生命周期

凌波门栈道位于东湖七大子湖之首郭郑湖南岸，栈道始建于20世纪30年代，最初是武汉大学的室外游泳场，用于体育教学；随着校内人工泳池的修建，半个世纪后此处成为市民野泳场地；出于防洪考虑，20世纪60年代通过人工建闸将东湖与长江隔开以控制水位，之后又在湖中筑坝修路切分为7个子湖。单一养殖业、围湖造坝与湖岸硬化工程令原有的自然景观和湿地环境被破坏；千禧年后随着湖水水质缓慢改善，栈道风光重新吸引了游人，城市居民与校园内的学子聚集于此拍照、垂钓、游泳，甚至发展出名为“跳东湖”的夏季跳水活动，市民通过社交媒体了解到这里的景观魅力，但鲜有外地游客为此专程前来游赏，且仅在夏季游人较多时有少量小摊贩在此处聚集（图1）。

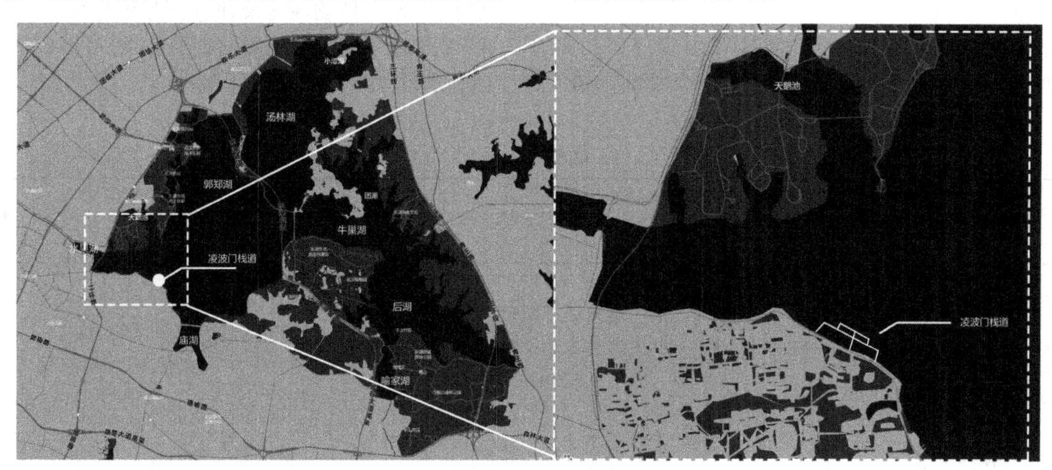

图1 凌波门栈道区位及现状

根据巴特勒旅游地生命周期理论[6]，20世纪的凌波门栈道受环境恶化影响进入衰退期，21世纪重新达到地方参与规模。由于栈道本身规模较小，目前已初现游客饱和的迹象，难以发展成提供系列旅游度假服务的旅游地，因此以单个旅游景观为基准评估凌波门栈道生命周期规律（图2）。

综合而言，凌波门栈道作为单个小规模景观正处于地方参与阶段，并且游人负荷正在增加，可预见在未来数年进入发展阶段。根据单个景观在发展阶段呈现的特征，凌波门栈道需要在下一阶段满足以下需求：

（1）挖掘场地特色，优化滨水空间景观：现状四组栈道为当初修建室外泳池而建，空间形态较为规整拘谨，承载能力有限，且与周边其他东湖景观呼应不强。现今栈道不再承担班级游泳教学功能，进而需要针对亲水观景、游人容纳等需求进行优化改造。

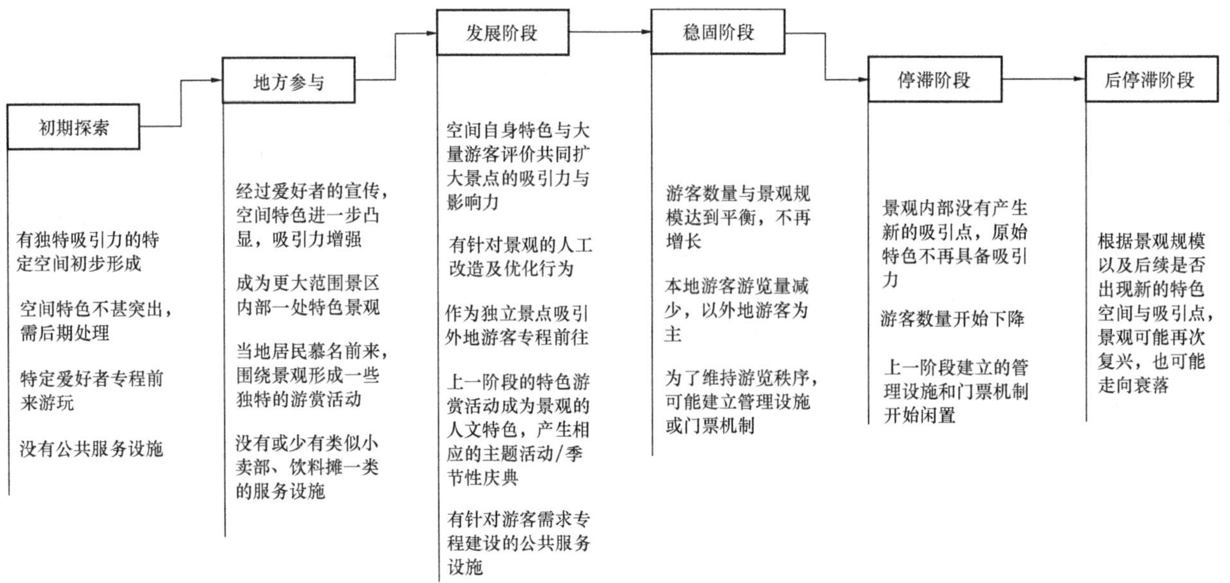

图 2　以单个旅游景观为基准的生命周期特征

(2) 治理东湖水环境，提升亲水观景及游泳活动体验：虽然东湖水质近年缓慢提升，但是栈道过于靠近雨水排水口水质不达标、硬质堤岸不利于湖面漂浮物沉降、重金属富集、岸边异味明显等问题限制了景观趣味性与亲和性的提升。

(3) 针对游客需求提供公共服务设施：由于栈道本身的亲水特征以及特色活动（游泳跳水）的专业性质，场地缺少专业安全员监督巡逻，2012 年曾因安全隐患拆除岸边衔接部分栈道，三年后又重新开放，但仅增加了多语警示牌，并未配备其他安全设施。

2.2.2　水生态生命周期

20 世纪 50～60 年代东湖水质介于Ⅱ～Ⅲ类之间，湖水透明度达 2m 以上，浮游植物、水生植物、底栖动物、鱼类构成了精密的良性循环水生态系统[12,14]。20 世纪 60 年代后由于人工建设、渔业养殖、农业废水、城市污染，东湖生物多样性降低，水质持续恶化，水生植物分布萎缩于少数湖湾边缘[13]，凌波门栈道附近难以见到水生植物的踪影。环境恶化的影响不仅在于一时，后续治理与恢复远比破坏污染要艰难更多，21 世纪后，逐渐稳定的水质已不能挽回东湖物种数量降低、生物量减少、群落简单化的趋势，富营养环境下水生植物优势种也在发生演替。对 20 世纪 50 年代起至今近 70 年的东湖水质情况、植被变化趋势、水生植物演替规律进行分析与统计（表 1），并对未来东湖水生态发展趋势进行预测（图 3），为本案的生态设计提供环境科学理论基础。

东湖水环境变化　　**表 1**

<table>
<tr><th>采样时间</th><th>水质</th><th>植物种数</th><th>植被面积覆盖率</th><th>主要植物群丛</th><th>优势种</th><th>数据来源</th></tr>
<tr><td>20 世纪前</td><td rowspan="2">Ⅱ-Ⅲ（↓）</td><td>布满全湖</td><td rowspan="2"></td><td rowspan="2">微齿眼子菜群丛、大茨藻群丛
微齿眼子菜＋黑藻群丛、微齿眼子菜＋狐尾藻＋大茨藻群丛</td><td rowspan="2">微齿眼子菜
苦草、小茨藻、黑藻（↓）
狐尾藻、金鱼藻、大茨藻（↑）</td><td>[15]</td></tr>
<tr><td>1950s</td><td>56（↓）</td><td>[16]</td></tr>
<tr><td>1960s</td><td rowspan="5">Ⅳ-Ⅴ（↓）</td><td>83（↑）</td><td>83%</td><td>莲群丛、大茨藻群丛</td><td>微齿眼子菜（↓）、狐尾藻、金鱼藻、大茨藻</td><td>[14]</td></tr>
<tr><td>1970s</td><td rowspan="2">62（↓）</td><td rowspan="2"></td><td rowspan="2">大茨藻群丛</td><td rowspan="2">狐尾藻、金鱼藻、大茨藻微齿眼子菜（↓）</td><td rowspan="2">[17]</td></tr>
<tr><td>1980s</td></tr>
<tr><td>1990s</td><td>52（↓）</td><td><3%</td><td>大茨藻群丛、苦草群丛</td><td>大茨藻</td><td>[3，18]
[19，21]</td></tr>
<tr><td>2000s</td><td>33（↓）</td><td>0.70%</td><td></td><td>大茨藻
苦草、狐尾藻（↑）</td><td>[20，22]</td></tr>
<tr><td>2010s</td><td>Ⅲ-Ⅳ（↑）</td><td>19（↓）</td><td>0.48%</td><td>人工种植挺水植物</td><td>凌波门栈道周边已无水生植物群落</td><td>[12]</td></tr>
</table>

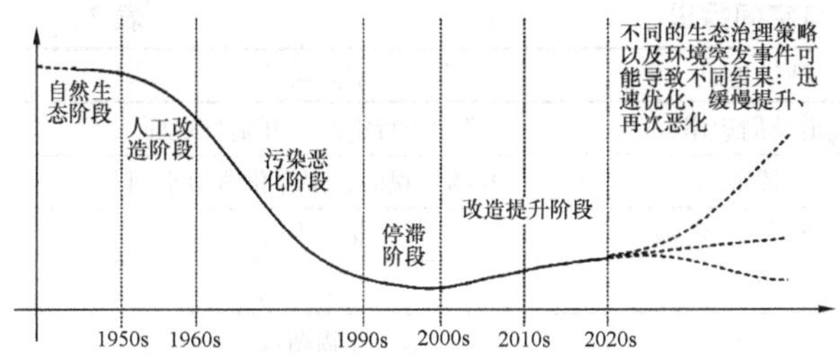

图 3　生命周期视角下的东湖水生态演变规律

根据东湖水环境历史变化规律，凌波门栈道周边水生态已遭破坏，在东湖无高效恢复生态水平的整体策略情况下，不适宜大规模引入人工种群以图改善全湖生态环境。宜采用小尺度低影响生态景观设计，力求实现局部岸线软化与促进杂质沉淀，打造舒适宜人的滨水空间。

2.2.3　设施生命周期

距离凌波门栈道始建已近 90 年，当初的游泳教学功能早已荒废，加上设施老化与安全隐患等问题，栈道已不能满足时代变化后新的需求。集城市记忆与独特景观的滨水空间若遭拆除自然可惜，基于生命周期视角对新设施所需功能进行分析（图 4），同时兼顾拆除更新阶段中旧栈道的处理方式，通过回收利用的方式令场地设施效益达到最大化。

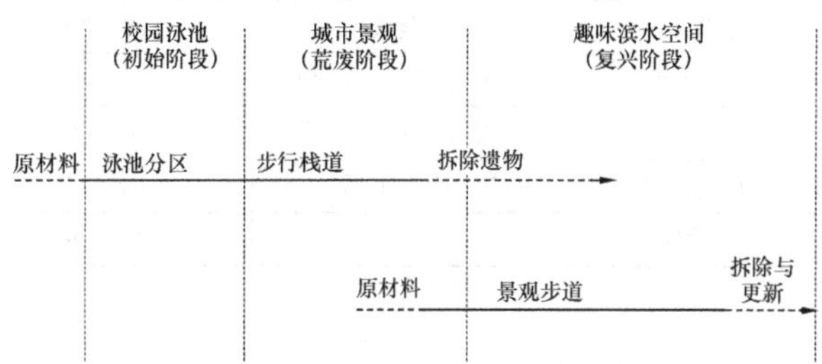

图 4　不同阶段下栈道设施生命周期

3　滨水生态景观的设计策略研究

基于生命周期视角建立动态可循环的生态景观设计流程，并确保未来每一环节都能根据实际情况作出响应。该设计流程是一个可持续的综合系统（图 5），最终目的是实现城市景观、生态环境、施工材料的良性循环。

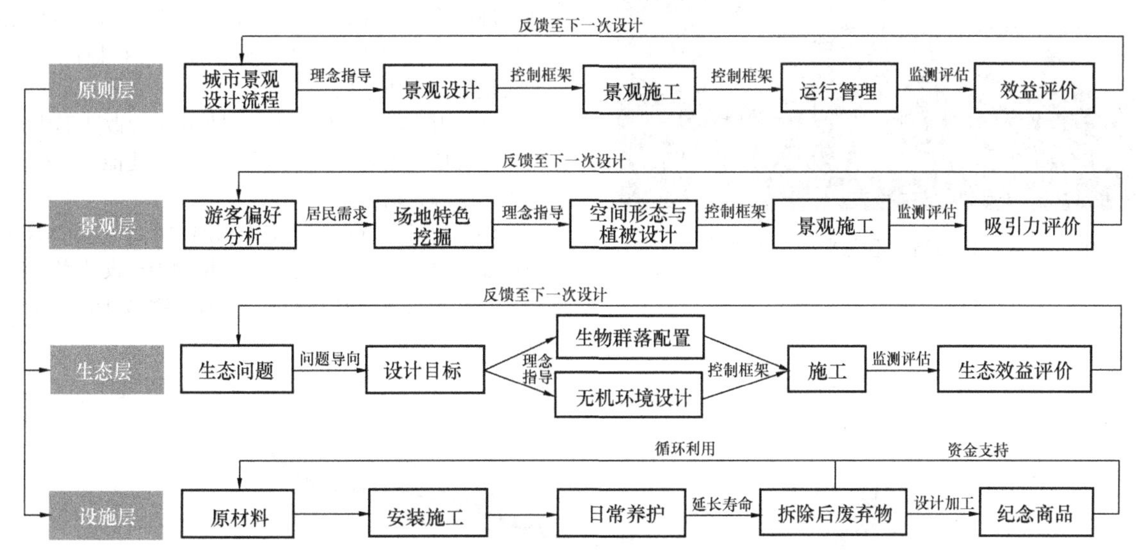

图 5　生命周期视角下的生态景观设计流程框架

3.1　景观层：丰富栈道空间形态

凌波门栈道从学校教学露天泳池到城市居民自发游赏休闲地点的变化反映了城市居民生活方式的变迁，也是 21 世纪人们对城市公共空间与滨水景观功能需求的具体表现。通过对凌波门栈道及附近湖岸常见游憩活动及空间需求的调查统计（表 2），发现当前品字形栈道空间形态单调，难以满足各方面的休闲游赏需求，因此提出更加丰富、专业、安全的亲水栈道设计策略：

（1）栈道空间营造：以莲花为核心设计意向，根据当前亲水赏玩需求，利用伸展向湖心的自然流线式栈道增加景观视域，扩大栈道范围及宽度，并在局部节点增加观景平台，令场地中的原始栈道真正成为滨水景观步道。

（2）特色功能分区：根据场地空间特色与人文要素，设置滨水休闲、水上运动、生态景观三大特色分区（图 6）。其中水上运动区将原凌波门游泳池与武汉大学龙舟队训练场结合，保留市民在东湖中戏水纳凉的城市记忆。

（3）安全设施提升：作为保留特色水上运动的前提，以安全为第一原则进行设施升级，具体内容包括非游泳区增加安全护栏、增加泳池安全员巡逻与溺水急救设备。

凌波门栈道常见活动与空间需求 **表 2**

活动内容	活动时间	参与者年龄	活动地点	空间需求
观景游玩	全天	全年龄	栈道及周边岸线	线性步行空间、开阔景观面
摄影	全天	18～30	栈道	开阔景观面、多样化滞留空间
跳东湖	夏季午后至傍晚	18～60	栈道及周边湖域	安全水域
游泳	夏季午后至傍晚	30～60	周边湖域	安全水域
龙舟队训练	周末午后	18～25	湖心水域	开阔湖域
垂钓	全天	30～69	东湖沿岸	角落湖域

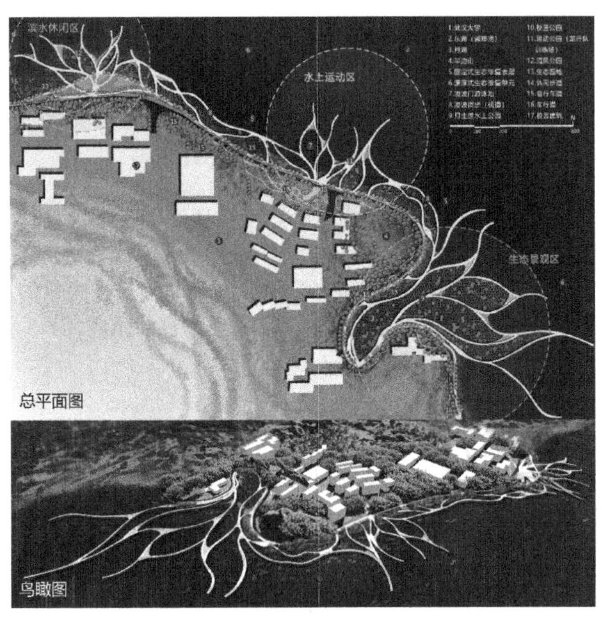

图 6　凌波门栈道改造总平面及鸟瞰

3.2　生态层：改善局部滨水环境

通过现场调研发现东湖南岸绿地多为校园及科研机构内部空间，开放性较弱，凌波门栈道处与对岸听涛景区、磨山景区形成对景关系，又是一处开放滨水空间，在城市景观方面必然会受到市民青睐，可塑性极强。另一方面东湖南路沿岸均为硬质堤岸，人行道较为狭窄，与湖面距离较远，仅有一些行道树及绿篱构成步行空间景观；沿岸湖水少见植被，漂浮物在毛石堤岸边聚集。针对这种“远景葱葱郁郁，近观一潭死水”的游赏体验，提出以改善局部生态环境为目标的水生态设计策略：

（1）自然岸线设计：结合全年湖水冲刷方向分析，将现状硬质毛石堤岸改造为弹性自然岸线，打通因人工建设被封闭的校内小型湖泊，通过优势植物种群与浮岛单元实现局部水质净化。

（2）雨水净化设施：通过对堤岸剖面改造形成雨季滞留生态湿地，提高岸线在雨季的污水净化能力、径流吸收能力、生态容纳能力。

（3）湖岸生境营造：基于东湖水生态生命周期分析，通过浮岛单元、生态湿地、优势植物种群设计实现吸纳污染、提升水质与物种多样性，适宜生物栖息的滨水生态系统（图 7）。

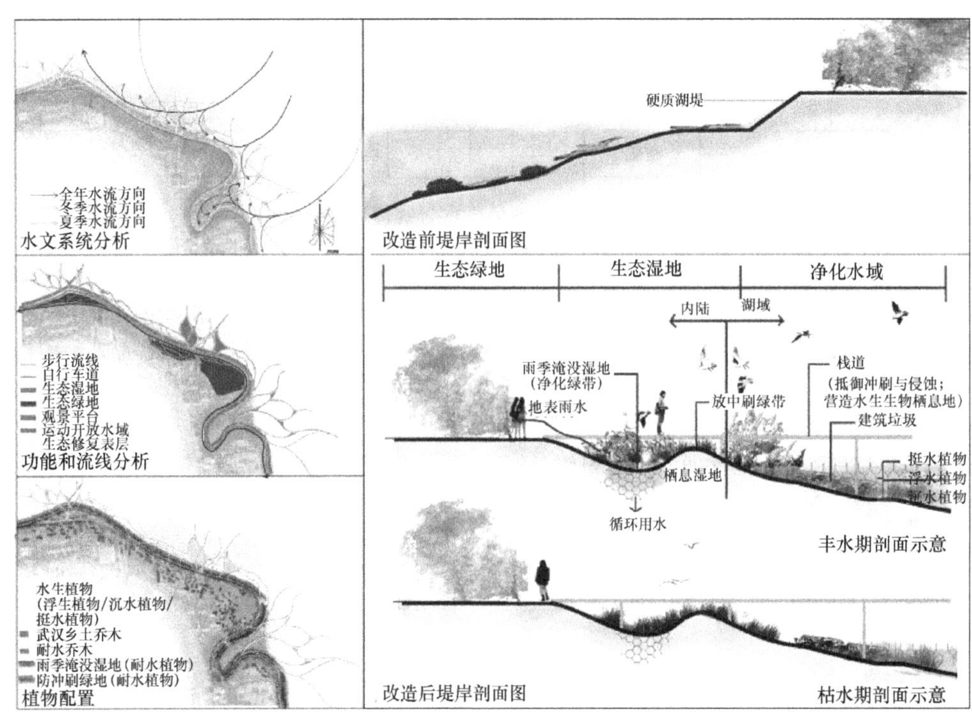

图 7　水文分析图与生态景观改造前后对比

3.3 设施层：分期营造时序

依据生命周期视角下的设计流程框架对营造时序进行规划（图 8）：

（1）在景观视角下周期性创造新的吸引点，延长旅游地生命周期；因方案涉及扩大栈道规模、重新连通 20 世纪被隔开的水域、改变岸线形态，贸然进行粗放式改造可能会适得其反地对东湖水生态造成负面影响。根据施工工程量、游客增长速度与东湖水质现状，规划 1 年、10 年、20 年的营造计划，有序增加栈道数量、开展湖水连通工程。

（2）在生态视角下针对水生态环境的周期性演替提出不同植物种群配置，以减少景观养护成本；根据东湖水生态环境变化规律发现以狭叶香蒲、莲、菱为代表的挺水植物现阶段具有生存优势；浮叶植物中荇菜受水质影响较小；能够适应较差水质的耐污沉水植物有马来眼子菜、穗花狐尾藻，现阶段景观植物将以这些耐污种为主。待东湖水质进一步提升后，可加入更多水生植物，提高物种多样性。

（3）在设施建造视角下关注建筑材料的再生利用与回收处理：场地中现存栈道拆除后的废料经过清洗打磨可以作为纪念品出售，对于新栈道可选用以耐候钢为代表的绿色材料，这些绿色材料价格低廉、抗腐蚀性能强，在下一阶段周期性改造设计中可以被回收利用。

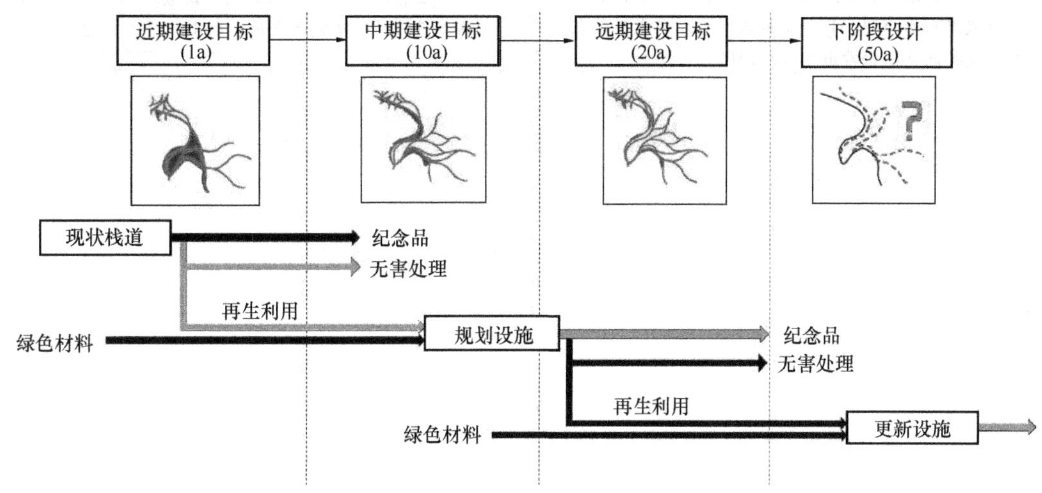

图 8　全周期营造时序设计

4 结语

本文以生命周期的视角探索城市滨水空间的景观发展规律、水生态变化规律、设施更新替换规律，在流程设计的基础上针对凌波门栈道实际特征与需求提出城市滨水空间的生态景观设计策略：①注重空间特色的亲水栈道设计；②尊重整体环境的水生态设计；③低成本低影响的营造时序设计。该方案在现阶段侧重于将作为游泳教学遗留的栈道转变为滨水景观、特色运动、城市文化、生态功能有机结合的滨水生态景观系统，并为下一阶段新的生态环境问题与空间需求提出设计框架，为人类、城市、自然三者的可持续良性互动提供一种可能性。

参考文献

[1] 周建东，黄永高．我国城市滨水绿地生态规划设计的内容与方法[J]．城市规划，2007(10)：63-68.

[2] 吴俊勤，何梅．城市滨水空间规划模式探析[J]．城市规划，1998(02)：3-5.

[3] 严国安，马剑敏，邱东茹，吴振斌．武汉东湖水生植物群落演替的研究[J]．植物生态学报，1997(04)：24-32.

[4] McHarg I，Steiner F．To Heal The Earth：Planning the Ecological Region[M]．Wiley and Sons，1995.

[5] 冀媛媛，罗杰威，王婷，梁雪阳．基于低碳理念的景观全生命周期碳源和碳汇量化探究——以天津仕林苑居住区为例[J]．中国园林，2020，36(08)：68-72.

[6] Butler R W．The Concept of a tourism area cycle of evolution：Implications for management of resources[J]．The Canadian Geographer，1980，24(1)：5-12.

[7] 董楠楠，吴静，石鸿，罗琳琳，刘颂．基于全生命周期成本-效益模型的屋顶绿化综合效益评估——以 Joy Garden 为例[J]．中国园林，2019，35(12)：52-57.

[8] 赵宪博，许巧祥．城市轨道交通项目全生命周期设计理念研究[J]．城市轨道交通研究，2009，12(07)：9-12+22.

[9] 宫立鸣，张瀚文．绿色建筑全生命周期的项目管理模式研究[J]．四川水泥，2018(04)：117.

[10] 颜佳，郑峥，郑红霞．生命周期视角下的后工业景观再生——深圳招商蛇口设计港景观项目[J]．中国园林，2018，34(11)：75-79.

[11] 陈碧娇，郑颖，陈翰文．全生命周期理念下滨河地块城市设计策略——以合肥城市新区沿河地段城市设计为例[A]．中国城市规划学会，杭州市人民政府．共享与品质——2018 中国城市规划年会论文集(07 城市设计)[C]．中国城市规划学会，杭州市人民政府：中国城市规划学会，2018.

[12] 钟爱文，宋鑫，张静，何亮，易春龙，倪乐意，曹特．2014 年武汉东湖水生植物多样性及其分布特征[J]．环境科学研究，2017，30(03)：398-405.

[13] 杨洪，易朝路，谢平，邢阳平，倪乐意，郑利．人类活动在武汉东湖沉积物中的记录[J]．中国环境科学，2004(03)：6-9.

[14] 陈洪达，何楚华．武昌东湖水生维管束植物的生物量及其

在渔业上的合理利用问题[J]. 水生生物学集刊，1975(03)：410-420.

[15] 杨汉东，农生文，蔡述明，蔡庆华. 武汉东湖沉积物的环境地球化学[J]. 水生生物学报，1994(03)：208-214.

[16] 周凌云，李清义，戴伦膺. 武昌东湖水生维管束植物区系的初步调查[J]. 武汉大学学报：自然科学版，1963(2)：122-131.

[17] 倪乐意. 武汉东湖水生植被结构及其生物多样性的长期变化规律[J]. 水生生物学报，1996，20(S1)：60-74.

[18] 于丹. 东湖水生植物群落学研究[M]. 刘建康. 东湖生态学研究(二). 北京：科学出版社，1995.

[19] 于丹，涂芒辉，刘丽华，等. 武汉东湖水生植物区系四十年间的变化与分析[J]. 水生生物学报，1998(03)：3-5.

[20] 张萌，邱东茹，倪乐意，等. 湖泊富营养化与水生植物群落演替：以武汉东湖为例[M]. 吴振斌，等. 水生植物与水体生态修复. 北京：科学出版社，2011.

[21] 邱东茹，吴振斌，刘保元，周易勇，况琪军. 武汉东湖水生植物生态学研究Ⅱ. 后湖水生植被动态与水体性质[J]. 武汉植物学研究，1997(02)：123-130.

[22] 吴振斌，陈德强，邱东茹，刘保元. 武汉东湖水生植被现状调查及群落演替分析[J]. 重庆环境科学，2003(08)：54-58+62.

作者简介

陈佳欣，1995年9月，女，汉族，湖北武汉，硕士，重庆大学建筑城规学院，研究生在读，电子邮箱：702139267@qq.com。

马煜箫，1996年1月，女，汉族，山东淄博，硕士，同济大学建筑与城市规划学院研究生在读。电子邮箱：892115476@qq.com。

朱玉蓉，1995年3月，女，汉族，湖北宜昌，硕士，武汉大学城市设计学院研究生在读。电子邮箱：1512017623@qq.com。

花港观鱼公园研究面面观①

——兼论中国现代园林史研究

A Study on the Research about Viewing Fish at Flower Harbor Park:

Also on the Research about the History of Chinese Modern Landscape Architecture

陈　曦　赵纪军*

摘　要：花港观鱼公园是中华人民共和国成立初期现代公园建设的典范之作，在我国现代园林发展史上具有重要地位。本文回顾梳理该公园建成以来对这座公园的相关研究，从公园造园手法、植物景观、生态效益量化研究以及使用状况评价4个方面归纳分析主要学术研究关切，并基于此，讨论花港观鱼公园与中国现代园林史研究中仍需拓展的维度及深入考察的内容，从而提出进一步的展望。

关键词：风景园林；花港观鱼公园；中国现代园林史；研究；展望

Abstract: Viewing Fish at Flower Harbor Park is a model of modern park construction in the early days of the founding of new China. It plays an important role in the history of modern garden development in China. This paper reviews the relevant literature research since the park was built. Then it summarizes and analyzes the main academic research directions from four aspects of park gardening techniques, plant landscape analysis, ecological benefit quantification and utilization evaluation. Based on this, this paper discusses the dimensions that need to be expanded and the contents that need to be further investigated in the study of Viewing Fish at Flower Harbor Park and the history of modern Chinese landscape architecture, and puts forward further prospects.

Key words: Landscape Architecture; Viewing Fish at Flower Harbor Park; History of Chinese Modern Landscape Architecture; Research; Prospect

杭州“花港观鱼”是著名的西湖十景之一，其前身为南宋时期内侍官卢允升的私家园林——卢园。花港观鱼公园始建于1952年，由孙筱祥先生主持设计[1]（图1）。20世纪50年代初期，我国引介苏联文化休息公园设计理论，全国掀起了学习苏联园林模式的热潮[2]。但孙筱祥先生并未照搬苏联模式，而是在“吸纳传统的优秀的古典民族遗产”[3]的基础上，“创造出有社会主义内容又是民族形式的我国自己的公园”[3]。花港观鱼公园是建国初期对现代公园设计的有益探索，开创了融汇中西、而以“中”为主的艺术风格，是中华人民共和国成立后园林规划设计和建设的优秀典范，在中国现代园林史上具有里程碑意义。

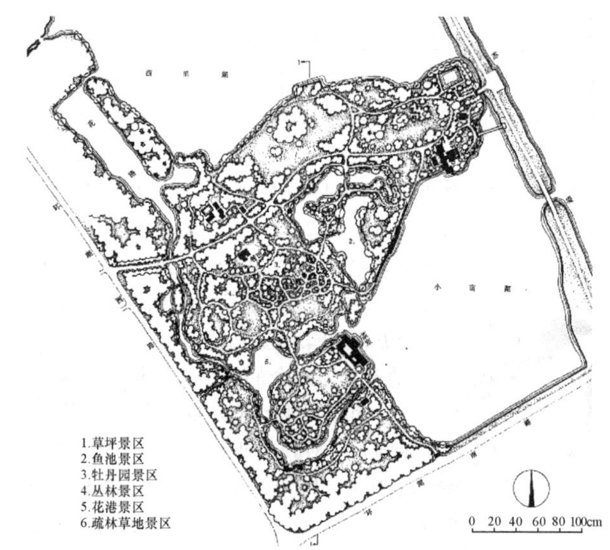

图1　花港观鱼公园总平面图
（图片来源：中国城市规划设计研究院．中国新园林［M］．北京：中国林业出版社，1985：58.）

在新时期提倡“公园城市”理念的背景下，如何真正落实“城在园中”的现代园林建设成为学界广为探讨的话题。鉴于此，我们有必要追本溯源，对早期的现代园林优秀范例进行回顾，发挥其借鉴意义。本文以花港观鱼公园为研究对象，梳理历年来学者的相关研究成果，归纳主要研究方向，提出存在的不足之处。此外，本文由点及面，尝试从花港观鱼公园的个案研究延伸到整个中国现代园林史研究的宏观层面，探讨中国现代园林史研究中若干有待拓展和深入考察的视角。

①　基金项目：国家自然科学基金面上项目（编号52078227）资助。

1 花港观鱼公园研究概貌

1959年由孙筱祥、胡绪渭撰写，发表在《建筑学报》上的《杭州花港观鱼公园规划设计》一文是关于花港观鱼公园最早的介绍文献。文章从公园规划设计者的视角，详细阐述了该公园在杭州市绿地系统中的性质以及满足居民使用需求，分散西湖风景区北山地区人流，恢复并发展"花港观鱼"古迹的功能。此外，文章还从地形地貌、建筑、道路广场及出入口、金鱼园及牡丹园的局部设计4个方面点明了公园的布局与空间构图原则，并对园区的种植设计做出详细说明（图2），指出公园存在的问题[4]。

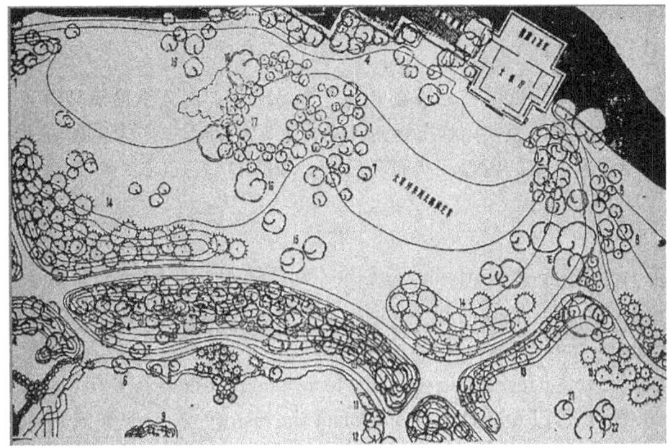

图2 花港观鱼公园种植设计（大草坪局部）
（图片来源：孙筱祥，胡绪渭．杭州花港观鱼公园规划设计［J］．建筑学报，1959（5）：24.）

孙筱祥、胡绪渭刊文后的几十年间，鲜有关于花港观鱼公园的研究。直到1979年国家建委城建总局下达关于"杭州园林植物配置"的研究课题[6]，并于1981年由《城市建设》杂志社出版《杭州园林植物配置》专辑，其中将花港观鱼公园作为杭州市最为重要的园林之一进行研究[7]。1985年出版的《中国新园林》一书的市级综合性公园章节也将花港观鱼公园囊括在内[8]。1993年，宋凡圣学者在《中国园林》杂志上发表论文，专门系统阐述了花港观鱼公园的兴衰史和造园理法[9]。

进入21世纪，随着生态理念的发展，以植物景观为造园特色的花港观鱼公园得到业界越来越多学者的关注，相关的专项研究逐年增长，对其的研究内容也不断丰富。此外，有学者将花港观鱼公园作为杭州西湖风景区的一部分进行整体研究[10-14]，或作为孙筱祥思想与实践研究的一部分进行简略介绍[15]。也有学者针对公园某一特色与其他具备同类型特色的园区一起加以探讨，如王小兰对中国传统园林赏鱼景点的研究中包含对花港观鱼公园旧鱼池的分析[16]。但此类研究不具备针对性，缺乏对公园比较深入的探讨。因此本文主要对有关花港观鱼公园的专项研究进行梳理归纳与总结。

2 花港观鱼公园研究的考察

20世纪80年代以来针对花港观鱼公园的研究主要聚焦公园造园手法研究、植物景观研究、生态效益量化研究、使用状况评价等若干方面。

2.1 造园手法研究

花港观鱼公园的设计理念是"在继承中创新，在创新中继承"[1]，其充分继承与发展了中国古典园林的精髓，利用传统山水格局进行景观架构。因此，许多学者致力于该公园"古为今用"的造园手法特色探究。

2.1.1 传统造园手法的继承

从传统造园理念出发，宋凡圣总结出花港观鱼公园的三大造园手法，即因地制宜，得景随机；主题突出，层次分明；去粗取精，寓教于游[9]。应求是结合《园冶》中提出的"巧于因借，精在体宜"造园创作理念，进一步挖掘公园"因借"之法，分析出公园主题、平面布局、地形与植物选择的"因"以及远借、邻借、俯借、仰借、应时之借在植物造景中的应用[18]（图3）。施奠东认为花港观鱼公园还具有"天然成趣，画意诗情"的意境[19]。此外，熊晶、王小德还对公园中传统园林建筑空间的色彩信息进行提取，分析其中的色彩结构组合[20]。

图3 滨湖花架借景夕照山、雷峰塔、小南湖
（图片来源：应求是，王华胜．走近花港观鱼［M］．北京：中国林业出版社，2012：132.）

2.1.2 创新造园手法的运用

花港观鱼公园既体现传统造园理念，又借鉴国外的园林艺术手法，真正做到"借古开今，洋为中用"[21]。施奠东指出公园一方面创造性地利用植物组织空间，突出植物造景，有别于古典园林以建筑为主来组织空间、造景，"开了一时新风"[19]。另一方面，不同于传统园林强调植物的个体美、线条美，公园着重表现植物的群体美、色彩美（图4、图5）。公园还具有开放性的特点，能"融到西湖风景区的大环境中"[19]。包志毅指出公园中的翠雨亭、金鱼园是在借鉴颐和园中景福阁、谐趣园的基础上重新进行构思创新（图6）。此外，他还认为花港观鱼公园将中国园林的空间布局与欧洲自然风景园的造园手法有机统一，如牡丹园就是吸取了"日本大块山石造园的艺术、英国爱丁堡皇家植物园的岩石园与高山植物园、德国自然生态园的精华，将土山、太湖石、植物有机融合形成的全新的专类园"[21]（图7）。陈梦菲也从中西合璧的角度探讨公园的造园艺术[22]。

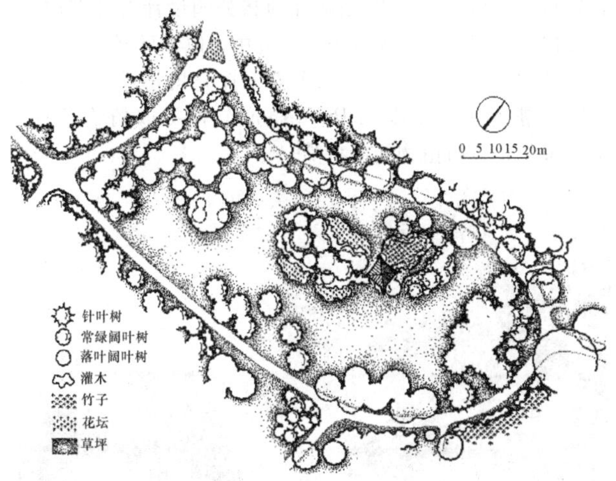

图4 藏山阁草坪平面图
（图片来源：中国城市规划设计研究院．中国新园林[M].
北京：中国林业出版社，1985：69.）

图5 藏山阁草坪植物群落
（图片来源：应求是，王华胜．走近花港观鱼[M].
北京：中国林业出版社，2012：195.）

图6 金鱼池上曲桥
（图片来源：应求是，王华胜．走近花港观鱼[M].
北京：中国林业出版社，2012：140.）

图7 牡丹园
（图片来源：应求是，王华胜．走近花港观鱼[M].
北京：中国林业出版社，2012：49.）

这些造园手法的探讨是基于公园现状，对孙筱祥《杭州花港观鱼公园规划设计》一文内容的补充和延伸，有助于加深后人对花港观鱼公园这一"现代文人写意山水园"[23]的认识。但研究多是运用定性描述手法的简单阐述，缺乏科学严谨性，也并未结合造园时代背景和设计者的思想进行深入挖掘。

2.2 植物景观研究

花港观鱼公园在植物群落营造、植物种植的形式与功能方面进行了有益探索，开创了中国现代植物景观设计的先河。其植物造景丰富，科学性与艺术性兼顾，因而有关公园植物景观分析的研究居多。

2.2.1 植物空间营造

如上文所述，花港观鱼公园不同于传统造园的一点是充分利用植物营造空间感。《杭州园林植物配置》专辑中的草坪与植物配置、园林建筑与植物配置两个章节举例阐述了花港观鱼公园中植物界定空间的手法[7]。马军山从宏观、中观、微观尺度分析了公园植物分隔与组织空间的方法[24]（图8）。而张慧、夏宇特别针对宏观尺度的空间形式类型，如林中空间、林下空间、密林空间和疏林草地进行阐述[25]。刘建英、俞菲等对牡丹园、草地——

图8 树丛营造出变化的空间
（图片来源：应求是，王华胜．走近花港观鱼 [M] .
北京：中国林业出版社，2012：143.）

树群植物、红鱼池景区3种典型区位的植物群落与空间关系进行实地测量分析[26]。屠伟伟以空间边界环境为分类依据，将花港观鱼公园的植物景观空间进行分类，并选取10处经典空间类型进行空间构成、数量特征、景观效果层面的量化分析[27]。

2.2.2 植物群落配置

在公园植物群落配置方面，许多学者亦进行过详细研究。《杭州园林植物配置》专辑论述了杭州园林中草坪、园林水体、园路、园林建筑、专类园五类空间的植物配置手法和地被植物的配置方式，其全面囊括花港观鱼公园的植物配置内容[7]。马军山举例指出花港观鱼公园具有合理的群落结构、良好的种间关系和适生的树种[24]。黄月华将公园分为岩石园、疏林草地、滨水和园中园景观四种类型，并做出植物群落分析[28]。张慧、夏宇选取大草坪、东门入口、牡丹园（图9）、红鱼池及丛林区四个典型群落进行阐释[25]。而韩彬彬又从滨水景观、疏林景观、密林景观三个角度分析植物群落配置的特色[29]。宁惠娟等选取公园的30个植物景观单元，分为滨水、复层混交、建筑及小品旁、疏林、密林5种类型，采取AHP法进行植物景观评价，并基于评价结果推荐了7个优秀的植物配植模式[30]。

图9 牡丹园树石牡丹配置实例
（图片来源：中国城市规划设计研究院．中国新园林［M］．北京：中国林业出版社，1985：62.）

以上研究虽分区标准不一，但多是从树种类型、垂直与水平方向上的种植设计（图10）、植物季相变化（图11）、植物主题特色（图12）等角度调查分析，得出花港观鱼公园植物种类与季相丰富、群落层次自然多样、主题突出的结论。此外，马兰还特别针对公园的地被植物造景进行调研探讨[31]。李娜创新性地将公园设计者孙筱祥先生提出的“三境论”融入公园研究中，以牡丹园为例，从“生境”“画境”“意境”三个方面探究植物景观营造手法[32]。熊晶利用Adobe Photoshop软件提取植物色样，分季节量化分析植物配色特征[33]。

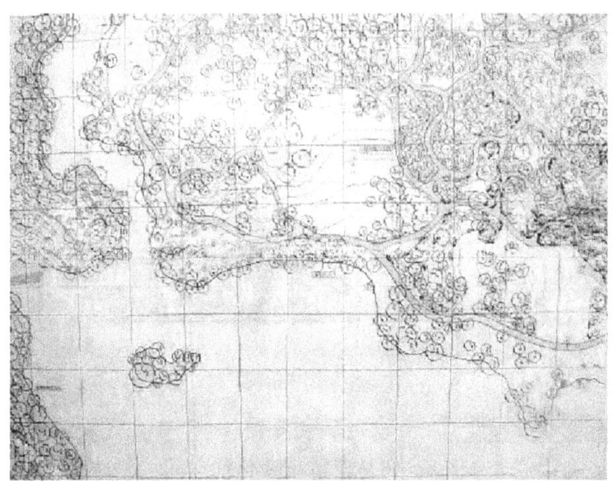

图10 牡丹园、悬铃木草坪种植设计图
（图片来源：杭州园林设计院）

图11 藏山阁草坪春景
（图片来源：应求是，王华胜．走近花港观鱼［M］．北京：中国林业出版社，2012：17.）

图12 雪松大草坪
（图片来源：应求是，王华胜．走近花港观鱼［M］．北京：中国林业出版社，2012：199.）

由此可知对于花港观鱼公园的植物景观研究大多比较深入，常采用实地调研的手法，通过科学精准的数据采集和测量绘制，得出公园注重生态、美观、意境的植物群落配置和景观营造特色。但在总结完整植物景观模式加以推广应用方面的研究仍存在空缺。

2.3 生态效益量化研究

随着生态文明建设的推进，人们越来越重视公园系统在改善城市环境方面发挥的不可替代作用。花港观鱼公园绿地覆盖率高达80%以上[4]，不仅具有美观性且生态环境良好，故许多学者借助科学的研究方法和理论对花港观鱼公园的生态效益进行量化评价。

罗慧君运用景观生态学原理将公园划分成不同类型的绿地斑块，量化分析其绿地景观格局及树种结构并探讨公园绿地景观格局与其树种结构之间的关系以及相互适宜性[34]。董延梅等以公园内常见的57种树种为例，对其叶面积指数进行比较分析研究[35]。魏云龙利用i-Tree模型从节约能源价值、吸收二氧化碳价值、改善空气质量价值、截留雨水价值和美学价值角度对公园的生态服务功能价值做出评估[36]。

因近几年低碳城市理念的兴起，不少学者还专门关注花港观鱼公园的固碳效益评价。章银柯等于公园选取7处样地，比较不同树种和不同的长期固碳效益，分析其中的影响因素[37]。董延梅进一步以公园内57种园林树木为研究对象，计算其固碳释氧量及固碳释氧能力，对不同树种的固碳释氧效益进行比较分析[38]。施健健等还使用i-Tree模型将花港观鱼公园固碳效益与12个北美城市相比，得出其树木的固碳量较高的结论[39]。此外，还有学者对公园内大气颗粒物变化规律进行研究。吴海堂以花港观鱼公园为研究对象，从宏观、中观、微观3个层面分析大气颗粒物（PM2.5、PM10）浓度变化规律，探究影响公园大气颗粒物浓度变化的主导因素[40]。施健健采用仪器实验与实地调查相结合的方式，引入游人行为分析和空间分布等研究，进行基于PM2.5浓度变化的公园空间游憩适宜性评价[41]。

以上研究采用定性描述与定量分析相结合的方式，能够更科学直观地体现花港观鱼公园的生态效益，对保持公园的稳定性景观具有指导意义。不过研究对数据结果分析不足，应在基于客观事实的基础上多从风景园林专业视角进行探讨。

2.4 使用状况评价

花港观鱼公园建成已有60余年，虽然不断有更新扩建，但大体保持了建设初期的规划设计布局与理念。随着时代的发展，人们对公园绿地的需求不断变化，公园功能是否能满足当代人的使用成为一个必不可少的研究话题。对花港观鱼公园使用状况进行调查分析能为公园更新及品质提高提供合理参考。

姚远关注公园目前亭廊设施的使用状况，运用POE方法对亭廊设施和公园使用者行为、满意度等进行调研，总结出亭廊设施的现有问题与改进方法[42]。佘颖调查了花港观鱼公园中六大景区的游客行为、游客规模，在此基础上分析游客行为与景观空间界面的相关性，提出基于游客行为的城市公园设计策略[43]。肖云飞亦以公园游人为研究主体，以公园园林空间与游憩行为的关系为主线，对公园游人的时空分布规律、游憩行为特征进行了调查研究[44]。而沈茹羿基于景观叙事视角，从景观叙事载体、叙事空间、叙事线索3个方面分析花港观鱼公园的现状，提出公园的更新改造策略[45]。

“以人为本”是城市公园景观设计的核心理念，而目前关注花港观鱼公园内游人体验、游人与环境关系的文献较少，仍有很大的研究空间。

3 花港观鱼公园与中国现代园林史研究

对花港观鱼公园的研究隶属于中国现代园林史研究的大体系之中，能一定程度上反映中国现代园林史研究现状。鉴古可以知今，回顾花港观鱼公园的研究历程，可知仍有许多方面亟待深入挖掘与探讨。本文从以下几个角度提出对花港观鱼公园和中国现代园林史进一步研究的思路与展望。

3.1 强调中国现代园林营造的历史进程

每处园林的规划设计与演变都会受到当时社会经济、政策、意识形态等背景的影响，具有鲜明的时代特性。从前期文献成果来看，多数学者是基于当下的公园现状，进行公园植物景观、生态效益、使用状况的研究，但园林的发展是连续的过程，不应将其孤立地看待分析，而应追根溯源。

目前关于花港观鱼公园的历史研究多是简单的文史梳理，或概括性地描述其建造状况，缺乏具体的基于不同历史阶段的公园营造进程研究。现代园林因其建造年份较为晚，相较于古代、近代园林更容易对其进行史料搜集和现场勘查，从而更精准地还原历史，这是研究中国现代园林史得天独厚的优势。因而要强调对有关中国现代园林的历史信息搜集，分析不同阶段园林各方面的营造特点，形成更深刻的认知。

3.2 注重中国现代园林个案之间的共时性比较

如果说上述中国现代园林营造的历史进程是关于“历时性”的考察，那么“共时性”则是中国现代园林营造的另一时空维度[47]，因此对其研究要秉持非线性的时空视角。同一时期的中国现代园林设计具有相似的空间体系，需要关注一定时间段景观系统内部构成要素之间的结构关系，注重中国现代园林个案之间的共时性比较。

目前对花港观鱼公园纵向发展过程的整体研究有比较全面的介绍，而关于同时期与其他园林建设的横向比较探讨不足。可知花港观鱼公园建设于第一个五年计划期间，当时新公园的建造大体分为两种类型，一种严格按照苏联园林的建设模式，注重功能布局和用地定额，如北京陶然亭公园、哈尔滨文化公园等；一种借鉴传统造园手法，如杭州花港观鱼公园、广州七星岩公园等。已有研究多是对这些公园客观事实的描述，缺乏对不同公园之间相似性和各自差异性的分析总结。应加强不同公园之间的共时性比较，以期完善对中国现代园林史的研究。

3.3 关注设计师在中国现代园林历史进程中的角色

中国现代园林的规划设计既受社会经济、地域环境等客观因素的影响，也是设计者设计思想等主观因素的体现。我国园林建设和学科发展起步较晚，短短70余年能取得今日的成就离不开从业者们的耕耘。在对中国现代园林历史进程的研究中不仅要关注园林本身，更应关注设计师在其中扮演的角色。花港观鱼公园的设计者孙筱祥先生是我国著名的风景园林思想理论家、实践家和教育家，在花港观鱼公园的设计中，他摒弃“拿来主义”的做法，而是以“去粗取精”的观点对待当时苏联园林绿化的建设经验。花港观鱼公园的设计体现了其中西相融、古今相生的理念[48]，基于山水画论的园林布局创作方法[49]等。故对花港观鱼公园的研究离不开对孙筱祥当时思想理论的探讨。

此外，现代园林的实践又能对设计师本人产生新的启发与指导。如受花港观鱼公园设计的影响，孙筱祥在1952年成立的浙江大学“森林造园教研组”教学中强调观赏植物和空间设计的结合[50]。厘清中国现代园林与设计师间的密切关系将进一步推动中国现代园林史的研究进展。

3.4 开拓中国现代园林与“近代”相关联的整合研究视角

不同学科、不同领域对于“现代”的时间段划分不同，实际上近代园林与现代园林之间并没有明显的界限，现代园林在一定程度上也体现了对“近代”的继承与发展。近代城市公园的营造形式已由单一的古典式向多种风格发展。既有北京中央公园为代表的自然式公园，也有广州第一公园这种体现西方造园思想的规则式公园，也出现了融合中西的公园形式[52]。

早在20世纪20年代中后期，章守玉、陈植、程世抚等行业带头人已经对现代园林有了初步的探索，陆续出版了专业学术著作。并且现代园林的许多规划设计者接受的早期专业教育多发生在“近代”时期，故受“近代”思想影响颇深。如浙江大学园艺系成立于1927年，并于1933年开设“造庭学”[50]。花港观鱼公园的设计者孙筱祥先生于1946年获浙江大学园艺系农学学士学位[15]，可见其在“近代”求学时期就接受了有关专业教育，为其以后的现代园林设计奠定基础。

上述可知，开拓中国现代园林与“近代”相关联的整合研究视角十分必要。中国现代园林史研究应该横跨1949年前后时期，将近现代园林发展作为一条连续的线，在更长的时间段上进行探索。要针对不同的研究对象特点去框定研究时间线的范围，才能更全面地把握中国现代园林史进程。

4 结语

古人云：“以史为镜，可以知兴替。”回顾梳理历年来对花港观鱼公园的研究，总结历史经验，可知需进一步完善、拓展的内容。此外，历史研究不是简单的事件记载，不论是对花港观鱼公园这一具体公园的研究，还是对整个中国现代园林史的研究都应在事实基础之上，发现其背后实质，归纳其内在规律，并以此作为借鉴以指导当今的风景园林理论与实践。

参考文献

[1] 周向频. 中外园林史[M]. 北京：中国建材工业出版社，2014.

[2] 赵纪军. 现代与传统对话：苏联文化休息公园设计理论对中国现代公园发展的影响[J]. 风景园林，2008(2)：53-56.

[3] 孙筱祥. 园林艺术及园林设计[M]. 北京林业大学城市园林系，1986.

[4] 孙筱祥，胡绪渭. 杭州花港观鱼公园规划设计[J]. 建筑学报，1959(5)：19-24.

[5] 赵纪军. 中国现代园林历史与理论研究[M]. 南京：东南大学出版社，2014：51-53.

[6] 朱钧珍. “杭州园林植物配置”研究工作正在抓紧进行[J]. 园艺学报，1980(3)：22.

[7] 《城市建设》编辑部. 杭州园林植物配置的研究[M]. 北京：《城市建设》杂志社，1981.

[8] 中国城市规划设计研究院. 中国新园林[M]. 北京：中国林业出版社，1985.

[9] 宋凡圣. 花港观鱼纵横谈[J]. 中国园林，1993(4)：28-31.

[10] 赵慧楠. 基于SBE法和SD法的植物群落景观评价研究[D]. 杭州：浙江农林大学，2019.

[11] 葛颖. 杭州西湖南部公园绿地植物配置研究[D]. 青岛：青岛理工大学，2019.

[12] 周雯. 杭州城市公园绿地鸟类栖息地植物景观研究[D]. 杭州：浙江农林大学，2018.

[13] 王丹. 杭州西湖风景名胜区游人分布与行为研究[D]. 杭州：浙江农林大学，2015.

[14] 高亚红. 杭州西湖环湖景区的园林植物景观研究[D]. 杭州：浙江大学，2012.

[15] 胡来宝. 孙筱祥园林设计思想及风格研究[D]. 南京：南京林业大学，2010.

[16] 王小兰. 中国传统风景园林赏鱼景点研究[D]. 杭州：浙江农林大学，2018.

[17] 汪仕豪. 独家专访中国风景园林行业泰斗孙筱祥先生[OL]. [2010-11-19]. http：www. chla. com. cn/htm/2010/1119/68511. html

[18] 应求是. 浅析《园冶》造园方法在花港观鱼公园植物造景中的传承与发展[A]. 中国风景园林学会. 中国风景园林学会2011年会论文集(下册)[C]. 中国风景园林学会：中国风景园林学会，2011.

[19] 施奠东. 园林从传统走向未来——兼论杭州花港观鱼和太子湾公园的园林艺术[A].《中国公园》编辑部. 中国公园协会2000年论文集[C].：中国公园协会，2000.

[20] 熊晶，王小德. 地域性古典建筑空间色彩构图艺术探析——以杭州花港观鱼为例[J]. 建筑与文化，2019(3)：132-134.

[21] 包志毅. 借古开新，洋为中用——杭州花港观鱼公园评析[J]. 世界建筑，2014(2)：32-35+132.

[22] 陈梦菲. 中西合璧的植物造景艺术应用研究——以杭州市花港观鱼公园为例[J]. 现代园艺，2017(18)：72-73.

[23] 金荷仙，王丽娴. 孙晓翔(筱祥)先生造园艺术论坛——暨花港观鱼公园建园60周年在杭州召开[J]. 中国园林，2013，29(12)：45-46.

[24] 马军山. 杭州花港观鱼公园种植设计研究[J]. 华中建筑，2004(4)：104-105+110.

[25] 张慧，夏宇. 杭州花港观鱼公园植物景观探析[J]. 现代农业科技，2010(17)：233-234+236.

[26] 刘建英，俞菲，赵兵，梁晶，李雪，张圆圆. 杭州花港观鱼公园植物造景分析[J]. 林业科技开发，2012，26(1)：126-130.

[27] 屠伟伟. 杭州花港观鱼公园植物景观分析研究[D]. 杭州：浙江大学，2012.

[28] 黄月华. 杭州花港观鱼公园植物景观分析[D]. 杭州：浙

江大学，2009.

[29] 韩彬彬. 试论园林工程中提升植物景观配置效果的策略——以杭州"花港观鱼公园"植物景观配置为例[J]. 中国园艺文摘，2017，33(5)：144-145+162.

[30] 宁惠娟，邵锋，孙茜茜，单佳月. 基于AHP法的杭州花港观鱼公园植物景观评价[J]. 浙江农业学报，2011，23(4)：717-724.

[31] 马兰. 杭州市花港观鱼公园地被植物造景问题探讨[J]. 陕西农业科学，2011，57(5)：172-174+233.

[32] 李娜. 基于"三境论"的花港观鱼牡丹园植物景观设计研究[D]. 杭州：浙江理工大学，2017.

[33] 熊晶. 杭州花港观鱼植物景观色彩特征量化分析[D]. 杭州：浙江农林大学，2019.

[34] 罗慧君. 城市公园绿地景观格局与树种结构相关性研究——以杭州花港观鱼公园为例[D]. 杭州：浙江大学，2004.

[35] 董延梅，吕敏，俞青青，章银柯，包志毅. 杭州花港观鱼公园常见园林树种叶面积指数分析研究[A]. 中国园艺学会观赏园艺专业委员会，国家花卉工程技术研究中心. 中国观赏园艺研究进展2015[C]. 中国园艺学会观赏园艺专业委员会，国家花卉工程技术研究中心：中国园艺学会，2015.

[36] 魏云龙. 杭州花港观鱼公园生态服务功能价值评估研究[D]. 杭州：浙江农林大学，2017.

[37] 章银柯，马婕婷，王恩，包志毅. 城市公园绿地长期固碳效益评价研究——以杭州花港观鱼公园为例[A]. 中国园艺学会观赏园艺专业委员会，国家花卉工程技术研究中心. 中国观赏园艺研究进展2012[C]. 中国园艺学会观赏园艺专业委员会，国家花卉工程技术研究中心：中国园艺学会，2012.

[38] 董延梅. 杭州花港观鱼公园57种园林树木固碳效益测算及应用研究[D]. 杭州：浙江农林大学，2013.

[39] 施健健，蔡建国，刘朋朋，魏云龙. 杭州花港观鱼公园森林固碳效益评估[J]. 浙江农林大学学报，2018，35(5)：829-835.

[40] 吴海堂. 杭州花港观鱼公园大气颗粒物浓度变化特征及影响因素[D]. 杭州：浙江农林大学，2019.

[41] 施健健. $PM_{2.5}$浓度变化与城市公园游憩空间评价研究[D]. 杭州：浙江农林大学，2019.

[42] 姚远. 杭州西湖风景名胜区公园绿地亭廊设施使用状况评价及优化对策研究[D]. 杭州：浙江农林大学，2016.

[43] 余颖. 基于游客行为的城市公园景观设计研究[D]. 重庆：重庆大学，2015.

[44] 肖云飞. 杭州花港观鱼公园园林空间与游人行为关系的研究[D]. 杭州：浙江农林大学，2017.

[45] 沈茹羿. 基于景观叙事视角下的杭州花港观鱼公园更新设计研究[D]. 杭州：浙江工业大学，2019.

[46] 王绍增. 30年来中国风景园林理论的发展脉络[J]. 中国园林，2015，31(10)：14-16.

[47] 崔柳，朱建宁. 当代风景园林空间设计的"共时性"与"历时性"——以"网、湿、园"为例[C]// 住房和城乡建设部，国际风景园林师联合会. 和谐共荣——传统的继承与可持续发展：中国风景园林学会2010年会论文集(上册). 住房和城乡建设部，国际风景园林师联合会：中国风景园林学会，2010.

[48] 施奠东. 深切怀念恩师孙筱祥先生[J]. 风景园林，2019，26(10)：17.

[49] 孙筱祥. 中国山水画论中有关园林布局理论的探讨[J]. 园艺学报，1964(1)：63-74.

[50] 林广思. 回顾与展望——中国LA学科教育研讨(1)[J]. 中国园林，2005(9)：1-8.

作者简介

陈曦，1997年生，女，汉族，山东，华中科技大学建筑与城市规划学院硕士研究生，研究方向为风景园林历史与理论。电子邮箱：1229300677@qq.com。

赵纪军，1976年生，男，汉族，河北，博士，华中科技大学建筑与城市规划学院教授，博士生导师，研究方向为风景园林历史与理论。电子邮箱：jijunzhao@qq.com。

基于空间句法的玉溪市北阁下村空间保护研究①

Study on Space Protection of Beigexia Village in Yuxi City Based on Space Syntax

鲁俊奇　韩　丽　樊智丰　马　聪　马长乐

摘　要： 北阁下村位于我国西南地区的蒙古族聚落，村落街巷宽窄有致，空间特色明显，采用空间句法与问卷调查相结合的研究方法，从整合度、深度值、可理解度、村落景观4个方面对村落空间意象进行了分析，梳理了北阁下村空间形态与村落认知的内在联系。研究发现：村落居民活动频繁区域与可达性高的区域会有一定的相似性；村落空间与生产生活活动密切相关，部分失去生产价值的空间几近荒废；城市化对北阁下村建设有着重要影响，改变了原有村落的空间形态，村落的持续发展使得原有的传统建筑遭到破坏、扩张的区域空间形态发生改变。最后，提出了村落空间轴线和街巷空间的规划调整方案，并从村落整体风貌、村落空间和传统文化3个方面制定了村落保护和发展策略，以期为传统村落空间结构保护及村落发展提供参考。

关键词： 传统村落；空间句法；空间保护；北阁下村

Abstract: Beigexia village is a Mongolian settlement located in Southwest China. Its streets and lanes are wide and narrow with obvious spatial characteristics. This paper analyzes the spatial image of Beigexia village from four aspects of integration, depth value, comprehensibility and village landscape by using the research method of spatial syntax and questionnaire survey, and sorts out the internal relationship between spatial form and village cognition of Beigexia village. The results show that: There is a certain similarity between the areas with frequent residents' activities and those with high accessibility; The village space is closely related to the production and living activities, and some of the spaces that have lost production value are almost abandoned; Urbanization has an important impact on the construction of Beigexia village, it has changed the spatial form of the original village, and the sustainable development of the village has made the original traditional buildings destroyed and expanded regional spatial form changed. Finally, the paper puts forward the planning and adjustment scheme of the village space axis and street space, and formulates the village protection and development strategy from three aspects of the overall village style, village space and traditional culture, so as to provide reference for the protection of the spatial structure of the traditional village and the development of the village.

Key words: Traditional Village; Spatial Syntax; Spatial Conservation; Beigexia Village

社会经济发展以及城市的快速建设，对村落的发展产生了重要的影响，使得村落的空间形态发生改变[1]，目前对于传统村落的保护研究大量的集中在村落的建筑形态模拟[2]、村落街巷空间演变机制的探究[3]、村落游客情感认知[4]与村落文化特征分析[5]等方面，这些研究都进行得极为深入，但是受制于当时的理论以及技术支持，多以定性研究为主，缺少客观的量化研究，并且对于传统村落空间的具体策略研究仍处于探索阶段。

空间句法与问卷调查相结合可以从定性与定量2个方面出发，提出客观有效的村落空间保护策略，空间句法模型最早由英国伦敦大学Bill Hillier提出，是一种描述现代城乡空间关系的计算语言[6]，使用拓扑步数的对区域范围内不同地点之间的空间关系进行量化描述[7]，是进行区域空间分析的理论和工具[8]，目前使用空间句法对于城乡之间的研究已经较为成熟[9]，对于村落空间的研究包括村落空间形态描述[10]、历史街区的空间尺度分析[11]以及村落空间内部关系的探寻[12]等方面，但空间句法与定性研究方法相结合的研究仍处于探寻阶段；目前对村落问卷调查的研究主要集中在村落发展、村落文化景观与遗产保护等方面[13]，村落发展研究包括村落旅游区开发[14]、乡村生态区规划[15]以及历史文化名城的开发[16]，村落文化景观与遗产保护方面的研究主要包括地域性的形成机制[17]、村落景观保护[18]、村落保护补偿模型构建[19]等，但对于传统村落的空间研究还少有涉及。

本文采用空间句法与问卷调查相结合的研究方法，以传统村落玉溪市北阁下村为例，从定量与定性2个方面对村落的空间形态变量（整合度、可理解度和深度值）进行分析，结合村落空间意象问卷调查对村落空间形态差的道路空间进行重组改造，对村落空间提出保护策略，以期为传统村落空间结构的保护以及村落的发展提供参考。

1　研究地概况与研究方法

1.1　研究地概况

北阁下村位于云南省通海县兴蒙蒙古族乡，是乡政

① 本项目由国家林业和草原局西南风景园林工程技术研究中心支持完成；云南省教育厅科学研究基金项目（2019Y0149）资助；西南林业大学2016-2019年大学生创新创业国家级项目（201910677012）资助。

府驻地，地处东经 102°30′25″～102°52′53″，北纬 23°65′11″～24°14′49″，村落人口 2423 人，村落面积 1.71hm²，距离通海县城 11km。村落的历史可以追溯到元代，村民的生活方式历经了“军—渔—农”的演变[20]，这些变化使得村落的空间形态也发生了变化，根据兴蒙乡乡志记载，北阁下村最早的街巷空间形态为驿站形式，村落中的核心街巷是驿站通行空间，使得村落的街巷道路呈现“一主多辅”的情况，村落的主要功能为蒙古族守军提供补给，元朝覆灭后，村落以打鱼为主要生产活动，村落空间逐渐变得开放，由于生活生产的需要，在靠近水系的地方有了较多的码头，为了方便运输渔产村落的道路增多，随后由于水系干涸，村民便在原有干涸的湖底上开始了农业耕种，不同生产生活使得村落的空间极具特色，村落目前街巷空间宽窄有致，在偏僻的街巷中可以发现使用过的渔业用具，使得村落的街巷空间演化成了目前特有的传统村落空间形态（图 1）。

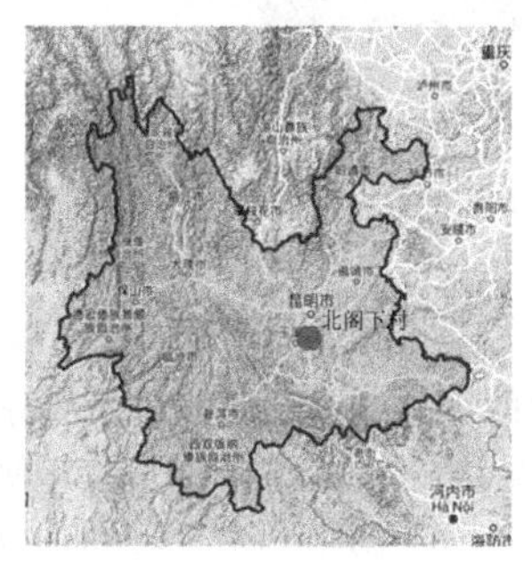

北阁下村在云南省的位置

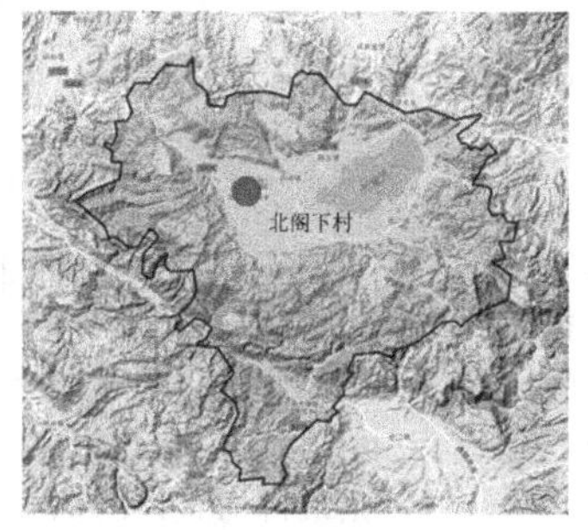

北阁下村在玉溪市的位置

北阁下村村域平面图

图 1　北阁下村区位图

1.2　研究方法

在 ArcGIS 中使用北阁下村的地形图，并结合村落实际情况对村落进行轴线图的绘制，将绘制完成的轴线图进行空间句法分析，获得分析参数整合度 RA_i、可理解度 R^2 和深度值 MD；在问卷调查时进行村落空间意象调查，将可达性、空间节点吸引力与认知度差的区域，结合村落空间中区域、边界、节点、道路、标志性建筑物的调查情况，对轴线图进行调整优化，得出北阁下村的空间保护策略。

1.2.1　空间句法

通过对北阁下村的现场调研，将轴线图转入 Depthmap 中进行空间形态分析，选择 3 种形态变量：整合度、可理解度以及深度值，通过计算得到北阁下村空间形态特征指标值（表 1）。

北阁下村空间句法属性　　表 1

轴线数量	全局整合度 RA_i	全局深度值 MD	可理解度 R^2
230	0.80	7.6	0.47

1.2.2　村落空间意象问卷调查

将村落空间划分为标志物、节点、区域、道路、边界 5 个要素，以这 5 个要素为调查内容，以当地居民和相关专家为调查对象，对案例地进行了村落空间意象问卷调查，共投出调查样本 80 份，收回有效样本 65 份，其中当地居民 50 份、传统村落保护相关专家 15 份，调查问卷与访谈中将村落 5 要素的重要性以及认识程度等供调查人员选择，将不同人群对村落空间认知纳入村落空间保护中。

2　北阁下村空间分析

2.1　基于整合度与深度值的村落空间意象分析

整合度是表示单个单元与空间中其他空间单元的集散程度[21]，反映空间单元的可达性，整合度越高则说明可达性越好，全局整合度是有一部分轴线在全局的空间结构中处于主导地位，这些轴线在空间中的聚集程度最高，说明这一部分轴线的总体可达性最好。村落超平均整合度的轴线占总轴线的 43.91%，村落整体的整合度处于较低水平，整合度高的轴线主要分布在村落老街以及与乡镇府和那达慕广场所在的区域，整合度最高为 1.27（图 2）。

图 2　整合度与深度值图

深度值表示从一个空间到另一个空间的便捷程度[22]，句法规定相邻的2个节点间的拓扑距离为一步，任意2个空间节点间的最短拓扑步数即空间转换的次数为2个节点间的深度值，平均深度值为系统中各个节点到其他节点的最少平均距离，全局深度值为各个节点的平均深度值之和，全局深度值越小，表明该空间处于系统中较为便捷的位置，数值越高则表明空间越深邃。在深度值的轴线图中可以看出，村落中最便捷的轴线位于乡政府与红旗河沿岸，便捷程度向四周发散性减少。

村民活动频繁的区域与整合度高的区域会有一定的相似性，村民与专家都认为应该重点保护位于整合度高的轴线上保存完整的民居，但同时也有部分节点的整合度与需保护性有一定的偏差，如三教寺村民与专家认为需要保护，但其所在的轴线整合度仅为0.57，低于村落平均整合度0.80；村民活动频繁的区域与深度值高的区域会有一定的偏差，如三圣庙与土地庙，村民与专家对其的认知性都比较高，但是深度值偏高通达性较低。

2.2 基于可理解度的村落空间意象分析

可理解度是来解释村落整体空间结构与局部空间结构的相关性[23]，在规划层面我们可以看到村落的整体空间，但实际生活在村落空间中的居民或游客只能从局部空间来理解村落的整体结构，在Depthmap软件中选取全局整合度和局部整合度两组数据做回归线性分析（图3），通过XY散点图总结出轴线系统的可理解度，分析北阁下村局部空间和整体空间之间的关系，图3中的X轴表示全局整合度，Y轴表示局部整合度，R^2表示可理解度，右上角全局整合度大于2.1、局部整合度大于0.93的红点表示可理解度最高的轴线，左下角全局整合度小于1.4、局部整合度大小于0.63的蓝色点可以理解为可理解度相对较低的轴线，可理解度越靠近1说明可理解度越高，可理解度越靠近0，则说明可理解度越差，当可理解度越高则说明人们可以更好地从村落局部空间去了解村落整体空间，该村落可理解度为0.47，可理解度不高。

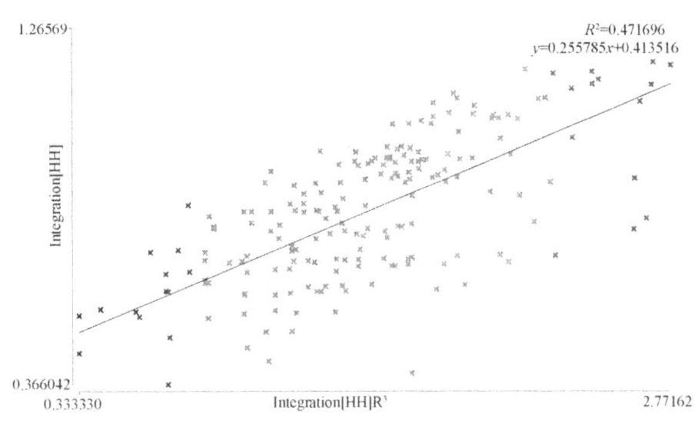

图3　可理解度图

在问卷调查中发现，调查者对于路径、节点以及标志性建筑较为敏感占75.15%，而对于村落区域与边界的认知仅有24.85%，虽然村民长期处于村落环境中，但对于村落的区域以及整体情况并未太过关心，只是对于日常生产生活所感所见的地区较为关注，因此在调研时发现，村落中存在部分比较有保护价值的历史文化遗迹已经破败甚至接近消失（图4）。

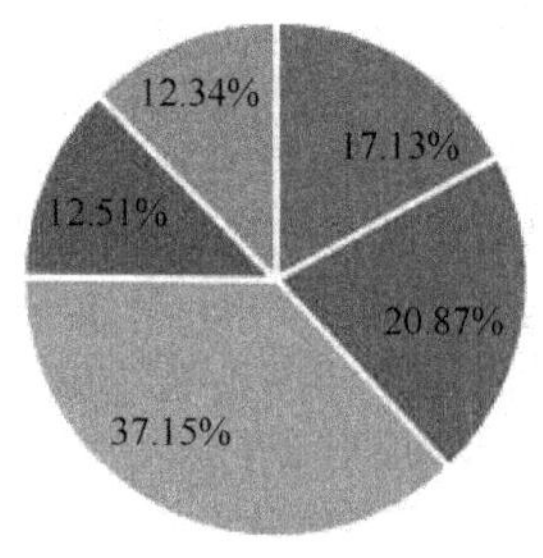

图4　意象调查频次图

应当提高北阁下村的可理解度，加强村落部分与村落整体之间的联系，提高认知度低区域的认知度，使得村落局部对整体的认知性变好，增加区域、边界的认知性，使得对村落的认知不只停留在标志性建筑与节点上，对于村落可理解度的增加，可以使外来者对村落的印象加深、对村落的认知增强，使得村落原住民对村落本身可以有更好的了解，增加村落的凝聚力与民族自信。

2.3 村落景观的空间意象分析

对村落需要保护的景观要素进行提取，并通过空间意象问卷调查，统计发现，村落中宗教类建筑被认为是最需要保护的建筑，同时结合整合度与可理解度，发现宗教类建筑大多依山而建偏离村落的中心，属于整合度较低的地区，但被调查者对组成村落整体风貌的老街与传统民居的重要性认识不足，在整合度高的区域多为老街的中心地带，这些区域由于长年的发展，村落中为数不多的交易类场所多集中于此，整个村落的整合度也是由此向杞麓山不断减少、向红旗河逐渐增多，村落中认知度高的道路多为村落中对外沟通的道路，村落中有较多文物古迹与历史遗留的道路，却因为整合度低、可达性不好，逐渐被人们忽略，这些具有历史遗迹的道路应加强与其他区域的联系，提高其可达性（表2）。

出现频率最高的村落元素　　表2

名称	要素	频率（%）	全局整合度
那达慕广场	节点	96.92	1.18
三圣宫	标志	92.31	0.93
三教寺	标志	89.23	0.57
老街	道路	84.62	0.99
骏马雕像	标志	76.92	1.23
乡镇府区域	区域	73.85	1.11
沿河边界	边界	69.23	1.22
老街区域	区域	64.62	0.78
朝寺路	道路	61.54	0.76
土家庙	标志	60.00	0.75

结合村落发展历史可以发现，村落的发展重心经历了由杞麓山周围不断向红旗河扩散的过程，而村落的重要景观节点也随着村落的发展重心在不断改变，在村落建设之初，重要景观节点在就在村落初始建设区域中，随着村落不断发展，所在区域不断扩大，村落的重要景观节点便落到村落老街上，现在村落进一步扩展，新建的乡政府、那达慕广场等新节点不断出现，说明村落向红旗河方向持续发展（图 5、图 6），村落的持续发展不断出现新的景观节点，使旧的景观节点逐渐被遗忘，增加村落各个区域的可达性，可以很好地将新旧节点连接起来，让村落在发展的同时保护原有村落空间。

在没有外部因素干扰时，村落的空间发展是自发无序但遵循村落原有结构的。但现今城镇化发展对乡村建设影响较大，改变了原有的村落形态，村落的持续发展使得原有的传统建筑逐渐遭到破坏，扩张区域的空间形态发生剧烈改变，与原有村落空间形态格格不入。在进行村落发展时，应合理规划村落发展，不应只考虑经济发展，同时也要考虑村落原有空间形态，在村落空间与村落发展中找到平衡点，在村落发展时保护村落原生空间形态。

图 5　意象节点位置图

图 6　意象节点现状图

3　村落空间保护策略

3.1　调整村落空间结构，合理规划村落发展

以空间句法分析中的整合度、可理解度和深度值为基础，辅以空间意象问卷调查，对村落空间轴线进行调整与优化：①在村落靠近杞麓山部分区域传统景观要素众多，且多为历史悠久的传统建筑，在此部分应加强内部的联系，空间结构应该以修补为主，在原有空间肌理不变的基础上，对于残破、混杂或堵塞的街道进行改造，对路面进行复原性修复；②村落老街部分应以村落原有脉络为主，加强该区域与红旗河区域的联系，增加空间吸引能力，改善街巷空间的可达性与舒适性，该区域作为村落重要的街巷空间，提高其可识别性有利于提高村落的知名度与竞争力；③在村落红旗河附近多为近现代随着村落扩张而发展的区域，这个区域的空间结构与原村落结构并不一致，应多与老街区域加强联系，对于可理解度与整合度较低的区域适当增加空间轴线，提高区域便捷性。

基于此对原有的村落街巷空间进行合理的规划调整（图 7），对村落现状道路网进行增减，将调整后的道路轴线图再次进行空间句法分析，得到村落空间优化后整合度图，发现优化后的村落平均整合度为 0.92，相比原先村落平均整合度 0.80 有较大的提高，整合度的提高表明了村落的可达性提高，有利于居民的出行，加强文化交流，使得村落更加具有活力，优化后的可理解度为 0.54，高于原先的可理解度 0.47，可理解度的提高使得村落的局部与整体更加协调。

3.2　保护原有村落空间，传承村落传统文化

村落中的老街是村落中重要的文化空间，现在大部分村民都是在老街生活长大，每年的各种传统节日与集体活动大都会集中于三圣宫、三教寺与那达慕广场，这些空间既是生活生产空间，也是村落文化的载体，因此对于村落的原有空间，需要将其进行合理保护，从而延续传统村落景观的完整性，提高村落空间的可理解度。

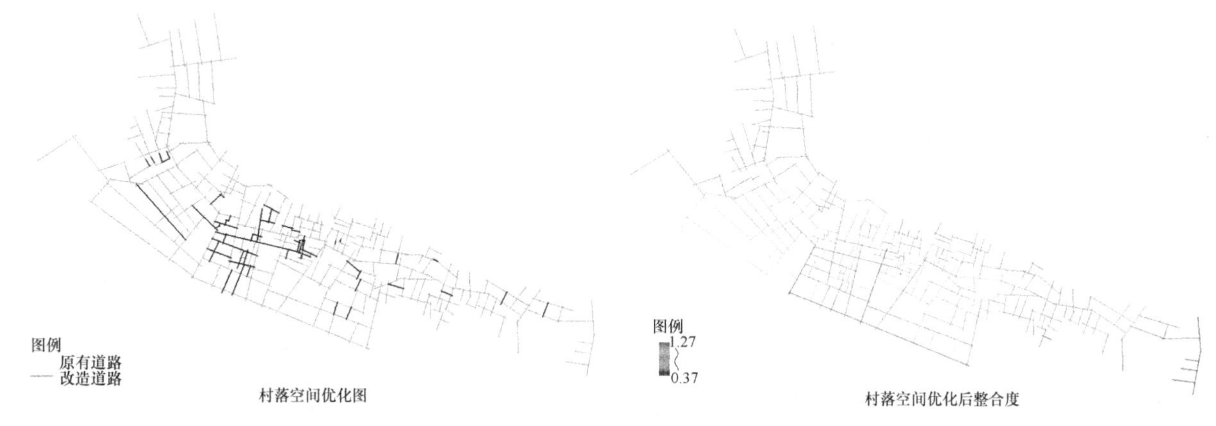

图7　空间修缮分析图

通过改变村落老街的空间布置格局，修复街巷肌理，强化老街与周围区域空间的联系，并将老街中残破与功能缺失的建筑进行修补替换，完善原有村落空间，形成以传统民居为主的特色地方性老街，以便满足居民的日常生活与旅游发展的需要，还需保持此类空间的通达性，保持村落街巷交通网络的畅通，以传统老街为村落保护中心，以其所在轴线为主要发展空间，强化核心空间的发展，与三圣宫、三教寺传统宗教空间加强联系，影响村落发展区域，实现以线带面完成保留传统文化，促使景观网络化的形成，提高传统村落空间的使用率，才可以有效进行“活态保护”，使村落文化重新焕发活力，增强村民的精神归属感与文化自信，有利于传统村落的传承与保护。

3.3　感知村落文化意蕴，保护整体村落风貌

村落文化意蕴是传统村落重要的特征之一，包含了丰富的地域文化要素，一般从以下3个方面来发掘村落的文化意蕴：①从宏观村落整体布局来发现格局对村落布局的影响，北阁下村依山傍水而建，村落整体风貌协调，形成了良好的村落整体景观，基本形态遵循村落老区的空间特征；②从微观的单个建筑要素来找寻村落文化意蕴，村落中传统的“一颗印”建筑，与当地精湛的房屋建造工艺以及“鲁班节”传统节日交相呼应，形成了独特的建筑文化；③从精神层面发现重要的民族文化共通性，民族信仰以及民族语言等，虽已过去近千年，但村民仍去三圣宫祭拜先祖，并且形成了自己独特的语言类型。

通过空间句法分析将村落中整合度、可理解度与深度值高的区域，与通过问卷调查将村落中需要重点保护的区域相叠加，确定村落文化意蕴深厚的核心保护区，在核心保护区范围内，应对原有传统建筑进行保护，在修缮过程中，必须做到与原有风貌相一致，在核心保护区之外，村落新建区域应调整空间结构，使得村落空间的整体形态协调统一。

4　结语

面对经济发展的冲击以及村落自身发展的矛盾，使得村落的传承与发展问题成为目前村落保护的难点[24]，村落在发展与扩张的过程中，村落空间形态也随之发生了改变，目前村落空间形态正在被城市空间结构所同化，在实际规划与保护的工作中，村落建设者们关注历史遗迹和非物质文化遗产，忽视了村落空间的重要性，但村落空间布局结构是村落传统文化的承载体，应对村落空间进行合理规划，村落空间保护不是阻碍村落发展，而是需要遵循村落发展的模式，合理规划发展布局。在传统村落概念被提出以来，有关其保护一直是人们关注的重点问题，现有的村落空间相关研究多以宏观理论为主，对于村落具体的空间建设缺乏针对性的保护策略，对于村落空间的研究缺乏定量与定性相结合的方法，同时村落的保护规划过多强调物质空间的规划，而忽略了村落空间的内在规律以及人在村落中活动的延续性。

本文以空间句法轴线分析和问卷调查作为切入点，采用Depthmap对传统村落街巷空间进行分析，得出村落街巷空间的整合度、可理解度以及深度值分析图，同时对村落进行空间意象问卷调查，研究了传统村落的道路、节点、区域以及标志性建筑，并分析其与村落空间之间的内在规律，根据分析结果制定村落空间的保护策略，为北阁下村的空间保护发展提供了参考，期望传统村落空间形态在未来可以更好地传承与保留下去。

参考文献

[1]　全峰梅，王绍森．转型・矛盾・思考——谈我国城乡文化遗产保护观念的变迁[J]．规划师，2019，35(04)：89-93.

[2]　李恒凯，李小龙，李子阳，等．构件模型库的客家古村落三维建模方法——以白鹭古村为例[J]．测绘科学，2019，44(08)：182-189.

[3]　李久林，储金龙，叶家珏，等．古徽州传统村落空间演化特征及驱动机制[J]．经济地理，2018，38(12)：153-165.

[4]　张琳，张佳琪，刘滨谊．基于游客行为偏好的传统村落景观情境感知价值研究[J]．中国园林，2017，33(08)：92-96.

[5]　马蓓蓓，江军，薛东前，等．主客体融合视角下的历史文化街区空间特征——以西安书院门为例[J]．陕西师范大学学报(自然科学版)，2018，46(03)：102-109.

[6]　Peter C D. Space syntax analysis of Central Inuit snow houses[J]．Journal of Anthropological Archaeology，2002，21(4).

[7]　Carlo R. Space syntax：Some inconsistencies[J]．Environment and Planning B：Planning and Design，2004，31(4).

[8] Young O K. Linking the spatial syntax of cognitive maps to the spatial syntax of the environment[J]. Environment and Behavior，2004，36(4).

[9] 李英杰，段广德，胡晓龙，等．基于Citespace的中国空间句法研究态势的可视化分析[J]. 内蒙古农业大学学报(自然科学版)，2020，41(03)：27-32.

[10] 陈驰，李伯华，袁佳利，等．基于空间句法的传统村落空间形态认知——以杭州市芹川村为例[J]. 经济地理，2018，38(10)：234-240.

[11] 陈仲光，徐建刚，蒋海兵．基于空间句法的历史街区多尺度空间分析研究——以福州三坊七巷历史街区为例[J]. 城市规划，2009，33(08)：92-96.

[12] 陈铭，李汉川．基于空间句法的南屏村失落空间探寻[J]. 中国园林，2018，34(08)：68-73.

[13] 李伯华，杨家蕊，刘沛林，等．传统村落景观价值居民感知与评价研究——以张谷英村为例[J]. 华中师范大学学报(自然科学版)，2018，52(02)：248-255.

[14] 刘锐，卢松，邓辉．城郊型乡村旅游地游客感知形象与行为意向关系研究——以合肥大圩镇为例[J]. 中国农业资源与区划，2018，39(03)：220-230.

[15] 李景奇．环都市区乡村生态景观重构、规划理论与建设模式研究[J]. 上海城市规划，2020(01)：8-12.

[16] 周尚意．发掘地方文献中的城市景观精神意向——以什刹海历史文化保护区为例[J]. 北京社会科学，2016(01)：4-12.

[17] 李婧，杨定海，肖大威．海南岛传统聚落及民居文化景观的地域分异及形成机制[J]. 城市发展研究，2020，27(05)：1-8.

[18] 李天依，翟辉，胡康榆．场景·人物·精神——文化景观视角下香格里拉传统村落保护研究[J]. 中国园林，2020，36(01)：37-42.

[19] 刘春腊，徐美，刘沛林，等．传统村落文化景观保护性补偿模型及湘西实证[J]. 地理学报，2020，75(02)：382-397.

[20] 邓启耀．从马背到牛背——云南蒙古族民间叙事中的文化变迁镜像[J]. 广西民族大学学报(哲学社会科学版)，2010，32(04)：21-32.

[21] Alan P. Space syntax and spatial cognition[J]. Environment and Behavior，2003，35(1).

[22] 张楠，姜秀娟，黄金川，等．基于句法分析的传统村落空间旅游规划研究——以河南省林州市西乡坪村为例[J]. 地域研究与开发，2019，38(06)：111-115.

[23] 陶伟，陈红叶，林杰勇．句法视角下广州传统村落空间形态及认知研究[J]. 地理学报，2013，68(02)：209-218.

[24] 陈丹丹．基于空间句法的古村落空间形态研究——以祁门县渚口村为例[J]. 城市发展研究，2017，24(08)：29-34.

作者简介

鲁俊奇，1994年生，男，汉族，陕西，西南林业大学园林园艺学院城乡规划学在读硕士研究生。电子邮箱：343043668@qq.com。

韩丽，1994年生，女，汉族，甘肃，西南林业大学园林园艺学院城乡规划学在读硕士研究生，电子邮箱：2239660825@qq.com。

樊智丰，1986年生，男，汉族，内蒙古，西南林业大学园林园艺学院风景园林学在读博士研究生。电子邮箱：443498154@qq.com。

马聪，1977年生，男，回族，云南，硕士，西南林业大学园林园艺学院讲师，主要从事风景园林、城乡规划研究。电子邮箱：macong727@sina.com。

马长乐，1976年生，男，汉族，新疆，博士，西南林业大学园林园艺学院、国家林业和草原局西南风景园林工程技术研究中心教授，博士生导师，主要从事风景园林教学与研究工作。电子邮箱：machangle@sina.com。

《濠畔绘卷》

——游戏化设计在城市历史环境更新中的应用①

" the Scroll of Yudai Canal"

Application of Gamification Design in Urban Historical Environment Regeneration

高　伟　郭雨薇　江帆影

摘　要： 广州作为拥有2200多年建城史的"千年商都"，有大量极具价值的历史环境已消逝在城市变迁进程中，且正在被公众遗忘。选择广州玉带濠及其沿岸的历史环境作为研究对象，从鼓励公众参与城市历史景观保护实践的可持续发展教育理念出发，在"机制-动态-美感体验"（MDA）框架的指导下，运用游戏化的设计方法与途径，设计《濠畔绘卷》游戏。通过游戏向公众传递历史环境中积累的社会一生态实践信息、知识与智慧，将公众和广州已消逝的历史结合起来，以此帮助公众认知和理解城市历史景观的危机、思考解决方案及培养解决问题的实践能力，从而建立公众和城市历史环境的可持续关系，促进城市建成环境的可持续发展。

关键词： 游戏化设计；城市历史景观；社会一生态价值；玉带濠；广州

Abstract: As the millennial business center that has a history of more than 2200 years, Guangzhou has a lot of valuable historical environment that has disappeared in the process of urbanization. Based on the educational concept of sustainable development that encourages the public to participate in the protection practice of urban historical landscape, the game "the Scroll of Yudai Canal " was designed by means of gamification design methods and approaches under the guidance of MDA framework of "Mechanism-Dynamic-Aesthetic ". The relay to the public through the game accumulate in the environment of social-ecological practice information, knowledge and wisdom, and combine the public and the history of Guangzhou has vanished, cognitive urban historical landscape to help the public crisis, thinking about the solution, and cultivating the practical ability to solve the problem, so as to establish the public and the urban historical environment sustainable relationship, in order to promote the sustainable development of the urban built environment.

Key words: Gamification Design; Historic Urban Landscape; Socio-Ecological Value; Yudai Canal; Guangzhou

1　概述

1.1　研究背景

我国目前正处于经济、社会高速发展时期，城市化进程不断加快，城市历史保护与发展之间的矛盾也日益突显[1]：城市景观的趋同和单调、公共场所和福利设施缺乏、基础设施不足、社会隔离以及与气候有关的灾害风险加大等，使得社会结构和空间被打碎、城市及周边乡村地区环境急剧恶化[2-3]。在遗产保护领域，面对城市变迁、自然灾难、人为破坏等历史原因，我国的城市历史景观面临消逝的危机。在这一背景下，"可持续发展"逐渐成为遗产保护领域的热点议题并被广泛传播[3]。UNESCO将可持续发展议题集成到世界遗产保护的流程中，提出以可持续发展的眼光看待世界遗产保护：不仅要保护遗产的突出普遍价值（OUV），还要关注后代的福祉[3-4]。要实现可持续发展，需要从根本上改变个人和社会的思维方式和行为方式，从而向可持续的生活方式过渡，将可持续发展的关键问题纳入教学中的可持续发展教育（Education for Sustainable Development，简称ESD）在这其中起到了关键性的作用[5]。可持续发展教育旨在通过参与式的教育和学习途径来为受教育者提供实现可持续发展所需的知识、技能、态度和价值观，以此鼓励受教育者为实现持续发展做出实际行动。在实现可持续发展教育的过程中，具有反思性和批判性的系统思维、注重参与和合作的态度观念以及社会责任感等关键能力也在不断地被强调和重视[6-7]。

在此基础上，在教育过程中引入游戏要素和游戏体验的游戏化教学法逐渐受到可持续发展教育领域的研究者和实践者的关注[8]。游戏化（Gamification）被定义为在"在非游戏场景中使用游戏要素"[9]，强调对游戏要素进行重新筛选、优化、组合，形成新的机制并将其应用到实践活动中，以增强体验感和有趣性的这一过程[10]。可持续发展教育的主要目标之一就是增强公众的参与感和责任感，鼓励公众为实现持续发展采取实际行动，而游戏化教学法在相关研究中被证明能够更好地引起受教育者的兴趣，同时还可以有效提高受教育者在可持续发展教

① 基金项目：广东省自然科学基金项目"基于信息模型技术的城市历史景观特征要素数据库构建研究—以广州为例（项目编号：2017A030310461）"资助。

育这一过程中的参与度，以此对受教育者的意识和行为产生影响[11-12]。基于此，严肃游戏（Serious Games）作为一种参与式方法已经被运用到可持续发展教育的实践中。严肃游戏是指具有明确且经过深思熟虑的教育目的，并非以娱乐为主要目的的游戏[13]。严肃游戏自提出以来被广泛运用在自然资源管理、城市规划等诸多领域[14-15]，将实现可持续发展作为主要目的的严肃游戏邀请利益相关者以玩家身份参与游戏，旨在借助游戏的形式帮助参与者了解复杂的现实情况，帮助参与者在游戏过程中进行学习，鼓励参与者在游戏过程中通过理解与思考为可持续发展提供新的解决方案[16-17]。

为满足遗产保护和可持续发展的需要，城市历史景观（Historic Urban Landscape，简称 HUL）这一概念作为兼顾保护与发展的一种整体性方法被提出，该方法着眼于文化和自然价值及属性经过历史累积沉淀而成的城市区域，不仅包括了更广泛的城市背景及其地理环境等，同时还包括社会和文化方面的做法及价值观、经济进程以及与多样性和特性有关的遗产的非物质方面[18]。基于此，本研究以广州玉带濠及沿岸城市历史景观为研究对象，着眼于曾经的社会活动在城市历史环境中积累的社会-生态实践信息、知识与智慧，运用游戏化的方法与途径，将公众和广州已消逝的历史结合起来，建立公众和城市历史环境的可持续关系，以促进城市建成环境的可持续发展。

1.2 研究框架

研究以罗宾·休尼克（Robin Hunicke）等提出的“机制-动态-美感体验”（Mechanics-Dynamics-Aesthetics，简称 MDA）结构模型[19]为指导框架，系统地梳理了游戏设计框架与游戏过程之间的关系，分别从游戏设计者和游戏参与者的角度出发来分析设计过程中各游戏要素间的层层推进关系。MDA 结构模型将游戏过程分解为具体的不同组成要素——规则（Rule）、系统（System）、乐趣（Fun），并以此定义其在游戏设计中的对应形态：机制（Mechanics）、动态（Dynamics）和美感体验（Aesthetics）。在此过程中，机制是在游戏环境中提供给参与者的一系列动作、行为和控制能力，连同游戏的内容（关卡、资产等），机制支撑起全部的游戏体验动态；动态是随着时间、动态描绘出参与者输入和其他输出在机制的作用下的即时行为，动态的作用在于创建美感体验；美感在这里不是指游戏的视觉元素，而是游戏的用户体验，即当参与者与游戏系统互相影响的时候，参与者被唤起的情感回应[20]。MDA 结构模型明确了参与者是以“体验”为接触游戏的第一个层面，而游戏设计者则以“体验”为设计目标，这使得该结构模型下的游戏以参与者产生的体验为游戏的最终目标，将游戏体验视为设计的最终结果（图 1）。

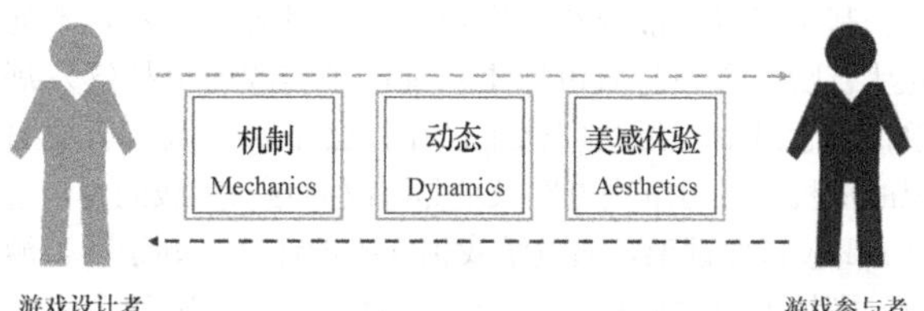

图 1 MDA 结构模型中设计者和参与者的不同视角

2 可持续发展教育游戏《濠畔绘卷》设计

2.1 城市历史环境背景

广州城市拥有 2200 年以上的建城历史，城市环境变迁中所留下的传统智慧对今天的城市环境建设依然有很大的价值。但在当今快速的城市化发展过程中，公众对广州历史已缺乏基本的认知，许多具有地域特色的广州城市历史景观已被公众遗忘，无法得到合理保护。

玉带濠作为广州古城南面的护城河和避风港，开凿于北宋时期（1011 年）。在中国宋代至清代（1010-1900 年），玉带濠沿岸商业繁荣，逐渐成为广州商业与文化中心。但由于过度开发，玉带濠在民国时期（1930 年）已经成为一条臭水沟，1952 年被改建为暗渠（图 2）。玉带濠过去作为广州城的护城河与水运枢纽，如今已被埋藏在淤泥地之下；其沿岸的濠畔街曾经作为繁荣的会馆、商

图 2 玉带濠历史照片

贸活动的聚集地，现也仅剩下稀疏的皮革生产作坊车间和货品仓库。如今的濠畔街安静地隐秘在广州老城一角，现存场景难以让人联想到这条静谧的小街曾是广州城最繁华的商业地段。对于已消逝的玉带濠沿岸景观，尽管部分常住的老居民对此还有少许印象，然而随着时间的流逝也不可避免地被遗忘。同时，濠畔街的主要居民是外来务工人员，对于濠畔街社区与玉带濠的历史更缺乏认识。没有被持续传诵的历史，很快就会被人们遗忘，没有有效的历史信息传播途径，历史难以与当今发生联系。

2.2 《濠畔绘卷》游戏设计

基于广州玉带濠及沿岸城市历史景观的现状，本研究从鼓励公众参与城市历史景观保护实践的可持续发展教育理念出发，帮助广州市民在社会中认知城市历史景观的危机、思考解决方案及培养解决问题的实践能力，遵循 MDA 指导框架，通过游戏化方法设计《濠畔绘卷》游戏，模拟曾经发生在玉带濠及其沿岸濠畔地区的生态环境变迁和对应的社会活动，重现自宋代玉带濠开凿以来发生在这一历史环境中的一系列社会－生态实践过程。《濠畔绘卷》游戏化设计将参与者的美感体验和情感归属作为游戏的最终目标，在充分考虑参与者自身认知、社会环境、文化环境及经验背景等会对游戏体验产生影响的相关因素的基础上对游戏机制、参与动态与美感体验进行设计。

2.2.1 游戏机制

《濠畔绘卷》游戏以回合制机制开展，资源配置可以被视为该游戏的核心胜负机制。游戏要求参与者在游戏过程中，通过对自然资源的管理和对相关建成环境要素的配置布局，重新书写玉带濠的历史进程，游戏目标使得繁盛一时的玉带濠在广州城市历史演变过程中幸存。

2.2.2 游戏流程

《濠畔绘卷》游戏的基本流程可概述为游戏准备、执行事件、资源配置 3 个阶段（图 3），此处通过梳理游戏流程的设计进一步对游戏机制展开说明。

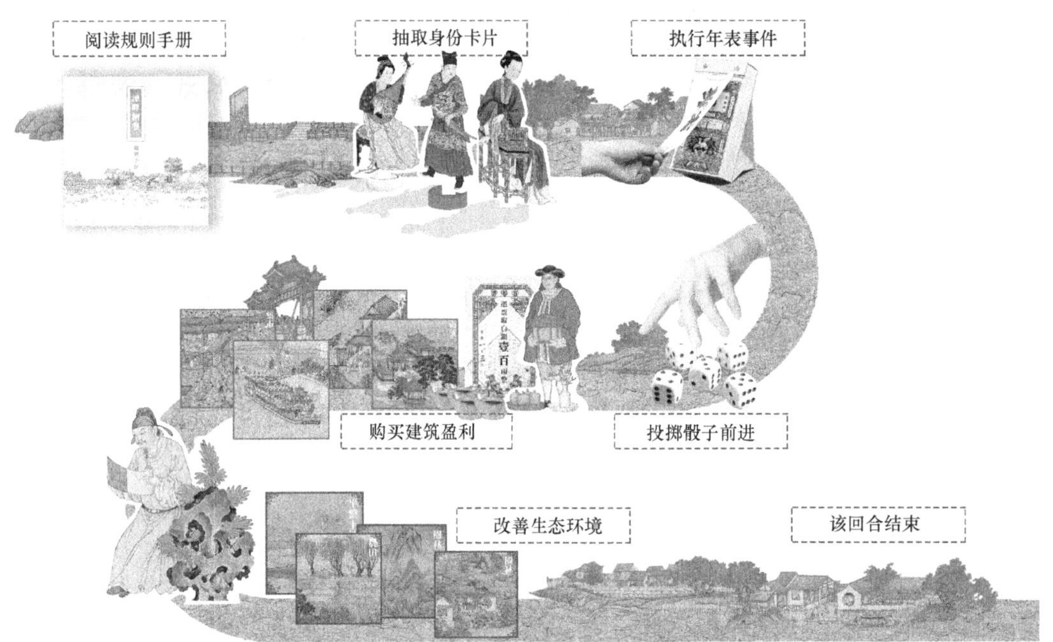

图 3　游戏流程

（1）“游戏准备”阶段设计

在游戏准备阶段，游戏参与者抽取人物身份卡片，并根据不同的身份领取相应的“资源”。同时身份卡片将作为棋子在游戏棋盘中使用（图 4）。《濠畔绘卷》游戏选取宋代至清代历史时期内与玉带濠产生关联的具有突出特征或具有代表性的人物形象形成游戏的人物“身份”。

在游戏准备阶段还要求参与者在游戏开始前阅读词汇卡中的内容，在游戏正式开始前对游戏内容建立基本认知（图 5）。词汇卡是游戏设计将《濠畔绘卷》游戏中出现的生态系统服务、城市韧性、城市历史景观等相关的学术性词汇和释义汇总形成的游戏词汇卡。

（2）“执行事件”阶段设计

游戏参与者在“执行事件”阶段依照游戏给出的事件表开展游戏回合，每一回合都有特定的历史事件。不同的游戏回合的历史事件会产生不一样的游戏效果，回合事件带来的游戏效应是游戏参与者在后续资源配置阶段对拥有的资源进行管理和分配时需要重点考虑的因素，在游戏中真实历史事件也因此直接影响游戏的整体走向（表 1）。

《濠畔绘卷》游戏设计在“执行事件”阶段的设计工作上，首先对玉带濠及其沿岸的历史环境信息进行了认知与识别，基于原真性与完整性原则对历史信息进行了分析研究，对相关专著、地方志、画作、影像、录音等资料进行深度挖掘，重点关注生态环境变迁和社会活动对玉带濠及其沿岸地区的发展带来的影响。

游戏设计通过比较分析将影响玉带濠及其沿岸历史环境变迁的主要因子归纳为以水系变迁为代表的自然地理因子、以朝代更迭为代表的社会制度因子、以商业发展

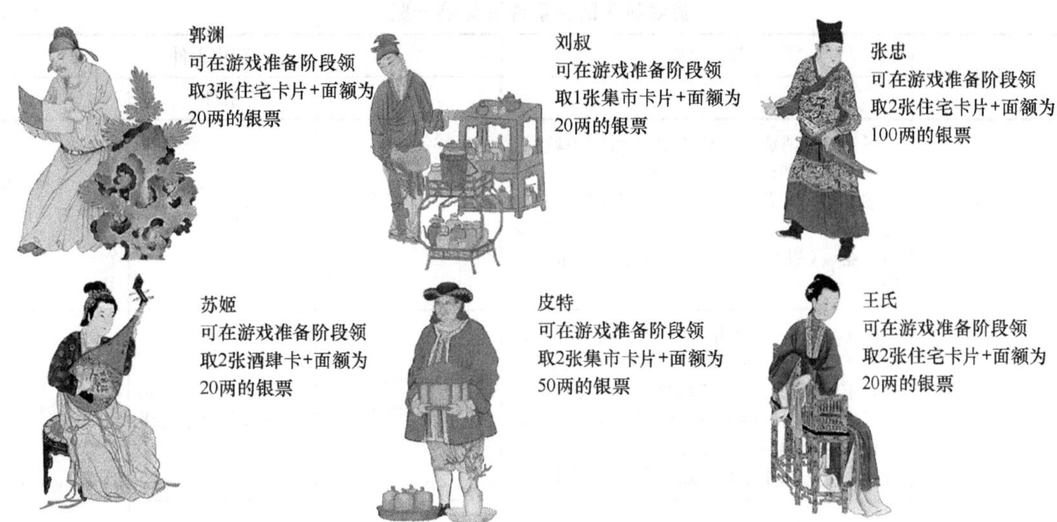

图 4　游戏身份卡片

游戏词汇卡

词汇	词汇释义
遗产价值	个人附加在一种可遗留给后代的资源的重要性
生物多样性	有机生命体之间的多样性，包括陆地、海洋和其他水生生态系统。生物多样性包括物种内部的多样性、物种间的多样性以及生态系统之间的多样性
生态价值	对生态系统的完整性、健康或复原能力的非经济评估，而完整性、健康或复原能力都是用来确定生态系统服务供应的临界点和最低要求的重要指标
人类福祉	一种依赖于周围环境和境况的状态，包括构成美好生活的基本物质产品、自由和选择、健康的体魄、良好的社会关系、安全、内心安宁以及精神生活丰富
碳封存与储存	生态系统可通过储存和吸收温室气体来调节全球气候。随着树木与植物生长，它们能够清除空气中的二氧化碳并将其有效锁在其组织中。这样，森林生态系统就成为碳储藏室。生物多样性也可通过提高生态系统适应气候变化影响的能力而发挥重要作用
生物防治	生态系统对控制害虫和病菌传播疾病（危害植物、动物和人）很重要。生态系统通过捕食者和寄生生物的活动控制害虫和疾病。鸟、蝙蝠、苍蝇、黄蜂、青蛙和真菌都可以进行自然控制
物种生境	生境可提供植物或动物生存所需的一切：食物、水和庇护所。每一种生态系统都可提供不同的生境，这些生境对物种的生命循环至关重要。迁徙物种，包括鸟、鱼类、哺乳类动物和昆虫等，在迁徙途中都需要依赖不同的生态系统
维持遗传多样性	遗传多样性指物种群落之间及内部基因的多样性。遗传多样性可区别不同的品种或种类，是引进适合地方栽培的品种的基础，并为将来发展经济作物和牲畜提供基因库。有些生境物种种类多，与其他栖息地相比，其基因更加多样化，因此它们被称为"生物多样性热点"
精神体验与地方感	世界上许多区域的自然地貌，如奇特森林、岩洞或山脉，都被认为是神圣的，具有宗教意义。自然是许多主要宗教和传统知识的共同要素，相关习俗对于形成归属感非常重要
生态稳定性或生态系统健康	对生态系统的动态属性的描述。如果一个生态系统受到干扰后可恢复原始状态，发生不太明显的暂时变化，或者受到干扰时不会发生显著变化，那它就是稳定或健康的生态系统
生态系统	植物、动物和微生物群落以及它们的无生命环境作为一个功能单位交互作用形成的一个动态复合体
生态系统服务	指从生态系统获得材料或能源输出的生态系统服务。包括食物、水、原料和淡水资源
生态系统服务类型：供给型服务	生态系统对人类福祉的直接和间接贡献。我们将生态系统提供的服务分为供给型、调节型、支持型和文化型四种
生态系统服务类型：调节型服务	指生态系统充当调节器所提供的服务，包括调节空气和土壤质量、碳封存与储存、减缓极端气候事件、污水处理、防止土壤侵蚀，保持土壤肥沃、授粉与生物防治
生态系统服务类型：栖息地或支持型服务	几乎是所有其他服务的基础。包括物种生境，生态系统为植物或动物提供生存空间，维持遗传多样性，即能够维持不同种类动植物的多样性
生态系统服务类型：文化服务	包括人们从接触生态系统中获得的非物质利益。这包括娱乐及精神和身体健康、旅游、美学欣赏以及文化艺术和设计启迪、精神体验和地方感

GAMEPLAY GLOSSARY CARD

VOCABULARY	EXPLANATION
Asset	economic resources
Heritage value	The importance of personal attachment to a resource that can be left to future generations
Biodiversity	the variability among living organisms, in-cluding terrestrial, marine, and other aquatic ecosys-tems. Biodiversity includes diversity within species, between species, and between ecosystems
Ecological value	Non-monetary assessment of ecosystem in-tegrity, health, or resilience, all of which are important indicators to determine critical thresholds and minimum requirements for ecosystem service provision
Human well-being	concept prominently used in the Millennium Ecosystem Assessment – it describes elements largely agreed to constitute 'a good life', including basic material goods, freedom and choice, health and bodily well-being, good social relations, security, peace of mind, and spiritual experience
Carbon sequestration and storage	As trees and plants grow, they remove carbon dioxide from the atmosphere and effectively lock it away in their tissues
Biological control	Ecosystems are important for regulating pests and vector borne diseases
Habitats for species	Habitats provide everything that an individual plant or animal needs to survive. Migratory species need habitats along their migrating routes
Maintenance of genetic diversity	Genetic diversity distinguishes different breeds or races, providing the basis for locally well-adapted cultivars and a gene pool for further developing commercial crops and livestock
Spiritual experience and sense of place	Nature is a common element of all major religions; natural landscapes also form local identity and sense of belonging
Ecological stability or Ecosystem health	Ecological stability or Ecosystem health: A description of the dynamic properties of an ecosystem. An ecosystem isconsidered stable or healthy if it returns to its original state after a disturbance, exhibits low temporal variability, or does not change dramatically in the face of a disturbance
Ecosystem	A dynamic complex of plant, animal and micro-organism communities and their non-living environment inte-racting as a functional unit
Ecosystem services	The direct and indirect contribu-tions of ecosystems to human well-being. The concept 'ecosystem goods and services' is synonymous with ecosystem services
Provisioning Services	Provisioning Services are ecosystem services that describe the material outputs from ecosystems. They include food, water and other resources
Regulating Services	Regulating Services are the services that ecosystems provide by acting as regulators eg regulating the quality of air and soil or by providing flood and disease control
Habitat or Supporting Services	Habitat or Supporting Services underpin almost all other services. Ecosystems provide living spaces for plants or animals; they also maintain a diversity of different breeds of plants and animals
Cultural Services	Cultural Services include the non-material benefits people obtain from contact with ecosystems. They include aesthetic, spiritual and psychological benefits

图 5　游戏词汇卡

为代表的经济技术因子和以商业文化与岭南文化为代表的文化形态因子 4 类，并借助以上影响因子对曾经作用于场地的历史环境要素与历史事件进行筛选和分类，将筛选得出的某些具有代表性的历史事件视为对玉带濠发展产生重大影响的历史拐点，编写进游戏回合事件中。

(3)"资源配置"阶段设计

"资源配置"阶段在《濠畔绘卷》游戏中可以被理解为是游戏参与者对其所拥有的资源进行选择、置换、再分配等一系列动态操作，以此不断强化自身资源优势的过程。该过程最普遍的做法就是"买卖"，也体现为货币、土地、人力、点数等的获取和消费。

游戏参与者在资源配置阶段通过货币购买建筑卡片和环境卡片，将卡片布置到有限的土地中。在这个过程中，参与者需要通过对接下来的游戏事件的预测和判断来合理分配建筑卡片和环境卡片的占比，以保证玉带濠及其沿岸地区能够在良好自然环境中兼顾经济和文化的发展（图 6）。

游戏前3回合事件及影响一览 **表1**

回合数	时间	背景事件	随机事件		
		事件	效果	事件	效果
1	北宋真宗四年（1011年）	玉带濠开凿成为广州古城南面的护城河。据《宋史邵晔传》记载："广州濠濒海，每蕃舶至岸，常苦飓风为害，晔凿内濠通舟，飓不能害"。护城壕开凿完成，沿岸百姓安居乐业。（初始建筑：基础住宅、集市、酒肆）	所有玩家获得1张住宅卡片	饥荒，春大饥，斗米千钱，时饥民聚众为盗	政府增加税收，没有农田卡片的玩家资产50两
2	北宋庆历四年（1044年）	庆历四年（1044年）加筑子城，南宋嘉定三年（1210年）加建雁翅城。"广州古城，宋元以来，复有三城之筑"。濠畔街与南部生成的沿江滩地纳入管辖范围之内，治安环境与土地利用情况都有所改善。因治安环境良好，往年遭受偷盗情况得以缓解	地块内有水体的玩家获得额外收益20两	玉带濠开凿完成，水上交通便捷	玩家每有1张建筑卡片获得额外收益5两
3	北宋年间（960-1127年）	《越秀商业街巷》："濠畔街西北方有一码头，宋代称为西澳，是颇具规模的外贸码头，中外商船在这里把犀角、象牙、翠羽、玳瑁、龙脑、沉香、丁香、乳香、白豆蔻等卸下船，把各种精美瓷器、丝织品、漆器、糖、酒、茶、米装上船。每天装船、卸货、泊岸、离岸，穿梭往来，忙碌不停。"	码头带动集市发展，拥有集市卡片的玩家可获得额外收益30两	飓风，南海八月飓风，洪潦大涨，商船入濠避风	（1）地块内有水体的玩家收益+10两；（2）所有玩家地块上的1张树林卡片消失（若无树林卡片则成本最低的1张建筑物卡片消失）

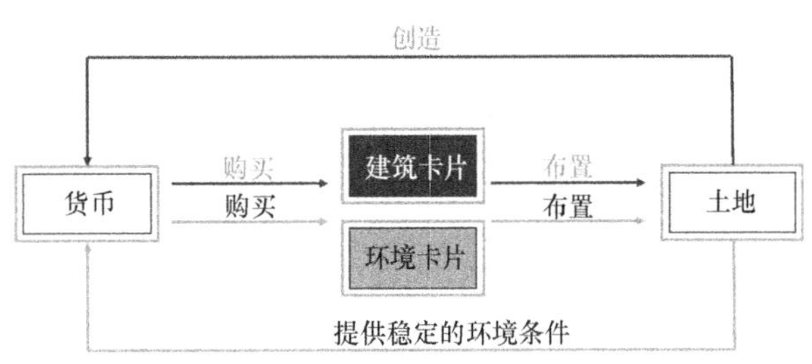

图6 游戏各资源间关系示意

资源配置可以看作是《濠畔绘卷》游戏的核心胜负机制，资源配置阶段也是游戏的关键阶段。游戏向参与者提供的资源可以被概括为货币、土地、建筑卡片和环境卡片几种基本形式。游戏设计通过对历史资料的梳理，总结出各历史阶段曾经出现在玉带濠沿岸的具有代表性的商业建筑形态，以建筑卡片的形式出现在游戏中供参与者选择，"建筑"这一要素可帮助游戏参与者创造更多的收益，获取"资源"。游戏设计中同时还将广州城玉带濠的生态系统简化为水系、农田、树林、园林4种能提供不同生态系统服务的要素类型，以环境卡片的形式出现在游戏中，"环境"要素可以帮助游戏参与者创造良好且稳定的环境基础。

3 游戏化设计在可持续发展教育中的应用

3.1 建立社会-生态动态平衡系统

MDA框架的基本思想认为，游戏除了是设计者向参与者进行信息传播的媒介外，更应该是游戏机制下玩家之间、游戏机制和玩家之间的交互过程，这一交互过程正是游戏的内容所在[19]。MDA框架将这一交互过程定义为动态系统，是框架中承上启下的重要部分：从设计者的角度来看，游戏机制产生了动态系统行为，而动态系统行为又产生了特定的游戏体验；从游戏参与者的角度来看，游戏体验奠定了基调，它诞生于玩家可接触到的动态系统中，并最终成为可操作的游戏机制。

《濠畔绘卷》游戏要求参与者通过思考和运用历史知识与生态智慧来平衡游戏进行过程中生态环境与个人利益之间的关系。基于以上目标，在游戏的设计过程中将建筑盈利机制纳入游戏体系中，同时将生态系统服务以及城市韧性理论中的环境灾害抵御纳入游戏体系中，演变成良好生态环境的建设与环境灾害抵御机制。游戏回合事件通过模拟和重现各类经济、生态、环境、社会、灾害和气候变化事件来对游戏场地的社会-生态系统产生扰动，要求参与者通过构建社会一生态系统弹性环境来吸收这些干扰量，以实现场地的可持续发展。当参与者在资源配置阶段过于注重生态环境建设或社会活动而忽视其余部分时，游戏会通过奖惩机制和胜负机制及时对这些不利于场所可持续发展的行为进行反馈和矫正，以确保玉带濠这一城市历史景观在保证生态服务不受侵害的基础上进行可持续的经济服务提升，由此建立游戏的社会-生态动态平衡系统（图7）。

3.2 重塑场所情感

MDA框架中的美感体验描述的是参与者在与游戏系统交互时所产生的情感反应。在《濠畔绘卷》游戏中，这一情感反应除了参与者在游戏过程中感受到的"有趣"和"可玩性"以外，更应该关注的是以玉带濠当地社区居民为主的游戏参与者对玉带濠城市历史景观的感知、认同感和归属感等场所情感。

场所是基于人的行为活动、使用方式与物质环境发生

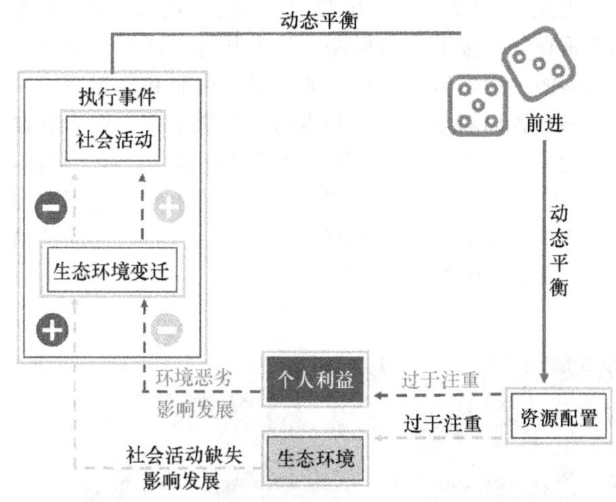

图 7　游戏的社会-生态动态平衡系统

关联，产生的有意义的空间。场所情感这一主动的、源自主体自身的心灵感受，强调的就是人与场所在关联互动过程中形成的情感反应，这一情感反应可以紧密地将主体所处物质环境同其自身的认知过程和身份认同过程联系起来。基于此，《濠畔绘卷》游戏化设计构建出了“再认知—再连结—再建设”的场所情感重塑路径，旨在借助玩家之间、游戏机制和玩家之间的交互过程，帮助参与者重新塑造场所情感，由此进一步启发参与者思考城市环境建设与优质生活构建的相关问题。

3.2.1　再认知

主体对于场所的认知能力受场所的影响特质，同时也受主体自身的文化背景、生活经验和心理状态等主观因素的影响。基于此，《濠畔绘卷》游戏设计通过生动有趣的方式在游戏过程中向参与者科普玉带濠的历史环境信息，在客观看待个体差异性的基础上，保证参与者对玉带濠的历史环境变迁过程以及玉带濠变迁过程中体现的综合地域特色、文化、传统习俗等多因素的场地特征的基本认知。为此，研究在游戏身份卡片、建筑卡片和环境卡片等游戏道具中帮助玩家建立这一基本认知（图 8、图 9）。

6cm

苏姬

苏姬—正面　　　　苏姬—反面

图 8　游戏身份卡片中的历史信息

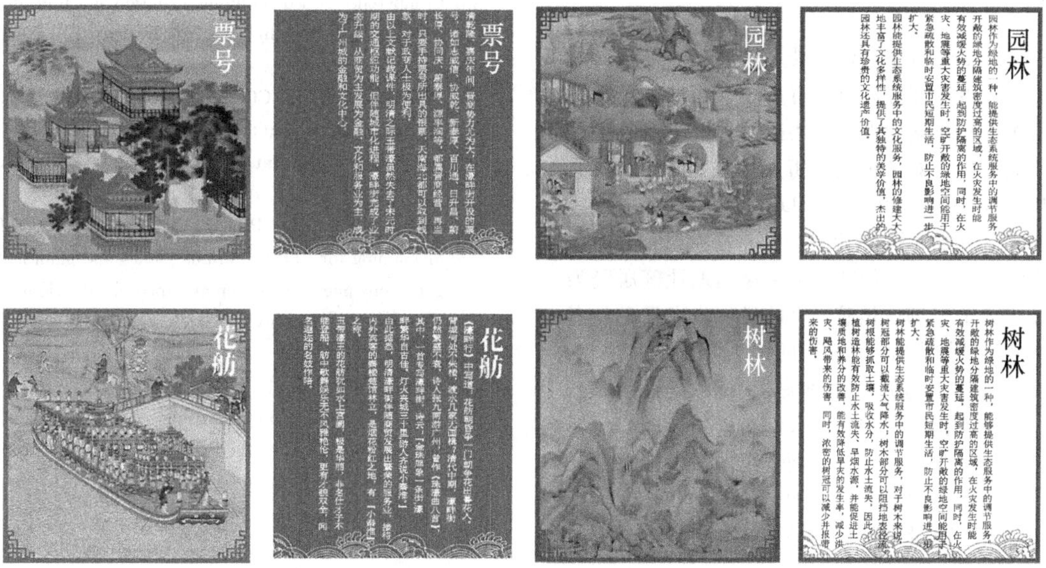

票号　票号　园林　园林

花舫　花舫　树林　树林

图 9　游戏建筑卡片和环境卡片中的历史环境信息

3.2.2 再连结

主体对于场地的价值认同和身份认同也是场所情感的重要组成部分，是主体与场所间的特殊感受与关系。认同感有助于增强主体与场所之间的互动关系和凝聚力，进而对场所产生情感依赖，由此自发对该区域的环境和文化习俗等产生保护义务，即责任感。认同感产生于人们在空间内发生的活动、事件或存在有意义的真实经验的积累，即认同感产生于主体对场所的实践过程中。

为此，《濠畔绘卷》游戏设计借助游戏的形式，向参与者重现玉带濠的发展脉络，让参与者主动参与到玉带濠发展的建设实践过程中。通过游戏机制和动态系统来鼓励参与者面对重要历史拐点时在短期利益、个人收益和长期利益，稳定的生态环境之间进行思考、做出权衡，让参与者决定玉带濠的发展走向，在这个建设过程中建立以当地社区居民为主的游戏参与者与玉带濠之间的情感归属和情感依附（图 10）。

图 10　游戏过程

3.2.3 再建设

借助游戏，在建立了公众与城市历史景观之间的情感联系的基础上，向公众传达了历史环境中积累的可供当下可持续发展借鉴的社会一生态实践经验与智慧。这一过程不仅在于帮助公众建立对待人与环境关系的正确价值观念，更在于对公众的行为意识产生影响，进而鼓励公众将以上价值观念和社会一生态实践知识与智慧反馈到实际生活中加以运用与实践，以此更好地建设历史环境，保护城市历史景观。

4　小结

在我国城市发展与城市历史景观保护之间矛盾日益激化的今天，广州大部分经典城市历史景观已经受到严重破坏，本文将游戏化的设计方法运用到以广州玉带濠城市历史环境为研究对象的城市历史景观更新中。研究遵循“机制-动态-美感体验”的 MDA 研究框架，通过建立游戏机制产生游戏的社会-生态动态平衡系统，继而借助动态系统的交互过程，帮助以玉带濠当地社区居民为主的游戏参与者重塑场所情感，由此进一步启发参与者思考城市环境建设与优质生活构建的相关问题。

研究通过游戏化的方法紧密关联城市的历史脉络，在高速发展的城市化进程中唤起人们对已消逝的广州城市历史景观的兴趣与记忆，从而进一步站在可持续发展的视角上探讨城市历史景观的保护与更新，在平衡城市快速发展和城市历史景观保护中寻求社会与自然环境的和谐共生。

参考文献

[1] 张文卓，韩锋．城市历史景观理论与实践探究述要 [J]. 风景园林，2017(06)：22-8.

[2] TURNER M. UNESCO recommendation on the historic Urban landscape [M]. 2013：77-87.

[3] 张文卓．城市遗产保护的景观方法——城市历史景观(HUL)发展回顾与反思；proceedings of the 中国风景园林学会 2018 年会，中国贵州贵阳，F，2018 [C].

[4] LARSEN P，LOGAN W，BADMAN T，et al. World Heritage and Sustainable Development：New Directions in World Heritage Management (Routledge，2018) [M]. 2018.

[5] DESD. Education for sustainable development (ESD) [M].

[6] VARE P，ARRO G，DE HAMER A，et al. Devising a Competence-Based Training Program for Educators of Sustainable Development：Lessons Learned [J]. Sustainability，2019，11(7).

[7] WIEK A，WITHYCOMBE L，REDMAN C L. Key competencies in sustainability：a reference framework for academic program development [J]. Sustainability Science，2011，6(2)：203-18.

[8] MORGANTI L，PALLAVICINI F，CADEL E，et al. Gaming for Earth：Serious games and gamification to engage consumers in pro-environmental behaviours for energy efficiency [J]. Energy Research & Social Science，2017(29) 95-102.

[9] DETERDING S，DIXON D，KHALED R，et al. From game design elements to gamefulness：defining" gamification"；proceedings of the Proceedings of the 15th international academic MindTrek conference [C]. Envisioning future media environments，F，2011.

[10] WERBACH K. (Re) defining gamification：A process approach；proceedings of the International conference on persuasive technology[C]. Springer. 2014.

[11] MEI B, YANG S. Nurturing Environmental Education at the Tertiary Education Level in China: Can Mobile Augmented Reality and Gamification Help? [J]. Sustainability, 2019, 11(16).

[12] NORDBY A, ØYGARDSLIA K, SVERDRUP U, et al. The art of gamification; Teaching sustainability and system thinking by pervasive game development [J]. Electronic Journal of E-Learning, 2016, 14(3): 152-68.

[13] ABT C C. Serious games [M]. New York: University press of America, 1987.

[14] EWEN T, SEIBERT J. Learning about water resource sharing through game play [J]. Hydrology and Earth System Sciences, 2016, 20(10): 4079-91.

[15] WACHOWICZ M, VULLINGS L, VAN DEN BROEK M, et al. 1566-7197 [R]. Alterra: 2003.

[16] MEDEMA W, MAYER I, ADAMOWSKI J, et al. The potential of serious games to solve water problems: editorial to the special issue on game-based approaches to sustainable water governance [M]. Multidisciplinary Digital Publishing Institute. 2019.

[17] RODELA R, LIGTENBERG A, BOSMA R. Conceptualizing serious games as a learning-based intervention in the context of natural resources and environmental governance [J]. Water, 2019, 11(2): 245.

[18] VELDPAUS L L, PEREIRA RODERS A A. Historic Urban Landscapes: An Assessment Framework[C]. proceedings of the iaia13 Conference: Impact Assessment the Next Generation, 2013.

[19] HUNICKE R, LEBLANC M, ZUBEK R. MDA: A formal approach to game design and game research[C]. proceedings of the Proceedings of the AAAI Workshop on Challenges in Game AI, 2004.

[20] 胡莹，姚舟，向许源．引入“试玩”的 MDA 模型游戏设计初探 [J]. 装饰，2013(05): 102-4.

作者简介

高伟，1982 年生，男，汉族，云南昆明，博士，华南农业大学林学与风景园林学院副教授，硕士生导师，风景园林专业主任，研究方向为善境伦理与历史环境教育、湾区建成环境更新与公共健康。电子邮箱：scaugw@scauladri. com。

郭雨薇，1997 年生，女，汉族，广东肇庆，在读硕士研究生，华南农业大学林学与风景园林学院，研究方向为城市历史景观与风景园林遗产保护。

江帆影，1989 年生，女，汉族，广东广州，硕士，华南农业大学林学与风景园林学院讲师，研究方向为城市历史景观与风景园林遗产保护、建成环境营造方法与理论。电子邮箱：riverjfy @qq. com。

论"园中园"在中国现代公园中的传承与拓新①

On the Inheritance and Expansion of "Garden in the Garden" in China's Modern Park.

何梦瑶　赵纪军*

摘　要："园中园"是我国传统园林中的一种园林形式与造园手法，早在《周礼》中便有所记载。中华人民共和国成立，尤其是改革开放后，现代公园园中园的建设成为不可被忽视的风景园林现象，其中的植物专类园中园更是独树一帜。通过梳理从古代皇家园林园中园到现代公园园中园的形式重现与意识转变的过程，比较两者在不同时代背景下在思想内涵、规划形态、空间营造上的差异，来总结现代园林营造对园中园的传承与拓新，以期为园中园的进一步发展提供启迪。

关键词：园中园；皇家园林；现代公园；传承拓新

Abstract: "Garden in the garden" is a kind of garden form and garden techniques in our country's traditional garden, as early as in "Zhou Li" has been recorded. After the founding of New China, especially after the reform and opening-up, the construction of garden in the modern park has become a phenomenon of landscape architecture, among which the plants special garden in the garden is unique. By combing the process of reproducing and changing consciousness from the ancient royal garden in the garden to the garden in the modern park, comparing the differences between the two in the ideological connotation, planning form and space creation under the background of different times, this paper summarizes the inheritance and expansion of modern garden construction to the garden, with a view to providing enlightenment for the further development of garden in the garden.

Key words: Garden in the Garden; Royal Garden; Modern Park; Inheritance and Innovation

引言

无论是在帝王统治的封建时代还是在民主共和的现代社会，园中园在中国园林的发展历程中始终有着独特身影，以丰富的内涵、精彩的内容、整体的规划思想等为特色，自成一体而融入园林。发端于殷周之际的皇家园林形成了完备的规划设计方法，园中园"协调和统一苑囿整体与局部构成之间的各种复杂矛盾，成为历代皇家园林规划设计不可或缺的重要环节"[1]。中华人民共和国成立后不断建设、发展的现代公园逐渐在绿地系统、公园城市等理论指导下向系统性演进，园中园的前期规划、后续增添与不断更新成为园林建设中独树一帜的现象。从内容和形式上看，现代公园园中园是集锦式规划设计思想下，继承传统园林艺术的产物；而从其发展变迁中总结，具有古典园林意味的园中园是运用创新性园林建设技法，表达新意内容和展现新时代面貌的手段。

追溯园中园的历史渊源，它的产生、演进与皇家园林的发展密切关联，园中园出现在皇家园林产生发展的初期，皇家园林的建设性质与发展需求催生了这种创作形式，其本质上具有"总体规划基本构成要素"的意义[2]；同时，园中园也成为皇家园林的显著特色，同风景点和建筑群构成集锦式布局[3]。在其相关探讨中，皇家园林园中园占大量篇幅，包括小园视角的个案研究[4-6]，以及更为系统地从概念、历史沿革、空间设计、成因、类型、特点、地形处理等方面[7-11]展开的探讨。但从其现代发展和应用上看，关注对象多为园博园[11]、居住区中式园林景观[12]等形式，从现代公园角度出发的园中园研究较少。《城市规划理论・方法・实践》将园中园视为中小型园林的类型之一，强调其具体而微的特色，视其为中国园林的精髓，从古至今较为系统地讨论了园中园，总结其设计特色，但并未区分不同社会背景下的差异与承继关系[13]。此外，一些独特的视角与观点也反映了园中园丰富的内涵与外延。余树勋在《园中园》一书中，从古今中外园林的形式和内容出发，引入"标题音乐"的概念，强调园中园群众活动的内容[14]。

园中园是一种顺应时代发展而持续焕发活力的园林形式，但它保持经久不衰的生命力的根本原因在于它对传统"园中园"这种造园手法和规划思想的延续。其所体现的对中华民族含蓄、隐逸的心理关照；对封建社会建筑形制影响下的院落式景观的回应；对化整为零、集零为整的规划手法的运用都展现出其存在与发展的必然性和必要性[13]。因此，作为传承传统园林特色的重要方面，园中园有着重要的研究价值。本文立足大型园林，聚焦现代公园植物专类园中园。通过对古代皇家园林园中园与现代公园园中园产生、构思、实践及结果的比照，即对园中园创作的历史背景、在规划设计中扮演的角色、立意构思的目的与期待、具体空间的呈现特色、产生的影响等多方

① 基金项目：国家自然科学基金面上项目（编号52078227）资助。

面的分析，总结现代园林营造对园中园这一历史现象的传承与拓新，以及社会变迁下不同小园形象所反映的传统与现代间的差异，弥补园中园理论在现代公园发展上的空缺，为其拓新发展提供启示。

1 从“辟雍”“囿游”“苑中苑”到现代公园“园中园”

园中园的发端可追溯于周初，《诗经·灵台》中对周文王苑囿有如下描述：“王在灵囿，麀鹿攸伏。麀鹿濯濯，白鸟翯翯。王在灵沼，於牣鱼跃。虡业维枞，贲鼓维镛。於论鼓钟，於乐辟雍[15]。”融入整个灵囿空间但有着不同钟鼓之乐的“辟雍”可谓是园中园的一种。此外，《周礼》中有“囿游，囿之离宫，小苑观处也。养兽以宴乐观之[16]。”对此，东汉经学巨匠孙冶让从汉代“苑中苑”的概念对“囿游”进行解释：“盖郑意囿本为大苑，于大苑中，别筑藩界为小苑，又于小苑中为宫室，是为离宫。以其为面中游观之处，故曰囿游也[17]。”由此可见，具有大小视野、游观功能的“囿游”“苑中苑”是园中园的雏形，且有确切的定义。此后，园中园也随皇家园林的日益成熟而呈现出一条清晰的发展脉络，台观建筑群作为独立群体嵌入山水合抱的优美环境，园中园以“苑中别馆”的形式在秦及汉早期萌发着“移天缩地在君怀”的思想；大型苑囿上林苑中体现的“苑中苑”规划思想在汉代开始普及，为后世园中园的建设提供了理念启迪；将天然风景、民间市肆等景象和功能再现、浓缩于不同景区，魏晋时期的园中园具有更细致的主题性质的分类方式。《大业杂记》中记载：“海北有龙鳞渠，屈曲周绕十六院入海”[18]，隋西苑龙鳞渠屈将16个庭院式园中园纳入恢宏的风景规划体系之中，有机联系而独立成景的小园林集群体现了园中园规划思想更为成熟的运用。唐代的温泉宫苑、植物专类园则进一步使园中园的形式与内容多样化，其整体连缀且相互独立规划思想在游观功能的注重下得到巧妙运用。伴随着两宋时期文化艺术的深入开拓，植物意境的营造被融合于园中园的建造，南宋临安的后苑因季节区分的不同园林游赏区，产生了具有主题体系的园中园格局。辽金时期，以行宫御苑为首的集锦式风景营建模式进一步延续了园中园的设计手法，燕京西郊的“八大水院”见证着这一承前启后的重要阶段。元明时期大内御苑园中园的建设拉开全盛发展的序幕，西苑中仙山琼阁之境、水乡田园之趣以园中园为载体在水岸疏朗点置。通过“化整为零，积零为整”的规划思想与集锦式布局的贯彻运用，仿中有创、包罗万象的园中园在清代的园林营建中得到了淋漓尽致地发挥[8]。园中园凝聚了皇家园林中的精华内容，从园林主题、意境内涵到骨架格局无不有着宏观系统与精巧细致的构思。这种宏观与微观构园视角并行的园林形式与皇家园林的发展相互促进与支撑，同时其所体现的主题、意趣也是传统社会生活与文化的缩影。

从古代君怀到现代民思，园中园的形式在现代公园中得到再现，它背后的规划思想在回溯山水传统与满足民众多样性休闲娱乐需求的园林实践中得到展现，但它的使用者无疑发生了彻底的颠覆。皇家园林园中园精细巧妙的个体构思与宏观整体的规划格局反应皇帝的身份象征与政治抱负，而现代公园园中园以其自成一体的鲜明特色成为大众感受传统园林特色、开展文化活动的场所。探寻现代公园园中园现象的显现，早期多以植物造景为主题来呈现。其实，园林植物作专类布置的造园方法在中国传统园林的发展中有着悠久的历史，“桃之夭夭，灼灼其华”是在《诗经》中记载的桃园胜景。但现代意义上的植物专类园出现于16世纪中叶的欧洲，注重对植物资源的记录、培育、研究和展示[19]。中华人民共和国成立后，专类园随着园林绿化的恢复与发展得以重视，它们不仅出现于植物园中，也以园中园的形式运用于现代城市公园，在深化与开拓游览环境的同时，汇集植物资源进行保存与利用。初建于1927年的武汉中山公园在中华人民共和国成立后得到进一步发展，于1951年新建的撷翠园坐落于全园中区且被湖水环绕，通过多功能展览馆和观赏温室等主要建筑打造花卉植物观览的特色主题[20]；在孙筱祥于1952-1955年间完成规划设计的杭州花港观鱼公园中，牡丹园成为以植物造景为主题的公园主要景区之一。20世纪60年代，盆景园也以植物专类园中园的形式再现古老的盆景艺术于园林式空间，在独立的山水环境中谱写“立体的画，无声的诗”，使户外盆景展览在传统艺术的弘扬风潮中备受推崇。广州流花湖公园西苑（建于1964年）、桂林七星公盆景园（建于1977年）、武汉解放公园兰园（建于1978年），以及20世纪80年代成都百花潭公园、桂林虞山公园、昭通清官亭公园、汕头中山公园；20世纪90年代天津水上公园、沈阳南湖公园、深圳东湖公园、昆明大观公园等城市公园中相继建成的盆景园都见证着传统盆景艺术的复兴发展。

2 理念意涵：从“帝王意志”到民族情感

园中园因在规模宏大的园址上进行细致处理的需要以及满足皇帝使用、心理需求而诞生。因此，皇家园林中的园中园往往多从皇家需求考虑，具有宴饮、居住、礼佛、祭祀等实用功能，带有浓郁的皇家感情色彩。但除了功能特征，园中园得以成为全园重点更为重要的原因在于其立意反映着帝王的心理需求。古代园中园被总结为对诗情画意的追求、模拟风景名胜和名园两种类型[21]，正是帝王抒发内心情感、满足权势控制的途径。无论是将“江南诸胜之最”的镇江金山写仿于避暑山庄；还是将《桃花源记》的意境情趣浓缩于圆明园中的武陵春色；或是在清漪园村居中模仿江南水乡的生活，皇家园林园中园都是帝王展示将天下名园胜景纳入怀囊的方式，也是其情感需求催生的园林个体。北海静心斋是帝王廉政思想的自然抒发，乾隆帝在镜清斋诗中申明其原名的由来：“临池构屋如临镜，那籍旃摩亦谢模。不示物形妍丑露，每因凭切奉三无”[22]，借园池影映自己的清明公正；而濠濮间则借庄子与惠子游于自然之中、简文于华林园中翳然林水的典故，抒发对自然天趣的向往。帝王的审美情感与自然紧密交融，浓缩为立意别致、含蓄且具有诗情画意的园中园营造。

现代公园园中园也从游赏观景的基本功能出发，延续着“远观近察”的多层次动态游赏模式。但最重要的区别是，现代公园园中园作为绿化资金、现代技术集中运用，行业或政府引导结合私人或企业运营而发展起来的园林形式，将博览的功能融入其中，成为展览大众文化的空间载体。在现代城市公园中，有着历史文化渊源的植物成为园中园展现传统特色的营造要素，以植物造景为主题的园中园在20世纪80年代如雨后春笋般萌发于现代公园的土壤，在创新发展中被大众接受和喜爱。广州流花湖公园中区小岛上以热带植物为特色、展现地域文化的园中园“浮丘”（1983年建成）（图1）；北京地坛公园东北部以展示牡丹、芍药为主的牡丹园（1983年建成）；北京中山公园西北角展览各地兰花兼具梅、兰、竹、菊展示区的蕙芳园（1990年建成）[23]；北京玉渊潭公园西北部内以春探樱、秋赏菊为主题的樱花园（1983年建成）等众多专类园将具有文化意义的观赏植物融入园中园的建设。在传统自然审美观念的熏陶下，植物以鲜活的形象活跃于历史长河中，古代文人们从不吝啬对植物的喜爱与赞美，梅、兰、竹、菊是四君子的象征，“出淤泥而不染”的莲花是高洁人格的体现……自然山水树木花草的形态特征被视为人的精神拟态。这些传统的观赏植物有着被比喻为浸润人之品德的自然物的经验，因此，它们不仅是具有生命力的要素也是民族情感、品性的象征。

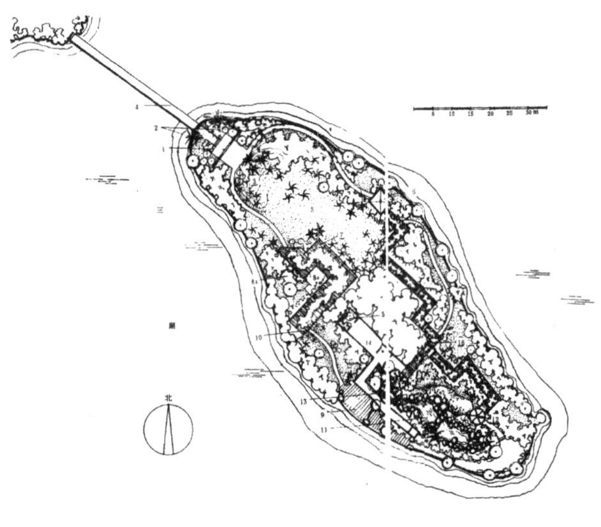

图1　浮丘平面图[26]

1981年，在锡惠公园映山湖的西南角，一片杂木混生的山坡地被改造为杜鹃园。横跨场地、南北向宽4～6m、深3～4m的“大土沟”被改造为阴处栽培兰花、阳坡种植杜鹃的“沁芳涧”。依山绵延、时阔时狭的“踯躅廊”组织着观赏花卉的蛇形回廊游线，在半封闭空间中引导着近距离的花卉观赏（图2）。同时，“踯躅廊”与杜鹃花别名“羊踯躅”相呼应，以羊食杜鹃花后被麻醉而徘徊踯躅[24]的故事隐喻着人们陶醉其中、流连忘返的愿景。在无锡民间种植兰花、杜鹃风气兴盛的传统及杜鹃园成功建设带来的积极影响下，杜鹃同梅花于1983年被定为无锡市花。可见，植物专类园中园追求“文化的花”（传统名花）“无声的诗”（盆景），展现人化的审美个体、浓缩的人工自然，以植物为媒介勾起崇尚自然的民族认同感，使审美和情感基因得到延续。

此外，现代公园园中园更在古今、地域特色、国际文化的碰撞与交流中自成一体，成为民族性情的凝现。孙筱祥设计花港观鱼公园中的牡丹园不仅参考传统绘画中的花卉布置，还借鉴日本园林的置石、英国园林的植物造景，将中外视野交融于小园营造。北陵公园中的友谊园（1973年建成）以1972年日本总理大臣访华赠送的300株唐松苗木为造园基础，配植芍药、牡丹、月季等本土植物，还建造寓意中日友好的“一衣带水”雕塑。同时，多次栽植日本访华团赠予的云杉、冷杉、紫杉、丁香等树种[25]。园中园成为汇集中外植物的场所，使中外文化自然地融合与生长。同样被赋予国际情感，为纪念韩国抗日义士尹奉吉，鲁迅公园于1993年建造富有朝鲜民族建筑风格的二层亭阁“梅亭”，1995年又在“梅亭”周围扩大范围，种植梅树，形成园中园“梅园”。随着园中园在现代公园中的发展，其成为展示城市形象、彰显地域文化、维系国际友谊的自然生命体，演化为民族身份的象征。从古代到现代，园林走向开放的同时，园中园作为大园之精粹以精巧的形象从侧面映射着民族形象的开阔。

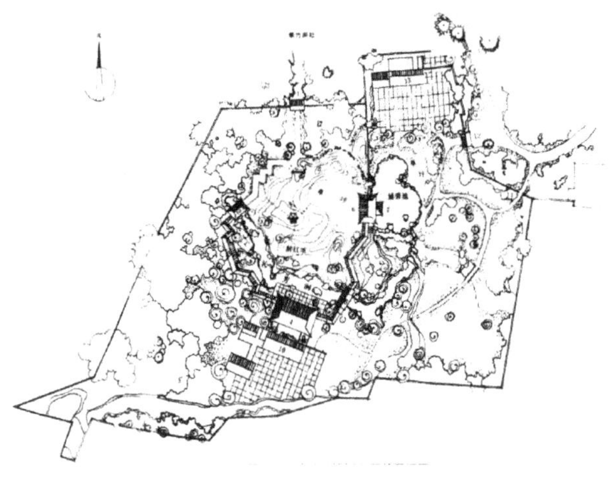

图2　杜鹃园平面图[27]

3　规划形态：从整体连缀到相对独立

皇家园林的整体规划思想在园林群体的布局中有所显现，例如“三山五园”之间的风景互借带来壮美的风景体验。就园中园而论，这种思想体现在运用“积形成势”的手法，形成琼华岛、万寿山等园中园个体对全园统领的局面，以及进行小园的面域或线性布局，形成动态连续、层次丰富的园林小空间。这种全局把握的思想不仅在内容、功能的布置上发挥了重要作用，于“千尺为势，百尺为形”的法则中带来了舒适的空间体验[8]。此外，从汉代苑中苑“大分散，小聚合”的格局逐渐演变到圆明园中“小园集群”的集锦式布局的巅峰，古代园林园中园布局中整体连缀之面貌的变化也体现了园林营造视角乃至世界观念的转变。可以说建置小园的体系由在天然山水“以大观小”的倾向演变至在壶中天地“以小观大”的动机。圆明园中40景有19景属于小园性质，小园大约占圆明园总面积的一半，以数量、面积的优势在大园中呈现出园与园相互交织的园景“动观”效果，集结成茹古涵今、海纳百川的皇家社会，成为其造园艺术的成就之一[28]。在后湖景区，以“武陵春色”为题的小园象征着雍正帝内心世界的桃花源，以“濂溪乐处”为题的山水苑囿歌颂着“出淤泥而不染”的高尚情操，小园集群满足着园居理政的生活需求，也从中演绎着帝王治平天下的心境与思想观念。园中园已不仅是强化服务需求的功能体，更是缩摹自然山水、连缀精神世界的建置单元。

与开敞场地相比，以较为封闭的园中园实现整体连缀的总体布局，与现代公园开放的特性相悖，因此园中园多分散地、独立地置于公园中，不但自成一体且兼具“以大观小”“以小观大”的双重特性。植竹造景、以竹取胜的自然式山水园——筠石园（建于 1985-1986 年）[29]是北京紫竹院公园北岸一处占地 7.1hm² 的园中园，成为大园乃至北方园林中罕见的具有南国竹乡特点的独立园林。在以竹之品种与数量的累积来凸显主题之余，以园中园内又置小园的做法精化园林营造，与水石林竹的环境巧妙渗透的友贤山馆成为其中一处精巧庭园。同时，园中园作为现代公园建设历程中后续更新、完善、丰富的手段，它自成一体的特性，包括明晰的界限以及综合的管理模式，为补充式的园林建设提供便利，避免了园林建设对公园的开放产生影响。在已经成形的园林骨架上，园中园的续添以内容、主题的局部更新促使公园与城市的发展与变化接轨。汕头中山公园中以盆景展览为主题的馆花宫于 20 世纪 80 年代初开始建设，至 1996 年第四期竣工，十几年间几经更新。武汉解放公园中兰园展览对象在各因素的影响下，由盆景到兰花几经转换。随大众审美潮流及其管理机制的转变，园中园展览对象、布局调整的变化体现出这种园林形式的灵活性与主动适应性。

4　空间营造：从景到随机到因“景”成园

清代赵翼论苏州狮子林：“取势在曲不在直，命意在空不在实”，也概括出了古代造园在空间处理上的基本原则。乾隆帝模仿无锡城西惠山与锡山之间的寄畅园，在清猗园万寿山东麓建惠山园，《惠山园即景》记录着“偶称寄畅景，因涉惠山园。台榭皆曲肖，主宾且慢论”[30]游园体验的叠合。没有拘泥于形式上的描摹，不同于寄畅园西向延续惠山余脉的布置方法，惠山园呈现出南水北山的基本格局。对于营造原则，乾隆谓：“略师其意，就其天然之势，不舍己之所长”[31]。于是，惠山园仿照延绵惠山脉络、联系惠山泉水的寄畅园，选址于颐和园万寿山东麓，北通后湖，以山势、水源的延续，空间、氛围的对比，表现天然幽深之趣，重现了寄畅园内外山水的呼应与对比。惠山园仿照寄畅园而建，却因地制宜、融通了南北造园特色，其重现的不只是具有山水林泉之乐的园林实体，而是以相地选址、景物经营的行动重演与自然对话的过程，使之并不是简单的描摹，成为超越时空限制的对话。因此，惠山园突破空间局限、创造深远层次的意匠充分证明其平面布局的合理与精巧（图 3）。南部曲尺形水面虚隔而出的不尽之意；池东载时堂、山坡之上的霁清轩方亭等建筑对万寿山、后湖乃至圆明诸园的借景都将营造目的指向对无限空间的青睐。可见，古代造园意在使人们在“处处邻虚”的楼阁、砖墙间等空间内体会到空间漫游的乐趣，情景统一，水石花木、建筑、因时而变的天象等元素综合构成可观可游之景，从而移步异景、景到随机，创造“方方侧景”的空间艺术效果[32]，无往不复的空间不仅是视觉的无穷更是境的无穷。如乾隆在惠山园八景诗中的感慨：“古香曾不竭，心正实堪师。春鸟芝文印，风漪笔阵披。逢源契神解，岂必定於斯?[31]”。

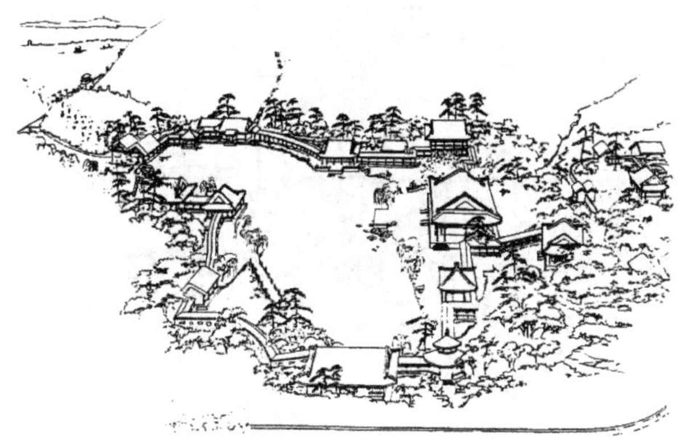

图 3　谐趣园鸟瞰图[35]

现代公园园中园在空间表现上继承了古代园林自然山水骨架，曲折尽致的园路组织等等外在形式，但从根本上体现着基本营造目的的差异。为了提升园中园对大众群体的吸引力，盆景园以盆景作为主要景观构成，植物专类园则以体块化的植被布置作为观赏对象。建于南湖公园内的绮芳园（1975 年建成）是规则式中国传统山水园与专类花园的融合体。盆花画展、模拟海南风光的丛林、观赏温室、棚架等植物展示区整合于园中，在轴线的组织以及山石、水池、雕塑、喷泉等景观元素的应用下形成动态的观览景观 [33]（图 4）。作为观赏对象之“景”主导着游人的园林体验，使游客在有限的小园内获取大量的视觉冲击及心理感受。桂林七星公园中的盆景园（建于 1977 年）同样也是“园林式”盆景园设计的精品。盆景园在原有传统民居风格的驼峰茶室基础上向东南接建，除了左右迂回式和周边环游式的传统路线规划手法，园中融入现代建筑“流动空间”的手法，通过两个段落、九个庭院来组织游览空间。庭院依据观览路线留有缺口，从而形成分隔又连续的空间序列（图 5）。同时，有着“尺

图 4　绮芳园鸟瞰图[33]

幅窗，无心画”传统意味的窗洞被组织成简单明确的几何化装饰，适应新材料以及现代施工方法[34]。归根结底，空间手法、园林要素的创新都强调着游览路线组织带来的动态空间体验及对可观之“景”的重视。因此，现代公园园中园更倾向于使广大游览者在主题性的景物对象的观赏中快速获得游目环瞩的视觉享受，重点在于本身具有丰富内容的观赏对象的经营与布置。

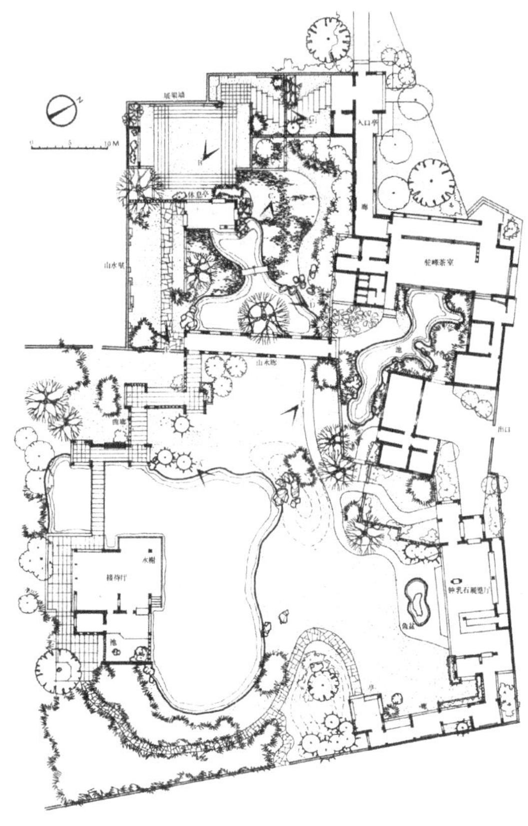

图 5　盆景园平面图[36]

5　结语

从周初皇家园林中的囿游到现代公园中的园中园，其实现了由帝王意志掌控下的封闭营造到集体意识作用下开放建设的巨大转变。相较于古代园林实体在现代社会由封闭到开放的“静态”改造过程，园中园以造园手法的身份得以传承，以“活态”的方式融入急剧变化的现代生活。现代公园园中园依古为新，在传统园林的基础上汲取养分，以精微的营造考虑体现对小中见大、对景、掇山叠石、理水等传统造园手法的运用；以亭台水榭、楹联匾额等传统园林要素的融入再现传统园林的意境形象；以整体布局与山水骨架的考量延续传统的造园智慧，在实践中实现“古”与“新”的融合。但从其服务对象的转变来看，现代公园园中园更多对实体观赏内容的重视，创造富有冲击的群体感受，使其形成鲜明实用的园林功能。

除了对植物要素的应用，北京龙潭公园的龙字石林以来自各地的奇岩秀石为载体，展示不同朝代、不同风格的 200 余个龙字体式；武汉解放公园的中华名塔园在穿插人字形道路的池杉林中展览 54 座来自各地的微缩名塔；北京陶然亭公园的华夏名亭园荟萃原比仿建的十座名亭追求“名亭求其真、环境写其神”[23]……在适应现代文化、完善现代公园建设的过程中，无论是植物专类园还是应用其他要素的园中园，服务于大众的展览功能成为园中园传承的一个突出特点，它运用现代布置方式将单一形象进行组合，将对意境空间、环境关系的处理投向观览对象的空间布局，并由此在现代城市公园中创造出特色鲜明的地域文化单元。无需质疑的是，传统与现代背景下的园中园所展现的基本价值并不冲突，都以自然文化体的身份创造人与自然沟通的体验容器，促进民族风尚的形成与传播，如何从历经千百年岁月洗礼的古代园中园中延续持续生长的基因成为可以思考的课题。

参考文献

[1]　天津大学建筑系，北京市园林局. 清代御苑撷英[M]. 天津：天津大学出版社，1990.

[2]　史箴. 囿游，苑中苑和园中园的滥觞[J]. 建筑学报，1995(3)：54-55.

[3]　彭一刚. 中国古典园林分析[M]. 北京：中国建筑工业出版社，1986.

[4]　胡绍学，徐莹光. 北海静心斋的园林艺术[J]. 建筑学报，1962(7)：21-22.

[5]　金瑞华. 避暑山庄园中园建筑艺术[J]. 建筑与文化，2007(12)：40-45.

[6]　陆宇清. 浅谈圆明园中具代表性的“园中之园”[J]. 工业设计，2011(7)：181.

[7]　何捷. 石秀松苍别一区——清代御苑园中园设计分析[D]. 1996.

[8]　王其亨，何捷. 西汉上林苑的苑中苑[J]. 建筑师，1996(72)：17-37.

[9]　覃力. 园中园初探[J]. 华中建筑，2004(b07)：25-27.

[10]　张英杰，吴雪飞. 试论中国皇家园林园中园的地形处理手法[J]. 华中建筑，2008(4)：181-185.

[11]　杨忆妍. 皇家园林园中园理法研究[D]. 北京林业大学，2013.

[12]　余洋. 园中园造园方法在现代居住区中式园林景观设计中的应用[D]. 北京：中央美术学院，2012.

[13]　清华大学建筑与城市研究所. 城市规划理论·方法·实践[M]. 北京：地震出版社，1992.

[14]　余树勋. 园中园[M]. 北京：中国建筑工业出版社，2006.

[15]　(春秋)毛亨，毛苌. 诗经[M]. 陈节注译. 广州：花城出版社，2002.

[16]　(战国)周公旦. 周礼[M]. 崔记维校点. 沈阳：辽宁教育出版社，2000.

[17]　(东汉)郑玄，三礼注，杨天宇. 郑玄三礼注研究[M]. 天津：天津人民出版社，2007.

[18]　(唐)杜宝. 大业杂记[M]. 辛德勇辑校. 大业杂记辑校[M]. 西安：三秦出版社，2006.

[19]　王向荣，WANG Xi－yue. 植物专类花园[J]. 风景园林，2017(5)：4-5.

[20]　王昌藩. 武汉园林 1840－1985[M]. 武汉：1982.

[21]　覃力. 园中园初探[J]. 华中建筑，2004(b07)：25-27.

[22]　于敏中. 日下旧闻考一百六十卷[M]. 北京：北京古籍出版社，1981.

[23]　北京市园林局. 北京园林优秀设计集锦[M]. 北京：中国建筑工业出版社，1996.

[24]　无锡市城市科学研究会. 李正治园 一个建筑师的园林畅想

[M]. 北京：中国建筑工业出版社，2013.
[25] 沈阳市人民政府地方志办公室. 沈阳市志 2 城市建设[M]. 沈阳：沈阳出版社，1998.
[26] 刘少宗. 中国优秀园林设计集 1[M]. 天津：天津大学出版社，1999.
[27] 谢云，胡华. 园林植物景观规划设计[M]. 武汉：华中科技大学出版社，2014.
[28] 周维权. 圆明园的兴建及其造园艺术浅谈[C]. 圆明园学刊第一期. 1981.
[29] 北京市地方志编纂委员会. 北京志·市政卷·园林绿化志[M]. 北京：北京出版社，2000. 09.
[30] 秦志豪. 康熙乾隆的惠山情结[M]. 苏州：苏州大学出版社，2015.
[31] (清)于敏中. 日下旧闻考[M]. 北京：北京古籍出版社，1985：1391-1411.
[32] (明)计成，陈植注释. 园冶注释[M]. 北京：中国建筑工业出版社，1981.
[33] 中国城市规划设计研究院. 中国新园林[M]. 北京：中国林业出版社，1985.
[34] 尚廓. 从传统到革新——桂林七星公园盆景园创作简介[J]. 城市规划，1982(5)：21-27.
[35] 冯钟平. 中国园林建筑[M]. 北京：清华大学出版社，1998.
[36] 同济大学建筑系园林教研室. 公园规划与建筑图集[M]. 北京：中国建筑工业出版社，1986.
[37] 刘少宗. 中国优秀园林设计集(1)[M]. 天津：天津大学出版社，1999.
[38] 谢云，胡华. 园林植物景观规划设计[M]. 武汉：华中科技大学出版社，2014.
[39] 冯钟平. 中国园林建筑[M]. 北京：清华大学出版社，1998.
[40] 同济大学建筑系园林教研室. 公园规划与建筑图集[M]. 北京：中国建筑工业出版社，1986.

作者简介

何梦瑶，1996 年，女，汉族，华中科技大学建筑与城市规划学院硕士研究生，研究方向为风景园林历史与理论。电子邮箱：13294136842@163. com。

赵纪军，1976 年，男，汉族，华中科技大学建筑与城市规划学院教授，博士生导师，研究方向为风景园林历史与理论。电子邮箱：jijunzhao@qq. com。

存量语境下单位制社区公共空间微更新策略研究
——以攀枝花市为例

Research on the Micro-renewal Strategy of Public Space of Unit System Community in the Context of Stock:
Take Panzhihua City for Example

黄　怡　邓　宏

摘　要：存量语境下社区改造将公共空间作为实践路径以呼应时代内涵，而微更新为其提供新思路；同时攀枝花市作为老旧小区试点城市之一，单位制社区改造面临机遇与挑战。此背景下本文以单位制社区公共空间作为研究对象并以攀枝花市为例，一方面从攀枝花市单位制社区公共空间的演进历程、特征解析以及宏中微3个层面的现状问题入手，另一方面根据存量语境下微更新的特征，结合案例指导，提出微更新总体框架。最后在问题导向和框架指导下提出层层递进的三大策略，以期可实现对单位制社区公共空间由内而外的活力激发。
关键词：存量语境；单位制社区；社区公共空间；微更新策略；攀枝花市

Abstract: In the context of stock, community transformation takes public space as a practical path to echo the connotation of the times, and micro renewal provides new ideas for it; Panzhihua City, as one of the pilot cities of old community, is facing opportunities and challenges in the process of unit system community transformation. In this context, the research object of this paper is the public space of unit community, and the case study is Panzhihua City. On the one hand, it starts with the evolution and characteristics of the public space of the unit system community in Panzhihua City, as well as the status quo of the three levels of macro, medium and micro. On the other hand, based on the characteristics of micro update in the context of stock, combined with case guidance, proposes an overall framework for micro update . Finally, under the guidance of the problem and the framework, three progressive strategies are proposed in order to stimulate the vitality of the unit system community public space from the inside out.
Key words: Stock Context; Unit Community; Community Public; Space Micro-updates; Panzhihua City

引言

以2013年"中央城镇化工作会议"为标志，我国从重规模的增量扩张阶段向重品质内涵的存量发展阶段过渡[1]，而"以社区为基础建设'整洁、舒适、安全、美丽'的城乡人居环境的顶层设计指导思想，深入开展'共同缔造'活动，打造共建共治共享的社会治理格局"也由住房和城乡建设部提出，社会各界达成共识[2]。一方面老旧社区公共空间作为社区更新中的基本单元和激发社区活力的重要载体之一，成为老旧社区更新改造的重点；另一方面城市更新的视角也从宏大叙事转向微观生活，社区更新和小规模渐进的改造方式受到重视，微更新成为社区公共空间改造的"新思路"，逐步走入人们视野[3]。

因特殊的城市建设背景和发展历程，单位制社区是笔者家乡——攀枝花市典型的老旧社区；它不仅作为三线城市建设历史文化的见证者，更与三线城市建设者归属感和获得感息息相关。而攀枝花市于2017年被住房和城乡建设部选为老旧小区（政府文件将老旧小区改造针对的对象定义为不宜拆除重建的非商品房小区）试点城市的同时，亦在执行国有企业职工家属区"三供一业"改造计划和背街小巷整治，单位制社区公共空间迎来改造提升的机遇。但量大面广的单位制社区因建市初期粗放式的规划建设，使得社区公共空间边界不明；同时在迅速完成的改造中，无论是隶属于物业部分的社区公共空间改造在资金投入、物质空间的更新替换，还是居民获知程度低、参与度不足的现象都隐含着对社区公共空间的忽视，进而在改造中出现"原有生活秩序的破坏，集体记忆节点抹去""为数不多的活动场所被占领"等让社区居民严重不满的结果。综上所述单位制社区公共空间在机遇来临时面临挑战，而这是本文研究的起点（图1）。

1　相关概念释义

1.1　单位制社区

本文所指单位制社区，是当今时代背景下，地理空间界限上以街道等行政区划为参考，居住基本单元中的住宅主要是在2000年前由单位建设且占比大不宜拆除重建，社区内物质空间环境衰败，配套设施老化或功能性缺失，管理服务机制不健全；可分为企业、事业和政府型，其演变可分为4阶段[4]（图2）。

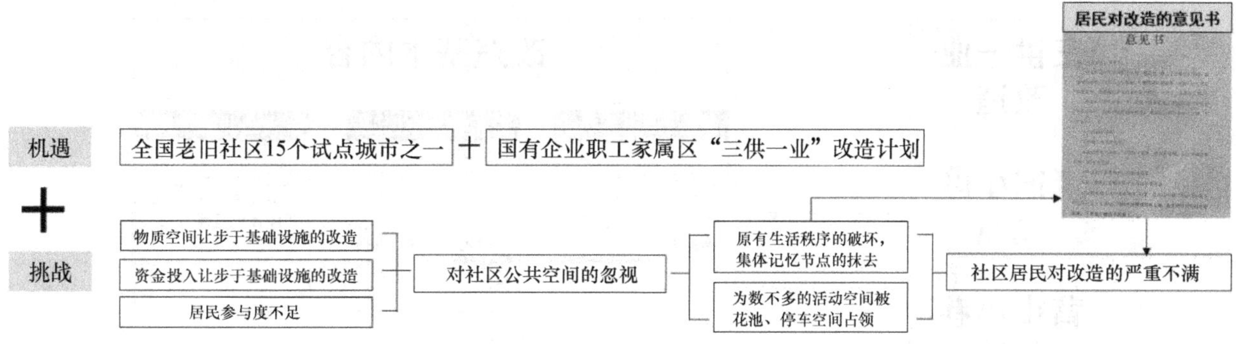

图 1　攀枝花市单位制社区面临机遇和挑战

图 2　单位制社区演变示意

（图片来源：作者改绘自《中国单位社区的发展历程》

1.2　社区公共空间

社区公共空间主要为社区居民服务，它是一个有结构和层次的有机网络系统[5]；是社区内居民共有共享的空间，包含自然和人工客观的物质要素和人的价值观念、文化倾向等主观的非物质要素[5]。本文所研究的单位制社区公共空间按照服务半径以及不同等级的城市道路划进行分类（表 1），不同级别的社区包含多类公共空间。

单位制社区公共空间分类　　**表 1**

角度	分级		分类
服务半径	社区级	休闲类	广场：是社区居民公共活动中心，作为社区公共空间体系中的重要节点，呈现面状特征，包含多种服务设施 社区公园：可游可玩可赏心悦目的场所，为人们提供私密性较强的休憩空间
		交通类	社区一二级道路及其相交处，主要针对步行交通，根据道路功能和其服务地块的功能分为交通性、商业性、生活性、文化性等街道
	居住小区（街坊）级	交通类	小区出入口：是居住小区居民出入必经之处 小区一二级道路：连接小区出入口与住宅出入口的交通
		休闲类	小区中心绿地：通常布置有小径和休憩设施为小区内居民提供散步的场地 小区中心广场：是小区居民集中活动的场所，一般结合较为大型的休憩设施或健身设施
		其他类 休闲类	以包含围墙、堡坎、栏杆等设施的边界空间为主，以宅旁绿地为主：包括入宅道路旁绿地、宅后绿地等，其中底层为商业或较为特殊，分为软质、硬质和软硬结合 3 种类型
	住宅级	交通类	以住宅出入口为主：住宅居民必经之处及其附属空间
		其他类	以垂直绿化和屋顶绿化为主

1.3　微更新

社区公共空间微更新是指使用轻介入、低投入的方式，立足于居民的实际需求并尊重其日常生活特征的基础上进行的改造，强调以点撬面、多向联动；既针对小尺度公共空间如宅旁绿地等的功能完善，也针对已建成较大尺度公共空间如设施更新、布局微调等的品质提升；是以公众参与为基础的局部渐进式更新方式[6-7]。

2　攀枝花市单位制社区公共空间现状

始建于 1965 年的攀枝花市因国家三线建设而生，不仅是山地资源型城市，也是工矿型移民城市；其行政区划范围内包括三区两县。自然环境具有地势险峻、临水而不亲水以及南亚热带干热河谷气候的特点。

通过对《攀枝花市志》等书籍文献的梳理和相关人员口述历史的整理，攀枝花市单位制社区公共空间的演进跟随单位制社区的建设发展呈现出：“从无到有再到重视其整洁美化至今衰败的过程。”而由各单位负责建设的单位制社区，在空间的分布上按照初期规划组团、藤蔓节瓜式的分布在各个片区内[8]。同时攀枝花市现进行的老旧社区改造对基础设施完善等功能性改造的重视，多于社区环境品质的提升[9-10]（图 3、图 4）。

2.1　攀枝花市单位制社区公共空间现状调研

2.1.1　调研对象的选取

结合既往规划的整理，根据代表性、多样性和典型性的原则，选择 6 个不同类型不同规模的单位制社区作为研究对象；并于 2019 年 10 月—2020 年 3 月期间对上述社区进行实地调研。该时期攀枝花处于温暖的春秋冬时节，公共空间活动时间较白天最高温在 40℃以上的夏季长(图 5、表 2)。

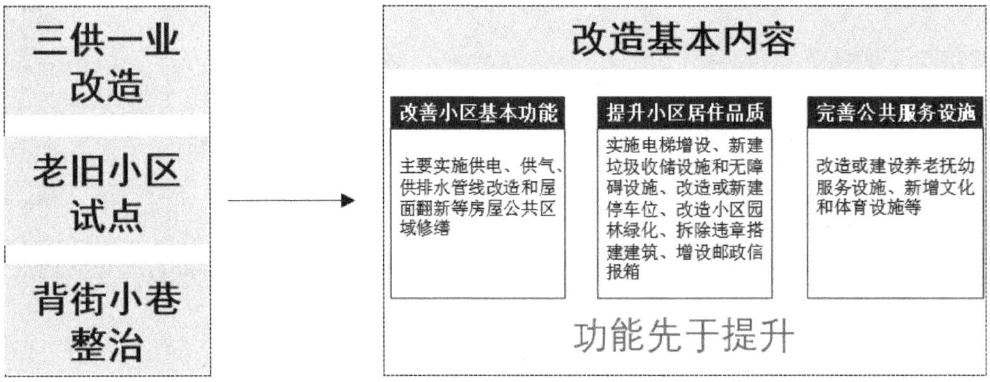

三供一业改造

老旧小区试点

背街小巷整治

改造基本内容

改善小区基本功能：主要实施供电、供气、供排水管线改造和屋面翻新等房屋公共区域修缮

提升小区居住品质：实施电梯增设、新建垃圾收储设施和无障碍设施、改造或新建停车位、改造小区园林绿化、拆除违章搭建建筑、增设邮政信报箱

完善公共服务设施：改造或建设养老抚幼服务设施、新增文化和体育设施等

功能先于提升

图 3　攀枝花市单位制社区改造基本内容示意

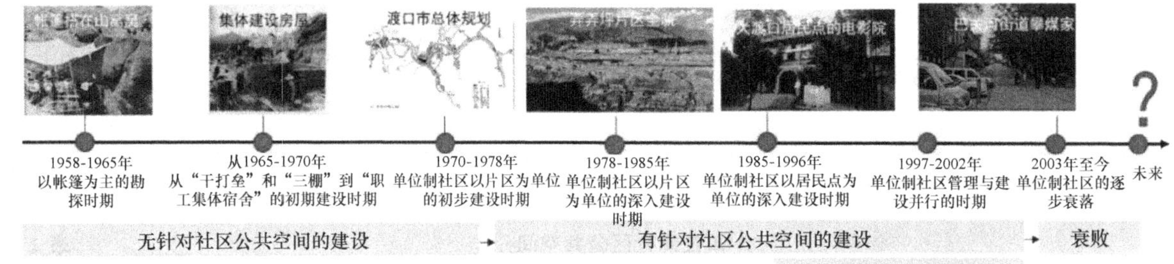

图 4　攀枝花市单位制社区公共空间发展演变示意

6 个典型单位制社区简介　　**表 2**

名称	所属片区	街道及社区	所属单位	改造进度
清香坪家属区	城西片区	清香坪街道-梨树坪、康家坪、杨家坪社区	企业-攀钢	未完成改造
巴关河家属区	城西片区	玉泉街道-巴关河社区	企业-攀煤	已改造
枣子坪家属区	江北片区	枣子坪街道-枣树坡、大地湾社区	企业-攀钢	未完成改造
春风巷重啤家属区	城西片区	玉泉街道-河石坝社区	企业-重啤攀枝花分厂	已改造
百家大院	城西片区	清香坪街道-路北社区	政府-西区政府	未进行改造
竹雅巷转干楼家属区	江南片区	炳草岗街道-湖光社区	事业＋政府一多个	已改造

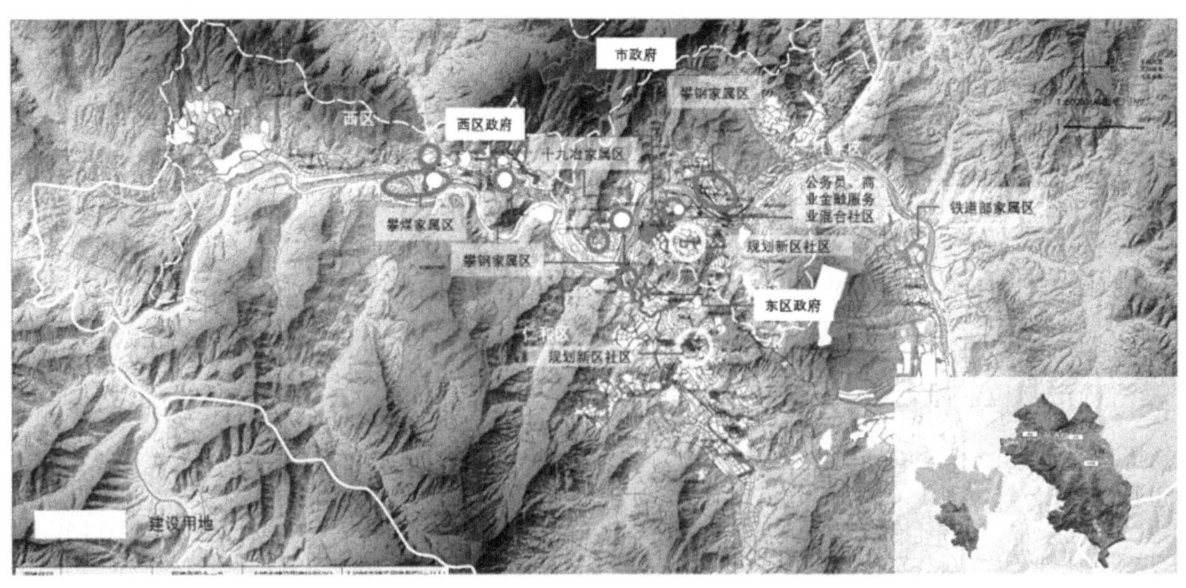

图 5　6 个典型社区区位示意

2.1.2 居民意愿调查

通过对发放的调研问卷进行分类统计，可知单位制社区内以中老年和单位退休员工为主，收入较低且外出活动频率较高，并且居民对公共空间设施数量缺乏的现象和看重社区公共空间整洁、功能、舒适的意向尤为明显。

2.1.3 不同类型公共空间现状的系统梳理

结合实地调研数据以及由政府、社区提供的资料和信息，笔者从单位制社区概况到社区周边和内部公共空间分布再到包含不同级别不同类型的公共空间节点分析层层梳理单位制社区公共空间现状，并由此总结出攀枝花市单位制社区公共空间的特征以及从宏观到微观 3 个层面的问题所在（图 6）。

2.2 攀枝花市单位制社区公共空间现状特征解析

2.2.1 空间布局的随势就形

一方面空间的布局跟随地势表现出线性分布的特征，多通过“线＋点”的形式连接构成公共空间网络，另一方面，无论是不同类别的公共空间之间还是同一居住小区内的各个空间都因地势的分割表现出错台相连、立体分布的特征，比如：清香坪街道攀钢家属区内清雅苑内，处于不同高差住宅旁的公共空间通过阶梯相连（图 7）。

2.2.2 使用者的老龄化、杂化现象

“单位人”到“社会人”的变化造成了单位制的居民组成结构和生活方式的转变，而因社区居民属性的改变以及单位逐步融入城市导致社区公共空间使用者上杂化现象突出[11]。同时通过对社区工作人员的访谈和笔者在各个社区公共空间的实地观察，可知残留在单位制社区内的居民多为退休职工，老龄化特征明显。

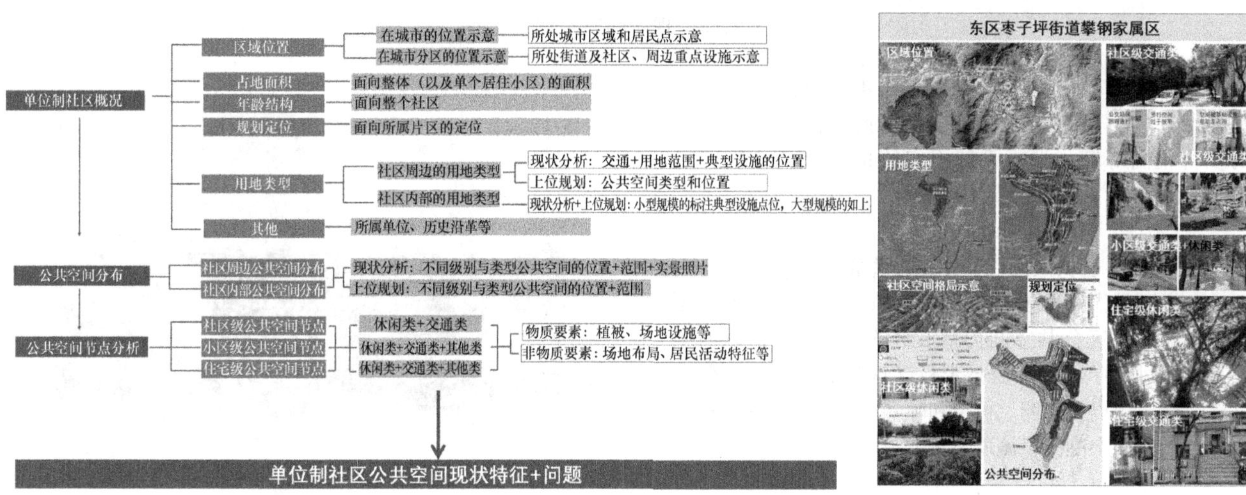

图 6 单位制社区公共空间现状研究框架＋单位制社区各级各类公共空间梳理示意

图 7 清雅苑内公共空间示意

2.2.3 空间的内向封闭性

功能的内向性，除了多是针对社区或居住小区居民的使用；还表现在视线上的封闭性，虽靠山、滨江，但与自然资源相结合的公共空间少。

2.2.4 更新机制的不完善

一方面由于未有完善的保障机制去辅助更新改造过程和后期管理中政府和居民的沟通及资金持续稳定的投入改造中，导致公众参与不足和改造断裂的现象明显；同时缺乏合理的运作机制指导设计全流程的进行，导致“轻调研、强介入”的改造方式频发。另一方面，政府主导下的改造是对短期成效的追求，在建设中表现为简单粗暴、快速解决的方式及过低的使用标准；此种方式抹去一切看似无序的自发性改造行为，导致原有的空间秩序被打乱、长期发展的需求被忽视。

2.3 攀枝花市单位制社区公共空间问题总结（图 8）

2.3.1 宏观：公共空间系统性的建构不足

“系统是以某种方式被组合在一起协调工作的一组元素。[12]”通过对现状的梳理总结，单位制社区公共空间系统缺乏合理的方式组织社区内不同级别不同类别的公共空间以及社区与周边城市的相接。一是表现在慢行系统、功能以及视线上与周边城市公共空间缺乏有效联动。二则表现在社区级公共空间的离散、无秩序以及不同类型不同级别的公共空间因地形无法有效整合，即公共空间的无组织和碎片化，并导致公共活动的开展被抑制、公共生活

□ 宏观：公共空间系统性的建构不足

与城市公共空间缺乏有效的联动
慢行交通与周边城市公共空间衔接度不足
功能上与周边城市公共空间缺乏互动
视线上与周边城市公共空间缺乏连接

＋

公共空间的碎片化分布
社区级公共空间的离散、无秩序
不同类型不同级别的公共空间因地形无法有效整合

＋

交通系统的不完善
慢行系统的不完善
停车系统的不完善

□ 中观：公共空间及其设施的供给不足

公共空间数量及类型的供给不足
功能性的缺失
改造手段和对象类型的单一

＋

公共空间内设施类型及数量的供给不足
居民意愿的表达
调研中各类现象的挖掘：居民自带板凳及出入口随处可见的座椅、健身器材高峰时期的等待使用、居民随处晾晒

□ 微观：公共空间节点的场所迷失

功能布局的不合理
空间缺乏合理分隔
设施摆放未考虑居民需求
改造后水电气设施的随意占领

＋

生态效益的低下
植被：杂乱无序，多为单层配置且土壤裸露现象严重
雨水的收集排放：绿地变为水泥地，改造后不透水材料的使用

＋

集体记忆节点的摒弃
对潜在空间的取缔
模板化的材质套用
入口标识的模糊

＋

公私空间边界的不清
底层商业空间的侵占
底层住宅居民的圈占、侵蚀

＋

居民维护管理公共空间意识淡薄
宠物主人对宠物随地大小便的无视
停车损害绿地的理所当然
改造过程不透明

图 8　现状问题示意

秩序的持续和稳定性受阻碍。三是步行空间的缺失及布局合理性不足、缺乏过街设施、商业侵占本就不足的步行空间等直指慢行系统不完善的现象，让该问题更加突出。

2.3.2　中观：公共空间及其设施的供给不足

一方面是指因功能性缺失以及改造手段、对象类型单一导致的社区公共空间类型不足的现象。另一方面则是指调研过程中居民随身携带板凳现象的突出以及公交站点遮蔽设施以及照明、健身和晾晒类设施的缺乏，都表现出公共空间中配套设施的不足。

2.3.3　微观：公共空间节点的场所迷失

一方面未从日常生活角度考虑居民的内在需求、完善原有的公共生活秩序，缺乏对不同年龄段居民行为模式的考虑，另一方面是对居民在社区公共空间中形成的记忆节点的不尊重。主要表现在：空间布局的不合理、生态效益的低下、集体记忆节点的摒弃、公私空间边界的不清以及居民维护管理公共空间意识的淡薄的现象；而以上都造成公共活动水平低下，加剧公共精神的丧失（图 9、图 10）。

图 9　管道架在住宅入口空间位置

图 10　居住小区名称或破旧或被商业标语侵占

2.4　小结

社区公共空间表现的特征在不同程度上影响了现状问题，而如何在资金相对不足的背景下对量大面广的攀枝花市单位制社区公共空间进行有效改造，并让单位制社区居民生活如常持续且有序进行，则是其面临的困境。

3 存量语境下单位制社区公共空间的微更新

与微更新相关的理论可分为社区更新和空间营造两个层面（图 11）。前者包括有机更新等理论，后者包括外部空间设计等理论（图 12）。同时单位制社区公共空间微更新要素分为物质和非物质两部分（图 13）。

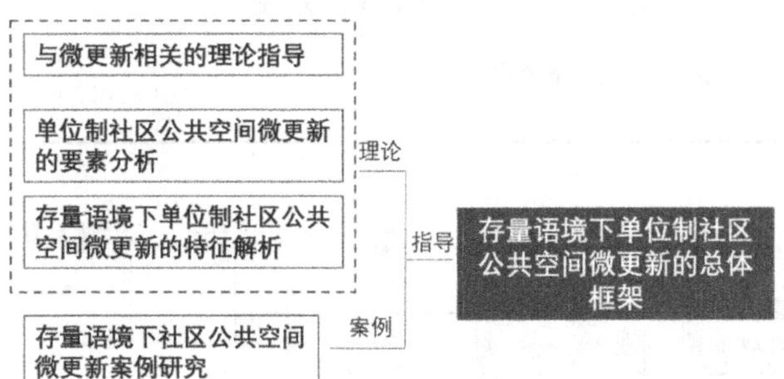

图 11　微更新总体框架推导逻辑

图 12　相关理论指导

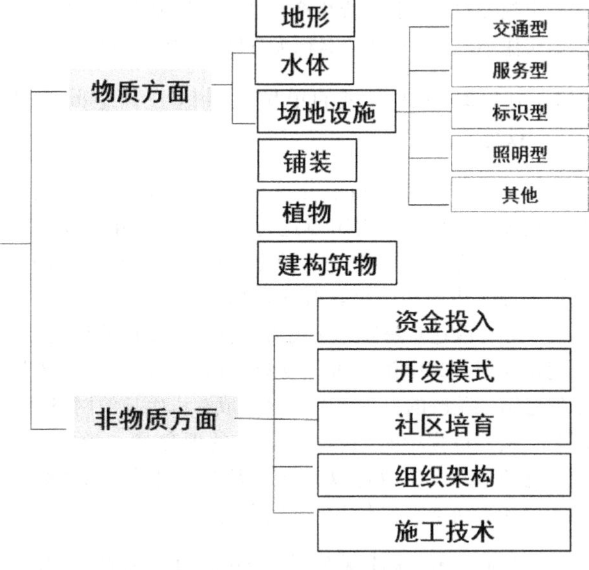

图 13　微更新要素

3.1　存量语境下单位制社区公共空间微更新的特征解析

存量语境下微更新的内涵可从改造对象、目标和改造方式及切入点阐述，即一是单位制社区公共空间微更新的切入点和参与者不再单一化，需要在区域统筹的视角下通过多元主体的参与得以实现；二是微更新不再以全面增效为目标导向，是在需求化、渐进性更新过程为核心导向下的重点空间资源的合理增效；三是微更新的对象为单位制社区各个空间，内涵式的增长要求改造空间的手法适时适地，精准地对各个小尺度碎片化空间进行改造。概括地来讲，存量语境下单位制社区公共空间微更新的特征为以下 3 点：区域统筹与多元主体是参与、需求化和渐进性是导向、精微化改造是手段，其内涵如图 14 所示。

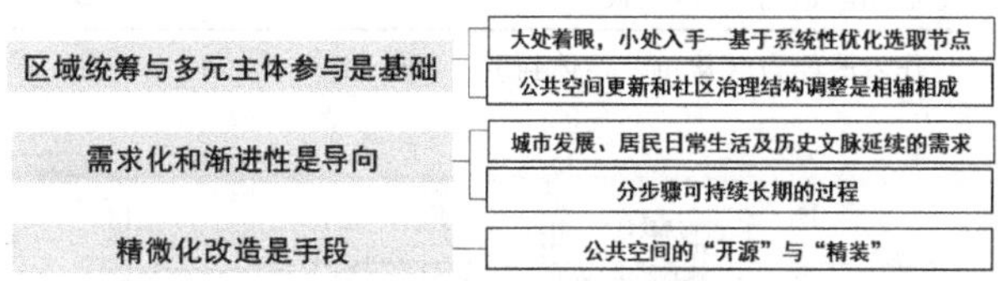

图 14　存量语境下单位制社区公共空间微更新特征内涵

3.2　微更新案例研究

位于上海杨浦区的西北部（依托高校知识溢出的杨浦五大功能区之一的“环同济知识经济圈”的核心区域），包含大面积工人新村的上海四平路街道微更新较为活跃。在被作为引擎的公共空间改造上，包括高校师生的设计师、艺术家介入街道空间、广场等 72 处公共空间进行功能优化、提升。从楼道半空间到街旁低效空间改造的儿童游戏空间再到引入社会组织调研挖掘需求为居民提供多元活动，逐步满足居民需求[13]。同时沈娉等人对已完成的 11 个项目踏勘调研，依据营造主体和后续管理不同将运作机制分为 4 种（表 3）[14]。在此案例中有以下 5 点值得借鉴：①政府让权于社区居民和专业团队，扮演监督、控制的角色；②更新机制值得借鉴；③借助区位优势和上位规划导向，实现经济、社会、文化的可持续发展；④多地块分批次同时进行微更新改造，逐步回应居民活动需求；⑤借助不同类型公共空间的优化作为“引擎”，以提升周边场所的活力。

3.3　总体框架

单位制社区公共空间微更新的总体目标是改善居民居住环境、满足基本功能的同时，提升城市空间品质，激发所在区域活力，其分目标可从以下 2 个方面阐述：①微小介入，以提升节点品质，②蔓延生长，以联动空间网络。基于此提出先整体把控后介入实施的更新思路。然后在整体性、精准化、日常生活尊重、集体记忆保留、多元包容及可持续的原则下，提出 2 类运行机制和包含自治组织推行、制度规划的完善、资金渠道拓展 3 方面的保障机制（图 15）。

4 种运作机制 **表 3**

模式	营造主体	后续管理主体	例子及其类别、时间		
专业团队全程指导	专业团队	专业团队	同济规划大厦的菜园和同济大学建筑城规学院 C 楼的香草花园	住宅级其他类屋顶花园	2014-2015 年
多方共建+政府管理	政府、专业团队、社区居民	政府	苏家屯路、阜新路的街头活动空间	社区级交通类街道空间	2015 年
多方共建+多方共治	政府、专业团队、社区居民、居委会	专业团队、社区居民、居委会	鞍山四村三小区的百草园、鞍山三村的谧园和安顺苑的顺园	居住小区级中心绿地既住宅级宅旁绿地	2016-2017 年
多方共建+专业团队运营	政府、专业团队、社区居民	专业团队	阜新路的上海城市科学实验室及户外空间		2015-2017 年

作者改绘自《从单一主体到多元参与》

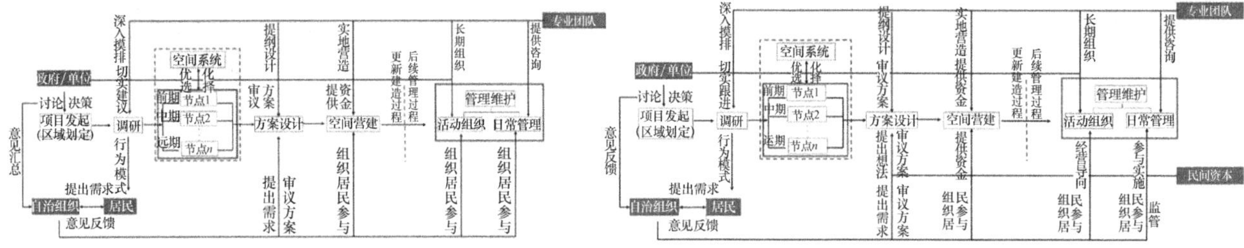

图 15　不包含和包含其他资本介入的运作机制（图片来源：作者改绘自《从单一主体到多元参与》）

4　存量语境下单位制社区公共空间微更新策略研究

4.1　立足单位制社区公共空间系统性优化的节点选择

在整体性原则的指导下，单位制社区公共空间作为城市末端的公共空间形态，其微更新节点的选择不仅需要站在区域统筹的角度上，满足与周边城市公共空间的互动活化现状资源，也要满足自身公共空间网络的优化。而笔者预参考《上海市 15 分钟生活圈导则》中对社区公共空间的建议，提出如图 16 的节点选择标准。

4.1.1　立足单位制社区公共空间网络构建的节点选择

（1）选择可与城市公共空间联动的重要节点，分别从功能联动和视线互动两方面进行考虑，比如亚特兰大环线项目[15]。

（2）选择利于社区开放空间系统修补的重要节点，即选择与包括学校等公共服务设施及商业生产设施的人工构筑类和山水林田等自然环境类相连的节点。

（3）选择利于慢行联通的重要节点，主要是选择社区级交通类公共空间的相接处及转角处、居住小区与社区级交通类公共空间的相接处、公共交通和私人交通的停车点。

4.1.2　立足单位制社区公共空间内在需求的节点选择

（1）与城市发展需求契合，除了基于上位规划，即根据城市及片区的规划指导和用地分布，以为其发展目标和改造主题提供参考；还要跟随 15min 社区生活圈和城市绿道系统等规划理念涉及区域。总的来说是为建设及优化公共空间系统，重建微循环，打造人与自然和谐相处的城市环境。

（2）与居民日常生活需求契合，除了选择必要性和社会性活动发生的节点，还要挖掘自发性活动的节点。

（3）可延续集体记忆，分为包含邮电局、候车廊、露天电影院等构筑物和废弃生产品的物质性要素，以及包括比如居住小区名称的历史名称级符号、历史人物及事件。

4.2　立足渐进式推进的单位制社区公共空间改造秩序

在区域统筹的视角下分级分类的对节点进行选择，然后通过全方位调研对节点进行统计以形成单位制社区公共空间微更新项目库[16]。随之筛选不同叠加程度的节点作为分期建设和微更新改造目标的依据，再结合更新动力、综合改造难易度、居民需求急切度等方面来制定分期建设计划。其中第一阶段以塑造标杆化的节点作为结果促进第二阶段的自主更新，以形成有机生长的网络[17]。同时在整个过程中利用弹性、动态的理念[18]，指导并逐步推进各个节点的改造以期满足需求的同时塑造清晰和缓的公共空间层次和有序的空间布局（图 17）。

4.3　立足单位制社区公共空间活力激发的精微化改造

在提出空间改造的目标后，结合相适应的改造手法对空间布局进行完善，在后续通过公共空间内植物、铺装、场地设施与建构筑物等物质要素的控制，运用在地化的工艺手段，让公共艺术融入社区公共空间，以从内而外地激发社区公共空间活力。

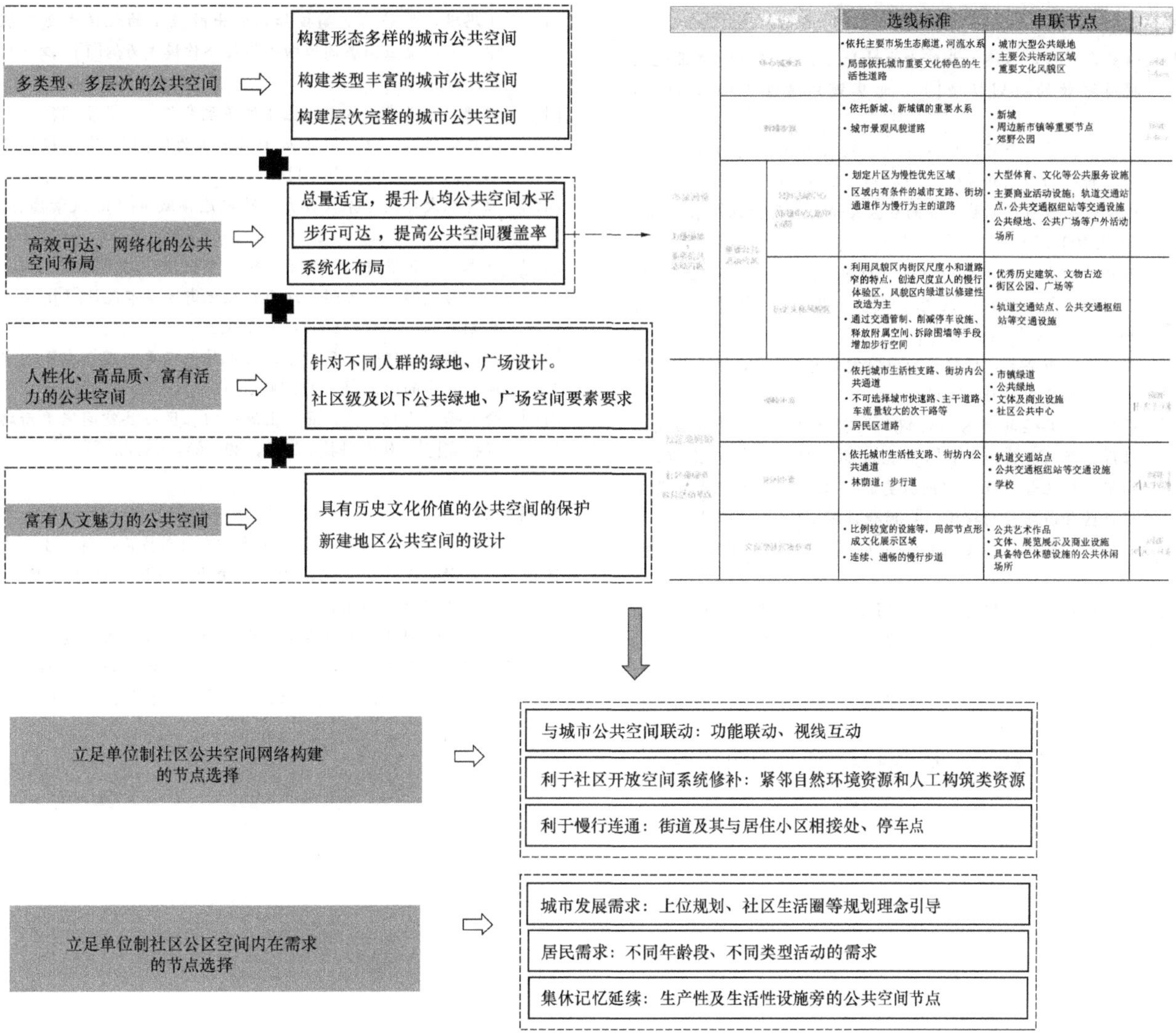

多类型、多层次的公共空间 ⇨ 构建形态多样的城市公共空间；构建类型丰富的城市公共空间；构建层次完整的城市公共空间

✚

高效可达、网络化的公共空间布局 ⇨ 总量适宜，提升人均公共空间水平；步行可达，提高公共空间覆盖率；系统化布局

✚

人性化、高品质、富有活力的公共空间 ⇨ 针对不同人群的绿地、广场设计。社区级及以下公共绿地、广场空间要素要求

✚

富有人文魅力的公共空间 ⇨ 具有历史文化价值的公共空间的保护；新建地区公共空间的设计

选线标准	串联节点
• 依托主要市场生态廊道，河流水系 • 局部依托城市重要文化特色的生活性道路	• 城市大型公共绿地 • 主要公共活动区域 • 重要文化风貌区
• 依托新城、新城镇的重要水系 • 城市景观风貌道路	• 新城 • 周边新市镇等重要节点 • 郊野公园
• 划定片区为慢性优先区域 • 区域内有条件的城市支路、街坊通道作为慢行为主的道路	• 大型体育、文化等公共服务设施 • 主要商业活动设施：轨道交通站点，公共交通枢纽站等交通设施 • 公共绿地、公共广场等户外活动场所
• 利用风貌区内街区尺度小和道路窄的特点，创造尺度宜人的慢行体验区，风貌区内绿道以修建性改造为主 • 通过交通管制、削减停车设施、释放附属空间、拆除围墙等手段增加步行空间	• 优秀历史建筑、文物古迹 • 街区公园、广场等 • 轨道交通站点、公共交通枢纽站等交通设施
• 依托城市生活性支路、街坊内公共通道 • 不可选择城市快速路、主干道路、车流量较大的次干路等 • 居民区道路	• 市镇绿道 • 公共绿地 • 文体及商业设施 • 社区公共中心
• 依托城市生活性支路、街坊内公共通道 • 林荫道；步行道	• 轨道交通站点 • 公共交通枢纽站等交通设施 • 学校
• 比例较宽的设施等，局部节点形成文化展示区域 • 连续、通畅的慢行步道	• 公共艺术作品 • 文体、展览展示及商业设施 • 具备特色休憩设施的公共休闲场所

⇩

立足单位制社区公共空间网络构建的节点选择 ⇨
- 与城市公共空间联动：功能联动、视线互动
- 利于社区开放空间系统修补：紧邻自然环境资源和人工构筑类资源
- 利于慢行连通：街道及其与居住小区相接处、停车点

立足单位制社区公区空间内在需求的节点选择 ⇨
- 城市发展需求：上位规划、社区生活圈等规划理念引导
- 居民需求：不同年龄段、不同类型活动的需求
- 集休记忆延续：生产性及生活性设施旁的公共空间节点

图 16　节点选择标准示意（图片来源：作者改绘自《上海 15 分钟生活圈导则》）

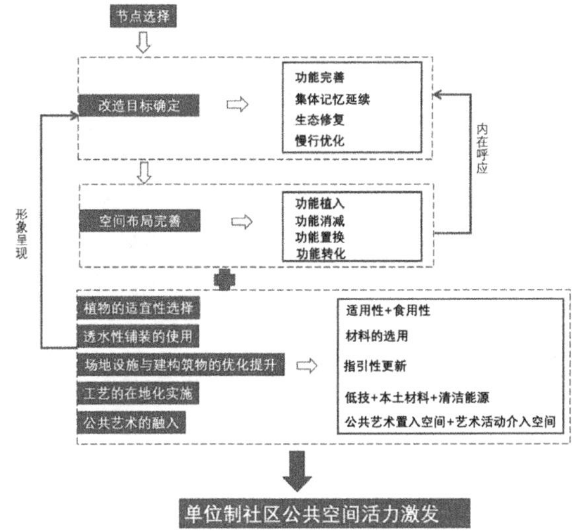

图 17　单位制社区公共空间精微化改造思路

5　结语

本文的结论主要有以下两点：一是本文拓展了微更新内涵，认为微更新不应只是针对微小空间的改造，还应在资源最大化利用的指导下站在区域统筹的视角上选择合适的节点进行精微化改造；二是笔者针对攀枝花市典型的老旧社区一单位制社区的公共空间，从公共空间节点分布和节点现状两部分对其进行分级分类，且落实空间要素的梳理，并总结其现状特征以及从宏观到微观的各层级问题所在，以从深层次反映微更新使用在单位制社区公共空间改造的适宜性和迫切性。

但同时由于理论、实践积累量有限，本文缺乏相应的定量评价措施，比如问题的分析与节点的选择；除此之外，因单位改制导致的信息缺失和初期规划建设过程中对社区公共空间记录的缺失，也导致无法科学完整地反映单位制社区公共空间发展变化与问题。

参考文献

[1] 恽爽，刘巍，吕涛．北京大上地地区：面向存量建设地区提质增效的规划转型[J]．北京规划建设．2015，(06)：82-84.

[2] 左进，孟蕾，李晨，邱爽．以年轻社群为导向的传统社区微更新行动规划研究[J]．规划师．2018.34(02).37-41.

[3] 闵学勤．城市更新视野下的社区营造与美好生活[J]．求索．2019.(03).72-78.

[4] 万婷，李立杨．单位社区复兴改造规划模式与实践——以哈尔滨电气集团社区改造为例[J]．规划师．2015.31(S1).90-93.

[5] 周进．城市公共空间建设的规划控制与引导[M]．北京：中国建筑工业出版社．2005.

[6] 李昊．公共性的旁落与唤醒——基于空间正义的内城街道社区更新治理价值范式[J]．规划师．2018.34(02).25-30.

[7] 马宏，应孔晋．社区空间微更新 上海城市有机更新背景下社区营造路径的探索[J]．时代建筑．2016.(04).10-17.

[8] 鲍世行．攀枝花规划建设的历史经验[J]．城市发展研究．2005.(01).13-15.

[9] 攀枝花市地方志编纂委员会[M]．攀枝花市志．2010.

[10] 攀枝花市城建志编纂委员会编[M]．攀枝花市城市建设志．1995.

[11] 柴彦威，塔娜，毛子丹．单位视角下的中国城市空间重构[J]．现代城市研究．2011.26(03).5-9.

[12] 亚历山大·克里斯托弗．城市不是树[J]．国外城市规划．2004.(4).80.

[13] 王思琪，尹若冰．高校知识溢出效应下的社区微更新探索——以上海同济周边四平街校合作模式为例[J]．建筑技艺．2019.(11).

[14] 沈娉，张尚武．从单一主体到多元参与：公共空间微更新模式探析——以上海市四平路街道为例[J]．城市规划学刊．2019，(03)：103-110.

[15] 亚特兰大环线 振兴废弃铁路以连接城市[J]．风景园林．2015.(08)：102-117.

[16] 王承华，张进帅，姜劲松．微更新视角下的历史文化街区保护与更新——苏州平江历史文化街区城市设计[J]．城市规划学刊．2017，(06)：96-104.

[17] 宁昱西，吉倩妘，孙世界，王承慧．微更新理念在西安老城更新中的运用[J]．规划师．2016，32(12)：50-56.

[18] 金云峰，周艳，吴钰宾．上海老旧社区公共空间微更新路径探究[J]．住宅科技．2019，39(06)：58-63.

作者简介

黄怡，1994年5月生，女，汉族，四川攀枝花，研究生，中国电建成都勘察设计研究院，研究方向为风景园林设计及理论。电子邮箱：760198720@qq.com。

邓宏，1963年8月生，男，汉族，重庆，重庆大学建筑城规学院风景园林系，副教授，硕士生导师，研究方向为风景园林设计及理论、乡村景观规划设计。电子邮箱：2213676345@qq.com。

公园城市背景下社区型工厂遗址保护更新探讨①

——以重庆长征厂为例

Discussion on the Protection and Renewal of Community-based Factory Ruins Under the Background of Park City:

Taking Chongqing Changzheng Factory as an Example

黄子明　戴　菲　陈　明*

摘　要：社区型工厂遗址是被工人社区所围绕的具有时代特色的厂区遗址，在我国西南以及东北地区尤其具有代表性。在公园城市建设的背景之下，社区型工厂遗址作为城市的一部分，为公园城市的实践提供了新的途径，也在实现传统设施、现代城市、社区生活平衡发展的探索中迎来了发展的新契机。对此，本文提出以“公园城市”理论为指导的，从生态修复、活力复兴、遗址保护三方面着手的社区型工厂遗址保护更新模式。以重庆长征厂为例，探讨社区型工厂遗址的保护更新模式，从而为同类型的工业遗址改造提供一定的参考。

关键词：公园城市；社区型工厂遗址；遗址保护；生态修复

Abstract: Community-based factory sites are historical factory sites surrounded by worker communities, and are particularly representative in the southwest and northeast of my country. Under the background of the construction of park city, the community-type factory site, as a part of the city, provides a new way for the practice of the park city, and it is also ushered in the exploration to achieve the balanced development of traditional facilities, modern cities, and community life. New opportunities for development. In this regard, this article proposes a community-based factory site protection and renewal model based on the theory of "park city", starting from three aspects: ecological restoration, vitality restoration, and site protection. Take the Chongqing Changzheng Factory as an example to discuss the protection and renewal mode of community-type factory sites, so as to provide a certain reference for the transformation of the same type of industrial sites.

Key words: Park City; Community Factory Site; Site Protection; Ecological Restoration

引言

社区型工厂遗址是被工人社区围绕的具有时代特色的厂区遗址，在我国西南以及东北地区尤其具有代表性。在公园城市建设的背景之下，社区型工厂遗址作为城市的一部分，为公园城市的实践提供了新的途径，也在为实现传统设施、现代城市、社区生活平衡发展的探索中迎来发展的新契机。当前关于公园城市相关的理论研究大多都是宏观上对其理念内涵的解析[1,2]，或是关于绿色空间规划以及绿地建设相关的实践探讨[3-5]，在公园城市建设背景之下，缺乏工业遗址保护更新方面有关的研究。而实际上，公园城市的建设与工业遗址的保护有着紧密的联系，通过对遗址的改造更新，能够修复场地内土壤、植被、水体等元素，产生较高的生态、社会、历史文化价值，助力公园城市的建设。除此之外，社区型工厂遗址作为我国时代变迁与工业发展的见证，在我国“京津唐”“辽中南”与西南地区尤其具有代表性。因此，本文通过引入“公园城市”的背景和内涵探讨社区型工厂遗址保护更新的模式及具有可操作性的实践方法。

1　社区型工厂遗址保护更新的问题

1.1　生态上的“保护性破坏”

“保护性破坏”，是指在城市建设和历史文化保护利用中，对文化遗产过度开发或错位开发，损害了文物的完整性和真实性的现象。我国工业遗址的保护以及景观设计尚处于起步阶段，国家相关的法律法规不成熟，工业遗址保护改造的理念和经验严重匮乏，生态上的“保护性破坏”问题较为严重。特别是在改革开放后城市快速发展，由于经济利益、技术水平和价值观等问题，在“详近略远”的观念下，人们追求短期的景观效果，渴望标准化“文创”，从而大兴土木、完全移除并替换场地内的受污染土壤和乡土植被，拆除原有构筑物，丢弃工业固体废弃物，看似见效快，实则破坏了当地生态系统的稳定，造成了不可逆的损害。对工业遗址的改造应采取微更新的处理方式区改善其生态环境和景观风貌，要避免出现除旧换新的现象，杜绝“保护性破坏”的发生。

①　基金项目：国家自然科学基金面上项目“消减颗粒物空气污染的城市绿色基础设施多尺度模拟与实测研究”（51778254）。

1.2 未考虑使用者需求的盲目改造

公园城市的建设强调“以人民为中心”，一切改造设计要考虑到人群的使用需求。部分工厂遗址的改造更新在盲目的效仿成功案例、过度追求商业利益，套路化的改建，盲目地在历史的躯壳里强塞新的功能活动，却忽略了使用者的需求，从而导致改造后的场地出现无人问津，活力消失的现象，如自贡老盐场 1957。在《交往与空间》一书中扬·盖尔提出“所有的活动都来源于人”，因此只有做到了因地制宜，因人而异，才会有高质量的户外生活空间，才会产生各种自发性活动和社会性活动，使公共空间迸发活力[6]。

1.3 历史体验的碎片化

在很多改造更新的项目中，工厂遗址的结构风貌以及场所内的设施、构筑物并没有得到系统的保护，而是采用大拆大建的方式，这样造成了大量的工业遗存被破坏和拆毁，城市中原有的历史文脉被割裂，使游人在游览过程中产生断层感，对历史文化的体验并不完整，如由北京手表厂的多层厂房改造的“双安商场”。

特别是近代城市快速发展，不少工厂遗址成为城市扩张的牺牲品，公众也很难意识到旧厂房、旧设施属于文化遗址，从而造成工厂遗址的场所精神缺失和历史记忆的碎片化。随着我国现代化进程的加速，越来越多的工业设施将会完成使命，退出历史的舞台，而设计师则需要利用合适的语言，在传统中融入新的形式和功能，通过艺术化的设计赋予它新的美学价值，使其兼具美观实用和浓厚的历史文化气息。

2 “公园城市”理论在社区型工厂遗址中的应用

我国在工业遗址保护更新方面的实践尚存在诸多不足，而社区型工厂遗址的保护更新则对生态环境和人居环境提出了更高的要求。“公园城市”理念的提出，则是希望构建以生态为引领，将自然公园与人工城市有机结合、将生态、生活、生产融合成“三生一体”的复合系统，结合社区现状和当地文化底蕴，推进生态网络修复和人居环境的完善，促进城市实现有机、绿色的、健康、可持续发展。

公园城市坚持把优化“市民—城市—公园”的关系作为建设的重要内容，坚持优化自然服务的供给，维持社会活力的复苏，完善历史文化的体验，让市民在城市中享受自然，在市井中感受历史。以此为基础可以提取出三大层面目标：“与自然生态共生，与城市市民共享，与历史文化共融”，在公园城市的建设过程中保留历史基底，赋予工厂遗址新的生命力[7]。

2.1 与自然生态共生——生态修复

社区型工厂遗址本身作为工业遗产，年久失修、无人管理、植被杂乱无章、景观效益低下，使其不能满足周边居民的日常休憩游玩的需求，而各类工业污染，也是制约自身发展的重要因素[8]。“公园城市”的提出则是以生态文明为引领，将公园形态与城市空间有机融合，将生态作为城市发展的出发点和落脚点，以此来恢复受损害生态系统，使其接近它受干扰前的自然状况，即重建该系统受干扰前的结构与功能及有关的化学和生物学特征。与此同时，景观建设是生态恢复、生态重建及生态改善三个方面的重要组成部分，可利用景观的介入实现自然生态的长期平衡[9]。在公园城市建设的背景之下，社区型工厂遗址也应该以生态文明为导向，实现自我更新，永续发展。

2.2 与城市市民共享——景观共治

工厂变成遗址曾经的工业生产活动也一齐消失，工厂四周的社区也慢慢出现人口流失和老龄化加剧的现象，随之而来的，是社区活动多样性的缺失，社区历史文化以及邻里关系原真性的消失，社区治理途径单一。曾经的生产基地变成“灰色地带”，割裂了社区之间的交通联系，也割裂了居民之间的人际交流。当前，在存量规划的背景之下，以公众参与为基础的多元共治，已经成为城市更新的趋势。公园城市的建设在考虑生态效益的基础上，以人为中心，强调“人本逻辑，共治共享”，协调多方利益诉求，形成多方共建的发展格局，建设“人、城、境、业”和谐统一的城市形态[10]。这给社区型的保护更新提供新的实践途径：通过基层政府和社会组织主导的多类型社区共治，采用工作坊等形式，让居民结合日常使用需求，进行参与式的设计和共建，促进社区整体发展。在共商共建的过程中，能促进居民彼此的交流，保留他们居民生活的真实性，这对维护社区的稳定和社区的健康成长都具有重要的意义[11]。

2.3 与历史文化共融——工业遗址保护

公园城市建设是具有前瞻性、前沿性的人居环境改善工程，坚持“以文化人”的价值观，通过构建多元文化场景和特色文化载体，在城市历史传承与嬗变中留下绿色文化的鲜明烙印。不可否认的是，工业遗址是城市文化与文明的沉淀，是历史记忆的载体，记录了当年的工作与生活，是工厂社区居民的精神寄托。在公园城市建设的过程中，应加强对工业遗址的保护：一方面，在市区用地紧张的情况下，为公园城市的实践提供了新的场所；另一方面，它作为城市历史文明不可再生的文化遗存，自身就是独特的载体，对城市工业文明的传承、场所精神的重塑、历史文化的留存、多样性与唯一性的保持有着重要的意义[12]。

3 社区型工厂遗址保护更新的应用

3.1 对象地及现状问题分析

长征厂位于重庆市大渡口区伏牛溪街道长征村，周围遍布居民区。整个场地约 4.6hm²，背依山体，呈长条状，北部和南北分别有一个厂房组群（图 1）。随着新厂区的建立，原有厂区与铁轨被废弃，成为一个典型的社区型工厂遗址，场地将居民区一分为二，割断了两片居住区之间的交通联系，也切断了社区之间的人际交流。

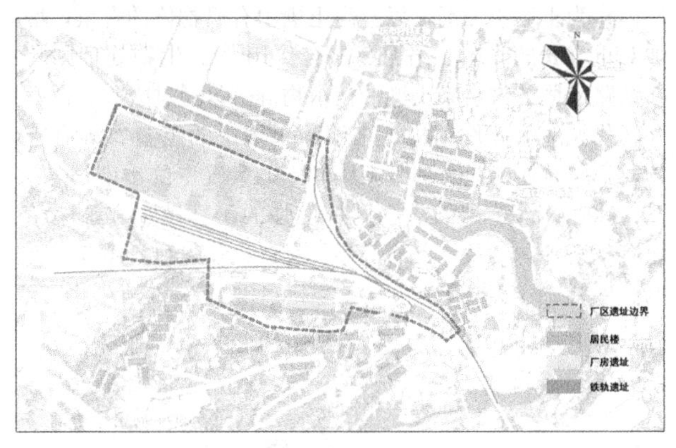

图 1　长征厂遗址布局

长征厂因基础设施的不完善，工业遗留设施的老化，已不能承载周边居民的日常休憩娱乐活动，更不能带来经济效益，甚至影响日常出行，居民逐渐降低对历史遗产价值的关注度。根据前期的现状调研、行为活动分析和问卷调查，总结出三大问题：①场地内植被无序生长，景观效益低下，生态破坏较为严重（图 2）；②人际关系存在割裂现象，不同社区人群少有来往，活动场地的缺乏，社区休闲活动形式单一（图 3）；③厂区内遗留的工业厂房及设施大量闲置，部分采取封闭管理，未得到充分利用，工业文化的展示较为零散，不成体系。

图 2　长征厂遗址现状图

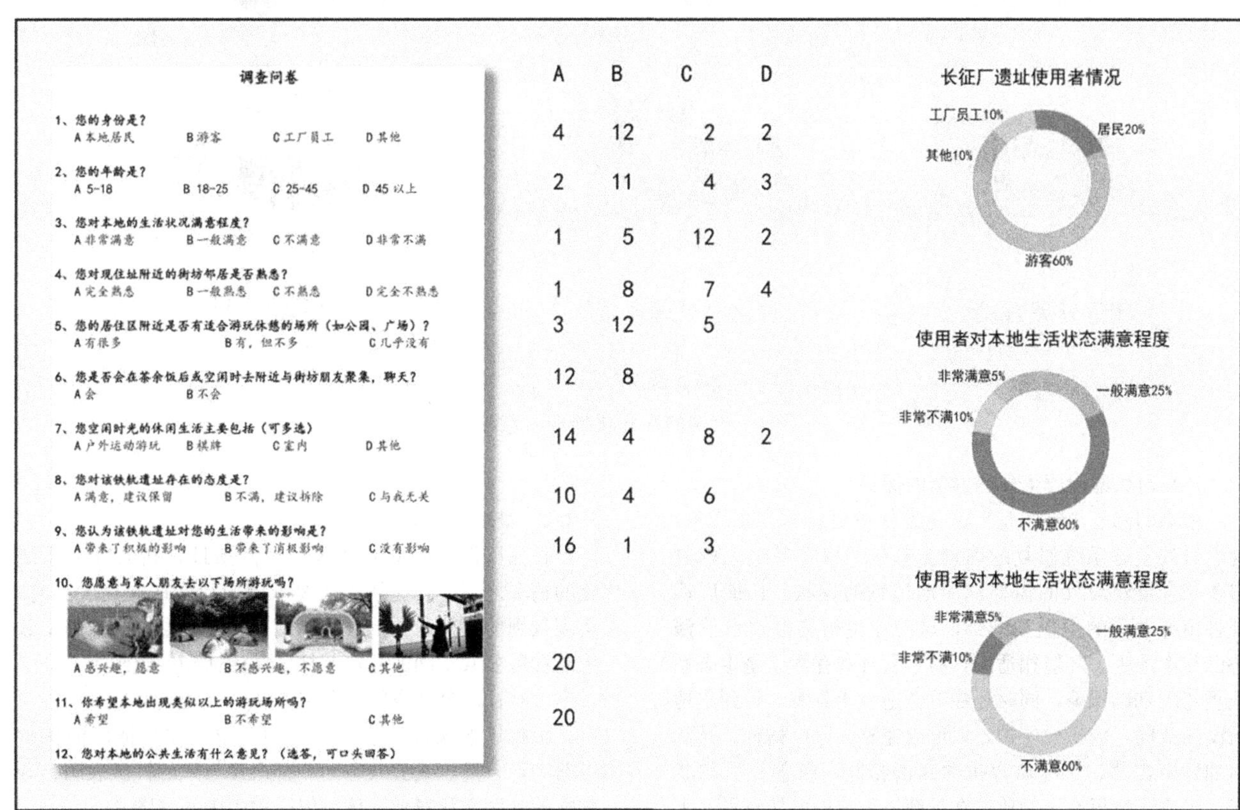

调查问卷

问题	A	B	C	D
1、您的身份是？ A 本地居民　B 游客　C 工厂员工　D 其他	4	12	2	2
2、您的年龄是？ A 5-18　B 18-25　C 25-45　D 45 以上	2	11	4	3
3、您对本地的生活状况满意程度？ A 非常满意　B 一般满意　C 不满意　D 非常不满	1	5	12	2
4、您对现住址附近的街坊邻居是否熟悉？ A 完全熟悉　B 一般熟悉　C 不熟悉　D 完全不熟悉	1	8	7	4
5、您的居住区附近是否有适合游玩休憩的场所（如公园、广场）？ A 有很多　B 有，但不多　C 几乎没有	3	12	5	
6、您是否会在茶余饭后或空闲时去附近与街坊朋友聚集，聊天？ A 会　B 不会	12	8		
7、您空闲时光的休闲生活主要包括（可多选） A 户外运动游玩　B 棋牌　C 室内　D 其他	14	4	8	2
8、您对该铁轨遗址存在的态度是？ A 满意，建议保留　B 不满，建议拆除　C 与我无关	10	4	6	
9、您认为该铁轨遗址对您的生活带来的影响是？ A 带来了积极的影响　B 带来了消极影响　C 没有影响	16	1	3	
10、您愿意与家人朋友去以下场所游玩吗？ A 感兴趣，愿意　B 不感兴趣，不愿意　C 其他	20			
11、你希望本地出现类似以上的游玩场所吗？ A 希望　B 不希望　C 其他	20			
12、您对本地的公共生活有什么意见？（选答，可口头回答）				

图 3　关于使用者及其满意程度的问卷调查结果

3.2 “公园城市”理论下的长征厂保护更新策略

3.2.1　生态修复策略

工业遗址经过合理的生态修复后，能够被开发成各种用途的用地，例如：展览馆、广场、商业区、办公区、公园等用地。而公园城市的建设强调“以生态为引领”，针对遗址的生态修复试图重新创造、引导或加速自然演化过程，使受损的生态系统重新回到良性循环状态，实现土地的再生性循环使用，实现工业遗址的可持续发展[13]。本文结合长征厂遗址的现状情况，分别针对土壤、植物、工业固体废弃物提出修复策略。

（1）土壤的多样化处理

长征厂遗址所处地理位置特殊，土壤肥力低，加之工厂运作会造成 Cu、Zn、Sn 和 Pb 等重金属污染，因此，此次针对土壤的修复以改善基质和去除重金属等有毒化学物质为前提，采用物理、化学、生物三种处理方式（图

4），为生物提供安全的生长基础，为人们提供安全舒适的活动场所[14]。物理处理是指用物理手段隔绝污染，如移除表面污染土壤、回填表土，这是一种常用且有效的措施，能够将植物根系与有毒土壤隔绝，且回填的表层土壤中含有氮、磷、钾等大量元素，有助于植物的生长。化学处理是指利用化学反应的原理对土壤进行基质改良，在提高遗留地土壤的养分的同时又能降低土壤重金属的生物有效性。如增施绿肥、堆肥以及有机肥，或将园林植物残体作为土壤添加剂，以提高土壤中有机物体的含量，增加对重金属的吸附、络合、螯合作用[15]。生物处理则是在铁路沿线的被污染土壤种植植物群落，通过吸收、挥发和转化、降解等作用机理来清除土壤中的重金属等有害物质，同时还能吸收部分土壤周围的大气中的污染物[16]。此次改造设计选用的重金属抗性强的耐性植物和富集植物有：苍耳、夏至草、蒲公英、女贞、紫茉莉、珊瑚、杜鹃、繁缕、一年蓬等。

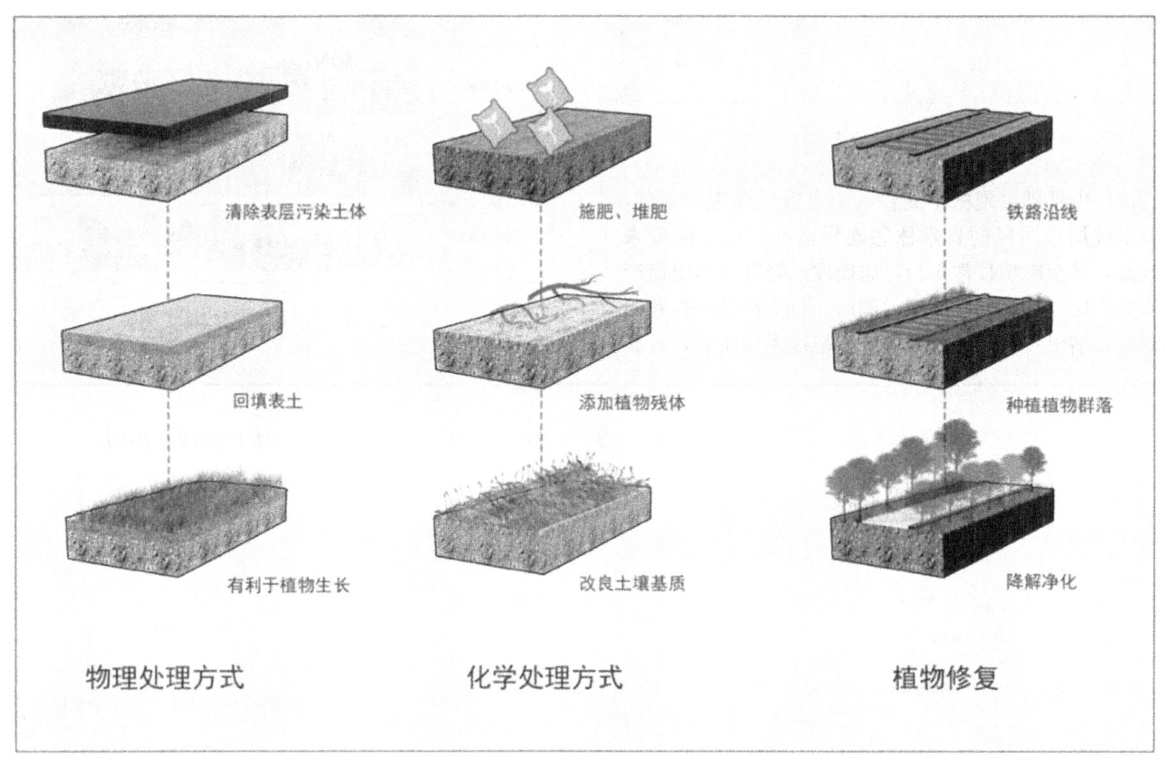

图4　土壤的多样化处理示意图

（2）对场地内原生植物群落的保护

植物的修复与重建是厂区遗址保护更新的首要任务，这也是其生态系统修复的前提与基础。植物的生态修复需要结合景观设计的需要和场地植物的现状。长征厂遗址种植有大量的泡桐和地锦，这些原生植物经过自然演替已与本地生态环境相适应，易于管理和存活，是生态系统重建的基础保障，同时还能够营造乡土景观，得到本地居民的认同，应积极保护，以形成完整的原生树林。其次增加种植芒草、三叶草等抗性高的植物，改善土壤的状况，吸收土壤里有害物质。在种植搭配方面要注意平面上的疏密有致，立面上的参差错落，利用植物围合多样空间，丰富景观层次。

（3）工业固体废弃物的再生利用

对长征厂内存在众多工业固体废弃物进行再利用，除了能够节省建材，还能够保留场地的历史记忆，此外，新功能与老物件的对比，还能反映环境时代变迁，体现一种四维的空间理念[17]，如将大量碎石处理为石笼座椅、景观柱、树池；将损坏的门窗改造成场地铺装、树池座椅、小品；将废弃的铁轨与枕木处理为景观雕塑等（图5）。

3.2.2　景观共治策略

长征厂作为典型的社区型厂区遗址，在人际关系淡化的情况之下，其更新改造要求周边社区居民高度参与，实现景观的共建、共治、共享，重塑社区凝聚力。其实践依靠社区公共空间的营造与社区共治活动的组织。

（1）社区公共空间的营造

根据场地现状与适用人群的需求，在长征厂的保护更新中，营造三大公共空间：公众参与式的社区农园、开放式的社区文化场地、休闲娱乐服务中心（图6）。

① 营造开放式社区文化场地

巧借地形与巧改地形，在改造设计中，合理地利用原有地形的落差，提取铁轨遗址的线性元素，将西南处山坡改造成若干台地，设置观景台为游客提供良好的观景视野，线性的场地与铺装能让使用者感到历史文化的延续；同时，完善基础设施与立体绿化，给厂区工人和游客提供休憩场所（图7）。此外，通过微地形的塑造也可以创造多样性的生物生境，将地形设计的艺术化与功能、生态相结合，使人、自然和城市三者和谐发展[18]。

② 引入公众参与式社区农园

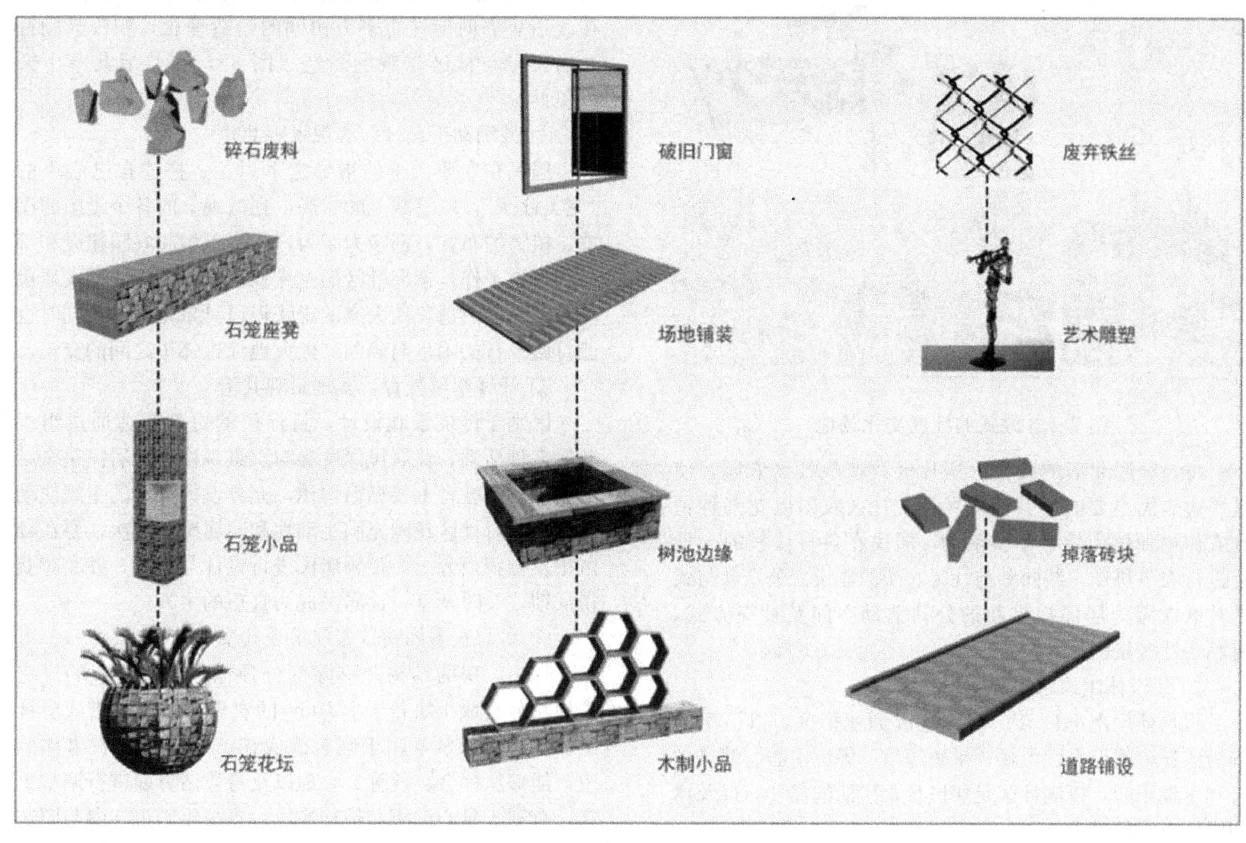

图 5　工业固体废弃物的再生利用示意图

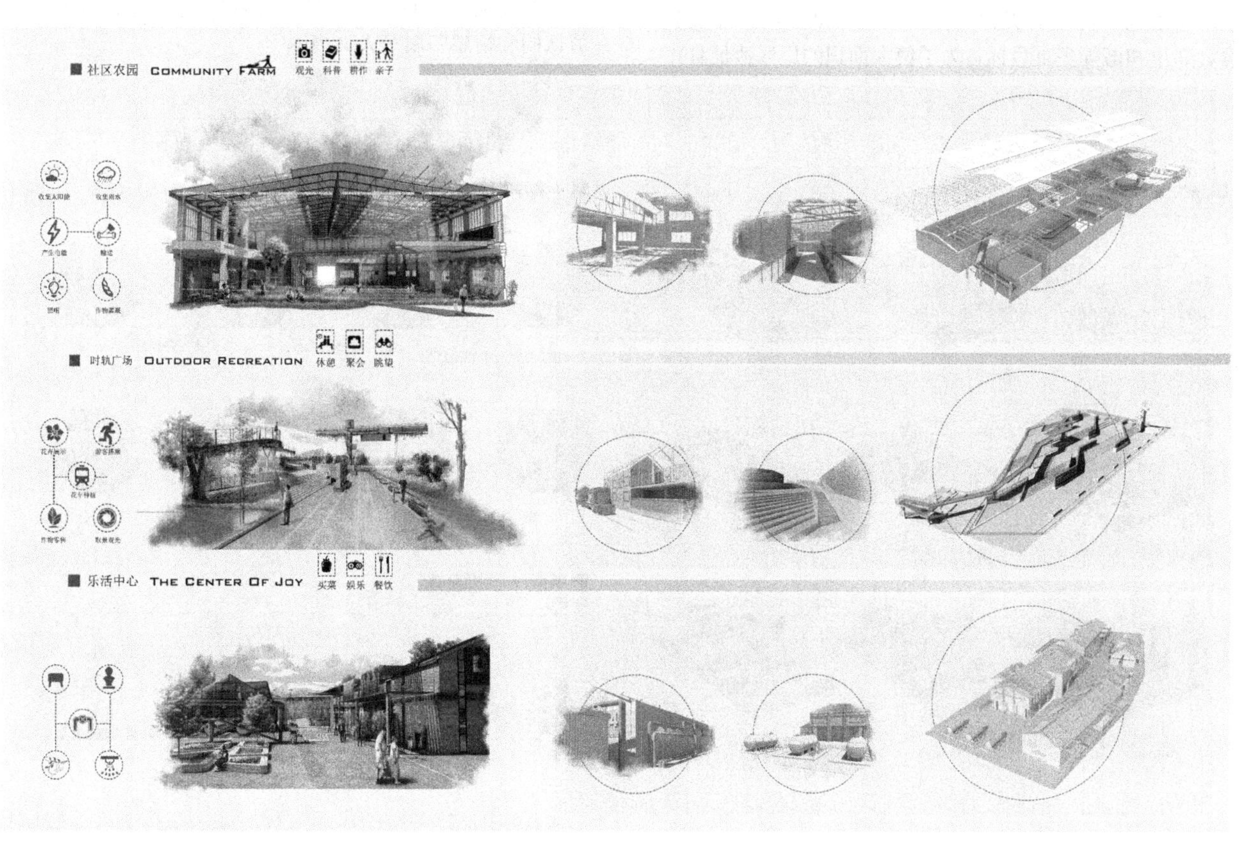

图 6　社区公共空间营造策略图

图 7　开放式的社区文化场地

将长征厂北部的废弃厂房片区改造成社区农园，使其周边居民主要的公共活动场地。社区农园以花卉种植和农作物种植为核心体验活动，居民在各自认领的土地上进行农事耕作，共同参与社区农园的建设。公众参与式的社区农园为居民提供新的公共活动空间及社交方式，有利于社区氛围的营造。

③ 建设休闲娱乐服务中心

将长征厂南部废弃厂房改造成商业街区，以厂房组群为依托，建设农贸市场、果蔬超市、餐饮中心、健身中心和童趣乐园，以满社区足居民日常生活的需要，以及休闲娱乐方面的需求。

（2）社区共治活动的组织

区别于传统景观提升项目，让长征厂的更新改造不仅限于景观环境上的美化，而更注重公众参与、环境教育、邻里和谐等多重目标，为了使大面积的厂区遗址真正为居民所用，让居民在使用过程中消除陌生与隔阂，在改造更新时应注重多方协同的营造理念，积极鼓励社区居民参与社区景观的营造（图 8），在共治共享中亲近彼此。

① 鼓励动手设计，实现景观共建

居民在专业人士的指导之下讨论、搭建自己心中的“完美社区”，从宏观上的布局，到微观上的各个设施的摆放、植物的布置，都亲力亲为，逐步承担起农园建设和维护的日常工作，掌握社区的主导权。这不仅能够激发居民参与设计的热情，使大家的想法得以具象化表达，同时也能打破平日的陌生与隔阂，极大地促进邻里之间的交流。

② 开展基层教育，实现景观共治

区别于传统景观设计，长征厂的更新改造通过组织开展多种活动，让居民深度参与。景观设计对居民是全新的领域，在教育上要循循善诱，充分发挥大家的主观能动性，从而对社区花园充满主动性和归属感。其次，要在社区中发掘积极分子，带领居民进行设计与建造，并实时获得反馈，及时调整，让居民成为真正的主人。

③ 参与农事体验，实现景观共享

保留厂房的结构并移除部分顶棚，将大面积的厂房内地块分割成小块若干个 $10m^2$ 的农田，廉价租借或由社区居民免费认领，用于园艺或农艺。老年人在农事体验中，能够从社会、教育、心理以及身体诸方面进行调整更新，有利于身心健康和精神焕发；青少年则可在参与园艺活动的过程中亲近自然，缓解学业负担等压力。长征厂社区作为人们共同生活的载体，长征厂遗址作为居民活动的公共场地，人们可以通过这种社区类营造活动感受价值认同和情感归属等人文内涵[19]。

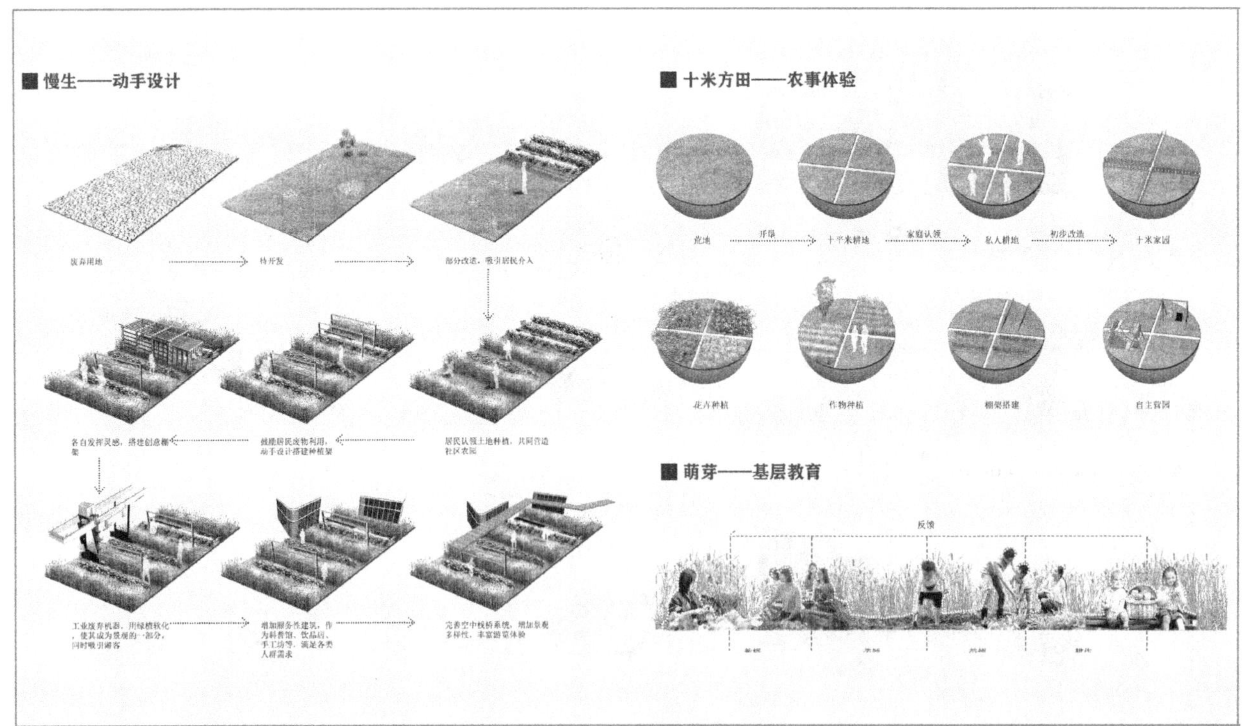

图 8　景观共治活动

3.2.3 工业遗址保护更新策略

（1）建筑物的文化延续

长征厂遗址中存在大量的厂房遗址，对其进行保护更新的主要措施分别是：①美化建筑外立面，在建筑实体空间的改造设计时，保持建筑外立面整体格局不变，利用场地内原有的木材和钢材，并借鉴场内铁轨的线性元素，丰富建筑外立面结构，突显建筑的风格，使工业文化与新的使用功能相融合；②整合建筑内空间，传承建筑文脉，对建筑内部的重新规划改造时，保证其主体结构不变，根据新的需求将建筑空间进行重新划分，可适当地拆除或加建，以满足社区居民的使用需求[20]。在此更新设计中将北部厂房片区改造为社区农园，将南部厂房片区改造为超市等商业建筑，给社区居民提供多样化的使用场景。

（2）构筑物的艺术化重塑

工业遗址的构筑物因为遗弃已久出现老化风化锈蚀，并不具有传统意义上的美学特征，但它具有的丰富的社会情感价值和艺术价值，通过保留长征厂内工业构筑物能够引起周边居民强烈的共鸣。对于这些构筑物的处理，可以采用以下几种方式：功能上的重塑，将原有的工业设施作为时代的纪念碑保留下来，这些见证了该区工业与时代发展的设施，有着深刻的教育意义，如场内具有强烈的视觉冲击的巨型塔吊；形式上的重塑，可以通过对构筑物形态的改造，使其具备其他功能，达到景观修复的目的，如将场内的废弃火车头改建为种植池进行花卉展示，或是将废弃管体进行重组，使其成为与场地相呼应的系列小品或将废弃罐体改造成净水器进行科普展示（图 9）。

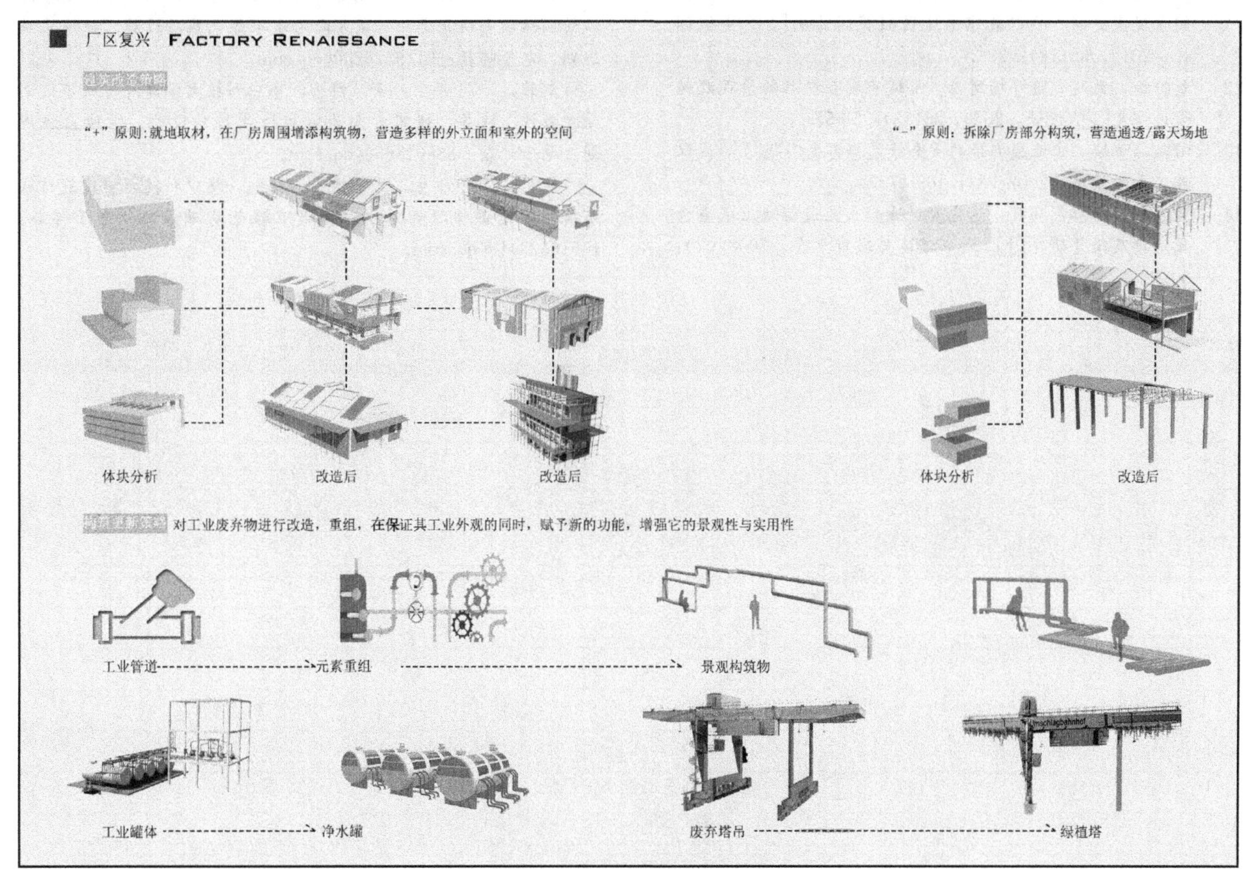

图 9　工业遗址保护更新策略

4　结语

在时代快速发展的今天，历史是最容易被人遗忘的，历史的创造者也是容易被遗忘的人群，长征厂作为典型的社区型厂区遗址就面临着这样的问题。“公园城市”的理念应用于社区型厂区遗址的保护更新可以从“以生为矢，以人为心，以文化人”出发，在生态修复、活力复兴、遗址保护方面进行探讨，在“保护”的基础之上使厂区遗址能够满足周边社区居民的使用需求，并通过空间塑造和活动组织重塑社区氛围，促进邻里关系，希望能为其他社区型工厂遗址的更新改造提供一定的参考。

参考文献

[1]　吴岩，王忠杰，束晨阳，刘冬梅，郝钰．“公园城市”的理念内涵和实践路径研究[J]．中国园林，2018，34(10)：30-33.

[2]　李金路．新时代背景下“公园城市”探讨[J]．中国园林，2018，34(10)：26-29.

[3]　郑宇，李玲玲，陈玉洁，袁媛．“公园城市”视角下伦敦城市绿地建设实践[J/OL]．国际城市规划：1-9[2020-10-09]. https://doi.org/10.19830/j.upi.2019.498.

[4]　戴菲，王运达，陈明，黄亚平，郭亮．“公园城市”视野下的滨水绿色空间规划保护研究——以武汉长江百里江滩为例

[J]. 上海城市规划，2019(01)：19-26.

[5] 戚荣昊，杨航，王思玲，谢琪熠，王亚军．基于百度POI数据的城市公园绿地评估与规划研究[J]. 中国园林，2018，34(03)：32-37.

[6] [丹麦]扬·盖尔 著．何人可 译．交往与空间[M]. 北京：中国建筑工业出版社，2002.

[7] 吴钰宾，金云峰，钱翀．有机更新背景下对城市公园历史重塑的更新改造探索——以上海醉白池公园为例[A]. 中国风景园林学会．中国风景园林学会2018年会论文集[C]. 中国风景园林学会，2018：7.

[8] 贺旺．后工业景观浅析[D]. 北京：清华大学，2004.

[9] 任晓苹．绵阳市"三线建设"工业遗址景观生态修复策略研究[D]. 成都：西南科技大学，2018.

[10] 杨茅矛，张亚莉．新时代背景下公园城市多方共营建设路径研究[J]. 城市建筑，2020，17(06)：141-144.

[11] 侯晓蕾．基于社区营造和多元共治的北京老城社区公共空间景观微更新——以北京老城区微花园为例[J]. 中国园林，2019，35(12)：23-27.

[12] 董盼盼，兰超．追寻场所性——城市废弃铁路的景观改造设计探究[J]. 设计，2020，33(13)：53-55.

[13] 田燕，黄焕．工业废弃地的生态修复与再生实践[J]. 武汉理工大学学报，2008(08)：169-172.

[14] 龚惠红，邓泓，邓丹，达良俊．城市工业遗留地土壤重金属污染及修复研究[J]. 城市环境与城市生态，2008(02)：30-33.

[15] 王桢．铁路沿线土壤重金属污染特征与来源分析[D]. 重庆：西南交通大学，2018.

[16] 唐世荣，黄昌勇，朱祖祥．污染土壤的植物修复技术及其研究进展[J]. 上海环境科学，1996(12)：37-39+47.

[17] 赵超．城市工业废弃地活力重生的景观修复途径研究[D]. 昆明：昆明理工大学，2011.

[18] 肖磊．城市公园地形设计方法与实践研究[D]. 南京：南京林业大学，2012.

[19] 刘祎绯，梁静宜，陈瑞丹．北京老城失落空间里的社区花园实践——以三庙社区花园为例[J]. 中国园林，2019，35(12)：17-22.

[20] 马鑫洋．旧工业厂区改造与社区文化再生设计研究[D]. 济南：山东建筑大学，2016.

作者简介

黄子明，1997年生，男，华中科技大学建筑与城市规划学院风景园林硕士研究生，研究方向为城市绿色基础设施、绿地系统规划。电子邮箱：211927520@qq.com。

戴菲，1974年生，女，博士，华中科技大学建筑与城市规划学院教授、博导，研究方向为城市绿色基础设施、绿地系统规划。电子邮箱：58801365@qq.com。

陈明，1991年生，男，博士，福建，华中科技大学建筑与城市规划学院讲师，研究方向为城市绿色基础设施。电子邮箱：1551662341@qq.com。

气候变化背景下居民健康脆弱性空间识别与规划研究
——以北京市浅山区为例①

Spatial Identification and Planning Research of Residents' Health Vulnerability in the Context of Climate Change:
A Case Study of Shallow Mountain Area of Beijing

李嘉艺　施　瑶　郑　曦

摘　要：全球疫情的大环境下，人类健康已成为重要议题，而快速城市化与气候变化加剧了城市边界区域的健康脆弱性。为提高城市边界区域在居民健康层面的适应性，本文以北京市浅山区为研究区域，综合现有气候变化风险与健康脆弱性的研究，构建气候-健康脆弱性评估框架，在气候变化背景下对健康脆弱性进行评估，得到暴露度、敏感性、适应能力以及健康脆弱性的空间分布特征，识别高脆弱性区域并提出相应的规划策略。结果表明，房山区、平谷区和怀柔区具有高健康脆弱性。依据其准则层空间分布，3 个区分别具有高暴露、高敏感和低适应能力的特征。进一步提出相应的 3 类规划策略，以提升浅山区在公共健康方面的适应性，改善城镇民生发展，推动美丽乡村建设。

关键词：气候变化；居民健康；脆弱性评估；浅山区

Abstract: In the global epidemic environment, human health has become an important issue. However, rapid urbanization and climate change exacerbate the health vulnerability of urban boundary areas. In order to improve the adaptability of urban boundary areas in residents' health, this paper takes the shallow mountain district of Beijing as the research area, constructs a climate health vulnerability assessment framework that based on the existing research on climate change risk and health vulnerability. Then, under the background of climate change, health vulnerability was assessed, and the spatial distribution characteristics of exposure sensitivity adaptability and health vulnerability were obtained. The high vulnerability areas were identified and the corresponding planning strategies were proposed. The results showed that Fangshan, Pinggu and Huairou District had high health vulnerability. According to the spatial distribution of the criterion layer, the three regions are characterized by high exposure, high sensitivity and low adaptability. In order to improve the adaptability of shallow mountain areas in public health, improve the development of urban people's livelihood, and promote the construction of beautiful countryside, three kinds of corresponding planning strategies are proposed.

Key words: Climate Change; Residents' Health; Vulnerability Assessment; Shallow Mountain Area

引言

全球气候变化对于区域的影响往往涉及自然系统、生态系统以及人类系统。我国《国家适应气候变化战略》提出了基础设施、生态系统、人体健康、农业、旅游业和其他产业等重点任务。气候变化所引起的生态环境改变，包括极端气候、环境污染、经济失稳、传染病流行等[1]，增加了人类患病风险，威胁着人类健康，应对气候变化已成为 21 世纪改善全球健康的最大机遇[2]。在全球疫情的大环境下，降低流行病传染风险、提高区域应对公共卫生事件的能力已成为亟待解决的问题。脆弱性概念来自对自然灾害以及社会现象的研究，即通过灾害发生的可能性及其影响来辨识和预测脆弱群体的危险区域[3]。IPCC 第五次报告将脆弱性定义为易受气候不利影响的倾向和习性[4]。随着研究受到广泛关注，该概念已在学科融合的基础上扩展到公共健康、气候变化、灾害预警、社会经济学等众多领域[5]。

气候与健康脆弱性的研究早期主要关注于研究气候变化与传播疾病之间的联系及影响机制，随着研究的深入，学者开始针对气候变化对健康脆弱性影响进行定量评估，并在此基础上给出不同地区医疗资源、绿化景观、高危人群等地理分布[1]。因此气候变化背景下的居民健康脆弱性具有重要的研究意义。

随着城市化进程的加速推进，城市边界逐渐开发，居住重心由城市中心逐步向外围扩展。浅山区作为北京市平原与山区的过渡带，是重要的生态屏障，对调节城市气候具有重要作用。同时浅山区的气候变化较平原区与深山区更为显著[6]，因此具有高暴露度和敏感性。浅山区村镇集中，但基础设施与医疗政策等方面相比中心城区较为欠缺，导致浅山区在应对公共卫生事件的适应能力较弱。因此在气候变化背景下具有较高的健康脆弱性，需要

① 基金项目：国家重点研发计划，“村镇乡土景观绩效评价体系构建”，编号 2019YFD11004021，2019/11/01-2022/12/31。

科学的评估和规划策略，提高浅山区在公共卫生层面的适应能力，提升医疗服务能力和基础设施建设水平，对城镇民生发展和美丽乡村建设提供理论依据。

本文基于现有研究成果和挑战，以北京市浅山区为研究区域，根据脆弱性内涵构建评估框架与指标体系，针对气候变化背景下的居民健康脆弱性进行空间评估，识别浅山区健康脆弱性的热点区域，并依据脆弱性等级对热点区域提出相应的规划策略。

1 研究区概况

研究区域位于北京市浅山区，以北京市海拔 100～300m 的浅山本体为基础，结合城镇开发边界划定的规划范围。总面积约 4833km^2，涉及 10 个区、66 个乡镇，占市域面积的 29.5%［《北京市浅山区保护规划（2017—2035 年）》］。

2 数据来源及方法

2.1 评估框架

IPCC 提出脆弱性来自暴露度、敏感性及适应能力的相互作用，即由于自然环境因素的变动（暴露度）、人群特征（敏感性）以及应对灾害或从灾害中恢复的能力（适应能力）不足所带来的负面影响[7]。本研究将健康脆弱性作为暴露度、敏感性和适应能力三者的函数，提出了“暴露度-敏感性-适应能力”健康脆弱性评估模型。

主要包括三部分内容（图 1）：第一部分为评价指标体系构建；第二部分为根据评价指标创建浅山区健康脆弱性地图，确定健康脆弱性的关键区域；最后根据脆弱性特征提出相应的规划策略。

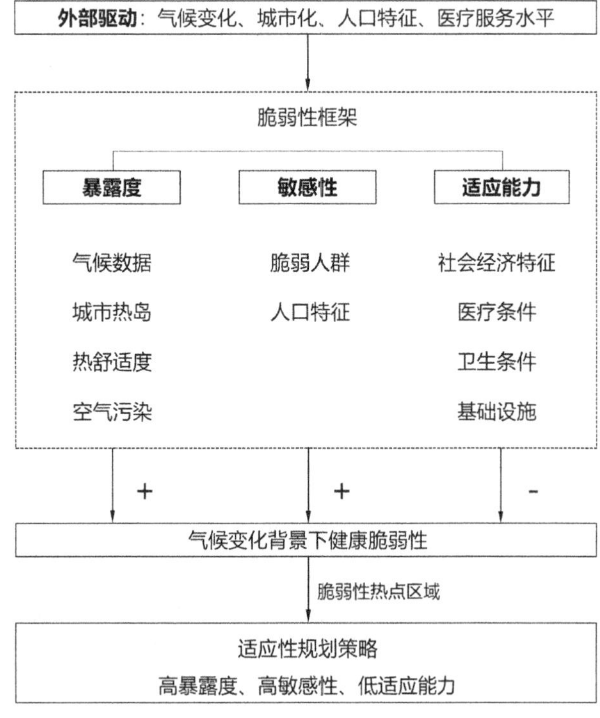

图 1　研究框架

2.2 主要数据及来源

本研究所用数据包括气候数据、空间栅格数据和统计资料 3 大类。为方便后续分析讨论以及相应规划策略的提出，结合 ArcGIS 等软件，将所有指标统一至 30m×30m 分辨率，并将数据的空间分布单元统一至镇域。

气候数据来自 World Clim 数据库（http://www.worldclim.org/）提供的全球气候空间栅格数据，选取 2018 年 5arcmin 分辨率的数据使用。空间栅格数据包括北京市 LST 数据、NDVI 数据等，均来自地理空间数据云（http://www.gscloud.cn/）所提供的 MODIS 中国合成产品。统计数据包括各区人口数据、GDP 数据、空气质量数据和医疗卫生数据等，来自国家统计局（http://www.stats.gov.cn/）公布的 2018 年统计数据以及北京市各区公布的统计年鉴、北京市气象信息中心（http://bj.cma.gov.cn/）等。

2.3 指标体系构建

2.3.1 指标体系

结合脆弱性分析框架，暴露度指人群或系统与灾害的接近程度[8]，在健康脆弱性评估研究中，高温热浪、洪涝等气候灾害和空气污染决定着区域面临健康威胁的可能性。敏感性是系统对各种灾害干扰的敏感程度[9]，表征居民能够承受的灾害最大影响[10]，受居民组成和医疗能力影响。依据流行病学研究，老人、女性、幼儿、慢性病患者等群体更具有敏感性[11]。适应能力是指系统或人改变自身的状态行为以便更好地适应已存在或预期压力的能力[8]，包括区域医疗服务可获得程度、地区经济发展水平、绿化比例等。

本文从暴露度、敏感性和适应能力 3 个层面建立北京市浅山区健康脆弱性评价指标体系（表 1），综合评估包括气候条件、人口特征、基础设施完善程度、经济水平、医疗卫生水平等社会-生态耦合特征。

浅山区健康脆弱性评价指标体系　　表 1

准则层	具体指标
暴露度	年平均气温
	温度偏差
	年降雨量
	热岛强度
	热舒适度
	PM2.5
	PM10
	SO_2
	NO_2
敏感性	妇女比例
	老人比例（大于 65 岁）
	幼儿比例（0～4 岁）
	流动人口比例
	就诊人数
	死亡率
	人口密度

续表

准则层	具体指标
适应能力	人均 GDP 卫生机构分布 千人卫生机构床位数 千人拥有医师数 卫生支出 污水处理能力 垃圾处理能力 植被覆盖率

2.3.2 指标处理

(1) 归一化处理

为统一衡量标准，在后续指标计算中，均通过归一化处理将各指标数据转变为针对健康脆弱性的相对值，便于后续计算。

正向指标：$I_p = \dfrac{I_i - I_{min}}{I_{max} - I_{min}}$

逆向指标：$I_n = \dfrac{I_{max} - I_i}{I_{max} - I_{min}}$ [12]

其中 I_p 为正向指标的归一化值，I_n 为逆向指标的归一化值；I_{min} 为指标最小阈值；I_{max} 为指标最大阈值，I_i 值的范围为 0～1。

(2) 主成分分析法赋予权重

为了避免传统指标体系权重主观性较强的问题，运用 ArcGIS 的空间主成分分析工具对准则层的指标进行降维筛选[13]，选择方差累计贡献率大于 95％的主成分作为计算指标[14]，根据贡献率确定各主成分因子的标准化权重，最终建立含 14 个综合指标的“暴露度-敏感性-适应能力”健康脆弱性指标评估体系（表 2）。

健康脆弱性评价指标主成分分析　　表 2

	主成分	特征值	贡献率（％）	累计贡献率（％）	标准化权重
暴露度	1	0.141	75.662	75.662	0.778
	2	0.020	10.725	86.387	0.110
	3	0.016	8.384	94.771	0.086
	4	0.005	2.424	97.195	0.025
敏感性	1	0.042	61.409	61.409	0.625
	2	0.015	21.190	82.599	0.216
	3	0.006	8.344	90.943	0.085
	4	0.003	4.042	94.985	0.041
	5	0.002	3.250	98.235	0.033
适应能力	1	0.024	33.223	33.223	0.345
	2	0.020	26.854	60.077	0.279
	3	0.017	23.367	83.444	0.243
	4	0.007	8.880	92.324	0.092
	5	0.003	3.877	96.200	0.040

3 结果与讨论

3.1 浅山区健康脆弱性空间分布格局

利用 ArcGIS 采用加权因子叠加法对单因子指标进行叠加分析，得出每个准则层的综合评价结果。运用栅格计算器，对准则层进行叠加分析，并使用自然断点法将结果划分为 7 个等级，得到健康脆弱性空间分布图。

当前居民健康系统的脆弱区域主要分布在房山区、怀柔区和平谷区靠近中心城区的村镇。其中房山区由于城市高温热浪、空气污染和极端降雨驱动下具有高暴露度，同时海淀区、石景山区等也因发展建设具有较高暴露度；平谷区和怀柔区为北京发展较弱的区域，老龄化较严重，健康脆弱人群较多，人口流动性较高，同时医疗服务水平较低且基础设施不完善，导致其具有较高敏感性与较低的适应能力。

3.2 浅山区健康脆弱性分区规划策略

依据暴露度、敏感性和适应能力的不同，将规划策略分为高暴露度策略、高敏感性策略和低适应性策略。

(1) 房山区、海淀区、石景山区等高暴露度区域，目前城镇发展建设相对完备，建议完善区域绿色基础设施的整体规划，增加绿地空间与绿道、绿廊，同时推广绿色建筑、低影响开发等规划设计方法，以改善区域应对高温和暴雨的能力。

(2) 平谷区、密云区等区域的高敏感性主要受人群组成的影响，可采取社区共建、定期体检等民生政策对老人、慢性病患者群体提供医疗服务。

(3) 怀柔区、门头沟区、平谷区等低适应能力区域需要提高医疗服务水平，增加基础设施建设，在绿色空间层面退耕还林、建设公园绿地等，为居民提供休闲健体的活动空间与开阔优美的集散场地，综合提升区域应对气候变化下公共卫生事件的适应能力。

4 结论

目前全球疫情大环境推动了气候变化对于健康影响的研究，促进了脆弱性与公共卫生学科的融合以及相关概念与评价方法的发展与进步。气候所造成的健康影响涉及多领域多学科的耦合，是一项具有复杂性与动态性的课题，研究仍需要在以下几方面进行提升与完善：

(1) 在进行气候背景下健康脆弱性评估时，对于气候特征的识别应具有地区针对性，例如高温热浪、干旱、洪涝等，从而筛选出具有代表性的评价指标，进一步优化评估指标体系。

(2) 对于区域的居民健康情况应建设长期的监测网络，获取较为精确的居民健康数据，以更为准确的评估区域面对如新型冠状病毒肺炎疫情般大规模爆发的公共卫生事件的风险与适应能力。

(3) 在全球环境不断变动的当下，对于未来情况的模拟与评估也是十分重要的，未来气候变化和国家政策实施等都应在进一步研究中纳入考虑。

目前对于气候变化背景下的健康脆弱性评估领域的研究刚刚起步，在未来学科进步和国家政策的推动下将获得长足发展。

参考文献

[1] 姚聪，宇传华，李旭东．气候-健康脆弱性评价及研究进展[J]. 公共卫生与预防医学，2013，24(001)：1-5.

[2] 崔学勤，蔡闻佳，黄存瑞，等．史无前例的气候变化健康挑战需要史无前例的应对措施[J]. 科学通报，2020(8).

[3] Janssena M. A，Schoon M. L，Ke W，et al. Scholarly networks on resilience，vulnerability and adaptation within the human dimensions of global environmental change[J]. Global Environmental Change，2006，16(3) ：240-252.

[4] IPCC. Climate Change 2014：Impacts，Adaptation，and Vulnerability [R] . Cambridge：Cambridge University Press，2014.

[5] 李鹤，张平宇，程叶青. 脆弱性的概念及其评价方法[J]. 地理科学进展，2008，27(2) ：18-25.

[6] Ruizlabourdette D，María Fe Schmitz，Pineda F D. Changes in tree species composition in mediterranean mountains under climate change：indicators for conservation planning [J]. Ecological Indicators，2013，24(1)：310-323.

[7] 谢盼，王仰麟，彭建，等．基于居民健康的城市高温热浪灾害脆弱性评价——研究进展与框架[J]. 地理科学进展，2015，034(002)：165-174.

[8] Füssel H M. Vulnerability：a generally applicable conceptual framework for climate change research[J]. Global Environmental Change，17(2)：155-167.

[9] 郭佳蕾．平潭岛社会—生态系统脆弱性评价[D]. 福州：福建师范大学，2017.

[10] Turner B L，Kasperson，R E，Matson P A，et al. 2003. A framework for vulnerability analysis in sustainability science [J]. Proceedings of the National Academy of Sciences of the United States of America，100(14)：8074-8079.

[11] 陈恺，唐燕．城市高温热浪脆弱性空间识别与规划策略应对——以北京中心城区为例[J]. 城市规划，2019，043 (012)：37-44，77.

[12] 郭兵，姜琳，罗巍，杨光，戈大专．极端气候胁迫下西南喀斯特山区生态系统脆弱性遥感评价[J]. 生态学报，2017，37(21)：7219-7231.

[13] 付刚，白加德，齐月，等．基于 GIS 的北京市生态脆弱性评价[J]. 生态与农村环境学报，2018，034 (009)：830-839.

[14] 徐庆勇，黄玫，陆佩玲，等．基于 RS 与 GIS 的长江三角洲生态环境脆弱性综合评价[J]. 环境科学研究，2011 (01)：58—65.

作者简介

李嘉艺，1995 年生，女，汉族，山东，北京林业大学风景园林学在读硕士研究生，研究方向为风景园林规划设计与理论。电子邮箱：lijiayi _ bjfu@sina. com。

施瑶，1995 年生，女，汉族，山西，北京林业大学风景园林学硕士，研究方向为风景园林规划设计与理论。电子邮箱：bjfushiyao@sina. com。

郑曦，1978 年，男，汉族，北京，博士，北京林业大学学院教授，博士生导师，研究方向为风景园林规划设计与理论。电子邮箱：zhengxi@bjfu. edu. cn。

郊野公园的景观降噪模式探究[①]

——以北京新机场临空经济区降噪公园设计为例

Research on the Landscape Noise Reduction Mode of Country Parks:

Taking the Design of Noise Reduction Park in Airport Economic Zone of Beijing Daxing International Airport as an Example

李科慧　刘煜彤　李　雄*

摘　要： 随着北京大兴新机场的建设与运营，临空经济区的规划与发展、人居环境与机场噪声污染之间的矛盾已亟待解决。本研究从景观降噪角度出发，利用Cadna/A噪声模拟软件，结合对机场噪声与净空限制的深入理解与研究，从植被与地形两个方面进行降噪效果最优的量化测度研究，探究景观降噪的科学模式与其在郊野公园设计中的实践应用，对景观降噪的科学有效利用具有重大意义。

关键词： 景观降噪；机场；郊野公园；模型预测

Abstract: With the construction and operation of Beijing Daxing International Airport and the planning and development of the Airport Economic Zone, the contradiction between human settlements and airport noise pollution needs to be resolved. From the perspective of landscape noise reduction, this research uses cadna\A noise simulation software, combined with in-depth understanding and research of airport noise and clearance restrictions, and conducts a quantitative measurement study of the optimal noise reduction effect from the two aspects of vegetation and terrain. This research explores the scientific model of landscape noise reduction and its practical application in country park design, which is of great significance to the scientific and effective use of landscape noise reduction.

Key words: Noise Reduction Landscape; Airport; Country Park; Model Prediction

引言

临空经济区，即空港经济区，是指以机场为中心，并受其影响在周围形成人口、生产、信息、技术等要素聚集的多功能区域[1]。随着北京大兴国际机场的建设与运营，以其为核心的临空经济区也逐渐成为整个京津冀地区发展的新增长极。临空经济区总体定位为国际交往中心功能承载区、国家航空科技创新引领区、京津冀协同发展示范区[2]，其建设承接了北京中心城区适宜功能及服务保障首都功能[3]，将缓解京津冀区域长期的生态、产业、交通发展等问题，以此提高整个区域人居环境建设的质量，促进生态文明建设，推动区域间均衡发展[1]。但与此同时，从人本尺度来看，临空经济区的发展也拉近了城市人居与机场之间的距离，机场所带来的噪声等污染将对周边生活、生产、生态空间产生较大影响。对此，在临空经济区内的生态空间建设中，应考虑此情况，利用生态景观缓解机场污染对周边人居环境产生的负面影响。本研究将利用大兴机场空军南苑新机场与服务保障东部居民区之间的生态空间设计郊野公园，以噪声软件模拟为主要方法，探索景观降噪的模式科学性与操作可行性。

1　研究区域概况

降噪公园选址位于大兴机场空军南苑新机场和西侧服务保障区之间（图1）。场地东西长2.6km，南北长1.3km，

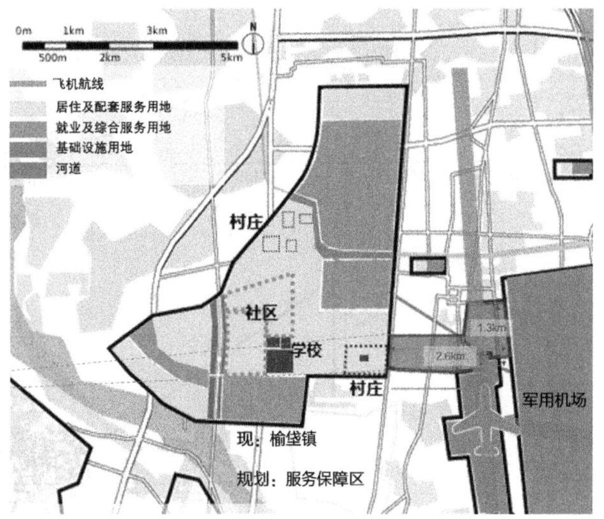

图1　郊野公园位置与研究区域概况

（图片来源：由第二作者绘制）

① 基金项目：国家自然科学基金（31670704）："基于森林城市构建的北京市生态绿地格局演变机制及预测预警研究"和北京市共建项目专项共同资助。

总面积 3.38km^2。公园四周道路通达交通便利，区位优势大，公共交通与周边居住用地、商业服务业设施用地都为公园带来了主要服务人群，即西侧规划服务保障区的居民以及就业者。场地内部用地大多为农田与草地，地形平坦，遗留有几处棚户村落，同时还有一条改道河道的河槽，已无水源，整体空间可操作性高。除了服务人群的休闲游憩需求外，场地东南侧紧邻空军南苑新机场，航线穿越场地，有较高的噪声污染以及视觉观景需求，为郊野公园的设计提出了多方位要求。

2 机场对公园设计的影响与要求

2.1 机场噪声测度与降噪要求

由于场地紧邻机场跑道，有处于起飞阶段的飞机穿越，属于噪声最大阶段。此机场属于军用机场，相比民航，其飞行航线更加复杂，且单位距离上所产生的噪声级别更高，90dB的噪声将对周边 4.4km 范围内的居民造成影响[4]。为了对场地噪声进行更细致的模拟，通过对地形环境、同类机场飞机机型、机场跑道、飞机架次等数据的收集，用 Cadna/A 软件进行测算，可模拟预测出较大尺度范围内机场噪声等值线图（图 2），结果显示，场地内最大噪声为 130dB，最小噪声为 75.4dB，从东到西梯度降低，场地大部分区域噪声达 90dB 以上，周边居民区达 70dB。

以《声环境质量标准》GB 3096—2008 为依据，综合考虑美国联邦航空管理局（FAA）2000 年建议及美国国防部（DOD）、联邦运输管理局（FTA）、世界卫生组织（WHO）等方面的研究，认为在机场周围地区飞机噪声对居民区影响最小标准限值应为 55dB[5]。机场噪声在临空新城居民区已达到 70dB 以上，在场地内达到 90dB 以上，有极高降噪需求，为达到居民声环境标准，西侧居民区区域至少降低 15dB。

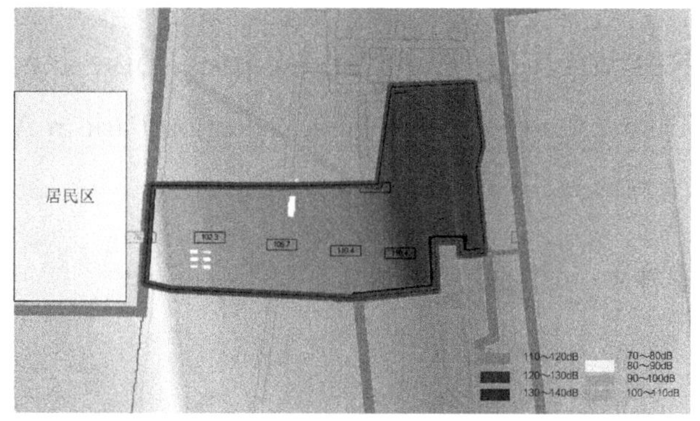

图 2 机场噪声等值线图
（图片来源：由第一作者自绘）

2.2 机场净空范围

根据国务院、中央军委关于印发《军用机场净空规定》国发［1993］92 号，为保证飞机起飞、着陆、复飞的安全，在机场周围划定空间区域限制物体的高度，形成端净空区、侧净空区等区域。该场地受到端净空和侧净空两种净空高度规定限制，限高高度随着离机场距离的变化而变化（图 3）。机场北侧属于端净空范围，场地内限高大部分在 0～15m，机场西侧属于侧净空范围，场地限高在 20m 以下（图 4）。

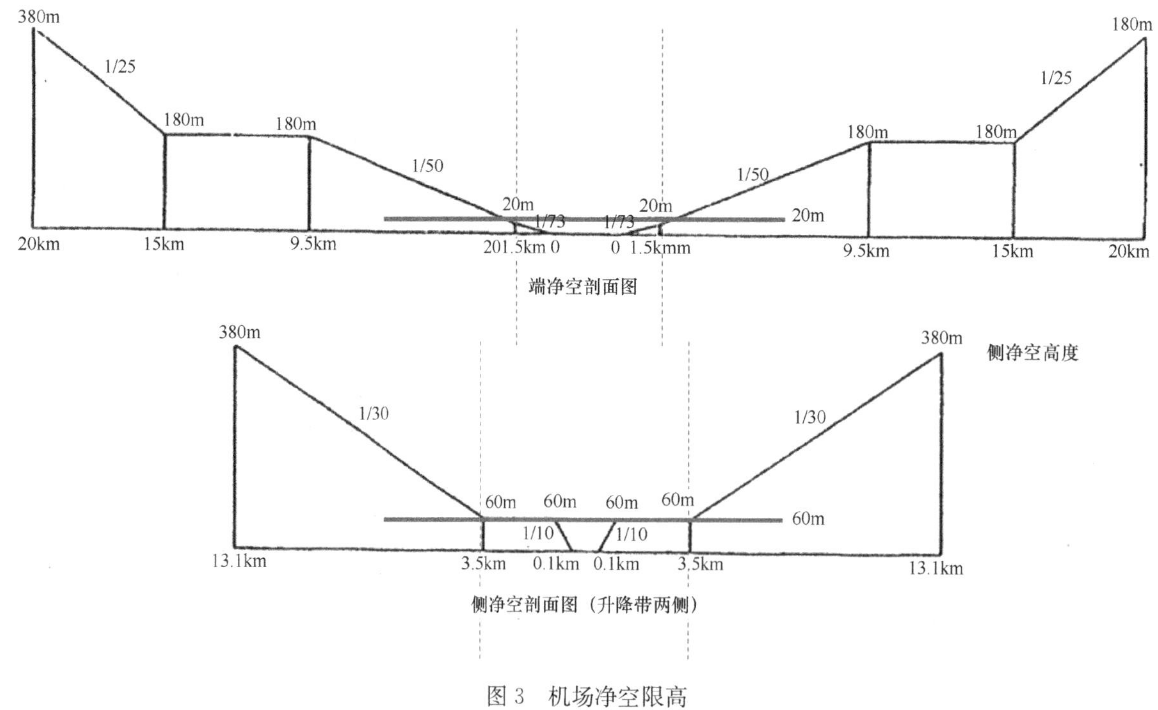

图 3 机场净空限高
（图片来源：改绘自《军用机场净空规定》）

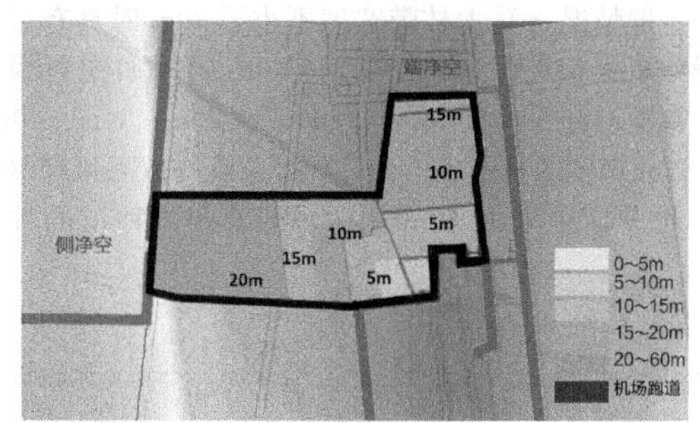

图 4　场地内限高范围（图片来源：由第二作者绘制）

2.3　机场对公园影响的辩证思考

由于上位规划布局存在不合理之处，居民区与机场相邻，未来服务保障区的规划建设会带来大量人口和游憩需求，而噪声对居民生活影响严重，净空要求限制场地建设，居民生活与机场作业之间矛盾重重。在二者之间选择场地进行公园设计，在降噪和净空限制下满足游憩景观的需求是十分困难的。但场地所面临的多重不利因素，在风景园林视角下具有辩证性，限制条件同时也赋予了场地最独特的景观潜质：机场噪声可通过降噪手段将噪声向声景进行转换；净空限高产生的空旷场地具有打造超大尺度大地艺术的潜质；航线穿越场地可以形成俯瞰视角的同时，从地面观看飞机起落亦是一种景观。因此，通过对景观的辩证解读，可从景观降噪出发，用理论结合技术软件，打造机场生态降噪的科学性，并完善功能合理性与景观艺术性，最终实现以降噪功能为前提，兼具景观游赏与艺术体验的郊野公园。

3　降噪模式研究与应用

根据对场地内噪声的科学测评，明确了降噪目标主要分为机场跑道端头降噪及侧面降噪两个部分。目前景观降噪策略主要包括植物降噪、地形降噪及声屏障降噪等，通过对各类降噪策略的类别推理，本次设计将选择植物降噪和地形降噪为主要载体，并结合净空高度对各项策略进行整体布局，结合科学降噪软件探究植物与地形的比例、尺度、间距、高度、角度以及郁闭度等营建细节，以形成场地降噪的最优空间结构。

3.1　降噪策略整体布局

该公园设计中降噪策略以植物降噪和地形降噪为主，以净空高度为控制要素，将植物与地形构成降噪整体布局骨架：在净空高度 20m 以上的范围内，可布局乔灌草植被并结合地形，以植物为主；在净空高度 20m 以下的范围内，可布局灌草或地被的植被并结合地形，以地形为主（图 5）。为探究最优的降噪模式，植物与地形所占场地的面积比例需要通过软件进行进一步测算。研究利用 Cadna/A 软件对此进行了模拟，在净空限高允许的情况下，分别将植物降噪面积占比设为公园总面积的 10%、20%、30%、40%、50%、60%、70%进行模拟，通过模型计算可知，针对场地西侧居民点降噪效果的最佳比例为植被降噪占比 20%，地形占比 80%（图 6），80%地形范围中可增加部分植被覆盖或使地形发生特殊变化从而满足游憩降噪需求。

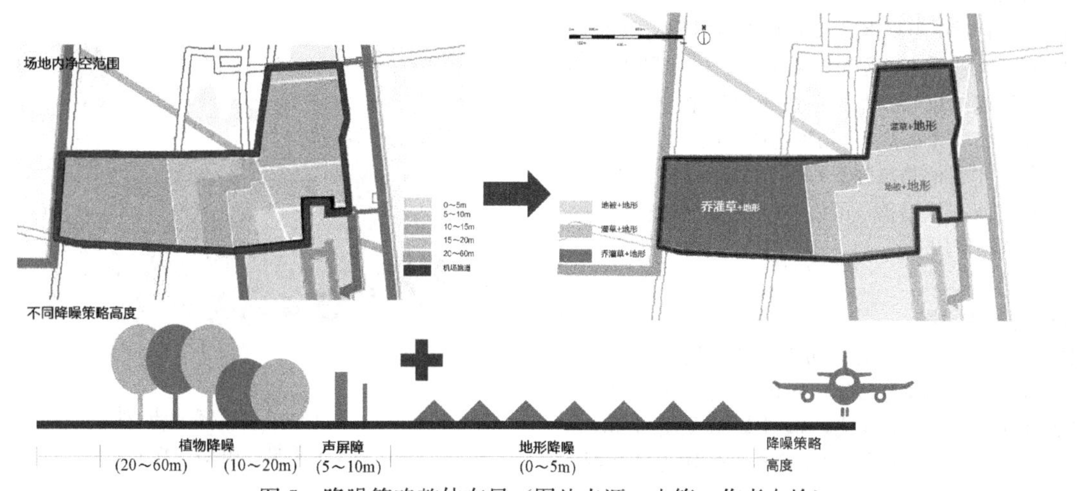

图 5　降噪策略整体布局（图片来源：由第一作者自绘）

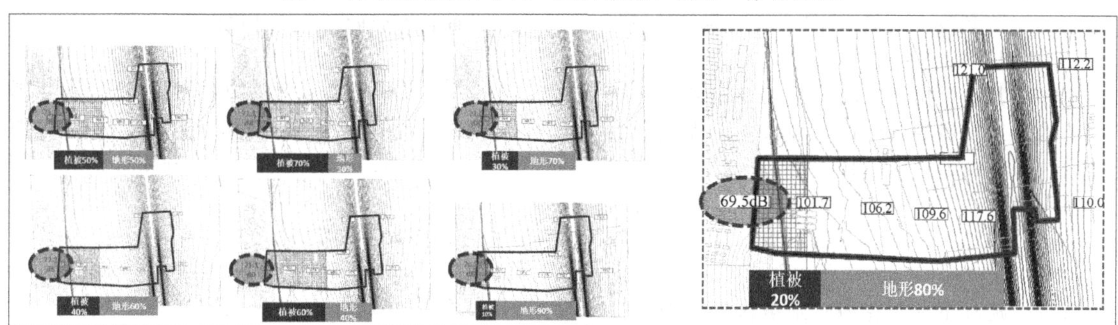

图 6　降噪策略空间占比（图片来源：由第一作者自绘）

郊野公园的景观降噪模式探究——以北京新机场临空经济区降噪公园设计为例

3.2 植物降噪空间规划

植物的降噪效果与植被群落的高度、郁闭度、宽度等数据紧密相关。

3.2.1 林带宽度

从植被宽度上，植物群落配置应在一定宽度下多排种植，一般情况下乔木林带宽度不小于 30m 时具有了一定降噪效果[6]，对此本研究利用 Cadna/A 软件进行模拟验证，在面对同一位置同一声源时，在 20m、30m、40m、50m、60m 宽度的林带中，40m 林带的降噪效果最佳（图 7），因此设计中采取 40m 宽的林带，多排种植的种植手段。

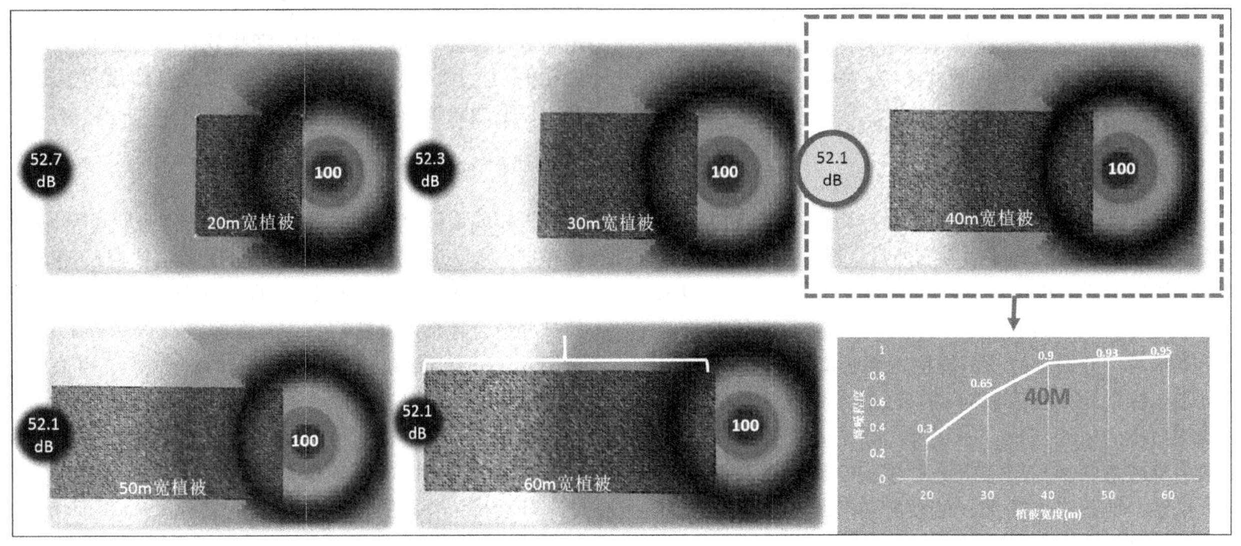

图 7 降噪林带宽度模拟
（图片来源：由第一作者自绘）

3.2.2 种植层次

从植被高度上，在距噪声源水平距离相同的情况下，当植被高度越接近地面时，噪声衰减效果最佳，因此应多种中下层灌木与地被植物；尤其在边缘应种植中下层或分支点较低的乔木，增加边缘植物种植的层次，可以在边缘使用观花或彩叶类植物增强景观与游憩性；在植被整体高度组合上应该高低错落，可以在噪声震荡过程中在不同高度起到减噪作用[7]。

3.2.3 郁闭度与针阔比

不同植物群落结构构成的不同水平郁闭度也是植物降噪的重要内因之一，研究表明，郁闭度大于 0.6 的复层结构绿地具有更好的减噪效应，额外衰减量为 1.5～2.2dB/10m[8]。绿化带的降噪效果由高至低依次为针叶混交林、阔叶混交林、阔叶纯林。阔叶树的降噪能力（尤其在 2000Hz 以上的高频段）要优于针叶树，常绿针叶与落叶阔叶树数量比例为 3∶7 左右[7]。

综合考虑以上针对植被的降噪策略，植被空间规划以降噪结构及景观风貌为依据，种植体系大致分为密林区、疏林区以及地被区。其中密林区位于净空限高 20m 以上之处，占总面积的 20%，主要植被类型为降噪效果较佳的针阔混交林，搭配以针叶林、阔叶林和装修性栽植；疏林区位于净空限高 5～20m 之处，主要植被为疏林草地及花海；地被区处于净空限高 0～5m 之处，主要植被为疏林草地、花海及冷季型草坪（图 8）。

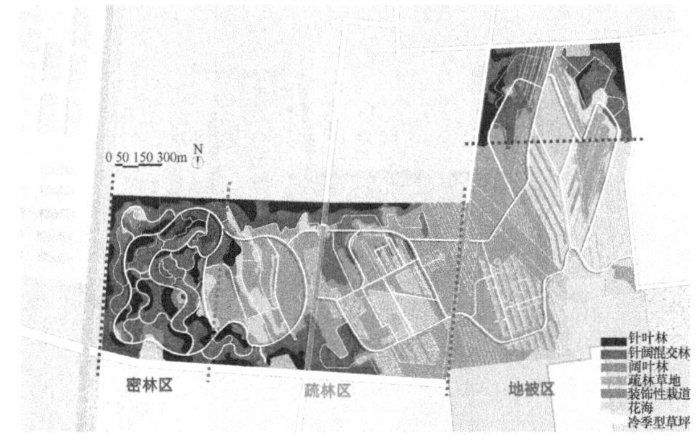

图 8 植被空间规划
（图片来源：由第一作者自绘）

3.3 地形降噪竖向空间规划

地形降噪主要通过在场地竖向空间中设计规则式防噪堤或自然式地形来达到降噪效果，其中规则式防噪堤的排布方向、间距、高度等都会对降噪效果产生影响。

3.3.1 防噪堤排布方向

利用 Cadna/A 软件对同等高度同等宽度的防噪堤进行排布角度模拟，模型验证发现当防噪堤排布与声源传播方向垂直时，降噪效果最好（图 9）。

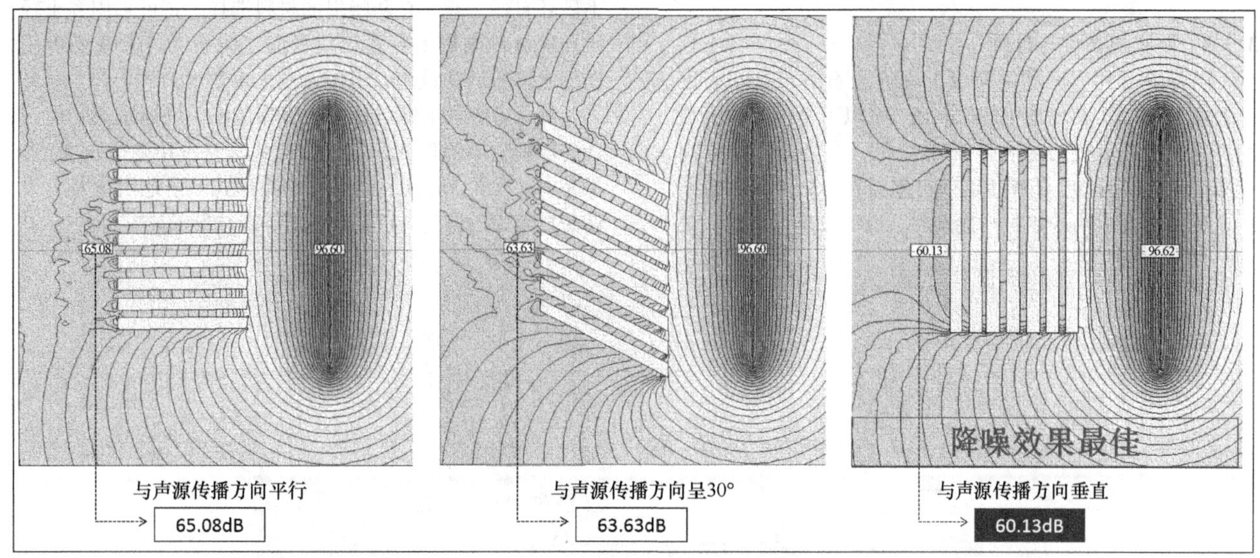

图 9　地形降噪方向模拟
（图片来源：由第一作者自绘）

3.3.2　防噪堤小环境

利用 Cadna/A 软件模拟可知，在一定宽度和高度的地形中，通过在内部营造起伏小地形，可在地形低洼处得到低噪声小环境（图 10），这样的环境可以满足一定的游憩需求。

3.3.3　防噪堤间距

通过 Cadan/A 软件的模拟，来判断起伏地形间宽度为多少时可营造出降噪效果最佳的低噪声小环境，在声源和接受体直接距离相同的情况下，结合人游憩的一般尺度，设置同等高度不同间距的防噪堤，可以看出当间距在 2～4m 时防噪堤降噪效果最佳（图 11）。

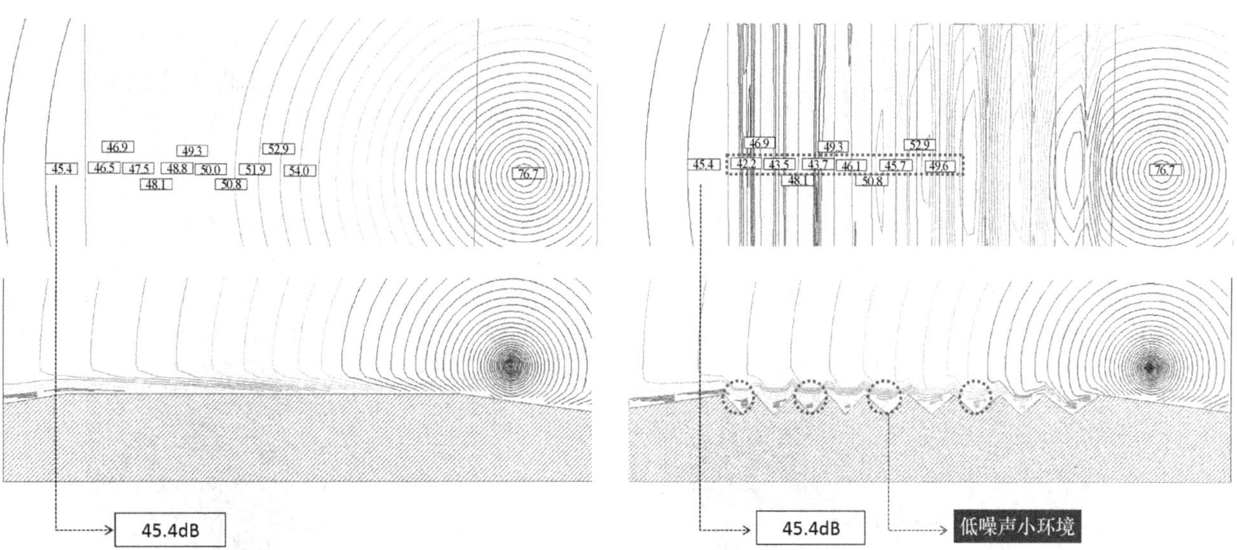

图 10　地形降噪声小环境模拟（图片来源：由第一作者自绘）

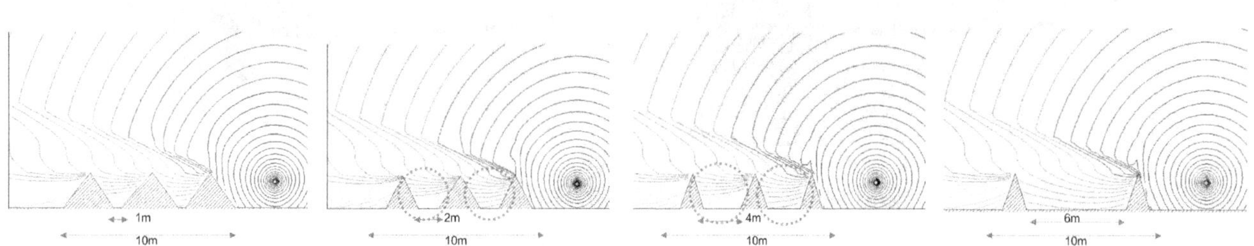

图 11　地形降噪间距模拟（图片来源：由第一作者自绘）

3.3.4 防噪堤高度与材料

防噪堤可利用天然路堑或工程弃土石方堆高，高度一般在 2～5m。在场地中净空高度 5m 以下范围，防噪堤的高度随净空高度设置在 0～5m 之间；在场地中净空高度 5m 以上范围中，防噪堤高度可保持在 2～5m，并在土堤上种植高度适当的植被形成景观。既可以降低造价，又不破坏自然景观。在防噪堤的材料选择上，可采用乡土轻质环保材料或是废弃建筑垃圾构建防噪堤，未来还可用作攀岩墙等游憩设施，形成大地艺术景观。

综合考虑以上针对地形的降噪策略，场地东侧竖向设计为规则防噪堤形式，其排布形式与基本声源方向垂直，是净空高度在 5m 以下的主要降噪形式。场地西侧竖向设计为自然式，将配合植物形成良好森林景观（图 12）。

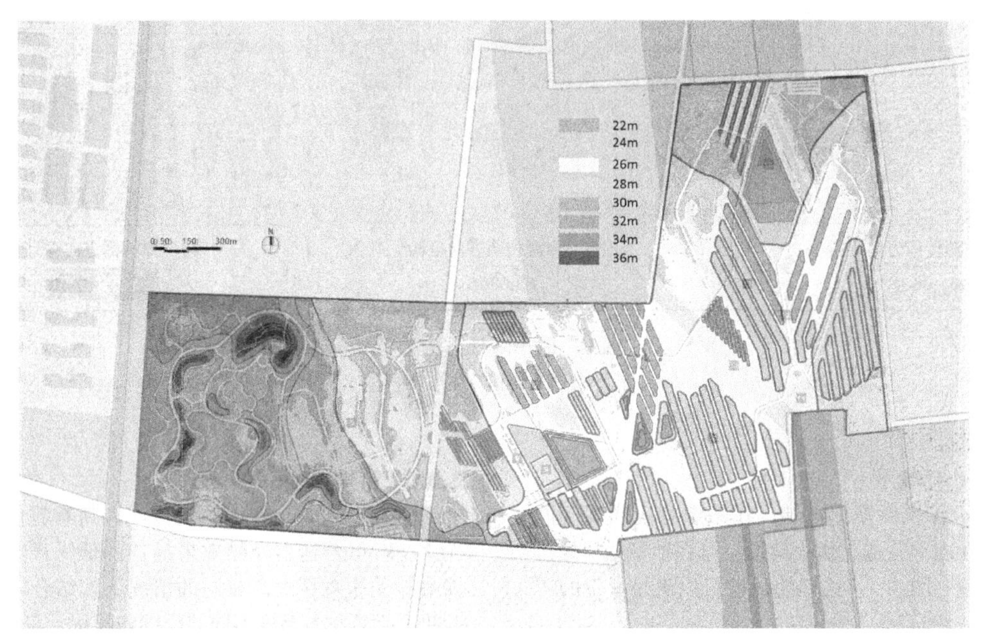

图 12　竖向规划图

（图片来源：由第二作者绘制）

4　降噪结果及游憩置入

通过在场地中设置植被、地形、声屏障等降噪屏障策略，机场对场地西侧居民点的噪声影响降低了 20dB，居民点接受的噪声从 76.2dB 降为 56.8dB，基本接近居民生活可接受的噪声限度（图 13）。为满足游人需求，依据降噪后场地噪声评测结果，可在场地中选出噪声较小的地形和降噪林之间进行游憩场地选址，置入游憩活动（图 14）。同时结合不同声场级别，设置不同分贝下适宜的游憩类型，并用多类型游线串联。在本次公园设计中，在噪声值达到 80～100dB 的场地中，设置观赏型、科普型游憩活动，可通过飞机的两种不同观赏视角，营造“仰视观赏飞机起飞降落”和“飞机空中俯瞰”的景观营造，也可结合智慧装置，如传声筒、反映声音瞬时分贝大小的灯带等，通过距离与分贝数的变化科普降噪的方法；在噪声值

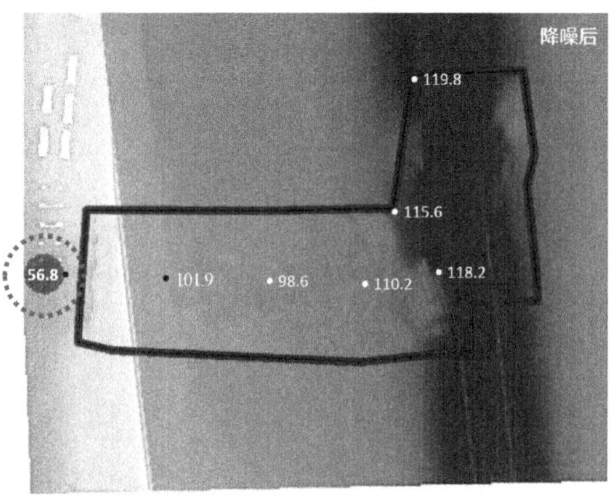

76.2dB

56.8dB

图 13　公园降噪前后对比

（图片来源：由第一作者自绘）

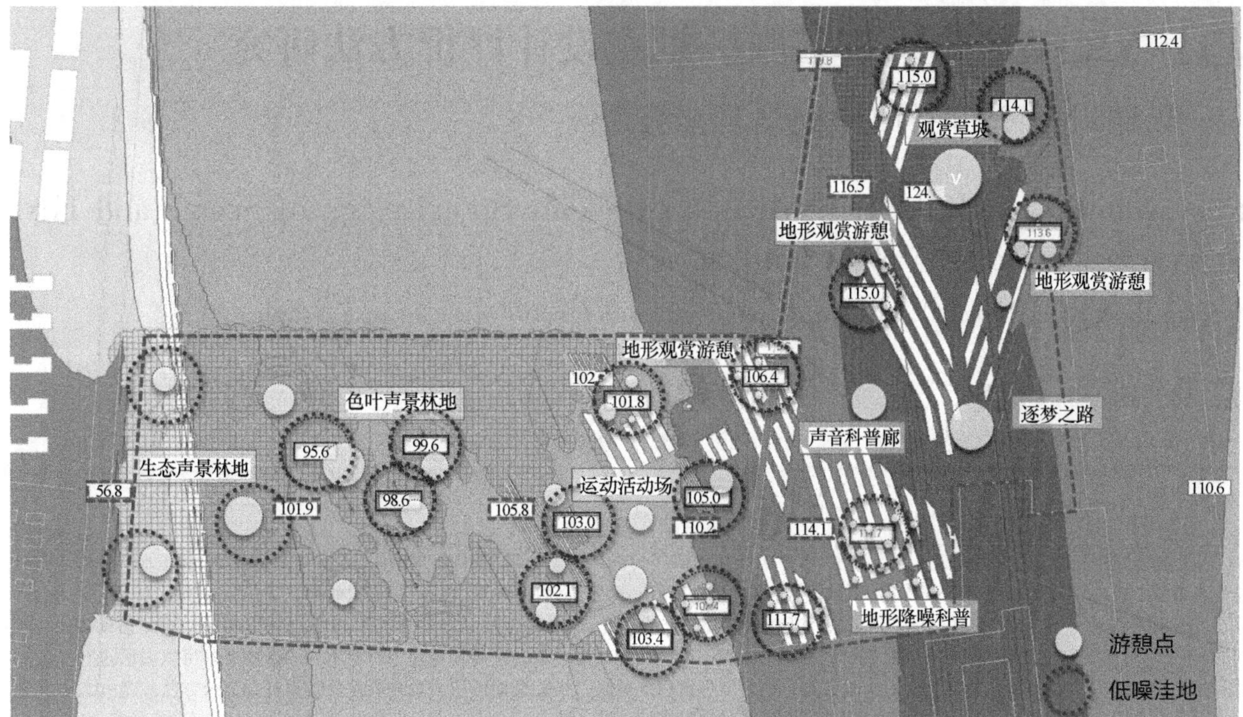

图 14　噪声洼地与游憩点置入

（图片来源：由第一作者自绘）

达到 60～80dB 的场地中，设置滑板、球类运动等对降噪要求较低的休闲类游憩活动；在噪声值达到 50～60dB 的场地中，可通过小型跌水等声景设施，结合森林中风吹树摇的自然之声，营造森林声景场地。

5　结语

本研究通过对消极场地进行风景园林视角下的辩证思考，针对受机场噪声影响严重的场地进行了以降噪功能为主的郊野公园设计，以满足临空经济区发展所带来的机场周边人居游憩需求。研究充分利用 Cadna/A 噪声模拟软件，结合对机场噪声与净空限制的深入理解与研究，探究景观降噪的科学模式与其在公园设计中的实践应用。设计过程中主要通过对植物降噪及地形降噪在场地中起到的骨架作用，进行位置与面积上的分析来确定公园整体降噪结构，再分别结合各自物理特征对两种模式从宽度、高度等不同方面进行模拟分析，寻求可产生降噪效果的作用形式，并进行降噪效果最优化的量化测度研究，最终将研究结果运用于公园的植被空间规划与竖向规划当中。本研究主要探讨了景观降噪的具体策略与模型预测的可实施路径，但具体的最优降噪模数需针对不同机场噪声条件与场地现状特征进行模拟，景观降噪量化数据的规律性与普适性还需多专业工作者的共同关注与进一步探讨。

参考文献

[1]　吴士成．北京新机场影响下大兴区南五镇城乡空间发展规划研究[D]．北京：清华大学，2016.

[2]　北京：大兴国际机场临空经济区总体规划批复[J]．城市规划通讯，2019(22)：11.

[3]　王有国，马林涛，吴士成，张凯华，苏丽颖．构建首都新国门，风生水起在大兴——《大兴分区规划（国土空间规划）(2017 年-2035 年)》编制思考[J]．北京规划建设，2019(06)：26-29.

[4]　邵斌，王洪涛，魏武，王观虎．浅谈军民用机场飞机噪声环境影响评价差异[J]．噪声与振动控制，2018，38(S2)：619-622.

[5]　石鑫刚，董豪昊，邵斌，刘洲，唐志强．军用机场飞机噪声环境联合指标评价体系研究[J]．噪声与振动控制，2016，36(02)：153-157.

[6]　巴成宝．北京部分园林植物减噪及其影响因子研究[D]．北京：北京林业大学，2013.

[7]　李冠衡，熊健，徐梦林，董丽．北京公园绿地边缘植物景观降噪能力与视觉效果的综合研究[J]．北京林业大学学报，2017，39(03)：93-104.

[8]　吴梦莹．道路绿化带滞尘、降噪效益的定量研究[D]．咸阳：西北农林科技大学，2018.

作者简介

李科慧，1995 年 2 月生，女，汉族，山西太原，北京林业大学在读硕士研究生，研究方向为风景园林规划设计与理论。电子邮箱：likehui0223@qq. com。

刘煜彤，1996 年 10 月生，女，回族，天津，北京林业大学在读硕士研究生，研究方向为风景园林规划设计与理论。电子邮箱：904020067@qq. com。

李雄，1964 年生，男，汉族．山西，博士，北京林业大学副校长、园林学院教授，研究方向为风景园林规划设计与理论。电子邮箱：bearlixiong@sina. com。

基于 VR 技术的风景名胜区景点设计评价方法研究①

——以四川宜宾蜀南竹海中华大熊猫苑为例

Research on the Evaluation Method of Scenic Spot Design of Scenic and Historic Area Based on VR Technology:

Taking the Chinese Giant Panda Garden in Shunan Bamboo Forest as an Example

李 礼 潘 翔* 刘嘉敏

摘 要: 虚拟现实（Virtual Reality，以下简称“VR”）技术突破了传统模式，打破了时间和空间的局限，让景观设计更加多元化地在公众面前表达。本研究基于沉浸式 VR 技术和 VR 全景图技术，以四川宜宾蜀南竹海风景名胜区中华大熊猫苑景观设计项目为例，并结合因子分析、IPA 分析和 SD 法等多种分析方法，进行新型景观评价方法探究，结果表明：VR 技术可以在景观评价领域适用，借助 VR 技术可以同时实现具象和抽象感知研究，并且受试者的感知面能够得到明显扩展；在 VR 场景构建中针对不同的景观要素可以灵活进行精度要求调整；景观非专业人士在 VR 场景中对于景观设计方案的理解程度更高。借此期望形成风景名胜区景点设计的评价方法新范式，并拓展景观评价方法研究的思路，实现 VR 技术与风景园林学科共同的高效发展。

关键词: VR 技术；风景名胜区；评价；方法

Abstract: With the development of Virtual Reality (VR, hereinafter referred to as VR), the expression of landscape design is becoming more diversity and the traditional ways are going to be abandoned. In this essay, kinds of analysis methods are combined to study the evaluation method based on VR and VR panorama technology, such as Factor Analysis, Importance Performance Analysis (IPA) etc. The results indicate that the usage of VR in landscape evaluation is feasible and potential. Moreover, there's personal preference in landscape visual perception between professionals and non-professionals. In the same time, the design scheme becomes more intelligible for non-professionals when they are tested in VR scene, which defeat the stereotypes. Furthermore, it's expected that more ideas in research on evaluation method could be discovered, and the efficient development of VR technology and landscape architecture could be realized as well.

Key words: Virtual Reality; Scenic and Historic Area; Evaluation; Method

引言

蜀南竹海风景名胜区是世界上集中面积最大的天然竹林风景名胜区，也是《中国国家地理》评选的中国最美的十大森林之一。经考察协商，宜宾市人民政府和蜀南竹海风景名胜区管理局决定在蜀南竹海风景名胜区内兴建中华大熊猫苑项目。由于我国的景观评价工作起步比较晚，目前在景观评价方法方面的研究分散、不深入，且主要引进和借鉴欧美国家相对成熟的体系[1]，因此我们尝试引入虚拟现实技术进行研究。本研究本着拓展景观评价研究新视角的目标，以风景名胜区景点设计评价为切入点，尝试选择沉浸式 VR 技术和 VR 全景图技术与风景园林学科的传统研究手法进行结合，探索构建基于虚拟模型 VR 技术的新型风景名胜区景点设计评价方法，以优化风景园林学科景观评价研究手段。

1 研究设计

1.1 研究区背景

中华大熊猫苑设计项目位于四川宜宾蜀南竹海风景名胜区的外围保护区内，基地总面积为 251 亩（约 16.73hm²），东北与环镇公路相邻，其余面以竹林环抱。主要依据现状地形地貌进行设计，共 18 个景观节点（图 1），并运用自然生态的设计手法，将建筑的古典韵味与蜀南竹海的秀美山川融为一体。

1.2 研究目的与意义

经学者统计调查发现，景观评价的研究前沿为“乡村景观”和“美景度评价法”，在风景名胜区和综合景观如感知景观、视觉景观等方面的研究较少[1]。景观评价虽在历经多年的理论探索与实践经验沉淀之后，逐渐形成了生态学、心理、经验、感知、心理物理与形式美 6 类研究模式，但在实验场地以及感知研究上存在一定短板。鉴于

① 基金项目：国家自然科学基金青年科学基金项目，基于数字化技术的少数民族村落空间—行为判别与生成研究—以四川桃坪羌寨为例（51908385）。

图 1 中华大熊猫苑总平面图
（图片来源：蜀南竹海风景名胜区管理局）

此，本研究尝试结合 VR 技术的沉浸性与交互性等多项优势和特点，探索景观评价研究的新思路，尝试为未来风景园林规划设计领域中的景观评价研究提供新手段与范式。本研究以蜀南竹海风景名胜区中华大熊猫苑项目为依托，构建具有交互性的、视觉效果良好的三维虚拟现实场景，实现虚拟现实场景中交互技术的沉浸式感知体验。同时，充分借助 VR 的沉浸式和分布式设计原理，构建基于互联网的可随时被查看的 VR 全景图，并借助互联网的优势以扩大景观设计评价的参与人群。即本研究一方面积极实现虚拟景观设计平台构建，另一方面主动尝试探究结合沉浸式 VR 技术进行风景名胜区景点设计评价的方法体系，可帮助推动 VR 技术与景观设计共同高效发展的进程。

1.3 研究设计

研究首先进行的是沉浸式 VR 体验中人的心理感知研究，以此作为研究基础。该实验要求在构建的 VR 场景中使用简明心境量表（Brief Profile of Mood States，BPOMS）进行问卷调研，以此探究在沉浸式 VR 场景中进行实验是否会给受试者带来不良的心理影响，以及验证 VR 场景的体验感与真实性是否能够支持后续实验的进行。然后在此基础上开展核心实验研究，核心实验一要求结合沉浸式 VR 技术与 LIKERT 五分量表进行景观要素认知与偏好调研，并要求受试者在体验过程中按照自己的偏好每人拍摄 10 张照片，然后将获取的数据进行因子分析和 IPA 分析，最后将实验结果与传统调研方法的结果进行对比研究，旨在对基于 VR 技术的新型景观评价方法进行可行性验证。核心实验二要求基于 VR 全景图技术和 LIKERT 五分量表法，以实验一拍摄的照片为研究对象进行景观视觉感知调研，并用 SD 语义差异法进行数据分析，借此对景观专业人士与非专业人士两个不同人群进行抽象感知差异研究（图 2）。

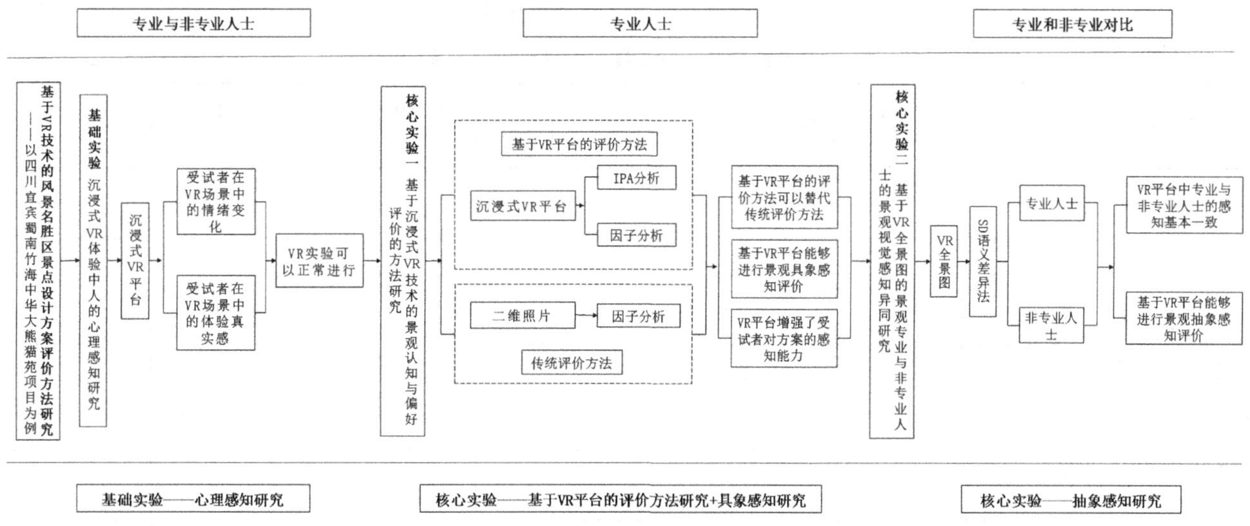

图 2 实验技术路线
（图片来源：自绘）

2 实验数据获取与分析

2.1 沉浸式 VR 体验中人的心理感知研究

国外学者发现，加州大学选修社会学科的学生与普通群众对景观的评估结果趋于一致[2]；大众与学生团体样本的结果具有极大的相似性[3]，即在景观评价研究中大学生的实验数据能代表普众的数据。一般而言，在风景园林、城市规划等专业领域，通常的抽样调查样本数控制在 50～1000 之间[4]，本研究选择了 50 个大学生作为样本，其中本科生占 25%，硕士研究生占 59.09%，博士研究生占 15.91%，即受试者都有较高的文化素质且都是来自风景园林及相近专业，对问题的理解更加深刻，做出的选择所得数据更加科学。

为探究沉浸式 VR 场景是否会给受试者带来不利的心理影响，进而影响后续实验结果，本研究预先进行了沉浸式 VR 体验中人的心理感知研究。同时为保障虚拟场景能客观地反映设计意图，还针对测试者在 VR 体验中的真实感受做了基础调查。分析结果显示（图 3）受试者的紧张、生气、疲劳、困惑与抑郁以及总情绪紊乱分数（TMD）明显降低，活力分数明显增加，沉浸式 VR 平台不会为受试者带来不良情绪，即进一步的沉浸式 VR 实验可以正常进行。

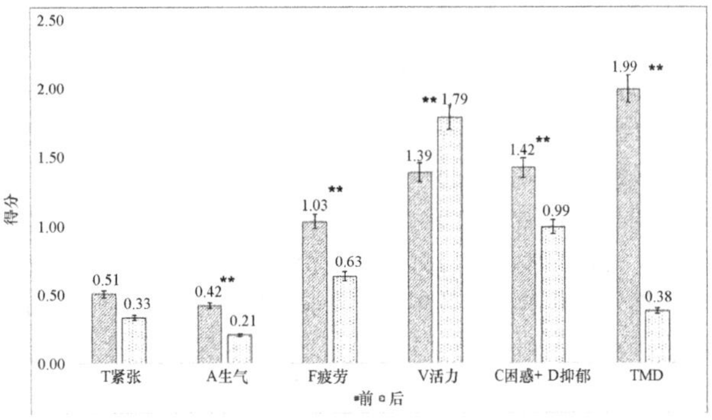

图 3　沉浸式 VR 实验前后 BPOMS 总得分
（图片来源：自绘）

2.2　基于沉浸式 VR 技术的景观要素认知与偏好的评价方法研究

（1）景观要素的感知度分析

研究首先针对样本的量表采用 Bartlett's 球形检验、Cronbach's α 系数与 KMO 检验进行信度与效度检验，结果显示该量表适合做因子分析。在第一轮的因子分析之后，原始因子中的“X3 陡坡”和“X17 灯具”因子的可解释性不足，故将之舍弃。然后对剩余的 22 个因子依次进行第二轮因子分析、公因子提取、公因子取名（表 1），并对 6 个公因子实施单样本 T 检验，经分析可得：公因子 4“主要植被”＞公因子 1“特色景观要素”＞公因子 5“行走路径”＞公因子 3“水边主要景观要素”＞公因子 6“入口景观”＞公因子 2“服务设施”。综合分析实验结果可以得出：受试者对 VR 场景中的乔木、竹林、建筑、铺装一类体量较大的景观要素，检票器、垃圾桶一类具有重要功能的景观要素以及桥、堆叠石景观、人工水景一类会带来动态变化的景观要素的感知相对较高，即针对这一类景观要素的设计重视程度应相对更高。

（2）景观要素的期待值—满意度分析

为进一步分析设计者对景观要素的期待值与体验者对景观要素的满意度感知差异，本研究借助在线 SPSSAU 分析工具，以专业人士对景观要素的平均期望值为坐标横轴，以专业人士对景观要素的平均满意值为坐标纵轴，构建定位分析模型。本研究首先对 6 个公因子进行了 IPA 分析，然后根据公因子 IPA 分析结果对 22 个因子做评价因子 IPA 定位分析（图 4）。综合两次 IPA 分析可以得出：①建筑、竹林、乔木、湖面、景墙和桥一类景观要素是蜀南竹海中华大熊猫苑项目中的重要支撑要素，同时在设计者的期望值和体验者的满意度两方面获得了高分，这也意味着这一类要素在景观设计与场景构建两方面的完成度都较高；②草坪、种植池、缓坡和堆叠石景观一类景

旋转后的成分矩阵 a 具体因子分析情况表　　　　**表 1**

评价项目	公因子 1 特色景观要素	公因子 2 服务设施	公因子 3 水边主要景观要素	公因子 4 主要植被	公因子 5 行走路径	公因子 6 入口景观
X19. 检票器	0.776					
X23. 铺装	0.770					
X12. 建筑	0.692					
X24. 景墙	0.645					
X14. 种植池	0.498					
X18. 垃圾桶		0.776				
X15. 指示牌		0.707				
X20. 移动式种植池		0.664				
X21. 假山		0.573				
X16. 坐凳		0.472				
X22. 堆叠石景观			0.667			
X11. 水生植物			0.654			
X04. 坡地驳岸			0.638			
X05. 湖面			0.599			
X08. 乔木				0.774		
X07. 竹林				0.580		
X09. 灌木花卉				0.490		
X01. 平地					0.897	
X13. 桥					0.740	
X02. 缓坡					0.547	
X06. 人工水景						0.814
X10. 草坪						0.467

观要素在受试者心中的期待度较低，但 VR 场景却扩大了受试者的感知面，增强了受试者对方案细节的感知能力；③指示牌、铺装和检票器一类景观要素在项目设计者心中不属于重要设计内容，但由于这一类要素是确保游客的游玩经历舒适又便利的关键，故在设计以及场景构建两方面都应予以足够重视。

(3) 传统评价方法的对比分析

为对基于沉浸式 VR 技术的评价方法的结果进行检验，本研究同步进行了传统评价方法的调研作为对比实验。在对比实验中，首先采用针对 24 个景观要素节点照片发放调查问卷的形式对同一受试者群体进行景观要素认知与偏好调研，然后将调研量表数据分别进行因子分析、公因子对比分析以及特征因子分析，经分析发现（表 2）整体上公因子的数量、公因子对应的特征因子及其表现均与主实验结果基本一致，即任意选择其中一种数据都可得出较为准确的实验结果。因此，可以认为在风景名胜区景点设计评价研究中基于 VR 技术的景观认知偏好的新型评价方法基本可以替代传统评价方法。

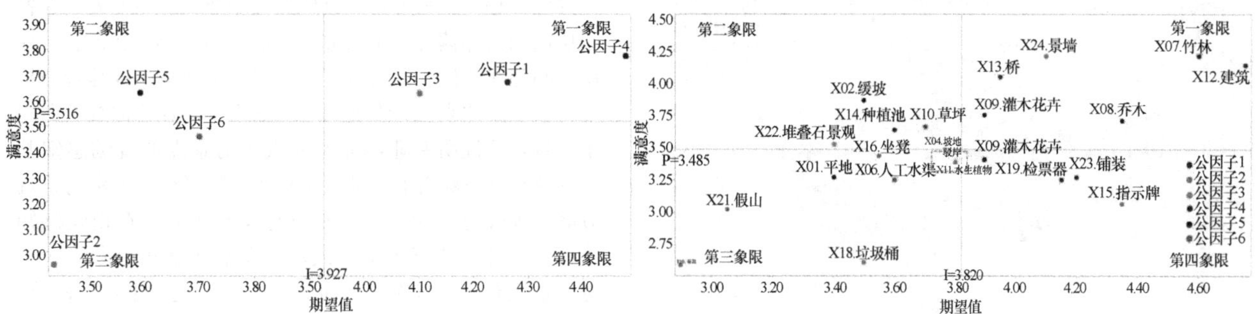

图 4　IPA 定位分析
（图片来源：作者自绘）

旋转后的成分矩阵 a 具体因子分析情况表　　**表 2**

评价项目	公因子 1 服务设施	公因子 2 特色景观要素	公因子 3 水边主要景观要素	公因子 4 主要植被	公因子 5 入口景观	公因子 6 人工景观
X15. 指示牌	0.789					
X18. 垃圾桶	0.676					
X20. 移动式种植池	0.651					
X21. 假山	0.582					
X16. 坐凳	0.515					
X19. 检票器		0.639				
X23. 铺装		0.605				
X12. 建筑		0.559				
X24. 景墙		0.529				
X14. 种植池		0.434				
X04. 坡地驳岸			0.761			
X22. 堆叠石景观			0.627			
X11. 水生植物			0.621			
X05. 湖面			0.589			
X10. 草坪			0.386			
X08. 乔木				0.907		
X07. 竹林				0.698		
X09. 灌木花卉				0.580		
X06. 人工水景					0.814	
X01. 平地						0.624
X13. 桥						0.621
X02. 缓坡						0.451

2.3　基于 VR 全景图的景观专业与非专业人士的景观视觉感知异同分析

根据实验一的研究结论，实验二将实验一中拍摄的 948 张照片进行筛选并制作 VR 全景图，进行景观专业、非专业人士的景观视觉感知异同研究。实验二首先将受试者拍摄的照片进行整理后得到大量出现过的 40 个节点场景，然后综合分析节点场景出现频率及其中包含的景观因素，最终选择前 10 个节点场景（图 5）作为 VR 全景图制作与调研的对象，并按照节点场景编号从小到大重新命名为全景图1～图10。本实验设置了景观专业大学生和非专业大学生各50个作为实验样本，其中本科生占50%，硕士研究生占45.19%，博士研究生占4.81%，即受试者都有较高的文化素质，且都拥有较高理解力。

图5　受试者拍照定位点
（图片来源：基于总平面图改绘）

研究首先针对问卷结果量表进行了Bartlett's球形检验、Cronbach's α系数与KMO检验，结果显示该量表的信度与效度符合进行进一步分析的要求。然后将全景图1～图10的各项一级、二级变量指标因子的SD语义差别调查结果分别绘制SD曲线。结果显示超半数的因子调查表现高于平均值，即综合来看受试者对项目的综合评价良好，可以进行进一步感知评价研究。基于此，据统计与计算可以进一步得到景观专业组和非专业组的SD评价曲线图（图6），即两组实验人群对十个定位点的全景图的偏好感知程度。另外，为具体探究专业和非专业人士在各个层面的具体偏好，本研究分别从空间、形态、色彩、环境、心理和整体6个大维度进行了详细分析。经综合分析可得：①总体来说，专业与非专业人士的评价曲线走向趋于一致，这说明专业与非专业人士对景点的视觉感知基本一致，这意味着非专业人士对于VR平台上展示的景观方案的理解更为深刻；②专业与非专业人士在视觉感知层面具有各自的审美重视点，如在空间感知中专业人士更加重视有序性与连续度而非专业人士更加重视层次感；③基于VR技术的虚拟体验可以实现向受试者展示景观要素的多重感性特征，即体验者可以通过在VR场景中实现进一步的抽象感知评价。

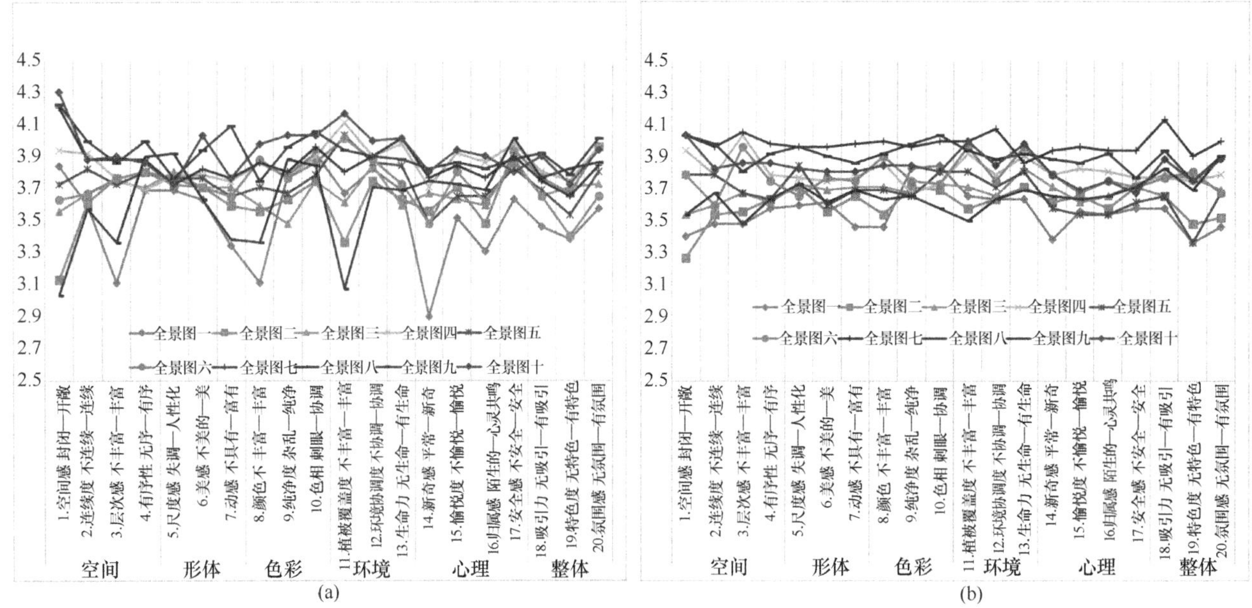

图6　专业、非专业组SD得分统计对比
（*a*）专业组SD得分统计；（*b*）非专业组SD得分统计
（图片来源：作者自绘）

3　结论与讨论

随着近些年科学技术水平的飞速发展，为更好促进风景园林学科适应新时代的种种变化，风景园林学科也应当紧跟科技发展步伐，及时结合新技术进行理论和方法革新。本研究以景观评价为切入点，结合多种VR技术进行新型评价方法的研究，尝试探索出基于沉浸式VR技术的风景名胜区景点设计评价的研究方法，以激发风景园林学科的巨大潜力，为风景园林学科发展献出微薄之力。经过分析，现做出以下讨论：

（1）基于VR技术的新型景观评价方法具有极大发展潜力

传统研究方法在进行景观动态游览与感知的研究时，会面临实验场地仅限在项目所在地这一巨大限制条件。经本研究证明，基于VR技术的新型景观评价方法冲破了这种场地限制，这种新型景观评价方法能够在安静的实验室便可以实现受试者对景观项目的完整动态体验，这也为景观评价研究的发展提供了更多可能。另外，经实验一证实，在VR平台中，受试者对于景观方案的感知面得到了扩展，受试者对于堆叠石景观和种植池等一类重要程度较低的细节性景观要素的感知能力得到了明显的增强。这对于景观评价研究的发展可以起到良好的促进作用。

(2) 在VR场景构建时针对不同景观要素可以灵活调整精度

VR场景构建的真实程度、精细程度会对基于VR平台展开的实验结果产生极大的影响，但对于面积极大的项目在进行场景构建时，将全部场景都以最高精度作为要求进行构建时会带来较大程度的资源、精力与时间浪费。本实验已初步证实，不同的景观要素在进行VR场景构建时的需要达到的精细程度是不同的，研究者可以根据重要程度的高低，在确保不影响实验结果的基础上灵活地调整精度。以本研究中的蜀南竹海中华大熊猫苑项目为例，据实验一可知，建筑、竹林、乔木、湖面、景墙和桥一类景观要素是本项目中的关键要素，设计者对于这一类要素的期待度较高，而体验者对这一类要素的感知度与满意度也都较高，即研究者对于这一类景观要素的模型制作的精细度和逼真度要求会更高；但对于草坪和移动式种植池一类景观要素，设计者的期待值、体验者的感知度都很低，故可以不要求用最高精度进行制作。

(3) 在VR平台中非专业人士对景观设计方案具有更高的理解力

本研究使用了VR技术中的沉浸式VR技术，在虚拟现实系统中人与计算机的交互方式和传统的人机交互有所不同，是模拟类似与自然的交互，参与者可以极为自然和谐地沉浸在VR场景环境中，受试者能感受到沉浸性。与此同时，在VR平台中受试者可以利用传感设备与虚拟场景进行交互碰撞，且受试者发出的交互动作指令可以及时被响应。基于此，非景观专业人士在VR平台中可以更加身临其境地体验与理解原本听起来尤为复杂的景观设计方案，这也意味着借助虚拟现实平台进行的景观评价研究的参与者人群也不再局限于景观设计专业人士。

(4) 在VR平台中景观专业与非专业人士都可以同时实现具象与抽象感知评价

VR技术从本质上来看就是对真实世界的仿真与模拟，具象实物景观的模拟是相对更容易通过技术革新实现的，但将人类对于环境的抽象感知进行模拟与仿真的难度相对较大。经实验一已证实，受试者在VR虚拟场景中对于景观要素实物的感知和在传统评价环境中的感知结果是几乎一致的，即在VR平台中可以进行具象感知研究。进一步通过实验二证实，借助VR平台在进行总计6个维度20重感性词语评价研究时，景观专业与非专业人士对于实验中涉及的10个景观场景都能够做出正常的感知与评价，即受试者同样能够在VR场景中进行正常的抽象感知评价。

参考文献

[1] 杜师博，李娇，杨芳绒，陈予诺．国内景观评价方法研究现状及趋势——基于Cite Space的文献计量分析[J]. 西南大学学报(自然科学版)，2020，42(7)：168-176.

[2] Evans G W，Wood K W. Assessment of Environmental Aesthetics in Scenic Highway Corridors[J]. Environment and Behavior，1980，12(2)：255-273.

[3] Han，K.-T. Responses to Six Major Terrestrial Biomes in Terms of Scenic Beauty，Preference，and Restorativeness [J]. Environment & Behavior，2007，39(4)：529-556.

[4] 李和平，李浩．城市规划社会调查方法[M]. 北京：中国建筑工业出版社，2004.

作者简介

李礼，1998年生，女，汉族，重庆潼南，硕士，四川农业大学，学生，研究方向为数字景观、风景园林遗产保护。电子邮箱：1943609097@qq.com。

潘翔，1985年生，男，汉族，四川成都，博士，四川农业大学风景园林学院风景园林系副主任，讲师，硕士生导师，研究方向为风景园林规划与设计、风景园林遗产保护。

刘嘉敏，1996年生，女，汉族，江西吉安，硕士，四川农业大学，学生，研究方向为城市绿地系统规划、风景园林遗产保护。

武汉近代自建城市公园发展比较研究

——以首义公园与中山公园为例

A Comparative Study on the Development of Modern Urban Parks in Wuhan: Take Shouyi Park and Zhongshan Park as Examples

李文佩　戴　菲　陈　明*

摘　要：近代园林具有极高的历史文化价值，但在城市建设中面临园林功能滞后、管理不当和"保护性破坏"等问题，亟需对其进行保护利用研究。本文从园林发展视角，选取仅有的两处从民国保留到现在的近代公园——中山公园和首义公园，先纵向对比各自在民国鼎盛时期和现代的空间变迁和管理变化，再横向对比两者发展的差异。对比发现，空间变迁方面，中山公园空间拥有更丰富的格局变化与园路等级，后期增设趣味建筑及设施；首义公园空间格局愈发简洁，纪念设施和建筑保留较少，山林区设施破败。管理发展方面，首义公园功能定位多变，严重制约公园发展，进入发展恶性循环；中山公园定位明确，管理良好，且有自身商业可获得收入，发展机制较好。本文希望通过对比丰富近代园林保护发展的策略，也为设计者和管理者提供新的研究视角。

关键词：近代城市公园；比较研究；首义公园；中山公园；传承与创新

Abstract: Modern gardens have high historical and cultural value, but in the process of urban construction, they are faced with such problems as lag of garden function, improper management and "protective destruction", so it is urgent to study their protection and utilization. From the perspective of garden development, this paper selects zhongshan Park and Shouyi Park, the only two modern parks built by Chinese people from the republic of China to the present, to compare their spatial and management changes in in the heyday of the Republic of China and in modern times vertically, and then compare their differences in development horizontally. It is found by comparison that, in terms of spatial changes, Zhongshan Park has richer pattern changes and garden road levels, and interesting buildings and facilities are added in the later period. The spatial pattern of Shouyi park is becoming more and more concise, the memorial facilities and buildings are less reserved, and the facilities in mountain forest area are dilapidated. In terms of management and development, shouyi Park's changing functional orientation seriously restricts the development of the park and enters into a vicious cycle of development. Zhongshan Park has a clear positioning, good management, and has its own business income, and good development mechanism. This paper hopes to enrich the strategies of modern landscape protection and development, and provide a new research perspective for designers and managers.

Key words: Modern Urban Park; Comparative Study; Shouyi Park; Zhongshan Park; Inheritance and Innovation

中国近代公园①是近代城市建设的重要组成部分，是中西文化与不同园林风格融合在城市中的物化表现，同时也是许多历史事件的承载场所[1]，在我国园林史上具有开创性的地位[2]。留存至今的中国近代公园见证了中国近代的跌宕历史，是"活着的遗产"[3]。但在快速城镇化建设中，近代园林存在功能滞后、缺乏活力、使用率低下等问题，导致大量具有悠久历史和遗产价值的近代园林被不断挤压、破坏和遗忘，亟需在延续历史文脉和保护遗产价值的同时进行更新。

近代园林在20世纪80年代开始正式研究，以上海、澳门[4]等地租界公园的设计建造为代表，王绍增[5]对上海租界园林的详细论述是本专业第一个较为完整的近代园林研究，此时期主要为史料积累。20世纪90年代，开始从社会角度[6]研究近代园林与社会生活、政治文化等的关系。2000年后，近代园林研究进一步拓展，宏观微观齐头并进，也形成特定地域[7]和类型[8]的专类研究，同时开始保护与更新研究。2010年后，研究更为深入，视角更为多元，开始使用计量史学[9]、比较史学[10]等方法。2012年朱钧珍[11]的《中国近代园林史（上篇）》整合梳理了近代园林历史、文化和演进机制等，为后续研究奠定基础。

武汉地处"九省通衢"的位置，辛亥革命赋予其近代园林更多的历史和文化意义，属于近代园林的重点研究地带。武汉近代园林群体目标以吴薇[12]和王昌潘[13]为主，前者探讨其社会功能，后者研究园林与城市发展的关系。个体研究对象主要为首义公园和中山公园，也突出两个公园的典型性和重要历史价值。同时，从周向频对中国近代园林史的研究范式总结发现，目前研究大多为园林物质建构的平铺直叙，较少多维度分析历史变迁、变迁因果和遗产的保护利用，且研究方法主要为文献整理和实地勘测，比较分析和量化分析法较少运用[14]。

因此，本文基于公园发展的视角，采用比较研究的方法，对首义公园（以下简称"首义"）和中山公园（以下简称"中山"）的空间变迁和管理经验对比分析，深入探析其空间和管理的关系，得出近代园林遗产的保护发展启示。

1 研究方法

1.1 对象地选择

本研究选取首义与中山为研究对象，主要依据为：①历史价值极高：中山和首义都是武汉近代首批自建城市公园，因战争和水灾影响，至1949年前武汉城区仅剩首义、中山两座公园[15]，是武汉保留至今的仅有的两处近代城市公园[11]。②园林文脉相似：两者都建于20世纪20年代，处在相同的时代和社会背景，都经历了从私家花园到共和新政公园的变迁，并受到西风东渐的影响，在“提高居民公共娱乐起见”的文化意蕴中建立起来。③发展态势不同：在近百年的发展中，两园发展态势几乎相反，园区范围一个扩大一个缩小。平地起造的中山逐渐发展成城市“绿宝石”，成为全国著名的综合性公园，且成为百家历史名园之一。而依托自然风景资源唯一以纪念“辛亥革命”为主题的首义几经更名，后随武汉长江大桥的建立逐渐没落[16]，被新的首义文化广场代替，旧址逐渐淡忘。

1.2 对比分析

先从整体层面，对两个公园两个典型时期的空间格局变化进行对比分析。其次，对园林的空间要素变化进行对比，因地形和植物变迁史料不全不宜比较，且随园林的发展，道路设计成为改善空间环境最直接有效的手段[17]，主要以空间结构、园路和建筑与设施为比较内容。最后，基于吴承照[18]关于公园管理对免费开放后的城市公园的重要作用，选择公园定位和管理运营为比较内容。

2 中山公园与首义公园的概况和历史演变

2.1 公园概况

首义公园是武汉最早的自建公园，基于晚清臬署私家园林“乃园”。于1924年纳入附近的蛇山风景资源拓展而成，是最早不收费的公园。1933年，拓展旧址并改名为“武昌公园”，1955年因长江大桥的建设而缩移今址。现位于湖北省武汉市武昌区蛇山上，是目前武汉市唯一的以辛亥革命为主题的纪念性公园[19]。

中山公园于1928年始建于汉口地皮大王刘歆生的私人花园“西园”，是首批中国自建的近代城市公园之一，史上经过多次改建。现位于汉口解放大道中段，是武汉市历史最久、规模最大、知名度最高的公园，已入选全国百家历史名园。

2.2 历史演变

中山公园与首义公园前期发展相似，均于1920年代由私家园林转向公共园林并改名，建成后均为当时影响最大的公园，1949年后发展差距逐渐拉大（表1）。

1930—1940年间，国内政局漂浮不定，各种因素或主动或被动地改变了公园的空间和格局。20世纪30年代，中国大力发展公园，首义公园此时定位摇摆不定，在不断扩张中削弱其纪念特性，为后期在政治决策中处于弱势地位埋下伏笔。而中山公园借势，定位为城市公共空间兼纪念场所，扩大园区范围，引进新奇的休闲娱乐设施，为城市的游憩、运动、休闲集会等提供场所。日寇侵华期间，两个公园沦为日军兵营，并在水灾的磨难中大幅损毁。新中国成立后，国家无力对其大幅修缮。

20世纪50年代政府发起“绿色革命”，丰富城市绿色空间。横跨武昌蛇山与汉阳龟山的武汉长江大桥分割首义公园，根本上造成了首义公园后期的衰颓；而中山公园，在“人民公园人民建”的思想指导下，将造园目标转向集体化，因游客数量猛增而成为“汉口第一公园”。20世纪60年代“大跃进”和“文化大革命”期间，园林建设停止且两园被破坏颇多。直至20世纪90年代，绿地系统和生态绿地盛行，两个公园形成完善的空间格局。

3 中山公园和首义公园空间变迁对比

中山公园1936年完成第二次扩建，后因战争，到1942年都大体保留1937年布局。首义公园在1932年经湖北省建设厅扩大为“武昌公园”，也因战争在1933—1938期间保持1933年大体格局。故本研究选择两园被战争损坏前较为完善的1937年平面图，与2020年平面图作为二期平面图对比依据（图1），这两期的公园平面反映了它们各自在历史变迁中的两个典型空间格局。

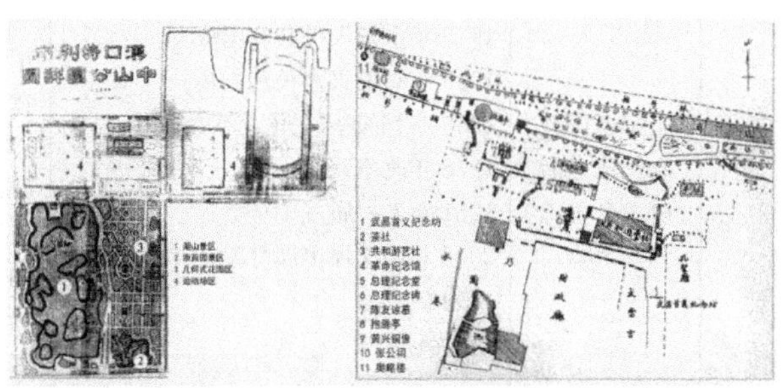

图1 中山公园与首义公园两期平面

3.1 中山公园的空间变迁

空间格局：中山前期主要为英式园林风格，但仍保持传统旷奥有致的山水格局，后期园内空间主要通过地形创造开阔、疏朗的大型公共游憩空间[20]。新中国成立前，公园面积达到12.5hm^2，大体可分为三部分，南部西侧为自然湖山景区（图2），东侧为原西园景区和几何式花园区，北部是运动场区，表现出中西融汇的园林风格[21]。新中国成立后，公园面积扩大为32.34hm^2，进一步扩大山水骨架，造园风格转向自然式园林（图3），环形水系使空间格局分为前中后三区。前区保持中华人民共和国成

中山公园与首义公园时代背景及变迁 **表 1**

时期		社会背景	中山公园历史变迁	首义公园历史变迁
Ⅰ	中华人民共和国成立前（1910-1949 年）	1911 年武昌起义爆发，结束中国 2000 多年的封建帝制； 1912-1927 年城市化加快汉口市政府发起公共工程运动，并决定开辟公园作为新公共空间； 1925 年孙中山逝世； 1926 年北伐军进驻武汉，成立汉口市政府，重视公园建设； 1928 年汉口市政府提议建设市有公园； 1934 年张学良参加中山公园体育场举办的第一届中等学校联合运动会并发表演说； 1937 年抗日战争全面爆发； 1938 年 4 月中山公园举行万人抗日歌咏活动，10 月武汉沦陷； 1945 年抗日战争胜利，于受降堂（原张公祠）举行中华战区受降仪式	1910 年刘歆生初建私家宅院“西园”； 1921 年“西园”规模扩大，完成传统园林造园； 1927 年将西园收归国有并改建为“汉口第一公园”； 1928 年“汉口第一公园”改名为“中山公园”，由吴国柄仿照欧洲园林进行改造； 1929 年中山公园试开放； 1930 年中山公园办事处改为中山公园董事会，直属汉口市政府管辖； 1931 年汉口洪水冲毁公园大部分； 1932 年由吴国柄指导公园扩建； 1933 年在园东北角增建足球场和田径场； 1938 年中山公园被日军占为兵营； 1945 年中山公园建立受降碑	1912 年黄祯祥先生提出纪念首义，名为“民国崇勋纪念园”； 1924 年，首义公园基于晚清臬署私家园林“乃园”，始建武昌蛇山西端南麓； 1928 年省政府决议将首义公园与蛇山南麓中部及抱冰堂和蛇山林场连成一片，扩充为蛇山公园；同时新建“总理孙中山先生纪念碑”； 1932 年黄琼建议将蛇山一线名胜，包括黄鹤楼、抱冰堂，首义公园等开辟为武昌公园，省建设厅制定武昌公园计划； 1935 年由武昌公园改回首义公园； 1938-1945 年再度更名为蛇山公园，蛇山被用作军事据守阵地，损毁严重； 1946 年省政府布告将蛇山公园改为首义公园
Ⅱ	中华人民共和国成立后（1949 年至今）	1949 年中华人民共和国成立； 1955 年动工兴建长江大桥； 1969-1976 年“文化大革命”； 1978 年改革开放； 1981 年十一届三中全会； 2006 年武汉提出园林发展“十一五”规划	1949 年军管会接管公园； 1951 年由陈俊愉指导的中山公园改、扩建工程动工； 1982 年将原花卉展览馆建为撷翠园； 1986 年汉口公园建设“武汉市儿童游乐中心”，成为全省最大的儿童游乐场所； 1985 年公园动物园搬迁至汉阳； 1998 年拆除撷翠园，建中山公园展览馆	1955 年修建长江大桥，首义公园被夷为平地，总理孙中山先生纪念碑暂移武昌桥头南侧，新首义公园缩移今址； 1993 年首义公园进行一系列纪念性建设，新建公园中心广场； 1994 年总理孙中山先生纪念碑移至今园； 1996 年，首义公园主题景区初步建成； 2000 年公园让位于黄鹤楼的旅游经济，逐渐没落

立前南部的基本格局，为中西合璧的景观区；中部以湖水环绕出空间较为独立的人文纪念区；后区则为动物园和大片草坪林地的休息与儿童娱乐区[22]。

图 2　汉口中山公园的湖山区（1930 年左右）[24]

园路：中华人民共和国成立前，公园主要由湖山景区的特色桥梁道路和原西园景区内的自由式传统道路，以及几何式花园中的格网形路网和运动区的规则式道路组成，分别通过四条南北和东西向的主路联系整个园区。中华人民共和国成立后，公园前区道路基本不变，中后区的大面积草坪和观赏区则采用多级自然环通园路组织游览区和景点，园区整体通过延伸原有主路连通。与中华人民共和国成立前相比，增加了许多三级道路，加强了各区的交通联系；根据外部交通设施增加了出入口；理顺游览路线，建成环湖通道；改善园区停车条件；优化道路和硬质地面[23]。

图 3　汉口中山公园鸟瞰图（引自百度）

园林建筑及设施：中华人民共和国成立前，建筑布局分散。主要有原西园景区遗留的房舍石塔、南部湖山景区休憩和观景功能的亭廊园林建筑、纪念性的碑、北部运动区具有教育和运动功能的轩、馆、堂、看台等构成，还配有游泳池、游戏场和高尔夫球场等游乐设施（图 4）。新奇的设施吸引人流，表现出中西合璧的风格。新中国成立后，建筑绕水布置，具有明显的亲水性。建筑的功能和形式进一步丰富，增建了桥亭楼阁等观景建筑、受降堂、展览馆、科技馆、人民会场、楚文化楼等文化建筑以及摩天轮和大型过山车等新型儿童游乐设施（图 5）。中西交融的人文景观和新奇有趣的游乐设施让民众流连忘返，也进一步提升中山公园的形象和地位。

图 4　中山公园游泳池内景（1930 年）[25]
和中山公园小型高尔夫球场（1936 年）[25]

图 5　中山公园受降堂和中山公园游乐设施

3.2　首义公园的空间变迁

空间格局：中华人民共和国成立前，首义基于蛇山而建，主要为山林底部的“乃园”私家园林部分；中部由纪念性和休闲的建筑、雕塑和茶社构成纪念区；顶部西侧为奥略楼、张公祠和黄兴铜像等延续纪念景观，东侧为山林区。公园依据地形构成两条纪念轴线（表 2），从抱腾亭到“乃园”水池和革命纪念馆到总理纪念碑。并且，私园

中山公园与首义公园空间变迁比较　　　　**表 2**

名称	空间格局	园路	建筑与设施
中山公园（中华人民共和国成立前）	50m 150m 0 100m 200m N	50m 150m 0 100m 200m N	50m 150m 0 100m 200m N

续表

名称	空间格局	园路	建筑与设施
中山公园（中华人民共和国成立后）	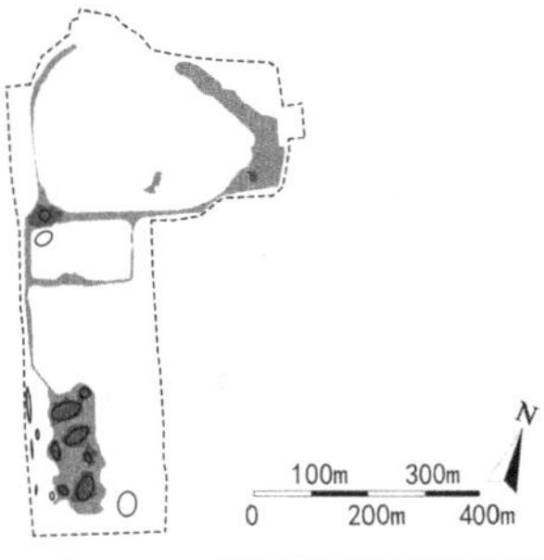	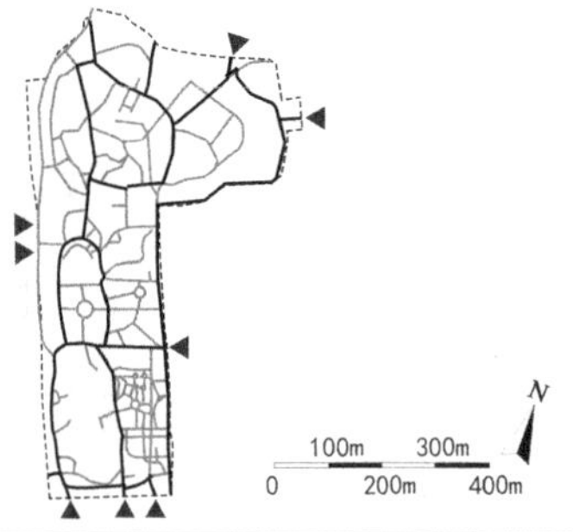	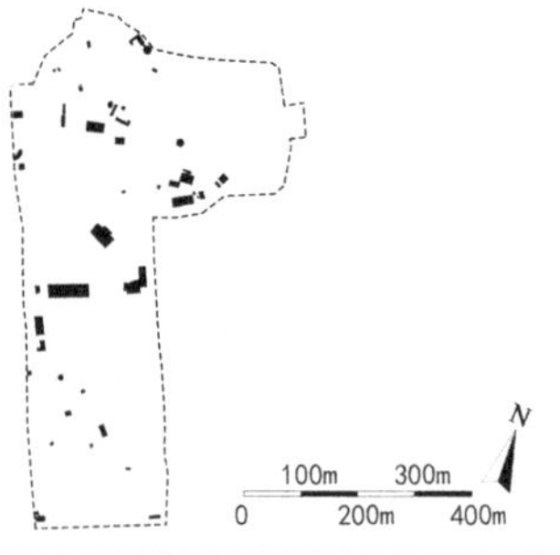
首义公园（中华人民共和国成立前）	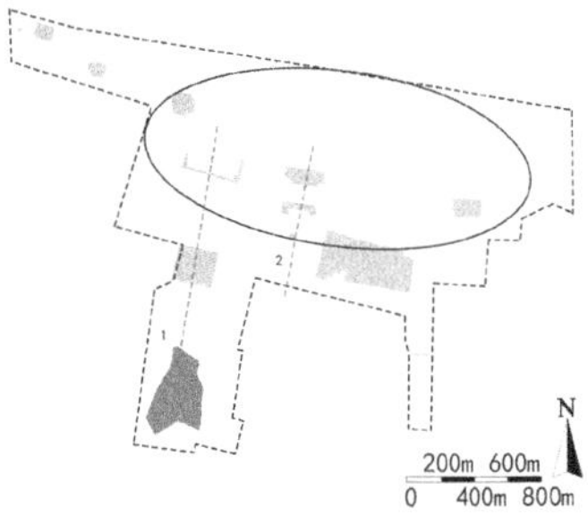	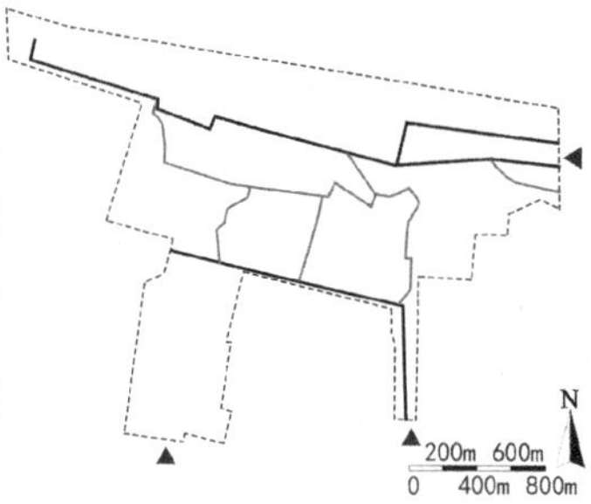	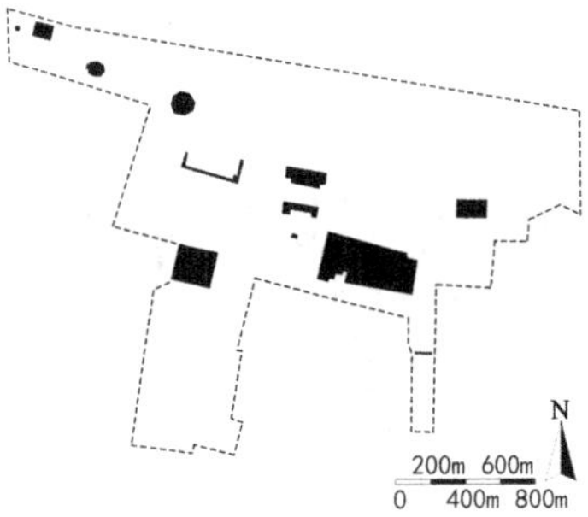
首义公园（中华人民共和国成立后）	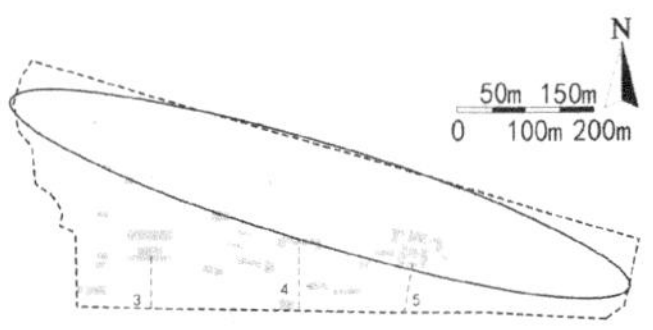	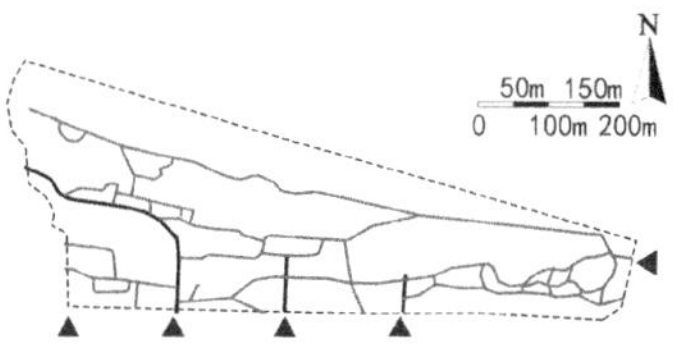	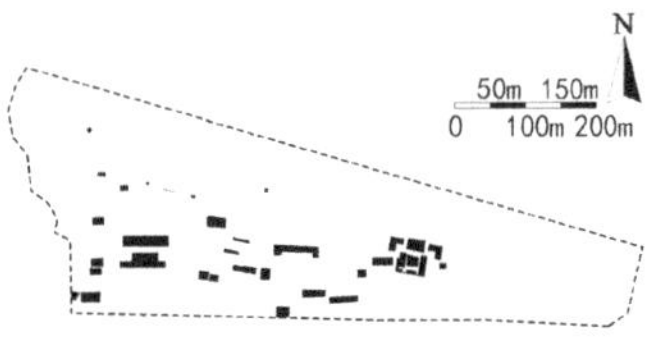
图例	水；岛屿；地形；轴线；公园边界	主园路；次园路；步道；公园边界；出口	公园边界；建筑类设施

与拓展部分并置，形成鲜明的对比——小与大、私密性与公共性的对比。中华人民共和国成立后，园址缩小至16hm^2，南部为大型建筑集中区，包括三个入口直达的游览景点，即首义战士纪念塑像—孙中山先生纪念碑—首义纪念碑纪念游线、武昌蛇山烈士祠、和龙华寺；北部为山林休闲区和部分纪念设施，山林资源丰富但利用较少，仅道路和座椅设施。与新中国成立前比，公园空间格局纪念特性减弱，山林区几乎被遗弃。

园路：中华人民共和国成立前，东南方的武昌首义纪念坊为主入口，也突出公园性质。园内道路不成体系，东西向为主路，南北景点通过山间石级、台阶连接，中部各景点主要通过台阶步道联系。中华人民共和国成立后，出入口增加，但无明显主次入口，入口设计并未突出公园性质。道路仍然由东西向主路通过二级环路到园内各个景点，但山林区园路二级道路较少且部分道路为泥巴路，并未修缮。与中华人民共和国成立前相比，入口形象削弱，整体园内道路铺装和形式增多，南部建筑区的道路等级增多，山林区仅修缮主要道路。

建筑及设施：中华人民共和国成立前，公园设施相对简单。由山底南部“乃园”大花厅改造的“西游厅”，往上是“陈友谅墓”，墓东从上往下是革命纪念馆、总理纪念堂、总理纪念碑（图6）构成的纪念中轴线，再往东是共和游艺社和休闲茶亭，东南入口为武昌首义纪念坊。经墓往山上走分别是蛇山遗留建筑抱腾亭、黄兴铜像、张公祠和奥略楼。此时期强调设施的功能性，且建筑间空间关系较为考究，轴线明显。中华人民共和国成立后，因首义公园历史中的扩充与缩移，原有建筑基本被损毁，休息设施仅少量普通座椅。由西北至东南分别为起义军炮台、辛亥革命武昌首义纪念碑（图7）、总理孙中山先生纪念碑、和原蛇山东部的抱冰堂，首义战士纪念塑像、武昌蛇山烈士祠等纪念性建筑设施，东部为高亚鹏旧宅和龙华寺等文化场所，西南的湖北省图书馆老馆现已关闭且较为破败。与中华人民共和国成立前相比，建筑及设施功能丰富度下降。

图6　首义公园总理纪念碑[26]

图 7　辛亥革命武昌首义纪念碑[26]

3.3　空间变迁对比

空间格局方面，中山前后期园区扩大，空间格局更加丰富细致。首义园区缩小，空间格局中自然风景资源不如前期利用充分，山林区甚至有遗弃的迹象，空间格局愈发小气。园路方面，两者园路后期都逐渐丰富交通系统。中山形成交通成体系，入口多而明显，而首义以人行为主，也未考虑残坡等基础设施，入口较少且不便。园林建筑方面，中山保留多座历史建筑，并赋予其新功能；廊架、特色座椅等休憩和标识设施虽老旧但维护较好，使用方便且具有年代感，突显其历史特性；中山同时不断增加运动、娱乐、商业和游戏类设施，提升趣味性和吸引力。而首义仅剩抱冰堂和辛亥革命纪念碑两处遗迹，且山体被建筑侵蚀、遮挡，自然资源利用不佳。

4　中山公园与首义公园的管理运营对比研究

两园均由各自的公园管理处负责园务管理和费用筹集，前期均由自主筹资运营管理，中后期在不同程度上依赖政府资源扶持与资金调拨，但其功能定位、权属关系与公园自身管理运营经验的差异使得两者走向截然不同的发展命运。

4.1　中山公园的发展管理

4.1.1　功能定位

初创时，中山公园始建名字为“汉口第一公园”，是为适应城市近代化而开辟的市民文化游览场所。1928 年，为纪念孙中山改名为“中山公园”，成为具有纪念意义的综合公园，属于被动纪念公园。民国时期，公园定位为城市公共空间，为城市提供社会活动场地。新中国成立后，公园发展为“汉口第一公园”。21 世纪，公园在改善人居环境和建设山水园林城市的推动下，增加大量游乐设施，在 21 世纪成为全市性综合公园和城市的“绿宝石”。中山公园发展至今，在功能定位上不仅是极具代表性的历史名园，更是政府高度重视下的武汉市户外爱国教育基地，为老中青三代武汉人提供高品质高活力的城市公共活动空间。

4.1.2　管理运营

中山公园管理运营经验丰富，部门职责划分清晰，各部门对于公园建设的参与度与积极性高，公园自有商业运营方法成熟，为公园的长期发展打下坚实基础。管理架构方面：经访谈发现，中山公园是市属公园，直属于武汉市园林与林业局（2017 年合并为武汉市园林林业局），可直接从上游获得划拨资金和统一管理维护资源，且公园管理处深度参与介入园林林业局对于公园的年度规划评议中；内部管理架构中，中山公园管理处共分为三个部分（图 8），除综合管理部门外，还设有园林养护中心和游乐中心。前者主要由政府拨款，对外招投标，外包给符合标准的第三方企业，如园林养护公司和物业安保公司，在解放公园运营压力的同时最大限度地保障相关工作的完成质量。商业运营方面：中山建立伊始便引入餐饮、便利店、旅游纪念品售卖等商业设施，同时大力鼓励湖区游船租赁，周末开展图书、文玩售卖集会等商业行为；20 世纪 80 年代还应时代发展需求，由武汉市妇联与中山管理处共同筹资，面向全国进行游乐设施建设的招标，成为当时华中地区规模最大的游乐园，为公园带来巨大收入。公园内部设置专门游乐中心进行专项运营。其中维修部和商业部由管理处采用招投标方式，雇佣专业人士进行游乐设施维护和运营，保障游乐设施安全与高效的运营。

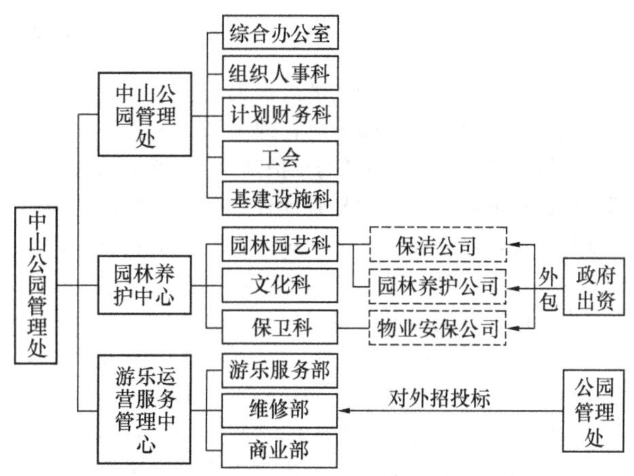

图 8　中山公园管理处分支部门

4.2　首义公园的发展管理

4.2.1　功能定位

初创时，在“民国崇勋纪念园”提议下建设，后改为“首义公园”。前者着重对民国奠基的纪念，后者着重对“武昌首义”的纪念，两者均以开门见山的方式表达其政治纪念的功能定位。此时期公园定位明晰，是一处以纪念辛亥革命武昌首义为主题的纪念性公园。民国时期，园名在“蛇山公园”“武昌公园”和“首义公园”三者间变化，甚至同时使用。前两者命名表达了对地域范围的限定，同时也削弱了对首义的纪念性。此时期公园定位在休闲游憩和政治纪念中主次不明。中华人民共和国成立后，新政局使得“纪念先烈缔造民国之艰难”不合时宜，其公园改造目的已非首义纪念，而是“恢复名胜风景、提高人民文化生活”，表明公园纪念功能进一步削弱。20世纪八九十年代间虽进行了一系列关于“辛亥革命”武昌首义纪念的建设，但此时武昌首义纪念的阵地已转向“红楼”附近，首义自身的纪念功能在城市中消逝，公园逐渐没落。如今由于其体量的缩小与定位的缺失已从纪念性公园变为广场公园，并归于黄鹤楼公园管辖，俨然已成为黄鹤楼公园东部的低活力附属景区，丧失自身特性与价值。

4.2.2 管理机构

首义在权属上被划为区属公园，归市属公园黄鹤楼公园管理（对外宣传为首义景区），但空间格局上并未融入其中（图9），存在明显的边界分割，使首义处于管理上的尴尬地位。首先，生硬合并使得首义公园削弱其特色，

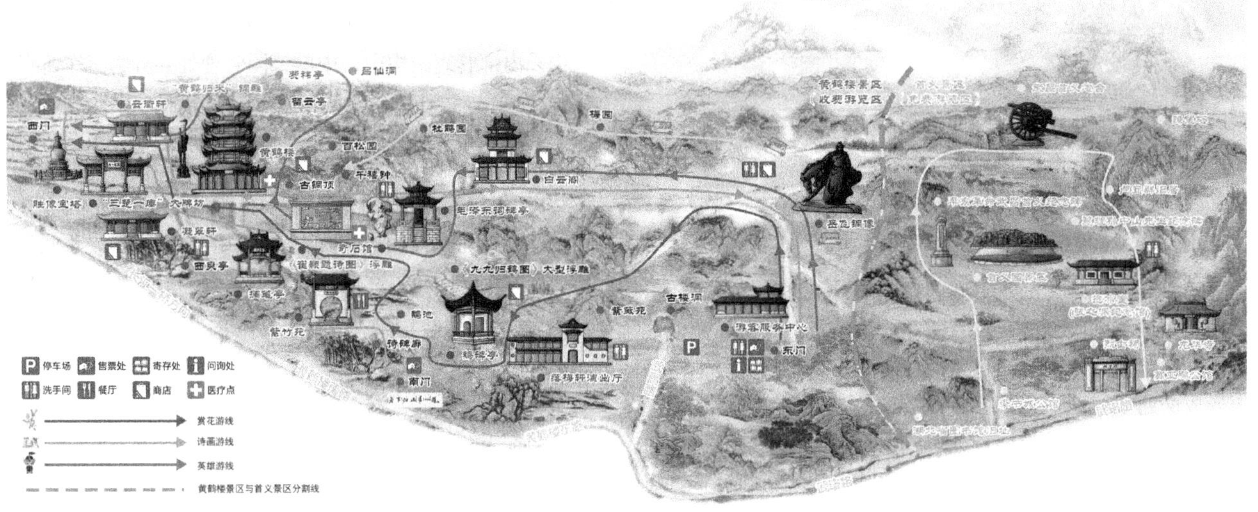

图9 黄鹤楼公园景区分布图
（图片来源：根据景区图改绘）

沦为毫无特色的街头绿地，进而丧失人流量与社会关注度，同时造成黄鹤楼公园内部管理资源与人力分配上的严重倾斜，获得极少的宣传与维护预算。其次，首义的内部管理运营由武汉市黄鹤楼管理处的园林基建科与质量监察科分管，并未成立专门针对首义自身发展与管理的科室或办公室，缺失完整的管理架构。安保方面仅安排两名工作人员在黄鹤楼和首义景区边界处游走，公园内部在笔者调研期间未见环卫人员，也无任何商业设施。首义经营和管理不善导致蛇山不断被侵蚀，山林区几乎被遗弃，造成“有山不见山”的景象，同时园林小品设施及园路的维护不当也导致首义公园人迹寥寥，公园发展也陷入恶性循环。

4.3 管理运营对比

公园定位突显其城市地位及建设博弈的资本，公园的权属关系、管理架构设置及运营经验也直接影响公园资源支持和发展路径的不同。功能定位方面：中山初始定位便是城市综合公园，改名为中山后更突显其历史意义，在城市功能定位保持不变的基础上新增纪念性质与爱国主题教育价值。首义功能定位几经变更，命名由纪念性转向综合性变化，削弱其特性，也导致在与长江大桥的机会博弈中失败的原因之一。管理架构与经验方面：中山直属于园林与林业局，上下游管理链路打通，公园年度规划由管理处和政府协同决策，使其定位清晰明确，实现资源调配最优化。同时，完善的管理架构体系与丰富的运营经验使得公园日常维护与商业化发展齐头并进，保留充分的自主权。而首义在黄鹤楼景区内的边缘化附属地位与专项管理架构的缺失，致使人事协调与权责分配不便，日常基础维护管理艰难，进而导致其逐渐从该区风景园林建设的中心地位消失。

5 结语

近代公园的发展，一方面受制于自身空间特性和功能，同时也依赖管理运营。公园应主动争取政府资源和政治优势。近代公园历史不如古典园林久远，同时因空间层级单一、设施老化和管理不善等问题，面临与首义相似的挑战。根据以上两个公园的对比分析得出以下启示。

（1）动态灵活的保护与修复

近代公园改造和发展时应牢记其历史使命，避免因短期利益而破坏历史遗迹。公园空间格局变化应以保留历史遗留场地、建筑和设施的历史原真性为主，同时满足当下人民的空间和精神需求，如中山公园内大众会堂经过日军受降仪式后改为受降堂，融入新的历史意义，又如中山内从足球场到高尔夫球场再到现在的胜利广场的形式变化，既突出抗日胜利也提供新的活动形式。

（2）相得益彰的功能和设施

公园的主题和功能会随周边人群结构、新建设施等变化，应及时更新设施种类及空间形式，如中山逐步丰富空间层次和分阶段引入新奇游乐设施，提高了空间活力和互动性，满足了游人猎奇心理和高质量户外空间的需求。避免近代公园保护变为“形式主义”或消极静态保护，最后成为城市遗忘空间。

（3）专业统一的管理机构

首先，近代公园发展中可预留部分自由商业运营空间，前期自行筹集基础发展经费。其次，根据园务内容分部门“点对点”的专项管理，形成科学完善的组织架构体系，园林养护、安保、设施维护等可通过招投标方式外包给第三方企业，有利于提升管理的专业性与执行质量；同时应成立负责对外文化宣传的部门，定期拟定研究报告，巩固其历史文化地位。最后，公园应积极争取政治权利，主动向上级部门提出自身发展诉求，参与介入政府对于公园的功能定位与年度规划。

参考文献

[1] 周向频，刘曦婷．遗产保护视角下的中国近代公共园林谱系研究：方法与应用[J]．风景园林，2014(04)：60-65.

[2] 朱钧珍．中国近代园林史(上篇)[M]．北京：中国建筑工业出版社，2012.

[3] 张松．历史城市保护学导论：文化遗产和历史环境保护的一种整体性方法[M]．上海：同济大学出版社，2008.

[4] 朱钧珍．澳门的公园和花园[J]．北京园林，1989(4)：37-39.

[5] 王绍增．上海租界园林[D]．北京：北京林业大学，1982.

[6] 熊月之．晚清上海私园开放与公共空间的拓展[J]．学术，1998(8)：73-81.

[7] 陈志宏，王剑平．从华侨园林到城市公园——闽南近代园林研究[J]．中国园林，2006(05)：53-59.

[8] 王冬青．中国中山公园特色研究[D]．北京：北京林业大学，2009.

[9] 张安．上海鲁迅公园空间构成变迁及其特征研究[J]．中国园林，2012(11)：96-100.

[10] 张安．上海复兴公园与中山公园空间变迁的比较研究[J]．中国园林，2013(5)：70-75.

[11] 朱钧珍．中国近代园林史(上篇)．[M]．北京：中国建筑工业出版社，2012.

[12] 吴薇．近代中国城市公园建设解析——以武汉为例[J]．广东技术师范学院学报，2010，31(03)：53-55+65.

[13] 王昌藩．武汉园林：1840-1985 [R]．武汉园林局，1987.

[14] 周向频，王妍．中国近代园林史研究范式回顾与思考[J]．中国园林，2017，33(12)：114-118.

[15] 武汉市志·城市建设志[M].

[16] 徐望朋．武汉园林发展历程研究[D]．华中科技大学，2012.

[17] 谷丽荣．园路设计研究[D]．华南热带农业大学，2007.

[18] 吴承照，王晓庆，许东新．城市公园社会协同管理机制研究[J]．中国园林，2017，33(02)：66-70.

[19] 王兴科．首义公园的变迁[J]．湖北文史资料，1996(01)：290-296.

[20] 达婷，谢德灵．汉口中山公园空间结构变迁思考[J]．建筑与文化，2014(11)：156-158.

[21] 张天洁，李泽．从传统私家园林到近代城市公园——汉口中山公园(1928年—1938年)[J]．华中建筑，2006(10)：177-181.

[22] 武汉市综合公园发展历程研究[D]．武汉：华中农业大学，2009.

[23] 刘思佳．汉口中山公园百年回看[J]．武汉文史资料，2010(09)：39-45.

[24] 张天洁，李泽，孙媛．纪念语境、共和话语与公共记忆——武昌首义公园刍议[J]．新建筑，2011(05)：6-11.

[25] 姚倩．武汉市综合公园发展历程研究[D]．武汉：华中农业大学，2009.

[26] 赵纪军，陈纲伦．从园林到景观——武昌首义公园纪念性之表现研究[J]．新建筑，2011(05)：35-39.

作者简介

李文佩，1996年生，女，华中科技大学建筑与城市规划学院风景园林硕士研究生，研究方向为城市绿色基础设施、绿地系统规划。电子邮箱：1292897758@qq. com。

戴菲，1974年生，女，博士，华中科技大学建筑与城市规划学院教授、博导，研究方向为城市绿色基础设施、绿地系统规划。电子邮箱：58801365@qq. com。

陈明，1991年生，男，博士，福建，华中科技大学建筑与城市规划学院讲师，研究方向为城市绿色基础设施。电子邮箱：1551662341@qq. com。

公园城市背景下生境质量与自然游憩的耦合分析与发展优化①

——以上海市崇明区为例

Coupling Analysis and Development Optimization of Habitat Quality and Natural Recreation in Chongming District Under the Background of Park City

梁 爽 王 敏*

摘 要： 实现自然系统多元价值的最大化是公园城市建设的核心命题之一，然而生态空间的生态与社会经济价值之间往往存在复杂的冲突协调关系。生境质量与自然游憩的关系就是典型的例子，对于具有生态重要性与游憩发展需求的地区，如何使生境质量与自然游憩相互促进、协调共生，是规划中不可忽视的问题。文章以上海市崇明区为例，引入耦合协调模型，探讨生境质量与自然游憩的发展关系，旨在为崇明生态环境与自然游憩的共同发展提供优化策略。

关键词： 风景园林；耦合协调；生境质量；自然游憩；公园城市

Abstract: Realizing the maximization of the multiple values of natural system is one of the core propositions of Park City construction. However, the interaction between ecological value and socio-economical value of ecological space is often complex, presenting a state of conflict or coordination. The relationship between habitat quality and natural recreation is a typical example. Therefore, how to coordinate the relationship between habitat quality and natural recreation in areas with ecological importance and recreation development needs, so that the two promote each other and coordinate symbiosis, is a problem that cannot be ignored in planning. Taking Chongming District of Shanghai as an example, this paper introduces the coupling coordination model to try to explore the development relationship between the habitat quality and the natural recreation. The purpose is to provide optimization strategies for the common development of Chongming's ecological environment and natural recreation.

Key words: Landscape Architecture; Coupling Coordination; Habitat Quality; Natural Recreation; Park City

在公园城市理念的引领下，城市规划力求将城市纳入自然，以人民为中心、以生态文明为引领，实现从“园在城中”向“城在园中”的本质性改变以及“人、城、境、业”的高度和谐统一。激活自然系统对城市发展的动力作用，实现自然系统的生态、社会、经济价值最大化是公园城市建设的核心命题之一[1]，也是近年来风景园林规划探索的重要内容。

然而，生态空间的生态与社会经济价值之间往往存在复杂的互动关系，在不同地区与尺度上表现出冲突权衡或耦合协调[2-4]，其中一个典型的矛盾即体现于维持生境质量与提供游憩活动之间[5,6]。生境质量是生态系统提供适宜个体与种群持续发展生存条件的能力[7]，它与游憩活动存在一定的促进和制约关系。生境质量高的环境往往能提供丰富的自然体验，促进自然游憩，生境质量差的地区自然游憩的发展往往会受阻；而自然游憩活动的发生不仅有赖于良好的自然条件，还要求良好的可达性以及完善的服务设施，但基础设施的建设会增加人类威胁的数量和强度，这又对生境质量的维持产生了负面影响，从而不利于自然游憩的可持续发展。因此，在公园城市背景下，对于具有生态重要性与游憩发展需求的地区，有必要协调生境质量与自然游憩之间的关系，使二者相互促进、协调共生。

鉴于此，本文选取上海市崇明区作为研究区域，首先，基于InVEST模型评估生境质量，并构建指标评估现有和潜在的自然游憩服务能力；然后，引入耦合协调模型，分别计算生境质量与现有和潜在自然游憩服务能力的耦合协调度；最后，探讨崇明生境质量与自然游憩的发展关系，为崇明生态环境与自然游憩的共同发展提供优化策略。

1 研究区域与数据来源

研究区域为上海市崇明区，总面积2494.5km^2，其中陆域面积1413km^2。崇明是典型的平原乡村型地区，地处长江生态廊道与沿海大通道交汇点，具有优越的水体自然生境和湿地滩涂资源，其中东滩是亚太地区候鸟迁徙重要的停歇地和越冬地。近年来，崇明积极推动世界级生态岛建设，在锚固生态基底的同时，建设各类自然游憩场所，满足当地居民游憩需求，并大力发展生态休闲度假旅游。然而，崇明各片区的自然条件有所差异，自然游憩发展程度也各不相同，如何明确各区发展重点，协调好生态保护与自然游憩发展的关系，是崇明建设世界级生态岛

① 基金项目：国家重点研发计划课题“绿色基础设施生态系统服务功能提升与生态安全格局构建”（No. 2017YFC0505705）。

亟需探索的问题。

研究依据乡镇行政边界将崇明划分为27个片区，采用的数据包括相关部门提供的土地利用、道路交通、景区和公园绿地分布等数据，以及通过大众点评网站获取的景区和公园绿地的综合评分数据。

2 研究方法

2.1 生境质量评估

采用InVEST生境质量模型评估生境质量，需要输入的数据包括土地利用GIS栅格数据、威胁因子影响距离表、威胁源GIS栅格数据、栖息地适宜性及各土地类型对威胁因子敏感度表等。以崇明分布较广且重要的水鸟作为目标物种，参照InVEST模型用户指南和前人的研究成果[8,9]，确定生境类型和威胁因子，对威胁因子的影响距离与各类栖息地对威胁因子的敏感度赋值（表1、表2）。统计各片区生境质量指数平均值，用Max-Min标准化方法进行无量纲处理，使各项指标值在[0，1]区间范围内，作为各片区的生境质量评价指数。

威胁因子影响距离表　　表1

威胁源	最大影响距离(km)	权重	衰退类型
城市建设用地	3	1	指数
农村居民点	2	0.8	指数
公路	1	1	线性
城镇道路	0.5	0.6	线性
旱作耕地、其他农用地	1	0.7	指数
园地	1	0.5	指数

栖息地适宜性及各土地类型对威胁因子敏感度表　　表2

土地类型	栖息地适宜性	城市建设用地	农村居民点	公路	城镇道路	旱作耕地、其他农用地	园地
旱作耕地	0.3	0.5	0.3	0.35	0.3	0	0.1
园地	0.3	0.5	0.3	0.35	0.3	0.3	0
林地	0.9	0.8	0.8	0.65	0.6	0.6	0.4
河湖水面	1	0.85	0.65	0.7	0.65	0.65	0.45
滩涂苇地	1	0.95	0.75	0.8	0.75	0.75	0.55
水田	0.6	0.5	0.3	0.35	0.3	0.3	0.1
坑塘水面	0.8	0.9	0.7	0.75	0.7	0.7	0.5
养殖水面	0.3	0.5	0.3	0.35	0.3	0.3	0.1
其他农业用地、农村居民点、未利用地、城市建设用地	0	0	0	0	0	0	0

2.2 自然游憩服务能力评估

研究从现有自然游憩服务能力和潜在自然游憩服务能力两方面评估崇明生态空间满足人们休闲、观光等需要或偏好的能力。

现有自然游憩服务能力与已开发的自然游憩空间规模、服务水平有关。网络评价数据一定程度上反映了其服务水平，据此，选取现有的11个A级景区和12个主要公园绿地，结合大众点评网站的评价等级，对面积进行赋权得出其服务能力，5星级自然游憩空间面积赋权为1，4.5星、4星、3.5星分别为0.8、0.6、0.4。各片区的现有自然游憩服务能力计算公式为：

$$R'_1 = \sum_{i=1}^{n} A_i Q_i / S$$

式中，n为片区内主要旅游景区、公园绿地的数量；A_i为第i个景区或公园的面积；Q_i为服务水平相应的权重；S为片区总面积，计算结果采用Max-Min标准化方法归一，得到现有自然游憩服务能力评价指数R_1。

潜在自然游憩服务能力由生态空间的游憩服务提供潜力和游憩可达性综合反映。游憩提供潜力是不同类型土地支持特定娱乐活动的潜在能力，参考已有研究成果[10,11]，结合崇明游憩特征确定不同土地类型的游憩潜力值（表3），公园绿地以外的建设用地赋值为0，生成GIS栅格，统计各个分区的栅格平均值作为游憩提供潜力值。游憩可达性反映生态空间提供自然游憩服务的机会，以公路和城市主、次干道的路网密度来衡量。各片区的潜在自然游憩服务能力计算公式为：

$$R'_2 = 0.7I_1 + 0.3I_2$$

式中，I_1、I_2分别为采用Max-Min标准化方法归一后的游憩服务提供潜力和游憩可达性，计算结果采用Max-Min标准化方法归一，得到潜在自然游憩服务能力评价指数R_2。

崇明生态空间游憩服务提供潜力评价表 表 3

土地类型	骑马	观鸟	钓鱼	采摘	划船	露营	科技游览	美景观赏	总值
耕地	0	0	0	1	0	0	1	1	3
园地	0	0	0	1	0	0	1	0	2
林地	1	1	0	0	0	1	1	1	5
水体	0	1	1	0	1	0	0	1	4
滩涂苇地	0	1	0	0	0	0	1	1	3
公园绿地	1	1	0	0	0	1	0	1	4
未利用地	0	0	0	0	0	0	0	1	1

2.3 耦合协调度模型构建

本文引入耦合协调模型，定量计算生境质量与自然游憩服务能力之间的耦合协调关系。计算公式如下：

$$C = \sqrt[2]{\frac{U_1 \times U_2}{(U_1 + U_2)^2}}$$

$$T = \alpha U_1 + \beta U_2$$

$$D = \sqrt{C \times T}$$

式中，C 为耦合度，反映两个系统之间彼此相互作用、相互影响的程度[12]；U_1 为生境质量评价指数，U_2 为自然游憩服务能力评价指数；在本研究中即 R_1（现有自然游憩服务能力评价指数）或 R_2（潜在自然游憩服务能力评价指数）；T 为协调度，反映生境质量与自然游憩服务能力的综合水平；α、β 为待定系数，本文认为生境质量与自然游憩服务能力同等重要，因此两者都取 0.5。D 为耦合协调度，取值范围 [0，1]，综合评估生境质量与自然游憩服务能力在相互作用、相互约束条件下的整体发展程度，耦合协调度越接近 1，说明二者存在协调发展的正向关系。

3 崇明生境质量与自然游憩耦合协调的实证分析

3.1 生境质量评估

崇明的生境质量总体呈现北高南低、东西端高中部低的格局。乡镇外围的滩涂苇地片区、新海镇片区、港西镇片区、东平镇片区和东滩片区等由于具有较大面积的高生境质量斑块，受到的干扰威胁少，显出较高的生境质量水平；城桥镇、长兴镇和陈家镇片区城镇发展水平较高，生态空间相对破碎，生境质量水平较低。

3.2 自然游憩服务能力评估

崇明已开发的自然游憩空间主要包括湿地公园、森林公园、郊野公园、生态村等规模较大的景区，以及散布于村镇集中建设区域供居民日常游憩的小规模公园绿地，从总体空间分布来看，崇明东部以及三星镇片区、绿华镇片区具有较高的自然游憩服务水平。而潜在服务能力则呈现北高南低、从东西端向中部递减的分布特征。二者对比发现，崇明西部和北部仍有巨大的自然游憩发展空间。

3.3 生境质量与自然游憩服务能力的耦合协调关系

研究分别计算生境质量与现有自然游憩服务能力耦合协调度 D_1、生境质量与潜在自然游憩服务能力耦合协调程度 D_2，前者反映当前生境质量与自然游憩的协同发展水平，后者反映当前的土地利用空间配置推动生态保护与自然游憩共同发展的潜力。根据已有研究成果[13]以及研究区域的实际情况和研究需要，将耦合协调度分为 5 类，即严重不协调（$0 \leqslant D < 0.2$）、基本不协调（$0.2 \leqslant D < 0.4$）、基本协调（$0.4 \leqslant D < 0.6$）、中度协调（$0.6 \leqslant D < 0.8$）和高度协调（$0.8 \leqslant D \leqslant 1$）。

崇明生境质量与现有及潜在自然游憩服务能力耦合协调程度呈现较大的空间差异。崇东滩涂、陈家镇片区、东滩片区等 7 个片区生境质量与现有自然游憩服务能力耦合协调程度较好，生态保护与自然游憩相互促进，达到良性循环。多数片区生境质量与现有自然游憩服务能力耦合协调程度较差，严重不协调片区多达 17 个，基本不协调片区有 3 个。其中一些区域生境质量较差，自然游憩发展受阻，例如堡镇片区、城桥镇片区、长兴镇片区等。也有一些区域生境质量好，但自然游憩发展滞后或有潜力有限，例如东平镇二区、庙镇片区、东平镇一区、港西镇片区、新海镇片区等具有较高的森林覆盖率或较完好的农田及河流生境，但自然游憩潜力未被很好地发掘。

4 崇明生境质量与自然游憩耦合协调的分区发展引导

对比各片区生境质量与现有及潜在自然游憩服务能力的耦合协调度，结合生境质量判定其生境提升与自然游憩发展的潜力，将 27 个片区初步分为 4 类区域(表 4)，再根据崇明相关规划及发展需求进行调整，划定发展优化分区，明确各区发展重点。①生境修补与游憩提升区：主要分布于崇明南部，生境质量较差，整体提升空间小，主要通过城镇公园、绿道、立体绿化建设营造城市生境，满足日常游憩。②生境与游憩同步发展区：主要分布于崇明中部偏东，生境质量较差，自然游憩发展受阻，可以通过建设滨水绿道、乡村公园和生态村，营造乡村自然生境，促进乡村自然游憩。③生境维持与游憩发展区：主要分布于崇明西部，生境质量较好，但自然游憩发展滞后，应注重生态空间提质，对已有的自然游憩场所进行升级改造，结合各片区特色大力发展森林游憩。④生态保育与游憩优化区：主要分布于崇明东西端与北部，生境质量较好，有一定的自然游憩发展，但提升的空间较小，一方面要注重生态保育，严格控制保护区的游憩强度，严格把控生态村的乡村风貌；另一方面，要完善自然游憩场所的服务设施，加强科普教育，推动自然游憩可持续发展。

崇明生境质量与自然游憩耦合协调的发展分区判定表 **表 4**

生境质量与现有自然游憩服务能力的耦合协调度 D_1	生境质量与潜在自然游憩服务能力的耦合协调度 D_2	生境质量 U_1	发展分区
$D_1<0.4$	$D_2<0.6$	$U_1<0.32$	生境修补与游憩提升区
	$D_2\geqslant0.6$	$U_1<0.32$	生境与游憩同步发展区
		$U_1\geqslant0.32$	生境维持与游憩发展区
$D_1\geqslant0.4$	$D_2\geqslant0.4$	$U_1<0.32$	生境修补与游憩提升区
		$U_1\geqslant0.32$	生态保育与游憩优化区

注：0.32 为崇明各片区生境质量评价指数 U_1 的中位数。

5 结语

山水林田湖草等生态空间是城市生态安全的重要本底，也是城市社会发展的重要载体、社会活力与居民幸福感的主要依托，还是城市未来发展的重要战略资源、城市综合竞争力的重要生态资本。公园城市理念将自然生态系统与人类活动放在平等的地位，对自然系统与城市空间功能和价值的高度融合提出了更高的要求。在此背景下，风景园林规划设计更应积极寻求城市与生态、人类与自然发展平衡的契机点，通过规划设计，在人与自然的能动、融合、共生中实现公园化城市的社会理想[14]。本文以生态保护与游憩发展的互动关系作为切入点，以上海市崇明区为例，引入耦合协调模型，通过分析对比各片区生境质量与现有及潜在自然游憩服务能力耦合协调的程度，探讨崇明生境质量与自然游憩的协调发展关系，并在此基础上划分发展分区，明确发展重点，希望推动崇明生态环境与自然游憩的协调可持续发展，为公园城市背景下生态空间的多元价值协调融合提供规划思路。

参考文献

[1] 吴承照，吴志强．公园城市生态价值转化的机制路径[N]．成都：成都日报，2019-07-10.

[2] 韩纯，刘志强，王俊帝，等．城市"公园-经济"复合系统耦合协调的时空格局演变[J]．中国城市林业，2020，18(04)：11-16.

[3] 王敏，侯晓晖．城市滨水景观生态复兴的价值冲突与权衡——德国伊萨尔河的实践经验与启示[J]．城市建筑，2018(33)：26-30.

[4] Shen J，Li S，Liang Z，et al. Exploring the heterogeneity and nonlinearity of trade-offs and synergies among ecosystem services bundles in the Beijing-Tianjin-Hebei urban agglomeration[J]. Ecosystem Services，2020，43：101103.

[5] Kim Y J，Lee D K，Kim C K. Spatial tradeoff between biodiversity and nature-based tourism：Considering mobile phone-driven visitation pattern[J]. Global Ecology and Conservation，2020，21：e00899.

[6] 邱玲，陈泓，高天．融合生物多样性与景观认知评价的城市绿地规划与管理之研究综述[J]．中国园林，2016，32(01)：92-97.

[7] 刘园，周勇，杜越天．基于 InVEST 模型的长江中游经济带生境质量的时空分异特征及其地形梯度效应[J]．长江流域资源与环境，2019，28(10)：2429-2440.

[8] 吴季秋．基于 CA-Markov 和 InVEST 模型的海南八门湾海湾生态综合评价[D]．海口：海南大学，2012.

[9] Rimal B，Sharma R，Kunwar R，et al. Effects of land use and land cover change on ecosystem services in the Koshi River Basin，Eastern Nepal[J]. Ecosystem Services，2019，38：100963.

[10] Nahuelhual L，Vergara X，Kusch A，et al. Mapping ecosystem services for marine spatial planning：Recreation opportunities in Sub-Antarctic Chile[J]. Marine Policy，2017，81：211-218.

[11] 吕荣芳．宁夏沿黄城市带生态系统服务时空权衡关系及其驱动机制研究[D]．兰州：兰州大学，2019.

[12] 杜霞，孟彦如，方创琳，等．山东半岛城市群城镇化与生态环境耦合协调发展的时空格局[J]．生态学报，2020，40(16)：5546-5559.

[13] 梁龙武，王振波，方创琳，等．京津冀城市群城市化与生态环境时空分异及协同发展格局[J]．生态学报，2019，39(04)：1212-1225.

[14] 唐柳，周璇．推进公园城市生态价值转化[N]．成都：成都日报，2019，6.

作者简介

梁爽，1996 年生，女，汉族，山西，同济大学建筑与城市规划学院风景园林学在读硕士研究生，研究方向为风景园林规划设计。电子邮箱：18221187192@163.com。

王敏，1975 年生，女，汉族，福建，博士，同济大学建筑与城市规划学院景观学系副教授、博士生导师，研究方向为城市景观与生态规划设计教学、实践与研究。电子邮箱：wmin@tongji.edu.cn。

日本江户时期大名庭园特征与发展研究

Study on Characteristics and Development of Daimyo Garden in Edo Period of Japan

刘家睿　赵人镜　李　雄*

摘　要：本文讨论了日本江户时期大名庭园的定义，详细梳理了其发展概况，总结了大名庭园游赏与社交两大功能，提出大名庭园具有规模宏大、布局自由；朴不至陋、华不至靡；风格多变、思想多元三大特征，介绍了大名庭园的转型过程与利用现状。从风景园林设计、公园城市建设以及日本园林研究等角度出发，总结了大名庭园研究的现实意义。

关键词：大名庭园；日本园林；公园城市；风景园林；池泉回游式庭园

Abstract: This study discusses the definition of Daimyo Garden in Edo period of Japan and summarizes its development situation in detail. This paper introduces its two major functions of sightseeing and social intercourse and points out that Daimyo garden has three major characteristics: grand scale and free layout; simple and unsophisticated; diverse styles and backgrounds. It also introduces the transformation process and utilization status of Daimyo garden today. From the perspective of landscape architecture design, park city construction and Japanese garden research, this paper summarizes the practical significance of Daimyo garden research.

Key words: Daimyo Garden; Japanese Garden; Park City; Landscape Architecture; Stroll Garden with Pond

引言

以生态文明为引领，构建人与自然和谐发展的新格局，是引领新时代我国城市生态和人居环境建设的关键引擎[1]。“公园城市”理念在实践中也不断地丰富和发展，成为今日风景园林行业的热点话题。放眼国际，古今中外不同文明对于城市与自然和谐相处的追求也是一以贯之的。站在人类命运共同体的价值立场上，或许能为建设新时代的公园城市、宜居城市找到一些参考与借鉴。

与中国一衣带水的日本，其园林深受中国影响，又在此基础上发展出自己的特色。在日本历史上最后一个封建时期江户时期，全国归于武家幕府将军统治，政治安定，经济发展，在将军驻地江户（今东京），各地方大名依托其宅邸建造园林，统称大名庭园，其数量以千余计，日本学者野村勘治称当时的江户为“世界历史上前所未有的花园城市”（图 1）。自 20 世纪初开始，由于西方现代主义建筑师及抽象主义艺术家的极力推崇，枯山水成为日本园林研究的显学，并被视为日本园林的代表，而部分日本庭园史家对大名庭园评价不高，并认为其在艺术价值上不断走向堕落[2]，因此对大名庭园的研究较为匮乏，并且多停留在概述层面，缺乏对相关庭园及造园理论系统性的深度研究。

随着幕府的消亡，众多大名庭园变成城市公共绿地，在今天，传统的大名庭园也在适应城市发展当中不断转型，成为调和城市与自然矛盾的润滑剂。本文以日本江户时期（1603-1868 年）的大名庭园为研究对象，从风景园林视角，研究大名庭园的发展概况，总结大名庭园特征，为在新时代风景园林与美丽中国建设提供一定的启示。

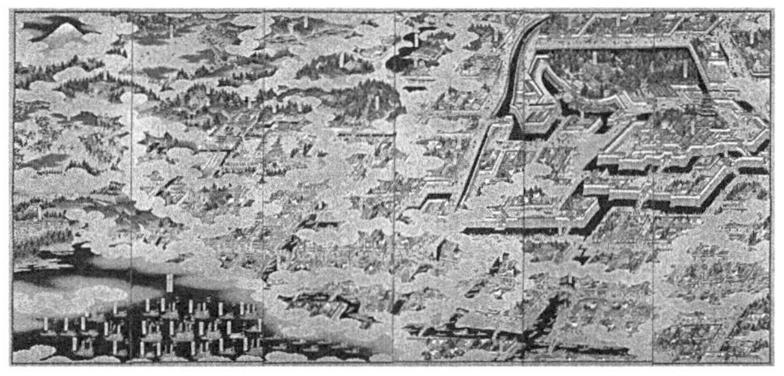

图 1　《江户图屏风》中江户城周边的大名宅邸与大名庭园（图片来源：日本国立历史民俗博物馆）

1　大名庭园的定义与发展概况

1.1　大名与大名庭园

日本江户时期的政治体制为“幕藩体制”，是“以江户幕府为核心、以各地方藩国为支柱的政治制度”，在幕藩体制下，幕府和将军掌控外交及军政大权，为全国最高的封建统治者。各藩的统治者是大名，在自己的领地内拥有最高权力，但受到“将军”的控制，对幕府负担政治、军事以及经济义务，宣誓效忠幕府，幕府对他们实行交替参觐制度，要求各地方大名定期前往江户居住，宅邸及土地由幕府提供[3]。

在日本历史上，自 1185-1868 年的将近 700 年间，共经历了镰仓幕府、室町幕府、德川幕府 3 个幕府时期。各幕府时期武家大名均有造园活动，而德川幕府时期即江户时期，大名造园的风气最盛，数量最多，水平最高，也最有代表性，因此大名庭园通常指江户时期日本各藩大名建造的庭园，按地点可分为江户东京的大名庭园及地方大名庭园。大名庭园并非作为一种庭院样式，而是作为大名所建造的庭园的总称，以池泉回游式山水园为主。江户时期，全日本大名共有200余家，每家在江户城拥有上、中、下3处屋敷，每处屋敷不论大小均有庭园[4]，再加上各大名在其本藩所建造的庭园，全国共有1000余处大名庭园。

1.2 发展概况

以池泉回游式山水园为主的大名庭园，其风格最早可以追溯至日本中世平安时期（794-1185年）的净土式庭园和寝殿造庭园。“寝殿造”是日本飞鸟时期从唐朝引入的宫殿建筑样式，平安时期，宫廷贵族依托寝殿造建筑发展起来的园林逐步成为当时园林发展的主流，主要代表有桓武天皇在平安京（今京都）修建的神泉苑（图2）以及左大臣源融的河源院等。9世纪以后，日本佛寺也开始结合自己的寺庙建筑开始营造净土式庭园，随着佛教的影响不断扩大，宫廷贵族也参与到佛教净土式庭园的营造之中，也成为当时一种主流的造园样式，主要代表有藤原道长的法成寺，以及其子藤原赖道的平等院凤凰堂（图3）等[5]。净土式庭园和寝殿造庭园风格相似，其面积普遍较大，以大池为中心，建筑沿水面布置，具有固定的范式，同时融合泉水、溪流、小岛以及土山等其他自然元素，基本上是天然山水的模拟，这种规模较大的回游或舟游式池泉山水园，是后来大名庭园造园的形式基础。

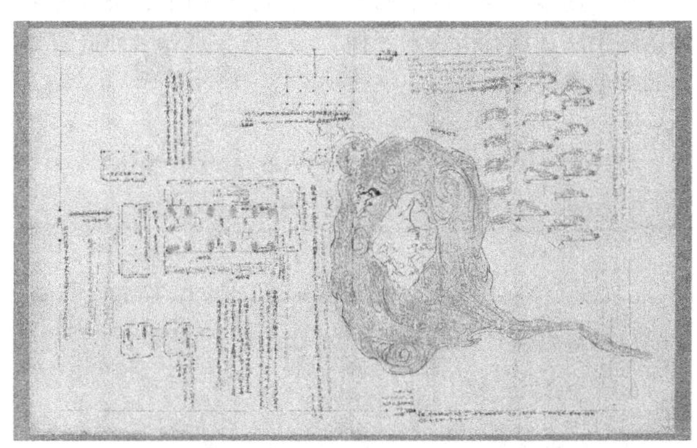

图2　神泉苑请雨经法道场图
（图片来源：奈良国立博物馆）

到镰仓、室町时期，日本开始了武家执政的历史。南宋灭亡时，部分禅僧到日本避难，并受到渴求文化镀金的新兴武士阶级的笼络，因此佛教，特别是禅宗，在日本进一步发展[6]，日本园林在这一时期受到禅宗影响，演化出枯山水与茶庭这两种独具特色的园林形式，同时由于战乱频繁，成规模的大型庭园营建相对较少，枯山水与茶庭这样的小园逐渐成为该时期的主流。

1603年，德川家康于江户设立幕府，建立起统一中央集权的幕府统治，由于幕府实施的参勤交代政策，各大名在江户都拥有宅邸，以此为依托，大名庭园逐渐发展起来。白幡洋三郎指出：“茶道是早期江户大名宅邸造园的

图3　平等院凤凰堂

核心”[7]。大名庭园的发展是从茶庭开始的，江户初期，茶道的中心从京都向江户转移，出于政治交游的目的，各个大名开始支持茶道，庭院里设置多处茶庭，面积与规模随之扩大，庭园的风貌也发生变化，开始模仿平安时期寝殿造与净土式的风格[8]，但抛弃了平安时期池泉山水园的固定范式与手法，布局形式变得自由，庭园各局部设有几处茶亭，兼用露地，设置了许多园路，有山、有谷、有水流、有瀑布、有海滨景观、有岛屿岩岛、有纳凉台、有四阿，兼顾了舟游与回游，展示了多彩的庭园局部和整体的和谐，形成了今日所看到的大名庭园的基本样貌（图4）。

图4　金泽兼六园霞池
（图片来源：作者自摄）

2　大名庭园的主要功能

2.1　游赏功能

游赏功能是大名庭园最基本的功能。室町时期以来，由于枯山水及茶庭的流行，园林面积的压缩及使用方式的变化使得庭园的“赏”成为园林活动的主要方向，“游”这一重要的功能则被无限弱化。而大名庭园将室町时期的坐观式园林传统，重新发展为使用者可以深入其境的回游式庭园，“游”与“赏”同时成为庭园的主要功能。大名庭园通常以一个大池为中心，沿大池设置主要园路，同时通过土山及密林等造园要素进行空间分割，使得整个庭园兼顾开阔与幽邃的空间，给使用者步移景异的感

受[9]。茶庭、石庭等园林形式也进入大名庭园当中，成为园林的重要组成部分，建筑散置于庭院之中，以游览园路串联，与各种造园要素互相融合，大名庭园因此成为一种综合性园林形式，变成可行、可望、可居、可游的多功能庭园（图 5）。

图 5　安艺国广岛缩景园全景
（图片来源：日本国立国会图书馆）

2.2　社交功能

社交功能是大名庭园的核心功能。大名庭园不仅仅是私人的消遣空间，也是为了维持大名的身份、地位作为礼仪空间而建造的庭园[10]。日本学者野村勘治指出，大名庭园是每个大名为了相互竞争而建造的，另一位学者白幡洋三郎也提出，大名庭园的本职功能是大名官方的礼仪空间。这种社交功能来源于大名庭园早期茶庭的形式，从室町末期到江户前期，茶道在大名之间广泛流行（图 6），随着江户幕府的建立，茶道活动在社交上的意义被放大，大名庭院当中茶庭的数量与规模增加，同时往往配套建造马场及演武场等附属活动设施，增加自然山水要素，大名庭园的形式与内容不断丰富，最终形成了今日所见的大名庭园样式。在江户东京及大名位于其本藩的社交活动当中，一方面，大名需要应对德川将军不定时的访问，又称“御成”，因此需要在宅邸之外的庭院之中打造礼仪空间与活动空间；另一方面，大名与大名之间也存在相互竞争关系，大名需要体现自己的忠诚、修养与品位，大名庭园也成为大名对外展示自己的平台；最后，大名还需要笼络自己的家臣以及封地内的平民以获得支持，大名庭园也成为大名对外宣示威仪与关怀的场所。由此可见，大名庭园的社交功能，是大名庭园最核心，也是最重要的功能。

图 6　东京六义园杜鹃茶屋

3　大名庭园的特征

3.1　规模宏大、布局自由

江户时期大名庭园一改镰仓，室町时期以枯山水及茶庭为主流的小园风格，以规模宏大、布局自由的综合性庭园为主要特征。其原因一方面在于德川幕府终结了日本 150 余年来的战乱局面，彼时政治安定，经济发展，大型庭园营造开始恢复；另一方面，由于社交功能的需要，小型庭园无法满足使用者的相关需求，因此大型庭园的营造成为当时的主流。在江户东京，明历大火导致的大名宅邸及庭院外迁也进一步拓展了大名庭园的面积，今天东京户山公园一带，即高田马场到新大久保的东部，是尾张藩德川家的下屋敷户山御屋敷，又被称为户山庄（图 7），庭园包括宅邸在内的整个面积最大曾达到 $44hm^2$，是日本历史上最大的庭园[11]。柳泽吉保在江户城北部驹込地区的六义园，最大面积曾达到 $29hm^2$[12]。地方上，位于今香川县高松市栗林町的栗林公园（原栗林庄），庭园面积约为 $16hm^2$。日本三大名园金泽兼六园、水户偕乐园、冈山后乐园，面积分别为 $11.7hm^2$[13]、$13hm^2$[14]以及 $13.3hm^2$[15]。宏大的规模也摆脱了园林布局的约束，庭园布局往往与在地环境相联系，江户东京的大名庭园便充分利用江户水泉丰富的特征，结合河流、涌泉甚至潮汐进行山水营造[16]，摆脱了江户时期以前的法式束缚，逐步演变成融汇回游式庭园、枯山水、茶庭等多种造园手法，拥有山、水、林、泉、石、亭等多种造园要素的大型庭园。

图 7　户山御屋敷绘图
（图片来源：德川林政史研究所）

3.2 朴不至陋、华不至靡

江户时期之前的武家庭园，受安土桃山时代丰臣秀吉聚乐第庭园的影响，以豪华雄大为主要特色，肥后熊本藩初代藩主加藤清正在江户宅邸的正门面宽就有10余间，门上刻有华丽的木雕，总长屋的圆瓦上镶嵌着金色的桔梗纹饰，书院建筑从门口的玄关开始便用纯金装饰[17]。在这一时期，武家庭园的主要用途还是以炫耀权威为主。到江户时期，这种情况开始发生转变，大名的宅邸及庭院营造开始追求简约朴素的风格，其原因主要有两点，其一，江户初期原来追随丰臣秀吉的大名被德川家族彻底肃清，豪华雄大的风格被抛弃，众多大名通过选用朴素简陋材料进行造园，表达对实力强大的德川幕府的臣服及忠诚，反映出森严的幕藩等级制度。位于今福岛县会津若松市的御药园，其中心建筑御茶屋御殿的屋顶结构和地板使用了农家废弃房屋拆卸下的木材（图8），展示了藩主保科正之低调简朴的态度[18]。另一方面，江户时期，原本集中在京都的造园活动也向江户转移，以小堀远州为代表的高水平造园家开始在江户活动[19]，禅、茶也在江户的大名中流行，并以江户为中心扩散到全国。受到高水平造园家与造园思想的影响，众多大名庭园抛弃了露骨的豪华雄大的风格，转而追求更加自然朴素的审美观，九代水户藩主德川齐昭在偕乐园何陋庵茶室的腰挂待合处挥毫写下“巧诈不如拙诚”，引用《韩非子》经典表达其对大名庭园造园意趣的态度。

图8　福岛御药园御茶屋御殿

3.3 风格多变、思想多元

大名庭园作为相对世俗化的园林类型，追求兼容并包，不同的园林主题常常汇聚一堂，蓬莱、方丈、瀛洲、龟鹤岛、石灯笼、七福神山、须弥山、阴阳石等不同文化背景的造园要素往往在一个庭院中同时出现，将藩主们祈求长寿与永世繁荣的思想寄托在园林之中。以金泽兼六园为例，兼六园是由历代加贺藩主历经长年累月修建而成，但其造园的“神仙思想”始终一致，将大的池塘视为大海，在海中配以长生不老的“神仙”居住的小岛。最初的造园者第五代藩主前田纲纪在瓢池里建造了蓬莱、方丈、瀛洲3座中国神仙岛屿；第12代藩主前田齐广在宅邸竹泽御殿建造了发源于本土宗教的七福神山石组（图9）；第13代藩主前田齐泰也在霞池中建造了蓬莱岛等[20]。同时大名庭园的园林风格也很丰富，除代表日本神仙思想及佛教禅意的庭园以外，江户时代的大名庭园，受到程朱理学及八景等理论影响，很流行写仿中国名胜。高松市的栗林园以杭州西湖为范本作庭；在小石川后乐园中，明朝遗臣朱舜水直接参与造园，随处可见以中国的名胜命名的景观，如西湖、庐山、圆月桥等（图10），被称为“洋溢着中国趣味的深山幽谷”[21]；六义园摹写柳泽吉保故乡和歌山的八十八景，其亦来源于中国的八景理论[22]，凡此种种，以中国园林为范本的造园活动，不胜枚举，表现了大名庭园多变的园林风格。

图9　金泽兼六园七福神山石组与雪见灯笼
（图片来源：作者自摄）

图10　东京小石川后乐园圆月桥
（图片来源：网络）

4 大名庭园的转型

日本明治维新以后，随着幕府的消亡，大名不复存在，地方上的大名庭园，大多直接转变为公园向市民正式开放[23]。而当时的江户东京，有将近一半的面积被这样的大名庭园和大名宅邸所占据，数量众多的大名宅邸在这时遭到废弃，转化为城市建设用地，很多大名庭园也被挪作他用，一度陷入存亡的危机，以岩崎家族为代表的新兴上流阶层通过收购庭园对其进行保护，并最终无偿捐献，这些大名庭园也变成城市公园向市民开放。今天的东京23区内，现存的大名庭园共有27处[24]（图11、表1），但保存完好的大名庭园仅有小石川后乐园、六义园、浜离宫恩赐庭园、旧芝离宫恩赐庭园、清澄庭园5座，这5座庭园今日均作为都立庭园得到保护，制定了总体的保存活用计划，并针对每一个庭园的不同现状分别制定该庭园的专项保护计划，邀请高校学者与相关社团负责人组成文化财庭园保存复原管理专门委员会，积极开展相关研究及科普活动。这些大名庭园在今天已经作为遗产，成为东京庭园的基础，是东京都绿地系统的重要组成部分[25]。

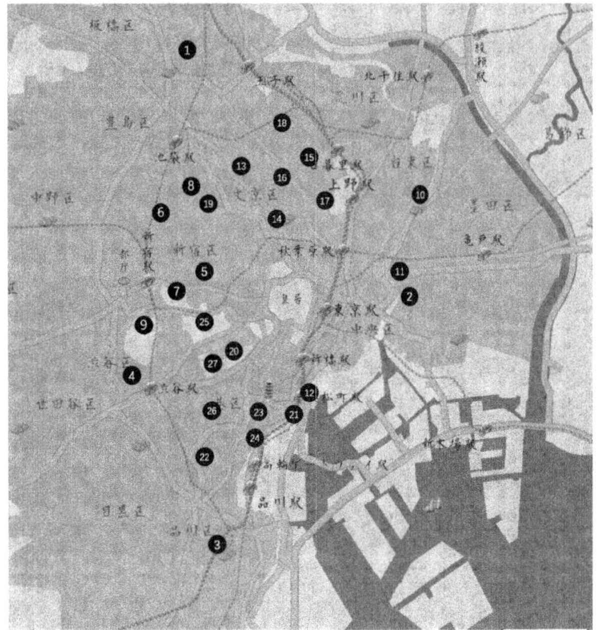

图11　东京23区内残存大名庭园
（图片来源：自绘）

5　结论与讨论

本文定义了大名庭园，梳理了大名庭园的发展概况，总结了大名庭园游赏与社交两大功能，归纳了大名庭园的三大特征，介绍了大名庭园的转型与现状，填补了日本园林当中大名庭园研究的漏洞。

大名庭园从最初在江户时期东京的营造开始，逐步扩展到日本全国，带动了全国范围内的造园建设，对日本园林发展产生了重要影响。大名庭园不但在营造技术及理论上达到了较高水平，所表现出的人与自然共同创造的意识，以及其建设过程中对居住方式、城市的面貌以及人与人之间的关系的思考，这些隐藏着的价值也不断凸显。今天，大名庭园作为城市绿地的一部分，依然发挥着重要的文化及生态功能。本文希望通过对日本江户时期大名庭园特征与发展进行研究，探寻其造园特色和艺术价值，总结建设经验，为当代风景园林设计提供一定的思路和借鉴，为新时代公园城市与“美丽中国”建设提供一定的启示。同时唤起学界对大名庭园的重新认识，拓宽日本园林研究的思路。

东京23区内残存大名庭园（表格来源：自绘）　　**表1**

序号	庭院名称	江户时期土地归属	现状利用性质
1	加贺公园	加贺藩前田家板桥下屋敷	区立公园
2	清澄庭园	下总关宿藩久世家深川下屋敷	都立庭园
3	户越公园	伊予松山藩久松家户越村下屋敷	区立公园
4	锅岛松涛公园	纪州藩德川家涉谷村下屋敷	区立公园
5	津之守弁天池	高须藩松平家四谷上屋敷	区立公园
6	户山公园	尾张藩德川家和田户山下屋敷	都立公园
7	新宿御苑	高远藩内藤家四谷内藤宿下屋敷	国民公园
8	甘泉园公园・水稻荷神社	御三卿清水家高田下屋敷	区立公园
9	明治神宫	彦根藩井伊家千驮之谷下屋敷	都立公园
10	隅田公园	水户藩德川家本所小梅下屋敷	区立公园
11	旧安田庭园	宫津藩本庄家本所石原下屋敷	区立公园
12	滨离宫恩赐庭园	将军德川家别邸滨御殿	都立庭园
13	教育之森公园	守山藩松平家小石川上屋敷	区立公园
14	小石川后乐园	水户藩德川家小石川上屋敷	都立庭园
15	须藤公园	大圣寺藩前田家千驮木下屋敷	区立公园
16	小石川植物园	德川将军家白山御殿	专类公园
17	东京大学三四郎池	加贺藩前田家本乡上屋敷	区立公园
18	六义园	大和郡山藩柳泽家驹込下屋敷	都立庭园
19	新江户川公园	肥后熊本藩细川家关口村抱屋敷	区立公园
20	桧町公园	荻藩毛利家麻布龙土下屋敷	区立公园
21	旧芝离宫恩赐庭园	纪州藩德川家芝下屋敷	都立庭园
22	东京都庭园美术馆庭园	高松藩松平家白金下屋敷	区立公园

续表

序号	庭院名称	江户时期土地归属	现状利用性质
23	意大利大使馆庭园	伊予松山藩久松家芝三田中屋敷	—
24	龟塚公園	沼田藩土岐家三田台町下屋敷	区立公园
25	赤坂御用地	纪州藩德川家赤坂中屋敷	皇室用地
26	有栖川宫纪念公园	盛冈藩南部家麻布一本松下屋敷	区立公园
27	六本木毛利庭园	长府藩毛利家麻布日之窪上屋敷	区立公园

参考文献

[1] 李雄，张云路. 新时代城市绿色发展的新命题——公园城市建设的战略与响应[J]. 中国园林，2018(05)：38-43.

[2] 森蘊編. 日本の庭園[M]. 日本：吉川弘文館，1964.

[3] 三鬼清一郎. 大御所徳川家康：幕藩体制はいかに確立したか[M]. 日本：中央公論新社，2019.

[4] 川添登. 東京の原風景[M]. 日本：筑摩書房，1993.

[5] 曹林娣，许金生. 中日古典园林文化比较[M]. 北京：中国建筑工业出版社，2004.

[6] 梁淦明. 南宋禅宗文化影响下的日本寺庙建筑及其园林研究[D]. 济南：山东大学，2019.

[7] 白幡洋三郎. 大名庭園：江戸の饗宴[M]. 日本：筑摩書房，2020.

[8] 重森三玲，重森完途. 日本庭園史大系[M]. 日本：社会思想社，1971-1976.

[9] 進士五十八. 日本の庭園：造景の技とこころ[M]. 日本：中央公論新社，2005.

[10] 白幡洋三郎. 江戸の大名庭園 饗宴のための装置[M]. 日本：INAX，1994.

[11] 徳川美術館編. 大名庭園：江戸のワンダーランド：新装蓬左文庫・徳川美術館連携徳川園開園記念特別展[M]. 日本：徳川美術館，2004.

[12] 宮川葉子. 六義園の歴史：柳澤吉保時代を中心に[J]. 国際経営・文化研究，2020，15(1)：110-130.

[13] 斎藤忠一. 日本の庭園美 8[M]. 日本：集英社，1989.

[14] 水戸市都市計画部公園緑地課編. 水戸市偕楽園公園（千波公園等）整備基本計画：2016-2023 年度[M]. 日本：水戸市都市計画部公園緑地課，2016.

[15] 後楽園史編纂委員会. 岡山後楽園史-通史編[M]. 日本：岡山県郷土文化財団，2001.

[16] 飛田範夫. 江戸の庭園—将軍から庶民まで[M]. 日本：京都大学学術出版会，2009.

[17] 中根金作，岡本茂男. 日本の庭園 5：宮廷の庭・大名の庭[M]. 日本：講談社，1996.

[18] 白幡洋三郎. 大名庭園：武家の美意識ここにあり（別冊太陽 日本のこころ）[M]. 日本：平凡社，2013.

[19] 白幡洋三郎，尼崎博正. 造園史論集[M]. 日本：養賢堂，2006.

[20] 長山直治. 兼六園を読み解く：その歴史と利用[M]. 日本：桂書房，2006.

[21] 東京都公園協会編. 都立公園・庭園案内-小石川後楽園[M]. 日本：東京都公園協会，2010.

[22] 小野佐和子. 六義園の庭暮らし：柳沢信鴻『宴遊日記』の世界[M]. 日本：平凡社，2017.

[23] 小野芳朗，本康宏史，三宅拓也. 大名庭園の近代[M]. 日本：思文閣，2018.

[24] 東京都江戸東京博物館. 現代に残る大名屋敷ガイド[M]. 日本：東京都江戸東京博物館，2009.

[25] 東京都建設局公園緑地部. 東京都における文化財庭園の保存活用計画（共通編）[M]. 日本：東京都建設局，2017.

作者简介

刘家睿，1995 年生，男，汉族，山东青岛，北京林业大学、日本千叶大学风景园林学双学位硕士研究生在读，研究方向为风景园林规划设计与理论。电子邮箱：651008080@qq. com。

赵人镜，1993 年生，女，汉族，河南，北京林业大学博士研究生在读，研究方向为风景园林规划设计与理论。电子邮箱：154218486@qq. com。

李雄，1964 年生，男，汉族，山西太原，博士，北京林业大学副校长，教授，博士生导师，研究方向为风景园林规划设计与实践。电子邮箱：bearlixiong@163. com。

基于生态博物馆理念的乡村景观遗产的保护研究
——以成都市明月村为例①

Research on The Protection of Rural Landscape Heritage Based on the Eco-museum Theory:
A Case Study of Mingyue Village in Chengdu City

刘美伶　陈莹莹　宗　桦*

摘　要：生态博物馆作为一种新型博物馆，从产生至今已有40多年的历史。它对于自然和文化遗产的整体保护、就地保护、动态保护的理念，已成为指导我国少数民族乡村景观遗产保护和开发的重要依据。本文以成都市蒲江县明月村为例，尝试将生态博物馆的营建理论用于川西地区的汉族乡村建设中，以期实现动态保护和开发当地乡村景观遗产的目的。文章在阐述生态博物馆的相关理论和建设要求的基础上，通过实地踏查，论证明月村可作为生态博物馆建设的依据和资源禀赋。并通过对明月村建设现状的分析，归纳总结出其现有的建设短板，在此基础上提出将其改建为生态博物馆的策略，为地域性的景观遗产的开发和保护提供新的思路和依据。
关键词：生态博物馆；乡村景观遗产；保护；明月村

Abstract: As a new museum with a history of about 40 years, eco-museum provides a special protection mode of the rural landscape heritage in the minority areas. However, only few studies applied the eco-museum theory on the construction of the Han villages. Therefore, this paper tried to use the eco-museum theory to guide the protection and construction of Mingyue Village, which is a typical Han villages in Pujiang County, Chengdu City. On the basis of theoretical and field research, it was confirmed that Mingyue Village had the conditions and abundant resources to be built into an eco-museum. After the analysis of the current situation and shortcomings of Mingyue Village, several strategies were proposed for rebuilding it into an eco-museum. This study could provide ideas and foundations for the protection and development of the rural landscape heritages.
Key words: Eco-museum; Rural Landscape Heritage; Protection; Mingyue Village

生态博物馆，是一种以特定区域为单位、没有围墙的“活体博物馆”，它强调保护、保存、展示自然和文化遗产的真实性、完整性和原生性，以及人与遗产的活态关系，是一种新颖的景观遗产保护模式[1]。目前国内生态博物馆的建设还局限于少数民族村寨，在汉族传统村落中的应用较少。本文以成都平原蒲江明月村为例，运用生态博物馆的理论对其展开分析和模拟建设，探索生态博物馆理论在川西汉族村落中的应用。明月村是成都平原上典型的川西林盘风格的乡村聚居模式，作为一个拥有丰富景观资源的汉族村落，将村落建设为生态博物馆，不仅能保护当地的文化遗产，还能关注人们生活的自然环境，关注社区的发展和规划，对区域生态和文化景观的一体化保护起着重要的作用。

1　基本概念

1.1　生态博物馆定义及特征

1981年，法国政府颁布了生态博物馆的官方定义，即“生态博物馆是一个文化机构，这个机构以一种永久的方式，在一块特定的土地上，伴随着人们的参与，保证研究、保护和陈列的功能，强调自然和文化遗产的整体，以展现其有代表性的某个领域及继承下来的生活方式”[2]。该定义强调了遗产的原地保护，而非人为集中整合后的“博物馆化”。同时，生态博物馆不是具有明确边界的保护区，而是一个“生长着的”村庄聚落，具有生长的边界，社区的范围就等同于博物馆的范围[3,4]。因此，生态博物馆不仅关注自然生态，而且非常关注社区与居民[1]。它与传统博物馆的差异由勒内·里瓦德提出的对比公式可以看出[5,6]：

传统博物馆＝建筑＋收藏＋专家＋观众

生态博物馆＝地域＋传统＋记忆＋居民

1.2　生态博物馆的景观构成

生态博物馆景观通常划分为固定特征景观因素、半固定特征景观因素和非固定特征因素三种[2]，具体如下：

（1）固定特征景观因素，是指村寨中固定的或是变化得少而慢的因素，包括自然环境的空间形态、建筑、道路坝场和标志性景观等，这些因素的不同组织方式都会表

① 基金项目：国家自然科学基金面上项目“基于节约型乡村景观设计理念的川西林盘乔木景观生态水文效应研究”（31971716）；四川省科技厅项目（20RKX0670）；四川省社会科学研究“十三五”规划资助项目（SC19B138）。

达不同的意义[7]。

(2) 半固定特征景观因素，是指能够迅速且容易改变的元素，包括室内陈设的布置、沿街设备、花木、服饰、传统手工艺制品、广告牌示等[8]。

(3) 非固定特征因素，是指场所的使用者或居民的体态、面部表情、谈话速度、音量等无形因素；以及婚俗、宗法制度、日常生活模式等，体现了村落的社区性和互助性，它的存在成为村落不断延续、生长并能够保持活力的生长机制[8]。

2 基于生态博物馆基本要求的明月村现状分析

2.1 明月村景观资源概况

明月村位于成都市唐宋茶马古驿——蒲江县甘溪镇（30°15′N，103°19′E），地处蒲江、邛崃、名山三（市）县交汇处，距离成都市区约 1h 车程。全村辖区面积 6.78km^2，是典型的川西林盘聚落，森林覆盖率 46.2%，总人口约 2218 人。明月村自然环境优美，连绵的竹海、茶树和松林孕育出了当地独特的竹文化、茶文化及松林文化。明月村历来有烧制邛窑的传统，邛窑为我国最古老最著名的民窑之一。目前，明月村拥有 4 口 300 多年的历史的古邛窑，并且迄今为止仍在烧制陶瓷，其烧制工艺完整保存了唐代技艺，成为四川省唯一“活着的邛窑”（图 1）。“茶叶、雷竹、窑”成为明月村的三大特色。

图 1 明月村的邛窑

2.2 明月村建设生态博物馆的景观要素分析

依据生态博物馆景观元素分类方式，分析明月村乡土景观元素，论证其是否具备建设生态博物馆的条件。

2.2.1 固定特征景观要素

明月村固定特征景观要素类型丰富，各具特色但又协调统一（表 1）。明月村位于浅丘地带，建筑依附地势修建，经过长期对环境的适应，形成以多个小聚落存在的空间形态，整体上表现出水平空间分布的规律性。当地建筑以土坯房为主，屋顶砌砖瓦或铺茅草（图 2～图 4）。村落内的支路仍保留了土路和石子小路。竹子搭建的望楼经过改造后，成为当地标识性的景观之一。

明月村固定特征景观要素　　表 1

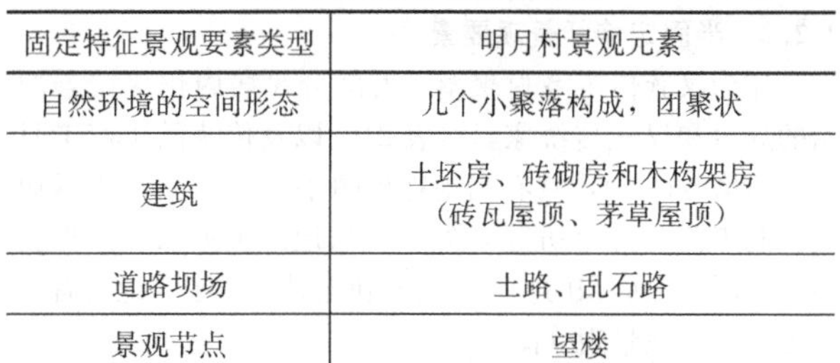

固定特征景观要素类型	明月村景观元素
自然环境的空间形态	几个小聚落构成，团聚状
建筑	土坯房、砖砌房和木构架房 （砖瓦屋顶、茅草屋顶）
道路坝场	土路、乱石路
景观节点	望楼

图 2 土坯房

图 3 木构架房屋

图 4 砖瓦房

2.2.2 半固定特征景观要素

作为汉族传统乡村聚落，大部分民居内仍保留着原始的灶台和汉式传统家具（表2），以及传统的生产工具——石磨（图5），具有当地特色的手工编织品和传承唐代烧制工艺的烧窑坊等（图6）。当地的植被以经济作物为主，同时大面积的雷竹、茶园和松林形成了当地具有独一无二的自然景观（图7）。

明月村半固定特征景观要素　　表2

半固定特征景观要素类型	明月村景观元素
建筑室内布置	灶台、家具
传统生产生活用具	石磨、编织物、烧窑坊
植物	茶、雷竹、松林

图5　石磨

图6　明月窑

2.2.3 非固定特征景观因素

明月村当地的居民均为汉族，他们的婚俗、日常生活习俗和其余地区的汉族无明显差别，但由于建筑空间形式的聚集性，使得明月村极具有社区性，村民之间互助互动性强，对于日常事务的参与度较高。

总体而言，明月村历史文化积淀深厚，同时具有丰富的乡土自然资源，村中部分居民仍然过着传统的农耕生活，具备建设生态博物馆资源禀赋。

图7　茶园

2.3 明月村景观资源利用现状

2015年以来，明月村借助邛窑——明月窑，且高岭土资源丰富这一基础，着力打造“明月国际陶艺村”，力图将自身打造成为继景德镇三宝国际陶艺村和陕西富平国际陶艺村之后中国的第三大国际陶艺村。目前已有36个文创项目、100余名艺术家设计师进驻，复兴四川特色陶瓷和开发创意陶瓷。“明月国际陶艺村”已形成入口门景区、松林艺术民宿区、林盘手工艺博物馆聚落区、微村落共创共享区、陶艺手工艺文创区一核四区一环线。目前入口处的文化艺术中心已修建完成，明月食堂已投入使用。远远的阳光房、蜀山小筑、明月窑等文创产业已经开始运作。借文创产业的聚集，明月村开始创富工程，同时开始通过微信公众号、明月大讲堂等对外开展相关宣传。

明月村中部分保留原有的土坯房，并运用现代设计手法，解决房屋采光、潮湿等问题，同时满足陶艺展示等功能的需要（图8）。另修建具有地方特色的新建筑，满足村民居住以及游客的娱乐休息需求。道路方面，主干道路改成水泥路，方便外来车辆进入。村内还运用地方景观元素设置了一些基础设施，如当地烧制的陶罐垃圾桶和雷竹制作的院门等（图9、图10）。村落以保护当地乡土

图8　土坯房的改造

图 9　陶罐垃圾桶

图 10　雷竹编制的门

文化资源为原则进行建设，虽然还未改建完成，但已能感受到浓厚的乡土氛围。

2.4　明月村建设生态博物馆的缺项分析

本文对明月村进行实地调研，并结合生态博物馆的建设要求设计问卷表（实发问卷 120 份，收回有效问卷为 103 份，其中当地村民占 56 人，游客占 47 人），通过使用者感受归纳得出明月村建设生态博物馆的短板如下：

第一，各分区特色体现不明显，区域内部各点较分散且区域间联系性不够紧密（图 11）。在调查时，74%的参观者和部分村民对于目前的 5 个分区体会不明显，甚至并不知道有这样的分区存在。另外部分展示区、文创区之间相隔距离较远，步行时间超过半小时，区域之间过于独立，并缺少联系性、连续性和整体性。

第二，当地村民建设后期参与度不够，后续力量不足。明月村建设过程中，村民除了在前期参与建造较多以外，建设完成以后能涉及的领域较少，极少部分居民可以保持着原有的生活方式，但仍有大量居民外出务工（图 12）。村落的空心化会严重桎梏乡村遗产的保护和经济的发展。

第三，对现有乡土文化特色的景观要素开发不够深入和全面。明月村定位于打造国际陶艺村，虽然在总体规划中有将当地特色的雷竹、茶、松林等乡土自然资源纳入乡建中，但在踏查时发现仍只关注保护和发扬邛窑。对于其他固定景观要素如建筑、道路等没有明确的保护策略。对于半固定景观要素缺少开发和利用，标识系统、景观小品等半固定景观要素较少，标识功能较弱，游客在村内常常找不到合理的游览路线。如雷竹和茶叶主要仍作为一产发展，缺少思考和提炼地方特色，因此造成大量乡土景观资源的浪费和衰退。茶园虽提供了采茶活动，但体验性较差。

第四，明月村遗产价值宣传模式单一。根据调查发现，目前明月村文化资源主要以实物展示为主，并提供少许陶艺制作和采茶的体验场所。其他的普及方式几乎没有出现。再加上当地居民的文化素养普遍偏低，极度缺乏文化遗产保护意识，这些都削弱了人们对当地遗产资源价值的认知和传承热情，不利于乡土景观的传播。

第五，配套服务设施不完备。目前明月村文创产业的入驻已经吸引了大量的游客前来参观，但明月村内部配套服务设施无法跟上使用者需求，餐饮服务太少，休息场所、公共卫生间等基础设施缺乏，停车空间紧缺，内部公共交通工具缺乏（图 13）。由于配套设施的不足，减少了人们的体验时间，空间的连通性受到了严重影响。

第六，遗产保护与经济发展存在矛盾。随着明月村的不断开发，当地政府和居民也开始尝试以多种模式开发景观遗产，以吸引游客、增加当地经济收入。然而，随着景观遗产开始朝着商业化方向发展，会在无形中干扰遗产原汁原味的留存。另外，由于外来工作人员以及村民对当地文化认知的不深刻、专业储备不足，并缺乏对地域性景观的认识，容易自主改造破坏乡土文化遗产景观资源。

您知道明月村由五个规划区域组成吗？

■知道 ■不知道

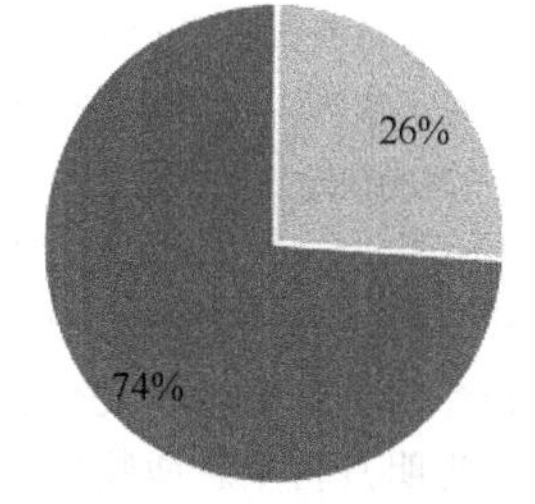

图 11　使用者对明月村熟知度调查

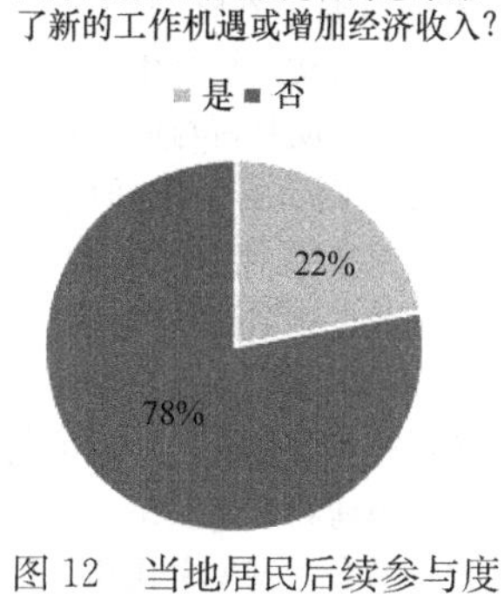

国际陶艺村的建设是否为您带来
了新的工作机遇或增加经济收入？

■是 ■否

22%

78%

图 12　当地居民后续参与度

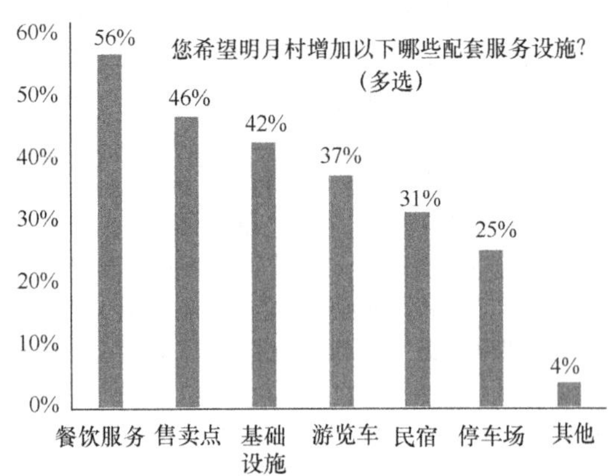

图13　配套设施需求

3　明月村建设生态博物馆的策略

一是调整规划模式，将“一核四区”调整为“一个中心，四大类，多个展示区”。由点及面的对村落的自然风光、历史人文等内容进行全面展示。在原入口区增设中心馆集中展示明月村的历史文化、自然及人文资源情况，并对其他各区进行简要介绍。原来的松林艺术民俗区、林盘手工艺博物馆聚落区、微村落共创共享区、陶艺手工艺文创区则作为4类专题区设置，每个区增设1个中心馆，介绍该区特色等。围绕各自中心馆设立多个展示区，以陈列、活态展示等形式从不同的角度展示明月村的文化。并且通过设计游览路线、种植不同行道树、设立标识系统等，体现路线的连续性，加强整个生态博物馆的完整性。

入口区中心馆负责整个生态博物馆的建设和管理，统筹各分馆。入口区中心馆从大方向上为生态博物馆发展提供指导和各方面的保障，各分区中心馆根据中心馆的统筹对该区域的活动等进行安排布置。中心馆内应该设立不同部门，统筹明月村各区域展示的内容设计、资料收集整理、人员培训并且管理运营经费。这样中心馆能很好地掌握各分区的展示情况，促进各分区的共同建设，保证明月村文化发展的协调统一。

二是形成以居民为主，专家、政府、旅游开发为辅的四方参与运营模式，解决景观遗产保护与经济发展之间的矛盾。政府应始终坚持将明月村文化和自然景观遗产保护放在第一位，为明月村生态博物馆的发展提供政策和环境保障。专家为生态博物馆的发展提供建设理论基础，并且负责景观遗产的整理、开发和研究工作，在保护的基础上设计出更加富有艺术魅力的作品和产品，创造新的经济增长点。旅游机构则结合生态博物馆的资源，合理规划设计旅游线路，将明月村与周边资源连接成线，增强明月村吸引力。社区则负责引导居民参与到各项运营工作中。为了让社区和村民能够更好地融入生态博物馆的建设和发展中，应通过培训和各类知识竞赛和讲座、参加文化节活动的方式，不断加深居民对生态博物馆内涵的理解；还可倡导村民参与建设，为展馆捐赠物品、改造老房子等，增强个人与博物馆的联系。此外，也可考虑将文化传承与学校教育结合，避免文化遗产传承的断层。

三是加强乡土文化资源的整体性保护。在生态博物馆的建设中，不仅要保证邛窑的传承，还要整体推进明月村其他固定、半固定和非固定乡土景观要素乡土资源的保护。并结合各种景观要素的特点，运用新的方式加以重新利用，对乡土资源的整体性进行保护。例如，最大限度保护乡土建筑，并赋予场所新的使用功能。收集当地具有历史价值的半固定景观要素，如当地手工艺品、传统生产生活工具等进行统一收藏和展示；并结合明月村文化特征，运用当地雷竹、瓦片、陶器、传统生产工具改造成具有特色的标示牌、垃圾桶、景墙等景观小品，统一明月村整体环境，增加场所感。

四是丰富明月村乡土景观要素的普及传播模式。除了物品陈列以外，还可通过影像资料放映、虚拟现实等技术普及明月村文化。同时，建立明月村生态博物馆官方网站对管内信息和活动进行推送；并以电子书以及虚拟博物馆等方式，丰富人们对当地乡土景观元素的认知方式，有利于当地资源得到更好的保护。

五是完善服务配套设施。适当增加相应的配套服务设施，如停车场、餐饮服务、民宿、内部交通工具等，能有效连接明月村生态博物馆的不同分区，增加游客的流动性和便捷性，有效支撑明月村生态博物馆的良性运转。

六是促发生态博物馆之间的共同辅助与发展。由于生态博物馆理论在我国的实践活动时间较短，对于生态博物馆的建设和运营行模式还需要不断探索总结。而且，由于生态博物馆的发展是动态的，需要在社会更新中寻找景观资源保护的最佳模式。生态博物馆之间应当通过相关组织搭建交流学习的平台，了解国际国内最新前沿动态，相互学习经验。这将有利于明月村生态博物馆的良性发展，增加生态博物馆的社会关注度。

4　总结

随着城乡一体化建设的不断推进，部分传统村落逐步湮没于时代的记忆中，传统农耕生活正与我们的日常生活渐行渐远。明月村生态博物馆的建设为川西地区汉族村落景观资源的保护与利用提供了一个值得探索的方向。明月村是川西林盘聚落的典型代表，同时还拥有着传统建筑、历史遗存、民俗文化、体验活动、特色商品等旅游吸引物，它们都秉承了汉族村落独特的精神文化内涵。通过生态博物馆的建设，在传承川西汉族乡土文化、“构筑文化自信”、助力“文化振兴”的同时，还能带动当地旅游的兴起，助推乡村经济高速发展，完美诠释“生态和生计”的相辅相成关系。

参考文献

[1]　平锋. 生态博物馆的文化遗产保护理念与基本原则——以贵州梭嘎生态博物馆为例[J]. 黑龙江民族丛刊，2009(03)：133-137.

[2]　余压芳. 生态博物馆理论在景观保护领域的应用研究——以西南传统乡土聚落为例[D]. 南京：东南大学，2006.

[3]　陈朔，王小如. 基于生态博物馆理念的村落景观规划——以泽雅传统造纸生态博物馆为例[J]. 规划师，2014，30

(S3)：241-245.

[4] 安来顺. 国际生态博物馆四十年：发展与问题[J]. 中国博物馆，2011(Z1)：15-23.

[5] 金露. 探寻生态博物馆之根——论生态博物馆的产生、发展和在中国的实践[J]. 生态经济，2012(09)：180-185.

[6] 单霁翔. 发展生态(社区)博物馆保护民族文化遗产[N]. 中国文物报，2011(003).

[7] 余压芳. 景观视野下的西南传统聚落保护——生态博物馆的探索[M]. 上海：同济大学出版社，2012.

[8] 阿摩斯·拉普卜特. 建成环境的意义——非言语表达方法[M]. 北京：中国建筑工业出版社，1992.

作者简介

刘美伶，女，1992年生，汉族，四川，西南交通大学风景园林专业硕士研究生，现供职于世贸集团，从事风景园林设计。电子邮箱：402243195@qq.com。

陈莹莹，1996年生，女，西南交通大学风景园林系硕士研究生，研究方向为乡村生态。

宗桦，女，1981年生，博士，汉族，西南交通大学风景园林系副教授、硕士生导师，澳大利亚昆士兰大学访问学者，研究方向为乡村景观和乡村生态，现主持国家级项目两项和省部级项目十余项。电子邮箱：huangjiaqiutian@aliyun.com。

风景园林视角下我国农业文化遗产研究现状及展望①

Research Status and Prospect of Agricultural Heritage in the Perspective of Landscape Architecture

马含琴　李景奇*　戴　菲

摘　要： 现如今我国农业文化遗产的发掘和保护正在不断推进，风景园林学科在农业文化遗产保护和发展中占据重要地位。本研究基于国内风景园林视角下农业文化遗产相关文献，采用文献计量法和内容分析法，结合 CiteSpace 进行科学知识图谱分析，梳理总结了风景园林视角下农业文化遗产研究热点，包括景观规划设计、生态环境建设、人居环境营造和传统文化传承。最后预测了未来研究发展趋势，以期为我国农业文化遗产的发展提供风景园林视角下的借鉴和参考。

关键词： 风景园林；农业文化遗产；景观规划设计；生态环境；人居环境；文化传承

Abstract: The exploration and protection of Agricultural Heritage Systems are being promoted. Landscape architecture plays an important role in the protection and development of agricultural heritage. This research is based on the domestic literature related to agricultural heritage from the perspective of landscape architecture. This study used bibliometric method and content analysis method, combining with CiteSpace to carry out scientific knowledge map analysis. The research summarized the research hotspots from the perspective of landscape architecture in the study of agricultural heritage, including landscape planning and design, ecological environment construction, human settlement environment construction and traditional culture inheritance. In the end, the future research trends are predicted in order to provide a reference for the development of agricultural heritage in China from the perspective of landscape architecture.

Key words: Landscape Architecture; Agricultural Heritage; Landscape Planning and Design; Ecological Environment; Human Settlement; Cultural Inheritance

引言

2002 年联合国粮农组织联合有关国际组织和地方政府发起了“全球重要农业文化遗产”（Globally Important Agricultural Heritage Systems，GIAHS）项目，其定义为农村与其所处环境长期协同发展中所形成的独特的土地利用系统与农业景观，具有丰富的生物多样性，可以满足当地社会经济与文化发展，有利于区域的可持续发展[1]。农业文化遗产的概念由此而来。广义的农业文化遗产包括与农业有关的物种、景观、遗址、聚落、工具、技术、文献和文化等具有历史、社会、生态或科研价值的农业文化遗存，也可称为“农业遗产”[2,3]；狭义的农业文化遗产更加强调农业景观和农业生物多样性，注重遗产的系统性[4,5]。

我国农耕历史源远流长，农业文化遗产分布广泛，种类繁多。2012 年农业部启动“中国重要农业文化遗产”（China-National Important Agricultural Heritage Systems，China-NIAHS）项目，我国成为世界上第一个开展国家级农业文化遗产评选及保护的国家。截至 2020 年 6 月，农业部已公布五批 China-NIAHS，共计 118 个传统农业系统，其中 15 项入围 GIAHS，数量和覆盖类型均居世界首位。

在农业文化遗产发掘和保护的热潮下，我国已有较多农业文化遗产相关研究。风景园林学科的根本使命是协调人与自然的关系，核心内容是户外空间营造[6]，在农业文化遗产的保护和发展中占据重要地位。然而目前从风景园林视角出发的农业文化遗产相关综述研究较为缺乏。本研究基于相关文献资料，探索农业文化遗产研究中来自风景园林学科的热点视角，系统性地梳理研究发展动态并预测未来的发展趋势，以期为我国农业文化遗产的发展提供风景园林角度上的借鉴和参考。

1　数据与方法

文献研究数据来源于中国知网（CNKI），以“农业遗产”“农业文化遗产”分别和“风景园林”“景观”组成 4 组专业术语进行全文检索，检索时间为 2010 年 1 月 1 日至 2020 年 6 月 30 日，选择基础科学、工程科技Ⅰ辑、工程科技Ⅱ辑、农业科技 4 个数据辑的中文文献作为文献来源，剔除地质学、矿业工程等相关性不大的数据来源，对检索结果进行去重整理，删除资讯、无作者等非研究性和不相关条目，得到 2010-2020 年期间 1070 篇相关文献，以此为基础进行分析。

本研究结合文献计量法和内容分析法，借助可视化文献计量分析软件 CiteSpace 对搜集到的文献进行科学知

①　项目基金：国家自然科学基金项目“基于景观基因图谱的乡村景观演变机制与多维重构研究”（项目编号：51878307）资助。

识图谱分析，挖掘风景园林视角下农业文化遗产研究热点和不同时期研究关注点，运用内容分析法归纳总结2010-2020年风景园林视角下农业文化遗产研究热点的具体成果。

2 风景园林视角下农业文化遗产研究整体分析

2.1 发文量趋势分析

对所检索文献进行不同年份的发文量统计（图1），可以看出有3个明显的发展变化时段。2010-2014年间发文数量逐年缓慢增长，相关研究尚处于初步探索阶段，在此期间我国10项传统农业系统入围GIAHS。由于2012年China-NIAHS项目启动，2012-2013年文献数量增幅较明显。2015-2017年间发文数量出现陡增，相关研究热度和重视程度快速上升。2017年之后发文数量趋于平稳，我国再增4项GIAHS，国内相关研究稳步进展。

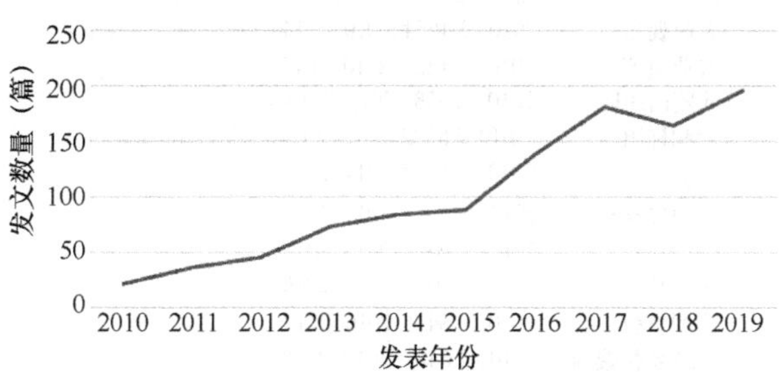

图1 2010-2020年风景园林视角下农业文化遗产研究发文量

（图片来源：作者自绘）

2.2 关键词聚类时间线分析

基于CiteSpace中Timeline View对文献关键词进行时间序列可视化分析，将概念内涵一致的关键词合并处理，得到关键词聚类时间线图（图2）。可以看出，2010-2014年文献高频关键词聚类现象明显，2015-2017年不断涌现新的关键词聚类，但聚类现象有所减弱，2017年之后高频关键词聚类现象不明显。“可持续发展”“美丽乡村”“生态文明”“乡村振兴”“‘两山’理念”等均出现在高频聚类关键词中，可看出相关研究与国家发展战略密切关联。此外，高频关键词与我国GIAHS和China-NIAHS的申报情况也有一定的关联。

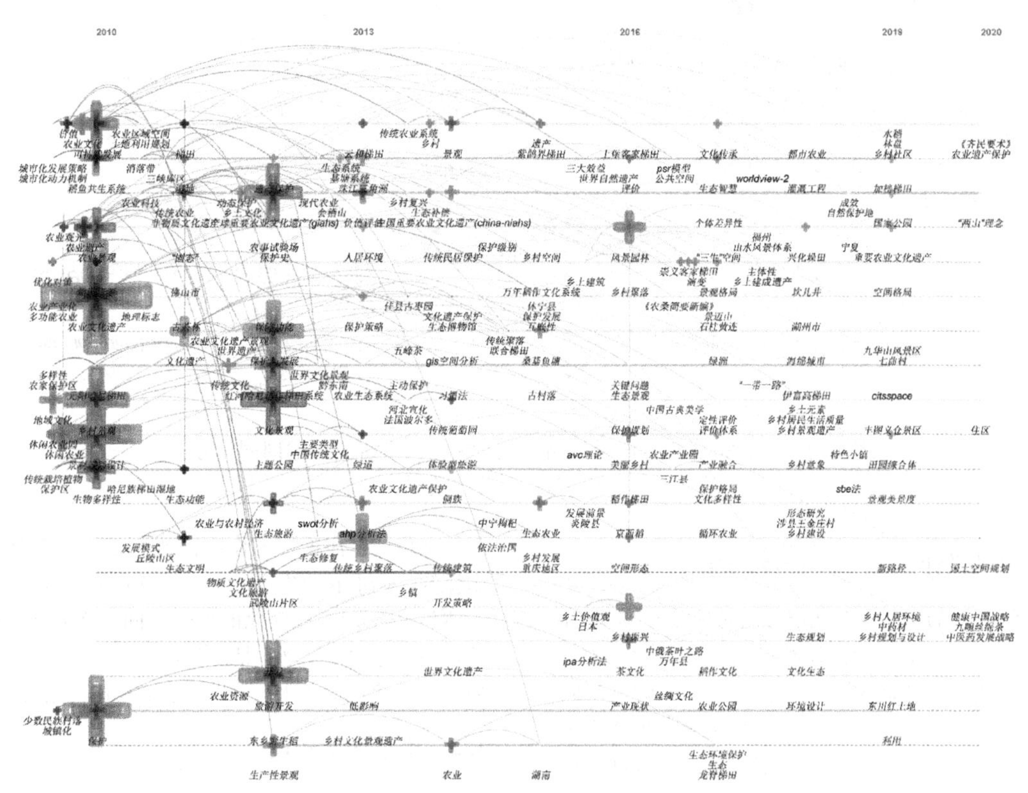

图2 2010-2020年风景园林视角下农业文化遗产研究关键词聚类时间线图

（图片来源：作者自绘）

2.3 关键词突现分析

基于CiteSpace中Burstness进行文献关键词突现分析，得到短期内研究热度变化较大的关键词并揭示其兴衰情况（图3）。可看出2010-2020年间持续时间最长的突现研究热点为“农业观光”和“农业遗产”，突现强度最大的研究热点为“乡村振兴”，2013-2017年间突现关键词持续时间短且更替较快，研究热点变更迅速。关键词突现与国家发展战略和GIAHS、China-NIAHS申报情况有所关联。

Keywords	Year	Strength	Begin	End	2010-2020
农业观光	2010	3.4654	2010	2014	
农业遗产	2010	4.1223	2010	2013	
武陵山片区	2010	2.558	2012	2014	
云和梯田	2010	3.5322	2013	2014	
农业	2010	2.5312	2014	2015	
紫鹊界梯田	2010	3.4046	2015	2016	
生态农业	2010	2.9097	2015	2015	
茶文化	2010	2.5064	2016	2016	
美丽乡村	2010	3.3411	2016	2017	
传统乡村聚落	2010	2.6487	2017	2018	
田园综合体	2010	2.5928	2019	2020	
农业文化遗产	2010	2.8241	2019	2020	
生态文明	2010	2.7539	2019	2020	
乡村振兴	2010	10.5913	2019	2020	

图 3　2010-2020 年风景园林视角下农业文化遗产研究关键词突现分析
（图片来源：作者自绘）

3　风景园林视角下农业文化遗产研究热点分析

基于 CiteSpace 进行关键词词频分析（图 4），节点大小与关键词频次成正比。关键词按词频排序和内容相关性可归纳为 4 大研究热点：①景观规划设计，主要包含“景观规划设计”“乡村景观”“文化景观”“农业景观”“旅游开发”等；②生态环境建设，主要包含“生态文明”“生态农业”“生态旅游”“保护与发展”“可持续发展”“生物多样性”“景观格局”等；③人居环境营造，主要包含“人居环境”“乡村人居环境”“传统乡村聚落”“乡村聚落”等；④传统文化传承，主要包含“农业文化”“地域文化”“传统文化”“乡土文化”“文化传承”等。

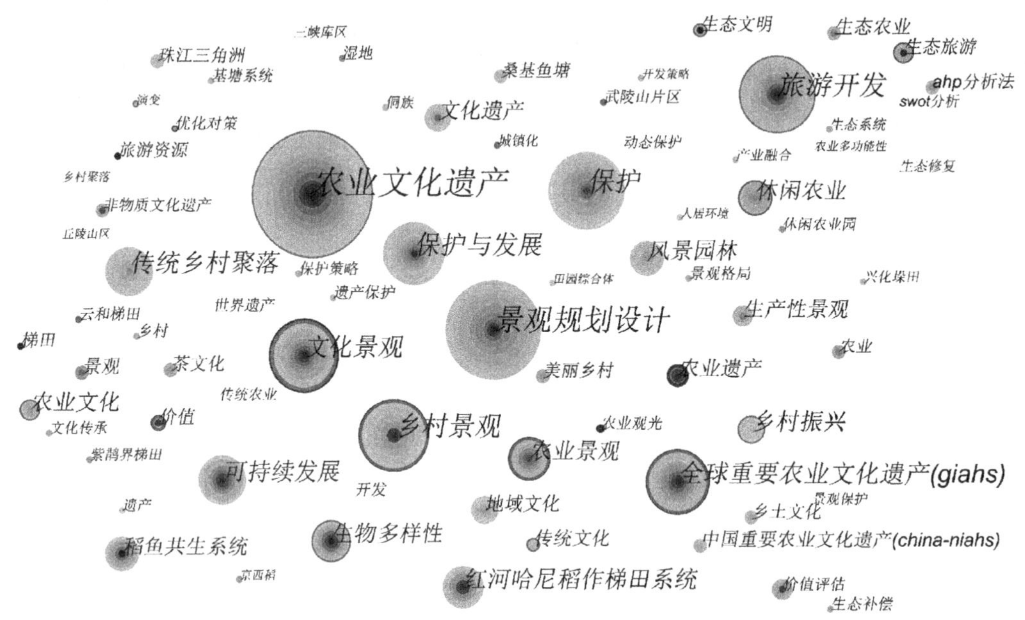

图 4　2010-2020 年风景园林视角下农业文化遗产研究关键词词频分析
（图片来源：作者自绘）

3.1　景观规划设计

农业文化遗产的保护与发展正在不断推进，旅游开发逐渐成为农业文化遗产动态保护的重要途径[7]，随之出现了景观同质化、地域文化缺失、生态环境破坏等问题。如何通过景观规划设计发挥农业文化遗产生产、生态、生活、文化、美学多重价值，实现其可持续发展是风景园林学科亟需解决的问题。

农业文化遗产相关的景观规划设计已有大量的研究和实践，包括农业文化遗产地景观规划设计、农耕文化景观表达、乡村聚落及休闲农业景观、生态游憩网络、传统农业生产空间与游憩空间组合设计和传统农业系统的肌理形态改造等[8-10]。梳理相关文献内容可以得出，农业文化遗产相关景观规划设计应尊重场地原始肌理和地域文脉，保留原真性、完整性和可读性，兼顾自然景观的生态和美学价值，注重传统作物种植[11]、农业工具[12]的展示与体验，注重农业生产、生活以及农业生物多样性的学习和体验[13]，营造多样化的农业空间，修复遗留的历史建筑，综合考虑土地利用情况，以独特丰富的在地性景观规划设计延续乡土文化，促进农业文化遗产旅游长效发展。

3.2　生态环境建设

生态文明建设背景下，人们越来越重视人与自然协调发展。农业文化遗产地孕育了丰富的景观资源，其特有的空间格局能够形成独特的物质流和能量流[14]，甚至有利于避免自然灾害的发生[15]，具有极高的生态价值。农业文化遗产包含的生态智慧受到广泛关注，传统农业系统的生态服务功能对农业文化遗产发展具有重要的启示作用。

风景园林视角下，农业文化遗产与生态环境相关研究内容主要包括：基于植物群落结构特征及演变过程的农业文化遗产保护[16]；基于农民种子系统与景观格局关系的传统物种保护和利用[17]；利用“三圈结构”模式发展农业文化遗产生态旅游[18]；农业文化遗产生态系统服务功能价值评估及生态补偿机制[19]；基于景观资源现状、景观适宜性评价的农业文化遗产景观资源可持续发展和生态规划[20,21]；农业文化遗产地的景观格局的分布特征及变化趋势[22]、美学特征[23]以及量化评价分析[24]等。

如今农业文化遗产发展中存在景观资源闲置或破坏、景观结构趋向单一、物种丰富度和群落稳定性下降等问题，研究其景观格局和植物群落的特征及变化趋势，有助于挖掘古人利用和改造自然的智慧，找出区域发展过程面临的核心问题，构建农业文化遗产地基本生态框架和景观格局保护体系，实现生态管控[25,26]。

3.3 人居环境营造

农业文化遗产大多分布在人口较少的偏远地区，不仅是独特的景观和土地利用系统，也是当地居民的人居环境。随着休闲农业旅游的快速发展，诸多盲目规划使乡村人居环境面临生态破坏、文化丧失和景观演变退化的危机。如何保护农业文化遗产地的乡村生态环境，传承地域文化特色，塑造乡村景观风貌，从而改善乡村人居环境，成为风景园林学科的研究热点。

人居环境科学提倡将一定地域内人与自然、文化视为整体开展生态研究，通过地区规划设计实现地域生态恢复、文化复兴和景观体系创新[27,28]，结合景观生态学方法能够探求乡村聚落空间格局与生态、经济、文化之间的联系。风景园林视角下，农业文化遗产与人居环境相关研究内容主要包括：基于人居环境等角度构建乡村聚落空间格局演变、分异和可持续发展理论框架[29]；基于人居环境感知评价的农业文化遗产地人居环境建设[30]；基于人居环境变迁分析的地域文化发展演化中面临的问题与挑战[31]；从村落选址、景观营造、空间布局、生境结构等方面探讨农业文化遗产中传统人居环境营造的智慧[32,33]；基于乡村人居环境三元理论提出以游憩为推动力实现乡村人居环境的提升[34]；以生态为首要目标的风景名胜区人居环境改善[35]等。此外，有学者提出城郊农业文化遗产可与城市绿道建设相结合，形成连续绿廊系统和地域历史文化景观，丰富城市绿化形式和文化底蕴，改善人居环境[36,37]。

3.4 传统文化传承

农业文化遗产蕴含着灿烂的传统文化，其传承和发展能够提高人们对传统农业文化的认同感，是乡村振兴的重要途径，已有研究探讨了农业文化遗产景观在文化传承等方面产生的重要影响[38]。然而城市化进程和现代文明演进造成农业文化遗产的文化传承受到冲击。

文化传承在农业文化遗产生态服务功能评价和综合评价中占据重要地位，是重要评价指标之一[19,39]。已有基于乡土文化特征价值的定量化研究，提出乡土文化传承与现代乡村旅游发展的耦合机制，探讨乡村旅游的空间规划、活动策划和开发建设的可持续发展干预模式[40]。梳理相关文献得出，风景园林视角下农业文化遗产的文化传承途径有：尊重传统村落格局及农耕场地肌理，充分挖掘景观特色，适当恢复历史农耕场景；建设农业博物馆，重视农耕文化的展示与体验[41]；创新现代元素更新传统文化的景观表现形式，实现文化的传承和重构[42]；传承传统建筑样式和建造方法及材料，转译地域文化符号，实现建筑景观空间的更新与发展[43]；构建自然生态、村落形态、文化信仰和建筑风格安全格局，建设基于地域文化传承的文化景观网络体系[44]等。

4 总结与展望

本研究基于文献资料梳理了风景园林视角下农业文化遗产发展动态。基于研究分析结果，本研究提出风景园林视角下农业文化遗产研究的未来展望，具体如下：

（1）农业文化遗产相关定量化研究

当前对农业文化遗产的研究多以定性评价为主，定量化研究较为匮乏，农业文化遗产的景观评价指标体系不够完善，其保护与发展缺乏数据化研究的支撑。风景园林视角下农业文化遗产研究可结合景观绩效理念，找出农业文化遗产的发展状况和存在的问题，完善农业文化遗产评价体系建设，为其景观质量提升提供指导性建议。相关定量化研究还可结合大数据，充分利用 GIS、ENVI-met 等技术软件对空间数据进行采集和处理，为景观规划设计途径提供精细化的决策依据。

（2）农业文化遗产类型学研究

类型学研究在建筑学科领域的研究和应用较多，而在风景园林学科领域的研究和应用较少。农业文化遗产种类繁多，特色各异。从广义农业文化遗产来看，物质层面的农业文化遗产包括农业种质资源、灌溉水利工程、农业专业古籍、农业工具技术、传统乡村聚落等，精神层面的农业文化遗产包括农事、农时、农历以及农业衍生的民俗节庆等。将类型学理论引入农业文化遗产的研究中，挖掘归纳农业文化遗产的特征及历史发展脉络，对农业文化遗产相关研究和实践具有指导作用。

（3）农业文化遗产纳入自然保护地体系

2019 年国家提出以国家公园为主体的自然保护地体系，对国家重要自然生态空间进行系统的管理保护。目前我国部分农业文化遗产成为国家公园体制试点，但农业文化遗产仍未完全纳入我国自然保护地体系，其保护管理模式与自然保护地有所差别，二者的发展经验可相互借鉴。世界自然保护联盟（International Union for Conservation of Nature，IUCU）的自然保护地体系中包含 GIAHS，这对我国的自然保护地体系的完善具有借鉴作用。农业文化遗产地是独特的传统土地利用系统和农业景观，具有自然和文化双重属性，与以往的自然保护地有所区别，将其作为一个新类型自然保护地对于完善我国自然保护地体系具有重要意义，且有利于农业文化遗产地的保护与发展。

（4）学科融合视角下农业文化遗产研究

农业文化遗产是一个复杂的自然—文化—社会复合系统，其研究需要多学科的交叉渗透。目前风景园林视角下农业文化遗产研究众多，已有许多研究结合了生态学、建筑学、地理学、生物学、资源学等多学科知识，未来研究可融合更多其他学科知识，充分发挥多学科聚力的优势，有利于理论创新和实践突破。

参考文献

[1] 闵庆文，孙业红．农业文化遗产的概念、特点与保护要求[J]．资源科学，2009，31(6)：914-918.

[2] 王思明，卢勇．中国的农业遗产研究：进展与变化[J]．中国农史，2010，(3)：3-11.

[3] 韩燕平，刘建平．关于农业遗产几个密切相关概念的辨析——兼论农业遗产的概念[J]．古今农业，2007，(3)：111.

[4] 李文华，闵庆文，孙业红．自然与文化遗产保护中几个问题的探讨[J]．地理研究，2006，25(4)：561-569.

[5] 徐旺生，闵庆文．农业文化遗产与“三农”[M]．北京：中国环境科学出版社，2009.

[6] 住房和城乡建设部人事司，国务院学位委员会办公室．增设风景园林学为一级学科论证报告[J]．中国园林，2011(5)：4-6.

[7] 殷志华，刘庆友．太湖地区稻作文化遗产保护与旅游开发研究[J]．中国农史，2014，33(05)：121-127.

[8] 金俊艳．基于黄河流域农耕文化的河南省温县休闲农业园规划设计[D]．郑州：河南农业大学，2018.

[9] 解馨瑜．海南省“美丽乡村”景观体系规划设计研究[D]．海口：海南大学，2016.

[10] 申佳慧．珠三角基塘农业景观评价与改造[D]．广州：仲恺农业工程学院，2019.

[11] 郑江闽．福州茉莉花与茶文化系统农业文化遗产特征及其保护与发展研究[D]．福州：福建农林大学，2016.

[12] 潘萍．社会变迁下传统农具现实价值的思考——以鹰潭市渡坊村非物质文化遗产水碓为例[J]．遗产与保护研究，2018，3(01)：118-122.

[13] 孙业红，闵庆文，成升魁，等．农业文化遗产的旅游资源特征研究[J]．旅游学刊，2010，25(10)：57-62.

[14] 陈桃金．崇义客家梯田系统景观空间格局研究[D]．南昌：江西师范大学，2017.

[15] 孙雪萍，闵庆文，白艳莹，等．传统农业系统环境胁迫应对措施分析——以中国农业文化遗产地为例(英文)[J]．Journal of Resources and Ecology，2014，5(04)：328-334.

[16] 李远，闵庆文，杨丽韫，孟凡绪，杨万全．川西林盘植物群落结构历史变化特征分析——以成都市郫都区为例[J]．中国农学通报，2020，36(07)：44-49.

[17] 王红崧，王云月，杨燕楠，李小龙，陈娟，韩光煜，单祖鹏．元阳哈尼梯田农民种子系统和农业文化景观格局[J]．生态环境学报，2019，28(01)：16-28.

[18] 于晓森．农业相关要素与风景园林规划设计的关系研究[D]．北京：北京林业大学，2010.

[19] 缪建群．江西崇义客家稻作梯田生态系统服务功能及可持续管理[D]．南昌：江西农业大学，2017.

[20] 胡伟芳，张永勋，王维奇，闵庆文，章文龙，曾从盛．联合梯田农业文化遗产地景观特征与景观资源利用[J]．中国生态农业学报，2017，25(12)：1752-1760.

[21] 陈书芳．基于生态旅游的梅山地区景观格局与规划设计研究[D]．长沙：湖南大学，2018.

[22] 严丹，赖格英，陈桃金，吴青，胡兴兴，潘思怡．GIAHS视角下崇义客家梯田系统景观空间格局特征分析[J]．江西科学，2018，36(06)：970-978+1003.

[23] 袁西．滇藏茶马古道景迈山片区景观格局及美学特征研究[D]．重庆：西南林业大学，2017.

[24] 徐远涛，闵庆文，袁正，白艳莹，孙业红，李静，曹智．云南哈尼梯田景观格局指数筛选研究(英文)[J]．Journal of Resources and Ecology，2013，4(03)：212-219.

[25] 张帅君．基于农田—水网格局的城郊游憩景观设计研究[D]．重庆：西南交通大学，2016.

[26] 胡玫，林箐．里下河平原低洼地区垛田乡土景观体系探究——以江苏省兴化市为例[J]．北京规划建设，2018(02)：104-107.

[27] 袁琳，雷毅．人居环境科学理念对生态研究与实践的启发[J]．鄱阳湖学刊，2013(06)：45-49.

[28] 吴良镛．中国人居环境科学发展试议——兼论生态城市与绿色建筑的发展[J]．动感(生态城市与绿色建筑)，2011(01)：18-19.

[29] 汪民．江汉平原水网地区农村聚落空间演变机理及其调控策略研究[D]．武汉：华中科技大学，2016.

[30] 李伯华，杨家蕊，廖柳文，窦银娣．农业文化遗产地人居环境感知评价研究——以湖南省紫鹊界梯田为例[J]．中南林业科技大学学报(社会科学版)，2016，10(05)：19-24.

[31] 刘海音．现代化进程中的苏南乡村的发展与变迁[C]．中国城市规划学会，沈阳市人民政府．规划 60 年：成就与挑战——2016 中国城市规划年会论文集(15 乡村规划)．中国城市规划学会，沈阳市人民政府：中国城市规划学会，2016，398-414.

[32] 郑文俊，张贝贝，吴忠军．桂林龙脊人居环境适应的营造智慧[J]．中国园林，2019，35(09)：20-24.

[33] 陈梦芸，林广思．宣化传统葡萄园的生态实践智慧探究[J]．中国园林，2020，36(06)：33-38.

[34] 张琳，马椿栋．基于人居环境三元理论的乡村景观游憩价值研究[J]．中国园林，2019，35(09)：25-29.

[35] 丁玲，林兵．生态文明视角下风景名胜区村镇居民点规划策略——以龙脊风景名胜区重点村寨详细规划为例[J]．规划师，2019，35(21)：85-90.

[36] 梁尧钦，沈丹，刘志芬．北京三山五园地区历史文化景观保护探析[C]．中国城市规划学会，重庆市人民政府．活力城乡 美好人居——2019 中国城市规划年会论文集(13 风景环境规划)．中国城市规划学会，重庆市人民政府：中国城市规划学会，2019，17-28.

[37] 魏晋茹，岳升阳．农业文化遗产视角下的京西稻发展[J]．农业考古，2016(01)：30-34.

[38] 陈耀华，张欧．世界遗产视野下普洱景迈山古茶林的价值探究[J]．热带地理，2015，35(04)：541-548.

[39] 徐远涛，闵庆文，白艳莹，袁正，王斌，何露，陈锦宇．会稽山古香榧群农业多功能价值评估[J]．生态与农村环境学报，2013，29(06)：717-722.

[40] 张琳．乡土文化传承与现代乡村旅游发展耦合机制研究[J]．南方建筑，2016(04)：15-19.

[41] 吴泽锋，丁作坤．世界灌溉遗产芍陂(安丰塘)农耕文化传承保护现状及对策[J]．安徽农业科学，2020，48(13)：242-244+247.

[42] 赖毅．彝族树文化的价值及其传承与发展[J]．中国农学通报，2016，32(04)：26-32.

[43] 郭海鞍．文化引导下的乡村特色风貌营建策略研究[D].

天津：天津大学，2017.
[44] 李清泉. 基于地域文化传承的美丽乡村景观构建研究[D]. 杭州：浙江农林大学，2017.

作者简介

马含琴，1997 年生，女，安徽，华中科技大学建筑与城市规划学院景观学系在读硕士研究生。电子邮箱：835513914@qq. com。

李景奇，1964 年生，男，陕西，硕士，华中科技大学建筑与城市规划学院景观学系副教授，研究方向为风景区与旅游区规划、城市生态规划、乡村旅游规划、乡村与乡村景观规划。电子邮箱：LJQLA@163. com。

戴菲，1974 年生，女，湖北，博士，华中科技大学建筑与城市规划学院景观学系教授，研究方向为城市绿色基础设施、绿地系统规划。电子邮箱：58801365@qq. com。

北京二道绿隔地区郊野公园选址研究
——以丰台、大兴、房山区为例

Study on the Site Selection of Country Parks in the Second Greening and Separation Area of Beijing：
Taking Fengtai，Daxing and Fangshan District as Examples

乔洁冰　熊　杰　冉　藜　张晓佳*　张凯莉*

摘　要：在高速城镇化的背景下，为了有效控制城市规模，北京市于2007年启动绿化隔离带地区“郊野公园环”建设，在保护生态系统、完善游憩功能、预防城市无序发展等方面有重要的意义。本文以城市近郊郊野公园选址为目标，以北京市丰台、大兴、房山区内郊野公园选址作为研究的具体对象，以“逆规划”理论和景观安全格局理论为指导，通过数据分析和资源评价对选址的总体范围进行分析，再对总体范围内的用地进行筛选，逐步确定具体的选址范围。为完善二道绿隔的绿色空间结构、确定二道绿隔地区郊野公园布局建设提供新的思路。

关键词：逆规划；景观安全格局；二道绿隔；郊野公园

Abstract: In the context of high-speed urbanization, in order to effectively control the scale of the city Beijing initiated the construction of the "country park ring" in the green isolation zone in 2007, which is important in protecting the ecosystem, improving recreational functions, and preventing urban disorderly development. Meaning. This paper takes the location of suburban parks in the city as the goal, takes the location of the country parks in Fengtai District, Daxing District, and Fangshan District of Beijing as the specific object of the research. It is guided by the theory of "reverse planning" and the theory of landscape safety pattern through data analysis. Analyze the overall scope of site selection with resource evaluation, and then screen the land within the overall scope to gradually determine the specific scope of site selection. It provides new ideas for perfecting the green space structure of the second greening isolation belt and determining the layout and construction of the country park of the second greening isolation belt.

Key words: Reverse Planning; Landscape Safety Pattern; The Second Green Belt; Country Parks

引言

近年来，随着城镇化的高速发展，如何在城市的扩张和自然生态的可持续健康发展之间寻找平衡显得尤为重要。郊野公园作为城市边缘区绿色开放空间的一部分，对保护自然风景资源以及遏制城市的无序扩张发挥着重要的意义。在中国，香港特区最先仿照美国的城市公园建设改良后形成自己的郊野公园建设体系。21世纪开始，受到香港特区的影响，从2007年开始，北京市提出了建设“郊野公园环”，遏制建设用地对城市生态环境的蚕食。受城市特征和发展阶段影响，北京市的郊野公园与其他城市不同在于更加重视游憩服务，内部经常有各种为人服务的设施。本文根据《北京城市总体规划（2016-2035）》以及丰台区、大兴区和房山区的总体规划完成三区内二道绿化隔离地区内郊野公园的选址落位，为后期郊野公园相关建设提供决策支持。

1　研究区域概况

根据相关政府文件规定，北京市第二道绿化隔离地区范围为第一道绿化隔离区向外至规划的六环路外侧，范围达1000m，总面积1650km^2。本文所涉及研究范围为西南部，包括丰台区、大兴区和房山区内的二道绿化隔离地区。

该地区地势总体西北高、东南低，地形以平原和丘陵为主，兼有小部分山地。西北侧太行山余脉海拔最高为500～600m，山地坡度在27%～45%，城区坡度基本在8%以下。场地内自然文化资源较为丰富，分布4条主要河道水系。其中永定河流域北京段构成了红线范围内的主要水系框架。除外还包含有刺猬河、小清河、牤牛河穿城而过的城市河道及南水北调中线进京的调蓄水库大宁水库。并包含有28处历史文化遗迹，其中以区级保护单位为主，涉及水利文化、交通文化、古人类文化、宗教文化、军事文化、民俗文化6类，涵盖了古建筑、考古遗址、古墓葬等多种内容（表1）。

场地内文物保护单位信息 **表 1**

文化类型	名称	编号	文物类型	所在地	时代	文物保护等级
水利文化	大宁水库	1	其他	北京市房山区长阳镇大宁村	1958 年	区级文物保护单位
交通文化	芦潭古道	2	其他	卢沟桥至石佛村段（经长辛店、东王左、大灰厂村）	清代	2012 年全国第三次文物普查 100 项重大发现之首
古人类文化	南梨园墓群	3	古墓葬	北京市房山区阎村镇南梨园村西	汉代	区级文物保护单位
	南广阳城遗址	4	考古遗址	北京市房山区拱辰街道南广阳城村	战国(东周)—汉代	区级文物保护单位
	金成明墓石牌坊	5	古建筑	青龙湖镇北刘庄村	清代	区级文物保护单位
	固村墓群	6	古墓葬	北京市房山区良乡西潞街道办事处固村	汉代	区级文物保护单位
	水碾屯村墓葬群	7	古墓葬	北京市房山区长阳镇水碾屯村	战国（东周）	区级文物保护单位
	北广阳城遗址	8	古建筑	北京市房山区长阳镇北广阳城村	战国（东周）	区级文物保护单位
	求贤坝	9	古遗址	北京市大兴区榆垡镇求贤村西南永定河大堤外沿处	清代	区级文物保护单位
	芦城城墙遗址	10	古遗址	北京市大兴区黄村镇东西芦城之间，芦城村的北半部	西汉早期	区级文物保护单位
	萨公墓碑	11	碑刻	北京市大兴区采育镇大里庄村东北 100m	清代	区级文物保护单位
宗教文化	南梨园白衣庵	12	古建筑	北京市房山区阎村镇南梨园村	清代	区级文物保护单位
	三大士庙	10	古建筑	北京市房山区良乡镇小营村	清代	区级文物保护单位
	天元寺	11	近现代重要史迹及代表性建筑	北京市房山区青龙湖镇大马村	民国	区级文物保护单位
	密檐塔	12	古建筑	王佐镇瓦窑村	明代	区级文物保护单位
	和尚塔	13	古建筑	长辛店镇东河沿村南射击场路 8 号	清代	区级文物保护单位
	大王庙	14	古建筑	宛平街道老庄子乡北天堂村 245 号	清代	区级文物保护单位
	鲁村关帝阁	15	古建筑	良乡镇鲁村	明—清	区级文物保护单位
	清真古寺	16	古建筑	长辛店街道长辛店大街 170 号	清代	区级文物保护单位
	火神庙	17	古建筑	长辛店街道长辛店大街	明代	区级文物保护单位
	蔡辛庄菩萨庙		古建筑	北京市大兴区采育镇蔡辛庄村	约清代，具体年代不详	区级文物保护单位
	狼各庄清真寺		古建筑	北京市大兴区狼各庄村	清代	区级文物保护单位
	黄村火神庙		古建筑	北京市大兴区黄村老街南口（现黄村东大街南侧）	清代	区级文物保护单位
军事文化	“二七革命”遗址	18	近现代重要史迹及代表性建筑	长辛店街道长辛店大街	近代	国家级文物保护单位
	长辛店二期大罢工旧址	19	近现代重要史迹及代表性建筑	长辛店街道长辛店大街	近代	国家级文物保护单位
	长辛店留法勤工俭学旧址	20	近现代重要史迹及代表性建筑	长辛店街道长辛店大街	近代	国家级文物保护单位
民俗文化	黑古台石栏板	21	其他	北京市房山区良乡镇黑古台村	不详	区级文物保护单位

资料来源：作者自绘

数据来源：《北京市内——全国重点文物保护单位清单》

2 研究方法与数据处理

2.1 研究方法

本研究基于文献资料法，围绕绿化隔离带、郊野公园这两个方面的主要内容对国内外的期刊、论文进行整理，总结梳理出有关郊野公园体系规划的总体研究脉络与方向，并对其研究理论与方法整体把握。并在此基础上，归纳对郊野公园选址的影响因素，采用空间数据分析结合层次分析法对现状场地的生态状况、资源条件、游憩需求等进行由定量到定性的分析。最终权重叠加，并结合土地利用现状校正得出郊野公园选址。

2.2 数据来源与处理

本研究对二道绿隔中丰台区、大兴区、房山区三个行政区下的DEM、城市道路、公交站点、水系、土地利用类型、森林植被类型、降雨量、POI兴趣点、公园空间分布等方面的数据进行收集，主要来源于BIGEMAP地图下载器、地理空间数据云、Open Street Map网站及相关政府工作网站。主要应用地理信息系统（GIS）平台下的ArcMap10.4将以上原始数据建立数据库，并进行数据分析与可视化表达。

2.3 理论依据

2.3.1 景观安全格局理论

景观安全格局理论以景观生态学理论和方法为基础，基于景观过程和格局的关系。把景观过程（包括城市的扩张、物种的空间运动、水和风的流动、灾害过程的扩散等）作为通过克服空间阻力来实现景观控制和覆盖的过程。根据景观过程之动态和趋势，判别和设计生态安全格局。不同安全水平上的安全格局为城乡建设决策者的景观改变提供了辩护战略，并成为城市建设发展的刚性框架[1]。

2.3.2 “逆规划”

逆规划是一种景观规划途径，是“反规划”在生态文明建设时代的延伸。它本质上讲是一种强调通过优先进行不建设区域的控制，来进行城市空间规划的方法论。它包含对于我国城市发展与建设的反思，在规划的路径上采取逆向的规划过程。在规划中将土地的健康放在首位，在过程中会提供给决策者一个强制性不发展的区域以及根据控制强度不同构建的限制性格局，以此将发展区域作为一个动态的“图”，后续由市场完善[1-3]。

2.4 研究技术路线

通过对基础数据的再处理和生态敏感性评价模型进行郊野公园的初步选址范围划定，并结合历史文化遗产评价模型和场地游憩资源和需求评价模型对范围进一步细化分析。之后依据上位规划中对场地的宏观定位，对所选需求进行结构体系构建，最后依据现状土地利用类型和卫星矫正得到最终的选址范围。（图1）

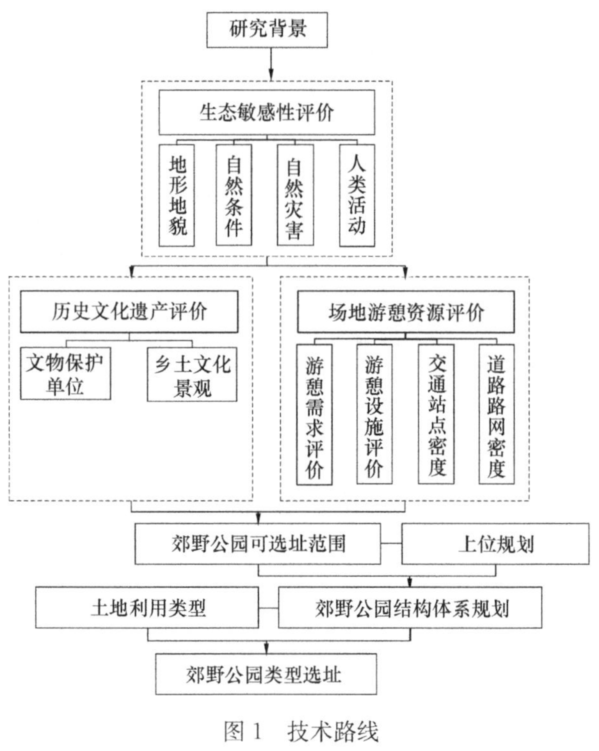

图1 技术路线
（图片来源：作者自绘）

3 郊野公园选址研究

3.1 以生态为导向建立场地选址初步范围

郊野公园作为一种绿地类型和其他现有的一些绿地有着一定的差异。场地多位于城市边缘区域，规模较大，拥有多样的自然资源，例如森林、农田、水域、湿地、草地等多种生态系统，场地原始生态状况较好。

依据郊野公园选址的生态需求，对现有场地进行生态敏感性分析，从而反映场地中生态环境失衡的可能性大小，对未来场地开发提供参考。对生态敏感性分析中包含的影响因子如高程、水文、坡向、坡度、植被覆盖度、土地利用类型、道路缓冲区，进行权重赋予和叠加分析（图2）。

总体看，场地绿色空间中林地、农田、水体均有布局。林地是绿色空间的主题，但总量不足，斑块较为破碎；农田是绿色空间的重要组成部分，构成具有郊野特色的农业景观；水系是构成绿色空间的廊道，奠定了良好的山水格局基础。

结合GIS技术对生态敏感性进行进一步的分级，为下一步建设提供依据。将场地依次分为3个等级。一级为生态控制区，生态敏感性最低，该区域在保持生态平衡、确保区域生态安全方面有重要意义，一般禁止城镇建设，应划定一定的面积予以保护。二级区域生态环境良好，作为生态协调区，可适度开发，需协调与生态保护之间的关系。三级作为生态敏感性最高的生态恢复区，适宜进行开发建设，主要为城镇及未来发展区域，需加强绿地的建设（图3）。

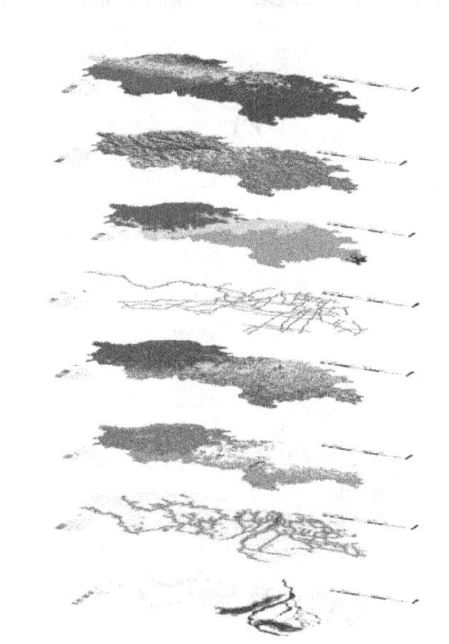

判断矩阵									
地形地貌	水体	坡向	高程	植被…	土地…	道路…	坡度…	雨洪安全	W_i
水体	1.0000	2.0000	3.0000	0.7500	0.8571	1.5000	6.0000	1.2000	0.1667
坡向	0.5000	1.0000	1.5000	0.3750	0.4286	0.7500	3.0000	0.6000	0.0833
高程	0.3333	0.6667	1.0000	0.2500	0.2857	0.5000	2.0000	0.4000	0.0556
植被覆盖度	1.3333	2.6667	4.0000	1.0000	1.1429	2.0000	8.0000	1.6000	0.2222
土地利用类型	1.1667	2.3333	3.5000	0.8750	1.0000	1.7500	7.0000	1.4000	0.1944
道路缓冲区	0.6667	1.3333	2.0000	0.5000	0.5714	1.0000	4.0000	0.8000	0.1111
坡度	0.1667	0.3333	0.5000	0.1250	0.1429	0.2500	1.0000	0.2000	0.0278
雨洪安全	0.8333	1.6667	2.5000	0.6250	0.7143	1.2500	5.0000	1.0000	0.1389

图 2　生态敏感性分析
（图片来源：作者自绘）

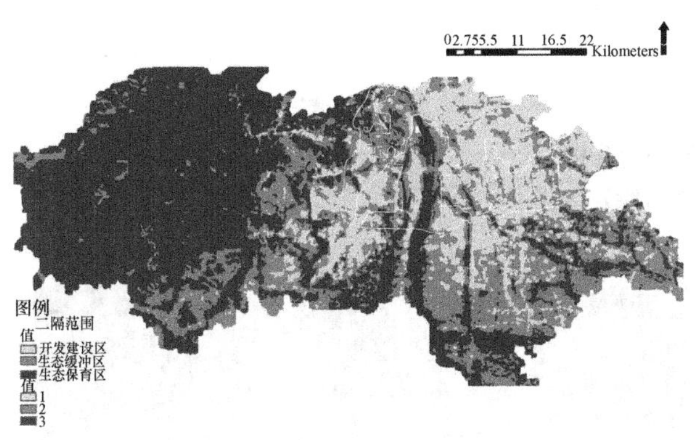

图 3　生态敏感性评价
（图片来源：作者自绘）

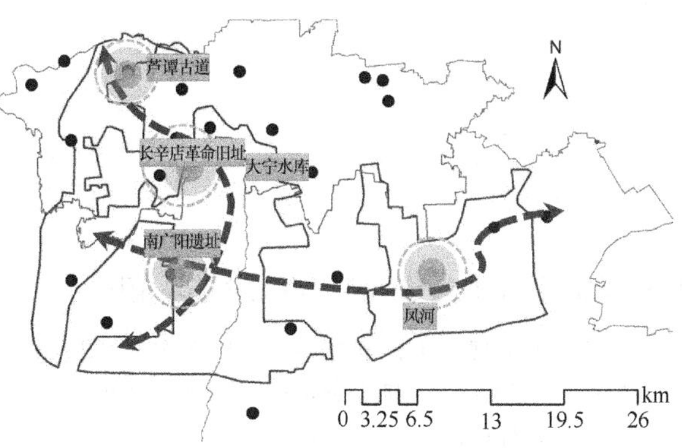

图 4　历史文化遗产点位
（图片来源：作者自绘）

3.2　以游憩资源点建立场地选址优势区域

3.2.1　历史文化遗产资源

根据《北京市内——全国重点文物保护单位清单》中大兴区、房山区和丰台区文物保护单位明细表对红线范围内的文化保护单位进行识别和空间落位。并进一步对区内的历史文化遗产进行评价，并与游憩资源的保护相结合，重视人们对文化遗产的体验和感知过程，从而形成文化遗产的保护和体验相结合的空间网络，进一步明确开发方向和文化特色。

在有关文物普查资料和实地考察的基础上，将三区二道绿隔内及周边范围内的文物保护单位与乡土文化景观整理、定点同时进行密度分析。发现水系在三区的发展史中起到重要作用，尤其是永定河和新凤河。两者同时与城市的发展息息相关。芦潭古道、大宁水库、长辛店区域、南广阳遗址等均展现了永定河文化的孕育；而新凤河文化发展带所串联的皇家苑囿“南海子”也是永定河和北运河联通的重要渠道（图 4、图 5）。

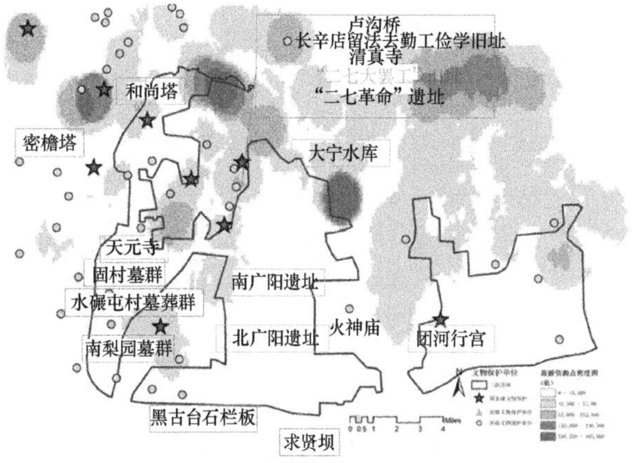

图 5　历史文化遗产密度分析
（图片来源：作者自绘）

3.2.2　其他游憩资源

场地内分布绿色斑块破碎，包含大型游憩绿地，如森林公园，中小型城市公园以及绿色产业等，类别较多，但并未产生联动效益，造成局部生态服务范围较小。利用GIS手段对场地中绿色资源进行密度分析，得出资源较为集中在丰台区以及二隔边缘区域，二隔内分布较少，且质量不高（图6）。

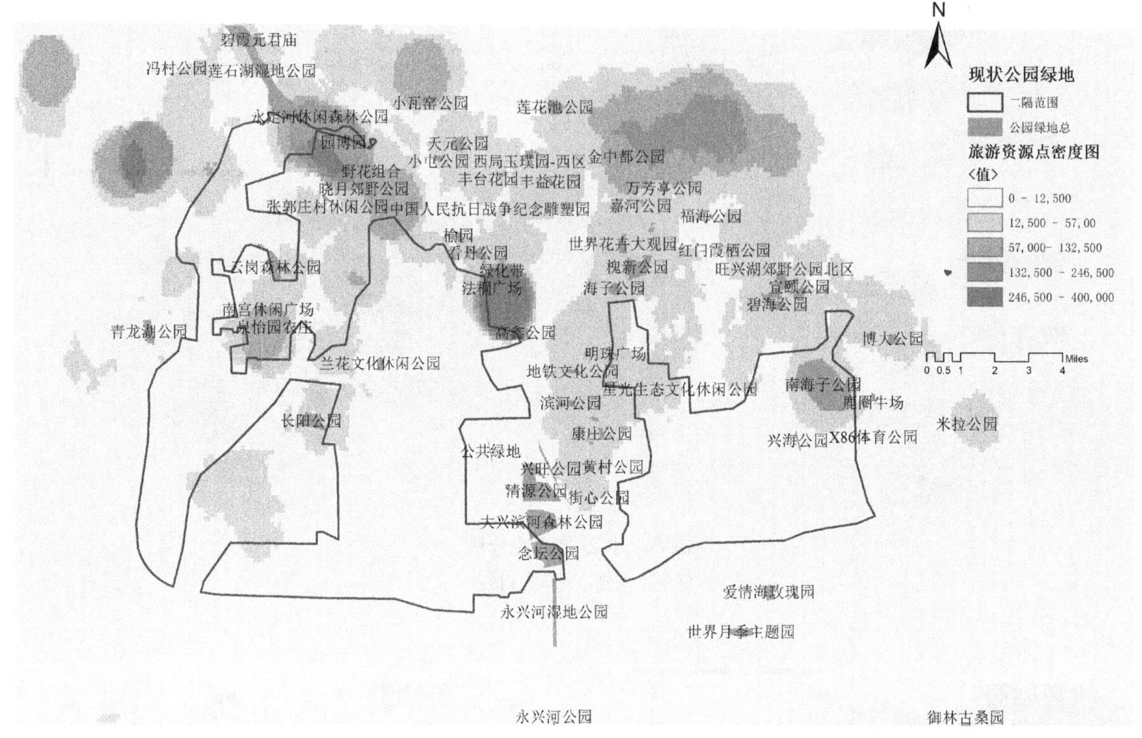

图6　场地游憩资源密度分析

（图片来源：作者自绘）

3.3　以游憩需求为导向进一步划分选址范围

在游憩需求视角下，郊野公园的服务范围应该覆盖人口分布集中的区域。研究对场地内及其周边的居住区进行服务需求分析，以及人口分布密度分析，核实人口需求度较高区域和服务未覆盖区域（图7）。

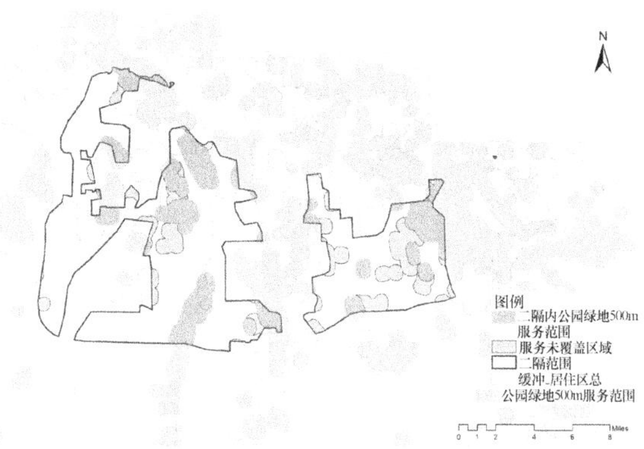

图7　绿色服务设施未覆盖区域

（图片来源：作者自绘）

经研究发现，公园的使用者出行方式首选公共交通，故公共交通覆盖较好的区域有利于提高游憩服务的价值。其次，路网的密度也是能够提供给出行的人更多的选择。利用层次分析法将游憩资源的密度以及分级、路网密度、交通站点密度进行分析，再与人口需求密度等相重合，得出游憩需求视角下最宜选择郊野公园选址范围（图8）。

图8　人口需求与游憩设施密度图

（图片来源：作者自绘）

利用生态敏感性为研究基底，利用GIS重分类进行分级为适宜开发建设用地、生态协调区、生态保育用地，再将前期分析中河流和游憩需求评价与游憩资源综合评价相叠加得出游憩的热点建设区域，进而叠加基本农田和规划建设用地等负因子，得出最终可选择建设郊野公园的区域。根据前期分析得出的现状未被覆盖绿色服务范围进行进一步审核，得出需要被补充的绿地范围，进行补充深化。其中，南海子湿地公园和大兴滨河森林公园已建成，予以保留规划。结合现有绿地共同构成绿色空间体系。对于一般农田，基于生态敏感性的评价，按70%转换为林地，作为郊野公园备选范围。结合现状地形，综合考虑郊野公园边界，进行郊野公园可选址范围细化（图9）。

图 9　郊野公园可选址区域
（图片来源：作者自绘）

3.4 协调上位规划与现状用地确立郊野公园规划结构及选址落位

整合前期游憩资源与现有生态可发展资源，预期将游憩布局以永定河游憩资源密集区为核心，东西向农业创新产业密集带和生态融合发展带联动发展的格局。由西至东整体呈现3区：生态融合型产业区、湿地核心游憩区、科技创新产业区；

在文化布局上，以永定河革命文化为核心，通过新凤河文化发展带沟通南中轴文化带联动发展。

3.4.1 整体结构布局

综合现状和规划整体形成五带五区多点多廊的规划整体结构。五带包括绿色创新产业密集带、生态融合发展带、永定河生态文化发展带、新凤河生态文化发展带、南中轴生态文化带；五区包括历史人文展示区、森林涵养区、农田经济区、永定河水源涵养区、南中轴形象展示区；以及综合各类公园的多点和绿廊（图10）。

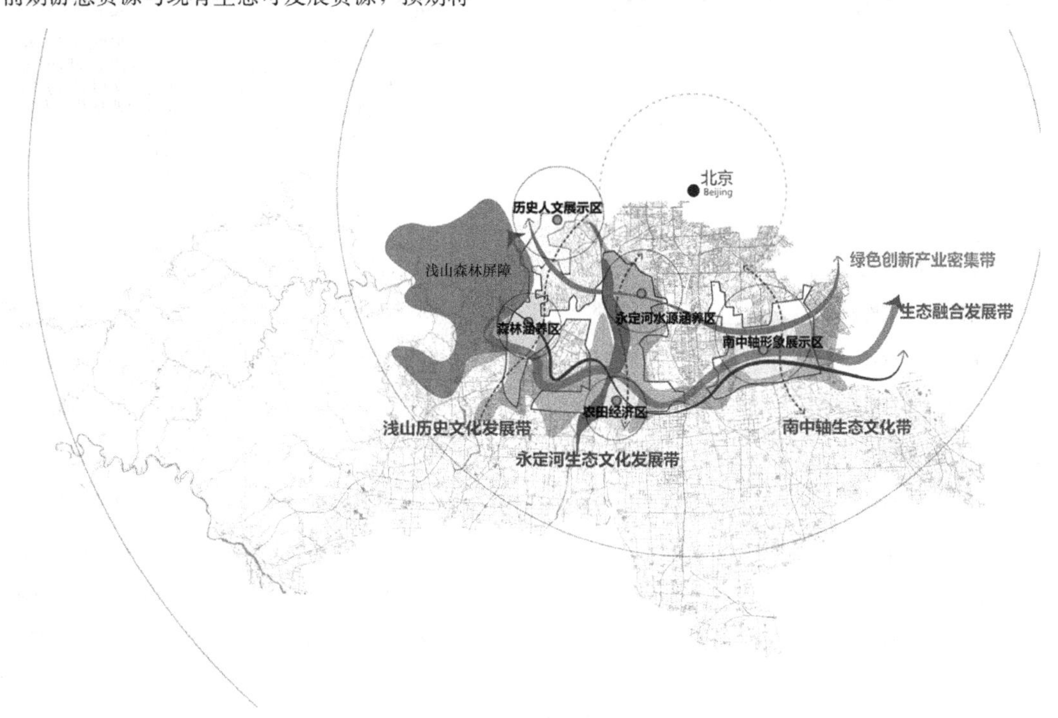

图 10　整体规划结构
（图片来源：作者自绘）

3.4.2 绿色空间体系规划及选址落位

根据自然资源协调布局，西北部浅山森林屏障加平原区林地发展较好区域协调规划内容，选出森林保育型郊野公园、森林康养型郊野公园两种以森林资源为主题特色的郊野公园。

根据历史文化资源结构规划，将历史文化资源密集分布区域和建设用地协调综合布局历史人文型郊野公园。

根据整体规划中农业体验区和农业经济集中区，设置农林保护型郊野公园、田园农艺型郊野公园等农业主体经济为主题的郊野公园。

根据整体规划中涉及的永定河水源涵养区串联生态融合发展带以及城市雨洪安全格局，设置水源保育型郊野公园、河流湿地型郊野公园两种类型的以水资源保护为主题的郊野公园。

根据游憩资源整体规划中以绿色产业、现状游憩资源为核心构建生态融合游憩的整体结构。建立生态游憩型郊野公园（图11）。

4 结论

本研究的郊野公园选址是以“逆规划”理念为指导，先期介入城市规划用地划定的一次尝试。重新考虑场地中各类用地之间的关系，以期找到更为合理的场地建设方法，保障城市发展中强制性不发展区域的类型与开发

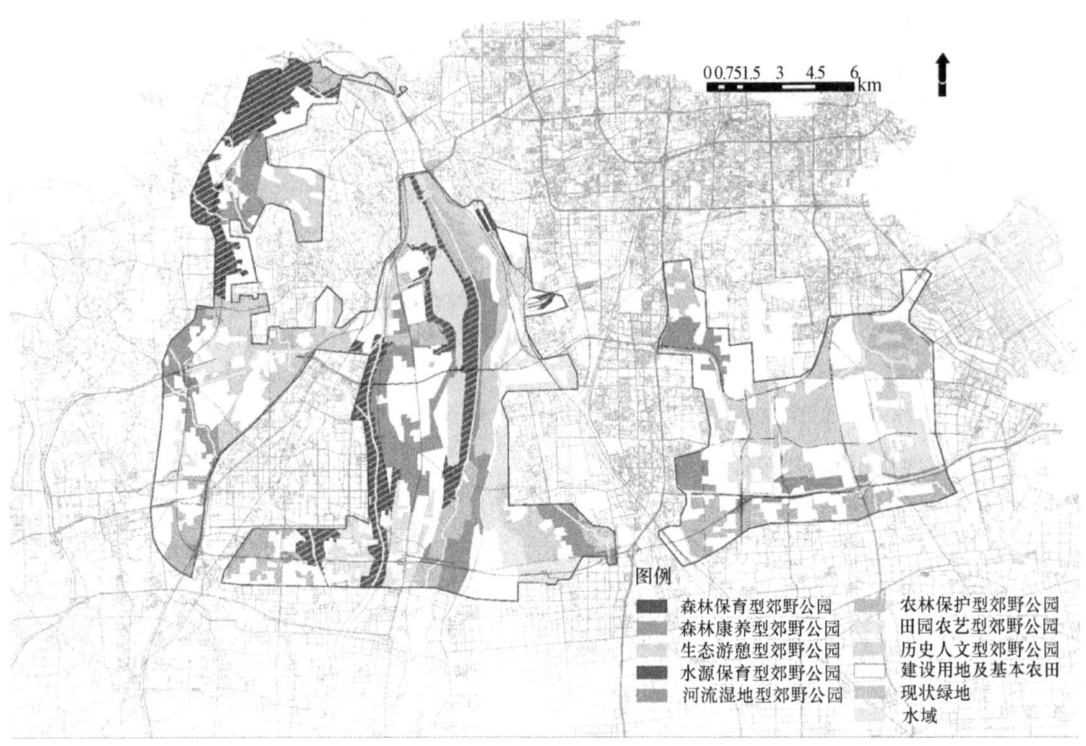

序号	类型	数量	面积(hm^2)	功能定位
1	森林保育型郊野公园	2	856.19	构建较大面积的森林保育空间,重点发挥森林生态价值
2	森林康养型郊野公园	2	482.66	构建适宜康养活动的森林空间,发挥森林生态服务新功能
3	历史人文型郊野公园	5	160.17	依托历史文化节点，发挥文化游憩功能
4	农林保护型郊野公园	6	303.97	依托基本农田，发挥农田生态功能
5	田园农艺型郊野公园	8	707.12	依托城市一般农田风貌，发挥产游结合效益
6	水源保育型郊野公园	7	274.31	构建适宜的滨水活动空间，重点保护城市水源
7	河流湿地型郊野公园	4	561.82	构建依托湿地的水源涵养廊道，发挥湿地生态功能
8	生态游憩型郊野公园	6	544.50	构建城市边缘区的活力空间，发挥森林游憩功能

图 11　郊野公园选址落位
（图片来源：作者自绘）

控制强度，构成城市发展的限制性格局。融合景观安全格局理念作为实施的理论依据，整体考虑城市发展过程中绿地与社会的布局关系，以期构建较为完整的选址理论构架。

参考文献

[1] 俞孔坚，李迪华，刘海龙．“反规划”途径[M]．北京：中国建筑工业出版社，2005.

[2] 俞孔坚，李迪华．论反规划与城市生态基础设施建设．杭州城市绿色论坛论文集[M]．北京：中国美术学院出版社，2002.

[3] 俞孔坚，李迪华，韩西丽．论“反规划”[J]．城市规划，2005，(9)：64-69.

作者简介

乔洁冰，1996 年生，女，河南省驻马店，北京林业大学园林学院在读研究生，景观规划与生态修复方向。电子邮箱：502861451@qq. com。

熊杰，1996 年生，女，山东省青岛市，北京林业大学园林学院在读研究生，景观规划与生态修复方向。电子邮箱：728333900@qq. com。

冉藜，1994 年生，男，重庆万州，北京林业大学园林学院在读研究生，风景园林规划与设计方向。电子邮箱：443213367@qq. com。

张晓佳，1970 年生，女，博士，北京林业大学园林学院副教授，风景园林规划与设计。电子邮箱：zhangxjbjfu@126. com。

张凯莉，1971 年生，女，北京，博士，北京林业大学园林学院副教授，风景园林规划与设计。电子邮箱：zhangk171@126. com。

传统城市区域风景研究综述①

Review of Research on Traditional Urban Regional Landscape

覃文柯　何　茜　王　贞　万　敏*

摘　要：为了解目前国内对于传统城市区域风景研究的情况，展望潜在的研究方向，进一步深入对传统城市区域风景的研究，本文通过可视化工具 CiteSpace 对现有针对传统城市区域风景研究的相关文献进行了梳理分析，并对其研究力量、研究内容、研究热点等情况做了阐述。最后对目前相关文献的研究资料和研究方法做了总结，并在此基础上提出我国传统城市区域风景的研究趋势，从而帮助推动研究的进一步发展。

关键词：风景园林；区域风景；传统城市；CiteSpace

Abstract: To understand the current status of study on Chinese traditional cities' regional landscape, find out existed weak links of the study, look into the potential study direction and further explore the study on traditional cities' regional landscape, the paper sorts out and analyze existed literature of traditional cities' landscape with visualized tool of CiteSpace. It analyzes current literature from aspects of study strength, study trends and hot spots. At last, it summarizes the research documents and research the methods of existed literature. On the basis of that, it raises the trend of the study on Chinese traditional urban landscape to promote the development of relevant study.

Key words: Landscape Architecture; Regional Landscape; Traditional City; CiteSpace

引言

在当今中国，随着城镇进程加快，城市景观同质化，"千城一面"的情况也越发严重。城市传统的风景面貌受到威胁，对传统城市区域风景的研究逐渐受到关注和重视。国内从 20 世纪 90 年代至今，随着山水城市理论、人居环境学、历史地理学等理论逐步被引入，学术研究领域对传统城市区域风景的研究日益增多。对于相关文献的梳理和总结对探讨传统城市区域风景的研究路径有很重要的指导意义。本文回顾国内文献，采用信息可视化软件 CiteSpace 辅助分析，以期全面了解我国对于传统城市区域风景的研究现状，展望潜在的研究方向。

1　相关概念界定及研究方法

1.1　传统城市区域风景内涵

区域，在汉语词典里的解释是"土地的划界，指地区"，社会学中认为区域是具有相同语言、信仰和民族特征的人类社会聚落。郑曦教授认为，以区域风景系统的概念强调现代风景体系需要突破城市建设范围的限制[1]。中国古代城镇风景是一种与城镇环境景象密切相关的视觉和活动集合的总体[2]，受观察者生活经验、知识结构与个人喜好的影响，具有风土、风物的内涵，能够很好地兼容民俗、宗教等社会行为。可以说"风景"既是视觉上的景观，又是经文化重构后的意象[3]，之所谓"江山虽好，亦赖文章相助"。

1.2　研究方法

研究采用美国 Drexel University 的陈超美教授基于 Java 语言开发的 CiteSpace 软件作为研究的可视化工具，该软件让文献中的数据结构和规律有直观的呈现，能识别出文献中的关键内容、研究热点，帮助全面和生动的展现研究的脉络和发展趋势。

2　研究文献计量可视化分析

本文以中国知网作为文献来源，以"区域景观""区域风景""城市""城镇""山水""风景""景观""营造""营建"作为关键词相互组合进行检索，检索时间段为 1990-2020 年，经过整理，剔除与本研究无关的文献，最终得到可供分析研究的 119 篇文献。并采用 Excel、CiteSpace 作为统计分析软件。从图 1 中可以看出，研究发展主要分为 3 个阶段，第一个阶段为 1994-2011 年的波动演进阶段；第二个阶段为 2012-2016 年的缓慢上升的阶段，每年有 10 篇左右的相关论文发表；第三个阶段为 2017 至今是加速上升的阶段，每年有平均 14 篇左右的相关论文发表。

2.1　传统城市区域风景研究研究力量分析

2.1.1　研究作者研究

研究者和研究机构能体现学科发展的力量，利用

①　基金项目：本论文受国家自然科学基金"绿网城市理论及其实践引导研究"（编号 51678258）资助。

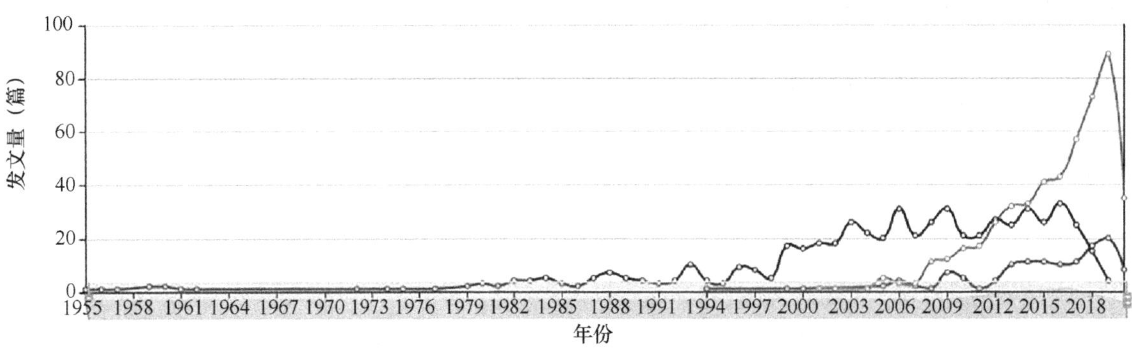

图 1　发文量时间变化趋势

CiteSpace 生成作者的合作图谱，筛选出发文量大于 2 的作者（图 2）。合作图谱中共有 17 个节点，节点的文字大小与发文量呈正相关，节点相互间的连线代表作者之间的合作关系。

图 2　作者合作网络图谱

从作者发文量的角度分析，王树声、郑曦、达婷、肖竞等为该领域内的高产作者。而在学术论文方面，可以了解到，西安建筑科技大学王树声教授的团队在对古城镇的风景营造研究的上面硕果累累，而北京林业大学的王向荣教授、李雄教授等也在这个领域有相当数量的研究。

2.1.2　研究机构分析

从图 3 中可以发现，西安建筑科技大学、北京林业大学、重庆大学等高校对传统城市区域风景研究较为关注。这些研究机构的学科背景大多为风景园林、城市规划、建筑学。

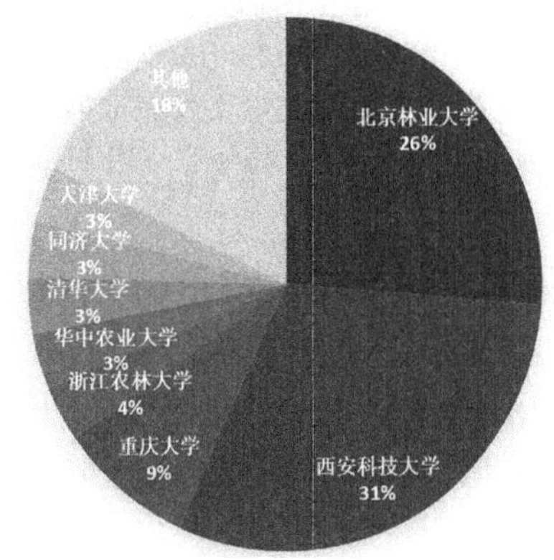

图 3　研究机构发表论文比例分析

2.2　传统城市区域风景的研究热点与前沿

2.2.1　研究热点

通过对能体现论文核心的关键词的分析，可以快速了解该研究领域的主要研究热点和动态。通过 CiteSpace 软件可以得到图 4 关键词共现知识图谱，图中节点数 20，连线数为 420，网络密度为 0.0151。图中节点的大小和关键词出现的频次成正比。节点之间的连线表示关键词之间的共现关系，线条的颜色与关键词共线时间相关。从表 1 关键词频次可以看出“人居环境”“风景园林”“山水城市”“山水格局”“风景营造”“山水环境”“历史城市”“城市格局”“区域景观”“风景营建”“山水”等为该领域内研究的热点和重点内容。其中“人居环境”“风景园林”“山水城市”“山水格局”“风景营造”不仅频次高，而且具体很强的中心性（≥0.1），是图谱中的枢纽。

图 4　关键词共现知识图谱

关键词频次　　　　　　表 1

频次	关键词（中心性）
20	人居环境（0.41）、风景园林（0.35）
17	山水城市（0.45）
9	山水格局（0.17）
8	风景营造（0.11）
5	山水环境（0.09）
4	历史城市（0.08），城市格局（0.05），区域景观（0.07），风景营建（0.04），山水（0.13）
3	景观（0.02），区域风景系统（0.09），城市风景（0.05），地域环境（0.02），山水境域（0.04），文化景观、城域景观（0.04），福州（0.03），营造智慧（0.02），原型（0.07）
2	文人士大夫（0.01），城镇（0.02），西南山地、营造理法、营城实践（0.01），风景组织（0.02），生态（0.02），古代城市（0.03），分层解析、景观特质、文化（0.02），古城（0.04），动力机制、人地关系、南宋建康、演进过程传统人居环境（0.05），镇江（0.01），空间格局（0.02），历史城镇、城市山水系统、城市设计（0.02），马光祖、营建思想、山水风景体系、宁波、区域山水环境（0.02），中国古代城市、延安（0.05）

2.2.2 研究趋势

图 5 揭示了近 16 年来研究热点的演变。研究发现，“山水城市”一直是研究的热点。随着时间推进研究逐渐深入和细化，对传统城镇区域风景的研究，由初期的城市规划专业中对“山水城市”的研究逐渐拓展到对城市区域的“山水格局”和“人居环境”的研究。2012 年左右引入了“风景营造”的概念，研究对象出现了更多典型的历史城市。而 2016 年后，随着研究的发展，对区域风景的研究慢慢从城市规划中“人居环境”的范畴转向“风景园林”的范畴。2018 年后，随着学科技术手段的发展以及多学科交叉的研究趋势的产生，“风景营建”逐渐成为研究的主要方向。结合关键词词云的分析（图 6～图 8），将

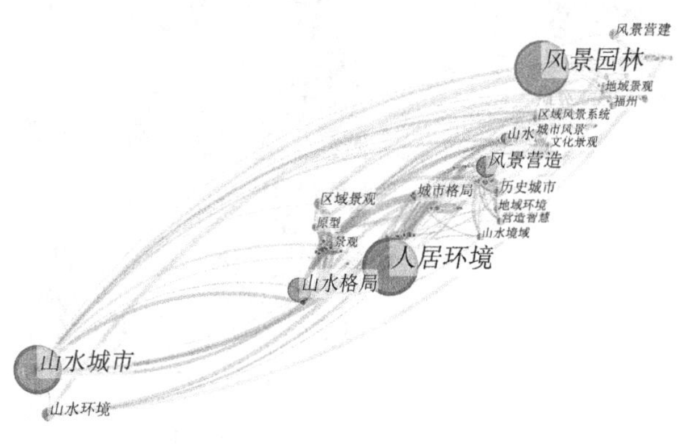

图 5　高频关键词时区分布

我国对传统城市区域风景的研究梳理归纳为如下表 3 个阶段（表 2）——基于山水文化的概括性城市规划理论研究；基于人居环境理论的风景营造研究；基于风景园林视角的城市区域风景营建、区域风景空间格局的研究。

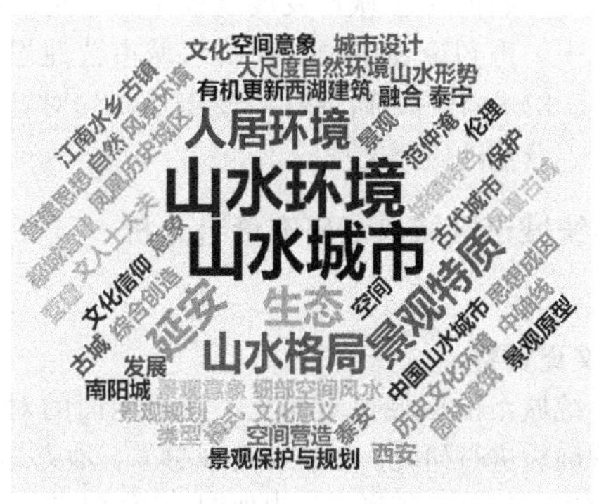

图 6　2009-2011 关键词词云

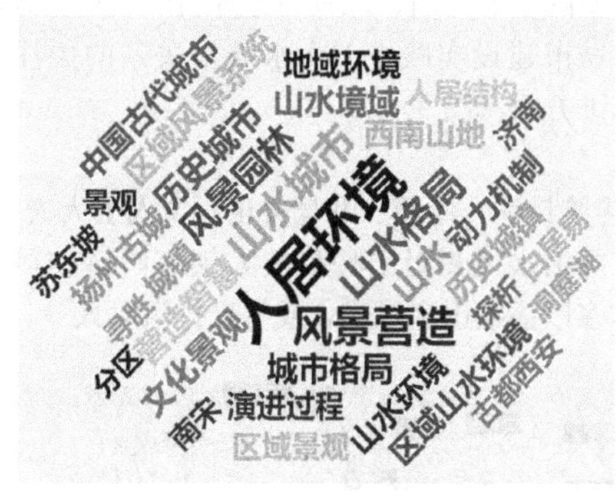

图 7　2012-2016 关键词词云

图 8　2017 至今关键词词云

关键词阶段分析　　　　　　表 2

时间	新出现的代表性关键词	主要研究内容
2009-2011	山水环境、山水城市、山水格局、景观特质、山水格局	基于山水文化的概括性的城市规划理论研究
2012-2016	人居环境、风景营造、区域风景系统、城市格局	基于人居环境理论的风景营造研究
2017 至今	风景园林、风景营建、空间格局、分层解析、人地关系	基本风景园林视角的城市区域风景营建，区域风景空间格局的研究

3　研究文献内容分析

我国早期对传统城市区域风景研究倾向于城市规划的角度，从开始的对于城市发展过程中城市传统风景消失的反思[4]，再到论述中国古代山水城市营建思想的形成原因[5]。20世纪后，研究开始逐步过渡到对特定城市风景营造、营建的研究上[6]。

3.1　传统城市区域风景研究资料分析

3.1.1　文史资料

对传统城市的区域风景研究，需要全面的对区域的历史景观面貌进行研究。正史、地理总志、地方志，以及野史、笔记、碑刻、年谱、历史地图、历史照片、报纸等文献材料[7]都是学者重要的研究素材。历史上遗留下来的境图、城图、形胜图、八景图等资料的表达方式亦体现了古人在城市建设实践中对山水城市关系的关注和内外兼顾的思维方式（图9）。

3.1.2　传统诗词、绘画、八景文化、文人士大夫

城市的山水风光吸引历代文人墨客吟诗作画，这些诗词画作多以描绘山水风光，或借景抒情喻人[9]，以通天尽人之怀扩展了山水风景的内涵（图10）。中国古代文人的山水诗与游记是风景营造思想与实践的史料来源。王言通过可视化定量分析的方法，将明清山水画作、舆图中的绘画性图示语言与区域性景观进行结合[10]。达婷认为整体城镇风景的时空意象在“八景”题咏中得到了提炼和体现[11]（图11）。范仲淹[12]、马光祖[13]、白居易[14]等文人士大夫参与城市山水风景发现、营造、升华的全过程，他们“文心”的点染升华了城市的风景意境[15]。

图9　泸州州城图[8]

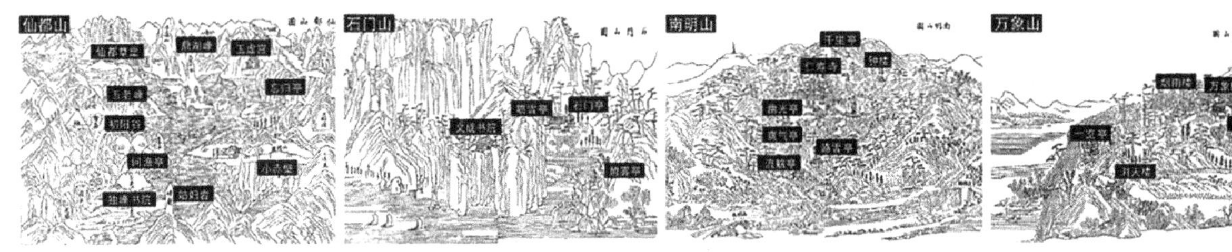

图10　仙都山、石门山、南明山、万象山舆图[16]

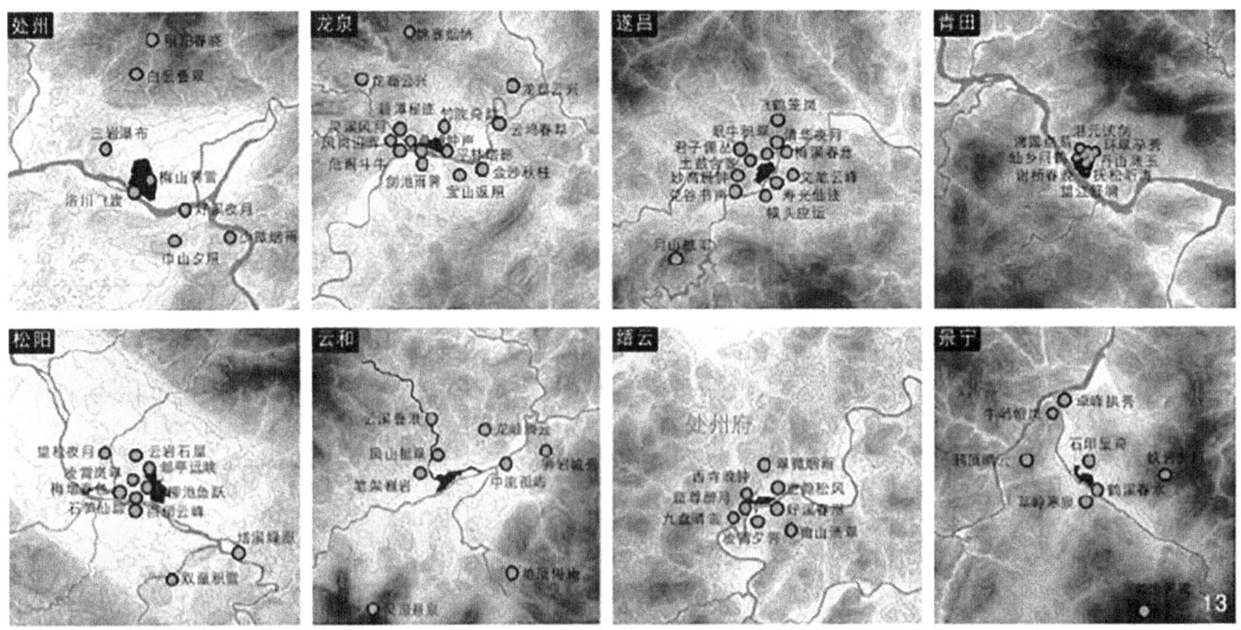

图11　八景体系的空间分布[16]

3.1.3 古代山水文化、营城思想、近代山水城市、人居环境科学的理论

中国传统的山水文化可以从文化的角度去解释传统城镇的风景组织方法，是传统城镇风景组织的精髓[16]。中国古代城市营建思想中匠人营国的制度等都包含了古人相土尝水、改造自然、利用自然的思想[17]（表3）。王树声教授指导学生基于山水城市、人居环境科学等理论，对古代岳阳[18]、杭州[18]、桂林[20]、绍兴[21]、张掖[22]、自贡[23]、武夷山[24]等城市的人居环境营造进行了分析。

3.1.4 多学科交叉的研究视角

随着研究的发展，学者开始利用跨学科的视角重新审视传统城市区域风景的相关问题，引用了包括人类史、城市史、社会学、考古学等跨学科的相关材料，以及地理学科技术。例如利用GIS技术对城镇古代舆图、城图等进行地理信息进行信息转译和空间定位[25]，通过使用各类考古勘探的结果及相关测绘图去补充历史区域风景营建资料[26]，通过采集地理空间数据云平台的高程数据、地面摄影、遥感图像得到自然环境的相关地图数据[17]，利用历史卫星图片研究历史区域自然格局，聚落分布等（图12）。

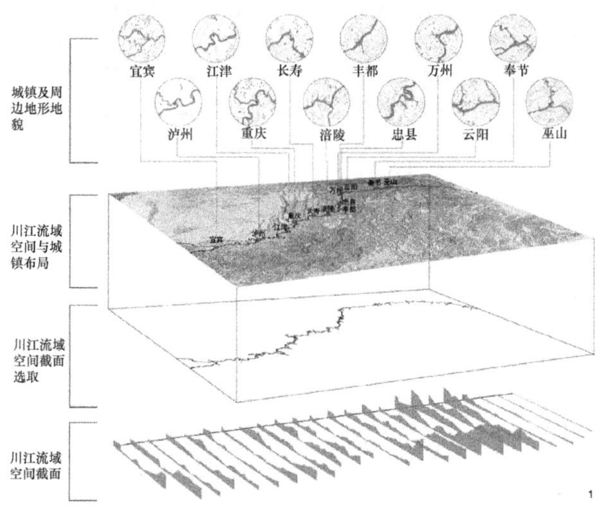

图12 川江段地貌及全貌[8]

3.2 传统城市区域风景研究方法

传统城市区域风景要素研究，是将区域风景分成抽象或者具象的元素单元，并对其体系和组织构架的研究[31]。学者引入景观生态学的相关理论，对构成景观的山体基质、水体廊道以及古城斑块进行分析[28]。利用系统分析法提取出山水、边界、轴线、街巷、群域、标志、景致7部分的城市景观构成要素[29]。遵循城市形态学的基本方法，从风景要素类型、风景组织和城镇风景特色的形成3个层次分析城市风景构成逻辑[16]。达婷通过空间句法研究水系空间与城市空间的组织关系[30]。王树声[14]、梁斐斐。从风景组织关系出发研究宏观视域下古代城市区域风景整体格局[14]。熊瑞迪以区域风景单元的功能性作为区分，阐述传统城市区域风景的营建。随着研究的发展，研究趋势倾向于从风景园林的视角对于历史城市景观体系的发展变迁的研究，强调地域环境、山水格局、农田水利等景观要素对于城市景观体系的复合作用，以及不同时期人类活动与景观体系的互动关系[31]。北京林业大学的多位学者在风景园林的视角下对杭嘉湖[32]、镇江[31]、皖南青弋江、水阳江[33]、岳州府城[27]、福州[17]等城市的区域风景营建做了研究。

4 结语

随着城镇化的进程的加速，诸多城市的山水格局发生改变，传统风景结构面临着失衡和消亡。对于传统城市区域风景的研究，对当代城市山水人居环境的传承和发展有着重要的现实意义。我国的传统城市区域风景研究在经历了城市规划、区域景观的研究阶段后，逐步过渡到更侧重区域风景营建的风景园林的视角。由传统文化对城市规划概括性理论的影响的研究，逐渐转为对特定城市风景体系数据化的研究[31]。而风景园林学科具有复杂性，研究手法的学科交叉趋势明显，如何整合其他学科新的技术，重新梳理学科内的研究方向，也是未来学科发展的机遇与挑战。

参考文献

[1] 徐倩. 古代苏州区域山水环境的构成与发展研究[D]. 北京：北京林业大学，2016.

[2] 郑国铨. 中国山水文化导论[J]. 中国人民大学学报，1992，(03)：46-53.

[3] 达婷，杜雁. 传统城镇风景组织的形态学思考——以明清武昌城为例[J]. 中国园林，2015，31(02)：56-60.

[4] 朱畅中. 风景环境与“山水城市”[J]. 规划师，1994(03)：17-18.

[5] 龙彬. 中国古代山水城市营建思想的成因[J]. 城市发展研究，2000(05)：44-47+78.

[6] 王思蓝. 长治城市区域风景体系传承的现代方法[D]. 西安：西安建筑科技大学，2019.

[7] 李良. 历史时期重庆城镇景观研究[D]. 成都：西南大学，2013.

[8] 毛华松，梁斐斐，熊瑞迪. 川江流域传统城镇风景要素梳理及组织特征探究[J]. 风景园林，2018，25(9)：27-33.

[9] 刘秀丽. 柳宗元风景营造思想与实践研究[D]. 西安：西安建筑科技大学，2018.

[10] 王言. 基于明清山水画作图式的苏州古城西郊区域景观研究[D]. 武汉：华中农业大学，2019.

[11] 达婷，杜雁. 传统城镇风景组织的形态学思考——以明清武昌城为例[J]. 中国园林，2015，31(02)：56-60.

[12] 来嘉隆，王树声. 文人士大夫对山水城市格局的影响——以范仲淹在延安的营建活动为例[J]. 西安建筑科技大学学报(社会科学版)，2010，29(04)：37-41.

[13] 熊瑞迪. 南宋马光祖知府建康时期的城市风景营建研究[D]. 重庆：重庆大学，2019.

[14] 陈挺帅. 从白居易对西湖风景的营建感悟当代风景园林师的社会责任和义务[C]. 北京：中国风景园林学会. 中国风景园林学会2013年会论文集(上册)，2013，4.

[15] 王树声. 重拾中国城市规划的风景营造传统[J]. 中国园林，2018，34(01)：28-34.
[16] 叶可陌，李雄. 丽水瓯江流域古城山水风景系统构建特征研究[J]. 风景园林，2020，27(07)：114-120.
[17] 张雪葳. 福州山水风景体系研究[D]. 北京：北京林业大学，2018.
[18] 邹帛成. 岳阳古城历史人居环境营建智慧[D]. 西安：西安建筑科技大学，2013.
[19] 朱玲. 杭州古代城市人居环境营造经验研究[D]. 西安：西安建筑科技大学，2014.
[20] 姚远. 桂林历史城市人居环境山水境域营造智慧研究[D]. 西安：西安建筑科技大学，2013.
[21] 王景. 绍兴历史城市人居环境山水境域营造智慧研究[D]. 西安：西安建筑科技大学，2013.
[22] 王蓓. 张掖历史城市人居环境山水境域营造智慧研究[D]. 西安：西安建筑科技大学，2013.
[23] 李林洁. 自贡历史城市人居环境山水境域营造智慧研究[D]. 西安：西安建筑科技大学，2013.
[24] 韩蕊. 武夷山地区历史城市人居环境山水境域营造智慧研究[D]. 西安：西安建筑科技学，2013.
[25] 梁斐斐. 川江沿线城镇传统风景要素及营建特征探究[D]. 重庆：重庆大学，2019.
[26] 丁静蕾，叶莺. 从“分离”到“融合”——浅析风景园林与中轴线在中国古代都城营建中的关系变迁[C]. 北京：中国风景园林学会. 中国风景园林学会 2009 年会论文集，2009，6.
[27] 许少聪. 岳州府城区域风景体系构成与营城实践的关系研究[C]. 北京：中国城市规划学会，重庆市人民政府. 活力城乡 美好人居——2019 中国城市规划年会论文集(13 风景环境规划)，2019，9.
[28] 崔吉浩. 山地传统城镇景观特质研究[D]. 天津：天津大学，2009.
[29] 李婉仪. 晋中盆地山水城市营造的文化传统与景观理法研究[D]. 北京：北京林业大学，2017.
[30] 达婷. 明清南昌城历史景观组织研究[J]. 中国园林，2017，33(04)：120-124.
[31] 高原. 镇江历史城市景观体系营建研究[D]. 北京：北京林业大学，2018.
[32] 何伟. 杭嘉湖平原传统风景营建研究[D]. 北京：北京林业大学，2018.
[33] 刘琦. 皖南青弋江、水阳江下游流域区域景观研究[C]. 北京：中国风景园林学会. 中国风景园林学会 2019 年会论文集(下册)，2019，6.
[34] 王吉伟，刘晓明. 结合自然山水格局的隋唐长安都城区域景观营造研究[J]. 中国园林，2020，36(04)：134-138.

作者简介

覃文柯，1986 年生，女，汉族，湖北武汉，华中科技大学在读博士研究生，华中科技大学建规学院，风景园林。电子邮箱：282667114@qq. com。

何茜，1995 年生，女，四川省自贡，华中科技大学在读硕士研究生，华中科技大学建规学院，景观规划设计。电子邮箱：822096179@qq. com。

王贞，1972 年生，女，汉族，湖北武汉，博士，华中科技大学建规学院，副教授，城市景观设计、滨水景观生态规划。电子邮箱：janewz@hust. edu. cn。

万敏，1964 年生，男，汉族，江西，硕士，华中科技大学建规学院，教授、博士生导师，研究方向为景观规划与设计、文化景观、工程景观。电子邮箱：wanming1@sina. com。

临汾盆地引泉灌溉系统及其区域景观格局探究①

Study on the Spring Irrigation System and Regional Landscape Pattern in Linfen Basin

钟誉嘉　林　箐

摘　要：引泉灌溉是黄土高原地区的重要的农田水利工程之一，深刻影响着这一区域的生活方式以及人居环境。本文通过分析山西汾河谷地区域地域景观演变过程中的水利因素影响，剖析引泉灌溉对山西汾河谷地地区传统人居环境的支撑作用，有助于深入挖掘黄土高原地区传统土地利用方法的历史、生态与美学价值，为维护中国城市及地域景观风貌提供一定参考。

关键词：风景园林；传统地域景观；引泉灌溉；临汾盆地

Abstract: Spring irrigation is one of the important farmland water conservancy projects in the Loess Plateau region, which profoundly affects the lifestyle and living environment of this region. This paper analyzes the influence of water conservancy factors in the process of regional landscape evolution, and analyzes the supporting role of the spring irrigation on the traditional human settlements in the Fenhe Valley, Shanxi Province. This article will help to Explore deeper into the value of traditional land use methods in the Loess Plateau in terms of history, ecology and aesthetics, which provides a reference for maintaining the landscape of Chinese cities and regions.

Key words: Landscape Architecture; Traditional Geographical Landscape; Spring Irrigation; Linfen Basin

山西地处黄河中游地区，东西两侧为山地丘陵，中部是一系列断陷盆地，由南至北依次是运城、临汾、太原、祁定和大同盆地。虽然崇山峻岭、千沟万壑的地形条件让山西境内拥有数量众多的河流，但其水源主要来自大气降水，具有较强的季节性，因此其气候呈现出十年九旱、洪旱交错的特征。盆地边缘的断裂带让丰富的地下水大量溢流出地表形成稳定的泉水，山西境内有遍布各地的大小泉源。尤其在汾河中下游地区，泉眼之多、泉水之盛在全国屈指可数[1]。清代著名学者顾炎武曾说山西泉水之盛可与福建相伯仲[2]。在以农业经济为主体的古代社会中，稳定的泉水是山西重要的生存资源，各朝各代均十分重视与泉相关的水利建设，这些水利工程在推动农业发展的同时，也改变和塑造了当地的区域景观。

本文的研究范围为临汾盆地区域，这一区域引泉灌溉的历史悠久、体系完善且规模较大。目前引泉灌溉的研究多以社会学为主，主要探讨泉域社会的社会组织模式，而较少关注这一体系下所形成的地域景观特征。本文则从风景园林的角度，通过对历史地图、传统舆图、水利碑刻、历史照片等图像资料的收集和分析，对临汾盆地区域引泉灌溉环境基底、灌溉体系、聚落系统和文化景观 4 方面进行分层化的解析，揭示该地区独特的景观特质，对了解中国黄土高原地区区域景观的形成与结构具有较强的意义。

1　引泉灌溉沿革简介

临汾盆地内碳酸盐岩分布广泛，蕴藏着丰富的岩溶水资源，涌泉是山西地区熔岩水出露的主要形式，这些岩溶大泉位于盆地与山脉交汇处的山前断裂带中，泉水流量大而稳定，是区域内可靠的水源，为当地兴修水利、发展灌溉农业提供了必要的物质基础[3-5]。

古代对于汾河流域泉水利用的记载，最早见于《水经・晋水注》："智伯遏晋水以灌晋阳，其川上源，后人踵其迹……沼水分为二派，其渎乘高，东北注入晋阳，以周圆溉"，指的就是今天的晋祠泉水。秦汉时期，汾涑河流域的翼城及万荣等地也开始利用泉水，引浍山滦泉、瀵水灌溉，大大推进了临汾盆地农业的发展。至隋唐时期，引泉灌溉工程蓬勃兴起，以鼓堆泉为代表的一大批泉水灌溉工程被开发，形成了一定规模的灌溉网络，其效益之好，在全国名列前茅，据记载，当时仅次于江浙和陕西。临汾盆地内鼓堆泉、霍泉、龙祠泉三大泉水灌区规模达一千五、六百顷，推动了汾河下游农业经济的发展，自隋唐以来 1400 多年间一直是山西最主要的产粮区和农业经济发达地区，被称为山西的"米粮川"和"江南乡"[1]。到了明清时期，各大泉水灌区全面发展与扩建，还形成了一套比较完善的灌溉管理制度和条文。直到今天，仍有许多泉水灌区在发挥作用。

泉域的开发利用为振兴古代农业创造了条件，而聚落的衍生也与泉水在时间和空间上的开发利用具有相当的一致性。晋文化中心的翼城、曲沃和侯马就是由于滦池泉水的开发利用而兴起的。司马迁《史记・货殖列传》记载了全国 23 个经济大都会，其中山西有 2 个，一个就是平水（龙子泉）之阳的平阳（今临汾金殿镇），一个是霍

① 基金项目：北京林业大学建设世界一流学科和特色发展引导专项资金资助——传统人居视野下城—湖系统的结构与格局及其转化研究（2019XKJS0315）。

泉下游的杨（今洪洞东南）[6]，这些地方都有较易开发的大泉。历史文化名城新绛也是在鼓堆泉水的滋养之下得以发展。纵观临汾盆地区域城市发展，不难看出，开发最早、最为繁荣昌盛的地方，恰恰是引泉灌溉工程最集中、最发达的地方。泉水不但是临汾盆地农业灌溉强有力的助推手，也是城市发展振兴的基石。

2 引泉灌溉营建体系

2.1 泉水灌溉体系

2.1.1 渠系结构

引泉灌溉就是以泉域为主体的灌溉体系，其以泉水为源头，以“干、支、斗、农”等渠系结构为骨架。泉源处往往有多个泉眼，为了减少渗漏，当地人修建蓄水堰用于积蓄泉水。干渠、支渠与泉源相接，用于分配泉水，斗渠和农渠则直接用于农田灌溉，共同构成以泉源为中心的放射状灌溉网络。沿渠还根据村落规模设有陡门，陡门即泄水陡口，用于将渠水分配给各个村庄进行轮灌（图1）。

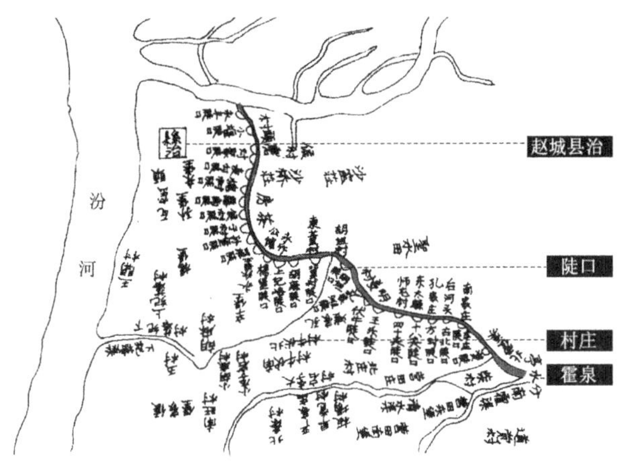

图1 赵城县北霍渠陡口分布[8]

山麓除了泉水，还有山涧中的季节性洪流，呈放射状发散的泉水渠道往往会和这些洪流相互交叉。由于黄土高原水土流失，洪流携带大量的泥沙，流经泉水渠道时会造成淤塞。龙子祠泉的渠道就与姑射山中几条沟涧相互交叠，面临着仙洞沟、八沟涧、席坊沟、窑院沟、峪里沟、龙澍沟等几条横穿全区的洪流侵扰（图2）。据记载，乾隆三十二年（1767年）农历七月二十八日，窑院沟“涧水汪洋”“将泉眼壅成沙岭”，造成了极大的影响。对于洪流的侵扰，当地人主要采取“避”“堵”“疏”3种技术手段来避免洪流的危害[7]。“避”即通过涵洞或者渡槽让泉水和洪流分离，其中规模最大的是上官河通过仙洞沟的涵洞，长约146m，宽约1m，高约2m，采用砖石拱砌结构，让涵洞可以最大限度地经受来自渠水和洪流的压力。直到今天，这些涵洞仍在使用。除此之外，人们还在涵洞周边沿洪水来的方向建筑石堰，以阻挡洪水冲击，

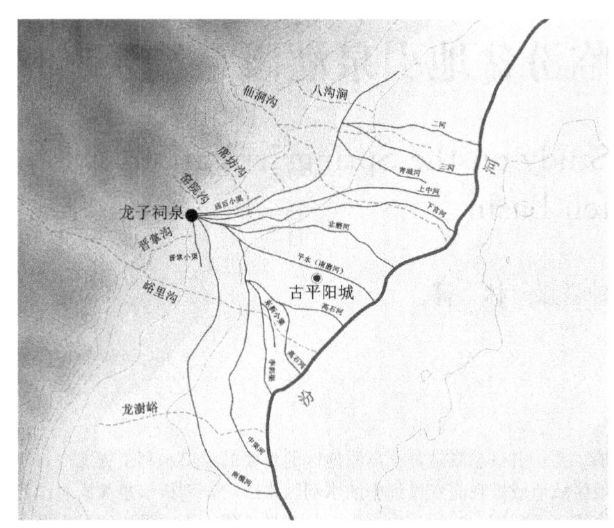

图2 龙子祠泉水灌溉体系[7]

谓之“堵”。“疏”则是定期疏通淤塞的渠道，保证泉水顺畅流动。

人工修建的泉水渠道与引河灌溉的渠系，以及山涧中的自然洪流交织在一起，形成了临汾盆地区域错综复杂的水网。

2.1.2 “分水亭”分流技术

由于泉水资源有限，泉水的分配问题极易引发不同聚落之间的矛盾与冲突。在长期的实践中，当地人们逐渐形成了较为合理的水资源分配方式，开发出了测水分流技术。测水分流主要根据下游村庄和农田规模确定需求，在水源处将水分流，按比例供给下游的农田与村庄。

次一级的渠道一般通过简单的浮石分水，等级较高的渠道水流量更大，牵扯的人群数量更多，分水设施往往也更为复杂。比如著名的霍泉分水亭（图3），宋金以来霍泉流域内洪洞和赵城两县的人民就因为“分水不均”而争讼不休，最初设置长约2m的限水石放在渠底均衡水流

图3 霍泉分水亭

流速，避免水流缓急不同导致水量不均，又在渠口设立高约70cm、宽33cm的拦水柱一根，用于分水。但由于“立拦石以障水，湍流之势，润下之性，未必滴涓不淆，且六尺、二尺石，既小而易于弃置，碎烂毁败，不能垂久”，简单的限水石精准度有限，且十分容易损坏。因此在清代又修建11根四棱铁柱栅，形成10个均布的孔洞，升高栅口，让水流均衡，并在第四根铁柱处修建石墙，将水流均匀的三七分，“洪三赵七，则广狭有准矣”。分水设施之上修建有亭子，亭内还设有石碑，碑亭内碑文记载分水情况，碑阴刻分水图，详细记载了此处分水历史及规章制度。除霍泉源头的分水亭外，洪洞境内的清水渠也在李卫村渠口和小李宕村陡口之上修有木桥一座，下有铁栅分配渠水，并砌石墙分流。

“分水”构筑物最初只是泉水灌溉中的水利设施，但在后期的发展过程中，人们对于这一重要节点进行改造，逐渐实现了水利设施风景化，与源头的蓄水堰共同构成风景优美的公共空间，也成为了引泉灌溉体系中标志性的构筑物。

2.2 金石碑刻

在水利建设和利用的过程中，人们逐渐发展出一套管理制度和条文，当地人常常将水利大事件以及由此制定的管理条文记录下来。在临汾盆地区域，金石刻碑就是这些水利条文、事件最为常见的载体之一，以记载水利条例、水案纠纷、功绩功德以及相关工程为主。

水利碑刻通常既有翔实的碑文，如洪洞县罗云村就有《云乡陂池记》，记载了乾隆四十六年修缮村中陂池之事；临汾县贾得乡东亢村《亢泉更名碑》记载了贞祐五年将村中泉水更名的事件；曲沃县沸泉林交村龙岩寺就存有顺治十一年（1654年）“林交景明分水图碑”，详实的呈现了林交、景明等六村的争水分水历史。除此之外，碑刻也常常镌刻有相关水道图，能更加直观的展示当地水利情况，如河津《瓜峪口图说碑》为分水记事碑，记述“瓜峪”水泉的水系和灌溉田亩状况，碑阴就刻有瓜峪水系图。

在山西，修建水利碑刻的传统一直延续到民国时期，这些碑刻成为了水利事件的历史载体，散存在村落的公共空间里，形成村村有石碑的文化景观。

3 引泉灌溉与水利经济

临汾盆地内平原面积狭小，河流多为季节性河流，因此常常种植小麦等耐旱植物。但是在河谷泉涌地带，泉水流量大且水流稳定，低凹沟水地较多，丰富的水源和良好的灌溉条件非常适宜水产作物的种植与养殖。水稻、莲藕、荸荠、芦苇等水产经济作物在泉灌区域十分常见，司马光《游鼓堆泉》碑记载：“田之所生，禾麻稌穱，肥茂芗甘，异他水所灌”。明代诗人许用中的《鼓堆》一诗：“春入平芜带石泉，一泓双涧晓生烟，蒹葭人依沧浪渡，杨柳风寒云梦天。原野氤氲还此夕，乾坤开凿自何年，登临不尽濠梁兴，落日长吟秋水边”，就描绘了鼓堆泉边苇稻、藕田遍布的美景。这些泉水流经的区域甚至有“小江南”之称。

由于泉水水流落差大，水量充沛，当地人民还利用自然流水落差制作水磨。临汾盆地区域水磨业也颇为发达，水磨在泉渠上鳞次栉比，直至新中国成立前仍然星罗棋布[10]。水磨是临汾盆地区域一项重要的传统产业，经济效益极高，占据了地理优势的村落可以大力发展水磨业，发展成为较大的聚落，如霍泉道觉村就是远近闻名的大村落，拥有11盘水磨，集市发达，商铺林立，有“金道觉”之称。一些村庄则因水磨而发展起来，如南磨村原为东永一村南的一片土地，其他依小渠建有水磨，后发展为村庄。

得益于丰富的水资源，临汾盆地各个泉域内的农业和水磨业发展繁荣，成为了带动区域发展的主要动力，也形成了黄土高原内独特的农田景观。

4 引泉灌溉与聚落系统

4.1 聚落发展的支撑系统

从区域尺度来看，水利和农业系统是区域景观结构的基底，区域中的山、水、田网络结构也是聚落发展的基础[9]。引泉灌溉体系和黄土高原独特的地形地貌则影响着盆地中聚落分布和布局。区域范围内构筑的水利系统支撑着周边村落的发展，村落沿着水利渠系分布，渠水用于供给生活用水与农田灌溉，而越靠近干渠的村落规模越大。这些水渠至今仍在发挥作用，也是人们生产、生活的重要场所（图4）。

图4 龙祠泉干渠渠道

在泉域下游，更靠近河流、更易获得充足水资源的区域，盆地中山水环境更为优越的地方往往发展成为中心聚落（图5）。泉水灌溉也成为城市发展中的重要支撑系统。一方面泉水流经城市可以为城壕供给水源，护城河既利用凹凸落差形成双重防御体系，也是城市一座巨大的蓄水池，用于城内生产生活、消防等。洪洞县城池外沟壑纵横，具有“重门重城，流水环抱”的城市格局，其环绕的护城河就兼具了城市防洪、防护功能。另一方面，泉水还沿渠道流进城市，构建城市内部的水利系统。副霍渠的

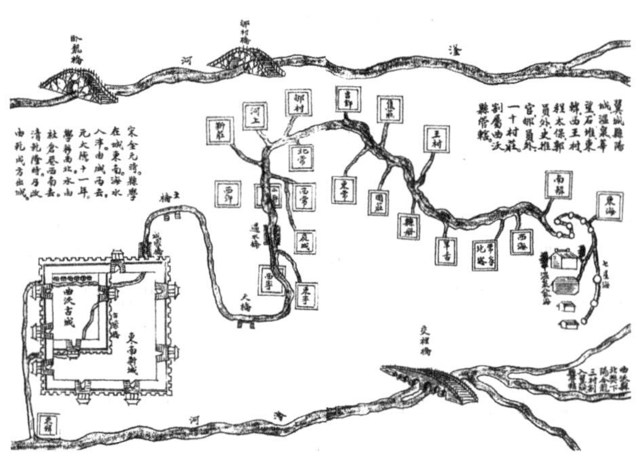

图 5　曲沃七星泉水利图[10]

源头就是霍泉，渠水“由小北门外少东入南流”入城，供城市居民使用，又修建有“羊沟”用于通清流而泻污水，最后经城中 6 个出水口排入汾河。

在区域的尺度上，泉水灌溉体系所构成的水网结构影响了城镇体系的布局和发展，成为各个聚落供水、储水、排水的基础设施，是聚落发展的支撑系统。

4.2　因泉而生的园林景观

泉水灌溉系统在调节城市和区域水文条件的基础上，在人们的营建过程中，逐渐发展成为公共景观。万历年间，临汾县“乃西引晋水（龙子祠泉水）”，建成平湖。平湖风光秀美，湖四周盛产“粳稻菱茨”。人们常常泛舟湖上，是时人“上巳游观之所”，宋代的陈赓，元代的段克己，明代的张润、张昌，清代的孔尚任等著名诗人或名儒，都来此游览，写下大量赞美诗篇。

一些发展得比较好的城市引泉入城后还蓄积湖泊，营造公共景观。其中最为著名的是新绛县的绛守居园池，它兴建于隋朝开皇十六年（596 年），也是我国最早的郡守花园。据《白公疏通水利纪略》记载，鼓堆泉泉水分三支，“中流溉三林诸村，西流溉龙泉诸村，东流入城，名为官河”[14]，泉水经三十余里最终“入州城，周吏民园治之用”[15]。鼓堆泉水引入城中之后，“又引余波贯牙城蓄为池沼”，即为绛守居园池，园中“中建洄莲亭，旁植竹木花柳”，营造出优美的园林景观（图 6）。赵城县县署内的西园也是引霍泉之水为池，“池横亘数十弓，石甃之，霍泉水活活从外入，游鱼数百尾隐现波纹间”，成为赵城县内一景。

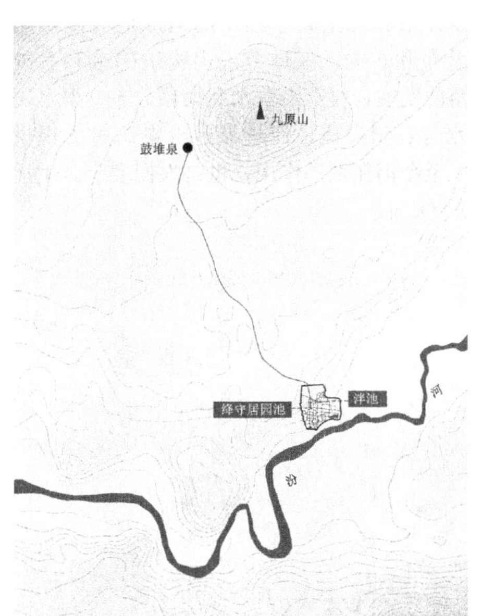

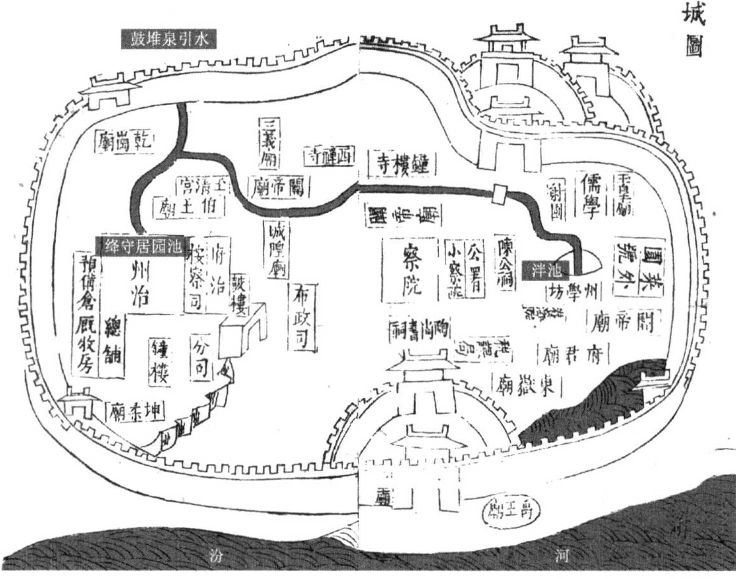

图 6　鼓堆泉水入城图[12]

5　区域格局

5.1　“山—泉—田—城—河”的区域格局

总而言之，先民在用水治水的过程中，“泉”成为了线索，将自然环境、水系网络、农业景观和聚落景观串联起来，共同构成了临汾盆地“山—泉（祠庙）—田（村落）—城—河”一体的区域景观格局。

在区域尺度上，泉水灌溉体系与泉域农业体系是区域景观结构的基底。同时，因泉而生的水利农田网络也是村落与城市发展的基础，泉水灌溉体系的建设不仅保障了区域的可持续性发展，还在一定程度上构建了贯穿城市内外的完整的自然系统。人们在土地整理和利用的过程中，也不断完善对于山水环境的营建，构筑了许多可供游憩的风景资源，使得区域环境不断演变，逐渐形成独具特色的区域景观格局。

5.2　八景体系中的泉

“八景”是在古人不断地认识、整理、利用、营建土地的过程中演变形成的、区域中具有代表性的景观，体现了古人对于传统区域景观的一种整体性的认知和总结的方式。通过梳理临汾盆地各个县城的八景内容，可发现泉水几乎在每个城市中的八景中均有出现（表 1）。

临汾盆地与泉水相关“八景” 表1

城市名	泉名	八景	相关诗词
霍州	马跑泉	寒溪胜概	英主肇兴岂尚瑞，古潭沸涌久名寒。不同河洛图画出，宜有风雷龙马盘。事至异常非胜景，水能利用即嘉湍。吾家山谷牧涪日，溪得冒名涨作澜
	泉名不详	玉泉圣迹	放勋肇见文明治，唐帝常怀宵旰劳。岂有九年水未治，敢辞六月暑多骄。既传幽谷泉如玉，恐类姑苏台若瑶。胜迹不须援往圣，林峦风景自潇潇
洪洞	华池泉	华池苍龙	半亩方塘印涧阿，风轻云淡绕清波。龙盘水底锦生影，鱼跃西边绿满河。倩月常流树影在，披襟且看竹烟磨。一从佳景新晴后，胜地由来不用多
	英泉	舜庙英泉	碧甃磷磷不记年，青萝锁在小山颠。向来下视千山水，疑是苍梧万里天
赵城	霍泉	广胜流泉	名山佳景邃幽寻，雨过烟岚郁翠岑。地接绀园珠斗近，泉通玉窦白云深。野花溪鸟姿禅性，露竹风杉共醉饮。拟向东邻结莲社，不妨频此抱瑶琴
临汾（平阳）	龙祠泉（平水）	平湖飞絮	三月湖边祓禊亭，依依杨柳雨中青。晚来风起花如雪，春色都归水上萍
襄陵	龙祠泉（平水）	平水拖蓝	溪上巉岩列画屏，溪间流水玉峥嵘。尧封沟浍犹天造，禹迹山川仰地平。丰稼拟云秋色重，踈林过雨晚凉轻。何如万派皆澄彻，唯有源头一脉清
	龙祠泉（平水）	十里荷香	荷叶田田露气清，花开不让锦官城。朝霞艳射平畦影，宿水香流古店名。杖履几逢周茂叔，歌词犹记柳耆卿。轮蹄十里薰风路，齐向湖田镜里行
翼城	滦池	滦池秋月	半亩池塘一镜明，夜深波底月光莹。影含贝阙秋生桂，寒舍珠宫风定萍。云母屏开蟾魄瘦，水晶簾动兔灵惊。清妍相影逐流涧，灌溉嘉禾万顷坪
曲沃	七星海	星海温泉	想是龙宫爱异葩，龙孙剪彩作荷花。波心捧出千茎翠，天上飞来万朵霞。霞护画栏胜赤鲤，风飘香雾舞神鸦。分流灌溉桑麻地，水利新田数百家
新绛（绛州）	鼓堆泉	鼓堆神泓	春入平芜带石泉，一泓双涧晓生烟。蒹葭人倚沧浪渡，杨柳风寒云梦天。原野氤氲还此夕，乾坤开凿自何年。登临不尽濠梁兴，落日长吟秋水边
		三林春晓	芳草桥西路，寻春二月时。人家依绿水，村馆漾青旗。花柳团行幄，光莹照饮卮。何时成小隐，此处结茅茨
稷县	甘泉	甘泉春色	一泓深处是龙湫，水侵平沙日并流。自是地灵不爱宝，故分春色照麟州
河津	瓜峪泉	峪口清泉	峪口鸣泉漱雨声，源头活水本澄清。临流自许尘襟涤，何必沧浪始濯缨

在临汾盆地的诸多八景意向中，泉水出现数次，且与建筑营建、自然山水、气象变化、人们生产生活情境等多有结合，共同营建了优美的风景和活动场所。同时吸引众多文人墨客题咏诗词，赞叹泉景之美、民生之利，从而赋予了泉这一自然景观独特的文化内涵，成为人们心理上的人文景观，在区域的景观体系中占有重要地位。

6 结语

围绕着临汾盆地区域泉水灌溉的开发与利用，一个以水为中心的人居环境随之形成，泉水成为了维系社会发展的纽带。本文通过梳理山西临汾盆地引泉灌溉的历史与发展进程，分析山西汾河谷地区域地域景观演变过程中的水利因素影响，剖析引泉灌溉对山西汾河谷地地区传统人居环境的支撑作用，有助于深入挖掘黄土高原地区传统土地利用方法的历史、生态与美学价值，寻求与古代经验兼容并蓄的新的山水人居建设方式。

泉水灌溉系统支撑下区域景观体系的研究对临汾盆地区域发展的启示主要有以下2点：一是以泉域为单位保护泉水、水域的自然环境保护。山西省泉水利用历史悠久，但泉水的浪费、过度开采、污染等问题较为严重。城市规划过程中应注重以泉水灌溉为骨架的区域景观，包括泉水源头的自然风光，以及引泉入城所形成的城市湖泊、花园等。二是将水利地景标志如龙王庙、祭祀堰、分水亭、水磨、石碑等规划成区域小景点，记录引泉灌溉体系下的历史文化，保护国土上遗留下来的古代水利、农业、村落和城市遗产。

参考文献

[1] 张荷. 古代山西引泉灌溉初探[J]. 晋阳学刊，1990(05)：44-49.

[2] 顾炎武. 天下郡国利病书·山西[M]. 上海：上海古籍出版社，2012.

[3] 张丽萍. 论山西岩溶泉水及其开发利用问题[J]. 山西师大学报(自然科学版)，1989(02)：85-90.

[4] 武胜忠，苑莲菊. 关于山西岩溶泉水资源保护问题的探讨[J]. 长春地质学院学报，1986(04)：59-66.

[5] 刘晓峰，孟万忠. 汾河流域古代水资源管理制度研究——以洪洞为例[J]. 晋阳学刊，2011(04)：13-15.

[6] 山西省地图集编纂委员会. 山西省历史地图集[M]. 北京：中国地图出版社，2000.

[7] 周亚. 明清以来晋南山麓平原地带的水利与社会——基于龙祠周边的考察[J]. 社会史研究，2012(00)：105-122.

[8] 孙焕仑. 洪洞县水利志补[M]. 太原：山西人民出版社，1992.

[9] 王向荣，林箐. 国土景观视野下的中国传统山—水—田—城体系[J]. 风景园林，2018，25(09)：10-20.

[10] (民国)曲沃县志·卷一.

[11] (民国六年)洪洞县志·卷一.

[12] (康熙)绛州志·卷一.

[13] 张俊峰. 明清以来洪洞水利与社会变迁[D]. 太原：山西大学，2006.

[14] 樊宗师. 绛守居园池.

[15] 司马光. 古堆泉记.

作者简介

钟誉嘉，1993年生，女，汉族，湖南，北京林业大学风景园林学在读博士，研究方向为区域传统景观体系、风景园林规划设计。电子邮箱：461861876@qq.com。

林箐，1971年生，女，汉族，浙江，北京林业大学教授，博士生导师，研究方向为园林历史、现代景观设计理论、区域景观、乡村景观。电子邮箱：lindyla@126.com。

中东铁路遗产廊道全域旅游发展模式研究①

Research on All-for-One Tourism Development Model of the Chinese Eastern Railway Heritage Corridor

唐岳兴　朱　逊　赵　巍

摘　要：中东铁路是于1896-1903年间在我国东北地区修建的全长2426km的铁路。中东铁路沿线遗产数量众多、自然资源丰富，是一条典型的遗产廊道。随着全民休闲时代到来，国家大力推进省域市域全域旅游，具有多重价值的中东铁路遗产是重要旅游资源，中东铁路遗产廊道全域旅游将有效改善区域内遗产整体保护不利、旅游业发展滞后、人民生活水平偏低等问题，促进东北老工业基地振兴，实现城乡融合发展。本研究通过遗产廊道和全域旅游的系统耦合，构建遗产廊道全域旅游模型，对模型进行系统分析，分析模型各要素的功能、特征及相互作用关系，提出科学的遗产廊道全域旅游发展模式。本研究将为遗产廊道内城乡区域规划提供新的思路，扩展全域旅游的研究范畴，对大尺度遗产区域发展具有重要借鉴意义。

关键词：城乡区域规划；中东铁路；遗产廊道；全域旅游

Abstract: The Chinese Eastern Railway was built during 1896～1903 in Northeast China, which was 2426 kilometers in length. The Chinese Eastern Railway is a typical heritage corridor because of the large amount of heritage and abundant natural resources along it. As the arrival of the era of mass leisure, National Tourism Administration gives great impetus to "all-for-one" tourism on both provincial and urban scales. The heritages of Chinese Eastern Railway have multiple values and can be taken as important tourism resources, and the all-for-one tourism development is able to solve the problems of the inadequacy of tourism development together with the problems of lacking in overall heritage protection and poor quality of local people's life in the Chinese Eastern Railway heritage corridor region, thereby promoting the revitalization of the old industrial bases in northeast China and realizing the urban and rural integration in this region. the all-for-one tourism model of heritage corridor is constructed through the system coupling of theory of heritage corridor and theory of all-for-one tourism. functions and characteristics of the model and the relationships between model components are analyzed, in order to put forward the all-for-one tourism development model in heritage corridors. This research provides new insights for city and regional planning in heritage corridor region and expands the research domain of all-for-one tourism, which has significant reference meaning to the development of large-scale heritage areas.

Key words: Regional Planning for Urban and Rural Areas; Chinese Eastern Railway; Heritage Corridor; All-for-One Tourism

1　研究背景

近年来国民经济的快速增长，全民休闲时代随之而来，人们的旅游需求与日俱增，并对旅游产品及服务提出了更全面和更高的要求。原有的旅游开发模式常导致旅游区和居住区的隔离，使得区域内居民没有在旅游发展中获得相应的福利，打击了居民维护区域旅游形象的积极性，在此背景下全域旅游应运而生。

中东铁路是于1896-1903年间在我国东北地区修建的全长约2426km的铁路（图1）。中东铁路沿线俄式、日式建筑遗产资源类型丰富、数量众多，是一条典型的遗产廊道。中东铁路遗产廊道也面临着遗产整体保护与利用不利、经济发展不均衡、旅游业发展滞后、人民生活水平偏低等问题。研究发现，全域旅游与遗产廊道发展理念高度契合，遗产廊道区域资源连贯、聚集程度高、特色鲜明，适合发展全域旅游；全域旅游注重系统的协调性，将现有全域旅游研究尺度扩展到更大的遗产廊道范围，将促进遗产廊道城乡融合发展，避免功能重复和资源浪费，对遗

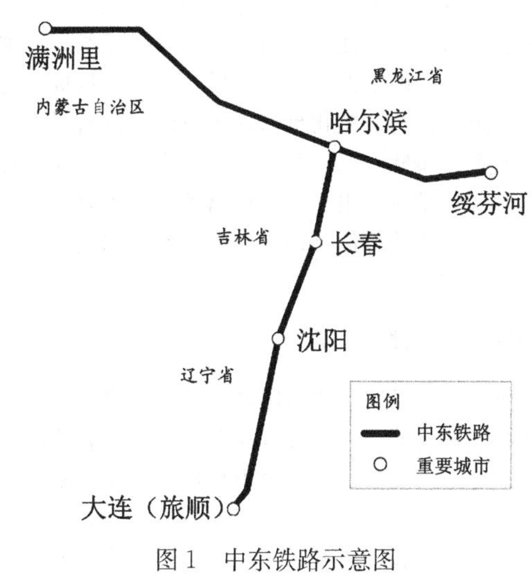

图1　中东铁路示意图

① 基金项目：国家自然科学基金资助（项目批准号：51908170）。

产廊道旅游发展具有重要意义。推进中东铁路遗产廊道全域旅游，将有利于解决区域协调发展问题。本课题将具有全域旅游与遗产廊道系统耦合的理论贡献，研究借鉴景观生态学和游憩地理学的空间模型，提出科学系统的遗产廊道全域旅游发展模式。

2 国内外研究现状及分析

2.1 全域旅游相关研究

国外学者对于旅游发展问题的研究历史久远且持续时间较长，西方的旅游发展理念很多方面与全域旅游有很高的契合度，旅游发展很多方面体现了全域旅游的内涵。20世纪70年代后，区域旅游相关研究快速发展，相关学者开始关注旅游目的地与客源地的关系、旅游目的地环境容量等方面的问题。20世纪90年代后，相关学者开始从理论和实践两个方面研究区域旅游合作关系，阐述旅游合作的动机、行为及限制因素等问题[1,2]。国内，厉新建、吕俊芳、杨振之、何建民、张辉、杨效忠等学者从宏观视角出发，对全域旅游的构成要素和发展过程进行分析，以区域内旅游资源的整合为目标，融合区域旅游相关产业，倡导居民和游客共同参与[3-8]。

2.2 中东铁路遗产廊道相关研究

美国最早提出遗产区域和遗产廊道概念，国外相关学者从遗产保护与利用和文化保护等方面阐释了遗产廊道如何促进旅游可持续开发；从历史认知、廊道构成、遗产保护、旅游开发、可识别性塑造等方面阐述如何构建一个遗产廊道[10,11]。国内，吴良墉、张松、阮仪三、单霁翔、丁援等学者从区域保护规划的角度，研究了规划与特定区域遗产保护的关系，为如何更好地保护历史文化景观提供了理论方法依据[12,13]。国内遗产廊道的相关概念于2001年由王志芳和孙鹏首次引入，并对美国遗产廊道的选择标准和管理体系等方面进行了介绍[14]。俞孔坚、李迪华、朱强、李和平、詹庆明等总结了遗产廊道的特征，明确了遗产廊道的层次化系统构成，提出了遗产廊道资源的层次化价值评价方法，分析了构建遗产廊道的系统步骤[15-17]。刘大平、赵志庆、邵龙、佟玉权、刘丽华等学者提出了中东铁路整体保护思想，主要说明了中东铁路的价值、构成的基本要素和整体保护的建议。

2.3 研究现状评述

全域旅游是积极有效的区域保护性开发理念，注重区域旅游发展与资源可持续利用相协调，可有效解决整体旅游开发过程中各部分竞合发展问题；注重服务区域居民和游客，可有效拉动区域经济增长，促进城乡融合发展。全域旅游将整合区域资源，提升区域文化、环境和景观整体质量，打破原有封闭的景点景区范围，平衡各季节旅游发展的巨大差异，将公共服务和旅游基础设施推广到全域范围。

3 全域旅游视角下遗产廊道的要素构成分析

在全域旅游视角下，遗产廊道的构成要素可分为空间和功能两种分类方式，分别反映遗产廊道的空间和功能特征。

(1) 空间形态构成。遗产廊道构成要素按照空间形态可以分为轴线、增长极以及沿线区域。轴线作为遗产廊道形成的必要性前提条件，发挥着聚合发展轴线的作用，它可以是交通路线、连绵山谷、河流海洋、湖泊岸线等各类线性物。遗产廊道轴线构成了遗产廊道旅游开发的空间框架，在旅游开发中起纽带作用，并为游客提供客流通道。增长极是指在遗产廊道区域内的中心城镇，它同时作为旅游资源地和客源市场，在遗产廊道旅游开发过程中发挥着重要的作用。它是旅游中转站，为旅游企业和旅游接待服务设施提供场地，为游客的各项旅游活动提供载体，为遗产廊道旅游开发提供技术、资金、培训、组织、管理和宣传等保障服务。沿线区域是指在遗产廊道轴线周围的旅游资源地，这既包括已经建成的旅游资源景区，也包括尚未开发的自然旅游资源地。沿线区域所具备的旅游资源构成了遗产廊道旅游开发的必要基础条件，为遗产廊道可持续发展提供动力，沿线区域旅游资源可以是不连续的，但是其空间分布需要集中于遗产廊道轴线周围，形成一个由旅游资源轴线串联的带状区域。

在遗产廊道区域内，将各个旅游要素整合发展，合理安排遗产廊道要素的空间组织形式，将遗产廊道本体要素作为区域的发展轴，以轴线周围密切联系、相互作用的各类旅游资源为依托，以不同等级的旅游中心地城镇为增长极，将旅游相关各要素资源进行整合，形成遗产廊道带状区域旅游系统。

(2) 功能要素构成。遗产廊道构成要素按照功能要素可以分为4类核心要素：遗产资源、其他资源、解说系统、游憩系统。

遗产资源包括整个遗产廊道内与中东铁路功能、历史相关联的文化遗存，强调对遗产资源的保护和利用是遗产廊道的核心理念；其他资源强调对遗产的衬托和联系，以及对自然环境的保护；解说系统向居民和游客解释遗产廊道及资源环境的历史演进、主题特色和文化内涵，遗产廊道的构建首先应确定解说内容、解说主题以及解说方式；游憩系统是为实现遗产廊道保护、旅游和管理而构建的慢行交通系统，并可用于居民游憩活动。在全域旅游视角下，遗产廊道功能构成要素除以上4个系统外，还包括相关行业、全民（居民、游客和旅游从业人员）、政策和资金3个辅助支持系统。本文基于全域旅游视角，分析遗产廊道的功能要素构成，将遗产廊道整体划分为资源系统和支持系统2大系统：资源系统作为遗产廊道保护与利用的对象，包括遗产、周边自然资源、其他特色人文景观旅游资源等；支持系统作为实现遗产廊道保护与利用的驱动力，包括游憩系统、解说系统、旅游相关行业、全民、政府和资金等（图2）。

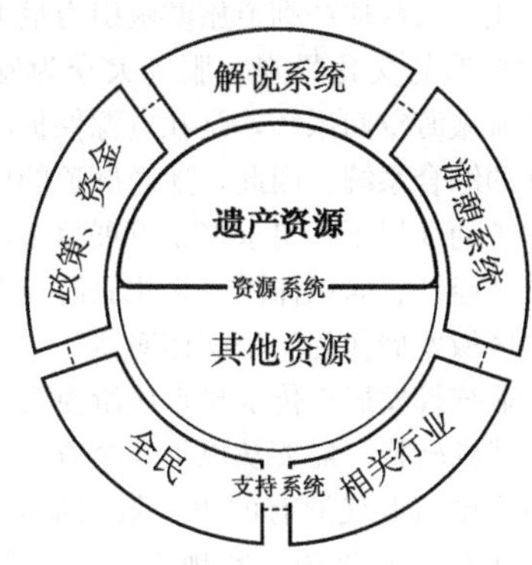

图 2　全域旅游视角下遗产廊道系统构成模型

遗产廊道支持系统是连接、整合资源系统，使遗产廊道能够发挥整体作用的关键子系统，是系统的协调器，主要起到对系统协调、控制作用，优化系统结构，增强系统向心力。由于本文主要研究遗产廊道空间格局的构建，解说系统和游憩系统是本文研究的构建核心，其他 3 个支持系统作为构建的参考因素。资源系统构成将指导遗产廊道资源的判别与登录，支持系统将指导遗产廊道的空间格局构建。各要素包含的具体内容如图 3 所示。

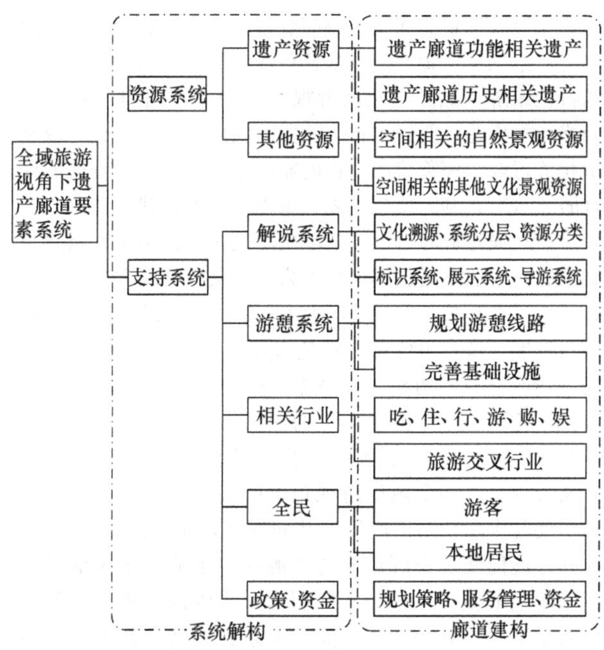

图 3　全域旅游视角下遗产廊道要素系统解构

4　全域旅游视角下遗产廊道的要素关联性分析

全域旅游视角下的遗产廊道旅游资源体现了多元共生的多样性特征，包括了遗产廊道内的遗产资源、自然资源和一切可利用的人文资源，体现为资源构成要素的丰富性与复杂性，其目的是为满足日益发展的多样性旅游需求，满足游客对旅游目的地的全面体验需求，遗产廊道的可持续发展要求其资源具有多样性特征。全域旅游视角下遗产廊道系统要素之间相互影响、相互依托、相互制约，是一个供需平衡、协调共生、相互作用的动态有机整体。

(1) 协同共生。遗产廊道旅游发展的关键是使遗产廊道资源系统与自然和社会系统形成良好的互动关系，这种关系只有在整体的系统框架下，才能发挥良性的作用。中东铁路遗产廊道资源系统层次丰富和要素多样，这一资源系统结构呈现的层次性包括了多层次子系统。从系统内各构成要素之间的关系看，也是错综复杂的。有时体现着相互促进的关系，如遗产廊道资源环境的改善将有助于增强投资者的信心，改善政策和资金现状，反过来经济效益的提高又会增加改善环境方面的投入；有时在特定的条件下，诸多构成要素之间又存在着明显的矛盾关系，如当前保护的遗产资源与短期经济效益之间就是矛盾性的体现，保护中东铁路遗产能够有效地传承区域文脉，但同时也意味着对开发容量和短期经济收益的限制；另外，系统要素间的各种关联也会呈现出层次性的特征，有主要问题与次要问题之分，问题的解决要有先后次序，包括城市发展与遗产廊道资源的协调，也包括遗产廊道资源间的发展次序关系。中东铁路遗产廊道旅游系统如此复杂的系统构成，说明整合必须坚持整体系统的原则，从全局出发，统筹安排，坚持不同层面、不同特征要素之间的协调发展，以保证资源的整合可以维护与促进系统有序发展。

全域旅游视角下中东铁路遗产廊道的系统性和整体性，具体表现在两个方面。一是在与东北地区的关联上。借中东铁路遗产廊道资源整合来推进东北地区旅游发展布局、完善结构体系，改善公共空间和生态环境。中东铁路遗产资源的功能转化将为区域旅游提供新的发展契机，满足新的旅游发展需要。在中东铁路遗产廊道的系统层面，要将其视为一个系统的整体，努力实现社会、经济、文化、空间要素之间相互促进与协调发展。

(2) 相互作用。自然环境是中东铁路遗产廊道旅游系统研究的基础和背景。主要包含自然气候条件、地理环境、植被等，中东铁路东西横贯 20 个经度，分布在暖温带、中温带和寒温带 3 个温度带，自西向东排列着高原山地、平原、山地丘陵 3 个地貌类型。区域自然环境使东北各城市的旅游产品表现出不同的资源特征，同时也影响着遗产廊道旅游资源的保护与利用方式。

社会环境也是中东铁路遗产廊道旅游系统的重要影响要素。主要包含政策法规、行政区划、市场运作、规划编制、生活方式、公共参与等方面。在中东铁路沿线，长期以来由于公众缺乏遗产保护意识，没有公众参与的遗产保护模式，导致遗产保护的社会基础薄弱。在经济高速发展、城市化进程与城市更新不断加快的背景下，城市发展与遗产保护的矛盾日益突出。随着遗产保护尺度的不断扩大，涉及的部门也越来越多。在中东铁路遗产廊道区域内，我们需要建立一个全要素、全时空、全部门、全民和全面体验的遗产保护与利用系统，充分发挥和调动遗产廊道资源、各个部门和居民的积极作用。

在市场经济下，开展中东铁路遗产资源的保护与利用必然会遇到各种所有权问题，很多中东铁路遗产归属铁路部门所有，由于政府给予投资者的相关保障不足，导致社会力量的投资受阻。由于中东铁路遗产保护相关的法律法规不完善，致使中东铁路遗产保护成为单一的政府行为，缺乏群众基础。面对众多的遗产保护对象，政府每年的保护资金有限，长时间的资金缺乏和使用者维护热情的缺乏，导致很多中东铁路遗产只能任由自然腐蚀和人为破坏。

（3）供需平衡。所谓遗产廊道旅游系统的供需平衡，指的是系统存在与发展的各个子系统，以及各种内外环境因素，保持着动态平衡的比例关系，即全域旅游视角下遗产廊道旅游产品与游客和居民的旅游需求平衡，以及相应的政策资金与系统各要素发展需求的平衡。在这种动态的平衡体系中，各系统要素互为条件、互相依存、相互促进，形成一种良好的系统平衡，平衡是系统各要素合力的结果。平衡状态就是遗产廊道旅游系统中的资源系统和支持系统的供需关系，总在不断地进行着打破旧的平衡和形成新的平衡的过程，结果使得遗产廊道旅游系统不断健康稳步发展，供需关系总是处于趋于平衡的状态。通过政策导向、资金扶持、资源整合、发展规划等策略来实现各要素间具有和谐、全面、稳进、长久的系统态势，这就是供需平衡，是一种“渐进式”的健康发展方式。

5 全域旅游视角下遗产廊道发展策略

本文以全域旅游作为研究视角，以区域竞合理论指导遗产廊道整体发展策略，研究中东铁路遗产廊道发展模式，总结全域旅游视角下中东铁路遗产廊道发展原则如下：

（1）全域整体规划。全域旅游注重景区、景点、景观资源以及酒店等基础建设的系统性。中东铁路遗产廊道需要进行旅游开发，但要以合理规划空间布局为前提，而不是随意在遗产廊道内增建景点、景区及酒店。通过对遗产廊道空间区段的划分，细化各区段的资源特色定位，深化各区段的特色景观和文化，以实现整体中东铁路遗产廊道旅游竞争力的提升，而不是生搬硬套的模仿复制其他区段成功的旅游产品，实现整体遗产廊道旅游产品多样性、优势互补、统筹竞合发展。全域旅游视角下的中东铁路遗产廊道旅游发展过程中，景点景区和宾馆酒店的建设和管理仍然是必要的，而且要提高质量，但是在初始建设阶段，应通过充分分析遗产廊道旅游发展现状进行合理规划。遗产廊道的全域旅游空间格局要从系统可持续发展角度，进行廊道内城镇分区域、分层次、分阶段统筹建设，而并非到处圈地设景、建设宾馆酒店。

（2）资源保护优先。推进遗产廊道的旅游发展，需要对遗产廊道内的遗产资源和自然资源进行保护式开发，而并非无限度的肆意开发。同时，遗产廊道旅游资源的开发性保护模式，需要优先考虑环境资源与旅游发展的适应性问题。通过科学的规划设计，优化旅游资源、旅游产品功能、旅游支持要素，优化遗产廊道旅游系统要素能够充分发挥遗产廊道系统功能，避免对遗产和自然资源的过度索取，最终实现遗产廊道旅游资源的有效保护，最大限度保留遗产廊道的自然和历史文化景观，实现核心资源和生态环境的保护，减轻核心景点、景区承载的压力，促进遗产廊道全时空发展。通过设施、要素、功能3方面的空间布局优化，实现遗产廊道旅游吸引力最大化。遗产廊道是以保护自然与文化景观、服务大众为发展宗旨的开放性带状区域旅游空间系统，是在资源保护前提下，以旅游促进发展的综合系统。因此，遗产廊道的旅游开发应该是在资源保护的前提下，追求多重发展目标，实现资源保护、振兴区域经济、居民休闲、文化旅游与教育多目标共同发展，将区域发展作为一个整体对待。

（3）全行业统筹发展。传统景点旅游模式向遗产廊道全域旅游新模式的转换，需要从以下几个方面着手：以综合统筹管理遗产廊道取代原有的单一景点景区建设管理，打破景点景区内外管理屏障，实现多部门和多项规划合并，一体化公共服务管理，旅游监管网络全面覆盖；将以往单一的门票经济转向适应旅游业发展需求的产业经济；从粗放式旅游模式转向精细化旅游模式，实现遗产廊道整体旅游品质的提高；从旅游系统封闭的内部循环转向“旅游+”的系统发展模式；从旅游企业建设发展旅游产品转向多行业社会共建旅游形象。全域旅游概念中，旅游的整体发展不是孤立进行的，是在市场指导下由多产业共同发展而成。产业之间相互交叉、相互渗透、互相促进，彼此协调发展，并以此弥补自身不足，甚至部分产业之间通过提高良性竞争激发旅游产品创新和服务质量的提升，形成全新的优质旅游产业组合。旅游业牵头，横向融合，挖掘遗产廊道内其他特色产业资源，发展产业交叉的特色旅游产品。全域旅游视角下中东铁路遗产廊道空间格局的构建，要根据各个区段的实际情况，融合区域旅游相关行业，完善遗产廊道的旅游基础设施、提升区域综合服务水平，制定特色优先、重点突出的构建策略。

（4）强化资源特色。全域旅游视角下的中东铁路遗产廊道旅游发展不是整体区域的盲目发展、齐头并进，而是打造旅游产品核心竞争力，强化原有已发展较好的资源，重点发展具备竞争优势的特色资源，打造全域产品特色，挖掘遗产资源的历史文化背景，强化遗产廊道的文化差异性特色。全域旅游视角下的遗产廊道旅游发展也需要融合周边的其他旅游资源，包括不同类型的自然景观和人文资源，这些全域旅游视角下的遗产廊道其他旅游资源需要与中东铁路遗产资源共同发展，相互促进和补充，这样才能促使遗产廊道旅游资源在当下旅游市场的激烈竞争环境下更具竞争力和吸引力，将资源放入原有的文化背景下保护和利用，才能把中东铁路遗产转变为鲜活的旅游资源，为区域旅游发展所利用，将特色的旅游资源发展为完善的旅游产品。中东铁路遗产廊道内的城镇大都具有丰富的文化底蕴，这些城镇的旅游发展也更需要进行文化特质的全面梳理，在共性的发展过程中找到各自的个性特征，进一步深化文化景观特色建设，这些特色的梳理和深化的过程都需要与城镇的背景和历史环境紧密联系。

（5）旅游服务全民。中东铁路遗产廊道内的居民，是在全域旅游视角下除了旅游资源及其所处自然环境外，另一个需要考虑的重要要素。中东铁路遗产廊道的文化底蕴可以体现在不同的遗产上，同时也可以通过当地居民的生活方式、行为习惯、语言特色、文化导向得以体现。遗产廊道内的居民也是遗产廊道文化的重要载体，他们对于区域文化有长时间的记忆和体验，这是游客能够实现区域全面体验的重要渠道，居民是游客了解遗产廊道地域文化的重要媒介和信息源，而非仅仅以导游的传播为媒介，通过居民来体验区域文化特色将更加生动直观。在全域旅游视角下，游客和居民并没有清晰的界限，他们之间的身份可以相互转变，遗产廊道旅游系统服务的不仅仅是外地以旅游为目的的游客，还有本区域以休闲为目的的居民。全域旅游将使遗产廊道区域环境质量得到提升，当地居民能够享受到高品质生活环境，当地居民与外来游客共同组成全域旅游目的地的使用者，能够更切实地提升游客体验真实感和深入程度。全域旅游要充分考虑遗产廊道内的居民权益，将当地居民所需放在重要的位置，消除游客和居民、景区内外的二元对立现状，旅游发展建设为区域内的全民服务，全民共同努力实现遗产廊道的全域旅游发展。

（6）管理系统整合。政府管理在全域旅游的建设中具有重要作用。中东铁路遗产廊道旅游业的整合发展，需要各级行政管理单位达成多边协议，随着竞合的深入和制度的完善，应该逐渐形成完善的竞合机制，并使其具备法律约束力。这需要遗产廊道内各级行政管理单位在如下方面积极努力：一是努力消除区间边界的障碍，以遗产廊道旅游发展为导向，合理配置旅游资源，使旅游系统可移动要素真正达到在全域无障碍流动，包括资金流动、信息交换、技术交流等，遗产廊道所倡导的应该是一个更加开放、包容、公平且透明的市场；二是努力实现遗产廊道旅游产品及活动跨行政区域化，中东铁路遗产廊道跨越东北地区 4 个省、36 个市县，遗产廊道的旅游发展需要各级政府统筹规划，做好顶层设计，将旅游基础设施合理共享，全面共建旅游环境安全、生态环境优越、行业监管得当的全域旅游产品；三是努力实现旅游资源优势互补，上下统一共同规划布局各项旅游资源分布，协商解决问题、优化政策体制；四是努力完善管理系统，将各个行政区地方规定整合统一，形成有指导意义和实践依据的合理化合作制度体系。

6 结语

本文以整体论与还原论相结合，系统分析与系统综合方法相结合。分析、解决区域旅游发展问题，明确系统功能和系统所处的环境，并分析要素之间的相互作用关系，避免笼统的、猜测性的系统整体认识。提出中东铁路遗产廊道全域旅游的理论框架。发现了遗产廊道和全域旅游在区域发展层面目标指向的一致性，将两个理论进行融合，为遗产廊道的发展提供了清晰的理念，扩展了全域旅游的空间研究尺度和对象类型；提出了遗产廊道与全域旅游耦合系统模型的要素构成，并分析模型要素的功能、特征和相互作用关系，为遗产廊道全域旅游提供具体可行的方法体系。

参考文献

[1] Billington R D, Carter N, Kayamba L. The practical application of sustainable tourism development principles: A case study of creating innovative place-making tourism strategies [J]. Tourism & Hospitality Research, 2008, 8(1): 37-43.

[2] Aas C, Ladkin A, Fletcher J. Stakeholder collaboration and heritage management [J]. Annals of Tourism Research, 2005, 32(1): 28-48.

[3] 厉新建，张凌云，崔莉. 全域旅游：建设世界一流旅游目的地的理念创新——以北京为例[J]. 人文地理，2013(03): 130-134.

[4] 吕俊芳. 城乡统筹视阈下中国全域旅游发展范式研究[J]. 河南科学，2014(01): 139-142.

[5] 杨振之. 全域旅游的内涵及其发展阶段[J]. 旅游学刊，2016，31(12): 1-3.

[6] 何建民. 旅游发展的理念与模式研究：兼论全域旅游发展的理念与模式[J]. 旅游学刊，2016，31(12): 3-5.

[7] 张辉，岳燕祥. 全域旅游的理性思考[J]. 旅游学刊，2016，31(09): 15-17.

[8] 鄢方卫，杨效忠，吕陈玲. 全域旅游背景下旅游廊道的发展特征及影响研究[J]. 旅游学刊，2017，32(11): 95-104.

[9] 张尔薇，李力. 从范式到趋势——欧美空间模型理论演变综述[J]. 规划师，2014，30(07): 109-115.

[10] Laven D, Ventriss C, Manning R, et al. Evaluating U. S. national heritage areas: Theory, methods, and application [J]. Environmental Management, 2010, 46(2): 195-212.

[11] Newman J M. Framing a Regional Landscape-Scale Conservation Plan for thePenobscot River Corridor Using Best Practices and Lessons Learned[D]. Boston: Tufts University, 2015.

[12] 张松. 城市文化遗产保护国际宪章与国内法规选编[M]. 上海：同济大学出版社，2007.

[13] 阮仪三，丁援. 价值评估、文化线路和大运河保护[J]. 中国名城，2008(01): 38-43.

[14] 王志芳，孙鹏. 遗产廊道——一种较新的遗产保护方法[J]. 中国园林，2001(05): 86-89.

[15] 俞孔坚，朱强，李迪华. 中国大运河工业遗产廊道构建：设想及原理(上篇)[J]. 建设科技，2007(11): 28-31.

[16] 李和平，王卓. 基于 GIS 空间分析的抗战遗产廊道体系探究[J]. 城市发展研究，2017，24(07): 86-93.

[17] 詹庆明，郭华贵. 基于 GIS 和 RS 的遗产廊道适宜性分析方法[J]. 规划师，2015，31(S1): 318-322.

作者简介

唐岳兴，1986 年 1 月，男，汉族，讲师，硕士生导师，哈尔滨工业大学建筑学院，寒地城乡人居环境科学与技术工业和信息化部重点实验室，工业文化景观保护与利用。电子邮箱：58690359@qq. com。

朱逊，1979 年 7 月，女，满族，副教授，博士生导师，哈尔滨工业大学建筑学院，寒地城乡人居环境科学与技术工业和信息化部重点实验室，风景园林规划设计及其理论。电子邮箱：zhuxun@hit. edu. cn。

赵巍，1985 年 9 月，女，汉族，讲师，硕士生导师，哈尔滨工业大学建筑学院，寒地城乡人居环境科学与技术工业和信息化部重点实验室，环境声学、城市声景观。电子邮箱：zhw0904@126. com。

公园城市背景下西南山区农业公园生态系统服务价值变化

Ecosystem Service Value Change of Mountainous Agricultural Park in Southwest China under the Background of Park City

王凯璐

摘　要： 农业公园作为公园城市乡村表达的一种，在西南山区这样的复杂的地理环境下，其生态价值的重要性得到进一步体现。以汉源县农业公园建设为例，利用空间地理信息统计等方法，对汉源县2008年、2013年、2018年生态系统服务价值在5级地形位梯度区间内的变化情况进行了研究，并用敏感性指数分析检验研究结果可信度。结果表明：①林地/草地、农地、建设用地和其他用地面积比例随着地形位梯度上升先增加后减少，而不同时期的水域及水利设施用地在低地形梯度上分布比重有所不同。②在0.53～0.60和0.60～0.65地形位梯度内，人类活动相对较高，导致生态系统服务价值在这地形梯度区间内大幅减少。③敏感性指数结果显示研究结果可信度较高。

关键词： 公园城市；山区农业公园；生态系统服务价值；汉源县

Abstract: Agricultural park, as a kind of park city and countryside expression, are further embodied in the importance of its ecological value in the complex geographical environment like the mountainous area of Southwest China. In this study, taking the construction of agricultural park in Hanyuan County as an example, the change of ecosystem service value in Hanyuan County in 2008, 2013 and 2018 was studied by using the methods of spatial geographic information statistics. Finally, the sensitivity index analysis is used to test the reliability of the research results. The results show that: ① As the terrain level increases, the proportion of woodland / grassland, agricultural land, construction land and other land first increases and then decreases. However, the water and water conservancy facilities in different periods on the low terrain gradient is different. ② Within the 0.53-0.60 and 0.60-0.65 terrain level, human activities are relatively high, resulting in a significant reduction in the value of ecosystem services within this topographical gradient range ③ The sensitivity index results show that the research results have high reliability.

Key words: Park City; Mountainous Agricultural Park; Ecosystem Service Value; Hanyuan County

伴随着中国城市化的快速发展，人们的物质生活水平也在逐渐提高，但城市群的形成和城镇地区的快速建设所带来的极化效应使得城市生态和乡村衰弱问题[1,2]也越发突出，这与人们对物质生活之上的更高精神层面追求产生了一定的矛盾，同时也在无形中阻碍了城乡的进一步融合发展。长期以来，相关行业人才都在致力于寻求城市快速化发展所带来的问题和矛盾的解决方案，以促使城乡生态、经济、文化和社会价值能够协同发展。由于“公园城市”理念还在发展初期，所以学者的相关解读有所不同，没有统一的标准，但其最终目的都是为了缓解城市生活环境与自然环境的割裂问题，有效地提高城市与乡村之间的可达性，发展城乡生态相关产业，促进城乡的有机融合发展[3]。可以看出，公园城市建设同时为城市和乡村的可持续发展指明了方向，并进一步强调了生态价值的重要性。

在此背景下，农业公园作为目前现代生活休闲娱乐的新型农业旅游发展模式，涵盖了乡村、农业、自然和文化资源，并按照公园的经营方式将四者以艺术化的形式结合起来[4,5]，不仅满足了城市居民暂时远离城市压力的身心健康需求，也为乡村提供了新的发展机遇。这一概念与公园城市理念不谋而合，由此看来，农业公园可以视作公园城市乡村表达的一种。生态系统服务作为农业公园和公园城市建设中最重要的价值[3]，在开发地区农业和旅游业过程中，如何保持其价值最大化成为实现城乡融合发展目的的前提条件。而生态系统服务价值往往和区域的自然要素分布、社会经济发展状况密切相关[6]。在我国尤其是西南地区山区众多的复杂地理环境下，地形作为山区自然要素中最重要的因子，对土地利用格局和生态系统服务价值的空间分布具有一定的约束作用[7,8]，但在已有的相关文献研究中，生态系统服务价值变化驱动因素却常被归类于社会经济条件中[9,10]，忽略了自然要素对其空间分布的重要性。

目前，国内外学者对生态系统服务价值的估算主要通过三种方式，分别为函数转移法、当量修正法和单项服务评价法[11]。函数转移法则是通过构建函数模型，将土地利用数据和相关指标数据进行综合运算后进而得到生态系统服务价值[12,13]。当量修正法指以区域粮食平均产量或生物量为依据修正项目区单位面积生态系统服务价值当量，在经过谢高地等[14,15]根据中国情对 Costanza[16]的全球系统服务价值体系重新调整并将其价值当量修正至国家尺度后，已被国内众多学者采用[17-20]。单项服务评价法需要针对不同的生态系统选取适宜的评估体系和计算方法，相关指标选择有所侧重性[21-23]。三种方法各有优缺点：从尺度方面来比较，函数转移法和当量修正法更适用于较大尺度（如省、市和县级）的估算，而单项服务评价方法则更适用在较小的尺度中（如乡镇或风景园区）的估算；从精确度方面来比较，函数转移法和单项服务评价法精确度较高，但其数据量大且较难全面获取，计算繁琐，而当量修正法对数据易获取，运算要求较低，使用广泛。以上三种方法已被众多学者应用于众多领域，但针对西南山区县域尺度的农业公园生态系统服务价值变化及其空间分布的地形梯度效应研究还较为少见。

1 研究区概况

汉源县位于四川省西南部，地处横断山脉北段东缘，为川西高原与四川盆地之间的过渡地带；四周高山环绕，中部河谷低平，内侧向大渡河，流沙河谷地倾斜深陷，依次分布着高山、中山、低山、河谷阶地和平坝；地貌以山地为主，但复杂多样；地势由西北向东南倾斜，相对高差悬殊，气温垂直变化显著，河谷低山地区晴天较多，日照充足；土壤类型多样，地带性、区域性分布规律较强，但受气候影响，森林覆盖率不高，树种结构层次单一；自然灾害频发[24]。

由于汉源县所处地带山高险峻，交通便利性差，人口密度相对偏低，耕地质量不高，农业水资源短缺及自然灾害频发等一系列客观因素导致全县早期社会经济发展较为落后。在经历 2008 年汶川特大地震和 2013 年芦山地震后，汉源县积极响应国家号召进行灾后重建工作，并获得国家和地方政府政策和财政方面的支持，完善基础设施建设，并大力发展山区生态农业融合自然人文元素的旅游业，以实现经济转型，促进一二三产业的有机融合。汉源县以九襄镇为核心地点的“花海果乡”景区为旅游业开发引领项目，重点开发以“山地特色农业＋文化休闲＋观光旅游＋阳光康养”的山区农业公园模式，被评为“四川十大最美花卉观赏地”“四川省首届 100 个最美观景拍摄点”“四川省乡村旅游示范乡镇”、四川省首批“省级示范农业主题公园”称号[25,26]，并获得国家 4A 级景区认定[27]。汉源县以此为契机，紧抓公园城市和农业公园理念，依托县域现有资源，重点规划并于近年内完成九襄特色民俗街区、花椒产业园区及大九襄现代农业园区等一系列农业公园体系内的建设。

2 数据来源与研究方法

2.1 数据来源与预处理

根据国家土地利用分类标准及汉源县实际情况，将汉源县农业公园景观类型分为林地/草地、农地、建设用地、水域及水利设施用地和未利用地 5 类用地，并用数字代码表示相应类型，以便后续研究（表 1）。本文分别选取汉源县 2008 年、2013 年、2018 年三期 Landsat 遥感影像数据和 DEM 数字高程数据。遥感影像使用 ENVI5.3 软件进行影像预处理和解译分类后，利用汉源县土地二调数据、谷歌历史影像卫星图和实地调研进行校正达到解译精度 85%以上的要求，最终获得 3 期汉源县景观类型解译结果。DEM 数字高程数据经过 ArcGIS 软件处理后可提取地形因子进行分析。社会经济数据来源于《汉源县统计年鉴》和《雅安市统计年鉴》。

汉源县景观分类标准　　表 1

代码	景观类型	含义
1	林地/草地	林地、灌木林地、其他林地、天然牧草地和其他草地等
2	农地	耕地、旱地、水田、水浇地、农用设施用地、果园、茶园和其他园地等
3	建设用地	城镇用地、农村居民点用地、交通道路用地、工矿用地和特殊用地等
4	水域及水利设施用地	湖泊、河流、内陆滩涂、人工水库、沟渠和水利设施用地
5	其他用地	沙地、裸地、盐碱地等无植被覆盖的地表

2.2 研究方法

2.2.1 地形位指数

在地形梯度与生态系统服务价值的相关研究中，地形因子一般选择高程、坡度和地形位指数，但地形位指数作为高程和坡度的综合指数[28]，能够较为全面地反映地形的特征，因此结合汉源县的实际情况，选择地形位指数一种地形因子，地形位指数计算公式如下：

$$T = \log[(E/\overline{E}+1)\times(S/\overline{S}+1)]$$

式中：T 代表地形位指数；E 和 S 分别表示任意一点的高程及坡度值；$\overline{E}$ 和 $\overline{S}$ 分别表示计算区间内的平均高程和平均坡度值。

在 ArcGIS 软件中根据自然断裂法将地形位指数分为 1～5 个等级梯度，分别表示 0.22～0.41、0.41～0.53、0.53～0.60、0.60～0.65、0.65～0.79，并针对每个梯度上的生态系统服务价值进行估算。

2.2.2 生态系统服务价值估算

基于研究的县域尺度和数据的可获得性考量，本文针对谢高地等[14,15]的生态系统服务价值当量，根据汉源县 2008-2018 年平均粮食产量的数据确定修正系数约为 0.1675，最终得到汉源县一个生态系统服务价值当量为 570.54 元/hm²。估算公式如下：

$$ESV = \sum_{i=1}^{n}(A_i \times VC_i) ESV_f = \sum_{i=1}^{n}(A_i \times VC_{fi})$$

式中：ESV 表示生态系统服务总价值；A_i 表示第 i 种景观类型面积；VC_i 表示第 i 种景观类型的生态系统服务价值系数；ESV_f 表示生态系统第 f 项服务功能的价值；VC_{fi} 表示第 i 种景观类型的第 f 项生态系统服务价值系数。

2.2.3 敏感性分析

在对生态系统服务价值系数修正的基础上，引入敏感性指数分析[20]来检验所参考的生态系统服务价值当量的可信度。若敏感性指数小于 1，则表明研究结果可信度较高，计算公式如下：

$$CS = \left| \frac{(ESV_j - ESV_i)/ESV_i}{(VC_{jk} - VC_{ik})/VC_{ik}} \right|$$

式中：CS 指敏感性指数；ESV 指生态系统服务总价值；VC 指各景观类型的生态系统服务系数；j 和 i 分别指调整前和调整后；k 表示某种景观类型。

3 结果分析

3.1 基于地形梯度的景观类型变化

将地形位梯度与汉源县三期景观类型解译结果进行叠加，不同时期各景观类型面积所占比例随着梯度的升高有所变化（图 1）。各景观类型受地形制约效应较为明显，低地形位梯度上主要以水域及水利设施用地为主，林地/草地、农地、建设用地和其他用地在不同的地形位梯度上，四者景观类型面积比例随着地形位梯度上升到第 4 级时所占面积比例达到最高，过高的海拔气候不利于植物生长和人类生活，导致四者面积比例在第 5 级地形梯度有所下降，水域及水利设施用地面积比例符合高地形梯度向低地形梯度聚集的特征。在不同时期，汉源县主体景观类型均为林地/草地，但在各时期各景观类型地形梯度效应变化幅度不同，大致可分为 2 种：稳定型，受地方政府相关植树造林和退耕还林政策影响，汉源县实行常年管护责任制，并积极改善林地结构，使得林地/草地成为最稳定的景观类型；持续变化型，除林地/草地以外的用地在不同时期的各地形位梯度段变化差异基本不大，除却水域及水利设施用地受大渡河水电站工程建设影响，部分农地和建设用地被淹没，蓄水量持续上升，导致 2013 年和 2018 年的水域及水利设施用地面积比例在最低地形位梯度上大幅上升。

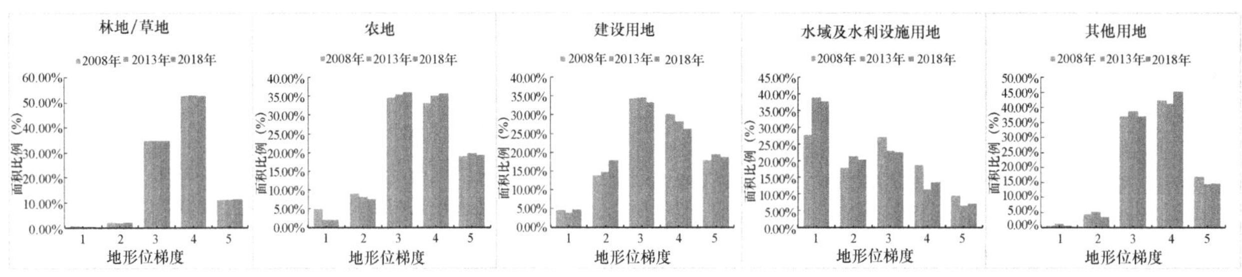

图 1　不同地形位梯度上三期各景观类型面积比例

3.2 基于地形梯度的生态系统服务价值变化

2008-2018 年汉源县地形梯度上的生态系统服务价值变化如表 2 所示，结果显示汉源县在研究时期内整体生态系统服务价值持续下降。在不同地形位梯度上生态系统服务价值变化趋势较为一致，表现为先增加后减少，尤其在第 4 级地形位梯度上达到最高值。地形位梯度越高，人类活动越少，生态环境受破坏程度越低，因此生态系统服务价值越高，但在第 5 级地形位梯度上，裸露地等增加，林地减少，导致生态系统服务价值减少。在同一级地形梯度上，2008-2018 年的生态系统服务价值变化量不同，主要表现为 1、2 级低地形位梯度价值变化量为增值，而 3、4、5 级高地形位梯度价值变化量为负值，这可能因为汉源县低地形区域主要以水域为主，人类活动较少，3、4 级地形梯度的人类活动增多，并且随着汉源县的水电站建设，水域面积大量增加，促使第 1 级地形梯度上价值变量幅度变大。

不同地形位梯度的 2008-2018 年汉源县生态系统服务价值变化　　表 2

地形位指数	地形位梯度分级	2008 年	2013 年	2018 年	价值变化
0.22～0.41	1	13936	19919	19781	5845
0.41～0.53	2	15449	17294	17213	1763
0.53～0.60	3	142099	141192	141484	−615
0.60～0.65	4	203061	201157	201351	−1710
0.65～0.79	5	46764	45833	46514	−250
合计		426343	425395	421310	5032

3.3 生态系统服务价值敏感性分析

在参考已有文献[20]的基础上，对各类景观类型的生态系统服务价值系数的调整幅度为 50%，由表 3 显示各项景观类型的敏感性指数均远小于 1，说明生态系统服务价值系数对汉源县的生态系统服务总价值影响不明显。

调整后 2008-2018 年汉源县生态系统服务价值变化量及敏感性指数　　表 3

价值系数变化幅度	生态系统服务价值变化量（万元/hm^2）			敏感性指数（CS）		
	2008 年	2018 年	2008-2018 年	2008 年	2018 年	2008-2018 年
林地/草地 VC+50%	544024	542714	1310	0.0072	0.0072	不变

续表

价值系数变化幅度	生态系统服务价值变化量（万元/hm^2）			敏感性指数（CS）		
	2008年	2018年	2008～2018年	2008年	2018年	2008～2018年
林地/草地 VC−50%	181341	180905	437	0.0024	0.0024	不变
农地 VC+50%	24697	24161	536	0.0651	0.0665	增加
农地 VC−50%	8232	8054	179	0.0217	0.0222	增加
水域及水利设施用地 VC+50%	65068	49600	−9332	0.4303	0.3763	减少
水域及水利设施用地 VC−50%	21689	74400	−3111	0.1434	0.1254	减少
其他用地 VC+50%	864	803	61	0.2107	0.2266	增加
其他用地 VC−50%	288	268	20	0.0702	0.0755	增加

4 讨论与结论

4.1 讨论

山区农业公园是一个复杂的社会生态系统，受到自然和社会经济文化的多重因素影响，而山区相较于其他平原丘陵区域来说地理环境更为复杂，生态环境易遭受人类活动的干扰，因此地形对山区的生态系统影响显著[7,8]，从而进一步影响到如何科学地建设山区农业公园。在考虑研究尺度和数据的可获得性两方面的基础上，文章选择使用当量修正法来计算汉源县的生态系统服务价值，该方法较为适用于县域尺度的生态系统服务价值计算[29,30]，运行过程便捷且参数少。

研究结果显示，在2008-2018年内汉源县生态系统服务总价值在持续下降，这和汉源县瀑布沟水电站建设和两次地震灾后获得国家及地方政府政策及财政的大力支持有关，相关基础设施和居民住房建设逐渐得到改善，农业和旅游业发展方面也有一定程度的提升，然而这也势必会导致生态环境的进一步恶化。另外，在不同地形梯度上的各时期景观类型面积分布和生态系统服务价值变化趋势也表明地形对人类活动和景观类型分布有着明显的制约作用，从而影响到生态系统服务价值的空间分布，这和相关学者的研究结果一致[8,31]。

4.2 结论

在公园城市建设的背景下，文章利用地形梯度这一特征对汉源县的景观类型分布和生态系统服务价值变化进行分析，为西南山区农业公园规划建设提供更为科学的指导和依据。根据研究的结果，可以得到以下结论：

(1) 汉源县主要用地类型为林地/草地，且最为稳定，随着地形梯度上升，林地/草地、农地、建设用地和其他用地面积比例先增加后减少，在第3、4级地形梯度上达到最高，而不同时期的水域及水利设施用地在低地形梯度上分布比重有所不同。

(2) 汉源县的低地形梯度以水域为主，人类活动较少，并且随着水电站的建设，原住民向较高的地形梯度迁移，使1、2级地形梯度区间内的生态系统服务价值大幅上升，3、4级地形梯度区间的生态系统服务价值下降，而高海拔地带受气候影响，森林覆盖率下降，导致生态系统服务价值量有小幅下降。

(3) 2008-2018年汉源县敏感性指数分析结果显示文章研究结果的可信度较高。

参考文献

[1] YANSUI L, YUHENG L. Revitalize the world's countryside.[J]. Nature, 2017, 548(7667).

[2] 黄国和，安春江，范玉瑞，等. 珠江三角洲城市群生态安全保障技术研究[J]. 生态学报，2016，36(22)：7119-7124.

[3] 王军，张百舸，唐柳，等. 公园城市建设发展沿革与当代需求及实现途径[J]. 城市发展研究，2020，27(06)：29-32.

[4] 范子文. 观光、休闲农业的主要形式[J]. 世界农业，1998，(01)：50-51.

[5] 郑阳，孙明高，辛培刚. 对现代农业公园总体规划设计的探索——以聊城市"凤凰苑"现代农业公园为例[J]. 山东农业大学学报(自然科学版)，2004，(02)：280-283.

[6] 许倍慎，周勇，徐理，等. 湖北省潜江市生态系统服务功能价值空间特征[J]. 生态学报，2011，31(24)：7379-7387.

[7] 王晓峰，薛亚永，张园. 基于地形梯度的陕西省生态系统服务价值评估[J]. 冰川冻土，2016，38(05)：1432-1439.

[8] 陈奕竹，肖轶，孙思琦，等. 基于地形梯度的湘西地区生态系统服务价值时空变化[J]. 中国生态农业学报(中英文)，2019，27(04)：623-631.

[9] 李全，李腾，杨明正，等. 基于梯度分析的武汉市生态系统服务价值时空分异特征[J]. 生态学报，2017，37(06)：2118-2125.

[10] 郜红娟，韩会庆，罗绪强，等. 贵州省生态系统服务价值与社会经济空间相关性分析[J]. 水土保持研究，2016，23(02)：262-266.

[11] 周小平，冯宇晴，罗维，等. 两种生态系统服务价值评估方法之比较——以四川省金堂县三星镇土地整治工程为例[J]. 生态学报，2020，(05)：1-11.

[12] 刘耀林，郝弘睿，谢婉婷，等. 基于生态系统服务价值的土地利用空间优化[J]. 地理与地理信息科学，2019，35(01)：69-74.

[13] 孙孝平，李双，余建平，等. 基于土地利用变化情景的生态系统服务价值评估：以钱江源国家公园体制试点区为例[J]. 生物多样性，2019，27(01)：51-63.

[14] 谢高地，张彩霞，张雷明，等. 基于单位面积价值当量因子的生态系统服务价值化方法改进[J]. 自然资源学报，2015，30(08)：1243-1254.

[15] 谢高地，甄霖，鲁春霞，等. 一个基于专家知识的生态系统服务价值化方法[J]. 自然资源学报，2008，(05)：

911-919.

[16] Costanza R, D'Arger, de Groot R, et al. The value of the world's ecosystem services and natural capital[J]. Nature, 1997, 387(6630): 253-260.

[17] 韩蕊，孙思琦，郭沥，等. 川东地区生态系统服务价值时空演变及其驱动力分析[J]. 生态与农村环境学报，2019, 35(09): 1136-1143.

[18] 王云，周忠学，郭钟哲. 都市农业景观破碎化过程对生态系统服务价值的影响——以西安市为例[J]. 地理研究，2014, 33(06): 1097-1105.

[19] 李益敏，段亚苹，蒋德明，等. 人类活动条件下兰坪县土地利用景观格局及生态系统服务价值[J]. 水土保持研究，2019, 26(01): 293-300.

[20] 李理，朱文博，李艳红，等. 基于地形梯度特征淇河流域生态系统服务价值损益[J]. 水土保持研究，2019, 26(05): 287-295.

[21] 游惠明，韩建亮，潘德灼，等. 泉州湾河口湿地生态系统服务价值的动态评价及驱动力分析[J]. 应用生态学报，2019, 1-7.

[22] 范水生，陈文盛，邱生荣，等. 山地型休闲农业生态系统服务功能价值评估研究[J]. 中国农业资源与区划，2015, 36(07): 117-122.

[23] 王洪翠，吴承祯，洪伟，等. 武夷山风景名胜区生态系统服务价值评价[J]. 安全与环境学报，2006, (02): 53-56.

[24] 汉源县地方志编纂委员会. 汉源简志[M]. 北京：中央民族大学出版社，2015.

[25] 四川省人民政府. 四川省首次认定80家省级示范农业主题公园[EB/OL]. 2016[2020-9-25] http://www.sc.gov.cn/10462/10464/10465/10574/2015/10/16/10355827.shtml.

[26] 中华人民共和国农业农村部. 四川省雅安市汉源花海果乡[EB/OL]. 2018[2020-9-25] http://www.moa.gov.cn/ztzl/2018cjlvytj/lhp/201803/t20180328_6139236.htm.

[27] 四川省文化和旅游厅. 四川省A级旅游景区名录[EB/OL]. 2020[2020-9-25] http://wlt.sc.gov.cn/scwlt/c100297/2020/8/21/cc68149c1b5f4315b98a2748a0147a7d.shtml.

[28] 喻红，曾辉，江子瀛. 快速城市化地区景观组分在地形梯度上的分布特征研究[J]. 地理科学，2001, (01): 64-69.

[29] 顾泽贤，赵筱青，高翔宇，等. 澜沧县景观格局变化及其生态系统服务价值评价[J]. 生态科学，2016, 35(05): 143-153.

[30] 王永琪，马姜明. 基于县域尺度珠江—西江经济带广西段土地利用变化对生态系统服务价值的影响研究[J]. 生态学报，2020, (21): 1-14.

[31] 徐煖银，孙思琦，薛达元，等. 基于地形梯度的赣南地区生态系统服务价值对人为干扰的空间响应[J]. 生态学报，2019, 39(01): 97-107.

作者简介

王凯璐，1993年生，女，汉族，江西上饶，博士在读，四川农业大学，风景园林规划设计。电子邮箱：1491631196@qq.com。

基于艺文分析的民国之前滇池恢复性环境特征研究[①]

Research on the Characteristics of the Restorative Environment of Pre-Republican Tien Lake Based on Art and Literature Analysis

王思颖　刘娟娟*

摘　要：水体是自然环境中具有恢复作用的元素之一，也是园林造景的重要元素之一。本文以云南省最大的高原湖泊滇池为例，通过Nvivo软件提取《昆明园林志》中与滇池有关的民国前艺文，从恢复性环境特征的四个维度：远离性、延展性、吸引力和兼容性进行编码梳理，分析艺文中所提及的滇池环境恢复性特征。结果显示，滇池环境恢复性感知中四个维度的感知力由高到低依次是：延展性、吸引力、远离性、兼容性。并讨论民国前文人对滇池的恢复性环境感知模式和恢复效益。本研究是恢复性环境理论的本土化创新与尝试。

关键词：滇池；艺文；恢复性环境；民国前

Abstract: Water is one of the restorative elements in the natural environment, and also one of the important elements of landscape architecture. In this paper, we take Tien Lake which is the largest plateau lake in Yunnan Province as an example and extracts the pre-Republican art and literature related to Tien Lake from the " Kunming Landscape Records" with Nvivo software. The four dimensions of restorative environmental features: being away, extent, fascination and compatibility are coded and sorted out to analyze the restorative environmental features of the Tien Lake mentioned in the art and literature. The results showed that the four dimensions of perception of environmental resilience in Tien Lake, in descending order, were: extent, fascination, being away, and compatibility. The restorative environmental perception patterns and restoration benefits of Tien Lake by pre-Republican scholars are also discussed. This study is a localized innovation and attempt of restorative environment theory.

Key words: Tien Lake; Art and Literature; Restorative Environment; Pre-Republican

引言

环境心理学家Ulrich认为以水体为主的“蓝色空间”和以植物为主的“绿色空间”都具有恢复性效果[1]。目前关于绿色空间的恢复性效益研究逐渐完善，而同样具有良好恢复潜力的蓝色空间却处于起步阶段，缺乏研究。贾梅、金荷仙等[2]总结了园林植物挥发物及其在康复景观中对人体健康影响的研究进展；李树华等[3]总结了绿地发挥健康功效的作用机理；杨欢等[4]运用传统中医理论来指导康健花园设计；段艺凡等[5]在康复景观视野下进行了五感体验园林景观的营造。刘群阅等[6]在城市公园恢复性评价心理模型研究中发现水体通常被认为是具有高度一致性和神秘性的景观元素，人类通常对水体有着天生的偏好，因而水体更容易对人产生恢复性效益。本文以云南滇池为例，通过梳理恢复性环境特征包含的远离性（Being away）、延展性（Extent）、吸引力（Fascination）和兼容性（Compatibility）四个维度（以下简称四个维度），对民国以前滇池艺文作品进行分析，来了解人们对蓝色空间的感知力，探究蓝色空间水体的恢复效益。

1　研究背景

1.1　研究对象

1.1.1　研究区域

滇池，作为云南省最大的淡水湖，享有“高原明珠”的美称。滇池四面环山，金马山、碧鸡山、白鹤山、蛇山从东西南北四方与滇池以及其他的山峦共同构成了独特的、大容量的滇池风景区（图1）。宋嘉祐八年（1063年）鄯阐匡国侯首次在华亭山竖楼台，昆明西山开始被开拓；元代在西山兴建太华寺、华亭寺；明代在罗汉山建三清阁，将高峣“碧峣精舍”改为“升庵祠”；清康熙年间在近华浦相继修建观音寺、华严阁、涌月亭、大观楼；乾隆年间开始开凿慈云洞石窟；道光年间打通罗汉崖云华洞，开辟龙门达天阁石窟；同治年间重建毁于兵燹的大观楼。至此民国以前的滇池风景区主要景点基本建成，此时滇池水体环境还未受到污染且面积还未大面积收缩，人们可于高山名寺俯瞰滇池，也可游舟湖上饮酒作诗，滇池成为云南一大风景名胜地。

① 基金项目：本项目由国家自然科学基金项目（32001365）资助；国家林业和草原局西南风景园林工程技术研究中心支持完成。

图1 滇池照片（图片来源：作者自摄）

1.1.2 研究区域艺文

《昆明园林志》自1990年由昆明市园林局成立专门的编写小组进行编写工作，历经20年，至2002年3月定稿交付出版社出版，包括昆明市五区一市八县的园林景观，是第一部记录昆明园林发展历史和现状的专门志。书中艺文作品收录达千余件（艺文泛指各种典籍、图书、辞章），所录文献多出自古代原刊本和地方志。本文以《昆明园林志》中收录的滇池、西山和大观楼三个章节的艺文为数据来源，共包含诗词、楹联、文章、碑刻四种题材，以描写滇池景观的作品作为研究对象。《昆明园林志》中三个章节收录的艺文共计394篇，诗词298首、楹联76副、文章76篇、碑刻11篇。

1.2 研究方法

本文通过Nvivo12软件提取《昆明园林志》与滇池相关的诗句，并从恢复性环境理论出发，对诗词、楹联、文章、碑刻进行四个维度的分析。

分析过程如下：第一，将《昆明园林志》的394篇诗文分题材导入Nvivo12软件中；第二，运用Nvivo12软件，查询与“池”“海”“湖”“水”“波”的有关诗句，最后可用艺文数量共计159篇，其中诗词121首、楹联31副、文章6篇、碑刻1篇；第三，基于Nvivo12软件确定不同题材四个维度的节点，分析节点的数量和比重；第四，基于Nvivo12软件的分析结果，讨论滇池的恢复效益。

2 恢复性环境四维度解析

20世纪80年代，Ulrich Kaplan R提出的压力缓解理论（Stress Reduction Theory）与Kaplan S等提出的注意力恢复理论（Attention Restoration Theory，ART）共同构成恢复性环境的重要理论来源。其中，压力缓解理论强调恢复的主客观效果，主要从生理客观指标、心理主观评定及行为的改善三个方面着手；注意力恢复理论更加强调的是环境对人类认知层面心理资源的影响[7]，认为在恢复性环境中，无意注意能减少有意注意造成的能量和专注力损耗，进而对有意注意疲劳起恢复作用，从精神受损的状态中恢复过来[8,9]。

恢复性环境（Restorative Environment）又被称为复愈性环境，是指对人类不断消耗的身心资源和能力有恢复与更新效果的环境设置。恢复包含各种身心资源和能力的更新，整个过程建立在普遍适应性需要的基础上[7]。由于提出者Kaplan对四个维度的内涵阐述较为抽象以及相关外延阐述散布在不同文献中，加之英汉语语言的差异易产生语义偏移，因此本文需要对恢复性环境特征的四个维度进行初步梳理，旨在明晰其内涵和外延，用于后续分析讨论。

2.1 远离性

Being away，远离性，也被译为距离感。最初由Kaplan等[10]提出，是指通过消除干扰，从通常的环境和活动中休息一下，停止追求需要注意力的任务，从而远离引起注意疲劳的活动。Herzog[11]认为远离性意味着一个在物理上或概念上与日常环境不同的环境。Laumann等[12]、R. Pals等[13]把原来的远离性这一维度被分为新颖（Novelty）和逃离（Escape）两个维度，除此之外的研究中未再对远离进行这两个维度的拆分。刘群阅等[6]在研究城市公园恢复性评价心理模型时，基于PRS量表提出远离性测量的五个指标，包括产生一种脱离世俗的感觉、一成不变的生活在此得到改变、可以让人完全休息、帮助人放松紧绷的心情、感觉到不受工作和日常生活所拘束，这是对远离性更为具象的表达。

综合研究者对远离性的理解以及此次研究对象的特殊性，本文认为远离性是指在物理环境上与日常环境有所区别，能带来心理的远离并伴随着定向注意力的解除和想象空间的产生，从而引发对过往的回忆或者对未来的向往的感受。

2.2 延展性

Extent，主要理解包括丰富性、延伸性和延展性，延伸性与延展性大意趋同，本文主要采用延展性的译法。在注意力修复理论中，由于英文原文的抽象性导致对Extent的理解较为多样。Kaplan等[14,15]先后对Extent做出解释，1993年在研究博物馆作为恢复性环境一文中提出延展性是指环境中的元素是否有足够的内容和结构来占据心灵，为了提供延伸感，它们还必须在物理或概念上足够大，并让人可以进入并花时间，以便在其中移动和探索。2003年在评估环境中的恢复性要素时进一步提出，具备延展性特征的空间可以被描述为“整个其他的世界”的环境。赵欢等[7]、叶柳红等[16]关于丰富性的解释相比之下更加强调环境内容和结构的丰富程度。在刘群阅等[6]的评价心理模型中，延展性包括周围景物协调一致、对景物中看不见的部分充满好奇、使人延伸出许多美好联想、景观的组成元素是相配的四个方面。

综上所述，本文认为延展性要求空间在范围上足够大，在内容上足够丰富且具有神秘感，能够自发引起一定时间内对空间全身心的探索，从而达到放松自我以及注意力修复的目的。

2.3 吸引力

Fascination，被理解为吸引力。Herzog[11]把吸引力分为硬性吸引和软性吸引两种类型，前者由竞技体育、影视娱乐等活动引发，它们强烈地占据全部注意，使个体顾不上思考任何其他事物，这时定向注意得到暂时休息。后者常在自然环境中产生，它平静的激发个体适度的自发注意，促进注意资源的平衡和恢复；自然环境还提供给个体对重要经验和问题的反思机会，从而在审美中得到更为深层、更有意义的复愈效果。Dominique 认为吸引力指的是能毫不费力地吸引注意力的环境，为了达到最佳的修复效果，又必须具备柔和的和不完全占据头脑的两个特征，让人能够反思。刘群阅等[6]认为吸引力包括该场所具有吸引人的特质、在场所在可以有更多的探索和发现、想花更多时间在这里三个方面。

由于山水诗的特性，对于上述毫不费力引起的吸引力的环境是否一定意味着带有正向情绪的场所还有待讨论。但是综合而言，吸引力强调环境本身的美学特质，能够毫不费力的引起人们的自发注意，其强度大小受个人偏好影响。

2.4 兼容性

Compatibility，通常被译为兼容性。1983 年，Kaplan[17]提出兼容性是指环境的设置支持个体的爱好与目标，同时个体的决定也适应环境的需求，这是双向的过程。Herzog[11]对其的解释为一个符合并支持一个人的愿望或目的的环境。Dominique 等认为兼容性是指个人的目的或意愿与所支持的活动之间的契合。这个特征是复杂的，因为个人之间的意愿和需求是不同的，对同一个人来说也是不同的，环境的恢复性是相对的，需要视情况而定。刘群阅等[6]对兼容性的理解包括在环境中可以从事自己喜欢的活动、能够很快适应环境、感觉自己属于这里、能够找到自得其乐的办法、想做的事情与环境一致五个方面。

本文认为兼容性要求环境能满足不同个体的活动需要和偏好，能够支持个体的爱好和目标，能够让人产生归属感并进行思考。

3 民国以前滇池恢复性环境四维度分析：以滇池艺文为例

3.1 四维度概述

通过 Nvivo12 软件对《昆明园林志》中关于滇池的艺文进行恢复性环境的四个维度分类以及数量统计（表 1），并进行占比分析（图 2）。发现在四个维度中，延展性总占比 82%、吸引力总占比 75%、远离性总占比 71%，三者差异较小且占比较高，表明在滇池恢复性环境中人们对延展性、吸引力和远离性三个维度的感知力较强且具有一致；兼容性占比 38%，数量最少，表明在滇池恢复性环境中兼容性的感知力较为欠缺，体现不足。

《昆明园林志》描写滇池艺文及对应维度数量　表 1

类型	远离	延展性	吸引力	兼容性	总量
诗	86	96	92	44	121
楹联	23	27	21	10	31
文章	4	6	6	6	6
碑刻	0	1	1	0	1
总量	113	130	120	60	159

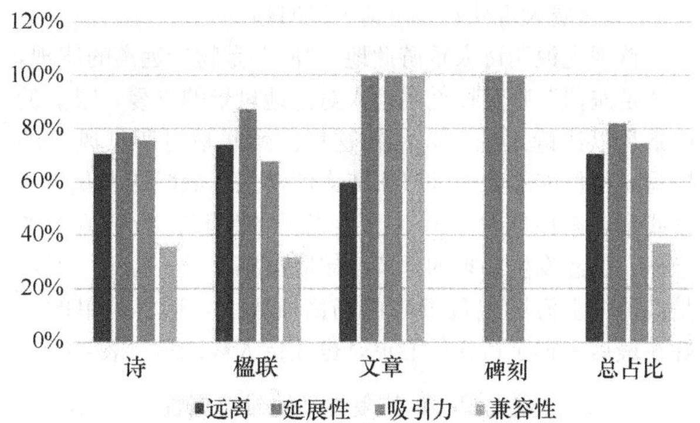

图 2 《昆明园林志》中描写滇池各题材四个维度占比

3.2 典型案例分析

《昆明园林志》中对滇池环境进行描写的艺文共计 159 篇，其中诗词数量最多，其次是楹联，因此经典案例的选取主要来源于这两类题材。艺文的书写通常不仅有景，还有抒情，因此只有极少数的艺文只涉及单一维度，大多涉及两个或三个维度，部分四个维度都有涉及。恢复性环境的四个维度感知力越高，实现恢复的条件也就越充足，恢复性也就越好，故此处典型案例只探讨多维度的艺文。

(1)《滇池夜月》——明代・机先

首联先写人们乘舟至滇池，说明他们远离了日常环境。“金波”“苏秋”带有诗人对滇池环境的正向情感倾向，说明诗人在其中的景观感受是美好的。颈联中白月、天空、水体都似乎与人合而为一，是充满归属感的体验。颔联和尾联诗人已经沉浸在这茫茫夜景之中，忘却身在何处，达到了心理层面的远离。全诗体现了诗人在滇池夜景中感知维度的变化，直至最后的忘我与放松，说明滇池的环境是具有恢复作用的。诗句恢复性环境维度属性详见表 2。

《滇池夜月》恢复性环境维度属性　表 2

诗句	维度属性
滇池有客夜乘舟	物理远离
渺渺金波接素秋	吸引力
白月随人相上下，青天在水与沉浮	兼容性
遥怜谢客沧州趣，更爱苏仙赤壁游。 坐倚蓬窗吟到晓，不知身尚在南州	心理远离

(2)《昆明泛月》——明・胡桐

诗中诗人泛舟湖上同样反映出他远离了日常环境。“孤艇”“轻波”看似矛盾，实则反映出滇池的治愈能力，纵然孤身一人也可在这湖上饮酒、赏月、吟唱，这是无边无际的滇池给予诗人偌大的满足感，以至于最后诗人发出“疑是到银河”的感叹（表 3）。

《昆明泛月》恢复性环境维度属性　表 3

诗句	维度属性
孤艇泛轻波	物理远离
衔杯对月歌	兼容性
碧天无际处	延展性
疑是到银河	心理远离

(3)《登大观楼》——清·段时恒

首联先说明诗人重游此地，“游”是物理远离的体现，而“足淹留”则直接点明诗人对此地风景的喜爱，眼前的风景足以让诗人花时间待在这里。颈联是对所见风景的描写，他们能不费力的吸引诗人的注意。颔联诗人联想到汉武帝开凿昆明池练兵、元梁王兵败举家丧命于滇池的过往，已经发生心理的远离。尾联虽感叹世事无常，但还是被滇池上海鸥追逐嬉闹的场面所吸引，这样简单的美好在最后占据了诗人的心灵，也让诗人被治愈（表4）。

《登大观楼》恢复性环境维度属性　　表4

诗句	维度属性
万里归来续旧游	物理远离
眼前风景足淹留	延展性
天涵水面浮双塔，地涌波心耸一楼	吸引力
汉将戈船斜日冷，梁王旌旆暮云愁	心理远离
衔杯莫问兴亡事，羡尔轻轻逐浪鸥	吸引力

(4)《大观楼长联》——清·孙髯

上联中“五百里”“奔”“茫茫”“空阔无边”点明了滇池的范围之广，给人无限延伸之感。“看”字引出了滇池群山围绕、四季皆景的迷人特质，说明空间内容的丰富性。触景生情，下联作者开始回忆过往，感慨汉至元期间的历史变迁、兴衰不定，是诗人们在游山玩水过程中融入历史情怀的代表，情绪从上联的“喜”变至“悲”。“疏钟”“清霜”是诗人最后对景观的感受，是一种喧闹过后的寂静苍凉之感，不再似感慨那般愤慨，心情有所缓和（表5）。

大观楼长联恢复性环境维度属性　　表5

诗句	维度属性
五百里滇池，奔来眼底，披襟岸帻，喜茫茫空阔无边	延展性
看：东骧神骏，西翥灵仪，北走蜿蜒，南翔缟素；高人韵士，何妨选胜登临。趁蟹屿螺洲，梳裹就风鬟雾鬓；更苹天苇地，点缀些翠羽丹霞。莫孤负四围香稻，万顷晴沙，九夏芙蓉，三春杨柳	吸引力
数千年往事，注到心头，把酒凌虚，叹滚滚英雄谁在？想：汉习楼船，唐标铁柱，宋挥玉斧，元跨革囊；伟烈丰功，费尽移山心力。尽珠帘画栋，卷不及暮雨朝云；便断碣残碑，都付与苍烟落照。只赢得几杵疏钟，半江渔火，两行秋雁，一枕清霜	心理远离

3.3　四维度分析

3.3.1　远离性

《昆明园林志》中，体现远离性维度的艺文共有113篇，总占比为71%。其中诗歌86首、楹联23副、文章4篇、碑刻0篇，在这一维度中占比分别为76%、20%、4%和0%。由于碑刻属于纪实性，其与远离性贴合度不高，故而在这一维度中没有得到体现。通过分析确定远离性在诗文中环境主要体现在以下五个维度：物理远离、产生联想、追忆过往、脱离世俗不受约束、心情放松，后四个维度属于心理远离。案例节选见表6。

《昆明园林志》远离性分类及案例节选　　表6

类别	案例节选
物理远离	万里归来续旧游，眼前风景足淹留　《登大观楼》段时恒 华峰屹千仞，俯瞰昆明池　《题一碧万顷阁》沐僖
产生联想	安得身如水与月，千里万里随君舟　《赋得滇池夜月》郭文 曾闻海上浮仙山，此海恰出山中间。山中海水洞山腹，流向人间何日还　《鬟镜轩望海月》萧霖
追忆过往	昆明池小可容舟，划地休轻一水沤；西望已辜炎汉想，南来空忆腐迁游　《昆池曲》普荷 十年重此泛游船，眼底亭台尽改张。风物自随时世变，情怀却为古人伤。梁官沐墅都荒废，舟屋升庵亦渺茫　《大观楼怀古》陈荣昌
脱离世俗不受约束	睡佛云间出，精蓝倚碧穷。幽情堪自领，恍在蓬莱中　《游太华山》吴世学 突兀见楼台，到此开怀，洗净俗尘几许；晶莹连水月，自他补耀，应增智慧三分　王继文
心情放松	笑看城廓万间厦，小作滇池几点沤　《登大观楼》王汝州 我欲乘飚访仙子，不知何处是蓬瀛　《滇池夜月》沐昂

3.3.2　延展性

《昆明园林志》中，体现延展性维度的艺文共有130篇，总占比为82%，为四个维度最高。其中诗歌96首、楹联27副、文章6篇、碑刻1篇，在这一维度中占比分别为74%、21%、5%和1%。延展性感知力较强的原因可能在于滇池的空阔无边，创造了一个足够大、能够满足大家需要与探索欲望的环境特性。通过分析确定延展性在艺文中环境主要体现在以下三个维度：空阔感、探索感、宁静感。案例节选见表7。

《昆明园林志》延展性分类及案例　　表7

类别	案例节选
空阔感	昆明千顷浩冥濛，浴日滔天气量洪　《咏昆明池》郭孟昭
	冷涵万象镜光里，乾坤一色秋冥冥　《赋得滇池夜月》郭文

续表

类别	案例节选
探索感	波光荡漾遥分岸，山色空濛欲上船。数载红尘浑似梦，探幽直到白云边　　《登太华》沈万山
	一双雁影知秋近，万炬星回入夜赊。好比西湖频出没，扁舟尽可作生涯 《游昆明湖时六月廿五》王元翰
	是海原非月，何将海月名。海光千顷洁，月魄十分明。环顾婆娑影，由来藻荇横。虚堂临眺处，人在镜中行 《海月堂》胡煦
宁静感	嵯峨绝顶枕沧流，潇洒疏声碧落秋。半是人从天外过，迥然山向水中浮。 烟波一片涵虚境，海岸千峰隐太丘。悔却年来登眺晚，茫茫天地一孤舟 《偕友人游昆池登太华山寺》徐禹昌

3.3.3　吸引力

《昆明园林志》中，体现吸引力维度的艺文共有120篇，总占比为75%。其中诗歌92首、楹联21副、文章6篇、碑刻1篇，在这一维度中占比分别为77%、18%、5%和1%。通过分析确定吸引力在艺文中环境主要体现在以下两个维度：风景优美丰富、流连忘返之感。风景优美丰富在艺文中多表现为对景色的大量描写，多包含色彩词与湖光山色、环境中其他生物的描写；流连忘返则是表达自己对环境的喜爱之情，这都是环境具有吸引力的表现。案例节选见表8。

《昆明园林志》吸引力分类及案例　　表8

类别	案例节选
风景优美丰富	翡翠笼烟开夕照，芙蓉叠水映朝晖。龙翻巨浪掀天起，风卷危崖驾海飞 《太华山观海》邵璋 水色澄秋接绛河，琉璃影里漾金波。分明一槛从空落，皎皎清光不用磨 《滇池夜月》沐昂 澄水长空一色秋，烟波澹荡接天流。远山浮出凭青锁，白露新添渺客愁。 飞雁已随云尽处，扁舟宛在月中游。窗开却拟星源近，万派清光拥画楼 《秋日登官渡望海楼》杨庆元
流连忘返之感	挑灯莫话西山旧，三十年间此再游 《是夕坐潮圣庵俯看昆池夜话》吴懋才 雄关衔落日，水市易黄昏。客子初停辔，归舟自到门。风涛低雉堞，烟火乱渔村。最爱波间月，平山露半痕 《高峣野望》段昕

3.3.4　兼容性

《昆明园林志》中，体现兼容性维度的艺文共有60篇，总占比为38%，为四个维度最低。其中诗歌44首、楹联10副、文章6篇、碑刻0篇，在这一维度中占比分别为73%、17%、10%和0。通过分析确定兼容性在艺文中环境主要体现在以下三个维度：支持个人活动与爱好、创造归属感、引发思考。案例节选见表9。

《昆明园林志》兼容性分类及案例　　表9

类别	案例节选
支持个人活动与爱好	半夜神灯波上走，三春画桨镜中摇。听唱竹枝来小口，醉看塔影忽双漂　　《滇池夜月》孙髯 碧鸡山下乘舟客，也学坡翁夜扣舷 《滇池月夜》袁森
创造归属感	何当海阔天高处，长倚禅林作隐君 《华亭寺》张统 我醉欲留归路晚，湖中鸥鹭棹歌声 《登太华寺大悲阁望滇池》李澄中
引发思考	飘然觞咏乐，顿悟死生轻。绝巘游人醉，中流我辈清 《修禊日集诸友泛昆池(二首)·其二》许弘勋 借问是月是海，且忘机一试况栏 李湖

4　讨论

（1）滇池恢复性环境四维度感知度差异

民国前滇池被群山围绕，其水体清澈空阔，与蓝天白云相辉映，与闹市寻常人家相离，是一个具有远离性的、被文人墨客高频率选择游赏的场所，留下了大量艺文。恢复性环境特征中的远离性、延展性、吸引力在滇池都得到了较强的感知，说明其具有较高的康复效果。其中延展性、远离性、吸引力的感知力最强且所占比重类似。其主要原因在于滇池喜茫茫空阔无边，从物理与心理上都能令游赏之人远离日常琐事与烦忧，其“万里云山一水楼”美景，具有巨大吸引力，令有人思绪无限延展。其兼容性在四个维度中感知力最弱。一方面可能在于个体差异较大，游赏个体与滇池环境的契合度不高。另一方面可能滇池仍以游赏为主，其活动内容较为单一。

（2）滇池恢复性环境四维度内涵

通过对滇池民国前相关艺文的分析，发现滇池恢复性环境四个维度有具体的内涵。其中，远离性包括物理远离、产生联想、追忆过往、脱离世俗不受约束、心情放松；延展性包括场景的空阔感、探索感、宁静感；吸引力包括风景优美丰富、流连忘返之感；兼容性包括支持个人活动与爱好、创造归属感、引发思考。四个维度的具体内涵可能受到了中国古代文人独特的寓情于景、物我合一思维的影响。四个维度的分析隐含着中国古代文的山水赏景传统中存在一定的心理恢复模式，可在今后的研究中作进一步探讨。

（3）滇池恢复性环境四维度的现实问题

随着城市化进程，滇池周围充斥大量的建筑物，水体也遭受污染。其恢复性效果与恢复性环境感知，是否已经发生一定的变迁，也是今后研究的课题。

参考文献

[1] Ulrich R S, Simons R F, Losito B D, et al. Stress recovery during exposure to natural and urban environments[J]. Journal of Environmental Psychology, 1991, 11(3): 201-230.

[2] 贾梅，金荷仙，王声菲．园林植物挥发物及其在康复景观中对人体健康影响的研究进展[J]．中国园林，2016(12)：26-31.

[3] 李树华，姚亚男，刘畅，等．绿地之于人体健康的功效与机理——绿色医学的提案[J]．中国园林，2019(6)：5-11.

[4] 杨欢，刘滨谊．传统中医理论在康健花园设计中的应用[J]．中国园林，2009，25(7)：13-18.

[5] 段艺凡，张廷龙．康复景观视野下的五感体验园林景观营造[J]．西北林学院学报，2017，032(3)：284-288.

[6] 刘群阅，吴瑜，肖以恒，等．城市公园恢复性评价心理模型研究——基于环境偏好及场所依恋理论视角[J]．中国园林，2019，35(6)：39-44.

[7] 赵欢，吴建平．复愈性环境的理论与评估研究[J]．中国健康心理学杂志，2010，18(1)：117-121.

[8] Kaplan S, Talbot J F. Psychological benefits of a wilderness experience. In AltmanlD, Wohlwill J F (Eds.). Behavior and the Natural Environment[M]. US: Springer, 1983.

[9] Kaplan, S. The restorative benefits of nature: Toward an integrative framework[J]. Journal of Environmental Psychology, 1995, 15(3), 169-182.

[10] Kaplan R, Kaplan S. The Experience of Nature: A Psychological Perspective[M]. Cambridge University Press, 1989.

[11] Herzog T R, Black A M, Fountaine K A, et al. Reflection and attentional recovery as distinctive benefits of restorative environments[J]. Journal of Environmental Psychology, 1997, 17(2): 165-170.

[12] Laumann K, Garling T, Stormark K M. Restorative experience and self-regulation in forest environment[J]. Journal of Environment Psychology, 2001, 21: 31-44.

[13] Pals R, Steg L, Siero F W, et al. Development of the PRCQ: A measure of perceived restorative characteristics of zoo attraction[J]. Journal of Environment al Psychology, 2009, 29: 441-449.

[14] Kaplan S, Bardwell L V, Slakter D B. The museum as a restorative environment[J]. Environment and. Behavior. 1993, 25 (6): 725-742.

[15] Kaplan S, Kaplan R. Health, supportive environments, and the reasonable person model[J]. Am. J. Public Health, 2003, 93 (9), 1484-1489.

[16] 叶柳红，张帆，吴建平．复愈性环境量表的编制[J]．中国健康心理学杂志，2010，18(12)：1515-1518.

[17] Kaplan S. A model of person-environment compatibility[J]. Environment and Behavior. 1983, 15(3): 311-332.

作者简介

王思颖，1996年生，女，汉族，云南玉溪，工学硕士，西南林业大学园林园艺学院，学生，研究方向为风景园林规划设计与理论。电子邮箱：1753317913@qq.com。

刘娟娟，1980年生，女，汉族，湖北赤壁，博士，西南林业大学园林园艺学院，副教授，研究方向为风景园林教学和科研工作。电子邮箱：422014545@qq.com。

基于湖盆风景特性的长江中游平原地区八景系统词云分析①

Word Cloud Analysis of the Eight-scenes System in the Plains of the Middle Eaches of the Yangtze River based on Lake Basin Landscape Characteristics

王之羿　张　敏　张嘉妮　王　贞*

摘　要： 随着我国自然资源管理机构改革，国土景观发展愈发注重整体价值，亟须区域风景规划修复已断裂的地域风景文脉，保护本土风景特征。本文梳理了长江中游平原地区云梦泽、鄱阳湖、洞庭湖三大湖盆单元地表特征及变迁机制，构建了湖盆风景特性主导的长江中游平原地区城镇八景系统分析框架。通过 NVIVO 软件对"三环三省 11 轴 47 节点"八景词云进行分析，得出长江中游平原地区"湖、山"风景总特性，解析湖盆结构下"湖圈、河轴、岛屿"子系统的地域风景特质与成因。

关键词： 区域风景规划；长江中游平原；八景文化；词云分析

Abstract: With the reform of China' s natural resource management institutions, the development of land and landscape is paying more attention to the overall value, and there is an urgent need for regional landscape planning to repair the broken regional landscape veins and protect local landscape characteristics. In this paper, three major lakes and basin units of Yunmengze, Poyang Lake and Dongting Lake in the middle reaches of the Yangtze River Plain are analyzed, and a framework for the analysis of urban eight-view system in the middle reaches of the Yangtze River Plain, which is dominated by the landscape characteristics of lakes and basins, is constructed. NVIVO software is used to analyze the eight scenery word clouds in "three rings, three provinces, 11 axes and 47 nodes", and the general characteristics of "lake and mountain" scenery in the middle reaches of Yangtze River plain area are obtained, and the "lake circle, river axis and island" under the lake basin structure are analyzed. "Geographic landscape qualities and genesis of the subsystem.

Key words: Regional Landscape Planning; Middle Plain of the Yangtze River; Eight-scenes Culture; Word Cloud Analysis

八景是我国古代一类传播广泛的地方文化现象，起源于先秦，萌芽于魏晋，成熟于两宋，繁荣于明清，一般以 8 项最具地方特色的风景组成，并以四字命名，反映我国古代城镇自然和人文综合风景表征[1]。国外学者谢菲尔德景观学系央・瓦斯查等认为八景是中国传统文化下的风景感知模式，隐喻风景体验方式和时间深度，对历史风景保护和欣赏有重要意义[2]。国内学者耿欣、李雄、章俊华等从中国本土景观特色视角，揭示了八景的园林文化意识及其与地域风景传统模式的联系[3]。杜春兰等以明清巴渝八景为例指出了山地城市景观物境、情境和意境 3 维度的风景意向[4]。八景文化蕴含丰富的历史及地域文化价值，反映地域整体性及综合性的文化景观属性[5-7]。故而本文以长江中游平原地区为例，通过八景文化和自然地理的综合分析框架探究区域风景特色及成因。

1　长江中游平原地区地理特征阐述

2000 年前长江中游的古湖泊群主要是云梦泽和彭蠡泽，现今我国最大的两个淡水湖鄱阳湖与洞庭湖正位于长江中游平原地区。长江中游平原多数为湖河冲积平原，虽古云梦泽至北宋时期消失，但云梦泽、鄱阳湖、洞庭湖的湖盆自然地理结构依然留存，围绕湖盆地理单元的自然山水格局构成了区域景观的结构性特质，而这三个湖盆单元及其结构不仅覆盖了长江中游平原地域绝大部分面积，还具有相似的自然地理特征。

1.1　古云梦泽地理特征

"云梦"场域总体上是一片盆地，其五面环山。周边山脉延展出的丘陵山体，将湖体分割成了碎片化的"古云梦泽"的湖沼群。故而"古云梦泽"是"云梦"的一个组成部分。古云梦泽在先秦时期已形成出现江水和三角洲地貌[8]。到了西汉时期，云梦泽主湖体南移，汉江三角洲拼合为陆地[9]，将云梦泽分为了西北与东南两部分[10]。江汉地区在魏晋南北朝时期出现新构造运动，古云梦泽主体向东南推移。此时古云梦泽主体由大浐湖、马骨湖、太白湖等组成[11]。唐宋时期，古云梦泽泥沙淤积，江汉内陆三角洲不断发展壮大，古云梦泽大多填淤成了平陆[12]。至北宋时期，云梦泽基本消失（图 1）。

1.2　鄱阳湖基本地理特征

鄱阳湖处于长江中游末段，由五河水系（赣江、抚河、信江、饶河、修河）、支系小河以及其他小流汇入，湖圈周边城市主要有彭泽县、湖口县、九江县等[13]。鄱阳湖湖盆的形成，是受多次地质构造运动影响的结果，其雏形一般认为是因燕山运动造成的[14]。鄱阳湖古称彭蠡泽，约距今 6000 年初步形成，三国时期，彭蠡泽被长江

① 基金项目：国家自然科学基金面上项目"绿网城市理论及其实践引导研究"（批准号 51678258）。

分为南北两部分，后北湖独立演化为龙感湖、大官湖和泊湖。隋朝时南湖水因逼近鄱阳山而名鄱阳湖，流域面积最大，明初湖体北撤，泥沙淤积增多，湖面明显缩小。明清时期，湖区下沉速度加大，湖面向南继续扩张。民国以来，因大规模围湖造田和毁林垦荒泥沙淤积，鄱阳湖自南向北退缩，范围逐渐缩小[15]（图 2）。

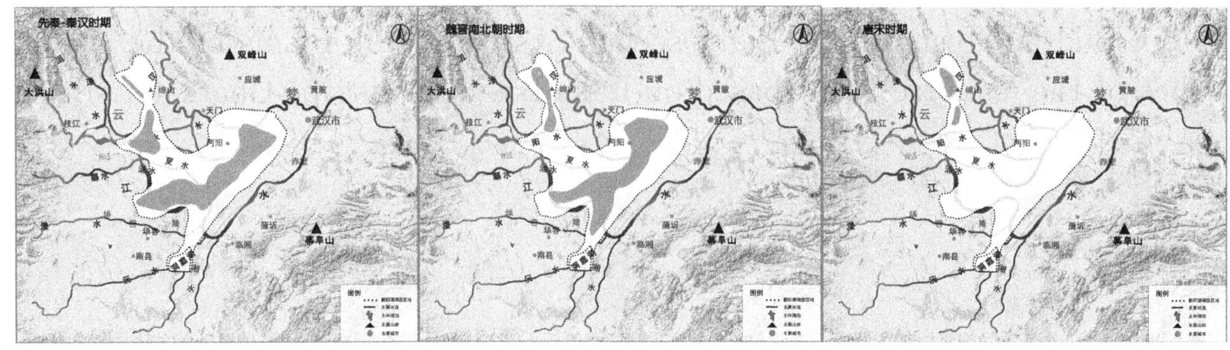

图 1　云梦泽历史变迁

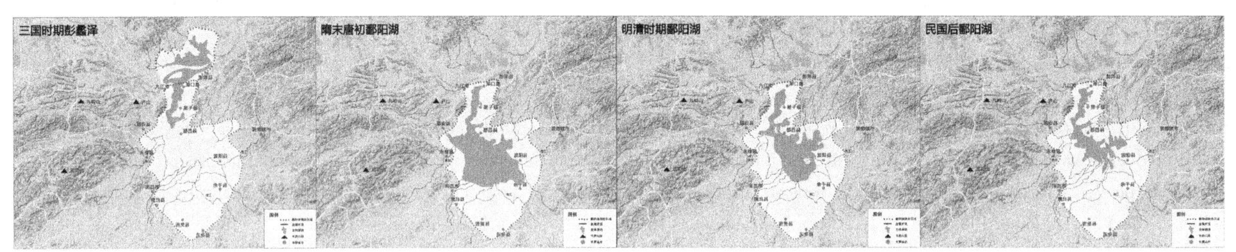

图 2　鄱阳湖历史变迁图

1.3　洞庭湖平原地理特征

洞庭湖位于长江中游荆江河段南段[16]，水系主要包括湘、资、沅、澧四水，湖圈周边城市主要有：岳阳、岳阳县、汨罗等 14 个城镇地区[17]。洞庭湖三面环山，构成了北部敞口的盆地，地势走向为西北高，东南低[18]，其湖盆形成经历了多次地质变化运动，可分为四个时期，成湖期、发展期、鼎盛期、萎缩期。晚更新世末至先秦两汉时期为成湖期，此时有小面积湖泊存在，无大范围水体的河网割切平原地貌景观，魏晋至唐宋时期为发展期，洞庭、青草、赤沙三湖连成一片汪洋水域，水域面积不断扩大，同时在向西扩[19]。元明至清代中期为洞庭湖的鼎盛时期，上游荆江段带来的大量泥沙，河床淤浅，水深逐渐减小，湖面水域继续向西、南扩展，晚清至 20 世纪末为萎缩期，由于围垦现象、淤积现象愈加增多，湖床增高，统一的湖面开始瓦解为若干区域性湖泊，洞庭湖面积、容积大为缩小[19]（图 3）。

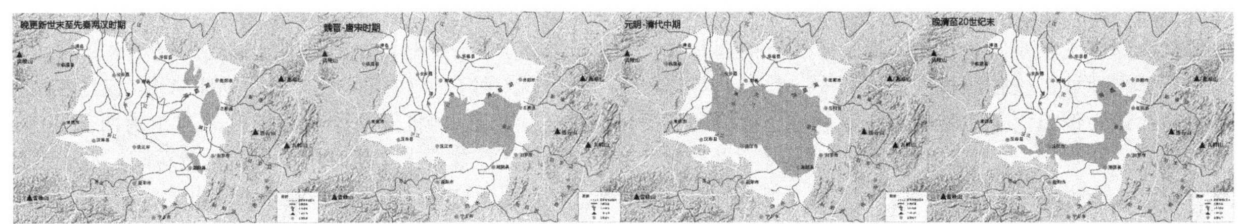

图 3　洞庭湖历史变迁图

2　长江中游平原地区八景系统

我国古代农业发展、聚落定居、城邦兴建的人类活动都与水密不可分，而长江中游流域水系网络发达，平原低势地域汇聚为三个相似的湖盆地理单元，选取湖盆地理单元上历史延续的城镇节点八景，以整合地域断裂的景观文脉特征，维护国土景观的多样性和独特性。

长江中游平原地区围绕洞庭湖、鄱阳湖、古云梦泽节点城镇分布于湖南、江西、湖北三省，梳理各省地方志、文苑等古籍，发现清代八景湖盆单元城镇节点清晰完整。根据上文对湖盆单元的演变分析，长江中游平原地区共分为湖圈、河轴、岛屿三类节点城镇八景子系统（图 4）。

2.1　湖圈节点城镇八景

湖圈节点城镇是指位于湖盆演变边界却未被淹没，其历史文脉特性得以延续的城镇。将这些节点城镇连成环，其八景共构的景观集合，组成长江中游平原地区湖圈城镇八景子系统，子系统八景均以清代为典例考证，形成“三环十九点”湖圈城镇八景系统，其中云梦、洞庭、鄱阳三湖圈节点城镇数量分别为 9、6、4（表 1）。

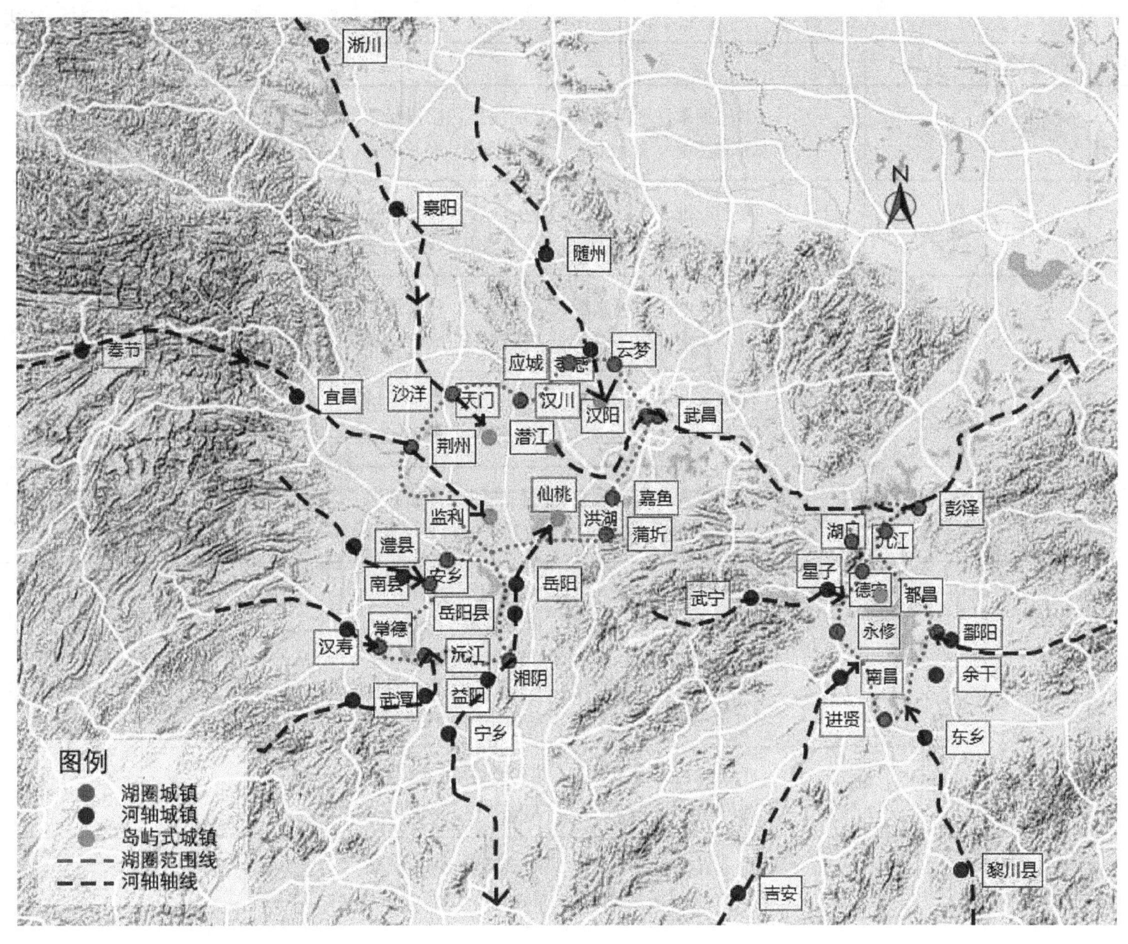

图 4　长江中游湖盆网络及节点城镇系统

湖圈节点城镇八景一览表　　　　**表 1**

地理单元	圈层城镇	八景	内容	时期	出处
云梦泽	汉阳	汉阳十景	大别晚翠、江汉朝宗、禹祠古柏、官湖月夜、金沙落雁、凤山秋兴、晴川夕照、鹦鹉渔歌、鹤楼晴眺、平塘古渡	清	汉阳府志
	武昌	武昌八景	庾楼醉月、鄂渚吟风、鹄岭栖霞、鹦洲听雨、东山览胜、南浦观渔、黄鹤怀仙、赤矶慨古	清	武昌县志
	嘉鱼	嘉鱼八景	赤壁古柤、清滩钓艇、江岛春风、龙潭秋月、西保湖光、新堤保障、梅山种树、透脱轻舫	清	孝感县志
	孝感	孝感八景	峻岭横屏、双峰瀑布、北泾渔歌、西湖酒馆，琴堂槐荫、泮沼荷香、董墓春云、程台夜月	清	应城志
	应城	蒲阳八景	西河古渡、栎林新市、三台渔唱、五岭樵歌、玉女温泉、龙港印月、崎山烟雨、妙高晚钟	清	周操南组诗
	天门	晴滩八景	直台古槐、松石绿波、朝阳夕阳、两堰秋月、滴露鸣竹、沉湖夜珠、华严浮台、东冈晴烟	清	荆门州志
	沙洋	沙洋八景	林苍甘雨、老莱山庄、龙泉十亭、唐安古柏、带河金虾、西宝昙光、南桥塔影、长春丹井	清	江陵县志
	荆州	古江陵八景	章华春霁、玉湖荷香、龙山秋眺、三湖钓雪、虎渡晴帆、江津晚泊、纪寺烟岚、八岭松云	清	嘉鱼县志
	蒲圻	蒲圻八景	萧堆春涨、叠翠晚钟、丰财夕照、洼樽怀古北河晚渡、莼塘夜月、荆泉灵觃、石笋凌风	清	湖广武昌府志校注

续表

地理单元	圈层城镇	八景	内容	时期	出处
鄱阳湖	彭泽	彭泽八景	书屋拥翠、天洞仙游、梵阁流霞、柳州凝雾、双峰霁色、孤柱涛声、云湖渔唱、仁矶钓月	清	九江府志
	湖口	湖口八景	渊明故址、大岭之亭、花尖秀色、双钟月色、彭蠡涛声、虹桥仙迹、沙洲渔唱、劳渡舟横	清	九江府志
	九江	江州八景	匡庐迭翠、琵琶送客、塔影锁江、甘棠烟水、浪井涛声、庾楼明月、粟里苍松、濂溪古树	清・嘉靖	九江府志
	德安	德安八景	蒲塘落雁、阳居仙迹、义峰耸翠、金带河洛、南庄耕叟、钓台渔唱、湴塘晓钟、乌石清泉	清・嘉靖	德安县志
	都昌	都昌八景	石壁精舍、野老岩泉、陶侯钓矶、苏仙剑池、矶山樵唱、彭蠡渔歌、南寺晓钟、西河晚渡	清・同治	南康府志
	永修	修江八景	云山拥翠、修水环清、柳渡春烟、莲州夜月、东郭农耕、北岩樵唱、桃源石洞、桂影池亭	清・同治	南康府志
洞庭湖	岳阳	岳州八景	洞庭秋月、碧莲争艳、玉女梳头、渔林酒香、江天卧石、银盘托日、鸟语空山、烈女寻夫	清・康熙	湖广通志 载巴陵县
	汨罗	穆屯八景	岳朝晓钟、穆溪春涨、将领樵歌、阳陵农种、大陂秋月、断狱明岚、龙滩牧笛、魏港渔罾	明・嘉靖	湘阴县志
	沅江	沅江十景	昭烈古城、卧龙墨池、柳堤春涨、沅田桑柘、赤江唤渡、寒潭钓雪、桐林晚钟、石湖秋月	清・嘉庆	沅江县志
	安乡	安乡八景	洞庭春涨、鲸湖秋月、书台夜雨、梁药晴峰、黄山瑞蔼、博望清风、安流晓渡、兰蒲渔舟	清・康熙	安乡县志

2.2 河轴节点城镇八景

河轴是指汇入湖盆的主要水系沿线节点城镇所形成的连续轴线，这些节点城镇风景特性明显区别于湖圈层节点城镇，其自然地理空间线性发展，人水关系更为亲密。河轴子系统节点城镇共三个湖盆单元，云梦湖盆单元包含上江、府河、汉江 3 轴，鄱阳湖盆单元包含修水、赣江、抚河、信江 4 轴，洞庭湖盆单元包含湘江、资江、沅水、澧水 4 轴，上述三区 11 轴 21 节点城镇八景共构河轴子系统（表 2）。

河轴节点城镇八景一览表 **表 2**

地理单元	河轴	城镇	八景	内容	时期	出处
云梦泽	上江轴	宜昌	宜昌八景	东山图画、西陵兴胜、雅台明月、灵洞仙湫、三游雨霁、五陇烟收、赤矶钓亭、黄牛棹歌	清	宜昌府志
		奉节	奉节十二景	武侯阵图 滟滪回澜 草堂遗韵 莲池流芳 赤甲晴晖 白盐曙色 峡门秋月 瞿塘凝碧 鱼浦澄清 龙冈耸秀 文峰瑞彩 白帝层峦	清	奉节县志
	府河轴	襄阳	襄城八景	汝水虹桥、乾明晓钟、紫云藏雪、令武秋风、龙池晚钓、阳台暮雨、青冢愁云、高桥夜月	清	襄城县志
		淅川	淅川八景	卧龙隐迹、医圣芳泽、灵石汉韵、衡星高冢、府衙古意、孤峰独秀、清水平湖、府山晓月	清	淅川县志
	汉江轴	云梦	云梦八景	楚城遗址、泗洲寺庙、百步高塔、曲阳荡舟、桃花山眺、府河垂钓、儒学大殿、黄香文化	现代	云梦县志
		随州	随州八景	应台半月、高贵凌霄、宝林拥翠、僊洞波澄、军山環秀、天潤云深、洞庭风声、乳严九峙	清	应山县志

续表

地理单元	河轴	城镇	八景	内容	时期	出处
鄱阳湖	修水轴	星子	南康府十二景	彭蠡湖春涨、爱莲池夏凉、冰玉涧泉琴、东西观松籁、紫阳堤水月、白沙岭晴暾、匡庐岳云容、东西牯霞绮、宫亭湖鱼阵、扬澜口风帆、双星渚雨蒙、五老峰雪霁	清·同治	星子县志
		武宁	豫宁八景	钟陵瓜圃、伊山龙鳅、玉枕清风、鹤桥明月、郑郊草堂、柳浑精舍、东林牧笛、南浦渔歌	清	武宁县志
	赣江轴	吉安	庐陵八景	神岗帆影、南龙塔云、华岭溪声、金牛泉香、白鹭文澜、车城眺景、螺峰霞照、青原晴瀑	清	庐陵县志
		南昌	豫章十景	西山积翠、洪崖丹井、铁柱仙踪、南浦飞云、滕阁秋风、章江晓渡、龙沙夕照、徐亭烟树、湖夜月、苏圃春蔬	清·同治	新建县志
	抚河轴	黎川	黎川八景	吴山耸翠、黎水澄清、拙庵故居、登瀛遗迹、岳宫旛影、禊湖夜月、月湾渔舍、罗汉钟声	清	吴江县志
		东乡	棲贤山八景	农郊晚唱、僧寺晨钟、茶圃春云、书台夜月、笔峰耸翠、带水送青、寒沙拍雁、暖谷鸣莺	清·同治	东乡县志
	信江轴	余干	干越八景	冠冕山横、琵琶春涨、龙池夜月、羊角秋风、越溪渔唱、昌谷僧钟、宸翰梅岩、犁蒲商帆	清·同治	余干县志
		鄱阳	东湖十景	孔庙松风、颜亭荷雨、双塔铃音、两堤柳色、洲上百花、湖心孤寺、荐福茶烟、新桥酒帘、松关暮雪、芝峤晴云	清·同治	鄱阳县志
洞庭湖	湘江轴	湘阴	湘阴八景	二湖映月，双塔凌云 三峰耸翠，九埠垂青，五魁捧印，长桥卧虹，杜公垂钓，渔叟收筒	明·嘉靖	湘阴县志
		长沙	岳麓八景	柳塘烟晓、桃坞烘霞、风荷晚香、桐荫别径、曲涧鸣泉、碧沼观鱼、花墩坐月、竹林冬翠	清	长沙府岳麓志
	资江轴	益阳	益阳（资阳）八景	西湾春望、裴亭云树、白鹿晚钟、关濑湍惊、志溪帆落、碧津晓渡、庆洲渔唱，甘垒夜月	明·嘉靖	湖广图经志书
	沅水轴	汉寿	汉寿（龙阳）八景	杏坛古柏、泮池瑞莲、明月清朗、玉带晴晖、金牛晚照、沧浪秋水、墨池荒迹、眉洲异状	明·嘉靖	常德府志
		常德	常德八景	乾明春晓、枉渚渔罾、万竹清风、孤峰夜雨、莲池赛锦、楚望霁云、善卷古坛、桂园秋月	明·嘉靖	常德府志
	澧水轴	澧县	澧州八景	仙洲芳草、龙寺晓钟、风堰水月、兰江绣水、桃潭春涨、珮浦渔唱、关山烟树、彭峰叠嶂	清·同治	直隶澧州志
		临澧	安福（临澧）八景	墨山耸翠、道水拖蓝、看花芳岭、哦句平台、观音幻迹、古老遗峰、楚城夕照、汉垒秋风	清·同治	直隶澧州志、安福县志

2.3 岛屿型节点城镇八景

岛屿型城镇是在上述地理单元湖泊演变过程中，城镇所在空间位置在湖泊演变的某一历史时期被湖水湮灭，故而该城镇具有岛屿型历史湖盆结构，这一地理特征类型城镇景观集合具有一定相似性，主要分布于云梦泽地理单元、鄱阳湖地理单元，共“两区七点”组成岛屿型节点城镇八景体系（表3）。

岛屿节点城镇八景一览表 **表3**

地理单元	圈层城镇	八景	内容	时期	出处
云梦泽	监利	监利八景	章台晓霁、离湖读骚、锦水晴岚、轩井流霞璇台涌月、涸泽观鱼、泮宫翠柏、南郭古梅	清	监利县志
	仙桃	沔阳八景	东沼红莲、西墟古柏、三噬波光、五峰山色沧浪渔唱、丙穴钓鳅、柳口樵歌、荆楼玩月	清	沔阳州志
	潜江	潜江八景	东城烟柳、南浦荷香、僧寺晓钟、蚌湖秋月、浩口仙桥、芦洑宝塔、清溪山色、白洑波光	清	潜江县志
	洪湖	古江陵八景	章华春霁、玉湖荷香、龙山秋眺、三湖钓雪、虎渡晴帆、江津晚泊、纪寺烟岚、八岭松云	清	江陵县志
	汉川	汉川八景	阳台晚钟、涢水秋波、梅城返照、赤壁朝霞、松湖晚唱、鸡鸣天晓、小别晴岚、南河古渡	清	吴川县志
鄱阳湖	都昌	都昌八景	石壁精舍、野老岩泉、陶侯钓矶、苏仙剑池、矶山樵唱、彭蠡渔歌、南寺晓钟、西河晚渡	清·同治	南康府志
	余干	干越八景	冠冕山横、琵琶春涨、龙池夜月、羊角秋风、越溪渔唱、昌谷僧钟、宸翰梅岩、犁蒲商帆	清·同治	余干县志

3 长江中游八景系统词云解析

八景文化往往受我国古代文人山水观影响，方志古籍记载八景不乏久负盛名的诗词歌赋或绘画艺术，一般在地方广泛流传，代表地域集景模式。已有研究发现，组成一处八景的四字中，前两字取自风景得景地，后两字表达景致特性[20]，故而根据湖盆地理单元特性，对长江中游平原地区八景得景地与景致案头资料进行词云分析，以此窥探地域代表性自然和历史人文风景特色。

3.1 词云总体解析

3.1.1 长江中游平原八景得景地词云分析

根据长江中游平原地区节点城镇八景三个子系统总案头资料（表1～表3），运用 NVIVO 软件对其前两字编码分析（图5），可得长江中游平原地区节点城镇八景得景地核心层为频次前三名为，依次为“湖”“山”“峰”，中间层为八景频次后四名“台”“水”“寺”“岭”，外层频次逐渐降低为“塘”“江”“河”“洲”、次外层词频微弱重复“林”“柳”“桥”“溪”等。

图5 总体节点城镇八景得景地词云

由此可知，长江中游平原最具地域风景特色是湖泊，正是湖盆地理构造所成的天然风景特色。地域风景得景地第二名是山地山峰，平原视域开阔因而地势起伏处成就了必要的得景地。顺应自然肌理变化的水塘、江河、洲岛等点状与线型水景成为另一种细致分散的地域风景特色。

3.1.2 长江中游平原八景景致词云分析

根据表1～表3中长江中游平原地区八景系统案头资料后两字词云分析结果（图6），长江中游平原地区景致核心层词频显著高于其他为“月”，中间层词频依次为“春”“晓”“唱”“夜”“渔”，外层词频依次为“云”“晴”“秋”“翠”“烟”，次外层词频依次为“晚”“渡”“钓”“古”“钟”等。

综上，夜月是长江中游平原景致最深入人心的风景特性，长江中游平原三大湖泊形成的大水面能够充分映射夜间光源，而欣赏夜晚月色根植于湖盆自然地理基因，故而看似常见的夜月景致便随着地域风景审美文化不断

图6 总体节点城镇八景景致词云

拓展丰富。

3.2 长江中游湖圈八景词云

3.2.1 湖圈城镇八景得景地词云解析

长江中游平原湖圈城镇八景子系统三大湖圈共19座节点城镇156个景点（表1），通过软件分析八景前两字词云发现（图7），长江中有平原湖圈城镇八景得景地频次共分为四级，频次最高的得景地是“湖”，频次第二是“台”“山”，频次第三的得景地为“塘”“岭”，频次微弱重复的是“楼”“江”“矶”等。

图7 湖圈节点城镇八景得景地词云

湖圈节点城镇八景得景地最多之处与长江中游平原总得景地相同，而其人文风景得景地“台”却差异明显，这说明围绕湖圈的城镇风景中，以“台”建构筑物最具地域代表性，构筑物下方抬起既可以避免湖泽湿地潮湿环境，又可以多层“台”叠加，提供良好的风景视野。这种湖泽建筑形式与多种功能融合，形成书台、直台、程台、钓台等类型，其中位于环古云梦泽湖圈楚灵王时期所建章华台颇具盛名，亦是我国古典园林雏形之一。

3.2.2 湖圈城镇八景景致词云解析

分析长江中游平原地区湖圈城镇八景后两字词云可知（图8），湖圈城镇的景致词云可分为5个层级，频次最高的景致是“月”，频次第二名的景致是“秋”“春”，景致频次第三名的是“唱”“渔”“渡”，景致第四名的是

图 8　湖圈节点城镇八景景致词云

频次重复较低的“古”“翠”“钓”，微弱重复的是“仙”“晓”“樵”。

围绕长江中游平原三大湖圈城镇的风景贴合总体的月色景致，又呈现与之不同的季节特性，湖圈风景对秋季、春季的季相特征比较敏感，正是湖圈水陆交界所特有的优渥自然资源条件，孕育出丰富多样的自然栖息地、生态廊道，因而春季、秋季具有珍贵的群体季相风景特色，如春风、春涨、秋月、秋兴。

3.3　河轴城镇八景词云

3.3.1　河轴城镇八景得景地词云解析

长江中游平原湖盆结构向外发散多条河轴地理结构（表 2），河轴得景地词云共分为四个层级（图 9），频次最高的河轴得景地是“山”“峰”，得景地频次第二名的是“龙”，得景地频次位居第三的是“水”“洲”“亭”，河轴得景地频次较弱的是“关”“池”“沙”“涧”等。

图 9　河轴节点城镇八景得景地词云

由此可见，河轴最多的得景地明显区别于长江中游平原地区取景于“湖”的总特性，反而是以山峰为得景最多处，这正好解释了线型风景空间营造师法自然之本源。墨山、关山、吴山、府山、军山等，高低起伏延续的山体与地面交线强化了河轴风景的线性特征，若河轴两侧山峰林立如螺峰、彭峰、三峰等，则通过竖向空间围合令线型风景更为深远，而山峰、山顶、山腰又独立成近景视线节点，细节特征丰富多样。

3.3.2　河轴城镇八景景致词云解析

根据河轴八景的方志古籍梳理（表 2），通过软件分析河轴城镇景致词云（图 10），和后景致频次同样分为四层，河轴景致频次最高的是“月”，位居第二的河轴景致是“云”，频次第三的是“夜”“春”“晓”，词频重复略低的景致为“晴”“渔”“烟”“雨”等。

图 10　河轴节点城镇八景景致地词云

河轴风景最高频景致于长江中游平原总体的夜月风景特色相符，而与湖圈景致不同的是，其类型呈现出分散异化的景致特性。河轴气流受到地势变化的影响，导致气象变化特征明显，尤其是云雨、烟雾、阴晴等气象固化为特定的水循环规律，成为河轴八景主要景致特色。

3.4　岛屿城镇八景词云

3.4.1　岛屿城镇八景得景地词云解析

长江中游平原地区八景系统目前所考证的岛屿型城镇为数不多，分别是分布于云梦泽湖盆单元的监利、仙桃、潜江、洪湖、汉川，与分布于鄱阳湖湖盆单元的都昌、余干（表 3）。根据现有城镇八景词云分析（图 11），岛屿城镇八景得景地词频第一的是“湖”，得景地词频第二的是“寺”，其次得景地频率降低为“口”“水”“河”“洑”等。

图 11　岛屿节点城镇八景得景地词云

频次最高的得景地同样与长江中游平原地区得景地总特性相符，特别的是出现频次较多的人文风景是宗教寺观建筑，这正与湖泊演变历史相对应，云梦泽在隋唐时期消退、鄱阳湖在隋唐时期北部缩减南部南侵，进而湖盆岛屿型陆地空间范围不断增加，加之同时期正为佛教较为兴盛，故长江中游平原地区湖盆地理单元中部多宗教景点。

3.4.2　岛屿城镇八景景致词云解析

运用软件 NVIVO 进行长江中游平原岛屿型城镇八景

景致词云分析（图12），景致频次可分为三层，其频次并列第一名的是“晓”“唱”“月”，景致词频并列第二和并列第三的差距不大，分别是“山”“岚”“晚”“晴”“钓”“钟”与“古”“岩”“帆”“春”等。

图12　岛屿节点城镇八景景致地词云

岛屿型城镇景致特征除呼应总体特征外，还具有明显的时间性，频次最高的景致三分之二与时间特征导致的景致相关，体现出当时风景审美习惯于夜晚或清晨。此外，适应聚居环境的民间生活图景已成为地域认同的代表性文化景观之一，如渔唱、晚唱、樵唱等。

4　结语

长江中游平原地区主要湖盆地理单元是云梦泽、鄱阳湖、洞庭湖，湖河冲积是其自然地貌的主要成因之一，以湖河网络结构的要素类型架构地区城镇节点八景分析框架，可深入分析受国空间土山水格局影响的地域风景特征形成机制，正如《秩序的性质》提到的保护地域风景空间结构而更新风景肌理填充[21]，这将有利于保护地域特征的区域风景规划与设计。

结合区域湖河网络节点城镇八景文化的历史挖掘，通过软件词频编码和分析，能够在一定程度梳理具有连续代表性的地域文化景观特色，有利于增强区域风景的地方文化认同与文化自信。通过探索综合性的自然风景与文化风景分析框架，以期为国土景观多样性的保护与发展提供参考和借鉴。

参考文献

[1]　周琼．“八景”文化的起源及其在边疆民族地区的发展：以云南“八景”文化为中心[J]．清华大学学报(哲学社会科学版)，2009，24(1)：106-115+160.

[2]　李开然，央·瓦斯查．组景序列所表现的现象学景观：中国传统景观感知体验模式的现代性[J]．中国园林，2009，25(05)：29-33.

[3]　耿欣，李雄，章俊华．从中国“八景”看中国园林的文化意识[J]．中国园林，2009，25(05)：34-39.

[4]　李畅，杜春兰．明清巴渝“八景”的现象学解读[J]．中国园林，2014，30(04)：96-99.

[5]　毛华松，廖聪全．城市八景的发展历程及其文化内核[J]．风景园林，2015(05)：118-122.

[6]　何林福．论中国地方八景的起源、发展和旅游文化开发[J]．地理学与国土研究，1994(02)：56-60.

[7]　赵夏．我国的“八景”传统及其文化意义[J]．规划师，2006(12)：89-91.

[8]　林承坤，陈钦鑾．下荆江自由河曲形成与演变的探讨[J]．地理学报，1959(2)：156-188.

[9]　周凤琴．云梦泽与荆江三角洲的历史变迁[J]．湖泊科学，1994(1)：22-32.

[10]　李吉甫．元和郡县图志·复州[M]．北京：中华书局，1983.

[11]　杨巧言．江西省自然地理志[M]．武汉：方志出版社，2013.

[12]　朱宏富．从自然地理特征探讨鄱阳湖的综合治理和利用[J]．江西师院学报(自然科学版)，1982(01)：42-56.

[13]　金斌松，聂明，李琴，等．鄱阳湖流域基本特征、面临挑战和关键科学问题[J]．长江流域资源与环境，2012，21(03)：268-275.

[14]　胡伟伟．基于洞庭湖的地学背景浅谈该区洪涝灾害的治理[D]．北京：中国地质大学(北京)，2009.

[15]　杨果，郭祥文．宋代洞庭湖平原市镇的发展及其地理考察[J]．求索，2000(01)：113-117.

[16]　谭芬芳．变化环境下洞庭湖水沙演变特征检测与归因分析[D]．长沙：湖南师范大学，2016.

[17]　施金炎．洞庭史鉴[M]．洞庭湖区域发展研究，湖南人民出版社，2002．12，50-81

[18]　谢柳青．来自古潇湘的文化冲击：中、日“潇湘八景”浅谈[J]．求索，1988(4)：93-97.

[19]　林箐，王向荣．地域特征与景观形式[J]．中国园林，2005(06)：16-24.

作者简介

王之羿，1995年1月生，女，汉族，河北张家口，风景园林学在读博士研究生，华中科技大学建规学院，风景园林规划与设计、文化景观。电子邮箱：1214105430@qq.com。

张敏，1998年3月生，女，汉族，江苏南京，华中科技大学建筑与城市规划学院硕士研究生，华中科技大学，研究方向为景观设计方向。电子邮箱：798041763@qq.com。

张嘉妮，1999年8月生，女，汉族，湖北武汉，华中科技大学建筑与城市规划学院硕士研究生，华中科技大学，研究方向为景观设计方向。电子邮箱：283665183@qq.com。

王贞，1972年生，女，汉族，湖北武汉，博士，华中科技大学建规学院，副教授，城市景观设计、滨水景观生态规划。电子邮箱：janewz@hust.edu.cn。

青岛市中山公园空间变迁特征研究

Research on the Characteristics of Spatial Transition of Zhongshan Park in Qingdao

徐晓彤　苗积广　沈莉颖　张　安

摘　要：青岛市中山公园原为会前村村址，1929 年为纪念孙中山先生改名为中山公园。一次日占时期，由于地理位置偏僻因此没有进行过多建设。民国时期，由于资金不足只进行了小范围的改造。新中国成立初期及改革开放后，进行大规模的规划设计形成如今的空间布局。为了促进公园今后的保护性更新发展，本文通过对比分析中山公园在 5 个不同时期的总平面图，从功能分区、水系、园路、构筑物 4 个方面对其空间变迁特征进行研究。研究结果如下：①在空间变迁过程中，由民国时期以中南部区域为中心，园路呈网状分布演变成如今以樱花路为轴线，园路成树枝状分布；②在功能上，由德占时期具有苗木栽培功能的植物种植试验场演变成如今多种功能兼具的综合性公园；③在建园风格上，由法式、日式及中式风格演变成如今中西折中的风格。

关键词：风景园林；青岛市中山公园；空间变迁；特征

Abstract: Zhongshan Park in Qingdao was originally the site of Huiqian Village. In 1929, it was renamed Zhongshan Park in memory of Mr. Sun Yat-sen. During the period of the first Japanese occupation, the park did not have much construction because of its remote location. During the period of the Republic of China, only small-scale reforms were carried out due to insufficient funds. In the early years of the People's Republic of China and after the reform and opening-up, large-scale planning and transformation of the park was carried out to form the current spatial layout. In order to promote the future development of the park's protective renewal, this paper compares and analyzes the general plan of Zhongshan Park in five different periods, and studies its spatial change characteristics from four aspects: functional zoning, water system, park roads, and structures. The research results are as follows: (1) In the process of spatial change, from the period of the Republic of China, the central and southern areas were centered, and the park roads were distributed in a network shape. Nowadays, the cherry blossom road is the axis, and the park roads are distributed in a branch shape. (2) In terms of function, it has evolved from a plant planting test site with seedling cultivation function in the period of the German occupation into a comprehensive park with multiple functions today. (3) In terms of park-building style, it has evolved from the French style, Japanese style and Chinese style into the eclectic style between China and the West.

Key words: Landscape Architecture; Zhongshan Park in Qingdao; Spatial Transition; Characteristic

青岛市中山公园位于青岛市市南区太平山西侧，是青岛市内最大的综合性公园，20 世纪 30 年代被誉为“东园花海”评为青岛十景之一。1901 年德国胶澳总督府收买太平山、青岛山进行造林，1904 年又强行收买会前村，将 360 户渔民迁走，辟建为植物种植试验场[1]。经历了德占、日占两次殖民统治，已有百年历史，在青岛市近代公园中占有重要地位。中山公园以德占时期的植物种植试验场为起源，经历了日占时期、民国时期的改扩建以及新中国成立后的规划改造，空间特征也随之改变。

国内外学者对近代公园进行了多方面的研究。国内学者对近代公园的相关研究多集中于发展历程[2-4]与空间变迁[5,6]等方面，而国外学者对近代公园的相关研究则多集中于历史文化价值[7]等方面。20 世纪初，为纪念孙中山先生，全国各地建造多处中山公园。中山公园是中国现代公园的一个独特类型，也是中国近代历史的缩影，也是现代城市公园史的缩影，体现出城市文化和时代风貌，国内学者从公园的类型、风格、分布及空间功能等方面对中山公园进行了研究[8,9]。而对于青岛市中山公园的相关研究则多集中在规划布局[10]、植物配置[11]、游园活动[12]等方面。关于历史变迁方面的研究，江本砚从不同时期公园的变迁入手，分别对青岛市中山公园的空间、设施和植物景观的形成和转化进行了详细论述[13]，刘敏主要研究了中山公园的布局形态与景观特征[14]，侯淳萌在其硕士论文中主要从历史变迁与特征及价值评价 2 个方面对中山公园的历史变迁进行研究[15]，以上文章为研究青岛市中山公园的历史变迁提供了依据，但并没有针对中山公园空间变迁特征方面进行更加深入的研究。本文通过对比分析青岛市中山公园不同时期的总平面图，从功能分区、主要水系、园路、构筑物 4 个方面系统阐述了中山公园的空间变迁特征。

1　研究方法

1.1　调查方法

针对本文的研究内容，从图书馆、互联网、资料室等处收集整理青岛市中山公园相关既往研究论文、历史文献、平面图及照片等，从中寻找可支持本研究的科学理论依据，了解相关领域的研究动态和研究成果，从中吸收引用对本研究有参考价值的案例资料。于 2019 年 7 月分别走访青岛市档案馆、城建档案馆与青岛市图书馆，查阅了一手资料，并多次到中山公园内通过拍照、测绘及采访公园内的游客，对中山公园现状进行调研。

1.2 研究方法

本文将青岛市中山公园的空间变迁划分为德占时期（1901-1914 年）、一次日占时期（1914-1922 年）、民国时期（1922-1949 年）、中华人民共和国成立初期（1949-1978 年）以及改革开放后（1978 年至今）5 个历史阶段。

在以上调查结果的基础上，依据收集的相关资料绘制中山公园各时期总平面图，本文将以下 5 张中山公园总平面图作为本次主要研究对象资料，分别是 1914 年[16]、1924 年[17]、1940 年[18]、1951 年[19]和 2019 年青岛市中山公园总平面图（图 1），并从中抽离出功能分区、主要水系、园路及构筑物，运用图纸对比分析法研究中山公园空间变迁特征。

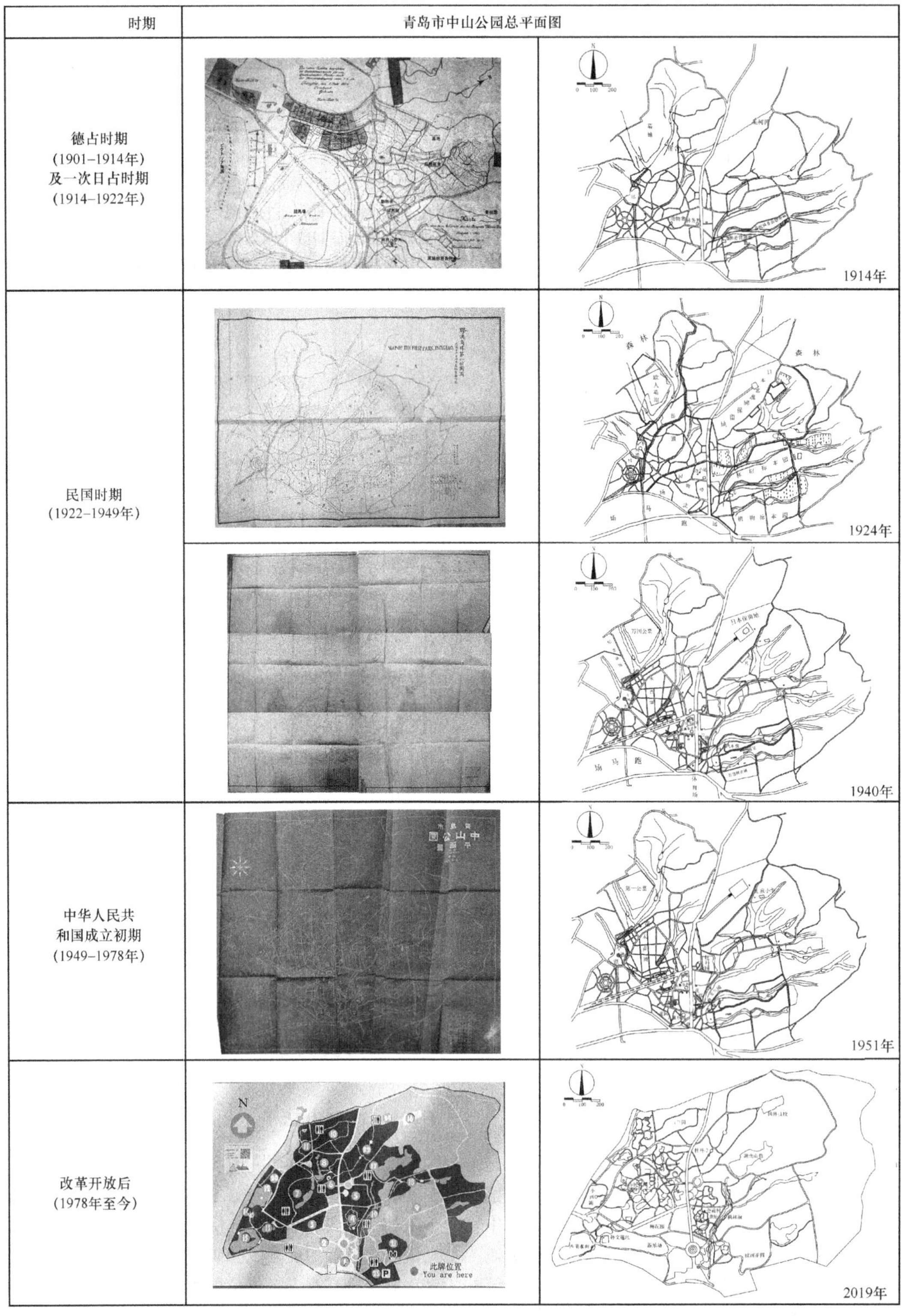

图 1　中山公园各时期总平面图（图片来源：根据参考文献［16］-［19］及园区导览图改绘）

2 青岛市中山公园概况与时代背景

青岛地处山东半岛南部、胶州湾沿岸，是一座美丽的海港城市，也是一座历史名城，光绪二十三年（1897年），德国侵占青岛，翌年3月逼迫清政府签订《胶澳租借条约》，青岛沦为德国殖民地[20]。

1904年，德国殖民当局在原会前村北侧辟地不足20亩作为苗圃，命之为“林地育苗试验场”（图2）[21]，这是公园最初的主要功能。1914年日本第一次侵占青岛后，将公园定名为“旭公园”（图3）。在公园内广种樱花树，因此青岛人称其为“樱花公园”，此后公园逐渐成为游人春季观樱的主要场所[22]。

图2 德占时期植物种植试验场
（图片来源：青岛城市档案论坛）

图3 一次日占时期旭公园
（图片来源：青岛城市档案论坛）

1922年中国政府收回青岛后，改名为第一公园（图4）。辟设西式庭园、修葺小西湖（图5）、开辟西部干路、修复动物屋舍、增植花木[23]，加强了公园观赏游览的功能。1929年更名为“中山公园”。

新中国成立初期，中山公园整体处于修复时期，在公园内新辟了多处花圃，增强了公园植物观赏的功能，并建起茶食厅为公园游客餐饮提供便利。

改革开放后，大力加强公园文化方面的建设。对儿童乐园（图6）进行了规划设计，增加了很多儿童游乐设施。2001年，为庆祝中山公园建园100周年，进一步弘扬中山文化，在公园内修建大型花岗石孙中山先生纪念胸像（图7）。

图4 第一公园正门（图片来源：青岛城市档案论坛）

图5 20世纪20年代小西湖
（图片来源：青岛城市档案论坛）

图6 儿童乐园（图片来源：青岛城市档案论坛）

图7 孙中山胸像（图片来源：自摄）

中山公园名称、功能、空间利用情况变迁表　　表 1

时期	年份	公园名称	公园功能	公园空间利用情况
德占时期	1904 年	森林公园	苗木栽培、动物展览	德国胶澳总督府强行收买会前村，将 360 户渔民迁走，辟建为植物种植试验场
一次日占时期	1915 年	旭公园/樱花公园	苗木栽培、植物观赏、动物展览、纪念功能	在植物种植试验场东北侧建"忠魂碑"，修筑通往"忠魂碑"的游览路，并继续种植樱花
民国时期	1923 年	第一公园	植物观赏、动物展览、观赏游览、纪念功能、儿童游乐	1923 年春季在公园西部造人工湖，建木曲桥和湖心亭，称"小西湖"。又在公园内修道路，辟花圃，铺草坪，建花坛，并建造小型喷水池 1 座
	1929 年	中山公园		
中华人民共和国成立初期	1949 年	中山公园	观赏游览，动物展览、纪念功能、儿童游乐、餐饮	在中山公园内新辟花圃多处，整修了原有的熊笼、禽笼，新添猴笼 2 处，鹿棚圈、豹笼舍各 1 处
	1953 年			在公园内建成芍药园、玉兰园、月季园等专类植物园
	1956 年			在公园樱花路东侧建桂花园，栽植金桂、银桂、刺桂
	1965 年			在公园东北部太平山脚下建人工湖
	1974 年			在公园南大门内建成雕塑喷泉
	1977 年			在樱花路东侧建起具有现代建筑风格的茶食厅 1 座，并在儿童乐园建起儿童游乐设施
改革开放后	1986 年		观赏游览、纪念功能、餐饮、儿童游乐、艺术展览、文化宣传	在公园南部建大型观赏温室
	1988-1990 年			扩建儿童乐园
	2001 年			在公园内修建了孙中山胸像
	2008 年			中山公园免费对外开放

（资料来源：根据《青岛市志·园林绿化志》中内容整理）

由表 1 可知：①名称上：公园名称由德占时期的"森林公园"到日占时期的"旭公园"、民国时期的"第一公园"，后来为纪念孙中山先生改名为"中山公园"并沿用至今。②功能上：德占时期公园主要功能是苗木栽培，日占时期增加了植物观赏及纪念功能。民国时期，公园全面建设，加强了观赏游览的功能。中华人民共和国成立后，加强了公园艺术展览以及文化宣传方面的功能，公园整体功能逐渐多元化。③空间利用情况方面：德占时期作为植物种植试验场，日占时期种植大量樱花并建造"忠魂碑"。民国政府时期，公园面向全体市民开放，并加强基础设施建设。中华人民共和国成立初期，建成多处植物专类园。改革开放后，加强文化建设，多次举办大型展览活动。总体上展现了公园的空间利用逐渐适应时代发展的需求。

3　青岛市中山公园空间变迁特征

主要对比分析了中山公园各时期的功能分区、主要水系、园路及构筑物，并结合不同时期功能分区、水系、园路分布图及主要构筑物变迁（图 8），系统分析青岛市中山公园空间变迁特征。

3.1　功能分区

德占时期，德国人对于公园的规划是打造一座植物种植试验场，因此，当时的森林公园以苗木栽培为主要功能，并没有明显的区域划分。一次日占时期，在公园内种植了大量从日本引进的樱花，形成了小规模的春季赏花活动，但也仅限于日本侨民。为纪念日本士兵，在公园东北方向的太平山上建立了忠魂碑这一日式景观。因此，公园首次增加了观赏功能和纪念性功能，但是也并没有形成明显的功能分区。到民国时期，政府接手公园并对其进行规划设计，按照植物种类进行区域划分，因此公园内有了初步的功能分区。中华人民共和国成立初期，公园内建成了芍药园、玉兰园、月季园及桂花园等专类植物园，植物种类日益丰富，植物观赏功能凸显。原有的动物笼舍后来规划在公园北部山坡建立新区，形成了如今的动物园。因此，公园内动物展览区消失，而植物观赏区逐渐扩大。改革开放后，游客量日益增加，公园增添了餐饮区域以及办公区域，以便更好地管理公园，为游客服务。

综上，随着时代的发展，公园的功能分区也随之改变。殖民统治时期，公园内没有明显的功能分区；民国时期，公园有了初步的功能分区，也为公园增加了游览观赏的功能；中华人民共和国成立后，增加了餐饮区、儿童游乐区和专类植物园区等功能分区，公园主要功能日益增加，逐步满足游客的需求。各时期公园的规划定位也呈现出发展继承的关系，这说明历史积淀与人群需求是公园功能分区的重要因素，也是公园规划设计的必要条件。

3.2　主要水系

中华人民共和国成立之前，雨水充足、公园内部沟壑纵横，因此公园内的河流水系较为发达，水系连贯，根据地势自东北向西南流，因此多条河流汇集于跑马场，再经跑马场流入大海。德占时期，公园主要作为植物种植试验

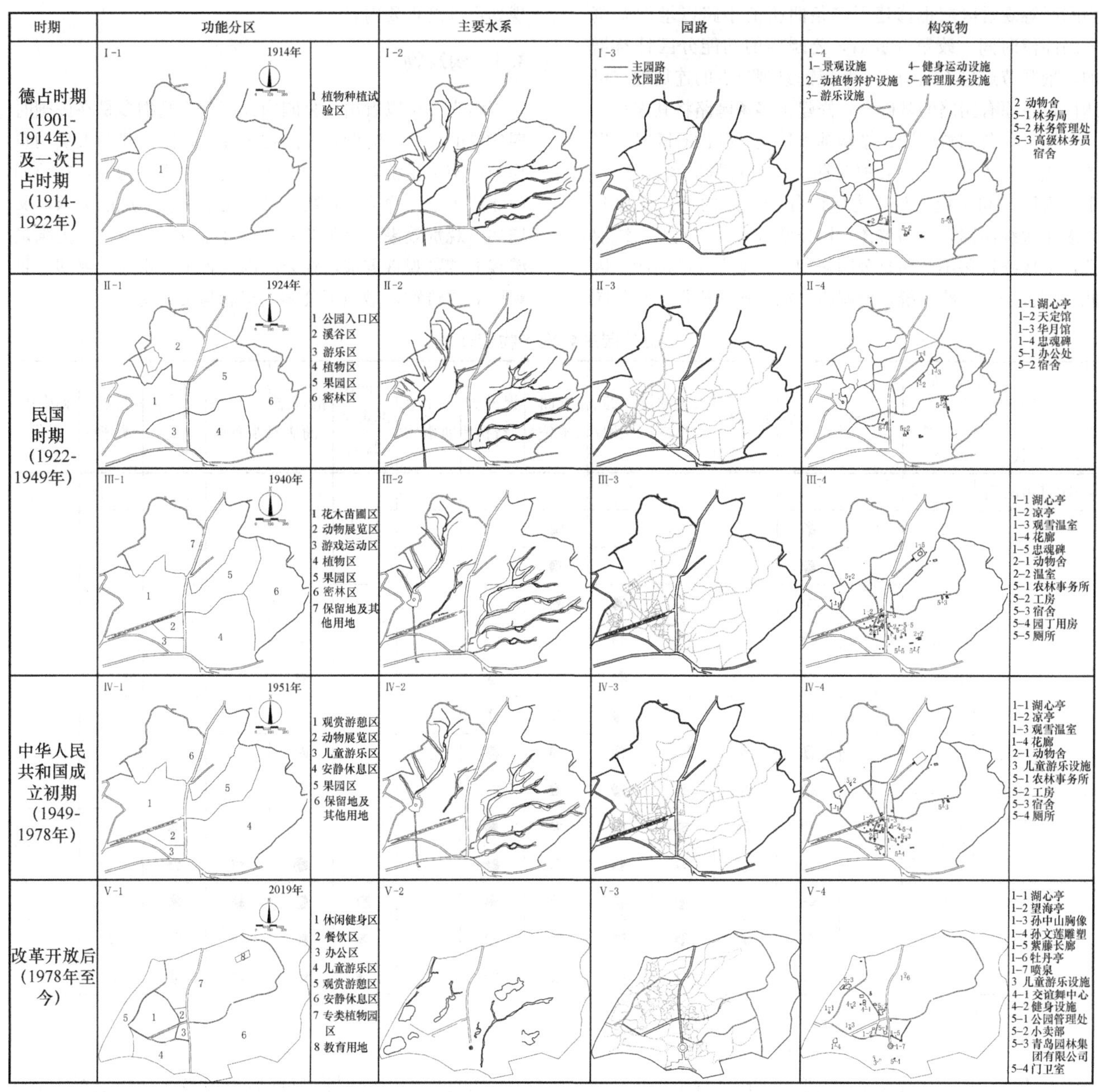

图 8　中山公园空间变迁过程图（图片来源：自绘）

场，因此修建了大量储备水源的蓄水池用以浇灌植物，并修筑拦水坝防止水土流失（图 8，Ⅰ-2）。此时的水系主要以储备水源及灌溉功能为主。民国时期，在公园西部造小西湖作为主要的观赏水景，这是公园内较早的人工水系景观之一。小西湖原来是公园与万国公墓之间的一个池塘，北侧又有溪流注入，水满以后，有一条小河穿过今天的汇泉广场注入汇泉湾[24]。中华人民共和国成立初期，由于降雨量逐渐减少，河流出现断流现象，公园内的水系循环被打破。改革开放后，由于河流断流，局部水域面积逐渐扩大（图 8，Ⅴ-2），因此开始对公园内的水系景观进行规划设计，修建了西南水面、孙文莲池、湖光山色等人工水域，并对其驳岸景观进行设计，公园内河流水系最初的灌溉作用逐步被观赏作用取代。近年来，公园管理处也多次对几处人工水域进行河道疏浚与清淤处理，以保证水景观的观赏效果。

综上，目前公园内的水系主要以观赏作用为主，但由于近年来降水量不足，导致河流出现断流现象，多条水系已经消失。因此，管理维护公园内水系也是中山公园今后的重要任务。

3.3　园路

1905 年森林公园内的道路网已经形成，人们不仅可以在那里散步，也可乘洋车沿“林荫道”观光[25]。1906 年，苗圃、林区及公园里的道路又有了扩建，修了一些公园通道和水平山径[26]。道路整体呈树枝状分布，没有明显的道路等级之分。到民国政府时期，由于公园功能分区的变换，花木苗圃区域园路改建成直线路以达到方便通行的目的（图 8，Ⅲ-3）。贯穿公园南北的樱花大道也成为公园内的主要道路。中华人民共和国成立初期，为保证园路的畅通，修建了多条通往不同节点的次级园路。专类植物园区等观赏区域也修建了多条曲折的小路以增加游览者的停留时间。改革开放后，公园内的功能分区日益增加，景观节点也不断增多，为保证景观节点的连贯性与可达性，在原有园路的基础上，修建了多条园路将其连贯。

综上，公园整体园路结构基本稳定，并没有随时代发展发生较大改变。民国政府时期，公园园路呈网状分布；中华人民共和国成立后，为保证各个园区的可达性修建了多条次级园路，园路整体呈树枝状分布。但园路系统混乱，主次级道路不分明是公园初期以来就存在的问题。因此，完善公园道路系统，使园路更加通畅、连贯也是公园规划设计的重要内容。

3.4 构筑物

由表2可以看出，公园内大部分构筑物多是在民国时期建成的。这一时期，公园初步开放，需要建造大量构筑物与设施满足游客的不同需求。新中国成立初期，在公园内建造了亭、廊等构筑物，既满足了游客休憩的需求，又增加了观赏效果。改革开放后，客流量日益增加，为满足游客的游览观赏需求，在公园内设置了喷水池、雕塑、景观墙等构筑物，增强了公园的纪念与文化功能。

中山公园主要构筑物变迁表 **表2**

建设年代 \ 主要构筑物		忠魂碑	湖心亭	牡丹亭	人工湖六角亭	海棠路花架	九曲木桥	枫林涧石桥	蹄形观赏温室	公园南部观赏温室	银杏路商店	樱花路茶餐厅	南门入口喷泉	孙文莲雕塑	孙中山雕像
一次日占时间	1915年	○													
民国政府时期	1923年	○	●				●								
	1931年	○	●				●		○						
	1933年	○	●			●	●		○						
	1934年	○	●			●	●		○		●				
	1937年	○	●			●	●	●	○		●				
	1947年	○	●			●	●	●	○		●				
中华人民共和国成立初期	1956年		●	●		●	●	●	○		●				
	1965年		●	●	●	●	●	●	○		●				
	1974年		●	●	●	●	●	●	○		●		●		
	1977年		●	●	●	●	●	●	○		●	●	●		
改革开放后	1986年		●	●	●	●	●	●	○	●	●	●	●		
	1995年		●	●	●	●	●	●	○	●	●	●	●	●	
	2001年		●	●	●	●	●	●	○	●	●	●	●	●	●

（资料来源：根据《青岛市志·园林绿化志》中内容整理）

注：●代表现存的构筑物，○代表目前已经不存在的构筑物

综上，公园内主要构筑物的变迁，既体现了不同时期需求不同，也体现了不同时期的设计风格不同。中山公园内的既有中式设计风格的牡丹亭，也有西式设计风格的望海亭，种类丰富，也是公园今后发展的宝贵资源。

4 结语

青岛市中山公园历经百年历史变迁，在公园类型上，由最初德占时期的植物种植试验场、日占时期的旭公园演变成如今的大型开放性公园；在空间变迁过程中，由民国时期以中南部区域为中心，园路呈网状分布的空间布局，演变成如今以樱花路为轴线，周边设置桂花园、樱花园等专类植物园区，园路成树枝状分布的空间布局；在功能上，由最初殖民统治时期的苗木栽培功能、民国时期的植物观赏与动物展览功能，演变成如今观赏游憩、艺术展览与文化纪念等功能兼具；在空间布局上，由最初的以中南部为中心，没有明显的功能分区，演变成如今以樱花大道为轴线，各分区沿道路两侧分布的空间布局。

青岛市中山公园作为青岛市内最大的综合性公园，见证了青岛城市从德占、日占到新中国成立后百年来的发展与变迁，是城市发展变迁的缩影。中山公园的历史变迁与空间特征在青岛近代历史性公园中具有代表性，同时也具有较高的历史文化价值。

参考文献

[1] 青岛市史志办公室．青岛市志(园林绿化志)[M]．北京：新华出版社，1997.

[2] 张天洁，李泽．从传统私家园林到近代城市公园——汉口中山公园(1928-1938年)[J]．华中建筑，2006(10)：177-181.

[3] 赵纪军．武昌首义公园历史变迁研究[J]．中国园林，2011(9)：70-73.

[4] 苏源，周向频．南昌近代公共园林的发展与特征[J]．中国城市林业，2019，17(06)：58-62.

[5] 张安．上海鲁迅公园空间构成变迁及其特征研究[J]．中国园林，2012，28(11)：96-100.

[6] 佘洋，张琦瑀．园林建筑编年视角解析近代园林空间属性

及其社会化演进——以哈尔滨兆麟公园为例[J]. 新建筑，2020(01)：52-56.

[7] Jiang B Y, Liu Y C. Historical and cultural values of the modern historic parks in Tianjin - the British concession[J]. Architectural Institute of Japan (AIJ), Architectural Institute of Korea (AIK), Architectural Society of China (ASC), 2018, 17(2).

[8] 王冬青．中山公园研究[J]. 中国园林，2009; 25(08)：89-93.

[9] 朱钧珍．中国近代园林史(上篇)[M]. 北京：中国建筑工业出版社，2012.

[10] 胡鹏．青岛太平山中央公园设计浅析[J]. 陕西林业科技，2010(05)：63-64+67.

[11] 徐文斐，王晖．山东省青岛市中山公园规划布局及植物配置的调查研究[J]. 北京农业，2011(18)：59-61.

[12] 马树华．"中心"与"边缘"：青岛的文化空间与城市生活(1898-1937)[D]. 上海：华中师范大学，2011.

[13] 江本砚．中国青島市における公園緑地の形成と変容[D]. 2014.

[14] 刘敏，张安．青岛德租时期城市园林规划与设计探析[J]. 中国园林，2019，35(12)：117-122.

[15] 侯淳萌．青岛近代城市公园的历史变迁与特征研究[D]. 青岛：青岛理工大学，2019.

[16] 青岛中山公园平面图[B]. 青岛：青岛市城市建设档案馆(M1001-6).

[17] 青岛第一公园附近平面图[B]. 青岛：青岛市城市建设档案馆(M1001-8).

[18] 青岛中山公园平面图[B]. 青岛：青岛市城市建设档案馆(M1001-7).

[19] 贾祥云，戚海峰，乔敏．山东近代园林[M]. 上海：上海科学技术出版社，2012.

[20] 青岛市史志办公室．青岛市志(园林绿化志)[M]. 北京：新华出版社，1997.

[21] 青岛市史志办公室．青岛市志(旅游志)[M]. 北京：新华出版社，1999.

[22] 青岛市农林事务所．青岛农林[M]. 青岛：青岛市农林事务所，1932.

[23] 鲁海．青岛掌故[M]. 青岛：青岛出版社，2006.

[24] 托尔斯藤·华纳．青岛市档案馆．近代青岛的城市规划与建设[M]. 南京：东南大学出版社，2011.

[25] 青岛市档案馆．青岛开埠十七年——《胶澳发展备忘录》全译[M]. 北京：中国档案出版社，2007.

作者简介

徐晓彤，1995 年 3 月生，女，汉族，山东威海，在读硕士研究生，青岛理工大学建筑与城乡规划学院，研究方向为风景园林历史与理论。电子邮箱：1140877057@qq. com。

苗积广，1961 年 1 月生，男，汉族，山东青岛，学士，青岛市中山公园管理处，工程技术应用研究员、原处长，研究方向为风景园林历史与理论。电子邮箱：mjg03082@163. com。

沈莉颖，1971 年 10 月生，女，满族，黑龙江，博士，青岛境语景观规划设计有限公司，董事长，研究方向为城市规划与风景园林。电子邮箱：sly815@163. com。

张安，1975 年 11 月生，男，汉族，上海，博士，青岛理工大学建筑与城乡规划学院，副教授、系主任，研究方向为风景园林历史与理论。电子邮箱：983611238@qq. com。

基于 MSPA 和电路理论的武汉市生态网络优化研究[①]

Optimization of Wuhan Ecological Network Based on Morphological Spatial Pattern Analysis and Circuit Theory

杨 超 戴 菲 陈 明 裴子懿

摘 要：武汉市是长江经济带的重要战略城市，高强度的城镇化影响了市域生态资源连通性，建设生态网络是切实可行的应对办法。本文结合 MSPA 和电路理论，选取研究区连通性指数最高的 10 个斑块构建生态网络；采用电流密度识别出 6 个生态踏脚石，对增加踏脚石前后的生态网络进行对比分析，并通过阈值分析确立了生态廊道的宽度。结果表明，优化后的网络结构包含廊道 37 条，总长 584km，优化后网络的闭合度、连接度、点线率分别提高了 0.59、0.96、0.39，通过阈值分析得出，武汉市的廊道最优宽度为 200m。

关键词：MSPA；电路理论；生态网络；廊道宽度

Abstract: Wuhan is an important strategic city in the Yangtze River Economic Belt. The high intensity of urbanization has affected the connectivity of ecological resources in the city. Therefore, the construction of ecological network is a feasible solution. In this paper, based on MSPA and circuit theory, 10 patches with the highest connectivity index in the study area were selected to construct the ecological network. Five ecological stepping stones were identified by current density, and the ecological network before and after stepping stones were added was compared and analyzed, and the width of ecological corridor was established by threshold analysis. The results show that the optimized network structure contains 37 corridors, with a total length of 584km. The closure degree, connection degree and point-line rate of the optimized network have been improved by 0.59, 0.96 and 0.39 respectively. Through threshold analysis, it is concluded that the optimal width of wuhan corridor is 200m.

Key words: Morphological Spatial Pattern Analysis; Circuit Theory; Ecological Network; Corridor Width

在新型城镇化发展的背景下，生态文明建设成为城市与环境和谐发展的必然要求，在以往的建设过程中，城镇化与生态化一直处于冲突阶段[1]，城市的快速发展造成了生态环境的恶化及生境的破碎化。生境破碎化一定程度上干扰了生境的抗逆性与恢复能力，改变生态系统结构以及降低生物多样性，甚至威胁到整个生态系统的整体平衡[2]。生态网络通过廊道与踏脚石连接破碎的生境，提高景观连接度，促进斑块之间的物质循环与能量流动[3]，是保障区域生态安全的有效途径。

近年来，国内外学者对生态网络构建进行了大量探索，基于 GIS 分析的最小费用路径法（Least-cost path method，LCP）考虑了景观生态学与地理学信息，能够反映生态过程，被学者广泛采用[4]。最小费用路径法可以模拟物种从“源斑块”出发，克服不同阻力的景观类型，计算所耗成本最小的路径，识别潜在的生态廊道[5]。研究框架大多包含“生态源地选取”“阻力面构建”“廊道模拟”3 个方面，研究方法集中在景观格局评价以及景观连接度评价。荣月静综合评价斑块生态服务与供给能力，选取关键生境构建生态网络[6]；侯宏冰利用景观格局指数评价以及熵值法选取生态源地构建生态网络[7]；徐文彬通过敏感性分析获得高生态敏感空间，结合最小费用路径法与连通性评价识别生态廊道[8]。此外，用于测度景观结构连接性的形态学空间格局分析法（morphological spatial pattern analysis，MSPA）也越来越多地应用于源地识别与阻力面得构建中[9]。MSPA 法基于腐蚀、膨胀、开运算、闭运算等数学形态学原理，对栅格图像的空间格局进行度量、识别，可以更加准确的识别景观类型的结构连通性[10]以及维持景观连通性所需的景观类别，避免了源地选取的主观性[11]。杨志广采用 MSPA 和景观指数法，提取景观连通性较好的核心区作为生态源地，基于最小费用路径法构建广州市生态廊道网络[12]；高雅玲基于 MSPA 法与连通性分析评价研究区生态斑块的重要性，利用最小费用路径法识别生态廊道[13]。

目前，使用 MSPA 方法构建生态网络的研究主要集中在景观结构要素的识别，尽管有研究结合指数分析区域斑块的结构连通性，但仅考虑单一类型的连通性，很难全面反映区域的连通性状况。最小费用路径法虽然可以快速识别最优路径，但忽略了物种扩散的随机性，难以准确识别生态的关键区域[14]。McRae 首次将电路理论融入景观生态学，将景观作为电路，借助电子在电路中随机流动的特性，模拟物种扩散过程，并通过源地之间的电流强度识别生态廊道及其重要程度[15]。电路理论可以模拟景观格局的整体连通状况，与实际情况更相符，尽管目前电路理论已应用于生态网络的构建[16]，但结合 MSPA 方面的研究尚不多见。

武汉市是国家中心城市之一，也是长江经济带的重

① 基金项目：国家自然科学基金面上项目“消减颗粒物空气污染的城市绿色基础设施多尺度模拟与实测研究”（项目编号：51778254）。

要战略城市，伴随着高强度的城镇化发展，武汉市的生态资源连通性、景观完整性不免受到影响，建设生态网络是切实可行的办法。本文基于遥感影像获取武汉市绿色空间信息，采用MSPA及景观连通性评价识别生态源地，结合电路理论模拟生态廊道，通过识别生态夹点等措施优化生态网络，并利用α指数、β指数、γ指数和成本比对优化前后生态网络进行对比研究，从而实现武汉市生态环境的提升，为市域生态网络规划和建设提供参考。

1 研究方法

1.1 研究区概况

武汉市位于湖北省东部（113°41′E-115°05′E，29°58N′～31°22′N），地处江汉平原，位于长江与汉江交汇处，全域面积8569km²。地势中间低平、南北低，山丘陵环抱，南北是森林集中区。在《武汉市城市总体规划（2017-2035年）》中，提出坚决贯彻落实山水林田湖草的生态保护和修复工程，筑牢生态安全屏障，加快形成生产生活生态“三生”融合的城乡空间布局，促进武汉绿色发展、集约发展。由此可见，生态保护依然是武汉市未来重心，而依托生态网络构建，有利于规划的落实。

1.2 数据源与预处理

本文所用数据包含：

（1）Landsat8 OLI-TIRS多光谱遥感影像数据来源于地理空间数据云（http：//www.gscloud.cn/search），更新时间为2018年，分辨率为30m。应用ENVI 5.4软件对遥感图像进行几何校正、大气校正，采用最大似自然法的方法进行监督分类，将土地利用类型分为林地、水域、耕地、建筑用地、其他用地5类生态景观类型[12]；NDVI（归一化植被指数）通过ENVI软件对Landsat8 OLI-TIRS多光谱遥感影像进行波段处理分析得到。

（2）路网数据采集于Open Street Map网站。

（3）夜间灯光数据来源于网站https://www.avl.class.noaa.gov/saa/products/welcome上的NPP-VIIRS数据，取2018年武汉市年均值。

1.3 研究方法

1.3.1 基于MSPA的景观格局分析

MSPA方法的输入对象分为前景与背景两类数据，它可以将二值栅格图像识别为7类互不重叠的景观类型（包括核心、孤岛、穿孔、边缘、桥、支线、环道），从而识别研究区内重要的生境斑块[11]。基于遥感影像解译结果，将林地类型作为分析的前景，其他用地作为背景，利用GIS的重分类工具将前景赋值为2，背景赋值为1，转换为30m×30m的TIFF栅格图像。基于Guidos Toolbox软件，采用八邻域分析方法，得到MSPA分析结果。

1.3.2 生态源地选取

核心区是前景像元中较大的生境斑块，是维持生物活动的重要斑块类型。根据景观生态学理论，斑块面积与连通性对生态功能的维持具有重要意义[17]。本文采用可能连通性指数（PC，公式（1））评价区域景观连通性，采用斑块重要性指数（dPC，公式（2））衡量斑块重要性，在此基础上提取生态源地。

$$PC = \left(\sum_{i=1}^{n} \sum_{j=1}^{n} P_{ij}^{*} a_i a_j\right) / A_L^2 \qquad (1)$$

$$dPC = [(PC - PC_{remove})/PC] \times 100\% \qquad (2)$$

式中，P_{ij}^{*}表示斑块i和斑块j之间所有路径的最大乘积概率，PC_{remove}表示去除某斑块后剩余斑块的整体指数值。dPC通过PC值的变化，衡量斑块维持景观连通性的重要程度。

选取面积大于10hm²的核心区景观连通性评价的对象[18]，参照相关研究将距离阈值设为500m，连通概率设为0.5，运用Conefor2.6软件进行计算分析[19]。参考以往的研究[12]，将dPC最大的10个斑块作为生态源地。

1.3.3 基于电路理论的生态廊道模拟

电路理论可以模拟物种或基因流在某一景观面上的随机扩散过程，物种或基因流相当于电子，景观面则为电导面（类似于景观阻力面）[20]。具有低电阻的景观类型表示物种的迁移与交流较频繁，高电阻景观类型则代表具有一定的障碍。这样区域景观就被抽象成了节点与电阻，电子从节点出发，节点则代表了源地、生境，电流的强度大小表示物种迁移的扩散概率[21]。

景观电阻表面的生成对于生态网络的构建十分重要，不同的景观类型对于物质能量流动具有不同的阻力。参考以往研究，结合数据的获取性，从地形、地貌和人类活动影响3方面选取高程、坡度、距水体距离、土地利用类型、NDVI指数、距建设用地距离、距高速公路距离、距其他道路距离、夜间灯光指数构建景观综合电阻表面，咨询相关领域专家，并结合层次分析法确立权重与阻力值（表1）。

因子景观电阻值　　表1

一级因子	二级因子	分级	电阻值	权重
地形	坡度(°)	<3	1	0.14
		3～8	3	
		8～15	5	
		15～25	7	
		>25	9	
	高程(m)	<50	1	0.13
		50～150	3	
		150～250	5	
		250～350	7	
		>350	9	
	距水体距离(m)	>2500	1	0.12
		1500～2500	3	
		1000～1500	5	
		500～1000	7	
		<500	9	

续表

一级因子	二级因子	分级	电阻值	权重
地貌	土地利用类型	林地	1	0.15
		草地、耕地	3	
		未利用地	5	
		水域	7	
		建设用地	9	
	NDVI 指数（归一化指数）	>0.8	1	0.13
		0.6～0.8	3	
		0.4～0.6	5	
		0.2～0.4	7	
		<0.2	9	
人类活动干扰	距高速公路距离(m)	>2000	1	0.09
		1500～2000	3	
		1000～1500	5	
		500～1000	7	
		<500	9	
	距其他道路距离(m)	>2000	1	0.09
		1500～2000	3	
		1000～1500	5	
		500～1000	7	
		<500	9	
	夜间灯光指数(归一化指数)	<0.02	1	0.15
		0.02～0.06	3	
		0.06～0.12	5	
		0.12～0.24	7	
		>0.24	9	

结合上述提取的生态源地，基于综合景观电阻表面，利用 ArcGIS 平台中的 Linkage Mapper 工具箱进行最小费用路径模拟，得到研究区生态廊道的矢量路径。该工具箱是由 McRae 等开发的，用于分析景观连通性的工具，并可以调用 Circuitscape 程序进行电路理论的相关分析[22]。由于电子流动产生电流，Linkage Mapper 工具可以统计每个栅格通过的电流强度，输出电流密度图，从而模拟物种在源地之间流动的廊道。

1.3.4 生态网络优化

生态网络的优化取决于连通性的改善，通过增加踏脚石与廊道，提高生态网络的质量。基于电路理论，运用 Pinchpoint Mapper 工具，采用上述生成的景观电阻表面，将其中一个源地接地，其他源地输入 1A 的电流，选择 "all to one" 模式进行运算，得到研究区的累积电流密度图。累积电流密度越高，表示该区域的重要性越高。在本研究中，为改善整个区域的连通性，选择位于电流密度最高的 4 处核心斑块作为踏脚石，并采用网络分析法对优化前后的生态网络进行比较分析。网络分析法是一种评价生态网络连接性的方法，通过衡量廊道与斑块之间的连接度，评价生态网络复杂性[23]。其中常用的评价指标有：α 指数、β 指数、γ 指数和 Cr 指数（表 2）。

网络连接度评价指标说明　　表 2

指标	名称	公式	指数说明
α 指数	网络闭合度	$(L-V+1)/(2V-5)$	网络中出现回路的程度
β 指数	网络点线率	L/V	网络中每个节点的平均连线数，衡量网络结构的复杂程度
γ 指数	网络连接度	$L/3(V-2)$	网络中所有节点被连接的程度
Cr 指数	网络平均消费成本比	$1-(L/U)$	反映网络的有效性

注：L 为总廊道数目，V 为网络的节点总数，U 为廊道总长度，单位 km。

2 结果与分析

2.1 基于 MSPA 的生态源地选取

基于 MSPA 分析得到的结果如表 3 所示，在各景观类型中，作为生态源区域的核心区面积为 290964.9hm^2，占林地总面积的 55.7%，这表明武汉市具有较好的生态资源。核心区分布在研究区外围，中部地区破碎化程度较高。桥接可作为区域的结构性廊道，仅占林地总面积的 6.1%，且较为破碎化，这表明区域连通性不紧密。环道和孤岛有利于物种在同一斑块内迁移，这些面积分别占比为 2.7%、1.7%，边缘与孔隙占比较大，共占为林地总面积的 28.5%，说明景观破碎方式主要是由边缘侵蚀造成。

核心区是前景像元中较大的生境斑块，是维持生物活动的重要斑块类型。选取面积大于 10hm^2 的核心区作为评价对象，使用 Conefor 2.6 软件对 1062 个斑块进行景观连通性评价，最终选取了 dPC 排名前 10 的核心区作为生态源地。生态源地分布在研究区外围，南北部生态源地 dPC 值远高于东西部，源地面积也更大，这表明南北部的景观连通性较高，生态环境较好。研究区中部缺乏连通性高的生态斑块，需要加强生态环境建设。

MSPA 景观类型统计　　表 3

景观类型	面积(hm^2)	占生态景观类型总面积比例(%)
支线	27844.4	5.3
核心区	290964.9	55.7
孔隙	57875.7	11.1
边缘	90653.3	17.4
环道	14101.0	2.7
桥接	31811.5	6.1
孤岛	8885.3	1.7

2.2 生态网络的构建与优化

根据各因子阻力面叠加分析得到综合景观电阻表面，结果显示，研究区中部电阻较大，研究区外围的阻力值较小。高阻力区域集中在主城区附近，南北低，中部高，影像中部区域的物质流动，景观连通性较差。本文基于上述10个生态源地与景观电阻表面数据，通过 Linkage Mapper 共模拟出由45条生态廊道组成的生态网络，其中，最长廊道长度为103348m。整体分布而言，南北部的网络更加密集，中部真空区缺乏廊道联系，需要增加中部区域的生态踏脚石，以维持生态平衡。

基于电路理论，运用 Pinchpoint Mapper 工具对廊道的累积电流密度进行了统计。综合分析斑块连通性与位置，最终选取了位于累积电流密度高值区域附近的6个核心区斑块作为生态踏脚石，以加强对关键生态廊道的保护，维持生态网络的完整性。

对优化前后的生态网络连接性进行对比分析（表4），结果显示，优化后生态网络连接度指标中，成本值有所增加，但其余三项指标 α 指数、β 指数、γ 指数均具有显著的提高，分别提高了0.59、0.96、0.39，这说明增加生态踏脚石，对区域网络连接度具有重要意义。

优化前后的生态网络连接度指标比较　　表4

指标	优化前	优化后
α 指数	0.13	0.72
β 指数	1.21	2.17
γ 指数	0.43	0.82
Cr 指数	0.75	0.93

2.3 生态廊道宽度阈值分析

通过 Linkage Mapper 模拟出的生态网络是无宽度的概念网络，实际建设的廊道宽度对廊道生态功能的发挥有着重要的影响。由于廊道结构与功能的复杂性，使得廊道的宽度具有很大的不确定性[24]。依据相关研究成果，廊道宽度处于30～1200m之间，可以提供物种丰富的景观结构。本研究以优化后的生态网络为基础，分别以30m、60m、100m、200m、400m、600m、800m、1000m、1200m为廊道宽度，统计各缓冲带内耕地、林地、水体、建设用地、未利用地的土地利用构成。

生态廊道宽度分析结果显示，研究区生态网络主要构成为林地，其次为建设用地。林地面积维持在50%左右，随着廊道宽度的增加，林地所占比例呈现先增后降的趋势，廊道宽度超过200m时，林地占比降低，建设用地、未利用地、耕地占比开始上升，这降低了生态网络的质量，说明武汉市内适合修建200m以内的廊道（表5、图1）。

不同廊道宽度内土地类型结构（%）　　表5

土地类型	宽度(m)								
	30	60	100	200	400	600	800	1000	1200
林地	49.88	49.88	49.93	49.70	48.73	47.87	47.52	47.41	47.23
耕地	2.09	2.11	2.14	2.23	2.40	2.43	2.46	2.5	2.57
建设用地	24.11	24.16	24.27	24.68	25.31	26.02	26.49	26.7	26.86
水	13.62	13.58	13.53	13.38	13.29	13.17	12.97	12.96	13
未利用地	13.62	10.27	10.13	10.01	10.27	10.51	10.56	10.43	10.34

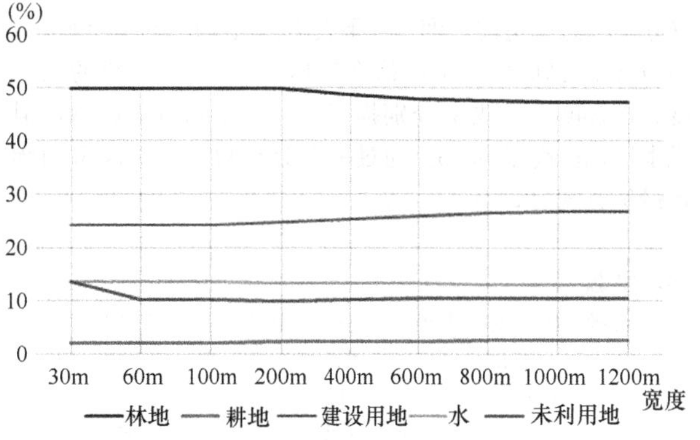

图1　不同廊道宽度内土地利用构成折线图

3 结论与讨论

3.1 讨论

3.1.1 研究区生态网络优化建议

（1）增加源地真空区域的斑块数量，形成紧密、均匀的生态网络体系。加强各斑块与生态节点间的联系，限制建设，采取保护措施，避免人的行为对生态环境的破坏。建立斑块等级保护体系，根据斑块重要度实行不同程度的限制措施。扩大斑块面积、增强延展性，提高生境连接度。林地为武汉市的主要生态源地，应结合退耕还林、水源地保护、水保林治理等政策，建设生态涵养保护林。针对规划廊道，提出分级保护规划，对现状破碎的林地斑块进行生态修复，保证生态功能的发挥。

（2）对生态踏脚石的建设与保护，生态踏脚石对维护区域景观连通性具有重要的作用，基于电路理论识别的踏脚石是研究区电流密度最为集中的区域，在整个网络结构中具有重要的生态意义。

3.1.2 研究的有效性与不足

在本研究中，将 MSPA 与电路理论结合在一起，从功能连通性与结构连通性角度对景观要素进行了识别与分析，这对目前的研究方法是一个补充。电流密度可以直观地展现对区域连通性具有重要影响的景观要素，可以有效地识别出生态踏脚石。尽管该方法具有可行性，但仍具有不足之处，在进行综合景观电阻面地构建出过程中，采用既往研究地经验值，目前尚无公认的评价体系，并且，在分配阻力值地过程中，具有不同连通性的土地类型对斑块间的物质交流具有不同影响，如何设置合理的景观阻力是未来需要解决的问题。

3.2 结论

本研究以武汉市为研究区域，结合 MSPA 和电路理论，从功能连通性与结构连通性角度出发，构建了研究区的生态网络。选取了研究区景观连通性指数最高的 10 个斑块并构建生态网络；采用电流密度识别出 6 个生态踏脚石，对增加踏脚石前后的生态网络进行对比分析，确定了垫脚石斑块对生态网络优化的重要性，并通过阈值分析确立了生态廊道的宽度。结果表明，最终优化后的网络结构包含生态廊道 37 条，总长 584km，优化后网络的闭合度、连接度、点线率分别提高了 0.59、0.96、0.39，但成本比也提高了 0.18。通过阈值分析得出，武汉市的廊道最优宽度为 200m。

参考文献

[1] 吴敏，吴晓勤．基于“生态融城”理念的城市生态网络规划探索——兼论空间规划中生态功能的分割与再联系[J]．城市规划，2018，42(07)：9-17.

[2] 曹裕松，傅声雷，周兵，胡文杰，李慧．吉安市三种破碎生境中植物多样性研究[J]．井冈山大学学报(自然科学版)，2011，32(04)：117-123.

[3] 许峰，尹海伟，孔繁花，徐建刚．基于 MSPA 与最小路径方法的巴中西部新城生态网络构建[J]．生态学报，2015，35(19)：6425-6434.

[4] 尹海伟，孔繁花，祈毅，王红扬，周艳妮，秦正茂．湖南省城市群生态网络构建与优化[J]．生态学报，2011，31(10)：2863-2874.

[5] 胡炳旭，汪东川，王志恒，汪翡翠，刘金雅，孙志超，陈俊合．京津冀城市群生态网络优化与优化[J]．生态学报，2018，38(12)：4383-4392.

[6] 荣月静，严岩，王辰星，章文，朱婕缘，卢慧婷，郑天晨．基于生态系统服务供需的雄安新区生态网络构建与优化[J]．生态学报，2020(20)：1-10.

[7] 侯宏冰，郭红琼，于强，龙芊芊，裴燕如，岳德鹏．鄂尔多斯景观格局演变及景观生态网络优化研究[J]．农业机械学报，2020，10：205-212.

[8] 徐文彬，尹海伟，孔繁花．基于生态安全格局的南京都市区生态控制边界划定[J]．生态学报，2017，37(12)：4019-4028.

[9] 许峰，尹海伟，孔繁花，徐建刚．基于 MSPA 与最小路径方法的巴中西部新城生态网络构建[J]．生态学报，2015，35(19)：6425-6434.

[10] 谢于松，范惠文，王倩娜，罗言云，王霞．四川省主要城市市域绿色基础设施形态学空间分析及景观组成研究[J]．中国园林，2019，35(07)：107-111.

[11] 王玉莹，沈春竹，金晓斌，鲍桂叶，刘晶，周寅康．基于 MSPA 和 MCR 模型的江苏省生态网络构建与优化[J]．生态科学，2019，38(02)：138-145.

[12] 杨志广，蒋志云，郭程轩，杨晓晶，许晓君，李潇，胡中民，周厚云．基于形态空间格局分析和最小累积阻力模型的广州市生态网络构建[J]．应用生态学报，2018，29(10)：3367-3376.

[13] 高雅玲，黄河，李治慧，陈凌艳，何天友，郑郁善．基于 MSPA 的平潭岛生态网络构建[J]．福建农林大学学报(自然科学版)，2019，48(05)：640-648.

[14] 费凡，尹海伟，孔繁花，陈佳宇，刘佳，宋小虎．基于二维与三维信息的南京市主城区生态网络格局对比分析[J]．生态学报，2020，40(16)：5534-5545.

[15] 刘佳，尹海伟，孔繁花，等．基于电路理论的南京城市绿色基础设施格局优化[J]．生态学报，2018，38(12)：4363-4372.

[16] An L，Liu S L，Sun Y X，et al. Construction and optimization of an ecological network based on morphological spatial pattern analysis and circuit theory. 2020，(14)1-18.

[17] 邱瑶，常青，王静．基于 MSPA 的城市绿色基础设施网络规划——以深圳市为例[J]．中国园林，2013，29(05)：104-108.

[18] 王志芳，梁春雪．基于不同视角与方法的北京市密云区生境规划对比[J]．风景园林，2018，25(07)：90-94.

[19] Vogt P，Ferrari J R，Lookingbill T R，et al. Mapping functional connectivity[J]. Ecological Indicators，2009，9(1)：64-71.

[20] Doyle P G，Snell J L. Random Walks and Electric Networks[M]. Washington，DC：Mathematical Association of America，1984.

[21] Mc R ae B H，Shah V B，Mohapatra T K. Circuitscape 4 User Guide. The Nature Conse rvancy. [2017-06-02]. http：//docs. Circuitscape. org/circuitscape_4_0_user_guide. html? &id = gsite.

[22] 宋利利，秦明周．整合电路理论的生态廊道及其重要性识别[J]．应用生态学报，2016，27(10)：3344-3352.

[23] 蒋思敏，张青年，陶华超．广州市绿地生态网络的构建与评价[J]．中山大学学报(自然科学版)，2016，55(04)：162-170.

[24] 朱强，俞孔坚，李迪华．景观规划中的生态廊道宽度[J]．生态学报，2005(09)：2406-2412.

作者简介

杨超，1995 年生，男，华中科技大学建筑与城市规划学院风景园林硕士研究生，研究方向为城市绿色基础设施、绿地系统规划。电子邮箱：380303746@qq.com。

戴菲，1974 年生，女，博士，华中科技大学建筑与城市规划学院教授、博导，研究方向为城市绿色基础设施、绿地系统规划。电子邮箱：58801365@qq.com。

陈明，1991 年生，男，博士，福建，华中科技大学建筑与城市规划学院讲师，研究方向为城市绿色基础设施。电子邮箱：1551662341@qq.com。

裴子懿，1996 年生，女，硕士，湖北恩施，华中科技大学建筑与城市规划学院在读硕士，研究方向为城市绿色基础设施。电子邮箱：1040038655@qq.com。

基于 hedonic 模型的城市公共绿地的价值评估
——以北京市朝阳区为例

The Value Evaluation of Urban Public Green Space Based on Hedonic Model：
A Case Study of Chaoyang District，Beijing

尹雪梅

摘　要：本次研究通过使用 hedonic 价格模型法来量化城市公共绿地的价值。在变量的选取上，着重与景观生态学结合，构建住宅特征、区位特征以及绿地环境特征的指标体系，使指标的选择突破传统的空间指标局限。并以北京市朝阳区为例，分析影响公共绿地价值的空间与景观生态因素，提供一种研究思路，为今后城市公共绿地的合理规划提供一定的参考价值。最后取得的结果表明：公共绿地的在区域上的集聚等因素对于规划而言至关重要；在规划布局时可采用绿心加绿网的组合形式，满足绿心可达性的同时，提升斑块的密度，整体提升区域绿地价值。

关键词：享乐价格模型；景观格局指数；价值评估；绿地规划

Abstract： This study uses the hedonic price model method to quantify the value of urban public green space. The selection of variables focuses on combining with landscape ecology to construct an index system of residential characteristics，location characteristics and green space environmental characteristics，so that the selection of indicators breaks through the limitations of traditional spatial indicators. Taking the Chaoyang District of Beijing as an example，this paper analyzes the spatial and landscape ecological factors that affect the value of public green space，provides a research idea，and provides a certain reference value for the rational planning of urban public green space in the future. The final results show that：the regional agglomeration of public green space and other factors are crucial to planning；the combination of green heart and green net can be used in planning the layout to meet the accessibility of the green heart and improve the spot The density of the blocks enhances the overall value of regional green space.

Key words： Hedonic Price Model；Landscape Pattern Index；Value Evaluation；Green Space Planning

1　背景

1.1　发展趋势

在世界范围内，居住在城市人口比例将从 2010 年的 50％增加到 2050 年的近 70％[1]。这将导致城市化地区的扩张和/或致密化紧凑发展[2]。在密集的城市环境中提供绿色空间的成本很高，但绿色空间能为周围的地块提供了许多有价值的直接与间接服务[3]，因此如何使有限的公共绿地服务价值最大化就变得十分重要。但是，与城市公共绿地服务相关的舒适性价值是非市场价格，它们所产生的环境利益不能在公开市场上直接交易[4]，这就导致了它们的价值通常难以评估和量化[5]，也使得部分城市决策者低估了城市的绿色空间的重要程度[6]。所以需要关于城市公共绿地隐性的、非市场价格收益的定量信息，来评估城市公共绿地在人民居住层面上规划与设计的合理程度，以进一步增强人们对城市公共绿地的重视、保护以及优化。

1.2　研究综述

对于开放空间所产生的社会价值进行评估，国际上采用的传统方法有差旅成本模型法（TSM）、估值法（CVM）以及享乐价格模型法（HPM）。其中差旅成本不适用于使用者之间距离差异较少的情况，所以在评估社区游憩空间价值时此方法不适用[7]。估值法由于其需要构建虚拟市场，所结论是基于假设而不是现实问题[8]，本次研究也不适用。

Hedonic 价格模型（HPM）可以通过其特征来解释产品的价值[9]。社区作为人们生活的基本单元，其住宅价格在一定程度上反映出了周边居住环境的质量高低，也反映出了人们对附近公共绿地服务的支付意愿，因此可以将公共绿地的价值与住宅价格结合，量化环境基础设施[10]。在 Rosen（1974）开发后，它在美国和一些欧洲国家得到了实证研究[3,8]，在国内的主要方向是城市交通，重点是轨道交通[11-13]。目前关于使用 HPM 模型对绿色空间价值的研究越来越多，但是大多数都集中于单一特定的景观[14,15]。更重要的是，关于指标的选取，大多集中于公共绿地空间指标的选定，这样能否更真实全面地反映出绿地价值还有待商榷。所以本次研究关注了绿地生态属性，在指标的选取上结合了景观生态学，也成为本次指标选取和模型运用中的亮点之一。

所以基于以上的分析，通过 hedonic 模型对北京市朝阳区的公共绿地进行价值评估，通过分析不同的空间与景观生态要素对住宅价格的影响，从而得到可以提升公共绿地价值的因素。以助于城市规划者和决策者城市更加重视绿色空间的财产价值，以优化城市发展项目与生态规划，保障健康的人居环境。

2 研究方法

2.1 研究范围

本次研究的范围为北京市朝阳区行政区划边界内的社区。面积 470.8km²，是北京市中心城区中面积最大的一个区。

2.2 样本与数据

文献中对绿色空间的度量和定义存在很大差异，这使得难以比较各个研究的结果以及将研究用于收益转移。绿地类型的不同定义和聚合可能是调查研究中讨论的结果差异很大的原因。Panduro T. E. 等将绿色空间分为公园、湖泊、农田、墓地等 8 类[3]，Fanhua Kong 等选取了广场、公园、景观林三种[10]。本文研究的对象选取为城市公共绿地，不仅包括公园绿地，还包括附属绿地，例如住宅绿地、街头绿地等。

有关于公共绿地的数据主要来源于两方面：首先是北京市 2018 年 NDVI（归一化差分植被指数）数据，来源于中国科学院地理科学与资源研究所的数据公开。另一方面基于百度地图进行公园绿地、街头绿地等的爬取与绘制补充[20]。

关于社区房屋单价的数据来源于安居客网站的数据爬取。本次研究对象排除了别墅与商住楼，只关注公寓和住宅。具体的内容包括社区经纬度、房屋单价、物业费、建筑年代、绿化率、总建筑面积、总户数以及是否对应学区。这里对不含上述所有内容的社区数据进行清洗，最终确定社区样本量为 316 个[21]。

2.3 变量的选取

2.3.1 结构特征

在参考了国外许多应用实例后，本次的分析也采取了描述住宅建筑属性的变量，如社区建筑密度、建造年代、物业管理等。

2.3.2 区位特征

包括城市空间结构中的位置（这里以环线的分布来作为替代），距最近地铁站的距离、附近公交站的数量以及附近的教育资源，所有的距离均为欧式距离。在区位特征数据处理过程中，主要采用邻近分析和欧氏距离分析工具，对网络上爬取的住宅、公交站点、地铁站、中小学等数据进行空间分析。

2.3.3 绿地环境特征

除了用来解释价值的传统变量之外，我们假设了周边公共绿地和土地利用的空间格局会影响住宅的价格。再考虑传统空间指标的基础之上，首先引入了景观生态学的方法，在过去的 20 年中，景观生态已成为全球发展最快的生态领域之一，因为它可以通过广泛使用景观度量来进行空间模式分析[17]。所以在这方面基于景观格局指数的方法，增加了 1500m 范围内绿地斑块的数目、绿地斑块的密度、绿地形状指数（AWMSI）以及生态系统服务价值，通过参照单位面积生态系统服务价值当量[16]，对不同类型绿地的生态系统服务价值做出判断（表 1、表 2）。

指标体系　　表 1

特征类型	特征变量		变量描述
住宅特征	建造年代		分 3 挡：2000 年以前(1 分)、2000 ~ 2010 年(2 分)、2010 至今(3 分)
	住区景观环境		绿化密度：绿化率分 3 挡：好，≥35%(3 分)；>35%，一般≥25%(2 分)；<25%，较差(1 分)
			人口密度：容积率分 3 挡：较低，<1.5(3 分)；1.5≤一般，<3；较高，≥3(1 分)
	物业管理		分 3 挡：较好≥6 元(3 分)；一般 6 元≥物业费≥3 元(2 分)；<3 元(1 分)
区位特征	在城市空间结构中的位置		分 5 挡：三环以内(4 分)；三环到四环(3 分)；四环到五环(2 分)；五环到六环(1 分)
	距最近地铁站距离		距离最近地铁站的欧氏距离(m)
	附近公交站数目(个)		500m 内附近公交站数目(个)
	教育环境指标		1000m 缓冲区中小学数目
绿地环境特征	面积距离指标	至最近绿地距离	到最近绿地斑块(公园、公共绿地)的距离(m)
		至最近水体的距离	到最近景观水体(河流、湖泊、景观水面)的距离(m)
		至最近综合公园距离	到最近绿地斑块(公园、公共绿地)的距离(m)
		绿地覆盖率	1500m 研究范围内绿地面积占比
		绿地斑块数目	1500m 研究范围内绿地斑块数量
		绿地斑块密度	1500m 研究范围内绿地斑块数量与研究范围面积比
	形状分布指标	绿地形状指数	面积加权的平均形状因子(*AWMSI*)≥1，越大越不规则
	服务功能指标	生态系统服务价值	1500m 范围内生态服务价值

描述统计量 表 2

	N	极小值	极大值	均值	标准差
平均价格	316	30537	147732	67745.29	18881.586
建筑年代评分	316	1	3	1.76	.694
住区景观环境绿化密度评分	316	1	3	2.07	.521
人口密度(容积率分类)评分	316	1	3	1.88	.575
物业管理评分	316	1	3	1.17	.476
城市空间位置(环数评分)	316	1	4	1.83	.729
到最近地铁站距离	316	.0000730068	.0525087175	.0103467889	.0090007109
到最近公交站距离	316	.0000875672	.0282750759	.0077677380	.0052551811
500m 公交站个数	316	0	4	.59	.878
教育环境指标 1000m 内中小学数量	316	0	15	3.28	2.952
到最近绿地距离	316	.0000000000	.0131645548	.0029487493	.0029257005
到最近水面距离	316	.0000000000	.0175239164	.0046221901	.0035717126
到最近公园距离	316	.0000000000	.0471246522	.0089733253	.0073570888
1500m 缓冲区绿地覆盖率	316	.2693811961	.8004363006	.5410822598	.0968238565
1500m 缓冲区绿地斑块数目	316	2	314	103.30	72.853
1500m 缓冲区绿地斑块密度	316	.00000028	.00004449	.0000146382	.0000103233
1500m 缓冲区绿地价值当量	316	5926.630896	15527892.44	3895137.837	3395157.697
1500m 缓冲区 *AWMSI*	316	.0110111977	.1071470373	.0479087230	.0180070467
有效的 N(列表状态)	316				

3 模型分析

3.1 HPM 模型构建

3.1.1 线性函数

本文估计的线性享乐模型如下：

$$P=\alpha+E\beta+G\gamma+L\eta+\varepsilon \quad (1)$$

式中，P 是房屋均价的 ($n\times1$) 向量；E 是结构特征的 ($n\times1$) 矩阵；G 是区位特征（通过 GIS 测量的空间特征）的 ($n\times1$) 矩阵；L 是绿地环境特征 ($n\times1$) 的矩阵（由景观指标测量的空间特征以及生态系统服务价值）；α、β、γ 和 η 是相关的参数向量；ε 是 ($\widetilde{N}\times1$) 随机误差项的向量。

上式中的符号与最终等式中的符号略有不同。同时建模过程包括了将特定组的所有变量输入到普通最小二乘回归中，并检查调整后的 R^2。然而 Rosen 指出，没有理由期望价格与环境变量之间的关系是线性的[9]。实际上，非线性是可以预料的，因为购买者无法将单个房屋的属性视为离散的物品，因此需要从中可以挑选和混合这些指标，直到找到所需的特征组合为止[18]。因此，尽管可以轻松地解释参数，但在使用线性模型的同时，经常制定半对数或对数函数进行对比选择[19]。

3.1.2 半对数函数

在本文中，半对数模型由享乐回归中房价的自然对数变换指定。该模型如下：

$$\ln P=\alpha+E\beta+G\gamma+L\eta+\varepsilon \quad (2)$$

除了直接线性和半对数回归建模之外，还需要进行检验，判断该方程是否真实描述了 y 和 x 之间的关系。本文采取的思路是进行多重共线性、逐步回归分析，来对相关的指标进行筛选。在下文多种组合所进行的线性回归分析以及半对数分析发现，只排除共线性变量的模型拟合度优于进行逐步回归分析后得到的变量模型。所以基于此，我们将多重线性回归的结果和逐步回归分析的结果结合，得到最优组合 (3)（表 3)。

共线回归系数 表 3

模型	非标准化系数		标准系数	t	Sig	共线性统计量	
	B	标准误差	试用版			容差	VIF
1(常量)	5327.729	9457.529		.563	.574		
建筑年代评分	6457.524	1254.528	.237	5.147	.000	.822	1.216
住区景观环境绿化密度评分	656.580	1555.676	.018	.422	.673	.948	1.055
人口密度(容积率分类)评分	2184.395	1434.271	.067	1.523	.129	.916	1.092
物业管理评分	11355.541	1788.968	.286	6.348	.000	.859	1.164
城市空间位置(环数评分)	6359.211	1545.884	.246	4.114	.000	.491	2.038

续表

模型	非标准化系数		标准系数	t	Sig	共线性统计量	
	B	标准误差	试用版			容差	VIF
到最近地铁站距离	−449287.099	100134.296	−.214	−4.487	.000	.767	1.303
到最近公交站距离	−163223.049	233514.525	−.045	−.699	.485	.414	2.416
500m 公交站个数	−324.949	1218.002	−.015	−.267	.790	.545	1.834
教育环境指标 1000m 内中小学数量	1427.836	361.196	.223	3.953	.000	.548	1.824
到最近绿地距离	−761535.905	354449.792	−.118	−2.149	.032	.580	1.725
到最近水面距离	−65834.551	270372.879	−.012	−.243	.808	.668	1.496
到最近公园距离	130564.617	135264.968	.051	.965	.335	.629	1.589
1500m 缓冲区绿地覆盖率	43274.872	10920.712	.222	3.963	.000	.558	1.794
1500m 缓冲区绿地斑块密度	326809448.3	143929134.4	.179	2.271	.024	.282	3.542
1500m 缓冲区绿地价值当量	.000	.000	.020	.310	.757	.437	2.289
1500m 缓冲区 *AWMSI*	−107794.579	66841.041	−103	−1.613	.108	.430	2.324

3.2 模型检验

分别对 17 个变量运用线性模型与半对数模型进行了逐步回归分析，自变量选入方法为后退法。两次回归分析中，半对数模型解释性较线性模型更好，故选之为结论分析依据（表 4、表 5）。

线性模型摘要　　　表 4

模型	R	R 方	调整后 R 方	标准估算的误差
1	.691[a]	.477	.449	14012.746
2	.691[b]	.477	.451	13990.759
3	.691[c]	.477	.453	13968.774
4	.691[d]	.477	.454	13947.724
5	.690[e]	.477	.456	13929.205
6	.690[f]	.476	.457	13915.208
7	.689[g]	.474	.457	13910.905
8	.686[h]	.471	.455	13934.746
9	.683[i]	.467	.453	13967.768

半对数模型摘要　　　表 5

模型	R	R 方	调整后 R 方	标准估算的误差	德宾・沃森
1	.708[a]	.501	.475	.19505	
2	.708[b]	.501	.476	.19473	
3	.708[c]	.501	.478	.19442	
4	.708[d]	.501	.479	.19414	
5	.708[e]	.501	.481	.19388	
6	.706[f]	.499	.481	.19387	
7	.705[g]	.496	.480	.19406	
8	.702[h]	.493	.479	.19430	
9	.700[i]	.491	.477	.19453	1.949

$$\mathrm{Ln}P = 0.054X_1 + 0.067X_2 + 0.061X_3 - 0.07X_4 + 0.051X_5 - 0.039X_6 + 0.065X_7 + 0.044X_8 \quad (3)$$

式中，X_1 为建筑年代评分；X_2 为物业管理评分；X_3 为城市空间位置评分；X_4 为到最近地铁站距离；X_5 为教育环境指标 1000m 内中小学数量；X_6 为到最近绿地距离；X_7 为 1500m 缓冲区绿地覆盖率；X_8 为 1500m 缓冲区斑块密度。

逐步回归共经历 8 次自变量选择（检验概率大于 0.1），分别剔除显著性较低变量共 8 个：1500m 缓冲区绿地价值、住区绿化密度评分、到最近水面距离、500m 公交站个数、到最近公交站距离、到最近公园距离、1500m 缓冲区 *AWMSI* 指数和人口密度评分。回归过程中相关决定系数几乎不变，侧面说明对以上自变量剔除的合理性。同时排除变量的显著性以及偏相关性的检验（表 6，表 7）中，显著性>0.05 且偏相关系数小，证明该自变量没有必要纳入模型。

输入/除去的变量[a]　　　表 6

模型	输入的变量	除去的变量	方法
1	Zscore：1500m 缓冲区 *AWMSI*，Zscore(到最近公园距离)，Zscore(人口密度(容积率分类)评分)，Zscore(住区景观环境绿化密度评分)，Zscore(物业管理评分)，Zscore：500m 公交站个数，Zscore(到最近水面距离)，Zscore(建筑年代评分)，Zscore(到最近地铁站距离)，Zscore：1500m 缓冲区绿地价值当量，Zscore：1500m 缓冲区绿地覆盖率，Zscore(到最近绿地距离)，Zscore(教育环境指标 1000m 内中小学数量)，Zscore(城市空间位置(环数评分))，Zscore(到最近公交站距离)，Zscore：1500m 缓冲区绿地斑块密度[b]		输入

续表

模型	输入的变量	除去的变量	方法
2		Zscore：1500m 缓冲区绿地价值当量	向后(条件：要除去的 F 的概率>=.100).
3		Zscore(住区景观环境绿化密度评分)	向后(条件：要除去的 F 的概率>=.100).
4		Zscore(到最近水面距离)	向后(条件：要除去的 F 的概率>=.100).
5		Zscore：500m 公交站个数	向后(条件：要除去的 F 的概率>=.100).
6		Zscore(到最近公交站距离)	向后(条件：要除去的 F 的概率>=.100).
7		Zscore(到最近公园距离)	向后(条件：要除去的 F 的概率>=.100).
8		Zscore：1500m 缓冲区 *AWMSI*	向后(条件：要除去的 F 的概率>=.100).
9		Zscore(人口密度(容积率分类)评分)	向后(条件：要除去的 F 的概率>=.100).

a. 因变量：价格对数
b. 已达到“容差=.000”限制。

排除的变量[a] **表 7**

模型	输入 Beta	t	显著性	偏相关	共线性统计容差
Zscore：1500m 缓冲区绿地价值当量	.027[j]	.472	.637	.027	.522
Zscore(住区景观环境绿化密度评分)	.011[j]	.257	.797	.015	.977
Zscore(到最近水面距离)	−.011[j]	−.218	.827	−.012	.701
Zscore：500m 公交站个数	.008[j]	.168	.867	.010	.810
Zscore(到最近公交站距离)	−.030[j]	−.593	.554	−.034	.658
Zscore(到最近公园距离)	.042[j]	.862	.389	.049	.700
Zscore：1500m 缓冲区 *AWMSI*	−.074[j]	−1.299	.195	−.074	.504
Zscore(人口密度(容积率分类)评分)	.055[j]	1.308	.192	.075	.933

通过方差检验所拟合的 9 个模型，显示 $F=36.967$，显著性均<0.05，所以逐步回归的 9 个模型都具有统计学意义（表 8）。

逐步回归 ANOVA[a] **表 8**

模型		平方和	自由度	均方	F	显著性
1	回归	11.433	16	.715	18.782	.000[b]
	残差	11.375	299	.038		
	总计	22.808	315			
2	回归	11.433	15	.762	20.100	.000[c]
	残差	11.376	300	.038		
	总计	22.808	315			
3	回归	11.431	14	.816	21.602	.000[d]
	残差	11.377	301	.038		
	总计	22.808	315			
4	回归	11.426	13	.879	23.320	.000[e]
	残差	11.382	302	.038		
	总计	22.808	315			
5	回归	11.419	12	.952	25.316	.000[f]
	残差	11.389	303	.038		
	总计	22.808	315			
6	回归	11.382	11	1.035	27.529	.000[g]
	残差	11.426	304	.038		
	总计	22.808	315			
7	回归	11.322	10	1.132	30.066	.000[h]
	残差	11.486	305	.038		
	总计	22.808	315			
8	回归	11.255	9	1.251	33.126	.000[i]
	残差	11.553	306	.038		
	总计	22.808	315			
9	回归	11.191	8	1.399	36.967	.000[j]
	残差	11.617	307	.038		
	总计	22.808	315			

输出9个模型中自变量的偏回归系数估计（表9），可以看出，整个模型中建筑年代、物业管理、城市空间位置、到最近地铁站距离、1000m内中小学数量、到最近绿地距离、1500m缓冲区绿地覆盖率、1500m缓冲区绿地板块密度8个因变量回归系数的显著性<0.05，具备统计学意义。

自变量偏回归系数[a]　　表9

模型		未标准化系数		标准化系数	t	显著性
		B	标准误差	Beta		
9	（常量）	11.087	.011		1013.164	.000
	Zscore(建筑年代评分)	.054	.012	.201	4.633	.000
	Zscore(物业管理评分)	.067	.012	.250	5.761	.000
	Zscore(城市空间位置(环数评分))	.061	.015	.225	4.067	.000
	Zscore(到最近地铁站距离)	−.070	.012	−.259	−5.742	.000
	Zscore(教育环境指标1000m内中小学数量)	.051	.013	.191	3.877	.000
	Zscore(到最近绿地距离)	−.039	.012	−.144	−3.106	.002
	Zscore：1500m缓冲区绿地覆盖率	.065	.013	.242	4.987	.000
	Zscore：1500m缓冲区绿地斑块密度	.044	.015	.163	2.907	.004

残差独立性检验可以通过Durbin-Watson检验的值（0～4之间）：当*DW*值越接近2时，残差项之间越无关，检验结果*DW*=1.949，表明残差独立性较好。残差正态分布检验可以从"残差直方图"（图1）与"正态*P-P*/概率图"（图2）得出，模型残差基本上服从正态分布，没有严重偏离正态性假设。

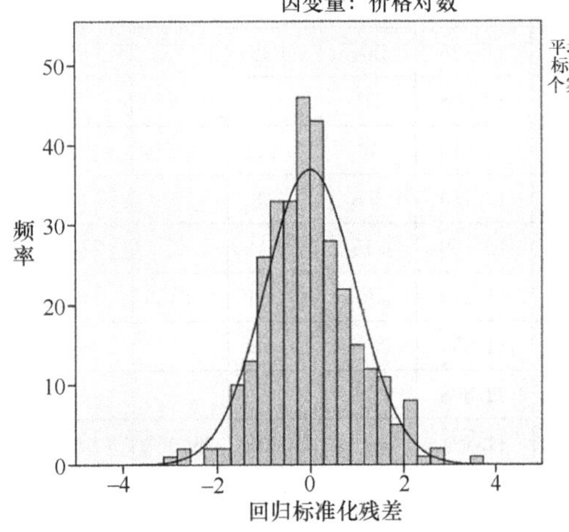

图1　回归标准化残差

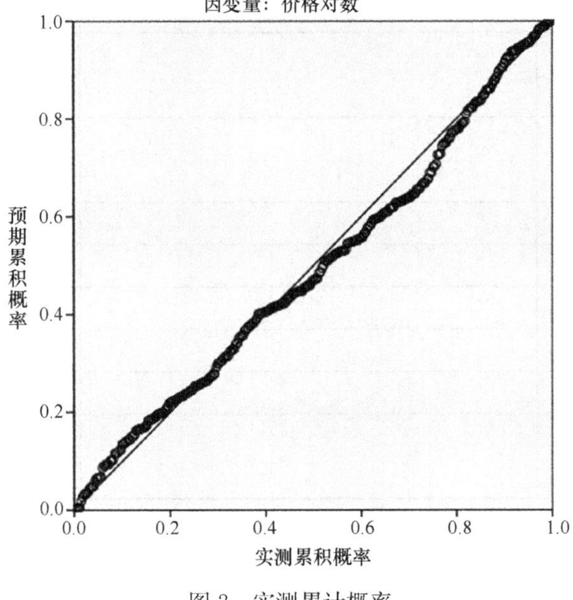

图2　实测累计概率

经由以上检验和分析可得，运用基于半对数模型的多元线性回归可以较好地拟合住宅价格影响的自变量因子与房价之间的关系，回归模型具备统计学意义，能够支撑数据分析结论。

3.3　结果分析

从实验输出的回归模型结果来看，自变量系数绝对值大小，即与住宅价格相关性大小排序依次为物业管理评分（0.067）、1500m缓冲区绿地覆盖率（0.065）、城市空间位置评分（0.061）、建筑年代评分（0.054）、教育环境指标1000m内中小学数量（0.051）、1500m缓冲区绿地斑块密度（0.044）、到最近绿地距离（0.039）和1500m缓冲区绿地覆盖率（0.007）。而1500m缓冲区绿地价值、住区绿化密度评分、到最近水面距离、500m公交站个数、到最近公交站距离、到最近公园距离、1500m缓冲区*AWMSI*指数和人口密度评分等因素与房价变化相关性较差。有以下几点关于公共绿地的分析和结论：

（1）对于社区内部公共绿地，小区的环境绿化密度（绿化率）的提升对房价正向作用，反映出小区绿地的重要作用。

（2）对于社区外的绿地而言，到最近的绿地、最近的公园的距离，都对房价是消极影响，意味着住房距离绿地越远，收到的价格增益的边际效应越小，反之离绿地越近，住房价格可能越高。其他绿地类的指标，如步行1.5km内绿地覆盖率、绿地本身的生态价值以及*AWMSI*指数都对住房价格有正向影响。反映出以上指标是本区公共绿地规划的重要因素。

（3）1500m缓冲区绿地斑块密度与绿地覆盖率的指标，反映出在保证绿地覆盖的基础上，公共绿地的集聚对于规划而言至关重要，对于人们而言，其重要程度超过了对于绿地本身*AWMSI*指数以及生态价值等。

总体来看，通过将公共绿地的价值的量化，可以在经济上凸显绿地的保护价值，其影响程度也可以通过hedonic 模型得到反映。这种方法不仅可以反映出城市公共绿地的规划价值，增强人们对城市公共绿地的重视，还可以通过这种方法寻找出对于公共绿地规划最重要的几项影响因素，从而帮助规划者在整体上对公共绿地做出规划。

4 总结与探讨

4.1 总结

对于想要探究的公园或其他绿地而言，将空间特征以及社会内涵整合在一起进行经济量化的衡量，是一项重大的挑战，在本次构建的模型和指标描述上，在原来基础上引入景观生态学，将小区与绿地的距离指标从邻里特征中分离出来，归入绿地环境特征中，在绿地环境特征中设立面积距离、形状分布、服务功能 3 类指标，涵盖住宅周边绿地的经济、社会、生态属性。但这在 GIS 技术与城市大数据的浪潮中，也仅仅只是一个开端，在人居环境科学大体系的发展之下，任何目标的实现，都需要多学科的融合。

总的来看，在进行公共绿地规划布局时，除了需要考虑绿地本身物种多样性等生态价值的因素、保障对周边住宅的服务范围外，可以在一定的区域内适当进行绿地的集聚，提升整体的斑块密度。其次，虽然公园绿地的用地边界会受到限制，但在区域范围内提升街道的绿化、对街头绿地进行改造提升，仍会提升整体的绿地价值。最后考虑到人们居住到最近绿地的距离的重要性，反映出了绿地中心的重要作用，所以在规划布局时，可采用绿心加绿网的组合形式，满足绿心可达性的同时，提升斑块的密度，整体提升区域绿地价值。

4.2 研究的困难与不足

本次研究所遇到的困难在于数据的精度问题，就我们获取的数据及其处理的结果来看，在 Arc map 中进行分析时，投影坐标系与地理坐标系的匹配以及分析，出现的轻微的偏差可能会导致所有的数据出现整体偏差，但对模型的影响不会出现大的纰漏。

尽管本次研究中总体结果显示与预期一致，但在当前的阶段，公众对绿地的认识程度不同，在不同城市或城市的不同消费水平地区，可能有着不同的表现，因此绿地对住宅价格的影响力也会出现差异。因此如果能配合相关的社会调查结果，将居民的心理因素纳入考量，或许会更研究实施的真相。

参考文献

[1] United Nations（UN），2013. Sustainable Development Changes. World Economic and Social Survey 2013. Department of Economic and Social Affairs，United Nations Publication http：//www. un. org/en/development/desa/policy/wess/wess current/wess2013/WESS2013. pdf.

[2] Haaland C，van den Bosch C K. Challenges and strategies for urban green-space planning in cities undergoing densification：A review[J]. Urban Forestry & Urban Greening，2015，14(4)：760-771.

[3] Panduro T E，Veie K L. Classification and valuation of urban green spaces—A hedonic house price valuation[J]. Landscape and Urban Planning，2013，120：119-128.

[4] Sengupta S Osgood D D. The value of remoteness：A hedonic estimation of ranchette prices[J]. Ecol. Econ.，2003，44：91.

[5] Jim C Y，Chen，Wendy Y. External effects of neighbourhood parks and landscape elements on high-rise residential value [J]. Land Use Policy，2010，27(2)：662-670.

[6] McConnell V，Walls M. The Value of Open Space：Evidence from Studies of Nonmarket Benefits Resources for the Future [M]. Washington，DC，2005.

[7] More T A，Stevens T，Allen P G. Valuation of urban parks landsc[J]. Urban Plann，1988. 15：139-152.

[8] Tyrväinen L，Väänänen H. The economic value of urban forest amenities：An application of the contingent valuation method Landsc[J]. Urban Plann，1998，43：105-118.

[9] Rosen S. Hedonic prices and implicit markets：Product differentiation in pure competition[J]. Journal of Political Economy，1974，82：34-55.

[10] Kong F. Using GIS and landscape metrics in the hedonic price modeling of the amenity value of urban green space：A case study in Jinan City，China[J]. Landscape and Urban Planning 2007，79(3-4)：240-252.

[11] Pan Q. The impacts of an urban light rail system on residential property values：A case study of the Houston METRORail transit line[J]. Transp. Plann. Technol.，2013，36(2)：145-169.

[12] Wei J F，Wei Y G，Jiang K. Study on the affecting factors of housing prices along rail transit based on hedonic price model：Case study of Beijing subway line 5[J]. Appl. Mech. Mater，2014，507(6)：642-645.

[13] Dziauddin M F，Alvanides S，Powe N. Estimating the effects of light rail transit（LRT）system on the property values in the Klang Valley，Malaysia：A hedonic house price approach[J]. Jurnal Teknologi.，2013，61（1）：35-47.

[14] 吴冬梅，郭忠兴，陈会广．城市居住区湖景生态景观对住宅价格的影响——以南京市莫愁湖为例[J]. 资源科学，2008(10)：1503-1510.

[15] 钟海玥，张安录，蔡银莺．武汉南湖景观对周边住宅价值的影响——基于 Hedonic 模型的实例研究[C]. 中国土地学会、中国土地勘测规划院、国土资源部土地利用重点实验室．2008 年中国土地学会学术年会论文集．中国土地学会、中国土地勘测规划院、国土资源部土地利用重点实验室：中国土地学会，2008，1055-1061.

[16] 谢高地，张彩霞，张雷明，等．基于单位面积价值当量因子的生态系统服务价值化方法改进[J]. 自然资源学报，2015，30(08)：1243-1254.

[17] Gustafson E J. Quantifying landscape spatial pattern：What is the state of the art?[J]. Ecosystems，1998，1：143-156.

[18] Morancho A B. A hedonic valuation of urban green areas Landsc[J]. Urban Plann.，2003，66：35-41.

[19] Hunt L M，Boxall P，Englin J，et al Remote tourism and forest management：A spatial hedonic analysis[J]. Ecol Econ.，2005，53：101-113.

[20] 百度在线网络技术(北京)有限公司．[EB/OL]. https：//

map. baidu. com/search/%E6%9C%9D%E9%98%B3%E5%8C%BA/.
[21] 上海瑞家信息技术有限公司 .[EB/OL]. https：//beijing. anjuke. com/community/chaoyang/.

作者简介

尹雪梅，1995年3月生，女，汉族，四川成都，重庆大学建筑城规学院，硕士研究生在读，城市规划。电子邮箱：929727395@qq. com。

景观特征评估在传统村落保护规划与管控中的应用
——以筠连县马家村为例

Application of Landscape Character Assessment in Traditional Village Protection Planningand Control:
Take Majia Village as an Example

袁文梓

摘　要：现行传统村落保护中存在保护与管理主体脱节、对景观选择性忽视等问题，构成了传统村落保护管理的难点。本文借鉴英国乡村景观管理经验，提出以保护景观关键特征为目标，以景观特征区域为基本单元，建立行政村层级到关键保护区的管理体系。并以筠连县马家村为例，实践村域景观特征分类和关键保护区划定，形成景观特征类型区划、关键特征识别等成果，指导马家村传统村落风貌控制、发展定位等规划管控，为传统村落实现整体管护与规划提供了新的视角。
关键词：景观特征评估；传统村落；景观管理

Abstract: The existing problems in the protection of traditional villages, such as the disconnection between the protection and management subjects and the selective neglect of landscape, constitute the difficulties in the protection and management of traditional villages. Based on the experience of rural landscape management in England, this paper proposes to establish a management system from the administrative village level to the key protected areas, with the protection of the key character of the landscape as the goal and the landscape character area as the basic unit. Taking Majia Village as an example, it can classify the landscape character of the village and demarcate the key protection zone. The results of landscape character types zoning and key feature recognition were formed. To guide the planning and control of the style control and development orientation of majia traditional village. It provides a new perspective for the realization of the overall management and planning of traditional villages.
Key words: Landscape Character Assessment; Traditional Villages; Landscape Management

1　研究背景

1.1　传统村落景观保护管理的问题与需求

国土空间规划时代突出强调改善人居环境、提升国土空间品质①，对国土景观风貌的管理与控制提出新的要求[1,2]。在国土景观风貌管理中，乡村是不可或缺的重要板块。中国自古就是一个农业大国，不同地域文化下的乡村景观各具特色，维系展示着我国国土景观的多样性[3]。其中，传统村落作为乡村中历史信息丰富、文化生态源头清晰、地域特征显著的代表[4]，其保护对于整个国土乡村风貌的保护和管理具有重要意义。总之，以往的传统村落保护管理边界划定不明确[5]，注重建筑遗存、忽视整体景观[6]，缺乏对乡村基底的全面认知[7]，有限的保护无法阻挡传统村落景观风貌的普遍异化，是造成当下传统村落保护管理困难的重要原因。

1.2　以景观特征评估为核心的景观管理体系

在国土空间规划时代，传统村落的景观保护管理需要打破以物质遗存为保护对象的局限，突破以局部自然村范围，找到有效的管理工具和抓手。英国在这方面的研究和实践有成功的经验，其中以景观特征评估为核心的景观管理体系在动态复杂的乡村及城市近郊地区发挥着重要的整合作用[8,9]，为制定一体化空间战略、实现可持续发展提供了一个全新的视角。

随着LCA在英国的成功实践，LCA已成为欧洲众多国家可持续发展、保护管理的核心，并逐渐推广至欧洲之外。近年来，我国学者陆续投入到以LCA为核心的景观规划管理体系的研究中，研究多集中在乡村地区[10,11]，对“景观管理”理论方法的认识较为清晰[9]；在研究尺度上大部分是国土区域[7,12,13]、县域尺度[14,15]等的宏观地域研究，对具体村域层级的研究较少[16]，对与村庄规划具体的结合方式尚不明晰；在研究内容上，对乡村具体管理矛盾的回应较少。因此，本文在具体村庄规划层面，探索以景观特征评估为核心的景观管理体系在传统村落保护规划的应用，尝试为传统村落实现整体管护与规划提供了新的视角。

① 2020年1月自然资源部发布《省级国土空间规划编制指南》，明确提出“提升国土空间品质，建立美丽国土”的目标。

2 面向传统村落规划管理的景观特征评估

英国的经验是建立特征描述和做出判断两个阶段，在对研究范围内全部国土景观进行景观特征识别、分区及描述等步骤后，再以景观特征分区为基础空间单元，进行评价并指导制定各分区景观的管护和发展策略，并进一步应用于各类规划政策[17]。参考LCA体系，结合中国乡村特点，提出以行政村为对象建立景观规划管理的基础空间框架，进行特征识别、描述和判断，划分多个特征区域及关键保护区；并在此分类上，分析评价各景观特征单元，明确区域景观发展目标（如保护、恢复、强化等），用以指导村庄规划管理相关问题的研究与实施，达到系统整合的管理目标。该基本流程包含了描述与分类、关键保护区划定及做出判断3个阶段（图1）。

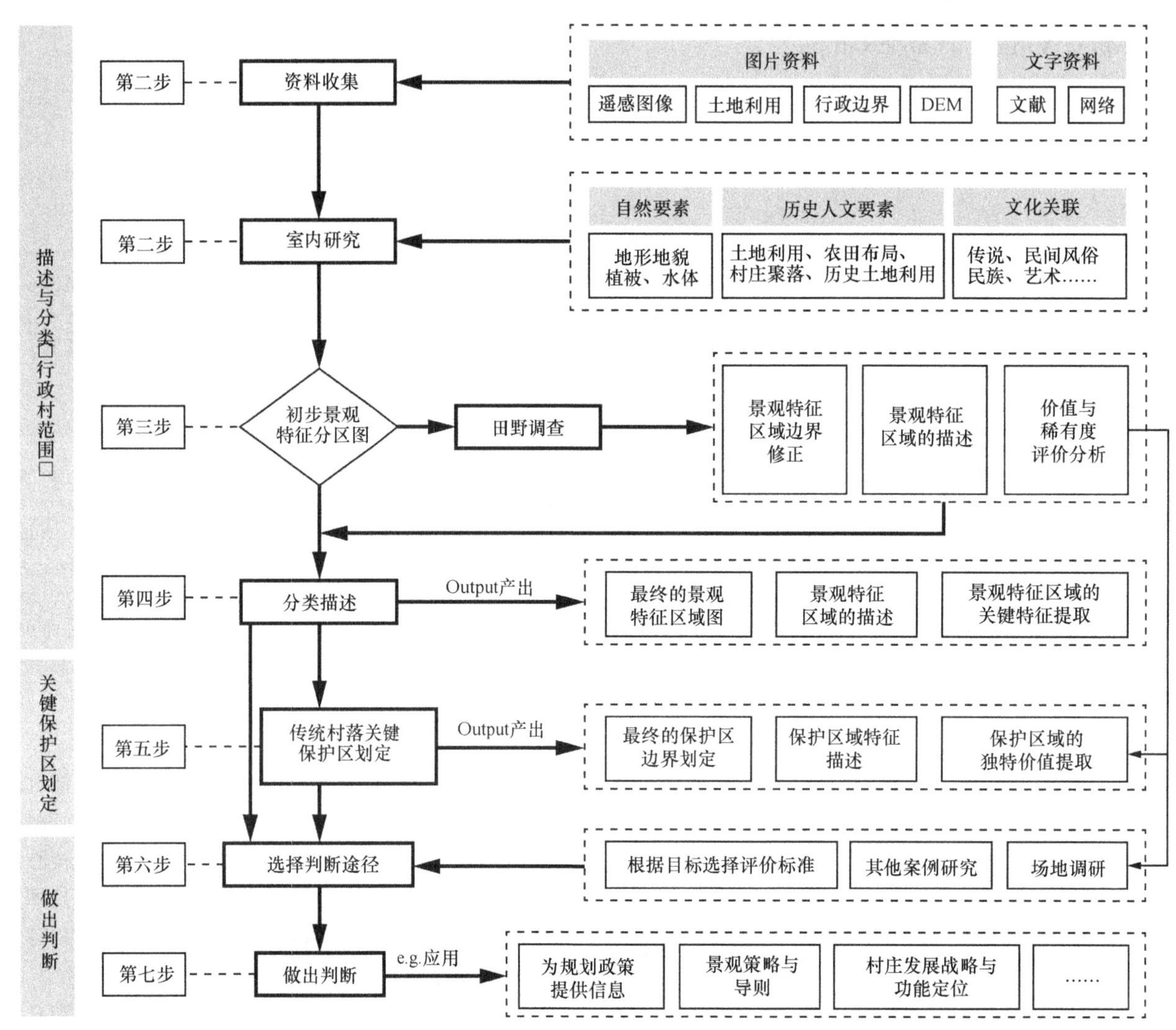

图1 乡村景观特征评估体系框架
（图片来源：作者自绘）

2.1 行政村范围的景观特征评估

选择村域范围内全部国土景观进行特征识别与评估，是确保乡村景观整体性管护的基础。通过厘清各区域的景观特征和边界划定，统一管理主体与管理范围，为村庄整体管护和综合调配搭建了良好的基础，突破了避免了管理交叉及功能赋予混乱等问题。

评估过程中，基于地形地貌、水文、植被等自然要素，土地利用、农田布局、村庄聚落、历史遗迹分布等人文历史要素，及民族分布、神话传说、民间风俗等非物质文化关联三大关键要素进行初步的特征识别与区划，并结合现场调研，记录资源现状、审美感知、历史价值等，细分景观特征区域，完成景观特征区域的分类、描述及关键特征识别，3项结果共同形成景观特征分区成果，录入GIS数据库，以构建基础的操作框架，保证数字化管理的实施（图2）。

2.2 传统村落关键保护区划定

在以往的传统村落保护范围划定中，大多继承于文物保护单位的边界确定方法，即依据距离等要素确定核心保护和建设控制地带，再明确四至边界[18]。这种方式忽视和割裂了景观内在的关联性，是后续管理保护实施

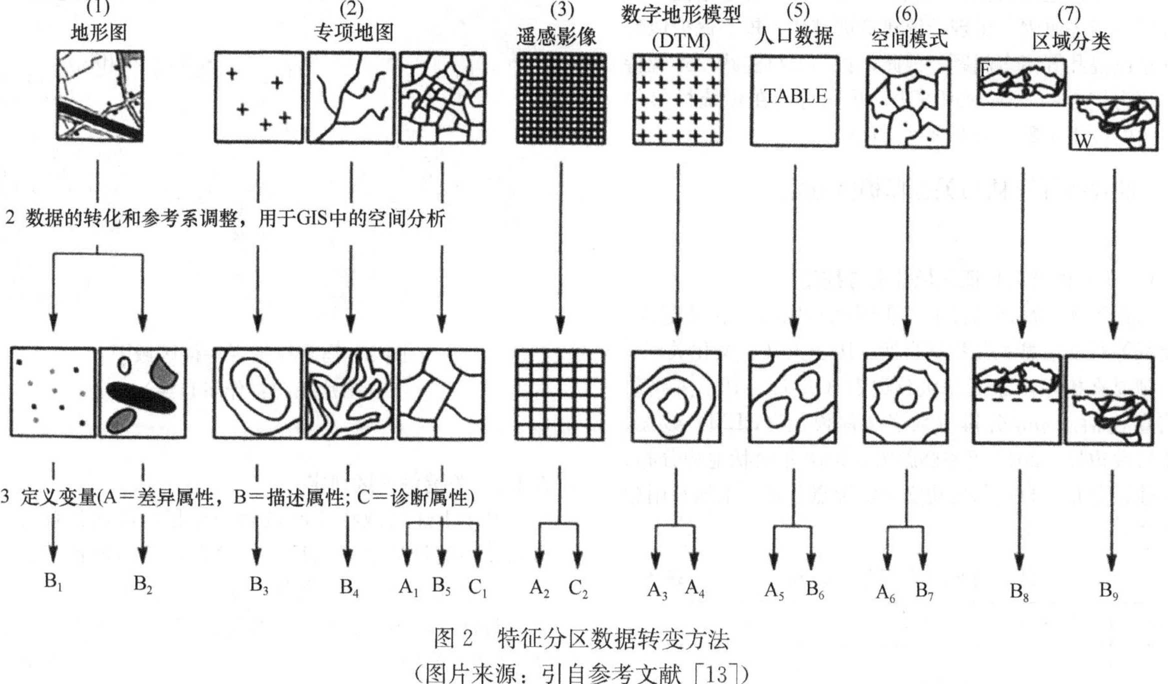

图 2 特征分区数据转变方法
（图片来源：引自参考文献［13］）

困难的重要原因。LCA 方法对村域内景观进行了系统的识别和分类，在村域景观特征分区的基础上确定传统村落关键保护区的范围，有助于说明其区别于周边的独特价值，同时为保护范围划定提供了较为科学的根据。

通过对各区域景观的历史人文价值、景观稀有度等详细调研和记录，结合当地政府、住民等利益相关者意见，整合历史价值较高的区域为传统村落核心保护区，分析其关键景观特征及价值并予以描述。在边界确定后，还可与保护发展目标相结合，建立具体的传统村落保护档案，以陈述记录其独特的价值和特征，为后续制定相应管理策略提供基础数据。

2.3 景观管理导则与衔接村庄规划

基于上述成果，形成基本景观管理单元，为后续村域景观管理及村庄规划相关政策的制定提供基础空间框架。根据不同的目标及使用对象，可以结合村庄综合发展规划，判断影响各单元景观特征变化的潜在压力，识别背后的影响因子，有针对性地进行调控，并制定景观保护管理目标和执行导则，提高村庄国土风貌管理的整体性和系统性[19]。基于景观特征评估的景观策略和景观导则等结果，可进一步应用于村庄规划，辅助决策村庄规划的风貌控制、功能区划分及发展定位等内容。

此过程中，景观特征分区作为村庄规划管理的基本操作框架，与各类目标体系下的评价相结合，既考虑了空间本身的资源的复合性，又兼顾了动态发展可持续的需求，为实现国土空间规划体系下的传统村落景观保护管理提供了全新的思路与方法。

3 景观特征评估在传统村落保护中的实践

3.1 研究区概况

马家村位于四川省筠连县东南部，始建于明洪武四年（1371 年），2014 年被住建部等 7 部局联合列入第三批中国传统村落名录。总面积 13.5km^2，包含 7 个自然村落，其中 2 个自然村落被划定为原核心保护区内（图 3）。该村坐落于黄水溪梁子北面山区缓坡之上，境内岩溶地貌发育，石林密布，属于典型的喀斯特地貌，海拔 700～1200m，平均海拔 1000m，整体地势北低南高。村域内水系不发达，多为山间溪流。村中汉苗混居，语言相通，文

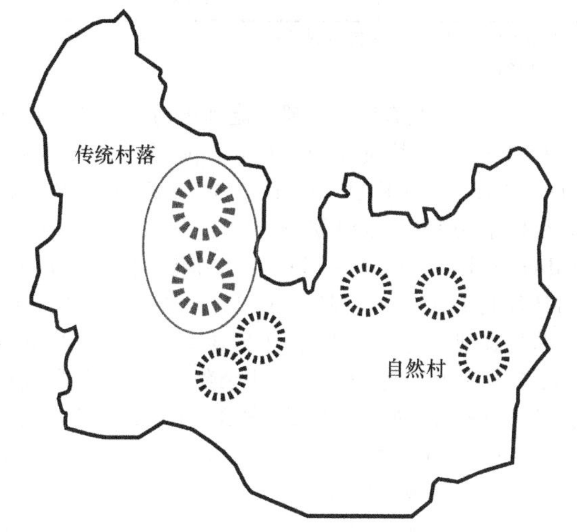

图 3 马家村中自然村的分布关系
（图片来源：《马家村传统村落保护发展规划（2015-2030）》）

化相融。

在马家村过去的保护管理中，由于保护核心错位、规划管理不当等原因，出现传统建筑被破坏、核心保护地带开发建设混乱等诸多问题。因此，在马家村实践以景观特征评估为核心的景观管理方法，并探讨其在传统村落保护中的的应用步骤具有必要性与代表性。

3.2 景观特征评估与关键保护区划定

3.2.1 马家村景观特征区域分类与描述

依据景观特征评估流程：①明确马家村的村域范围、总面积等基础信息；②根据自然、历史人文、文化关联3类关键要素梳理出景观四级分类表（表1）。其中主要数据信息包括：30m分辨率数字高程模型（DEM）数据、村庄行政边界、2018年遥感影像、2018年面状地物分布、传统建筑分布、自然与历史文化资源点分布、土地利用分区等资料。

马家村乡村景观分类体系　　表1

景观区	景观类	景观单元	景观要素
高山缓坡乡村景观	自然景观	天然林地景观	青杨林、杉木林、竹林、混交林
		天然石林景观	独立石林、迷宫石林、溶洞
		天然水域景观	溪沟
	半自然景观	半自然林地景观	经济林等
	人文景观	聚落景观	民居（散点状、带状）、古庙包、生产作坊
		道路景观	硬化车行道、石梯道、历史古道
		水域景观	引水渠
		农田景观	山地梯田、自然式农田

资料来源：根据《中国传统村落档案511527-001号（马家村）》进行归纳整理。

经案头研究结合野外调研，梳理出马家村景观特征区域由4类景观特征类型（landscape character types，LCTs）构成——A山林、B石林、C聚落、D梯田。其次，根据景观特征类型划分出具体的景观特征区域（landscape character areas，LCAs）。如将石林景观细分为绿石林谷地（B1）、石芽坡地（B2）2类景观特征区域；将聚落景观细分为传统聚落（C1、C2）、历史公共空间（C3）、新建公共空间（C4）、新建聚落（C5）5类景观特征区域；将梯田景观细分为缓坡梯田（D1）、自然式农田（D2）2类景观特征区域（图4）。并对区域中具有特殊历史人文价值的景观区域进行重点识别，如将荞地榜传统建筑群（C1.1）、峨角山传统建筑群（C2.1）、历史村道（C3.1）等区域进行单独划分。基于特征区域划分，可以从场所感、景观要素的组成及结构等方面综合描述各景观特征单元，建立景观特征评估档案。

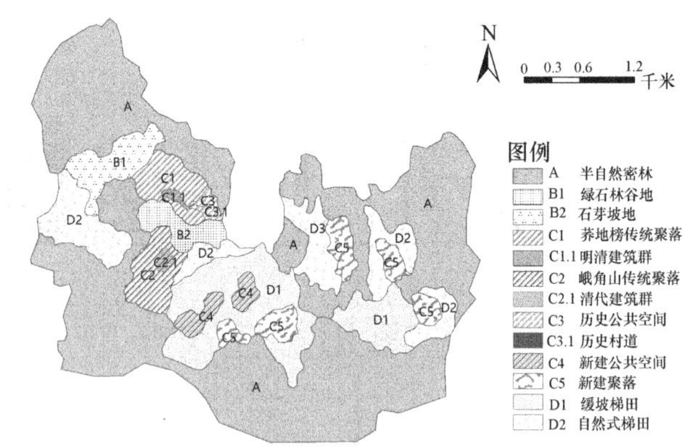

图4　马家村景观特征区域图
（图片来源：作者自绘）

3.2.2 关键保护区划定

基于上述景观特征区域划分结果，评估各景观特征区域的历史价值及稀有度等，整合具有独特景观价值的传统村落及历史空间为传统村落关键保护区。马家村9个景观特征区域中，荞地榜传统聚落（C1）、峨角山传统聚落（C2）及历史公共空间（C3）3个区域内广泛分布历史资源和非物质文化要素，是马家村传统村落保护的核心。同时，两聚落间的石芽坡地（B2）与传统聚落共同形成"山—石—屋—田"层叠错落的村落轮廓线，是马家村传统村落保护的另一重点。

因此，综合判断各个景观特征区域中人文资源丰富度、景观稀有度等，确定关键保护区范围边界（图5），以辅助后续的景观管理政策指定等。

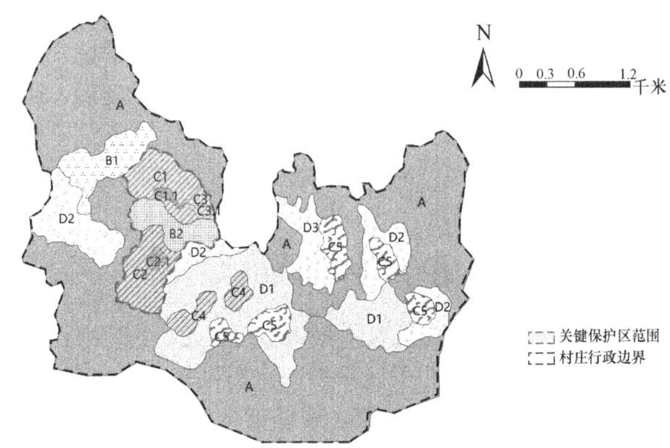

图5　马家村关键保护区范围
（图片来源：作者自绘）

3.3 基于景观特征评估的马家村传统村落保护管理

依据马家村景观特征评估结果和关键保护区划定，将村域空间景观特征分为两个部分，对未来景观管理及规划发展方式具有指导作用：①关键保护区内历史文化资源密集，自然景观条件良好，但受人为干扰影响较大，因此，在发展过程中要注重严格控制传统景观风貌的统一性；②关键保护区外自然景观条件良好，历史人文资源分布较少，可结合具体区域敏感度和景观容量判断，综合调配、适度开发。

在此基础上，可对各单元设定保护与利用的最终目标，并针对性地提出景观策略、规划管控与发展目标（表2）。以保护区域关键景观特征为目标，确保开发建设不会破坏区域有特色的、有价值的景观，并提供强化、恢复景观特征的方法。

马家村景观特征分类、景观管控与发展定位建议　　表2

LCTs		LCAs		景观管控与发展定位建议
代码	名称	代码	名称	
A	山林景观	A	半自然密集林地	保护：利用山地地形和丰富的森林资源，以涵养为主，尽量避免人工介入
B	石林景观	B1	绿石林谷地	保护性开发：突出喀斯特地貌特色，再保护石林资源的基础上适度开发
		B2	石芽坡地	
C	聚落景观	C1	荞地榜传统村落	保护性开发：严格保护和修缮历史文化景观，利用区位优势，在保护的基础上适度开发
		C2	峨角山传统村落	
		C3	历史公共空间	
		C4	新建公共空间	开发：利用良好的可进入性和区位优势以及综合性服务设施，突出塑造乡土文化进行开发
		C5	新建聚落	
D	梯田景观	D1	缓坡梯田	保护性开发：突出农业景观特色，利用山地地形与梯田资源进行保护开发
		D2	自然式梯田	开发：利用良好的区位优势，结合农业与休闲文化与资源进行开发

资料来源：作者自绘。

4　结论与讨论

相较于传统的规划管理思路，以景观特征评估为核心的景观管理体系，以景观特征划分基本评价和描述单元，打破传统村落保护中仅关注物质遗存的局限，跨越了自然村与行政村的管理层级，为传统村落保护提供了一个实体的可操作框架，为传统村落保护管理提供了全新的视角。

如今，随着国土空间规划的持续推进，乡村规划管理工作也将迎来新的挑战。以行政村为基础的景观特征评估为村庄规划管理搭建了基础空间框架，厘清了传统自然村落与行政村的管理层级。在后续的研究中，可以引入村庄群的概念，将临近且具有形同特征的行政村列为研究范围，统一行使国土空间景观保护与管理，更加完整地保证景观单元的完整性和系统性。

参考文献

[1]　吕斌．美丽中国呼唤景观风貌管理立法[J]．城市规划，2016，40(01)：70-71.

[2]　Fang C L, Wang Z B, Liu H M. Beautiful China initiative: Human-nature harmony theory, evaluation index system and application[J]. 地理学报(英文版)，2020，30(5)：691-704.

[3]　林箐．乡村景观的价值与可持续发展途径[J]．风景园林，2016，(08)：27-37.

[4]　宫苏艺，李玉祥．冯骥才：保护古村落是文化遗产抢救的重中之重[J]．中国地产市场，2006，(06)：14-25.

[5]　张浩龙，陈静，周春山．中国传统村落研究评述与展望[J]．城市规划，2017，41(04)：74-80.

[6]　廖军华．乡村振兴视域的传统村落保护与开发[J]．改革，2018，(04)：130-139.

[7]　张斌．乡村振兴语境下的乡村景观管护策略思考[J]．南方建筑，2018，(03)：66-70.

[8]　Council Of Europe. European Landscape Convention[M]. Strasbourg: Council of Europe publishing, 2000.

[9]　鲍梓婷，周剑云．《欧洲风景公约》及其实施导则解析：迈向综合整体的风景园林规划管理[J]．中国园林，2019，35(02)：104-109.

[10]　鲍梓婷，周剑云，周游．英国乡村区域可持续发展的景观方法与工具[J]．风景园林，2020，27(04)：74-80.

[11]　王志芳，周瑶瑾，徐敏，等．县域景观特征管理单元划分方法——以武胜县为例[J]．北京大学学报(自然科学版)，2020，56(03)：553-560.

[12]　赵润江，罗丹，赵鸣．城乡统筹背景下三亚乡村景观特征评估与优化初探[J]．建筑与文化，2015，(02)：112-113.

[13]　鲍梓婷，周剑云，戚冬瑾．国家/区域尺度景观特征评估中GIS的应用——以比利时国家景观特征地图为例[A]//中国第二届数字景观国际论坛论文集[C]．南京，66-73.

[14]　张茜，李朋瑶，宇振荣．基于景观特征评价的乡村生态系统服务提升规划和设计——以长沙市乔口镇为例[J]．中国园林，2015，31(12)：26-31.

[15]　汪伦．重庆彭水县乡村发展类型的区划及其景观特征识别研究[D]．武汉：华中农业大学，2018.

[16]　陈田野．基于景观特征评价的乡村景观管理研究[D]．北京：北京交通大学，2017.

[17]　Carys S. Landscape Character Assessment: Guideline for England and Scotland[M]. Countryside Agency and Scottish Natural Heritage, 2002.

[18]　朱良文．对传统村落研究中一些问题的思考[J]．南方建筑，2017，(01)：4-9.

[19]　吴伟，杨继梅．英格兰和苏格兰景观特色评价导则介述[J]．国际城市规划，2008，(05)：97-101.

作者简介

袁文梓，1996年11月生，女，汉族，四川南充，重庆大学建筑城规学院风景园林系硕士研究生，研究方向为风景园林历史与理论。电子邮箱：1358095467@qq.com。

成都市西来镇乡土景观类型与空间格局探究

The Study on Vernacular Landscape Type and Spatial Pattern in Xilai Town, Chengdu

张启茂　杨青娟*

摘　要： 乡土景观是在物质景观层面上的人工干预与影响自然过程的呈现，在宏观空间格局展示出地域景观特色。本文以成都市西来镇区域尺度的乡土景观为研究对象，利用目视解译、监督分类与景观指数计算等定量方法，提取西来镇乡土景观要素并进行系统分类，通过纵向对比8种乡土景观类型数据结果，归纳出西来镇整体乡土景观类型特征，再横向对比乡土景观类型数据结果，进而划分出西来镇5种乡土景观空间格局，以期构建起乡土景观宏观表现与景观格局之间的联系，为宏观尺度上乡土景观保护、本土化规划设计提供依据与建议。
关键词： 乡土景观；景观分类；空间格局；景观指数；西来镇

Abstract: Vernacular landscape is the presentation of the natural process of human intervention and influence on the physical landscape, and shows the regional landscape characteristics in the macro spatial pattern. This paper takes the vernacular landscape of Xilai in Chengdu as the research object, and uses quantitative methods such as visual interpretation, supervision classification and landscape index calculation to extract the vernacular landscape elements and systematically classify them, then summarize the characteristics of the overall vernacular landscape of Xilai Town by longitudinally comparing the data of eight types of vernacular landscape, and then compare the data of each vernacular landscape type horizontally, and finally divide the five types of vernacular landscape spatial pattern of Xilai Town. In order to establish a connection between the macroscopic expression of the vernacular landscape and the landscape pattern, and provide basis and recommendations for the conservation and localization planning and design of the vernacular landscape on the macro scale.
Key words: Vernacular Landscape; Landscape Classification; Spatial Pattern; Landscape Index; Xilai Town

引言

乡土景观是有生命的，是一系列自然和文化相互作用的结果，将自然的荒野转化为可栖居的人工景观[1]。虽然人工干预方式是微小且有限的，但随着历史沉积与人类活动强度加剧，这种微小的介入方式如今已经在宏观区域尺度上呈现出丰富的地域景观特色。目前我国对乡土景观的研究更多聚焦在乡村聚落尺度的乡土景观类型、要素构成以及乡土景观评价等方面[2]，并且多为定性研究；同时丰富的乡土景观空间格局是构成乡土景观多样性的基础[3]，也是延续乡土景观的特征与可持续性的关键所在，因此以宏观区域尺度对乡土景观空间格局进行定量分析，对于乡土景观的保护与规划设计尤为重要。

每个地域的乡土景观可看作多层复杂系统叠加而成[4]，本文将西来镇乡土景观分层为自然系统、农业系统、聚落系统，从提取西来镇独特的乡土景观要素出发，通过归纳空间毗邻且属性相同的乡土景观要素，进而总结出在宏观区域尺度可识别的乡土景观类型，再经过定量分析归纳西来镇整体乡土景观类型特征，然后辅以行政乡界，进而划分出西来镇乡土景观空间格局，分析西来镇空间格局的分类与特点，有利于理解古镇当下的乡土景观宏观特征，并为古镇未来的景观保护、规划设计提供建议。

1　材料与方法

1.1　研究区域概况

西来镇位于成都市蒲江县域北部，镇域位于东经103°28′～103°34′，北纬30°15′～30°20′，镇辖10个行政村，3个社区。镇域为“两山”（大五面山、小五面山）夹“两河”（临溪河、小河子）的独特地貌，南北为丘陵绵延，中部为平坦宽阔的临溪河带状冲积平坝，整体地势西高东低，呈现出浅丘丘坡起伏、台面开阔、林木葱郁，平坝坦荡如砥、河渠交错、田园如画的千姿百态的景观[5]。西来镇古称临溪古渡，自西魏恭帝二年（555年）置临溪县，历来经济富庶，文化繁荣；现今的古镇依山傍水，畦垄相围，其中蒲江丑柑闻名全国。西来镇优良的生态栖息条件与悠久的历史文化传承，使得如今古镇呈现出山水聚落、果园林地、鱼塘农田和谐共存的乡土景观。

1.2　数据来源与预处理

本文所用遥感数据是从美国地质勘探局（USGS）网站上下载的覆盖四川省蒲江县西来镇的 Landsat 8 OLI_TIRS 影像。行列号为130/039，成像时间为2019年2月7日，研究区的图像云量为0%。OLI 数据产品是 L1T 级别，已经进行几何校正，故下载后的 Landsat 8 影像直接在 ENVI 5.3 软件中进行辐射定标、大气校正、多波段图像合成、全色波段与多波段图像融合和裁剪等处理，得到研究区分辨率为15m的Landsat 8 OLI 543假彩色融合影像。之后以西来镇行政界限矢量图，对融合影像进行不规则裁剪，得到研究区的融合影像。

1.3 研究方法

1.3.1 遥感影像目测解译法

目测解译法关键在于通过目视解译确定影像信息与实际景观之间的关联，进而建立遥感解译标志[7]。本文通过判读西来镇15m分辨率的假彩色融合影像中的色彩、形状、纹理、位置、周围关系等特征，并以Google Earth高分辨率卫星图作为辅助来提高解译精度，最终确立解译标志。

1.3.2 监督分类

监督分类是通过一定的先验知识对遥感图像上各类地物分别选取一定数量的像元，以此作为感兴趣区识别其他未知类别像元的方法。本文结合实际考察、资料判读、影响分析的基础上，对8类景观要素选取了至少15个可分离性大于0.8并且分布均匀的分类样本。通过最大似然分类器执行监督分类，生成初步分类结果，再对结果再处理，利用Interactive Class Tool工具对局部错分、漏分的像元进行手动修改，利用聚类（Clump）方法将周围的“小斑点”合并到大类中，最终得到监督分类图[7]。

1.3.3 景观指数选择

景观格局结构指数计算可分为3个层次，即斑块水平（Patch-level）、斑块类型水平（Patch Class-level）以及景观水平（Landscape-level）[8]。本文从宏观角度分析乡土景观要素构成与关系，故选择在斑块类型水平和景观水平上进行指数计算和分析，指标主要选择了斑块个数（NP）、斑块面积（CA）、类型斑块百分比（PLAND）、斑块密度（PD）、最大斑块所占景观面积的比例（LPI）5个指标进行计算（表1），进而分析乡土景观的面积、分布、破碎度、景观优势度等特征。

选取的景观指数及意义　　表1

指标	指标意义
斑块个数(NP)	各类斑块数量
斑块面积(CA)	斑块面积是景观格局最基本的特征
类型斑块百分比(PLAND)	反应景观类型在景观中的组成百分比
斑块密度(PD)	反应景观的破碎化程度
最大斑块所占景观面积的比例(LPI)	结合类型斑块百分比可反应景观优势度

2 结果

2.1 西来镇乡土景观系统分类

乡土景观的多层体系包含地质塑造过程的自然系统、源于自然形式与为土地使用相结合的农业系统以基础设施网络和开垦机制为特征的聚落系统[4]。通过数据采集、田野调查、资料及已有研究成果查阅等，归纳出3个系统中西来镇乡土构成要素，并系统归纳分类出相关景观要素在宏观上组成的景观类型（表2）。

西来镇乡土景观要素系统分类表　　表2

景观系统	景观类型	乡土景观要素
自然系统	水文景观	河流、溪流
	天象景观	雨、雾等
农业系统	耕地景观	水稻田
		油菜花田
		玉米田
		菜地
		灌渠
	林地景观	生产林木
		绿化林木
	水塘景观	鱼塘
		水塘
		陂塘
		水田
	种植园景观	农舍
		茶园
		柑橘园
		猕猴桃园
		葡萄园
		油桃园
聚落系统	聚落景观	养殖地
		院落
		遗迹
		街巷
	道路景观	车行道
		游步道
	工业景观	厂房

2.2 西来镇乡土景观类型图示

2.2.1 乡土景观类型解译

微观的乡土景观要素往往在功能与布局上存在相关性，彼此耦联并且相互作用，进而形成宏观尺度可感知的乡土景观类型。本文从宏观区域上研究乡土景观空间格局，通过判读15m×15m分辨率的融合影像来建立可识别的乡土景观类型的解译标志。因为监督分类是根据影像像元进行识别计算，例如河流的水体与鱼塘的水体在影像中以几近相同的像元表示，种植园中柑橘与猕猴桃种植占据大部分面积，其他种植园要素在图像上与柑橘园与猕猴桃园极为相似，故综合考虑乡土景观类型的结构与功能的差异、西来镇乡土景观特色以及精准识别程度，在解译过程中进行景观要素的合并与归类，最终确立 8 种宏观可进行定量识别分析的西来镇乡土景观类型（表 3）。根据确立的乡土景观类型进行监督分类，再将分类结果导入 ArcGIS 中绘制出乡土景观类型斑块栅格图。

基于 Landsat 8 假彩色融合图像的西来镇乡土景观要素解译标志　　表 3

乡土景观类型		影像图	判读标志
种植园景观	柑橘园地	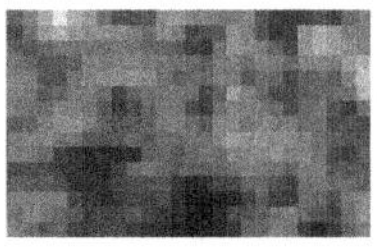	柑橘园地颜色为灰紫色、灰红色，因柑橘种植套袋、植物种类等原因，色调波动较大，形状不规则且边界不明显
	猕猴桃园地		猕猴桃园地颜色为亮绿色，色调均匀，形状不规则，边界较明显
林地景观		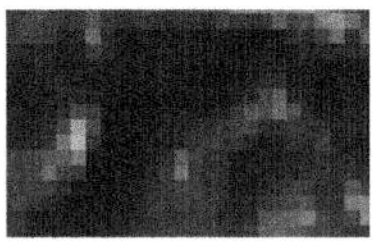	林地颜色以深红色、红黑色为主，受其中植被、高程等因素的影响，其中会夹杂一些淡红色块，形状不规则，边界较明显
耕地景观		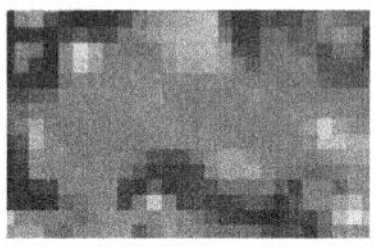	耕地为亮玫红色，色调较均匀。植被覆盖程度大的地区影像颜色偏深，形状不规则
水体景观		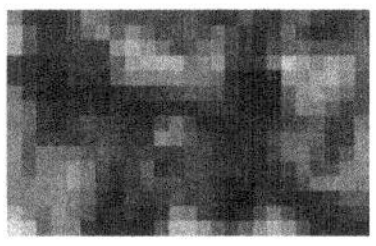	水体颜色为蓝色，因水深、水量及植物等因素影响，色调变化较大，大多呈条带状，极少数为不规则形态
聚落景观		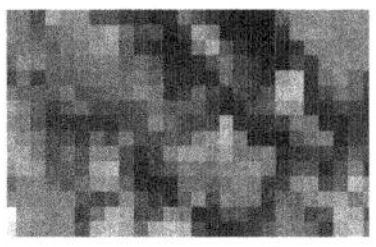	聚落景观颜色为绿色、暗绿色，一般呈不太规则组团分布，边界较明显
工业景观			工业景观颜色为蓝白色，色调均匀，形状规则，边界明显
道路景观		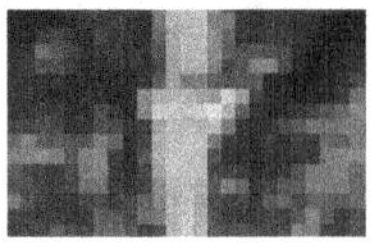	道路颜色为蓝绿色，亮度较高，形状为细长曲线或直线，边界明显

2.2.2　乡土景观类型特征

利用 Fragstats 4.2 软件对乡土景观类型斑块栅格数据进行景观指数计算，再将计算结果导入 Excel 中进行数据整理（表 4）。西来镇镇域内乡土景观类型斑块总面积 8616.06hm²，一共有 5601 个斑块，再通过纵向对比 8 种乡土景观类型数据可以发现：

西来镇乡土景观类型指数计算结果表　　表 4

景观类型	斑块面积（CA/hm²）	斑块数量（NP/个）	斑块密度（PD）	类型斑块百分比（PLAND/%）	最大斑块所占景观面积的比例（LPI/%）
柑橘园地	5833.1925	233	2.7043	67.7014	64.7986

续表

景观类型	斑块面积(CA/hm²)	斑块数量(NP/个)	斑块密度(PD)	类型斑块百分比(PLAND/%)	最大斑块所占景观面积的比例(LPI/%)
猕猴桃园地	107.4825	250	2.9016	1.2475	0.6873
林地景观	977.715	1809	20.9957	11.3476	0.9955
耕地景观	956.655	1297	15.0533	11.1032	0.3567
水体景观	136.44	261	2.9944	1.5836	0.0687
聚落景观	228.3525	837	9.7144	2.6503	0.3954
工业景观	3.3525	4	0.0464	0.0389	0.017
道路景观	372.87	910	10.5617	4.3276	0.5233

（1）柑橘园地景观占据主要地位

柑橘园地占所有类型斑块的67.7%，根据基质判定方法，可以确定西来镇是以柑橘园地景观作为基质的景观格局特征。景观优势度指数是确定景观中优势景观要素的方法之一，也是确定城镇景观中的结构多样性以及描述主要景观类型控制程度[9]。本文选取类型斑块百分比（PLAND）和最大斑块所占景观面积的比例（LPI）值来分析西来镇的景观优势，从图1可以看出，柑橘园地景观要素的优势度明显，与其他景观要素相比占据绝对优势，由此可以反映柑橘园地景观在西来镇的重要地位，这反映出西来镇有良好的水果种植自然条件与社会产业结构，柑橘种植面积广并且技术发达。

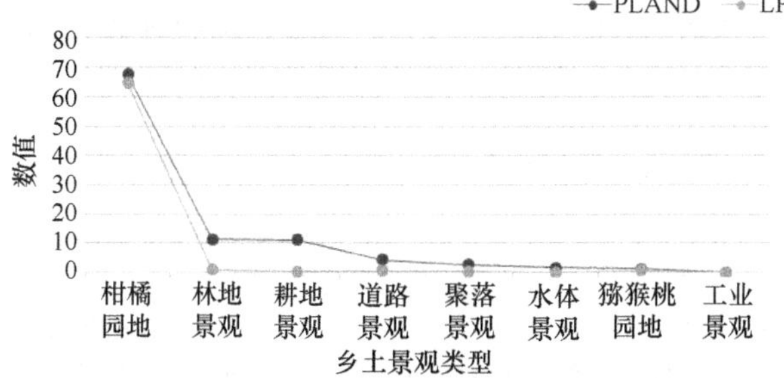

图1　西来镇乡土景观类型PLAND和LPI值折线图

（2）林地与耕地景观破碎度严重

林地景观的面积与类型斑块占比仅次于柑橘园地，但斑块数量确是最多的，反映出当地对该景观要素人为干扰性最强、破碎度高。与此类型斑块面积与数量相似的是耕地景观，由于柑橘产业的创收大于传统粮食作物种植，西来镇大部分耕地置换为柑橘果园等，这也是镇域耕地景观破碎化的关键影响因素。

2.3 西来镇乡土景观空间格局

乡土景观可理解为人类在自然景观基础上建立起来的、着重体现农业生产特征的综合系统[10]，不同的自然地理环境影响乡土景观要素在地理空间的分布规律[3]，进而系统展现出不同的乡土景观空间格局。如同西来镇“两山夹两河”的独特自然格局，使得南北多丘陵沟壑，临溪河两岸冲积形成平坝，进而展现出南部、中部、北部不同的乡土景观空间格局，反映了西来人对于不同自然条件的适应与改造，本文通过横向对比每种乡土景观类型数据，结合地理分布特征（表5），辅以乡界，将西来镇乡土景观划分为北丘平原景观、滩塘平坝景观、林木丘陵景观、林盘浅丘景观和南丘平原景观5大空间格局类型，不同乡土景观空间格局类型的主要景观构成要素也不尽相同（表6），这体现出当地人们适应自然的秩序方式与地域性管理方式。

乡土景观空间格局PLAND与PD横向对比表　表5

		北丘平原景观	滩塘平坝区	林木丘陵区	林盘浅丘区	南丘平原区
林地景观	PLAND	3.0133	3.7243	28.9691	10.5306	11.1928
	PD	20.175	18.8255	18.4327	25.2116	26.2461
耕地景观	PLAND	13.71	16.7747	14.0048	4.1031	5.2661
	PD	20.5463	17.6466	15.2401	11.8131	13.326
柑橘园地	PLAND	66.9015	65.0904	52.815	76.6975	77.7499
	PD	3.3419	2.2104	8.1321	1.4319	2.2323
道路景观	PLAND	3.9267	6.2483	2.0317	4.9235	2.8096
	PD	11.8822	16.2835	6.3249	9.7164	7.3056
水体景观	PLAND	1.6292	4.155	0.1247	0.3371	0.137
	PD	2.3517	6.926	0.7229	1.841	0.4059
聚落景观	PLAND	2.1332	3.5527	1.8528	2.5245	2.3378
	PD	8.5403	12.7468	7.8309	11.2506	6.1556
猕猴桃园地	PLAND	8.6861	0.4617	0.2019	0.8837	0.28
	PD	3.0943	2.7262	1.3252	4.9605	2.3676
工业景观	PLAND	0	0	0	0	0.2268
	PD	0	0	0	0	0.2706

西来镇乡土景观空间格局及内容　表6

乡土景观空间格局类型	行政乡、社区	面积(hm²)	主要乡土景观要素构成
北丘平原景观	铜鼓村	807.9	散居林盘、猕猴桃园地、柑橘园地、养殖地
滩塘平坝景观	青山村、铁牛村、马福村、白马村、双流村	2714.4	聚落、河流、鱼塘、水塘、溪流、猕猴桃园地、柑橘园地、菜地、油菜花田、水稻田
林木丘陵景观	临溪社区、两河村、敦厚村	1660.1	林地、柑橘园地、猕猴桃园地、油菜花田、水稻田、菜地
林盘浅丘景观	福田村、石桥村	1955.5	聚落、柑橘园地、葡萄园、油桃园
南丘平原景观	大田村、高桥社区	1478.3	散居林盘、柑橘园地、茶园、油桃园、厂房

（1）北丘平原景观空间格局

北丘平原景观空间位于镇域西北部，特别的是其耕地景观的类型斑块百分比（PLAND）与斑块密度（PD）达到13.71%与20.5463%（表5），在五类空间格局之中较为突出，主要原因在于其地势相对平坦而适宜农业种植，乡土景观呈现出典型的川西林盘特征，聚落景观以散居林盘为主，耕地、园地则以林盘为中心布局，展现向心生长的团型结构特色。然而耕地景观相对更破碎，在宏观上无法发挥该乡土景观类型的优势，形成大田景观这样独特的风景，所以梳理与整合现有耕地布局与面积将能更好地突出体现该区耕地的地域特色。

（2）滩塘平坝景观空间格局

滩塘平坝景观空间位于镇域中北部，虽然柑橘园地依旧占据绝对优势，但水体景观的类型斑块百分比（PLAND）与斑块密度（PD）横向对比数值均为最大值，可以看出该区水体景观特色更为鲜明。该区北部沟壑纵横，南部有临溪河接纳小五面山诸多溪流，并且素未疏浚，古今只有灌溉之利，故河流两岸农田丰富，灌渠纵横。丘陵地形适宜农耕的自然面积有限，但人们利用绵延起伏的地形建造鱼塘、水塘等进行渔业养殖，其中水塘顺沿山谷线呈线性排布或位于冲沟末端，坡上种植果木，当多条水塘线连接成片，则呈现出滩塘果林的独特乡土景观；南部因河流冲积形成自然平坝，地势低且平坦，土壤肥沃水分充足，是农业种植与渔业养殖的优良基底，同时河流两岸形成全域最大的聚落斑块，该古镇聚落沿河线性分布，整体呈现出河谷聚落与果林水田的乡土景观。

（3）林木丘陵景观空间格局

林木丘陵景观空间位于镇域中部，林地景观类型的斑块百分比（PLAND）达到29%，与其他景观空间格局类型相比，林地景观较为突出，并且破碎度最低，是镇域内保护与建设得较好的林地斑块。林地丘陵区高程起伏最大，山地特征明显，不同景观要素呈现出随着高程分异分布的特点，最高层一般为林木，中层为柑橘园地，山谷及最底层为耕地，其中居民散布在部分山谷沟壑之中。

（4）林盘浅丘景观空间格局

林盘浅丘景观空间位于镇域南部，有2条纵横穿过该区的道路，而道路两旁的聚集点呈现出向道路逐渐聚集的趋势。从5个景观空间格局类型的类型斑块百分比（PLAND）与斑块密度（PD）比较数据中可以看出，林盘浅丘区是镇域面积第二的聚落，道路建设强度大，对周围景观要素的干扰强度也较大，之后的规划建设应重点关注道路对原本自然基底与聚落景观的影响，合理规划道路景观将是该区乡土景观保护与建设的关键所在。

（5）南丘平原景观空间格局

南丘平原景观空间位于镇域最南部，该区地势平坦且唯一存在工业景观，虽然5类景观空间格局类型中，柑橘园地都是绝对优势景观，但是从5个景观空间格局类型的类型斑块百分比（PLAND）的对比数据中发现，该区柑橘园地占比是最大的，并且景观破碎度最小，在宏观上呈现出万亩果园的农业景观。

3 讨论

乡土景观呈现出由一系列干预自然过程的景观要素彼此空间连接与功能耦联的结果，在宏观上体现为地域性的景观特色。西来镇独特“两山夹两河”的自然格局中，地方百姓继承传统农耕方式的同时也发生着改变，如今柑橘等果林的大面积种植已经改变了镇域的景观基底，由于水资源的调节管理及土地资源利用的空间布局方式的不同，进而在镇域内形成了各具特色的地域乡土景观空间格局。随着城乡现代化发展，西来镇也探索着从传统农业生产为主的单一产业结构转型为优一融三的复合产业。本文从西来镇的乡土景观系统分类到乡土景观空间格局的研究，构建起乡土景观要素宏观表现与空间格局之间的联系，在产业转型建设过程中，为保证乡土景观的多样性，拒绝千村一面，应抓住独特的乡土景观要素，保证乡土景观类型能够被准确呈现与感知，保护并利用宏观乡土景观空间格局特色，而非单一的乡村构筑物营造手段去建设乡村。

参考文献

[1] 黄昕珮．论乡土景观——《Discovering Vernacular Landscape》与乡土景观概念．中国园林，2008(07)：87-91.

[2] 段莹．景观生态学视角下关中渭北台塬区乡土景观营造模式研究[D]. 西安：西安建筑科技大学，2013.

[3] 蒋雨婷．浙江富阳县乡土景观要素构成与空间格局研究[D]. 北京：北京林业大学，2016.

[4] 侯晓蕾，郭巍．场所与乡愁——风景园林视野中的乡土景观研究方法探析[J]. 城市发展研究，2015，22(04)：80-85.

[5] 蒲江县地方志编纂委员会．蒲江县志(1986-2005)[M]. 北京：方志出版社，2011.

[6] 肖寒，欧阳志云，赵景柱，等．海南岛景观空间结构分析[J]. 生态学报，2001(01)：20-27.

[7] 王敏，高新华，陈思宇，等．基于Landsat 8遥感影像的土地利用分类研究——以四川省红原县安曲示范区为例[J]. 草业科学，2015，32(05)：694-701.

[8] 张林艳，夏既胜，叶万辉．景观格局分析指数选取刍论[J]. 云南地理环境研究，2008，20(05)：38-42.

[9] 谭云凤．基于GIS和Fragstats的团结镇景观格局优化研究[D]. 哈尔滨：东北林业大学，2014.

[10] 王仰麟．农业景观的生态规划与设计[J]. 应用生态学报，2000，11(2)：265-269.

作者简介

张启茂，1997年7月生，女，汉族，四川泸州，西南交通大学建筑与设计学院硕士生，风景园林规划与设计。电子邮箱：zzzqm0716@qq. com。

杨青娟，1975年4月生，女，汉族，四川渠县，博士，西南交通大学建筑与设计学院，教授，生态景观。电子邮箱：yqj@home. swjtu. edu. cn。

针对气候变化的三角洲城市韧性景观构建策略研究①

——以荷兰鹿特丹为例

Strategies for Constructing Resilient Landscape Architecture in the Delta City under the Background of Climate Change:

A Case Study of Rotterdam, Netherlands

赵海月　夏哲超　许晓明　张伟东

摘　要：近年来，气候变化导致自然灾害的发生频率不断增加，三角洲城市由于其独特的地理条件和稠密的人口，更易受到自然灾害的影响，破坏程度也更加严重。如何应对气候变化，塑造有韧性的三角洲城市景观成为各国学者的研究重点。本文以典型的三角洲城市——荷兰鹿特丹为例，以其针对气候变化的城市韧性景观构建策略为研究对象：首先分析了气候变化背景下，鹿特丹所面临的气候问题；其次总结了鹿特丹针对洪水、极端降雨、干旱和高温四大气候问题的城市韧性景观构建策略，最后得出相应启示，以期为其他三角洲城市提供参考。

关键词：气候变化；三角洲城市；韧性景观；鹿特丹

Abstract: In recent years, the frequency of natural disasters caused by climate change has been increasing. Because of its unique geographical conditions and dense population, Delta cities are more vulnerable to be affected by natural disasters, suffered more serious damage. How to cope with climate change and shape a resilient Delta city landscape architecture has become the focus of scholars around the world. Taking Rotterdam as an example, the world-famous Delta city, this paper studies the construction of its resilient city's landscape architecture from the perspective of climate change: analyzing the urban climate problems faced by Rotterdam; drawing inspiration from Rotterdam's strategies of resilient landscape architecture construction to dealing with flood, extreme rainfall, drought and high temperature in order to provide references to other delta cities.

Key words: Climate Change; Delta City; Resilient City; Rotterdam

近几十年来，由于气候变化不断加剧，气候灾害不断增多，给地处海洋、河流、陆地的交界地带三角洲城市造成了严重的人员伤亡与经济损失。三角洲城市兴建于河流冲积平原上，具有较高的生态价值，但也因地势低洼以及过度的人类活动，导致生态环境脆弱，易受风暴潮、洪水等灾害影响。因此，如何提升三角洲城市的环境承载力，增强城市防洪敏感性，降低城市应对不确定性变化的脆弱性，增强城市受干扰后的恢复能力[1]，成为各国学者研究的重点。自21世纪，“韧性”的概念逐渐被引入到规划设计领域，“韧性景观”“韧性城市”等概念相继出现。笔者认为，“韧性景观”是受自然和人类社会共同影响，对外界自然或人为等诸多因素干扰，在物质和文化方面均具有一定的调节、适应、恢复和学习能力的复杂环境系统。由于其在应对气候变化和自然灾害等方面具有的突出作用，使得学者随即开展对“韧性景观”的研究与建设，目前鹿特丹、纽约等韧性景观建设走在世界前列。

鹿特丹是荷兰第二大城市，也是世界上典型的三角洲城市，其在气候变化下的韧性景观建设方面具有许多先进经验。但目前国内对鹿特丹韧性景观建设的相关研究较少，故本文以鹿特丹为例，研究其韧性景观的构建策略，以期为我国三角洲城市建设提供参考。

1　气候变化背景下鹿特丹所面临的气候问题

据荷兰皇家气象研究所（KNMI）预测：气候变化背景下，2100年鹿特丹将面临海平面上涨、洪水、极端降雨、干旱、高温等问题的挑战。由于气候变暖，预计2100年荷兰海平面将上升35～85cm，导致鹿特丹的外堤区域遭受风暴潮破坏的频率将由目前的50年一遇提高至一年一遇，届时洪水淹没范围和深度也将大幅增加，外堤地区的基础设施脆弱性也相继增加[2]；同时，海平面上升也将提高局部溃坝的风险，导致城市被淹、人员伤亡和经济损失。其次，未来鹿特丹的冬季会更温暖湿润，而夏季降雨减少，但降雨频率和强度增加——即气候变暖和更频繁的极端降雨。到20世纪中叶，预计目前5年一遇的暴雨将提高至1年一遇，到2100年，鹿特丹将出现大面积的雨洪敏感区。暴雨除了会造成城市内涝，还会使河流水位快速上涨，管网排水不畅，进而发生污水倒灌，并溢流至河流水道，对生态环境产生巨大影响。最后，高温和干旱等极端天气的发生频

① 基金项目：国家重大科技专项独立课题“永定河（北京段）河流廊道生态修复技术与示范”（2018ZX07101005）；城乡生态环境北京实验室，北京市共建项目专项资助。

率也将增加，不仅会导致居民出现健康问题，"热岛效应"也更加明显，还会加大能源消耗；而持续干旱会阻碍航运，导致海水倒灌河流，影响水质，加剧土地盐碱化[2]。可见，由气候变化导致的城市生态和安全问题影响严重，针对气候变化的韧性景观建设极为重要。

2 针对气候变化的鹿特丹韧性景观构建策略

2.1 针对洪水的韧性景观设计策略

2.1.1 提高堤防的防洪能力并将其打造成城市内重要的绿色开放空间

针对洪水发生频率上升，一方面，鹿特丹将提升现有堤防的防洪能力。鹿特丹的堤防系统是由沿 Meuse 河的一级主堤（外堤）和城市内部沿地上河的二级区域堤防（内堤）组成。对于外堤而言，由于海平面上升，现有堤防将无法满足防洪需求，鹿特丹将重新编制有关堤防设计的安全规范，提高外堤的高度；对于内堤，鹿特丹将增加城市的蓄水量并促进雨水下渗，以减少承担泄洪功能的地上河在极端降雨时期的水量，降低排洪出口处溃坝的风险。同时，内堤也将分段设置闸口或使用隔舱堤坝，通过局部关闭泄洪闸或使用隔舱来阻止溃坝导致的洪水淹没城市。

另一方面，鹿特丹还将堤防与城市的游憩、商业等功能联系在一起，建设绿色堤坝，使其成为极具活力的绿色开放空间。首先，鹿特丹在防洪安全的前提下，对河岸进行绿色化改造，即通过绿色堤岸或近自然驳岸的设计，还河流以空间，还将沿河一定区域开发成为潮汐公园，供市民在非洪水时期游憩，而洪水到来时则用以调蓄洪水。Meuse 部分河岸目前就已改建成为全市最大的绿色滨水空间和潮汐公园。其次，鹿特丹还在核心区的堤坝中纳入商业、游憩等功能，形成极具吸引力的多功能空间，使城市建设与气候防护结合起来，提高了城市结构的整体性，还降低了成本，提升了周边土地的价值。Vierhavenstrip 屋顶公园利用堤坝的垂直面建设零售商店，在倾斜面利用高差建设阶梯瀑布、花园等特色景观，在堤坝满足防洪的需求的前提下，将原来灰色基础设施转化成绿色、生态的韧性城市景观[3]（图 1）。

图 1 Vierhavenstrip 屋顶公园

2.1.2 对部分基础设施进行洪水适应性设计与改造

由于鹿特丹可建设利用面积紧缺和人口规模庞大，城市向水上发展将成为一种趋势，因而洪水适应性城市景观逐渐出现。首先，由于洪水发生频率的升高，鹿特丹外堤滨水地区现有及新建建筑的洪水适应性改造和设计急需提升。政府要求对外堤地区的新建建筑全部进行防洪设计，并对已建成的建筑物，尤其对城市关键节点设置防洪设施，进行最大限度地保护。以 St. Jobshaven 地区为例，其是紧邻 Meuse 河畔的废旧仓库，但位置优越且景观丰富，通过适应性改造，增加了防洪门、防洪台等设施，将原来的旧仓库改建为美观安全的居住建筑，成为全市最具吸引力的社区之一（图 2）。此外，为展现三角洲城市独特的自然条件，鹿特丹还将建筑物建造在水上，形成具有洪水韧性的漂浮建筑、浮动社区，建筑每天随潮汐而抬升或降低，不仅不受洪水和高水位的影响，还让人在生活中每时每刻都能体验到三角洲的自然动态变化（图 3）。

图 2 St. Jobshaven 地区的防洪建筑改造

图 3 Rijnhaven 的漂浮建筑

2.2 针对极端降雨的韧性景观设计策略

2.2.1 在城市中心区建设水广场

水广场并不是单纯指某一个广场，而是指创新地应用了一种雨水管理模式的公共空间[4]。这种公共空间一般位于易发生内涝的高密度城市核心区内，由 1 个或多个通过管道相互连接的下沉式场地组成，具有提供休闲娱乐场所和收集极端降雨时期地表径流 2 种主要功能。水广场有 2 种运行模式：一种是在无降雨或非极端降雨时期，作为市民休闲、运动的场所，并将少量径流通过渗透铺装或绿地自然下渗；另一种则是在极端降雨时期，水广场充当蓄水池，收集并储存周围一定区域的地表径流，并在降雨结束后进行消纳雨水[5]。以著名的 Benthemplein 水广场为例，其可收集 1700m^3的雨水，包含 3 个下沉式场地，并配有可传输雨水的水槽和地下蓄水池。在极端降雨发生时，附近地区的径流通过水槽传输到下沉场地，并在传输过程中创造出优美的雨水景观。在降雨结束后，水广场将收集到的雨水用于植被的灌溉或下渗[6]（图 4）。

图 4　Benthemplein 水广场

2.2.2　建设以集雨为主要功能的蓝色屋顶花园

除了在城市核心区建设水广场以外，鹿特丹还鼓励在全市范围内建设屋顶花园，尤其是具有集雨功能的蓝色屋顶花园。另外，鹿特丹还将屋顶花园景观划分 4 类（红色、黄色、蓝色、绿色）[4]，每种类型设施不同，功能不同，各具特色。其中的蓝色屋顶花园主要功能就是雨水收集利用，为了提高屋顶的储水能力，鹿特丹还在屋顶安装了储水库、蓄水池等。据统计，2016 年鹿特丹已有约 22 万 m^2的屋顶花园，其中蓝色屋顶花园占了很大一部分，有效减少了屋顶雨水径流的排放，屋顶花园也扩大了公共空间，越来越多地被用作会议、娱乐等场所。

2.2.3　创新应用“蓝色基础设施”

在可建设空间不足且具有较高雨洪敏感性的地区，鹿特丹创新性地将基础设施、雨水调蓄、观赏游憩等功能相结合，创造了“蓝色基础设施”，如可储水的高架桥、停车场等，它们收集和滞留雨水并缓慢释放，在满足基本功能的同时，减小了城市雨水管网的压力，增强了城市应对极端降雨的韧性，并且它们还纳入活动和观赏功能，成为特色的韧性景观。以 kleinpolderplein 雕塑公园为例，其利用高架桥下的灰色空间建设了蓄水池，以收集来自道路和周边地区的雨水，并将桥墩基座与雕塑展示相结合，形成可蓄水的雕塑公园，人行道和自行车道则采取高架的方式，以方便人们在雨天观赏整个公园的美景，成为城市中灰色空间再利用的典范[7]（图 5）。

图 5　Kleinpolderplein 高架桥下的雕塑公园

鹿特丹的雨水管理策略并不仅限上述 3 个，还包括增加开放水体的容量、建设线性雨水花园等[8]（图 6）。从这些策略可见鹿特丹的雨水管理更加注重就地消纳、雨水下渗，恢复自然的水循环，并与开放空间建设相结合，既增强了城市景观的暴雨韧性，还创造了多样的活动空间。

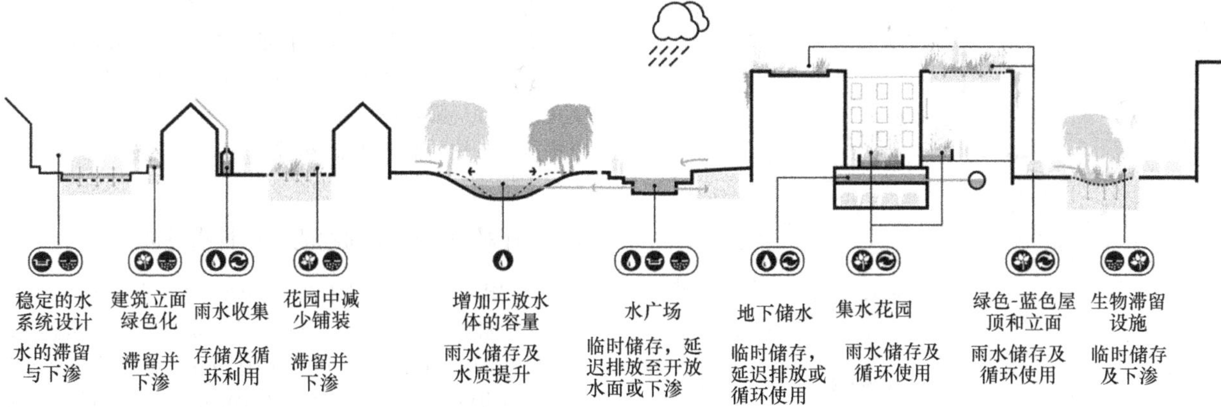

图 6　雨水管理方式示意图[2]

2.3　针对干旱、高温的韧性景观设计策略

2.3.1　增加湖泊、运河等水体的储蓄能力

增加水体的蓄水能力是增强景观韧性的重要方面，湖泊、运河等“旱释涝蓄”的水调节能力可以弥补降水的时空不均匀，大面积的水面还可以增加蒸发，营造舒适的小气候，因此无论应对干旱、极端降雨还是高温，都可以起到一定的作用。鹿特丹计划在 2050 年前额外储蓄 90 万 m^3的水，当中绝大部分是通过扩大湖泊、河流、运河等水体

的蓄水空间实现的，并通过水泵、水闸等设施稳定水位和补充干净的汇水，维持水体清洁，同时还结合水体建设景观空间，吸引市民来此游憩。目前，该措施已经取得明显的效果，例如原季节性储水区 Willem-Alexander，已被扩大为人工湖，还包含一个 2km 长的赛艇赛道，成为划艇世界锦标赛的举办地[9]（图 7）。

图 7　Willem-Alexander 划艇赛道

2.3.2　构建"蓝绿走廊"

除了提升城市的蓄水能力外，修复老旧水道，构建纵横交错的水网并连接绿色空间，形成"蓝绿走廊""蓝绿网络"，可以扩大城市水系统蓄水能力，增强水系统的整体性，防止干旱导致的河流、水道干涸断流和水体污染，不仅可以提高城市水系统应对干旱的整体能力，也是增加三角洲城市水系统弹性、应对干旱问题的重要措施。鹿特丹南部的"蓝绿走廊"将干涸断流及废弃小流量的水渠、水道打通，并与区域主水系相连，形成从南部的 Waal 河一直到 Nieuwe Maas 河的绿色河流廊道，并将沿线一定区域建设为公园和绿地，形成了城市重要的生态"蓝绿走廊"[10]。在走廊内还设有水上游览项目，并辅以绿道建设，游客可以一路通过水陆交通欣赏到鹿特丹河湖交错的自然美景，成为城市南部著名的自然风光游览路线（图 8）。

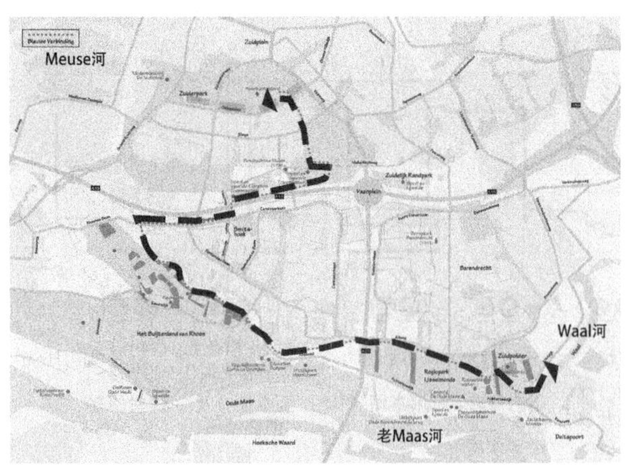

图 8　"蓝绿走廊"[2]

2.3.3　增加下渗，保持地下水位稳定

干旱会导致地下水位和河流水位下降，海水会以地下水的形式加剧土壤的盐碱化。因此，促进地表水下渗，稳定地下水位，是缓解干旱带来问题的重要措施。鹿特丹通过道路绿化、雨水花园建设、私家花园改造等措施，将城市中不起眼的土地建设成一块块透水的"海绵"，减少不透水铺装的使用，增加植被，促进雨水下渗，有效保持了地下水位的稳定，缓解干旱带来的土地皲裂和盐碱化的问题[11]。除了增加土壤的水下渗，鹿特丹还对一部分水道的硬质基底和护岸更换为可透水的自然基底，也在一定程度上增加了下渗，恢复自然了水循环，整体提高景观的抗旱韧性。

2.3.4　加大城市绿化力度并营造凉爽、舒适的室外活动空间

气候变暖和"热岛"效应是高温产生的主要原因，而在高密度城区中增加绿色植被和水景设施能有效缓解"热岛"效应，降温增湿，营造良好的小气候和室外活动空间，激发城市活力。鹿特丹在其高密度城区沿街道、堤坝、码头等增加了大量的植物，对公园等绿色空间也进行植被遮荫管理，增加荫蔽面积，并鼓励绿色屋顶、垂直绿化、基础绿化、庭院和花园绿化，增加绿化面积，来缓解"热岛"效应和高温。此外，还通过在市中心、公园等增加一系列水景设施和遮荫设施，提高外部空间的舒适感和体验感，鼓励健康市民外出戏水，而非建议在家避暑，防止居家产生的高能耗进一步加剧高温，形成恶性循环[12]。相反，从问题的根本原因出发，减少能耗，增加植被，建设通风廊道，才是应对高温的正道。

3　启示

3.1　对重大灾害预防工程措施的维护与管理

独特的地理条件使三角洲城市相对更易遭受风暴潮、洪水等自然灾害等影响，从而造成人员伤亡和经济损失。气候变化的背景下灾害频发，为了生态效益全然抛弃灾害预防工程措施是不可取的，三角洲城市要更加重视重大灾害的预防，重视重大灾害预防工程措施的维护与监测。堤防工程和风暴潮屏障目前仍是三角洲城市应对风暴潮和洪水的最主要措施，面对海平面上涨，政府应及时优化风暴潮屏障，提高堤防的高度，还应注重对堤防薄弱点进行全方位的监测和维护管理，防止"短板"效应导致重大事故。

3.2　针对气候变化问题的适应性措施的应用

工程措施可以在很大程度上预防某些严重灾害的发生，但却无法完全消除其影响，同时某些气候问题（如高温）无法通过具体的工程措施来预防，而适应性措施可以减少这类灾害对城市的影响，适应性并非与灾害进行正面的刚性对抗，而是采取更加柔和的方式，充当城市与自然的缓冲带，促进城市对自然过程的适应，而达到人、城、自然和谐的状态，能有效提升三角洲地区的景观韧性。

3.3　将灰色工程进行绿色化改造并与城市开放空间的建设相结合

为防止灾害发生，三角洲城市建设了许多刚性的工程设施，阻止了河流、海洋和陆地之间的能量交流与物质循环，使三角洲地区的重要生态价值无法充分发挥，再加上三角洲地区人口集中，城市用地紧缺，导致缺少开放空间。而将某些灰色工程措施（如堤坝）进行绿色化改造，建设成公园、花园等，不仅有利于生态建设，还能满足市民的日常游憩需求，激发城市活力，也有助于发挥三角洲地区的生态价值，提高生物多样性，对于提升环境承载力，建设富有韧性的城市景观具有重要意义[13]。

参考文献

[1] 戴伟，孙一民，韩·迈尔，等．气候变化下的三角洲城市韧性规划研究[J]. 城市规划，2017，41(12)：26-34.

[2] Gemeente R. Rotterdam Climate Change Adaptation Strategy[Z]. Rotterdam：Management team of Rotterdam Climate Proof，2013.

[3] Land8：Landscape Architects Network. Roofpark Vierhavenstrip Reunites Indoor and Outdoor Urban Life[EB/OL]. https：//land8.com/roofpark-vierhavenstrip-reunites-indoor-and-outdoor-urban-life/

[4] 孙佳睿，陈宇．荷兰海绵城市的适应性措施——以"水城"鹿特丹为例[J]. 城市住宅，2017，24(07)：16-21.

[5] 赵宏宇，李耀文．通过空间复合利用弹性应对雨洪的典型案例——鹿特丹水广场[J]. 国际城市规划，2017，32(4)：145-150.

[6] Gemeente R. Herijking Waterplan 2 Rotterdam[Z]. Rotterdam：Rotterdam climate initiative，2013.

[7] Rénia S. Kleinpolderplein - Museum for orphaned sculptures [EB/OL]. https：//www.spottedbylocals.com/rotterdam/kleinpolderplein/.

[8] Leene C. Rotterdam Resilience Strategy [Z]. Rotterdam：Rotterdam Climate Initiative，2016.

[9] Ben M. Delta Rotterdam[Z]. Rotterdam：Rotterdam Climate Initiative，2014.

[10] Gemeente R. De Blauwe Verbinding[Z]. Rotterdam：Rotterdam climate initiative，2011.

[11] Gemeente R. Delta magazine 2016，connecting water with opportunities[Z]，Rotterdam climate initiative，2016.

[12] 任锦康．绿色建筑对环境的影响、意义、发展方向[J]. 绿色环保建材，2019(03)：30-31.

[13] 戴伟，孙一民，韩·迈尔，塔聂尔·库聂考·巴项．走向韧性规划：基于国际视野的三角洲规划研究[J]. 国际城市规划，2018，33(03)：83-91.

作者简介

赵海月，1994年生，男，汉族，山东济南，北京林业大学园林学院硕士研究生，研究方向为风景园林规划设计与理论。电子邮箱：309307984@qq.com。

夏哲超，1995年生，男，汉族，江苏无锡，北京林业大学园林学院硕士研究生，研究方向为风景园林规划设计与理论。

许晓明，1987年生，男，博士，北京林业大学园林学院副教授，研究方向为风景园林规划设计与理论。电子邮箱：68000645@qq.com。

张伟东，1994年生，男，壮族，广西南宁，北京林业大学园林学院硕士研究生，研究方向为风景园林规划设计与理论。

基于空间与程序途径的城市绿地景观公正研究①

A Study of Urban Green Space Justice Based on Spatial and Procedural Approaches

周兆森　林广思*

摘　要：城市绿地作为公共服务资源的一种，理应无条件接纳所有社会群体，实现全民共享与景观公正。通过文献综述，指出需要建立多维度、多方法的城市绿地景观公正研究：基于空间途径，在城市绿地系统、场地设计和空间管理上分别强调城市绿地空间的可达性、包容性及游憩行为管理；基于程序途径，在政策法规的制定及公众参与等方面强调自上而下和自下而上相结合的建设发展过程。研究指出，针对城市绿地内部空间使用的社会分异现象，深入研究城市绿地的包容性设计方法、管理机制及建设程序。

关键词：城市绿地；社会公平；包容性设计；游憩机会谱；公众参与

Abstract: As a kind of public service resources, urban green spaces should accept all social groups and realize the public sharing and landscape justice. Through literature review, the paper points out that it is necessary to establish a multi-dimensional and multi-method research system of landscape design justice. Through spatial approach, it should emphasize the accessibility, inclusiveness and recreation behavior management of urban green spaces in terms of urban green space system, site design and space management. Through the procedural approach, it should emphasize the construction and development process of top-down and bottom-up in the formulation of policies and regulations and public participation. The paper points out that the inclusive design method, management mechanism and construction procedure of urban green spaces should be deeply studied in view of the social differentiation in the use of urban green spaces.

Key words: Urban Parks; Social Equity; Universal Design; Recreational Opportunity Spectrum; Public Participation

我国经济的快速发展使得人们的生活所需得到极大满足的同时，对城市公共活动空间产生了更多需求。城市绿地作为城市公共活动空间的重要组成部分，理应为大众所共同享有，每位社会成员有平等的权利和机会享受城市绿地所带来的各项福利[1]。然而，伴随着城市公共空间隔离、资源分配不均衡、游憩空间分异显著、弱势群体边缘化等问题的日益凸显，城市绿地使用的景观公正议题受到广泛关注。景观公正提倡城市绿地资源适当倾斜于弱势群体；关心城市绿地建设是否满足了不同类别社会群体，尤其是弱势群体差异化的能力与要求；认为弱势群体较其他群体在某些程度上更加需要可达性良好的社会交互空间及自然环境资源；指出城市绿地的营建符合各类社会群体的使用习惯和需要、实现全体城市居民的使用公正是现代城市“以人为本”思想的基本体现，并在一定程度上反映着国家的文明程度[2,3]。

当前研究的研究尺度与分析维度涉及城市绿地建设的不同阶段，重点关注了城市绿地空间布局层面的可达性与公平性、各类社会群体在城市绿地内部空间安全、无受歧视的设计方法、城市公园规划设计过程的公众参与。Setha Low 将其归纳为分布公正（distributive justice）、互动公正（interactional justice）与程序公正（procedural justice）[4]。但文献统计显示，现有研究在此 3 个维度的发展不均衡，关于程序公正和互动公正的研究明显少于分布公正[5]，且尚缺乏协调不同群体间平等使用关系的城市绿地管理手段的研究。余慧等指出，城市绿地规划不单要重视规划结果的公正，还要重视前提条件的公正和规划过程的公正[6]，城市绿地规划设计的不同维度间存在相互影响、相互促进的作用关系。可见，城市绿地景观公正目标的达成亟需从多维度和多途径着手，以整体观的视野，梳理完整的景观公正研究体系。

基于现有研究与解决问题的需要，试图将达成城市绿地景观公正的有效途径归纳为空间途径与程序途径。其中，空间途径贯穿了城市绿地建设和发展的整个生命周期，而程序途径则是实现城市绿地景观公正的重要方法和基本保障。

1　基于空间途径的城市公园景观公正

景观公正的价值观应当贯穿城市绿地设计构思到最终建设及管理的整个生命周期。从空间途径出发解决城市绿地的景观公正问题，应在规划阶段、设计阶段和管理阶段分别形成有效的方法和机制。

1.1　城市绿地系统规划

城市绿地的建设和发展过程中，由于开发强度的差异及用地不平衡等原因，导致了城市居民生产和生活空

①　基金项目：国家自然科学基金面上项目“珠三角城市综合公园社会效益测量指标和方法研究”（编号：51678242）和广东省基础与应用基础研究基金自然科学基金面上项目“公园绿地潜在使用者的健康认知习得和健康行为发生机制研究”（2019A1515010483）联合资助。

间的空间分异现象，加剧了城市居民对绿地享有的不公平[6]。各类别城市绿地的总体服务水平和环境质量在不同社会经济地位属性的群体间差异显著，收入较高的社会群体拥有更多的城市公园使用机会以及更高品质的生态系统服务[7]。由于当前城市园林绿化评价标准普遍以绿地率、绿化覆盖率、人均绿地面积等作为城市绿地评价指标，尚未考虑绿地在城市中的真实区位分布与人群分布的关系，不能有效地反映出城市绿地空间分配的公正性，城市绿地空间分布公正的研究逐步由“均等分配”的思想转为关注不同社会群体的实际使用差异[9]。

学者们大多引入社会空间分异与人群分异思想，尝试通过多种理论模型、多种指标体系甚至跨学科的知识融合，测量城市绿地资源在城市人口中的真实分布情况：例如“可达性”“建设用地见园比”[10]及社会学中常用的“洛伦茨曲线”与“基尼系数”[11]等评价指标。其中，可达性因能直观且准确反映城市绿地对各类社会群体分配差异的空间表征，应用最为广泛。首先，以距离、时间和阻碍等因素作为量化标准，研究探讨城市居民到达各目标绿地过程中的便捷程度，以此来反映各公园绿地真实的服务水平高低[12]。然后，叠加不同到访人群的社会学属性（主要为不同种族和不同社会经济地位指数），测算各类到访群体的可达性差异，以及对公园绿地资源使用需求与使用状况间的差异[13]，并借助地理信息系统（GIS）技术将测算结果进行直观展示及定量化处理[14]。该方法进一步丰富了传统城市公园绿地的评价标准，为绿地规划的公平性作出了科学的理论指导。

城市绿地空间分布公正性的测量方法相对已较为成熟。但在解决途径方面，虽然有学者提出通过建立离散空间模型（The discrete-space model）确定城市绿地空间布局的合理区位[15]、营造离散式的小尺度口袋绿地[16]，以及线形结构的城市公园[17]等方式来缓解城市公园分布不公平的现状，但在实际建设过程中，可能面临生态绅士化（ecological gentrification）[18]等社会现象，亟须将来的研究深入探讨。

关注城市绿地的分配公正，是不同群体都能够便捷进入、公平使用城市绿地的前提条件。另一方面，城市公园本身的质量能否满足社会不同群体的使用需要，会在很大程度上影响人们的出行意愿，进而对城市绿地的景观公正产生影响。

1.2 城市绿地包容性设计

城市公园内部空间、服务设施等设计中，往往较多参照了普通成年男性的身体和活动尺度，较少关注到残疾人、老年人、儿童、女性等其他社会群体的使用需求[19]。如果说城市公园绿地空间区位的良好可达性是人性化设计的首要体现，那么考虑周到的绿地游憩空间服务设施设计，则能够推动城市公园绿地的人性化发展[20]。近年来，越来越多的研究关注到了城市绿地内部空间的使用过程中，不同类别游憩群体所表现出的游憩空间分布、游憩行为、游憩偏好等方面的差异性[21]，并且发现弱势群体的特殊使用需要得不到满足，甚至出现游憩障碍而被设计所排斥[22]。包容性设计（inclusive design）的理念逐渐为学者所重视，它是强调资源共享、机会均等、侧重弱势群体的更具人文关怀、更具有可持续性的新发展理论[23]。金云峰等指出城市公共空间“公共性”的本质属性表现在多元包容性、功能多样性和时空可达性 3 个方面，并认为后两者是多元包容性实现的基础[24]。此外，也有多项研究将时空可达性和多样化设计纳入了包容性设计的重要维度[25]。

包容性设计中所强调的时空可达性更多面向行动障碍者的特殊游憩需要，在游憩设施及空间设计中，通过辅助设施或技术保障游憩过程的便捷性与无障碍，强调的是绿地内部空间的连续性[26]。无障碍设计（barrier free）成为弱势群体使用城市公园的基本条件，贯穿了一种以人为本的可持续发展观，体现了一座城市现代化水平的高低和对弱势群体的关怀[27]。创造多样化设计则要求设计者关注各类游憩群体，尤其是弱势群体所面临的设计障碍，满足群体间差异化的游憩需求[28]。目前，多样化设计的设计对象以老年人为重点，在儿童、残疾人、青少年、低收入群体、流动人口、两性使用差异等方面也多有涉及。研究大多围绕 3 个层面展开，即生理层面、心理层面和社会文化层面。在生理层面，重点关注弱势群体的能力（感知能力、认知能力和行动能力）缺失情况以及特殊行为和需求特征，通过降低游憩空间和游憩设施等对游憩者的能力要求，满足各类游憩群体的特殊使用偏好，创造各类群体都能够便捷使用的物质空间环境。例如，老年人对公园内可达性良好的步行系统[29]，健身空间、交往空间、临水空间以及咖啡馆、厕所等服务设施和植物景观的营造等[30]有着特别的要求；在心理层面，从各类游憩群体不同的心理感知特征出发，打造适宜的外部空间环境，尝试通过声景、香景、色彩等体验型设施带给游憩者更多的感官体验[31]。例如，女性更注重细微的感性变化，对环境的形象、光线、色彩、质感等因素有着独特的体会[32]；在社会文化层面，充分考虑群体间由于文化背景差异所产生的对景观设计要素的不同需求与偏好[33]。

此外，现今的研究还关注到了群体间的动态使用关系，认为本着尊重、无歧视的设计原则，应当强调弱势群体与大众群体间无差别的使用体验，由此衍生出一系列相关概念，例如通用设计、全民设计（design for all）、全寿命设计（lifespan design）、跨代设计（transgenerational design）等[34]。

1.3 城市绿地使用者游憩行为管理

城市绿地中各类游憩群体因游憩需求、活动类型等存在差异，同时受有限的公园场地和游憩资源影响，往往会产生游憩矛盾与冲突，若不通过某种机制进行调节，在冲突中处于弱势的一方即被场地所排斥，无法平等实现愉悦的游憩体验，而造成此社会现象的本质问题是游憩行为管理的问题[35]。

目前，相关的方法理论研究主要集中在游憩机会谱（Recreational Opportunity Spectrum，ROS）、可接受改变的极限（Limits of Acceptable Change，LAC）、游客影响管理模型（Visitor Impact Management，VIM）、游客体验与资源保护（Visitor Experience & Resource Protection，

VERP）等方面[36]。其中，环境—活动游憩机会谱模型（E-A ROS）的建立，将环境、活动和体验因子进行有机排列、组合，并最终形成游憩机会序列，建立游憩地游憩资源清单，为不同年龄段游客及残障人士等提供个性化游览建议[37]，它能够帮助管理者衡量各类群体的不同游憩需要与游憩地资源间的关系，采取适当的管理引导手段防止游憩地资源与使用者需求发生冲突，公正合理的分配游憩机会，满足游憩者不同的游憩需求并提升游憩体验。

此外，有学者提出以政府行政主管部门为主体，联动相关政府职能部门、社会组织等社会力量的社会协同管理模式[35]，为公园使用者游憩行为管理提供了模式上的保障；通过大数据、GPS/GIS 轨迹、高清摄像人脸识别技术等对公园游憩者进行行为轨迹、停留时间、游客密度等实时监测[38]，为游憩空间导览线路优化、游客容量控制及游憩冲突治理等提供了技术支持。

2 基于程序途径的城市公园景观公正

景观公正并非一种全新的设计风格，而是一种“为大众而设计”的态度与途径。以公平正义为目标的城市绿地建设，需要社会各界的共同努力和广泛参与。程序途径的提出，即让研究者的目光不仅聚焦于规划设计的最终结果，特殊群体同样关心和重视他们被对待的过程和方式[4]。

2.1 政策法规下的景观公正

国家相关政策法规及保障体系的建立和完善对于城市绿地使用的公正性同样起到了绝对的推动作用，并能够给予引导与支持。法国在相关领域确立有较为明确的政策法规，其对维护居民平等使用城市绿地的权益和参与项目决策过程的权力有着重要影响[40]。美国的无障碍建设及针对弱势群体的城市绿地设计方法也较早上升到了技术标准和法律法规的高度。日本、韩国、菲律宾、澳大利亚等国家也都先后制定并实施了“无障碍标准”等一系列设计规范与要求[41]，推动了这些国家城市绿地中无障碍设施的设计水平并使其领先于相当一部分国家。

2.2 公众参与下的景观公正

由于城市绿地与人们的生活密切相关，让社会中的不同群体能够参与到城市绿地规划设计和决策的过程，是城市绿地为居民提供真实所需、实现公正使用的重要方式，是自下而上的建设发展理念。

公众参与作为景观公正所倡导的一种程序和过程，在上述基于“空间途径”的城市绿地建设各阶段都应当得到全面体现与践行：美国的参与式规划发展相对已较为成熟，在绿地规划阶段，善用可视化技术、动手式互动等方式汇集包括社会边缘群体在内的实际诉求[42]；深圳市香蜜公园的方案设计，全程通过问卷调查、听证会、评审会、媒体公告等多种方式征集公众意见、实现多元决策、接受社会监督[43]；坦纳斯普瑞公园成立“公园伙伴”（Partnerships for Parks）“绿拇指”（Green Thumb）等社会园艺组织，将公园的管理向公众开放，取得了优良的社会、生态及经济效益[44]。

条理清晰且逻辑合理的组织方式与步骤使公众参与的有效性得到了保障。公众参与国际联合会（International Association for Public Participation，IAP2）建立了公众参与的技术层次体系，包括信息通告、意见咨询、直接介入和相互合作以及委托授权等。王迪将公众参与分为 3 个阶段，首先进行信息收集，了解民众需求；接着通过利益相关者的共同参与制定设计方案；最后进行方案展示及反馈收集[45]。

在公众参与的具体方法和形式方面，随着科技水平的不断发展和进步，为了能够使公众参与更加高效且有效的进行，PPGIS、新媒体以及 geodesign 可视化工具等新技术、新媒介逐渐被引入，为公众参与的发展提供了很好的技术支撑。例如，PPGIS 是以人为核心、面向公众的开放网络，具有能够基于地图进行可视化表达、多学科和多技术融合等特征，能够实现以微信、微博、网页、问卷调查等多种公众参与手段相结合的方式实现公众参与城市绿地建设的全过程[46]。

3 结论和讨论

近年来，城市绿地景观公正的研究逐渐成为关注热点。围绕该议题的研究重点关注了弱势群体对城市绿地的使用过程较大众群体所出现的差别与分异，涉及城市绿地建设不同阶段的规划设计和管理方法，以及规划设计的过程和方式。完整规划设计阶段及程序与人员的多方参与，共同构成了城市绿地景观公正的建设发展体系：通过空间途径，分别在规划布局阶段满足不同群体的绿地可达性、在绿地设计阶段创造接纳和共享的包容性、在管理阶段引导游憩者游憩行为的适宜性；通过程序途径，构建并完善国家相关政策法规和保障体系，强调城市绿地建设过程中的公众参与。

目前，大部分研究重点关注了城市绿地分配的公正。原因在于，各类社会群体公平享有可达、可进入、可感知的城市绿地是实现景观公正的首要条件，大数据、GIS 等前沿技术的发展也为城市绿地分布公正的测量提供了强有力的支撑。城市绿地内部空间满足各类群体需求的研究虽有广泛开展，但大多集中在针对某一特殊群体的专项研究，这类研究的研究对象清晰可获、研究方法成熟完善。而由于研究对象复杂可变、研究机制尚不明晰、设计观念尚未形成等原因，使得研究者较少关注平衡与协调群体间使用差异及使用关系的包容性设计及管理方法。城市绿地建设程序的研究也因部门分散、实践与理论脱节等原因，阻碍了成熟理论的建构与发展。因此，未来应当倡导全面且完整的景观公正研究体系，针对城市绿地内部空间使用的社会分异现象，深入研究城市绿地的包容性设计方法、管理机制及建设程序。

参考文献

[1] Catharine W T. Activity，exercise and the planning and design of outdoor spaces[J]. Journal of Environmental Psychol-

ogy，2013，34(34)：79-96.

[2] 唐子来，顾姝．上海市中心城区公共绿地分布的社会绩效评价：从地域公平到社会公平[J]．城市规划学刊，2015(2)：48-56.

[3] Dadvand P，Wright J，Martinez D，et al. Inequality，green spaces，and pregnant women：Roles of ethnicity and individual and neighbourhood socioeconomic status[J]. Environment international，2014，71：101-108.

[4] Setha L. Public space and diversity：Distributive，procedural and interactional justice for parks[J]. The Ashgate research companion to planning and culture. Ashgate Publishing，Surrey，2013，295-310.

[5] 张天洁，岳阳．西方"景观公正"研究的简述及展望，1998—2018[J]．中国园林，2019，35(05)：5-12.

[6] 余慧，刘志强，邵大伟．包容性发展视角下的城市绿地规划逻辑转换[J]．规划师，2017，33(09)：11-15.

[7] Deborah A C，Han B，Kathryn P D，et al. The paradox of parks in low-income areas：Park use and perceived threats[J]. Environment and Behavior，2016，48(1)：230-245.

[8] Clare R，Farnaz G，Goran V. Ethnographic understandings of ethnically diverse neighbourhoods to inform urban design practice[J]. Local Environment，2018，23(1)：36-53.

[9] 周兆森，林广思．城市公园绿地使用的公平研究现状及分析[J]．南方建筑，2018(3)：53-59.

[10] 梁颢严，肖荣波，廖远涛．基于服务能力的公园绿地空间分布合理性评价[J]．中国园林，2010，26(9)：15-19.

[11] Wüstemann H，Kalisch D，Kolbe J. Access to urban green space and environmental inequalities in Germany[J]. Landscape and Urban Planning，2017，164：124-131.

[12] 尹海伟，孔繁花，宗跃光．城市绿地可达性与公平性评价[J]．生态学报，2008(7)：3375-3383.

[13] 江海燕，肖荣波，周春山．广州中心城区公园绿地消费的社会分异特征及供给对策[J]．规划师，2010，26(2)：66-72.

[14] 胡玥，蔡永立．城市公园社会服务空间公平性的定量分析——以上海市中心城区为例[J]，华东师范大学学报(自然科学版)，2017(1)：91-103.

[15] Tajibaeva L，Haight R G，Polasky S. A discrete-space urban model with environmental amenities[J]. Resource and Energy Economics，2008，30(2)：170-196.

[16] Jennifer R W，Jason B，Joshua P N. Urban green space，public health，and environmental justice：The challenge of making cities 'just green enough'[J]. Landscape and Urban Planning，2014，125：234-244.

[17] Roland N，Pierre G，Claudia B. Reduction of disparities in access to green spaces：Their geographic insertion and recreational functions matter[J]. Applied Geography，2016，66：35-51.

[18] Wolch J R，Byrne J，Newell J P. Urban green space，public health，and environmental justice：The challenge of making cities'just green enough'[J]. Landscape and Urban Planning，2014，125(Supplement C)：234-244.

[19] David C，Anna T，Billie Giles-Corti，et al. Do features of public open spaces vary according to neighbourhood socio-economic status? [J]. Health&Place，2008，14(4)：889-893.

[20] 张轩怡．城市公园绿地的人性化设计研究[D]．西安：西安建筑科技大学，2014.

[21] 吴承照，刘文倩，李胜华．基于GPS/GIS技术的公园游客空间分布差异性研究——以上海市共青森林公园为例[J]．中国园林，2017，33(09)：98-103.

[22] 黎昉，董华．竞争语境下的设计"包容"与"排斥"[J]．设计，2020，33(15)：59-61.

[23] 高传胜．论包容性发展的理论内核[J]．南京大学学报(哲学．人文科学．社会科学版)，2012，49(1)：32-39，158-159.

[24] 金云峰，陈栋菲，王淳淳，袁轶男．公园城市思想下的城市公共开放空间内生活力营造途径探究——以上海徐汇滨水空间更新为例[J]．中国城市林业，2019，17(05)：52-56+62.

[25] 李岱宗，董世永．基于包容性的滨水空间更新策略研究——以金沙县为例[J]．建筑与文化，2019(05)：186-187.

[26] 江海燕，朱雪梅，吴玲玲，张家睿．城市公共设施公平评价：物理可达性与时空可达性测度方法的比较[J]．国际城市规划，2014，29(05)：70-75.

[27] 庞聪．北京城市无障碍外部空间初探[D]．北京：清华大学，2005.

[28] 魏菲宇，戈晓宇，李运远．老龄化视角下的城市公园包容性设计研究[J]．建筑与文化，2015(04)：102-104.

[29] Catharine W T，Angela C，Peter A，et al. Do changes to the local street environment alter behaviour and quality of life of older adults? The 'DIY Streets' intervention[J]. British Journal of Sports Medicine，2014，48(13)：1059-1065.

[30] Peter A，Catharine W T，Susana A，et al. Preference and relative importance for environmental attributes of neighbourhood open space in older people[J]. Environment & Planning B Planning & Design，2010，37(6)：1022-1039.

[31] 王森琦．济南西郊森林公园无障碍系统设计研究[D]．济南：山东建筑大学，2017.

[32] 贾艳艳，朴永吉．女性对公园景观空间评价的因子分析[J]．中国园林，2013(6)：77-81.

[33] Bui js A E，Elands B H M，Langers F. No wilderness for immigrants：Cultural differences in images of nature and landscape preferences[J]. Landscape and Urban Planning，2009，91(3)：113-123.

[34] Hans P，Henrik Å，Alexander A Y，et al. Universal design，inclusive design，accessible design，design for all：Different concepts—One goal? On the concept of accessibility—Historical，methodological and philosophical aspects[J]. Universal Access in the Information Society，2015，14(4)：505-526.

[35] 吴承照，王晓庆，许东新．城市公园社会协同管理机制研究[J]．中国园林，2017，33(02)：66-70.

[36] 林开淼，郭进辉，林育彬，等．大数据环境下国家公园游憩空间管理研究范式与展望[J]．林业经济，2020，42(01)：28-35.

[37] 林广思，李雪丹，荏文秀．城市公园的环境-活动游憩机会谱模型研究——以广州珠江公园为例[J]．风景园林，2019，26(06)：72-78.

[38] Li X，Hijazi I，Koenig R，et al. Assessing essential qualities of urban space with emotional and visual data based on GIS technique[J]. Isprs International Journal of Geo-information，2016，5(11)：218-236.

[39] Du W，Penabaz-Wiley S M，Kinoshita I. Relationships between land use changes，stakeholders，and national scenic area administrations：A case study of Mount Jinfo and its

surroundings in China[J]. Environment and Planning C: Politics and Space, 2019.

[40] 张春彦，纪茜．政策法规下的法国风景园林正义探究[J]. 中国园林，2019，35(05)：23-27.

[41] 贾巍杨，王小荣．中美日无障碍设计法规发展比较研究[J]. 现代城市研究，2014(04)：116-120.

[42] 邹佳赤．参与式规划中的公众参与手段：美国实践[A]. 中国城市规划学会，重庆市人民政府．活力城乡 美好人居——2019中国城市规划年会论文集(14规划实施与管理)[C]. 中国城市规划学会，重庆市人民政府：中国城市规划学会，2019，7.

[43] 孙逊．城市公园公众参与模式研究——以深圳香蜜公园为例[J]. 中国园林，2018，34(S2)：5-10.

[44] 邓炀，王向荣．公众参与城市绿色空间管理维护——以坦纳斯普瑞公园为例[J]. 中国园林，2019，35(08)：139-144.

[45] 王迪，丁山．"公众参与"景观设计实践与启示[J]. 中外建筑，2013(10)：104-106.

[46] Ives C D, Oke C, Hehir A, et al. Capturing residents' values for urban green space: Mapping, analysis and guidance for practice[J]. Landscape and Urban Planning, 2017, 161: 32-43.

作者简介

周兆森，1993年8月生，男，汉族，山东省，华南理工大学建筑学院风景园林系，在读博士研究生，研究方向为风景园林规划设计及其理论。电子邮箱：345768992@qq.com。

林广思，1977年12月生，男，汉族，广东省，博士，华南理工大学建筑学院风景园林系，华南理工大学建筑学院风景园林系教授、系主任，亚热带建筑科学国家重点实验室和广州市景观建筑重点实验室固定研究人员，研究方向为风景园林规划设计及其理论、中国近现代风景园林史、风景园林政策法规与管理。电子邮箱：asillin@126.com。

滨江开放空间与公交站点步行接驳优化研究
——以上海市黄浦江滨江为例①

Study on the Optimization of the Pedestrian Connection between the Waterfront Open Space and Public Transportation Stations:
Taking the Waterfront Open Space of Huangpu River as an Example

邹可人　金云峰*　陈奕言　丛楷昕

摘　要： 在TOD和POD主导的交通发展趋势下，景观空间的长足发展需要可达性的支持，更需要着重关注步行友好性的提升。而在我国，城市景观与公共交通站点间的接驳情况仍呈现步行环境质量低、用地功能与步行衔接条件失配等问题，两者的接驳关系存在断层。而滨江开放空间因带状的形态特征使其产生更广泛的交通衔接界面，被赋予了较强的研究价值。本文着眼于现实问题及步行发展之需求，以上海市黄浦江滨江开放空间为例，从步行可达性和步行环境感知2个层面，探讨如何合理衔接公共交通与绿色开放空间的关键节点；并融合客观与主观、定量与定性的步行性研究方法，弥补此前相关研究的不足；最后归纳相应的提升策略，以期促进步行导向下城市绿色空间的高质量开发与有效利用。

关键词： 风景园林；公共空间；步行优先；环境友好；滨江开放空间；公共交通；景观设计

Abstract: Under the development trend of TOD and POD, the long-term development of landscape space needs the support of accessibility, and more attention should be paid to the improvement of pedestrian friendliness. In China, the connection between urban landscape and public transportation stations still presents some problems, such as the low quality of walking environment and the mismatch of land function and walking connection conditions. The connection relationship between the two is faulted. While the waterfront open space has a wide range of traffic interface due to its banding characteristics, which is endowed with a strong research value. This paper focuses on the practical problems and the needs of the development of walking. Taking the open space along the Huangpu River in Shanghai as an example, this paper discusses how to connect the key nodes of public transportation and green open space reasonably from the perspectives of walking accessibility and walking environment perception. It uses objective and subjective, quantitative and qualitative methods of walkability to make up for the deficiencies of previous studies. Finally, the corresponding promotion strategies are summarized in order to promote the high-quality development and effective utilization of urban green space under the trend of walking.

Key words: Landscape Architecture; Public Space; Pedestrian-oriented; Environmentally Friendly; Waterfront Open Space; Public Transport; Landscape Design

1　研究背景

近年来，随着我国以公共交通设施为代表的城市基础设施建设的迅猛发展和逐步完善，步行主导的慢行接驳方式为大众广泛接受，更以其便捷性、机变性和绿色环保性[1]受到了我国政府及社会各界的广泛关注。2012年住房和城乡建设部发布了《关于加强城市步行和自行车交通系统建设的指导意见》[2]，2013年又发布了《城市步行和自行车交通系统规划设计导则》[3]，鼓励步行友好的绿色出行方式。此后，尤其在2016年以来，各级地方政府也陆续出台相关规划与政策，如《上海市15分钟社区生活圈规划导则（试行）》[4]，对进一步发展公共交通和绿色出行提出了更高的要求。而在现实中，一些步行接驳不尽如人意的情况却时常出现，城市公共空间与公共交通站点之间距离过远、环境质量低下等都增加了两者间衔接的困难性，进而导致空间的低效利用与不协调发展，如何对此进行针对性的评估及优化，是本文研究的议题。

目前国内外已有许多相关学者对步行环境质量与步行接驳的可达性进行了探讨，但鲜有研究将两者结合讨论，研究视角较为单一。步行环境方面，英国交通实验室开发了行人环境评价系统（Pedestrian Environment Review System，PERS），研发出具有综合属性的步行环境评估工具[5,6]；步行环境量表（Walkable Environment Scale，WES or Environment Walkability Scale，EWS）发源于美国的公共卫生领域，通过构建可步行性指标体系，使用层次分析法确定指标权重，得出归一化的评价结果[7]。边扬等从环境舒适度和安全感的角度出发，选取南京的9条城市道路，运用Pearson相关分析得出影响人行道行人服务水平的主要影响因素[8]。在步行接驳情况与

① 基金项目：国家自然科学基金项目（编号51978480）资助。

可达性方面，马平平等从空间、网络、设施三大方面的规划和设计，探讨了行人步行过街等方面的设施问题对接驳的影响[9]；周航以城市慢行交通和城市空间的结合作为研究起点，分析步行者的行为与心理特征，提出城市慢行交通与公共开放空间互动重构的优化策略[10]；吴健生等通过步行指数单点指数计算与面状指数计算评价深圳市福田区的可步行性[11]；卢银桃根据实际调研，以上海市江浦路街道为例对步行指数计算方式进行了符合中国现状的修正，为后续研究提供了有力的方法支撑[12]。

2 研究对象及研究方法

2.1 研究对象

本文研究对象为滨江开放空间，滨江开放空间是指位于滨江区，城市居民进行公共交往活动的开放性场所[13]，担负着城市与滨水相关的复杂社会活动及功能，其与公共交通站点之间的步行接驳关系是否良好是空间利用效率和城市慢行系统品质的重要因素。同时，滨江开放空间通常呈现条带状延伸的形态特征[14]，意味着其与城市外部交通的接触界面大，且衔接情况复杂，使该研究更具必要性。

研究地点选取了上海市黄浦区及杨浦区两段滨江开放空间进行对比研究，黄浦段自南苏州路起，直至董家渡渡口止，共计3.5km，涵盖外滩、黄浦公园等重要公共节点；杨浦段西起杨树浦路，东至杨浦大桥，共计2.8km，包含杨浦滨江示范段等观光地带。两段滨江开放空间都具备一定的观赏和游憩功能[15,16]，有较强的研究价值。

2.2 研究方法

本文以此前的相关研究成果为理论依据，融合步行可达性测度与步行环境质量的定量与定性两种评估方式，并针对滨江开放空间的特定研究对象合理化研究方法。

2.2.1 步行接驳易达程度测度

步行指数是国际上一种基于日常服务设施而量化测度步行性的方法，最初由美国研究人员于2007年提出[12]，通过对日常生活设施的种类和空间布局进行分析，综合考虑街区长度以及距离衰减规律等因素，对步行性进行量化研究。本文借鉴步行指数的计算方法，根据研究对象进行转译。为研究城市绿地系统中的绿道出入口公共交通的接驳关系，以滨江开放空间出入口为目的地，将步行指数中的“各类便利设施”转化为各类公共交通站点，并依据单点步行指数的计算方法进行计算。

2.2.2 步行环境友好程度评估

研究人们对步行环境的心理感知时，首先采用实地考察及现场访谈的方式，对影响人们步行体验的环境因素进行筛选和归纳，再通过调查问卷的发放，收集人们对黄浦及杨浦段滨江开放空间步行接驳环境的满意度评价，并使用SPSS25进行相关性分析。

3 结果与分析

3.1 步行接驳易达性

3.1.1 研究步骤

（1）有效研究范围及分区的确定

依据标准步行速度80m/min进行计算，步行15min的距离1200m为宜步行出行边界范围。因此，研究中分别选取黄浦滨江段17个和杨浦滨江段12个公共开放空间主要出入口，并以滨江开放空间出入口为圆心，1200m为缓冲半径，确定了有效研究范围。并对研究范围内所有公共交通站点POI数据进行了爬取和清洗，最终筛选出共计163个公交车站点和5个地铁站。

在黄浦区和杨浦区的2个有效研究范围内，分别以该区域内的滨江开放空间出入口为离散点构建泰森多边形，最终确定了各个出入口相应的服务分区并为之设置分区编号。

（2）衰减系数的设定

5min标准步行速度80m/min的步行可达范围为400m，也是步行接驳的最适宜步行距离；10min可到达的范围是800m，为较适宜的步行距离；15min可到达的范围是1200m，为人们选择步行接驳的边界范围。因此，本文以400m、800m、1200m为半径，将设施按距离进行衰减，再依据步行指数计算中运用的距离多次曲线和相关研究[17]，确定距离滨江开放空间400m及以内的设施权重不发生衰减，距离滨江开放空间400～800m的设施权重衰减25%，距离1200m滨江开放空间800～1200m的设施权重衰减75%。

（3）设施分类权重的确定

研究中随机抽取了2019年12月的工作日和休息日各一天，早、中、晚3个时间节点的百度地图热力图，并利用Arc GIS进行栅格叠加分析，将人口热力图分为5级（图1），据此对公交车站点进行了1～5级的分类和赋以相应的权重。

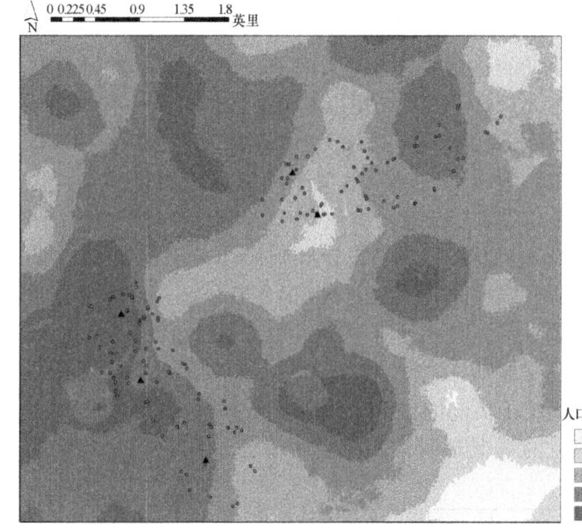

图1 研究区域人口热力图

依据《城市道路交通规划设计规范》[18]中的规定“常规公交单向载客量为 8～12 千人/L”“轨道交通单向载客量为 30～60 千人/h”，可知轨道交通每小时的单向载客量约为常规公交的 4.5 倍，由此得到相应人口热力影响下地铁站点的 5 级权重分别为：4.5，9，13.5，18，22.5。

(4) 综合计算及结果

参考步行指数计算方式进行计算，m 为分区编号，k_i 为区域内交通设施的衰减系数，l_i 为区域内公交设施的权重，S_m 为分区面积。

$$A_m = \sum_{i=1}^{n}(k_i \times l_i)/S_m$$

最终得到研究区域内 29 个主要滨江开放空间出入口的步行接驳指数（表 1，表 2）。

滨江开放空间出入口步行接驳指数（黄浦段） **表 1**

	编号	1	2	3	4	5	6	7	8	9
黄浦段	分区周长（m）	4297.06	1479.26	2831.41	3123.55	3816.71	4241.96	2752.57	2844.71	2991.25
	分区面积（m^2）	1229469.90	50593.12	162832.73	341772.18	289126.87	176666.32	130417.86	198218.66	296033.97
	步行接驳指数	23.99	118.59	36.85	40.96	62.26	45.28	0.00	6.31	18.58
	步行接驳易达性	较低	很高	中等	中等	较高	较高	很低	很低	较低
	编号	10	11	12	13	14	15	16	17	
	分区周长（m）	2990.65	3255.50	3117.68	3078.31	2798.50	3061.64	1503.19	13027.91	
	分区面积（m^2）	288338.34	453483.12	397925.78	369797.74	190527.25	326402.70	58892.42	5795117.33	
	步行接驳指数	58.96	94.82	53.40	48.68	99.72	186.12	97.64	1.38	
	步行接驳易达性	较高	很高	较高	较高	很高	很高	很高	很低	

滨江开放空间出入口步行接驳指数（杨浦段） **表 2**

	编号	18	19	20	21	22	23
杨浦段	分区周长（m）	16202.46	4074.77	3822.97	1753.81	1186.32	1712.03
	分区面积（m^2）	6818887.36	729126.54	592234.95	93559.42	50598.58	68826.10
	步行接驳指数	4.34	30.17	20.68	32.07	59.29	43.59
	步行接驳易达性	很低	较低	较低	中等	较高	中等
	编号	24	25	26	27	28	29
	分区周长（m）	3196.75	1762.26	2175.76	2670.21	3232.05	5028.79
	分区面积（m^2）	308354.12	93193.72	86633.67	97836.34	296036.94	1520328.51
	步行接驳指数	24.32	0.00	0.00	61.33	6.76	19.07
	步行接驳易达性	较低	很低	很低	较高	较低	较低

3.1.2 步行接驳易达性的空间分布

为了使结果更加直观便于观察，使用 Arc GIS 中的 Natural Break 分类法，将计算出的步行接驳指数结果划分为“很低、较低、中等、较高、很高”5 个等级，并可视化表达为步行接驳易达程度（图 2）。

结果表明，从空间分布上看，不同滨江开放空间的步行接驳的易达程度存在地域上的集群分布和渐进变化的趋势，即步行接驳易达性高的地段往往相邻接或集聚，不易达之处亦然；且大部分区域的步行易达性程度在空间分布上有自然的渐进表现，具有一定的地域关联性。这可能是由于临近地区受到附近同一个地铁站的辐射影响，地铁站分布的区位往往会带动相关地区滨江开放空间的步行可达程度显著提升。

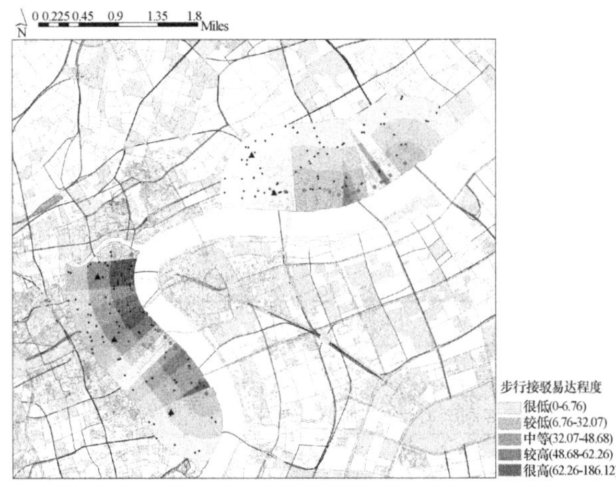

图 2 步行接驳易达程度分布图

3.1.3 步行接驳易达性的分区域对比

使用 SPSS 25 对黄浦段、杨浦段出入口的步行接驳指数进行均值分析及独立样本 T 检验（表 3），其显著性水平为 0.022<0.05，具有统计学意义，因此 2 个区域的数值具有显著性差异。

分段步行接驳指数描述性统计　　表 3

		个案数	平均值	标准差	标准误差平均值
步行接驳指数	黄浦段	17	58.4435	48.56019	11.77758
	杨浦段	12	25.1355	21.27978	6.14294
	总计	29	44.6609	42.47470	—

将两个分区滨江开放空间的步行接驳易达程度绘成图表（图 3），结果表明，黄浦段滨江开放空间的步行接驳易达性程度相对高于杨浦段，反映黄浦段滨江开放空间的步行接驳易达性整体优于杨浦段。其原因不排除本研究中调查的黄浦区滨江开放空间与外滩风景区部分重合，使该区域承接了上海巨大的游客数量，因此周边公共交通便捷，绿地可达性高。但黄浦区的滨江开放空间步行接驳易达情况却存在着较大的波动，各出入口接驳情况不稳定，质量差距较大。尤其体现在十六铺码头附近，其与两处地铁站点间隔都较远，且附近的公交车站点分布较少，尤为不便。

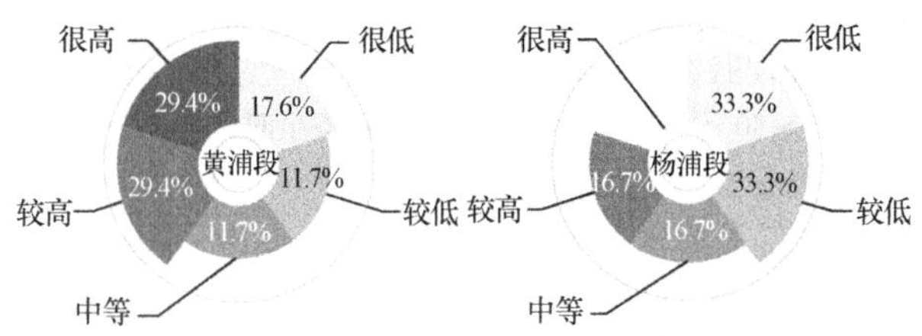

图 3 分区步行接驳易达程度示意图

3.2 步行环境友好性

3.2.1 问卷设计与数据采集

研究将滨江开放空间入口与公共交通站点接驳区域的步行环境友好性评价归纳为便捷性、安全性、愉悦性和舒适性四大类性能指标，并进一步细分为 16 个单项要素指标（表 4）。问卷内容包括受访者的个体属性、出行情况、对站点地区步行环境的总体满意度评价与各单项要素满意度评价，共获取有效问卷 144 份。问卷填写者整体女性多于男性，女性 88 人，男性 56 人。女性占 61%，男性占 39%。90.3%问卷填写者至少去过 2 个研究范围 3 次，说明对周边环境的熟悉程度相对较高，一定程度上可以保证信息的有效性。满意度评价采用李克特量表法 (Likert Scale)[19]，分为非常满意、比较满意、一般、比较不满意、非常不满意 5 级语义描述，并赋予相应的计算分值，然后运用 SPSS 25 进行统计分析。

3.2.2 关键性步行接驳环境要素

在关键性步行接驳环境要素的调查中，要求问卷填写者选出他们认为最重要的 3 个要素，结果显示，以较为明显的优势位于前 5 的要素分别是“绕路程度 ”“标识指引”“清洁卫生”“景观小品” 和 “人车分离”（表 5）。其中，14.55%和 10.91%的问卷填写者选择环境便捷性指标下的“绕路程度”和“标识指引”，可见，相对其他地区的步行环境而言，步行者会更加重视从公共交通站点到达滨江公共空间接驳区域的便捷程度，而绕路程度的感知和良好的标识指引是步行者认为接驳环境便捷的核心要素，需要说明的是，此处的“绕路程度”与上文从客观角度进行分析的接驳易达性不同，强调步行者主观的心理感受。此外，有 9.09%的问卷填写者选择“人车分离”这个与环境安全性相关的要素，“清洁卫生”和“景观小品”这 2 个环境舒适性和愉悦性下的要素也有一定数量的选择。

步行接驳环境评价因素　　表 4

滨江开放空间入口与公共交通站点步行接驳环境友好性评价																
环境便捷性				环境安全性				环境舒适性						环境愉悦性		
绕路程度	标识指引	沿街商业	过街红灯	夜间照明	人车分离	车辆数目	车辆速度	后勤管理	行人流量	步道宽度	违规占道	清洁卫生	步道铺装	景观小品	绿化情况	建筑美感

关键性步行接驳环评价因素的调查结果 **表 5**

项目	要素指标																
	环境便捷性				环境安全性				环境舒适性						环境愉悦性		
	绕路程度	标识指引	沿街商业	过街红灯	夜间照明	人车分离	车辆数目	车辆速度	后勤管理	行人流量	步道宽度	违规占道	清洁卫生	步道铺装	景观小品	绿化情况	建筑美感
比例（%）	14.55	10.91	3.64	3.03	4.24	9.09	4.24	4.26	3.03	6.67	5.45	2.42	9.70	5.45	8.48	5.45	3.64

注：标灰的是被选择的比例最高的前 5 个要素，灰度越深，表示该要素被选择的比例越高。

3.2.3 步行环境满意度总体与单项评价

从步行接驳环境的总体满意度看（表 6），相较于杨浦滨江段，人们对黄浦滨江段的总体满意度更高。从所有单项的满意度均值来看，杨浦滨江和黄浦滨江的满意度水平相差不大（分别是 3.77 和 3.83），但从 2 个路段的总体满意度来看，两者的差距较为明显（分别是 3.53 和 3.95），杨浦滨江段明显低于黄浦滨江段，差值达到了 0.42。显然，各个单项要素对总体满意度的影响程度是有差异的，某些因素可能起着关键作用，也即在一些基本的步行环境需求尚未得到满足的情况下，会对整体的满意度产生较强的负面影响。

从步行接驳环境的单项要素满意度看（图 4），整体上杨浦滨江段共有 12 项低于黄浦。其中，显著低于黄浦的（平均值差值超过 0.5）单项要素有："绕路程度"（环境便捷性）、"夜间照明"（环境安全性）、"沿街商业"（环境便捷性）、"建筑美感"（环境愉悦性）。同时，杨浦满意度得分最低的 4 项也是以上 4 个单项，这为杨浦滨江段的公共交通步行接驳环境提供了一些亟需改善的方向。

而黄浦低于杨浦滨江段的单项要素有："过街红灯"（环境便捷性）、"车辆数目"（环境安全性）、"行人流量"（环境舒适性）、"建筑美感"（环境愉悦性）、"绿化情况"（环境愉悦性），主要集中在环境安全性和环境愉悦性两大指标，一定程度上揭示了杨浦滨江公共交通步行接驳环境的主要优势，尤其是景观小品、绿化情况这 2 个涉及环境愉悦性的指标。此外，行人流量方面，黄浦显著低于杨浦，满意度的差值达到了 2.05，可以据此推断道路等级和规划定位，使得黄浦滨江段不可避免地产生了较为明显的拥挤感受。

步行接驳环境总体与单项满意度的调查结果 **表 6**

	总体满意度	单项满意度均值	单项满意度																
			环境便捷性				环境安全性				环境舒适性						环境愉悦性		
			绕路程度	标识指引	沿街商业	过街红灯	夜间照明	人车分离	车辆数目	车辆速度	后勤管理	行人流量	步道宽度	违规占道	清洁卫生	步道铺装	景观小品	绿化情况	建筑美感
杨浦滨江	3.53	3.77	3.31	3.47	2.06	3.92	3.64	4.11	4.06	4.00	3.97	4.53	3.94	3.94	3.94	3.83	4.00	3.92	3.47
黄浦滨江	3.95	3.83	4.11	4.00	3.47	3.39	4.22	4.19	3.14	3.83	4.03	2.58	4.08	4.36	4.14	4.22	3.25	3.67	4.33

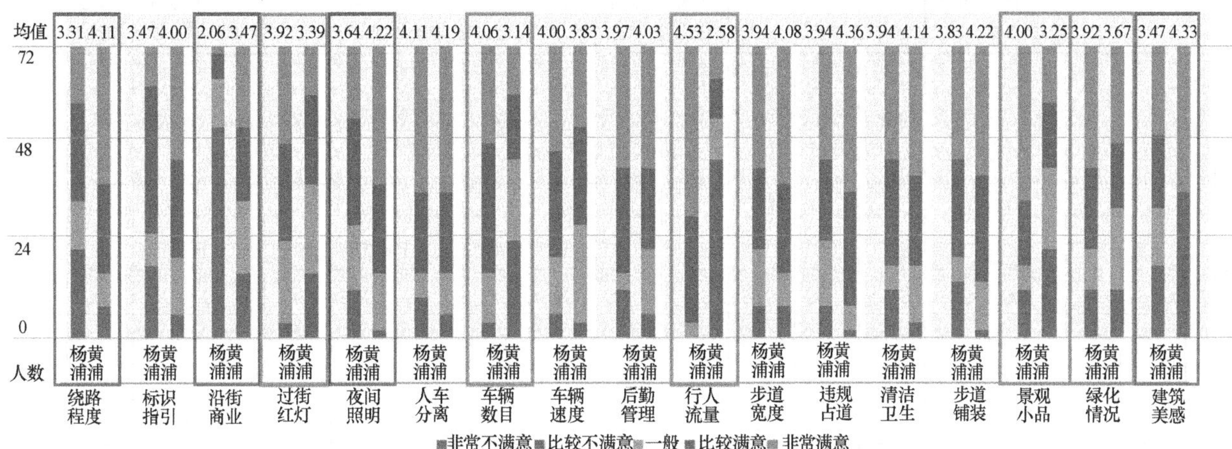

图 4 步行接驳环境单项满意度的调查量结果

注：实线框为满意度评价中杨浦显著低于黄浦的（平均值差值超过 0.5）单项，虚线框为黄浦显著低于杨浦的（平均值差值超过 0.5）单项

驳环境总体满意度的评价。

3.2.4 步行环境满意度相关性评价

从步行接驳环境单项满意度和总体满意度的相关性看（表7），绝大多数单项要素都对总体的满意度有一定影响，其中，“绕路程度”的相关性（环境便捷性）显著高于其他各项，“标识指引”（环境便捷性）和“人车分离”（环境安全性）的相关性也很高，这与之前关键性要素的调查结果吻合；可见，此3项的确是决定总体满意度的关键要素。此外值得注意的是，在杨浦滨江段，“行人流量”（环境舒适性）和“建筑美感”（环境愉悦性）与总体满意度没有明显的相关性，但在黄浦滨江段显现出了较为明显的相关性。可能的解释是，巨量的人流和独具特色的历史建筑是黄浦滨江段的突出特征，而当这些要素呈现出较为明显的优势或劣势时，会对整体的满意度评价产生较为强烈的影响。

从步行接驳环境单项满意度间的相关性看（表8），不难发现4个不同层面的性能指标并非单独存在，而是互相影响、密切相关的，不同层面的步行环境要素会对步行者的心理产生一个综合的影响，进而最终形成对步行接驳环境总体满意度的评价。

关键性要素“绕路程度”（环境便捷性）则与大部分其他要素存在较为明显的相关性。而环境便捷性指标下的另外3个要素的相关性则指出“标识指引”与“绕路程度”的相关性最高，这说明清晰的标识指引可以有效降低步行者的绕路程度感知。而“过街红灯”与它的相关性不是很明显，这或许是由于研究涉及的两个滨江路段的红灯等候时间普遍考虑到了行人的需求，设置的相对合理。从其他3个性能指标下的要素与“绕路程度”的相关性来看，“违规占道”（环境舒适性）、“步道铺装”（环境舒适性）、“建筑美感”（环境愉悦性）都相对较高，这表明步行者对“绕路程度”（环境便捷性）的评价会受到其他微观层面步行环境品质的影响，如果步行环境的步道铺装平整整洁，并且整体清洁卫生、没有杂物占道，行人也会认为步行环境便捷。此外，如果步行环境周边的建筑具有美感和特色、沿路可以看见有趣的景观小品，一定程度上也会通过吸引步行者的注意力，使其感觉时间过得很快，从而觉得路径易达，降低心理上的绕路程度感知。

步行接驳环境单项满意度与总体满意度的相关性评价结果　　表7

	总体满意度	单项满意度																
		环境便捷性				环境安全性				环境舒适性						环境愉悦性		
		绕路程度	标识指引	沿街商业	过街红灯	夜间照明	人车分离	车辆数目	车辆速度	后勤管理	行人流量	步道宽度	违规占道	清洁卫生	步道铺装	景观小品	绿化情况	建筑美感
杨浦滨江	3.53	3.31	3.47	2.06	3.92	3.64	4.11	4.06	4.00	3.97	4.53	3.94	3.94	3.94	3.83	4.00	3.92	3.47
相关性		0.693**	0.532**	0.427*	0.321*	0.298*	0.452**	0.311*	0.284*	0.212*	0.102	0.298*	0.302*	0.392*	0.263*	0.416*	0.323*	0.306*
黄浦滨江	3.95	4.11	4.00	3.47	3.39	4.22	4.19	3.14	3.83	4.03	2.58	4.08	4.36	4.14	4.22	3.25	3.67	4.33
相关性		0.727**	0.562**	0.489**	0.372**	0.302*	0.446**	0.302*	0.291*	0.216*	0.212*	0.235*	0.307*	0.386*	0.288*	0.412*	0.310*	0.361**

步行接驳环境单项满意度间的相关性评价结果　　表8

			环境便捷性				环境安全性				环境舒适性						环境愉悦性		
			路径易达	标识指引	沿街商业	过街红灯	夜间照明	人车分离	车辆流量	车辆车速	后勤管理	行人流量	步道宽度	违规占道	清洁卫生	步道铺装	景观小品	绿化情况	建筑美感
环境便捷性	路径易达	1				0.489**	0.433**	0.546**	0.335**	0.432**		0.379**	0.586**	0.523**	0.622**	0.442**	0.529**	0.521**	
	标识指引		1				0.278*					0.265*		0.273*					
	沿街商业			1				0.363**					0.263*		0.299*				
	过街红灯				1	0.297*	0.386**	0.372**	0.470**										0.246*

续表

			环境便捷性				环境安全性				环境舒适性						环境愉悦性		
			路径易达	标识指引	沿街商业	过街红灯	夜间照明	人车分离	车辆流量	车辆车速	后勤管理	行人流量	步道宽度	违规占道	清洁卫生	步道铺装	景观小品	绿化情况	建筑美感
环境安全性	夜间照明	0.489**			0.297*	1				0.613**		0.522**	0.671**	0.659**	0.547**	0.678**	0.509**	0.663**	
	人车分离	0.433**			0.386**		1			0.587**		0.611**	0.555**	0.762**	0.627**		0.629**	0.526**	
	车辆流量	0.546**	0.341**	0.363**	0.372**			1			0.500**		0.606**	0.544**	0.625**				
	车辆车速	0.335**			0.470**				1	0.469**			0.273*	0.548**		0.292*	0.508**		
环境舒适性	后勤管理	0.432**				0.613**	0.587**	0.425**	0.469**	1	0.298*					0.659**	0.681**	0.667**	
	行人流量							0.500**		0.298*	1	0.241*					0.575**	0.245 *	
	步道宽度	0.379**	0.265*			0.522**	0.611**				0.241*	1				0.576**			
	违规占道	0.586**		0.263*	0.391**	0.671**	0.555**	0606**	0.273*				1			0.640**	0.548**	0.623**	
	清洁卫生	0.523**	0.273*		0.296*	0.579**	0.692**	0.454**						1		0.609**	0.679**	0.699**	
	步道铺装	0.622**		0.299*		0.547**	0.627**	0.625**							1	0.573**	0.618**	0.556**	
环境愉悦性	景观小品	0.442**				0.678**			0.292*	0.659**		0.576**	0.640**	0.669**	0.573**	1	0.676**	0.686**	
	绿化情况	0.529**					0.629**	0.496**	0.508**	0.681**	0.575**	0.497**	0.548**	0.679**	0.618**	0.676**	1	0.631**	
	建筑美感	0.521**			0.256*	0.663**	0.526**	0.469**	0.432**	0.667**	0.245*	0.508**	0.623**	0.699**	0.556**	0.686**	0.631**	1	

注：“**”表示相关系数的显著性检验小于0.01，“*”相关系数的显著性检验小于0.05

4 结论与策略

4.1 分区优化策略

研究结果表明，杨浦段的步行接驳易达性存在明显问题，应当成为未来改造和规划的重点之一；同时步行环境亟需提升，具体策略为增加夜间照明和沿街商业，满足人们顺路型购物的需求、提升建筑美感度及立面维护。富有趣味的景观小品以及充足绿化是该区段的显著优势。黄浦段滨江开放空间的步行接驳易达性较高，据此可供规划设计的进一步精明选址，布置重要景观节点、轴线、商业与活动，继续充分发挥这一区位优势。但步行环境方面，黄浦段的景观小品和绿化情况仍有较大提升空间。

4.2 步行接驳总体优化方法

公共交通站点周边的城市空间、景观空间是一个系统而联动的完整空间体系，因而在优化设计时，需将景观空间置入各部分相互关联的城市整体中探讨，步行接驳问题的优化在未来的规划设计和改造中理应得到更为广泛的关注，以建设对行人、对日常休闲行为高度友好的城市公共空间[20]，创造真正高品质的城市环境和城市服务。

那么公共交通与城市景观的接驳衔接关系如何从失配到适配，从被动到互动？基于此前的大量研究成果，本文认为应结合步行网络数据分析及步行环境感知调查两层面进行综合评估，也即步行接驳易达性和步行环境友好性的考量两者皆不可偏废。从宏观尺度上看，滨江开放空间的入口设置应当与周边公共交通站点的布置综合考虑，同时指导场地内部的设计，在接驳易达性高的重要入口设置轴线和节点，引导和吸引行人进入。而从微观尺度上看，首要的步行环境要素包括便捷连续的步行网络、具有安全感的步行路径和清晰的标识指引，并通过运用合理的设计如商业、绿化等提升空间愉悦感和体验丰富性，从心理感知层面缩短人们对距离的感知。同时，微观层面的步行环境友好性，在未来建设层面比宏观层面的接驳易达性更具有参考价值，对于建成区域的改善而言，周边步行环境的优化设计比现有路网的调整更有效也更易实施。

参考文献

[1] 于长明，吴培阳. 城市绿色空间可步行性评价方法研究综述[J]. 中国园林，2018，34(04)：18-23.

[2] 住房城乡建设部，发展改革委，财政部. 关于加强城市步行和自行车交通系统建设的指导意见[Z]. 2012，09.

[3] 中华人民共和国住房和城乡建设部. 关于印发城市步行和自行车交通系统规划设计导则的通知[Z]. 2013，12.

[4] 上海市规划和国土资源管理局. 上海市15分钟社区生活圈规划导则[Z]. 2013，12.

[5] 黄建中，胡刚钰. 城市建成环境的步行性测度方法比较与思考[J]. 西部人居环境学刊，2016，31(01)：67-74.

[6] 刘涟涟，尉闻. 步行性评价方法与工具的国际经验[J]. 国际城市规划，2018，33(04)：103-110.

[7] 刘珺，王德，王昊阳，等. 国外城市步行环境评价方法及研究动态[J]. 现代城市研究，2015(11)：27-33.

[8] 边扬，高海龙，王炜. 基于道路环境的人行道行人服务水平评价方法[J]. 公路交通科技，2007(09)：136-139.

[9] 马平平. 安宁市宁湖新城慢行交通系统规划研究[D]. 重庆：重庆交通大学，2017.

[10] 周航. 城市慢行交通体系对城市公共开放空间的重构研究[D]. 长春：吉林建筑大学，2017.

[11] 吴健生，秦维，彭建，等. 基于步行指数的城市日常生活设施配置合理性评估——以深圳市福田区为例[J]. 城市发展研究，2014，21(10)：49-56.

[12] 卢银桃. 基于日常服务设施步行者使用特征的社区可步行性评价研究——以上海市江浦路街道为例[J]. 城市规划学刊，2013(05)：113-118.

[13] 吴必虎，董莉娜，唐子颖. 公共游憩空间分类与属性研究[J]. 中国园林，2003(05)：49-51.

[14] 周聪惠，金云峰. 城市绿地系统中线状要素的规划控制途径研究 [J]. 规划师，2014(5)：96-102.

[15] 杜伊，金云峰. 城市公共开放空间规划编制[J]. 住宅科技，2017(2)：8-14.

[16] 金云峰，高一凡，沈洁. 绿地系统规划精细化调控：居民日常游憩型绿地布局研究[J]. 中国园林，2018(2)：112-115.

[17] 刘心宇. 城市社区步行指数及其与社区生活质量的关系研究[D]. 西安：西安外国语大学，2017.

[18] 国家市场监督管理总局，住房和城乡建设部. GB 51328—2018，城市道路交通规划设计规范[S]. 北京：中国标准出版社，2018.

[19] 亓莱滨. 李克特量表的统计学分析与模糊综合评判[J]. 山东科学，2006，19(2)：18-23.

[20] 马唯为，金云峰. 城市休闲空间发展理念下公园绿地设计方法研究[J]. 中国城市林业，2016(1)：43-46.

作者简介

邹可人，1997年生，女，江苏南通，同济大学建筑与城市规划学院景观学系在读硕士，研究方向为风景园林规划设计方法与技术。电子邮箱：384349219@qq.com。

金云峰，1961年生，男，上海，同济大学建筑与城市规划学院景观学系副系主任、教授、博士生导师。研究方向为风景园林规划设计方法与技术、景观有机更新与开放空间公园绿地、自然资源管控与风景旅游空间规划、中外园林与现代景观。电子邮箱：jinyf79@163.com。

陈奕言，1997年生，女，江苏南通，同济大学建筑与城市规划学院景观学系在读硕士，研究方向为风景园林规划设计与环境体验，电子邮箱：593758691@qq.com。

丛楷昕，1997年生，女，汉族，同济大学建筑与城市规划学院景观学系在读硕士，研究方向为风景园林规划设计方法与技术。电子邮箱：454150576@qq.com。

风景园林植物

川西林盘典型乔木夏季降雨截留研究①

——以三道堰镇为例

Study on Summer Rainfall Interception of Typical Trees in the Linpan of Western Sichuan:

A Case Study of Sandaoyan Town

陈莹莹 姚鳗卿 王 倩 宗 桦*

摘 要：川西林盘是川西平原具有重要景观价值、文化价值和生态价值的景观。本文通过2019年夏季对成都市郫都区三道堰镇青塔村川西林盘中17块典型乔木纯林开展了乔木冠层的降雨截留测量，研究了夏季川西林盘的降水再分配特征。结果表明：①树干径流率变动于2.84%～35.36%之间，平均值为16.37%。透落雨率变化于37.61%～83.89%之间，平均值为64.30%。冠层总截留率呈现出较大的差异，变化范围在7.98%～40.87%之间，平均值为19.33%。约71%的林地的冠层截留率低于20%。②夏季不同降雨量和降雨强度下，林盘乔木冠层截留效果变化不同；当小雨量级（Pg=6mm，i=0.27mm/h）时，各林地的树干径流率、透落雨量处于明显低于其他降雨量级，但冠层截留率处于明显的高水平。③不同生活型乔木冠层夏季降雨截留量具有以下特征：落叶针叶>常绿阔叶>落叶阔叶。④桂花、水杉、天竺桂表现出较好的冠层截留效果，柚子、喜树、银杏的冠层截留效果相对差。研究结果可以为四川省美丽乡村建设和城市乔木雨洪管理提供科学依据。

关键词：川西林盘；乔木；冠层截留；树干径流；林下透落雨

Abstract: Western Sichuan Linpan is a landscape with important landscape value, cultural value and ecological value in western Sichuan plain. In this paper, by measuring rainfall interception in the canopy of trees in Western Sichuan Linpan of Qingta Village, Sandaowan town, Chengdu's Pidu District, in the summer of 2019, the precipitation redistribution characteristics of Western Sichuan Linpan were studied. Findings are as follows: (1) The stemflow percentage varied from 2.84% to 35.36%, with an average of 16.37%. The throughfall rate varied from 37.61 to 83.89%, with an average of 64.30%. The total canopy interception rate showed a great difference, ranging from 7.98% to 40.87%, with an average of 19.33%. About 71% of the woodlands had a canopy interception rate of less than 20%. (2)Under different amout of rainfall and rainfall intensity, the canopy interception effect changes differently; When the magnitude of light rain (Pg=6mm, I =0.27mm/h), the stem flow rate and penetrant rainfall of each woodland were significantly lower than other rainfall levels, but the canopy interception rate was significantly higher. (3) The summer rainfall interception of the canopy of different life forms of trees has the following characteristics: deciduous coniferous leaves > evergreen broad leaves > deciduous broad leaves. (4) Osmanthus fragrans, Metasequoia glyptostroboides, and Cinnamomum pedunculatum showed better canopy interception effect, while Citrus maxima, Camptotheca acuminata, and Ginkgo biloba showed relatively poor canopy interception effect. The results of this study can provide scientific basis for the construction of beautiful countryside and the management of urban arbor rainstorms in Sichuan Province.

Key words: Linpan; Arbor; Canopy Interception; Stemflow; Throughfall

引言

川西林盘是集生态、生产和生活于一体的复合型农村聚落形式，是几千年川西农耕文明的结晶[1]，是川西平原长期以来的自然、文化和社会环境的反映和延续，具有重要的历史和现实价值。深入开展川西林盘的研究，不仅有助于川西林盘景观价值、生态价值、文化价值的保护与延续，还有助于科学有效地在川西地区推进乡村振兴的落地生根。目前，川西林盘的研究多聚焦于林盘空间演变规律和文化价值的保护与开发方面，对于林盘生态价值的探讨成果较少[2]。实际上林盘随田散居、水渠环绕的空间形态有别于我国其他乡村景观。林盘植被覆盖率达43.5%～76.9%[10]，不仅参与调解川西地区生态平衡，其自给自足、无需管理的特点还彰显其显著的资源节约能力。

降雨，是关键的水文要素，它对区域水资源的时空分布、生态环境的形成与演变起着决定性的作用。近50年来，川西地区的降雨量以每10年32mm的幅度缩减。且由于受季风、地形和城市化进程的影响，降雨时空分布严重不均，夏季降水占年降水量的70%[3]。乔木是植物群落雨水截留分配中的首个分配者，其通过枝叶大气降水

① 基金项目：国家自然科学基金面上项目“基于节约型乡村景观设计理念的川西林盘乔木景观生态水文效应研究”（31971716）；四川省科技厅项目（20RKX0670）；四川省社会科学研究“十三五”规划资助项目（SC19B138）。

进行拦截，形成冠层截留、树干径流、林内降雨3部分的雨水再分配格局。乔木冠层截留作为雨水再分配的起点和重要环节，对于区域水文循环、水土保持尤其是干旱与半干旱地区具有重要意义，近半个世纪以来都是森林水文的研究重点和热点[4]。但大部分研究对象都为天然林或人工林，近年来，有少数学者对城市园林植物的冠层截留作用展开研究及比较，为进一步研究城市园林绿地节水植物配置、城市覆盖类型的变化对城市雨水径流及海绵城市的建设提供参考价值[4-6]。

在川西林盘中，乔木在林盘生物量中占有绝对优势，高达43.5%～76.6%乔木覆盖率，令林盘成为川西地区当之无愧的水源涵养体[7,8]。但令人叹息的是，目前川西林盘对雨水的"吸收、存蓄、渗透"的研究仍处于空白阶段。因此现有的冠层截留研究多针对乔木层进行，而较少针对灌木和地被层进行。川西林盘乔木冠层的雨水截留作为其水文循环重要环节，对于理清林盘水文循环的过程极其重要，迫切需要展开相关研究。本文针对郫都区三道堰镇青塔村的传统川西林盘乔木层开展夏季降雨截留研究，试图理清川西林盘典型乔木的冠层雨水再分配的特征，为定量评价林盘乔木冠层雨水利用效率、深入研究冠层变化对区域水分循环的调节作用提供科学依据。

1 研究区域概况

研究区域位于成都市郫都区三道堰镇（30.8°N，103.9°E），位于成都市郫都区北部，成都市西北部。三道堰镇是"四川郫都林盘农耕文化系统"申遗的6个乡镇遗产区之一，是成都平原上唯一有两河并流且已有一千多年历史的水乡古镇。三道堰镇林盘数量众多，有600余个，主要集中分布于远离镇区中心徐堰河以西的区域，以传统原生林盘为主，保存相对完整。

三道堰镇属亚热带季风性湿润气候区，夏无酷暑，冬无严寒，雨量充沛，四季分明。年平均气温为16.0℃，年平均降雨量为883.1mm，其中，春季平均降雨量为144.8mm，夏季平均降雨量为522.8mm，秋季平均降雨量为188.5mm，冬季平均降水量为27mm，雨量集中于5～9月。年平均相对湿度为83%，年均日照数为1086.6h，全年太阳总辐射能为90.3kcal/cm，无霜期长达280天。常年冬季多偏东北风，夏季多偏东南风，春秋季节风向不定，以静风、软风为主。

2 研究方法

2.1 选点原则

课题组于2017-2018年对三道堰镇的传统林盘开展了全面踏查，根据乔木冠层截留的观测要求，整理出以下原则：①可达性原则：林盘集中分布在1km范围内，以保证林地接收降雨的同一性和数据收集的便捷性；②易区分原则：选择有明显形态边界的原生性林盘，便于区别不同的林盘样本；③排干扰原则：为减少人为活动对实验结果的影响，选择传统原生性林盘。群落水平结构选择单一物种构成的纯林式植物群落，以利于比较不同类型乔木冠层的降雨截留作用；④群落垂直结构选择乔木层单层结构或"乔木+草本"的复层结构，以确保林内透落雨量收集容器可直接接受于乔木冠层，不受到其他灌木的遮挡。

根据以上筛选原则，最终从初筛的25个传统林盘确定出青塔村的10个林盘的17个乔木纯林及竹林林地，林盘隶属于8科10属11种，以林地所在林盘进行编号1～10，林地样本进行二级编号（图1）。使用GARMIN Etrex20手持GPS仪对林地样本的面积、周长进行实地测量，对各林地的乔木数量进行人工计数，并测量林地内所有乔木植株的胸径、冠幅与高度，整理乔木林地样本基本情况如表1所示，为后续进行乔木类型对冠层截留的影响分析作铺垫。用植物图像冠层采集仪采集各个林地冠层图像，并用植物图像冠层分析仪获取林地叶面积指数LAI。

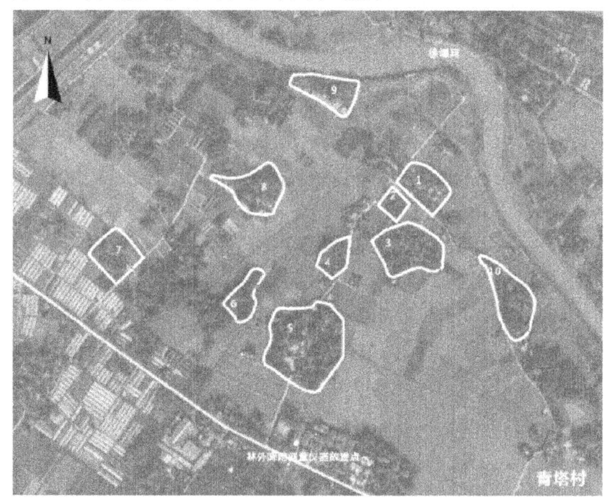

图1 样本林盘编号图

林地样本乔木胸径表 表1

林盘编号	林地编号	林地类型	面积（m^2）	周长（m）	数量	冠幅（m）	高度（m）	平均胸径（cm）	生活型
1	1-1	黑壳楠	25.58	22.39	5	4～6	10～12	15.80	常绿阔叶
2	2-1	银杏	16.45	12.43	5	2～3	9～10	15.80	落叶阔叶
3	3-1	慈竹	173.49	64.84	—	—	15～20	—	常绿阔叶
	3-2	柚子	37.56	31.46	9	2～4	6～9	11.78	常绿阔叶
	3-3	天竺桂	26.906	38.40	2	6～7	15～18	30.00	常绿阔叶
4	4-1	水杉	30.14	42.57	9	3～6	23～25	23.89	落叶针叶
	4-2	喜树	23.87	21.93	5	6～9	20～23	22.00	落叶阔叶

续表

林盘编号	林地编号	林地类型	面积（m^2）	周长（m）	数量	冠幅（m）	高度（m）	平均胸径（cm）	生活型
5	5-1	香樟	46.03	34.65	16	4～6	12～13	21.38	常绿阔叶
	5-2	香樟	35.03	29.75	12	4～6	12～15	17.88	常绿阔叶
	5-3	楠木	70.07	45.29	13	4～6	12～15	16.46	常绿阔叶
6	6-1	枫杨	110.25	58.25	7	6～9	15～18	26.43	落叶阔叶
	6-2	桂花	44.00	37.01	24	3～5	5～6	7.21	常绿阔叶
7	7-1	天竺桂	36.00	35.69	5	3～5	6～8	18.40	常绿阔叶
8	8-1	水杉	39.02	27.54	13	2～3	12～15	17.85	落叶针叶
9	9-1	枫杨	68.38	38.58	11	5～6	12～13	18.09	落叶阔叶
10	10-1	黑壳楠	74.15	48.89	13	5～6	7～10	19.46	常绿阔叶
	10-2	枫杨	112.87	51.52	37	5～7	13～15	20.89	落叶阔叶

2.2 实验方法

实验需要采集的数据指标包括：总降雨量 Pg，林内透落雨量 Pt，树干径流量 SF，叶面积指数 LAI。

总降雨量 Pg：在青塔村内选择距离林盘样地不超过 1km 且距离地面 4m 处的开阔无遮挡物的地方，使用 RG3-M 翻斗式自动记录雨量计进行林外总降雨量的监测（图 2）。降雨之后使用 HOBO 数据采集器连接翻斗式雨量器与电脑，通过 HOBO 软件下载数据以获得林外总降雨量 Pg 的数据。

图 2　林外降雨监测仪器

林内透落雨量 Pt：按照林地面积在每片林地随机布设 10～30 个可接雨面积约为 $80cm^2$、容量为 120mm 的雨量器。降雨之后及时记录每个雨量器的数据。由此记录林内透落雨量 Pt。

树干径流量 SF：每片林地按乔木数量及胸径将所有乔木分成不同径级，每个径级选择 1 颗乔木安装树干径流装置，每片林地共选择 2～4 棵，具体安装方法为：用直径为 2cm 的塑料软管，从软管一端纵向剖开一段，形成凹槽，另一端保持软管完整，将软管剖成凹槽部分在地面约 1.5m 处的树干上螺旋缠绕至少一周，并用图钉固定，与树干相接的地方用玻璃胶密封，另一端完整的部分接 25L 的盛雨桶（图 3），在每次降雨后，及时用量筒测定雨量桶中的水量，以此来收集树干径流量 SF。

图 3　树干径流收集装置

2.3 数据处理

对雨量计记录的林外总降雨量数据进行下载，整理得到每次降雨的降雨量、降雨时长，并用降雨量与降雨时长的比值计算出每次降雨的降雨强度（i）。分别对每次降雨后每片林地的林内透落雨量的雨量器所收集的数据进行均值处理，得到该次降雨该林地的林内透落雨量 Pt。

收集到的树干径流体积按照林木径级加权平均换算为径流水深，各林地乔木每个径级测量的树干径流量（ml）按照下式计算该林地的树干径流量（mm）[9]：

$$SF = \frac{1}{A \times 10^3} \sum_{i=1}^{n} s_i \times m_i \tag{1}$$

式中　SF——林分的树干径流量，mm；

n——树干径级数；

S_i——第 i 径级单株树干径流体积 ml；

m_i——第 i 径级的树木株数；

A——样地面积（m^2）。

根据水量平衡公式，计算得到林冠截留量 Ic：

$$Ic = Pg - (Pt + SF) \tag{2}$$

林冠截留率是研究林冠对降雨的截留作用的常用指标，可以体现一定的林冠截留规律，用每片林地的实际截留量与降雨量的比值得到每场降雨该林地的截留率，用%表示。

3 结果分析与讨论

3.1 乔木冠层降雨截留监测结果

在 2019 年夏季共收集到 4 场有效降雨，其中单次降雨量分别为 6.00mm、16.00mm、16.00mm、31.40mm，降雨时长分别为 22.20h、28.05h、7.71h、11.47h，总降雨量为 69.40mm，约占三道堰镇夏季平均降雨量的 13%，平均降雨量为 17.35mm。根据中国气象局对降雨量的等级划分，4 次降雨等级分别是小雨（24h 内 0.1～9.9mm/12h 内 0～4.9mm）、中雨（24h 内 5.0～16.9mm/12h 内 3.0～9.9mm）、中—大雨（24h 内 17.0～37.9mm/12h 内 10～22.9mm）、大—暴雨（24h 内 33.0～74.9mm/12h 内 23.0～49.9mm）。4 次降雨强度 i 分别是 0.27mm/h、0.57mm/h、2.08mm/h 和 2.74mm/h。

各类林地 4 场降雨平均冠层截留情况与变化如表 2、图 4 所示，树干径流总量变化在 0.49（慈竹）～6.14（桂花）mm 之间，透落雨总量变化在 6.53（桂花）～14.56mm（慈竹）之间，冠层截留总量变化在 1.39（银杏）～7.09mm（水杉）之间。透落雨量、径流量和冠层截留量三者呈现不一致的变化趋势与走向。树干径流率整体较低，变动于 2.84%～35.36%之间，平均值为 16.37%，其中，慈竹最低为 2.84%。透落雨率变化于 37.61%～83.89%之间，平均值为 64.30%。同一林地林下透落雨率均大于树干径流率，表明降雨时穿过乔木冠层的透落雨量要多于通过树干的雨量。冠层总截留率呈现出较大的差异，变化范围在 7.98%～40.87%之间，平均值为 19.33%。约 71%的林地的冠层截留率低于 20%，表明大多数林地在夏季表现出较低的冠层截留效率。

夏季乔木林地冠层截留总表 **表 2**

	树种	*Pg* (mm)	*SF* (mm)	*SF* (%)	*Pt* (mm)	*Pt* (%)	*Ic* (mm)	*Ic* (%)
落叶针叶	水杉	17.35	1.89	10.88	8.37	48.25	7.09	40.87
	银杏	17.35	4.35	25.07	11.53	66.44	1.47	8.49
落叶阔叶	喜树	17.35	1.68	9.65	14.29	82.36	1.39	7.98
	枫杨	17.35	3.18	18.33	12.44	71.67	1.74	10.00
落叶阔叶均值		17.35	3.07	17.68	12.75	73.49	1.53	8.23
	黑壳楠	17.35	3.25	18.71	11.37	65.55	2.73	15.74
	慈竹	17.35	0.49	2.84	14.56	83.89	2.30	13.27
	柚子	17.35	3.73	21.51	10.56	60.86	3.06	17.62
常绿阔叶	天竺桂	17.35	1.41	8.13	8.94	51.53	7.00	40.34
	香樟	17.35	2.49	14.33	12.58	72.48	2.29	13.19
	楠木	17.35	2.64	15.23	11.56	66.64	3.15	18.13
	桂花	17.35	6.14	35.36	6.53	37.61	4.69	27.03
常绿阔叶均值		17.35	2.88	16.59	10.87	62.65	3.60	20.76
总体均值		17.35	2.84	16.37	11.16	64.30	3.35	19.33

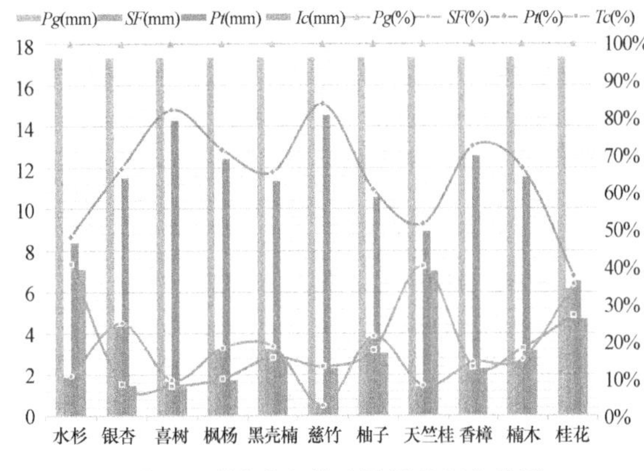

图 4 不同乔木林地冠层截留变化图

3.2 乔木冠层雨水分配的影响因子分析

3.2.1 乔木冠层雨水分配与降雨总量的关系

如图 5 所示，小雨量时林内透落雨量变化在 0.00～1.71mm 之间，透落雨率变化在 0%～28.5%之间，中—大雨量级下林内透落雨量变化在 6.13～14.09mm 之间，透落雨率在 38.31%～95.44%之间，大—暴雨量级下林内透落雨量变化在 6.70～14.09mm 之间，透落雨率在 41.88%～88.06%之间；暴雨量级下林内透落雨量变化于 10.10～29.31mm 之间，透落雨率在 31.17%～93.34%之间。随着降雨量增大，林内透落雨量不断增加，在小雨与中雨间明显增大，中雨到中—大雨量级、中—大雨量级与大—暴雨量级差距不明显。透落雨率均值在不同降雨量

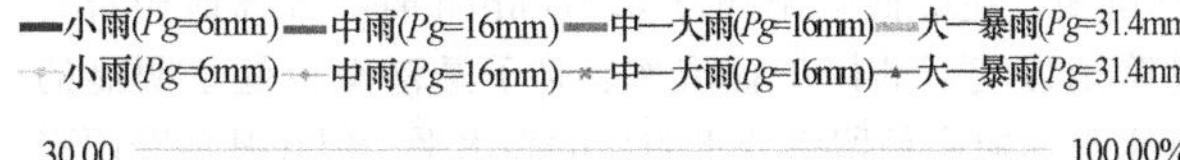

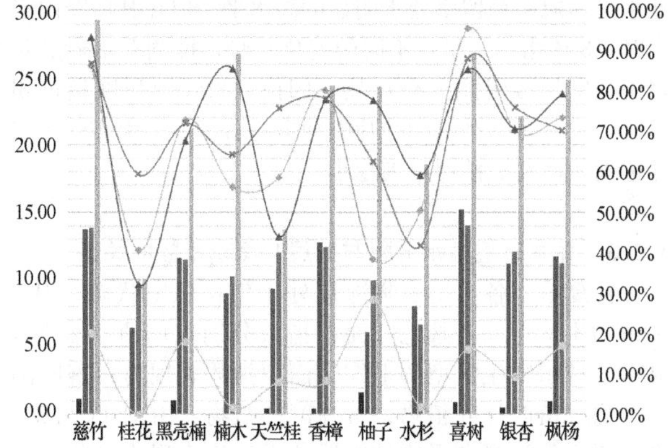

图 5　不同降雨量下林盘林内透落雨量比较

级中变化无明显规律，整体处于低水平。

由图 6 可知，小雨时径流量变化在 0.00～0.54mm 之间，径流率在 0.00%～9.00%之间；中—大雨时径流量变化在 0.54～6.20mm 之间，径流率在 3.38%～38.75%之间；大—暴雨时径流量变化在 0.48～6.05mm 之间，径流率变化在 3.00%～37.81%之间；暴雨时树干径流量在 0.82～12.27mm 之间，树干径流率在 2.61%～39.08%之间。同一树种，小雨量级时，树干径流率明显低于其他雨量级，随着降雨量增大，树干径流量也会增大。

值得注意的是，相对其他树种，慈竹林树干径流量与比率均处于较低水平。楠木、香樟、水杉 3 种林地在小雨量级时未出现树干径流量。楠木林在中—大雨量级时，树干径流量已经趋于稳定。

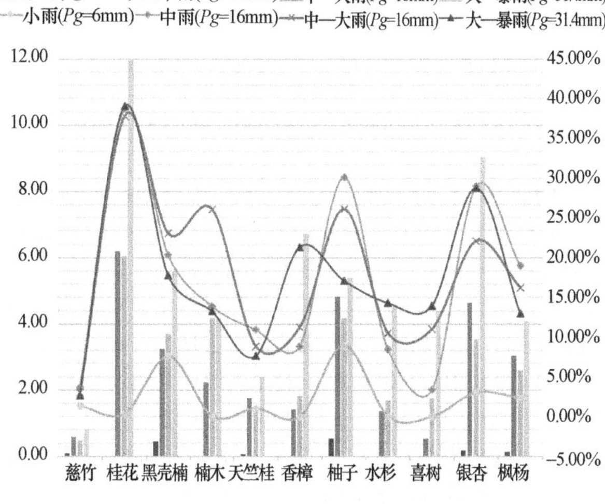

图 6　不同降雨量下林盘树干径流量比较

由图 7 可知，小雨量时冠层截留量与比率均处于较高水平，冠层截留量变化范围是 3.75～5.98mm，截留率变化范围是 62.50%～99.67%；中雨量时，截留量变化范围是 0.13～6.54mm，截留率变化范围是 0.81%～40.88%，中—大雨量时，截留量变化范围是 0.14～7.62mm，截留率变化范围 0.88%～47.59%；大—暴雨量级时，截留量的变化范围是 0.18～15.19mm，截留率的变化范围是 0.57%～48.38%。不同树种随着降雨量增大，冠层截留量表现出不同的变化，如桂花、黑壳楠、天竺桂表现出两极分化的冠层截留量，慈竹、楠木、香樟、表现出随之递减的趋势，水杉却随着降雨量增大而增大。

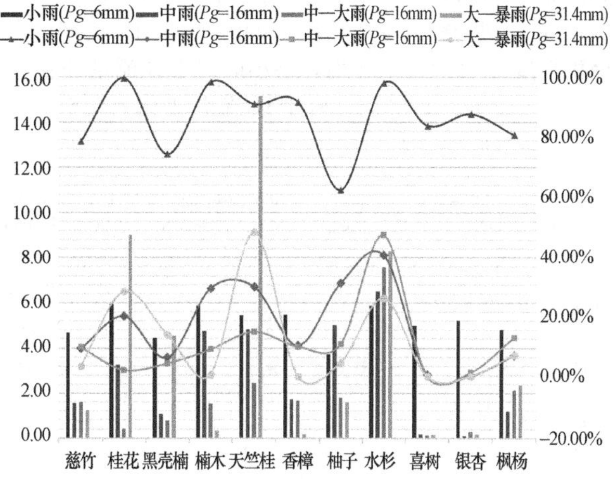

图 7　不同降雨量下林盘冠层截留量比较

3.2.2　乔木冠层雨水分配与降雨强度的关系

由图 8 可知，除了桂花、天竺桂外，多数林地每小时林内透落雨量随着降雨强度的增加而增加。随着降雨强度的增大，每小时林内透落雨量与比率呈现出一致的变化趋势。降雨强度 i=0.27mm/h 时，林内透落雨率明显低于高降雨强度时，每小时林内透落雨量变化范围是 0.00～0.08mm，透落雨率变化范围是 0～28.50%；i=0.57mm/h 时，每小时林内透落雨量变化范围是 0.22～0.54mm，透落雨率变化范围是 38.31%～95.44%；降雨强度 i=2.08mm/h 时，每小时林内透落雨量变化范围是 0.87～1.83mm，透落雨率变化范围是 41.88%～88.06%；降雨强度 i=2.74mm/h 时，每小时林内透落雨量变化范围是 0.88～2.56mm，透落雨率变化范围是 32.17%～93.34%。

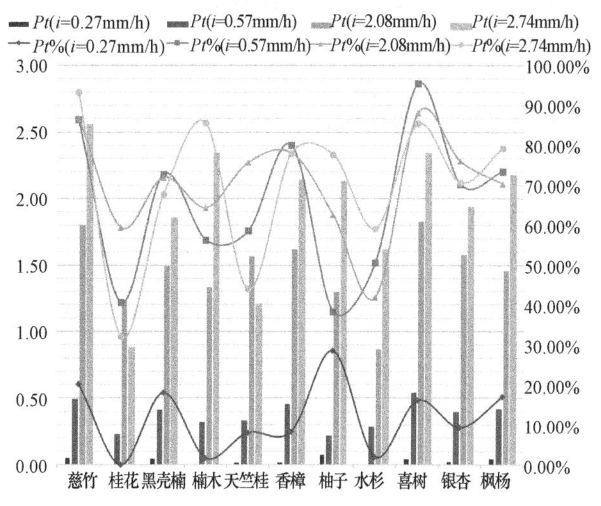

图 8　不同降雨强度下林盘林内透落雨量比较

由图 9 可知，除了楠木林、柚子林外，多数林地每小时树干径流量随着降雨强度的增加而增加。当 $i=0.27$mm/h 时，每小时树干径流量变化在 0～0.02mm 之间，树干径流率变化在 0～9.00％之间；当降雨强度 $i=0.57$mm/h 时，每小时树干径流量变化在 0.02～0.22mm 之间，树干径流率变化在 3.38％～38.75％之间；当降雨强度 $i=2.08$mm/h 时，每小时树干径流量变化在 0.06～0.78mm，树干径流率变化在 3.00％～37.81％之间；当降雨强度 $i=2.74$mm/h 时，每小时树干径流量变化在 0.07～1.07mm/h 之间，树干径流率变化在 2.61％～39.08％之间。

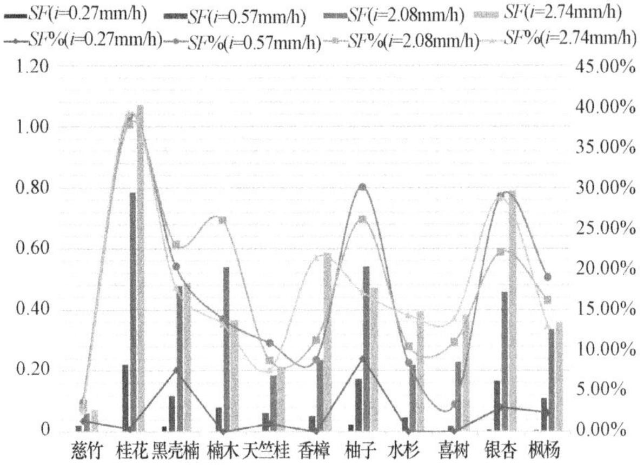

图 9　不同降雨强度下林盘树干径流量比较

如图 10 所示，各树种随降雨强度增加，冠层截留量变化没有规律。但是桂花、天竺桂、黑壳楠、水杉在降雨强度达到 $i=2.08$mm/h、$i=2.74$mm/h 时，冠层截留量突然增高。降雨强度最小时，冠层截留量变化在 0.17～0.27mm 之间，冠层截留率变化在 62.50％～99.67％之间；当降雨强度 $i=0.57$mm/h 时，冠层截留量变化在 0.00～0.23mm 之间，冠层截留率变化在 0.81％～40.88％之间；当降雨强度 $i=2.08$mm/h 时，冠层截留量变化在 0.02～0.99mm 之间，冠层截留率变化在 0.88％～40.88％之间；当降雨强度 $i=2.74$mm/h，冠层截留量变化在 0.02～1.32 之间，冠层截留率 0.57％～48.38％之间。

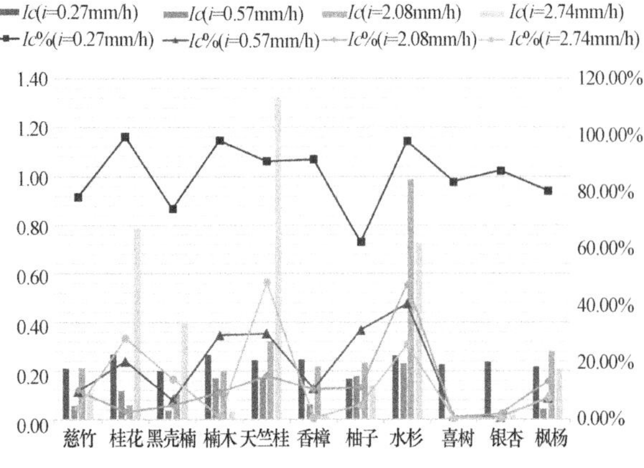

图 10　不同降雨强度下林盘冠层截留量比较

夏季 4 次降雨的降雨强度变化幅度较大，由图 8～图 10 可知，在最低降雨强度 0.27mm/h 时，各林地相对其他降雨强度下的树干径流率、林下透落雨量处于明显的低水平，冠层截留率处于明显的高水平。但在其他降雨强度时，3 项指标均呈现不同的变化趋势，推测乔木冠层对降雨强度的截留能力存在某一阈值，当降雨强度超过阈值时，雨滴对园林植物叶片的冲击力就越大，很容易形成穿透雨，而树冠截留量则越小。

3.2.3　乔木冠层雨水分配与冠层叶面积指数的关系

在夏季，各类型植物冠层处于生长稳定状态，对 3 种植物生活型的各林地叶面积指数分别求均值（表 3），显示 3 种植物生活型的平均叶面积指数表现为：落叶阔叶植物＞落叶针叶植物＞常绿阔叶植物。由图 11 可知，平均树干径流量和平均林内透落雨量均表现为：落叶阔叶林＞常绿阔叶林＞落叶针叶林；平均冠层截留量与叶面积指数呈负相关关系：落叶针叶＞常绿阔叶＞落叶阔叶。

夏季不同植物生活型的平均叶面积指数　表 3

	常绿阔叶	落叶阔叶	落叶针叶
叶面积指数	1.15	1.37	1.23

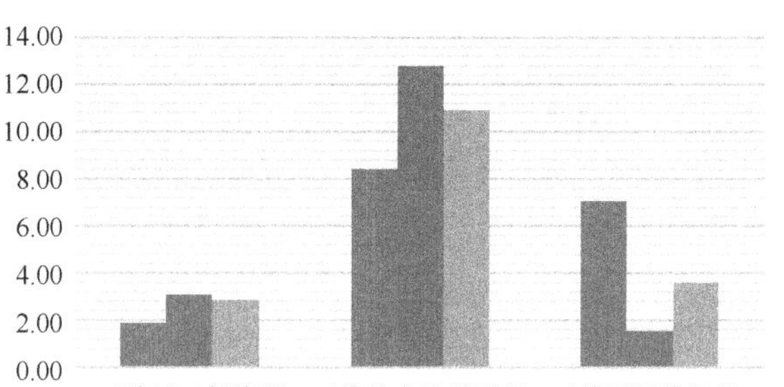

图 11　不同植物生活型的冠层截留变化图

如图 12，在同一降雨量下，不同生活型树种林内透落雨量和树干径流量显示出一致性：落叶阔叶＞常绿阔叶＞落叶针叶；在不同雨量级下，阔叶林的平均截留量变化较大，而针叶林平均截留量变化相对较小。对于同一种植物生活型，针叶植物的冠层截留率表现为：小雨＞中一大雨＞大一暴雨，阔叶植物不管是常绿还是落叶，冠层截留率在小雨时远大于中一大雨和大一暴雨，而中一大雨和大一暴雨时相差较小，表明在小雨时各植物生活型的冠层对雨水的截留效率更高。

在夏季，落叶植物叶片全部长出，各植物生活型的平均叶面积指数均大于 1，虽然夏季落叶阔叶植物的平均叶面积指数大于常绿阔叶植物，但是常绿阔叶植物的冠层截留效率表现高于落叶阔叶植物；而落叶针叶植物虽然叶面积指数不是最高，却在不同雨量级反映出较其他植物生活型最大的截留率，可能与针叶植物的针叶细小密集以及较强的吸水性有关。

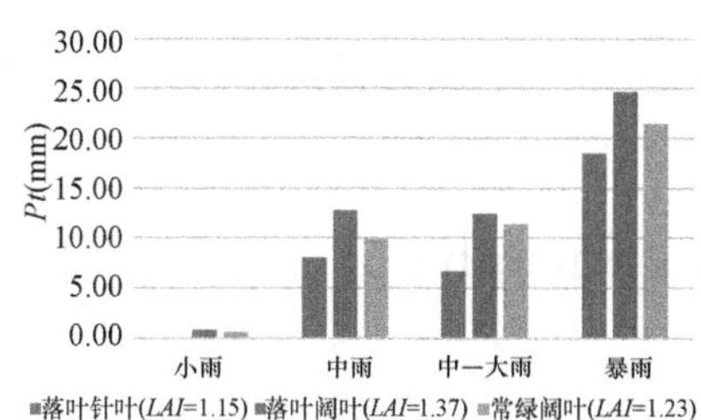

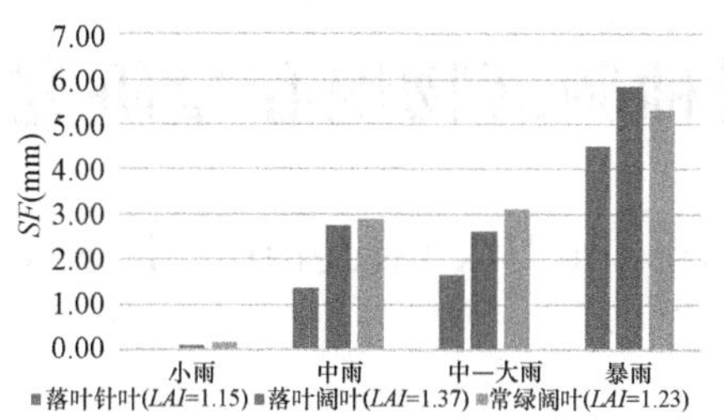

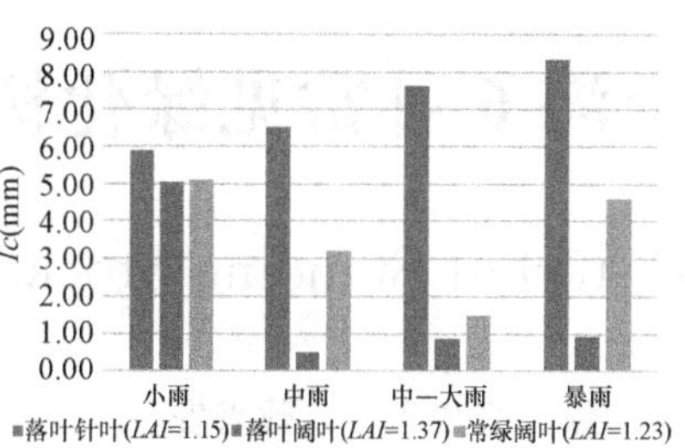

图 12　不同降雨量下不同生活型树种冠层截留能力比较

4　结论与展望

本研究通过对成都市郫都区三道堰镇青塔村川西林盘乔木冠层降雨截留效应的测量，得到以下结论：①树干径流率变动于 2.84%～35.36%之间，平均值为 16.37%。透落雨率变化于 37.61%～83.89%之间，平均值为 64.30%。冠层总截留率呈现出较大的差异，变化范围在 7.98%～40.87%之间，平均值为 19.33%。约 71%的林地的冠层截留率低于 20%；②夏季不同降雨量和降雨强度下，林盘乔木冠层截留效果变化不同；当小雨量级（Pg=6mm，i=0.27mm/h）时，各林地的径流率透落雨量处于明显低于其他降雨量级，但冠层截留率处于明显的高水平；③不同生活型乔木冠层夏季降雨截留量具有以下特征：落叶针叶＞常绿阔叶＞落叶阔叶；④桂花、水杉、天竺桂表现出较好的冠层截留效果，柚子、喜树、银杏的冠层截留效果相对差。

本研究中，仅获得了 4 次夏季有效降雨的林冠截留数据，如冠层截留容量在本研究中由于数据有限无法体现，并且不足以分析得到林冠截留过程与降雨量、降雨强度等自变量的回归统计模型。可以补充川西林盘不同季节的降雨截留数据，以进行更深入明确的经验统计分析。乔木冠层雨水再分配影响要素多，对实验结果存在不同程度地干扰，张焜等[12]通过对 25 场降雨的研究得出了不同生活型林冠截留的影响因子（降雨量、降雨强度、风速、空气湿度、气温）的影响程度顺序。在本研究中，仅对叶面积指数、降雨量、降雨强度进行了探究，未来可在此基础上，增加对各影响因素的探讨，以得到精确度更高的模型。

另一方面，城市园林绿化中，不仅可以研究乔木冠层截留效果，还可以针对灌木层、草本层进行降水再分配的研究。对不同层次、不同生活型的植物降水再分配的研究，可以从雨洪管理角度提出适宜的园林植物配置建议。在本研究中，表现出较好的冠层截留效果的植物种类（桂花、水杉、天竺桂）和表现较差的植物种类（慈竹、喜树、银杏）可以进一步研究，探讨植物本身影响林冠截留的因素，如谢锦忠等[13]针对麻竹水文生态效应的研究。竹作为川西林盘植物组成中的典型树种，具有不可替代的文化价值、经济价值与生态价值，是近年来关于川西林盘的研究热点。在本研究中，慈竹表现出高林下透落雨量和低树干径流量的特点，可以进一步研究竹类植物冠层截留特点。以期更加客观全面地认识乔木的冠层截留作用，从而完善林盘植物截留作用研究成果，为新农村等人居户外环境规划设计提供可靠的数据依据。

参考文献

[1]　方志戎，李先逵．川西林盘文化的历史成因[J]．成都大学学报(社会科学版)，2011(05)：45-49.

[2]　刘勤，王玉宽，郭滢蔓，等．成都平原林盘的研究进展与展望[J]．中国农学通报，2017，33(29)：150-156.

[3]　周长艳，岑思弦，李跃清，等．四川省近 50 年降水的变化特征及影响[J]．地理学报，2011，66(5)：619-629.

[4]　郭胜男，林萍，吴荣，等．昆明市园林植物树冠截留降雨及其影响因素研究[J]．广东农业科学，2014，41(23)：47-51.

[5]　李苗，史红文，邓永成，等．武汉市 24 种常见园林植物冠层雨水截留能力研究[J]．园林科技，2018(04)：18-22.

[6]　中野秀章．森林水文学．[M]．李云森译．北京：中国林业出版社，1983.

[7]　方向京，张志，孙大庆，等．流域景观异质性及森林动态模拟研究进展[J]．世界林业研究，2006，19(1)：20-26.

[8]　Brooker R W. Plant-plant interactions and environmental change[J]. NewPhytologist, 2006, 171(2): 271-284.

[9]　Sun J M Yu X X, Wang H N et al. Effects of forest structure on hydrological processes in China[J]. J. Hydrol., 2018, 561: 187-199.

[10]　刘勤，王玉宽，郭滢蔓，等．林盘的形态特征和植物种类构成与分布[J]．生态学报，2018，38(10)：3553-3561.

[11]　郭滢蔓，徐佩，刘勤，等．成都平原林盘的空间分布特征——以郫县为例[J]．西南师范大学学报(自然科学版)，2017，42(05)：121-126.

[12]　张焜，张洪江，程金花，等．重庆四面山 5 种森林类型林冠截留影响因素浅析[J]．西北农林科技大学学报(自然科学版)，2011，39(11)：173-179.

[13]　谢锦忠，傅懋毅，马占兴，等．麻竹人工林水文生态效应[J]．林业科学研究，2005(06)：682-687.

作者简介

宗桦，女，1981 年生，博士，西南交通大学风景园林系副教授、硕士生导师，澳大利亚昆士兰大学访问学者，研究方向为乡村景观和乡村生态。电子邮箱：huangjiaqiutian@aliyun.com。

陈莹莹，1997 年 10 月生，女，汉族，四川资中，硕士在读，西南交通大学。

姚鳗卿，1995 年 8 月生，女，汉族，四川绵阳，硕士在读，西南交通大学。

王倩，1994 年 9 月生，女，汉族，山西省忻州市，西南交通大学硕士。

上海 6 种常见绿化树种凋落物现存量研究①

Litterfall Standing Stocks of the Six Greening Trees in Shanghai

陈 颖 张庆费* 戴兴安

摘 要： 凋落物现存量对绿地凋落物原地循环利用和绿地生态系统自维持具有重要意义。采用方形凋落物收集器，测定上海市闵行体育公园香樟（*cinnamomum camphora*）、女贞（*ligustrum lucidum*）、意杨（*populus euramevicana*）、黄山栾树（*koelreuteria bipinnata*）、秃瓣杜英（*elaeocarpus glabripetalus*）和喜树（*camptotheca acuminata*）6 种树种纯林的年凋落物量、现存量（包括未分解、半分解和已分解层）。结果表明，枯枝落叶总现存量依次为香樟林（7.28t/hm²）、意杨林（6.74t/hm²）、喜树（5.35t/hm²）、黄山栾树（5.09t/hm²）、女贞（4.95t/hm²）和秃瓣杜英（3.16t/hm²），现存量除与树种枯枝落叶的数量相关外，还与分解速率相关；除了香樟分解率为 87.79%，多数树种表现为年凋落量大于现存量，其枯枝落叶分解率都大于 100%，物质循环快，研究结果为合理开展绿地凋落物管理和生态利用提供依据。

关键词： 凋落物；现存量；绿地群落；分解；自维持

Abstract: Litterfall standing stocks have some significance to circulating utilization of litters in original place and self-maintenance of urban greenland ecosystem. The six arbor greenland community in mother forest of Minhang sports park: Cinnamomum camphora, Ligustrum lucidum, Populus tremuloides, Koelrenteria paniculata, Elaeocarpus sylvestris, and Camptotheca acuminatea, their annual litter amounts and total litterfall standing stocks (including standing stocks of the litterfall, duffs and humus) were measured and compared. The result showed that the were ranked as follows: Cinnamomum camphora (7.28t/hm²), Populus tremuloides (6.74t/hm²), Camptotheca acuminatea (5.35t/hm²), Koelrenteria paniculate (5.09t/hm²), Ligustrum lucidum (4.95t/hm²), Elaeocarpus sylvestris (3.16t/hm²). The litterfall standing stocks is related with the amount of litterfall as well as the decomposition rate. Except Cinnamomum camphora, the rate of litterfall's decomposition is 87.79%, most trees were over 100% and showed that the annual amount of litterfall is larger than standing stocks of the litterfall. The material cycle were quick. The results provide the basis for the rational development of litter management and ecological utilization of green space.

Key words: Litterfall Standing Stocks; Urban Greenland Community; Decomposition; Self-maintenance

凋落物是由植被地上部分产生并归还到地表的所有有机物质的总称[1]，城市绿地同样产生大量凋落物量，以往绿地养护往往将凋落物作为垃圾直接清扫，近年来越来越多地收集堆肥利用。凋落物是植物群落植物和土壤间物质交换的中心环节，在生态系统物质循环及养分平衡、生物栖息地保护、林下种子萌发与幼苗生长等方面起着重要作用[2,3]。相比自然植被和人工林，城市绿地凋落物的研究报道较少，主要侧重凋落物数量与动态[4-6]、养分分解与动态[6]以及对土壤的影响[7,8]。凋落物现存量是凋落量和分解量动态平衡的结果，是了解生态系统养分循环过程的基础[9]。近年来，城市绿地凋落物现存量的研究也引起关注[10,11]，但针对主要绿化树种的研究还较少。

因此，通过开展上海主要绿化树种的凋落物现存量观测，分析不同树种凋落物的周转特征，探讨凋落物对城市绿地生态系统自维持机制作用，更好地发挥绿地生态功能，并为城市绿地生态管理提供依据。

1 研究地区及绿地群落概况

研究地区位于上海市闵行体育公园（31°05′N，121°25′E），属北亚热带季风气候，四季分明，年平均气温 15.7℃，年极端最高气温 38.7℃，年极端最低气温 −11.0℃，年平均降水量为 1123.3mm。冬夏长，春秋短，日照充足，雨量充沛。

选择香樟、女贞、秃瓣杜英三种常绿树种以及意杨、黄山栾树和喜树三种落叶树种，调查群落为种群年龄、郁闭度相近，凋落物层发育时间接近，且林下仅有少量灌木的 6 种纯林类型，群落基本特征见表 1。

调查群落概况 表 1

群落植被类型	平均高度 (m)	平均胸径 (cm)	密度 (株/m²)	郁闭度 (%)
香樟林	11	15.29	0.18	95
女贞林	5	9.62	0.17	90
秃瓣杜英林	5	14.65	0.3	95
意杨林	11	9.71	0.14	85
喜树林	13	12.95	0.36	85
黄山栾树林	9	11.25	0.14	90

① 基金项目：上海市绿化和市容管理局科研攻关项目（编号：G202403）。

2 研究方法

2.1 凋落物凋落量与现存量测定

在群落生长状况良好，树龄、立地条件及密度基本相同的前提下，6类不同群落各设置20m×20m的样地，以梅花型在每块样地中放置5个1m×1m的方形凋落物收集器。每个月收集一次凋落物，并区分优势种的营养器官（凋落叶、枝）和生殖器官（花、果），将动物残体及排泄物和不能识别的分解物质等归为其他组分，在80℃烘箱中烘干至恒量，并称量。在树种生长结束期的1月份，以梅花型在各群落样地测定5个1m×1m样方内的凋落物未分解层（L层）、半分解层（D层）和已分解层（H层）的数量；并按照凋落物量分类和称重方法，对L层和D层的组分分类收集统计。

2.2 数据处理

运用Microsoft Excel软件进行数据整理与绘图。依据1～12月各群落的凋落物各组分之和，计算群落的年总凋落量；依据凋落物分解与积累的关系，计算凋落物的分解率及周转期，公式如下[11]：

$$K=L/X$$

$$T=1/K$$

式中：K为凋落物分解率，L表示年凋落量，X表示群落凋落物现存量，T为凋落物的周转期。

3 结果与分析

3.1 各树种年凋落量的比较

凋落物主要由尚未分解、半分解和已分解的枯枝落叶组成，与群落组成树种特征与气候等特性有关。由于所选择树种群落的立定条件相似，故本研究观测的凋落物数量差异主要取决于群落种类组成、结构与树种本身的生物学特性。

由表2可知，通过对不同树种枯枝落叶数量的一年观测，比较各树种的年凋落物量，树种间存在差异，喜树>女贞>黄山栾树>意杨>香樟>秃瓣杜英，总体而言，喜树林、女贞林的年凋落量较大，两者年凋落量都超过10t/hm²，而香樟林和秃瓣杜英林较小，分别为5.95t/hm²和4.44t/hm²。

各树种群落年凋落物量　　表2

群落植被类型	喜树林	女贞林	黄山栾树林	意杨林	香樟林	秃瓣杜英林
年凋落量（t/hm²）	10.67	10.12	7.49	7.12	5.95	4.44

各群落凋落物主要由凋落叶、枝、芽、树皮、花果及其他杂质组分构成，对于不同的树种，凋落物的组分对凋落物总量的贡献存在显著差异。由图1可见，枯落叶均为各群落凋落物的最大组分，叶比例最高的是女贞林，最小的是喜树林；此外，除了女贞林凋落物表现为叶>果>枝>花，其余5种群落均为叶>枝>果>花；且本实验意杨为杂交树种，没有花果，也没有花果的凋落。总体而言，叶为各群落凋落物的主要成分，同时花果的凋落量比枝叶的凋落量小（图1）。

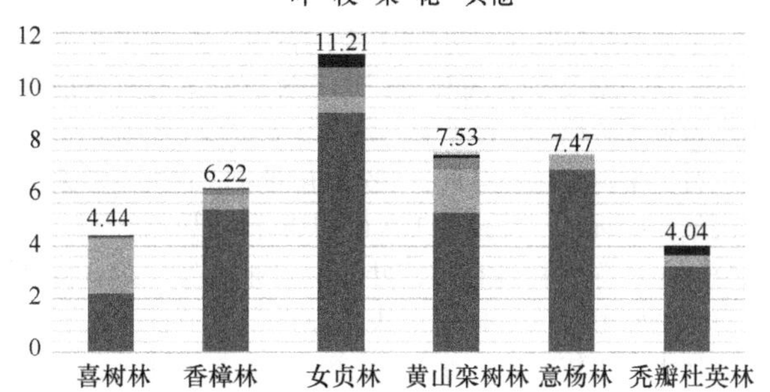

图1　各树种群落凋落物组分构成数量

3.2 各树种凋落物现存量的比较

凋落物现存量是指单位面积土壤表层所积累的凋落物量，受凋落物贮量和分解量的动态关系决定。反映着植物群落间的差别，是凋落物输入和输出（分解）后的净积累量，是凋落量和分解量动态平衡的结果[9]。

各树种凋落物未分解层、半分解层和已分解层组分现存量（t/hm²）　　表3

群落植被类型	叶		枝		果		其他		合计		
	L	D	L	D	L	D	L	D	L	D	H
意杨林	3.02	2.11	0.96	0.31	—	—	0.20	0.17	4.18	2.59	0.35
秃瓣杜英林	1.63	0.91	0.43	0.04	—	—	—	—	2.06	0.95	0.15
喜树林	3.28	1.35	0.45	0.06	—	—	—	—	3.73	0.41	0.21
黄山栾树林	1.58	1.08	1.21	0.53	0.37	0.01	0.03	0.03	3.19	0.65	0.31
女贞林	2.61	1.23	0.41	0.13	0.37	0.01	0.05	0.06	3.44	0.43	0.21
香樟林	3.46	1.76	1.27	0.39	0.03	0.01	0.08	0.10	4.84	2.26	0.35

表中：L指未分解层、D指半分解层、H指已分解层

各绿地群落凋落物现存量如表3和图2所示，凋落物总现存量（L+D+H）从大到小的顺序为：香樟>意杨>喜树>黄山栾树>女贞>秃瓣杜英，最大的是香樟，最小的是杜英。与年凋落物贮量（喜树>女贞>黄山栾树>意杨>香樟>秃瓣杜英）相比看出，女贞的凋落物数量多（10.12t/hm²）但现存量低；香樟的凋落物数量较少（5.95t/hm²）但现存量较高，这可能与香樟分解速率低而女贞分解较快有关。因此，现存量除与树种枯枝落叶的数量相关外，还与分解速率相关。

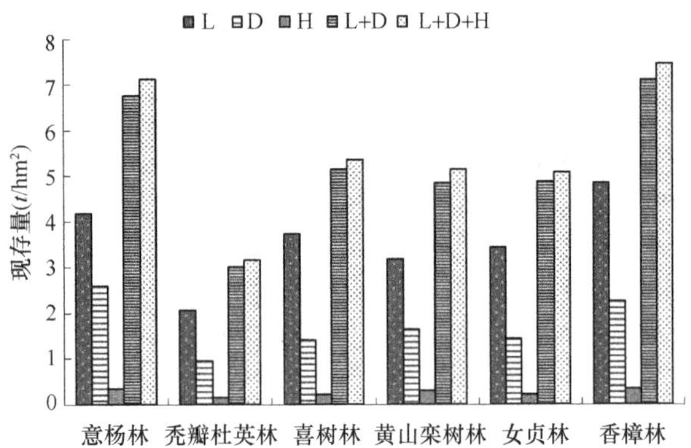

图2 各群落枯枝落叶各层组分现存量

未分解层量从大到小依次为：香樟>意杨>喜树>女贞>黄山栾树>秃瓣杜英，半分解层量从大到小依次为：意杨>香樟>黄山栾树>喜树>女贞>秃瓣杜英。可见，黄山栾树的总现存量、半分解层量比女贞大，但未分解层量比女贞小，这是由于黄山栾树叶更易分解。因此，未分解层量除与树种枯枝落叶的数量相关外，还与树种本身生物特性相关。同时，从未分解和半分解的总和来看，从大到小依次为：香樟>意杨>喜树>黄山栾树>女贞>秃瓣杜英。未分解层、半分解层量总和的变化与总现存量的变化一致。

凋落物是城市绿地微生物、小节肢动物的食物来源，因为它们的取食，凋落物得到分解，使分解的一部分物质直接进入土壤中，完成物质循环。H层是已失去原有植物形态，肉眼不能辨认的已分解部分，已分解层量从大到小的顺序为：香樟>意杨>黄山栾树>喜树>女贞>秃瓣杜英。其中分解层与总现存量比例的大小顺序为：黄山栾树>意杨>香樟>杜英>秃瓣女贞>喜树，比例最大的是黄山栾树，最小的是喜树。这一比例与枯枝落叶的分解率有关。

3.3 各树种凋落物现存量组分及其比较

已分解层的植物组分已难以辨认，主要对未分解层和半分解层的组分进行分析。由表4可见，叶现存量表现为香樟最大，杜英最小，而枝现存量表现为黄山栾树最大，秃瓣杜英最小。总体上，叶的现存量比枝的现存量高，且叶、枝的现存量与凋落量和基质特性都有关。

从各组分的半分解层与未分解层各组分的比值(D/L)可见，半分解层与未分解层的比例都小于1，叶的D/L最大的是意杨，最小的是喜树。枝的D/L最大的是黄山栾树，最小的是秃瓣杜英。枝的这一比例比叶的要小得多，这与叶较容易分解，而枝分解较慢有关。同时，植物叶在半分解层的比例大大低于分解层中的比例，而枝、皮和果等比例则增加，尤其是其他类增加更为明显，这与树叶、灌木叶、草本容易分解，而枝、皮和果实等分解缓慢有关。此外，除了香樟、黄山栾树、女贞外，其他树种的果实现存量极少，这是由于年凋落量少，动物取食、城市绿地存在人为拣取、践踏等人为因素。

各树种半分解层与未分解层各组分的比值　表4

群落类型	叶	枝	果
意杨林	0.70	0.32	
秃瓣杜英林	0.56	0.09	
喜树林	0.41	0.13	
黄山栾树林	0.68	0.44	0.03
女贞林	0.47	0.32	0.03
香樟林	0.51	0.31	0.33

3.4 各树种凋落物的周转

当凋落物进入地表，开始了物理、化学和生物的凋落物分解过程，通过这些过程释放出生态系统所需要的养分，参与城市绿地生态系统的物质循环和能量流动过程。

从表5可见，不同群落类型的分解率不同。最大的是女贞，为204.49%，周转时间最短，其次是喜树、黄山栾树、秃瓣杜英、意杨，香樟的分解率最小，为87.79%，周转时间最长。除了香樟的分解率小于100%外，其他群落的枯枝落叶分解率都大于100%，这是因为它们的年凋落量大于现存量，物质养分循环很快，而香樟叶的油脂成分高，难分解，分解率较低，群落物质养分循环较慢。

不同组分的凋落物分解速度也不同，叶的分解率远大于枝。在不同树种叶的分解率中，秃瓣杜英分解速度远快于其他树种，而女贞、黄山栾树和喜树的分解率相差不大，因香樟叶的特性，分解率最小。不同树种的枝的分解率也有很大差异，分解最快的是秃瓣杜英，其次是喜树、女贞、黄山栾树，而意杨和香樟的枝分解较慢。

各群落凋落物的分解率（%）和周转情况　表5

群落植被类型	叶		枝		合计	
	K	T	K	T	K	T
香樟林	99.87	0.0100	30.07	0.0333	87.79	0.0114
女贞林	209.68	0.0048	116.54	0.0086	204.49	0.0049
黄山栾树林	200.98	0.0050	93.37	0.0107	147.09	0.0068
意杨林	126.68	0.0079	41.27	0.0242	105.59	0.0095
秃瓣杜英林	3257.86	0.0003	1876.07	0.0005	140.60	0.0071
喜树林	197.02	0.0051	236.69	0.0042	199.55	0.0050

注：K指凋落物分解率，T指凋落物周转率

4 结论与讨论

通过对上海 6 种常见绿化树种香樟、女贞、意杨、黄山栾树、秃瓣杜英和喜树纯林的年凋落物量与现存量的测定。凋落物总现存量依次为香樟林（7.28t/hm²）、意杨林（6.74t/hm²）、喜树（5.35t/hm²）、黄山栾树（5.09t/hm²）、女贞（4.95t/hm²）和秃瓣杜英（3.16t/hm²）；而除了香樟分解率为 87.79%，多数树种表现为年凋落量大于现存量，其枯枝落叶分解率都大于 100%，物质循环快，在中亚热带区域，可以实现原地分解利用。

城市绿地受到不同程度的人类活动影响，其土壤成为城市污染物的汇合源，上海城市绿地呈现土壤结构差、土壤肥力较低等特征[12]。而城市绿地生态系统的凋落物作为重要的养分库，其积累和分解速率直接影响绿地生产力。凋落物可通过缓冲人为踩踏、调节土壤的孔隙状况、减少地表径流，改善土壤性状；通过养分循环将植物体营养物质输送到土壤，提高土壤肥力，为城市绿地植物供应生长介质和养分。本研究发现，上海绿地主要树种凋落物的物质养分循环较快，通过凋落物的保护，实施原位分解，改变目前常常将凋落物作为固体废弃物清理的状况，维护城市绿地生态系统的物质循环过程，促进土壤自肥和绿地自维持机制的发挥。

同时，6 种树种的凋落物现存量差异较大，数量分布在 3.16～7.45t/hm²之间，其中由于香樟叶分解率较低，香樟林物质养分循环较慢，而秃瓣杜英林养分循环最快。针对树种凋落物现存量、分解率、立定条件的差异，采取科学的人为管理手段，如通过树种混交、凋落物 C/N 比的人工调控，促进群落凋落物的分解，让长期被视为“废弃物”的凋落物得到有效利用，提高绿地土壤质量。

凋落物除了在提升土壤肥力、维持生态系统物质循环和养分均衡起着重要作用外，凋落物本身也是绿地独特的景观，尤其是斑斓多彩的落叶秋色景观，也可丰富绿地野趣景观；同时，凋落物也可为野生动物营造庇护和栖息生境。

参考文献

[1] Parsons S A，Congdon R A，Lawler I R．Determinants of the pathways of litter chemical decomposition in a tropical region[J]. New Phytologist，203，873-882.

[2] 高志红，张万里，张庆费．森林凋落物生态功能研究概括及展望[J]. 东北林业大学学报. 2004，32(6)：79—80，83.

[3] 张庆费，辛雅芬. 城市枯枝落叶的生态功能与利用[J]. 上海建设科技，2005，(2)：40-41，55.

[4] 徐文铎，陈玮，何兴元，等. 沈阳城市森林凋落物数量及动态[J]. 应用生态学报，2012，23(11)：2931-2939.

[5] 章志琴，林勇明，王宛茜，等. 无锡城市绿地凋落物数量特征及其影响因素研究[J]. 西南林业大学学报(自然科学)，2020，40(1)：69-76.

[6] 车文玉，商侃侃，王妍婷，等. 上海不同发育阶段香樟人工林凋落物及其养分动态[J]. 西北林学院学报，2016，31(1)：42-47.

[7] 郑思俊，张庆费，吴海萍，等. 上海外环线绿地群落凋落物对土壤水分物理性质的影响[J]. 生态学杂志，2008，27(7)：1122-1126.

[8] 吕娇，Mustaq S，崔义，等. 土壤紧实度和凋落物覆盖对城市森林土壤持水、渗水能力的影响 [J]. 北京林业大学学报，2020，42(8)：102-111.

[9] 张庆费，徐绒娣. 浙江天童常绿阔叶林演替过程的凋落物现存量[J]. 生态学杂志，1999(2)：17-21.

[10] 张璇，唐庆龙，张铭杰，等. 深圳市绿地植被凋落物存留特征及其影响因素[J]. 北京大学学报：自然科学版，2011，47(3)：545-551.

[11] 章志琴，朱亚男，杨晓荣，等. 无锡城市绿地凋落物存留特征及处理方式分析[J]. 林业勘察设计. 2019，(4)：14-17

[12] 马想，张浪，黄绍敏，等. 上海城市绿地土壤肥力变化分析[J]. 中国园林，2020，36(5)：104-109.

作者简介

陈颖，女，1996 年 3 月生，湖南邵阳，中南林业科技大学风景园林学院与上海辰山植物园联合培养硕士研究生，研究方向为风景景观规划与设计。电子邮箱：meandi@qq. com。

张庆费，男，1966 年，浙江泰顺，上海辰山植物园教授级高工，研究方向为城市植物生态学。电子邮箱：qfzhang@126. com。

戴兴安，男，1968 年生，湖南邵阳，中南林业科技大学风景园林学院教授，研究方向为风景景观规划与设计。

街道植物空间与步行活动愉悦感的关联研究①

Research on the Relationship between Street Plant Space and Pleasure of Pedestrian Activity

高　翔　董贺轩*　冯雅伦

摘　要：植物作为空间构成要素形成了街道植物空间，对步行活动愉悦感造成影响。本文运用SD法和判断矩阵法，以武汉7个样本街道为例对街道植物空间、步行活动愉悦感以及两者之间的关联进行量化研究及分析。结果表明街道植物空间中上层植物对步行活动愉悦感有很强的关联性，树形、平均株高、平均枝下高、平均冠幅、株距、盖度等街道植物空间要素对步行活动愉悦感有不同程度的影响。最终，基于上述结论对街道植物空间提出设计建议。

关键词：街道；植物空间；愉悦感；SD法；判断矩阵法

Abstract: As a spatial component, plants form the street plant space, which has an impact on the pleasure of walking activities. By using the SD method and the estimation matrix method, this article takes seven sample streets in Wuhan as examples to conduct quantitative research and analysis on the street plant space, the pleasure of walking activities and the relationship between the two. The results show that the upper-layer plants in the street plant space have a strong correlation with the pleasure of walking activities, and the tree shape, average plant height, average under-branch height, average crown width, plant spacing, coverage and other street plant spatial elements have varying degrees of influence on the pleasure of walking activities. Finally, based on the above conclusions, design suggestions for street plant spaces are put forward.

Key words: Street; Plant Space; Pleasure; Estimation-matrix; SD Method

街道是城市中最重要的公共活动场所，是城市中富有生命力的器官，街道功能以步行为主，兼容社会生活与交通穿行功能。随着人们对生活品质追求的提高，现下的街道环境已不能满足要求，街道景观开始快速发展[2]，植物作为街道景观的一种要素，具有构成、限定、组织的空间构成作用[3]，街道形成了大量植物空间。街道植物空间的设计需要满足现在对人性化的设计要求，着重关注人们的情绪，愉悦感（pleasure）是M-R环境心理模型中解释不同环境的情绪感知现象的3个维度之一，是情绪感知的重要因子[4]。

目前为止，关于街道的研究大多集中在街道空间[5]、街道景观[9]、街道步行空间[12]等方面，强调了街道本身形成的空间及植物作为景观要素的作用，将植物同时作为空间要素形成的街道植物空间的研究存在不足。本文选取了绿化水平较高、街道植物空间类型较为丰富的华中科技大学及周边的7条街道作为典型样本进行分析（图1），并运用SD法及判断矩阵法对街道植物空间步行活动愉悦感进行评价，分析街道植物空间与步行活动愉悦感之间的联系，为之后街道进行植物空间的设计及建设提供参考。

图1　样本街道区位图

1　街道植物空间特征

1.1　样本街道植物空间的要素

街道绿化大多以行道树的形式存在，采用规则式的种植方式，除保证使用者遮荫与通行的基本需求外，还满足了统一而有序的街道景观需求，基于此，本文将街道划

① 基金项目：国家自然科学基金面上项目“住区开放空间的适老健康绩效与设计导控研究——基于武汉实证”（项目编号：51978298）；湖北省自然科学基金面上项目“社区公共空间对退休群体精神健康调适的作用机制研究”（项目编号：2019CFB419）。

分为长度为 50m 的基本单元进行研究。

首先，将街道绿化所用植物划分为上、中、下 3 个层面，上层植物为高大乔木层，中层为亚乔层，下层为灌木-草本层。并且，选取与街道植物空间构成相关的要素：树形、H/m 平均株高、h/m 平均枝下高、P/m 平均冠幅、L/m 株距、盖度，对街道植物空间进行描述。其中，树形为植物形态，常见的树形有圆球形、椭球形、伞形、柱形、塔形、圆锥形、半圆形、卵形、倒卵形等，特殊的有垂枝形、棕榈形、拱枝形等[15]；平均株高、平均枝下高、平均冠幅为该种植物在样地内的平均值；株距指某种植物在同一行中相邻两个植株之间的距离；盖度（Coverage）即投影盖度，指植物地上部分垂直投影面积占样地面积的百分比[16]。

1.2 样本街道植物空间特征

通过实地调研的方式分别对 7 个样本进行调查（图 2～图 8），对其相关要素进行数据采集（表 1），并绘制了对应的平面图（图 9）及立面图（图 10）。

(a)

(b)

(c)

图 2 街道一植物空间

(a)

(b)

(c)

图 3 街道二植物空间

(a)

(b)

(c)

图 4 街道三植物空间

(a)

(b)

(c)

图 5 街道四植物空间

(a)

(b)

(c)

图 6　街道五植物空间

(a)

(b)

(c)

图 7　街道六植物空间

(a)

(b)

(c)

图 8　街道七植物空间

样本街道植物空间特征　　**表 1**

			树形	平均株高 (H/m)	平均枝下高 (h/m)	平均冠幅 (P/m)	株距 (L/m)	植物种类	盖度 (%)
街道一	A	上层	椭球形	7	2.0	3.0	5.0	银杏	0
		中层	圆球形	3	/	3.0	5.0	石楠	
		下层	/	0.15	/	/	/	鸡冠花	
			/	0.15	/	/	/	一串红	
	B	/							
街道二	A	上层	椭球形	20	2.9	9.0	9.0	英桐	90
	B	上层	椭球形	20	2.9	9.0	9.0	英桐	
街道三	A	上层	椭球形	15	2.9	6.0	5.0	英桐	50
	B	上层	椭球形	15	2.9	6.0	5.0	英桐	
街道四	A	上层	椭球形	25	3.5	9.0	8.0	英桐	70
	B	中层	圆球形	6	2.0	6.0	4.0	桃叶石楠	
			伞形	18	2.5	5.0	4.0	白玉兰	
		下层	/	0.5	/	/	/	珊瑚树	

续表

			树形	平均株高（H/m）	平均枝下高（h/m）	平均冠幅（P/m）	株距（L/m）	植物种类	盖度（%）
街道五	A	上层	椭球形	20	2.9	8.0	5.0	英桐	90
	B	上层	椭球形	20	5.0	10.0	3.5	香樟	
		中层	圆球形	4	/	3.0	3.0	桃叶石楠	
街道六	A	上层	椭球形	20	3.5	10.0	5.0	香樟	60
	B	中层	伞形	5	2.0	4.0	3.0	紫玉兰	
			/	2	/	2.5	3.0	红花檵木	
		下层	/	1.5	/	/	/	红叶石楠	
街道七	A	上层	椭球形	20	3.0	8.0	4.5	英桐	95
		中层	圆球形	2	/	1.5	1.5	桃叶石楠	
		下层	/	1.6	/	/	/	珊瑚树	
	B	上层	椭球形	20	3.0	8.0	4.5	英桐	
		中层	棕榈形	6	4.0	3.0	3.0	蒲葵	
			伞形	18	2.5	5.0	2.5	白玉兰	
说明	A、B分别指街道两侧的植物空间								

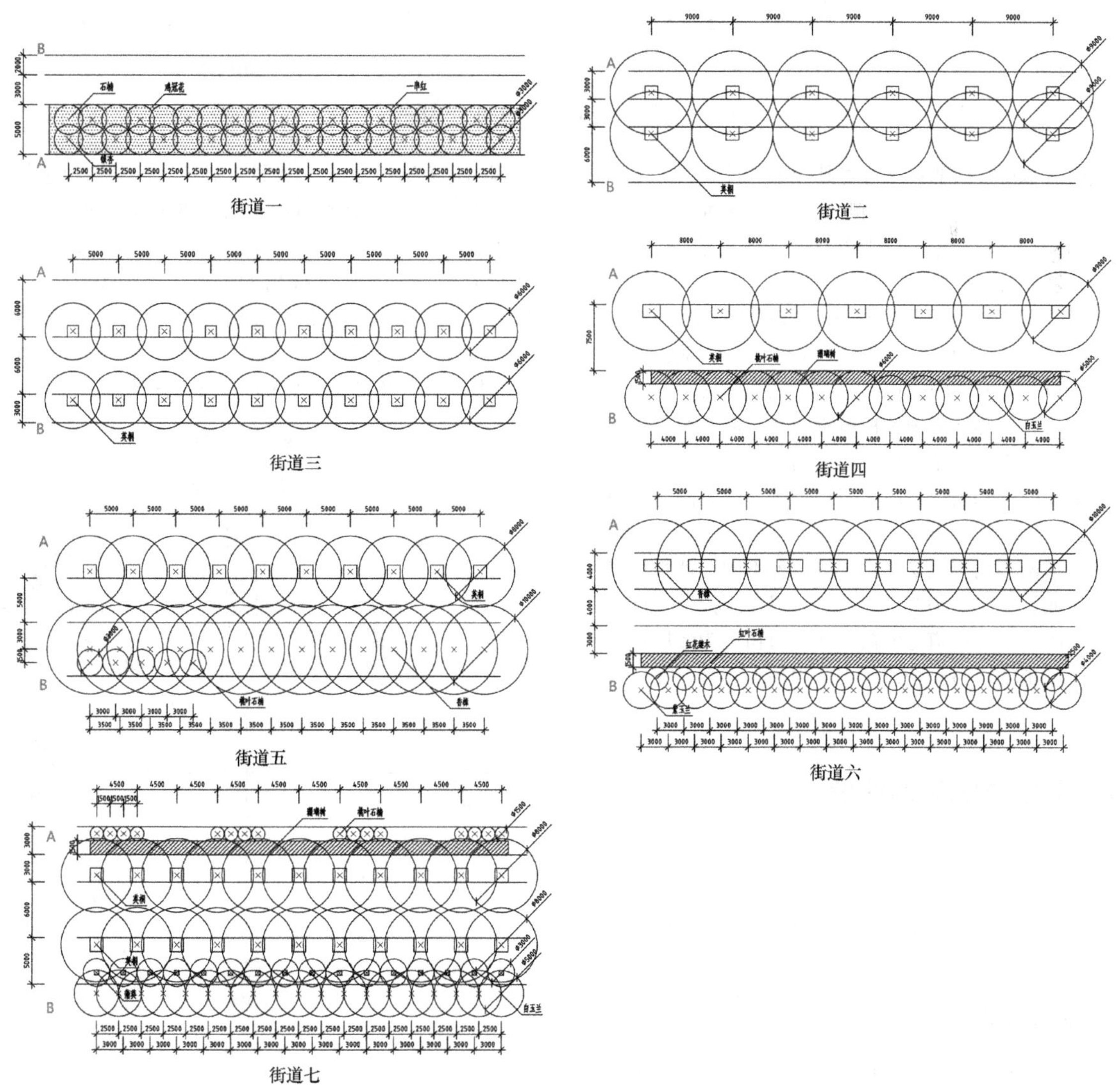

图 9　样本街道植物空间平面图

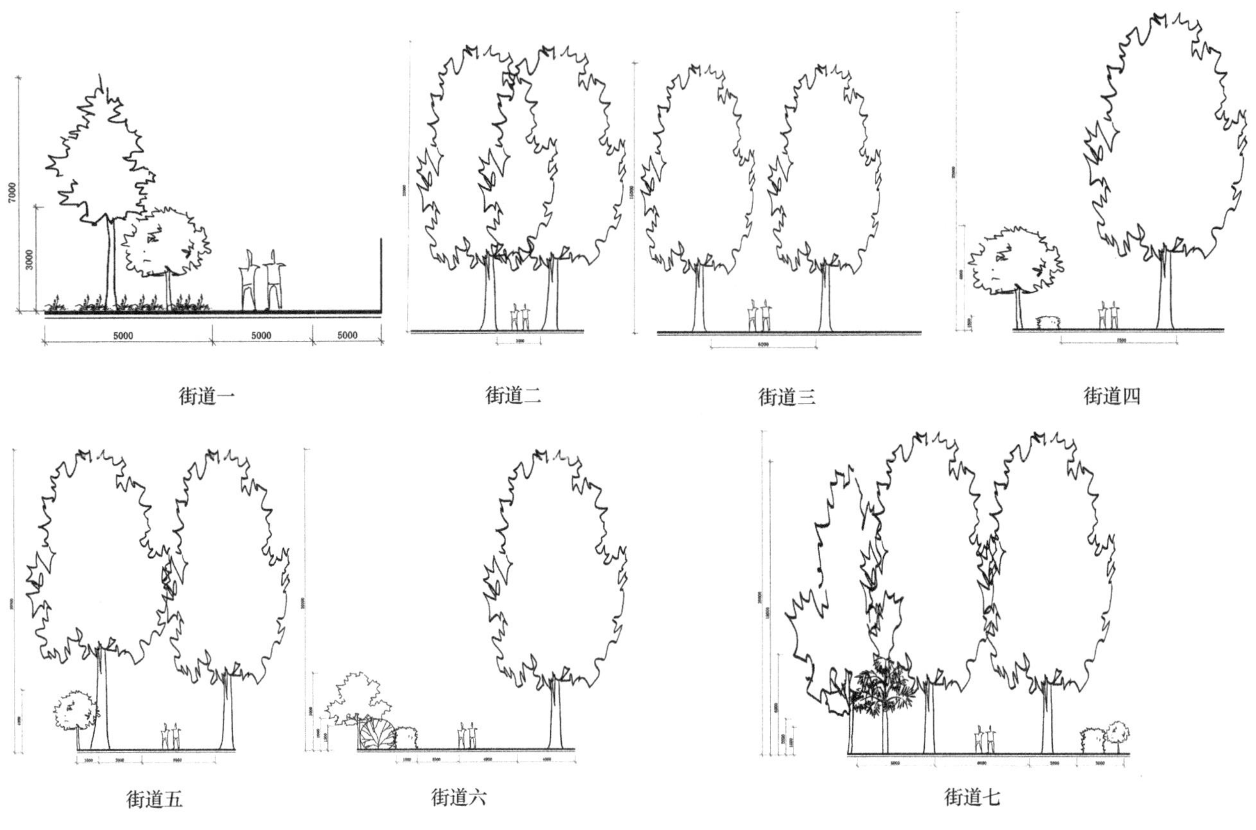

图 10　样本街道植物空间剖面图

根据街道植物空间的特征可将其分为 4 种模式：单侧多层植物空间（如街道一）、双侧单层植物空间（如街道二、三）、一侧单层一侧多层植物空间（如街道四、五、六）、双侧多层植物空间（如街道七）。

样本街道所选树形大多为椭球形或球形，均有较好的遮蔽效果。街道一其中一侧的植物由于其冠幅过小且株距过大以至于构成的植物空间几乎未覆盖街道步行活动上空空间，另一侧街道未种植植物，其街道植物空间盖度最低。街道二中上层植物较街道三的平均冠幅大、株距大，通过平面图可知街道二的上层植物重叠度更高，同时其盖度更大。街道四、五、六形成的植物空间较为丰富，街道五的街道两侧均有上层植物，但树种不同，植物种植层次较街道四、六少，但其盖度在三者中最高，街道四、六的盖度差距不大。街道七的街道两侧植物均为多层，且有统一的上层植物，整个街道所用植物种类较多，在 7 个样本街道中其盖度最高，为 95%。

2　步行活动愉悦感的评价

本文通过 SD 法对使用者进行步行活动中关于愉悦感的感受进行定量化的描述，同时运用判断矩阵法确定权重，最终得出街道植物空间步行活动愉悦感的分数并进行评价。

2.1　SD 法（语义分析法）

SD 法（Semantic Differential）是 Charles E. Osgood 于 1957 年提出的通过言语尺度进行心理感受测定的一种心理测定方法[17]。本文着眼于对步行活动愉悦感的评价，基于街道空间使用者的步行活动的心理需求，同时结合 Watson 等人提出的正负情绪模型（PANA Model）（图 11）与 Shaver 等人提出的树形情绪模型（图 12），提取了 10 组含义相反的形容词作为评价步行活动愉悦感的因子，分别为安定的—忧虑的、舒服的—别扭的、愉快的—感伤的、放松的—紧张的、喜欢的—厌恶的、幸福的—

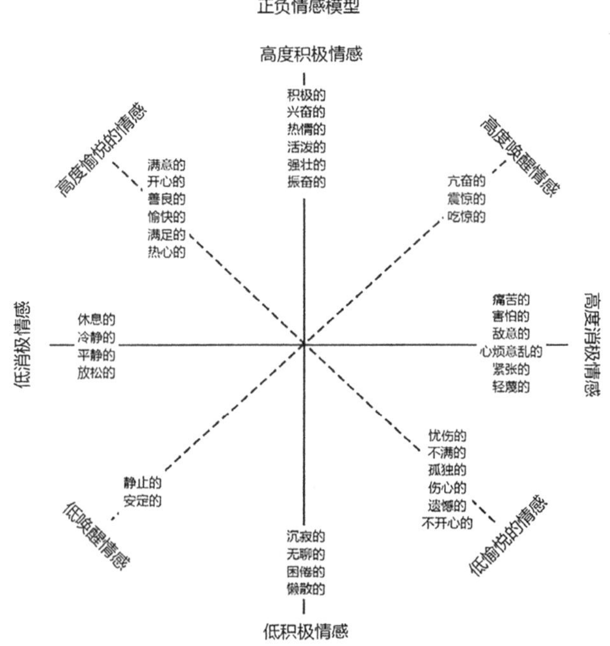

图 11　正负情绪模型[18]

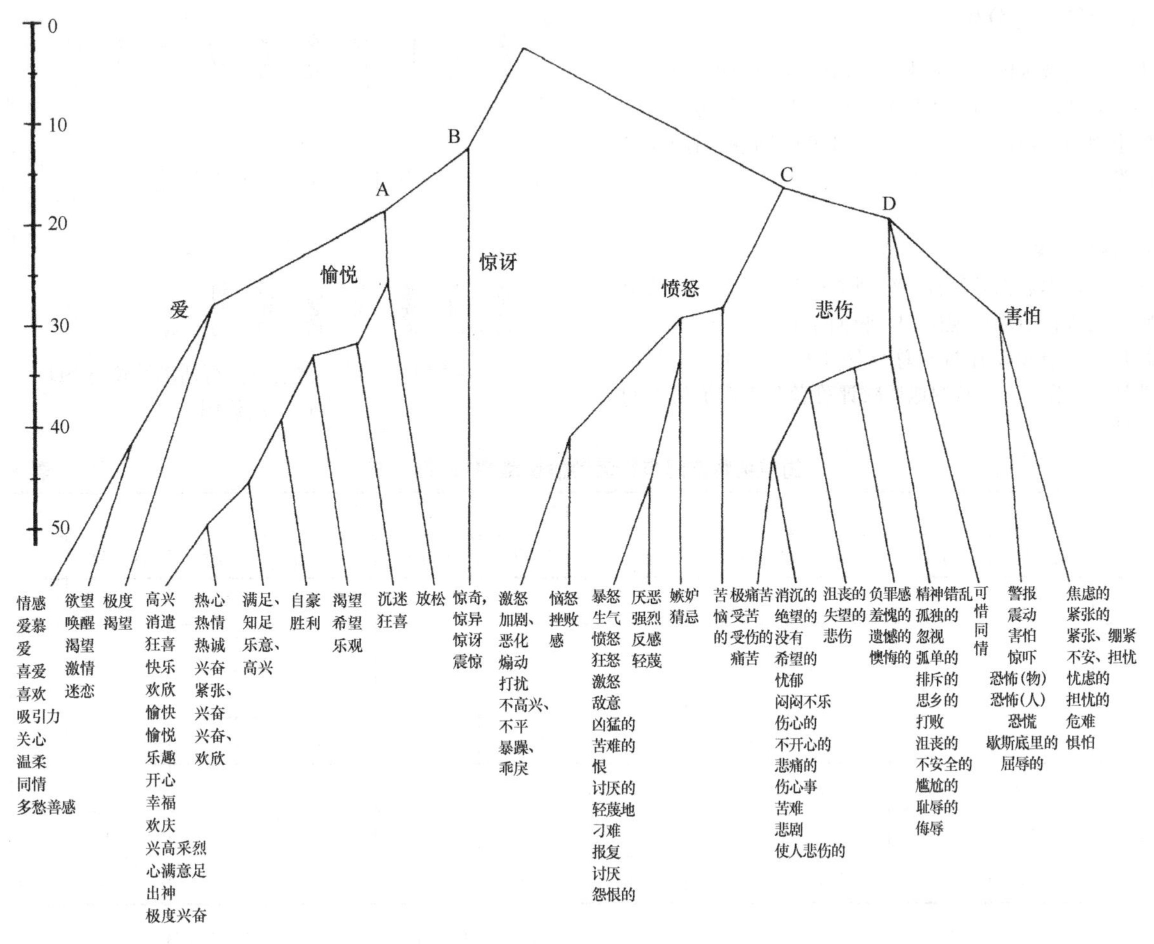

图 12　树形情绪模型[19]

孤独的、平静的—烦躁的、满足的—不满的、兴奋的—消沉的、渴望的—失望的。各组形容词对应的中性因子分别为安定感、舒适感、愉快度、放松度、喜爱度、幸福感、平静感、满足感、兴奋度、渴望度，均为针对使用者本身的步行活动主观上产生的愉悦感的描述。

根据“二极性（Bi-polar）”原理进行评价尺度的设定，确定主观评价尺度为 5 级，以 0 为中点对称，将很（差）、一般（差）、两可、一般（好）、很（好）分别赋值－2、－1、0、1、2，以便对评价因子进行定量分析。

2.2　判断矩阵法

判断矩阵法是主观赋权法的一种[20]，运用了模糊数学中判断矩阵的求解理论[21]，以专家长期的知识和经验的积累为基础，可信度较高。

邀请 9 位专家对上文提出的步行活动愉悦感的 10 个评价因子根据其相对重要性进行两两比较，采用 1-9 比例标度法对重要性程度赋值，构造 10 ×10 的判断矩阵，分别计算个专家的判断矩阵，然后进行一致性判断，通过后采用计算结果集结的方式作为集结结果，得到评估因子的权重系数（表 2），同时绘制了步行活动愉悦感评价因子权重柱状图（图 13）。

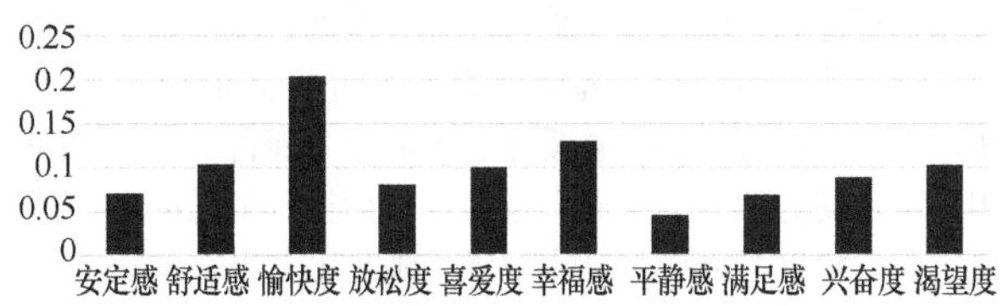

图 13　步行活动愉悦感评价因子权重柱状图

根据图表可知，步行活动愉悦感评价因子的权重排序为愉快度、幸福感、舒适感、渴望度、喜爱度、兴奋度、放松度、安定感、满足感、平静感。其中，所占权重在 0.1 以上的评价因子有愉快度、幸福感、舒适感、渴望度和喜爱度，其中高于 0.2 的只有愉快度，所占权重最大。

步行活动愉悦感评价因子权重值表　　**表 2**

评价因子	安定感	舒适感	愉快度	放松度	喜爱度	幸福感	平静感	满足感	兴奋度	渴望度
权重	0.0712	0.1042	0.2040	0.0813	0.1011	0.1293	0.0465	0.0698	0.0891	0.1035

2.3 评价结果与分析

为尽可能减少因评价者本身知识结构不同而造成对街道植物空间感知的影响，本研究征集的评价者均为风景园林、城市规划专业的学生，共收到100份问卷，有96份有效问卷。

2.3.1 评价结果

通过对样本数据的统计，得到了对7个样本街道的街道植物空间步行活动愉悦感SD评价的分值，同时利用权重进行加权计算得出愉悦感总得分（表3）。并且绘制了评价曲线图（图14），直观地反映评价者对街道植物空间的愉悦感。

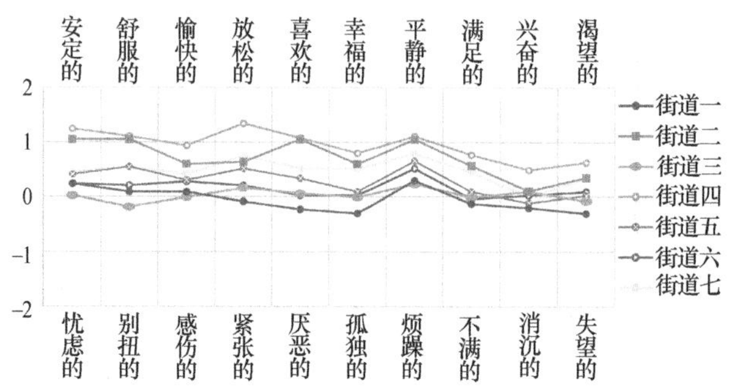

图14 街道植物空间步行活动愉悦感SD评价曲线图

街道植物空间步行活动愉悦感SD评价分值　　表3

	评价得分										
	安定感	舒适感	愉快度	放松度	喜爱度	幸福感	平静感	满足感	兴奋度	渴望度	总分
街道一	0.28	0.14	0.14	−0.03	−0.17	−0.24	0.34	−0.07	−0.14	−0.24	−0.0140
街道二	1.07	1.07	0.62	0.66	1.07	0.62	1.07	0.59	0.14	0.38	0.6989
街道三	0.03	−0.17	0	0.17	0.07	0	0.24	0	0.1	−0.07	0.0181
街道四	1.24	1.1	0.93	1.34	1.07	0.79	1.1	0.76	0.48	0.62	0.9230
街道五	0.41	0.55	0.31	0.52	0.34	0.1	0.66	0.1	−0.1	0.03	0.2712
街道六	0.24	0.21	0.28	0.21	0.03	0.03	0.52	−0.03	0.03	0.1	0.1552
街道七	0.45	0.55	0.41	0.76	0.52	0.52	0.79	0.45	0	0.34	0.4579

2.3.2 结果分析

总的来说，街道植物空间步行活动愉悦感排序为街道四＞街道二＞街道七＞街道五＞街道六＞街道三＞街道一，但得分均低于1，街道植物空间的步行活动愉悦感整体处于较低水平。

具体分析愉悦感评价体系中的每个因子可知，在安定感、舒适感、愉快度、放松度、喜爱度、幸福感、平静感、满足感、兴奋度、渴望度方面得分最高的均为街道四，街道二在舒适感、喜爱度和平静感方面得分与街道四相近。在安定感、舒适感和愉快度方面得分最低的是街道三，在放松度、喜爱度、幸福感、满足感、兴奋度和渴望度方面得分最低的是街道一，街道一和街道四在平静感方面得分均较低。

从曲线变化趋势来看，各个样本街道的评价曲线起伏变化较小，大部分因子的得分相差不大，但大多样本街道中放松度和平静感这两个因子较为突出，例如街道二、四、五等。

3 街道植物空间与步行活动愉悦感关联

不同样本街道的街道植物空间给人带来不同的步行活动愉悦感（图15），街道植物空间的要素与步行活动愉悦感评级因子之间具有相关性。结合上文数据得到街道植物空间步行活动愉悦感评价柱状图（图16），生成了街道植物空间与步行活动愉悦感空间分布图（图17）。根据其步行活动愉悦感水平将样本街道分为三级：第一级的得分在0.4以上，包括街道二、四、七；第二级在0.1～0.4之间，包括街道五、六；第三级在0.1以下，包括街道一、三。

通过逻辑分析法对街道植物空间与步行活动愉悦感进行相关性分析，主要分为以下5个方面。

（1）街道植物空间中上层植物与步行活动愉悦感关联性更强，上层植物在植物空间的构成中占有重要地位。处于第三级的街道一个和街道七的上层植物的指标均不理想，同时其树木长势最差，构成的空间感最差，步行活动愉悦感最低。

（2）不同的街道植物空间模式均可带来较高的步行活动愉悦感，人们的心理有多样化的需求。处于第一级的街道二、五、七分别为单层-单层、单层-多层、多层-多层的不同的空间模式。所以，空间模式与步行活动愉悦感无直接联系。

（3）街道植物空间的盖度与步行活动愉悦感有较强的关联性。盖度在70%以下时，步行活动愉悦感与盖度呈正相关，但盖度达到95%以上后，步行活动愉悦感开始有所降低。步行活动愉悦感评分较高的三条街道的盖度均在70%以上，达到了高覆盖的标准。第三级中，街道三较街道一盖度更高，步行活动愉悦感高；第一级中街道七的盖度最高，为95%，但其评分在三者之中最低。同时，盖度与平均冠幅和株距的关联性极强。

（4）现状的树形和平均枝下高基本可以满足步行活动愉悦感的需求。街道植物空间选择的骨干树种的树形大

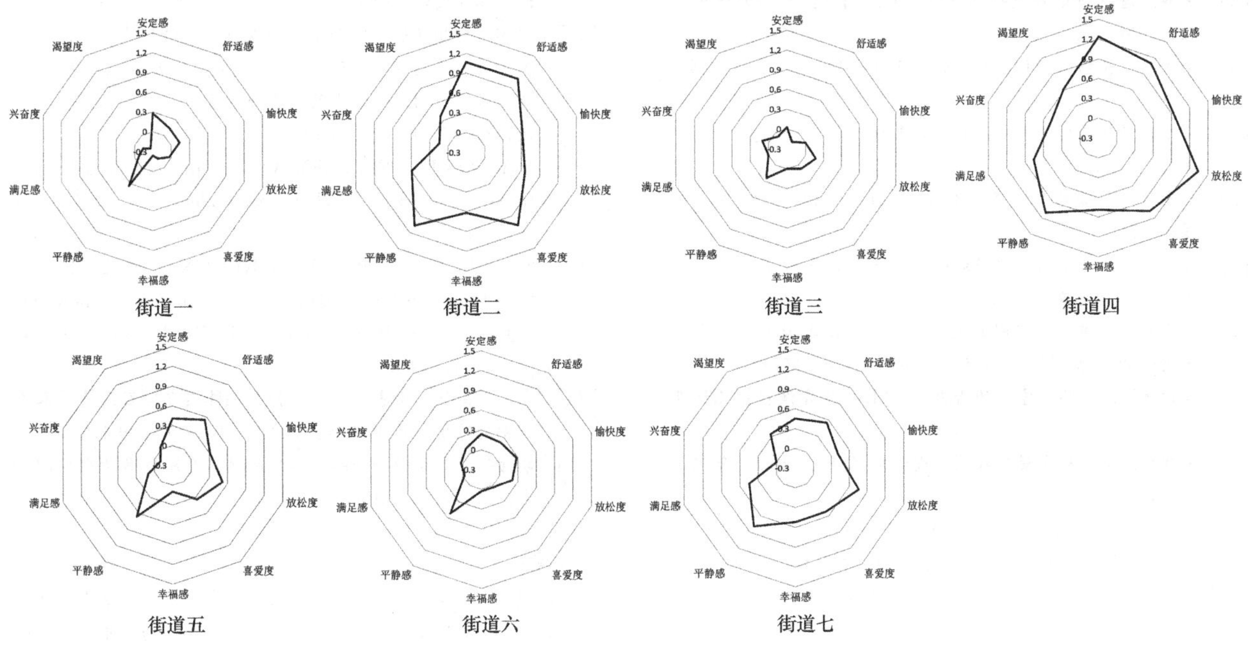

图 15　样本街道的街道植物空间的步行活动愉悦感

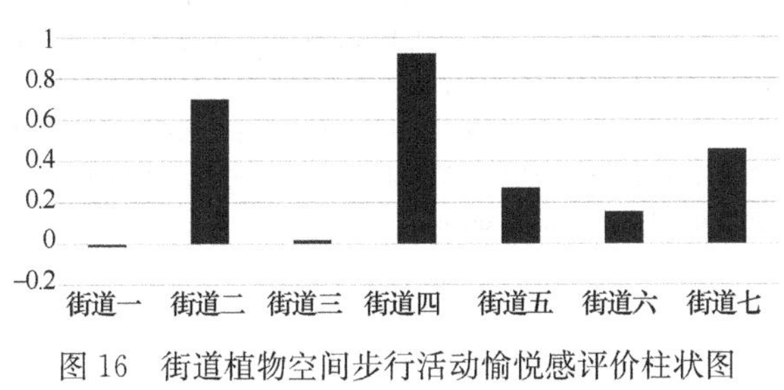

图 16　街道植物空间步行活动愉悦感评价柱状图

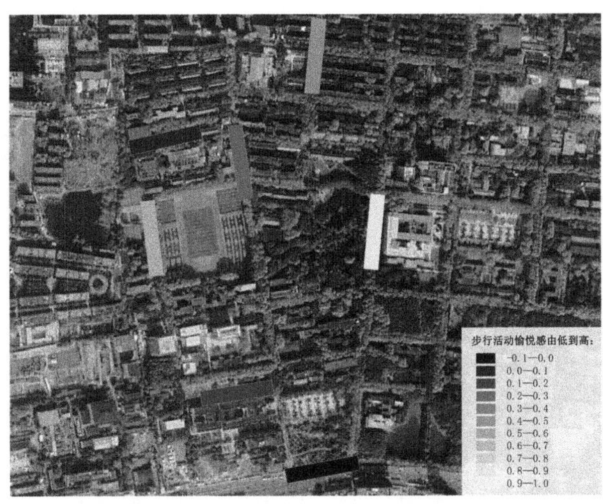

图 17　街道植物空间与步行活动愉悦感空间分布

多为椭球形、球形，异形树一般在中层，不影响其遮荫的功能。同时，乔木的平均枝下高基本在 2.5 以上，满足人们基本的通行需求，其在范围内的变化对步行活动愉悦感几乎没有影响。

（5）层次与树种的数量与步行活动愉悦感有关。一般来说，层次与树种的数量越多，环境越丰富，带来的愉悦感更强，但到达一定给程度后反而造成消极影响。街道七较街道二这两项指标高，但综合评分低，并且在喜爱度的评价因子上差距较大。

4　结论与建议

总的来说，街道植物空间的设计未达到步行活动愉悦感的需求，基于 SD 法分析得出二者之间具有较强的联系，可以利用此理论为街道植物空间提出建议，增强街道植物空间步行活动的愉悦感。

（1）着重加强上层植物的种植与管理。街道植物空间中上层植物为大乔木，多为行道树，是构成空间最重要的要素。在树木规划阶段要注重其冠幅、株距的控制，避免出现盖度过低的情况，同时不要高于 95％以上，对步行活动愉悦感不利且造成经济上的浪费。在管理维护阶段，重点关注树木的生长情况，避免出现病虫害，同时对枝下高进行控制。

（2）街道植物空间的设计不应受到场地的限制。因实际情况不同，街道采用的植物空间模式会有所不同，但每种模式都能让人产生正向的甚至较高的步行活动愉悦感。所以，应尽可能地利用现有的条件，结合周边环境进行最恰当的街道植物空间的设计，例如可以选择冠幅较大的植株，株距缩小，或丰富种植层次。

（3）基于街道步行活动的需求进行设计，化繁为简。在街道植物空间设计中，不要过分追求种植层次和树种等的过度丰富，其对空间构成几乎没有帮助，且可能给人带来烦躁、不安的情绪，给步行活动愉悦感带来消极影响，同时不符合街道简洁、大气的设计要求，也加大了管理维护的难度。

参考文献

[1]　王喆．成都市社区型街道空间与景观设计研究[D]．重庆：西南交通大学，2016．

[2] 王浩．道路绿地景观规划设计[M]．南京：东南大学出版社，2003．03．
[3] 李端杰．植物空间构成与景观设计[J]．规划师，2002，(5)：83-86．
[4] 邓位．景观的感知：走向景观符号学[J]．世界建筑，2006(07)：47-50．
[5] 韦宝伴．城市道路的人性化空间[D]．广州：华南理工大学，2013．
[6] 谭敏．现代城市街道空间景观系统化研究及整合思路[D]．重庆：重庆大学，2004．
[7] 孙志刚．城市街道空间的逆向解析——以我国城市新中心区规划开发为例[D]．大连：大连理工大学，2006．
[8] 李建彬．城市街道空间的活力塑造[D]．哈尔滨：东北林业大学，2010．
[9] 田建中．城市街道景观人性化设计研究[D]．合肥：合肥工业大学，2006．
[10] 李磊．城市发展背景下的城市道路景观研究—— 以北京二环城市快速路为例[D]．北京：北京林业大学，2014．
[11] 赵婕．城市街道园林植物景观设计研究——以武汉市为例[D]．武汉：华中科技大学，2006．
[12] 逯丹．长春市城市新区道路步行空间景观设计研究[D]．哈尔滨：东北林业大学，2013．
[13] 李明霞．基于绿视率的城市街道步行空间绿量视觉评估——以北京市轴线为例[D]．北京：中国林业科学研究院，2018．
[14] 孙彤宇，许凯，杜叶铖．城市街道的本质 步行空间路径一界面耦合关系[J]．时代建筑，2017，42-47．
[15] 乔洪粤．种植设计中园林景观的空间建构研究[D]．北京：北京林业大学，2006．
[16] 宋娜．植物景观空间营造中的人性化设计研究——以长沙烈士公园为例[D]．长沙：中南林业科技大学，2009．
[17] 章俊华．规划设计学中的调查分析法 16——SD 法[J]．中国园林，2004(10)：57-61．
[18] WATSON D，TELLEGEN A．Toward a consensual structure of mood[J]．Psychological Bulletin，1985，98(2)：219-235．
[19] SHAVER P，SCHWARTZ J，KIRSON D，et al．Emotion knowledge：further exploration of a prototype approach．[J]．Journal of Personality& Social Psychology，1987，52(6)：1061-1086．
[20] 张昊，陶然，李志勇，等．判断矩阵法在网页恶意脚本检测中的应用[J]．兵工学报，2008，133(4)：469-473．
[21] 胡媛媛．基于模糊判断矩阵法的区域金融竞争力研究[J]．中国证券期货，2011，(4)：143．

作者简介

高翔，1997 年生，女，汉族，山西临汾，硕士，华中科技大学建筑与城市规划学院风景园林专业，研究方向为城市设计。电子邮箱：526646522@qq.com。

董贺轩，1972 年生，男，汉族，河南濮阳，华中科技大学建筑与城市规划学院风景园林专业教授，研究方向为城市设计。电子邮箱：415091740@qq.com。

冯雅伦，1996 年生，女，汉族，湖北宜昌，硕士，华中科技大学建筑与城市规划学院风景园林专业，研究方向为城市设计。电子邮箱：1766815937@qq.com。

基于五感疗法的森林康养型植物景观规划设计探究①

Research on Planning and Design of Forest Health Plant Landscape Based on Five Sense Therapy

公　蕾　时　薏　秦　琦　李运远*

摘　要：近年来，城市环境和社会压力导致的个人健康问题和公共健康问题突出，森林以其独特的多重生态价值和康养价值为社会所重视，基于森林生态的森林康养基地为亚健康人群提供良好康复环境，也为城市公共卫生事件提供缓冲空间。本研究通过对福建三元研究区内格氏栲森林的地貌类型、立地质量、土壤厚度以及森林群落郁闭度、平均株高、平均胸径、优势树种等运用GIS进行基础研究，以研究区内的样方范围为例结合五感疗法概念，探讨基于五感疗法理论的森林康养植物规划设计，以期为森林康养景观植物的规划设计提供一定的理论依据，打造更具疗养价值的森林康养景观环境。

关键词：五感疗法；康养植物；森林康养；亚健康；公共健康

Abstract: In recent years, personal health problems and public health problems caused by urban environment and social pressure have become prominent. Forests are valued by the society for their unique multiple ecological and health values. Forest health and health care bases based on forest ecology provide good conditions for sub-healthy people. The rehabilitation environment also provides a buffer space for urban public health incidents. This research conducted basic research on the landform types, site quality, soil thickness, forest community canopy closure, average plant height, average diameter at breast height, dominant tree species, etc. of the Castanopsis fargesii forest in the Sanyuan Research Area of Fujian Province. The scope of sample prescriptions as an example combines the concept of five sense therapy to discuss the planning and design of forest health care plants based on the theory of five sense therapy, in order to provide a certain theoretical basis for the planning and design of forest health landscape plants, and create a forest health landscape environment with more healing value.

Key words: Five-Sense Therapy; Health Plants; Forest Health; Sub-health; Public Health

近年来，城市过度开发、工业过度扩张导致城市生活环境拥挤、生态景观破碎、空气污染、水体污染等问题突出[1]。同时，快速的社会节奏和压力，使人们一直处于紧绷的机械状态，身体和精神上得不到放松。以上因素的综合影响容易诱发多种个人健康和公共健康问题，包括心血管疾病、糖尿病、呼吸系统疾病、抑郁症、部分类型的癌症以及各种亚健康慢性疾病等，同时会加剧老年疾病、导致大型瘟疫疾病的爆发等[2-5]。大量研究表明，森林具有多种生态服务功能，其环境对人体的身心健康均有极大的益处[6-8]。森林康养基地的打造，是以原有大片森林为基底，在较大的森林生态系统中进行设计的，森林康养植物作用和地位十分重要[6]。然而，目前国内对于森林康养公园的研究主要集中在旅游产品、旅游特色的开发[9]，而对森林康养植物景观规划设计的研究却很少涉及，即使存在少量研究，也并未提出明确的康养植物景观规划设计依据及方法。

本研究以福建三明市格氏栲森林康养基地为研究载体，引入五感疗法概念，通过文献分析法、实地探勘法、GIS叠加分析法等，探究森林康养植物景观规划设计方法。

1　研究范围与研究方法

1.1　研究范围概况

本文选取福建省三明市格氏栲自然保护区及周边部分地区作为研究范围（图1），位于三元区中心区附近，海拔在250～500m之间，属低山丘陵。属南亚热带海洋性兼内陆性气候，年平均气温19.5℃，无霜期300d，年降水量1700mm。主要土壤类型为山地红壤，其次为山地黄壤和紫色土。

该研究范围依托格氏栲自然保护区和三元国家森林公园格氏栲景区，属于城市近郊型森林康养基地，拥有独特的格氏栲森林资源，自然生态环境良好。格氏栲自然保护区包括格氏栲林和米槠林及与之相伴生的生物和森林环境，植被生长繁茂，植物物种多样性极其丰富。观赏植物资源主要有闽楠、金线莲、草珊瑚、山茶、华晃伞枫、七叶一枝花、红豆杉、米槠、格氏栲林等。

① 基金项目：北京市重点研发计划“基于生态效果提升的植物多种种植方式研究及示范”（编号“D171100007117003”）资助。

图 1　研究范围、保护区范围与样地范围图

1.2　研究方法

1.2.1　五感疗法

五感疗法原是园艺疗法的一种，是指营造一个能够刺激人们视觉、听觉、嗅觉、触觉、味觉 5 种感官的环境，使置身其中的游客身心得到舒缓，从而达到治疗的目的[10]。五感疗法可以针对多种不同类型的对象，对健康、亚健康人群都有保健作用[11]。现被广泛运用于景观设计当中，多结合精致的小空间进行设计，对于森林康养这类在较大的森林生态系统中进行规划设计的结合研究相对较少。本研究将五感疗法概念引入森林康养植物景观规划设计，充分考虑其生态价值和康养价值，在基地原有森林结构和群落层次基础上进行康养植物景观空间设计。

1.2.2　五感康养植物景观单元划分

本研究依据植物景观五感疗法的作用原理将康养植物景观规划分为视觉康养景观型、听觉康养景观型、触觉康养景观型、嗅觉康养景观型、味觉康养景观型 5 大植物景观单元类型。根据福建地区森林性植被特征及植物性状特征，各类型景观单元又可根据需要详细划分，以便合理选种与设计。

(1) 视觉康养景观型：视觉康养景观型植物景观单元是指能够带来视觉康养体验的植物景观空间，利用植物的色彩、形状、姿态等进行搭配，形成高低错落，色彩丰富，种类奇特的植物景观或利用森林中的光影与鲜艳的颜色形成对比，形成视觉刺激等[11]，同时，在植物空间营造上，利用视觉规律，创造出透视、空间变化等视觉错觉，使得人们通过欣赏自然景观，获得愉悦心情[12]。该单元在进行植物种类选择时，可根据植物观赏特征详细划分为观花、观叶、观枝、观果植物以及各类色彩植物。

(2) 听觉康养景观型：听觉康养景观型植物景观单元是指能够带来听觉康养体验的植物景观空间，利用自然的风雨与植物枝叶摆动产生音响效果，获得植物声景体验或者利用植物为鸟类昆虫等提供食物或者筑巢条件，吸引鸟类昆虫等栖息驻留，获得动物声音体验，使人们回归自然、沉浸自然，获得愉悦心情[13]。该单元植物种类的选择可以分为两类：声景植物与引鸟植物，前者是植物本身结合自然现象等形成声音景观，后者是指植物通过为鸟虫等提供良好栖息环境，形成良好声景环境。

(3) 触觉康养景观型：触觉康养景观型植物景观单元是指在植物景观环境中人能触摸不同质感的植物，通过植物触摸对人进行情绪调节、心理保健等作用[14]，常见的触觉类康养植物主要有树皮质感植物和叶片质感植物等。该单元在植物选择上宜选择树皮、叶片、花朵等无刺、无毒、可触摸且质感特殊的植物，可分为树皮质感植物、叶片质感植物等，如福建柏、柠檬桉、银杏、八宝景田、竹子等。

(4) 嗅觉康养景观型：康养景观型植物景观单元是指能够通过呼吸植物所释放的气味等进行保健和稳定情绪的植物景观空间。该单元植物选择可分两类：精气植物和芳香物。植物精气可通过人体皮肤、黏膜或被人体呼吸道黏膜吸收后产生适度的刺激作用，促进免疫蛋白增加，增强人体的抵抗力，对抗癌、调节血压、缓解精神障碍，降低血糖、缓解疼痛、抗痉挛等方面有一定的医疗保健效果[15]。芳香植物通过植物器官释放香味来对人体产生保健作用[16]，芳香植物可分为 4 类，分别为香花植物、香草植物、香果植物以及香木植物 4 种[17]。

(5) 味觉康养景观型：康养景观型植物景观单元是指该景观空间大量种植可以直接食用或者经过加工后食用并能起到康养作用的植物[11]，包括柑橘等水果类、香菇等食用菌类、荠菜等野菜类、芦荟等食药用类、茶叶等茶饮类。

1.2.3　样地设置及概况

通过资料整合、文献研究，对研究区内森林康养建设适宜性相关因子进行提取打分，并运用 yaahp 软件进行权重设置，最终结合实地探勘选出研究范围内适宜森林康养空间建设的 3 个区块设置为森林康养植物景观规划设计样地（图 2）。

样地一：样地依托曹源村，在格氏栲自然保护区的范围内，存有村民居住型建筑；大部分区域高程在 200～400m 之间，最低点为 236m，坡度值在 3°～10°之间，地势平缓，相比周边山体高程较低；大部分区域朝南，采光良好，适宜多种植物生长；场地内有农田，同时有水系穿过，适宜进行景观改造。

样地二：该样地为格氏栲森林康养基地的核心区域，

内有千年榜树林空气质量极佳，生境优越。场地大部分区域高程在 180～260m 之间，最低点 179.8m，最高处为 258m，高程变化丰富；大部分区域坡向朝南，大部分区域坡度值在 10°～25°之间，比较适合植物生长，样地内存在多处冲沟、池塘和鱼塘，景观基础条件优越，适宜进行与森林康养核心体验活动相关的规划建设。

样地三：该样地位于莘口镇瓦坑村，在格氏栲自然保护区的范围内，样地西侧与东侧临近榜树林，样地内绝大部分地区为非林地，乔木覆盖很少；地势平缓，大部分区域高程在 200m 左右，地势较周边低，最低处标高为 194m；大部区域朝西和西南，少数坡度值低的区域识别为平面，大部分区域坡度值在 3°～10°之间，少数在 0°～3°及 10°～25°之间，适合进行与森林相关的各种体验活动。

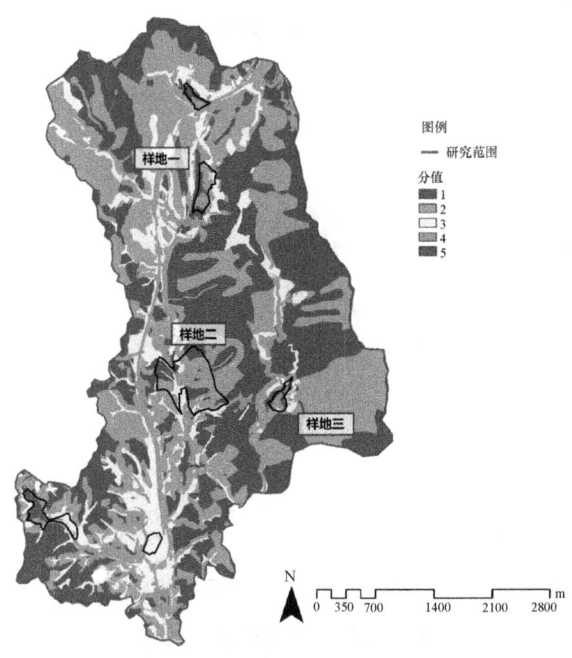

影响因素	权重
地貌类型	0.1023
坡度	0.1838
坡向	0.0408
郁闭度	0.1256
道路缓冲区	0.1484
村庄缓冲区	0.1497
河流缓冲区	0.0259
林地保护等级	0.2235
总计	1

类别	分值	适宜开发等级
适宜性建设空间提取	5	最适宜开发建设
	4	较适宜开发建设
	3	适宜开发建设
	2	较不适宜开发建设
	1	不适宜开发建设

图 2　森林康养开发适宜性建设空间分布及样地范围图

1.2.4　五感康养植物景观单元营造适宜性分析

首先，对现状森林结构指标因子进行分析，包括郁闭度、平均枝下高、平均高度、平均胸径、龄组、植株密度等[18]。郁闭度会影响林下光影变化，形成不同的空间氛围，对人的身心产生不同的影响[19]。平均枝下高影响对人的触摸体验会产生影响，郁闭度、平均高度等影响林下空气流动，影响嗅觉体验等[20]。然后分析样地地形水文等特征，包括地形地貌、地类、立地质量等级、土壤厚度等[21]，同时结合资料研究，对各类康养植物景观单元营造的影响因子进行提取并根据该因素的影响程度打分，进行权重赋值，叠加分析，得出每类康养植物景观单元在样地范围内的设计适宜性等级，然后结合样地范围的规划定位和功能需求，进行康养植物景观单元定位，明确打造单一类型康养植物景观单元或综合型康养植物景观单元，然后对植物进行选择。

2　样地五感康养植物景观单元营造与规划设计

结合数据对研究范围进行森林结构和地形水文特征等进行分析，可得设计场地森林郁闭度多在 0.7～0.8，场地内乔木林分平均胸径多在 15～30cm，森林平均树高多在 16～20m，设计场地内及周边平均优势树种丰富，包括格氏栲、板栗、马尾松、毛竹等（如图 3～图 11）。据此可知设计地块及周边除可利用的优势树种外，场地内植物的郁闭度、平均胸径、平均树高均处于低水平，具有较大的设计空间。然后通过叠加分析对样地进行康养景观单元定位，并进行康养植物选种设计。

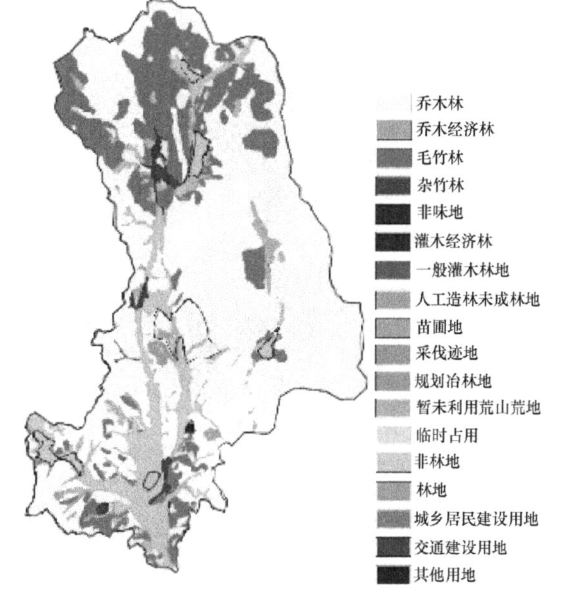

图 3　地类

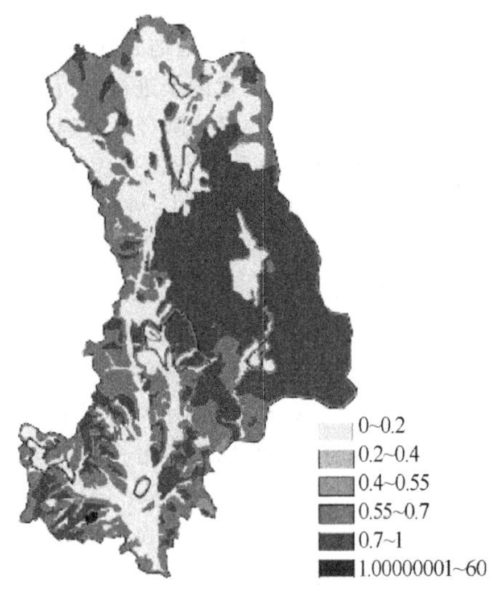

图 4　郁闭度

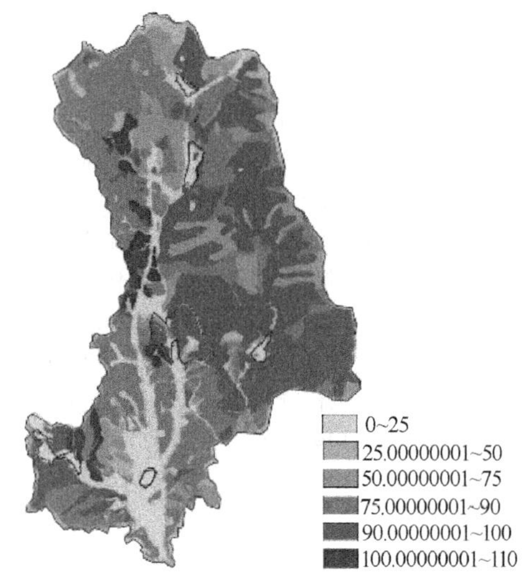

图 7　森林龄组

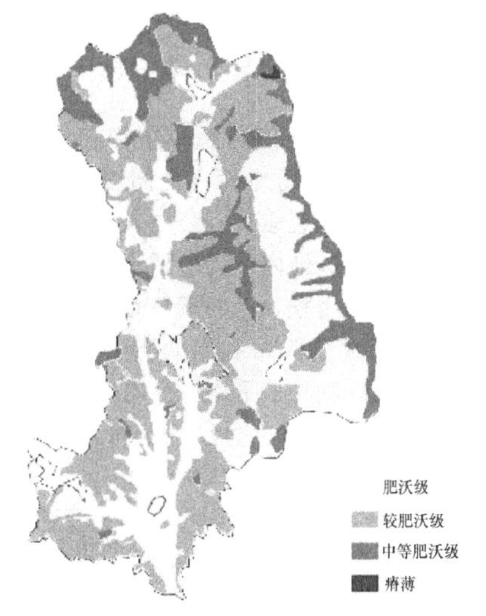

图 5　立地质量等级

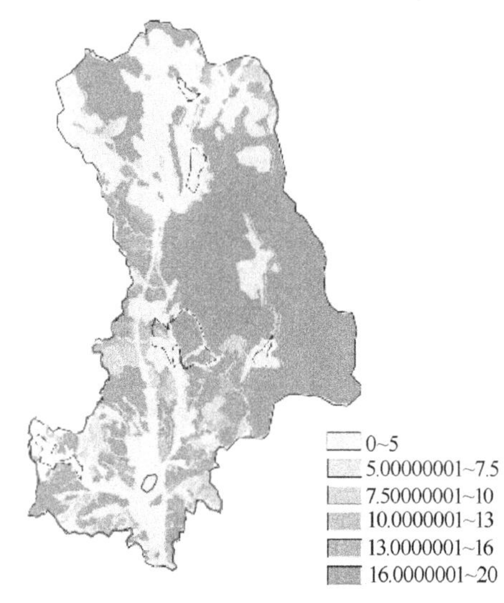

图 8　平均树高

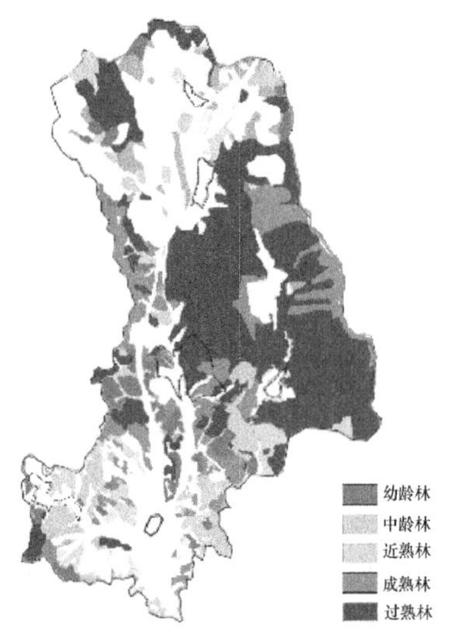

图 6　土层厚度

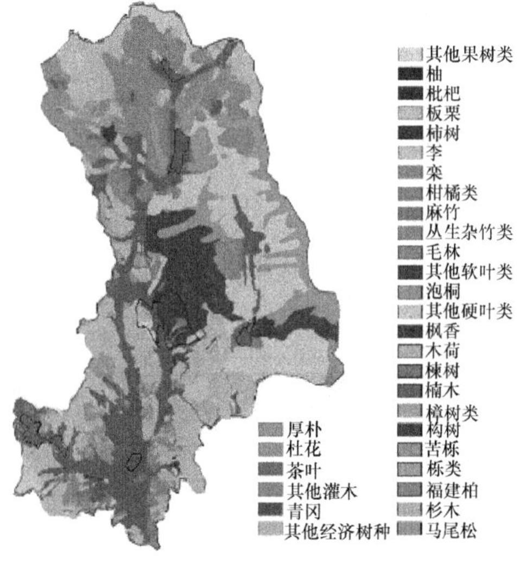

图 9　优势树种

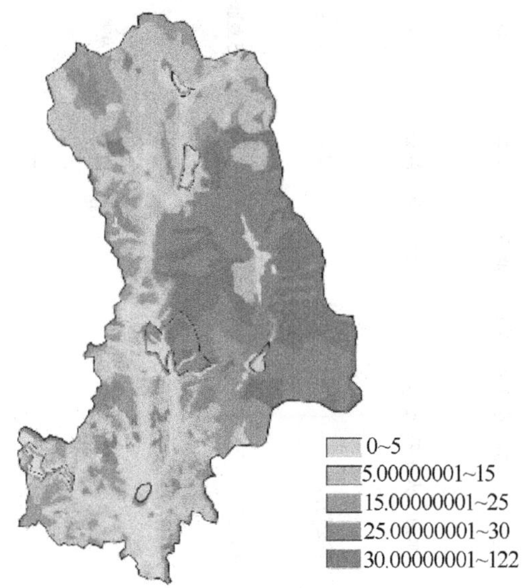

图 10　平均胸径

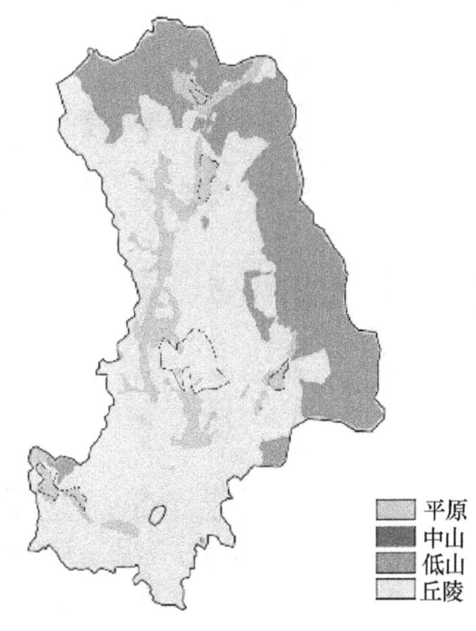

图 11　地貌类型

2.1　样地一

经过叠加分析，结合场地功能定位，将样地一营造为以嗅觉康养植物为主，视觉康养植物为辅的康养景观单元。

该样地种植一定量的嗅觉康养植物，充分利用原有优势树种，大片栽植银杏、白玉兰、乌桕等高大乔木，营造开阔的空间的同时释放精气，杀菌抑菌等；同时以白色系和红黄色系的视觉康养植物为主，配置含笑、金凤花等灌木及冷水花、繁星花等花草进行点缀，供游人游玩观赏。

2.2　样地二

经过叠加分析，结合场地功能定位，对样地二置入视觉、触觉、声觉康养型植物，进行综合康养景观单元营造。

该区域分为 4 部分，分别是以大片现状栲林地为主的栲林区，位于区域中间的入口区以及山谷区和山林区。

栲林区主要是对现状栲林进行面状保护和利用，充分利用林下空间结合现状溪流打造以听觉康养植物景观、触觉康养植物景观为主，视觉康养植物为辅的植物景观类型的视听通廊，结合溪流声、鸟叫声，使得声景观层次更加丰富。

入口区域以紫色系和黄色系的视觉康养植物为主，大片栽植银杏、金叶刺槐等乔木，配以紫薇、三角梅、黄金榕等灌木，形成四季有景的入口景观，供游人游玩观赏。

山谷区域借助现有谷地的地势所形成内聚性空间，在谷中补植彩叶树、花卉及开花果树，设置游赏路径，打造花谷游赏区，营造集视觉康养、嗅觉康养、味觉康养为一体的综合性康养植物景观空间。

山林区借助幽深的山林环境，打造幽谷空间，在植物规划方面，主要以触觉康养植物景观和嗅觉康养植物景观为主。

2.3　样地三

经过叠加分析，结合场地功能定位，对样地三植入视觉、触觉、声觉康养型植物，进行味觉、触觉康养景观单元营造。

在植物规划方面主要以味觉康养植物和触觉康养植物以及多种类型的中草药为主，使康养人群充分参与到与自然的互动之中，在无形中健体增益。

3　结论与建议

综合以上分析和规划设计，验证了五感疗法指导森林康养植物景观规划设计的可行性，为森林康养植物景观规划提供新的方法和思路。同时，本研究给出了五感疗法指导下的康养植物选种思路（表 1），为康养植物景观设计提供依据。

在阅读文献和整理资料的过程中发现，我们在进行森林康养植物规划设计的时候，在策略生成时，需要同时综合考虑康养植物与康养产品的结合，如本设计考虑将味觉康养植物与康养产品结合，设计茶田、水果采摘园等，同时还可以考虑将植物设计与适当的参与性体力劳动相结合，如老年人打理药草园等；在植物选择方面，考虑一些植物的致敏性，如松柏等，慎重使用致敏性植物。

基于五感疗法的康养植物选种表 **表 1**

视觉康养植物									嗅觉康养植物						听觉康养植物			触觉康养植物				味觉康养植物				驱蚊与药用植物			
	观器官类				观颜色类					精气植物			芳香植物			声景植物	引鸟植物	树皮质感		叶片质感		水果类	食用菌类	野菜类	药食用类		药用植物		驱蚊植物
	观花植物	观枝植物	观叶植物	观果植物	红橙色系植物	黄色系植物	蓝紫色系植物	白色系植物		疾病预防	疾病治疗	杀菌抑菌																	
乔	鸡蛋花	垂柳	银杏	枇杷	鸡爪槭	银杏	蓝花楹	白碧桃	乔	枫树	铁杉	肉桂	含笑	花椒	乔	马尾松	桑树	横纹树皮	山桃	肉质叶片	芦荟	枇杷	香菇	鱼腥草	芦荟	乔	月桂	乔	印楝
	桂花	梧桐	乌桕	石榴	五角枫	黄槿	泡桐	白兰		柑橘	马尾松	香樟	木莲	香叶树		油松	银杏		桂竹		八宝树	石榴	羊肚菌	马兰	仙人掌		含笑		桉树
	二乔玉兰	水杉	枫香	菠萝蜜	山茶	黄槐决明	大花紫薇	广玉兰		楝树	杉木	乌桕	石楠	柳杉		垂柳	苦楝	长方裂纹树皮	非洲楝		八宝景天	菠萝蜜	青菇	马齿苋	车前草		樟树		香柏
	碧桃	水松	鸡爪槭	荔枝	凤凰木	腊肠树		含笑		女贞	银杏		山茶	枇杷		梧桐	香樟		君迁子	纸质叶片	银杏	荔枝	杏鲍菇	紫苏	蛇莓	灌	乌药		香樟
	山茶	马尾松	大叶合欢	龙眼	刺桐	桂花		梨花		侧柏	枇杷		梅花	枫香		枫树	拐枣	光滑树皮	柠檬桉		无患子	龙眼	牛肝菌	枸杞	百合		海桐	草	除虫草
灌	三角梅	苏铁	红背桂	紫珠	龙船花	蜡梅	紫丁香	大花栀子	灌	茶叶	金银花	蔷薇	金樱子	檵木		杉树	喜树		蒲桃		木姜子	金桔	小红菌	苦菜	薄荷		朱蕉		薄荷
	大花栀子		九里香	火棘	贴梗海棠	鸡蛋花	紫玉兰	茶花		木姜子	桂花	檵木	金桔	山胡椒	灌	散尾葵	枸骨		青桐	草质叶片	水葱	火龙果	松茸菌	红军菜	芡	草	芦荟		艾
	龙船花			金桔	石榴	迎春花	木槿	火棘	草	薄荷	艾蒿	金钱蒲	藿香	紫苏		苏铁	鸡爪槭	纵裂树皮	油杉	革质叶片	菩提树						藿香		蓖麻
	贴梗海棠			火龙果	红花檵木	金丝桃		白花夹竹桃		野百合	白茅	鱼腥草	薄荷	葛根		金脉爵床	紫荆		福建柏		高山榕						葛根	藤本	巴豆藤
草	葱兰		银叶菊	麦冬	一串红	美人蕉	三色堇	百合		野菊花	葛根	蛇莓	艾草	鱼腥草	草	芭蕉	芦苇		银杏		阴香						麦冬		鱼藤
	鸢尾		芭蕉		马齿苋	黄菖蒲	鸢尾	葱兰		艾草	麦冬		龙牙草			荷花	水葱									藤本	血藤		胡椒
藤本	炮仗花		爬山虎		凌霄	鹰爪花	紫藤	络石	藤本	大血藤	木通	五味子	紫藤		藤本	紫藤	常春藤										木通		

参考文献

[1] 姜斌，张恬，威廉·C. 苏利文. 健康城市：论城市绿色景观对大众健康的影响机制及重要研究问题[J]. 景观设计学，2015，3(01)：24-35.

[2] 李树华，康宁，史舒琳，杨荣湉，姚亚男. "绿康城市"论[J]. 中国园林，2020，36(07)：14-19.

[3] 宋艳，贾存显，周英智. 大学生抑郁现状及影响因素研究进展[J]. 心理月刊，2020，15(18)：237-240.

[4] 刘顺发. 我国抑郁症患病情况的流行病学研究现状[J]. 医学文选，2006(04)：861-863.

[5] 李为民，罗汶鑫. 我国慢性呼吸系统疾病的防治现状[J]. 西部医学，2020，32(01)：1-4.

[6] 敬济豪. 森林康养基地规划设计[D]. 泰安：山东农业大学，2020.

[7] 吴丽华，廖为明. 江西三爪仑国家森林公园声景观资源探讨[J]. Journal of Landscape Research，2009，1(12)：87-90.

[8] 赵云阁，徐萍，鲁绍伟，谷建才，陈波，李少宁. 北京部分树种吸滞重金属 Cr、Pb 生态转化率研究[J]. 西南林业大学学报，2017，37(01)：116-122.

[9] 王梓瑄. 森林康养环境保健因子与实证效果研究[D]. 北京：北京林业大学，2019.

[10] 郭超宇，杜欣玥，黄海梅，季建乐. 基于五感疗法理论的阿兹海默症康复花园设计研究[J]. 艺术科技，2019，32(11)：29+51.

[11] 张莉萌，杨森，孔倩倩，王鹏飞. 基于五感疗法理论的休闲养生农业园规划设计[J]. 浙江农业科学，2016，57(04)：538-541.

[12] 刘晓哲. 景观空间设计要素的视觉心理学分析[J]. 中国园艺文摘，2016，32(06)：138-139+159.

[13] 李蒙. 五感体验视角下百望山森林公园景观优化研究[D]. 北京：中国林业科学研究院，2017.

[14] 彭阳陵. 植物视觉、听觉特征心理暗示效应研究[J]. 中国园艺文摘，2012，28(07)：27-29.

[15] 李瑞军，蒲洪菊，龙午. 浅论植物精气在森林康养产业中的应用[J]. 贵州林业科技，2019，47(01)：41-44.

[16] 周冰颖，黄莺，罗睿，李孟炤，先旭东. 园艺疗法在园林景观中的要素设计[J]. 绿色科技，2020(15)：70-71.

[17] 王颖. 安康城区芳香植物群落分析及植物造景研究[D]. 兰州：甘肃农业大学，2018.

[18] 陈文静. 厦门城市森林的结构特征与效益评价研究[D]. 福州：福建农林大学，2007.

[19] 包红. 呼和浩特市公园绿地植物群落结构特征及其景观评价研究[D]. 呼和浩特：内蒙古农业大学，2011.

[20] 刘畅，徐宁，宋靖达，胡尚春. 城市森林公园游人热舒适感受与空间选择[J]. 生态学报，2017，37(10)：3561-3569.

[21] 郑莺，龙翠玲. 茂兰喀斯特森林不同地形植物多样性与土壤理化特征研究[J]. 广西植物，2020，40(06)：792-801.

作者简介

公蕾，1993 年 9 月生，女，汉族，山东临沂，北京林业大学风景园林科学硕士，研究方向为风景园规划设计与园林工程。电子邮箱：gonglei0928@163. com。

时蕙，1994 年 12 月生，女，汉族，江苏无锡，风景园林科学硕士，杭州园林设计院股份有限公司风景园林设计师，研究方向为风景园林规划设计与工程。电子邮箱：shichau@qq. com。

秦琦，1996 年 12 月生，男，汉族，山东日照，北京林业大学园林学院硕士研究生，研究方向为风景园林规划设计与园林工程。电子邮箱：1197814143@qq. com。

李运远，1976 年 8 月生，男，汉族，内蒙古，博士，北京林业大学园林学院教授、博士生导师，研究方向为风景园规划设计与园林工程。电子邮箱：lyy0819@126. com。

基于日照分析的建筑中庭植物种植设计①

Planting Design in Building Courtyard Based on Sunlight Analysis

关乐禾

摘　要：光照是影响植物生长、发育和繁殖的重要环境因子。在当前快速城镇的进程中，建筑物影响形成的复杂光环境，已经成为限制园林植物生长的重要因素。本文介绍了在建筑中庭的景观设计过程中，场地不良光照条件对植物的影响，从而以日照分析作为切入点，在定量分析中找到解决场地现状问题，并以此为前提进行植物品种选择、配置、指导植物种植设计的方法。进而提升植物生长健康状况和观赏效果，充分发挥绿地的生态效益，响应"公园城市"与可持续发展的理念。

关键词：风景园林；种植设计；日照分析；建筑中庭

Abstract: Sunlight is an essential environmental factor that affects plant growing, developing, and reproducing. Currently, in the process of rapid urbanization, the complex light condition formed and influenced by modern constructions has become a key factor restricting the growth of plants. This article introduces that during the process of building courtyard landscape architecture, considering the limited lighting conditions of the site, the sunlight analysis is used as the starting point to find solutions to the current site situation based on quantitative analysis. And plant species selection, configuration, and guiding the planting design method are carried out on this premise. And then, it will improve the healthy growth and ornamental value of plants, gives full ecological benefits of green space, and responds to the concepts of the park city and sustainable development.

Key words: Landscape Architecture; Planting Design; Sunlight Analysis; Courtyard

引言

风景园林是一门处理人类社会活动空间与自然生态环境关系的复杂学科[1]。在面临诸多城市问题的今天，在践行发展新理念的公园城市建设中，风景园林的设计内涵正在随时代而变化：由封闭空间向开放空间的转变，由水平方向往垂直方向的延伸，风景园林的设计领域正在不断扩大。与此同时，园林植物在城市生态系统中的价值和重要性日益突显：植物的生态效益可降温增湿、滞尘减噪、抑菌杀菌等，对人的健康有益，所以公园城市倡导的城市绿色生态系统不仅是要建立如公园、广场等公共绿地，更是要在有条件覆绿的地方尽量覆绿，其中包括建筑屋顶及以前不被重视的建筑中庭空间等。

1　日照分析

1.1　日照分析释义

日照分析是利用日照系数公式或计算机日照分析软件，结合建筑、场地等信息建立相关的建筑模型以及场地模型，在指定的地点与日期，进行日照实时场景的模拟和大量的数学计算，得出分析对象相关的日照量化指标，并呈现出相应的数据[2]。

根据数据可以直观地观察到建筑之间或建筑物周围场地的光照情况与阴影遮挡关系，在建筑设计中辅助分析建筑单体或群体间相互影响关系，科学合理地布局建筑物的朝向、位置等；在风景园林设计中可用来确定场地的日照情况，辅助景观功能区划分和植物种植设计等。

1.2　日照分析原理

日照分析的基本原理是默认太阳光到达地球时为水平光线，从而以建筑物所处地区、目标分析时间带宽度以及标准日日期为基础，确定场地相关参数（例如纬度参、赤纬参数、时差参数、时角参数等），通过计算太阳位置得出太阳实际的方位角以及高度角等信息，再借助投影原理来进行阴影轮廓计算等。

如果以某一场地平面作为分析对象，计算出指定范围内高于该平面的建构筑物在该投影面上的投影区域，即可分析出该场地平面的日照情况。

1.3　我国现行日照相关标准规范

《城市居住区规划设计规范》GB 50180-2018 针对影响日照采光的主要因素，将全国划分为 7 个建筑气候区，根据每个城市所在的建筑气候区和规模，确定以"冬至日"或"大寒日"为采光日照依据日，并规定了相应的日照标准，详见表 1。除此之外，特意强调了对于特定情况应符合的规定：①老年人居住建筑不应低于冬至日日照 2h 的标准；②在原设计建筑外增加任何设施不应使相邻住宅原有日照标准降低；③旧区改建的项目内新建住宅日照标准可

① 基金项目：上海市绿化和市容管理局科学技术项目（项目编号：G169918）。

酌情降低，但不应低于大寒日日照1h的标准[3]。

住宅建筑日照标准　　　　表1

建筑气候区划	Ⅰ、Ⅱ、Ⅲ、Ⅶ气候区		Ⅳ气候区		Ⅴ、Ⅵ气候区
	大城市	中小城市	大城市	中小城市	
日照标准日	大寒日			冬至日	
日照时数（h）	≥2	≥3		≥1	
有效日照时间带（h）	8～16			9～15	
日照时间计算起点	底层窗台面				

另外，《民用建筑设计通则》GB 50352-2005、《建筑日照计算参数标准》GB 50947-2014《住宅设计规范》《中小学校设计规范》《托儿所、幼儿园建筑设计规范》等专项建筑设计规范中，均对建筑日照采光方面提出针对性的规范要求和设计标准。

但是目前却没有关于户外环境的日照时数、日照标准的类似法规、标准、规范或相关指导意见。

2　建筑中庭

2.1　建筑中庭释义

《中国大百科全书》：在建筑物周围或被建筑物围合的场地，一般通称为中庭或庭院。

维基百科网站：是四周由建筑物围绕而成的空地。中庭可能是广场、花园、球场或四合院中间的空地。在建筑中，中庭是指一块开阔的空间，通常有几层楼高并开有窗户，在办公楼中庭通常紧邻主入口[4]。

在不同的时代背景和建筑功能下，人们对中庭的概念和解释并不一样。在本文中，对建筑中庭的释义是指由建筑围合或在建筑内部，并且上下通高的，多层的或贯穿了全部主体建筑高度的，具有大面积自然采光的室内外空间。

2.2　建筑中庭植物种植设计现状

具有大体量中庭的建筑，其功能一般为行政办公建筑、商业建筑、工业建筑等，且中庭形式以室内空间为主。建筑中庭的植物配置受采光条件、室内温湿度调控等影响，现状主要分为4类，即仿真植物、绿植盆栽、垂直绿墙与中庭花园（图1～图4）。

仿真植物单纯从视觉美化与经济角度出发，并未对建筑主体及中庭空间带来实际的生态与健康效益，是以往生态意识不强的做法，目前逐步被真正的绿色植物取代；绿植盆栽有助于室内环境的改善，但对光照、温度、湿度等要求较严格，且更换频率较高、养护成本较高，多在室内中庭中使用；垂直绿墙依托墙面及构筑物，占用平面空间较小，同时养护成本也较高；中庭花园一般设置于采光良好的室内外中庭空间，一般结合建筑设计特色布置园林小品或雕塑、水景喷泉、种植树木花草等，不仅将人与自然、建筑融为一体，增加了人与阳光、植物、水体等

图1　仿真植物

图2　绿植盆栽

图3　垂直绿墙

图 4　中庭花园

自然因素的接触，改善中庭微气候、对人体健康有益，同时也使建筑与建筑之间、建筑与城市之间的关系更为协调。

3　园林植物与光环境

3.1　光环境

在风景园林规划设计中，光环境是影响场地总体景观设计的重要因素之一，户外光环境主要来源于白天太阳光照和夜晚场地照明，其中日照涉及光合有效辐射、热辐射、温度等多种重要概念，同时可为风景园林植物配置提供科学的理论依据[5]。同时，“采光”和“日照”是两个不同的概念。只要获得自然光，就达到了采光要求。但是采光不一定获得日照，例如在大体量建筑的北侧场地能够采光，但是没有日照。对于人和植物来说，采光及人工照明都不能完全替代日照。

3.2　光照对植物生长的影响

植物的生长是通过叶绿素产生光合作用、储存有机物来实现的，光照是植物生长、发育和繁殖等生命过程中的必须要素，植物体内存在着一系列光感受系统和应答系统，使得植物可以准确和及时地感应光环境的变化（如光质、光周期和光照强度等），并可以对光环境的变化及时作出应答，使植物生长在一个相对最优的状态，并对植物的成花诱导调节具有重要作用[6]。

然而，在实践应用中，由于人的感知能力的限制，定性的工作方式往往导致植物的光照需求与种植环境的光照条件不相匹配的后果，进而造成植物的生长不良或死亡。这些问题的出现，除了失去植物营造景观的价值外，还极大浪费了植物材料。

3.3　基于光照需求的园林植物分类

根据园林植物的耐阴性，可分为：喜阳植物、中性植物、耐半阴植物、耐阴植物和强耐阴植物。喜阳植物指在全日照下生长良好而不能忍受阴蔽的植物；中性植物指在充足阳光下生长最好，但同时具有不同程度的耐阴能力的植物；耐阴植物指在较弱日照条件下比在全日照下生长良好的植物[7]；耐阴植物根据耐阴程度又可分为耐半阴植物、耐阴植物和强耐阴植物三类。

根据植物对光照长度的要求，可分为：长日照植物、短日照植物和中日照植物。

4　应用实例——以上海某工厂厂房中庭植物种植设计为例

4.1　项目背景

项目位于上海市浦东新区，为垃圾焚烧厂房。建筑呈倒“凹”字形，建筑单体体量庞大，通高 45.5m，中庭开口朝西北侧；且中庭空间南侧有高 80m 的观景塔，塔底以连廊连接于两侧建筑中，总体形成一个半封闭的景观空间（图 5）。

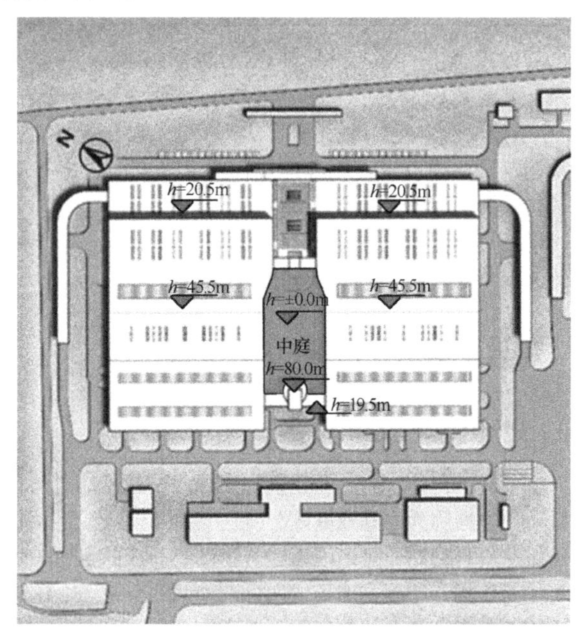

图 5　建筑平面图

建筑中庭为室外中庭，宽 52m，长 109.5m，面积约 0.57hm²。该中庭受两侧建筑、观景塔及周围连廊影响，日照情况复杂，又有建设中庭花园的需求，场地的植物种植设计需要科学的日照分析成果作为理论支撑，以便于对场地中不同类型的植物种植策略进行精确地判断，避免出现植物设计中主观因素过强，忽略光照不足的客观因素，而给后期施工及管养带来风险和不确定性。

4.2　场地日照分析

4.2.1　计算软件

由于计算机日照分析软件相比于系数公式计算法更为精确和便捷，且因建筑外形规则，呈底面与顶面形状一致的柱体，故选取天正日照分析软件进行分析。

4.2.2　分析日选取

常规日照分析选取大寒日或冬至日为标准日，目的是为测出全年最短日照时数。本文分析目标为中庭日照时数的变化过程和最短日照时数，故选取大寒（1 月 20 日）作为最低时数日；并经过分析筛选，选取全年其他 6 个节气作为过程分析日，即惊蛰（3 月 6 日）、清明（4 月

5日)、夏至(6月22日)、大暑(7月23日)、秋分(9月20日)、立冬(11月8日)。

4.2.3 参数设置

根据软件要求设置相关参数：包括日照分析的地点经纬度、日照分析标准、日照时间统计方式、日照分析精度、有效太阳高度角、扫掠角度、日照分析后日照时数颜色设置、阴影颜色设置等，参数如下：

(1) 城市：上海市。

(2) 经纬度：北纬31°2′46″～31°2′59″，东经121°55′2″～120°55′17″。

(3) 有效时间

参考《城市居住区规划设计规范》GB 50180—2018中规定有效日照时间带为8：00～16：00，考虑植物所需日照与居住区日照有效时间划定存在差异，结合大寒日上海市在大寒日日出时间为6：52、日落时间为17：17，选取7：00～17：00间，累计所有连续照射大于10min的时段。为本项目日照分析的有效时间带。

(4) 时间计算精度：1min。

(5) 采样点间距：1m。

(6) 分析平面高度：5.0m(基地海拔高度)。

4.2.4 日照分析结果

日照分析结果如图6～图12所示。

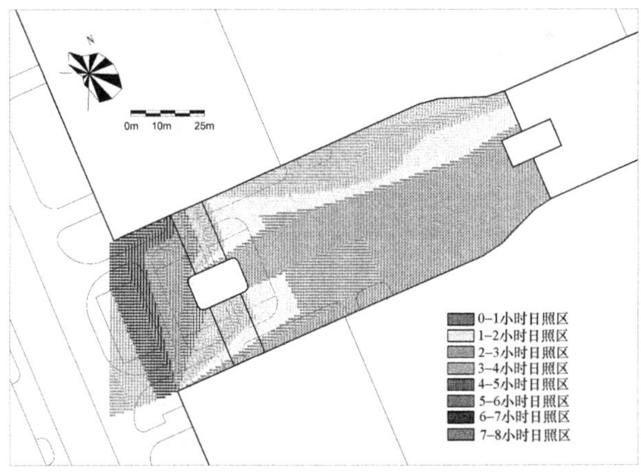

图6 大寒日日照分析图

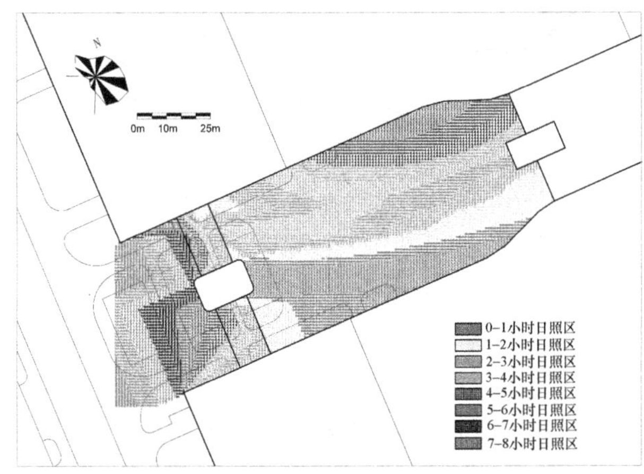

图7 惊蛰日日照分析图

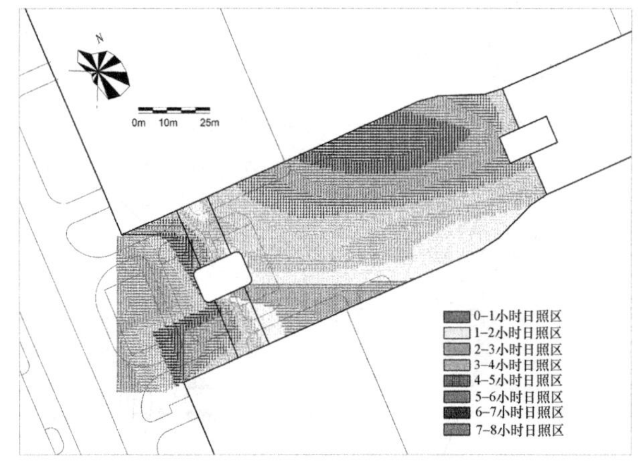

图8 清明日日照分析图

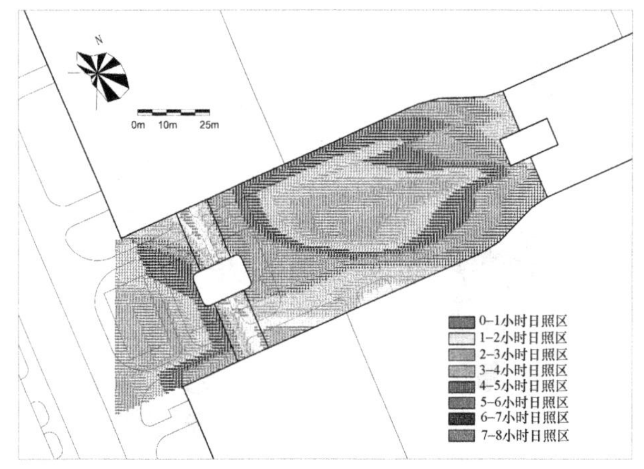

图9 夏至日日照分析图

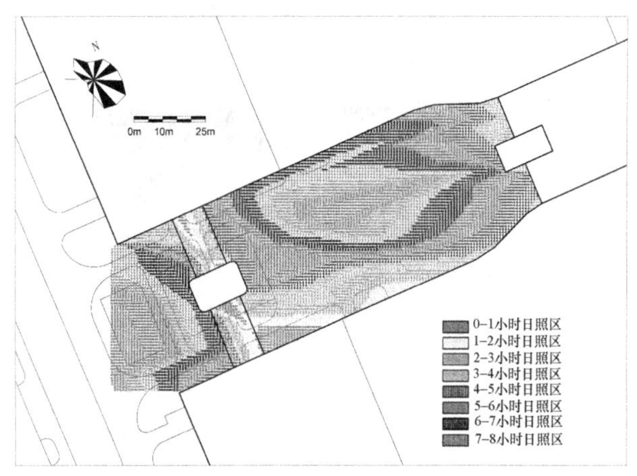

图10 大暑日日照分析图

4.3 风环境模拟分析

因项目其他需要，对基地进行风环境模拟实验，同时可作为植物种植设计的参考依据之一。

结合《民用建筑供暖通风与空气调节设计规范》GB 50376-2012上海市室外空气计算参数及现场测量实际参数，将风模拟气象条件参数设置为——冬季空气调节室外计算温度：-2.2℃；冬季空气调节室外计算相对湿度：

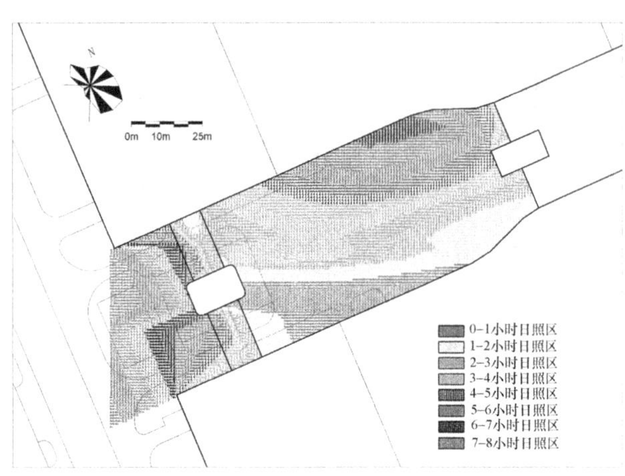

图 11　秋分日日照分析图

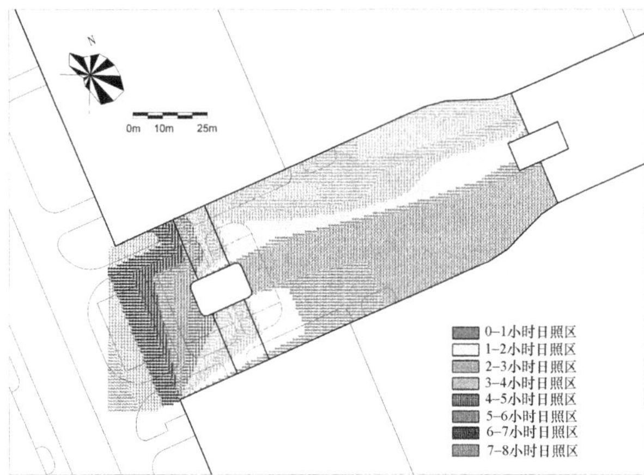

图 12　立冬日日照分析图

75%；冬季最多风向：NW；冬季最多风向平均风速：3.0m/s。风模拟分析结果如图 13 所示。

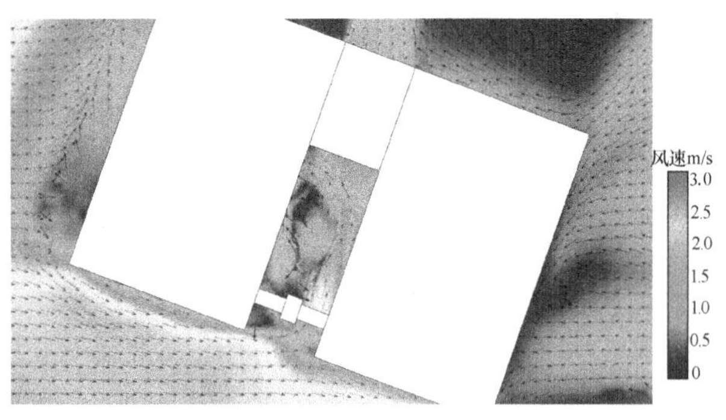

图 13　风环境模拟分析结果

4.4　基于日照分析的植物种植设计

4.4.1　种植分区划定

（1）日照分析结果概述

由日照分析结果可知，立冬（11 月 8 日）至大寒（1 月 20 日），即冬季时段场地日照条件较差，仅有 1/3 区域有直射光。

惊蛰（3 月 6 日）开始场地日照条件开始明显好转，至夏至（6 月 22 日）达到光照强度与光照时数的最大值，并稳定至大暑（7 月 23 日）前后。

由大暑（7 月 23 日）开始至秋分（9 月 20 日），场地日照条件有所下降，至大寒（1 月 20 日）达到光照强度与光照时数的最低值。

总体上夏季日照情况最好，可满足绝大多数植物的良好生长；春秋季日照情况变化幅度明显，且春季日照情况较秋季更好；冬季日照情况较差，直射日照时数短，但存在周围环境的散射光。

（2）根据植物耐阴性划定种植区

将场地主要划定为中性植物区、耐阴植物区及不宜栽植植物区（图 14）。划分依据为不同节气间的日照变化幅度。

（3）中性植物区的细分

将中性植物区划分为中日照植物区及短日照植物区（图 15）。划分依据为全年总体日照时数。

（4）耐阴植物区的细分

将耐阴植物区划分为耐半阴植物区、耐阴植物区及强耐阴植物区（图 16）。划分依据为全年总日照时数、日照时数最大值、日照时数最小值三者之间的函数关系。

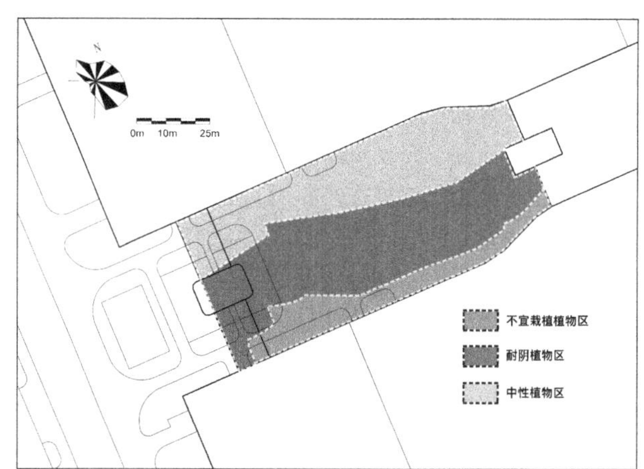

图 14　根据植物耐阴性划定种植区

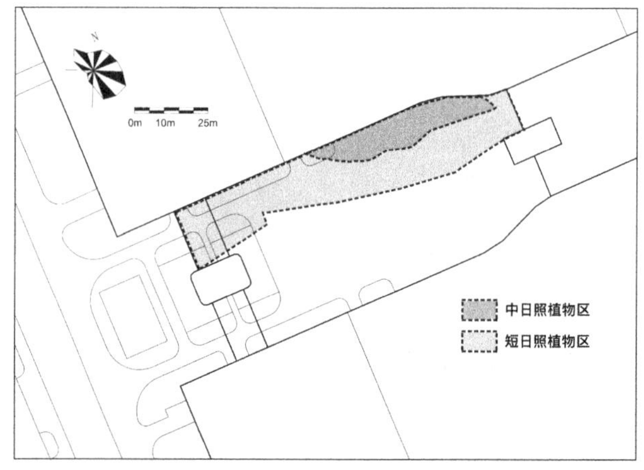

图 15　中性植物区的详细分区

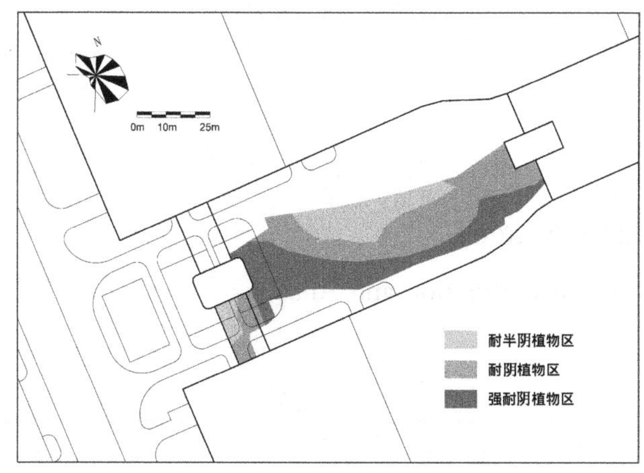

图 16　耐阴植物区的详细分区

4.4.2　植物种植策略

（1）由于场地面积较小，且在消防登高面处需设置硬质场地，绿化用地面积有限，所以总体植物选择以花灌木与地被为主，局部景观节点点植小型乔木，形成和谐的植物层次。

（2）植物品种以乡土树种为主，并选取抗性强、便于养管的植物品种。

（3）木本植物以落叶开花乔灌木为主。

（4）选取的地被植物可为常绿耐阴地被或冬季休眠的耐阴宿根草本地被。

4.4.3　植物品种选择

（1）中日照中性植物：星花木兰、紫玉兰、红枫、垂丝海棠、樱花、紫薇、金银木、常夏石竹等。

（2）短日照中性植物：蜡梅、地被菊等。

（3）耐半阴植物：女贞、柳叶绣线菊、珍珠梅、八仙花、杜鹃、洒金蜘蛛抱蛋、珍珠蓍草、大花萱草、紫花地丁等。

（4）耐阴植物：山茶、紫金牛、鸢尾、活血丹、兰花三七、白及、马蔺、金线蒲、黄精、络石等。

（5）强耐阴植物：矮紫杉、熊掌木、洒金桃叶珊瑚、凤尾蕨、肾蕨、贯众、玉簪、紫萼、扶芳藤、常春藤等。

5　结语

随着城市化的深入，日照和城市之间的关系开始了从主动到被动的转化，从古代的自下而上的朴素约定转向自上而下的强制性规定[8]，从而不断推进日照分析在庭院中的合理利用，确保植物、水体、建筑本身等因素可以正常甚至加倍发挥其固有作用。虽然参数化技术不具备人对环境的感性感知，无法替代设计师的设计，但可以作为辅助数据信息，帮助设计师更理性的进行设计与开拓思维方式，参数化辅助设计是未来风景园林发展的趋势之一。

同时，植物受日照的影响不仅在于日照时数与日照强度，光环境所影响的场地温湿度、土壤温湿度等，都会成为影响植物生长的环境因子，本文的研究方法还较粗浅。

参考文献

[1]　王绍增．论风景园林的学科体系[J]．中国园林，2006，5：128-130.

[2]　刘会莹．日照分析模拟对小区规划设计的辅助作用[J]．中外建筑，2019，1：86-88.

[3]　住房和城乡建设部．城市居住区规划设计规范(GB 50180—2018)[S]．北京：中国标准出版社，2018.

[4]　https：//baike. tw. lvfukeji. com/.

[5]　刘司南，吕锐，王霞．参数化风景园林设计的方法实践——以成都市环城生态区桂溪生态公园景观为例[J]．中国园林，2015，12：50-55.

[6]　李苗．基于光照需求的居住区植物选择与配置研究——以成都蓉城里小区为例[D]．成都：成都理工大学，2018.

[7]　陈有民主编．园林树木学修订版[M]．北京：中国林业出版社，2008.

[8]　李京津．基于"日照适应性"的城市设计理论和方法[D]．南京：东南大学，2018.

[9]　苏雪痕，园林植物耐阴性及其配置，北京林业大学学报[J]．1981，6：63-71.

[10]　杨立新，宋力，李聪．日照分析在园林环境设计中的应用[J]．现代园林，2006，2：1-4.

[11]　吕璐珊．日照分析对风景园林设计指导的初探——以天津中新生态城为例[C]．中国风景园林学会2009年会论文集，2009.

作者简介

关乐禾，1987年2月生，女，满族，黑龙江，硕士，上海市园林设计研究总院有限公司工程师，研究方向为风景园林设计、植物景观设计等。电子邮箱：graceguan2015@126.com。

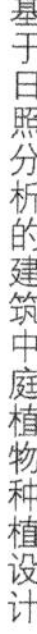

植物在城市绿地中的健康应用

——以夹竹桃科植物毒性调查与分析为例

Health Application of Plants in Urban Green Space:

Take the Toxicity of *Apocynaceae* as an Example with the Investigation and Analysis

何 婷

摘 要：随着绿化事业的发展，城市绿地中的植物景观设计也显得举重若轻，园林植物的选择也逐渐多样且讲究。夹竹桃科植物在热带、亚热带属于有代表性的种类，观赏种类多样，曾经在园林绿地中的应用比较广泛，特别是在华南地区多为常见。可是，后来由于传言其具有毒性，危害人畜健康，以至于该科植物的使用量一度严重减少。为了更全面地了解对夹竹桃科植物毒性的认识和理解，通过查阅文献、实地查勘以及问卷调查等方式进行系统分析，发现所有的被调查者都知道有毒植物存在危害性，但大多也并不会盲目排斥有毒植物，只要合理应用和管养，仍不失是一优良绿化植物品种。比如：该科植物中的夹竹桃花色艳，花期长，不仅观花特性强，而且抗逆性强，环保价值高，人们也颇为喜爱，虽然是具有一定毒性，但并不足以影响到其合理的使用，还是值得被推广应用的。

关键词：夹竹桃科植物；毒性；植物应用观念

Abstract: Along with the development of the green, plant design in urban green space is important, *Apocynaceae* is representative species in tropical and subtropical plants, ornamental species diversity, once in the application of garden green space more extensive, especially in southern China is common but more, later because rumours that it has toxicity, harm to human and animal health, and that the division of plant usage once severely reduced. In order to more fully understand the toxicity of *Apocynaceae* plant, through the literature survey on the spot, system analysis, in the form of questionnaire survey, and found that all the respondents recognize the harmfulness of poisonous plants. But most will not blindly exclude poisonous plants, as long as reasonable application and custody, still do not lose a good greening plant species such as the division oleander in plants design and color is bright, long-lasting flowers, flower features not only strong, and strong in resistance and environmental value is high, the people are very loved, although is has a certain toxicity, but not enough to affect its reasonable use, is worthy of popularization and application.

Key words: *Apocynaceae* Plants; Toxic; Application Concept of Plants

1 研究背景

1.1 研究目的及意义

植物是城市绿地中不可或缺的重要元素，植物种类繁多，配置各样，它在城市绿地的应用观念也需要我们去系统思考。夹竹桃科植物在热带、亚热带属于有代表性的种类，观赏种类多样，在城市绿地中的应用比较广泛，特别是在华南地区多为常见。夹竹桃科植物不乏有名的观赏花卉，常见种类有乔木、灌木和藤本。可是，后来由于有研究表明其具有毒性，危害人畜健康，以致该科植物的使用量严重减少，颇为可惜。为了更全面地了解夹竹桃科植物毒性和人们对该类植物的认识和理解，在华南地区绿化水平较为发达的中山市进行了调查分析，探究植物在城市绿地中的健康应用观念，希望能为更有效地推广植物科普和植物应用建议提供一定的参考。

1.2 相关历史研究

夹竹桃科植物抗逆性较强，多有抗烟雾、抗灰尘、抗毒物和净化空气、保护环境的能力，环保价值较高。因夹竹桃即使全身落满了灰尘，仍能旺盛生长，甚至被冠以"环保卫士"的美称。劳赛总结了它的环保价值主要体现在三个方面：一是抗辐射能力强。夹竹桃是 1945 年 8 月日本广岛核爆中仅为幸存的几种植物之一，绽开的美丽花朵当时被称为"原爆的花"；二是耐污染能力强。夹竹桃叶子表面蜡质层厚，抗粉尘、烟尘、氯气、二氧化硫、氟化氢、油污等有害气体；三是对重金属富集能力强。在污染环境中叶片每克含硫量 2.5～7.2mg，含氯量 3.7～4.1mg，含氟量 2.48mg，叶片汞含量可高达 96μg。芮红、王亚等综述了夹竹桃有重要的环保应用价值，有"抗污染的绿色冠军"和"自然界的吸尘器"之称。朱细兰在调查涟钢集团厂区现有植物的生长、分布情况的基础上，全面分析了园林植物抗污染能力，结果表明夹竹桃是属于抗污染强的树种之一。除此之外，目前也还有较多的文献资料从生理结构方面来研究夹竹桃科植物的抗铅性、抗旱性等抗逆性。如：夹竹桃叶片对二氧化硫、二氧化碳、氟化氢、氯气等对人体有害的气体有较强的吸收和抵抗作用；夹竹桃能挥发出丙烯酸、乙酰乙酸乙酯、丁酮醇等气体物质，具有消毒、防腐等功效；夹竹桃和大青均具有较强的抗铅性；长春花具有较强抗旱性等。

夹竹桃科植物景观价值的评价也较高，但也有一些关于其毒性的报道。林满堂等就阐述了夹竹桃叶、花及茎皮含有夹竹桃甙、糖甙等多种强心苷类有毒物质，有鹅群在放牧过程中，因误食夹竹桃叶子和水面漂浮的花瓣而引起中毒的事件。还庶报道了上海市一起奶牛夹竹桃中毒事件，因饲养员工误割了路边供绿化栽种的夹竹桃鲜嫩茎叶，混入饲料饲喂奶牛后，约 2～2.5h 后突然发病，13 头荷兰黑白花奶牛发生不同程度的中毒。范兴梅总结的 6 例夹竹桃人中毒事件，均为过量服用夹竹桃而导致的。

2 材料与方法

城市绿地是指城市专门用以改善生态、保护环境、为居民提供游憩场地和美化景观的绿化用地（《城市规划术语标准》）。绿地是城市绿地的简称，主要分为公园绿地、生产绿地、防护绿地、附属绿地及其他绿地五大类。本次调查样地筛选，是在地处华南地区的中山市城市绿地中，选定了公园绿地、校园绿地、居住区绿地、道路绿地 4 类型绿地，每个类型绿地又分别调查了 5 个以上样地进行实地查勘（表 1）。对选定样点的夹竹桃科植物进行调查、记录，并从每个绿地类型的样点中各选取 15 组夹竹桃科植物景观进一步用相机拍照记录。整理后采用投影仪播放显示植物组景照片，被调查的人们用统一的纸质调查卡作答的形式，对华南地区百余名非园林专业青年进行问卷调查，涉及对夹竹桃科植物识别、毒性认识和景观评价标准等 11 条题目内容，并对收集到的 110 份有效调查卡数据进行统计分析。

调查样地选取及概况 **表 1**

绿地类型	编号	详细名称	样地位置	样地面积（hm^2）/长度（km）
公园绿地	P	紫马岭公园	中山四路南侧	88.5
		孙文公园	兴中道与城桂路的连接处	26.6
		岐江公园	市区中心地带，临岐江河	11
		树木园	近南外环路南区出口	93.3
		名树园	博爱路和兴中道交会处	4.6
校园绿地	S	中山市第一中学	起湾道	20
		电子科技大学中山学院	石岐区学院路	47
		中山市技师学院东校区	兴文路	12
		中山市技师学院北校区	黄圃镇马新围	20
		火炬职业技术学院	火炬高新技术产业开发区	10.9
		广州药学院	五桂山	13.3
居住区绿地	H	棕榈湾	凯茵新城 A01 区	21.3
		天誉	凯茵新城 A16 区	12.6
		和景花园	博爱五路	10
		朗晴轩	博爱路与起湾道交汇处	28
		远洋·天耀	博爱路南侧	12.3
		奥城花园	南三公路新沙路段	3.1
道路绿地	R	长江路	—	7.87
		博爱路		16.7
		孙文路		6.56
		G4W 高速中山段		34
		阜沙公路		9.36

3 结果与分析

3.1 种属分析

在本次调查的园林绿地中，应用到的夹竹桃科植物共 8 属 11 种，包括有鸡蛋花（*Plumeria rubra* 'Acutifolia'）、红鸡蛋花（*Plumeria rubra*）、糖胶树（*Alstonia scholaris*）、海杧果（*Cerbera manghas*）、夹竹桃（*Nerium oleander*）、粉花夹竹桃（*Nerium oleander* 'Roseum'）、黄花夹竹桃（*Thevetia peruviana*）、软枝黄蝉（*Allamanda cathartica*）、黄蝉（*Allamanda schotti*）、狗牙花（*Tabernaemontana divaricata*）、长春花（*Catharanthus roseus*）（表 2）。这些植物都具有观花特性，花色繁多，花期总体较长，甚至不乏花期全年的植物，且其中大部分植物都具有识别度高、特征性强的特点，尤其是鸡蛋花和红鸡蛋花的特殊龙枝树形。总体来讲，夹竹桃的应用范围较广、频度较高、数量较大，且知晓度较高。同时也发现，该科植物中多有毒植物，但并不是所有植物的所有部位都有毒，其中海杧果、夹竹桃、粉花夹竹桃、黄花夹竹桃、黄蝉、软枝黄蝉6种植物分别在果皮、树皮、叶、种子、植株乳汁等部位或多或少具有一定的毒性。

中山市园林应用中的夹竹桃科植物种类表 表2

种名	学名	属名	分布区
鸡蛋花	*Plumeria rubra* 'Acutifolia'	鸡蛋花属	南部地区
红鸡蛋花	*Plumeria rubra*	鸡蛋花属	华南地区
糖胶树	*Alstonia scholaris*	鸡骨常山属	南部地区
海杧果	*Cerbera manghas*	海杧果属	华南地区
夹竹桃	*Nerium oleander*	夹竹桃属	全国
粉花夹竹桃	*Nerium oleander* 'Roseum'	夹竹桃属	华南地区
黄花夹竹桃	*Thevetia peruviana*	黄花夹竹桃属	华南地区
黄蝉	*Allamanda schotti*	黄蝉属	华南地区
软枝黄蝉	*Allamanda cathartica*	黄蝉属	华南地区
狗牙花	*Tabernaemontana divaricata*	狗牙花属	华南地区
长春花	*Catharanthus roseus*	长春花属	长江以南

3.2 对夹竹桃科植物的认识度调查

从本次调查中发现，鸡蛋花、红鸡蛋花、夹竹桃的应用较多，狗牙花的应用最少。4类绿地类型中，夹竹桃科植物的应用情况有所差异，在公园绿地中鸡蛋花出现频率较高，红鸡蛋花在校园绿地的应用最多，居住区绿地中糖胶树、黄蝉、夹竹桃、黄花夹竹桃应用甚少，在道路绿地中应用最普遍、最广泛的是夹竹桃。

对调查问卷中收回的调查答题卡统计分析得出：本次接受调查的人群大多比较喜欢植物。调查问卷中所涉及的11种夹竹桃科植物中，长春花、海杧果、夹竹桃的认识度偏高，百分比均在50%以上；糖胶树和黄花夹竹桃的认识度偏低。结合该科植物在城市园林绿地中的使用情况调查得知，长春花和夹竹桃的使用量较大，人们日常见得较多，其被认识度自然较高，黄花夹竹桃应用量小，且多应用于人流量较小、人们关注度较低的园地，所以少为人知晓。

3.3 夹竹桃科植物毒性分析

人们关于夹竹桃科植物毒性的认识大多较为模糊。经大量地查阅文献资料发现，调查问卷的11种夹竹桃科植物中，鸡蛋花、红鸡蛋花、糖胶树、狗牙花、长春花5种一般是不具有毒性的，海杧果、夹竹桃、粉花夹竹桃、黄花夹竹桃、黄蝉、软枝黄蝉6种植物或多或少具有一定的毒性。海杧果果皮含海杧果碱、生物硷、毒性苦味素、氰酸，毒性强烈，人、畜误食能致死。而其树皮、叶、乳汁能制药剂，有催吐、下泻、堕胎等功效，但用量需慎重，多服也能致死。夹竹桃的叶、树皮、根、花、种子里均含有多种配醣体，毒性极强，人、畜误食能致死。而它的叶、茎、皮则可以用来提制强心剂，但也有毒，故用时需慎重。黄花夹竹桃的树液和种子有毒，误食可致命，而且它的果仁里含有黄花夹竹桃素，有强心、利尿、祛痰、发汗、催吐等作用。黄蝉植株乳汁有毒，可导致人、畜中毒，会刺激心脏，循环系统及呼吸系统受障碍，妊娠动物误食会流产。软枝黄蝉植株乳汁、树皮和种子都有毒，人畜误食会引起腹痛、腹泻。

在接受调查的人群中，有37.27%知道夹竹桃有毒，而对其余夹竹桃科植物的毒性认知则甚少。据了解，黄蝉和软枝黄蝉经常在华南地区的一些原住民房前屋后栽植，可是却只有不到3%的被调查者知道它们具有毒性。而且人们普遍认为植物的毒性是通过花粉或是植物汁液传播的。所有的被调查者都知道有毒植物存在危害性，但大多也并不盲目排斥有毒植物，认为只要观赏性强，即使有毒也可以合理配置，或立标识牌告知。

3.4 对夹竹桃科植物景观评价调查

调查发现，人们选择喜爱植物的标准，大多优先考虑的是植物的观赏性，特别是观花性，花形与色的百分比高达66.36%，远远超出树形34.54%、果形与色5.45%、叶形与色9.09%、植株质感14.54%及其他因子5.45%的得票数。可见，观花性强的植物是比较受青睐的。在调查中还发现，人们多倾向于观赏性藤本攀爬的立体绿化形式，过半数的人倾向于具有净化空气等功能性植物的应用。该科植物中的夹竹桃花色艳、花期长，不仅观花特性强，而且抗逆性强，环保价值高，虽然有一定毒性，但大部分被调查者认为，只要合理应用和管养，仍不失是一优良绿化植物品种，还是值得被推广应用的。另外，发掘、引种一些观赏性较强的夹竹桃科藤本植物也是值得我们去思考和研究的方向。生活中，人们对于植物的了解多来自身边的亲戚、街坊、朋友口中，或是报纸、书本、网络等媒体，而学校及社会上一些相关组织机构的影响力却较小。

3.5 夹竹桃科植物观赏习性统计分析

园林植物依其观赏特性主要分为观花植物、观叶植物、观果植物、观形植物及观枝干植物。夹竹桃科植物中具有观花特性的较多，经调查统计并查阅文献得出，中山市园林绿地中发现的11种（含变种、品种）夹竹桃科植物全部都具有观花特性，而且花色繁多，花期不同，如鸡蛋花花色为黄白色，同它相似的红鸡蛋花的花色却是红黄色；夹竹桃花色红色，同它相似的黄花夹竹桃却是黄色。其中，白色花的有3种，分别是糖胶树、海杧果、狗牙花。花色艳丽的有红色系花朵的红鸡蛋花、夹竹桃、粉花夹竹桃、长春花，以及黄色系花朵的黄花夹竹桃、黄蝉、软枝黄蝉、鸡蛋花。中山市园林绿地中的夹竹桃科植物按其花期时长，则可大致分为花期全年、花期春夏、花期秋冬3种类型，且花期总体较长。其中，花期全年型的夹竹桃、粉花夹竹桃和长春花几乎全年都有开花，在不同季节特别是冬季花少期的植物景观营造中，是难能可贵的植物选择；花期春夏的有鸡蛋花、红鸡蛋花、海杧果、黄蝉、狗牙花；花期秋冬的有糖胶树、软枝黄蝉。该科植物有果的较少，只有海杧果核果双生或单个，阔卵形或球形，但其观果特性都不是很明显。夹竹桃科植物中有部分具有较好的观形特性，特别是鸡蛋花和红鸡蛋花的鹿角状树枝，与众不同，较为少见，具有较强的观形性(表3)。

中山市园林应用中的夹竹桃科植物观赏特性　　表3

树种	花色	花期（月）												观果	观形
		1	2	3	4	5	6	7	8	9	10	11	12		
鸡蛋花	白黄					▬	▬	▬	▬						▲
红鸡蛋花	红			▬	▬	▬	▬	▬	▬	▬					▲
糖胶树	白										▬	▬			
海杧果	白		▬	▬	▬	▬								●	
夹竹桃	红	▬	▬	▬	▬	▬	▬	▬	▬	▬	▬	▬	▬		
粉花夹竹桃	粉	▬	▬	▬	▬	▬	▬	▬	▬	▬	▬	▬	▬		
黄花夹竹桃	黄							▬	▬	▬	▬				
黄蝉	黄				▬	▬	▬	▬	▬	▬					
软枝黄蝉	橙黄					▬	▬	▬	▬	▬	▬				
狗牙花	白				▬	▬	▬	▬	▬						
长春花	粉	▬	▬	▬	▬	▬	▬	▬	▬	▬	▬	▬	▬		

4 结语

现代园林行业不断发展，可供城市绿化选用的园林植物也越来越多，但很多植物也都是“金无足赤”的，它们有着各自的优缺点和特色。就好比曾经在华南地区城市绿化较为常见的夹竹桃科植物，不少研究表明，夹竹桃科植物抗逆性较强，多有抗烟雾、抗灰尘、抗毒物和净化空气、保护环境的能力，环保价值较高。因夹竹桃即使全身落满了灰尘，仍能旺盛生长，甚至被冠以“环保卫士”的美称。而且，夹竹桃科植物观赏种类多，景观效果较佳，在热带、亚热带属于有代表性的种类，如：该科植物中的鸡蛋花、红鸡蛋花兼具独特的观花和观干特性；夹竹桃花色艳，花期长，素有“全年花”之称。可是其中确实不乏一些植物的某些部位具有一点毒性，但也并不属于毒性强烈类植物品种，也并不是所有的夹竹桃科植物的所有部位都有毒性，有些也许影响甚微，仅因为这一点是否足以大范围影响它们在城市绿地中的应用，对待类似问题怎样才算是健康的植物应用观念？

通过对夹竹桃科植物的功能分析和相关问卷调查分析，初步得出，对于夹竹桃科植物类似的兼具观赏价值、药用价值、环保价值却带有一定毒性的植物，在缺陷不足以掩盖其优势时，大可不用一味地否决使用，相信只要合理配置和管养，或立标识牌告知，它们仍然可以称得上是优良绿化植物品种，值得被推广应用。可以建议组织一些学校、社区及社会的相关活动，加强对相关植物知识宣传，以增加人们对植物的正确认知。或许，无论面对何种园林植物，我们都应当充分发掘其优良特性，尽量规避其短板性质，展现其良好的植物景观和性能，这才是植物配置与应用的归途。

参考文献

[1] 中国植物志(第63卷)夹竹桃科[M].

[2] 庄雪影. 园林树木学[M]. 广州：华南理工大学出版社，2014.

[3] 蒋谦才. 广东中山市有毒观赏植物资源调查[J]. 亚热带植学，2005，34(3)：57-61.

[4] 荣杰等. 美国有毒植物概述及其对畜牧业生产的影响[J]. 中国农业科学，2010，43(17)：3633-3644.

[5] 刘竹. 2017年成都市有毒植物中毒监测分析[J]. 现代预防学，2019，46(7)：1308-1310.

[6] 苏文伟. 家畜夹竹桃中毒及其治疗[J]. 广西畜牧兽医，2008，24(1)：47-48.

[7] 方访. 夹竹桃叶化学成分的研究[D]. 合肥：安徽农业大学，2013.

[8] 瞿金晓. 雷公藤、夹竹桃及常见有毒生物碱的中毒、检测及评价研究[D]. 苏州：苏州大学，2015.

作者简介

何婷，1988年生，女，汉族，四川，研究生，在职工程师，研究方向为风景园林植物应用方向。电子邮箱：616659118@qq.com。

我国台湾地区当代植物园复兴者潘富俊教授理论与实践述略

Theory and Practice on Modern Taiwan Botanical Garden of Professor Fuh-jiunn Pan

李宝勇　彭　博

摘　要： 潘富俊是美国夏威夷大学农艺及土壤博士，现任中国文化大学景观系教授，讲授景观植物学、植物与文学、台湾地区的植物文化等课程，是当代台湾地区植物园建设的主要倡导者和实践者。台湾地区最早的植物园建设可追溯至日据初期（1896 年）的台北市小南门苗圃[1]，并在之后的几十年间取得了一定的成就。但在 1945-1993 年间的近半世纪间，台湾地区的植物园事业几乎处于停滞状态。20 世纪 90 年代初期潘富俊教授主持台北市植物园和恒春热带植物园整建之后，台湾地区当代植物园建设打开了新局面，并取得了巨大成就。本文从潘富俊教授从业的时代背景入手，以其主要实践经历为主线，总结出潘富俊教授当代植物园规划设计和经营管理的主要思想理论，期冀为我国大陆植物园发展提供借鉴。

关键词： 台湾地区；植物园；潘富俊；营建

Abstract: Pan Fu Jun, Ph. D. in Agronomy and soil of the University of Hawaii, is currently a professor in the Landscape Department of China University of culture in Taiwan. He teaches landscape botany, plants and literature, and plant culture in Taiwan. He is a major advocate and practitioner of Contemporary Taiwan botanical garden construction. The earliest botanical garden construction in Taiwan can be traced back to the Xiaonanmen nursery in Taipei in the early days of the Japanese occupation (1896), and has made some achievements in the following decades. However, during the half century from 1945 to 1993, the botanical garden industry in Taiwan was almost at a standstill. In the early 1990s, Prof. pan Fu Jun presided over the renovation of Taipei Botanical Garden and Hengchun Tropical Botanical Garden, and the construction of Taiwan contemporary Botanical Garden opened a new phase and made great achievements. This paper starts from the background of Professor Pan Fu Jun's career, and summarizes his main ideas and theories of planning, design and management of contemporary botanical gardens, hoping to provide reference for the development of botanical gardens in mainland China.

Key words: Taiwan Province; Botanical Garden; Fuh-jiunn Pan; Practice; Thought

纵观当今世界植物园，我国台湾地区植物园以种质丰富、定位鲜明、功能完备、极具文化特色、成熟的义工系统而著称。在其背后，有着诸多植物园领域的学者和专家的不懈探索和付出，但其中，潘富俊教授（图 1）无疑是其中执牛耳者，他在植物园规划、植物园管理与经营等领域的理论和实践，开创了台湾地区当代植物园事业的新局面，作为台湾地区植物园领域权威，被认为台湾地区当代植物园事业复兴者。

1　潘富俊实践研究背景

在两岸诸多植物园学者行列中，潘教授的身份与地位有几分特殊。首先，他 20 世纪 80 年代从美国博士毕业后一直在台湾地区林业试验所从事科研工作，在 1992 年才涉足植物园建设与管理，此时已年过四旬；其次，他是一个两岸交流的积极推动者，几十年间，他几乎走遍了大陆所有的省份和植物园，作为多家植物园顾问，为包括昆明植物园、上海植物园、西安植物园在内的大陆多家植物园的建设发展出谋划策。此外，他还是一位中华传统文化的痴迷者，从中国古典文学的角度对植物进行研究，取得了令专业学者侧目的实践和理论成果；在台北市植物园首设“诗经”植物区，并出版了《诗经植物图鉴》《楚辞植物图鉴》《红楼梦植物图鉴》等专业著作在台湾地区和大陆出版发行，引起不俗的社会反响。

1980 年，潘教授考取夏威夷大学农艺及土壤学博士。出于植物研究的需要，他在求学期间游历了包括英国皇家丘园（Kew Garden），哈佛大学阿诺德树木园（Arnold Arboretum）、日本东京大学小石川植物园、纽约植物园、爱丁堡（Edinburgh）植物园、柏林植物园（Berlin-Dahlem Botanischer Garten）、乌普萨拉（Uppsala）植物园等著名植物园，并曾在哈佛大学阿诺德树木园系统研究学习，接触到了西方植物园先进的义工系统和现代温室、标本馆等研究设施，并与很多著名植物园专家建立了深厚的友谊。此时，潘教授对植物园已不陌生，广泛的游学经历已经使其对植物园具备了专业见解，也为其此后推动台湾地区植物园建设打下了基础。1985 年他在拿到了夏威夷大学农艺与土壤学博士学位后返回了台北市，被分配到台湾地区林业试验所进行了 9 年的科研工作，在植物分类学和生物多样性研究方面有着很深的造诣。1994 年，潘富俊受委派奔赴台南屏东县主持恒春热带植物园的整建工作，开启了和台湾地区植物园的不解之缘。

回顾台湾地区植物园发展史，台湾地区的植物园建设自 1945 年至 20 世纪 90 年代初的近半个世纪中基本处于停滞阶段。负责恒春植物园整建时，潘富俊开始大量学习研究植物园规划与经营管理理论，在建设中倾注了极大精力，并于 1996 年参加英国皇家 Kew 园开设的为期两月的植物园经营管理课程学习，取得结业证书（图 2）。依靠自身过硬的专业基础和勇于开拓的作风，仅 8 个月，潘富俊便使恒春热带植物园面貌焕然一新。凭着对时代的敏锐洞察力，他在植物园建设中已经开始注意利用植物园的经营管理中的社会传播效应，开辟了植物园经营管理的新途径。

图 1　潘富俊教授
（图片来源：网络）

ROYAL BOTANIC GARDENS KEW

SCHOOL OF HORTICULTURE

The International Diploma in Botanic Garden Management

This is to certify that

Fuh-Jiunn Pan

has attended the 8 week course in Botanic Garden Management at the Royal Botanic Gardens, Kew, and having satisfied the examiners in all practical and theoretical work has been awarded

The International Diploma in Botanic Garden Management

Date of issue　Curator　Principal, School of Horticulture

图 2　英国皇家 Kew 园颁发的国际植物园管理证书
（图片来源：作者自摄）

恒春热带植物园整建初获成功后，潘富俊被调至台北市，负责台湾地区历史最悠久的台北市植物园整建。早先于几年前，潘富俊曾负责接待英国爱丁堡植物园负责人一行游览台北市植物园，当时该负责人对与台北市植物园建设的差评令潘富俊深感其辱。而此次上任台北市植物园也给了他施展抱负的机会。他在对植物园现状进行细致的调查研究基础之上，对植物园进行从硬件到软件的全面整建，并将恒春热带植物园建设的经验应用到台北市的植物园建设中，同时摸索出了一整套植物园规划管理的新思路，几年后便使台北市植物园成为亚洲最受欢迎的植物园之一。在其主持台北市植物园建设的十年中（1994—2004 年），台北市植物园平均游览量从不到 100 万增至 370 万人[2]。

恒春热带植物园和台北市植物园的整建成功，成为台湾地区植物园发展史上的里程碑。此后，潘富俊利用影响力将其经验推广至全省，造就了 20 世纪 90 年代后期到 21 世纪初的台湾地区植物园黄金发展期。潘富俊于 2004 年从台北市植物园卸任，转至研究机构和大学进行学术研究。为使植物园事业后继有人，他在中国文化大学开设了《植物园规划与经营管理》课程，开台湾地区植物园教育之先河。目前他已将其植物园规划管理思想汇编成《植物园规划和经营管理》《台北植物园步道》等大量专著；同时，作为包括昆明植物园、厦门植物园、福州植物园、武汉植物园、西安植物园、成都植物园等大陆多家植物园的顾问，他不断将台湾地区植物园建设的先进经验分享给大陆同仁，致力于两岸学术文化交流。

2　主要案例实践

潘富俊教授植物园实践主要分为两个阶段。第一个阶段是整建恒春热带植物园的阶段，第二个阶段是整建台北植物园的阶段。

（1）恒春热带植物园

恒春热带植物园地处台湾地区南部的恒春半岛，是台湾地区第一座热带植物园[2]。潘教授赴任恒春热带植物园时，台湾地区植物园建设已经停滞了近半个世纪。政府支持不足、植物种类较少、硬件配备老旧、管理无序、游人稀少是当时台湾地区植物园的普遍问题。他面临的是园区的荒芜和管理的无序。台湾地区植物园曾在日据时期经历过一次小的发展高峰，与世界上很多植物园建立了友好的合作关系。之后，仍有很多植物园给恒春热带植物园发来信件，请求交流访问或种源交换，却因一直疏于管理，众多信件被堆积。潘教授在理清头绪之后，一面重新建立与海外植物园的友好关系，一面动用各种渠道尽可能多的引进种质，加强科研水平，并结合当地风俗文化，策划设计了“台湾地区民俗植物区”和“十二生肖植物区”[1]，将台湾地区历史中的传统植物结合民风民俗以专类园的形式展示出来。在此基础上，植物园不定期组织一些亲子、科普等活动，并通过电视、报纸等传媒进行宣传。虽然其只在恒春植物园工作 9 个月便因业绩显著被调往台北市植物园，但一系列建设措施无疑收到了很好的效果。在这一任期内，他已经开始注重义工的作用和科研机构的建设，如志工解说系统、标本馆和实验室[1]等，也为后来恒春热带植物园的发展奠定了基础。

整建后的恒春热带植物园在突显了原有高位珊瑚森林、半岛原生植物区、海岸植物区和兰屿植物区等当地热带特色专区之外，还新增体现当地社顶部落文化的植物区，使得恒春热带植物园成为台湾最大、亚洲著名的热带植物园，植物园定位为以保育为主、兼顾游憩、科普教育和研究功能。

（2）台北市植物园

台北市植物园可以追溯至1895年日据时期在台北市小南门设置的苗圃，是台湾地区唯一的都市植物园。当时的台北市植物园除了植物种类严重不足之外，园内各分区还被用铁栏杆封闭围合，参观者无法涉足。潘富俊在整建之前，先对台北市植物园的游人做了一项调查，调查显示，所有游人中，只有6.4%的游客是专门来学习或研究植物[3]，而多达66.2%的游客仅是将植物园当做了普通公园使用。而在世界顶级的植物园——英国皇家Kew园，以植物学习研究为目的的游客比例高达14.9%，这表明台北市植物园植物研究和教育的功能并未被很好利用。面对这种问题，本着服务都市人群的原则，他决定在对园区功能硬软件提升的基础上，从植物与文化的角度入手，在台北市植物园先后设计了“诗经植物区”（图3）“成语植物区”“民生、民俗植物区”，将植物融合传统文化，帮助民众更深理解文化寄寓的同时更深入认识植物[4]，此举很快引起轰动，吸引了大批学生和社会民众前来观赏，大大拉近了植物与普通民众的距离。总的来说，台北市植物园建设措施主要包括：①分区计划：整合展示主题，重新分区；将园内各植物区的铁栏杆全部拆除，并将原来的砖石园区围墙以通透性栅栏取代，拉近植物与民众距离；进一步加强各分区植物种质搜集。②展示系统计划：充实植物展示设施内容，增加步道，建立现代化苗圃设施并将管线完全地下化。③公共设施计划：增加休憩广场，设置游客服务中心，添置自动饮水机，完善无障碍设施，整修并新建公厕，实现环卫处理自动化。④义工计划：致力于解说人员的培训，提升解说水平，增加解说的时段与内容（图4）[5]。整治后的一项调查显示，除游人总量大大增加之外，前来进行植物学习和研究的游客从之前的6.6%猛增至29%，远超英国皇家Kew园；其附属标本馆腊叶标本量扩容至50万份，成为全省植物标本最丰富的植物园[3]。

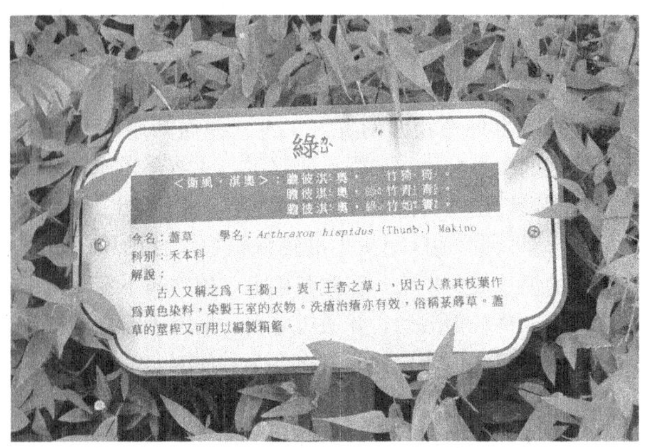

图3　台北市植物园中的诗经植物区展示牌
（图片来源：作者自摄）

整建后的台北市植物园在植物专类园区设置上，新设有触感植物区、佛经植物区、诗经植物区、十二生肖植物区、成语植物区、民俗植物园、植物另类体验区等，紧扣文化与生活，方便旅客认知，科普教育功能很强。如触感植物区全台首创，服务视障人群了解学习植物生长过程；诗经植物区选择能存活于本地的70多种诗经植物，

图4　台北市植物园中的义工讲解
（图片来源：作者自摄）

图5　台北市植物园中的盲人解说系统
（图片来源：作者自摄）

划分为“风”“雅”“颂”三区进行展示；民生植物区种植有稻米、蜀黍、玉蜀黍、高粱、大豆等作物，用于教育儿童了解到食物的真正来源；十二生肖植物区种植有鼠刺、牛筋草、虎尾兰、羊蹄甲、猪脚楠等植物，寓趣于教。同时，植物园还不定期举办亲子游戏、绘画摄影、生态解说、植物教室等各类活动，并以“教育解说、知性旅游”为目标[6]，配备完备、专业的义工讲解系统和展示系统，打造自然推广的良好户外教室，成为研究植物分类学和生物多样化等领域学者的必访之处。在开展各类活动的同时，台北市植物园积极同台湾各类媒体建立密切的联动体系，使得每次植物园活动报道都能引起很大的社会反响。

3　主要理论总结

潘富俊教授在植物园规划设计和经营管理领域实践的成功有赖于其创新性的思想理论支撑，其植物园营建思想理论现已被广泛推广应用于诸多台湾植物园建设管理中并取得良好效果，现将其思想分为“规划设计”和“经营管理”两方面进行简要论述总结。

3.1 规划设计

① 尊重自然和历史，发挥资源的可持续性价值。应对现状自然条件、历史沿革、人文状况等资源特性详细调研和评估，在满足植物园功能的基础上，尽量尊重场地的历史和环境要素。在台北市植物园整建中，潘教授曾出于科学的尊重而力排众议，保留并修缮了一座日籍植物学家的纪念亭，成为台北市植物园独具特色的一景。

② 以人为本、造福多数。随着时代的发展，社会文明程度也在不断提高，植物园作为社会开放性教育场所，其在社会文明教化宣传中有着重要的作用。植物园的规划设计，应注重调研，体现多功能性，以造福最大多数人为宗旨。在植物园的设计中，应注重使用调研，努力照顾各类人群如老年人、青年、儿童、残疾人、视障人群等的观赏需要。如园中的“触感植物区”为盲人游客也提供了认识植物的场所（图5）。

③ 生态系统的生物多样性和永续发展。植物园生态系统的永续和各类生物之间相互依存，构成生物多样性最重要的基石。他从世界各地引进大量种质，使得面积仅8hm^2的台北市植物园成为全台湾地区植物学研究者的圣地。

④ 尽可能体现文化底蕴。植物园若能结合一些历史文化、古典文学方面的典故来讲述植物，会取得很好的科普教育效果。台北市植物园诗经植物展示区取得轰动之后，英国皇家Kew园甚至专程赴台向潘教授请教，并欲在Kew园建立纪念莎士比亚的“莎翁文学植物区”。

⑤ 重视植物园的解说设施。解说教育是植物园的主要功能之一。因此在其负责整建的恒春和台北市植物园的建设中，都十分重视教育解说系统。解说设施包括植物名牌、各种大小的解说牌、解说看板。用以描述植物名称、重要特征。生态习性、特殊用途等。解说牌和解说册的设计和制作都要在严格符合相关规范的基础上尽量突显文化特色和创意。

⑥ 植物配置的5个品级概念。潘教授结合多年的理论与实践经验，认为植物园的植物配置与种植水平由低到高可分为5个品级，即“种活、种好、漂亮、特别雅致”。他认为，在很多植物园的植物配置中，有的只追求成活，却缺乏美观；有的配置追求大红大紫，却显俗气；有的单纯追求艺术效果，却因栽植方法错误或管理不当而成活率很低；而雅致隽永的轻管型植物配置才是永续性的真正体现，而这就需要植物设计者具备扎实的植物学和景观学双重知识背景。

3.2 经营与管理

相比在植物园的规划设计方面，潘富俊教授认为，植物园经营与管理是植物园永续发展的保证，更能体现一个植物园的发展水平，但往往是实际操作和理论研究容易忽视的一方面。总结其植物园经营管理思想，主要有以下几点：

①植物园不应泛公园化，应突出植物保育与研究推广教育功能。潘教授认为，当前很多植物园被以公园的形式进行规划和管理，造成了本末倒置的“泛公园化”现象，这于植物园长远的发展很不利。植物园应在强调其学术研究与推广教育的功能基础上满足游客游览需要，余树勋教授也曾提出类似观点[7]。植物园应重点满足民众贴近植物观赏和研习，并保证植栽及设施的定期维护。另外，一个好的植物园基本上同时也是一个学术研究的重镇[8]，种质资源、苗圃、温室、标本馆、实验室建设水平应是衡量植物园整体水准的最主要指标。②植物园应建立稳定的义工系统和制度。义工（volunteer）是社会重要的资产，根据1992年的调查，全美国有52%以上的成人在各行各业担任义工的工作，亦即免费执行社会服务工作。当今不少植物园经营中，常会出现经费拮据、人员不足的窘境，有效培训和管理的志工系统，既能节约植物园经费开支，又能扩展志愿者和大众的知识面，提升社会参与度，是一项有效的人力资源。当今义工系统已经覆盖了当今台湾所有的植物园，成为植物园管理和运作的重要力量。③植物园应开辟多种途径，保证收支平衡。潘教授认为，当今植物园性质多样化，决定了植物园经费来源的多样化。除了来自政府部门，学校经费和慈善基金会也是主要来源。但这些年很多植物园面临着资金短缺的现状，因此必须寻找多方面的资金来源。除了靠志工系统来削减开支以外，可通过门票、植物养护用具、植物艺术品、园艺产品、“植物园之友”① 等形式平衡收支。这些做法在台湾地区植物园中已经非常普及，并取得了良好的效果。④植物园应加强植物种质的保存和研究。由于华盛顿公约（CITES）的颁布，植物园在保存濒危植物方面将起到越来越重要的作用，加强地区植物种质的保存也是保证生物多样性和植物园永续发展的必要条件。在潘富俊等专家呼吁下，台湾地区植物园系统成员均设置了稀有植物野外基因库，并将稀有植物的研究和保存作为园区主要研究项目之一。⑤植物园建设应借助外力，与时俱进。植物园绝非“冷衙门”，未来植物园的经营管理，要善于拓宽思路，借力社会，将新技术（施工材料、自助讲解等）、新理念、新传媒形式（如手机、网络等）等方式应用到建设和推广中，与社会接轨，与时代同步。

4 结语

潘富俊教授对我国台湾地区当代植物园的发展有着开创性的贡献，甚至被一些西方学者称为“Father of Taiwan Province Modern Botanical Garden ”。其很多植物园营建思想和理念已经成为台湾众多植物园建设和发展的重要理论指导。总结其植物园营建思想，主要有以下几点：①拓宽眼界，加强与外界联系、交流与合作；②明确植物园的功能定位，制定不同类型植物园的规划设计和管理策略；③植物园的规划建设要围绕“植物”这一中心；④巧用“文化”的力量拉近植物与公众间距离；⑤善

① “植物园之友”（Friend of The Garden）制度：植物园寻求个人或团体，以缴年费的方式加入，植物园以入园免费、寄赠植物园出版品或纪念物等方式回报。植物园之友通过参与植物园的经营工作成为植物园坚定的支持者，这一制度可对植物园的永续经营发挥很大作用。

借“外力”(新技术、义工、传媒、社会力量等)，紧跟时代，拓展局面；⑥注重永续发展理念。随着人民生活水平的逐步提高，人们接触自然、认知自然、回归自然的需求也求越来越强烈，尤其在“生态文明建设”写入我国“十三五规划”目标大背景下，植物园的生态价值和社会价值将与日俱增。作为城市森林的重要组成部分[10]，我国大陆的植物园建设必将在未来几年迎来一个新的高峰。目前，我国大陆植物园发展水平参差不齐[11]，和台湾地区20世纪90年代初情况类似，潘富俊教授的实践与思想或许能为我国大陆植物园发展提供更多借鉴。

参考文献

[1] 潘富俊，黄小萍. 台北植物园步道[M]. 台北：猫头鹰出版社，2001：11-15.

[2] 潘富俊. 植物园规划与经营管理[M]. 台北：猫头鹰出版社，2014，06：82.

[3] 潘富俊. 林业试验所植物园在教学研究与自然教育所扮演的角色——以台北植物园为例[A]. 严新复. 植物园资源及经营管理——植物园资源与经营管理学术研讨会论文集[C]. 2000：153-161.

[4] 潘富俊. 诗经植物图鉴[M]. 台北：猫头鹰出版社，2001：4.

[5] 台湾省林业试验所. 台北植物园整建规划书[M]. 1997.

[6] 黄全能，刘与明，蔡邦平，陈恒彬. 台湾的植物园及其启示[J]. 北京：中国植物园，2010(13)：45-48.

[7] 余树勋. 植物园规划与设计仁[M]. 天津大学出版社，2000：1-3，19.

[8] 周昌弘. 植物园在生物多样性的角色[A]. 严新复. 植物园资源及经营管理——植物园资源与经营管理学术研讨会论文集[C]. 2000：1.

[9] http：//news. xinhuanet. com/fortune/2015-11/03/c _ 1117029621 _ 3. htm.

[10] 郭雨民，高桂英. 城市森林是城市生态发展的必然趋势[J]. 内蒙古林业，2006(02)：25-25.

[11] 谭淑艳. 我国城建系统植物园的科学特色及发展研究[D]. 北京：北京林业大学，2007：1-2.

作者简介

彭博，男，1997年生，江西农业大学园林与艺术学院硕士研究生。电子邮箱：1793855564@qq. com。

李宝勇，男，1987年生，江西农业大学园林与艺术学院讲师，博士，研究方向为景观评价、风景园林历史与理论、乡土景观等方面。电子邮箱：313452259@qq. com。

彩叶植物在武汉市公园花境中的应用调查分析①

Investigation and Analysis on the Application of Color-leafed Plants in the Flower Border of Wuhan Park

李凤蝶　刘秀丽*

摘　要：对武汉市 17 处公园花境中的彩叶植物种类及其应用状况进行了调查和分析。结果表明：武汉市公园花境彩叶植物共 81 种，隶属于 38 科，65 属；根据植物形态、彩叶植物的呈色季节和叶色性状进行了相应分类；在分析了彩叶植物在花境中的色彩设计的同时，总结了彩叶植物在园林花境应用中的重要性及存在的问题，并对彩叶植物在花境中的进一步应用提出相关建议。

关键词：武汉；花境；彩叶植物；应用

Abstract: An investigation and analysis on the species and application status of colorleafed plants in the flower border of 17 parks in Wuhan showed that there were 81 species of colorf-leafed plants in the fower border, belonging to 38 families and 65 genera. According to the color season and leaf color character, it was classified accordingly. This paper analyzes the color design of color-leafed plants in flower border, summarizes the problems existing in the application of color-leafed plants, and puts forward some suggestions for the further application of flower border in Wuhan.

Key words: Wuhan; Flower Border; Colorf-leafed Plants; Application

花境起源于英国，经过 100 多年的发展，已在欧美的发达国家广泛应用。随着人们生活质量的提高，对于生活环境的要求日益增加，花境也更多地出现在城市公园里，美化环境，提高城市形象。

花境强调植物组成的多样性，以灌木和宿根花卉为主要材料，可以展示植物的个体美与群体美。近些年来，彩叶植物以其丰富多彩的叶色、稳定持久的观赏期、富有变化的景观效果弥补了传统绿化中色彩单一、形式单调、观赏时间短的缺点，在城市园林绿化中发挥着越来越重要的作用。而在花境中，除了强调植物种类的丰富性外，色彩的设计也尤为重要，因此彩叶植物在花境中的作用日渐突出。目前针对花境中彩叶植物的研究相对较少，王伟湘针对深圳公园中的花境做过彩叶植物调查，而对花境中彩叶植物的应用研究则更少。本文在全面调研彩叶植物在武汉市花境中的应用现状后，对植物应用现状进行整体评估，分析其应用特点及存在的问题，为彩叶植物在花境中的进一步应用和发展提出相关建议。

1　研究内容及方法

武汉市属北亚热带季风性湿润气候，春季冷暖多变，夏热冬寒，四季分明。在 2018 年 12 月至 2019 年 5 月期间，依据《武汉市城市绿地系统规划》中公园绿地规划部分进行地点选择，对武汉市公园花境进行了整体调查。调查范围包括各类综合公园、专类公园以及风景名胜公园，涉及汉口、汉阳 、武昌 3 镇，共计 65 个公园，选取的地点分布广泛，代表目前武汉市花境应用现状。其中有花境的公园 17 个，此次共调查花境 55 个，内容包括公园绿地花境中应用到的彩叶花境植物材料和典型花境案例，统计中文名、学名、科属名、叶色、观赏时期及出现频率等 6 个方面。

2　调查结果与分析

2.1　彩叶植物的种类

调查后，对武汉市公园花境的彩叶植物调查结果进行汇总，常见的彩叶植物种类有 38 个科，65 个属，共计 81 种（表 1）。彩叶植物中运用较多的前 4 科是禾本科、蔷薇科、忍冬科和百合科（图 1）。运用频率最高的植物是红枫，其次是“红花”檵木，“金边”胡颓子，“金边”芒（表 1）。

出现频率前 5 名植物　　表 1

植物	红枫	“红花”檵木	“金边”胡颓子	“红叶”石楠	“花叶”芒
出现频率（%）	52.94	47.06	47.06	47.06	47.06

2.2　植物分类

2.2.1　按植物形态分类

在对武汉市公园花境彩叶植物的实地调查后得出，

①　基金项目：本研究由北京林业大学建设世界一流学科和特色发展引导专项资金——园林植物高效繁殖与栽培养护技术研究（2019XKJS0324）、北京市共建项目专项（2016GJ-03）和北京林业大学高精尖学科建设项目共同资助。

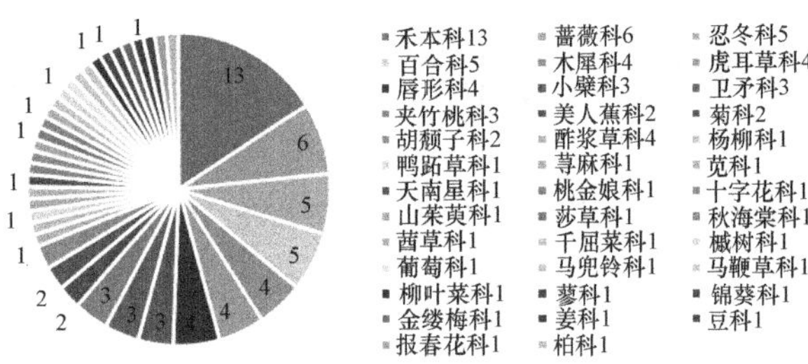

图 1　各科植物种类数量统计

常见的彩叶植物种类总计有 81 种，按照花境植物形态分类（图 2），将彩叶植物分为木本植物、一二年草本花卉、多年生草本花卉、观赏草类（禾本科和莎草科）。其中彩叶木本种类有 37 种，约占总量 45.68%；彩叶多年生草本花卉有 25 种，约占总量 30.86%；彩叶一二年生草本花卉有 5 种，约占总量 6.17%；彩叶观赏草有 14 种，约占总量 17.28%。彩叶木本植物在花境中起到骨架的作用，维持四季景观以及稳定的花境结构，能够让花境在四季都有植物可观赏。彩叶观赏草姿态飘逸，颜色丰富，富含自然野趣，且观赏期长，近年来逐渐成为花境中的新宠。

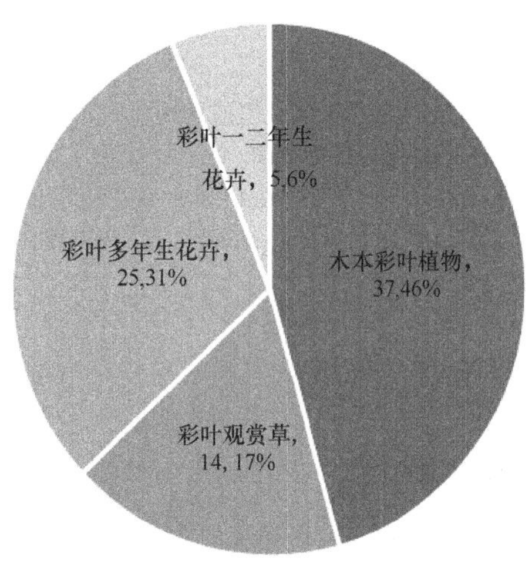

图 2　武汉公园花境彩叶植物形态分类

2.2.2　按叶色变化和观赏期分类

武汉市公园花境彩叶植物按照叶色变化和观赏期分类，主要分为季节性变叶植物、常年异色叶植物和斑色叶植物（图 3）。季节性变叶植物主要包括春色叶植物和秋色叶植物。调查得到该类植物 8 种，约占总量的 9.88%。春色叶植物这是指春季新长的幼叶呈现非绿色的颜色，花境中主要有“红叶”石楠、“金焰”绣线菊。秋色叶植物指在秋季叶片呈现红色、黄色、褐色等明显色彩变化的植物，如此次调查的爬山虎、海滨木槿、南天竹、“荷兰”鼠刺、“矮”紫薇、“密实”卫矛。常色叶植物指这类植物叶片在生长期内都呈现非绿的色彩，调查共有 41 种，约占总量的 50.62%，将常色叶植物分为两类，终年常色和生长期内保持非绿色。前者包括运用的较多的“红花”檵木、“金森”女贞等。后者包括“紫叶”小檗、“金叶”风箱果等。斑色叶植物指叶片上有除绿色外的其他颜色的条纹或斑点，调查到此类植物共有 32 种，约占总量的 39.51%，如“花叶”八仙花、“黄金锦”络石、“斑叶”芒等，花境中金边和花叶植物较多。

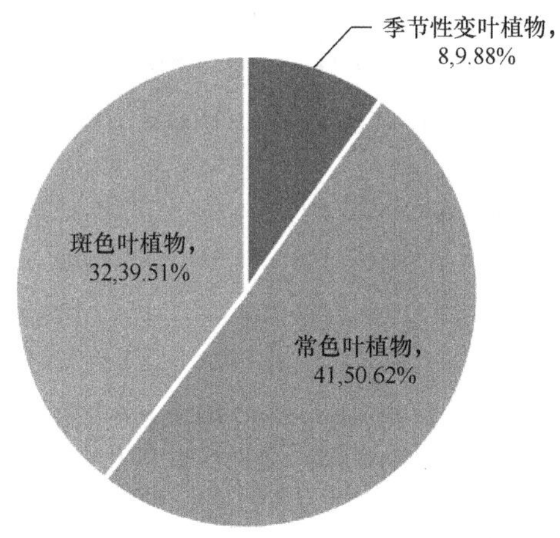

图 3　武汉公园花境彩叶植物叶色变化和观赏期分类

2.3　彩叶植物在花境中的应用

虽然花境中植物的花是主要观赏对象，但叶色无疑也给花境增加了不一样的色彩，特别是在开花较少的季节。色彩设计是花境设计中至关重要的设计部分，人对色彩的感官是敏感而特别的，彩叶植物本来就具有这种特别的色彩美。以青山江滩公园花境为例（图 4）。

青山江滩公园路缘花境位于公园的入口处，该入口是一个 10m 高差的四层楼梯平台，随着楼梯的高差两侧配置花境，立面高低变化丰富，层次多，使花境景观达到“步移景异”的效果。彩叶植物在该花境应用丰富，彩叶木本植物构成花境的骨架，植物景观稳定，四季变化丰富，冬季能做到部分植物可观赏。如“金边”胡颓子、“金叶”女贞、“金边”大花六道木，终年保持金黄色彩，在冬季时，能够有效增加花境的生机感，不至于死气沉沉。“花叶”锦带、“银姬”小蜡、“荷兰”鼠刺、“火焰”卫矛等一些优良的灌木材料季相表现丰富，不仅丰富花境的色彩而且使立面观赏效果更佳。同时该花境还把“花叶”芒穿插其中，增加花境层次的同时，也增加了花境的自然野趣，尤其是秋季，柔软的花序随风飘曳，更是让人遐想。“花叶”玉簪和“花叶”美人蕉等草本彩叶植物，位于花境中层，是该花境的重要观赏对象。镶边前景植物采用“金叶”石菖蒲与“金叶”苔草，划分边界的同时，与路面的铺装颜色和谐一致。该花境中彩叶植物，因为株高不同，叶色观赏期各异，形态质地也相差较大，保持了景观观赏效果的连续性和完整性，展示了花境丰富自然的独特魅力。

运用色彩感官，颜色能带来不一样的感觉，红色代表热情，黄色代表光明，蓝色让人清凉，紫色让人平静。如在景点入口处，用红橙黄色的彩叶灌木作背景时，前面的景物就显得小些，这时就感觉后面的景物簇拥着所要突出的景观，给人一种前进、欢迎的感觉。运用色彩布置位置，影响植物空间。色彩在一定程度上起到延长和缩小空

图 4　青山江滩公园路缘花境局部效果图及平面图

1.“火焰”南天竹；2.“金边”胡颓子；10.“金叶”女贞；12.“荷兰”鼠刺；13.“红叶”石楠；14.“紫叶”澳洲朱蕉；16.“金森”女贞；17.“花叶”玉簪；21.“花叶”芒；22.“银姬”小蜡；24.“金叶”苔草；27.“花叶”锦带；28.“金边”大花六道木；31.“金边”千手兰；34.“金线”石菖蒲；37.“密实”卫矛；38. 红枫

间的作用。为了增加花境的延伸感，常常在背景或者两端种植淡色的或是较冷色、质地较轻盈的植物，如观赏草类的“斑叶”芒、“彩叶”杞柳等。相反，将深色、质地较厚重的花卉如“花叶”美人蕉、“火焰”南天竹等种植在背景处或花境两末端会有缩小花境的效果。以东湖白马景区林缘花境为例（图 5）。

图 5　白马景区林缘花境局部效果图及平面图

7.“火焰”南天竹；8.“花叶”芒；13. 矾根；14. 虎耳草；15.“花叶”芒；17.“彩叶”杞柳；23. 紫叶美人蕉；25.“金叶”女贞；26.“花叶”蒲苇；28. 红枫

此处林缘花境以常绿的桂花和其他高大常绿乔木作为背景，背景乔木植物深浅不一的绿色衬托了前面绚丽的花境。大组团色彩的红枫和“金叶”女贞，运用暖色调，明亮的色彩使花境显得生机盎然，吸引游人注意。在花境右端种植深色的紫叶美人蕉，限制了花境的延伸感，将视线集中在花境中心。观赏草“花叶”蒲苇，“花叶”芒成点状点缀在花境立面，质地轻盈，充满自然灵动的趣味，增加花境的立面层次，同时起到分散视线，延伸花境的作用，“金叶”女贞、“火焰”南天竹等都构成了花境的中景植物，是花境的焦点植物。

运用对比配色，花境设计大师杰基尔运用韵律般的色彩序列，有效地混合多种色彩，在整个花园中流动性地配置它们。她将金色花境放在中间，一方面是因为有大量终年可赏的彩色叶灌木，另一方面可为欣赏两侧花境色彩做好准备。紫色部分运用对比的黄色观叶植物让紫色更为突出。花境中可用的常年观赏的黄色灌木较多，如“金森”女贞、“金叶”大花六道木、“金叶”假连翘、“金边”胡颓子等。运用色彩调和剂植物，一些植物叶片表面具有大量的绒毛或是叶片的结构复杂、质感粗糙导致光的折射较多，会形成灰色感。通常会在亮丽的暖色植物团块之间穿插搭配灰色调植物团块，起到衬托暖色、调和色彩的作用。在冷色调的植物组团之间点缀灰色调植物以营造更为朦胧的柔和色彩。在武汉可用的植物包括银叶菊、亚菊、绵毛水苏、“银姬”小蜡、迷迭香、“彩叶”杞柳等。

3　总结

3.1　小结

通过调查，武汉市近几年花境中的彩叶植物种类越来越丰富，大大增加了花境的观赏效果。特别是对于处在华中地区的武汉来说，冬季寒冷干燥，大多数多年生植物地上部分枯死，植物景观较差，这时候彩叶木本植物在花境的作用至关重要。但应用还处于起步阶段，在景观质量、应用范围和应用效果上与国外相比还存在较大差距，主要有以下几方面问题：

3.1.1 后期的养护管理跟不上

部分花境只注重种植，并不关注后期养护管理，使花境成为一种短期景观。这不仅是对植物材料的不充分应用，也与花境可持续景观的理念相违背。管理上不能及时处理杂草残花，忽略适当浇水施肥，导致景观效果较差。

3.1.2 设计上没有考虑植物的生态习性

植物种植上不能满足植物的生态习性要求，导致植物不能正常生长。如喜阳植物种在缺少光照的地方，导致部分彩叶回绿的现象，违背设计初衷。

3.1.3 重“洋花”未充分利用本国丰富的乡土特色野生花卉

虽然大力引进国外的新优物种进行培育繁殖，却对乡土植物的挖掘较少。过分依赖于“洋花”进口，忽视本国丰富的乡土野生植物资源，一是不利于本土植物的发展应用，二是容易缺少城市本土特色，做成“千城一面”的花境景观，同时很多外来植物适应性差，也会影响后期的景观效果。

3.2 建议

3.2.1 加强彩叶植物的引种与育种工作

植物是花境观赏效果的承载者，需要推广和应用观赏价值高、适应能力强、观赏时间长的植物。彩叶植物材料的丰富程度与花境景观效果息息相关。相对于国外，目前我国应用于花境中的彩叶植物不管是应用范围还是种类都较少，因此增加对优良彩叶植物的引进与推广工作，同时增加对乡土植物的驯化与培育就显得尤为重要。适当引进国外的植物种类并要有选择地推广运用，在满足植物生态习性的基础上，密切关注新植物的生长情况以及是否会对其他植物产生影响。而乡土植物适应性更强，有利于体现各个地区的植物资源特色，形成当地特色花境景观，所以充分利用当地的植物资源，进行引种驯化和新品种培育工作就显得尤为重要。

3.2.2 加强设计人员的专业水平

设计人员不仅要熟悉植物材料的特点，也要掌握花境的设计原理，不能生搬硬抄其他城市的花境方案。满足植物生长的生态环境是基本要求，合理配置花境植物需要设计师的专业积累，勇于创新配置手法，突出特色。在追求花境色彩丰富时，对于彩色叶植物的运用进行充分挖掘，勇于采用市场上运用频率较少且观赏效果好的植物。

3.2.3 加强后期养护管理水平

在花境施工结束后，要加强花境管理养护水平。花境管理要定期定量，植物是有生命的个体，特别是对于花境这种需要养护才能保持观赏效果的花卉应用形式。在花境管理上，针对彩叶植物的叶片颜色表现状况要单独关注与管理，注意病虫害防治。针对表现不良的彩叶植物要及时治理，避免影响其他植物生长。提高花境养护工人的养护管理技术，研发适用于花境养护的工程设施与标准化流程。

花境日渐在园林绿化中流行，彩叶植物成为为花境增彩的重要植物材料。不管是选择植物种类，还是采用配置手法等方面，彩叶植物在花境中的发展还需要进一步推广运用。

参考文献

[1] 孙筱祥．园林艺术及园林设计[M]．北京：北京林学院，1981.
[2] 王伟湘，傅卫民．彩叶植物在深圳市花境中的应用调查[J]．热带农业科学，2020，40(01)：90-96.
[3] 王美仙．花境起源及应用设计研究与实践[D]．北京：北京林业大学，2009.
[4] 王美仙．格特鲁德·杰基尔的植物景观设计研究[J]．中国园林，2016，32(07)：106-110.
[5] 李霞，安雪，潘会堂．北京市园林彩叶植物种类及园林应用[J]．中国园林，2010，(3)：62-68.
[6] 吴梦．武汉花境植物选择与应用研究[D]．武汉：华中农业大学，2010.
[7] 张启翔，吴静．彩叶植物资源及其在园林中的应用[J]．北京林业大学学报，1998，20(4)：126-127.
[8] 罗造，张芬，周厚高．广州地区花境植物资源初步研究[J]．广东园林，2012(5)：52-55.
[9] 赵玲玲．彩叶植物在园林绿地中的应用研究[D]．福州：福建农林大学，2015.
[10] 顾颖振，夏宜平．论花境的造景形式与分类[J]．广东园林，2006，28(05)：17-19.
[11] 顾颖振，夏宜平．园林花境的历史沿革分析与应用研究借鉴[J]．中国园林，2006，22(09)：45-49.
[12] 董丽．园林花卉应用设计[M]．北京：中国林业出版社，2003.

作者简介

李凤蝶，1997年生，女，汉族，重庆，北京林业大学园林学院硕士研究生，研究方向为园林植物应用。电子邮箱：15071351598@163.com。

刘秀丽，1971年生，女，汉族，北京林业大学园林学院副教授，研究方向为园林植物应用与种质资源。电子邮箱：showlyliu@126.com。

北京市公园绿地边缘植物群落降噪效果研究①

Research on Noise Reduction Effect of Plant Communities on the Edge of Parks in Beijing

李嘉乐　李新宇*　刘秀萍　段敏杰　王　行　许　蕊

摘　要：本研究以北京市典型公园绿地的边缘绿地为研究对象，对比不同植物群落的降噪效果，研究植物群落在不同季节的降噪规律。结果表明：植物群落均具备衰减噪声的能力，各植物群落降噪效果从高到低依次是M3圆柏＋海棠＞M2国槐＋海棠＞M1圆柏＋华山松＞M4银杏＋碧桃＞G2栾树＋油松＞G1栾树＋银红槭＞G3油松＋栾树群落；植物群落在夏季的降噪率最高，降噪率夏季＞秋季＞春季＞冬季，以常绿植物为主的群落，全年降噪率变化不大，以阔叶落叶植物为主的群落，四季降噪率变化明显。

关键词：植物群落；降噪；交通噪声

Abstract: This research takes the marginal green space of Beijing's typical park as the research object, compare the noise reduction effects of different plant communities and study the noise reduction laws of plant communities in different seasons. The result shows: the plant communities all have the ability to reduce noise. The noise reduction effect of each plant community from high to low is M3 *Sabina chinensis*＋*Malus spectabilis*＞M2 *Sophora japonica*＋*Malus spectabilis*＞M1 *Sabina chinensis*＋*Pinus armandii*＞M4*Ginkgo biloba*＋*Amygdalus persica*＞G2*Koelreuteria paniculata*＋*Pinus tabuliformis*＞G1 *Koelreuteria paniculata*＋*Acer saccharum*＞G3 *Pinus tabuliformis*＋*Koelreuteria paniculata* community. The plant community has the highest noise reduction rate in summer, and the four seasons from high to low are summer＞autumn＞spring＞winter. The community dominated by evergreen plants has little change in noise reduction rate throughout the year, while the community dominated by broad-leaved and deciduous plants has a significant change in noise reduction rate throughout the four seasons.

Key words: Plant Communities; Noise Reduction; Traffic Noise

交通噪声已经逐渐成为城市环境噪声的主要污染源，也是环境噪声的控制难点。植物具有降噪能力，这一观点已经被很多研究人员证实（Karbalaei，Karimi et al.，2015）。公园绿地是供市民休闲游憩的场所，应保证公园内的良好的声环境，减少外部城市道路对园内的干扰，公园绿地的边缘植物群落应具备良好的减噪效果，研究不同公园绿地边缘植物群落的降噪效果，探究其降噪规律，为公园绿地建设提供科学依据。

植物的降噪作用主要是利用了植物对声波的反射和吸收作用，单株或稀疏的植物对声波的反射和吸收很小，当植物形成郁闭的群落时，则可有效地反射声波，犹如一道隔声障板（张明丽，2006）。植物是不断生长变化的，群落的降噪效果会随季节而发生改变（李梦圆，2019）群落在不同季节降噪效果不同，夏季植物群落的降噪效果最好（袁玲，2009；阿木热吉日嘎啦，2014）。本研究拟选取北京广阳谷城市森林公园和玫瑰公园的边缘绿地的7个植物群落，通过测定这些群落对交通噪声的衰减，对比不同植物群落对噪声衰减的效果，以及植物群落在不同季节早晚高峰的降噪规律，以期为北京市公园的边缘的植物群落配置提供技术支撑。

1　研究内容及方法

1.1　样地选择

选取北京市广阳谷城市森林公园一期东侧临宣武门外大街的3个植物群落，玫瑰公园西侧临京藏高速的4个植物群落，共7个群落作为研究对象，以及临东北四环一个空白地作为对照点。每个植物群落大小为18m×20m，均为乔灌草结构，记录每个群落的植物组成，植物冠幅、高度、枝下高，群落郁闭度，种植密度，乔木数量，灌木数量等信息（表1）。

1.2　测定内容及方法

（1）群落早晚高峰降噪效果监测

群落降噪的监测选择在每月的中下旬，监测频率为1次/月，连续测定1年，监测时间段为7：30～9：00，17：00～18：30早晚高峰时间段进行测量，测定时选择湿度、温度、风速相对稳定的时间段，其中风速小于1.5m/s，实验仪器为3台RION NL-62精密声级计，每个

①　基金项目：北京市科技计划课题“西城区广阳谷城市森林公园生态环境监测与自然科普教育”（Z181100009818023）。

各群落植被情况 **表 1**

群落编号	群落名称	植被类型	群落结构	所在位置	植物种类	乔木株数	灌木株数
G1	栾树＋银红槭	落叶阔叶林	乔灌草	广阳谷城市森林公园东侧	栾树＋银红槭-山楂＋接骨木＋荚蒾＋糯米条＋红瑞木-艾草＋蛇莓＋委陵菜＋射干＋天人菊＋灰灰菜＋穗花	11	11
G2	栾树＋油松	常绿针叶落叶阔叶林	乔灌草		栾树＋油松＋糖槭＋蒙古栎-山楂＋山茱萸＋风箱果＋绣线菊-蛇莓＋荚果蕨＋艾草＋射干＋天人菊	10	10
G3	油松＋栾树		乔灌草		油松＋栾树-山楂＋山茱萸＋绣线菊-委陵菜＋蛇莓＋射干＋灰灰菜	8	5
M1	圆柏＋华山松	常绿针叶林	乔草	玫瑰公园西侧	圆柏＋华山松＋国槐-海棠＋月季-麦冬	14	2
M2	国槐＋海棠	落叶阔叶林	乔灌草		国槐＋臭椿＋海棠-刺柏篱-麦冬	4	19
M3	圆柏＋海棠	常绿针叶落叶阔叶林	乔灌草		圆柏＋海棠-小叶黄杨篱＋刺柏篱-麦冬	10	7
M4	银杏＋碧桃	落叶阔叶林	乔灌草		银杏＋垂柳-碧桃＋小叶黄杨篱-麦冬	9	17

群落分别设置距离道路边缘 0m、9m、18m 3 个监测点，测量高度距离地面 1.2m，每次测量持续 5min，记录 2 组数据。测量参数选取 A 计权声级，1/3 倍频程模式。

（2）数据处理

绿地对噪声的衰减率计算公式为：

$$N_i = \frac{L_{0i} - L_{xi} - \Delta L_{xi}}{L_{0i}}$$

式中，N_i 为第 i 个样地的噪声净衰减率；L_{0i} 为第 i 个样地噪声源处的分贝值；L_{xi} 为离噪声源距离为 x 时的噪声值；x=9，18m。ΔL_{xi} 为距离 x 时的噪声自然衰减量。

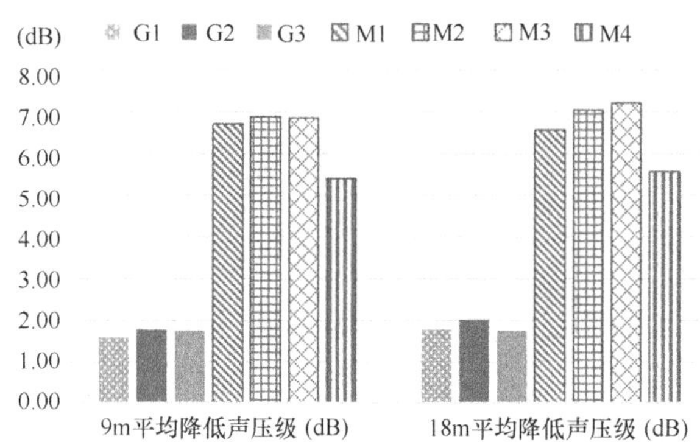

图 1　各植物群落年平均降低声压级

2　结果与分析

2.1　不同植物群落的降噪效应分析

所有群落都具有降噪效应，且随着距离的增加，噪声衰减量也在增加。对比玫瑰公园的 4 个以及广阳谷的 3 个植物群落，前者的降噪率要明显高于后者。玫瑰公园的植物群落，植物规格较大，枝叶繁茂；广阳谷城市森林公园于 2017 年建成，植物规格较小，虽然乔灌木数量多，但视觉上较通透，并且草本植物居多，缺乏圆柏这样遮蔽性较强的常绿植物，因此玫瑰公园的植物群落降噪效果优于广阳谷的植物群落。

玫瑰公园的 4 个植物群落，18m 处的降噪率从高到低为 M3 圆柏＋海棠群落＞M2 国槐＋海棠群落＞M1 圆柏＋华山松＞M4 银杏＋碧桃群落。M3 圆柏＋海棠群落降噪率最高，为 9.58%，声压级下降 7.23dB，M1 圆柏＋华山松群落与 M2 国槐＋海棠群落降噪率相差不多，这 4 个群落当中降噪率最差的是 M4 银杏＋碧桃群落，平均降噪率为 7.43%。M3 圆柏＋海棠群落大密度种植圆柏，搭配海棠，且圆柏为常绿植物，各个季节都有很好的降噪能力，因此该群落降噪效果是最好的。M4 银杏＋碧桃群落，乔木为银杏及垂柳，且高大乔木种植相对靠后，遮蔽性差，且植物均为落叶植物，影响秋冬季降噪效果，因此在 4 个群落当中降噪效果最差。

广阳谷的 3 个植物群落，18m 处降噪率从高到低为 G3 油松＋栾树群落＞G2 栾树＋油松群落＞G1 栾树＋银红槭群落。G2 栾树＋油松和 G3 油松＋栾树群落构成基本相似，因此降噪率也基本相同，由于 G3 群落中油松数量远多于 G2 群落，因此 G3 群落的年平均降噪率稍高于 G2 群落，G1 栾树＋银红槭群落均为落叶植物，年平均降噪率为 1.62%，且种植密度较低，因此降噪效果最差。

除 M1 圆柏＋华山松群落外，其余群落在各个季节 18m 处的降噪率均高于 9m 处的降噪率，这些群落种植密度相对均匀，因此随着距离增加，噪声的衰减也逐渐增加，降噪率增加。M1 圆柏＋华山松群落，植物种植集中在靠路边一侧，群落后部 9～18m 范围较为空阔，群落的降噪效果主要体现在临近道路的一侧，群落 9～18m 范围内并无植物降低噪声传播，因此 9m 处的降噪率要高于 18m 处（图 2）。

2.2　不同季节植物群落的降噪规律

将一年划分为四季：春季（3～5 月）、夏季（6～8 月）、秋季（9～10 月）、冬季（12～2 月），植物群落在一年四季中，由于植物的生长特性以及环境的不同，群落的降噪效果存在一定差异，基于每个季节的平均降噪率，得到各群落在四季的降噪率，作为研究依据，观察、分析各

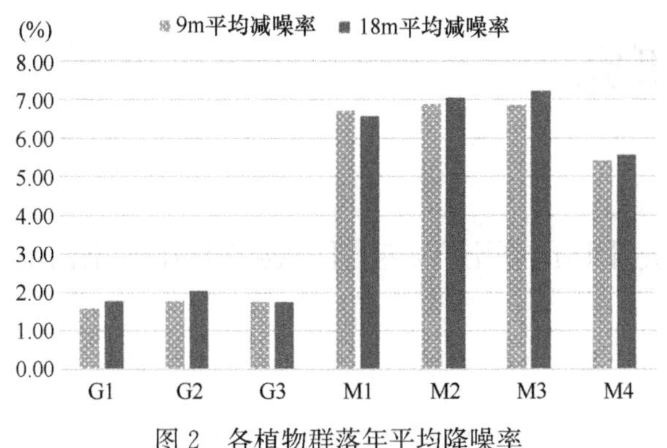

图 2　各植物群落年平均降噪率

季节中不同群落的降噪率及降噪效果。由于疫情影响，广阳谷城市森林公园 3～5 月全天滚动广播新型冠状病毒肺炎疫情注意事项，广播声音对 G1 栾树＋银红槭和 G2 栾树＋油松群落影响较大，因此这两个群落春季的降噪效果不纳入此次研究。

各群落在不同季节的降噪率存在一定差异，各植物群落在夏季的降噪率最高（图 3）。各季节的降噪率从高到低依次为夏季＞秋季＞春季＞冬季，夏季各植物枝繁叶茂，因此夏季植物群落的噪声衰减量明显高于其他 3 个季节；秋季部分叶片掉落，且 9 月、10 月期间枝叶依旧茂盛，因此秋季降噪率居第二；春季枝芽萌发，植物处于生长期，因此降噪率居第三；冬季因为落叶植物叶片掉落，植物降噪能力降低，降噪率最低。

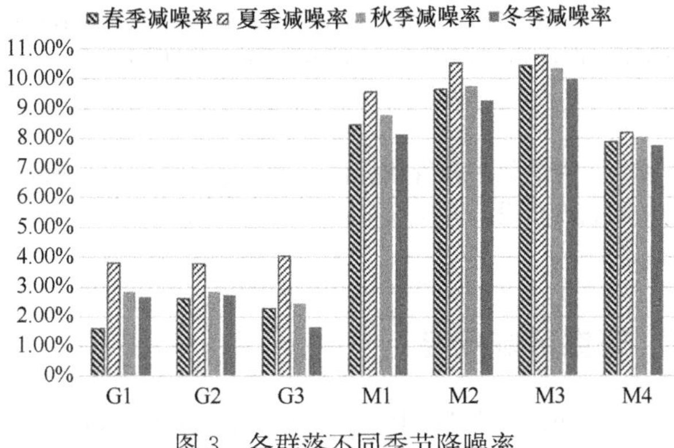

图 3　各群落不同季节降噪率

从图 3 还可以看出，M3 圆柏＋海棠群落在四季的降噪率都相差不大，夏季和冬季的降噪率相差仅为 0.78%，因为这个群落的主要构成植物是圆柏，圆柏是常绿植物，在一年中均能发挥较好的降噪效果，因此该群落四季降噪率相差极小。四季降噪率变化差异较大的群落，都是落叶植物为主，如 M2 国槐＋海棠群落，夏季和冬季降噪率相差 1.25%，M4 银杏＋碧桃群落夏季和冬季降噪率相差 1.29%，落叶植物四季形态变化较大，植物的降噪能力随季节变化而产生较大的变化。

3　结论

所有植物群落的降噪声压级都大于对照点，都具有降噪能力，且随着距离的增大，植物群落降噪能力随之增强，玫瑰公园的植物群落降噪效果均优于广阳谷的植物群落，玫瑰公园的植物规格较大，枝叶繁茂；广阳谷城市森林公园于 2017 年建成，植物规格较小，虽然乔灌木数量多，但视觉上较通透，并且草本植物居多。各植物群落降噪效果从高到低依次是 M3 圆柏＋海棠＞M2 国槐＋海棠＞M1 圆柏＋华山松＞M4 银杏＋碧桃＞G2 栾树＋油松＞G1 栾树＋银红槭＞G3 油松＋栾树群落。

植物群落在夏季的降噪率最高，降噪率四季从高到低为夏季＞秋季＞春季＞冬季，以常绿植物为主的群落，全年降噪率变化不大，以阔叶落叶植物为主的群落，四季降噪率变化明显。

参考文献

[1]　李梦圆．八种园林植物不同排列方式对降噪效果的影响[D]．北京：北京林业大学，2019.

[2]　哈布尔．呼和浩特市道路绿地植物基本特征与不同组成成分降噪效应分析[D]．呼和浩特：内蒙古农业大学，2018.

[3]　Karbalaei S S，Karimi E，Naji H R，et al. Investigation of the Traffic Noise Attenuation Provided by Roadside Green Belts [J]. fluctuation and noise letters. 2015，14 (15500364).

[4]　Zun Ling Zhu，Dan Du，Yang Liu，Ning Li. Construction and Optimization of Plant Communities for Reducing Traffic Noise on Main Roads in Nanjing China[J]. Advanced Materials Research，2012，1649.

[5]　巴成宝，梁冰，李湛东．城市绿化植物降噪研究进展[J]．世界林业研究，2012，25(05)：40-46.

[6]　张庆费，郑思俊，夏檑，吴海萍，张明丽，李明胜．上海城市绿地植物群落降噪功能及其影响因子[J]．应用生态学报，2007(10)：2295-2300.

[7]　王玮璐．北京城市绿化林带降噪效果的四季变化研究[D]．北京：北京林业大学，2012.

[8]　李延明，徐佳，鄢志刚．城市道路绿地的降噪效应[J]．北京园林，2002(02)：14-19.

[9]　张明丽，胡永红，秦俊．城市植物群落的降噪效果分析[J]．植物资源与环境学报，2006(02)：25-28.

作者简介

李嘉乐，1989 年 4 月生，女，汉族，山西太原，硕士，北京市园林科学研究院，工程师，研究方向为城市园林生态研究。电子邮箱：lijiale0423@163. com。

李新宇，1979 年 6 月生，女，蒙古族，内蒙古赤峰，博士，北京市园林科学研究院，教授级高工，研究方向为城市生态功能评价与优化研究。电子邮箱：lxy09618@163. com。

刘秀萍，1992 年 12 月生，女，汉族，河北唐山，硕士，北京市园林科学研究院，工程师，研究方向为城市园林生态、景观生态。电子邮箱：liuxiuping221@163. com。

段敏杰，1984 年 6 月生，女，汉族，河北唐山，硕士，北京市园林科学研究院，工程师，研究方向为城市园林生态研究。电子邮箱：duanminjie@163. com。

王行，1989 年 10 月生，女，汉族，北京，学士，北京市园林科学研究院，工程师，研究方向为城市园林生态研究。电子邮箱：872485676@qq. com。

许蕊，1983 年 1 月生，女，汉族，北京，硕士，北京市园林科学研究院，高级工程师，研究方向为城市园林生态研究。电子邮箱：xurui0106@163. com。

杭州西湖山地园林植物景观演变研究
——以西泠印社为例

Study on Landscape Evolution of Landscape Plants in West Lake Mountainous Area of Hangzhou：
A Case Study of Xiling Seal Engravers Society

沈姗姗　杨　凡　包志毅*

摘　要：西泠印社是西湖山地园林的营建典范，其植物景观展现着雄健古朴的浙派风格。当前相关研究多聚焦于现有的植物配置分析，未对植物景观演变过程进行系统的梳理。收集西泠印社建社至今的历史照片和平面图，将定点重复摄影引入植物景观的检测和量化，结合实地测绘，分析植物景观演进历程，并探究其演变特征和原因。研究表明西泠印社植物景观受到社会政策、自然演替和文化内驱力等多方共同作用，以植物种类和数量的充实为外在体现，以文脉的延续为精神内核，实现了景观的延续和更新。
关键词：风景园林；山地园林；西泠印社；植物景观；演变

Abstract: Xiling Seal Engravers' society is a model of landscape architecture in the West Lake mountain area, and its plant landscape also shows the vigorous and simple Zhejiang style. At present, most of the related researches focus on the existing plant configuration analysis, and do not systematically sort out the evolution process of plant landscape. This paper collects the historical photos and plans of Xiling Seal Engravers society since its establishment, introduces fixed-point repeated photography into the detection and quantification of plant landscape, analyzes the evolution process of plant landscape, and explores its evolution characteristics and reasons. The research shows that the plant landscape of Xiling Seal Engravers society is affected by social policy, natural succession and cultural drive. The enrichment of plant species and quantity is the external embodiment, and the continuation of context is the spiritual core, which realizes the continuation and renewal of landscape.
Key words: Landscape Architecture; Mountain Garden; Xiling Seal Engravers Society; Plant landscape; Evolution

山地园林是一种具有特殊场所感的立体空间环境，以天然山地景观为主体，结合人工布局，创造出朴野灵动、野趣天成的园林景观[1]，其植物景观不仅与当地的气候、土壤、水文等生态环境条件有关，而且会受到地史因素、人为活动的影响[2]。

西泠印社成立于1904年，是西湖山地园林的杰出代表。20世纪30年代，西泠印社庭园虽占地只有5.678亩（约0.38hm²），但已出落成点缀西湖的胜景之一[3]。袁道冲曾以外乡人的眼界赞美："……亭台池沼布置得宜，袖里乾坤，乃不见其狭隘。所作潜泉、石室，大都因仍自然，不露雕琢痕迹，朴素恬静，一洗富贵园林之俗态。"这样一处园林胜景，在中华人民共和国成立前曾备受战乱磨难，已变得满目疮痍，失去了往日的风采。经过数次整修，如今已形成特色鲜明、季相丰富的山地园林景观，并呈现稳定的发展趋势。

当前西泠印社造园艺术的相关文献多聚焦于现有的园林空间结构[4-5]、文化特色[6]、遗产保护[7]等方面，景观演变的相关研究也多为建社以来建筑、泉池等景观构筑的整修过程[3,8,9]，植物作为重要的景观要素之一，其演变未进行系统的梳理。研究将西泠印社历史照片引入植物景观的检测和量化，分析其植物景观演进历程。借由同一视点不同时期的多张照片，避免静态单一的视角，建立植物景观演变的整体印象。不仅为后申遗时代西泠印社植物景观的保护和管理提供参考，也可以指引山地园林植物景观建设，为建设可持续的植物景观群落提供新的思路。

1　研究区域概况

西泠印社社址坐落于孤山南麓、西泠桥畔，大致可分为山下、山腰、山顶3层台地以及后山四大景区[10]，占地约7090m²。该处土壤为棕黄色黏土，植被为亚热带植物，有亚热带针叶林类、常绿阔叶林类、落叶阔叶林类、竹林等[5]。社内整体以松、竹、梅为主题，古木众多，植物景观与印社内的金石氛围俨然融为一体。由于历史悠久，很多植物配置与当时设计的效果已有较大的出入，具有较强的研究价值。

2　调查与分析方法

2.1　样方的确定

山地园林植物观赏空间可大可小，"植物种植设计单元"相较于固定面积区域更有利于案例的统计和植物配置分析[11]，因此将其作为案例的样方范围进行调查。西泠印社整体格局依山势之高低起伏而逐渐展开，以山下、山腰、山顶和后山四大景区为分类依据分别选择其中具有代表性且历史资料较为丰富的景观视点，对每个视点中植物进行识别对照。

2.2　植物群落分析方法

记录每个群落中植物的种名、类型、观赏特性等因子，同时根据文献资料中采集到的历史影像，在同角度、同视距拍摄照片，调查结束后对各样点数据进行整理、归纳、总结，借助 AutoCAD 2014 绘制样点平面图，与历史平面图进行对比，分析植物群落的种类、数量与结构变化情况，结合时代背景得出场地植物景观演变特征及规律（图 1）。

图 1　拍摄位置视点图

（图片来源：图 1 底图来自参考文献［12］）

3　重要景观视点植物景观演变分析

3.1　山下

西泠印社入口月洞门是全园景观序列的开始，1952 年由长方形边门改建而成，突显了篆刻艺术的方圆世界，社外物景变迁，庭院内的香樟（*Cinnamomum camphora*）、庭院外的行道树悬铃木（*Platanus acerifolia*）和围墙一同构成的景观框架始终处于稳定的状态（图 2）。

前山牌坊为印社的标志性建筑之一，由图 3 可见约 19 世纪 30 年代石阶两侧已形成多层次的植物群落，两侧铺设的沿阶草缩窄了石阶的宽度，中层灌木稍显杂乱，上层乔木可根据现今情况推测为香樟，牌坊后方栽竹。至 19 世纪 70 年代，石阶两侧沿阶草已被移除，左侧灌木基本被移除，仅石壁上留存少量攀缘植物，右侧灌木则生长茂密，整体郁闭度上升，后方竹林仍依稀可见。至 19 世纪 80 年代，左侧石壁上增加灌木丛，右侧群落郁闭度继续增加。至 20 世纪初，植物面貌基本得到了延续，且增加了一些人工干预痕迹。如今的前山牌坊在此基础上左侧增加了十大功劳（*Mahonia fortunei*）搭配金边胡颓子（*Elaeagnus pungens* ‘Aurea’），右侧石壁维持杜鹃（*Rhododendron simsii*）景观，引人拾阶入社。

3.2　山腰

山腰段在该处起到承上启下的作用，竖向变化十分剧烈，不断向上的山间石径实现了空间的延续。鸿雪径为西泠印社创社之初所拓石径，筑于 1913 年，小径依山垒壁，上覆藤棚，19 世纪 20 年代周边几乎无植物覆盖，岩壁裸露，一片荒芜景象。至 19 世纪 30 年代时景观已经过一定的人为修饰，棚架古朴自然，芭蕉（*Musa basjoo*）沿阶摇曳，石壁灌丛葱郁，整体绿化有了明显提升。经改建后至 19 世纪 90 年代棚架一侧建筑已被拆除并改建为绿地，栽植大片竹林（图 4），如今棚架右侧在竹林基础上栽植桂花搭配山茶（*Camellia japonica*）、枸骨（*Ilex cornuta*），群落结构趋于完整，并不失自然野趣。

约1980年
(*a*)

2000年
(*b*)

2020年春
(*c*)

图 2　视点 1 西泠印社入口大门植物景观演变

［图片来源：(*a*) 引自参考文献［13］，(*b*) 引自参考文献［3］，(*c*) 为作者自摄］

约1930年 (*a*)　约1970年 (*b*)　约1980年 (*c*)

约2000年 (*d*)　2020年春 (*e*)

图 3　视点 2 西泠印社前山石坊植物景观演变

（图片来源：(*a*) 引自参考文献 [13]，(*b*) 引自参考文献 [14]，(*c*) 引自参考文献 [15]，(*d*) 引自参考文献 [16]，(*e*) 为作者自摄）

约1920年 (*a*)　约1930年 (*b*)　约1990年 (*c*)　2020年春 (*d*)

图 4　视点 3 鸿雪径植物景观演变

[图片来源：(*a*) 引自参考文献 [15]，(*b*) 引自参考文献 [14]，(*c*) 引自参考文献 [17]，(*d*) 为作者自摄]

3.3　山顶

山顶庭院是西泠印社园林的精华所在，由于其具有较高的研究价值，留存的历史资料记载较为丰富，早在 1963 年东南大学即进行过较为详细的测绘，使用 2m×2m 网格进行植物定位，在此作为测绘的对比参考依据。由图 5 可得 1963-2020 年山顶庭院乔灌木树种种类及种植密度均有明显变化。大乔木基本维持原状，中层乔木部分被替换和调整，庭院之中特色植物梅花（*Armeniaca-mume*）、松的数量减少十分明显，此外，中下层植物明显增多，很大程度上提升了植物的丰富度。

华严经塔是山顶庭院的制高点，民国初年塔身周围残枝遗萼，一片荒芜景象，1924 年迁至四照阁旧址。随着补植和维护，左侧的桂花、柿树和右侧的香樟、野栗（*Castanea mollissima*）林冠呈逐渐饱满趋势，同时以塔身为参照，可以清晰地看到乔木植株高度的增加。对比 20 世纪 60 年代周边植物栽植情况，如今华严经塔西侧上层乔木部分被移除，下层增加了的海桐、天竺桂（*Cinnamomum japonicum*），植物空间层次也得到了提升（图 6）。华严经塔南侧闲泉于 19 世纪 20 年代植物覆盖度低，景观杂乱。随时间流逝植物种类和覆盖度均显著增加，茂盛的植物在生长过程中逐渐遮挡了后方建筑（图 7）。如今的印泉周边与 20 世纪 60 年代相比，在保留原有紫薇（*Lagerstroemia-indica*）、盘槐（*Styphnolobiumiaponicum*）、梅花、槭树等上层乔木的基础上，中下层植物明显增多，增加了南天竹（*Nandina domestica*）、杜鹃（*Rhododendron simsii*）、红花檵木（*Loropetalum chinense* var. *rubrum*）、扶芳藤（*Euonymus fortunei*）、翠竹等，很大程度上提升了植物的丰富度。

题襟馆依山取势，古朴典雅，于 1914 年落成。20 世纪 60 年代馆舍西侧仅有零星乔木，郁闭度低，如今周边梅花、桂花（*Osmanthus fragrans*）变得葱茏而饱满，背

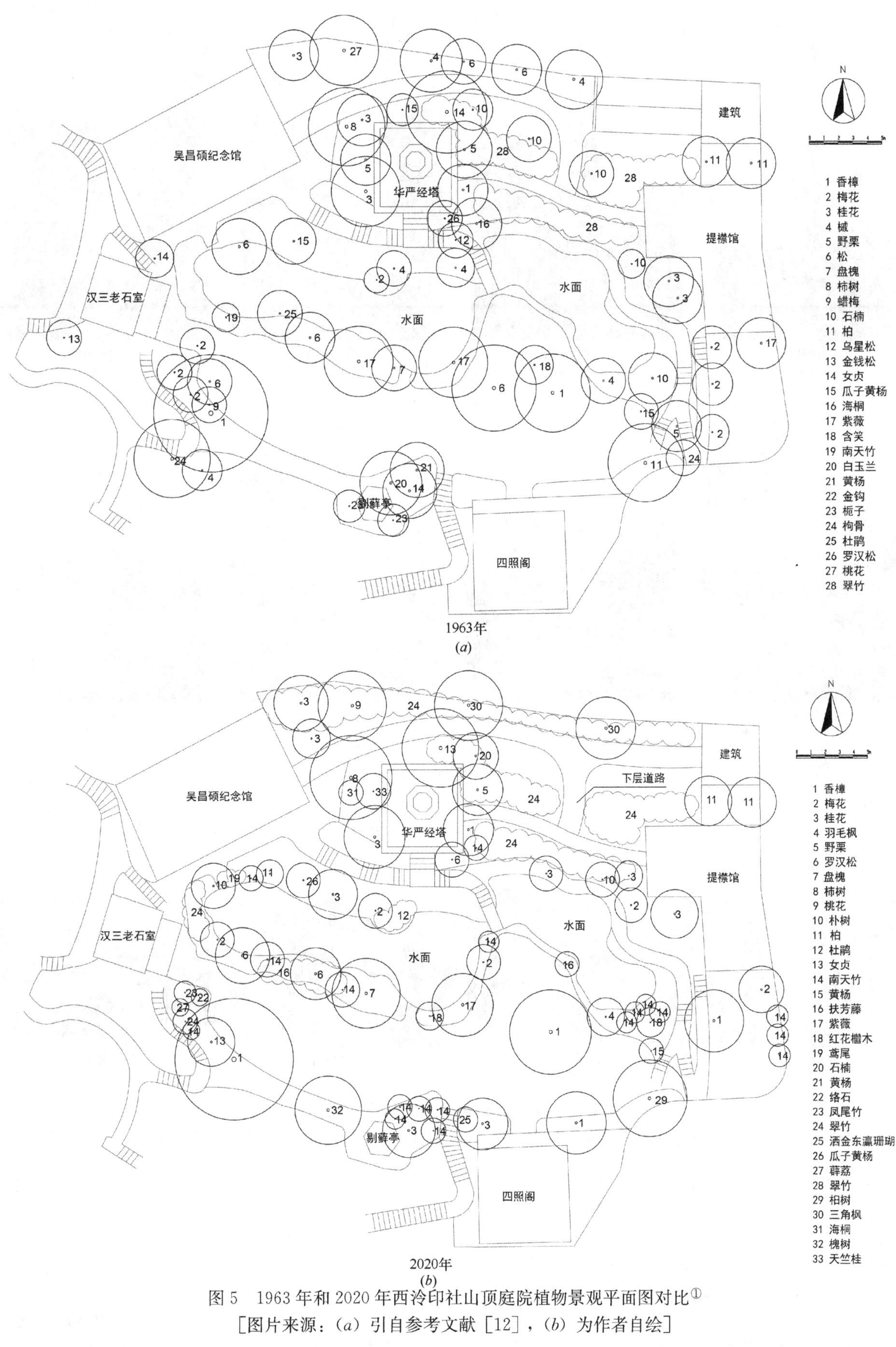

图 5　1963 年和 2020 年西泠印社山顶庭院植物景观平面图对比①

［图片来源：(*a*) 引自参考文献 [12]，(*b*) 为作者自绘］

① 图 5 部分松树未标明具体品种，按原图统一标注为松。

约1915年
(*a*)
约1930年
(*b*)
约1940年
(*c*)
约1960年
(*d*)
约1970年
(*e*)
约1980年
(*f*)
约2000年
(*g*)
2020年春
(*h*)

图 6　视点 4 华严经塔植物景观演变

［图片来源：(*a*) 引自参考文献［18］，(*b*) 引自参考文献［19］，(*c*) 引自参考文献［20］，(*d*) 引自参考文献［12］，(*e*) 引自参考文献［21］，(*f*) 引自参考文献［22］，(*g*) 引自参考文献［23］，(*h*) 为作者自摄］

约1920年
(*a*)
约1945年
(*b*)
约1960年
(*c*)
2020年春
(*d*)

图 7　视点 5 闲泉周边植物景观演变

［图片来源：(*a*) 引自参考文献［17］，(*b*) 引自参考文献［14］，(*c*) 引自参考文献［24］，(*d*) 为作者自摄］

景增加了大片竹林形成绿色屏障，同时增加了自然生长的下层小灌木（图 8）。通过平面信息可知与 20 世纪 60 年代相比提襟馆南侧的三株梅花替换为香樟，紫薇替换为梅花，并增加了南天竹；西侧增加了梅花、桂花和朴树（*Celtis sinensis*）；北侧保留了原有柏树（*Cupressus funebris*）（图 9）。

四照阁 1924 年迁址于凉堂之上，20 世纪初四周几乎无植物覆盖，一片破败景象。1924 年迁址后植物景观得到改善。结合平面信息，上层香樟、桂花均为 20 世纪 60 年代后栽植，自 20 世纪 80 年代至今生长良好，分枝点变高，下层左侧增加地被沿阶草，右侧原有女贞（*Ligustrum lucidum*）替换为洒金东瀛珊瑚（*Aucuba japonica* var. *variegata*）（图 10）。

汉三老石室建于 1921 年，左侧为丁敬坐像，建造初期石像周围灌木较为低矮，乔木郁闭度低。至 20 世纪 50 年代灌木高度增加形成浓密的背景，右侧形成垂直整形的地被边缘线。至 20 世纪 90 年代左侧灌木几乎被移除，以高大乔木形成背景，前侧地被边缘线向外延伸。总体而言，该处植物群落经过了大丛单一灌木向高大乔木再向多植物组合的灌木群落转变，结合平面信息，20 世纪 60 年代该处东南侧的梅花、松树均已不复存在，如今上层栽翠竹，中层凤尾竹（*Bambusa multiplex* f. *fernleaf*）、南天竹增加层次，地被攀缘薜荔（*Ficus pumila*）和络石，形成了古朴素雅的画面（图 11）。

约1960年
(*a*)

约2010年
(*b*)

2020年春
(*c*)

图 8　视点 6 题襟馆西南侧植物景观演变
［图片来源：(*a*) 引自参考文献［3］，(*b*) 引自参考文献［2］，(*c*) 为作者自摄］

约1950年
(*a*)

约1980年
(*b*)

2020年春
(*c*)

图 9　视点 7 题襟馆南侧植物景观演变
［图片来源：(*a*) 引自参考文献［25］，(*b*) 引自参考文献［26］，(*c*) 为作者自摄］

约1910年
(*a*)

约1980年
(*b*)

2020年春
(*c*)

图 10　视点 8 四照阁植物景观演变
［图片来源：(*a*) 引自参考文献［23］，(*b*) 引自参考文献［3］，(*c*) 为作者自摄］

约1920年
(*a*)

约1950年
(*b*)

约1990年
(*c*)

2020年春
(*d*)

图 11　视点 9 汉三老石室植物景观演变
［图片来源：(*a*) 引自参考文献［27］，(*b*) 引自参考文献［18］，(*c*) 引自参考文献［25］，(*d*) 为作者自摄］

3.4 后山

西泠印社后山景区构成该空间序列的最后段，为全园重要的观景点之一。20世纪20年代，后山牌坊台阶两侧列植高大松树，但中下层植被缺失，四周荒草丛生。20世纪70年代后期，孤山加强植物养护管理，扩大梅花景区并增加品种，并栽植以紫萼、粉萼、毛白为主的数千株杜鹃，后山牌坊至清雪庐在保留上层树种的同时形成了大面积的杜鹃景区（图12）。如今的后山石坊周边整体绿量得到了显著增加，在原本列植马尾松的基础上增加了香樟、鸡爪槭等乔木，下层层叠锦簇的杜鹃延续至今，每至四月蔚然壮观。

约1920年
(*a*)

约1990年
(*b*)

2020年夏
(*c*)

图12 视点10后山石坊植物景观演变
［图片来源：(*a*) 引自参考文献［14］，(*b*) 引自参考文献［28］，(*c*) 为作者自摄］

4 演变特征及原因

4.1 演变特征

4.1.1 植物种类及数量变化

对比建社至今的历史影像，可见西泠印社栽植植物的种类及数量均显著增加，建设过程中增加了大量的观花、观叶树种，极大地丰富了植物种类和群落层次，多样而绚丽的季相色彩赋予了山地园林以四时不同的风貌。如今的西泠印社在保留原有植物的基础上均有一定程度的替换和移除，树种的丰富使得植物景观的发展相对更加多元，打造出丰富而富有层次的山地园林景观。此外，以竹、松、梅为代表的传统植物的延续实现了文化的传承，历经长期演变依然是西泠印社最为显著的特色景观，或守护处士英灵，营造纪念性景观，或在水池、建筑周边零星点缀，突显文人傲骨。松在后山成片种植，与杜鹃相结合形成复层群落。竹则沿小径两侧或水池成列、成片种植。传统植物景观的传承不仅延续了外在形态美，文化内涵也在不断激发着人们审美情感的共鸣，赋予景观核心的价值。

4.1.2 植物群落结构及尺度变化

在漫长的景观演变中，随着绿地尺度地增加，西泠印社整体群落空间结构逐渐趋于复杂和精巧，营造出多样化的景观空间。其中中下层植物的丰富使得植物种植层次增加，许多区域由较为单一的乔木种植逐渐演变为乔-灌-草的多层复合型结构，如孤山后山景区由民国时期单一马尾松的种植演变为马尾松、香樟、鸡爪槭、杜鹃、沿阶草的群落种植结构，植物层次错落有序，极大丰富了景观效果。通过对重要节点历史照片及平面图进行对比，可以明显看到树龄较长的大乔木在漫长的景观演变中呈现较为稳定的状态，其变化主要体现于林冠线的饱满和充实，仅在局部地区可见树种补植和替换，构成了植物景观的基础骨架。此外，相比于早期较为孤立的植物种植方式，如今的植物群落与社内建筑、泉池等景观要素更为融合，相互映衬之下形成了一个有机整体。

4.2 演变原因

4.2.1 自然演替

亚热带温湿的气候和多样的自然环境为西泠印社茂盛的植被提供了良好的生境。受光照、水分、土壤等自然条件影响，西泠印社的前山和后山出现了不同的植被分布。前山光照较为充足，以喜阳植物为主，后山光照条件较差，植物则以马尾松、香樟、鸡爪槭等常绿和秋色叶为主。此外，部分区域上层乔木少量移除，增加了中下层灌木，原因推测为乔木体量的变化使得原有的空间较为局促，削减使得植物与有限的空间相互适应，呈现最佳的景观状态。

4.2.2 社会政策

中华人民共和国成立初杭州市园林管理局提出将西泠印社建设成为有高度文化艺术水平的参观游览胜地，绿化随之得到明显提升；“文革”时期，在无政府主义思潮的影响下，西泠印社内树木遭到滥砍滥伐；20世纪70年代国际外交的需要使西泠印社再度被列入修复整理之列；近年来随着旅游业的蓬勃发展，又通过彩化等手段提升植物的观赏性。作为西湖这座“活态”文化遗产的一部分，西泠印社的绿化建设不可避免地受到不同时代背景下人们意识形态的强烈影响。

4.2.3 文化内驱动力

特色植物文化经历千百年的积淀和传承，赋予景观核心的价值，并在动荡时期为植物景观建设方向提供指引。竹、松、梅作为中国传统文化中高尚人格的象征，其文人气息与西泠印社的文化意蕴相适应。文化的内在驱动力在长期演变中引导着植物景观的立意和布局，在建设中有意识地补植和维护传统树种，移除不符合原有文化意境的植物，使竹、松、梅等特色景观在数次整修中仍然不断传承，得以延续。

5 总结与展望

经过几十余年的维护建设，今天的西泠印社庭院的面积比 1930 年扩大近一倍，繁盛的植物体现了雄健古朴的浙派风格，与历史悠久的建筑一同构成了这座“湖上园林之冠”。伴随着申遗的成功，如今景观逐渐趋于成熟稳定，植物景观建设已着眼于系统性的保护和管理。通过对西泠印社植物景观演变脉络地梳理，提出以下良性发展策略：①部分节点植物生长茂盛，景观略显杂乱，应关注植物动态发展过程中人视角景观的变化，适时进行梳理；②保护现有植被特色，加强局部节点植物文化的营造，利用植物烘托文化氛围，不增加不符合原观赏意境的植物；③对香樟等古树名木进行保护，延续其历史意义和纪念价值。在维持西泠印社植物景观特色的基础上加以保护和发展，为山地园林植物景观铺设一条可持续发展之路。

参考文献

[1] 黄琳惠．山地园林植物景观文化探析[D]．重庆：西南大学，2010.

[2] 施奠东．西湖园林植物景观艺术[M]．杭州：浙江科学技术出版社，2015.

[3] 王佩智．回望西泠印社六十年 1949-2009[M]．杭州：西泠印社出版社，2009.

[4] 江佩．西泠印社园林中传统造园艺术之探讨[D]．杭州：浙江大学，2019.

[5] 李白云．山地庭园空间营造的研究与实践[D]．杭州：浙江大学，2013.

[6] 郑建南．园林类文化景观遗产的保护[D]．杭州：浙江大学，2014.

[7] 柴凡一．杭州市西泠印社园林景观文化特色研究[D]．重庆：西南林业大学，2018.

[8] 都铭，张云，陈进勇．园林、风景与城市：近代城湖关系变迁下西湖湖上园林的演进与转型[J]．中国园林，2019，35(04)：52-57.

[9] 牛沙，王瑛，王欣等．西泠印社泉池景观营造分析[J]．北京林业大学学报(社会科学版)，2014，13(04)：19-26.

[10] 魏民主编．风景园林专业综合实习指导书：规划设计篇[M]．北京：中国建筑工业出版社，2007.

[11] 应求是，钱江波，张永龙．杭州植物配置案例的综合评价与聚类分析[J]．中国园林，2016，32(12)：21-25.

[12] 刘先觉，潘谷西．江南园林图录-庭院·景观建筑 庭院·景观建筑[M]．南京：东南大学出版社，2007.

[13] 王佩智，邓京．西泠印社老照片再续[M]．杭州：西泠印社出版社，2013.

[14] 王佩智，邓京．西泠印社老照片[M]．杭州：西泠印社出版社，2009.

[15] 王佩智．西泠印社摩崖石刻[M]．杭州：西泠印社出版社，2007.

[16] 魏皓奔．西泠印社[M]．杭州：杭州出版社，2005.

[17] 王佩智．西泠印社旧事拾遗 1949-1962[M]．杭州：西泠印社出版社，2005.

[18] 李虹，赵大川，韩一飞．西湖老照片[M]．杭州：杭州出版社，2005.

[19] 钱月明，洪尚之．西湖时光 梦寻旧影新景[M]．杭州：浙江摄影出版社，2014.

[20] 浙江人民出版社．人民西湖[M]．杭州：浙江人民出版社，1955.

[21] 陈文锦．发现西湖 论西湖的世界遗产价值[M]．杭州：浙江古籍出版社，2007.

[22] 杭州市人民政府新闻办公室．中国杭州[M]．杭州：浙江摄影出版社，2006.

[23] 邵玉贞．西湖孤山[M]．杭州：杭州出版社，2013.

[24] 王佩智．西泠印社 1963[M]．杭州：西泠印社出版社，2006.

[25] 林乾良．天下第一名社西泠印社[M]．杭州：西泠印社出版社，2004.

[26] 王佩智．诗意浓浓：西泠印社园林[M]．杭州：西泠印社出版社，2010.

[27] 王佩智，邓京．西泠印社老照片续集[M]．杭州：西泠印社出版社，2012.

[28] 李新主．杭州：中英法日韩 5 种文字[M]．上海：上海人民美术出版社，2007.

作者简介

沈姗姗，1996 年生，女，浙江杭州，浙江农林大学风景园林与建筑学院在读硕士研究生，研究方向为植物景观规划设计。电子邮箱：385193758@qq. com.

包志毅，1964 年生，博士，男，浙江东阳，浙江农林大学风景园林与建筑学院教授，名誉院长，研究方向为植物景观规划设计。电子邮箱：bao99928@188. com.

杨凡，1984 年生，男，浙江龙游，浙江农林大学风景园林与建筑学院讲师，研究方向为植物景观功能及设计应用。

应用 i-Tree 模型对校园行道树生态效益评价分析

Assessment and Analysis of Ecological Benefit of Campus Street Trees Based on i-Tree Model

宋思贤　王　凯　张俊猛　张延龙*

摘　要： 了解行道树的生态效益，对于校园环境的可持续发展具有一定作用。本研究利用 i-Tree 模型可靠性研究基础上，以西北农林科技大学校园行道树为例，对校园内 5 个区域行道树的生态效益做出评价分析。结果表明，不同行道树生态效益贡献率不同，区域间生态效益分布不均。有关研究结果，对校园行道树间或城市行道树生态效益评估具有一定参考价值。

关键词： i-Tree 模型；行道树；生态效益

Abstract: Knowing ecological benefits of street trees plays a certain role in city sustainable development. Based on the reliability research of the i-Tree model, taking the street trees on the campus of Northwest A&F University as an example, ecological benefits of 5 regions on campus are evaluated. The results show that trees of different species bring different ecological benefits. Between different regions, the ecological benefits of street trees on the campus are nonuniformly distributed. The research results have certain reference value for the evaluation of the ecological benefits of campus street trees and urban street trees.

Key words: i-Tree Model; Street Trees; Ecological Benefit

绪论

随着世界范围内城市化进程的加速和环境问题的加剧，城市森林所发挥的生态作用越来越受到人们的重视。行道树作为城市绿化的骨架，是城市森林的重要组成部分[1]，不仅起到了美化城市的作用，还发挥着巨大的生态效益[2-5]。

目前，一般采用 i-Tree 模型以及基于 GIS 技术的 CITY green 模型来计算城市森林的生态效益[6]，两者都是由美国农业部（USDA，United States Department of Agriculture）下属的林务局开发，但 i-Tree 模型的分析方向更加细化，有专门评估城市行道树体系的 Streets 模块，且研究区域的大小不受限制。需要注意的是，i-Tree 模型对于生态效益的计算是基于美国本土树木的生长曲线得到的，在国内进行应用的准确性有待验证[7]。

本研究采用 i-Tree 模型，首先验证模型的准确性，而后对校园环境下的 5 个区域行道树的生态效益做出评价分析，以期为研究区行道树的选择、规划与管理提供参考。

1　研究方法

1.1　研究地概况

西北农林科技大学南校区位于咸阳，属于暖温带大陆性季风气候、气候温和、四季分明、降水适中。年平均气温 12.9℃，年平均降水量 650mm，优越的气候条件造就了校园内丰富的自然景观。

高校校园森林是城市森林的重要组成部分，是城市森林的简化与缩影[8]。西北农林科技大学南校区内植物资源丰富，经初步统计，校内行道树有 21 科 28 属 31 种，包含咸阳常用同属树种的 70%[8]，因此具有研究的代表性与典型性。

1.2　调查方法与调查内容

于 2019 年 9～12 月对西北农林科技大学南校区内主要道路行道树进行每木调查，并根据用地功能及使用人群的不同，将校园划分为行政办公区、教学科研区、生活区、运动区、生态休闲区 5 大管理区域。运用卫星地图软件测距与实地测量结合的方式得到研究区主要道路面积及树木分布如表 1 所示。

研究区主要道路面积及树木分布　　表 1

区域（简称）	道路面积（m^2）	树木数量（株）	树木密度（株/m^2）
生态休闲区（STXX）	32380	751	0.023193329
运动区（YD）	24726	659	0.026652107
生活区（SH）	34620	855	0.024696707
教学科研区（JXKY）	28600	657	0.022972028
行政办公区（XZBG）	55984	1346	0.024042584
研究区整体	176310	4268	0.024207362

每木调查内容包括，树种名称、树木类型、胸径、冠幅、树木健康状况。其中，树木健康状况根据 i-Tree 模型要求，分为良好、一般、差、濒死或死亡 4 个等级。

1.3 生态效益计算方法

1.3.1 节能效益计算

城市行道树可以通过遮荫、蒸腾作用、减缓风速来减少建筑的制冷需求和制热需求，从而节约能源[10]。节能效益主要通过由发电厂、空调等设备减少的能源量（电量或天然气量）来计算。

1.3.2 吸收 CO_2 效益计算

一方面树木生命活动直接吸收 CO_2，另一方面树木降低能源消耗间接减少 CO_2 的排放[11]。根据碳排放税（指针对 CO_2 排放所征收的税）征收标准，按照替代法计算得到吸收 CO_2 效益[12]。

1.3.3 净化空气效益计算

树木可以经由直接净化和间接减排来减少空气中污染物的浓度，但其本身也会散发生物挥发性有机化合物（BVOCS），对空气造成污染[13]。依据政府机构用于净化空气所需投入的资金，按照替代法进行计算，可以得到树木在净化空气方面的经济效益。

1.3.4 截留雨水效益计算

依据研究区域的气候、年降水量、土壤类型、立地条件、树种及树木生长状况等因素，估算出年雨水截留总量，再依据政府平均每年用于保护公共设施免遭暴雨破坏以及防止水土流失所投入的资金，计算得出截留雨水方面的经济效益。

1.3.5 美学效益计算

行道树可以美化环境，从而起到舒缓身心，改善生活质量的作用[14]。以意愿法（指消费者对当前物品所愿付出的金额）为基础，计算得到树木在美学方面的生态效益。

2 结果与分析

2.1 i-Tree 模型可靠性验证

为了验证 i-Tree 模型对当前校园行道树的可行性，作者共调查了 1261 棵行道树，比较了校园行道树树冠覆盖面积的 i-Tree 模型评估值与实际测量值（图 1）。由于行道树存在较大的个体差异，数据点均匀分布在直线X＝Y两侧，符合统计学规律。

不同树种上，作者用测量值和 i-Tree 模型的评估值的相关系数表征两者的相符性，相关系数越接近于 1 说明数据相符得越好（表 2），绝大多数树种的相关系数在 0.85～0.95 范围内，说明 i-Tree 模型对各树种的评估均有很好的效果。

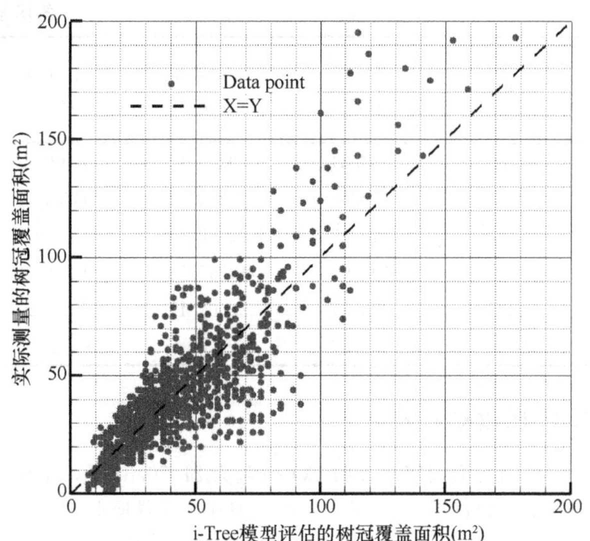

图 1 模型与实测树冠覆盖面积对比

主要树种相关系数 表 2

树种	相关系数	树种	相关系数
梣叶槭	0.95586817	樱花	0.852464953
椿树	0.800027468	旱柳	0.80131399
银杏	0.852939865	紫荆	0.799773736
鹅掌楸	0.964682139	枇杷	0.812277496
榉树	0.793823359	法桐	0.938081333
七叶树	0.811185489	枫杨	0.800297552
紫叶李	0.971210621	白玉兰	0.904810379
栾树	0.87388842	广玉兰	0.911645282
女贞	0.936959204	龙爪槐	0.81350526
白皮松	0.795537452	苦楝	0.811666908
海棠	0.883001694	青桐	0.870091924
杜仲	0.815651411	龙柏	0.85332269
三角枫	0.800450881	桂花	0.923056482
国槐	0.805257656	紫薇	0.961216493
朴树	0.857823136		

2.2 节能效益评价

研究区主要道路行道树每年总节能效益为 331672.95 元，单株节能效益为 77.71 元（表 3）。在节约能源方面，树形高大、冠大叶繁的树木贡献更大，单株节约能源效益高的树种有悬铃木（139.38 元/株）、朴树（125.34 元/株）、臭椿（124.17 元/株）、枫杨（123.35 元/株）和紫荆（122.04 元/株）；而紫薇（26.56 元/株）、桂花（27.61 元/株）等小型树种对节约能源贡献不大。

其中，运动区由于单株节能效益最高、树木密度最大，所以单位面积道路节能效益最高、节能效果最好。亟待改进的是教学科研区，不论是单株节能效益还是树木密度都处于最低水平，单位面积道路节能效益远低于其他区域，节能效果最差。

各区域节能效益 **表 3**

区域	节电量（GJ）	节电效益（元）	节气量（GJ）	节气效益（元）	总节能效益（元）	单株节能效益（元）	单位面积道路节能效益（元/m^2）
STXX	138.34	19216.12	1732.59	41054.39	60270.50	80.25	1.86
YD	152.63	21200.52	1786.54	42332.82	63533.35	96.41	2.57
SH	149.89	20819.35	1835.06	43482.48	64301.83	75.21	1.86
JXKY	102.94	14298.53	1290.64	30582.28	44880.81	68.31	1.57
XZBG	236.87	32901.15	2776.29	65785.32	98686.46	73.32	1.76
总计	780.67	108435.67	9421.11	223237.29	331672.95	77.71	1.88

2.3 吸收 CO_2 效益

校园行道树年净吸收 CO_2 效益为 21470.81 元，单株吸收 CO_2 效益为 5.03 元（表 4）。其中，单株吸收 CO_2 效益最高的树种为悬铃木（9.04 元/株），其次为朴树（7.71 元/株）、臭椿（7.62）、枫杨（7.53）和紫荆（7.43），这些树种枝繁叶茂、生长代谢旺盛，因此具有更高的光合作用水平和 CO_2 吸收效率；而叶片稀疏，在北方生长代谢能力相对较弱的棕榈（1.18 元/株）吸收 CO_2 效益最低。

与节能效益相似，各区域中吸收 CO_2 效果最好的是运动区，最差的是教学科研区。生态休闲区单株吸收 CO_2 效益较好，但由于树木密度较低，单位面积道路吸收 CO_2 效益处在平均水平，吸收 CO_2 效果一般。

各区域吸收 CO_2 效益 **表 4**

区域	固碳量（kg）	分解代谢释放量（kg）	自身呼吸释放量（kg）	间接减排量（kg）	净吸收 CO_2 量（kg）	总吸收 CO_2 效益（元）	单株吸收 CO_2 效益（元）	单位面积道路吸收 CO_2 效益（元/m^2）
STXX	29051.92	−4301.71	−2367.30	52506.68	74889.60	3813.88	5.08	0.12
YD	29534.99	−6887.98	−2464.05	57928.93	78111.89	3977.98	6.04	0.16
SH	34305.58	−5866.80	−2513.46	56887.41	82812.72	4217.38	4.93	0.12
JXKY	23872.30	−5217.21	−2067.98	39069.71	55656.83	2834.42	4.31	0.10
XZBG	60273.68	−15401.54	−4641.11	89900.05	130131.09	6627.15	4.92	0.12
总计	177038.48	−37675.25	−14053.90	296292.80	421602.13	21470.81	5.03	0.12

2.4 净化空气效益

研究区行道树年总净化空气效益为 172655.14 元，单株净化空气效益为 40.45 元（表 5）。综合植物吸附沉积作用与间接减少能源排放两方面效益，并扣除掉植物自身释放的挥发性有机化合物产生的负效益，单株净化空气效益最高的树种为悬铃木（72.51 元/株），其次为朴树（59.95 元/株）、臭椿（59.21 元/株）、枫杨（58.43 元/株）和紫荆（57.66 元/株）。

综合来看，研究区中各区域在单位面积道路净化空气的效益上差别不大，各区域净化空气效果较为均衡。

各区域净化空气效益 **表 5**

区域	吸收沉淀量（kg）				间接减排量（kg）				BVOC 释放量（kg）	总净化空气效益（元）	单株净化空气效益（元）	单位面积道路净化空气效益（元/m^2）
	O_3	NO_2	PM10	SO_2	NO_2	PM10	VOC	SO_2				
STXX	79.20	33.80	38.80	12.70	160.09	10.46	6.30	76.57	−14.78	30152.85	40.15	0.93
YD	96.21	40.99	47.17	15.41	171.14	11.14	6.67	84.45	−60.39	32765.01	49.72	1.33
SH	88.99	38.86	46.06	16.19	171.60	11.19	6.73	82.95	−18.32	33464.26	39.14	0.97
JXKY	64.04	27.52	31.87	10.68	119.18	7.79	4.69	56.98	−14.45	23298.83	35.46	0.81
XZBG	151.62	65.30	75.73	25.52	265.76	17.29	10.35	131.06	−53.94	52974.18	39.36	0.95
总计	480.06	206.46	239.62	80.50	887.76	57.87	34.75	432.00	−161.88	172655.14	40.45	0.98

2.5 截留雨水效益

可知，研究区行道树年截留雨水量效益为 193988.60 元，单株截留雨水效益为 45.45 元。在截留雨水方面，树冠大、冠层密度高的树种会发挥更大的作用，单株截留雨水效益高的树种有悬铃木（90.51 元/株）、苦楝（76.39

元/株)、楸树(72.39 元/株)、栾树(66.34 元/株)和旱柳(63.22 元/株);树冠小且冠层密度低的紫薇(10.88 元/株)单株截留雨水效益最低,其次是同样树冠小的桂花(11.13 元/株)。

无论是单株截留雨水效益还是单位面积道路截留雨水效益,最好的是运动区,最差的是教学科研区,区域间差距较大,教学科研区的单位面积道路截留雨水效益只有运动区的一半。在生活区,虽然行道树种植密度很高,但该区域单株截留雨水效益很低,所以单位面积截留雨水效益排在倒数第二位,截留雨水效果较差。

各区域截留雨水效益　　表 6

区域	截留雨水量(m^3)	截留雨水效益(元)	单株截留雨水效益(元)	单位面积道路截留雨水效益(元/m^2)
STXX	2274.30	33645.17	44.80	1.04
YD	2932.07	43375.95	65.82	1.75
SH	2293.06	33922.68	39.68	0.98
JXKY	1681.67	24877.96	37.87	0.87
XZBG	3931.88	58166.83	43.21	1.04
总计	13112.98	193988.60	45.45	1.10

2.6　美学效益

研究区主要道路行道树每年创造的美学效益为 1161779.72 元,单株美学效益为 272.21 元(表 7)。根据模型统计结果,单株美学效益高的树种是朴树(553.03 元/株)、臭椿(550.03 元/株)、枫杨(547.97 元/株)、紫荆(544.62 元/株)、鹅掌楸(532.85 元/株),最低的是棕榈(0.15 元/株)。整体来看人们更加偏爱高大的树种,小型树种对美学效益的贡献不大。美学效益最好的区域是运动区,最差的是行政办公区。

各区域美学效益　　表 7

区域	美学效益(元)	单株美学效益(元)	单位面积道路美学效益(元/m^2)
STXX	240328.50	320.01	7.42
YD	216014.11	327.79	8.74
SH	268207.87	313.69	7.75
JXKY	157810.59	240.20	5.52
XZBG	279418.65	207.59	4.99
总计	1161779.72	272.21	6.59

3　讨论与小结

在本研究中,作者评估了校园行道树在不同树种和区域对生态价值的效应。结果表明,不同行道树的生态效益贡献率不同。在节约能源、吸收 CO_2、改善空气、截留雨水 4 个方面效益最高的树种均为悬铃木,美学效益最高的树种为朴树,单株总效益高的树种还有臭椿、枫杨、紫荆、鹅掌楸、苦楝等。单株总效益最低的树种为紫薇。不同树种的生态效益差别与树体、树龄、冠幅、冠层密度等息息相关,种植大树形、大冠幅且枝繁叶茂的树种往往能发挥更大的生态效益。

不同区域生态效益的分布有所差别。运动区发挥整体生态效益的效果最好,在节能、吸收 CO_2、改善空气质量、截留雨水、美学 5 个方面的单位面积道路效益均为最高,整体生态效益与各单项生态效益发挥最差的均为教学科研区。运动区的组成树种悬铃木、国槐、杜仲、栾树、楸树、臭椿均为各单项生态效益都不错的优质树种,且运动区树木分布密度最大,所以目前发挥生态效益的效果最好;反之教学科研区的行道树主要由各单项生态效益一般的银杏、白玉兰等组成,且树木分布密度最小,所以该区域发挥生态效益的效果最差。

在本研究中,基于冠幅实际测量值对 i-Tree 模型的准确性进行了一定的验证,但仍有误差,未来应从对国内树木生长曲线的研究入手,从根本上完成模型的本土化。同时,i-Tree 模型对行道树生态效益的评估只包含了 5 个方面,除此之外行道树还具有其他多方面的生态价值,如降低噪声、增加空气中负离子含量、增加物种多样性等,在今后的研究中可以进行扩充。

总的看,i-Tree 模型对于评价行道树是一种切实可行的方法,借助该方法可以很好评价不同区域环境下行道树的生态效益,有助于从总体上把握植物景观的营造。

参考文献

[1] 李磊. 城市发展背景下的城市道路景观研究——以北京二环城市快速路为例[D]. 北京:北京林业大学,2014.

[2] BERLAND A, HOPTON M E. Comparing street tree assemblages and associated stormwater benefits among communities in metropolitan Cincinnati[J]. Ohio, USA. Urban Forestry & Urban Greening, 2014, 13(4): 734-741.

[3] 王爱霞,任光淳,秦亚楠. 半干旱区城市广场树木形态对微气候的影响研究[J]. 风景园林,2020,27(7):100-107.

[4] MULLANEY J, LUCKE T, TRUEMAN S J. A review of benefits and challenges in growing street trees in paved urban environments[J]. Landscape and Urban Planning, 2015, 134: 157-166.

[5] 苏维,刘苑秋,赖胜男,等. 南昌市 8 种乔木叶片性状对叶表滞留颗粒物的影响[J]. 西北林学院学报,2020,35(4):61-67.

[6] 马宁,何兴元,石险峰,等. 基于 i-Tree 模型的城市森林经济效益评估[J]. 生态学杂志,2011,30(4):810-817.

[7] 李兴兴. 基于 i-Tree tools 的城市小区森林结构和效益的研究[D]. 成都:四川农业大学,2012.

[8] 王强,唐燕飞,王国兵. 城市森林中校园森林群落的结构特征分析[J]. 南京林业大学学报(自然科学版),2006(01):109-112.

[9] 李淑琴,党剑锋,杨黎明,等. 西安市园林绿化乔木调查与应用[J]. 陕西林业科技,2012,(5):95-97,100.

[10] HEISLER G M, BRAZEL AJ. The urban physical environment[J]. temperature and urban heat islands. 2010.

[11] 李冰冰. 长沙市常见行道树固碳释氧滞尘效益研究[D]. 长沙:中南林业科技大学,2012.

[12] 雷玲,徐军宏,郝婷. 我国森林生态效益补偿问题的思考

[J]. 西北林学院学报，2004，19(2)：138-141.

[13] 陈颖，李德文，史奕，等. 沈阳地区典型绿化树种生物源挥发性有机物的排放速率[J]. 东北林业大学学报，2009，37(3)：47-49.

[14] 王惠英，高权恩，汤海燕，涂悦贤. 关于广州城市气候生态建设与可持续发展的探讨[J]. 中山大学学报(自然科学版)，2004(S1)：237-240.

作者简介

宋思贤，1996 年 1 月生，女，汉族，山东省威海，大学本科，现就读于西北农林科技大学，硕士研究生，研究方向为园林植物与应用。电子邮箱：susieSong0129@163. com。

王凯，1996 年 9 月生，男，汉族，河南洛阳，大学本科，现就读于西北农林科技大学，硕士研究生，研究方向为风景园林规划设计。电子邮箱：981520938@qq. com。

张俊猛，1995 年 12 月生，男，汉族，河北保定，大学本科，现就读于西北农林科技大学，硕士研究生，研究方向为风景园林规划设计。电子邮箱：1171898221@qq. com。

张延龙，1964 年生，女，汉族，陕西西安，博士，教授，博士生导师，研究方向为花卉资源与应用研究。电子邮箱：zhangyanlong@nwsuaf. edu. cn。

城市海湾湿地植物资源和入侵植物调查研究

——以厦门市杏林湾湿地一期工程为例

Investigation on Plant Resources and Invasive Plants in urban Gulf Wetland: Take the Xiamen Xinglinwan Wetland Phase I Project as an Example

王俊淇　陈欣欣

摘　要： 杏林湾湿地位于厦漳泉都市圈的几何中心，是厦门重要的城市湿地资源，承载着挡潮排涝和城乡供水的任务。文章以杏林湾湿地一期工程为研究对象，针对其植物资源和外来入侵物种进行调研分析，对各类植物进行了物种统计和科属分类，发现主要的入侵植物种类8科19种。其中鬼针草、三裂叶薯、飞扬草以及空心莲子草四种入侵植物在研究范围内呈现全域入侵的趋势，大薸和红毛草在局部具有优势。文章还对外来入侵植物的引入来源进行了分析，发现以花卉或者作物形式的有意引种是相关植物进入我国的主要入侵途径，进而提出防控入侵植物的重点策略。

关键词： 入侵植物；物种构成；城市湿地

Abstract: Xinglinwan wetland, located in the geometric center of Xiamen Zhangzhou and Quanzhou metropolitan area, is an important urban wetland resource in Xiamen, carrying the tasks of tide blocking and water supplying. Taking the Xiamen Xinglinwan wetland phase I project as the research object, the plant resources and invasive species were investigated and analyzed. The species statistics and family genus classification of various plants were carried out. The main invasive plant species include 8 families and 19 species. *Euphorbia hirta*, *Ipomoea triloba*, *Alternanthera sessilis* and *Bidens pilosa* showed a trend of whole area invasion in the research area. *Pistia stratiotes* and *Melinis repens* had local advantages. This paper also analyzes the source of invasive plants, and finds that intentional introduction as the form of flowers or crops is the main way of invasion, and then puts forward the key strategies for the prevention of invasive plants.

Key words: Invasive Plant; Species Composition; Urban Wetland

新冠肺炎疫情，让人们开始重新反思人类与自然界之间的关系。而入侵植物作为一个一直以来备受关注的重大问题，不仅与人居环境的生态格局息息相关，在一定程度上甚至能够直接影响到公众的健康生活[1]。以2000年初的昆明滇池水葫芦污染为例，由于相关单位管理不善，致使原本用于治理污染的水葫芦大量繁殖，造成二次污染，导致滇池这一饮用水水源的水质的长期处于劣V类的标准，几乎失去了作为水的各种功能，成为一池废水，严重影响周边群众的日常生活[2]。

植物入侵事件在我国层出不穷，而具体到我国东南沿海地区，这一地区山脉纵横、河流众多，河海的交互堆积形成了大量的冲积平原和海湾湿地。这些湿地在维持我国区域生态平衡、抵御生态灾害、保护生物多样性等方面提供了重要的生态功能，也面临着海岸侵蚀、生境破碎化、环境污染、富营养化和植物入侵等多方面的生态和环境问题[3,4]。鉴于多数海湾湿地的水系流域独立且面积相对较小、生态稳定性较为脆弱的客观条件，这一生态系统对入侵植物的敏感程度相当之高，值得格外关注。

本文对厦门市杏林湾湿地一期工程的范围内进行实地调查研究，统计和分析植物资源和入侵植物种类，旨在为城市海湾湿地生态系统及其植物资源的保护和利用提供数据材料和研究支撑，为防治外来入侵植物提供理论依据。

1　研究材料与方法

1.1　研究材料与方法

在进行实地调研和标本鉴定的基础上，结合文献资料查阅的方式，对杏林湾湿地一期工程内的植物资源进行统计，记录其科属种类。对调研中发现的外来侵入植物运用手机软件“地图慧”对其进行定位和标注，再通过Photoshop软件做出杏林湾湿地一期工程内外来入侵植物优势种的分布图。

1.2　研究对象

本文的研究对象为杏林湾湿地一期工程内的植物资源和入侵植物种类。杏林湾流域位于厦门市集美区，总面积2.16万hm^2，总建设面积6435hm^2，该流域三面环山，独立汇流，湿地资源丰富，具有东南沿海湿地分布的典型特征。而杏林湾湿地一期工程位于集美沈海高速公路以南，杏林湾路以北，包含共计20hm^2景观设计面积的水库沿岸区域[5,6]（图1）。

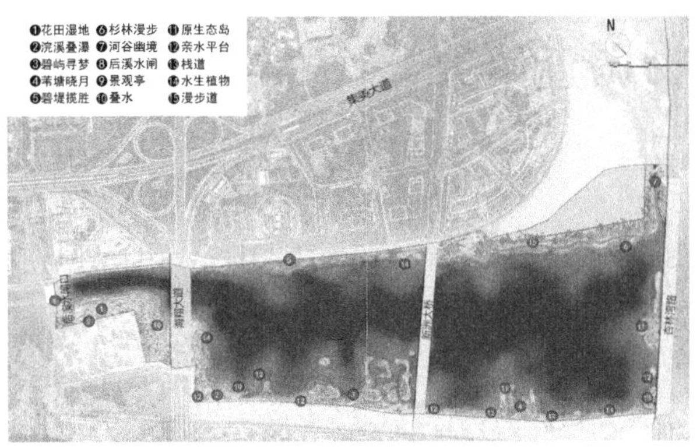

图 1　杏林湾湿地一期工程规划平面图[6]

2　研究结果与分析

2.1　植物资源统计

根据本次调查研究，杏林湾湿地一期工程范围内共记录到的植物种类有 139 种，隶属于 53 科 122 属。其中蕨纲植物 2 种，裸子植物 2 种；单子叶植物 30 种，隶属于 9 科 22 属；双子叶植物 105 种，隶属于 40 科 96 属（图 2）。在植物生活型和形态特征方面，共调查发现大小乔木种类共计 44 种，灌木 30 种，乔灌木以适宜厦门地区气候特征的常绿物种为主；草本植物 57 种，所占生活型比例最高，达到 41%；此外还发现藤本 7 种，竹类 1 种（图 3）。

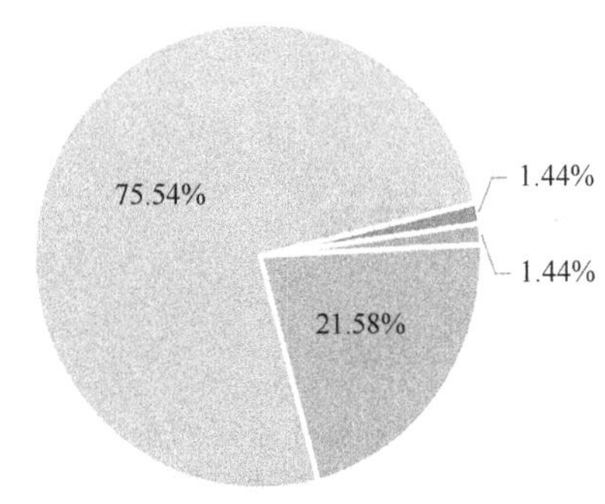

图 2　各纲目物种及其占比

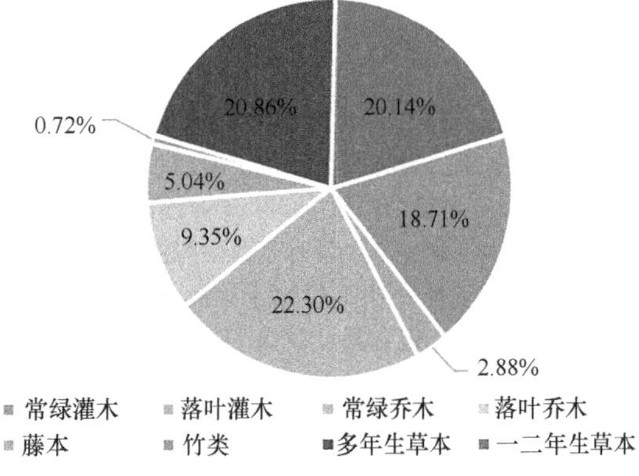

图 3　各生活型物种及其占比

通过对植物的科属进行研究发现（图 4），含植物物种排在前五的科依次是：菊科（Asteraceae，含 10 种）、豆科（Fabaceae，含 9 种）、大戟科（Euphorbiaceae，含 8 种）、禾本科（Poaceae，含 8 种）、夹竹桃科（Apocynaceae，含 7 种）。这 5 科仅占总科数的 3.6%，但总物种数有 42 种，占总物种数的 30.21%，植物的科数分布和种数分布间有着较大差异，在一定程度上反映出杏林湾湿地一期工程景观应用的植物物种来源相对集中。

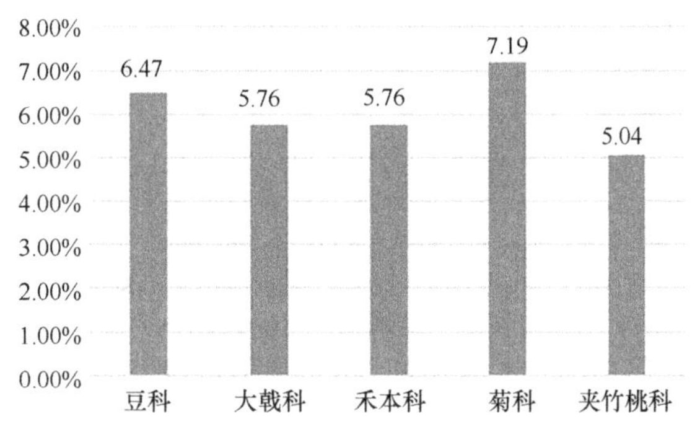

图 4　含植物种排名前 5 的科占比统计

2.2　植物物种来源分析

根据植物物种来源可分为乡土植物和外来植物两类。外来植物和入侵植物既有区别又有联系：一方面，我国在农林业、园林景观等领域每年都会引入大量的外来植物种类，不少外来植物种类对提升人民物质生活水平起到了正面作用。另一方面，一些外来植物逐步溢生于自然环境中，建立种群、改变和威胁本地植物多样性，威胁地区的生态安全，逐步变成入侵物种[7]。对杏林湾湿地一期工程内植物物种来源进行调查分析，发现产于我国境内的植物 76 种，占调查植物总数的 54.68%；外来植物 63 种，占 45.32%。根据其原产地进一步分析（图 5），原产地为美洲的外来植物种数最多，达到 40 种，其中原产于南美地区的 30 种，占外来植物总数的 47.62%；原产地是非洲的有 12 种，占 19.05%，原产于北美和地中海地区的外来植物总类较少。由此可见，厦门市杏林湾湿地一期工程范围乡土植物造景的主体地位并不突出，采用了大量外来植物种类用作补充，而其中又以南美热带地区

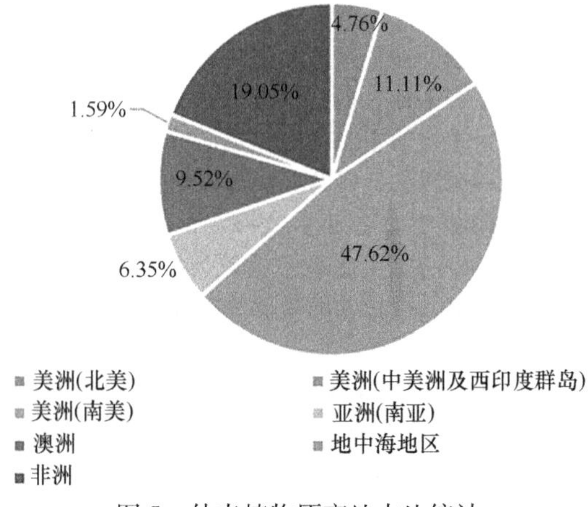

图 5　外来植物原产地占比统计

为原产地的外来植物种类占据了相对的优势。

2.3 入侵植物种类统计

通过调查统计结合相关资料查询的方式，共确定杏林湾湿地一期工程范围内共有入侵植物 8 科 19 种（表 1），以菊科最多，有 8 种，占 42.10%；其次为旋花科和大戟科，各 3 种，均占 15.79%；天南星科、苋科、酢浆草科、禾本科均为 1 种，占 5.26%。从植物的种类数量上看，菊科、旋花科和大戟科是研究对象范围内外来入侵植物的主体。

杏林湾湿地一期入侵植物详表 表 1

种名	科名	属名	学名	入侵等级	原产地
羽芒菊	菊科	羽芒菊属	*Tridax procumbens*	2	南美洲
万寿菊	菊科	万寿菊属	*Tagetes erecta*	4	中美洲
小蓬草	菊科	白酒草属	*Erigeron canadensis*	1	北美洲
钻叶紫菀	菊科	紫菀属	*Aster subulatus*	1	北美洲
银胶菊	菊科	银胶菊属	*Partheniumhysterophorus*	1	南美洲
藿香蓟	菊科	藿香蓟属	*Ageratum conyzoides*	1	南美洲
蟛蜞菊	菊科	蟛蜞菊属	*Sphagneticola calendulacea*	2	南美洲
鬼针草	菊科	鬼针草属	*Bidenspilosa*	1	南美洲
圆叶牵牛	旋花科	牵牛属	*Ipomoea purpurea*	1	南美洲
牵牛花	旋花科	牵牛属	*Ipomoea nil*	2	南美洲
三裂叶薯	旋花科	番薯属	*Ipomoea triloba*	1	南美洲
飞扬草	大戟科	大戟属	*Euphorbia hirta*	2	澳洲
斑地锦	大戟科	斑地锦属	*Euphorbia maculata*	4	北美洲
蓖麻	大戟科	蓖麻属	*Ricinus communis*	2	非洲
大薸	天南星科	大薸属	*Pistia stratiotes*	1	南美洲
莲子草	苋科	莲子草属	*Alternanthera sessilis*	1	南美洲
红花酢浆草	酢浆草科	酢浆草属	*Oxaliscorymbosa*	4	南美洲
红毛草	禾本科	红毛草属	*Melinis repens*	3	非洲
光荚含羞草	豆科	含羞草属	*Mimosa pudica*	1	南美洲

从外来入侵植物的生活型来看，除光荚含羞草外为小灌木外，其余物种均为草本植物。这些草本入侵植物可进一步划分为陆生和水生（湿生）两类，其中陆生草本有 15 种，占 78.95%；水生草本有 3 种，占 15.79%，分别是大薸、红毛草和空心莲子草。陆生入侵植物和水生入侵植物对应着不同的生态威胁类型：其中陆生入侵植物侵占各类用地，抢占养分排挤其他植物；而水生入侵植物在此基础上还有可能堵塞河道、阻碍排灌、滋生蚊蝇，对周围居民的生活用水安全造成隐患。

对入侵植物的引入途径进行分析，引入途径可根据其观赏价值、经济价值划分为花卉引入、作物引入以及无意引入。其中无意引入的外来入侵植物包括飞扬草这 1 个植物种，占 5.26%；作物引入的入侵植物有 2 种，包括蓖麻和空心莲子草（20 世纪 30 年代被作为饲料被引入），占 10.52%；花卉引入的入侵植物占绝大多数，有 15 种，占 78.95%。由此可见，花卉和作物的有意引入是外来入侵植物在该地区的主要的入侵途径，并对该地区的生态稳定性有一定的影响。

2.4 主要入侵植物种类分布

通过实地调研的直观感受以及对外来入侵植物进行地图的定位和标注，确定了研究范围内的植物优势种共 6 种，包括：鬼针草、三裂叶薯、飞扬草、空心莲子草、大薸、红毛草。根据马金双的《中国外来入侵植物名录》，其危害等级依次为 1、1、2、1、1、3[8]。再通过 Photoshop 软件依据在地图上标注的定位做出杏林湾湿地一期工程外来入侵植物优势种的分布图，得到图 6 的内容。

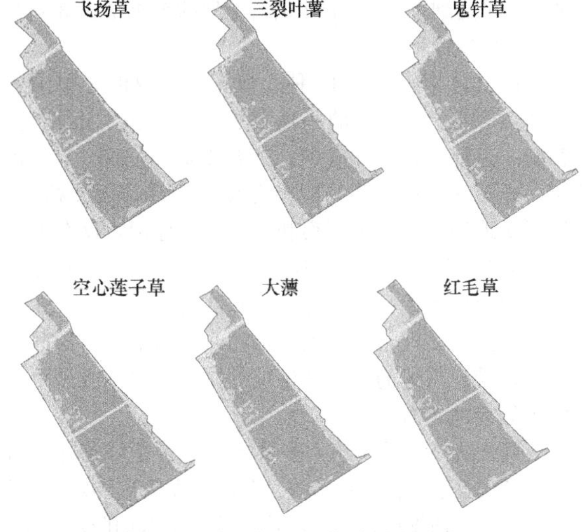

图 6 6 种入侵植物优势种的分布

由图 6 可看出，飞扬草、三裂叶薯、鬼针草、空心莲子草在杏林湾湿地一期工程的范围内全域分布，甚至对湿地水域中的洲岛也有蔓延扩散的趋势。其中，飞扬草分布密度最高，在研究范围内的草坪、花坛、荒地以及滨水带上均可发现其踪迹，特别是在缺乏打理的草坪中，长势尤为旺盛，对草坪草的生长以及草坪的美观有较大的损害。鬼针草和三裂叶薯主要集中生在于滨水带上，也有一些溢生于草坪和花境中，三裂叶薯生长过于茂密会覆盖草本，缠绕绞杀各类乔灌木，需要重点对其采取适当措施进行控制。空心莲子草沿水滨进行分布，主要集中在西北侧和东南侧的湿地栈道附近。大薸和红毛草在杏林湾湿地一期工程的范围内只有局部分布，分别位于东北侧的湿地栈道附近和北侧后溪水闸口驳岸沿岸（图 7）。大薸作为一种浮水植物，具有净化水质的作用，但因其无性繁殖能力较强，在适宜的环境容易泛滥扩散，应对其加强监管。

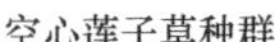

鬼针草种群

三裂叶薯种群

红毛草种群

大薸种群

图 7　各入侵植物种群

3　结论与讨论

杏林湾湿地一期工程范围内共记录到植物种类 53 科 122 属 139 种，资源总数比较丰富，以常见的城市绿化植物居多。其中外来植物种类共计 63 种，与本地原产的植物种类几乎达到了 1∶1 的比例，湿地的乡土植物资源并未被很好地发掘和利用。

入侵植物共计 8 科 19 种。根据马金双的《中国入侵植物名录》，调研中的小蓬草、钻叶紫菀、银胶菊、藿香蓟、鬼针草、圆叶牵牛、三裂叶薯、大薸、空心莲子草、光荚含羞草全部为危害等级为 1 级的入侵植物，但根据实地调研的直观观察和地图位置标记，仅有鬼针草、三裂叶薯、飞扬草、空心莲子草 4 种植物在研究范围内呈现全域入侵的趋势，大薸和红毛草 2 种植物在局部具有优势。由此可见，入侵植物在不同地区的扩散危害程度，受到当地的气候和生境的制约，并不能简单地同危害等级画等号。

从调研结果来看，绝大多数入侵物种是以花卉或者作物的形式有意引种到我国的。在这一情况下，规范引种行为和加强引种管理是当前应该被积极采取的防范策略：首先对于计划引入的外来植物种类，有关部门应组织相应专家进行充分论证，以防止引种后形成生态威胁。其次对于那些尚未纳入检疫对象但可能隐藏生态风险的外来物种、新引进未出现危害生态安全的外来植物，应做好试种和风险控制工作。最后，建议增强本土的育种和科研能力，开发当地野生植物资源，促进乡土植物的培育和利用。

参考文献

[1]　朱永玲，王胜，胡秋燕．外来入侵植物对“城市健康”的影响与防治对策[J]．绿色科技，2020(14)：60-62.

[2]　高峰．中国河湖治理的缩影——滇池[J]．资源与人居环境，2014(09)：38-39.

[3]　黎静，鞠瑞亭，吴纪华，李博．海岸带生物入侵的生态后果及管理对策建议[J]．中国科学院院刊，2016，31(10)：1204-1210.

[4]　张明祥．新形势下我国的湿地生物多样性保护对策[J]．环境保护，2017，45(04)：21-24.

[5]　郑志，杜辰鲛，尹正，刘塨．功能湿地建构下的海湾城市居住区规划研究——以厦门杏林湾流域居住区生态优化方案为例[J]．建筑学报，2020(08)：72-77.

[6]　颜玉璞，吕怡哲．海绵城市建设实践研究——以厦门集美新城杏林湾湿地一期工程为例[J]．城市住宅，2019，26

(09)：53-58.
[7] 覃丽婷．南宁市城市绿地系统外来入侵植物及其风险调查与分析[D]. 南宁：广西大学，2019.
[8] 马金双．中国外来入侵植物名录[M]. 北京：高等教育出版社，2018.

作者简介

王俊淇，1997 年生，男，汉族，四川达州，南京林业大学农学学士，现华侨大学建筑学院在读硕士研究生，研究方向为风景园林微气候。电子邮箱：Jun _ 997@stu. hqu. edu. cn。

陈欣欣，1997 年生，女，汉族，江苏南京，南京林业大学农学学士，现南京林业大学风景园林学院在读硕士研究生，研究方向为风景园林规划设计。电子邮箱：530188433@qq. com。

基于草本植物景观的城市脆弱生境修复自然途径①

A Natural Approach to Urban Fragile Habitat Restoration Based on Herbaceous Landscape

王　睿　朱文莉　朱　玲

摘　要：近年来，城市公园绿地中的脆弱生境生态系统日益得到广泛关注，实现城市脆弱生境的生态恢复目标需要以一种自然的方式解决：草本植物景观生态种植。研究界定了草本植物景观在城市脆弱生境中建植的适用范围，结合国内外草本植物景观建植的研究进展和生态学相关原理，总结城市脆弱生境中建立花相优美、层次丰富、动态变化的草本植物景观的自然途径，以期应用到脆弱生境的不同类型的生态恢复研究。

关键词：城市脆弱生境；草本植物景观；自然途径；生态修复

Abstract: The ecological system of urban fragile habitat has been paid more and more attention. The ecological restoration of urban fragile habitat requires a natural solution: landscape ecological planting of herbaceous plants. Research to define the fragility herbaceous plants landscape in urban habitat build, the applicable scope of the graft combined with domestic and foreign research progress of herbaceous plants landscape planting and ecology principle, summarizes the beautiful flower set up in city fragile habitat, rich layers, the natural way of dynamic change of herbaceous plant landscape, in order to apply to the fragile habitat of different types of ecological restoration.

Key words: Urban Fragile Habitats; Herbaceous Landscape; Ecological Strategy; Ecological Restoration

近年来，由于全球气候变暖、资源短缺及人为干扰等问题导致大面积城市公园绿地生态系统的退化与破坏，并形成了多种类型不同程度脆弱生境，如城市沙地、城市棕地、矿山等。退化严重的脆弱生境会导致生态恢复和生物多样性骤减的不可逆，严重影响全国乃至全球的生态安全。在脆弱生境的局部仍然会有斑块状较为完好且优美的风景，那是原生植物群落最真实的存在，它们在恶劣的环境中坚强地维护着生命，这些原生斑块对于生境恢复具有十分重要的价值（图1）。城市与自然的关系充满着现实的博弈，城市与自然是否能永续共存？城市脆弱生境应怎样恢复？这是现阶段亟待研究和解决的问题。城市脆弱生境的生态恢复需要利用自然过程而非技术工程来重建稳定生境。

图1　辽西北大面积荒漠化土地中完好的原生草本植物景观斑块

研究以原生草本植物景观生态种植为城市脆弱生境生态恢复的自然途径，围绕生态关系（植物与植物、植物与人、植物与场地）和生态过程（退化、恢复）研究草本植物景观建植自然途径的原理和方法，从微观尺度创新城市脆弱生境的生态恢复技术，为城市脆弱生境的生态效能和景观效能的恢复，提供适应性生态策略。

1　城市脆弱生境的概念及特征

1.1　城市脆弱生境的概念

脆弱生境可概括为一类生态较为敏感的退化生态系或者生态环境。彭少麟依据土地利用类型，提出脆弱生境包括裸地、森林采伐地、弃耕地、沙化地、采矿废弃地和垃圾堆放场。根据既有成果，研究将城市脆弱生境定义为城市中生态较为敏感的退化生态环境，包括城市荒漠化土地、城市采矿废弃地、城市棕地、城市裸地、城市森林采伐地5种类型。草本植物景观大多在人类的影响与控制下发生变化和演替，森林带采伐迹地上的草甸是人们经济活动的产物，草原带的草甸经超量放牧或者不合理的割草后生产力下降，杂草和毒害草日渐繁生。

① 基金项目：国家自然科学基金：基于微域分异的城市滨河缓冲带景观空间体系构建机制研究——以辽河流域（辽宁段）为例（编号52078307）；辽宁省科技厅博士科研启动基金计划项目：基于韧性机制的寒地城市景观营造模式与评价系统（编号2019-BS-196）。

1.2 城市脆弱生境特征

城市脆弱生境具有稳定群落难建立、景观需求高、资源短缺及生物种类单一的特征。对于长期贫瘠或者具有频繁和严重干扰的生境，与其他有关适合度的要素相比，竞争的重要性减低。城市脆弱生境中能够适宜生长的植物为耐胁迫对策植物（草本植物、矮小一年生植物、短命多年生植物和木本植物）。因此，城市脆弱生境恢复的自然途径要以退化前较为完好的原生生境草本植物景观为目标模型，通过模拟自然群落特征建立原生草本植物景观，从微观尺度营造生态空间，逐步演替。植物群落分布取决于相应生境的空间范围，生境是决定植物分布的唯一因素，相反，影响植物群落可持续性的关键因素亦为生境条件。研究和调整植物的原生生境植物生活对策（CSR理论）对策不但可以准确筛选功能组植物，还可以加快群落的恢复速度（图2）。在城市脆弱生境中植物的适应性反应的很多差异可由生境生产力和干扰（包括频度和强度）予以预测和解释[1]。

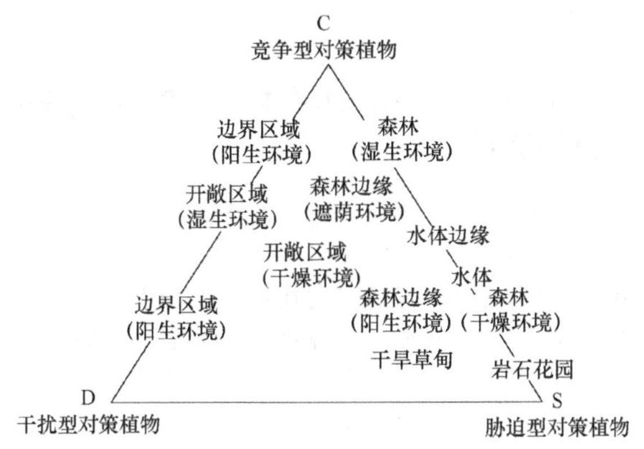

图2 CSR植物生活对策分析图
（图片来源：作者根据CSR理论整理）

2 草本植物景观在城市脆弱生境的应用潜力

2.1 草本植物景观在压力环境中更具有弹性

生态恢复初期，城市脆弱生境中的草本植物作为耐胁迫对策植物生长慢，常有防御和减轻恶劣环境胁迫的各种适应特征，共生现象较普遍在压力环境下可形成生长缓慢但逐渐稳定的草本植物景观。根据生态学理论分析，在城市脆弱生境时空波动性强的环境中，得到由长命植物组成的具有高大生物体和较高的生物量且转换速率低的植被类型，如木本植物为主组成的森林有较大的惯性、耐性和抵抗力[2]，而短命植物组成的生物量低且快速转换的植被类型，如主要由草本植物组成的草原则有较高的弹性和恢复力[3]。森林在经历火烧后的恢复时间可能是草原的几十倍[4]。因此，草本植物景观相比其他生活型植物更具有弹性和恢复力。

2.2 草本植物景观满足当代公众的生态审美需求

生境的恢复和重建应给人以美的享受，并保证对健康有利。一方面草本植物景观具有自然美、生态美、野趣美，响应现代公众的生态审美需求。在城市被密切关注的文化景观中，不管客观的生态价值如何，没有丰富多彩的花朵（即具有高生物量）的草本植被是不可持续的，拟自然植物群落植物的产生是城市生态的本质。另一方面，草本植物景观能够唤醒城市居民对自然的生态记忆，激发公众对原生植物群落的热爱，从根源上减少对自然资源的浪费和生态系统的破坏。

2.3 草本植物景观符合城市低维护的管理要求

草本植物景观的生态种植不同于传统的花卉园艺种植，不需要对每株植物的精心呵护，而是强调景观的整体特征，植物群落在后期管理维护中，仅需要于同一时间对这个群落中所有的个体应用统一的维护措施。希契莫夫和德·拉·福勒研究发现，每年每100m²的北美高原草甸群落仅需花费不到7h的维护时间，便可使其产生极具吸引力的观赏效果[5]。因此草本植物景观能够通过低维护的管理方式建立自我平衡，更好的应对城市资源短缺的问题。

2.4 草本植物景观能够提高城市生物多样性

基于生态学理论植物群落的稳定性与群落的多样性有着正相关联。正如Grime观测到的耐胁迫植物居于优势地位的群落具有较高的多样性[6]，城市脆弱生境中草本植物景观较其他生活型植物更容易实现群落的多样性。据相关研究，草本植物景观会吸引多种的蜜蜂、蝴蝶和鸟类，并且在为地表面的无脊椎动物提供栖息地，使动物与植物形成良性生态链，共同促进生态系统平衡。

3 草本植物景观在城市脆弱生境的应用概述

3.1 国外城市脆弱生境草本植物景观应用

国外最早关于城市脆弱生境生态恢复与植被重建的研究是从20世纪30～40年代的废弃草场开始[7]。生态景观的研究已经使许多景观从业者意识到，贫瘠的土壤往往有

图3 草本植物景观进行生态恢复前后的高线公园对比
（图片来源：https：//wenku.baidu.com/view/63c8555858fb770bf68a5506.html）

利于耐受性强的草本植物景观的建植（图3）[8]。耐受力强的牧草可能在高产的土壤上生长的更旺盛，但也有可能被生长旺盛的牧草所取代。英国自然环境研究委比较植物生态组，利用25年的时间对英国常见植物的生态策略进行了研究，Grime等编写的近300种植物的标准个体生态学账户，列出了每个种类的生态幅及其适应对策，为依据生境条件和种间关系预测进行草甸地被建植的植物种类选择和配比奠定了基础[9]。除了Mitchley等的研究外，很少有人对建筑毛石和地基上具有高度保护或视觉兴趣草本植物景观的建立进行研究，而城市建筑毛石抑或是建筑垃圾在城市生态恢复中具有应用价值。国际著名植被生态学家宫胁昭（Prof. Akira Miy awaki）创造和倡导的生态造林法是人工建植的方式进行生态恢复的典范，他依据潜在自然植被和演替理论，运用乡土树种重建乡土顶级森林植被，在较短的时间内恢复当地森林生态系统[10]。詹姆斯·希契莫夫（James Hitchmough）教授研究了一系列不同潜在生产力的常见城市废物基质，比较了英国本土和非本土的草本植物的萌发和群落建立，为在城市景观的碎石基质上直接播种类似草地的植物群落的研究提供基本数据和方法[11]。荷兰园艺师皮特·奥多夫（Piet Oudolf）通过多种本土植物和非本土植物的组合搭配和色彩融合设计，在原本废弃的铁路荒地创造了具有野趣美、生态美的纽约高线公园，是城市脆弱生境中人工建植草本植物景观进行生态恢复的经典案例。Derek Jarman在英吉利海峡海滩、卵石沙漠、海滨核电工业留下的废墟地上建立了多年的植物群落，证明了多种美丽而娇艳的草本植物在海盐含量较高的砂砾土壤中生长的可能性[12]。

3.2 国内城市脆弱生境草本植物景观应用

我国城市脆弱生境应用草本植物景观进行生态恢复的研究尚处于理论研究阶段。李树华教授提出我国生态修复应该逐步走向自然再生的途径，并研究了种子库理论与潜在植被理论的应用方法[13]。王云才教授提出在不同生境群落生态设计中种子库是城市生态恢复的优良途径，城市内的自然保护地及一些自然恢复地块植物组合，将林下草地、地被层以及模拟自然的植物设计提供参考[14]。苏兰兰通过煤矸石砌筑材料的再利用，探究多种多年生草本植物煤矸石土壤介质上的萌发及生长情况，结果表明，很多目前不太常见又具有高观赏价值的草本植物品种可在矿山中，为矿山废弃地的生态恢复提供更多植物选择的依据[15]。顾梦鹤以青藏高原高寒草甸三种常见禾本科牧草为材料，进行人工混播草地生产力和稳定性及其调控机制的研究[16]。蒋亚蓉通过调查统计不同生境样地的草本植物景观结构和外貌特征，得出石质砂壤土最适合营建野花组合，为石质砂壤土的城市脆弱生境建植草本植物景观提供依据[17]。李旻在不同土壤上营建野花草地的试验，研究了土壤对野花草地生长的影响，为野花草地在我国城市中的推广应用提供土壤方面的相关信息和参考[18]。

4 基于生态学理论的草本植物群落建植的自然途径

由于城市脆弱生境具有稳定群落难建立、景观需求高、资源短缺、生物种类单一的限制性条件，草本植物群落在脆弱生境中的建植途径与在良好城市绿地生境条件下存在着差异。城市脆弱生境草本植物群落建植的主要影响因素关系有：A（脆弱生境草本植物群落建植）$=f$（生境条件限制因子、植物种类多样性、可持续维护措施、群落生态过程和联系）（图4）。

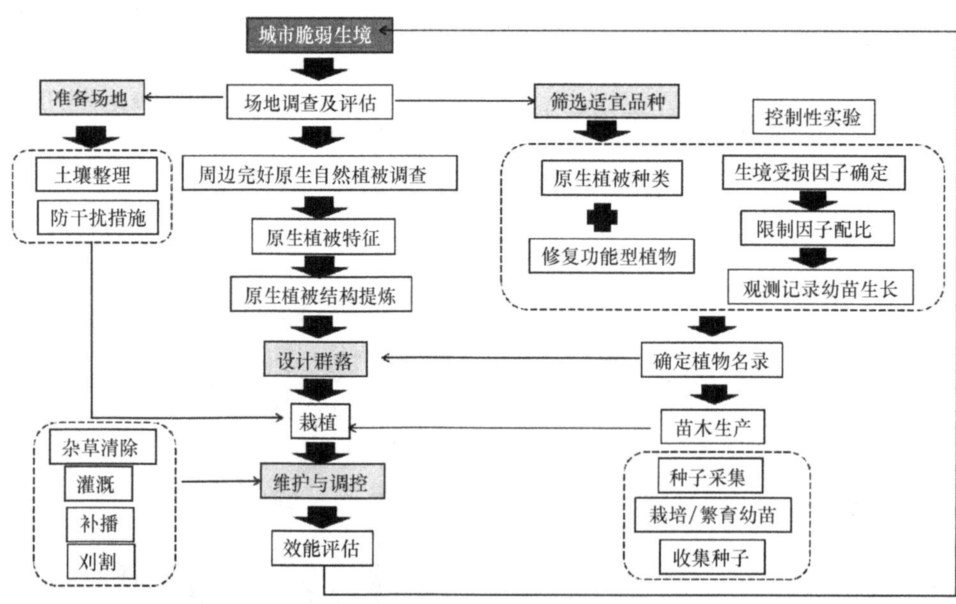

图4 城市脆弱生境草本植物群落建植的自然途径
（图片来源：作者整理绘制）

4.1 基于耐受性原理的场地准备

美国生态学家谢尔福德（V. E. Shelford）总结出的耐受性定律为：任何一个生态因子在数量或质量上的不足或过多，即当其接近或达到某种生物的耐受限度时会使该生物衰退或不能生存。麦克哈格在《设计结合自然中》写到生境营造要注重地形、水文、土壤、甚至植物群落的调研[19]。"自然途径"的场地准备是保存这些为植物提供生长条件的独有资源，因此，脆弱生境中的生态因子接近或达到某种生物耐受限度时会影响植物的生存，而某些场地中的阴影、潮湿、土壤等条件同样是植物群落创建的独特资源。区别于传统园艺的场地准备是试图运用抗性较强的植物去适应场地的脆弱条件，自然途径的场地准备的体现在3方面：

（1）评估环境条件。成功建植草本植物群落的关键在于对场地环境条件的合理评估，场地准备应遵循自然植物群落的形成与生境之间的关系，及其生态习性方面的客观规律。对场地现状地形、土壤、光照等因子进行调查，深入调查研究场地生境退化的过程及原因，确定生境条件的限制因子，尤其是土壤因子，将土壤的样方拿到实验室分析检验，了解土壤的条件和组成成分，根据土壤的特性有目标的选择适生植物。

（2）保证场地条件的稳定。良好的植物选择和健康土壤的自然循环是群落稳定构建的重要前提。在场地准备时，要保证土壤条件的稳定，鼓励土壤中微生物的活动让自然过程发挥作用，其中多年生植物的落叶及根系是最好的和最可持续的，豆科植物地下储存器官通过氮的储存为植物生长提供必需的养分。对于极其贫瘠的土壤，可适当使用土壤调节剂改良极其贫瘠的土壤，而不是大量营养堆肥。移走表层土或添加干净的表土，同时确保土壤中没有杂草、垃圾、污染物，否则会带来入侵物种的种子。准备好场地，尽快地栽植植物幼苗，避免杂草在开阔的土地上入侵，以及土壤长时间暴露造成微生物破坏和营养物质的敏感平衡。

（3）防干扰区域限制。植物群落建立面临最大的问题和威胁是杂草种类的入侵，而前期场地准备和种植会对场地造成干扰，高强度干扰的土壤会使杂草增多。因此，尽可能地减少干扰是阻止杂草萌发的最佳策略。在群落建立的初期，可用景观围栏将土壤和植物围封起来，既防止干扰又具有良好的观赏效果。

4.2 基于顶级群落原理的原生植物筛选

顶级群落理论承认顶级群落是经过单项变化而达到稳定状态的群落，在时间上的变化和空间上的分布都和生境相适应。沿海地带的植物品种具有较强的耐盐碱性，可应用于盐碱性的雨水花园中；干旱生境中的植物耐旱或避旱适应，生长较慢，可应用于城市荒漠化土地；荫蔽生境中的植物或提高对光的竞争力，或具耐荫性，可应用于采伐后的森林；贫瘠生境中的植物能忍耐强酸性以及缺乏有效氮和矿质元素的土壤，忍受有毒害物质，可应用于城市废弃地、人工开采的矿山等。群落和生境相适应，与脆弱生境条件相似的生境中的原生植物群落是筛选植物的重要资源。自然途径的植物选择体现在3方面：

（1）兼顾速生植物与慢生植物。根据自然群落调查，几乎每个自然群落中都有快速生长但寿命短的混合植物，以及生长缓慢但寿命长的混合植物。两组植物在维持群落的稳定性都各有价值，快速生长的植物迅速覆盖土壤，为土壤的稳定创造了条件，而寿命较长的植物最终成为一个群落的支柱，帮助延续群落。

（2）功能型植物应用。根据生境条件的具体问题，针对性选择功能型植物，建立良好的生态循环系统，修复土壤、改善小气候。例如在土壤较为贫瘠的荒漠化土地中需要选择一些豆科植物，通过植物根系的固氮功能提高土壤生产力。

（3）优势植物调查。调查多个相似生境，从不同的种子来源生长的植物通常更有弹性，形成相应的多样化种群。观测和记录特定点位的自然植被中的具体植物的定居、寿命和繁殖，确定优势种、建群种、伴生种，并熟知每种植物的原生境类型、习性特征及幼苗萌发生长条件。

4.3 基于生态位原理的植物群落设计

生态位原理提出了生态位相同的种不能共存，群落结构约复杂，生态位多样性越高。在植物组合中选择能够适应生境、生态位重叠较少的物种，以提高群落内物种的存活率。植物组合需要依据生态位原理，根据原始环境和预期的群落目标指导生态景观草本植物景观设计，考虑植物群落中对群落环境影响较大的优势种和对群落环境影响较小的伴生种的生态位宽度和重叠情况[20]。草本植物景观的空间设计有四种模式，可通过覆盖层、季相层、结构层、填充层的分层式设计，组合形成四季动态景观，共同实现植物群落美学功能和生态功能[21]。植物组合的自然途径体现在两方面：

（1）控制植物群落的密度。成功的植物群落设计是利用不同的庇荫条件实现植物的高密度，即每一寸底层和顶层空间都种植植物，植物群落中的根越多，土壤修复得越快。植物在不同的水平结构上利用不同形态的根系与土壤相互作用，形成稳定的群落，尽可能密集地种植植物有助于稳定植物群落的建立和土壤的恢复。传统的园艺种植使植物之间的距离太远，造成大面积裸土空间。植物群落不是通过把植物紧紧地塞在一起来实现所谓的高密度，而是通过在一个植物中创建几个垂直层来有规律的构建，植物间隔必须以层来理解，调整了地上和地下形态的匹配，防止植物之间相互竞争。每层之间植物之间会有穿插，根据成熟植株的冠幅设计植物的位置，间距20～30cm为宜。

（2）提炼自然的群落结构。自然途径的植物群落设计体现在对自然植物群落的提炼和艺术的再现，根据模拟典型草甸的种类组成、多个亚层结构和动态演变特征，进行动植物景观空间的架构，分层设计草本植物景观及花色花相搭配，形成林相优良花相优雅的拟自然景观。从种植垂直分层的原则将植物分层种植，看似野趣自然，实则每层设计与功能关系是清晰的（图5）。结构层采用少量补植幼苗的方式自由栽植具有鲜明色彩和质地的主题植物组合；季相主题层运用大量相继开花的、株高稍高的多年生草本植物组合；覆盖层选择花期早、植株较为低矮的多年生草本植物组合；填充层为周期较短的一二年生植物组合，这种植物前期帮助覆盖地面，在几年之后就会消失，直到更长寿的多年生植物达到成熟的覆盖度。在土壤中遗存了大量的种子库，随时等待群落收到某些干扰时再次出现，实现自愈。

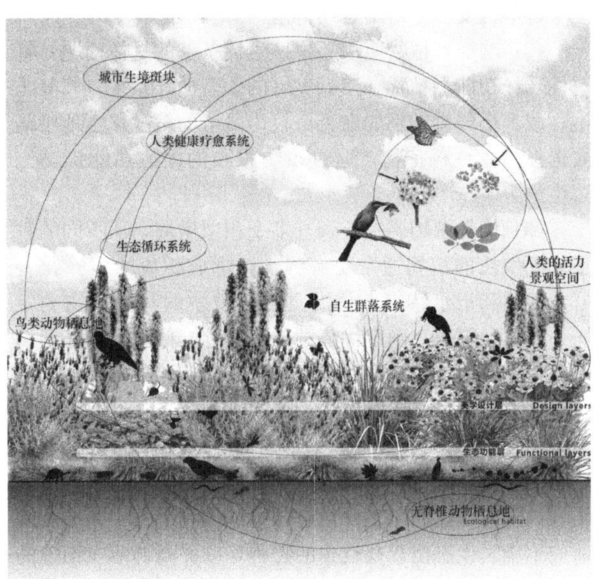

图 5　草本植物景观群落空间结构
（图片来源：作者根据群落生态设计原理整理绘制）

4.4　基于干扰原理的低维护措施

干扰理论得出如果烦扰频繁，则先锋种不能发展到演替中期，多样性较低；如果干扰间隔期很长，使演替过程能发展到顶级期，多样性也不高；只有中等干扰程度使多样性维持最高。适当的人工干扰有助于群落的正向演替，群落管理的自然途径体现在群落建植过程中始终兼顾景观周期的可持续性和低维护管理，群落中所有的个体应用统一的维护措施。管理包括传统的园艺管理，如除草、浇水，以及生态景观管理工具，如定时刈割和增效补播。群落管理的自然途径重要体现在 3 方面：

（1）及时清理场地杂草。在植物群落建植初期，苗圃或育苗钵里的幼苗脆弱，新建立植物群落土壤缺少根系统和资源去对其他入侵植物竞争，存在的杂草会争夺营养和水分。清晰辨别杂草并了解杂草的种类及周期，杂草刚刚出现、刚刚成熟时在植物基部施药或除草较好，及时并彻底清除杂草会大大减少后期杂草重现的机会。清除杂草包括根和其他地下储藏器官，彻底将注意存在土壤中的种子库移走。

（2）控制水分的灌溉。在植物播种后土壤需保湿，Prairie 建议要每周进行 1 次灌水；在夏季生长和开花期，浇灌尤其重要。[22] Albfight _ Seed Company 以 3 周为 1 个时期。在第 1 时期，保证土壤表层湿润；在第 2 个时期，逐渐减少灌水量；在第 3 个时期，每周 1 次灌透水。一个月左右，然后逐渐减少灌水量。有效控制水分的灌溉，使植物处于水分条件压力环境之中，有助于控制杂草型植物地对设计群落植物的竞争。

（3）刈割与补播。对于大多树种植来说，管理的目标不是避免改变，是通过管理达到某种程度的稳定。所有管理措施尽可能可持续，避免不必要的现场干扰。因此，管理应从群落整体进行，清除场地长势较大的品种，防治对资源的竞争影响群落稳定。例如，割草和选择性地削减，比能量密集型的拔草或除草剂喷洒更受欢迎。根据干扰原理，植物群落的种植是多个阶段的，在多个阶段补植的过程中对群落起到了适当的干扰作用，增加群落的多样性和花期的延长。

5　结语

草本植物景观能够更好地适用于初期城市脆弱生境的生态恢复，有效实现城市脆弱生境生态系统的地表基地稳定性，恢复植被和土壤，保护生物多样性，保证生态系统的持续演替与发展，是未来城市生态恢复的实践趋势。城市脆弱生境恢复中，草本植物景观的人工建植是小尺度空间的生态设计，关键在于 4 个方面：即生境条件限制性生态因子差异和生境营造；适生植物种类多样性应用；场地杂草的可持续管控措施；小尺度空间中独特的生态过程和生态联系。

以原生草本植物景观生态种植为城市脆弱生境生态恢复的自然途径，围绕生态关系（植物与植物、植物与人、植物与场地）和生态过程（退化、恢复）研究草本植物景观建植自然途径的原理和方法，从微观尺度创新城市脆弱生境的生态恢复技术，为城市脆弱生境的生态效能和景观效能的恢复，提供适应性生态策略。通过利用自然过程而非技术工程来重建稳定生境，以期更好、更快、更有效地实现城市生态恢复目标，提出脆弱生境中草本植物建植的自然途径有：①基于耐受性原理的场地准备；②基于顶级群落原理筛选原生植物品种；③基于生态位原理的植物群落设计；④基于干扰原理的低维护措施。今后有必要针对不同城市脆弱生境类型深入量化研究，建立相应的典型草本植物景观组合数据库，实现生境场调研到设计、实施到效能评估的完整体系。

参考文献

[1]　刘志民，赵晓英，范世香．Grime 的植物对策思想和生态学研究理念[J]．地球科学进展，2003 (08)：603-608.

[2]　孙儒泳．动物生态学原理(第三版)[M]．北京：北京师范大学出版社，2001.

[3]　李景文．森林生态学[M]．北京：中国林业出版社，1995.

[4]　Pickett STA，Kolasa J，Armest o J，et al．The ecological concept of disturbance and it is expression at various hierarchical levels[J]．Oikos，1989，54：129-136．

[5]　Hitchmough J D，De La Fleur M．Establishing North American Prairie vegetation in urban parks in northern England：Effect of management practice and initial soil type on long term community development [J]． Landscape and Urban Planning，2006(78)：386-397.

[6]　黎燕琼，郑绍伟，慕长龙等．脆弱生境植被恢复与重建研究综述[J]．四川林业科技，2011，(02)：48-51.

[7]　Grime J P. Plant Strategies and Vegetation Processes[M].

New York: Brisbane, 1979.

[8] Grime J P, Hodgson J G, Hunt R. A functional approach to common British species [M]. London: Unwin Hyman Ltd, 1989.

[9] 王仁卿，藤原一绘，尤海梅．森林植被恢复的理论和实践：用乡土树种重建当地森林——宫胁森林重建法介绍[J]. 植物生态学报，2002，(26)增刊：133-139.

[10] James H, Tony K, Angelikit. Paraskevopoulou. Seedling emergence, survival and initial growth of forbs and grasses native to Britain and central/southern Europe in low productivity urban"waste" substrates.

[11] Thomas R, Claudia W. Planting in a post-wild world[M]. Portland : Timber Press, 2015.

[12] 李树华，王勇，康宁．从植树种草，到生态修复，再到自然再生——基于绿地营造视点的风景园林环境生态修复发展历程探讨[J]. 中国园林，2017(11)：5-12.

[13] 王云才，韩丽莹．群落生态设计[M]. 北京：中国建筑工业出版社，2009.

[14] 苏兰兰．沈阳市大桥煤矿废弃地生态化景观设计研究[D]. 沈阳：沈阳建筑大学，2018.

[15] 顾梦鹤．青藏高原高寒草甸人工草地生产力和稳定性关系的研究[D]. 兰州：兰州大学，2008.

[16] 蒋亚蓉，袁涛．不同生境条件下天然草甸对草花混的启示[J]. 中国观赏园艺研究进展，2017：788-794.

[17] 李旻．在不同土壤上营建"野花草地"的初步研究[D]. 兰州：兰州大学，2012.

[18] 麦克哈格．设计结合自然中[M]. 黄经纬译．天津：天津大学出版社，2006.

[19] 邱邦瑞．图解景观生态规划设计原理[M]. 北京：中国建筑工业出版社，2017.

[20] 朱玲，刘一达，王睿．新自然主义理念下的草本植物景观空间设计研究[J]. 风景园林，2020(02)：20-24.

[21] Frontier P. Detailed wildflower and prairie grass planting instrnctions[J]. Restoration and Management Notes, 2001, 4(4): 29.

作者简介

王睿，1989年11月生，女，辽宁抚顺，沈阳建筑大学建筑与规划学院在读博士研究生，研究方向为城市景观生态修复、生态种植设计、草本植物群落设计。电子邮箱：kurui600@126.com。

朱文莉，1982年1月生，女，山东寿光，沈阳建筑大学建筑与规划学院讲师，研究方向为城市生态景观格局与设计、城市景观生态修复。

朱玲，1969年12月生，女，沈阳建筑大学风景园林学一级学科带头人、建筑与规划学院教授，博士生导师，研究方向为城市景观与城市设计、生态景观规划设计、城市景观生态修复。电子邮箱：zhuling2008@126.com。

不同矾根品种在杭州地区绿墙应用适应性研究

Study on the Adaptability of Different *Heuchera micrantha* Varieties in Green Wall Application in Hangzhou Area

王圣杰　史　琰　李上善　包志毅

摘　要： 探究21个矾根品种在杭州地区春、夏、秋三季生长状况，为绿墙应用提供参考依据。首先观察记录矾根的萎蔫与死亡状况，筛选出生长状况较好的矾根品种，然后根据植物覆盖度和叶片色泽筛选出适合绿墙应用的矾根品种。根据生长状况，结果表明21个矾根品种可分为4个层次，其中"Ⅰ"层次4种（黄金斑马、巴黎、上海、日出）；"Ⅱ"层次4种（里奥、梅子布丁、朱砂根、日食）；"Ⅲ"层次7种（力量之源、油麦果、花毯、冰花、瑞福安、栖富浪芭、芝加哥）；"Ⅳ"层次6种（落日骑士、黑曜石、草莓漩涡、玛玛雷都、好莱坞、樱桃可乐）。杭州地区春、夏、秋三季绿墙应用适应性较好的矾根品种推荐为黄金斑马、日出、里奥、上海。

关键词： 矾根；绿墙应用；杭州

Abstract: To explore the growth status of 21 *Heuchera micrantha* varieties in Hangzhou area in spring, summer and autumn, and provide a reference for the application of green walls. First observe and record the wilting and death of alum roots, and screen out the *Heuchera micrantha* varieties with better growth conditions, and then screen out the *Heuchera micrantha* varieties suitable for green wall applications according to the plant coverage and leaf color. According to the growth status, the results showed that 21 *Heuchera micrantha* varieties can be divided into 4 levels, among which 4 are "Ⅰ" level (*H. micrantha* 'Gold Zebra', *H. micrantha* 'Paris', *H. micrantha* 'Shanghai', *H. micrantha* 'Sunrise Falls'); 4 kinds in the "Ⅱ" level (*H. micrantha* 'Rio', *H. micrantha* 'Plum Pudding', *H. micrantha* 'Cinnabar Silver', *H. micrantha* 'Solar Eclipse'); 7 kinds in the "Ⅲ" level (*H. micrantha* 'Solar Power', *H. micrantha* 'Lime Ruffles', *H. micrantha* 'Tapestry', *H. micrantha* 'Cracked Ice', *H. micrantha* 'Rave On', *H. micrantha* 'Peach Flambe', *H. micrantha* 'Chicago'); 6 kinds in the "Ⅳ" level (*H. micrantha* 'Sunset Ridge', *H. micrantha* 'Midnight Ruffles', *H. micrantha* 'Strawberry Swirls', *H. micrantha* 'Lime Ruffles', *H. micrantha* 'Hollywood', *H. micrantha* 'Cherry Cola'). *Heuchera micrantha* varieties with good adaptability for green wall application in spring, summer and autumn in Hangzhou area are recommended as *H. micrantha* 'Gold Zebra', *H. micrantha* 'Sunrise Falls', *H. micrantha* 'Rio' and *H. micrantha* 'Shanghai'.

Key words: *Heuchera micrantha*; Green Wall Application; Hangzhou

1　矾根的研究进展

1.1　矾根

矾根（*Heuchera micrantha*），又名珊瑚铃，是虎耳草科矾根属多年生草本花卉[1]。原产美洲中部，自然状态下生长在湿润多石的高山地区，或生长在悬崖边[2]。矾根叶形多样，颜色各异，浅根系。绿期长，能够在−15℃以上的温度下生长[3]。冬季不落叶，枝叶生长稠密，株形圆整，覆盖性强，能够在倾斜地方生长[1]。矾根叶色繁多，可分为绿色系、金色系、橙色系、红色系、紫色系、黑色系及花叶系等[4,5]。

根据其以上生物学特性判断矾根为一种理想的绿墙植物材料。

1.2　矾根品种的适应性研究现状

雷星宇等从珠海引进的8个矾根品种中筛选出在长沙地区越夏能力的排名为：花毯＞秋枫＞鸡尾酒＞香槟＞提拉米苏＞黄金斑马＞栀子黄＞富硒浪芭[6]。许红娟等从珠海引进的巧克力纱、银色卷轴、教堂窗户、李子布丁、拼图、红宝石、海浪7个矾根品种中，从苗期叶长、叶宽、叶片数等生长性状得出，矾根在贵州冬季寡日照环境中能够生存下来，并且李子布丁和海浪2个品种生长非常良好[7]。黄少玲等从湖南引进的21个矾根品种中，从种植方式、种植环境、不同规格和不同品种等方面对矾根的夏季适应性进行观测试验，筛选出绿碧玺和饴糖2个品种较适应广东东莞种植的品种[8]。唐存莲从叶色表现、生长状况、繁殖难易、生态习性、抗性大小等方面进行系统的观察，得出作为常彩红色叶的紫叶矾根（*Heuchera micrantha* 'Palace Purple'）和常彩黄色叶金叶矾根（*Heuchera micrantha*）是较适合北京地区生长的彩色植物品种[1,9]。王巧良等对上海引进的21个矾根品种进行冬季绿墙应用综合评价，推荐了杭州地区冬季绿墙应用中较适宜的矾根品种（草莓旋涡、花毯、力量之源、里奥、上海、黑曜石、梅子布丁、瑞福安、栖富浪芭、油麦果、玛玛雷都）[10]。

1.3　矾根在杭州的绿墙应用现状

矾根在杭州绿墙的应用频度处于前4名，应用频度相对较高，达7.5%，但与第一名鹅掌柴的15%的应用频度仍有较大差距[11]。因此，矾根作为一种已有较多应用，但应用频度仍有较大增长空间的植物，对其适合杭州绿墙应用的品种的筛选具有较大意义。

2 试验地区

本次试验位于杭州市。

杭州位于中国东南沿海北部，地理坐标为118°21′～120°30′E、29°11′～30°33′N，属亚热带季风气候，温暖湿润，四季分明，光照充足，雨量丰沛，夏季极端最高气温39.8℃～42.9℃；冬季极端最低气温－15.0℃～－7.1℃，春秋两季气候宜人。全年平均气温17.8℃，平均相对湿度约70.3%，年降水量约1454mm，年日照时数约1765h，无霜期199～328d。一年中有明显的季节性变化，形成春多雨、夏湿热、秋气爽、冬干冷的气候特征[12]。

3 材料与方法

3.1 试验材料

试验材料为2018年9月从上海源怡种苗股份有限公司引进的21个矾根品种穴盘苗，穴盘规格统一为72孔，穴盘苗长势及大小基本一致（表1）。

21个试验矾根品种 **表1**

序号	品种名	拉丁名	春色系	夏色系	秋色系
1	黑曜石	*H. micrantha* 'Midnight Ruffles'	黑色	紫色	紫色
2	里奥	*H. micrantha* 'Rio'	红色	橙色	橙绿色
3	梅子布丁	*H. micrantha* 'Plum Pudding'	黑色	黑紫色	黑紫色
4	黄金斑马	*H. micrantha* 'Gold Zebra'	花叶（红变绿）	花叶（偏绿）	花叶（绿变红）
5	花毯	*H. micrantha* 'Tapestry'	花叶（红变绿）	花叶（偏绿）	花叶（偏绿）
6	巴黎	*H. micrantha* 'Paris'	绿色	绿色	绿色
7	冰花	*H. micrantha* 'Cracked Ice'	花叶（银紫色）	花叶（紫绿色）	花叶（紫绿色）
8	上海	*H. micrantha* 'Shanghai'	紫色	紫色	紫色
9	瑞福安	*H. micrantha* 'Rave On'	银绿色	银绿色	银绿色
10	朱砂根	*H. micrantha* 'Cinnabar Silver'	紫色	黑绿色	黑绿色
11	草莓漩涡	*H. micrantha* 'Strawberry Swirls'	绿色	绿色	绿色
12	好莱坞	*H. micrantha* 'Hollywood'	紫色	紫色	紫色
13	力量之源	*H. micrantha* 'Solar Power'	花叶（橙变绿）	花叶（偏绿）	花叶（绿变橙）
14	油麦果	*H. micrantha* 'Lime Ruffles'	绿色	绿色	绿色
15	玛玛雷都	*H. micrantha* 'Marmalade'	橙色	紫色	死亡
16	日食	*H. micrantha* 'Solar Eclipse'	花叶（橙变绿）	绿色	绿色
17	栖富浪芭	*H. micrantha* 'Peach Flambe'	橙色	紫色	橙绿色
18	樱桃可乐	*H. micrantha* 'Cherry Cola'	橙色	橙色	橙色
19	落日骑士	*H. micrantha* 'Sunset Ridge'	花叶（橙变绿）	花叶（偏绿）	花叶（偏绿）
20	芝加哥	*H. micrantha* 'Gotham'	黑色	紫色	紫色
21	日出	*H. micrantha* 'Sunrise Falls'	花叶（橙绿）	花叶（橙绿）	花叶（橙绿）

3.2 试验方法

2018年9月下旬，将所有试验材料栽植于花盆中（口径12cm、高15cm），每盆1株，栽培基质按V（蛭石）∶V(草炭)＝2∶1配比。缓苗期间常规管理。2018年11月中旬，对21个试验品种进行挑选、换盆，每个品种挑选40盆长势良好且一致的矾根，种植于绿墙模块内。

2019年3月，每个品种挑选长势最佳的12盆种植在绿墙模块中的矾根，进行上墙观测记录。

记录试验材料从2019年3月至2019年10月的生长状况等相关数据。

笔者曾通过构建绿墙植物景观美景度评价模型，得出生活型构成、生长状况、植物覆盖度、叶片色泽、枝叶密度、总体协调性是影响杭州绿墙植物景观公众视觉审美偏好的相关因素[11]。其中生长状况、植物覆盖度、叶片色泽和枝叶密度这4个因素与品种筛选相关，其中因矾根为草本植物，一枝一叶，且叶片较大，故植物覆盖度与枝叶密度这两个因素在矾根品种筛选时呈正相关，故在这两个因素中只选取植物覆盖度这一个因素进行判断（表2）。因此最终只选取生长状况、植物覆盖度、叶片色泽这3个因素进行筛选，其中生长状况指植物的生长健康状况，在本试验中用萎蔫率和死亡率进行判断，且生长状况对植物的选择具有决定性的意义，若某植物死亡率和萎蔫率高，则缺乏应用的价值，因此本试验先将通过生长状况进行初次筛选，而后将初次筛选所得的品种再通过评价其植物覆盖度和叶片色泽，从而筛选出适合在杭州地区春、夏、秋三季绿墙运用的矾根品种，为矾根在绿墙的运用提供借鉴。

矾根品种筛选因子　　表 2

序号	筛选因子	筛选因子描述
1	生长状况 X_1	植物的生长健康状况
2	植物覆盖度 X_2	植物的覆盖面积占墙面总面积的比例
3	叶片色泽 X_3	植物叶片色泽的鲜明程度

4　实验过程

4.1　取样时间点

针对每个品种共采集了 21 个样本，采集时间及当天的最高温度与最低温度如图 1、图 2 所示。

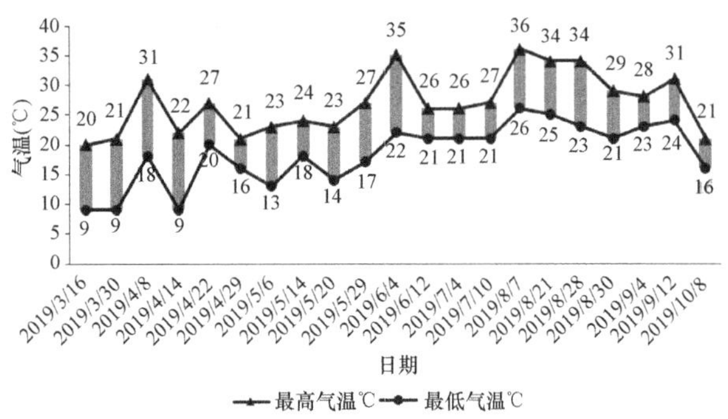

图 1　样本观测日苗圃基地气温变化图

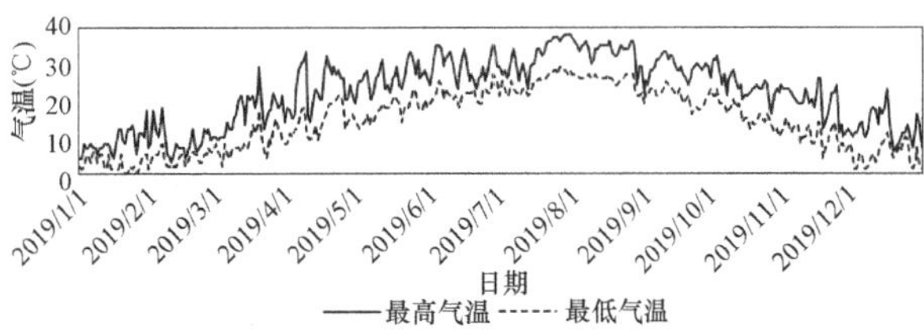

图 2　杭州地区 2019 年全年气温变化图

4.2　生长状况

4.2.1　萎蔫率

通过对 21 个矾根品种为期春、夏、秋三个季节共 10 个月的观察，其萎蔫率情况见图 3。植株大量萎蔫情况主要发生于进入 8 月之后，结合当地气温可发现在 8 月出现了长时间的高温情况，种植模块中的水分蒸发加速，以及植株蒸腾作用加强，使植株缺水萎蔫。

萎蔫率在 8 月上旬突然增加，而后其中一部分因植株死亡，萎蔫率降低，另一部分因获得水分后缓过来，也使得萎蔫率降低。其中因植株死亡而使萎蔫率降低的品种主要有草莓漩涡、好莱坞、落日骑士和瑞福安（图 4～图 7）；因获得水分后缓过来的品种主要有里奥、梅子布丁、朱砂根和日食。

未发生萎蔫情况的品种有黄金斑马、巴黎、上海、日出；萎蔫情况最严重的品种有落日骑士、黑曜石、草莓漩涡、玛玛雷都。

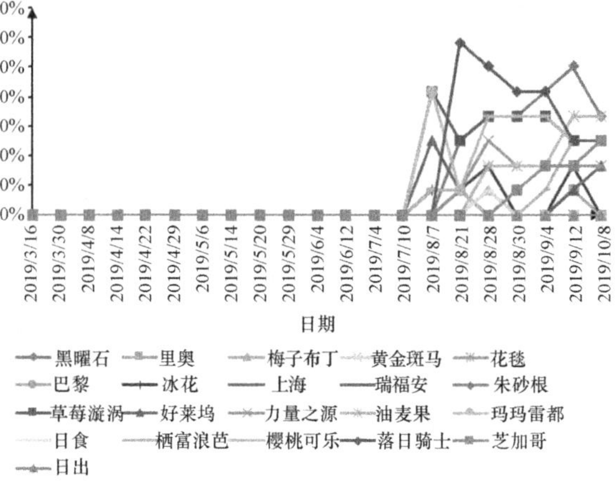

图 3　矾根萎蔫率变化图

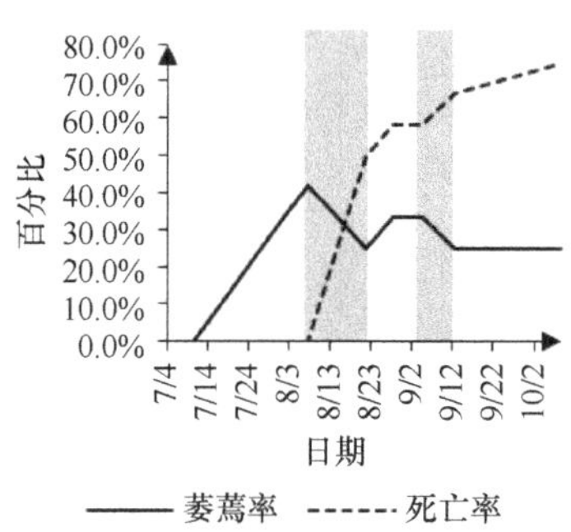

图 4　草莓漩涡萎蔫转死亡

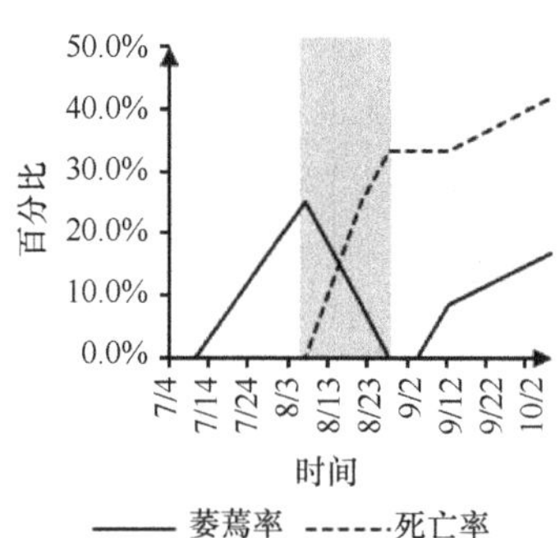

图 5　好莱坞萎蔫转死亡

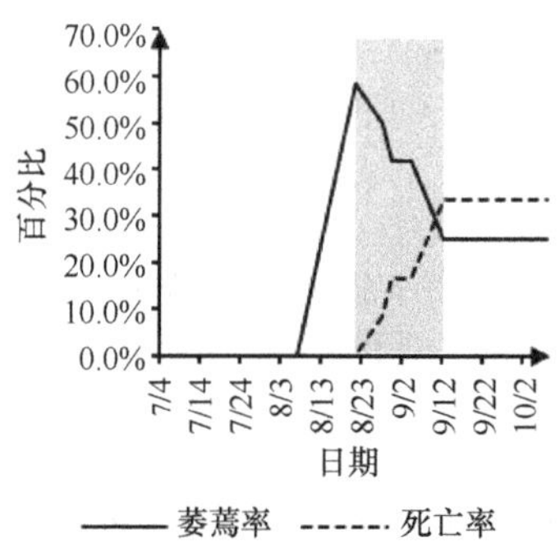

图 6　落日骑士萎蔫转死亡

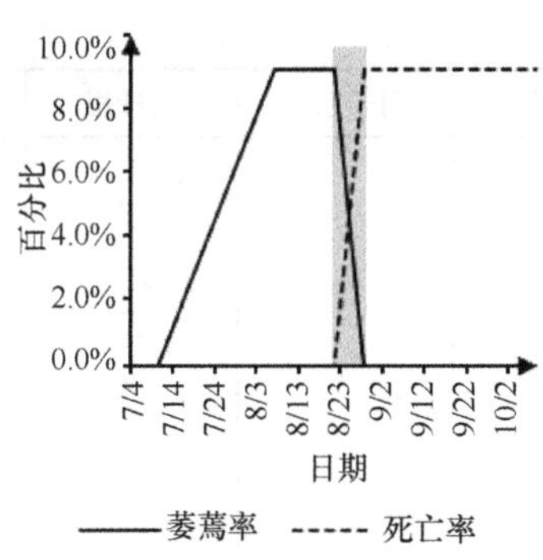

图 7　瑞福安士萎蔫转死亡

4.2.2　死亡率

21 个矾根品种死亡率情况如图 8 所示。植株大量死亡情况主要发生于 8 月份，8 月发生长时间的高温情况，导致植株死亡。其中玛玛雷都死亡率最高，达 100%，且该品种于 8 月 7 日最先出现植株死亡情况；其余死亡率较高的还有草莓漩涡 75%、好莱坞 41.7%、落日骑士 33.3%、樱桃可乐 25%、黑曜石 25%。未发生死亡的品种为里奥、梅子布丁、黄金斑马、巴黎、上海、朱砂根、力量之源、油麦果、日食、日出。

4.2.3　小结

可根据萎蔫率和死亡率的数据将上述 21 个矾根品种分成Ⅰ、Ⅱ、Ⅲ、Ⅳ4 个层次（表 3）。

其中“Ⅰ”层次指未发生萎蔫状况且无死亡，有 4 种，为黄金斑马、巴黎、上海和日出；“Ⅱ”层次指发生萎蔫后因获得水分后缓过来，且无死亡，有 4 种，为里奥、梅子布丁、朱砂根和日食；“Ⅲ”层次指有较多植株发生萎蔫，但死亡率较低，有 7 种，为力量之源、油麦果、花毯、冰花、瑞福安、栖富浪芭和芝加哥；“Ⅳ”层次指发生大量萎蔫且植株大量死亡，有 6 种，为落日骑士、黑曜石、草莓漩涡、玛玛雷都、好莱坞、樱桃可乐。

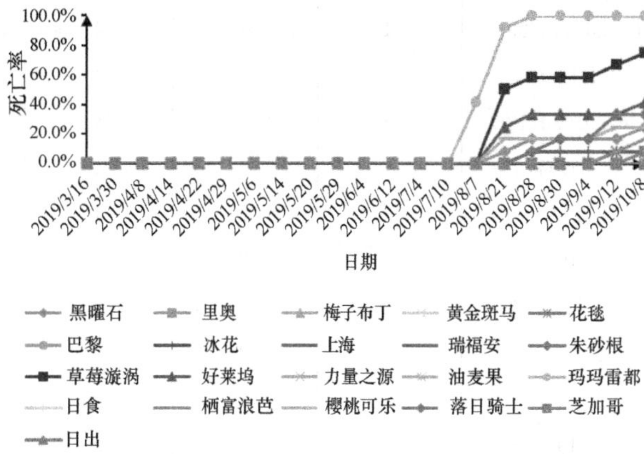

图 8　矾根死亡率变化图

矾根生长状况筛选结果　　表 3

层次	描述	品种	数量	操作
Ⅰ	未发生萎蔫状况且无死亡	黄金斑马、巴黎、上海、日出	4 种	继续筛选
Ⅱ	发生萎蔫后因获得水分后缓过来，且无死亡	里奥、梅子布丁、朱砂根、日食	4 种	继续筛选
Ⅲ	有较多植株发生萎蔫，但死亡率较低	力量之源、油麦果、花毯、冰花、瑞福安、栖富浪芭、芝加哥	7 种	剔除
Ⅳ	发生大量萎蔫且植株大量死亡	落日骑士、黑曜石、草莓漩涡、玛玛雷都、好莱坞、樱桃可乐	6 种	剔除

4.3　植物覆盖度与叶片色泽

因“Ⅰ”层次和“Ⅱ”层次无死亡植株，故具有进一步研究的价值，继续筛选。将对黄金斑马、巴黎、上海、日出、里奥、梅子布丁、朱砂根和日食这 8 个品种的植物覆盖度 X_2 和叶片色泽 X_3 进行评价（表 4）。

矾根品种筛选因子评分　　表 4

筛选因子	评分值			
	1	2	3	4
植物覆盖度 X_2	70%以下	70%～80%	80%～90%	90%以上
叶片色泽 X_3	暗淡	一般	较鲜明	鲜明

4.3.1　植物覆盖度

植物覆盖度将对“Ⅰ”层次和“Ⅱ”层次的共 8 个品种进行评分，每个品种共打分 21 次，最后取 21 个数值的总和，确定该品种春、夏、秋三季的植物覆盖度（表 5）。

评分结果见表 5，通过分析可得，该 8 个品种的植物覆盖度由高到低分别为日出、里奥、黄金斑马、上海、梅子布丁、朱砂根、巴黎、日食。其中分析具体数据可得，8 个品种在 5 月末至 6 月初都具有春、夏、秋三季的最佳植物覆盖度。而 3 月至 4 月初的植物覆盖度都最差，其中原因有二：①植株仍处于幼苗期；②春季植物覆盖度低，但这两个原因哪个具有决定性仍有待进一步研究考证。

矾根植物覆盖度评分表　　表 5

日期	黄金斑马	巴黎	上海	日出	里奥	梅子布丁	朱砂根	日食
2019/3/16	1	1	1	1	1	1	1	1
2019/3/30	1	1	1	1	1	1	1	1

续表

日期	黄金斑马	巴黎	上海	日出	里奥	梅子布丁	朱砂根	日食
2019/4/8	1	1	1	1	2	1	1	1
2019/4/14	1	1	2	1	3	2	1	1
2019/4/22	2	1	2	2	4	3	1	1
2019/4/29	3	2	3	4	4	4	2	3
2019/5/6	4	3	4	4	4	4	3	4
2019/5/14	4	3	4	4	4	4	3	4
2019/5/20	4	4	4	4	4	4	3	4
2019/5/29	4	4	4	4	4	4	4	4
2019/6/4	4	3	4	4	4	4	4	2
2019/6/12	4	3	4	4	4	4	3	2
2019/7/4	4	2	4	4	4	3	3	2
2019/7/10	3	2	4	4	4	3	3	2
2019/8/7	3	2	3	4	4	3	3	1
2019/8/21	3	2	3	4	3	3	3	1
2019/8/28	4	2	2	4	3	2	2	1
2019/8/30	4	2	2	4	3	2	2	1
2019/9/4	4	2	3	4	3	2	2	1
2019/9/12	4	2	3	4	3	2	2	1
2019/10/8	4	2	3	4	3	2	2	1
合计	66	45	61	70	69	58	49	39

4.3.2 叶片色泽

叶片色泽将对“Ⅰ”层次和“Ⅱ”层次的共8个品种进行评分，每个品种共打分21次，最后取21个数值的总和，确定该品种春、夏、秋三季的叶片色泽。

评分结果见表6，通过分析可得，该8个品种的植物覆盖度由高到低分别为黄金斑马、日食、里奥、日出、上海、巴黎、朱砂根、梅子布丁。

矾根叶片色泽评分表　　表6

日期	黄金斑马	巴黎	上海	日出	里奥	梅子布丁	朱砂根	日食
2019/3/16	4	1	3	3	4	2	2	2
2019/3/30	3	1	3	2	4	2	2	3
2019/4/8	3	2	3	3	4	2	2	4
2019/4/14	4	4	3	4	4	3	2	4
2019/4/22	4	4	3	4	4	3	2	4
2019/4/29	4	4	3	4	4	3	2	4
2019/5/6	4	4	3	4	4	3	2	4
2019/5/14	4	4	3	4	4	3	2	4
2019/5/20	4	4	3	4	4	3	2	4
2019/5/29	4	4	3	4	4	3	2	4
2019/6/4	4	4	3	4	4	2	2	4
2019/6/12	4	4	3	4	4	2	2	4
2019/7/4	4	3	3	4	4	2	2	4
2019/7/10	4	3	3	4	4	1	2	4
2019/8/7	4	3	3	4	4	1	2	4
2019/8/21	4	3	3	4	3	1	2	4

续表

日期	黄金斑马	巴黎	上海	日出	里奥	梅子布丁	朱砂根	日食
2019/8/28	4	2	3	4	3	1	2	4
2019/8/30	4	2	3	4	3	1	2	4
2019/9/4	4	2	3	3	3	1	2	4
2019/9/12	4	2	3	3	3	1	2	4
2019/10/8	4	2	3	3	3	1	2	2
合计	82	62	63	77	78	41	42	79

4.3.3 小结

通过对矾根植物覆盖度和叶片色泽的综合评分，可得“Ⅰ”层次和“Ⅱ”层次的共8个品种的评分由高到低分别为黄金斑马、日出、里奥、上海、日食、巴黎、梅子布丁、朱砂根（表7）。

矾根植物覆盖度和叶片色泽综合评分表　　表7

筛选因子	黄金斑马	巴黎	上海	日出	里奥	梅子布丁	朱砂根	日食
植物覆盖度	66	45	61	70	69	58	49	39
叶片色泽	82	62	63	77	78	41	42	79
合计	148	107	124	147	147	99	91	118

5 结论与讨论

本试验对矾根的生长状况、植物覆盖度、叶片色泽等影响绿墙景观的因子进行综合评价，得出黄金斑马绿墙应用适应性最好，21个矾根品种中，不同品种的适应性差距非常大，黄金斑马在杭州地区的绿墙应用适应性最好，试验发现，黄金斑马死亡率和萎蔫率都为零，且植物覆盖度和叶片色泽都较好，其次为日出、里奥、上海（图9～图12）。该4个品种可作为杭州地区春、夏、秋三季绿墙应用推荐矾根品种。

图9　黄金斑马3～10月

图10　日出3～10月

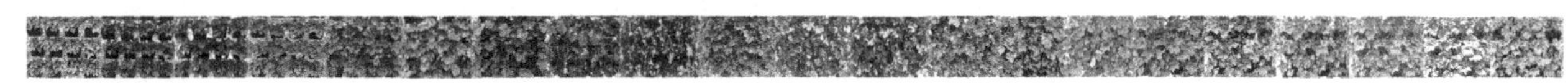

图11　里奥3～10月

图12　上海3～10月

本次试验关于不同矾根在春、夏、秋三季绿墙应用评价，是在综合观测矾根从幼苗到成苗到模块上墙全流程和了解矾根的综合特征习性的基础上，以及一些生理生态试验的数据支撑下完成的[10]。其中试验样本数量较少，死亡率和萎蔫率的数据存在些许误差，但不影响品种整体的判断，在今后的研究中可增加样本数量，并利用成苗进行全年的观察。为矾根在杭州地区绿墙应用提供更科学的数据和指导。

参考文献

[1] 李春辉，黄少玲，郭翔，等．我国矾根研究进展[J]．安徽农学通报，2017，23(15)：109-111+134.

[2] 秦登．矾根品种的光合生理特性及耐旱性研究[D]．杭州：浙江农林大学，2014.

[3] 袁燕波，李国强，闫磊．矾根“不凡”[J]．中国花卉园艺，2015(22)：40.

[4] 许红娟，陈之林，石乐娟，等．4种彩叶矾根的光合特性及在贵州的适应性[J]．贵州农业科学，2018，46(11)：101-106.

[5] 许琳．矾根在园林绿化中的应用[J]．现代园艺，2018(07)：

100-101.

[6] 雷星宇，胡瑶，李宏告，等.8个矾根品种在长沙地区栽培适应性研究[J]. 湖南农业科学，2019(03)：4-7.

[7] 许红娟，张丽，陈之林，等. 不同彩叶矾根品种苗期在贵州冬季生长适应性比较[J]. 种子，2016，35(09)：104-107.

[8] 黄少玲，汪华清，周意峰，等. 矾根在东莞地区引种驯化过程中的夏季适应性研究[J]. 热带林业，2016，44(04)：4-7.

[9] 唐存莲. 北京地区园林彩色植物的选优及应用[J]. 北方园艺，2012(10)：104-107.

[10] 王巧良，南歆格，史琰，等. 基于AHP法的矾根品种综合评价——以冬季杭州地区绿墙应用为例[J]. 河南农业科学，2019，48(09)：137-142.

[11] 王巧良，王圣杰，史琰，等. 杭州城区绿墙植物景观调查与公众视觉审美评价[J]. 河南农业科学，2020，49(05)：134-142.

[12] 杨金雨露，葛亚英，唐斌，等. 杭州市垂直绿化现状调查及分析[J]. 浙江农业科学，2014 (8)：1187-1192.

作者简介

王圣杰，1997年4月生，男，汉族，浙江上虞，浙江农林大学风景园林与建筑学院风景园林专业硕士研究生在读，研究方向为风景园林植物应用。电子邮箱：1322361513@qq.com。

史琰，1981年生，女，汉族，山东，博士，浙江农林大学副教授，研究方向：植物景观理论、生态规划设计理论与应用。

李上善，1996年生，男，汉族，浙江温州，浙江农林大学风景园林与建筑学院风景园林学硕士研究生在读，研究方向为植物景观规划设计。电子邮箱：859110564@qq.com。

包志毅，1964年生，男，汉族，浙江东阳，博士，浙江农林大学教授，博士生导师。研究方向为植物景观规划设计和园林植物应用。电子邮箱：bao99928@188.com。

基于街景图像的郑州市中心城区街道绿视率及影响因素分析

Analysis of Green Looking Ratio and Influencing Factors of the Streets in Zhengzhou City Center Based on Street View Image

薛翘楚　张智通　王旭东

摘　要： 绿视率作为一项衡量园林绿地环境质量的相关指标，对于城市绿化评价以及量化相关研究是一项重要的补充。本研究采用分层随机抽样的方法，借助百度地图 API，对郑州市三环内城区 51 条道路绿视率进行量化研究，并针对其影响因素进行分析。结果表明：第一，郑州市中心城区道路的平均绿视率为 22.07%。根据日本学者折原夏志的绿视率划分方法对所研究道路进行分级，得出 2 条道路绿量感知差，19 条道路绿量感知较强。第二，绿视率与郁闭度、道路宽度存在着显著的相关性，其中，影响道路绿视率的因素主要有道路宽度、道路等级、道路板式。最后，提出不同类型道路条件下的绿视率提升策略，进而改善街道绿化景观感受与体验。

关键词： 绿视率；街景图像；城市道路；行道树；绿化模式

Abstract: As a related index to measure the environmental quality of gardens and green spaces, Green Looking Ratio is an important supplement to urban greening evaluation and quantitative related research. This study uses a stratified random sampling method and Baidu Map API to quantify Green Looking Ratio of 51 roads in the inner city of the third ring road in Zhengzhou, then analyze its influencing factors. The results show that: (1) The average Green Looking Ratio of the roads in the downtown area of Zhengzhou is 22.07%. According to the classification method of Green Looking Ratio of Japanese scholar Orihara Natsushi, the roads under study are classified, and it is concluded that 2 roads with Green Looking Ratio less than or equal to 5% have poor green perception; 19 roads with Green Looking Ratio greater than 25% have stronger green perception. (2) There is a significant correlation between Green Looking Ratio, canopy closure and road width. Among them, the main factors affecting Green Looking Ratio are road width, road grade, and road slab type. Finally, we proposes strategies to improve Green Looking Ratio under different types of road conditions to improve the street green landscape experience.

Key words: Green Looking Ratio; Street View Image; Urban Street; Greening Mode; Street Trees

引言

城市道路是城市生态系统的重要廊道，也是城市居民日常生活以及通勤中的重要媒介。道路绿化系统对于丰富道路街景、提升城市居民交通环境以及构建城市生态廊道具有重要意义。早期关于道路绿化的研究多集中在行道树树种选择、多样性以及绿化覆盖率等方面。1987年，日本学者青木阳二首次提出绿视率的概念，将其定义为人视野中绿色所占的比。绿视率的提出不仅在三维尺度上对绿化环境进行表现，最主要的是反映出人对于绿色环境的主体感受[1]。大阪府公布的《绿视率调查研究指导（2013）》中提及：从广义上讲，绿视率指在社会环境中和水域区域内可以直观通过人眼识别的树木（包括树干、树枝）、墙体绿植、草坪等绿色植物占视野的百分比，但特别指出，人工制造的绿色建筑物和视觉中出现的仿生植物不在计算范畴之内[2]。绿视率的提出为人对绿色环境感受的定量化分析提供了途径，对于研究城市园林绿化系统的营造有着重要的作用。

目前对于绿视率的研究范围较广，郑文钺等通过对厦门滨海绿道的绿视率量化分析，对厦门绿道建设提出客观合理的评价并提出优化建议[3]；史云曼等研究福州市上下杭历史街区的绿视率，提出提高历史街区绿视率的建议[4]；陈钺等研究深圳市南山区绿视率与绿化覆盖率的关系，提出加强道路两侧 40～50m 范围的绿化，有利于提高绿视率[5]；孙光华通过街景地图对江苏省内道路绿视率进行计算，对江苏各市绿视率排序，并分析不同用地功能对于绿视率的影响[6]。关于绿视率的计算方法较多，基本分为人工精算以及计算机计算两大类。史云曼通过照相机拍摄实地照片，并使用 Photoshop 计算绿视率[4]；彭锐分析面积法、像素法的优劣，提出一种借助计算机自动化计算绿视率的方法[7]；郑文钺通过 SegNet 进行绿视率的计算[3]；孙光华通过运用深度学习的全卷积神经网络模型，将图片进行语义分割，获取植物、天空等要素，计算植被要素占比[6]。李晓江收集谷歌地图街景的 1800 张街景照片研究纽约曼哈顿东区的 28.45km 道路的绿视率[8]。龙瀛、刘浏收集腾讯地图街景的超过一百万张街景照片，研究中国 245 个城市的建成区绿视率[9]。目前，对于影响道路绿视率的因素研究不够系统，本文通过对街景地图的统计分类与分析，从道路板式、道路等级、道路宽度、郁闭度等方面，研究其与道路绿视率的关系，进而提出道路绿视率提升策略，从而更好地改善绿色通行空间感受。

1 数据获取与计算方法

1.1 研究范围选取

本次研究以郑州市三环为范围，采取分层随机取样的方法，以 2.5km 为网格间距，使用 ARCGIS 软件绘制 12×12 网格，初步确定样本点位置，选取 51 个样本点；对所选样点，借助百度地图 API 坐标抓取，确定点的坐标（图 1）。对于部分落在街道之外的样点，平移至就近街道进行二次定点[3]。通过计算街道绿视率，研究不同指标之间的关系。

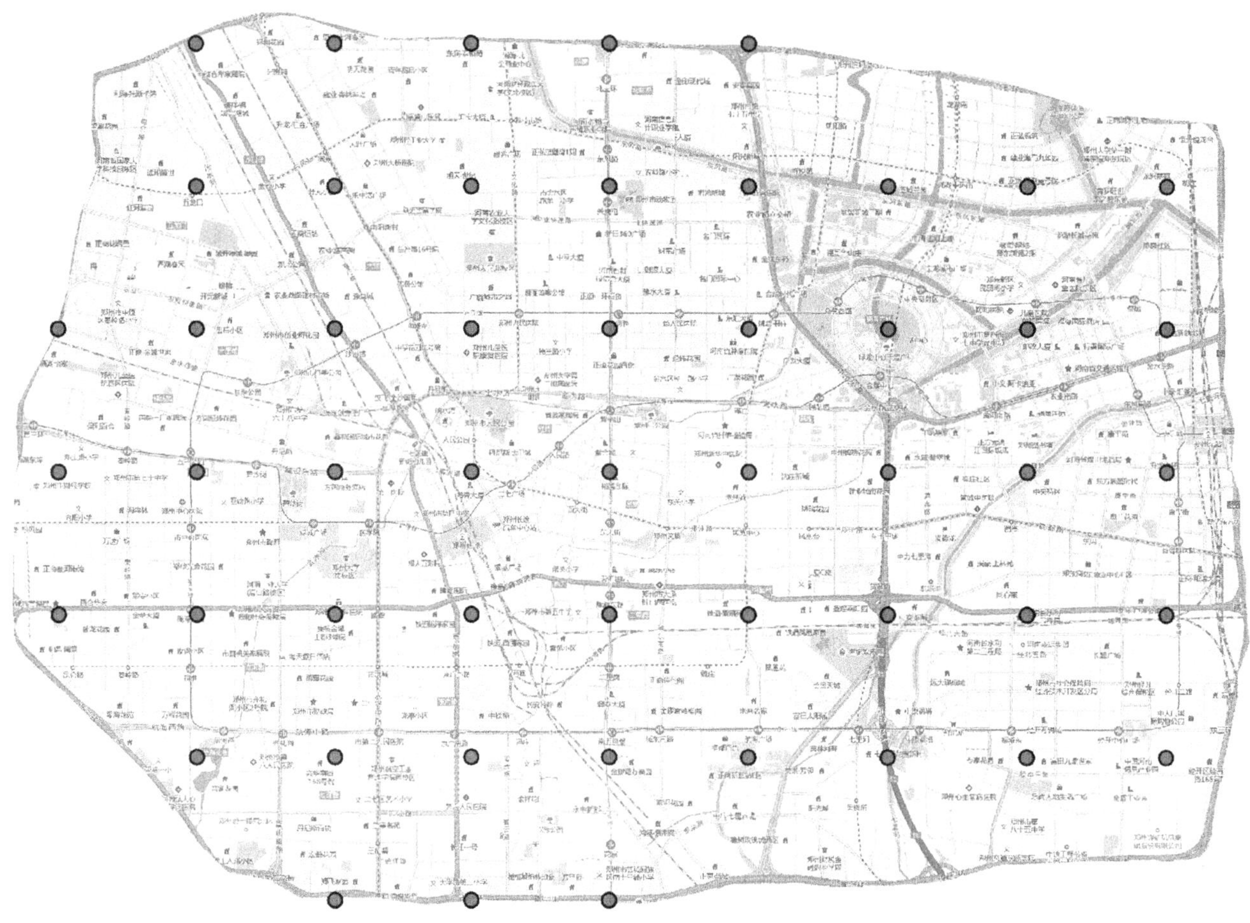

图 1　调查样点分布图

1.2 街景图像获取及绿视率的计算方法

对于街景图像的获取，可分为实地调研和街景地图图片抓取两种。实地调研拍摄图像，即研究人员在选取的调研点位置，进行多方向的拍摄取样，根据普通相机得焦距成像原理，焦距 24mm 的镜头成像效果最接近人眼得视野范围[7,8]。该方法需耗费较多的人力物力，但是可以根据调研人员的需要，在不同环境下（季节、天气、昼夜）调研。街景地图图片抓取是使用 Python 等计算机语言对街景地图进行图片抓取，该方法可以快速方便的获取大量的街景图片，但对于使用者计算机水平要求较高。

梁金洁[2]、陈钺、钱冠杰[5]、孙光华[6]通过截取样点东西南北 4 个方向的图片计算平均值即为该点的绿视率。绿视率计算方法有面积法和像素法。我国学者郝新华、龙瀛在 Matlab 中完成不同色彩构成的解析，实现大范围、科学化尺度的街道绿量评价，将腾讯街景照片的色彩模式从 RGB 转化成 HSV，然后从拍摄照片中提取出各色相通道的值，经过对颜色光谱的分析，取 Hue 范围为 60°～180°为绿色[2]；彭锐等通过将图片 RGB 格式转化为 HSL 格式，确定 *H*、*S*、*L* 阈值，取 *Hue* 范围 70°～160°、*Saturation* 范围为 13%～100%、*L* 范围 10%～90%，进行自动识别[7]；崔喆等[11]取 *Hue* 范围 70°～170°。

计算方法对比分析表　　**表 1**

计算方法	途径	内容
面积法：图片中绿色面积占图片总面积的比例		面积法即图片中绿色面积占图片总面积的比例，采用 GIMP、PS 等软件，划分小方格采用四舍五入的方法统计绿色方块所占的比例

续表

计算方法	途径	内容
像素法：绿色像素占总体像素的比例	人工精算	通过PS软件直方图呈现相片总像素，通过人工识别绿色像素，使用色彩选择或者模板工具对于绿色像素选取，通过直方图呈现绿色总像素，通过绿色总像素与相片总像素的比例得到绿视率
	计算机	计算机途径主要是将图片从RGB转化为HSV，根据HSV图像分割范围，确定绿色像素的范围

本文研究通过百度全景地图截取调查样点东西南北上5个方向的照片，使用Eclipse IDE for java，参考CSDN代码，进行绿色像素识别代码编写，实现图片的绿视率计算。通过参考HSV图像分割色彩范围原理及上述研究人员的选取范围，最终确定绿色像素范围为$170 \geqslant H \geqslant 60$、$S \geqslant 0.15$、$V \geqslant 0.08$。本文计算绿视率的方法方便快捷，但并不能对于“非植物”的绿色进行识别，如绿色广告牌等，只能从图片选取上，避开此方面的影响。

2 道路绿视率影响因素分析

2.1 中心城区道路绿视率的比较与分析

通过绿视率计算统计得出，中心城区道路平均绿视率为22.07%，平均郁闭度为14.26%（图2、图3）。中心城区绿化带中，乔木有白蜡、大叶女贞、枫杨、国槐、合欢、柳树、栾树、楸树、悬铃木、杨树、海棠、紫叶李、雪松、银杏。调研51个样本点，4个样本点无行道树。此外，郑州市中心城区行道树悬铃木树种最多，占样本总数65.96%（表2）。

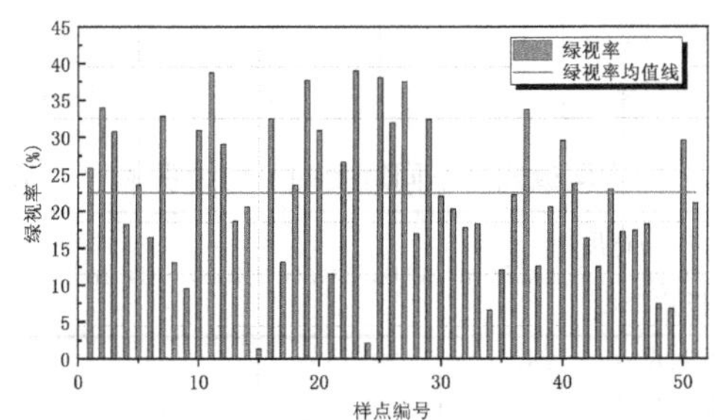

图2 样点绿视率图

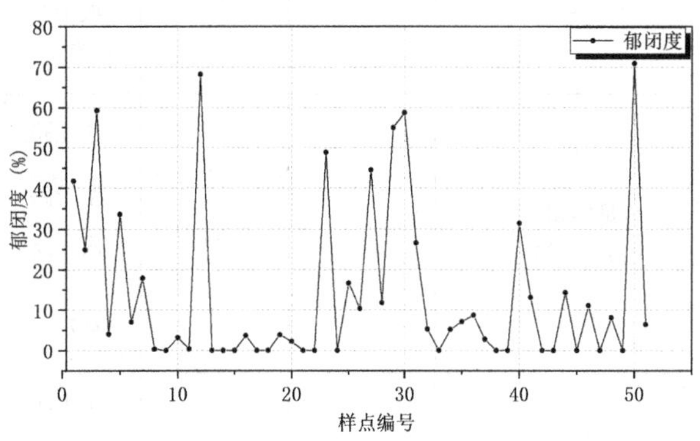

图3 郁闭度分布图

根据日本学者折原夏志的绿视率划分方法对所研究道路进行分级，结果表明，仅2条道路绿视率小于等于5%，绿量感知差；19条道路绿视率大于25%，绿量感知较强。大部分绿量感知能达到一般级别（表3）。

2.2 道路绿视率的影响因素分析

2.2.1 道路等级与绿视率的关系

不同等级的道路绿视率统计见表4，结果表明，次干路平均绿视率最高，为26.78%，快速路平均绿视率最低，为15.65%，一定程度上，道路等级越低绿视率越高；对于城市支路的平均绿视率低于次干道的现象，表5表明城市支路均为一板两带，次干道多为多板多带，推测道路宽度相差不大情况下，多板多带道路绿视率更高；城市支路郁闭度最高，为21.51%，快速路郁闭度最低，为2.04%，郁闭度随道路等级的提升而下降，郁闭度与道路等级呈负相关。

郑州中心城区行道树种类 **表2**

编号	树种	学名	道路数目	百分比（%）
1	白蜡	*Fraxinus chinensis*	1	2.13
2	大叶女贞	*Ligustrun lucidum*	2	4.26
3	枫杨	*Pterocarya stenoptera*	1	2.13
4	国槐	*Sophora japonica*	2	4.26
5	合欢	*Albizia julibrissin*	1	2.13
6	柳树	*Salix babylonica*	2	4.26
7	栾树	*Koelreuteria bipinnata* var. *integrifoliola*	3	6.38
8	楸树	*Catalpa bungei*	2	4.26
9	悬铃木	*Platanus orientalis*	31	65.96
10	杨树	*Populus L*	2	4.26

绿视率分级表 **表 3**

绿视率划分	数目	占比（%）	道路类型	道路名称
绿量感知差（≤5%）	2	3.92	快速路	农业快速路
			主干路	解放路
绿量感知差（5%～15%）	10	19.61	快速路	京广快速路
			主干路	经开第三大街、桐柏南路、陇海路、陇海西路
			次干路	龙湖外环西路
			城市支路	十里铺街、漳河路、小赵寨街、贺江路
绿量感知一般（15%～25%）	20	39.22	快速路	航海东路立交桥（机场高速）、中州大道、北三环、西三环、南三环
			主干路	花园路、文化路、紫荆山路、金水路
			次干路	未来路、碧云路、港湾路
			城市支路	南仓街、信息学院路、昆仑路、明鸿路、普惠路、董寨大街、沙口路、同乐路
绿量感知较强（25%～35%）	14	27.45	主干路	东风东路、南阳路、平安大道、中原中路、
			次干路	纬五路、经开第四大街、正光路、紫辰路
			城市支路	华中路、市场街、淮南街、丰华路、石化路、经南二路
绿量感知强（>35%）	5	9.80	主干路	龙湖中环路、建设东路
			次干路	熊儿河路
			城市支路	淮北街、七里河北路

不同等级道路的平均绿视率及郁闭度 **表 4**

道路等级	数目	平均绿视率（%）	平均郁闭度（%）
快速路	7	15.65	2.04
主干道	15	21.15	10.35
次干道	9	26.78	14.20
城市支路	20	22.90	21.51

道路分级分板统计表 **表 5**

道路板式	快速路	主干路	次干路	城市支路	合计
一板两带式	1	4	3	20	28
两板三带式	4	1	5	0	10
三板四带式	1	6	1	0	8
四板五带式	1	4	0	0	5
合计	7	15	9	20	51

2.2.2 道路板式与视率的关系

四板五带式道路绿视率最高为 25.44%，三板四带式道路绿视率最低为 17.41%。郁闭度随着道路板式的复杂化而降低（表 6）。表 7 表明宽度在 30～50m 范围内三板四带式道路平均绿视率最低，推测原因为该宽度区间内部分行道树为新栽植悬铃木，导致绿视率较低；宽度在 50～70m 范围内，随着板带增加，绿视率更高。四板五带式道路绿视率明显较高，可能是中央绿化带的影响；在 70m 以上的道路中，除一板两带式道路外，其他板带式绿视率差异不大。

不同板式的平均绿视率及郁闭度 **表 6**

道路板式	数量	绿视率（%）	郁闭度（%）
一板两带式	28	22.62	23.9
两板三带式	10	22.6	4.05
三板四带式	7	17.41	1.69
四板五带式	5	25.44	1.23

不同板式、不同宽度的平均绿视率 **表 7**

道路宽度 / 道路板式	<30m	(30，50) m	(50，70) m	≥70m
一板两带式	24.12%	20.25%		1.37%
两板三带式		26.56%	12.53%	20.79%
三板四带式		18.36%	15.14%	17.22%
四板五带式			26.66%	20.56%

2.2.3 道路宽度与绿视率的关系

将道路按照 30m、50m、70m 间隔划分，明显发现道路宽度越窄，绿视率越高；道路宽度越宽，郁闭度越高（表 8）。70m 及以上 5 个样点中，4 个样点绿视率为零。

不同宽度道路的平均绿视率及郁闭度 **表 8**

道路宽度（m）	数量	绿视率（%）	郁闭度（%）
<30	22	24.12	24.68
[30，50)	16	22.03	10.26
[50，70)	8	20.25	0.77
≥70	5	16.15	2.86

2.2.4 郁闭度与绿视率的关系

使用SPSS软件对于样本数据进行 spearman 相关性分析，结果表明，宽度与绿视率呈负相关，与郁闭度也呈负相关；宽度对郁闭度的影响更大；绿视率与郁闭度呈正相关，即绿视率越高，郁闭度越高（表 9）。

道路宽度、绿视率、郁闭度相关性分析
（spearman 相关分析）　　表 9

变量	*M*	*SD*	1	2	3
宽度	36.18	18.51	1		
绿视率	22.07	9.89	−0.282*	1	
郁闭度	14.26	20.30	−0.461**	0.379*	1

注：* $P<0.5$，** $P<0.01$，相关性显著。

3 基于绿视率优化的道路绿化配置模式探究

根据以上分析得到的结果，以优化绿视率为目标，探究如何通过优化绿化配置模式来改善不同板式道路的绿视率。调整绿化配置模式的主要方法是通过对一定范围内的植物群落中乔灌草植物的间距、数量、空间关系等要素进行控制，从而达到提高绿视率的目的。

3.1 优化原则

3.1.1 安全性原则

始终要把行人安全和行车安全放在首位。在规划设计过程中，要充分考虑行人的运动特性和车辆的运动特性，不能为了提高绿视率而盲目选用冠幅大或分支点低的植物，避免出现植物遮挡行车视线或干扰行人行走路线等现象。

3.1.2 适地适树原则

在植物选择的时候，要根据所在道路的走向、宽度、周边建筑体量与形式等因素，选择适生性强、具有价格优势且绿视率提升明显的植物，以达到资源配置最优的效果。

3.2 配置模式

3.2.1 遵循“适路适板”

道路宽度与绿视率呈负相关的关系，但是因为城市发展，需要建设更宽的道路以满足市民出行的需求。对于不同宽度的道路，应该采取不同的板式，根据表 7 可知，宽度 30m 内一板两带的绿化板式即可；宽度 30～50m 范围内选择两板三带以上的绿化板式；宽度 50～70m 范围内选择四板五带的绿化板式；宽度大于 70m 的设置中央绿化带有助于提高绿视率。

3.2.2 遵循“适板多绿”

相同板式下，树木的冠幅、不同的绿化组成形式对于绿视率都有影响。针对研究过程中相同板式下绿视率较低的道路进行分析，相同板式下，乔灌草的结合更加有助于提高绿视率，同时对于高架路段，增加沿路建筑的立体绿化及高架桥墩的柱体绿化，有助于提高绿视率。在本次研究中：第一，绿量感知较差的一板两带式道路多为宽度较宽的高等级道路，如农业快速路。由于道路等级较高且形式特殊（高架桥），应结合道路两侧环境，增加建筑立体绿化。第二，绿量感知较差的两板三带式道路，应增加中层灌木的数量，并加大下层地被的密度（图 4）。第三，三板四带式应适当增加分车绿带小乔木的数量，完善分车绿带层次体系（图 5）。第四，四板五带式如陇海路（高架桥下），应在不影响高架桥下采光的前提下，适当增加高架桥外侧绿带耐荫小乔木数量，并增加高架桥柱体绿化。

图 4　二板三带式道路优化示意图

图 5　三板四带式道路优化示意图

3.2.3 遵循“适绿丰立”

郁闭度与绿视率呈正相关的关系。增加郁闭度即增加植物横向绿色面积，有助于提高道路绿视率；对于相同的郁闭度情况下，增加纵向绿色面积更易增加绿视率（图 6）。

4 结语与讨论

绿视率的提出为人对绿色环境感受的定量化分析提供了途径，对于研究城市园林绿化系统的营造有着重要的作用。通过对郑州市三环内城区 51 条道路绿视率进行

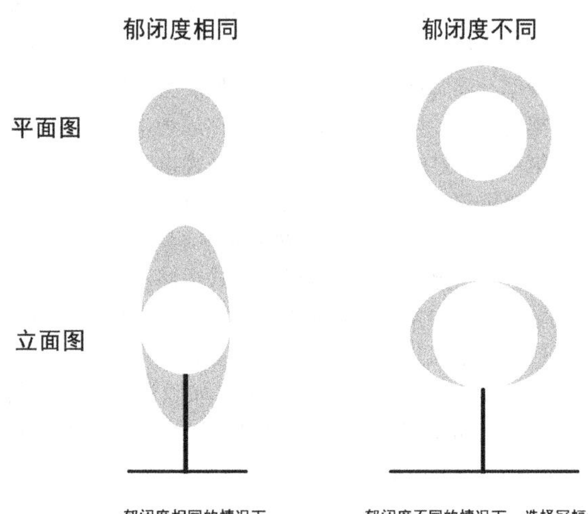

图6　绿视率与郁闭度关系示意图

量化研究，从道路板式、道路等级、道路宽度、郁闭度等方面，研究其与道路绿视率的关系，提出道路绿视率提升策略，从而更好地改善绿色通行空间感受。然而，考虑道路绿视率提升的同时，道路绿化还需考虑植物多样性、安全性等多方面问题。为提高绿视率而选择更大冠幅的植物，可能导致树种选择较为单一，引发病虫害防治等养护上的问题，以及可能剐蹭公交车等；同时道路隔离带的高绿视率乔灌草结合，可能引发驾驶员的视觉疲劳，引发安全问题，如何平衡绿视率与其关系，仍需进一步的研究。对于绿视率的计算方法，传统的人工计算明显已经与时代脱轨，计算机方式是未来量化数据的基础，绿视率作为三维指标，还应该进一步研究一种真正能代表人感知绿视率的方法，同时计算机计算方式从算法上还需要进行优化以更精确。

参考文献

[1]　青木阳二．視野の広がりと緑量感の関連[J]．造园杂志，1987，51(1)：1-10.

[2]　梁金洁．基于街景图像的北京市五环内绿视率分析研究[D]．北京：北京林业大学，2019.

[3]　郑文钺．基于绿视率指标的城市绿化建设评价体系研究——以厦门滨海绿道为例[C]．中国城市规划学会，重庆市人民政府．活力城乡美好人居——2019中国城市规划年会论文集(05城市规划新技术应用)．中国城市规划学会，重庆市人民政府：中国城市规划学会，2019，574-582.

[4]　史云曼，蔡倩，施磊，等．福州市上下杭历史街区绿视率研究[J]．热带农业工程，2019，43(04)：160-163.

[5]　陈钺，钱冠杰．城市道路绿视率特点及其与绿化覆盖率关系——以深圳南山区为例[J]．特区经济，2020(02)：59-63.

[6]　孙光华．基于城市街景大数据的江苏省街道绿视率分析[J]．江苏城市规划，2019(11)：4-6+29.

[7]　彭锐，刘海霞．城市道路绿视率自动化计算方法研究[J]．北京规划建设，2018(04)：61-64.

[8]　肖希，韦怡凯，李敏．日本城市绿视率计量方法与评价应用[J]．国际城市规划，2018，33(02)：98-103.

[9]　Li X J，Zhang C R，Wei D L，et al. Assessing street-level urban greenery using Google Street View and a modified green view index[J]. Urban Forestry& Urban Greening，2015(14)：675-685.

[10]　Ying L，Liu L. How green are the streets? An analysis for central areas of Chinese cities using Tencent Street View [J]. PLoS One，2017，12(2).

[11]　崔喆，何明怡，陆明．基于街景图像解译的寒地城市绿视率分析研究——以哈尔滨为例[J]．中国城市林业，2018，16(05)：34-38.

作者简介

薛翘楚，1996年生，男，汉族，河南漯河，华北水利水电大学建筑学院硕士研究生，研究方向为风景园林设计理论与实践。电子邮箱：xueqiaochu001@163.com。

张智通，1995年生，男，汉族，河南汝阳，华北水利水电大学建筑学院硕士研究生，研究方向为风景园林设计理论与实践。电子邮箱：936300316@qq.com。

王旭东，1986年生，男，汉族，河南开封，博士，华北水利水电大学建筑学院讲师，研究方向为园林植物群落及绿地生态。电子邮箱：wang007xu007@163.com。

从《红楼梦》浅析传统养生视角下的园林康养植物

An Analysis of the Traditional Gardens for Conservation of Plants from " A Dream of Red Mansions"

张　瑾　张艺璇　王洪成

摘　要：《红楼梦》引用超过200种植物，对植物的应用、赏析、延伸同其文学造诣已经达到登峰造极的境界。将《红楼梦》中的园林康养植物与书中受到传统康养思想熏陶的生活百态结合进行研究，有助于继承和发扬中国传统文化中的养生精髓。本文结合我国古代特有的中医养生、观赏园艺等文化，先对《红楼梦》中的园林康养植物选择、配置以及植物疗法进行梳理，再依据其疗愈途径和"大观园"的康养植物类型，解读传统园林康养植物的运用。从而对于构建与发扬具有中国特色的园林康养体系产生一定意义和价值。

关键词：传统养生；《红楼梦》；园林康养；植物疗法

Abstract: "Dream of Red Mansions" cites more than two hundred kinds of plants. The application, appreciation and development of plants and their literary attainments have reached a very high level. Combined with the various life styles in the book influenced by traditional health care thoughts, studying the garden health care plants in "Dream of Red Mansions" can help inherit and carry forward the essence of health care in traditional Chinese culture. This article combines the unique ancient culture of Chinese medicine health and ornamental horticulture to study the health effects of different types of plants. then interprets the application of traditional garden healthy plants according to the healing effect and the types of plants, so as to build and develop the garden healthy system with Chinese characteristics produce certain significance and value.

Key words: Traditional Health Care; "Dream of Red Mansions" ; Garden Health Care; Phytotherapy

1　绪论

1.1　传统养生思想与园林康养

我国现存较早的养生著作《黄帝内经》中提出"法于阴阳，和于术数"[1]，即人与自然共同存在规律，自然环境会对人的身体产生影响。其与后来道家与儒、杂等诸家养生思想的基础"道法自然"相互承接，这些思想的共同核心即"天人合一"，这亦是传统养生理念的核心观点[2]。受"天人合一"思想的影响，葛洪的《抱朴子》及郦道元的《水经注》中均提出了一种养生方法，即环境养生法。环境养生是园林康养的早期雏形，所谓环境养生，是指空气、水源、土壤和植被等综合形成有益于人体健康的外部条件，而传统园林中涵盖山水、植物等多种自然要素，其为养生提供了物质基础。此后在环境养生的基础上，又衍生出山林养生法、饮膳养生法、花卉养生法等。

其中山林养生法在孙思邈的《道林养性》《退居养性》及明代著名养生专著《遵生八笺》中均有提及，即去深山老林吸清吐浊，养心明目，说明了以植物为大环境对园林康养的重要性；饮膳养生法的雏形现于战国末《吕氏春秋·本味篇》中，于唐末盛行并出现了我国第一部专著《食疗本草》[3]，倡导以植物为材调理健体；花卉养生法在明代专著《花里话》中有详细介绍，即通过养花、赏花、嗅花来达到养生的目的。这些养生方法大多需要借助植物来实现保健效果，综上可见，植物在传统园林康养中占据重要地位。

1.2　《红楼梦》植物研究概述

《红楼梦》诞生于中国园林艺术的成熟后时期，不仅是对园林艺术以及意境格局描写构思极其精妙的伟大作品，也是对植物描写和提及最多的文学巨作[4]。据台湾植物学家潘富俊教授统计，《红楼梦》全书共收录242种植物，其中前四十回提及165种，平均每回11.2种；其后四十回提及161种，平均每回10.7种；最后四十回用到66种，平均每回3.8种[5]。这些大面积篇幅的植物描写也侧面反映了植物在红学领域具有较高的研究价值，但目前其植物研究主要集中在植物药用食疗价值研究、植物分布与植物造景研究、植物象征文化研究等，尚未有人从园林康养的视角对《红楼梦》中的植物进行分析与探究。

现代研究发现，芳香植物可以分泌芬多精，对人体身心产生有益的影响，因此芳香植物成为园林康养的重要植物。陈意微、袁晓梅研究发现《红楼梦》在植物的选择上重视芳香植物的运用，包括怡红院、蘅芜院在内的13个主要景点的植物配置中都用到了芳香植物[6]。除了芳香植物，《红楼梦》中涵盖了大量食用、药用植物和30种中药药方[5]，借助药食植物影响人体生理机能的作用实现防疾治疗的效果。同时《红楼梦》中形式多样的园艺养生活动具有修身养性的功效，其对于园林康养具有一定指导意义。因此，本文将重点对《红楼梦》中的园林康养植物的选择和疗法进行分析阐述。

《红楼梦》中常见园林植物及回次统计表（作者自绘） 表1

药用植物	食用植物	观赏植物
人参（10回）	茶（110回）	竹（38回）
茯苓（6回）	桃（26回）	莲（38回）
当归（4回）	稻（18回）	柳（37回）
甘草（4回）	杏（17回）	梅（24回）
地黄（3回）	芭蕉（7回）	桂花（22回）
黄芪（2回）	大豆（7回）	海棠（15回）
柴胡（2回）	梨（6回）	松（15回）
延胡索（2回）	荔枝（5回）	玫瑰（10回）
玉竹（2回）	李（5回）	菊花（9回）

注：鉴于书中植物种类相对繁杂，笔者的统计尚不完整，特此说明

2 《红楼梦》中的园林康养植物研究

2.1 《红楼梦》中的植物选择

"大观园"中所建园林各具匠心，植物的选择丰富而讲究，每一个院落及景点的植物都有各自的特点和象征。笔者基于传统养生思想，将《红楼梦》中的主要院落按康养植物的类型分为：以芳香植物为主的蘅芜苑、藕香榭、梨香院等，香气的引入不仅使人心旷神怡，而且平添些许暗香浮动的意境；以药食植物为主的稻香村，大片的农作物，点缀着桑柘，有孟浩然笔下"开轩面场圃，把酒话桑麻"的意境；以观赏植物为主的怡红院、潇湘馆、秋爽斋等，绿树繁花宛若仙境，颐养身心（表2）。此外还有一些散种中草药材的小景点。其中，蘅芜苑、稻香村、怡红院分别是芳香植物、药食植物和观赏植物的典型院落代表，本文将对这3个院落的植物配置进行具体分析。

《红楼梦》主要院落与植物类型统计表 表2

苑名	主要植物类型	代表植物
蘅芜苑	芳香植物	衡芜、紫藤、豆蔻
藕香榭	芳香植物	荷花、芙蓉、茉莉
梨香院	芳香植物	梨树
稻香村	药食植物	杏树、桑树、韭菜、水稻
怡红院	观赏植物	碧桃、蔷薇、玫瑰、月季
潇湘馆	观赏植物	竹
栊翠庵	观赏植物	梅
省亲别墅	观赏植物	松树、木兰
秋爽斋	观赏植物	芭蕉、梧桐

2.2 《红楼梦》中部分院落的植物配置

2.2.1 蘅芜苑

古人将焚香列作十大雅事之首，焚香是指为了达到杀菌、净化空气、驱虫等作用而焚烧有芳香气息的植物，焚过香的地方充满了植物的香气。在《红楼梦》中就有一个香气馥郁堪比焚香场的院落，即薛宝钗的蘅芜苑。贾政曾评价道："此轩中煮茶操琴，亦不必再焚香矣"。表明蘅芜苑中芳香植物遍布，空气香甜。曹雪芹在书中描述过蘅芜苑的景致：步入门时，忽迎面突出插天的大玲珑山石来，四面群绕各式石块。院内一株花木也没有，只见许多异草或攀缘或飘摇，味香气馥，非花香之可比[11]。可知蘅芜苑并没有种植乔木与花卉，而是在苑内栽满了各式香草。其苑名"蘅芜"取自《拾遗记》的典故"帝息于延凉室，卧梦李夫人授帝蘅芜之香。帝惊起，而香气犹着衣枕，历月不歇"。汉武帝梦见李夫人授"蘅芜"，其香气萦绕几月不散。论及"蘅芜"的植物指代，蒋春林等认为其是香草的统称[7]，也有人认为是杜衡和蘼芜的统称。

根据书中描述，蘅芜苑种植的植物主要有蘅芜、薜荔、藤萝（紫藤）、豆蔻、杜若（姜花）等。蘅芜苑内假山叠石上攀缘着杜若、蘅芜、藤萝等藤蔓草本，苑外水岸边列植柳树，苑北靠近主山一侧则群植松树（图1）。蘅芜苑内，枝蔓柔软的香草植物软化了假山叠石和建筑的线条，共同营造了蘅芜苑朴实柔和的景观效果，这种环境氛围也与苑主人恬淡持俭的性格相契合。总体上，蘅芜苑内突出表现与假山石结合的垂直绿化，苑外营造由垂柳和松树围合成的郁闭空间，使得苑内外的空间形成鲜明的疏密开合对比。

图1 蘅芜苑植物配置复原图
（图片来源：作者自绘）

2.2.2 稻香村

"大观园"中繁花似锦，春意盎然，但有一处仿佛让人置身田园，情境氛围别具一格，其名为稻香村。稻香村因林黛玉的《杏帘在望》中所书"一畦春韭绿，十里稻花

香。”而得名。原著中描述稻香村的景色为：转过山怀中，隐约露出一带黄泥筑就的矮墙，墙头皆用稻茎覆盖。有几百株杏花，如喷火蒸霞一般。内里数楹茅舍，外部种植桑、榆、槿、柘，各色树稚新条，随其盘曲，编就两溜青篱。篱外山坡之下，有一土井，旁有桔槔、辘轳等物。下面分畦列亩，佳蔬菜花，漫然无际[11]。

稻香村的主要植物有：水稻、韭菜、桑、柘、木槿、杏等。这些植物多具有典型的田园诗意，且有较高的食补药用价值。在种植方式上以植物群植为主，将杏花与地形、茅屋建筑相结合，营造景观上的植物群体气势，产生了“杏繁如烟似雾”的景观效果（图 2）。此外，为了凸显田园农舍的主题，稻香村还设有树枝新条编的青篱，山坡下的田畦菜圃，配合几间茅屋野舍，俨然一派山野农家风光。

图 2 稻香村植物配置复原图
（图片来源：作者自绘）

2.2.3 怡红院

怡红院因植物色调以红绿为主，起初起名“红香绿玉”，而后改做“怡红快绿”，简称为怡红院。怡红院外先是一条小路引人绕过几株碧桃，穿过一道攀附花草的竹编月洞门，便能看见四周粉墙环护，绿柳垂绦。入门后，两边都是游廊相接。院中点衬几块山石，一边种着数株芭蕉，另一边是一株西府海棠，其势若伞，葩吐丹砂[11]。院后花架和山脚下分别种着金银花、玫瑰、蔷薇、凤仙和石榴。

根据原著描述，可将怡红院的植物划分为“红香”和“快绿”两类植物。红香植物有碧桃、蔷薇、玫瑰、月季、西府海棠、石榴、凤仙。“绿玉”植物有：垂柳、芭蕉、松树、忍冬。怡红院进口的小径的时植碧桃作为视觉指导，绕院墙列植垂柳，与进口处的碧桃相映衬，呼应了怡红院的主题“怡红快绿”。院中的植物配置简单大方，芭蕉与海棠对植，形成强烈的色彩对比，并再次点明主题。后院的植物配置则以表现春夏季相景观为主（图 3）。整体来看，怡红院的植物配置多以“红香”植物为主，其意图是通过色彩艳丽、对比鲜明的植物配置来烘托人物性格，但这种的植物配置手法相对松散，与建筑空间的关系处理也较粗糙。

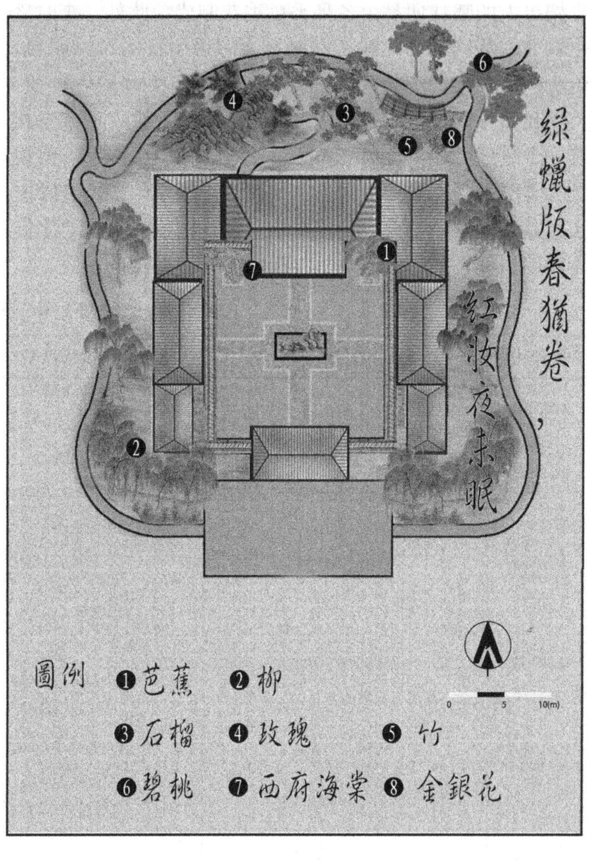

图 3 怡红院植物配置复原图
（图片来源：作者自绘）

2.3 《红楼梦》中的植物疗法

《史记·礼书》中所写的“稻梁五昧所以养口也。椒兰、芬芷所养鼻也”。暗合了《红楼梦》中的植物疗法。“大观园”中的植物既有用作食补和配药的原料，也可进行包含簪花、穿花、编花、枕花等在内的香疗法，并通过赏花、传花、斗草、葬花等活动颐养身心。笔者依据传统养生思想，将《红楼梦》中的植物疗法囊括为食疗法、香疗法、养心法三类。

（1）香疗法——制香、穿花、枕花

《红楼梦》中运用植物的香疗方法繁多，最普通的用法是制香，《红楼梦》中记载的香有数十种，如藏香、麝香、梅花香、安息香、百合香、沉香等。书中提到宝玉旧疾复发时，室内便点起安息香，其气味清冽，具有安神宁魂的功效。此外，书中也有用香来美容养颜的相关描写，第四十四回中，平儿梳妆时擦的脂粉，就是以紫茉莉为主料而制成。除了制香外，还有穿花和枕花的方法。《红楼梦》中描绘的经典一幕便是"迎春又独在花陰下拿着花针穿茉莉花。"古人常将柔软清香的花串起来，作为首饰配在头、手腕、衣襟上，这个用法与香囊类似。枕花又称药枕，是我国传统的香疗养生法。其通过植物挥发物的芳香疗愈作用和对局部经络穴位的刺激作用来预防、治疗疾病[13]（图5）。早期记载表明，神农氏的睡枕为百种植物制成，历代的帝王将相、名人贤士也多用植物制成枕头内芯以实现养生功效，如周文王、汉武帝、老子、孔子、杨贵妃等人的睡枕便是由各种香草香花制成。此外，李时珍也在《本草纲目》记载了以绿豆内芯做的枕头可以明目，治头疼风头疼。清代《广群芳谱》记载用决明子做枕头，其明目效果甚佳。在《红楼梦》第六十三回中，贾宝玉枕着一个玫瑰芍药花瓣填充的新枕头并起名红香枕，据说具有柔肝健脾、安神助眠的功效。综上提及的各种香疗方法皆是利用植物的芳香疗愈功效，以达到愉悦心情，康健体魄的目标，园林康养也可以借此来丰富疗法的形式。

（2）食疗法——膳食、配药

三千年以前，中医便在治疗疾病的时候引入食疗的方法，将日常食物烹饪成美味可口而又具治病保健功效的膳食。《红楼梦》中频频出现取园中植物用作食疗材料的场景（表3、图4），据统计，《红楼梦》述及膳食的回目有八十七回，描写到的食物多达一百八十六种[12]，如第六回中养心安神的桂圆汤，第十一回中强身健体的山药糕，第三十五回中清热解毒的莲叶羹与止咳平喘的杏仁茶，第八十七回中开胃消食的江米粥等。饮茶在《红楼梦》膳食养生中有着不可或缺的地位，古人很早便发现饮茶对于身体保健有良好的功效。《红楼梦》一百二十回中，有一百一十二回提及了"茶"，可见茶道文化在《红楼梦》中的比重之大，除了日常膳食调理，各样植物也被用作中药材来调养身体，据统计，《红楼梦》中涉及方剂45个，中药125种，西药3种[13]，蕴含丰富中药知识。如薛宝钗服用的冷香丸含白牡丹、白荷花、白芙蓉、白梅花等，这几种植物既为园中的观赏植物，又可作为食疗的材料，对园林康养的植物选择有借鉴意义。

《红楼梦》中部分药食植物与食疗方 **表3**

食疗方	出现章节	植物名称	部位	采摘时期	功效
桂圆汤	第六回、第九十八回	龙眼 *Dimocarpus longan*	果	8～9月	补益心脾、养血安神
杏仁茶	第五十三回	杏 *Prunu sarmeniaca*	种子	6～7月	止咳平喘、生津止渴
疗妒汤	第八十回	梨 *Pyrus sorotina*	果	8～10月	润肺消痰、清热生津
		橘 *Citrus reticulata*	果皮	8～11月	
藕粉糕	第四十一回	莲 *Nelumbo nucifera*	根茎	9～10月	清热生津、健脾止泻
山药糕	第十一回	薯蓣 *Dioscorea oppositifolia*	块根	10～11月	健脾补肾、养血安神
		枣树 *Ziziphus jujuba*	果	9～10月	
莲叶羹	第三十五回	莲 *Nelumbo nucifera*	茎叶	5～10月	清热消暑、降压降脂
合欢酒	第三十八回、第五十三回	合欢树 *Albizia julibrissin*	皮 花与皮	全年 6～7月	安神解郁、活血水肿
栗粉糕	第三十七回	板栗 *Castanea mollissima*	种仁	8～10月	养胃健脾、补肾强腰
菱粉糕	第三十九回	菱 *Trapa bispinosa*	果肉	8～10月	清热除烦、益气健脾

（3）养心法——赏花、咏花、传花、斗草、葬花

生活在自然之景中，心境也会随之豁然开朗，这是园林康养的核心方法之一。《红楼梦》中警幻仙姑的幻境百花盛开，绿树清溪，异草芬芳，其间生活无忧无虑，吃穿用度在此等意境下也变得格外高雅。"大观园"中的人们亦是如此，他们置身于景色迤逦的园中，并借助赏花、咏花、传花、斗草、葬花等方式与自然交流，修身养性（图6、图8）。赏花与咏花类似，秋桂飘香时节，"大观园"中的人物既会对桂花的高雅品质和馥郁的香气表达赞美，也会用桂花制作桂花糖蒸新栗粉糕。而咏花更侧重于观赏过后写下诗词歌赋，咏叹植物的高雅品性与姹紫嫣红。这两种方式皆有利于肝气心肺的舒缓。

传花与斗草是人与自然互动的传统方式。传花即击鼓传花，《红楼梦》中第五十四回中，荣府夜宴传的是梅花，第七十五回中秋节家宴传的是桂花。斗草是中国民间较流行的一种形式多样的游戏，一般分成武斗和文斗（图7）。武斗的玩法是两人各取韧性佳的草茎交叉成十字状，相互拉扯，断者则输。文斗则要搜集各样奇花异草对草

名，其对植物知识和文学素养有所要求。葬花是《红楼梦》中极为经典的一幕。书中描写，宝玉心疼落花，便兜着花瓣，抖在池中，这时黛玉提出用绢袋装花以土葬之（图 9）。葬花可以增进人与植物的感性联系，激发身处自然的心灵感悟。无论是赏花斗草还是葬花，都加深了人对自然生态的感情，延长了人在自然中的活动时间。园林康养也可以从中借鉴多样化的园林活动形式。

图 4　玉钏亲尝莲叶羹

图 5　湘云枕花醉入眠

图 6　莺儿挽翠编花篮

图 7　香菱斗草污裙罗

图 8　隆冬奇赏海棠开

图 9　黛玉葬花叹红颜
（以上插图均由清・孙温绘）

3　结合《红楼梦》解读园林康养植物

参考张延龙、牛立新等根据疗愈的不同作用划分园林康养植物的方式[14]，结合《红楼梦》中的康养植物类型，将传统园林康养植物划分为：芳香疗愈植物、药食养生植物和园艺观赏植物3类。其中，药食养生植物可以视作最基本的传统园林康养植物，主要借助植物的根、茎、花、果等部位的药补食疗来维护人体健康，随后发展衍生出通过分泌植物精气达到保健效果的芳香疗愈植物，以及将观赏与园艺活动相结合的园艺观赏植物。

3.1 药食养生植物

中国传统园林发源于园圃。园是以果树为常见的种植树木的场地，圃则是界定了范围的蔬菜栽植场地[16]。早期生产性园林主要以种植食用蔬果类植物为主，至魏晋南北朝，园林的生产性色彩依旧浓厚，并且已经开始栽植药用植物。到了隋朝，朝廷建立了专门的药用植物引种园。唐宋时期，民间也普遍出现了各类药食植物的生产园圃，与此同时，养生文化在宗教的推动下迅速兴起，并逐渐渗透到日常生产生活中。《红楼梦》中的稻香村就是一个生产园圃，其中种植的杏（*Armeniaca vulgaris*）是蔷薇科落叶乔木，杏果营养丰富，可缓解肺结核、痰咳等病症。五十三回中提到，贾母喜食清淡的杏仁茶，是因杏仁有止咳平喘、生津止渴及润肠通便的功效；桑（*Morus alba*）是桑科落叶乔木，桑叶入药具有清肺明目，疏解咽干口渴、发热头疼等功效，桑椹果可食用、酿酒；柘（*Cudrania tricuspidata*）与桑的功效类似，在古代诗词中柘桑经常同时出现。稻香村以药食疗养功效为主的植物广泛出现在《红楼梦》的膳食方与中药方中，用于滋养脾胃、补充元气、调理身体。由此可见，园林的生产性质与养生思想共同推动了传统食疗养生法的发展。

名医扁鹊认为，药食相辅是养生治疗的重要方法[17]。不少古代医学专著中均列有食疗方，如唐代孙思邈的《备急千金要方》中专设有"食治"的篇章；宋代《太平圣惠方》中详列出了针对28种疾病所设的食疗法，即将药食养生植物的根、茎、花、果等处的提取物，通过内服的方式发挥其功效，以达到治病养生效果。了解药食养生食物的属性功效，有针对性地依据自身体质食用，于身体将大有裨益。在传统园林建设中，充分开发药食植物的康养价值，并将其运用于园林植物配置中，对传统园林的康养功能有着重要意义。

3.2 芳香疗愈植物

我国独特的芳香文化源远流长，并深刻影响了我国古代的造园手法。这一点从《红楼梦》擅于选用芳香植物造景便可看出，如栊翠庵以梅花之香为意境；藕香榭以荷花芬芳为灵魂；凹晶溪馆以桂花清香为情韵。"香祖"之称的兰花自魏晋南北朝开始由宫廷园林栽培推广至私家园林[19]，《红楼梦》第八十六回中写道：秋纹送来兰花，花茎上几枝双朵引得黛玉关注。这些景点的命名和细节刻画体现出芳香植物在"大观园"中的重要地位。此外，曹雪芹对于芳香植物的保健功效也十分重视。如在蘅芜苑的植物配置中，藤萝（*Wisteria sinensis*）的挥发物含反式茴香脑，有较强的杀菌作用[8]；豆蔻（*Amomun kravank*）是姜科多年生草本植物，开白色小花有清香味；薜荔（*Ficus pumila*）的挥发物即芳樟醇可以镇静放松，有利于预防老年退行性疾病。从园林康养的角度出发，笔者认为蘅芜院选用香草植物，与薛宝钗罹患"喘嗽"之症[9]有关。研究表明，芳香植物的挥发物对咳嗽、哮喘、慢性支气管炎、肺结核、高血压等都有一定疗效，尤其是对呼吸道疾病的效果显著[10]。

除了种植芳香植物外，古人还学会用芳香植物制成香料或香品，来达到康体宁神的作用。传统中医学中有"芳香开窍解郁"的理论，即芳香疗愈植物的香气通过肌肤、七窍、腧穴等进入人体，可以对五脏产生良性影响，调和气血，保养脏腑，强身健体。汉代名医华佗利用芳香开窍的植物制作香囊，悬挂于室内以预防肺部疾病。宋代时出现了许多著名的方剂，如苏合香丸、安息香丸、木香散、沉香散等。周宋忠在《养生类纂》中也提到浴香法可以起到通经开窍、去除恶邪的作用。至清朝，香疗法的理论和实践取得重大进展，医学家吴师机的《理瀹骈文》对香疗法的作用机理、药物选择、用法用量等作了详细的阐述[15]，使香疗法形成完整体系，并在官府权贵家宅中广泛普及，如《红楼梦》中的枕花、穿花、制香等均体现了这一现象。直至今日，传统养生法中的嗅香法、佩香法、燃香法、浴香法、熏香法、饮香法、枕香法等香疗法仍被运用于中医辅助治疗[16]。

《红楼梦》中常见芳香疗愈植物及其应用　　表4

序号	植物名称	拉丁名	主要香疗应用
1	藿香	*Agastache rugosa* (Fisch. etMey) O. Ktze	饮香法、熏香法
2	艾	*Artemisiaargyi* Levi. et Vant	熏香法、嗅香法
3	兰草	*Eupatoriumfortunei* Turcz.	佩香法、浴香法
4	玫瑰	*Rosa rugosa* Thunb.	嗅香法、浴香法
5	白芷	*Angelicadahurica* (Fisch. ex Hoffm.) Benth. et Hook. J. ex Franch. ex Sav.	嗅香法、浴香法
6	迷迭香	*Rosmarinus officinalis* L.	佩香法、嗅香法
7	茉莉	*Jasminumsambac* (L.) Air.	嗅香法、饮香法
8	川芎	*Liguscum wallichi* Franch	饮香法、熏香法
9	杜衡	*Asarum forbesii* Maxim	饮香法、熏香法
10	菊花	*Chrysanthemum morifolium* Ramat.	饮香法、枕香法

3.3 园艺观赏植物

长久以来，古人对于寻求自然乐趣一直抱有极大的热忱，从古代文人雅士以莳花弄草寄畅抒怀中可窥一斑。如陶渊明的“采菊东篱下，悠然见南山”，西晋嵇康在《养生论》所书“合欢蠲忿，萱草忘忧”。由此可见，古代文人心中健康养生的理想生活与植物息息相关。在日常生活中，他们以植为伴，静观以赏植物娇艳的色彩及婀娜的姿态，从植物的发芽、生长、开花结果中体味到生命的节律，并将所感所悟书写成诗篇。如怡红院所栽种的均为色彩明艳且观赏性极佳的植物，其中忍冬四季常青；玫瑰花色瑰丽；芭蕉清雅秀丽。从园林康养角度看，怡红院的植物以红绿色调的观赏植物为主。红花植物其色调可以刺激神经系统让人喜悦兴奋，使人增加食欲，绿叶植物的色调有助于促进消化，缓解焦躁等。“绿肥红瘦”的景境，使人心情愉悦，悠然自得。

同时园艺观赏植物作为插花、盆景等活动的媒介，帮助人们发挥自身创造力，愉悦心情并缓解压力，提升自信和陶冶情操。魏晋南北朝时期已经有了插花，但是大多数应用于宗教；隋唐时期有了“移春槛”“斗花”等以欣赏植物为主的活动形式，并发展了盆栽和盆景艺术；南宋时期为赏花设定了专门的节日“花朝节”“开菊会”等[18,19]。这些园艺活动与植物培育的过程与贯穿交织，间接使人达到修身养性、身心合一的理想健康状态。现代科学证明，进行园艺活动可以运动肌肉和关节，并对高血压、心脏病都有很好的辅助治疗功能[19]。

4 结论与展望

《红楼梦》如椽巨笔下描绘的“大观园”环境与生活场景对传统养生和园林康养的内容与细节有诸多启发。“大观园”中栽植了多种园林康养植物，并将其精心配置成各具特色的院落。其中既有用来食疗医养的药食植物，也有可以通过香疗法进行疗愈保健的芳香植物和颇具园艺趣味的观赏植物。《红楼梦》中提到的香疗保健、食疗配药及园艺观赏的植物疗法是传统养生的精华，值得园林康养借鉴。

现代康养将植物按照功能分区分成芳香植物园、中药植物养生园、果蔬种植园等，以人的意志塑造树形，将植物视作养身康体的工具。相比之下，传统养生更加注重颐养心神。首先体现在赋予植物人格及灵魂，并将植物按照诗格意境分成不同的院落后，并考虑植物的疗愈功效进行种植，使“一弓之地，竹石具备，万景天全”[20]达到天人合一的境界，以此养心。其次，传统园林康养更重视增进人与自然的关系，在此过程中增加人与植物环境互动的时间，一株植物便可以有咏花、斗花、葬花、穿花等交流方式，这些方式相比于普通的园艺活动，因为有了与植物灵魂品格的交流而更加具有情绪调节的力量。传统养生思想对于园林康养的进步与发展具有宝贵的参考价值。在未来的实践中，要充分重视传统园林康养中的植物运用价值，并使传统养生思想与园林营造深度融合，发展具有中国特色的园林康养体系，令园林环境在保障人体健康方面发挥更深的效益。

参考文献

[1] 傅景华，陈心智．黄帝内经素问[M]．北京：中医古籍出版社，1997.
[2] 李后强．生态康养论[M]．成都：四川人民出版社，2015.
[3] 刘松来．养生与中国文化[M]．南昌：江西高校出版社，1995.
[4] 张军．《红楼梦》中的植物与植物景观研究[D]．杭州：浙江农林大学，2012.
[5] 潘富俊．阆苑仙葩，美玉无瑕：红楼梦植物图鉴[M]．北京：九州出版社，2014.
[6] 陈意微，袁晓梅．解读《红楼梦》大观园的植物香景[J]．中国园林，2017，33(09)：88-92.
[7] 蒋春林，夏木青葱．人间芳菲《红楼梦》中的植物世界[M]．广州：华南理工大学出版社，2010.
[8] 李祖光，卫雅芳，芮昶，等．紫藤鲜花香气化学成分的研究[J]．香料香精化妆品，2005(02)：1-3.
[9] 严忠浩，张界红．读名著说健康《红楼梦》医话[M]．上海：复旦大学出版社，2017.
[10] 吴章文．植物的精气[J]．森林与人类，2015，0(9)：178-181.
[11] 曹雪芹．红楼梦[M]．北京：华文出版社，2019.
[12] 段振离，段晓鹏．红楼话美食：《红楼梦》中的饮食文化与养生[M]．上海：上海交通大学出版社，2011.
[13] 胡献国，郑海青．红楼梦与中医[M]．武汉：湖北科学技术出版社，2016.
[14] 张延龙，牛立新，张博通，等．康养景观与园林植物[J]．园林，2019(02)：2-7.
[15] 陈雨，刘博琪，王彩云．芳香疗法的起源与发展及其在园林中的应用[A]．中国园艺学会观赏园艺专业委员会，国家花卉工程技术研究中心．中国观赏园艺研究进展 2016[C]．中国园艺学会观赏园艺专业委员会，国家花卉工程技术研究中心，2016，6.
[16] 周维权．中国古典园林史[M]．第 3 版．北京：清华大学出版社，2011.
[17] 时纪田．中国传统养生食谱[M]．天津：天津古籍出版社，2009.
[18] 王莲英．中国传统插花历史发展和艺术特点[J]．北京林业大学学报，1991(03)：7-11.
[19] 王烨．中国古代园艺[M]．北京：中国商业出版社，2015.
[20] 徐德嘉．古典园林植物景观配置[M]．北京：中国环境科学出版社，1997.

作者简介

张瑾，1996 年生，女，汉族，山西，天津大学风景园林系在读硕士，研究方向为风景园林理论与设计、低碳园林。电子邮箱：1016446974@qq. com。

张艺璇，1995 年生，女，汉族，宁夏，北华大学农艺与种业系在读硕士，研究方向为植物挥发物。

王洪成，1965 年生，男，汉族，吉林，天津大学风景园林系教授，博士生导师，研究方向为风景园林理论与设计、低碳园林。电子邮箱：365068823@qq. com。

风景园林工程

"公园城市"背景下的园林材料文化表达研究

Research on the Cultural Expression of Landscape Materials under the Background of "Park City"

陈泓宇　刘煜彤　胡盛劼　李　雄*

摘　要： 公园城市理念的提出使城市对园林的文化需求达到了一个新的高度。园林材料能够从自身的工程性与艺术性的角度反映城市的自然与人文两个层面的文化，是硬质景观文化表达的核心载体。研究探讨了基于文化表达的园林材料特征，并结合实际规划设计案例，总结园林材料基于原真性、仿真性以及营建工艺的三种文化表达方式。园林材料来源广，应用灵活，从园林工程的角度，以园林材料为对象，研究风景园林的文化表达方式，不仅能够指导新材料的发掘，同时还有助于公园城市背景下风景园林"以文建园，以园促文"的实现。
关键词： 公园城市；文化；园林材料

Abstract: The concept of Park City makes the cultural demand of landscape architecture reach a new height. Landscape materials, the core carrier of hard landscape culture expression, can reflect the natural and humanistic culture of the city from the perspective of engineering and artistry. This paper discusses the characteristics of landscape materials based on cultural expression, and summarizes three cultural expression methods of landscape materials: expression based on authenticity, simulation and construction technology, by analyzing planning and design cases of landscape architecture. The landscape materials have wide sources and flexible application, therefore, from the perspective of landscape engineering and taking landscape materials as the object , the research on the cultural expression of landscape architecture can not only guide the excavation of new materials, but also contribute to the realization of "constructing a landscape with culture and promoting culture with landscape" under the background of Park City.
Key words: Park City; Culture; Landscape Materials

公园城市，不仅要求能够赋予城市公园般的景观风貌，重点是调适"市民—公园—城市"三者关系，通过提供更多优质的生态产品以满足人民日益增长的优美生态环境需求[1-3]。因此，通过园林空间表达城市文化，提升园林空间的文化内涵，满足市民的精神文化需求——"以文建园，以园促文"成为建设公园城市对风景园林的必然要求。

1　"公园城市"背景下园林材料文化表达的内涵

1.1　园林材料是硬质景观文化表达的核心载体

硬质空间是人们在园林中主要的活动场所，是人们进行游赏活动的直接媒介，硬质空间无时无刻不在通过游客触觉的感知传递园林信息，因此，硬质景观是园林中能够最直观进行文化表达的园林要素[4]。而作为硬质空间的基本组成，园林工程建设的物质基础，硬质空间内可被感知的最小单元，园林材料可以说是硬质景观文化表达的核心载体。

1.2　实践中对园林材料自身文化性的忽视

在园林材料的文化表达中，通过对材料造型的加工以直接表达具体的文化意向，是一种最为便捷与直观，也是最为常见的一种方法，如雕刻、雕塑等。这种方式直观、便捷，但更侧重于形态上的文化意象表达，而对材料本身的文化属性表达有限；另一方面，在园林事业的快速发展过程中，伴随科学技术的发展，材料在不同场景中的兼容性大大提升，园林材料的文化表达出现对技术的研发、应用的偏向，而忽视了材料自身的文化特点。

因此，具象文化表达的便捷性，快速的园林事业发展，使人们对园林材料自身文化性有所忽视。

1.3　工程性与艺术性的表达是园林材料文化表达的实质

风景园林是一门融合了工程与艺术的复杂学科，因此作为硬质空间的最小组成单元，工程性与艺术性是园林材料必然属性。如图1所示，园林材料的工程性与艺术性可从园林材料自内而外的三个圈层进行理解：①结构，材料内部属性，直接决定了材料所适用的工程范围；②表

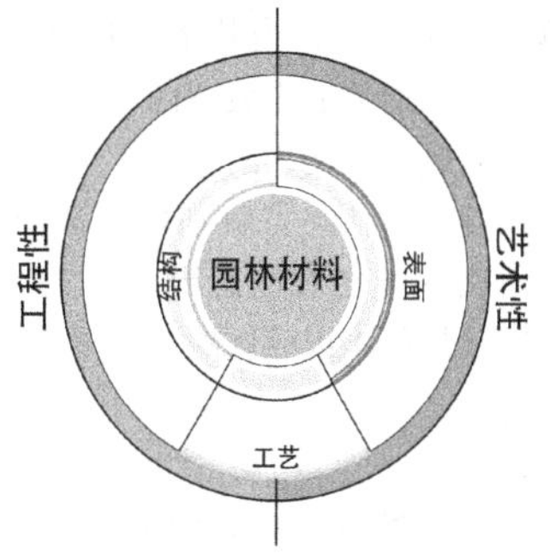

图1　园林材料工程性与艺术性

面，材料可被感知的外在属性，直接影响了材料艺术化利用手段；③工艺，材料在实际空间中具体的营建方式，是材料内部属性（工程性）及外在属性（艺术性）共同影响的结果。

园林材料来源广，既可以是石材、木材等天然资源，也可以是砖、玻璃等人工合成产品，同时还可以是各类回收材料[5,6]，材料的多样性还带来了建造技艺的多样性。

从工程性的角度理解，城市的资源本底特征，如石材特性、木材特性等，决定了材料的结构属性，而城市的环境，如温度、湿度，决定了材料在园林空间中的适用程度，因此材料的工程性实际从自然层面反映了某一地域的文化特征；而从艺术性的角度理解，城市美学本底决定了材料是否能够被选择及具体的利用方式，因此材料的艺术性实际从人文层面反映了某一地域的文化特征[7]。

所以，本文所研究的园林材料文化表达，是指园林材料通过其自身的颜色、质感等物理属性及其加工工艺，对地域具有特色的自然资源、历史人文信息的体现，对如雕刻、雕塑等具象文化表达方法本文不做具体阐述。

2 “公园城市”背景下园林材料文化表达的特征

2.1 代表性

园林材料的代表性，不仅在于其从客观意义上为城市某一资源代表，更重要的是在能够在主观层面上引发游客强烈地认同，通过材料的颜色、明度、肌理甚至工艺，使人能够准确的联想到与之对应的文化意向。

游客难以将园林中的花岗岩与我国石矿丰富的几个城市产生关联，尽管客观层面上花岗岩确实是该城市的资源代表；然而游客却可以通过煤炭甚至仿造煤炭的黑色砾石产生对我国几个煤矿城市的联想。因此，出于文化表达目的的园林材料应用，不仅要注重从城市资源角度的深入挖掘，同时还应兼顾游客认知角度的探寻，从客观与主观层面同步提升其文化代表性。

2.2 可感知性

园林材料的可感知性，不仅在于材料自身可见、可闻、可触的感知，更重要的是材料所要表达的文化意向具有可感知性。园林材料是园林硬质空间的最小组成单元，其所承载的文化表达内容应是有限的，是组成园林整体文化表达的单元或是片段；当其承担过多的文化表达内容时，容易因过多的想象造成表达内容晦涩，甚至产生牵强附会之嫌，反而造成了文化内容的不可感知。游客也许能够通过一块独特的石头，了解到城市某种独特的资源，而仅通过一块石头逼迫游客联想到城市某个与石头有关的历史故事，显然是很难以成立的。

2.3 可持续性

园林材料的可持续性，一方面强调使用取材便捷的乡土材料，既有利于地域资源的展现，同时又能降低开采、运输的成本，减轻园林工程建设过程对环境的影响；另一方面，园林材料的可持续性强调文化性、经济性与生态性的平衡，应避免为刻意突出城市某一资源特征，使用价格昂贵的稀缺材料或是使用一些对开采、加工及使用过程对生态环境造成严重不利影响的材料。

同时，新时期城市以“可持续”为代表的生态文明内涵表达应作为“公园城市”园林材料文化表达的重要内容。除了材料在生产、加工、使用过程的环境友好，由于园林硬质空间的维护与更新是不可避免的，应注重使用废弃后，易降解且不分解出有害污染物质的材料[8]；此外，一些可循环、再生材料或是可利用的废弃物应被特别考虑，不仅降低建设成本，延长材料使用周期，实现“一材多用”，还能延续场地记忆[9]，兼顾文化的“旧”传承与“新”发展。

3 “公园城市”背景下园林材料的文化表达方式与实例

由于园林材料的来源广泛、展示手法丰富以及加工方式多样的特点，园林材料的文化表达方式可分为三大类：基于原真性的表达，基于仿真性的表达，基于营建工艺的表达。

3.1 基于原真性的表达与实例

原真性是指物质最原始、最真实的属性，基于原真性的表达是指通过材料真实的形态、颜色、质感等自身属性，使游客对特定文化意向产生联想的方法。由于材料未经加工的真实状态主要由城市地理、气候等条件所决定，因此基于材料原真性表达的方法更能直观展现城市地理位置、特色资源等信息。

笔者有幸参与2018年河北省第三届（秦皇岛）园林博览会（以下简称秦皇岛园博会）“京津冀”展园的方案及施工图设计（图2），其中，秦皇岛展区以秦皇岛依山伴海的城市地理特征与港城形象为设计依据。设计之初，设计团队首先决定通过连续起伏的景墙立面表达“山”的立意，然而由于空间和水源的限制，难以形成大规模的水景，因而如何利用非水景元素表达“海”的意向，成为设计的一个难点。最终，设计团队将目光聚焦到了景墙材料上，探寻在山形立面中加入海洋要素的可能性。

提及大海，人们常想到沙滩、贝壳等要素，而沿海居民也常使用贝壳砌筑墙体，因此设计团队在园内中塑造了一组连绵、起伏的“贝壳”景墙。质地坚硬的钢材配合折线型的线条形成了高低起伏、刚劲有力的立面形态，表达出了“山”的意向，同时为贝壳提供了填充的框架；白色的贝壳满填景墙，贝壳的颜色透过景墙表面的钢丝网，形成连续的白色的立面，既与黑色的墙体钢结构形成了对比，丰富了景墙的立面效果，同时又借助真实的贝壳材料使游客产生对大海的联想，进而表达出“海”的意向，将秦皇岛山、海的意向巧妙融入景墙之中。此外，贝壳作为秦皇岛来源极广的一种乡土材料，不仅能够直观的体现地域文化特征，还能有效节约建设成本，体现可持续性。

笔者于该展园入口场地，延续了以真实材料为基底的景墙设计方式，选用了松木、白卵石、核桃，分别代表了常绿植物、海滩以及果树，不仅通过真实的材料直观体现出展园中所展示京津冀三地主题植物的不同（京：增彩延绿；津：适耐盐碱；冀：精品果树），还利用了不同填充物的肌理、颜色的差异，使景墙的立面效果得到了丰富（图 3）。

图 2　贝壳笼景墙

图 3　入口填充笼景墙

3.2　基于仿真性的表达

仿真性指的是对物质非原真，通过高度模仿其他物质而得到的属性，基于仿真性的表达是人为对材料进行加工使其接近甚至达到某种特定材料的质感，从而引导游客对特定文化意向产生联想的方法。由于各类材料不仅要在彼此之间进行组合，同时还要与水景、植物等其他园林要素相结合，所以基于材料的耐性、结构强度的差异性，单一的园林材料并不能满足所有的设计意图。因此，当一些材料难以满足具体的结构要求时，就需使用其他材料对其进行模拟。

3.2.1　基于仿真性表达实例 1：南阳月季大会邓州展园

笔者有幸参与了 2019 年南阳世界月季洲际大会（以下简称南阳月季大会）邓州展园方案与施工图设计，方案以“寻垣汲古，花洲耕读”为核心立意，抽象邓州古城独特的外土内砖的“回”型嵌套城墙结构形成展园核心空间结构。

设计之初，团队希望通过使用真实泥土通过夯土的方式再现邓州古城土墙，然而由于展园设计的特殊性，展园内部水景丰富，高差复杂，墙体立面还需满足多样的装饰需求，因此使用传统泥土材料难以满足本次设计意图。因此，为展现土墙肌理，同时满足挡土、耐水等结构要求，设计团队对墙体材料进行了广泛比选，最终确定了使用装饰混凝土轻型墙板作为墙体立面材料。装饰混凝土轻型墙板是一种由装饰混凝土与 GRC 材料复合而成的材料，其特点是薄、轻且能够进行各类特殊处理，具有强大的模仿性。其面层在特殊处理之后，能够在颜色、肌理、质感上十分贴近泥土夯实形成的墙体；同时，由于混凝土的本质，其相较于夯土墙性能更优，能够满足挡土、耐水等较高的结构需求，同时也能较为便捷的与石材、钢材等其他材料相结合以满足立面装饰需求。

此外，在真实施工过程中，由于混凝土可预制且采用了干挂的施工方式，不仅形成了良好的立面效果（图 4），还极大缩减了建设工期。

图 4　南阳月季大会郑州园景墙

3.2.2　基于仿真性表达实例 2：郑州园博会平顶山展园

2017 年第十一届中国（郑州）国际园林博览会（以下简称郑州园博会）平顶山展园，黑色石笼景墙构成了平顶山展园的主景观界面。全园以“煤矿城市”为核心设计依据，然而由于煤炭的理化性质其在户外空间难以长久保持良好的景观效果，同时煤炭质地较轻，用作填充物时墙体自重可能难以满足一定的结构需求。因此，设计师摒弃了使用煤炭作为填充物的原真性材料应用，而选用了在肌理、颜色上类似煤炭的黑色石块，以表达其设计概念，同样达到了良好的景观效果（图 5）。

图 5　郑州园博会平顶山园黑色石笼景墙

3.3　基于营建工艺的表达与实例

营建工艺是对材料进行加工与处理使其最终成为园林景观的方式，受地域审美、艺术差异影响，相同材料在不同地域可能采用不同的营建方法或是体现出不同的工艺特点，因此基于营建工艺的表达，是通过特定的园林材料组合、搭接等手段，使游客能够产生对地域人文艺术认知的方法。

2017 年郑州园博会焦作展园中，设计师以“竹林七贤”为主题，抽象设计了 7 个竹构筑。竹并非焦作的特产，如何通过竹材使游客产生对焦作城市的定向联想，进而进一步引导其对“竹林七贤”的意向进行感知是设计的一大难点。

在对焦作竹文化进一步挖掘之后，发现了焦作在漫长的以竹为友城市历史中，形成了高超的竹编技术，居民以竹为材，通过手工编织的方式将其变为各种生活用品、工艺美术品，可以说竹编技术深入到了焦作的方方面面，成为其独特的一个文化符号。因此，设计团队使用弯曲成近乎圆形竹钢塑造了竹构筑的基本结构骨架，并使用了真实竹材，结合了当地的竹编织技术，对构筑表面进行了设计（图 6）。

图 6　郑州园博会焦作展园竹钢构筑

一方面，7 个构筑物从颜色、肌理上完美地保留了竹的特性，此外又在技艺手法上高度融合了焦作当地的特色工艺，实现了概念、材料、城市文化的完美融合，更深层次地展现焦作的竹文化内涵。

4　结语

在快速的园林事业发展中，人们对园林材料自身文化属性有所忽视，而园林材料能够从工程性与艺术性的角度体现地域自然与人文层面的文化特征；硬质空间是园林游憩活动的直接媒介，作为园林硬质空间的基本组成单元，园林材料对硬质景观文化表达有着重要意义。在公园城市背景之下，回归对材料自身文化性的挖掘与其表达的研究，不仅能够指导园林新材料的发掘，同时还有助于强化园林空间文化特征，能够促进“公园城市”背景下，风景园林“以文建园，以园促文”的实现。

文化表达是一个复杂概念，本文仅针对园林材料进行了重点探讨，在实际的规划设计中，片面强调园林材料的文化表达不足以支撑园林整体的文化性表达；在对园林材料文化性表达方式挖掘的前提下，同时还应注重对材料在具体园林空间营造中，与其他园林要素相结合的应用方式与方法，做到因地制宜、因景制宜、因境制宜。

参考文献

[1] 张云路，高宇，李雄，等．习近平生态文明思想指引下的公园城市建设路径[J]．中国城市林业，2020，18(03)：8-12.

[2] 王香春，蔡文婷．公园城市，具象的美丽中国魅力家园[J]．中国园林，2018，34(10)：22-25.

[3] 吴岩，王忠杰，束晨阳，等．"公园城市"的理念内涵和实践路径研究[J]．中国园林，2018，34(10)：30-33.

[4] 戈晓宇．园林硬质景观的地域性表达研究[D]．北京：北京林业大学，2011.

[5] 戈晓宇，霍锐，李雄．以废弃物和再生建材为材料的园林建设实施框架研究[J]．建筑与文化，2015(12)：87-89.

[6] 李静．"城市双修"背景下废弃材料在园林景观中的应用研究[J]．乡村科技，2018(04)：61-63.

[7] 丁怡芳．园林设计中地域文化的运用价值[J]．建材与装饰，2019(27)：105-106.

[8] 贝海峰．略论低碳风景园林营造的功能特点与关键要素[J]．农家参谋，2018(13)：101.

[9] 陈泓宇，李雄．低成本视角下的城市展园园林材料应用研究//中国风景园林学会．中国风景园林学会2019年会论文集(下册)[C]．2019.

作者简介

陈泓宇，1994年7月生，男，汉族，福建霞浦，北京林业大学园林学院在读博士研究生，研究方向为风景园林规划设计与理论。电子邮箱：297511736@qq. com。

刘煜彤，1996年10月生，女，回族，天津，北京林业大学在读硕士研究生，研究方向为风景园林规划设计与理论。电子邮箱：904020067@qq. com。

胡盛劼，1992年10月生，女，布依族，贵州，北京林业大学园林学院在读博士研究生，研究方向为风景园林规划与设计与理论。电子邮箱：287491505@qq. com。

李雄，1964年生，男，汉族，山西，博士，北京林业大学副校长、园林学院教授，博士生导师，研究方向为风景园林规划设计与理论。电子邮箱：bearlixiong@sina. com。

严寒城市社区绿地秋季微气候特征分析①

Analysis of Autumn Microclimate Characteristics of Community Green Space in Severe Cold City

胡秋月　朱　逊　贾佳音

摘　要：社区绿地是居民活动的主要场所，场地微气候特征对人群使用率和活跃度有较大影响。严寒城市恶劣气候条件限制社区绿地中的户外活动，因此营造舒适微气候，对延长秋季寒冷天气下人群活动使用时间具有重要意义。本文选取严寒城市典型社区绿地作为研究对象，通过移动测量方法获取场地测试点的温湿度和风速数据，对其进行定量分析，进一步解析场地的微气候特征。结果表明：社区绿地的温度在上午和中午时段总体高于下午和傍晚时段，湿度变化与温度变化呈明显负相关；场地的总体布局、下垫面差异性（植物和硬质铺装）和周边高层建筑都是影响场地微气候的重要因素；社区绿地不同空间区域的微气候影响因素存在差异，需要根据空间特点进行相关设计。

关键词：微气候；社区绿地；严寒城市

Abstract: Community green space is the main place for residents' activities, and the microclimate characteristics of the site have a greater impact on population utilization and activity. The severe climatic conditions in severe cold cities restrict outdoor activities in community green spaces, so it is of great significance to create a comfortable microclimate and extend the use of crowd activities in cold autumn weather. This paper selects the typical community green space in a severe cold city as the research object, and obtains the temperature, humidity and wind speed data of the test points of the site through the mobile measurement method, carries out a quantitative analysis on it, and further analyzes the microclimate characteristics of the site. The results show that the temperature of the community green space is generally higher in the morning and noon than in the afternoon and evening, and the humidity change is obviously negatively correlated with the temperature change; the overall layout of the site, the difference of the underlying surface (plants and hard paving) and the surrounding high-rise buildings are all important factors affecting the microclimate of the site; the microclimate influencing factors of different spatial areas of community green space are different, and relevant design needs to be carried out according to the spatial characteristics.

Key words: Microclimate; Community Green Space; Severe Cold City

1　研究背景

城市公共空间的使用、逗留质量受到诸多因素的影响，其中，微气候及热舒适性是影响的核心因子[1]。随着全球气候变暖、极端气候条件频发以及使用者对城市开放空间品质需求的增加，使得大量国内外研究学者开始注重城市开放空间微气候物理环境及其热舒适性与行为活跃程度之间的关系问题，并取得了一定的研究成果。相关研究主要集中在旅游地及城市开放空间微气候及其舒适度与客流量、行为参与人数的相关性研究；微气候舒适度、使用者主观热感知评价与行为参与人数的相关性研究；空间布局及其形态特征、景观形态特征的微气候调节机理与行为参与人数的相关性研究3方面内容。

秋季是严寒城市特有的偏冷过渡季节，在此期间，城市室外空间的热舒适性较差，市民室外活动情况也受气候影响较大[2]。本研究基于严寒城市社区绿地秋季微气候的时空特征，通过移动测量方法获取微气候数据，将相关数据进行量化与比较，对微气候特征进行分析，探求影响微气候变化的空间要素。

2　实验设计

2.1　实验地点

本文选取哈尔滨市南岗区的北秀广场（图1）、开发区景观广场（图2）和宣庆小区花园（图3）作为研究对象，使用率和活跃度较高，为典型的严寒城市社区绿地。北秀广场交通便利，周边以居住区为主，人口密度大，面积1.2hm^{2}左右；开发区景观广场位于长江路和鸿翔路交叉口处，周边有大量的居住小区，服务人群主要是以周边居民为主，同时兼顾城市的旅游服务功能，面积2.1hm^{2}左右；宣庆小区花园位于黄河路和海滨街交口，周边即为居住区，园内绿化覆盖率高，面积0.96hm^{2}左右。3个社区绿地均包括入口区域、林下空间、硬质铺装空间和健身设施空间4类典型空间（图4）。

① 基金项目：黑龙江省高等教育教学改革一般研究项目（编号SJGY20190207），黑龙江省教育科学十三五规划课题（编号GJB1320074）共同资助。

图 1　北秀广场区位图

图 2　开发区景观广场区位图

图 3　宣庆花园区位图

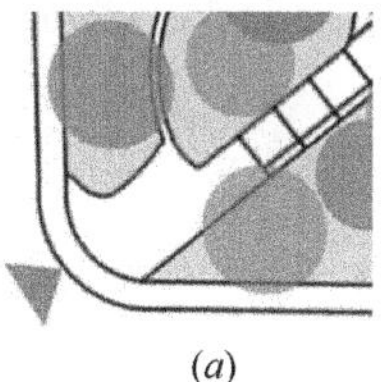

(*a*)

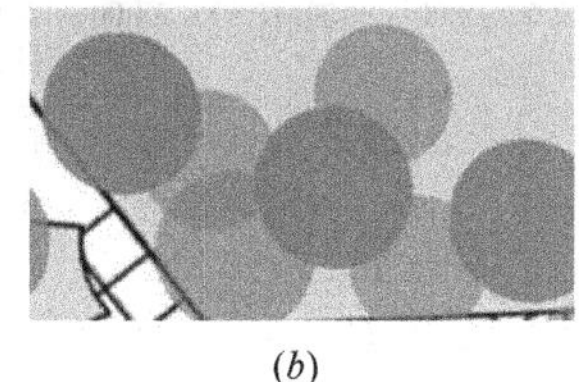

(*b*)

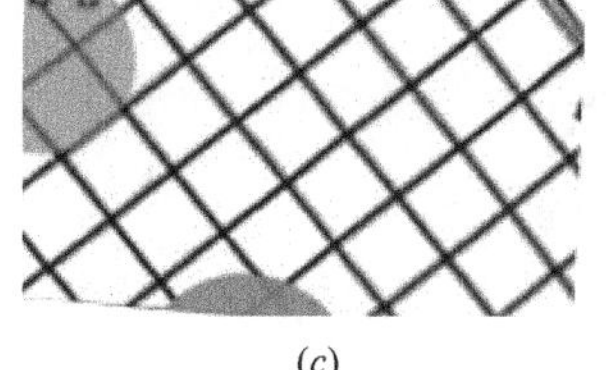

(*c*)

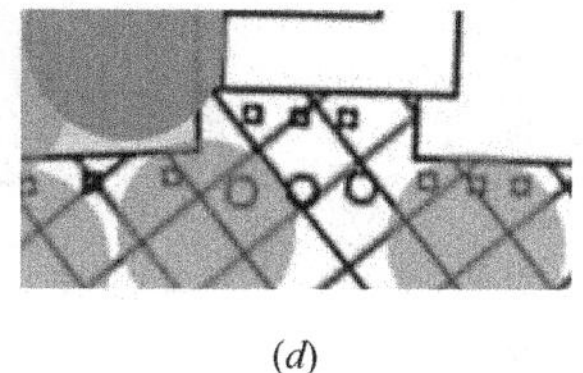

(*d*)

图 4　社区典型绿地空间

(*a*) 入口空间；(*b*) 林下空间；(*c*) 硬质铺装空间；(*d*) 健身设施空间

2.2　实验时间

在晴朗少云的天气下进行，本次测试时间为 2020 年 9 月 29 日～10 月 02 日，选取一天中相同的 4 个时段（7：00～8：00，9：00～10：00，14：00～15：00，16：00～17：00，18：00～19：00，后文中简称时段 1、时段 2、时段 3、时段 4、时段 5，依次对北秀广场、开发区景观广场和宣庆小区花园中各个测试点的微气候数据进行测量。

2.3　测量仪器与方法

本研究实验过程中所采用的方法借鉴了许多学者的经验[3-6]，微气候测量使用仪器为 Testo-415 微风速仪和 VAISALA-便携式温度湿度计（图 5），测量时将探头置于距地面 1.5m 高处，并在研究时段内记录各测点在 1min 内的平均温度、相对湿度和平均风速值。

图 5　实验仪器

根据场地特点对 3 个社区绿地进行微气候测试点的样方设置，并在哈尔滨工业大学建筑学院内部一块开阔无植被区域作为对照数据。其中北秀广场的样方设置为 5m×5m，开发区景观广场和宣庆小区花园的样方设置为 10m×10m。北秀广场是本研究的第一个测试样地，经过对所测数据进行统计分析，发现微气候数据在相邻 5m×5m 规格范围内变化不大，而 10m×10m 规格则为一个微气候变化的临界点，因此后两个场地的样方规格调整为 10m×10m。北秀广场、开发区景观广场和宣庆小区花园测试点数分别为 87、53 和 35。

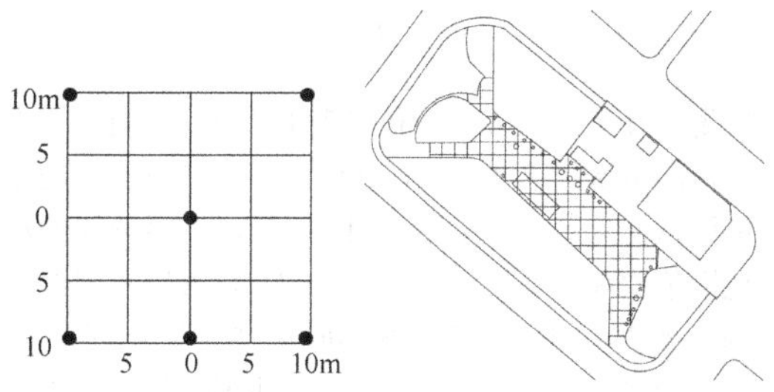

图 6　样方实测点与样方设置（以北秀广场为例）

3　数据分析

3.1　微气候因子

3.1.1　空气温度

经测试可看出，3 个社区绿地各测试点温度在一天的时段变化中呈现明显规律（图 7～图 9），但我们发现北秀广场与开发区景观广场和宣庆小区花园总体温度变化趋势有所差异，其温度最低值普遍分布在时段 4。

空气温度在时段 1、时段 2 和时段 3 波动范围较大，

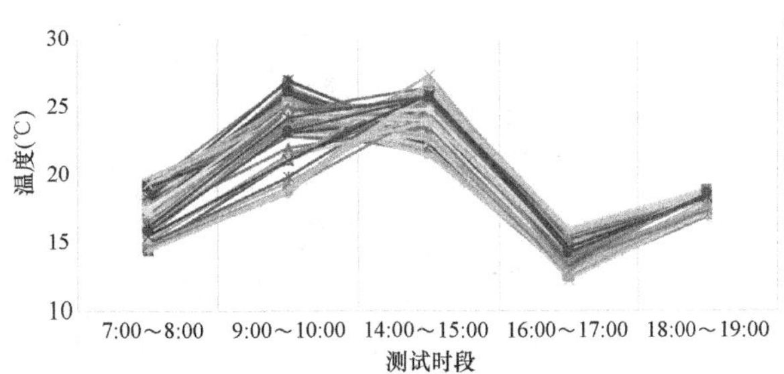

图 7　北秀广场各测试点温度变化图

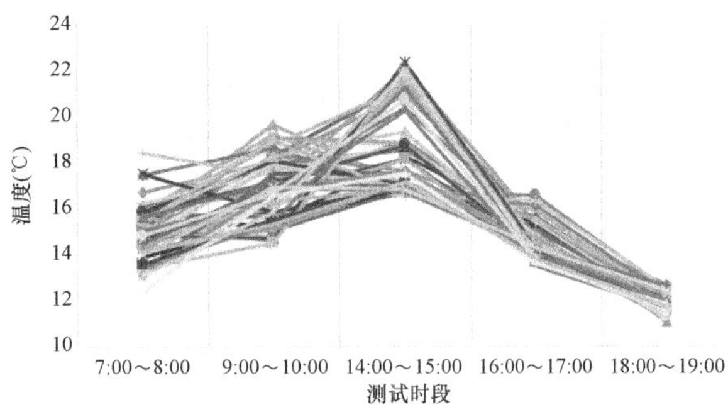

图 8　开发区景观广场各测试点温度

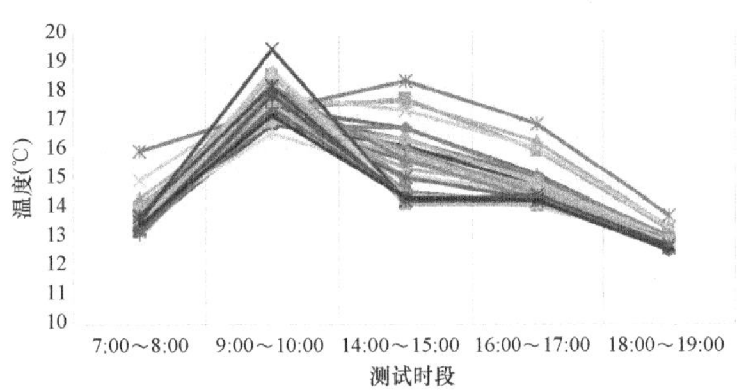

图 9　宣庆小区花园各测试点温度

北秀广场、开发区景观广场和宣庆小区花园在时段 1 的温度波动范围依次为 5.4℃、6℃和 2.9℃，在时段 2 的温度波动范围依次为 8.3℃、5.1℃和 2.9℃，在时段 3 的温度波动范围依次为 5.9℃、5.8℃和 4.2℃，可以发现温度波动范围最大值出现在北秀广场的时段 2，为 8.3℃。温度在时段 4 和时段 5 波动范围较小，其中温度波动范围最小值出现在宣庆小区花园的时段 5，为 1.2℃。温度最大值出现在北秀广场的时段 3，为 27.2℃，最低值出现在开发区景观广场的时段 5，为 11.1℃。北秀广场、开发区景观广场和宣庆小区花园在一天内的最高温与最低温差值分别为 14.9℃、11.2℃和 6.9℃。

3.1.2　相对湿度

经测试可看出，3 个场地各测试点相对湿度在一天的时段变化中呈现明显规律（图 10～图 12），上午时段的相对湿度值普遍比下午的要高。相对湿度在时段 5 波动范围较小，北秀广场、开发区景观广场和宣庆小区花园的湿度波动范围依次为 12.7%、11.2%和 6.7%，波动范围最小值出现在宣庆小区花园的时段 5，为 6.7%。其他时段的湿度波动范围因场地不同而存在差异性，其中北秀广场、开发区景观广场和宣庆小区花园的湿度波动范围最大值分别在时段 1（27.6%）、时段 2（22.7%）和时段 2（16%），波动范围最大值出现在北秀广场的时段 1（27.6%）。其中湿度最大值出现在北秀广场的时段 1，为 83.3%，最低值

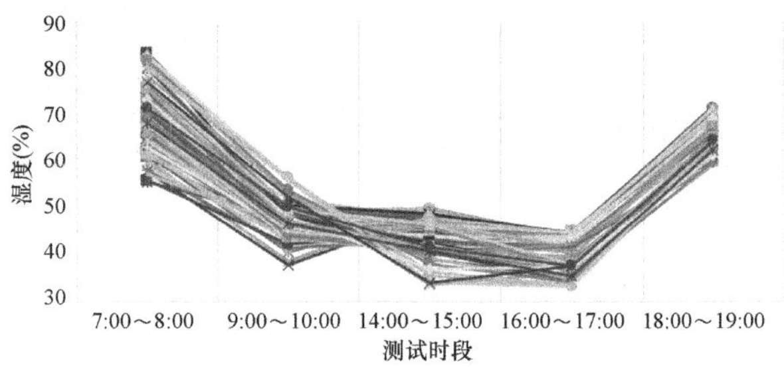

图 10　北秀广场各测试点相对湿度

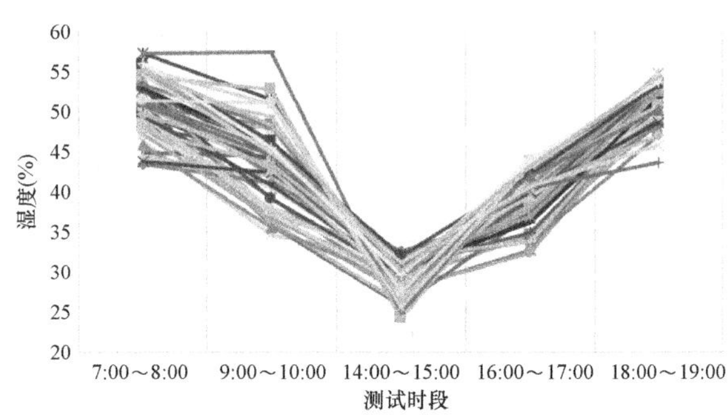

图 11　开发区景观广场各测试点相对湿度

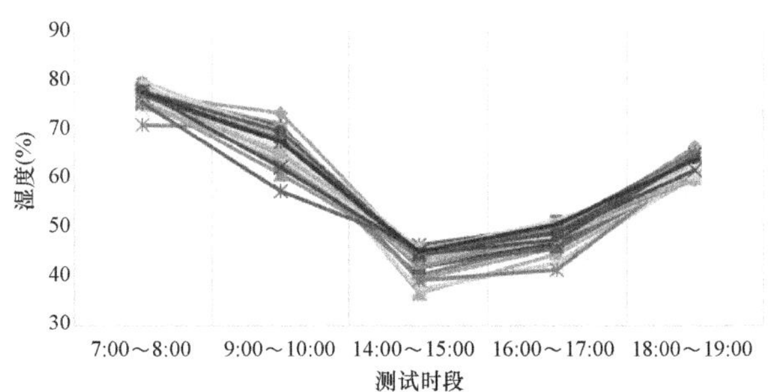

图 12　宣庆小区花园各测试点相对湿度

出现在开发区景观广场的时段 3，为 24.3%。北秀广场、开发区景观广场和宣庆小区花园在一天内的最高湿度与最低湿度差值分别为 50.2%、33.1%和 43.1%。

3.1.3　风速

经测试可看出，3 个场地各测试点风速在一天的时段变化规律不明显（图 13～图 15）。风速在时段 2 和时段 3 波动范围较大，北秀广场、开发区景观广场和宣庆小区花园在时段 2 的风速波动范围依次为 1m/s、0.87m/s 和 0.74m/s，在时段 3 的风速波动范围依次为 0.67m/s、1.14m/s 和 1.08m/s，波动范围最大值出现在开发区景观广场的时段 3，为 1.14m/s。风速在时段 4 和时段 5 波动范围较小，其中波动范围最小值出现在开发区景观广场的时段为 4，为 0.28m/s。风速最大值出现在开发区景观广场的时段 3，为 1.15m/s，最低值出现在北秀广场的时

段 4 和开发区景观广场的时段 5，均为 0m/s。北秀广场、开发区景观广场和宣庆小区花园在一天内的最高风速与最低风速差值分别为 1.03m/s、1.15m/s 和 1.12m/s，3 个场地差异性不大。

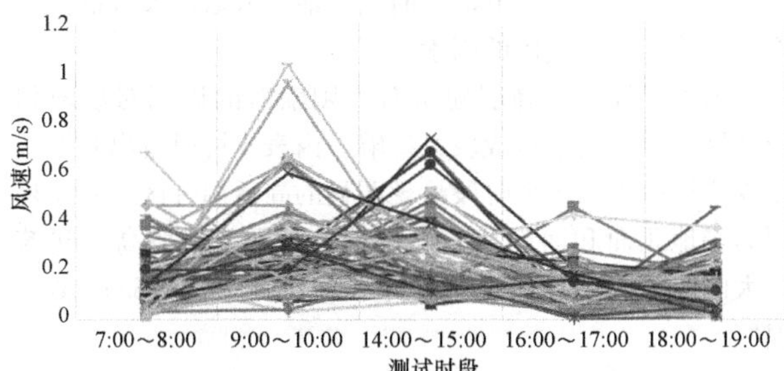

图 13　北秀广场各测试点风速

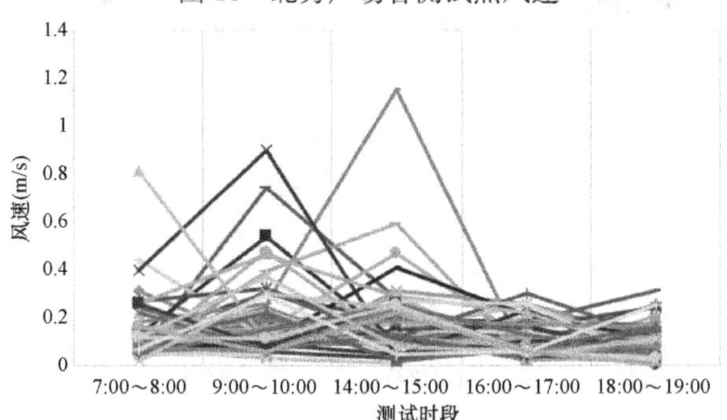

图 14　开发区景观广场各测试点风速

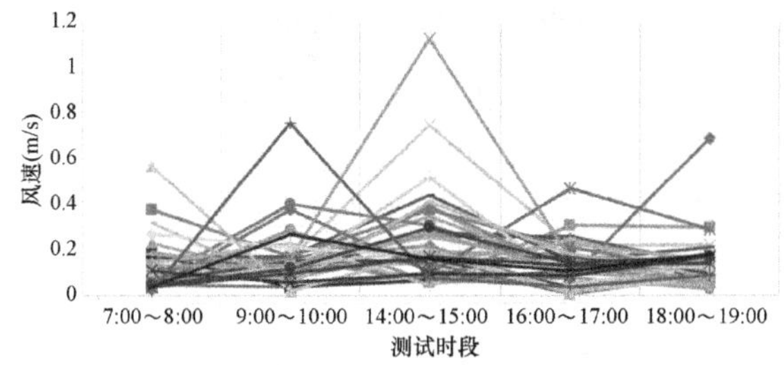

图 15　宣庆小区花园各测试点风速

3.2　微气候场地差异性

3.2.1　空气温度

由图 16 可以看出，北秀广场的温度总体比开发区景观广场和宣庆小区花园高，主要是因为北秀广场的整体布局呈长条状，导致场地内部出现某些时段温度较高、散热困难，从而导致场地总体温度较高。宣庆小区花园绿化率较高，绿色植被对场地温度的调节作用明显[7]，因此其场地内温度总体较低，且在一天内变化趋于稳定状态。开发区景观广场硬质铺装空间较大，由于硬质铺装材质吸热快散热也快，导致场地内温度差异性较大。

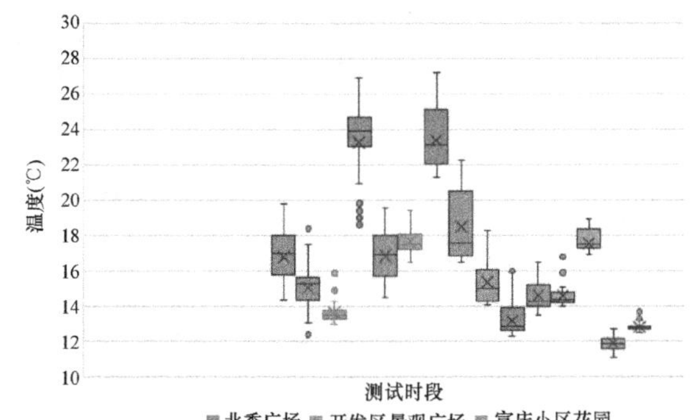

图 16　3 个场地各测试点空气温度平均值

3.2.2　相对湿度

由图 17 可以看出，宣庆小区花园的相对湿度总体最高，且各时段内湿度值差异性不大，究其原因是其场地绿化率高，且种植池的植物组团搭配多以乔-灌-草为主，相关研究表明乔-灌-草植物组团对场地的增湿效果明显[4]。开发区景观广场的相对湿度最低，因为 3 个场地中其硬质铺装占比最大，绿化面积相对较少且分布在场地周边，对场地内的增湿效果不明显。

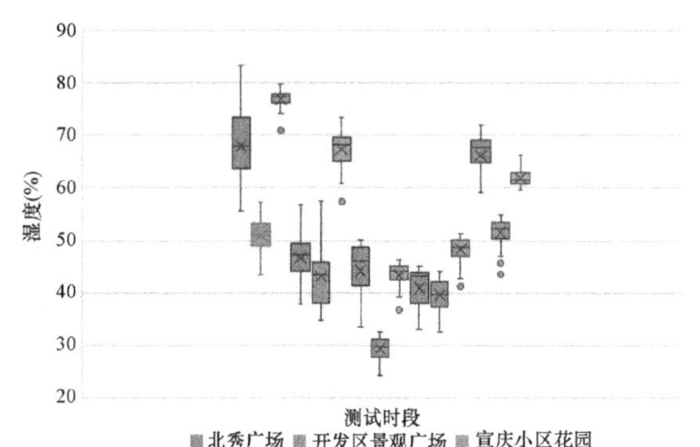

图 17　3 个场地各测试点相对湿度平均值

3.2.3　风速

由图 18 可以看出，3 个场地一天 4 个时段的风速值总体趋于稳定，但 3 个场地均在不同时段出现异常高风速值，这与风速值易受多种因素影响有关。3 个场地在时段 3 的总体风速值较大且存在较大差异性，原因是此时段场地内由于太阳辐射在下垫面产生局部热压而引起空气流动[8]。在此时段绿化率较高的宣庆小区花园总体风速值与以硬质铺装为主的北秀广场和开发区景观广场有一致的趋势，究其原因是宣庆小区花园场地内乔木种植间形成通风廊道，对风具有一定引导性[10]，所以此时段总体风速值也较高。

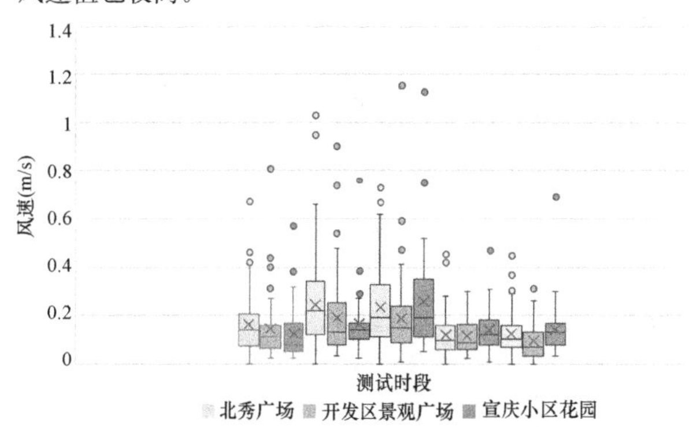

图 18　3 个场地各测试点风速平均值

3.3 微气候空间差异性

根据表 1 呈现的情况，下面对 3 个社区绿地不同空间类型在不同时段微气候呈现的差异特征进行分析。

入口区域受人群流动以及道路交通情况的影响，密集的人群流动和汽车尾气易导致其温度升高，从北秀广场和开发区广场入口区域在下午时段的温度值分布可以看出。

绿色植被种植区在下午时段对相应区域的降温增湿作用显著，如北秀广场中大乔木林下空间以及宣庆小区西边密集的植物种植区在下午时段呈现相对较低的温度以及较高的湿度。

硬质铺装空间由于其吸热快以及散热快的特点，场地中相应区域呈现上午升温以及下午时段场地温度较高的现象，如北秀广场中部硬质铺装空间和宣庆小区花园东部开敞硬质铺装空间。

健身设施空间微气候也呈现一定规律性，主要受到人群活动的影响，人群活动时间、活动人数以及人群密度都是影响空间微气候的因素。

另外场地周边高层建筑对太阳辐射的遮挡对场地相应区域的微气候也造成较大影响。由表 1 可以看出开发区景观广场中下午 3 个时段呈现明显的高低温分区，主要是因为场地北面和西面均为高层建筑，下午时段高层建筑对太阳辐射遮挡作用明显，导致在场地形成建筑阴影低温区。

3 个场地各测试点微气候数据空间分布　　表 1

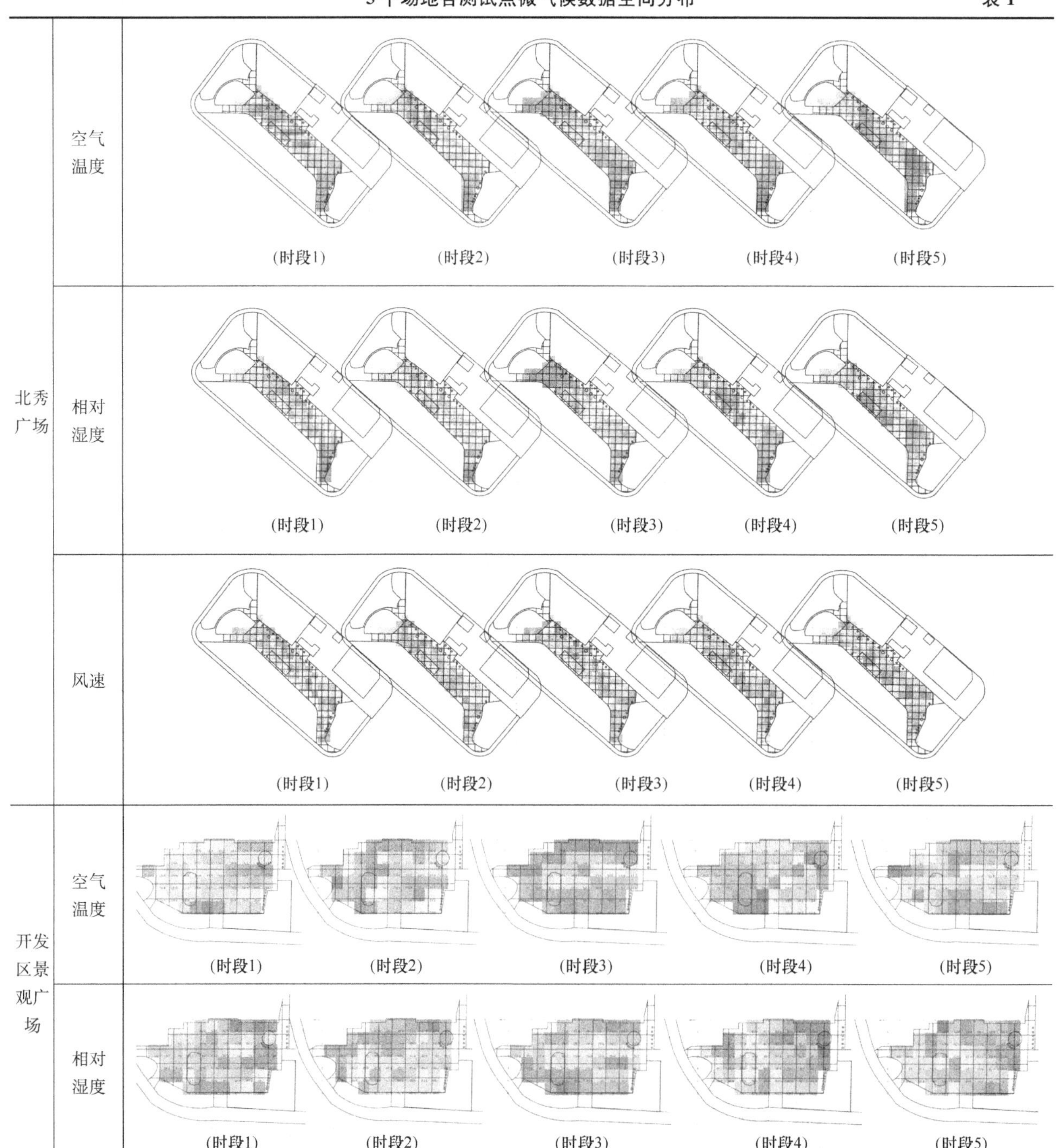

续表

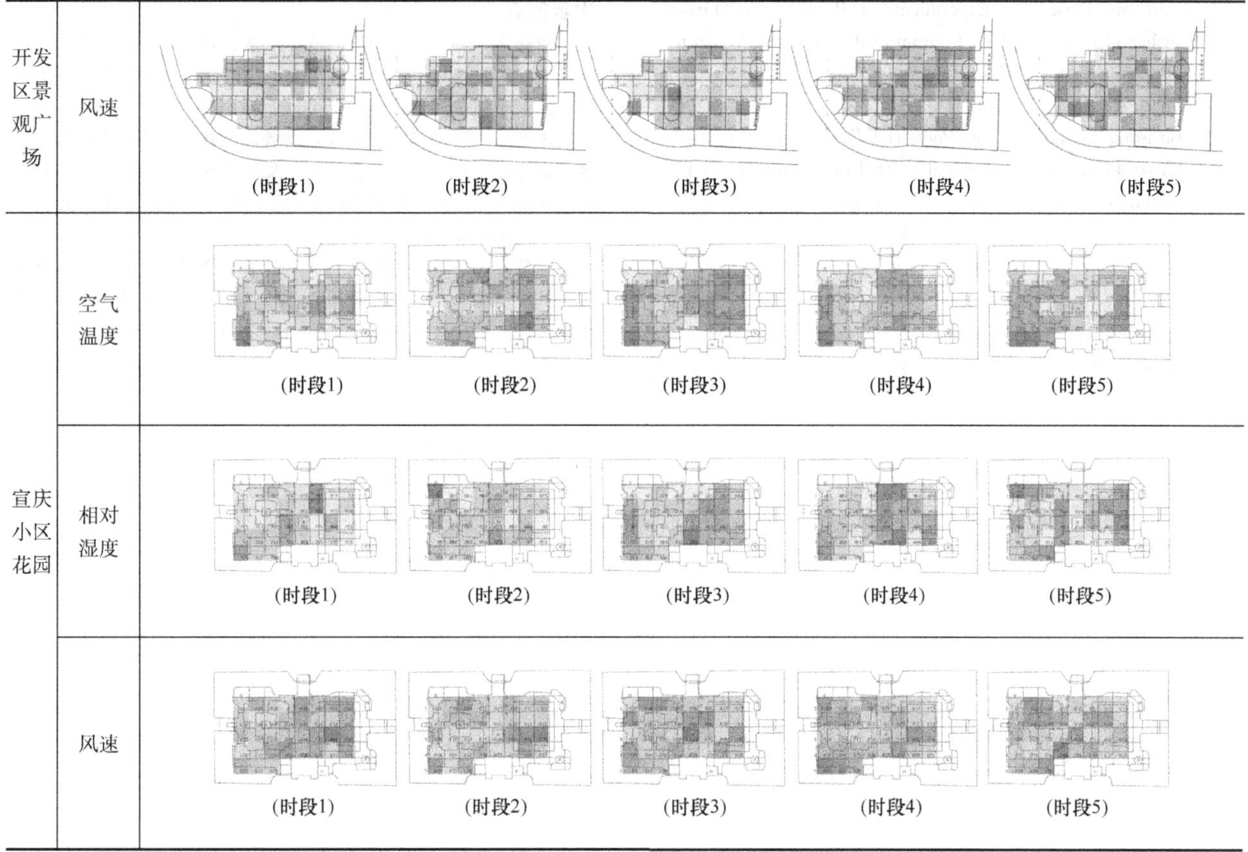

注：图中灰度表示相应微气候指标数值的高低，由淡-深灰的趋势递增（越浅数值越低，越深数值越高）

4 结论

通过对严寒城市 3 个社区绿地微气候数据进行量化与比较，得到以下结论：

（1）微气候因子波动规律：3 个社区绿地在一天时段的温度变化中，呈现出的规律为上午和中午时段总体高于下午和傍晚时段，但温度在上午时段和中午时段波动范围较大，在下午和傍晚时段波动范围较小。其中北秀广场日温差是最大的（14.9℃），宣庆小区花园日温差最小（6.9℃）。3 个场地相对湿度在上午时段总体比下午时段高，并且在傍晚时段波动范围最小。3 个场地风速在一天时段中变化规律不明显，同时 3 个场地一天内的最高风速与最低风速差值差异性不大。

（2）微气候空间差异性：场地入口区域的微气候易受人群流动以及道路交通情况的影响，绿色植被对空间微气候的降温增湿作用显著，因此可以在入口处进行植物种植来调节局部微气候；在社区绿地中应该避免大面积硬质铺装的出现，因为此种空间日温差较大，不利于人群的活动与逗留；健身设施空间是人群活动的高频地区，在设计时应该着重考虑其微气候的营造；同时在规划设计时应该避免场地周边存在大量高层建筑，因为在场地形成的大面积建筑阴影低温区，违背了秋冬季节场地活动人群晒阳取暖的需求。

关于严寒城市社区绿地秋季微气候的营造，可以通过在空间中进行合理的植物配置以及设置相关构筑物来调节；其中在植物种植选择方面，落叶乔木是保持社区绿地微气候舒适度水平的稳妥之举。本研究由于缺乏样本空间量化研究，相关结论有待后续验证。

参考文献

[1] Eliasson I, Knez I, Westerberg U, et al. Climate and behavior in a Nordic city[J]. Landscape and Urban Planning, 2007, 82(1-2): 72-84.

[2] 袁青，王碧薇，冷红．严寒城市广场气候条件与人群行为关系研究——以哈尔滨景阳广场为例[C]．共享与品质——2018 中国城市规划年会论文集(07 城市设计)．0.

[3] 刘滨谊，张德顺，张琳，等．上海城市开敞空间小气候适应性设计基础调查研究[J]．中国园林，2014(12)：17-22.

[4] 刘滨谊，林俊．城市滨水带环境小气候与空间断面关系研究 以上海苏州河滨水带为例[J]．风景园林，2015(06)：46-54.

[5] 张德顺，王振．高密度地区广场冠层小气候效应及人体热舒适度研究——以上海创智天地广场为例[J]．中国园林，2017(4).

[6] 刘滨谊，梅欹，匡纬．上海城市居住区风景园林空间小气候要素与人群行为关系测析[J]．中国园林，2016，32(001)：5-9.

[7] 陈菲，朱逊，张安．严寒城市不同类型公共空间景观活力评价模型构建与比较分析[J]．中国园林，2020，36(03)：92-96.

[8] 叶鹤宸，朱逊．哈尔滨市秋季城市公园空间特征健康恢复性影响研究——以兆麟公园为例[J]．西部人居环境学刊，2018，33(04)：73-79.

[9] Xun Zhu, Ming Gao, Wei Zhao, Tianji Ge. Does the Pres-

ence of Birdsongs Improve Perceived Levels of Mental Restoration from Park Use? Experiments on Parkways of Harbin Sun Island in China[J]. International Journal of Environmental Research and Public Health, 2020, 17(7).

[10] Zhao Wei, Li Hongyu, Zhu Xun, Ge Tianji. Effect of Birdsong Soundscape on Perceived Restorativeness in an Urban Park[J]. International journal of environmental research and public health, 2020, 17(16).

作者简介

胡秋月，1996年9月生，女，汉族，广西，哈尔滨工业大学建筑学院风景园林专业硕士研究生，研究方向为风景园林历史及理论。电子邮箱：1968759650@qq.com。

朱逊，1979年7月生，女，满族，副教授，博士生导师，哈尔滨工业大学建筑学院，寒地城乡人居环境科学与技术工业和信息化部重点实验室，研究方向为风景园林规划设计及其理论。电子邮箱：zhuxun@hit.edu.cn。

贾佳音，1997年9月生，女，汉族，哈尔滨，哈尔滨工业大学建筑学院风景园林专业硕士研究生，研究方向为风景园林历史及理论。电子邮箱：jiajiayin611@126.com。

基于用户体验的居住空间垂直绿化设计迭代探索①

——以“长屋计划”为例

Design Iterations Exploration of VGS of Living Space Based on User Experience:

A Case Study of "LONG-PLAN"

萧　蕾　梁家豪　许安江　吴若宇　赖　敏

摘　要：随着社会生活水平的不断提高，人们越来越关注居住空间环境的健康及舒适性。新冠肺炎疫情防控期间，长时间的居家“抗疫”也使得人们更加希望能够在居住空间中接触自然。第二届中国国际太阳能十项全能竞赛冠军作品“长屋计划”通过垂直绿化系统与居住空间的有效整合，将“自然”引入其中，优化居住空间的环境品质。本研究通过邀请志愿者对“长屋计划”（简称“长屋”）进行用户体验评价，从居住者体验的角度初步探讨研究垂直绿化设计在居住空间的迭代因素，并为未来室内垂直绿化产品设计提供方向。

关键词：居住环境；生态健康；垂直绿化；用户体验；设计迭代

Abstract: With the continuous improvement of social living standard, people pay more attention to the health and comfort of living space environment. During the prevention and control of COVID-19, the long time spent fighting COVID—19 at home also increases people's desire to get in touch with nature in their living space. The winner of the 2018 China Solar Decathlon, "LONG-PLAN", introduces "natural" into the living space and optimizes the environmental quality of the living space through the effective integration of vertical greening and living space. In this study, volunteers were invited to evaluate the living experience of "LONG-PLAN"(referred to as"LONGHOUSE"), and the iterative factors of vertical greening design in living space were preliminarily discussed and studied from the perspective of residents' experience, so as to provide directions for future indoor vertical greening product design.

Key words: Living Environment; Ecological Health; Vertical Greening; User Experience; Design Iteration

垂直绿化是指利用植物材料对建筑或构筑物的垂直面进行绿化[1]，将植物种植模式从传统的平面单一模式向空间立体模式衍生[2]，使其空间效益与绿植的多重效益相结合，具有较高的美学价值与生态价值。

“用户体验”一词最早由 Donald Norman 提出，经普及后广泛运用于互联网、工业设计等领域。ISO 9240-210 将用户体验定义为人们在参与产品、服务或系统过程中建立起来的一种纯主观感受[3]，研究用户体验相关决定因素，可以有针对性地提高产品吸引力与产品体验[4]。

居住空间是人类赖以生存、修整身心的场所，人的一生中平均超过三分之一的时间在其中度过[5]，因此居住品质从诸多方面影响人的身心状态和生活质量[6]。目前，对于垂直绿化的应用更多是在室内的商业、办公空间中，人在居住空间中对自然的追求往往局限于少量室内或阳台种植。在现有研究中，相关探讨主要集中在垂直绿化的构造技术、植物配置、种植技术、生态效益、系统维护等方面，而基于使用者自身的角度，对人在于室内垂直绿化景观中的实际用户体验，以及如何基于用户体验提升空间品质的探讨还相对匮乏。

本文以中国国际太阳能十项全能竞赛冠军作品“长屋计划”室内景观空间为例，通过邀请志愿者进行实地的场景体验，基于用户体验进行问卷调查与评价分析，初步探讨研究垂直绿化设计在居住空间的相关迭代因素，从中总结出相关与普遍的设计规律与现存问题，为未来垂直绿化产品设计提供优化方向。

1　项目概况

“长屋计划”以垂直绿化景观为纽带，在居住生活中搭接人与自然的联系。建筑单体选取了较为普适的尺度：宽 4.8m，长 18m，两层总高 7.2m，空间沿建筑进深方向的一道间墙划分为“服务空间”及“被服务空间”，以此为居住功能的分布规则（图 1）。在此基础上，分别在服务带与生活空间各设置一处可开合的天井空间并结合垂直绿化系统（图 2），尝试营造一个绿色、生态、舒适、健康的居住环境。

“中庭绿墙”是联系首层与二层空间的宽 5.6m、高 5.0m，总面积 28m² 的通高绿墙（图 3），位于中央生活空间的大天井处，是整个生活空间的视觉和空间中心，形成了与餐厅、客厅以及两个卧室的视线通廊。“鱼菜绿墙”由上下两层植蔬绿墙，鱼菜循环系统以及监控系统组成，

①　项目资助：住房和城乡建设部软科学研究项目（2019-K-129）；广东省普通高校特色创新项目（2018KTSCX002）。

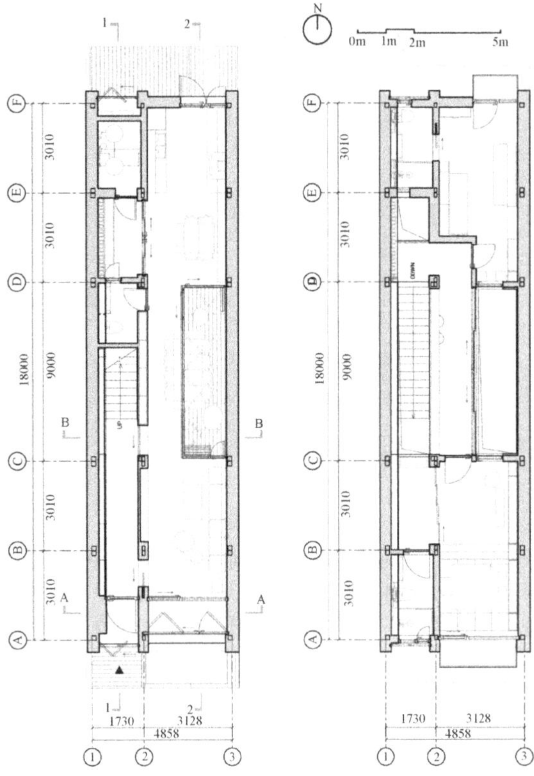

图 1　首层与二层平面图

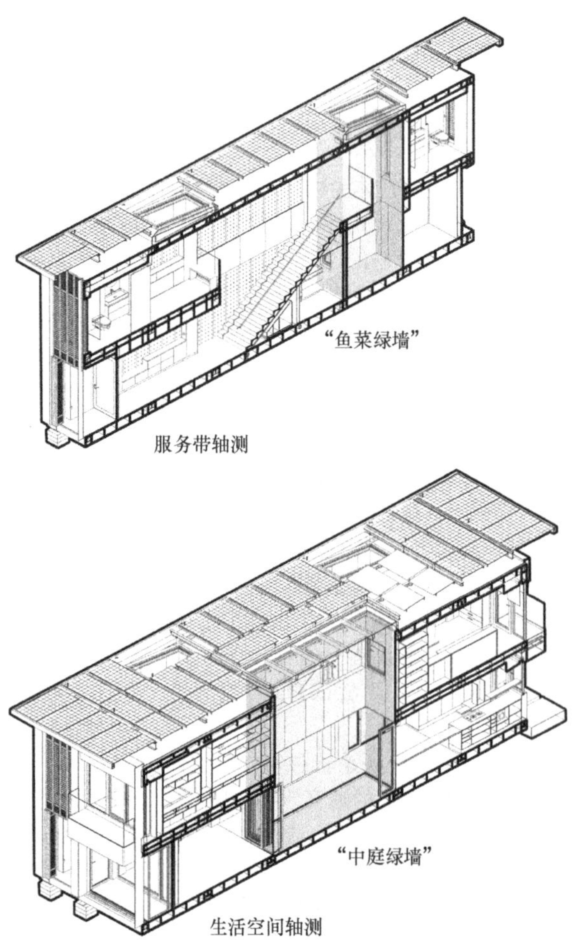

图 2　天井空间结合垂直绿化

图 3　中庭绿墙

整体宽 2.6m，总高 5.0m（图 4），位于服务带的小天井处，其首层景观面向餐厅，二层景观即是楼梯与过廊的视觉终点，也是次卧与次卫门窗所向。

图 4　鱼菜绿墙

2　用户体验分析

2.1　实验设计

从用户体验的定义可知，用户、产品或服务、交互环境是影响用户体验的 3 个因素[7]。而在建筑设计的语境下，产品、服务与交互环境密不可分，基于此，本文结合相关舒适度以及居住体验的文献[8]，将本次实验可能与用户体验相关的因素可以被大致划分为 4 类：空间因素、装饰因素、植物因素和设备因素。

在用户情感体验研究方面，Donald Norman 提出用户体验的层次理论，包括本能层、行为层和反思层[9]；在用户诉求与评价方面，Hassenzahl 等从用户产品需求、情感体验、交互产品 3 个维度构建了用户体验评价模型[10]。综合上述理论与相关因素，本次调研分别从产品需求、情感体验和迭代诉求 3 个层次进行问卷设置，并在体验和诉求两个阶段的问卷围绕相关迭代因素进行设问（图 5）。通过对问卷的相关分析与总结，探讨如何基于用户体验对室内垂直绿化景观设计进行优化迭代。

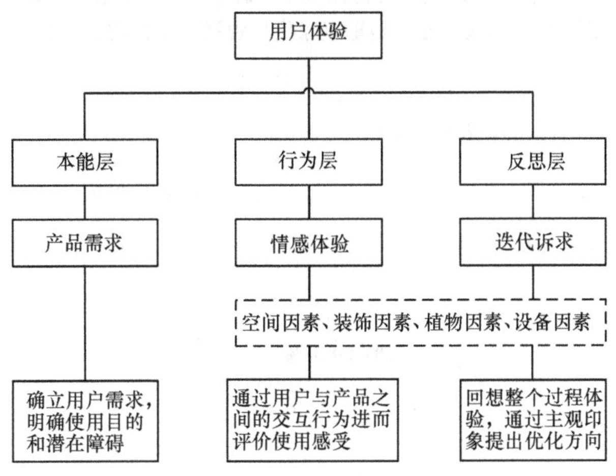

图 5　用户体验层次与迭代因素

2.2　实验过程

实验期间长屋开放时间设为 9：00～17：00，期间房屋首层开放空间的门窗以及屋顶天窗被完全打开，以增强自然通风效果；正午阳光直射过强时，天窗处遮阳卷帘被闭合，避免室内气温过高或植物受到强光灼伤。

本次实验邀请平均年龄为 20 岁左右的当地大学生志愿者进行回访体验调查，其中男女比例为 4：6。实验开始前，讲解本次实验内容并介绍垂直绿化相关基础知识。实验体验时间为 1h，每位受访者轮流在中庭、餐厅、客厅、卧室、过廊 5 处地点进行定点停留活动（其中餐厅、中庭、卧室、过廊处可观赏“中庭绿墙”，餐厅、过廊处可观赏到“鱼菜绿墙”），在每处地点停留 10min 后，剩余 10min 可四处随意浏览体验（图 6）。60 名志愿者的体验调研分析整理如图 6 所示。

2.3　实验结果

2.3.1　产品需求

垂直绿化认知程度的问卷结果显示，在来到实验环境前，受访用户对垂直绿化技术的了解不多，48% 的人尚未了解过垂直绿化，其余 52% 的受访者则多是通过网络、活动口述了解，仅有极少数通过课堂教育所知（图 7）。

该结果也从侧面反映了垂直绿化景观在未来的推广上拥有广阔的市场空间与前景。

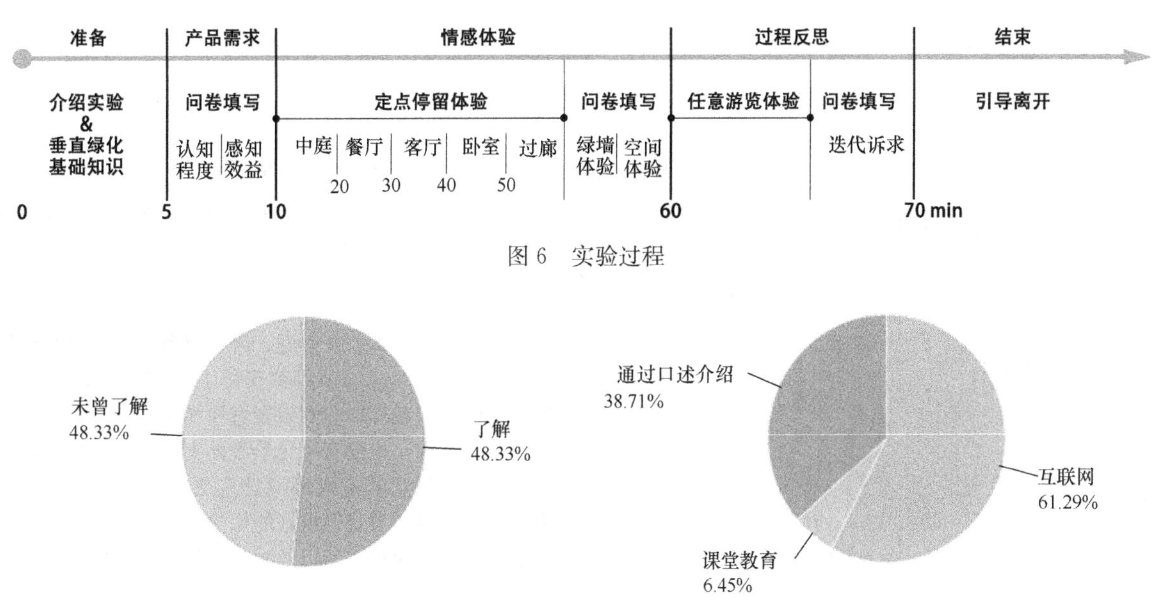

图 6　实验过程

未曾了解 48.33%
了解 48.33%
通过口述介绍 38.71%
互联网 61.29%
课堂教育 6.45%

图 7　认知程度与认知方式

为明确用户对产品的期许和潜在的障碍，进而询问志愿者对于室内垂直绿化的感知效益，要求将数项正向体验与负向体验按个人喜好进行排序，在正向感知方面，优化空气质量和缓解压力的得分较突出，其次是增加审美价值、与自然友好互动以及调节温湿度等提升生活品质与舒适性方面的因素；关于垂直绿化的负向感知方面（图 8），大多数受访者认为滋生蚊虫问题以及较高的维护成本是该项技术推广的主要挑战，而认为难闻气温、湿度太大等问题不大。

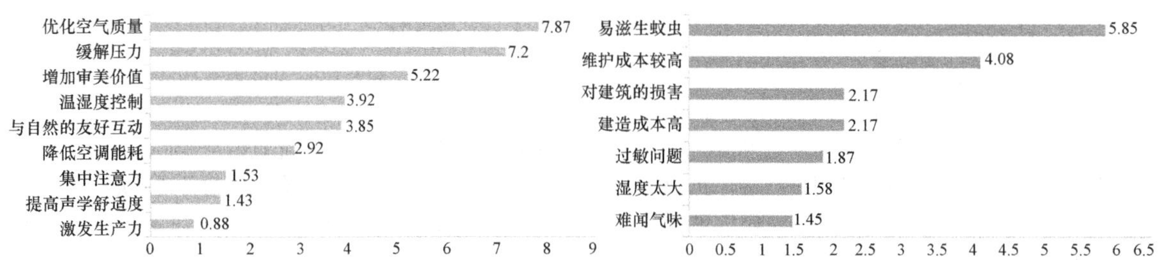

图 8　室内垂直绿化的正向体验与负向体验

2.3.2 情感体验

为探究实际居住过程中使用者在与绿墙交互中所产生的主观感受，通过绿墙体验与空间体验两方面来设置问题。

（1）绿墙体验

调研结果显示，大部分体验者对于长屋垂直绿化景观的第一印象是自然与清新感，并对于这种自然体验感到很新奇（图 9），甚至因为植物长势极佳而尝试验证植物的真伪。在体验满意度上，两处垂直绿化景观的满意度得分都较高（图 10），其中“中庭绿墙”相较于“鱼菜绿墙”得分更高，推测是与“中庭绿墙”面积更大、采光更好有关。

（2）空间体验

在志愿者们逐个停留体验完各个空间后，认为中庭空间体验最佳的受访者占比最多，卧室、客厅、餐厅次之（图 11），而这几处皆是垂直绿化景观视线最佳的观赏点。

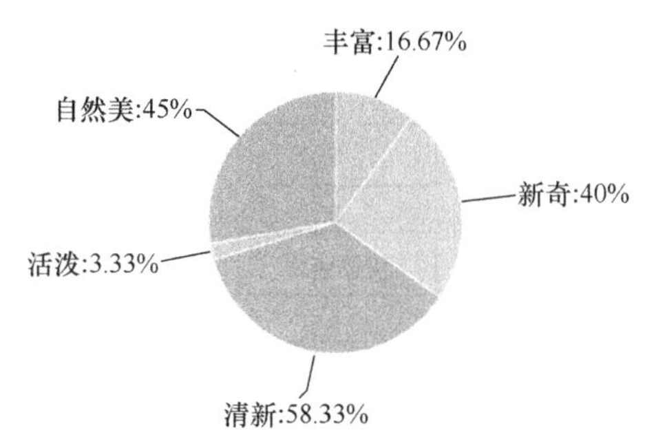

图 9　主观第一印象

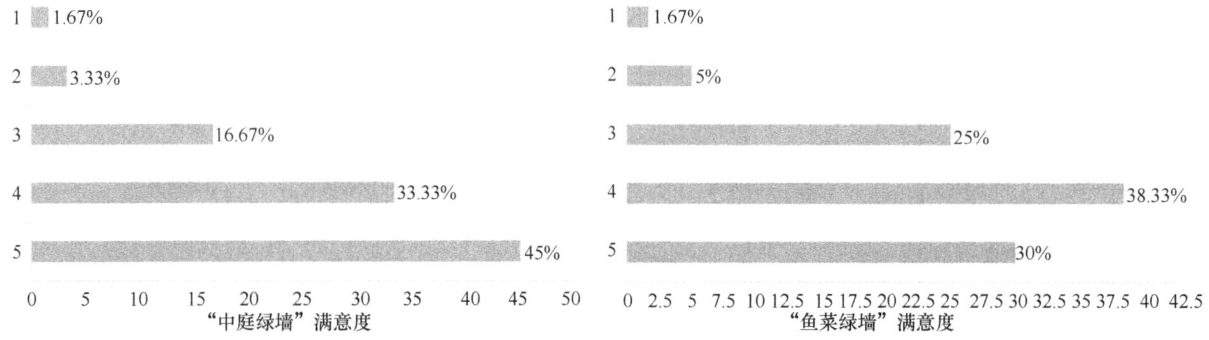

图 10　垂直绿化景观满意度

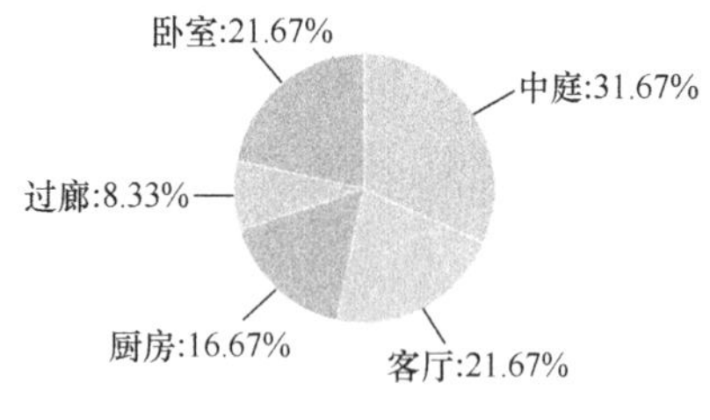

图 11　最佳空间体验

此外，为进一步征询人们对于垂直绿化在室内空间布局的设置意愿，选取室内环境中四处与垂直绿化直接相连的生活空间，在每个空间选取 1 处视点以面向垂直绿化拍摄人视角照片，再经过 Photoshop 对 4 处照片处理，通过其他装饰设施替代垂直绿化，最终形成 4 组有绿墙和无绿墙的对比图片。以有无绿墙为变量由受访者进行偏好选择，结果显示，在中庭、卧室以及过廊 3 处地点的偏好选择中，有绿墙的项目都获得了压倒性票数（图 12），餐厅处的绿墙观赏体验和设置意愿相对较低。

总体来说，与没有绿化景观的室内居住环境相比，具有垂直绿化景观的室内环境具有更好的体验、更具吸引力。另一方面，为获得更好的用户体验，在绿墙的布置上应尽量结合大面积空间以及采光较好处进行设计。

2.3.3 迭代诉求

针对室内绿化设计的迭代推广，从用户的角度出发，以受访者的体验经验为基础，围绕室内垂直绿化“需求—设计—购买—使用—养护”产品生命周期进行相关问题设置（图 13）。

调研显示，即使有 40%左右的体验者介意绿墙对环境产生的负面影响，绝大多数体验者仍希望在家里设置绿

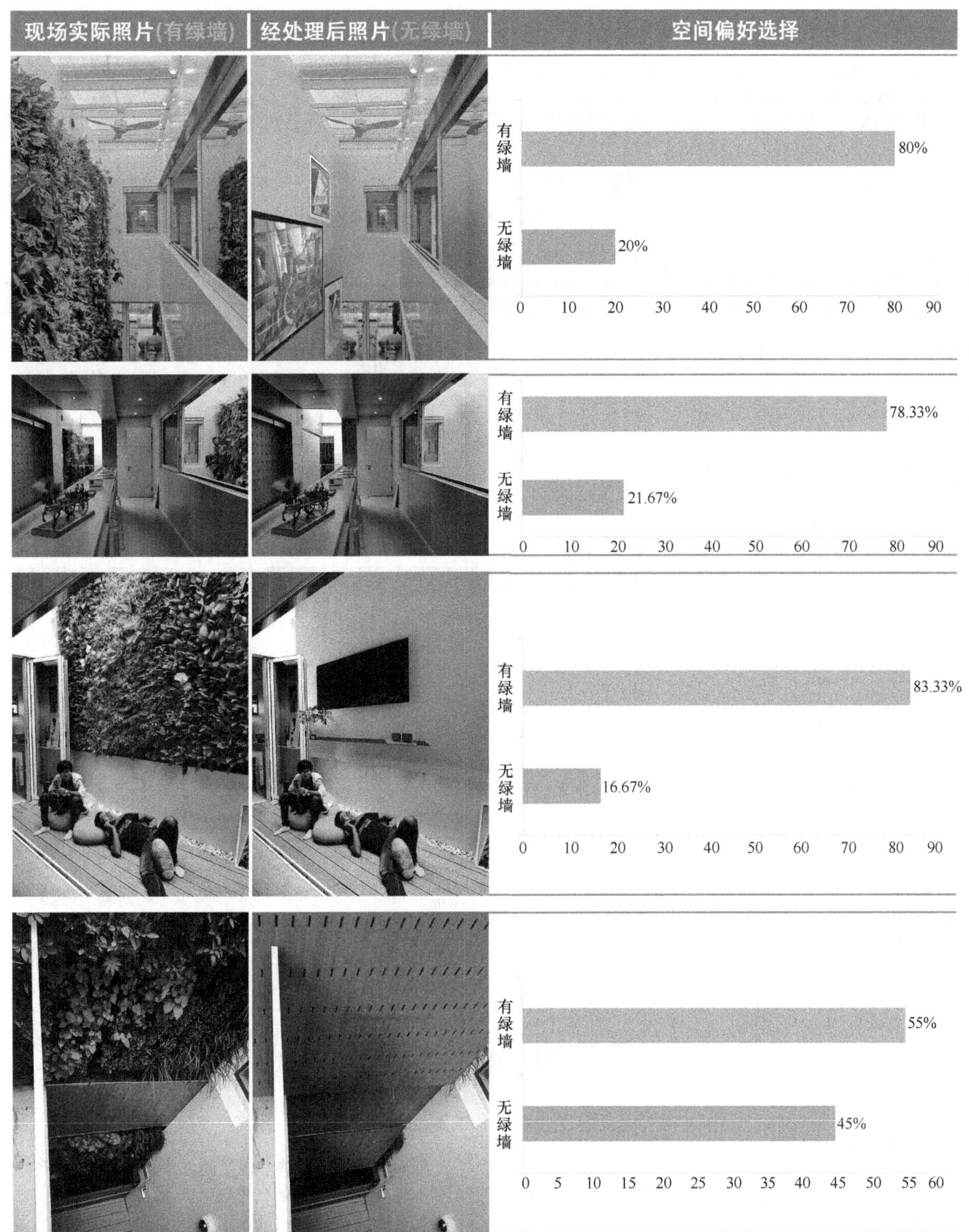

图 12 空间偏好

墙。在绿墙的设计需求方面，大部分受访者希望将其布置在客厅处，而厨房和饭厅的设置意愿相对较弱，且更倾向购买面积较大（接近一面墙）的绿墙。在购买价格方面，多数体验者希望立体绿化价格控制在 1 万元以内。在植物选择上，视觉上的美观是首要考虑因素，其次是更希望选择健康有机、安全放心的可食用景观。而在养护周期方面，近半数人群愿意每天花费 0.5h 来对绿墙进行养护工作，其余半数受访者则希望每周花费 1h 或 3h 的时间。

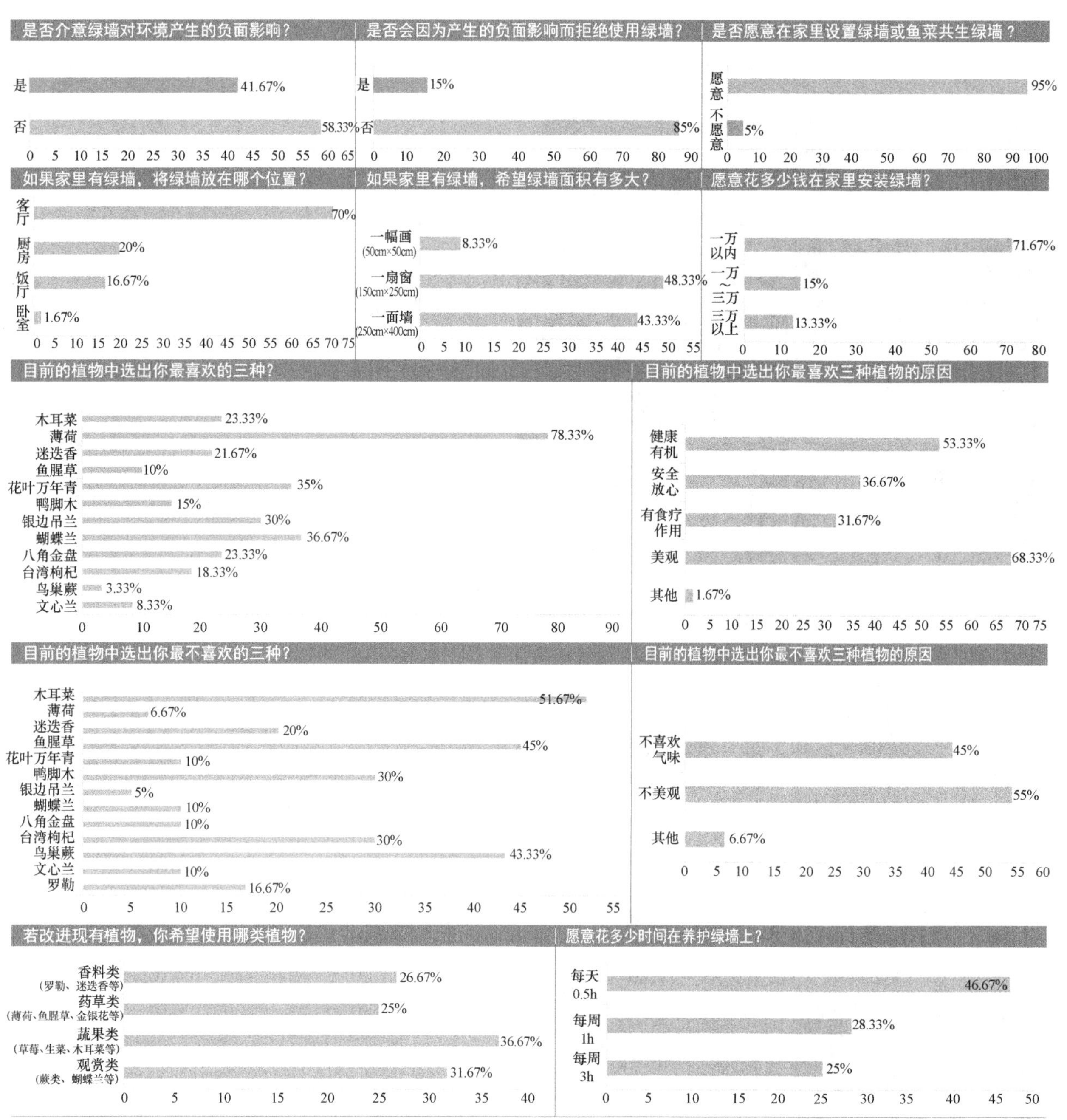

图 13　迭代诉求

3　分析与建议

本次调研结果表明：目前消费者对于垂直绿化技术的认知度还相对较低，具有广阔的市场发展潜力。并且在立体绿化技术存在一定局限的情况下，人们对于垂直绿化景观的接受度较高，其景观效果也能为居住空间环境提供独特的视觉体验与居住体验，调查结果也在一定程度上反映垂直绿化设计的一些共性问题，基于此，笔者从优化使用者居住体验的角度对垂直绿化设计迭代推广提出以下几点建议，希望能够对之后的室内立体绿化景观实践提供参考和方向。

3.1　优化空间体验

绿墙设置处应着重考虑空间大小、采光系数等条件，在基本物理条件较好的情况下，尽量设置在家庭活动中心与各处空间的视线通廊处，并留足一定的观赏视距将景观效果最大化的呈现。此外，靠近绿墙处可设置一些配套设施，以便提供近距离接触的自然体验感和缓解压力的休憩场所。

3.2　优化负面因素

虽然大众对于垂直绿化景观的接受度较高，但近半数受访者对其所产生的负面影响仍是比较介意。因此，根据受访者介意系数最高的两项因素提出了迭代方向。

3.2.1 减少蚊虫影响

绿墙易滋生蚊虫是受访者最为介意的负面因素。笔者认为减少蚊虫影响可从两个方面入手，首先是切断源头，对培育基质、植物幼苗或种子以及灌溉用水进行全面消毒处理；其次在过程中使用物理、化学、生物[11]等手法进行防制[12]。

3.2.2 降低养护成本

养护成本包括经济成本与时间成本。在经济成本上，可以对灌溉系统或种植模块进行优化，提高灌溉效率；在时间成本上，超过半数的体验者希望将养护时间降低至一周一次，可以通过智能化的灌溉系统尽可能地减少养护时间。

3.3 植物选择

植物选择首先应结合具体空间位置的物理条件来选择相应生长条件的植被，其次再结合色彩、形态等外观条件进行综合考量。在植物类别上，本次实验受访者对于蔬果类、观赏类、香料类、药草类没有特别明显的偏好，蔬果类的可食植物相较于其他植物略受欢迎，也从侧面印证了如今人们更加追求健康有机的生活理念。

3.4 基于用户体验的情感化设计

关注用户体验可以让产品的交互设计更加关注人的情感，让产品与人之间的交互有情感的交流，并且用户体验在产品交互设计上的应用，能给产品设计带来新的思想和创意[13]。

随着人们对健康生活的追求，将“自然”引入居住空间成为必然趋势，而垂直绿化景观为这一理念提供了一条切实可行的道路。随着用户需求层次的不断提高，产品设计的目标也会随之不断提升。提升垂直绿化在居住空间的景观效果，本研究将不再聚焦于构造技术、种植技术、系统维护等方面，而是从使用者的角度出发，初步探讨以用户为中心创造舒适的体验，进一步推动垂直绿化在居住空间的设计迭代，为之后的室内立体绿化景观系统实践提供参考和方向。

目前建筑领域中，有关用户体验的维度以及相关评价体系尚缺乏权威的方法，多阶段多维度融合的用户体验评价方法还有待进一步研究。此外，本研究仍存在体验者调查样本偏小以及空间、产品样本偏少的问题，这些问题都有待于更多的研究者从不同层面开展进一步的研究与探索。

参考文献

[1] 陈明，戴菲，殷利华．基于内容分析法的中国垂直绿化研究进展[J]. 风景园林，2018，25(05)：104-109.

[2] 沈姗姗，黄胜孟，史琰，等．基于景观偏好理论的城市垂直绿化设计方法研究[J]. 风景园林，2020，27(02)：100-105.

[3] 兰玉琪，刘湃．基于用户体验的交互产品情感化研究[J]. 包装工程，2019，40(12)：23-28.

[4] 刘静，孙向红．什么决定着用户对产品的完整体验？[J]. 心理科学进展，2011，19(01)：94-106.

[5] 赵青扬．卧室空间演进与居住实态[J]. 建筑知识，2002(05)：5-9.

[6] 金荷仙，史琰，王雁．室内植物对人体健康影响研究综述[J]. 林业科技开发，2008(05)：14-18.

[7] 丁一，郭伏，胡名彩，等．用户体验国内外研究综述[J]. 工业工程与管理，2014，19(04)：92-97+114.

[8] 仲继寿，李新军，胡文硕，等．基于居住者体验的《健康住宅评价标准》[J]. 中国住宅设施，2016(Z1)：66-74.

[9] Donald A N. 设计心理学[M]. 北京：中信出版社，2015.

[10] Hassenzahl M, Diefenbach S. Needs, affect and interactive products racets of user experience[J]. Interacting with Computers，2010，22(5)：353-362.

[11] 吴芳芳，何炎森，卢劲梅，等．艾草驱避蚊虫研究进展[J]. 农学学报，2015，5(09)：96-99.

[12] 徐承龙，姜志宽．蚊虫防制(三)——蚊虫防制的原则与方法[J]. 中华卫生杀虫药械，2006(06)：494-496.

[13] Jon K. 交互设计沉思录[M]. 北京：机械工业出版社，2012.

作者简介

萧蕾，1975年生，女，汉族，广东广州，华南理工大学建筑学院副教授（华南理工大学亚热带建筑国家重点实验室/广州市景观建筑重点实验室），研究方向为可持续风景园林设计与技术、建成环境评价。电子邮箱：717088429@qq.com。

梁家豪，1996年生，男，汉族，四川成都，华南理工大学建筑学院在读硕士研究生。电子邮箱：470212910@qq.com。

许安江，1994年生，女，汉族，广东深圳，美国耶鲁大学建筑学院在读硕士。电子邮箱：annjong@foxmail.com。

吴若宇，1996年生，女，汉族，广东深圳，华南理工大学建筑学院在读硕士研究生。电子邮箱：552476146@qq.com。

赖敏，1996年生，女，汉族，江西南昌，华南理工大学建筑学院在读硕士研究生。电子邮箱：1024528990@qq.com。

桥阴海绵体颗粒物影响 ENVI-met 模拟及景观改善研究[①]

Study on Particulate Matter Based on ENVI-met Simulation and Landscape Improvement of Cavernous Body under Urban Viaduct

秦凡凡　殷利华

摘　要： 提出结合桥阴绿地海绵体建设减缓桥阴颗粒物污染，以武汉高架桥为研究对象，通过 ENVI-met 软件建立桥阴不同形式植物景观的颗粒物 PM2.5、PM10 消减模型，提出桥阴颗粒物及景观改善措施：①桥阴绿化以耐阴耐污的低矮草本和灌木组合为主；②桥侧绿化以落叶乔木为主，加大树木种植间距，减少颗粒物扩散阻挡；③结合街道高宽比，调整高架桥走向，适当降低两侧建筑、绿化的高度，增加部分立体绿化，缓解桥阴空间颗粒物集聚，有助于改善桥下颗粒物环境和提升空间景观质量。

关键词： 风景园林；城市高架桥；颗粒物；ENVI-met 模拟；桥阴绿化

Abstract: Combined with green space cavernous body construction under viaduct to slow down particulate matter pollution in the space, taking Wuhan viaduct as the research object, the PM2.5、PM10 particulate matter reduction models of plant and water landscape under viaduct is established by ENVI-met software, and the negative particles and landscape improvement measures are put forward: ①the greening under viaduct is dominated by the combination of low herbs and shrubs resistant to the shaded environment and pollution; ②the greening on the side of the bridge is dominated by deciduous trees, which increases the distance between trees and reduces the diffusion of particles; ③according to the ratio of height to width of the street, adjust the direction of viaduct, properly reduce the height of buildings on both sides, increase the height of greening, include part of the three-dimensional greening, and alleviate the overcast space of the viaduct, which is helpful to improve the environment of particulate matter under the viaduct and improve the quality of spatial landscape.

Key words: Landscape Architecture; Urban Viaduct; Particulate Matter; ENVI-met Simulation; Greening Under Viaduct

我国大量城市高架桥建设引发了学者对其附属桥下空间合理利用的更多关注[1-5]，但对桥阴空间的颗粒物污染及景观改善措施的研究相对较少，且近三年才逐渐展开[6-8]。国内外有较多通过数值模拟方法来分析街道峡谷的颗粒物污染研究[9-12]，其中 ENVI-met 软件因为拥有丰富的植物数据库，同时适合中小尺度的城市环境而在街道颗粒物污染模拟研究中得到了较广泛的使用[13-17]。但利用该软件研究高架桥下桥阴颗粒物的成果尚无涉及。探讨城市公共空间中比较特殊的桥阴空间颗粒物分布及影响，对城市合理、健康利用这类消极的附属公共空间，发挥其更大的综合价值具有重要的指导意义。

我国城市桥阴空间利用方式目前主要为桥阴绿化[18-22]。研究表明，植被可有效参与空气粒子的迁移转化和衰减，对吸收、截留和过滤颗粒物质有积极效果[23-24]，不同种植物对颗粒物的吸附性不同[25-27]，同一树种对不同粒径的颗粒物的吸附量也有很明显的差异[28]。在某些情况下植物会抑制近地空气交换，不利于颗粒的扩散[29-30]，植被覆盖已被证明对空气颗粒的水平有显著影响[31]，街道种植茂密的植物不利于颗粒物扩散[32]。

桥阴空间及周边的植物选择及种植模式，对桥阴空间颗粒物污染浓度与分布有影响。因此，桥阴绿化可能具有较好的颗粒物减缓生态效应，但应用不当时，也可能加重桥阴颗粒物的污染，因此应对桥下颗粒物影响的桥阴绿地植物应用做相关研究。

基于此，结合课题资助，利用 ENVI-met 软件建立桥下不同绿化模式，初步探索桥阴不同种植形式对桥阴空间颗粒物浓度影响，并提出相应的桥阴景观改善措施建议。

1　研究方法

1.1　模型设计

通过对北京、南京、上海、长沙、武汉、成都、重庆、郑州等多个城市的高架桥调研，选择常见标准段桥体与道路模式为模型，以武汉为代表的桥下行车高架桥为标准模型：桥阴空间宽 26m，两侧各 7m 车行道，人车分离绿化带宽度2m(图1)，种植0.5m高草本，人行道及

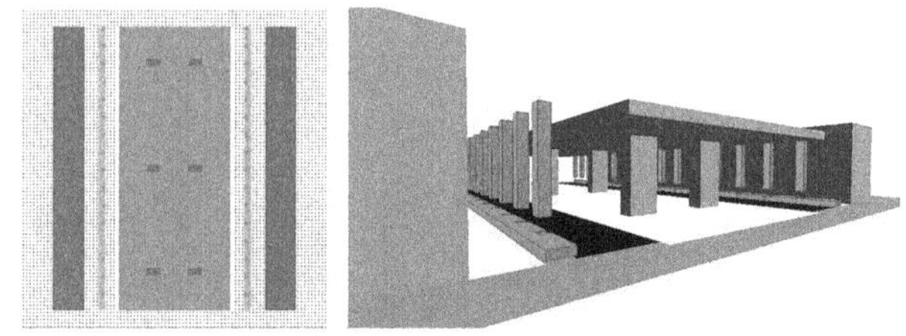

图 1　桥阴空间及周边环境标准模型平面与透视图

① 基金项目：本文受国家自然科学基金（NO. 51678260）、华中科技大学院系自主创新研究基金（NO. 2016YXMS053）、教育部 2019 年第二批产学合作协同育人项目（NO. 201902112040）共同资助。

建筑后退 6m，建筑宽度 8m。每个模型桥体长 80m，含两个 30m 标准墩段。

1.2 桥下空间颗粒物排放速率

机动车尾气排放的 PM2.5 和 PM10 是大气首要污染物之一[33]，本文选取 PM2.5 和 PM10 两种粒径颗粒物为机动车排放示踪污染物进行模拟研究。ENVI-met 使用欧拉方法研究污染物的扩散，假设 PM2.5 与 PM10 位于车行道 0.3m 高度处连续线源排放[15]，根据公式（1）求得排放速率[34,35]：

$$VPM2.5 = E \cdot q \quad (1)$$

式（1）中，$VPM2.5$ 为 PM2.5 的排放速率；E 为排放因子，q 为车流量（veh）。

车速不同，平均 E 值有差别：车速 35～40km/h 时，平均排放因子 $E=0.05245\text{g}/(\text{km}\cdot\text{veh})$；车速 40～45km/h 时，$E=0.05230\text{g}/(\text{km}\cdot\text{veh})$；车速 45～50km/h 时，$E=0.04895\text{g}/(\text{km}\cdot\text{veh})$[36]。

（2）车流量：参考长江二桥为代表的中心城区高架桥日均车流 5019.8 辆/h（http://tieba.baidu.com/p/5461585126），城市主干道车流量参考 4077 辆/h[37] 指标，取整数，即武汉市高峰时段桥上车流量达到 5000 辆/h，高架桥下通车高峰车流量达到 4000 辆/h。

则估算武汉桥上与桥下 PM2.5 线源污染物排放速率 V 分别为：

$$\begin{aligned} VPM2.5_{桥上} &= E\cdot q = 0.04895\text{g}/(\text{km}\cdot\text{veh}) \\ &\quad \times 5000\text{veh/h} \\ &= 244.75\text{g}/(\text{km}\cdot\text{h}) \\ &\approx 68.00\mu\text{g}/(\text{s}\cdot\text{m}) \quad (2) \end{aligned}$$

$$\begin{aligned} VPM2.5_{桥下} &= E\cdot q = 0.05245\text{g}/(\text{km}\cdot\text{veh}) \\ &\quad \times 4000\text{veh/h} \\ &= 209.8\text{g}/(\text{km}\cdot\text{h}) \\ &\approx 58.00\mu\text{g}/(\text{s}\cdot\text{m}) \quad (3) \end{aligned}$$

另外，武汉市桥上和桥下 PM10 排放速率，均参考经验值取 V 综合为 $160\mu\text{g}/(\text{s}\cdot\text{m})$[38]。

1.3 模型基本环境参数

模型选取武汉 2018 年 8 月微风天气，天气参数（初始温度、相对湿度）参考该月份平均天气。城市地区近地面粗糙度长度一般取值为 0.1[39]，土壤初始温湿度采用默认值。设定模拟时间运行 6h，选取 17：00 的数据进行对比分析（表 1）。统一模拟水平高度截取代表人通常呼吸高度的 z 轴 1.5m 位置；横断面截取代表道路宽度 y 轴 80m 位置的结果进行讨论分析。

ENVI-met 基本参数设置　　表 1

类型	项目	主要参数
模型网格设置	网格数	80，80，30
	网格精度	1，1，1
	嵌套网格数量	5

续表

类型	项目	主要参数
基本设置	武汉	东经 114.16，北纬 30.35
	时区	China Standard Time/GMT+8
	近地面粗糙度长度	0.1
	开始时间	11：00am
	结束时间	5：00pm
	数据输出间隔	60min
大气条件	平均最低温度	6：00(26℃)
	平均最高温度	15：00(32℃)
	最低湿度	15：00(67%)
	最高湿度	6：00(88%)
	风速	1m/s
	风向(10m 高度)	225
下垫面	车行道	黑色沥青路面
	人行道	灰色混凝土路面
	桥阴空间下垫面	灰色混凝土铺面
	自然表面	壤土 loamy soil

2 桥阴绿化带对颗粒物影响研究结果

选择 4 种常见 2m 宽的桥阴分车绿化带的种植模式：草本模式（简称“草”）、矮灌模式（简称“灌”）、乔木＋草本模式（简称“乔＋草”）、乔木＋灌木模式（简称“乔＋灌”），进行 ENVI-met 模拟，绿化植物选择软件自带的 simple vegetation 高度分别为乔木 10m、灌木 2m、草本 0.5m，乔木种植间距为 6m（图 2、图 3）。

显示：（1）4 种不同绿化模式下的桥阴空间 PM2.5 与 PM10 扩散轨迹较接近。

（2）4 种模式均出现桥面颗粒物与桥下颗粒物在迎风面的建筑底部聚集，人行道以及 1～2 层建筑附近浓度明显升高，尤其是草、乔＋草模式；高灌木对颗粒物有阻挡与消减作用，将颗粒物限制在机动车道，减少了人行道浓度，同时降低建筑颗粒物暴露高度。

（3）草、乔＋乔、灌模式的扩散速度更快，桥阴 1.5m 高度颗粒物分布更均匀；灌、乔＋灌在桥阴空间下风向出现颗粒物骤减。

（4）桥墩迎风面均出现颗粒物聚集，说明桥墩对颗粒物扩散有一定的阻碍作用。

（5）绿化隔离带对不同粒径颗粒物的消减效率存在显著差异，PM10 的消减效果显著高于 PM2.5，这与陈小平（2017）模拟结果一致。

（6）街道颗粒物浓度排序为乔＋灌＞灌＞乔＋草＞草，说明桥阴高大植物会阻碍桥阴内部乃至整个街道空间颗粒物浓度扩散。

为更明晰具体对比桥阴空间颗粒物分布状况，在模拟 1.5m 高，桥阴横断面，从桥正中 O 点为对称点，往两侧桥阴外均匀设置 A1、A2 和 B1、B2 共 5 个等距离观测点，浓度值统计发现（图 4、表 2）：

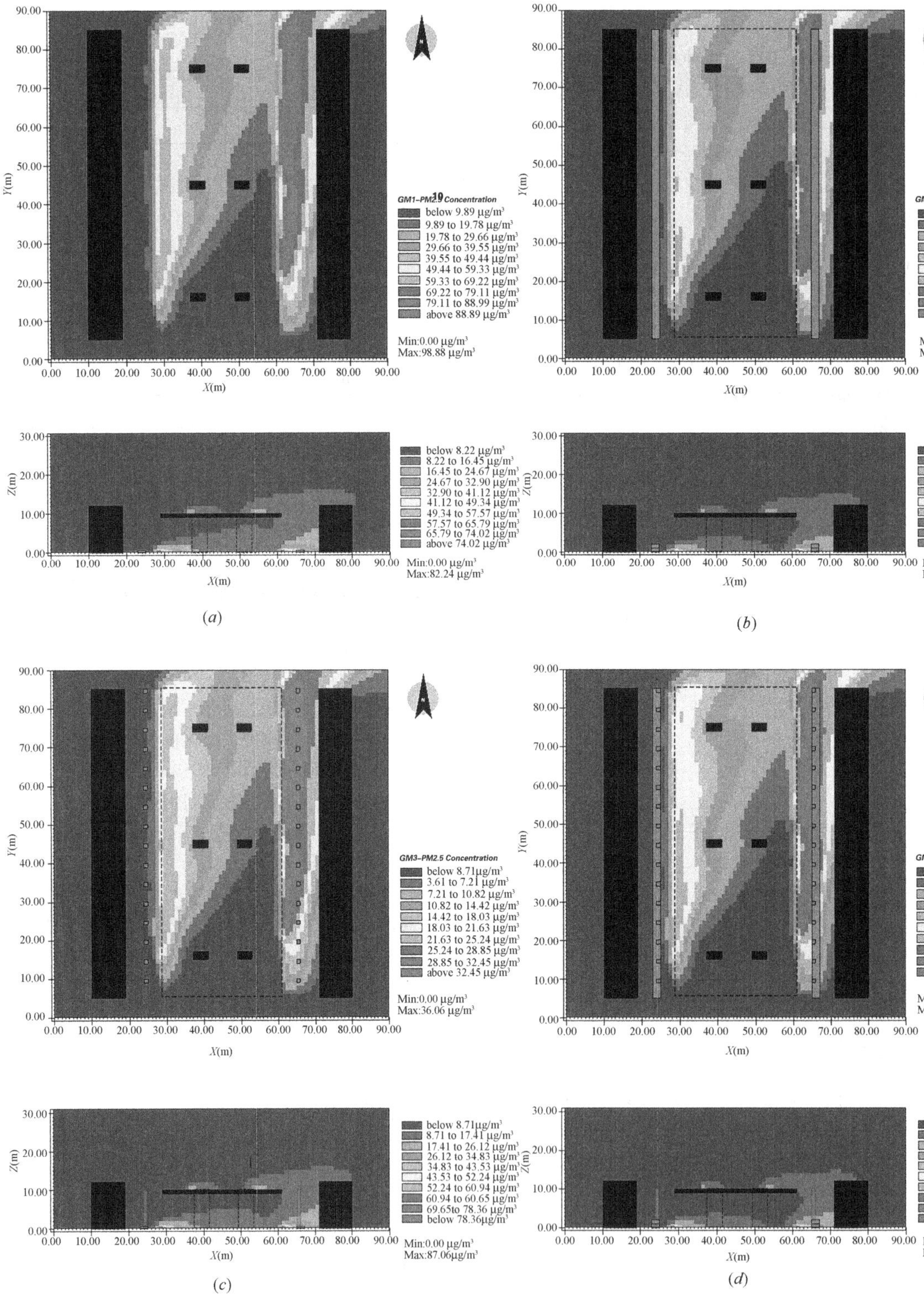

图 2　不同人车分离带绿化模式的桥阴空间 PM2.5 浓度分布状况

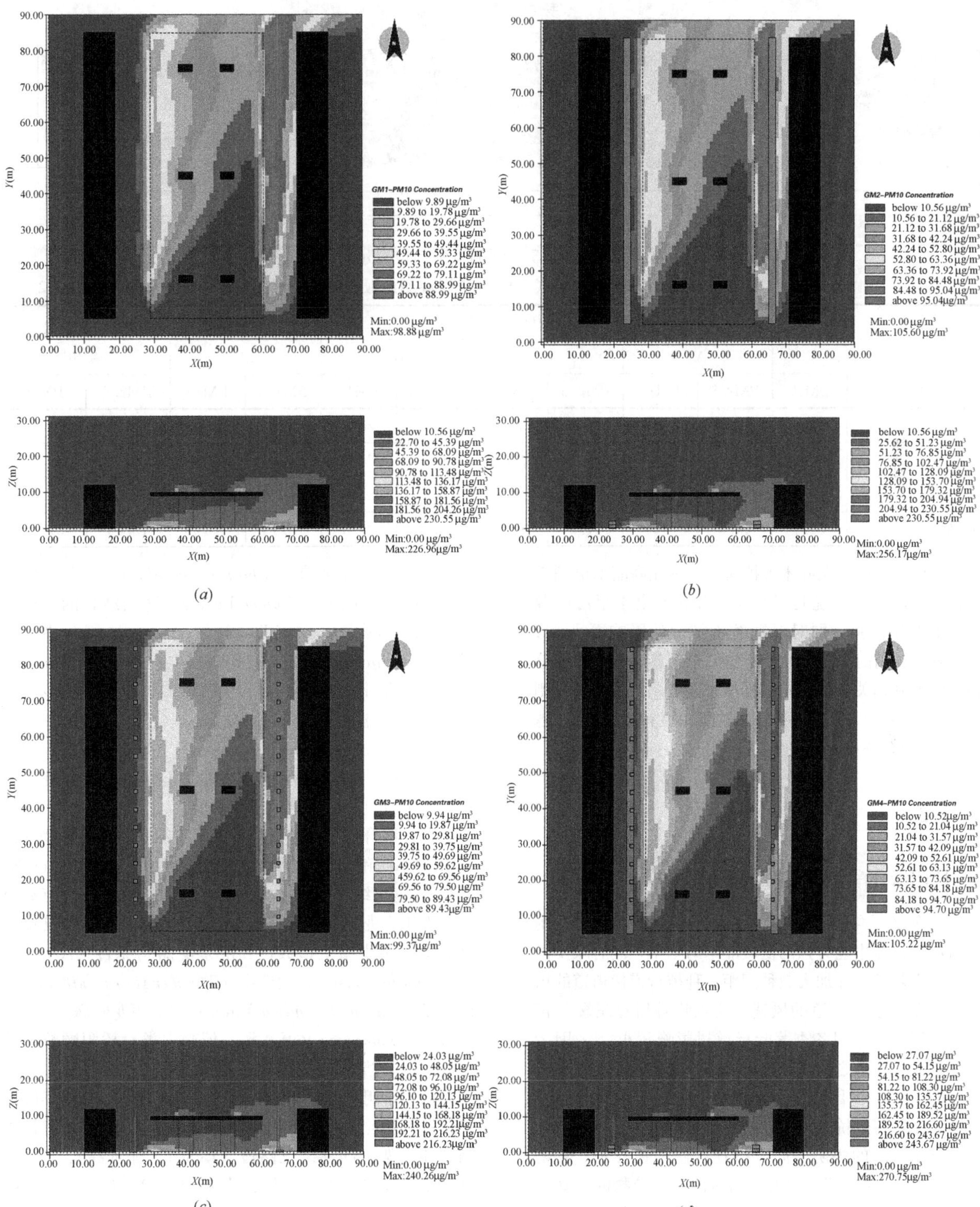

图 3　不同人车分离带绿化模式的桥阴空间 PM10 浓度分布状况

（注：图 2、图 3 中（*a*）（*b*）（*c*）（*d*）依次代表草、灌、乔+草、乔+灌绿化模式）

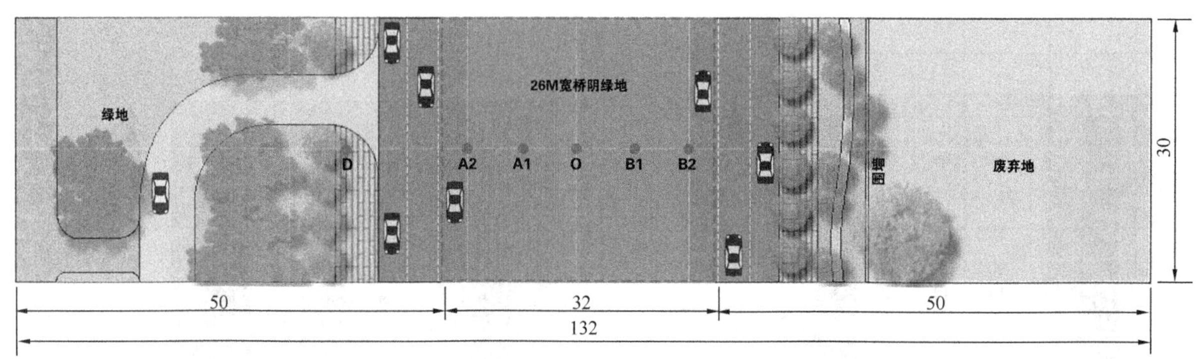

图 4　桥阴颗粒物 5 个观测点平面位置示意图

人车分离带不同绿化模式下桥阴空间观测点颗粒物浓度值　　表 2

绿化模式	桥阴空间各点浓度值(μg/m³)										浓度总均值(μg/m³)	
	A2		A1		O		B1		B2			
	PM2.5	PM10	PM2.5	PM10	PM2.5	PM10	PM2.5	PM10	PM2.5	PM10	PM2.5	PM10
草	21.4	61.5	14.4	39.8	11	30.1	9.7	26.8	9	24.8	13.1	36.6
灌	21.9	60.4	14.1	39	11.1	30.3	9.7	26.8	9.3	25.6	13.22	36.42
乔+草	22.9	63	14.7	40.5	11.2	31	9.9	27.2	9	24.9	13.54	37.32
乔+灌	22.6	62.1	14.5	40	11.2	30.9	9.9	27.3	9.1	25.1	13.46	37.08

表 2 可知：(1) 无乔木种植时，草本比高灌木更利于桥阴颗粒物的减少。说明草本与低矮灌木由于距污染源更近吸附性作用强，同时对颗粒物扩散的影响更小[40]；(2) 有乔木种植时，乔+灌比草本效果更佳；(3) 浓度分布和风向紧密相关，上风向（夏季东南风）比下风向同侧浓度值更高；(4) 从 A2 到 A1 浓度降低趋势均最大，越往 B2 点扩散，浓度降低越平缓。

3　讨论

3.1　桥阴绿化配置及植物种选择

(1) 净空不高的桥阴空间植物选择，应首先考虑耐阴、耐污染且滞尘能力强的低矮灌木与草本，同时减少两侧常绿乔木栽种，并加大栽种间距。种植行道树街道的风速要低于无行道树街道的风速，这意味着树冠减缓了街道峡谷空气流通，但冬季落叶行道树影响较小[41]，因为孔隙度越大、树木之间间隔越宽，空气流通越好、越利于污染物的扩散[15]。因此较低净空桥阴绿化应尽量选择草本、矮灌配置促进桥阴空间颗粒物的吸附与扩散。

净空足够高的桥阴空间可以在两侧种植乔木，并搭配高灌木形成“绿墙”，加大植物对两侧颗粒物的消减面积。研究表明“绿墙”可最大程度防止颗粒物污染暴露[42]；或加大行道树种植间距改善桥阴空间颗粒物浓度。

(2) 运用滞尘能力强的桥阴植物。长江中下游地区除了常见的八角金盘（*Fatsia japonica*）、海桐（*Pittosporum tobira*）、大叶黄杨（*Buxus megistophylla* Lévl.）和麦冬（*Ophiopogon japonicus*），还有杜鹃（*Rhododendron simsii* Planch.）、夹竹桃（*Nerium indicum* Mill.）、云南黄馨（*Jasminum mesnyi* Hance）、十大功劳（*Mahonia fortunei*）、石楠（*Photinia serrulata* Lindl.）和沿阶草（*Ophiopogon bodinieri* Levl.），适当结合洒金桃叶珊瑚（*Aucuba japonica* Thunb. var. variegata）、小叶栀子（*Gardenia jasminoides* Ellis）、吉祥草（*Reineckia carnea*（Andr.）Kunth）、结缕草（*Zoysia japonica* Steud.）、玉簪（*Hosta plantaginea*（Lam.）Aschers.）、络石（*Trachelospermum jasminoides*）等共同搭配种植两侧，接近机动车道更有利于对机动车排放颗粒物进行阻挡，但不宜过高，可进行适当修剪。

(3) 结合桥墩柱进行藤本类垂直绿化。藤本植物叶片对 PM>11 和 TSP 滞留量比乔木高出 20%（Weber N, 2014）。这种绿化方式在多数城市已有推广应用。有研究显示五爪金龙（*Ipomoea cairica*（Linn.）Sweet）具有最高的空气污染耐受指数，其次是美丽马兜铃（*Aristolochia elegans* Mast.）、山牵牛（*Thunbergia grandiflora*）、使君子（*Quisqualis indica* Linn.）和华丽龙吐珠（*Clerodendrum thomsonae* Balf.）[43]，但藤本类对桥阴颗粒物消减能力或阻挡影响仍有待进一步研究。

(4) 桥阴越宽绿化消减颗粒物效果越好，同时不同绿化位置的颗粒物浓度不同，并呈现季节变动。针对武汉市南二环高架下的锦绣三路段（JXSL1）样本高架（图 4）开展了 26m 宽全覆式绿化、马鹦路段（MYL3）16m 中间宽绿化带夏季、冬季的典型日期桥阴颗粒物实测（图 5、图 6），发现：①夏季，桥阴绿化带越宽越有利于降低颗粒物浓度，各测点之间颗粒物分布越均匀稳定；PM10 以下粒径净浓度均呈现出从两侧往中间逐渐降低的趋势；②冬季，桥阴空间中央绿化带越宽，颗粒物浓度越高，尤其是粗颗粒物；中心 O 点浓度低于两侧，16m 宽绿化带各测点变化规律更加稳定。两个断面均是南侧浓度高于北侧，这可能与冬季风向有关。

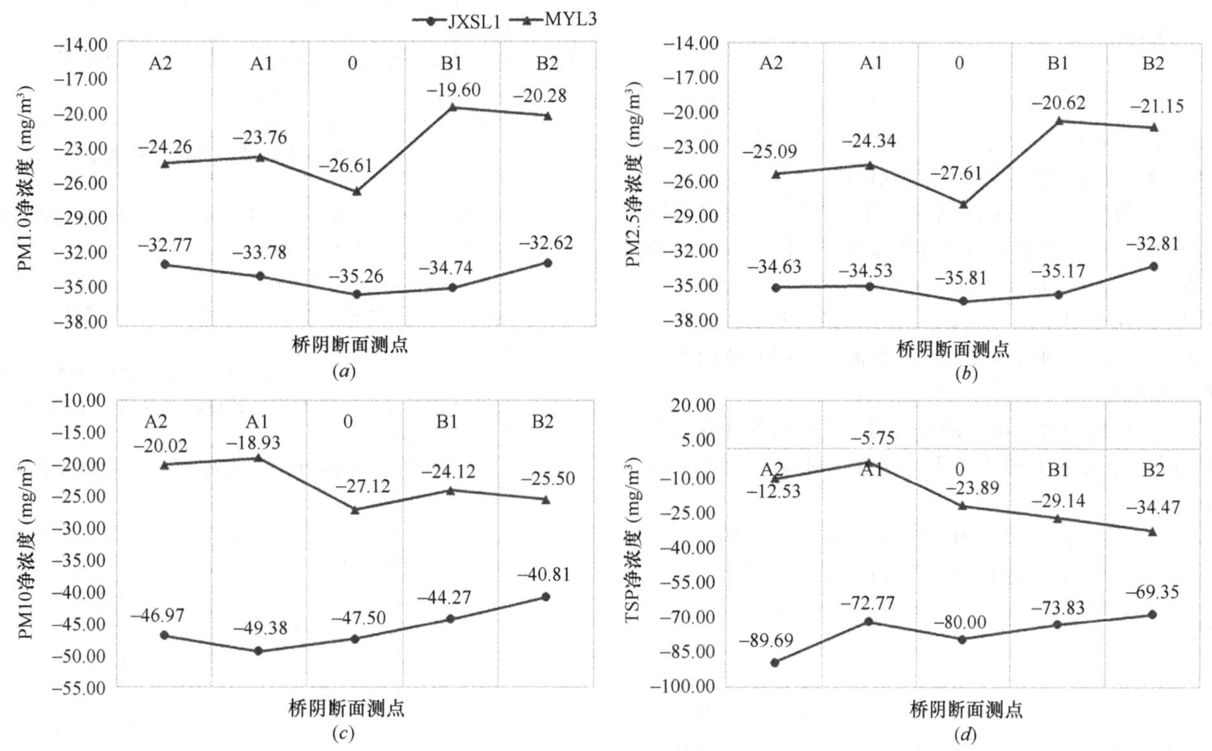

图 5　夏季中央绿带 26m 和 16m 桥阴空间颗粒物浓度分布状况

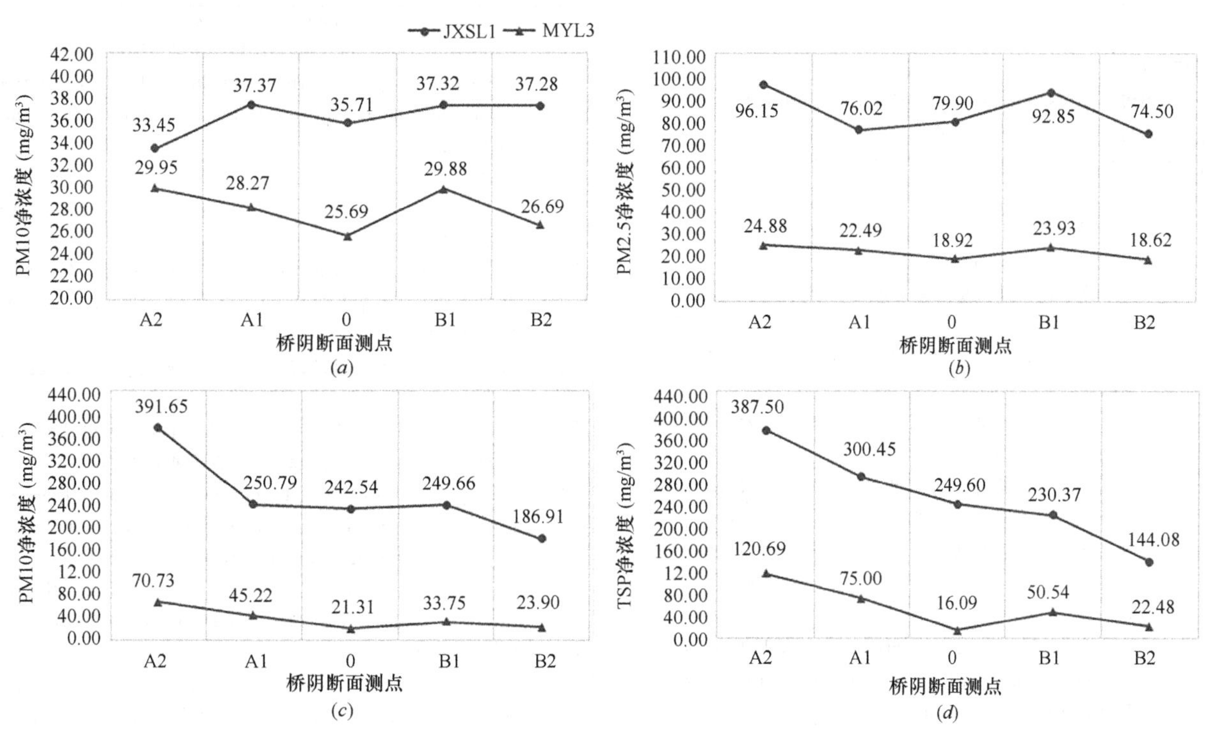

图 6　冬季中央绿带 26m 和 16m 桥阴空间颗粒物浓度分布状况

3.2　桥体建设及街道环境的影响

有研究发现，街道峡谷高宽比为 6（$H/W=6$）时，保持 20%开发场地渗透率足够满足污染物的扩散，再增加渗透率改善效果不明显[44]，但不同高宽比的街道峡谷、两侧建筑渗透性对桥阴颗粒物浓度的影响变化规律还需后续更多的研究验证。

道路两旁空间里的小型构筑物，如报刊亭、路灯、避雨亭、公交站牌，以及一些居民小区围墙等，都增加了城市下垫面粗糙程度，阻碍街谷颗粒物扩散，也加重了高架桥桥阴空间颗粒物浓度，可考虑桥墩增加立体绿化，阻挡颗粒物的同时增加吸附能力。

4 结论

本文结合文献梳理，利用ENVI-met软件模拟桥阴典型绿化对颗粒物影响，同时对比实测，尝试提出改善桥阴空间颗粒物状况的桥阴海绵体景观建议：

（1）桥阴绿地不同配置形式、植物种的桥阴绿化对颗粒物浓度影响有差别。桥阴分车绿化带不同形式对颗粒物浓度改善力度为：草>灌>乔+灌>乔+草。低矮草本或灌木绿化带对桥阴空间颗粒物扩散最有利，种植乔木后颗粒物扩散轨迹发生变化，增加灌木可提升桥阴颗粒物消减量。

（2）桥体经过的街道的行道树，建议以落叶乔木为主，同时加大树木种植间距，以减少对颗粒物扩散的阻挡。

（3）结合桥面、道路和相邻场地的雨水在桥阴空间收集和管理，可以很好地发挥桥阴海绵体对桥阴颗粒物的净化作用，增加对桥阴绿化补水的同时，营建丰富的桥阴景观。

最后，除了景观改善措施，从源头控制和减少颗粒物，如提高公共交通使用率、减少私家车出行、限制车速、保持路面清洁、积极采用先进治污技术、使用清洁新型能源汽车等，对降低城市道路及桥阴空间颗粒物污染具有更深远和重要的意义。

参考文献

[1] 李阎魁．高架路与城市空间景观建设—上海城市高架路带来的思考[J]．规划师，2001(6)：48-52.

[2] 陈忱．城市高架交通负空间再利用研究[D]．北京：清华大学，2009.

[3] 陈帆，杨玥．城市"灰空间"——机动车高架桥下部空间改造利用研究[J]．建筑与文化，2014 (12)：118-120.

[4] 陈如一．城市高架桥附属空间景观设计研究[D]．北京：北京林业大学，2014.

[5] 张卓．长春市高架桥底部空间环境景观设计研究[D]．吉林：吉林建筑大学，2015.

[6] 李志远．高架下街谷内可吸入颗粒物浓度扩散的实验研究[D]．上海：东华大学，2016.

[7] 冯寒立，赵敬德，翟静．高架覆盖的街谷内可吸入颗粒物的浓度分布[J]．环境工程学报，2017(8)：4669-4676.

[8] 李政桐，蔡存金，黄晓明，等．深街道峡谷内高架桥对污染物传播特性影响的模拟研究[J]．环境科学研究，2018，31(2)：254-264.

[9] Beckett K P, Freer-Smith P H, Taylor G. Urban woodlands: Their role in reducing the effects of particulate pollution[J]. Environmental Pollution, 1998, 99(3): 347-60.

[10] Balczó M, Gromke C, Ruck B. Numerical modeling of flow and pollutant dispersionin street canyons with tree planting [J]. Meteorologische Zeitschrift, 2009, 18(18): 197-206.

[11] Jian Hang, Man Lin, David C. Wong, et al. On the influence of viaduct and ground heating on pollutant dispersion in 2D street canyons and toward single-sided ventilated buildings[J]. Atmospheric Pollution Research, 2016, 7(5): 817-832.

[12] 邓存宝，金铃子，陈曦，等．高层建筑群对街谷内颗粒物扩散特性的影响[J]．环境工程学报，2019，13(1)：147-153.

[13] 孙常峰．基于ENVI-met的绿地对夏季热环境影响研究[D]．南京：南京大学，2014.

[14] 秦文翠，胡聃，李元征，等．基于ENVI-met的北京典型住宅区微气候数值模拟分析[J]．气象与环境学报，2015，(3)：56-62.

[15] 周姝雯，唐荣莉，张育新，等．城市街道空气污染物扩散模型综述[J]．应用生态学报，2017，28(3)：1039-1048.

[16] 周姝雯，唐荣莉，张育新，等．街道峡谷绿化带设置对空气流场及污染分布的影响模拟研究[J]．生态学报，2018，38(17)：6348-6357.

[17] 郭晓华，戴菲，殷利华．基于ENVI-met的道路绿带规划设计对PM _(2.5)消减作用的模拟研究[J]．风景园林，2018，25(12)：75-80.

[18] 陈敏，傅徽楠．高架桥阴地绿化的环境及对植物生长的影响[J]．中国园林，2006，(9)：68-72.

[19] 殷利华．基于光环境的城市高架桥下桥阴绿地景观研究[D]．武汉：华中科技大学，2012.

[20] 龚建平．基于光环境的成都市主城区高架桥桥阴绿化植物适生性研究[D]．四川：四川农业大学，2014.

[21] 蒋瑾．长沙市立交桥下园林植物应用调查分析[D]．长沙：中南林业科技大学，2015.

[22] 王可．桥阴立地环境及绿化策略研究——以武汉主城区高架桥为例[D]．武汉：华中科技大学，2017.

[23] Yang J, Mcbride J, Zhou J, et al. The urban forest in Beijing and its role in air pollution reduction[J]. Urban Forestry & Urban Greening, 2005, 3(2): 65-78.

[24] Tallis M, Taylor G, Sinnett D, et al. Estimating the removal of atmospheric particulate pollution by the urban tree canopy of London, under current and future environments [J]. Landscape and Urban Planning, 2011, 103(2): 0-138.

[25] 柴一新，祝宁，韩焕金．城市绿化树种的滞尘效应—以哈尔滨市为例[J]．应用生态学报，2002(9)：1121-1126.

[26] 李海梅，刘霞．青岛市城阳区主要园林树种叶片表皮形态与滞尘量的关系[J]．生态学杂志，2008，27(10)：1659-1662.

[27] 张灵艺．城市主干道路绿带滞尘效应研究[D]．重庆：西南大学，2015.

[28] 陈玉艳，王萌，王敬贤，等．北京农学院常见树种吸附大气颗粒物能力研究[J]．北京农学院学报，2018：1-3.

[29] Setälä H, Viippola V, Rantalainen A L, et al. Does urban vegetation mitigate air pollution in northern conditions? [J]. Environmental Pollution, 2013, 183: 104-112.

[30] Janhäll S. Review on urban vegetation and particle air pollution-deposition and dispersion[J]. Atmospheric Environment, 2015, 207: 399-407.

[31] Sæbø A, Popek R, Nawrot B, et al. Plant species differences in particulate matter accumulation on leaf surfaces[J]. Science of the Total Environment, 2012(427-428): 347-354.

[32] Ina Säumel, Frauke Weber, Ingo Kowarik. Toward livable and healthy urban streets: Roadside vegetation provides ecosystem services where people live and move[J]. Environmental Science & Policy, 2016(62): 24-33.

[33] 乔玉霜，王静，王建英．城市大气可吸入颗粒物的研究进展[J]．中国环境监测，2011，27(2)：22-26.

[34] 邓顺熙，李百川，陈爱侠．中国公路线源污染物排放强度的计算方法[J]．交通运输工程学报，2001，1(4)：83-86.

[35] Ketzel M, Omstedt G, Johansson C, et al. Estimation and validation of PM2. 5/PM10, exhaust and non-exhaust emission factors for practical street pollution modelling[J]. Atmospheric Environment, 2007, 41(40): 9370-9385.

[36] 吴中，侯新超，徐辉，等．基于隧道法的机动车 PM_(2.5)排放因子研究[J]．华东交通大学学报，2016，33(4)：130-135.

[37] 赵静琦，姬亚芹，李越洋，等．天津市道路车流量特征分析[J]．环境科学研究，2019，(3)：399-405.

[38] 任思佳．城市街道绿化形式对机动车尾气扩散影响的数值模拟研究[D]．武汉：华中农业大学，2018.

[39] Wania A, Bruse M, Blond N, et al. Analysing the influence of different streetvegetation on traffic-induced particle dispersion using microscale simulations[J]. Journalof Environmental Management, 2012, 94(1): 91.

[40] 陈小平．武汉城市干道绿化隔离带消减颗粒物效应及优化建议[D]．武汉：华中农业大学，2017.

[41] SijiaJin, JiankangGuo, StephenWheeler, et al. Evaluation of impacts of trees on PM2.5 dispersion in urban streets. Atmospheric Environment, 2014(99): 277-287.

[42] Tobi Eniolu Morakinyo, Yun Fat Lam, Song Hao, Evaluating the role of green infrastructures on near-road pollutant dispersion and removal: Modelling and measurement [J]. Environmental Management, 2016(182): 595-605

[43] Ashutosh Kumar Pandey, Mayank Pandey, B. D. Tripathi, Assessment of Air Pollution Tolerance Index of some plants to develop vertical gardens near street canyons of a polluted tropical city, Ecotoxicology and Environmental Safety [J]. 2016 (134): 358-364.

[44] Keer Zhang, Guanwen Chen, Xuemei Wang, et al. Numerical evaluations of urban design technique to reduce vehicular personal intake fraction in deep street canyons[J]. Science of The Total Environment, 2019(653): 968-994.

作者简介

秦凡凡，1991 年 10 月生，女，汉，硕士毕业，武汉市城市防洪勘测设计院，助理工程师，研究方向为景观规划设计、工程景观学、植景营造，滨水景观。电子邮箱：ifanssy@qq. com。

殷利华，1977 年 4 月生，女，汉，博士毕业，华中科技大学建筑与城市规划学院，景观学系副教授，研究方向为工程景观学、绿色基础设施、植景营造。电子邮箱：yinlihua2012@hust. edu. cn。

城市微更新视角下都市农业技术“鱼菜共生”系统的运用

Application of Fish and Vegetable Symbiotic System of Urban Agriculture Technology from the Perspective of Urban Micro-renewal

杨 格 汪 民*

摘 要：城市化水平的不断提高，暴露出诸如城市土地资源逐渐紧缺、城市面积无序扩大等问题，经过多年理论与实践的发展，提出了结合保护、整治和改造多层次、多角度的微更新理论。微更新倡导局部渐进式的改造模式，是对中国城市发展现状的清楚认知和转型的积极探索。鱼菜共生系统是现代都市农业一项复杂而高效的应用技术，被认为是遵循循环经济原理和仿生自然系统以减少投入和浪费的可持续食品生产解决方案。为了更好地进入城市，通过十几年的发展，形式趋于多样化和立体化。本文通过深圳市南头村“天空农场”与越南的锦鲤咖啡馆2个不同的案例来分析鱼菜共生系统在城市微更新中的应用，总结出鱼菜共生系统景观化、体验化的营造方式，并提出鱼菜共生系统发展的优势与不足，以及其与城市公共空间相结合的重要性。

关键词：城市微更新；都市农业；鱼菜共生；案例研究；研究展望

Abstract: The acceleration of the urbanization process has exposed problems such as the gradual shortage of urban land resources and the disorderly expansion of cities. After years of research, a multi-level and multi-angle micro-renewal theory has been proposed that combines protection, renovation and transformation. Micro-renewal promotes a small-scale, gradual transformation model, which is an active exploration of China's new urbanization development model. The fish-vegetable symbiosis system is a complex and efficient application technology of modern urban agriculture. In order to better enter the city, through more than ten years of development, the form tends to be diversified and three-dimensional. This article analyzes the application of the fish-vegetable symbiosis system in urban micro-renewal through two different cases of the "Sky Farm" in Nantou Village, Shenzhen, Guangdong Province, China and the Koi Café in Vietnam. Experiential construction methods and put forward the advantages and disadvantages of the development of aquaponics system, and the importance of its integration with urban public space.

Key words: Urban Micro-renewal; Urban Agriculture; Fish Vegetable Symbiosis; Case Study; Research Prospect

城市化进程的加快，暴露出城市土地资源逐渐紧缺、城市无序扩张等问题，经过多年研究提出了结合保护、整治和改造多层次、多角度的微更新理论，提倡“小就是美，小就是生态”的针灸式城市更新策略。微更新对中国的城市更新规划具有一定的指导和推动作用，也是城市后续可持续发展的必然趋势。

而都市农业作为生态城市发展示范途径之一，不仅就近给城市供应丰富且新鲜的农业产品，同时节省了运输产生的能耗和尾气污染，还有环保、科教、休闲等多元功能，对城市可持续发展有重要作用。然而，城市中的农业，在空间、效能和环境等多重问题面前，需要大力发展现代农业技术才能得以发展，鱼菜共生系统便产生于此背景下。鱼菜共生系统是一种复合水产养殖和水耕培养的应用技术，具有集成、高效的特点，能够实现都市农业种植的永续有机和城市的可持续发展[1]。

文章对微更新和鱼菜共生系统的技术概念分别进行阐述，随后解释鱼菜共生系统的分类和共生方式，再对两个运用鱼菜共生系统技术进行城市微更新的案例进行研究分析，探讨该技术的优势和不足以及在城市中运用的前景。

1 城市微更新概念

城市微更新是指从“点”入手，对城市空间进行有效改造，使城市空间能够发挥出更加具有使用效益和能够更加美化城市环境的改造过程，城市微更新理论的提出，是一种更加提倡城市与自然和谐发展的城市发展模式[2]。城市更新不能以偏概全大范围拆建，而要从微小做起，以点成线，以人为本，注重居民的尺度与需求。目前城市已进入存量发展阶段，提升城市品质，就必须走城市微更新的道路，因地制宜选择更新方式，打造生态有机城市。

2 鱼菜共生的概念

鱼菜共生是将循环水养殖与水培蔬菜作物相结合的创新型的智能可持续生产系统，是遵循循环经济原理和自然界规律以减少投入和浪费的可持续食品生产解决方案。主要是以生态农业工程为理论基础，具有较高科技含量和较强的自我调节功能，是生态型、集约化的综合型生产模式，是今后农业发展的必由之路[3]。依据鱼类跟植物两者之间共同所需的营养元素，要求两者所处环境相同的特点，将水产养殖和植物种植这两种不同的农业科技，通过科学的精准设想与推算搭配，并能达到两者之间的互惠互利、协同共生。最后在根源上实现了养鱼系统不需换水、种菜不需施肥也能保证蔬菜正常生长，让鱼跟菜两者能达到一种互利共生的关系，是一种新型复合型养殖技术模式。

3 鱼菜共生系统的分类

3.1 鱼菜共生系统按用途分类

3.1.1 生产型鱼菜共生系统

种植区域可分为立体化种植区和落地化种植区。立体式种植鱼菜共生系统，是在养殖池的富营养水经过沉淀硝化池处理后，再通过水泵到立体式种植区吸收利用。水体经过种植区之后，汇集并通过水泵回养殖池，从而实现水体的循环利用和种养殖的共同丰收[4]。

落地式种植鱼菜共生系统，是将养殖池的水通过自流方式到底部铺设了一层陶粒的落地式种植区作为营养液吸收利用，在此系统中陶粒作为微生物的床体，使微生物在陶粒上进行着床，将大分子有机物分解为植物能更好吸收利用的营养物质[5]。

3.1.2 景观型鱼菜共生系统

鱼类主要是以观赏鱼为主，既赋予系统以美学价值增添审美情趣，又有生态价值。

3.2 共生方式

3.2.1 水产养殖与植物种植分离

砾石硝化滤床将水产养殖池与植物种植区域连接起来，水产养殖排放的废水过滤后较为清洁，同时又富含营养物质，被运输到植物生产系统，植物吸收并净化富营养化的水体，最后返回水产养殖池，形成循环[5]。

3.2.2 水产养殖与水生植物共作

先在最底层铺上一层防水布，再在其上依次填埋土壤、灌水，来种植水生植物。富营养化的废水直接被水生植物吸收过滤后，再从另一端返回养殖池。为了实现鱼菜共生大规模种养，国际上的主流做法是将鱼池和种植区域分离，鱼池和种植区域通过电泵实现水循环和过滤[6,7]。

4 案例分析

4.1 深圳市南头村“天空农场”

“农业包容城市”（agriculture inclusive urbanism）——作为城市更新的一种手段，他们试图通过实验型设计找到农业反哺城市的基因片段。深圳南头城中村的“天空农场”就是微更新与鱼菜共生技术结合的项目（图1）。

图1 与聚落结合的天空农场
（引自 https://www.gooood.cn/sky-farm-by-vrap.htm）

天空农场是一个包含都市农业、雨水收集以及社区微更新，在对场地最小干预的同时发掘都市农业潜在的生态意义和生产能力，提供新的居民公共活动空间和社区微更新方式。

城中村同时包含着小农经济混合小工业的生产生活方式，以及一种潜在的与聚落紧密结合的构筑方式。在缺乏公共活动空间的城中村，可以成为生产与休憩娱乐相结合的活动空间（图2）。

图2 生产型复合空间
（引自 https://www.gooood.cn/sky-farm-by-vrap.htm）

天空农场以便宜的价格创造最有效的生产空间：选择当地性价比高的建材PVC作为装置的主材料，设计方便简单的标准化结构，便于拆卸和运输。侧网采用的是空隙较大的农用地爬藤网，顶网采用的是防鸟网，保护瓜果的同时又便于雨水收集（图3）。

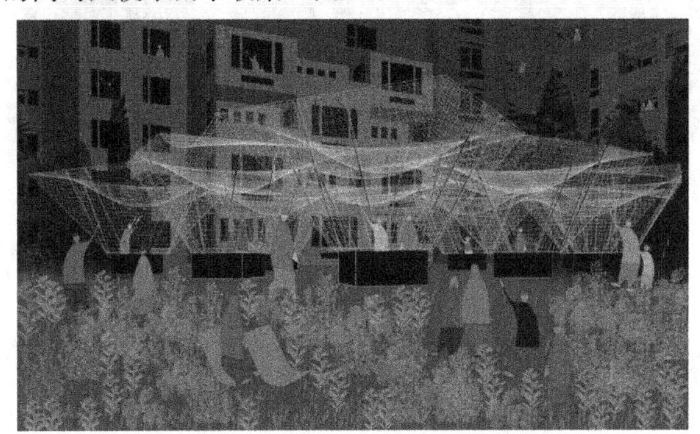

图3 标准化构件，居民可以自己加工
（引自 https://www.gooood.cn/sky-farm-by-vrap.htm）

场地原来是一个建筑垃圾堆场，最初没有水源，运用设施底部的“黑匣子”收集雨水用来饲养鱼类，黑匣子里的含有大量鱼粪的富营养水通过一个低压水泵循环供给植物（图 4）。最低的成本、最小的干预、最少的维护，支撑起了 400m² 的天空农场。

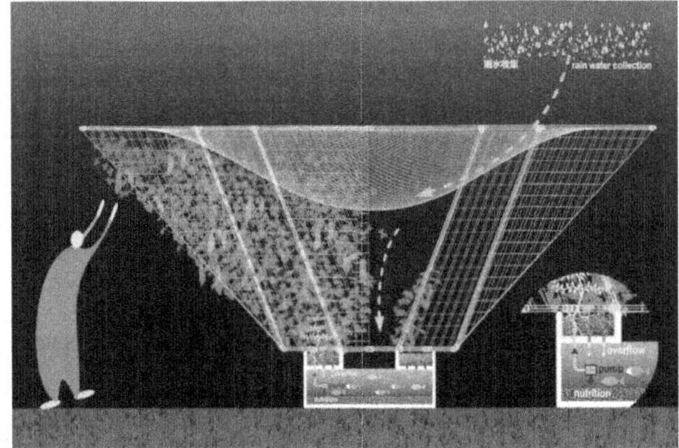

图 4　鱼菜共生与雨水收集系统
（引自 https：//www. gooood. cn/sky-farm-by-vrap. htm）

天空农场的便捷还在于它的可移动性，它可以出现在街头或者任何一个 1.5m² 的闲置空间，网架可以根据实际情况调整大小。底部最大化的留给公共活动空间，上部最大化的留给植物（图 5、图 6）。这样便以“插入式”分散的方式进行城市微更新，以点串线，以面带全。

图 5　立面图
（引自 https：//www. gooood. cn/sky-farm-by-vrap. htm）

图 6　轴测图
（引自 https：//www. gooood. cn/sky-farm-by-vrap. htm）

4.2　越南河内 KOI 咖啡馆

该项目由一个内有锦鲤池的咖啡馆改造，是一个带有前院的三层建筑。建筑中从天花板到家具，几乎整个室内空间所有制作材料都是回收来的木板。

咖啡馆的外立面使用了传统的双层结构瓦片，颜色亮丽（图 7）。中庭是趣味空间，也是鱼菜共生装置所在处，该装置借鉴“鲤鱼跃龙门”的传说，以瀑布的方式呈现，连通 1、2 层。将水流从 2 楼引到 1 楼的水池（图 8）。不仅带来美的感受、增加室内环境的灵动性，瀑布还能够为鱼群提供充足的氧气。

图 7　咖啡馆外观（引自 https：//wgooood. cn/koi-cafe-by-farming-architects. htm）

图 8　瀑布装置将水流从二楼引入下方水池（引自 https：//www. gooood. cn/koi-cafe-by-farming-architects. htm）

遵循可持续理念，咖啡馆应用了鱼菜共生系统：整个屋顶都被绿色植物覆盖，锦鲤池中的鱼粪和饲料残渣被泵送至种植区域，进一步转化成为植物生长的养料。而通过植物根部的过滤的净化池水，也重新回到水池当中（图9）。这是一个完全有机的封闭式循环系统，植物的栽植过程中不需要任何的化学养料。员工们还可以收获一些绿色蔬菜，作为咖啡馆的食材。咖啡馆内的鱼菜共生系统不仅富有审美情趣，也具有生态意义（图10、图11）。

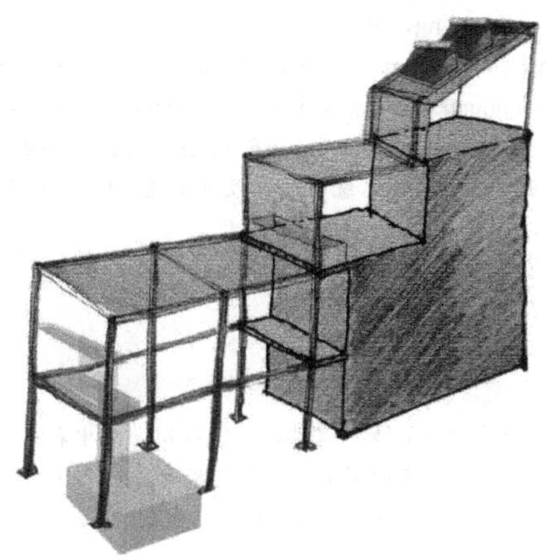

图9 鱼菜共生细节示意图（引自 https：//www.gooood.cn/koi-cafe-by-farming-architects.htm）

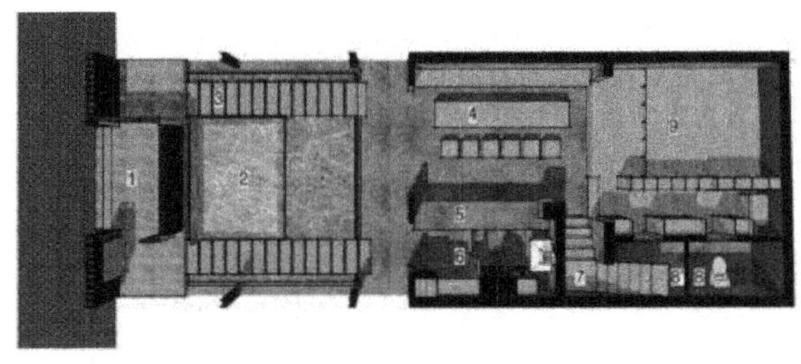

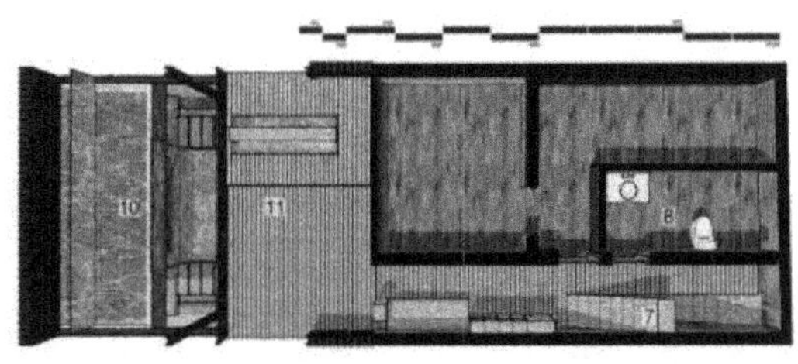

图10 咖啡馆平面图（引自 https：//www.gooood.cn/koi-cafe-by-farming-architects.htm）

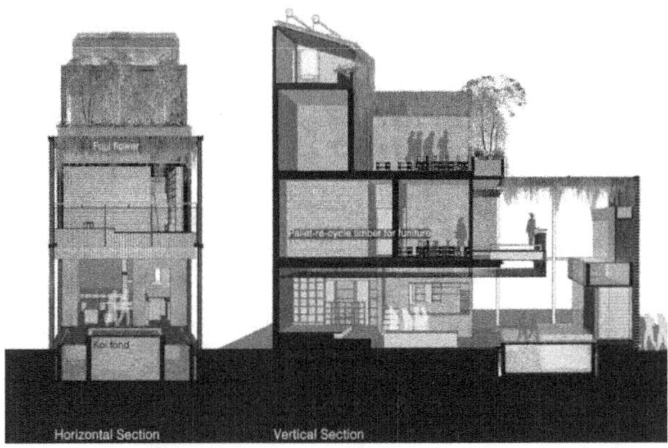

图11 咖啡馆剖面图（引自 https：//www.gooood.cn/koi-cafe-by-farming-architects.htm）

5 鱼菜共生系统的优劣分析

5.1 鱼菜共生系统的优势

5.1.1 持续高效

鱼菜共生系统的运作具有持续性，同时，它有助于获取当地种植的安全健康的农产品，这可以改善当地社区的生活质量，并为当地经济做出贡献。也具备科普宣传、与大学联合研究等多项功能，是一种高效的生产模式。

5.1.2 节约能源

鱼菜共生系统是集约化水产养殖，是一种生物过滤方法，不存在水污染。系统是完全封闭的，系统中的水除了蒸发之外，没有别的损耗。一定程度上也可以缓解用地压力。

5.1.3 高品质产出

整个生产过程中，有机肥料的来源是鱼粪灌溉用水，使植物生长良好。而唯一的肥力输入只是鱼饲料，所有的营养物质都经过生物过程。在现代社会，人们对食品安全的要求越来越高，这种完全自给自足的系统，符合社会发展趋势。

5.2 鱼菜共生系统的劣势

5.2.1 投资大

鱼菜共生系统初始投资金额大，而植物生长有一定周期，收益回报周期长。

5.2.2 技术难

鱼菜共生系统的良好运转主要依靠系统中的鱼、菜以及微生物三者之间的平衡。所以鱼菜共生系统对操作者的专业技术要求比较高，与目前我国农民平均素质水平不符。

5.2.3 风险高

因为系统是一个环环紧扣的整体，所以有极大的不确定性。系统过于依赖鱼类，所以鱼类或者任何细节出现问题都会导致鱼菜“全军覆没”。因此，想要实现系统的良好运转，必须要有完善的日常管理制度，出现问题要及时止损。

6 结语

随着人民对绿色生活方式和生态环境的要求越来越高，应大力推广“城市微更新”理念与方法，并将鱼菜共生系统这一资源自循环、自净化的生态农业技术与城市景观设计相结合，推动城市健康快速发展。随着都市农业向城市内部不断延伸，风景园林专业人士应利用自己的专业知识与技能，充分挖掘资源的循环利用，高度重视产品的设计细节，量化分析系统的生态效益，并深入研究应用的地域差别[7]。

如今要加强鱼菜共生技术在城市微更新中的运用，其设计研究仍需加强改进和完善，主要包括以下几方面：①充分利用绿色环保再生资源，降低技术成本；②专注于产品的设计细节，提高审美价值；③对更新进程中技术运用的生态效益定量分析；④发掘鱼菜共生系统的商业价值，吸引投资；⑤加快鱼菜共生技术相关知识的普及。

鱼菜共生系统设施通过创新改造和生态化综合种养技术的摸索，初步奠定了鱼与菜之间协作和互利关系，确定了不同的 2 个生产对象之间所存在的生态联系，形成一种鱼菜共生互惠互利的特定生态结构和良性循环机理，作为一种多学科、跨专业的新技术，成为未来农业发展的有效途径和方式[8]。

参考文献

[1] 萧蕾，洪彦．都市农业新技术——鱼菜共生系统及其立体化案例研究[J]．风景园林，2014(4)：117-120.

[2] 谭琪．探究城市微更新的发展策略[J]．中国房地产业，2019，000(025)：65.

[3] Tilley D R，Badrinarayanan H，Rosati R，et al. Constructed wet-lands as recirculation filters in large-scale shrimp aquaculture[J]. Aquacultural Enginering，2002，26：81-109.

[4] 靳宏梅．都市农业观光新方式——鱼菜共生技术[J]．河北林业科技，2019，000(001)：61-64.

[5] 李奕颐．家庭种植装置系统研究与设计[D]．上海：东华大学，2014.

[6] Palma L dos S，Maria J. Smart cities and urban areas-Aquaponics as innovative urban agriculture[J]. Urban Forestry & Urban Greening，2016.

[7] Palm H W，Knaus U，Appelbaum S，et al. Towards commercial aquaponics：A review of systems，designs，scales and nomenclature[J]. Aquaculture International，2018.

[8] 王雅敏．鱼菜共生系统的研究及其开发(上)[J]．渔业机械仪器，1991，(10)：2-4.

[9] 李大海．循环水渔业新模式 养种结合好典范[N]．中国渔业报，2008-10-27.

作者简介

杨格，1997 年生，女，汉族，湖北荆州，华中农业大学园艺林学学院风景园林系在读硕士，农业部华中地区都市农业重点实验室在读硕士，风景园林规划设计。电子邮箱：1048912474@qq. com。

汪民，1973 年生，男，汉族，湖北武汉，博士，华中农业大学园艺林学学院风景园林系副教授，农业部华中地区都市农业重点实验室副主任，硕士生导师。电子邮箱：39347747@qq. com。

公园城市理念下黄土台塬地区城市水土保持景观化的策略研究

Research on the Strategies of Urban Soil and Water Conservation Landscape in the Loess Plateau Region under the Concept of Park City

张雅迪　段　威*

摘　要：水土流失是城市建设中面临的主要问题之一，而公园城市的建设对水土保持工作景观性和生态性等都提出了更高的要求。本文以黄土台塬地区城市的水土保持设施为研究对象，通过对大量案例和文献的分析研究，探讨其景观化的途径，以期对公园城市建设中的水土保持工作提供理论与实践借鉴。

关键词：公园城市；黄土台塬；水土保持；景观化

Abstract: Soil erosion is one of the main problems faced in urban construction, and the construction of park cities puts forward higher requirements for soil and water conservation. This article takes the urban soil and water conservation facilities in the loess plateau area as the research object. Through analyzing and researching a large number of cases and documents, it explores the ways of it's landscapeization, in order to provide theoretical and practical reference for the water and soil conservation in the construction of park cities.

Key words: City Park; Loess Plateau; Soil and Water Conservation; Landscapeization

引言

保持城市水土生态环境，是城市建设发展过程中一项重要的工作内容。然而随着我国城市化不断加深，所带来的城市水土流失问题越发严重，导致原有生态平衡失调、面源污染、淤塞管网等，直接影响城市正常运作和可持续发展。故水土保持是城市建设过程中一项重要的工作，水土保持效果也是城市生态文明的重要评价指标。水土保持工作可以更好地维系城市水体环境，保障城市居民用水安全，改善城市生活环境，减少城市自然灾害等。

随着"公园城市"理念的提出，对城市建设中的水土保持工作也有了更高的要求。公园城市是"人—城—境—业"高度和谐统一[1]，集创新、绿色、协调、开放、共享五大发展理念于一体的现代化城市形态[2]，这就要求城市的水土保持不能仅局限于功能性，还要兼顾生态性、景观性、公共性及可持续性。

目前对公园城市的研究，主要集中在对其概念的辨析与模式探讨、建设方法论与理论体系架构梳理、理念内涵与实践路径研究等方面[3]，主要关注生态、社会、文化及经济4个维度，例如生态维度关注绿色空间修复、城乡协调的生态绿地网络营建；社会维度强调绿地系统扩容提质、全域空间肌理修复；文化维度关注地域可识别性、城市特色景观风貌塑造等[3]，但都是从宏观角度对公园城市的建设进行探索。笔者认为，公园城市的建设应该是从宏观、中观、微观多层级协同考虑的，而水土保持作为城市建设的重要工作，在公园城市建设中的绿色空间修复、生态网络营建等方面都起着重要的作用，故本文通过大量的文献和案例研究和总结，以城市水土保持的景观生态性对公园城市的作用的微观角度，探索水土保持的景观化策略，以期为公园城市建设中的水土保持工作提供借鉴。

本文主要选取水土流失严重的黄土台塬地区城市进行水土保持景观化的研究和策略探讨。

1　黄土台塬地区城市水土保持的现状与困境

1.1　黄土台塬地貌及其城市水土流失现状

黄土台塬是一种特殊的黄土高原地貌，位于黄土高原北部，是山前被黄土覆盖的阶梯状台地或者河流两侧的侵蚀台地[4]，由三种地貌部位构成，包括塬面、塬坡和沟道（图1）。黄土台塬主要分布于我国关中盆地、汾河

图1　黄土台塬地貌构成图

谷地、豫西、晋南黄河沿岸，分布面积大约为 50000km²。

由于黄土台塬区的独特地貌、气候特征和土壤湿陷等因素，加上人为的开发利用，使其极易发生水土流失，造成护岸崩塌、河水泥沙量增大、水道淤塞、塬面面积减小甚至受到地震的潜在威胁，为城市建设和发展带来巨大损失。例如西安杜陵塬塬畔水土流失严重，加之曲江新区的开发对台坎处理不到位，使得塬坡裸露，植被无法生长，导致城市局部生态环境恶劣、景观缺失[5]（图 2）。

图 2　城市中黄土台塬地貌现状

1.2　黄土台塬地区城市的水土保持措施

自中华人民共和国成立，我国高度重视黄土高原地区的水土流失治理工作。目前，黄土台塬区水土流失的治理已形成塬面及塬边、沟头、塬坡、沟道 4 道防线的综合治理模式。

本文对黄土台塬地貌不同地貌位置的水土保持措施进行归纳，如表 1 所示。

黄土台塬地区水土保持措施
（整理自参考文献［6］）　　表 1

地貌位置	主要措施	具体措施
塬面	林草措施	田路防护林网、经果林、水保林
	蓄水措施	涝池、水窖、蓄水池、蓄水埝
	耕作措施	农田、经济作物、果林
	截排水措施	明渠、竖井、卧管
	边埂措施	农田边埂、梯田边埂、植物护埂
塬坡	梯田	包括水平梯田、隔坡梯田、软埝
	蓄排工程	水平沟、鱼鳞坑、集水槽、水窖、反坡台水平阶
	坡面道路	不对称拱形道路、边坡护路
	防护林草带	生态果园，刺槐、沙棘等乔灌木组合配套
沟道	蓄水工程	淤地坝、谷坊、引洪漫地
	防护林	刺槐等
沟头	包括蓄水型沟头防护和排水型沟头防护	

1.3　黄土台塬区水土保持存在的问题及对景观的影响

1.3.1　城市建设破坏水土保持设施

在城市建设过程中，不重视水土流失问题，对原有水土保持措施产生破坏，甚至拆除原有水土保持设施，一旦发生暴雨等极端天气，必然发生水土流失，给城市建设带来损失。

1.3.2　水土保持措施缺乏经营维护

黄土台塬地区经过长期的水土流失治理工作，多批次水土保持工程积累，存在经营维护不足现象，如淤地坝、梯田等工程因日常经营维护不足，导致年久失修，不能充分发挥其水土保持的功能，同时严重影响了当地的环境美观。

1.3.3　水土保持理念落后

目前，黄土台塬地区水土流失治理仍以减缓水土流失、增加耕地面积为主要目标，水土保持设施缺乏活力和品质，与我国公园城市理念、建设“美丽中国”存在差距。

1.3.4　水土保持治理目标单一

传统水土流失治理目标过于单一，无法满足新时代背景下提升生态环境治理、改善人居环境、增加经济收入、促进城乡社会经济繁荣的要求[7]。

综上可知，造成现存问题的原因之一是在建设水土保持措施时，仅从工程性、功能性角度入手，未考虑其景观性、生态性，同时现存问题也导致黄土台塬地区的景观环境不断恶化。故本文作者从景观生态学的角度出发，以生态优先、功能多样、植物防护、美学利用为原则，综合考虑黄土台塬地区水土流失治理的工程措施、现状问题、景观需求，提出适合于黄土台塬地区的水土保持景观化的策略。

下文以黄土台塬不同的地貌位置作为划分，对其相应的水土保持设施的景观化策略进行探讨。

2　塬面水土保持景观化策略

黄土台塬地区处于干旱、半干旱气候带，存在季节性暴雨，雨水下泄冲蚀塬坡是塬面水土流失的主要方式，故塬面的水土保持及其景观化主要考虑对塬面径流的收集、集蓄和利用，整体形成雨水集蓄体系的同时，改善塬面的整体景观。

2.1 建立塬面雨洪调控体系

塬面雨洪调控体系是指利用下凹绿地、湿地水体等景观要素，对雨水进行分散滞留、调蓄净化和循环利用的过程，既可以增强塬面对暴雨的适应能力，保持水土，又可以利用雨水进行生态修复，实现塬面水土保持生态化、景观化[8]。黄土台塬的塬面开阔平坦，向河谷倾斜[9]，坡度一般为1°～2°，向塬边坡度逐渐增加至10°左右[10]，故塬面的地表径流走向一致向沟谷方向，这一地形特点有利于雨水的有序组织，利于形成从塬面的最高点到塬边的完整雨洪调控体系。例如泰国的朱拉隆功世纪公园被设计为3°角，利用重力作用，将雨水和洪水从最高点拉到最低点，并通过一系列的保水组件，如绿色屋顶、湿地、雨水花园、滞留草坪，最终在最低点填满蓄水池，可收集37854m³ 的水（图3）。

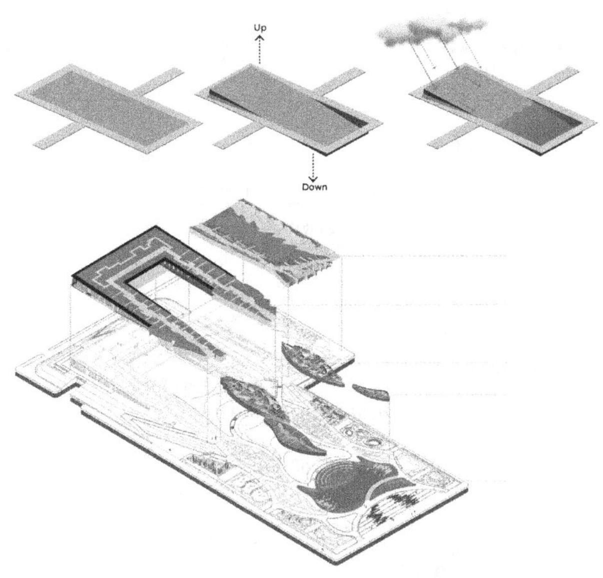

图3　朱拉隆功世纪公园
（图片来源网络：https：//mooool. com/chulalongkorn-centenary-park-by-landprocess. html）

塬面雨洪调控的步骤主要包括对雨水的滞留、传输、调蓄和净化（图4）。其中滞留设施包括雨水花园、下凹绿地，传输设施包括植草沟、旱溪、雨水沟渠，调蓄设施包括调蓄水塘、人工湿地、多功能调蓄设施[11]，同时每种设施都对雨水有净化作用。

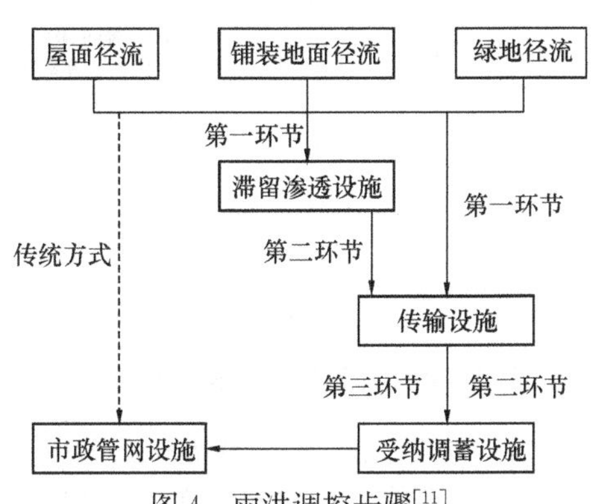

图4　雨洪调控步骤[11]

2.1.1 滞留设施结合竖向设计

滞留设施包括下凹绿地、雨水花园（图5、图6）。

图5　下凹绿地剖面图[11]

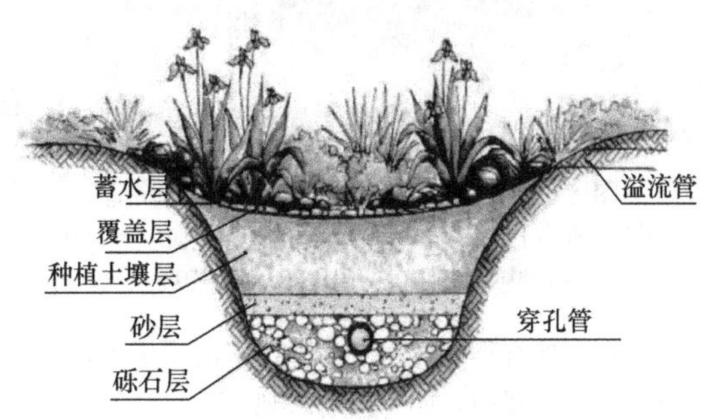

图6　雨水花园剖面图[26]

在景观设计中，滞留设施可以与竖向设计相结合，通过挖方和填方形成微地形，再结合道路、植物、场地、草坪，创造丰富的空间层次和视线变化。例如位于广州的海上明月主题公园，用大地艺术的手法塑造丰富的地形变化，形成了U形下凹绿地，并结合镜面不锈钢材料的“堤坝”、游步道、草坪等，创造了良好的视线、交通和有趣的空间体验（图7）。再如密歇根大学北校区广场景观改造中，绿草如茵的山丘与下凹的雨水花园在平坦的广场上形成丰富的地形变化，95%的雨水可被雨水花园收集、保留并渗入地下，再结合草坪、聚会空间、休息区、游戏空间和通道，为校园创造了一个既有象征意义又名副其实的绿肺（图8）。

图7　海上明月主题公园
（图片来源网络：https：//www. gooood. cn/luna-sea-china-by-box-studio. htm）

2.1.2 传输设施结合线性要素布置

传输设施包括植草沟、旱溪、雨水沟渠。

（1）植草沟、旱溪结合现状小型冲沟布置

黄土台塬的塬面上因常年雨水冲刷，形成了许多小型的冲沟，这些冲沟最终会慢慢形成沟谷，使塬面不断缩

图 8　密歇根大学北校区广场景观改造
（图片来源网络：https：//mooool.com/eda-u-gerstacker-grove-by-stoss.html）

小，故可利用现有小型冲沟来设置植草沟或旱溪，减缓地表径流对土壤的侵蚀，同时提高景观效果。

（2）雨水沟渠结合景墙布置

雨水沟渠可结合挡土墙、景墙等布置，设置在墙体顶部，末端与小水池相连，形成叠水景观[11]。例如获得2014ASLA住宅设计杰出奖的林地雨水花园，该项目位于西北路易斯安那周的住宅区，这片区域有一条山沟，暴雨后水位最多能高出水平面2.5～3m，设计师通过可视的雨水采集策略来定义和系统化所有的花园，其中雨水沟与石材挡土墙相结合，水流最终跌入不同的花园用以灌溉（图9）。

图 9　林地雨水花园雨水收集策略
（图片来源网络：https：//www.gooood.cn/woodland-rain-gardens.htm）

2.1.3　结合现状地形条件设置调蓄设施

调蓄设施包括调蓄水塘、人工湿地、多功能调蓄设施（图10～图12）。

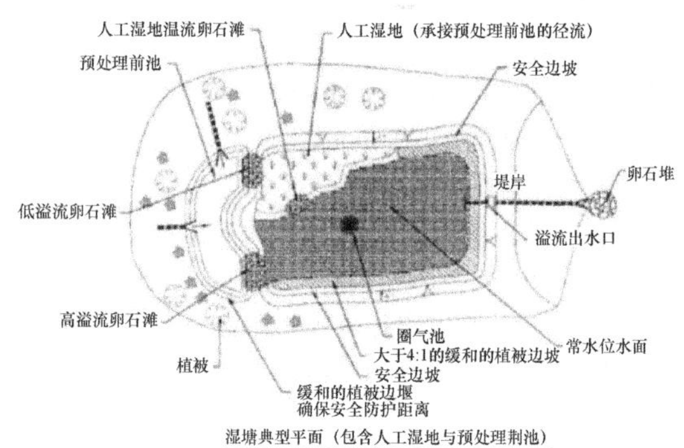

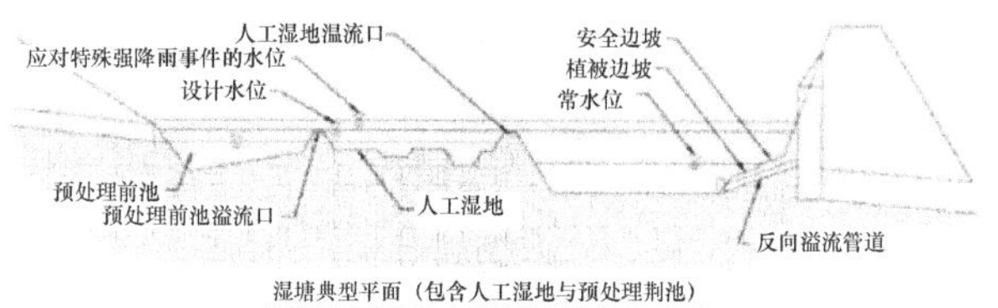

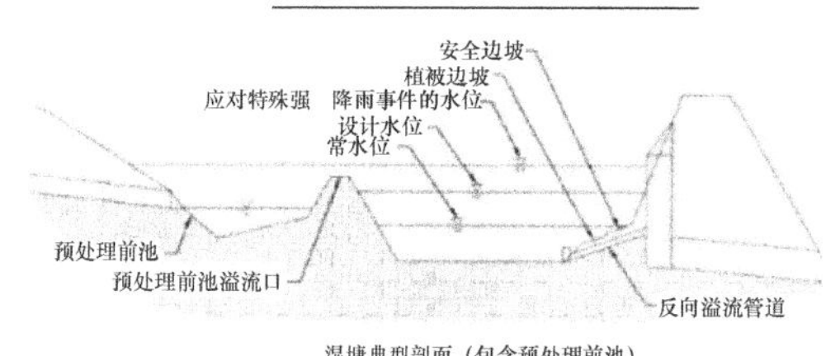

图 10　湿塘平面及剖面图[11]

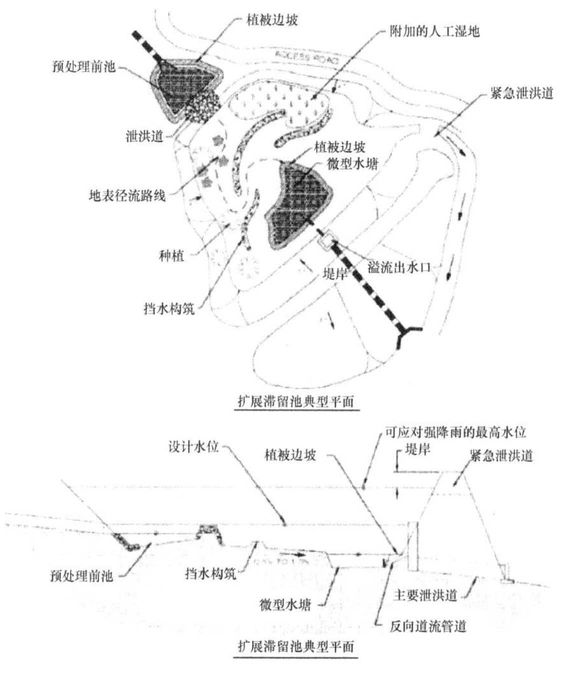

图 11　扩展滞留塘平面及剖面图[11]

调蓄设施一般设置在整个雨洪调控系统的最后，用来承接其他设施收集的雨水。对于塬面，可利用其原有坡度，将调蓄设施设置在塬边，同时要根据场地的径流方向、暴雨时的径流量、不同汇水面的径流系数、设计对景观的要求等方面，来确定调蓄设施合适的位置和规模。调蓄设施可结合游步道、游憩设施、植物种植，形成具有调蓄雨水、净化雨水、景观美化、娱乐游憩等多功能的景观区域。例如泰国曼谷的大型抗洪公园——朱拉隆功世纪公园，在地形最低处设置调蓄水塘，承接来自高处收集的雨水，在池塘边设置了固定的水自行车，可供游客锻炼，同时保持了水的移动和增加氧气（图 13）。

图 12　多功能调蓄设施剖面图[11]

图 13　朱拉隆功世纪公园的调蓄水塘

（图片来源网络：https：//mooool. com/chulalongkorn-centenary-park-by-landprocess. html）

2.2　提升塬面水土保持措施景观效果

2.2.1　改造水保林为风景林

水保林多以速生经济林为主，树种过于单一，造成许多潜在问题，如病虫害易发、生长缓慢、水土保持效益相对较差、景观呆板等。据资料，油松林与油松—山杏、油松—沙棘、油松—刺槐等混交林相比，生长速度明显较慢，其截留降水、阻延径流的效果也远不如混交林[12]。

营造风景林，应先确定整体的景观格调，选择当地适生树种，采取行间混交，乔灌草相结合，形成季相多变、色彩丰富、林相复杂的混交林。可按不同片区设计为观花林、观叶林、早春花海、晚春花林、夏季花林等特色景观林，同时可在林间布置景观游步道、植物科普认知等设施。适宜黄土台塬地区营造景观的植物包括刺槐、旱柳、圆柏、沙棘等适用树种，毛泡桐、香花槐等观花乔木，新疆杨、河北杨、五角枫、火炬树、黄栌等秋叶植物品种，连翘、绣线菊、黄刺玫、月季、木槿等观花灌木，紫花苜蓿、红豆草、白三叶、马兰、白花草木樨等耐旱草本等[13]（图 14）。

图 14　风景林

（图片来源于网络）

2.2.2　营造生态景观田

生态景观田指应用农业生态学和景观生态学原理与方法，营造的具备农业可持续发展所需的遗传资源、授粉、天敌和害虫调控、水土涵养、污染控制、景观休闲等生态功能的农田[14]。

对于生态景观田的营造，需要从自然景观保护、生态道路建设、农田生态防护、综合地力提升、生物多样性保护、景观美化提升等方面进行考虑，即将自然景观融入城乡绿色网络中，充分发挥乡土植物的功能，形成多层次的复合生态结构，创造多样化的生境类型；采用田间生态道路和护坡植物篱；农田防护林以乡土高大落叶乔木为主，常绿和落叶相结合；设置农田污染隔离带，降低农田面源污染；通过农田生物岛、农田缓冲带、生物栖息地修复等提高生物多样性；通过不同季节种植景观作物，营造农田景观，如春油菜+油葵营造一年两季大田景观，也可通过不同色彩的植物种类或品种进行条带、斑块等种植，形成五彩斑斓的农田景观[14]。例如北京房山天开花海，利用季相搭配技术，通过春播油菜和早花球宿根花卉，夏播油葵和多种花卉作物，形成春季油菜花海、夏季多彩花田、秋季菊香满园的三季景观（图 15）。

图 15　房山天开花海
（图片来源于网络）

2.2.3　塬边埂景观带

塬边埂是设置在台塬边缘，用以拦截部分塬面雨水径流，防止塬面径流下泄的土埂。塬边埂易被暴雨冲蚀，通常采用植物护埂来巩固边埂的土壤，但所选植物种类单一，景观效果不佳，故可在塬边埂上进行植物搭配，营造层次丰富的植物景观，从而形成塬边埂景观带。

3　塬坡水土保持的景观化策略

塬坡的水土保持主要考虑调蓄径流和巩固边坡。

3.1　硬化塬坡

硬化塬坡是指利用一些固化材料如水泥、砂石等对塬坡进行整体或局部加固，并结合地形处理和景观要素如景墙、叠水等形成稳定、美观、生态的塬坡坡面[15]。其中黄土地区坡面硬化工程包括喷涂勾缝防护、抹面喷浆防护、护体墙以及石砌防护等。可结合的景观要素有台阶、景墙、叠水、花台、草坪、游步道、挑台、景观桥等。例如位于格拉纳达城市边缘发展起来的 Forum 公共空间，其种植池、水池、叠水、台阶等都丰富了坡面景观（图 16）。

图 16　格拉纳达 Forum 公共空间
（图片来源于网络）

3.2　生态护坡

生态护坡是利用活性植物与工程材料的组合，在坡面上构建一个具有生长能力的功能系统，具有增加边坡稳定、防止水土流失、改善环境污染的功能[16]，我国黄土地区生态护坡技术主要有三维网植草护坡、厚层基材喷播、平台植树、综合植物护坡[17]（图 17）。

图 17　左上三维网植草护，右上厚层基材喷播，
左下坡综合植物护，右下生态袋护坡
（图片来源于网络）

对于生态护坡的植物配置方面，要形成一个“乔—灌—草”结构的植物群落，选取生长快速、生命力顽强的草本植物作为先锋植物以创造有利坡面，灌木和豆科植物作为中期植物以全面覆盖坡面、提高土壤养分；乔木作为目标植物以形成完整的植物群落[17]。

3.3　提升工程措施景观性

3.3.1　六角形砖生态景观梯田

传统梯田易产生水土流失，田埂易坍塌造成灾害，缺乏景观效果。六角形砖生态景观梯田，是以水土保持学和景观生态学为基础，遵循水土保持与生态景观工程相融合的原则，运用六角形砖无缝隙拼接的几何构造，将基地支撑板和压顶盖板与六角形砖铺砌相结合，应用六角形砖和植草耦合技术，形成六角形砖与植物相结合的网络镶嵌结构生态景观梯田。六角形砖生态景观梯田由六角形砖、基地支撑板、压顶盖板、土料和草本植物组成，施工步骤包括清理梯田埂基杂物、铺设基底支撑板、定位与砌筑六角砖、铺设压顶盖板、在六角形砖中间覆土、植草（图 18）。

例如山东省新泰市龙延镇豹峪小流域坡耕地将六角

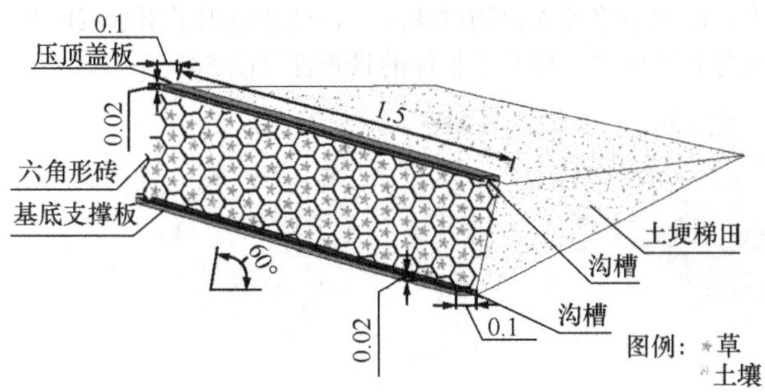

图 18　六角形砖生态景观田构造图[18]

砖生态梯田应用于梯田建设中，生态防护和生态景观效果都得到提高，总体修建和维护费用低廉，使用寿命长，对于水土流失治理、提升景观、生态、经济、安全等综合效益具有重要的实践意义[18]。

3.3.2　鱼鳞坑景观化

鱼鳞坑是为减少水土流失，在山坡上挖掘的具有一定蓄水容量、交错排列、呈品字形的土坑，在坑内栽树，可保水保土保肥[19]（图 19）。

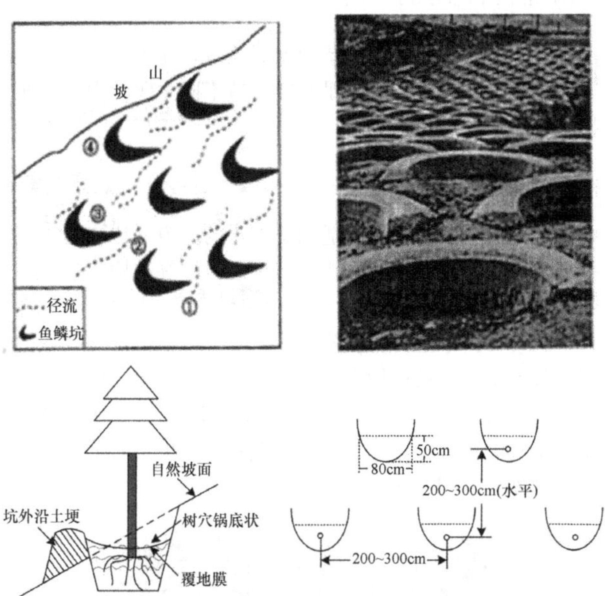

图 19　鱼鳞坑直观图及剖面图[19]

鱼鳞坑的外沿通常是土埂形式，景观效果一般，可采用硬质材料加固鱼鳞坑外沿的同时，提升其景观效果（图 20）。

图 20　鱼鳞坑种植池
（图片来源于网络）

3.3.3　生物砖排水沟

传统截、排水沟多用浆砌片石、砖砌或用混凝土浇筑，与绿色的坡面极不协调。

生物砖排水沟是采用留有种植孔的水泥砖为材料，在坡面上砌成截、排水沟，在水泥砖的种植孔内注满含有草籽的营养土，草籽发芽长大后可覆盖排水沟表面，使其与周边绿地融为一体，实现了排水措施与生态、景观有机结合[20]（图 21、图 22）。

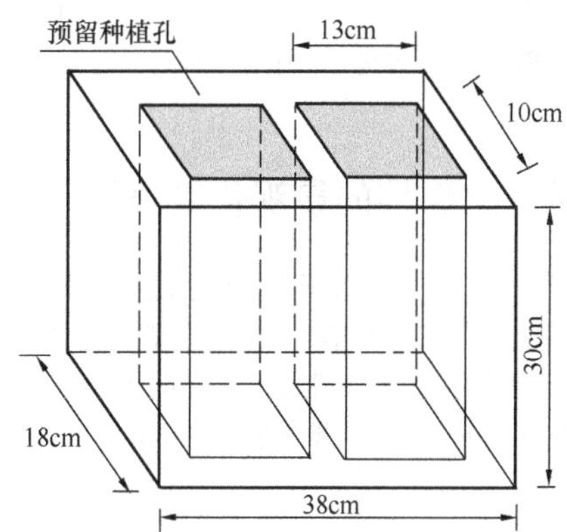

图 21　生物砖构造[20]

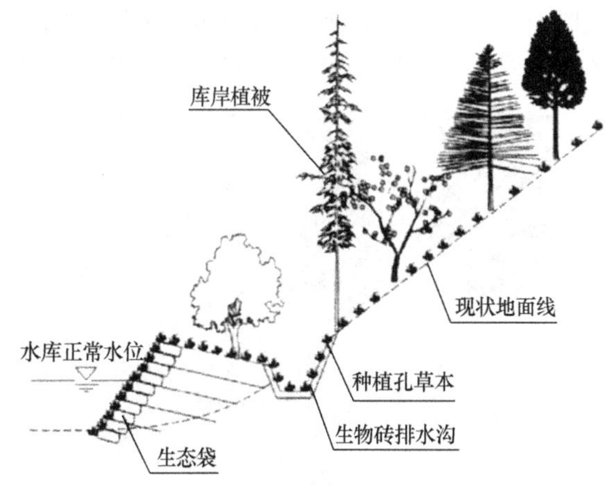

图 22　生物砖排水沟在生态护坡中的应用[20]

3.3.4　排水沟与叠水池结合

排水沟是用来承接超出截水沟容纳量的部分，设置在坡面截水沟的两端或较低的一端，末端与蓄水池相连。故可利用排水沟的这一特点，将其与叠水池结合布置，形成叠水景观。例如努埃瓦学校校园的景观设计，其排水沟与叠水结合，沟中布设卵石，使雨水留下来的细节更加突出，雨水最终进入植物过滤区，合理地组织了雨水流向并充分利用雨水，提升了整体的景观性（图 23）。

图 23　努埃瓦小学排水沟景观
（图片来源网络：https：//www.gooood.cn/nueva-school-by-andrea-cochran-landscape-architecture.htm）

4　沟道水土保持的景观化策略

黄土台塬地区由于气候干旱、水土流失等原因，许多沟道已干涸成为杂草丛生的旱沟，对于这类沟道的水土保持，主要考虑其沟坡的巩固；对于水分充足的沟道，水土保持需从横、纵两个方向来考虑，即沟坡巩固和减缓水流冲刷。

4.1　旱溪谷

对于旱沟，可通过植被措施保持水土，可选取耐旱、抗逆性强、观赏性好的植物，通过植物搭配形成旱溪谷景观（图 24）。可在沟底布置卵石，撒播草种如黑麦草、高羊茅、白三叶等，撒播观赏花卉如波斯菊、二月兰等，搭配连翘、黄刺玫、沙棘、紫穗槐等灌木，在土质好、沟底开阔的沟道，还可种植风景林或打造不同主题的沟谷，如桃花谷、梅花谷等。

4.2　生态景观护岸

生态景观护岸，主要适用于有水的沟道。传统的河道护岸多采用混凝土、浆砌块石、预制板桩等结构，生态及景观效果差，生态景观护岸既可保持河道的生态性、景观性，又可保持水土、防洪除涝。其类型包括：自然原型护岸、骨架干砌石植被护岸、块石固脚植被护岸、树根桩景石护岸、台阶直立型植被护岸。例如日本土生川的护岸，采用干砌石植被护岸，施工 2 年左右，土生川的生态系统就得到恢复（图 25）。

图 24　旱溪谷景观
（图片来源于网络）

图 25　由左向右分别为干砌石护岸、块石固脚植被护岸、台阶型蜂巢结构挡墙护岸

（图片来源于网络）

4.3　淤地坝人工湿地

淤地坝是在沟壑中筑坝拦沙，可巩固并抬高侵蚀基准面，减轻沟蚀、减少入河泥沙、充分利用水沙资源的一项黄土高原地区特有的水土保持治沟工程措施，为我国黄土高原地区的生产、生活、生态建设带来了极大的便利[21]。但由于地形地势等因素，淤沙、截水功能欠佳，坝地杂草丛生，水流带来的塑料袋、枯枝落叶等杂物严重影响沟道的景观格局和生态美观。而人工湿地既可以改善环境景观、调节局部气候，解决传统淤地坝利用率低、景观水平差、生态脆弱等问题，还可以利用人工湿地的蓄水功能为周边生产和灌溉提供水源[22]。已有实践案例表明，在干旱地区，潜流式人工湿地可以正常运行，并取得良好的出水效果[23]。

例如在辛店沟水土保持的淤地坝人工湿地实践中，基于河水污染程度、沟道地形、低影响开发的总体思路，选择了自由表面流人工湿地进行设计，它是指水在人工湿地介质层表面流动，依靠表层介质、植物根茎的拦截及其上的生物膜降解作用，促进水体净化[24]。自由表面流人工湿地包括进水区、处理区和出水区，处理区分为深水区和浅水区。深水区设置在湿地进水口处，水深 150cm，可为表流湿地提供厌氧及兼氧反应区，宜种植沉水植物；浅水区表面覆盖层种植土厚度 200mm，填料层为细砾石，厚 200mm，底部防渗层为黏土，厚 600mm，分层压实（图 26）。人工湿地驳岸可采用自然缓坡型驳岸和砌块型人工湿地驳岸(图27、图28)。植物选择方面，沿岸种植乡土植物，湿地水域选择挺水和浮叶两类水生植物，实现人工湿地景观的异质性和多样性[22]。

黄土台塬地区的许多河沟因淤泥堆积而导致断流，在规划设计前，应进行河道清淤、水体净化，同时可考虑水系连通，将沟道附近废弃的塘、渠纳入景观提升中，增强水动力，提升水环境，形成动态的水循环净化系统[25]。

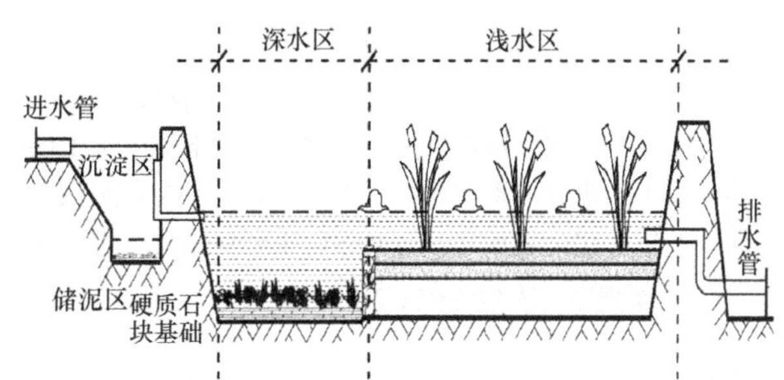

图 26　处理区人工湿地构造设计[22]

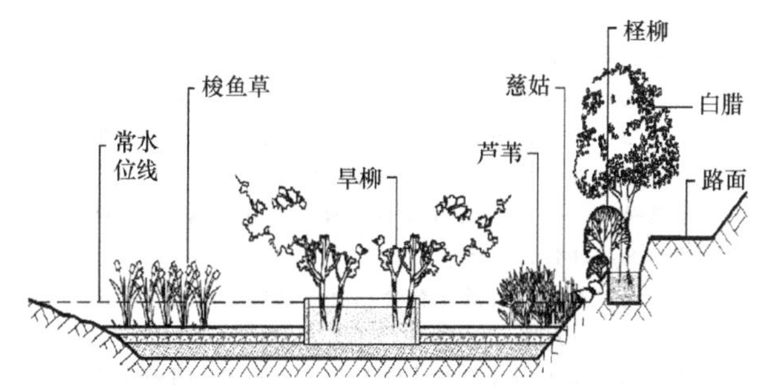

图 27　自然缓坡型驳岸[22]

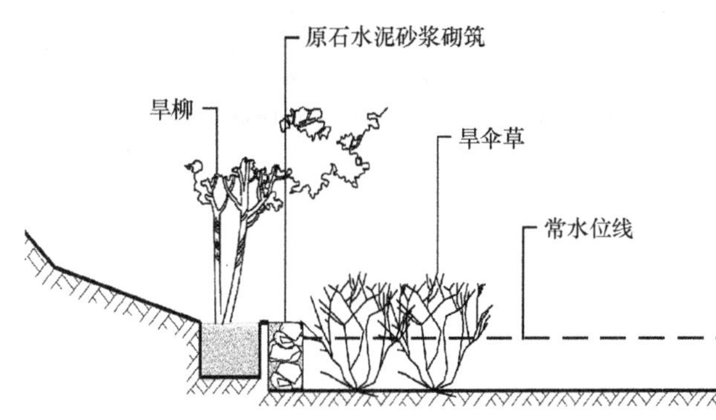

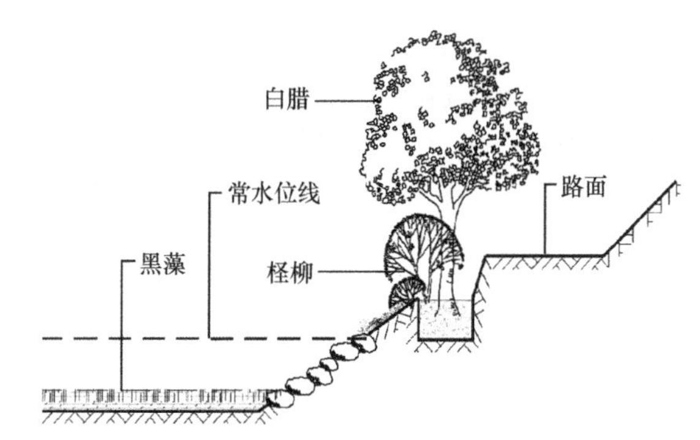

图 28　砌块陡坡型驳岸、砌块缓坡型驳岸[22]

5 结论

本文通过对水土保持、景观设计、雨洪管理、生态保护等相关理论与实践的研究和梳理，结合黄土台塬地区水土保持和雨水利用的具体方法和措施，提出了适合于黄土台塬地区城市的水土保持景观化的理论体系，同时其景观化的途径大致可以归纳为以下4种方式：

(1) 水土保持设施与生态设施结合，例如生物砖排水沟，将生态、景观与排水措施有机结合，实现了排水沟的景观化。

(2) 水土保持设施与景观设施结合，例如将雨水沟渠与景墙结合布置，末端承接水池，形成叠水景观，提高了水土保持设施的景观性。

(3) 水土保持结合种植设计，通过营造植物景观提升水土保持措施的景观性。

(4) 雨洪管理设施应用，如建立塬面雨洪调控调控系统，通过雨洪管理设施的运用，实现城市水土保持的目的。

公园城市理念下的城市建设工作所涉及的研究领域广泛，不是某一学科单独能够完成的，而是需要多学科的学者共同参与、相互协作，故公园城市理念下城市水土保持的建设工作也需要多学科综合考虑、共同参与，实现水土保持的生态化、景观化，从而为以生态环境营造为引领的公园城市的建设建立良好的基础。

参考文献

[1] 陈明坤，张清彦，朱梅安．成都美丽宜居公园城市建设目标下的风景园林实践策略探索[J]. 中国园林，2018，34(10)：34-38

[2] 王浩．"自然山水园中城，人工山水城中园"——公园城市规划建设讨论[J]. 中国园林，2018，34(10)：16-21.

[3] 毛华松，罗评．响应山地空间特征的公园城市建设策略研究[J]. 中国名城，2020(03)：40-46.

[4] 王倩倩．黄土台塬区湿地公园水系规划策略研究[D]. 西安：西安建筑科技大学，2014.

[5] 何希萌．西安杜陵原地貌特征对周边城市空间格局演变的影响[D]. 西安：西安建筑科技大学，2017.

[6] 王慧娟．黄土高塬沟壑区塬面水土流失防治措施布设研究[D]. 郑州：华北水利水电大学，2019.

[7] 李宗善，杨磊，王国梁，等．黄土高原水土流失治理现状、问题及对策[J]. 生态学报，2019，39(20)：7398-7409.

[8] 莫琳，俞孔坚．构建城市绿色海绵——生态雨洪调蓄系统规划研究[J]. 城市发展研究，2012，19(05)：130-134.

[9] 苏毅，柏云，王晶，等．黄土台塬地貌区海绵城区建设与规划设计探索——以西安市曲江新区为例[J]. 规划师，2018，34(10)：66-70.

[10] 桑广书．黄土高原历史时期地貌与土壤侵蚀演变研究[D]. 西安：陕西师范大学，2003.

[11] 刘家琳．基于雨洪管理的节约型园林绿地设计研究[D]. 北京：北京林业大学，2013.

[12] 王春生．麟游县水保林建设存在的问题与应对措施[J]. 中国水土保持，2016(03)：40-42.

[13] 焦智红．西沟河小流域水土保持措施优化配置及效果评价[J]. 山西水利，2013，29(06)：3-4.

[14] 李琳，聂紫瑾，朱莉，等．北京市农田生态景观建设实践与探索[J]. 天津农业科学，2018，24(06)：32-35+62.

[15] 郭华．黄土地区边坡防护措施研究[J]. 建材与装饰，2019(30)：220-221.

[16] Wells G W. Soil engineering: The use of dormant woody plantings for slope rotection[C]. In Symposium Proceedings: Agroforestry and Sustainable systems. Rocky Mountain Rocky Mountain Forest Experiment Station, Gen Rep RM-GTR-261, USDA, 1994, 29-36.

[17] 陆鑫婷．黄土地区生态护坡技术的研究[D]. 西安：西安科技大学，2017.

[18] 陈军．市政道路边坡绿化中的生态袋护坡技术分析[J]. 四川建材，2019，45(10)：148-149.

[19] 刘淑芬．鱼鳞坑整地、容器苗栽植技术[J]. 河北林业，2011(03)：42-43.

[20] 张继红，孙发政，何伟，等．生物砖排水沟在开发建设项目水土保持中的应用[J]. 中国水土保持，2007(06)：39-41+60.

[21] 黄自强．黄土高原地区淤地坝建设的地位及发展思路[J]. 中国水利，2003(17)：8-11.

[22] 白晓霞，武慧平，刘翠英．基于生态设计理论的黄土丘陵区淤地坝景观再造与更新[J]. 水土保持通报，2019，39(04)：134-137+143.

[23] 严弋，海热提．潜流式人工湿地在我国干旱区的试运行[J]. 水处理技术，2007(10)：42-45.

[24] 崔叔阳．表面流—潜流人工湿地系统处理城市雨水的实验研究[D]. 兰州：兰州交通大学，2016.

[25] 牛牧．乡村振兴背景下的乡村河道景观风貌提升研究[J]. 山西建筑，2019，45(12)：161-162.

[26] 董卫爽．雨水花园对降水径流水量的削减及污水净化能力分析[J]. 水科学与工程技术，2020，(01)：26-29.

作者简介

张雅迪，1992年3月，女，汉族，河北张家口，在读硕士研究生，北京林业大学，研究方向为风景园林规划设计、乡土建筑、小城镇规划。电子邮箱：635447932@qq.com 。

段威，1984年7月，男，汉族，湖北武汉，博士，北京林业大学，副教授、硕士生导师，建筑学，研究方向为当代乡土建筑、日常景观及小城镇规划等。电子邮箱：cedorsteven@163.com。

树木支架在强风环境中对树木的影响研究

Research on the Influence of Trees′Support on Trees in Strong Wind

周子芥　肖毅强

摘　要：树木支架的使用对树木的具体影响难以量化。本文归纳了树木支架各类优缺点，利用基于 H-WIND 的树木风损模型研究了 4 株华南常见树木在强风中折干风险与支架安装情况的联系。得到结论：①支架在强风中能降低连根侧翻风险，同时提高树木折干风险。②折干风险与支架安装位置对应的树干直径、是否进入树冠层关系密切，且支架安装在树冠层内或树干下部较粗位置能降低折干风险。
关键词：树木支架；强风环境；折干风险；H-WIND 模型

Abstract: The specific impact of the use of trees′ supports is difficult to quantify. This paper summarizes various advantages and disadvantages of trees′ supports, and uses the tree wind damage model based on H-WIND to study the relationship between the risk of break of four common trees in South China and the installation of the supports. Conclusions: ① Supports can reduce the risk of root rollover in strong wind, and also increase the risk of tree break at trunk. ② The risk of trunk breakage is closely related to the diameter of the trunk corresponding to the mounting position of the supports and whether it enters the canopy, and the supports installation in the canopy or a thicker position under the trunk can reduce the risk of trunk breakage.
Key words: Trees′ Support; Strong Wind Environment; Trunk Breakage Risk; H-WIND Model

引言

树木支架是园林树木常用辅助设施。可以帮助刚移栽定植、根系不发达、根-土界面尚未稳定形成的幼小树苗抵抗外力侵扰。亦可帮助支撑某些受外界因素（遮挡物、光线、重力等）影响形成偏冠的大型树木。城市中具保护价值的古树也可利用支架进行辅助支撑，以降低其在强风、雨雪等气象环境，病虫害对树干的侵蚀等负面条件下受损甚至倒伏的概率。实际应用中常见问题包括：支架牢固性不足、对树皮产生损伤、支撑位置不当等。在台风多发的华南地区，常见台风过后在支架支撑位置上端发生折断的树木，故针对树木支架在强风环境下对树木的影响研究具有实际意义。本文归纳了常见树木支架种类与应用问题，并针对树木支架在强风环境下对典型树木的影响进行量化分析，以树木安全为目的为树木支架安装提供建议。

1　树木支架对树木的作用

1.1　树木支架应用的对象

树木支架应用对象包括：①大体量根冠比失调的乔木，移栽后根-土界面极不稳定，浇水后易倒塌；②受周边城市环境影响而形成偏冠的乔木，易在外力作用下向偏冠方向倒伏；③移栽定植后的园林树木树苗，根—土界面尚未形成，根系不发达，易倒伏或折干；④受到病虫害侵蚀而在树干内部形成空洞导致树干易在外力下折断的树木；⑤长期处于大风频发环境下的树木；⑥具有保护价值的古树名木。

1.2　树木支架对树木的作用

针对支撑位置在树干某高度的小型乔木，假设树木支架完全牢固，则树木支架能在外力（强风）作用在树冠、传导至树干时提供给树干预应力，替代部分由树干木材本身具备的抗弯弹性模量提供的抵抗力。在风力影响下，树干振动传导至根-土界面的能量被大大减弱，极大地降低了树木连根侧翻的概率。

针对支撑位置在枝条处的大型乔木（偏冠树木、古树等），原本由树木木材本身具备的抗弯弹性模量提供的用于支撑枝叶重量的力被支架替代，亦降低了树木枝条因重力折断的概率。

2　树木支架的种类

传统单株树木支架及支撑方式包括：①单支柱支撑；②双支柱支撑；③三、四角支撑；④拉钢索固定支撑；⑤井字形支撑。传统树木支架安装技术简单，使用普遍。

新型树木支架在多方面实现创新，包括：①自动调节式树木支架，机械原理类似于伸缩式三脚架，形式类似传统三角支撑。能调节支架与树干接触位置的高度，方便适应不同体量的树木[1]。②柱状环抱式树木支架，由 2～4 个基本单元组成环抱树木主干的支架，具备占地空间小、与树干接触面大、对树木伤害小等优点，但安装技术要求较高[2]。

3 树木支架实际应用中的问题

3.1 树木支架在强风环境下对树木的影响存疑

根据树木支架（传统类型）的结构与力学原理，支架与树木间通过树干适当高度处某点位接触，以提供树木抵抗外力（强风等）的预应力。假设支架自身绝对牢固，则树木在该接触位置以下的树干段落不受外力影响，绝对安全。由于动能无法传导至根-土界面，树木亦不可能出现连根侧翻现象。但该接触位置以上及树冠层仍受外力影响，并依靠树干木材的抗弯弹性模量来抵抗折断，因此树木依旧存在折干风险。安装支架与未安装支架的树木在强风环境中的折干风险对比存疑。

3.2 树木支架安装问题对树木的负面影响

传统树木支架与树干的接触面较小，加之支架材料本身存在棱角，若在支架与树干接触位置处不采用垫衬物，则容易对树皮造成损伤（该现象在实际应用中普遍存在）；在外力（强风等）作用下不提供预应力，而改为被动的冲击力与劈力，使树干更易折断。

树木生长伴随树干增粗，若在幼苗定植时安装的支架不及时拆除或调整，则支架容易对树皮产生深度破坏，甚至嵌入树干内部，降低树干木材强度与韧性甚至直接导致树木死亡[3]。

4 树木支架在强风环境下对树木的影响研究

4.1 传统树木支架在强风环境下对树干折断风险的影响

据广州绿化公司2016-2018年对粤港澳大湾区城市树木受台风影响的调研结果显示，大量安装支架的树木在支架上端位置折断。研究树木支架的安装对树木在强风环境中的折干风险的影响，假设树木支架自身及与树干绑扎稳固，无针对树干的冲击力与劈力。

4.2 实验设计

实验地理位置选择台风多发的广州，对象树木选择4棵典型直干乔木幼苗，树种分别为窿缘桉、玉兰、香樟、杧果。针对选择的实验树木进行实地测量，记录与树木形态有关的数据，并在《中国主要树种的木材物理力学性质》[4]中查找对应树种的木材参数，综合上述数据即可获得实验树木的数学模型。依据H-wind模型[5]计算实验树木在不同条件下（是否安装支架与安装支架位置）可承受（濒临折干）的极限风力。对比同一树木在不同高度处安装支架时极限风力的变化。本实验假设来风单方向且风力恒定，树木无病虫害且木材性质稳定，形态对称（图1）。

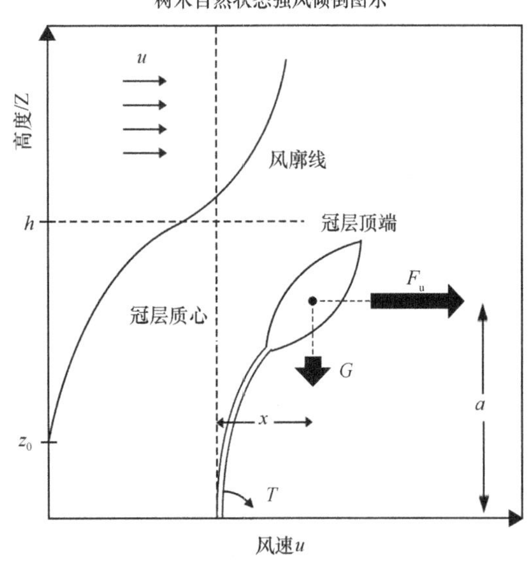

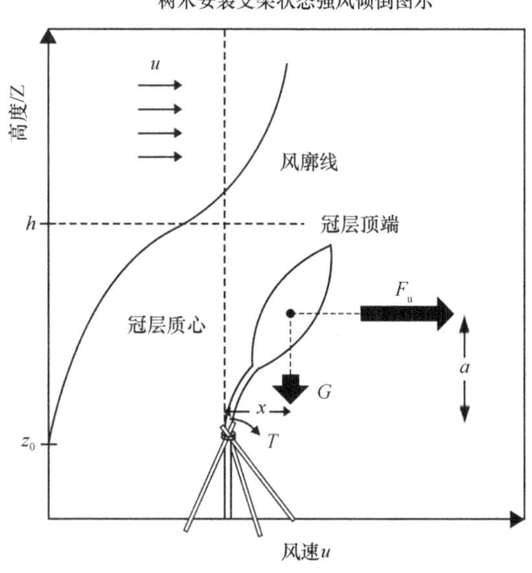

图1 树木安装支架对其在强风环境中状态的影响（自绘）

4.3 树木在强风环境静力学模型构建

树木在单方向恒定强风影响下产生偏离垂直方向的趋势，当加载于树木胸径处（距地面1.3m）的力矩超过该位置树干木材的抗弯强度所能提供的抵抗力矩时，树干折断。当树木安装支架时，由于支架绝对稳定，树木支架与树干接触位置以下段落不受外力矩影响，支架上端树干处转而提供抵抗力矩。

加载于树干的外力矩包括：①强风对树冠层产生的压力通过树干传导至底部，风力为F_u(N)；②偏离于垂直方向的树冠层自身重力G(N)产生的力矩[5]。

强风施加在树冠层的风压力F_u受空气密度、树冠层迎风面积、树叶密集程度、冠层结构系数等因素的影响。由于本实验研究单棵树木支架的安装对其在强风环境下折干风险的影响，故极限风力F_u(树木濒临折干时树冠层承受的风力）为应变量。

树冠层偏离垂直方向的重力与强风施加在树冠层迎风面的风压力共同作用在树干胸径处（或支架支撑位置上端）的弯力矩为 T（Nm）

$$T = F_u z + Gx(z) \tag{1}$$

式中，z 为树干胸径处（或支架支撑位置）据树冠层质心的垂直距离，m；$x(z)$ 为树冠层质心在水平方向上的偏移距离，m。

$x(z)$ 可通过经验公式获得估算值

$$x(z) = \frac{F_u}{6MELI}\left\{a^3\left[2-3\frac{l(z)-d}{a}+\frac{(l(z)-d)^3}{a^3}\right]\right\} \quad (z<a)$$

$$x(z) = \frac{F_u}{6MELI}a^2h\left(3-\frac{a}{h}-3\frac{l(z)}{h}\right) \quad (z\geqslant a) \tag{2}$$

$$I = \frac{\pi DBH^4}{64} \tag{3}$$

$$d = h - a \tag{4}$$

式中，MEL 是树木木材抗弯弹性模量，Pa；I 是在树根上端胸径直径 DBH（m）处树干的惯性力矩；d 是树冠质心到树顶端的垂直距离，m；$l(z)$ 是 z 高度冠层质心距离树顶端的垂直距离，m。由于树冠层被简化为位于冠层质心位置的质量点，故 $z=a$，可得

$$x(z) = \frac{F_u a^3}{3MELI} = \frac{64a^3F_u}{3\pi MEL\cdot DBH^4} \tag{5}$$

综合式（1）与式（5）可得

$$T = F_u a + \frac{64a^3GF_u}{3\pi MEL\cdot DBH^4} \tag{6}$$

根据 Peltola 等[6]学者的研究，树木发生主干折断的机理为：冠层不同高度段落承受的风压及重力产生的弯矩叠加到树干底部，如果叠加弯矩超过树干所能提供的抗折断力矩则树木折断。树干的折断力矩为 ST（Nm）

$$ST = \frac{\pi}{32}MOR\cdot DBH^3 \tag{7}$$

当 $T=ST$ 时，树干濒临折断，此时 F_u 即为树木能承受的极限风压力。综合式（6）与式（7）可得

$$F_u = \frac{(3\pi^2 MOR\cdot MEL)DBH^7}{(2048G)a^3+(96\pi MEL)aDBH^4} \tag{8}$$

式（8）中括号内参数在实验树木不变的前提下为常数（且可通过实测估算与经验值查找获得）。树木支架的安装可能改变的是 a 与 DBH 的值，故树木能承受的极限折干风压力由 a 与 DBH 共同决定。显然由式（8）可知，当树木主干的直径不随高度变化（DBH 不变），且树木支架安装与树干的接触位置在树冠层质心以下（实际应用中多如此）时，树木支架支撑树干位置越高，a 值越小，F_u 值越大，即树木在强风环境中越不容易折干。

但实际树木树干的直径通常随高度的增加而逐渐减小，而该减小的趋势随树种变化而变化，故 F_u（树木折干极限风力）的函数就趋于复杂。

4.4 样本树木形态及力学参数获取

本次实验假定树木支架支撑高度以 0.2m 为单位变化，故相应的测量树木树干直径也以垂直方向上 0.2m 为单位。4 个样本树木树冠层质量 M(kg)与重力 G(N)通过观测与经验公式互相校验获得，树木木材的木材抗弯弹性模量 MEL(Pa)与抗弯强度 MOL(Pa)通过资料[4]获得。详细源数据见表 1。

样本树木源数据汇总（自绘）　　表 1

样本树木编号		1	2	3	4
树种常用名		窿缘桉	玉兰	香樟	杧果
树种拉丁名		*E. globulus* Labill.	*Magnolia denudata*	*Cinnamomum camphora*	*Mangifera indica* L.
查找木材学资料获得	MEL(Pa)	1.49×10^{10}	1.08×10^{10}	9.9×10^9	8.9×10^9
	MOL(Pa)	1.248×10^8	7.6×10^7	8.27×10^7	6.52×10^7
通过实地观测与估计获得	a(m)	3.40	2.30	3.10	3.00
	DBH(m)	0.070	0.090	0.140	0.120
	DBH1.0(m)	0.053	0.082	0.136	0.100
	DBH1.2(m)	0.051	0.078	0.131	0.096
	DBH1.4(m)	0.049	0.074	0.124	0.092
	DBH1.6(m)	0.046	0.060	0.110	0.088
	DBH1.8(m)	0.042	0.053	0.095	0.080
	DBH2.0(m)	0.038	0.040	0.082	0.076
	DBH2.2(m)	0.034	0.030	0.070	0.072
	DBH2.4(m)	0.030	—	0.058	0.065
	DBH2.6(m)	0.025	—	0.050	0.060
	DBH2.8(m)	0.021	—	0.046	0.055
	DBH3.0(m)	0.017	—	0.040	0.050
	G(N)	14.2	30.6	45.1	39.7

4.5 实验结果

综合表1数据与式（8）可对样本树木在不同高度安装树木支架对应的树干折断所需风力进行估计。结果见表2。各样本树木的 a（m）、DBH（m）与折干极限风力 F_u（N）随树木支架高度 z（m）的变化趋势见图2。

不同情况树干折断风力估计 **表 2**

样本树木编号		1	2	3	4
树种常用名		窿缘桉	玉兰	香樟	杧果
树种拉丁名		*E. globulus* Labill.	*Magnolia denudata*	*Cinnamomum camphora*	*Mangifera indica* L.
在不同高度对应的树干位置安装支架	无支架	1338.096	2563.097	8057.556	3996.434
	1.0(m)	821.428	3432.742	11084.998	3469.521
	1.2(m)	797.966	3643.718	11008.872	3411.581
	1.4(m)	779.050	4165.176	10503.206	3378.649
	1.6(m)	716.084	3154.956	8378.957	3378.570
	1.8(m)	612.585	3403.285	6294.876	2960.915
	2.0(m)	518.276	2755.759	4858.297	3047.215
	2.2(m)	432.745	4036.433	4197.233	3199.042
	2.4(m)	356.369	—	2684.476	2978.488
	2.6(m)	257.119	—	1868.161	3060.052
	2.8(m)	202.925	—	2382.868	3208.955
	3.0(m)	161.410	—	2250.982	3471.212

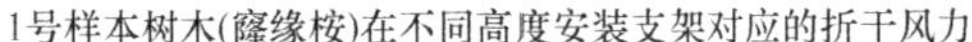

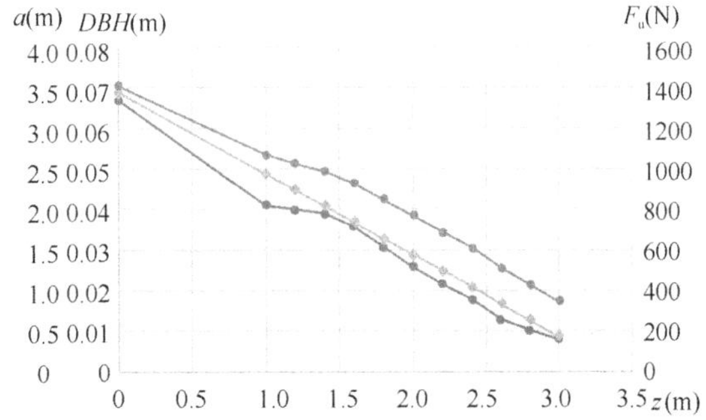

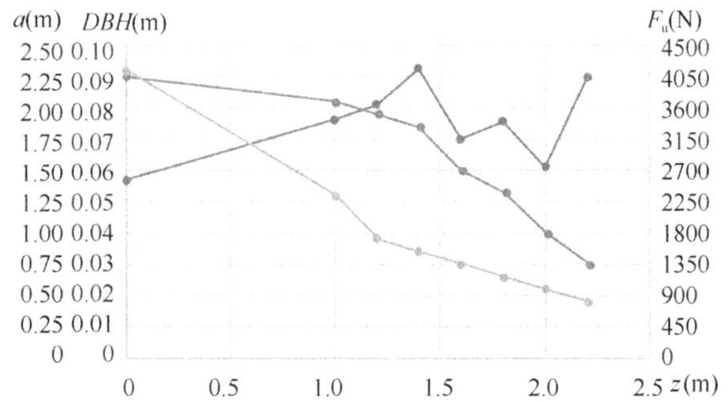

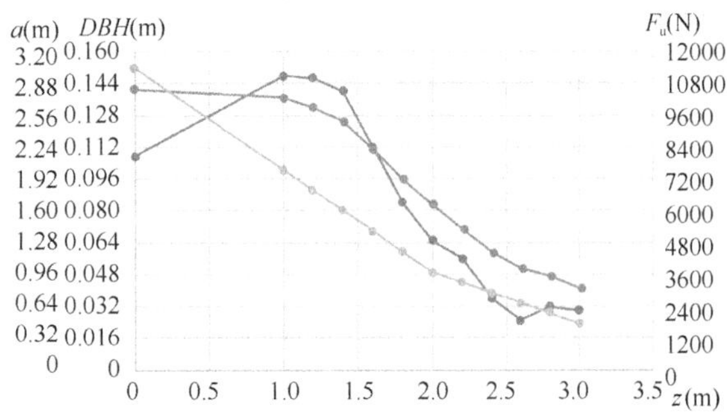

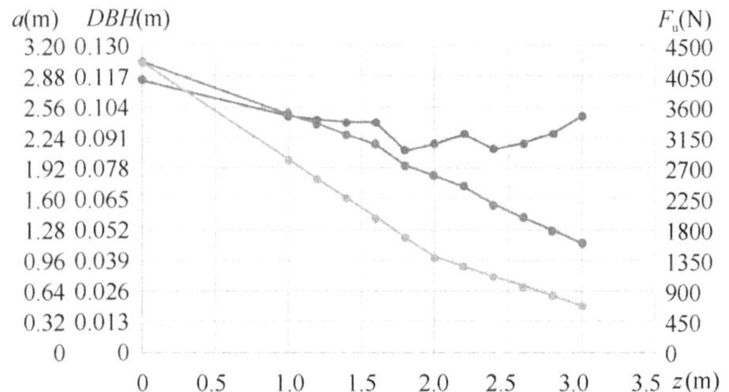

图2 样本树木折干风力随支架高度变化趋势

5 分析与讨论

5.1 树木折干极限风力的相关因素分析

由图 2 可见，4 个样本树木在安装支架（并变化支架高度）后能承受的折干极限风力变化趋势各不相同。由前文分析可知，当树木支架安装的越高，a 值越小，树木随风倾倒的力矩越小；但树干直径的变化亦为不可忽略的因素，树干直径越小，在假设树干木材完好（无病虫害）的前提下，树干提供的抗折强度越小。由图 2 可见，4 个样本树木折干极限风力的波动情况受 DBH 值的影响均大于 a 值，即假设树木树干的直径随高度均匀变化（几乎完美的椎体，样本 1），则当树木支架安装在树冠层以下位置时，树木折干风险会随支架高度增加而增大。但实际大多数树木树干直径不是均匀变化，而是呈现梯度骤变（样本 2），故支架对折干风险的影响变得复杂。

当支架位置进入树冠层时，情况发生变化（样本 3、样本 4）。因支架的安装间接减小了树木在强风环境中的有效树冠质量（在支架下方的枝条与叶片受到的风压力无法对树干形成有效的拉力）。树冠层有效质量减小与树干直径变小两大因素共同影响折干风险，可能增大（样本 3），也可能减小（样本 4），最终与树种有较密切关联。

5.2 关于树木支架安装的建议

传统树木支架安装经验提到，支架安装位置应在树木高度的 1/3 处或 2/3 处，这与 5.1 中结论相符（选择支撑在树干较粗或冠层中心位置）。切忌将树木支架安装在树干较细处（或明显存在病虫害影响的段落）。树木支架对抗树木在强风中连根侧翻的能力极强，但也会增加折干风险，故建议不要将支架用在树木根-土界面发育良好的树木上（或在树苗长大后忘记拆卸）。

5.3 研究不足

本实验建立的是经简化的树木静力学理想模型，与真实树木存在差距。同时常用园林树木较多，支架对各类园林树木的影响情况差异极大（树形、木材参数），结论普适性相对欠缺。

参考文献

[1] 徐年富，高梅，翁秀奇，曹娟．自动调节式树木支撑装置的设计[J]. 农业开发与装备．2020，(02)：85-86.

[2] 史益典．树木固定支架的种类及其应用[J]. 现代农业科技，2015，(24)：155-157.

[3] 刘雁，王凤华．树木支架应用中存在的问题和对策[J]. 农村实用技术，2020，(04)：143-144.

[4] 中国林业科学研究院木材工业研究所．中国主要树种的木材物理力学性质[M]. 北京：中国林业出版社，1982.

[5] Erika O，Kristina B. Decision support for identifying spruce forest stand edges with high probability of wind damage [J]. For Ecol Manage，2005，207(1-2)：87-98.

[6] Peltola H，Kellomäki S，Väisänen，H，et al. A mechanistic model for assessing the risk of wind and snow damage to single trees and stands of Scots pine，Norway spruce，and birch [J]. Can. J. For. Res，1999，(29)：647-661.

[7] 张平安，唐崇袍，黄天来．树木倒伏研究现状与展望[J]. 林业科技通讯，2020，(01)：14-17.

作者简介

周子芥，1996 年生，男，汉族，浙江嘉兴，风景园林硕士研究生在读，华南理工大学建筑学院，研究方向为风景园林规划设计。电子邮箱：1811179614@qq. com。

肖毅强，1967 年生，男，汉族，广东广州，博士，华南理工大学建筑学院，亚热带建筑科学国家重点实验室，教授，研究方向为绿色建筑。电子邮箱：x2jz@scut. edu. cn。

论文集

风景园林管理

景观维护的生态影响与管理调控研究展望①

Prospect of Ecological Impact and Management Regulation of Landscape Maintenance

史 琰

摘 要： 绿地生态效益发挥与景观维护资源投入权衡的研究，有助于促进城市绿地生态系统管理的认知。本文简要分析了景观维护生态影响的强度，范围以及其关键的影响因素。总结归纳出基于生态智慧的水资源可持续管理路径，园林绿化废弃物生产生物能源抵消养护过程中的碳排放，构建水—能源—碳关联的减排调控研究框架，景观维护生态影响的预测情景分析，耦合公众景观偏好的协同优化等5个方面的研究点。希望以此引发学界更多角度、多层面的理性思考。

关键词： 绿色空间；水资源管理；水—能源—碳关联；资源

Abstract: The study on the balance between the ecological benefits of green space and the input of landscape maintenance resources is helpful to promote the cognition of urban green space management. This paper briefly analyzes the intensity, scope and key influencing factors of ecological impact of landscape maintenance. This paper summarizes the sustainable management path of water resources based on ecological wisdom, the production of bioenergy from landscaping waste to offset the carbon emission in the process of maintenance, constructs the research framework of water energy carbon related emission reduction regulation, the prediction scenario analysis of ecological impact of landscape maintenance, and collaborative optimization of coupling public landscape preferences. It is hoped that this will lead to more rational thinking from different angles.

Key words: Green Space; Water Management; Water-energy-carbon Nexus; Resource

引言

随着城市化比例的持续升高，城市生态与人类生活和环境问题更加密切[1]。城市园林绿地生态系统是一个复杂的自然—社会—经济复合系统，具有重要的生态服务功能，是唯一可进行自然生态调节的城市生态系统的子系统，与人类福祉息息相关。城市绿地生态系统已成为人们不可忽视的新生境[2]，成为城市生态学研究的新热点。现在世界上超过一半的人口居住在城市或者城镇中，预测这个比例在将来还会增长，将在2050年之前达到70%[3]。通过园林植物发挥绿地生态系统服务功能，调控城市环境是城市管理的重要途径[4]。另一方面，节约型城市园林绿地建设是节约型社会建设的重要部分[5]。因此，需要更多的绿地生态效益发挥与节约资源投入权衡的基础性研究，来提高城市绿地生态系统管理的精准性。

园林养护管理中化石燃料的使用，降低了城市绿地的净碳汇能力[6]。最近国内外有研究基于生命周期法发现园林养护管理措施中灌溉用水的能源使用所带来的碳排放最高，占总碳排放的一半以上[7]，识别这一核心因子为研究城市绿地碳调控开辟了新视角。前期研究成果表明，合理的调控管理将有效地促进城市绿地的生态功能。绿地增长迅速以及对绿地质量要求的提高[8]，更需要对绿地生态功能开展深入的研究，从而科学地评估和指导实践、规划、设计，这是当前迫切需要解决的问题。本文通过分析景观维护生态影响的强度，范围以及其关键的影响因素，得出相应的生态管理策略。

1 快速城市化背景下景观维护生态影响日益增显

采用中国城市统计年鉴（1998-2017年）数据分析1996-2016年的20年间，长三角地区主要的16个城市城市化进程中绿地面积时间变化及绿化覆盖率变化。本研究城市绿地变化研究起始年为1997年。因为1997年是明确长三角城市群主要城市的初始时间。虽然有许多西方学者对中国统计数据质量存有疑问，但在研究中国的学者认为，中国的可得官方数据是最好的数据，确实反映了演进的基本趋势。

1997-2016年长三角地区16个城市绿地面积面积年均增长2.9%，绿化覆盖率年均增长1.8%。到2016年底，16个城市的城市绿地面积达到206998hm^2，约为1997年（40990km^2）的4倍，其中2008年以后增长缓慢或基本保持平稳（图1）。城市平均绿化覆盖率20年间由1997年的27.12%增长到2016年的42.8%。不同城市间城市绿化覆盖率出现趋同（图2）。

城市化进程中，大部分人都居住在高密度的聚居区，而按照政策的指示增加城市内绿地面积将会改善城区居

① 基金项目：浙江省自然科学基金项目（LY19C160007 基于水-能源-碳关联的城市绿地碳固存调控机制研究）。

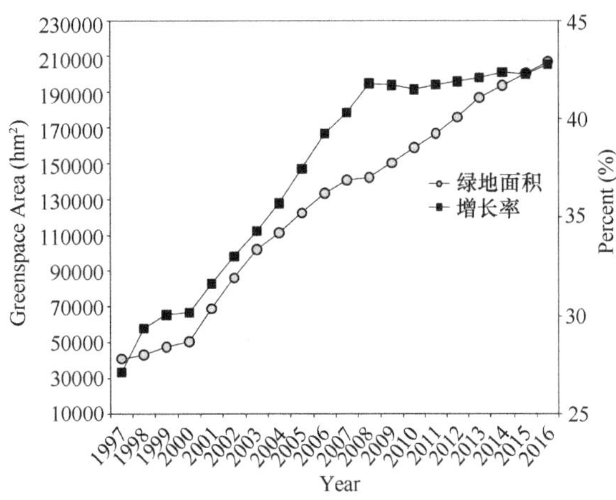

图 1　1997-2016 年 20 年间长三角地区绿地变化

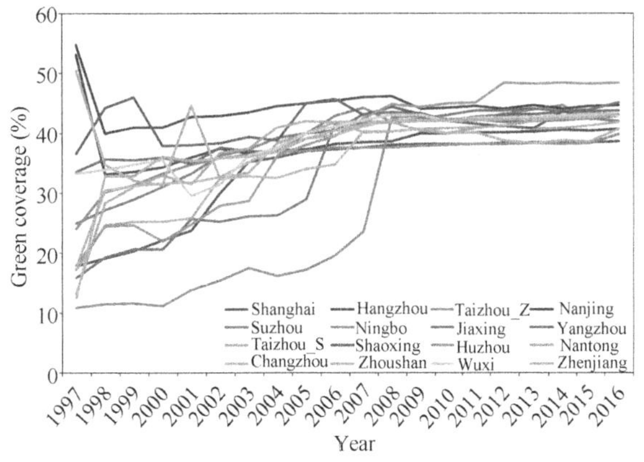

图 2　1997-2016 年 20 年间长三角 16 个城市绿地覆盖变化

住的一些问题。绿地覆盖面积的增长速率远高于城市面积的增长，而其衰退速率却很慢，和人口增长的速率持平。因此一座城市的绿地面积更主要的与城市的面积有关，而并非由其服务的居民数量，这也就意味着，紧凑型城市（小面积但高人口密度）的人均绿地拥有量会非常低。随着城市的不断扩张，人与自然之间的相互作用将更多地依赖于近距离绿化景观（比如街道绿化或者是后院或花园的大小、植被组成）管理的质量。

2　城市绿地景观维护的生态影响因素分析

2.1　基于生命周期法的景观维护生态影响分析

利用生命周期法评估人类修饰或主导下生态系统对环境的影响，可以克服传统自然生态系统研究中环境评估的片面性和局限性。评价过程中注重于被研究系统在生态健康、人类健康和资源消耗等领域的环境影响。生命周期法分析表明，城市绿地生态系统的发挥生态功能的核心要素植被从全周期可以化为 5 个阶段：苗圃期、运输期、种植期（设计）、养护管理以及处置期。在整个生命周期中养护管理的影响时间最长，影响范围最广，影响力度最大（图 3）。

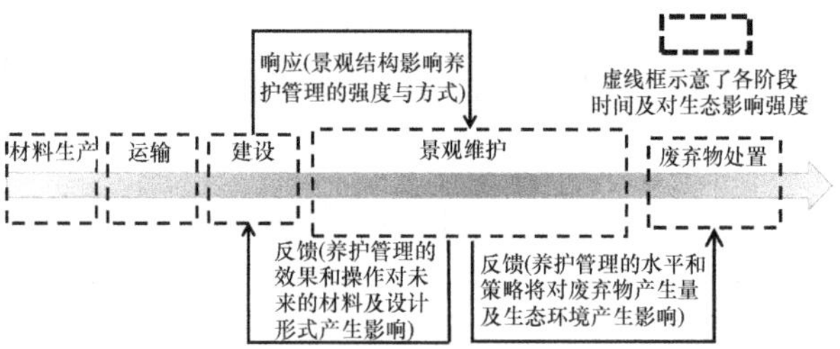

图 3　景观生命周期评估的系统边界

2.2　景观维护过程中生态影响关键环节识别

根据生态系统理论，系统的物质流及能源流的输入输出分析表明，景观维护的主要行为灌溉、修剪、施肥及打药，这些管理行为需要城市绿地系统外部的物质支持，主要有能源、水、氮和磷 4 个大类。其中主要的为能源和水的投入（图 4）。

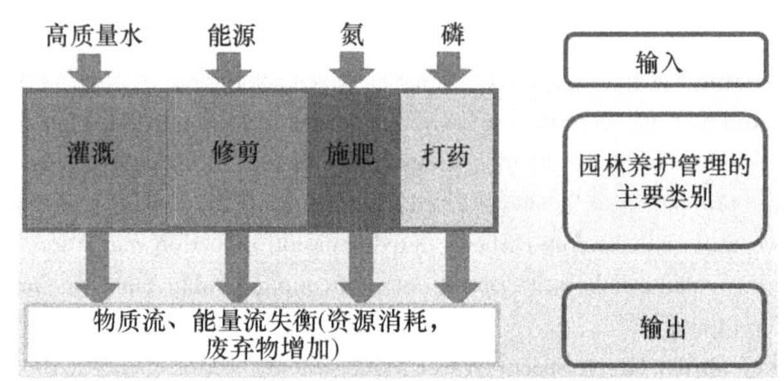

图 4　基于系统输入输出原理的景观维护生态影响要素识别

2.3　景观维护生态影响与调控分析框架

人类活动可通过各种机制直接或间接驱动城市绿地生态影响[9]。城市绿地的生态影响的量值和种类构成会随着人类造成的植被和环境因素的改变而做出响应。景观维护的改变会对城市绿地生态服务功能产生影响，进一步影响人类健康。而人类福祉发生改变会作为一种重要的反馈机制影响人类在各尺度上的决策行为，从而影响管理的决策与行为[10]。人为管理行为（管理策略，不同养护管理方式碳输入，废弃物利用等）对于城市绿地碳平衡的影响程度如何？利用园林废弃物生产生物能源替代化石燃料减排是否能够抵消养护管理的化石燃料碳排放？这些是景观维护生态影响与调控分析的关键问题（图 5）。

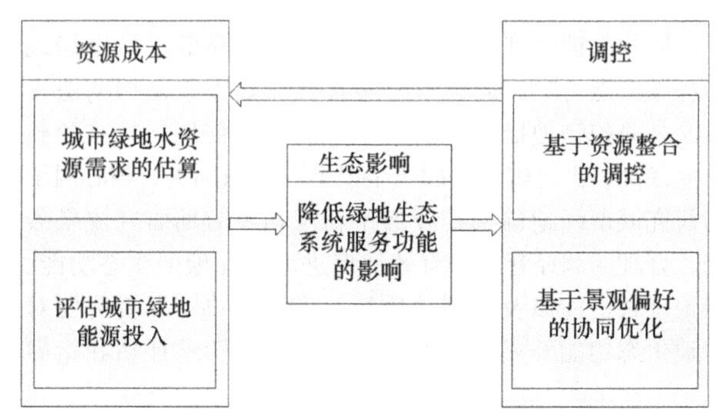

图 5　景观维护生态影响与调控分析框架

3 城市绿地景观维护的生态调控策略

3.1 基于生态智慧的绿地水资源可持续管理的调控路径

绿地潜在耗水量问题应引起足够的重视[11]。随着世界范围内城市的不断扩张和城市人口对生态系统服务日益增长的需求，城市绿地的扩张速度将超过建成区[12]。然而，城市可持续绿地水资源管理的发展相对较晚，尚缺乏具体的政策指导和支持。基于目前的分析，我们提出以下策略：首先，由于绿色空间带来的不仅是社会生态效益，还有经济效益，所以绿色空间的灌溉需要满足园林绿化植物的需水量。低影响开发的雨洪系统的建设为绿色空间提供了充足的水源。其次，我们建议因地制宜地利用雨水作为景观灌溉高质量淡水的替代品。雨水利用是一种双赢的办法，可以减少高质量水的消耗和城市洪涝的风险。同时，景观植物对雨水的利用可以改善绿地生态系统服务。绿色空间雨水利用在德国已有成功案例。此外，对水与废水处理方面的态度和期望可能比解决缺水问题的基础设施更有效。最后，建立示范区从而为可持续发展的绿地水资源管理提供管理和决策支持。其中的主要挑战是降雨量和需水量的季节性变化以及景观植物的分布、类型和种植密度的高度异质性[14]。

3.2 园林废弃物生产生物能源潜力

随着绿地面积增加和绿地质量提高，园林有机废弃物处置问题突显。由于美观和安全（防止断裂的枯枝砸伤行人）等因素，需要对植物进行修剪和病死树更替以及枯枝杂叶清理，因此绿地产生大量的园林有机废弃物[13]。如何合理有效地处理这些废弃物，成为当前亟待解决的问题。资源化利用废弃生物质不但解决自身的环境污染问题，而且对减少碳排放[16]，应对气候变化也发挥着重要作用。园林废弃生物质是一种潜在未被充分利用的生物质资源[17]。关于园林废弃物生产生物能源潜力的研究，从能量输入和输出比，经济可行性以及技术可行性等方面论证了园林废弃物生产生物能源的可行性[10]。由于园林废弃物生物质已有收集，降低了园林废弃物做能源的能量输入。综合净能量平衡（Net Energy Balance，NEB）和 NEB 比，园林废弃物作为生物能源具有很好的前景。

3.3 水—能源—碳关联的减排调控路径

水、能源和碳排放常交织在一起，三者之间具有复杂的相互作用，这种联系被称为水—能源—碳关联。水—能源—碳的关系直接影响着城市 3 个关键的当代政策问题：水安全、能源安全和减缓气候变化[18]。水和能源通常被管理为单独的实体，但是的两者综合考虑更具有实际意义。水是绿地发挥各种功能的基础，城市绿地的生态、景观、游憩、减灾等各种功能的发挥，都是在水的参与下实现的；经过人工改造的城市下垫面不透水面积急剧增加，改变了自然水分循环过程，发挥城市绿地社会、生态、经济效益需要有水进行充分的灌溉。城市绿地面临节水和发挥生态功能需水的生态系统管理难题。明确城市水—能源—碳关联的影响的作用将有助于提高城市绿地的可持续性[11]，同时保障未来的水和能源的可用性（图 6）。

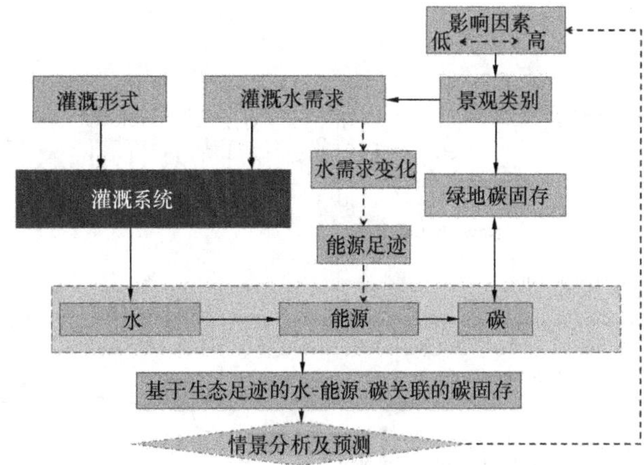

图 6 水—能源—碳关联的绿地生态功能研究框架示例

3.4 景观维护生态影响分析预测模型

STELLA 是一种基于图形的模型构建平台，广泛应用于社会经济和自然系统耦合的研究工作中，比较适合来模拟一些相对复杂、难以通过机理模拟来建构的系统模型。STELLA 建模对人类角色的处理可以很好地解决本研究中遇到的困难，为此可采用 STELLA 平台构建一个人类～自然耦合系统城市绿地景观维护生态影响分析预测模型。该模型拟设置 3 个模块共 9 大变量，涵盖尺度，主要影响因素及动态方面的主要变量（表 1）。

城市绿地景观维护生态影响 STELLA 分析预测模型中变量设置 表 1

模块	变量			
尺度	气候区划	经济区划	城市化水平	
影响因素	土地利用变化	植被生长	景观设计	管理等级
动态	空间	时间		

STELLA 是在图形化界面下构建系统动力学模型的平台，主要包括 4 个基本构造块为：栈（Stock）、流（Flow）、转换器（Converter）和连接器（Connector）。“栈”表示事物（包括物质的和非物质的）的积累，类似于源、库、流模型中库的概念，在图形化界面中用矩形表示（图 6、图 7）。流用来描述系统中的活动，连接到栈上的流会引起栈中存量的增加或减少。在图形化界面中，流用管道来表示（如图 5、图 6 中的“Urban Growth”），管道上的 T 形为流量控制器，可控制流量的大小。转换器用来接收和转换信息，并把信息传输到其他模块中为其他变量所用。转换器中的信息不能积累，在每次调用时，转换器都会重新计算值。在图形化界面中，转换器用圆圈表示，如“Green Space Ratio”（图 6、图 7）。连接器在图形化界面看起来像一条线，用来传送信息和用于调节流量的输入。拟采用模型的基本结构是以这 4 种构造块组成。

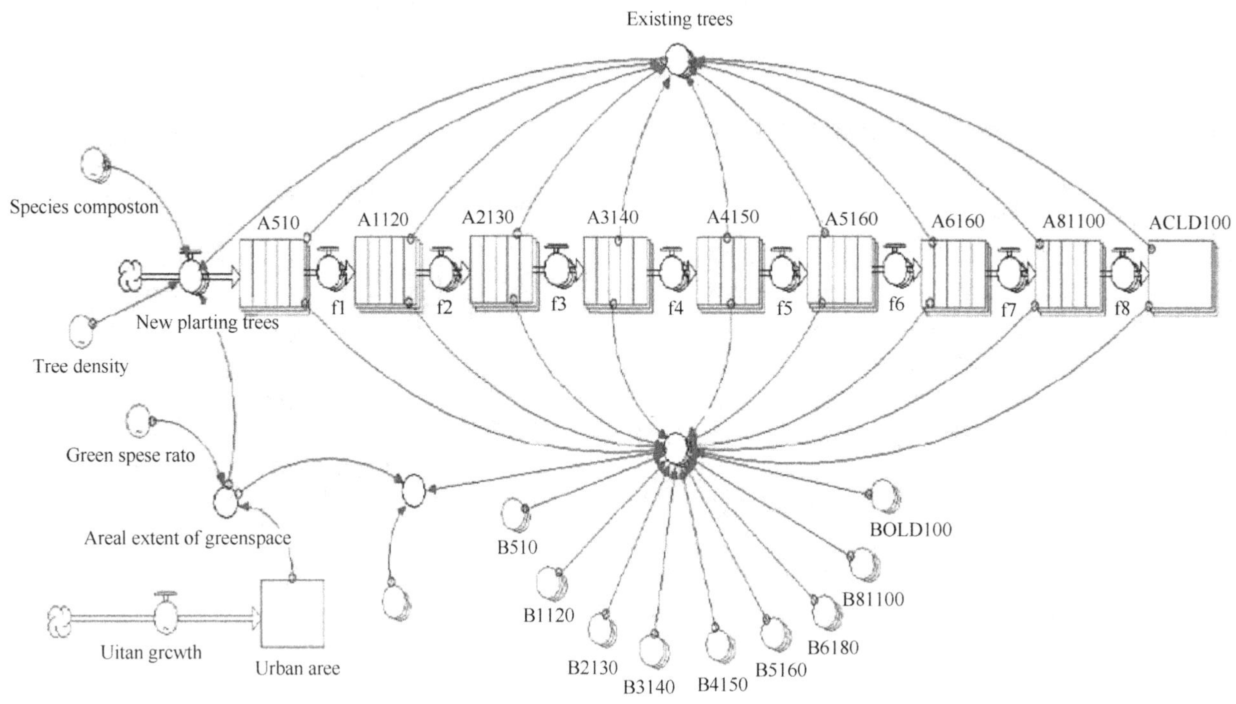

图 7 STELLA 图形化系统下的城市景观维护生态影响估测模型部分示例

3.5 基于公众景观偏好的景观协同优化策略

景观可持续科学研究的最终目的就是促进生态系统服务，改善景观和区域的格局以提高人类幸福感。因而自然环境和日常景观背景下研究生态系统服务和人类幸福感之间的联系就显得尤为关键[19]。废水再生系统的相关经验表明，能否更换使用新的水利基础设施取决于公众的接受程度。景观风貌将有助于提高公众对可持续景观的接受程度[15]。可持续景观不仅要满足适当的生态功能，还要符合使用者的偏好[20]。如何将公众参与集成到管理决策制定的过程中，是可持续发展的景观的关键问题之一。

4 总结与展望

城市绿地在为人类提供各种生态服务的同时也会资源消耗带来负面影响。与此同时，人类为了改善福祉可以通过各种管理措施反过来调控城市绿地的景观维护的生态影响。本研究对这个“驱动—响应—反馈”环的各个环节进行了系统的分析。城市绿地会从各方面影响人类福祉，本研究只关注了其水和能源生态影响两个方面，未来需要整合更多的因素来评估和优化城市绿地的管理。是否存在一般性规律需要更多案例的验证。

参考文献

[1] Jim C. Sustainable urban greening strategies for compact cities in developing and developedeconomies[J]. Urban Ecosystems, 2013, 16(4): 741-761.

[2] Cubino, J. P. , Kirkpatrick, J. B. & Subirós, J. V. Do water requirements of mediterranean gardens relate to socio-economic and demographic factors[J]? Urban Water Journal, 2017, 14(4): 401-408.

[3] United Nations. 2012. World Urbanization Prospects, the 2011 Revision (United Nations, New York) Available at: http: //esa. un. org/unpd/wup/index. htm.

[4] Mini, C. , Hogue, T. S. Pincetl, S. Estimation of residential outdoor water use in los angeles, california[J]. Landscape & Urban Planning, 2014, 127 (3): 124-135.

[5] 于冰沁，陈丹，车生泉，陈子涵，臧洋飞．乡村景观水生态保护与修复的低影响途径——以上海市青浦区淀山湖为例[J]. 城市建筑，2017(36)：41-45.

[6] Nowak D J, Crane D E. Carbon storage and sequestration by urban trees in the USA[J]. Environmental Pollution, 2002, 116(3): 381-389.

[7] 黄柳菁，张颖，邓一荣，等．城市绿地的碳足迹核算和评估——以广州市为例[J]. 林业资源管理，2017(2)：65-73.

[8] 史琰，金荷仙，包志毅，葛滢．中国城市建成区乔木结构特征．中国园林，2016，2(6)，77-82.

[9] Chhipi-Shrestha G, Hewage K, Sadiq R. Impacts of neighborhood densification on water-energy-carbon nexus: Investigating water distribution and residential landscaping systems [J]. Journal of Cleaner Production, 2017, 156: 786-795.

[10] Yan Shi, Yuanyuan Du, Guofu Yang, Yuli Tang, Likun Fan, Jun Zhang, Yijun Lu, Ying Ge, Jie Chang. The use of green waste from tourist attractions for renewable energy production: the potential and policy implications. Energy policy. 2013, 62(5): 410-418.

[11] Yan Shi, Guofu Yang, Yuanyuan Du, Yuan Ren, Yijun Lu, Likun Fan, Jie Chang, Ying Ge & Zhiyi Bao, Estimating irrigation water demand for green spaces in humid areas: seeking a sustainable water management strategy, Urban Water Journal, 2018, 15(2), 1-7.

[12] Fuller R A, Gaston K J. The scaling of green space coverage in European cities[J]. Biology letters, 2009, 5(3): 352-355.

[13] Yan Shi, Ying Ge, Jie Chang, Hongbo Shao, Yuli Tang. Garden waste biomass for renewable and sustainable energy production in China: Potential, challenges and development. Renewable & Sustainable Energy Reviews. 2013, 22: 432-437.

[14] Nouri, H., et al. Water requirements of urban landscape plants: a comparison of three factor-based approaches[J]. Ecological Engineering, 2013, 57 (8): 276-284.

[15] Yan Shi, Renwu Wu, Hexian Jin, Zhiyi Bao, et al., Understanding perceptions of plant landscaping in LID: Seeking a sustainable design and management strategy. Journal of Sustainable water Built Environment. 2017, 3(4)05017003.

[16] Fargione J, Hill J, Tilman D, Polasky S, et al., 2008. Land clearing and the biofuel carbon debt. Science, 319: 1235-1238.

[17] MacFarlane, D. W., 2009. Potential availability of urban wood biomass in Michigan: Implications for energy production, carbon sequestration and sustainable forest management in the U.S.A. Biomass and Bioenergy 33, 4: 628-634.

[18] 史琰，葛滢，金荷仙，任远，屈泽龙，包志毅，常杰．城市植被碳固存研究进展．林业科学，2016，52（06）：122-129.

[19] Derkzen, M.L., Teeffelen, A. J. A., & Verburg, P. H. Review: quantifying urban ecosystem services based on high-resolution data of urban green space: an assessment for Rotterdam, the Netherlands. Journal of Applied Ecology, 2015, 52(4), 1020-1032.

[20] Sayadi, S., Gonzalez-Roa, M. C., and Calatrava-Requena, J. Public preferences for landscape features: the case of agricultural landscape in mountainous Mediterranean areas. Land Use Policy, 2009, 26(2), 334-344.

作者简介

史琰，1981年生，女，汉族，山东淄博，博士，浙江农林大学环境设计专业负责人，副教授，硕士生导师，研究方向为绿色空间生态设计、管理与评价。电子邮箱：shiyan@zafu.edu.cn。

城市道路光环境调查及行道树影响研究
——以郑州市平安大道为例

Study on Effects of the Distribution of Street Trees on the Environment of Road Lighting:
Taking the Ping'an Road for Example

王旭东　吴　岩　吴文志　韩　星　崔思贤　卢伟娜

摘　要：道路照明与道路绿化作为城市道路规划与建设的重要组成部分，两者之间既相互独立，又密切联系。行道树的分布以及道路照明的设置不合理，往往会导致彼此之间不利的影响。首先，分析了道路照明系统与道路绿化系统两者之间的关系及影响因素。其次，通过对郑州市平安大道的路灯照明环境进行现场测量，将照度与亮度等照明指标与不同路段行道树对路灯的遮蔽程度的情况进行了对比分析，并对行道树与路灯的空间关系进行梳理。研究结果表明，行道树的分布、体量大小以及配置方式在一定程度上影响了路灯夜间照明的效果。基于两者之间的相互关系及影响，对行道树与路灯关系的优化调控提出了科学的指导建议，以期为城市道路综合品质的提升提供参考依据。

关键词：行道树；道路照明；道路绿化；照明效果；空间关系

Abstract: Road lighting and road greening are both independent and closely related, as an important part of urban road planning and construction. The distribution of street trees and the unreasonable setting of road lighting often lead to adverse effects on each other. First of all, The relationship between the road lighting system and the road greening system and the influencing factors are analyzed. Second, The street lighting environment of ping'an avenue in Zhengzhou was measured on site. The illumination index such as illuminance and brightness was compared with the shading degree of street lights by street trees in different sections and the spatial relationship between street trees and street lamps is sorted out. The results showed that The distribution, size and configuration of street trees affect the effect of street lighting at night to some extent. Based on the mutual relationship and influence between street trees and street lamps, the optimal regulation of the relationship between street trees and street lamps is put forward so as to provide reference for the improvement of comprehensive quality of urban roads.

Key words: Street Trees; Road Lighting; Road Greening; Lighting Effect; Spatial Relations

引言

城市道路照明系统与绿化系统作为城市道路系统的重要组成部分，承担着重要的亮化与美化的功能，两者之间既有密切联系，又相互独立。随着城市亮化工程的不断推进，城市夜晚光环境品质也在进一步地得到提升和完善。然而，城市道路绿化系统的分布不合理有可能会对城市夜晚光环境产生一定程度影响，不仅会影响到照明效果，进而引发道路安全问题，同时也造成了社会资源的浪费。如何协调道路绿化系统与照明系统之间的关系，在现有的道路格局下如何优化与调控行道树分布格局，对解决其影响道路照明问题方面具有重要的现实意义。目前，具有代表性的研究有：卢茜以行道树国槐为研究对象，研究不同季节条件下行道树对道路LED照明效果影响程度，并采用一系列指标对照明效果进行比较分析。王旭东探索道路照明与行道树两者之间的相互关系及影响，分析比较了行道树对照明设施的影响以及照明设施对行道树生理生态的影响。尽管已有部分学者对道路绿化对道路照明环境的影响方面进行了相关研究与总结，但是，该领域的研究尚处于探索性阶段，特别是针对行道树的分布和组合配置等方面对照明效果的研究分析显得尤为欠缺。因此，本文以郑州市平安大道为例，探索行道树与路灯空间关系对道路照明效果的影响，进而优化协调城市道路照明系统与绿化系统之间的矛盾，为提升道路光环境品质及减少道路安全隐患提出科学依据。

1　道路照明系统与道路绿化系统的联系及研究问题的产生

道路照明系统及道路绿化系统是城市道路环境中两个重要的组成部分，两者之间的相互关系及影响主要体现在以下几个方面。

第一，隶属关系。一般的，道路照明系统及道路绿化系统分别隶属于下设的城市行政管理部门。以郑州市为例，道路照明系统及道路绿化系统总的隶属于郑州市城市管理局。道路照明系统隶属于郑州市城市照明灯饰管理处，是郑州市城市管理局下属事业单位，主要负责城市照明的建设、管理和维护，完善城市道路、桥梁、广场等公共区域的功能照明和景观照明。道路绿化系统则隶属于城市园林局或市政局下属的园林绿化等相关部门。这种职能与隶属关系的分离很容易在源头上导致两个系统功能之间的剥离，缺乏系统性的关联。道路照明部分多是关注灯具的选型以及照明类型的选择，而道路绿化则多是从遮荫与美观等方面考虑，关注与行道树的选择及配置模式，对道路中的其他设施影响又缺乏深刻的认知，两个系统之间的错位与矛盾成为造成两者之间相互不利影响的根源。

第二，空间关系（分布与位置，尺度，形态，如图1所示）。道路照明系统及道路绿化系统两者之间的空间关系主要体现在以下三点。首先，是分布与位置。道路照明系统及道路绿化系统两者之间的分布取决于一个共同的因素，即距离，灯杆的布置与行道树的配置多是以行距来确定两者在道路空间中的分布，具体的距离由各专业系统的规范决定，从而以满足各自的道路照明及道路遮荫的功能需求。影响道路照明系统及道路绿化系统两者之间分布的另外一个因素就是各自在道路空间中的方位，即两者的前后左右位置信息。其次是尺度，主要指的是行道树的空间体量以及灯具的尺度（主要是高度）。行道树种类选择的关键在于满足遮荫功能，多以冠形硕大且圆满为基本标准。灯具高度的选取多以满足道路基础照明的照度等照明标准确定。树木规格与体量以及灯杆高度一旦在道路空间尺度上的把握失衡或缺乏统筹部署，就很容易造成两者在空间上的重叠，进而彼此相互影响其功能与效益的发挥。最后一点是形态，主要指的是行道树的冠层结构与形态（圆形、卵圆、锥形等）以及灯具的构造（悬挑、仰角）与选型。两者决定性因素在于美观上的考虑，目的都是营造一个满足高品质景观视觉需求的道路。如何在保证功能与美观的前提下，尽可能地避免两者在空间的交叉成为一个亟须解决的问题。

第三，效益关系。道路照明系统及道路绿化系统两者都发挥着各自不同的环境效益。道路照明为道路安全及夜环境品质提供了保障。道路绿化则在行人遮荫、小气候的改善以及道路景观品质方面发挥着多元化的功能与效益。但两者之间效益的叠加有时并非全都是正向的。例如，行道树的出现及空间分布不合理将会导致照明效益大打折扣，进而影响了道路的照明环境品质。灯具的发光与发热等也改变了行道树冠层空间的小气候，进而影响了行道树的生理特性及生态效益，有时甚至对树木的造成伤害。如何使得两者的效益得到最大限度的发挥成为研究问题的关键所在。

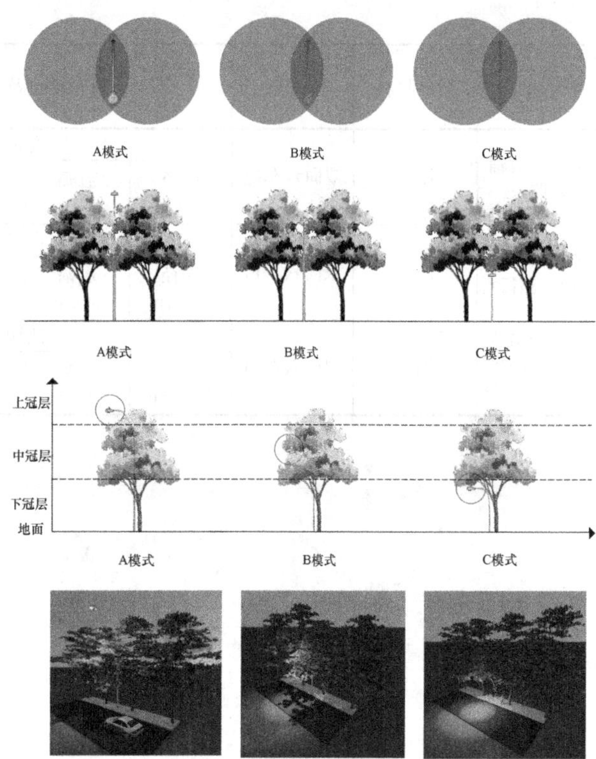

图1　照明灯具与行道树之间的空间关系

2　实例调研分析——以郑州市平安大道道路照明设施与行道树为例

2.1　调研对象与方法

2.1.1　调研区域及对象

郑州市平安大道总长10km，西起郑州国际会展中心，东至东四环。路面材料均为沥青材料，为四板三带路段。所调研区域不同的路段呈现出不同的行道树配置与照明设施。道路两侧树木主要有法桐、栾树、白蜡、女贞等树种，行道树间距为5～8m，胸径为13.4～31.8cm，冠幅为2～5m，高度为6～15m不等，呈现较大差异。路灯有三种款式的路灯，高度在10～12m不等，灯臂分长短，臂展1.3～2m不等，有一定的差异。针对平安大道两侧的行道树及路灯情况，我们分段选取了五段片段进行测量（图2），测段周边基本没有周围环境光的干扰，调研时间为冬季凌晨0：00～5：00。具体调研区域及对象如表1所示。

研究区域及对象概况　　　　表1

<table>
<tr><th rowspan="2">调查道路</th><th rowspan="2">路面材料</th><th rowspan="2">车道数</th><th colspan="4">行道树类型及生长参数</th><th rowspan="2">灯具类型</th><th rowspan="2">株行距/配置方式</th><th rowspan="2">灯具间距/高度/布置方式</th></tr>
<tr></tr>
<tr><td rowspan="2">平安大道河南农业大学南门路段</td><td rowspan="2">沥青</td><td rowspan="2">双向六车道</td><td colspan="4">栾树</td><td rowspan="2">LED灯</td><td rowspan="2">5m/等距双侧对称</td><td rowspan="2">35m/12m/等距双侧对称</td></tr>
<tr><td>胸径
18.2cm</td><td>冠幅
7.6m</td><td>树高
8.0m</td><td>枝下高
3.5m</td></tr>
<tr><td rowspan="2">平安大道龙子湖智慧岛南侧路段</td><td rowspan="2">沥青</td><td rowspan="2">双向六车道</td><td colspan="4">法桐</td><td rowspan="2">LED灯</td><td rowspan="2">5m/等距双侧对称</td><td rowspan="2">35m/12m/等距双侧对称</td></tr>
<tr><td>胸径
19.4cm</td><td>冠幅
4.6m</td><td>树高
9.0m</td><td>枝下高
3.0m</td></tr>
</table>

续表

调查道路	路面材料	车道数	行道树类型及生长参数				灯具类型	株行距/配置方式	灯具间距/高度/布置方式
平安大道辅路路段	沥青	双向六车道	女贞				LED灯	5m/等距双侧对称	35m/12m/等距双侧对称
			胸径 13.4cm	冠幅 2.0m	树高 6.5m	枝下高 2.5m			
平安大道馨悦园路段	沥青	双向六车道	白蜡				高压钠灯	5m/等距双侧对称	35m/10m/等距双侧对称
			胸径 13.4cm	冠幅 3.4m	树高 7.0m	枝下高 3.0m			
平安大道第四十七中学路段	沥青	双向六车道	法桐				LED灯	5m/等距双侧对称	35m/10m/等距双侧对称结合中心对称布置
			胸径 31.8cm	冠幅 11.0m	树高 15.0m	枝下高 3.0m			

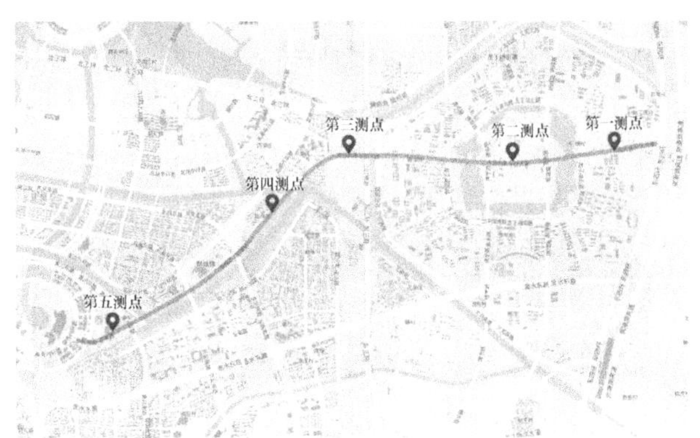

图 2 调研区域测点定位图

2.1.2 研究与分析方法

(1) 照度测量

照度常用作衡量道路照明效果的指标之一，用于表明物体表面被照明程度的强弱。不同高度与冠幅的不同种类行道树与路灯搭配使用时，对光源的遮蔽度是不同的，从而影响所在路段的道路表面照度，对城市夜间道路行车造成一定的安全隐患。根据《照明测量方法》GB/T 5700—2008 中室外道路照明测量的方法，照度测量分为四角布点法和中心布点法，本文采用的是中心布点法，即测量区域的纵方向包括同侧两个灯杆之间的区域；单侧布灯时横方向为整个路宽；双侧交错布灯、对称布灯或中心布灯时横方向可为 1/2 路宽（图 3）。在测量区域内将其划分为若干大小相等的矩形网格，具体划分方法为：当两根灯杆间距小于或等于 50m 时，沿道路纵向将其间距

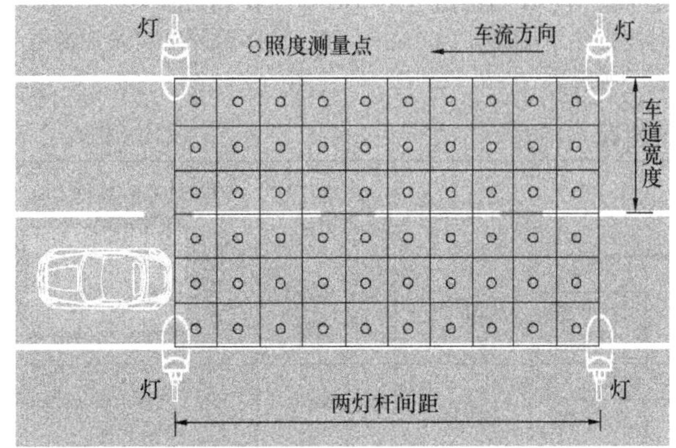

图 3 道路路面中心布点法测量照度示意图

10 等分，在道路横向将每条车道三等分。测点对应布置在被划分的矩形网格中心点，测量网格中心点上的照度。采用平均照度、照度均匀度和均差 3 个值衡量道路照明效果。

路面平均照度公式为：

$$E_{av} = \frac{1}{M \cdot N} \sum E_i$$

式中：E_{av} 为平均照度，单位为 lx；E_i 为在第 i 个测点上的照度，单位为 lx；M 为纵向测点数；N 为横向测点数。

照度均匀度可用极差 U_1 及均差 U_2 表示，公式为

$$U_1 = E_{min}/E_{max} \quad U_2 = E_{min}/E_{av}$$

式中：E_{min} 为最小照度，单位为 lx；E_{max} 为最大照度，单位为 lx；E_{av} 为平均照度，单位为 lx。

(2) 亮度测量

亮度是人对光的强度的感受，亮度测量也是衡量城市道路照明效果的重要指标之一。不同光源照射到不同物体表面所达到的亮度是不一样的，行道树对于路灯不同程度的遮挡也会导致道路的亮度产生差异。根据《照明测量方法》GB/T 5700—2008 中室外道路照明测量的方法，亮度的测量一般采用亮度计直接测量。测量时，亮度计的观测点的高度应距路面 1.5m，观测点的纵向位置应距第一排测量点为 60m，纵向测量长度为 100m。单侧布灯时，亮度计的观测点如图 4 所示。

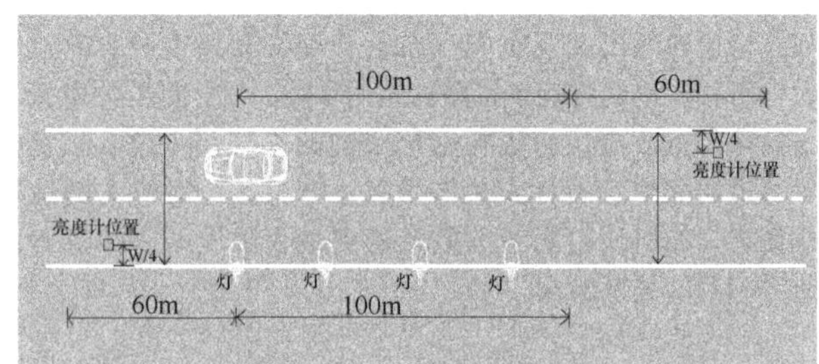

图 4 道路路面中心布点法测量照度示意图

亮度的评价指标包括平均亮度、亮度总均匀度和亮度纵向均匀度。其中，平均亮度有两种测量方式。当采用积分亮度计测量时，平均亮度计算公式为：

$$L_{av} = \frac{L_{av1} + L_{av2}}{2}$$

式中：L_{av} 为平均亮度，单位为 cd/m^2；L_{av1} 为从灯下开始测出的平均亮度；L_{av2} 为从两灯中间开始测出的平均

亮度。

采用亮度计逐点测量时，平均亮度计算公式为：

$$L_{av}=\frac{\sum_{i=1}^{i=n}L_i}{n}$$

式中：L_i 为各测点的亮度，单位为 cd/m^2；n 为测点数。

道路亮度总均匀度计算公式为：

$$U_{o}=\frac{L_{min}}{L_{av}}$$

式中：U_o为亮度总均匀度；L_{min}为测点上测出的最小亮度，单位为 cd/m^2。

将测量出的各车道的亮度纵向均匀度中的最小值作为路面的亮度纵向均匀度，各车道的亮度纵向均匀度计算公式为：

$$U_{o}=\frac{L_{min}}{L_{av}}$$

式中：U_L 为亮度纵向均匀度；L_{min}为测出的每条车道的最小亮度，单位为 cd/m^2；L_{max}为测出的每条车道的最大亮度，单位为 cd/m^2。

2.2 调研结果与分析

2.2.1 路灯与行道树空间关系分析

行道树对道路照明的遮挡，其本质体现在两者在空间关系上的不协调。通过对郑州市平安大道五个路段的梳理与总结，行道树与路灯的关系大致分为以下几类：在垂直方向上，根据行道树与路灯的相对高度将其分为三种，即完全遮蔽、部分遮蔽与少量遮蔽。在水平方向上，根据行道树的冠幅大小将其分为两种，即冠缘交互与冠缘不交互。其中，在实际测量中，第一、二测点在水平方向上为冠缘交互，垂直方向上为部分遮蔽，但遮蔽程度不同；第三、四测点在水平方向上为冠缘不交互，垂直方向上为少量遮蔽；第五测点在水平方向上为冠缘交互，在垂直方向上为完全遮蔽（图 5）。结果表明，由于行道树法桐冠幅与高度越大，对路灯的遮蔽就越严重，白蜡、女贞、栾树遮挡的路段，由于其体量偏小，其路段光照受影响情况较轻。在路灯高度与光源强度一定的情况下，决定空间遮蔽度的关键因素在于树种与树木年龄所决定的行道树体量大小（即冠幅与高度）；在行道树冠幅与高度一定情况下，决定空间遮蔽度的关键因素则取决于路灯的高度与灯臂悬挑的长度与角度。道路照明系统与道路景观系统各司其职，相辅相成，因此，只有处理好二者之间的关系，才能在满足照明需求的同时，营造美观生态的道路景观系统。

2.2.2 照度与亮度实测数据分析

（1）照度数据分析

根据照度测量及计算标准，对平安大道五个路段进行了测量，并进行了照度平均值与照度均匀度的相关计算与统计，如图 6、图 7 所示。

由于行道树会对照明设施产生遮蔽作用，从而影响城市道路的照明效果。结果表明，平安大道五段测点的平均照度与照度均匀度均未达到城市道路照明设计标准种的规定。平均照度是反映道路照明效果的直观数据，平均照度越高，照明效果越好，行道树对路灯的遮蔽程度就越低。结合路灯与行道树的空间关系，分析表格可以得出：

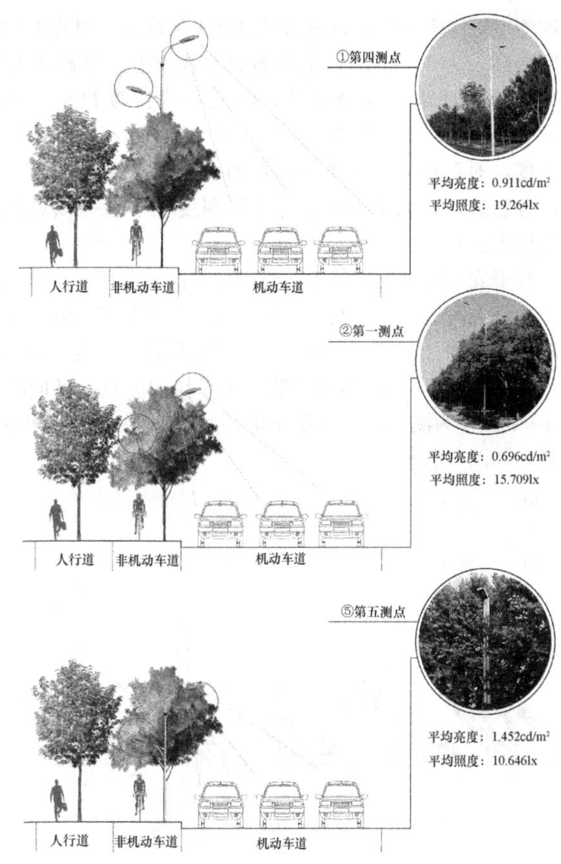

图 5 测点内行道树与路灯关系示意图

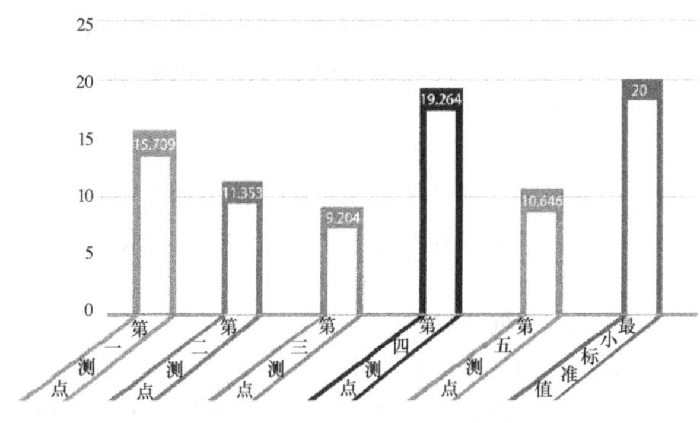

图 6 平均照度（lx）测量数据图

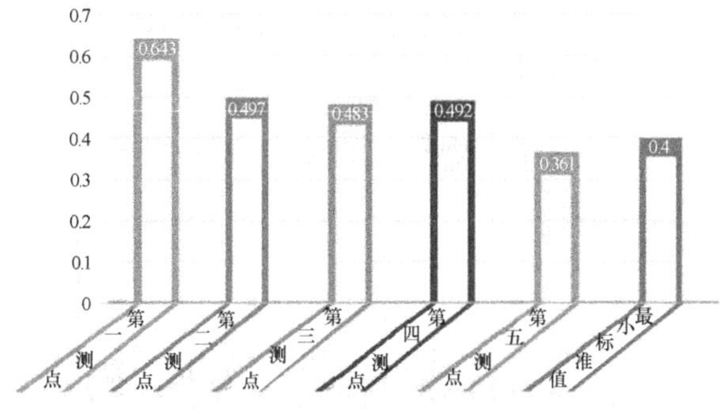

图 7 照度均匀度测量数据图

第四测点冠缘不交互，行道树对路灯少量遮蔽，因此平均照度最高，为 19.264lx；第五测点冠缘交互，遮蔽度较高，行道树对路灯完全遮蔽，因此平均照度最低，为 10.646lx。因第五测点的垂直遮蔽度大于第一测点的垂直遮蔽度，即垂直方向上第五测点为完全遮蔽而第一测点为部分遮蔽，所以第五测点的平均照度小于第一测点的平均照度。

在平安大道五个路段上，路段样本由机动车道、非机动车道和人行道组成。其中，依据横方向上距路灯的远近将机动车道划分为第一车道、第二车道和第三车道（由远及近）。在每条车道的横向上取 3 个点作为测点，纵向上取 10 个点作为测点，对每条车道的平均照度进行计算与统计，如图 8 所示。

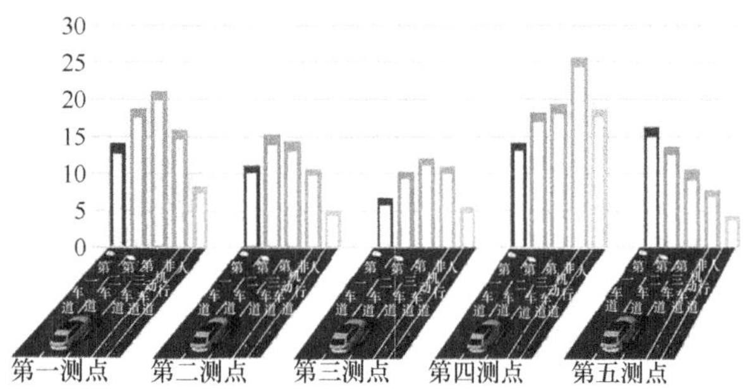

图 8　各测点各车道平均照度（lx）测量数据图

结果表明，平安大道测点的平均照度从大到小依次为机动车道、非机动车道与人行道。人行道上方的树冠遮蔽最为严重，这也是导致照度值最低的原因。机动车道的三条车道上，第二车道与第三车道照度值明显大于第一车道。综上所述，照度相关多个指标都不达标表明道路整体偏暗且分布不均匀，照明效果不理想，无法带给驾驶员满意的照明体验。测量路段的照明参数没有达到国标主要与行道树在水平与垂直方向上的遮蔽有很大关系。

（2）亮度数据分析

根据亮度测量及计算标准，在平安大道五个路段上，依据横方向上距路灯的远近将机动车道划分为第一车道、第二车道和第三车道（由远及近）。在每条车道的横向上取 5 个点作为测点、纵向上取 10 个点作为测点进行了测量，并对平均亮度、亮度总均匀度和亮度纵向均匀度进行了相关计算与统计（图 9）。

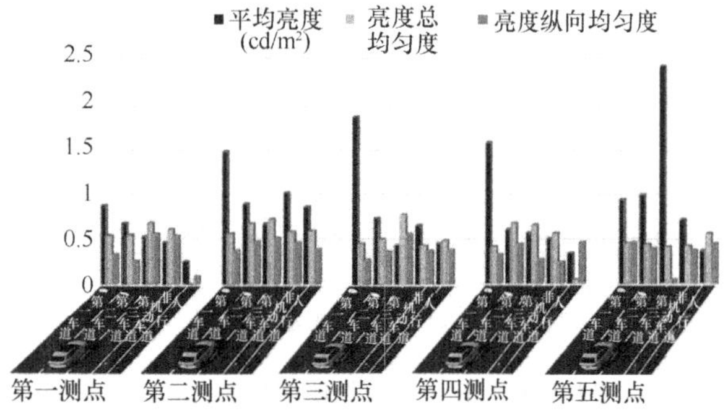

图 9　各测点各车道平均亮度、亮度总均匀度及亮度纵向均匀度测量数据图

调研结果表明，平安大道五段测点的平均亮度和亮度总均匀度大部分未达到城市道路照明设计标准，只有极少部分达到标准值。道路亮度分布为色图可以直观地反映所测路段的亮度的高低，真实地反映了不同路段的光环境品质。亮度分布为色图使用颜色黑蓝绿红来表示亮度的高低，黑色代表最暗，红色代表最亮，不同颜色对应不同数值的亮度，所测五个路段各个车道的亮度分布伪色图如图 10 所示。结果表明，机动车道的亮度最高，非机动车道次之，人行道亮度最低。这和照度的测量结果基本一致，反映了不同车道的照明差异。以上亮度相关多个指标的不达标表明道路整体偏暗且分布不均匀，严重影响了照明效果，侧面上也表明由于行道树的这边无法带给驾驶员满意的照明体验，进而影响到了行车安全。

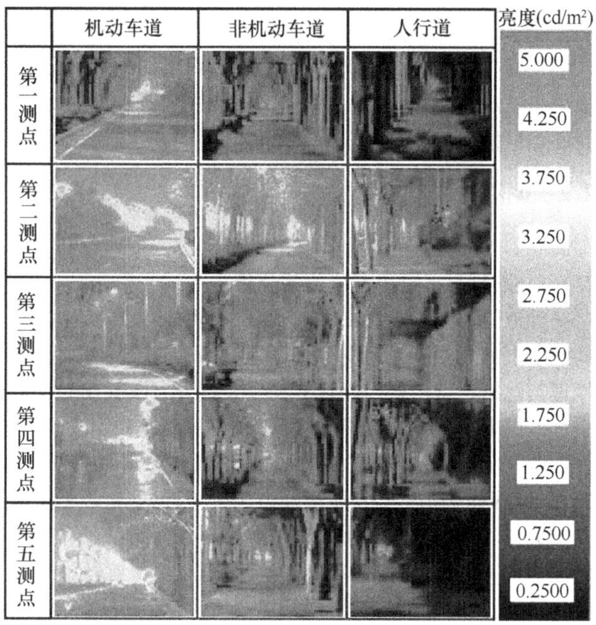

图 10　各测点各车道平均亮度、亮度总均匀度及亮度纵向均匀度测量伪色图

3　结语与讨论

通过对城市道路照明系统与绿化系统之间关系与影响的研究，探讨了行道树对路灯照明效果的影响。通过上述结果与分析总结得出，城市道路绿化系统的不合理配置确实会在一定程度上对道路照明系统产生负面影响，不仅造成了社会公共资源的极度浪费，同时对夜间行车及行人造成较大的安全隐患。行道树对路灯的遮蔽的主要原因在于空间上的交叉，行道树与路灯的相对高度及其体量大小没有得到很好的关注。鉴于此，提出以下优化策略与建议：

第一，加强城市行政管理部门必要的有效沟通。城市道路照明系统与绿化系统之间的不协调问题从根源上来说是决策性问题，只有道路照明部门与道路绿化部门之间充分认识到这个问题的严肃性，才能更好地加强沟通，共同协商解决，在设计源头遏制其问题的产生。这样才能保证城市道路的美观性与实用性，打造符合照明要求的绿色生态道路。

第二，优化行道树与路灯的空间关系。针对行道树对路灯的遮蔽问题，可根据道路尺度及灯具尺度及分布间距，基于此，对行道树中的规格选择、树型筛选、株行距设置以及空间分布进行优化；同时，也可以调整灯具高度及构造（悬挑、仰角）与选型的方式，尽可能地避开与树冠的交接，将空间遮蔽度控制在合理的范围之内，从而在不影响美观的情况下保证道路照明质量。

第三，动态调整行道树与路灯关系变化。从时间维度上看，行道树是一直处于动态变化之中的，随着时间的推移，行道树各项生理生态指标都会发生较大变化，行道树对路灯的空间遮蔽度也会随之变化。因此，动态调整行道树与路灯的关系变化是十分有必要的。可以搭建智能灯控系统来定期调整路灯的亮度以及定期对树木进行修剪以达到合适的空间遮蔽度。

参考文献

[1] 陈芳，彭少麟．城市夜晚光污染对行道树的影响[J]．生态环境学报，2013(7)：1193-1198.

[2] Holker F，Moss T，Griefahn B，et al. The dark side of light：A transdisciplinary research agenda for light pollution policy[J]. Ecology & Society，2010，15(4)：634-634.

[3] 卢茜，韩帅，丁屹峰，等．行道树对LED路灯照明效果影响研究[J]．中国照明电器，2016(2)：4-8.

[4] 王旭东，许晶，徐慧，等．城市道路夜间照明与行道树相互影响探析[J]．中国园林，2019(9)：120-123.

[5] Peng Y，Zhang H Y，Guo K K，et al. The safe distance between road lighting fixtures and street trees[J]. Journal of Landscape Research，2019，11(2)：41-43.

[6] 中国建筑科学研究院．CJJ 45—2006 城市道路照明设计标准[S]．北京：中国建筑工业出版社，2006.

作者简介

王旭东，1986年生，男，河南开封，华北水利水电大学建筑学院讲师，博士，研究方向为风景园林规划设计及绿地生态。电子邮箱：wang007xu007@163. com。

吴岩，1982年生，男，河南郑州，华北水利水电大学建筑学院，硕士，研究方向为风景园林设计理论与实践。

吴文志，1999年生，男，安徽池州，华北水利水电大学建筑学院，本科，研究方向为风景园林设计理论与实践。

韩星，1998年生，男，河南许昌，华北水利水电大学建筑学院，本科，研究方向为风景园林设计理论与实践。

崔思贤，1999年生，男，宁夏石嘴山，华北水利水电大学建筑学院，本科，研究方向为风景园林设计理论与实践。

卢伟娜，1980年生，女，陕西西安，河南农业职业学院副教授，硕士，研究方向为风景园林设计理论与实践。电子邮箱：312809420@qq. com。

关于园林设计作品全过程参与的探讨

——以 2019 年中国北京世界园艺博览会百果园项目为例

Discussion on the Participation in the Whole Process of Garden Design Works:

Take The Hundred-Fruit Garden Project of the 2019 World Expo in Beijing, China

于新江

摘　要：一个好的园林设计作品的完成，需要设计人员多专业协调及全过程参与。设计师参与工程项目管理具有普通项目管理人员难以比拟的专业优势。从我国工程项目管理市场发展情况来看，将会有越来越多的工程建设项目采取由设计单位主导的项目管理模式。

关键词：风景园林；设计师；全过程参与

Abstract: The completion of a good landscape design work requires multi-professional coordination of designers and participation in the whole process. The landscape architect participation in the project management has the specialized superiority compared with the ordinary project management personnel. From the development of Engineering Project Management Market in China, More and more engineering construction projects will adopt the project management mode led by the design unit.

Key words: Landscape Architecture; Landscape Architect; Participation in the Whole Process

引言

现阶段我国的园林建设工程迅速发展，其项目管理变得越来越重要。为适应市场需求，设计行业逐步向工程项目建设的两端进行业务延伸，积极拓展项目的工程管理服务势在必行。从总体来看，是设计院转型发展的需求，也是设计师职业发展的需求。至少从国内大型设计院的近几年发展和市场的环境变化来看，设计师除了在传统的设计领域可以取得专业方向的发展外，进入工程项目管理行业，成为复合型人才是一个不错的选择。住房和城乡建设部 2013 年 2 月 6 日《关于进一步促进工程勘察设计行业改革与发展若干意见》中明确指出："工程勘察设计是工程建设的先导和灵魂，是建设项目提高投资效益、社会效益和保障工程质量安全的重要保证"，将"逐步形成涵盖工程建设全过程的行业服务体系"。

笔者有幸参与 2019 年中国北京世界园艺博览会（以下简称"世园会"）百果园项目设计，从前期果树品种市场调研、果树专家专题会、现场条件分析、方案形成、财政评审、施工中遇到困难的解决到开园后的现场保障，可谓全过程参与，好多方面也是第一次接触，总结百果园项目管理的一些实践经验，希望对园林设计行业参与项目全过程管理做一些探讨，相信对园林项目质量和设计师进步都有益处。

1　百果园项目设计全过程管理概述

1.1　一般工程项目全过程管理阶段

按照我国现行规定，一般大中型及限额以上工程项目的建设程序可分为 3 个阶段：①前期决策阶段。包括投资机会选择、项目建议书、可行性研究、项目评估。②实施阶段。包括勘察设计、施工前准备、工程施工。③使用阶段。包括试运行、使用阶段、后评估。

1.2　百果园设计背景及全过程管理特殊性

在 2016 年 3 月世园局就确认果树专项展示园是世园会重要专类展园之一，使果树展示成为体现行业技术和水平、推动产业发展的示范窗口。果树园艺展示纳入世界园艺博览会，并第一次作为独立的展园出现是本次世园会的重要创新之一。项目建设的必要性毋庸置疑的。作为设计方，本项目直接从方案设计进入，但是关于果树品种需要进行市场调研和可行性研究。

项目全过程管理与控制的主体主要有业主方、设计方、施工方、生产厂商、监理方。篇幅限制原因，本文主要阐述设计、施工及使用阶段设计师是怎样全过程参与这一项目的。

2　设计阶段设计师多方调研，征求意见

2.1　前期准备阶段

延庆气候条件独特，冬冷夏凉，冬春季节气温低、风

力大，部分果树不适宜在妫河河川种植生长。我们首先邀请北京市的果树专家，咨询论证，先拿到一个理论上可以在北京延庆用的果树树种名单。

我们设计人员从北京市、河北省、天津市、山东省、黑龙江省等地区精心挑选果树品种，通过电话、照片、视频、实地多种途径筛选，每个品种的高矮、姿态、花期、果期等都逐一把关，做到了每一种果树长什么样都很清楚。

根据苗源情况作了适当调整，形成果树品种以适宜北京延庆地区种植的名、优、新、特果树品种为主，特别是北京各区历史悠久的名牌果品，并结合果树盆栽、盆景在展会期间展示一些南方果树品种及国外果树品种。最后在延庆定点培育试验，确定主要苗木品种。

2.2 方案设计阶段

与建设单位积极配合，将业主方的建设意图、政府建设法律法规要求、建设条件、专家评审意见及前期的调研分析等充分考虑，完善优化设计方案，提高设计深度。编制出用以指导建设工程项目施工活动的设计文件。

百果园区别于其他园艺展园，更要突出百果展示主题，要有真正能够吸引游人的体验亮点。怎么把握展园和果园、园艺与园林的关系是设计的难点。百果园最终方案以果林为主要载体，主要从果林景观、果艺发展、传统文化、乐活体验4个层面进行展示内容设计，带给游人内涵丰富、体验舒适的游赏之旅。

方案最终形成了“一带（果树园艺历史展示带）、五区（五个主题分区）、多点（12个品种专类园及景点）”的空间结构布局（图1）。

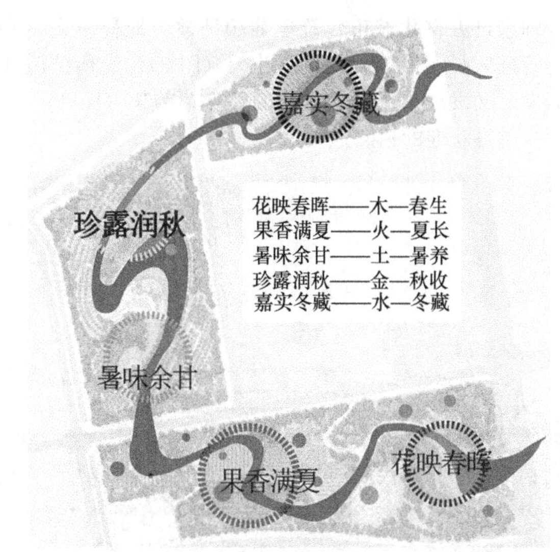

图1 百果园总体结构

百果园利用果树栽植与迷宫结合、农业文化遗产葡萄漏斗架与景观相结合等方法，把展园和果园、园艺与园林的关系完美诠释。我们设计团队从调研中发现，20世纪90年代从英国引进的芭蕾苹果枝短冠形小而紧凑，盛花期4月中下旬，坐果率达80%～90%，果熟期9中旬至10月上旬，是既可赏花又可观果的观赏型品种（图2)。芭蕾苹果木是迷宫的上佳材料，形成既通透又围合、春季赏花夏秋观果的场所，孩子们在穿梭、游戏的同时，又认识了芭蕾苹果，是一处寓教于乐的场地。

图2 芭蕾苹果木

而宣化葡萄相传是汉朝张骞出使西域时，通过“丝绸之路”从大宛引来葡萄品种，千百年来，经过当地果农的精心培育和改良，繁衍出葡萄家族的极品——宣化牛奶葡萄，并创造了世界上独一无二的栽培方式——漏斗架。

设计师亲自去宣化城市传统葡萄园请教当地科研人员和葡萄管理人员，设计出改良漏斗架（图 3）。受传统漏斗架启发，又发展出了更艺术化的弧形葡萄架（图 4），成为深受游客欢迎的拍照点。

图 3　改良漏斗架

图 4　弧形葡萄架

果树展示形式还有：行列式、篱壁式、自然组团式、高效密植、廊式栽植与景观休憩相结合、盆景等多种展示形式。运用多种栽植形式，构建丰富多样、具有趣味性的果林景观，从而向游人展示果树园艺之美和先进的栽培技术，带给游人不同于普通观光果园的游赏体验。果树、园林树木和地被一起装扮百果园，形成春有花、夏有叶、秋有果、冬有绿的景观，为游客提供四季不同的景观。

为了实现我们的设计意图，采取了设计流程控制、技术咨询保障、施工指导配合三线并行的组织实施构架（图 5）将设计向前后延伸。

2.3　施工图设计阶段

主要工作是多次优化施工图设计方案和专业施工方协调进行二次设计，特别是竹钢施工方，由于第一次接触这种建材，双方需要磨合，就乐果展廊和果吧两个小建筑物，双方无数次的沟通，从高度、弧度、柱子间距、窗户位置、玻璃膜品种及颜色等细节，还要使其在满足经济、

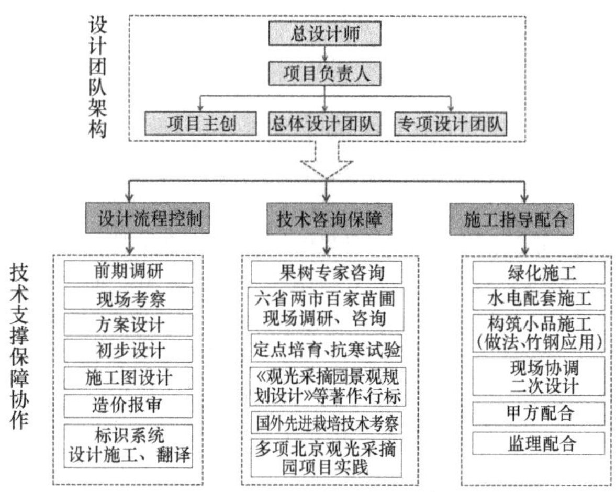

图 5　组织实施构架

适用、美观和使用功能的同时，以科学的设计控制投资规模，既能保证设计方案先进，又能使工程造价得到有效控制。这一阶段我们专门有预算师和他们及财政审批部门配合。

3　施工阶段设计师协调各方解施工难题

设计方联系着建设工程项目决策和建设工程项目施工两个阶段，设计文件既是建设工程项目决策方案的体现，也是建设工程项目施工方案的依据。设计方的工作责无旁贷的延伸到施工阶段，指导处理施工阶段可能出现的设计变更和技术变更，确认各项施工结果与设计要求的一致性。在施工过程中，项目全过程管理与控制的主体业主方、设计方、施工方、生产厂商、监理方定期开协调会，查找问题、解决问题、防患未然。

百果园设计施工主要有几个难题：延庆特殊气候影响部分果树生长，怎么保证成活率；怎么恰当的应用建筑材料；特殊小品怎么既独特又与整体风格统一。对此我们进行了一些创新性的探索实践。

3.1　应对特殊的气候

为了克服果树受低温冻害、抽条、倒春寒，特别是栽植当年养分回流差的困难，设计师协助业主方和施工方，组织了北京市果林研究院，北京市园林绿化局果树产业处、林业保护站，延庆区园林绿化局等专家、技术团队出谋献策，通过采用药物、树木修剪、涂白、覆土包稻草、包防寒布、搭建防寒棚、防风帐等防寒措施及日常病虫害防治等措施，从果树选苗、提高成活率、科学养护管理等方面进行了创新性的探索实践。

对不能在延庆露地越冬的果树 2019 年 3 月份再移植，同时结合果树盆栽、盆景展示，百果园最终栽植了 12 个树种、180 个品种、6000 余株果树，苗木成活率达到 98%以上。

3.2　解决新材料的应用难点

竹钢的运用：园区主要构筑物均采用竹复合型材料——竹钢建造，安全环保、坚固耐用。设计充分发挥其

易造型、韧性强的特点，呈现出丰富多样、造型轻盈、灵活多变的景观构筑，从材质及色彩上竹钢和果树都非常和谐。

百果园主大门百果门有三个创新：单拱跨度最大、双曲拱门、竹钢涂颜色（图 6）。

图 6　百果门

百果门单拱高度 6～8m，单拱最大跨度 27m，廊架总宽约 48m。开始考虑用钢材料，但是钢材料造价高且不环保，选定竹钢材料后，生产厂商表示也没做过这么大跨度的作品。

设计人员和专业施工方一起探讨，做模型、找角度、调尺寸、加辅助梁，终于达到满意的效果。辅助梁是在横向上用钢筋固定每条拱，外边用竹钢材料包上（图 7）。施工时发现 56 根拱每个角度都不同，造成辅助梁的包装和拱衔接处难处理，之后又做了圆形、方形两种外包，效果还是不佳，业主、设计、施工三方现场决定不包了，弱化了横向连接，更能突出 56 根拱柱的美。

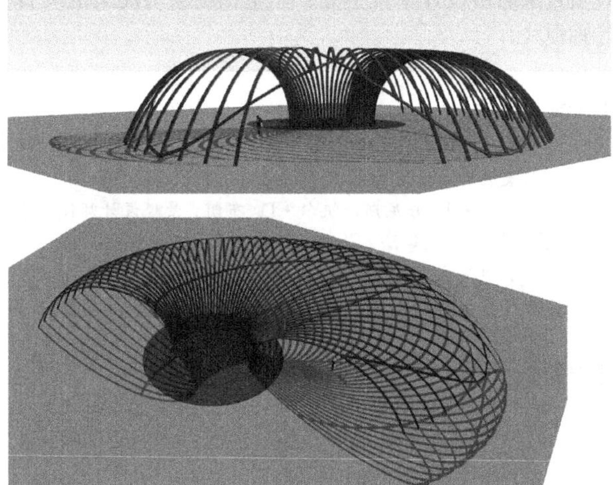

图 7　百果门模型

之后的问题是只有细钢筋的门不成"门"了，且头上是一个倒三角，非常不舒服。经研究门还是要圆拱形，门边加装同粗度的框，这个框是双曲度，非常难调，也成为施工单位创新的技术（图 8、图 9）。

竹钢作品以前都是原色的，大面积涂色加上三月初延庆温差大，没把握能保持多久。百果门是主入口，既要醒目又要活泼，我们设计方坚持红色，要求专业施工方做了三个不同红色的样块从中选择。2019 年 3 月开始上色，保持了 3 个月后出现掉漆现象，掉漆可能是 3 月温差大的

图 8　百果门调整中

图 9　双曲拱门

缘故，马上补色，10 月底查看没有问题。

3.3　把握特殊园林小品的设计特色

园中特殊小品的形式、颜色既要独特又要与整体风格和谐统一，不能太突兀，下面以百果赋点题小品为例。

广场位于"珍露润秋区"秋梨园和红果园内，原设计是趣味的藤编小品和表现诗词歌赋的小品，财政评审时，因施工图没出来而被砍掉，从整体考虑百果赋不能省去，它承载着文化内涵。因此临时增加设计点题的标志物和一个集散小场地"百果赋广场"。

当时梨树和山楂树和一株丛生元宝枫已经栽好，在不动已栽树的情况下以元宝枫为中心设计了一个小场地。

点题小品四易其稿，本人作为主设与标识系统施工方不断探讨，了解材料特性、工艺做法，最后确定在锈钢板上激光雕刻出水果图案，用浅色背板衬托，再把描写果实的古诗词字不规则地焊上去。在浩瀚的诗词歌赋中，选出 20 首优美的诗词，空间有限，每首诗仅用一句或几个字代表，如：风高榆柳疏，霜重梨枣熟（唐・柳宗元）——梨枣；绿滑莎藏径，红连果压枝（唐・刘得仁）——山楂；金谷风露凉，绿珠醉初醒（唐・唐彦谦）——葡萄。

百果赋点题小品新颖独特（图 10），仅两组就把这个空间撑起来了。锈钢板材质低调内敛，在园中其他位置也有运用，统一不突兀。其镂空雕刻的形式和古诗词完美的结合受到游客的喜爱。已经获得了设计专利。

图 10　百果赋点题小品成品之一

4　使用阶段跟踪观察、技术保障和总结

使用阶段包括试运行、使用阶段和后评估。是指在项目已经完成并运行一段时间后，对项目的目的、执行过程、效益、作用和影响进行系统的、客观的分析和总结的一种技术经济活动。基本方法是对比法，就是将工程项目建成投产后所取得的实际效果与前期决策阶段的预测情况相对比，从中发现问题，总结经验和教训。

园区开园后，有专门的运营公司管理，我主要通过他们了解园区情况，也定期去现场跟踪观察。随着时间的推移果树长势如何，园林树种和果树之间的组团搭配是否合理，记录植物的花期、生长量、果期及果量，及时提醒养护人员修剪，长势不好的个别树连夜换掉等；对铺装的质量观察，发现 12 月份施工的部分胶粘石不结实，局部胶有变色，说明气温影响很大；记录游人的数量，什么位置停留的多，对什么感兴趣等，从而给出维护方面的意见以及对新项目提出更好的设计建议。

令人欣喜的是，整体效果和设计之初的效果图相比相似度极高，建筑、小品甚至果树的形态都达到预想的效果。世园会开幕后，红色百果门竟然成为网红打卡地，普遍反应相当不错。2019 年 10 月，百果园项目荣获“2019 年中国北京世界园艺博览会”最佳创意奖。

5　结论

从百果园项目的全过程参与实践中，我对设计师有了新的认识：

（1）“设计”应是技术、技艺、工匠精神与项目整体谋篇布局的综合呈现。设计师应该跳出原来的位置看问题，高屋建瓴地掌控项目，设计师就像个交通枢纽，把与项目有关的甲方、专家、规划设计方、监理方、施工方、运营方等联系起来，多方协调，密切参与合作，共同出谋划策，完成目标。

（2）设计师参与工程项目管理具有普通项目管理人员难以比拟的专业优势。设计师由于参与了工程项目设计的全过程，对于工程项目本身具有更加深刻的理解，其具有的专业技术知识和能力将能够在项目管理过程中得到充分的发挥和体现。在沟通能力、综合分析和表达能力等方面，设计师在项目设计过程中也已得到了充分的锻炼和发展。而且设计师在前期咨询设计过程中已同业主经有过充分的沟通和交流，在项目的成本控制目标、进度控制目标、质量控制目标等方面更容易达成共识。

（3）从事工程项目管理工作，对于设计人员来讲，并非进入一个全新的领域，而是对自身业务水平的一次考验和升华。在做好本次项目管理工作的同时，也为今后项目设计提供了不同的思路和方法。

通过百果园的设计实践证明，一个好的设计作品出炉需要设计人员多专业协调及全过程参与。从我国工程项目管理市场发展情况来看，将会有越来越多的工程建设项目采取由设计单位主导、业主积极参与决策的项目管理模式。

参考文献

[1]　住房和城乡建设部．关于进一步促进工程勘察设计行业改革与发展若干意见．2013.

[2]　尼古拉斯·T. 丹尼斯，凯尔·D. 布朗．景观设计师便携手册[M]. 刘玉杰等译．北京：中国建筑工业出版社，2002.

[3]　刘严．现代建设工程项目全过程管理与控制[M]. 郑州：河南科学技术出版社，2014.

作者简介

于新江，1966 年 1 月生，女，满族，辽宁大连，研究生学历，北京景观园林设计有限公司，副总经理，从事学科为园林设计。电子邮箱：1124542988@qq. com。

圆明园遗址公园的纪念性价值分析

Analysis of the Memorial Value of Yuanmingyuan Ruins Park

张红卫　刘　捷*　荀燕双　张孟增

摘　要：圆明园经历了兴建、鼎盛、被烧掠、荒废、被保护的历史，最终成为一个有着巨大影响力的遗址公园。本文从文化的视角，分析了圆明园遗址公园的文化价值转变，认为纪念性价值是圆明园遗址公园的核心文化价值，对其纪念性价值的认识可从“真”“善”“美”三个方面进行分析。科学的定位、保护和展示工作，在圆明园遗址公园纪念性价值的实现中起着至关重要的作用。

关键词：圆明园遗址公园；纪念性价值；文化；保护；展示

Abstract: Yuanmingyuan has a history of construction, prosperity, be burned, deserted, protected, and finally became a ruins park with great influence. This paper analyzes the change of the cultural value of Yuanmingyuan Ruins Park from the view of culture, regards that the commemorative value is the core cultural value of Yuanmingyuan Ruins Park. The commemorative value of Yuanmingyuan Ruins Park can be analyzed and understood from three aspects: truth, kindness and beauty. Scientific orientation, protection and display plays a vital role in the realization of the cultural value of Yuanmingyuan Ruins Park.

Key words: Yuanmingyuan Ruins Park; Commemorative Value; Culture; Protection; Display.

1　圆明园遗址的文化价值转变

1.1　圆明园遗址的文化价值转变历程

圆明园遗址公园的前身是清代著名皇家园林圆明园。圆明园始建于清代康熙四十六年（1707年），前后经历了清代六代帝王。历时150余年的营建，达到了很高的艺术成就，是中国古典园林艺术的巅峰之作。圆明园在1860年10月惨遭英法联军洗劫焚毁，其后局部进行过修复。1900年，八国联军入侵北京，圆明园再次遭到官僚、地痞、奸商和军阀的破坏，使得这个曾经的世界名园，终成为一片废墟和遗址。

19世纪90年代中期，康有为曾参观过圆明园遗址，在后来给清光绪皇帝的请愿书中，以圆明园的教训来激励光绪皇帝推动变法维新，康有为在请愿书中曾写道：“夫诸苑及三山，暨圆明园行宫，皆列圣所经营也，自为英夷烧毁，础折瓦飞，化为砾石，不审乘舆临幸，目睹残破，圣心感动，有勃然愤怒，思报大仇者乎？”[1]。这说明，在清代末期，圆明园遗址就已经成为国人的心中之痛，表现出一定的纪念性。

1976年11月，圆明园管理处成立，圆明园遗址中逐渐开始恢复山形水系，配置植物，对遗址进行管理保护。1983年，经国务院批准的《北京市城市建设总体规划方案》把圆明园遗址规划为遗址公园；1988年1月，圆明园遗址被公布为全国重点文物保护单位；1988年6月，圆明园遗址公园正式对社会开放。国家文物局和北京市政府于2000年和2001年分别正式批复同意《圆明园遗址公园规划》，明确了圆明园遗址公园的性质包括“是帝国主义侵略中国，使中国沦为殖民地、半殖民地的历史见证，是爱国主义教育基地”[2]等内容。此后，圆明园遗址进行了一定的保护和修复，参观设施不断完善，纪念活动不断增多，纪念性文化功能不断增强（图1）。

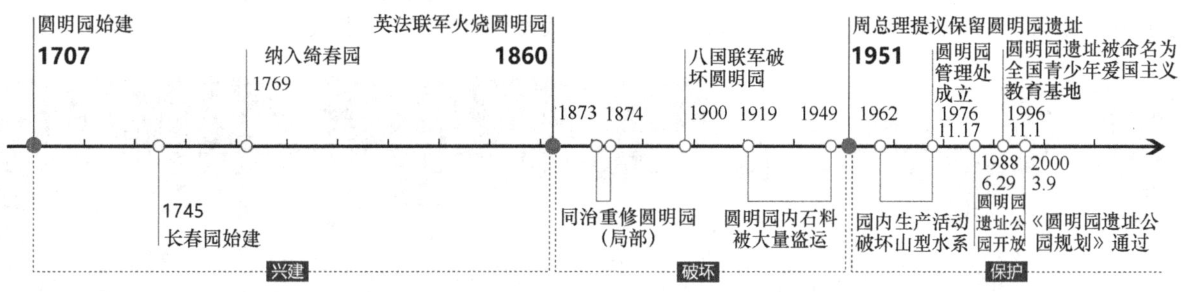

图1　圆明园遗址历史沿革时间轴

1.2　从皇家园林艺术到纪念性文化的巨大转变

圆明园最初的兴建是政治、经济、文化多因素在三山五园地区的地理环境上共同作用的结果。在历经严重的破坏后，圆明园遗址当初所具有的中国古典园林艺术的一些特征，已不再完整，当初的园林建筑被破坏殆尽，缺少了中国古典园林所追求的建筑美与自然美交映的情趣，缺少了许多意境的承载体，缺少了一些初始的诗情画意，尽管自然的意趣仍在，甚至增加了荒野的意味和特色，生态环境更加优越，但终究失去了当初造园的本意，远离了造园之初衷。因此，圆明园遗址呈现的已不再是当初完整的古典园林文化，清朝统治者的园居生活文化、中西文化交流的成果，大都也已不复存在，或成为废墟、遗迹。

圆明园成为废墟所引发的纪念情感和文化意义，使得其纪念性文化特征逐渐突显出来。齐康先生在讨论纪念建筑和纪念性建筑时曾写道："一种则是现有的建筑物和遗址，它们大多经过了岁岁月月，当人们怀念着历史的过去，纪念它，那么这类建筑物和遗址就成为具有纪念性的建筑"[3]。残毁的圆明园作为遗址，不仅具有一般遗址普遍的纪念性意义，如怀旧、感伤等，更由于其独特的历史地位和经历，还具有更多的文化内涵，如爱国主义意识等，具有了更多的社会意义。

所以，圆明园遗址（公园）的主要文化，已从过去的以园林艺术为主的综合性皇家园林文化，转变为具有凭吊、怀古、追忆、爱国主义教育、文明宣传、科学普及等为主要内容的纪念性文化，文化价值发生了根本性变化（图 2）。

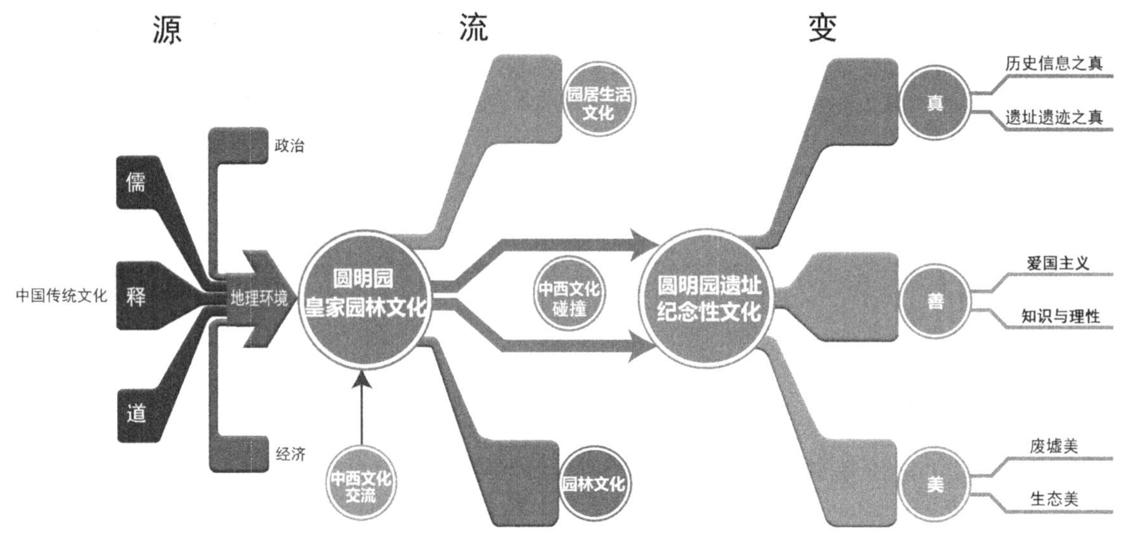

图 2　圆明园文化价值的转变图示

2　圆明园遗址公园的纪念性价值分析

无论是最初的皇家园林，还是现在的遗址公园，圆明园遗址始终是人类活动的产物，具有明显的文化属性，也具有很高的文化价值。"文化价值……决定人的追求、信念和理想；从而，它是人的精神生活的全部"[4]。

从前文的分析中我们可以看到，圆明园的主要文化产生了转变，其文化价值也相应地发生了转变，纪念性（文化）价值成为当下圆明园遗址公园的核心价值。这种纪念性价值，如同其他类型的文化一样，是真、善、美三种属性的有机统一，并且可以从"真""善""美"三个方面进行分析，以获得对这种文化价值更全面的认识。

2.1　历史之"真"

"真"即真理、真实、事物的真相。求"真"，反映的是人对世界的理性态度。对历史真实性、历史真相的探索，也是人们文化探索的一个重要方面。

圆明园遗址公园既有过去的辉煌，也有着被劫掠的惨痛经历，这些都已经成为过往的历史，人们如果想了解这种历史，还原历史的真实，就必须通过对史料的分析获得。史料分为文物、遗址、文字和口述史等几大类[5]，圆明园遗址本身就是圆明园所经历的历史的重要史料，它的纪念性价值首先就表现在对历史真相的揭示和反映。

圆明园遗址公园中西洋楼景区的残迹（图 3、图 4）、残毁的假山遗石、断桥残壁以及考古挖掘现场等，真实地

图 3　圆明园遗迹之海晏堂

传达出历史的信息：世界名园——圆明园的毁灭。这些残迹是客观实在而非虚幻，是可感知的而不是假象，结合历史相关史料，如回忆录、历史图像、画作等（图 6），真实地反映了圆明园从辉煌到被焚毁、破坏的历史事实，是最有说服力的物证，不容置疑，具有很强的历史真实性。

图 4　圆明园西洋楼大水法遗址图

图 5　圆明园西洋楼铜版画之大水法南面

2.2　“善”的追求

“求善”的价值追求，是人们对行为恰当性的反思。手段的合适和目的的合适就是“善”。善的价值，在于它为人们的行为、道德和生存目的构建一个规范的系统，反对这些规范的行为，就是“善”的对立面——“恶”[4]。

圆明园变成废墟的历史是“恶”的结果。焚毁圆明园的暴行，不仅被中华民族所牢记，也被全世界上有良知的人们所谴责。那么，作为“恶”的对立面，“善”的第一步就是牢记历史上的惨痛教训。周恩来总理曾说道：“圆明园遗址是侵略者给我们留下的课堂”[6]。人们通过对圆明园遗址的反思，可以认识到国家的富强才是摆脱屈辱、免受侵略、走上和平生活的根本保障，可以产生积极的愿望与追求，激发起爱国热情，培养出民族凝聚力（图 6）。

传统封建制度的腐朽、科学技术的落后、科学意识的薄弱等是导致圆明园被毁的一个重要原因。在反思这段屈辱历史时，圆明园的遗址会警醒人们“落后就要挨打”，从而使人们认识到科学技术的重要性，更加重视知识、热爱知识，从而努力学习知识。

圆明园变成废墟的历史，对世界各地到来的参观者来讲，是对野蛮暴行的无声控诉和谴责，可以引起人们对理性、文明、和平的向往。

图 6　圆明园遗址的爱国主义教育

2.3　废墟之“美”

2.3.1　悲剧与废墟美

“废墟是一种历史，是一种记忆，更是一种艺术，……”[7]。对废墟景观的审美，有很久的历史，在中西方的绘画和园林领域，都出现过表现废墟的审美情调，甚至在西方自然风景园中，刮起过营造废墟的风气。

圆明园从盛世名园，到残垣断壁的废墟，其经历是一场悲剧，具有悲剧的美学特征：毁灭性、冲突性。“悲剧笼罩着劫运，劫运是悲剧的基础和实质[8]”。废墟的悲剧美在于能够引发感伤、怀念、失落、悲愤、崇高等审美体验。圆明园从昔日繁华到今昔的破碎，这二者共存于遗址废墟中，触动来访者对历史悲剧的认识，给人以强烈的精神冲击，产生多种审美体验（图 7～图 9）。

图 7　圆明园遗址公园的谐奇趣遗迹

2.3.2　废墟美与生态美的交融

圆明园遗址公园规模达到 350hm^2，面积广阔，经过多年的保护和修复，遗址公园范围内逐渐形成许多动植

图 8　圆明园正觉寺北侧石桥遗迹图

图 9　圆明园遗址公园中拱桥遗迹

物群落，产生了良好的生态效益，主要的植被类型包括阔叶林、针叶林、灌草丛及水生植物群落等，此外，还有众多的野生动物，尤其是吸引了丰富的鸟类品种。遗址公园内还有众多的水面，形成了一个具有良好生态效应的湿地景观，参观的人们可以在这里获得生态美的熏陶，感受大自然，感受四季变化，感受野生动物植物的生长（图 10、图 11）。

圆明园遗址公园中废墟的悲剧美与自然山水、动植

图 10　圆明园遗址公园秋季湿地景观

图 11　圆明园遗址公园中黑天鹅景观

物所具有的生态美交相辉映，共同构筑了当前圆明园遗址公园的特色景观，具有很高的审美价值。

3　从纪念性价值看圆明园遗址公园的保护和展示工作

文化价值的转变，确立了纪念性价值是当前圆明园遗址公园的核心文化价值，其“真”“善”“美”三种文化属性的解读，为圆明园遗址公园的纪念性价值的实现途径指明了方向。

保护和展示是圆明园遗址管理工作的核心，是其核心价值引导的实践活动，关系到纪念性价值实现的成败。从纪念性文化价值的实现角度来看，圆明园遗址的保护和展示可从保护历史之“真”、弘扬“善”的追求、展示“废墟美”和“生态美”的交融这三个方面来展开。

3.1　保护和展示历史之“真”

“真实性”是文化价值的重要内容。圆明园遗址公园的保护和展示工作，首先要遵循真实性原则，保护其历史信息之真实及遗迹遗存之真实，这些真实性是纪念性价值的基础。应当客观公正地看待各个阶段的历史，保护每个历史片段的真实性，包括各种历史史料、见证资料等。同时要保护好现有的废墟景观，使其不受主观和客观因素的干扰和破坏，最大限度地保留遗址的真实性，不做减法，慎做加法。遗址公园内所有的建设工作，都应进行真实性影响的评估，尽力确保遗址不遭受破坏。在保护好基础上，做好“真实性”的展示工作，对于遗址景观，做好游客游览设施的规划设计工作，分析游客的行为数据，合理安排人们的参观路径和活动场所，安排好导标及相关说明文字，让游客在有限的参观游览过程中，最大限度地通过对废墟的参观，感受和探寻到历史的真实。

对于圆明园遗址的各种历史信息，包括圆明园兴建、发展、被毁前后及保护修复的各种文字、图形、实物等，可通过数字化影像、多媒体、图谱、雕塑等方式，消隐式博物馆或室外展览方式，将正确的历史信息传达给参观者，讲好圆明园故事，从而让游客了解圆明园辉煌的历史和极高的园林艺术成就，同时了解圆明园成为遗址的过

程和原因。

3.2 弘扬“善”的追求

圆明园遗址是中华民族遭受侵略的重要见证，是落后就要挨打的活教材，是激励民众奋发图强的无声的号角，在激发民族的爱国热情、凝聚人民力量、培育精神文明上有积极作用。因此，可通过多种展示途径，发挥圆明园遗址公园纪念性价值中求“善”的文化功能。

首先是揭示历史上的“恶”，将一代名园被毁的“恶”予以充分的揭露，可积极运用多媒体展示设备、VR体验设备、绘本、宣传片等宣传展示方式，将圆明园的历史复原并展示出来，通过历史与现实的对比，映衬出侵略者的野蛮，激发国人的爱国主义、集体主义精神，唤起人们对理性、文明、和谐秩序的期望。

其次，要展示晚清时代的腐朽没落，展示科学技术在社会发展中的重要性，教育大众要爱知识、爱科学。

3.3 展示圆明园“废墟美”和“生态美”

圆明园遗址公园作为废墟景观，符合悲剧美学的审美特性，有着强烈的艺术感染力，尤其是在自然生态美的衬托之下，尤为动人，它引发人们的怀古之情，也展示出悲剧的悲壮，引发人们对历史进程的感慨，使人们更加珍惜当前的生活。

圆明园遗址公园的展示工作，可通过各种生态化手法，采用最小干预的设施，为游客体验“悲剧美”和“废墟美”、感受“生态美”提供更好的条件，使游客获得各种美的熏陶。

4 结语

圆明园遗址从“万园之园”这一中国古典园林艺术的辉煌到残垣断壁的遗址遗迹，巨大的历史转折使得圆明园的主要文化价值产生了重大变化，纪念性文化价值成为圆明园遗址公园的核心文化价值。

对圆明园遗址文化价值转变的分析，能够使我们更加清晰地认识圆明园遗址的主要文化价值，把握好各项工作的方向，避免价值迷误，并为保护和展示工作梳理出思路，使圆明园遗址公园更好地发挥出文化价值功能。

参考文献

[1] 巫鸿．废墟的故事：中国美术和视觉文化中的“在场”与“缺席”[M]．肖铁译．上海：上海人民出版社，2017.

[2] 圆明园遗址公园网站：圆明园历史概述[ER/OL]http://www.yuanmingyuanpark.cn/gygk/ymylsgs/201010/t20101013_4170966.html.

[3] 齐康．纪念的凝思[M]．北京：中国建筑工业出版社，1996.

[4] 李鹏程．当代文化哲学沉思[M]．北京：人民出版社，1994.

[5] 李公明．画说哲学——历史是什么[M]．广州：广东教育出版社，1997.

[6] 文史参考杂志社，中国圆明园学会编著．争议圆明园[M]．北京：人民日报出版社，2012.

[7] 程勇真．废墟美学研究[J]．河南社会科学，2014(09)：70-73.

[8] 别林斯基．李邦媛译．别林斯基论莎士比亚-戏剧诗．载《古典文艺理论译丛》第三册[M]．北京：人民文学出版社，1962.

作者简介

张红卫，1967年生，男，河南三门峡，博士，北京交通大学建筑与艺术学院，副教授，研究方向为风景园林规划与设计、纪念性景观。电子邮箱：hwzhang@bjtu.edu.cn。

刘捷，1977年生，女，黑龙江密山，博士，北京交通大学建筑与艺术学院，北京交通大学圆明园研究院副院长，副教授。研究方向为中国建筑史、建筑遗产保护。电子邮箱：jliu2@bjtu.edu.cn。

荀燕双，1995年生，女，河南三门峡，北京交通大学建筑与艺术学院在读硕士，研究方向为中国建筑史、建筑遗产保护。

张孟增，1973年生，男，河北广平，硕士，圆明园管理处研究院院长，文博馆员。研究方向为圆明园遗产文化研究。

天坛公园复壮井（沟）对古树根周土壤性状的影响

Effect of Rejuvenating Well (ditch) in Tiantan Park on Soil Properties Around Ancient Trees Roots

张　卉

摘　要：通过环刀法获得土壤样品密度，利用SPSS（17.0）统计分析软件进行分析比较，得到如下结论。复壮井周围不同深度土壤性状特点，距离复壮井井盖相同距离情况下，深度越深密度越大，紧实程度越高。复壮沟复壮古树效果持续性好，已挖建10年的复壮沟，有机质含量依然较对照高，还能起到复壮作用。通过复壮井周围细菌的分离培养，说明井内环境较境外环境更稳定。由于冷季型草坪地内湿度最高，喜湿的细菌生长更丰富。

关键词：古树；复壮井；复壮沟；土壤

Abstract: the bulk density of soil samples was obtained by ring knife method and analyzed by SPSS (17.0). Under the condition of the same distance from the well cover, the deeper the depth, the greater the bulk density and the higher the compactness. The results showed that the effects of rejuvenating ditch was good, and the organic matter content of the ditch which had been dug for ten years was still higher than that of the control, and it could also play a role in rejuvenation. Through the isolation and culture of bacteria around the rejuvenation well, it shows that the environment in the well is more stable than outside. Because of the higher humidity in the field of cold season lawn, the growth of hygroscopic bacteria is more abundant.

Key words: Ancient Tree; Rejuvenating Well; Rejuvenating Ditch; Soil

引言

（1）天坛古树简介

北京市天坛公园内生长着众多古树，总数量有3562株，是北京市城区内面积最大、数量最集中的古树群。这一古树群对于北京城区生态环境建设有着非常重要的作用。它们涵养水分、调节气温、改善空气质量，可以说影响到首都人民生活的很多方面。更重要的是，这些古树是中华民族悠久历史文化的有力见证。美国前国务卿基辛格博士谈到天坛古树时，曾这样说："以美国的实力，完全可以复制几个祈年殿、回音壁，但这里的古柏我们就很难得到了。"保护和养护好这些"活的文物"，良好的土壤质量是最重要的。

（2）土壤质量的概念

土地质量（land quality）的概念指的是土地的状态或条件（包括土壤、水文和生物特性），及其满足人类需求（包括农林业生产、自然保护以及环境管理）的程度。科学家倾向于使用土壤质量，用土壤分析的量化指标来描述土壤特征。本文探讨土壤质量，着重探讨土壤满足古树正常生长所需条件的能力。

（3）土壤质量评价指标确定

土壤质量评价指标有化学、物理、生物等几大项，众多小项，本文选择土壤物理指标中土壤密度、微生物群落多样性等指标，考察复壮井对古树根部周围土壤性状的影响。

1　复壮井周围不同深度土壤物理性状特点

1.1　材料与方法

（1）材料为天坛公园201号复壮井周围土壤。

（2）实验方法：

环刀法取土，测定取样点土壤密度。

以井盖的一条边为例，两个端点和中点，三点水平直线距离30cm、60cm、90cm、120cm、150cm 5处，铲除表面杂草，各取表层土土样，记为"0"层土样。取完一层后，向下20cm，继续取样，记为"－20cm"层土样。共取5层。

容重的计算方法：密度＝单土壤重量/体积。本实验采用的环刀为100cm^3，故本实验的密度单位为g/cm^3。

采用SPSS（17.0）统计学软件进行方差分析，比较复壮井周围不同深度土壤容重特点。

1.2　结果与分析

由图1和图2可以看出，土壤密度随着采样点与井盖的平行距离变化而变化，变化呈正相关。随着采样点离井盖越远，密度越大，土壤紧实程度越高。分析原因为，与井盖60cm距离范围内是挖建复壮井时的坑穴，为腐叶土、陶粒、松针土、树木修剪下来的枝条、原土的混合物，故此范围内土壤较疏松，与之相邻的坑穴壁在自然界长期冷暖交替，雨水淋溶等影响下，密实程度亦有所降低。

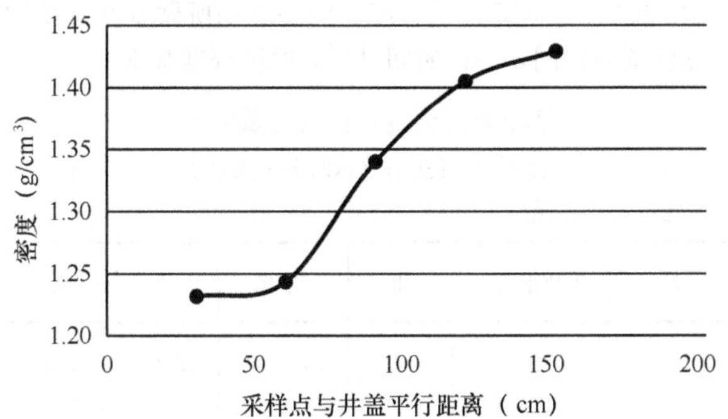

图 1　深度为 0 时密度随距离变化

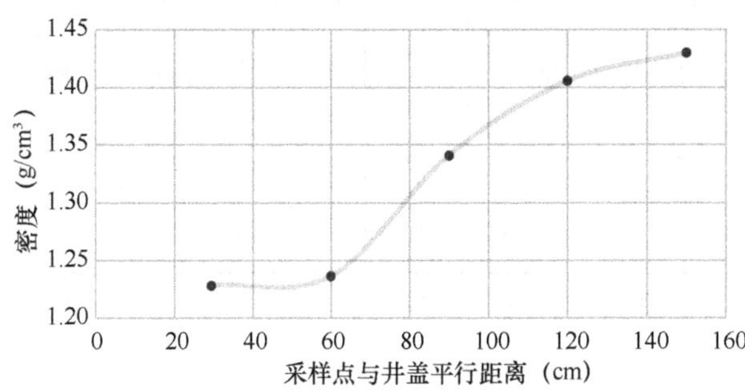

图 2　深度为 20cm 时土壤密度随距离变化

由图 3 可以看出不同深度土壤的容重变化趋势。密度与深度呈正相关，即随着深度的增加，复壮井周围的土壤密度加大，密实度增加。经过多年的自然沉积作用，原本的腐叶土等已充分腐化，与相邻土层的原土互相结合，基本压实。

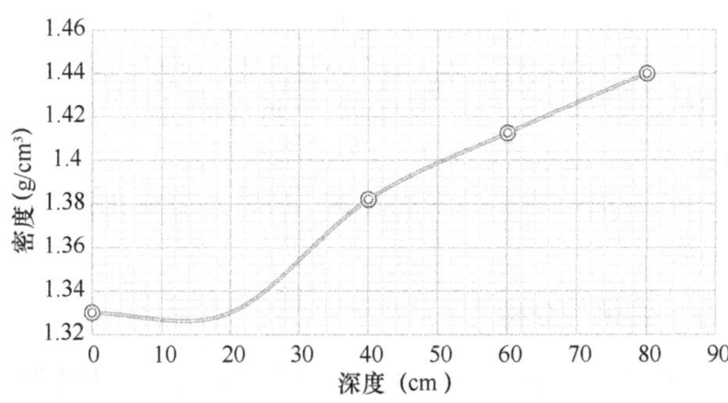

图 3　不同深度土壤密度变化曲线图

由表 1 可以看出，在 P 值小于 0.05 水平上由深度引起的差异显著，越深的土层，密度越大，土壤密实度越高，应由长期土壤自重下沉引起。

不同深度、不同距离采样点土壤密度方差分析表（主体间效应的检验）　　表 1

因变量：密度

源	Ⅲ型平方和	df	均方	F	Sig.
校正模型	2.146a	8	.268	196.355	.000
截距	562.632	1	562.632	411876.422	.000
深度	.380	4	.095	69.457	.000
距离	1.766	4	.442	323.254	.000
误差	.398	291	.001		
总计	565.175	300			
校正的总计	2.543	299			

续表

a. R 方=844（调整 R 方=839）

由距离引起的密度差异显著，因为挖建复壮井时，坑穴内土壤均已更换改良的复壮基质，较之周围土壤疏松，透气性好。

2　不同地被条件下复壮井周围土壤物理性状特点

2.1　材料与方法

（1）材料：复壮井周围土壤。

（2）取样方法：环刀法。

选取天坛公园古树分布较多的 3 种园主要地被类型：野生地被、麦冬地被、冷季型地被。在这 3 种地被类型中各选复壮井一处，分别为：201 号、155 号、9 号井。在井盖 4 个方向，水平直线距离 60cm，取 40cm 深处土样。取平均值，代表每种地被复壮井周围的土壤密度值。

采用 SPSS 统计学软件进行方差分析，比较不同地被条件下复壮井周围土壤密度特点。

2.2　结果与分析

由图 4 可以看出野生地被、麦冬地被、冷季型土壤密度不同。图中横轴 1～4 为野生地被，5～8 为麦冬草坪，9～12 为冷季型草坪。

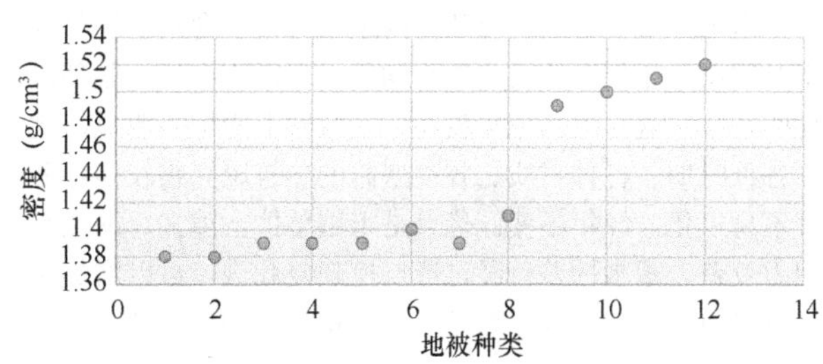

图 4　不同地被条件下土壤密度

由表 2 可见，在平 $P<0.05$ 水平上差异显著。结合图 4，野生地被和麦冬地被的土壤密度对于冷季型草坪的土壤密度差异显著。冷季型草坪由于需水量大，草坪土壤含水量高，密度较高。由于取样为 10 月中下旬，进入干旱少雨季节，土壤水分蒸发较快，同时由于温度下降，浇水量已明显减少，故此数值比较雨季或高温时期已经是较低数值。如果在雨季或 5 月、6 月、9 月等降雨量相对较少，多半靠人工浇水的时期，冷季型草坪内的土壤密度值应更高，密实度大，透气性差，非常不利于古树生长。

不同地被间土壤密度单因素方差分析

（主体间效应的检验）　　表 2

因变量：密度

源	Ⅲ型平方和	df	均方	F	Sig.
校正模型	.035a	2	.017	179.057	.000
截距	24.510	1	24.510	252105.000	.000
地被	.035	2	.017	179.057	.000
误差	.001	9	.000		
总计	24.546	12			
校正的总计	.036	11			

a. R 方=.975（调整 R 方=.970）

3 挖复壮沟对土壤性状的影响

3.1 材料与方法

（1）材料：复壮沟周围土壤。

（2）取样方法：环刀法。

选取六区野生地被内，已完成挖建 10 年的复壮沟一处。对照为分六区 $100m^2$ 内没有复壮沟也没有复壮井的地点。以复壮沟中心为第一取样点，然后与复壮沟垂直距离为 30cm、60cm、90cm、120cm 处取 30cm 深处土壤，每采样点取土 1kg，重复 3 次。

采用 SPSS 统计学软件进行方差分析，比较有机质含量。

3.2 结果与分析

由图 5 可以看出，复壮沟内土壤有机质含量平均值高于对照组和相邻未改良土壤平均值。六区为内坛，紧邻圜丘回音壁，这一地区地势较高，土层特点为堆垫明显。地下各种时期、各种材质、各种型制的建筑废弃物较多，并且不易风化，经年不变。优点是土壤整体空隙多，缺点是肥力较差、蓄水性差。经过选点挖建复壮沟，可以增加土壤有机质含量，提高土壤肥力，保持良好的透气性。

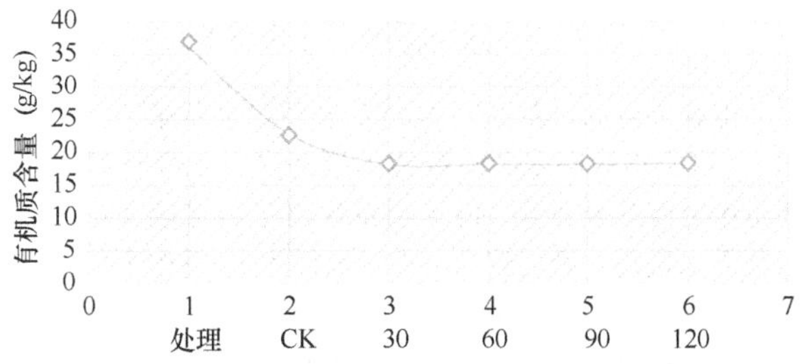

图 5　复壮沟内有机质含量与未改造土壤比较

复壮沟内有机质含量与没有复壮的地区差异显著，3 次重复之间的差异不明显，这两点可以从表 3 中看出。在 $P<0.05$ 水平上，处理与对照之间差异显著，但是各重复的 $P=0.887$，远远高于 0.05。同一时期所做复壮沟填埋的复壮基质相同，一段时间过后，腐蚀程度基本一致。

复壮沟内土壤有机质含量方差

分析表（主体间效应的检验）　　表 3

因变量：有机质

源	Ⅲ型平方和	df	均方	F	Sig.
校正模型	769.914a	7	109.988	47.913	.000
截距	8653.140	1	8653.140	3769.491	.000
采样点	769.358	5	153.872	67.030	.000
重复	.557	2	.278	.121	.887
误差	22.956	10	2.296		
总计	9446.010	18			
校正的总计	792.870	17			

4 复壮井周围微生物多样性

4.1 材料与方法

（1）复壮井内和井周围土壤。

土壤取样方法：复壮井内去掉表层砖头碎石等垃圾，去除断枝树叶，取 0～20cm 深度纯土壤，不含任何杂质。取样量 50ml。复壮井外，距离井口 30cm 处，4 个方向各取 0～20cm 深度纯土壤，不含任何杂质，每点 50ml，充分混合后，取 50ml 为一个样品。分离培养样品直接进行划线分离；测序样品迅速－20℃冷冻，送检。

（2）细菌培养基平板分离，试管斜面纯化保存，鉴定。

4.2 结果与分析

按照《植病研究法》中平板划线法分离土壤中的细菌。分离后每天计数，对比不同立地条件下复壮井内外土壤细菌的种类和平板菌落数量。

图 6（*a*）为野生地被井外土样分离的细菌，图 6（*b*）为野生地被井内土壤分离的细菌。图 6（*c*）为冷季型草地内井外土样分离的细菌，图 6（*d*）为冷季型草坪井内土壤分离的细菌。图 6（*e*）为铺砖地井外土壤分离的细菌，图 6（*f*）为铺砖地井内土壤分离的细菌。

菌落计数相同条件取平均值作图（图 7）。可见冷季型草坪内的复壮井内外细菌数量最多，麦冬草坪内服装境内外细菌数量次之，再次是野生地被，最后细菌菌落数量最少的是铺砖地。由于细菌的生长更倾向于湿度大的环境，水分是影响细菌生长繁殖非常关键的因素，因此显现出图 7 的结果。

细菌菌落计数的方差分析结果见表 4。在 $P<0.05$ 水平上，不同地被内复壮井周围细菌数量差异显著。

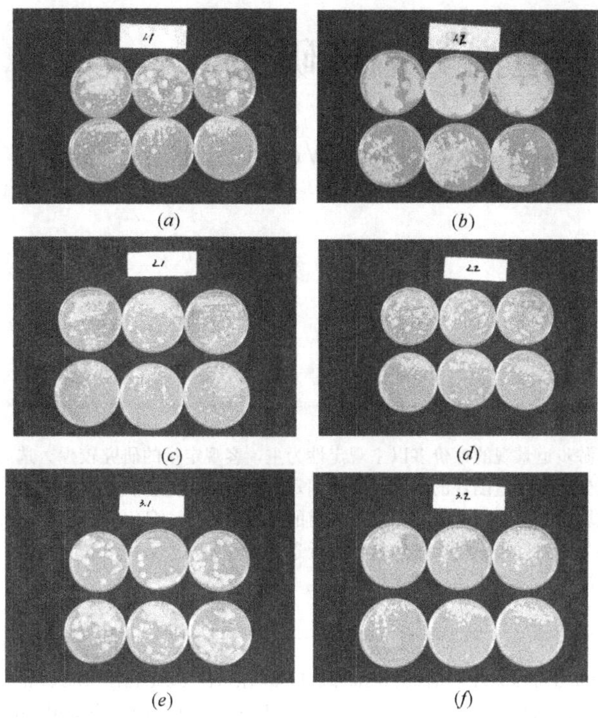

图 6　分离细菌样本

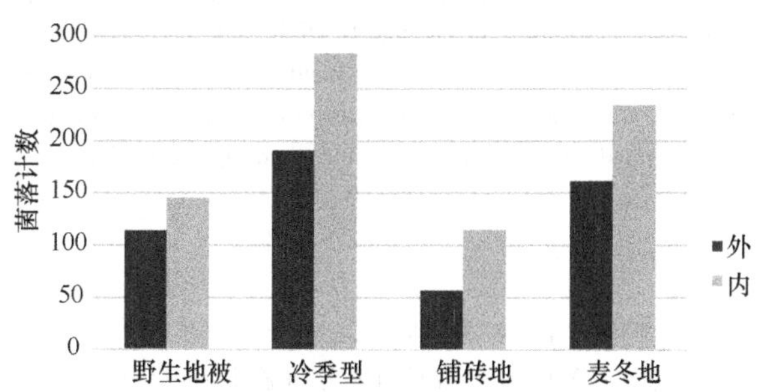

图 7　不同地被复壮渗井内外细菌菌落计数比较

不同地被内复壮井内外细菌菌落数方差分析（主体间效应的检验）　　表 4

因变量：菌落数

源	Ⅲ型平方和	df	均方	F	Sig.
校正模型	24257.042a	1	24257.042	6.170	.021
截距	637330.042	1	637330.042	162.099	.000
位置	24257.042	1	24257.042	6.170	.021
误差	86497.917	22	3931.723		
总计	748085.000	24			
校正的总计	110754.958	23			

a. R 方=219（调整 R 方=184）

5　结论

（1）土壤质量随着与复壮井间的距离增大而降低。由于没有经过改良，原有土壤紧实度高，没有添加腐殖质和任何肥料，其满足古树生长的条件就低于复壮井周边，透气性差，保水保墒能力也相应降低。

（2）冷季型草坪的土壤容重明显要高于野生地被和麦冬地被，这已多次被证明，本研究再次证明了这一点，但是复壮井的挖建在一定程度上缓解了冷季型草坪土壤容重大、孔隙度小、透气性差的缺陷，为古树根部正常生长创造了良好条件，起到了良好作用。但是，冷季型草坪内复壮井的存在对景观有影响，应综合考虑如何改进这一矛盾。井盖覆盖一层塑料人工装饰草，或是其他办法，可以提高景观效果。

（3）挖建复壮沟有力增加了土壤有机质含量，即使是在 10 年之后，土壤有机质含量依旧高于周边对照，是复壮天坛野生地被地区衰弱古树的好办法。

（4）细菌分类培养菌落计数法，对比了不同地被条件下复壮井周边环境。由于冷季型草坪的土壤更潮湿，环境更利于微生物的生长，复壮井内温湿度、空气流动性都有利于微生物生长，故微生物种类和数量较多。冷季型草坪内的复壮井为古树根系生长创造了更合适的土壤透气性，也保证了相应的墒情。

参考文献

[1]　牛建忠．天坛古树[M]．北京：中国农业出版社，2016.

[2]　郝长红．沈阳福陵古松根区土壤养分状况及理化性质的研究[D]．沈阳：沈阳农业大学，2006.

[3]　张安才．古侧柏与行道树银杏立地土壤微生物及作用强度研究[D]．泰安：山东农业大学，2009.

[4]　蔡施泽．3 种上海市常见古树粗根系分布特征及保护对策[J]．上海交通大学学报（农业科学版），2017，35(4)：7-14.

[5]　刘克峰．北京市十大公园土壤性状及其改良利用的研究[J]．北京农学院学报，1994，9(2).

作者简介

张卉，1976 年 8 月，女，汉族，黑龙江，硕士研究生，北京市天坛公园管理处，研究方向为古树保护和古树养护相关研究。电子邮箱：23787978@qq.com。

基于眼动追踪的城市湿地公园游步道视觉偏好研究[①]

A Study on Visual Preference of Walking Path in Urban Wetland Park Based on Eye Tracking

张雅倩 朱 逊* 高 铭

摘 要：湿地公园游步道影响公园的视觉美观和游客的行为体验，现有对游步道景观的评价多以主观定性为主，客观定量的研究较少。选择哈尔滨群力国家湿地公园为研究案例地，眼动追踪记录被试者观看湿地公园游步道图片的客观眼动数据，分析游步道类型和景观构成要素的认知规律，探究不同类型游步道景观的视觉偏好。研究结果表明，在城市湿地公园游步道中，木栈道的吸引力最强，盘山步道的吸引力最弱；游客对特色构筑物和色彩鲜明的标识更为关注，整体注视顺序多为道路尽端—植物—构筑物—近景标识—建筑—天空—护栏—座椅。研究以典型城市湿地公园为例，运用客观数据探究视觉偏好差异，为湿地公园游步道设计提供指导性建议。

关键词：湿地公园；游步道；视觉偏好；眼动追踪

Abstract: The trail landscape of wetland park affects the visual beauty of wetland park and tourists' behavioral experience. Currently, the evaluation of trail landscape is mainly subjective and qualitative, but there are few objective and quantitative studies. Harbin qunli national wetland park was selected as the case study, and eye movement tracking was recorded to record the objective eye movement data of the subjects when they viewed the picture of wetland park trail, to analyze the cognitive law of trail types and landscape elements, and to explore the landscape preference of downstream trail types. The results showed that the attraction of wooden trestle was the strongest, while that of winding mountain trail was the weakest. The fixation sequence is mostly the end of the road-plants-structures-close-up signs-buildings-sky-guardrail-seats, among which the characteristic structures and brightly colored signs have higher fixation. Taking a typical urban wetland park as an example, this study used objective data to explore the differences in visual preference, and provided guiding Suggestions for the design of wetland park trail.

Key words: Wetland Park; Trails; Visual Preference; Eye Tracking

1 研究背景

城市湿地公园是城市宝贵的自然资源，同时也是绿地生态系统的重要组成部分[1]。在城市化快速发展的今天，城市的扩张给生态环境带来了巨大的挑战，城市自然资源和湿地生态环境的保护变得尤为重要[2]。城市湿地公园是城市保护体系的重要组成部分，是城市修补的有效途径和主要模式[3]，是集湿地保护、观光休闲、科普教育、科学研究于一体的典型生态型公园[4]。城市湿地公园游步道是湿地公园观光休闲、科普教育的主要活动空间，游步道的设计不仅影响湿地公园的视觉美观和游客的行为体验，也影响湿地公园及周边的生态环境[5]。

城市湿地公园游步道的研究层面主要集中在探讨湿地审美偏好与生态功能，以及湿地认知规律与健康服务之间的关系上。西方学者多用问卷调查以及照片评分的方法，通过访问调查探究大众偏好的湿地景观类型[6]，并表明审美偏好影响人们对生态和美学价值的认知[7]。另外，研究发现湿地的生态功能根植于公民共享的生态知识的天性，湿地生态功能的认知对公民的生态偏好产生很大的影响[8]。国内对于城市湿地公园游步道主要集中在实践层面，多从生态功能角度分析游步道设计要素，提出相应的湿地游步道规划设计原则[9-12]。总体来看，游步道设计要素的研究以对线形、色彩、尺度等自身景观因素研究为主，缺少对周边景观因素以及附属设施景观因素的研究。

本研究选取湿地公园游步道景观为研究对象，将眼动追踪方法引入景观视觉偏好的研究中，通过眼动追踪记录被试在观看湿地公园游步道景观时的眼动数据，探究人们对湿地公园游步道景观的视觉偏好，以期为城市湿地步道景观设计提供新思路。

2 研究方法

2.1 研究区域概况

群力国家湿地公园坐落于哈尔滨市群力新区中部，松花江南岸，占地面积为 30.3 万 m²。群力湿地是哈尔滨市区唯一的天然湿地，湿地公园被评定为第六批国家城市湿地公园（图 1）。群力湿地公园的建立对于原生湿地的保护、恢复有着重要意义。

① 黑龙江省艺术科学规划项目（编号 2020A006）、黑龙江省高等教育教学改革一般研究项目（编号 SJGY20190207）共同资助。

图 1　群力湿地公园区位图

公园的道路系统由上层、下层、垂直交通组成。上层交通即环跨外围人工湿地的空中栈桥，连接着观景塔、观景盒及多处观景台。下层交通即在人工湿地内部穿梭于湿地泡与地形泡之间的埂道系统，是人们近距离感受、体验湿地的游憩步道。垂直系统是局部地形泡上的盘山路，连通栈桥与下层步道，解决游览路线上的垂直交通问题。

2.2　样本筛选

严寒城市四季分明，湿地公园季相景观差异较大[13,14]。但有研究表明，严寒城市湿地公园的景观偏好可以以夏季数据作为基准。本研究于 2020 年 6～8 月，选择晴朗无云的天气采样，采样时间集中在 9：00～10：30 进行。拍摄时保证照片构图一致，镜头与地面平行，避免将游人、宠物等非景观因素摄入照片内，所有照片均由一人拍摄。

在群力湿地公园游步道各重要景观节点，拍摄照片共计 120 张，根据湿地 3 种步道类型，最终选取充分体现步道景观特征的照片 32 张作为眼动追踪材料，并对其进行编号。遴选出来的样本分为 3 部分，包括步道、木栈道、盘山步道。拍摄构图的主要层次以地平线为划分界限，分为近景区、中景区、远景区。样本中除步道外景观元素各不相同，包括建筑、植被、标识、构筑物、座椅、天空。

2.3　实验设计

选取共 30 名随机选取的被试参与本实验，平均年龄为 21～25 岁，其中男性 13 人，女性 17 人，所有受测者均为高等教育本科及以上学历人员。采用 Tobii Pro Glass 2 眼动仪记录获取被试观看湿地公园步道景观图片的眼动数据。实验分 3 步进行：第一步，实验前填写个人信息；第二步，被试者在眼动仪上进行 32 张湿地步道景观图片浏览；第三步，实验后进行半结构访谈。实验过程中 32 张实验图片随机呈现，实验总时长为 25min。

2.4　实验指标选取

实验选定能表征视觉吸引、关注、兴趣、聚集程度的眼动指标，包括首次注视时间、注视时长、平均注视时间、注视点数量，共 4 个指标（表 1）。为了研究景观要素对注视行为的影响，实验在视图中定义了关注区域（AOI）。定义并数字化了 8 类对象（涵盖游步道景观的大部分对象）：道路、植物、构筑物、近景标识、建筑、天空、护栏和座椅。通过分析进入不同景观要素的眼动数据，探究被试对湿地步道景观感知特点。最后以半结构访谈调查被试对湿地景观的感受评价。半结构访谈的调查内容包括湿地公园游赏目的和使用频率、偏好的游步道类型、游览时的感觉等。

眼动指标因子及含义　　　　表 1

指标因子	指标因子含义及其表达的视觉特征
注视点个数	该指标表征观测者对景观要素的注视点数量，注视点的数量和搜索效率是呈负相关的，注视点过多意味着视线分散不聚集，要素识别困难，搜索效率降低
注视时长	该指标表征观测者对景观要素注视总时间的长短，注视持续时间长，表明要素吸引力强，关注程度更大
平均注视时间	平均注视时间是指被试对每个注视点停留的平均时间，平均注视时间越长，要素越有吸引力，参与者就越感兴趣
首次注视时间	首次注视时间反映对某一区域的优先关注程度，首次注视时间越短，说明要素较醒目，优先关注度越高

3　结果及分析

3.1　不同景观要素的视觉偏好分析

利用单因素方差分析研究城市湿地公园不同景观要素的注视时长、平均注视时间、首次注视时间、注视点数量差异，发现湿地公园不同景观要素对于 4 项眼动指标全部均呈现出显著性差异（$p<0.05$）。对比各景观要素的首次注视时间可以发现，植物、构筑物的首次进入时间较短，表示湿地景观中植物和构筑物较为醒目，能够很快引起被试者的关注；植物、构筑物、标识的注视时长远高于

其他要素的注视时长，可见在湿地景观植物、构筑物以及标识的吸引力较强，游客的关注程度较高。另外植物的注视点数量最多，表明在湿地景观中植物搜索效率低，缺乏关联性，数据结果和轨迹图显示一致（图 2）。

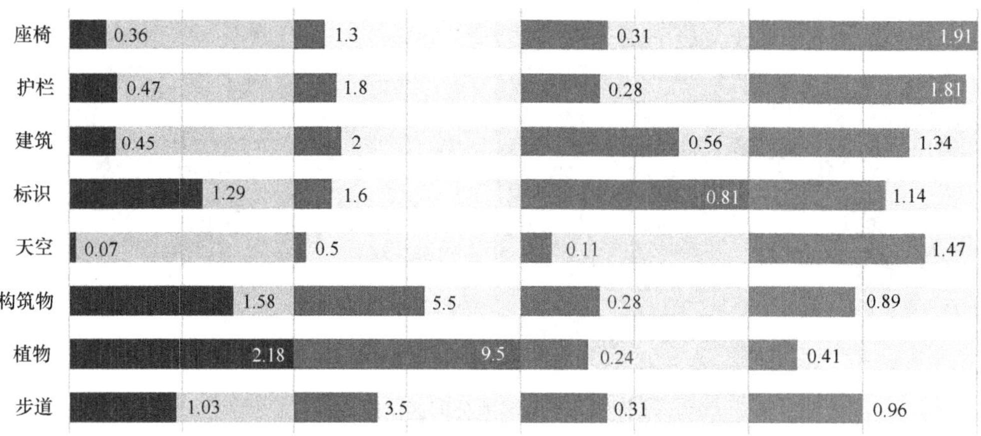

图 2　不同景观要素的眼动数据

3.2　不同类型游步道的视觉偏好分析

利用单因素方差分析去研究不同游步道的首次注视时间、注视时长、注视点数共 3 项的差异性，从表 2 可以看出，对于不同游步道的首次注视时间表现出一致性，并没有显著差异性（$p>0.05$）。不同游步道景观的注视总时长、注视点数呈现出显著差异（$p<0.05$）。

不同类型游步道差异性分析　　表 2

	指标（平均值±标准差）			F	p
	木栈道（$n=80$）	步道（$n=80$）	盘山步道（$n=80$）		
首次注视时间	1.23±2.16	0.71±1.04	0.86±1.24	2.305	0.102
注视总时长	1.40±1.14	1.03±1.06	0.97±0.97	3.872	0.022*
注视点数	4.88±3.16	3.58±3.18	3.16±2.91	6.722	0.001**

* $p<0.05$ ** $p<0.01$

对比 4 种步道类型注视时长、注视点数量、首次注视时间（图 3），可以发现木栈道、步道的注视时长、注视点的数量都高于均值，盘山步道的注视时长、注视点数量均为最低。表明在湿地景观中，木栈道吸引力较强，能很快地引起被试者的注意，而盘山步道吸引力较弱。整体来看，游客对木栈道的景观视觉偏好程度相对较高，木栈道的视觉吸引力强、关注度高、兴趣性较强，但视线在景观中聚集程度较低。

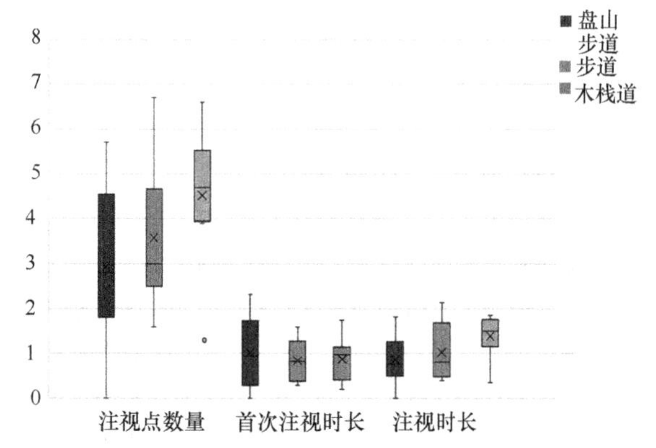

图 3　不同类型游步道景观的眼动数据

3.3　湿地游步道景观的注视轨迹分析

对注视点以及时间进行可视化得到湿地步道景观的眼动热点图和眼动轨迹图。热点图中叠加深色表示被注视次数多、时间最长的区域，渐变到浅色表示注视次数减少，注视时间变短。从热点图可以看出：注视点主要集中在构图中的地平线与道路交界处、形态特征明显的构筑物上以及色彩对比鲜明的标识处（图 4）。

基于对步道的眼动分析轨迹图，结合半结构访谈材料发现：注视顺序多为道路尽端—植物—构筑物—近景标识—建筑—天空—护栏—座椅，中景区最先被注意，其次为远景区。总体来看，植物的注视点分布随机，可见在被试看来，植物需要花较多时间获取信息，植物设计缺乏关联性。盘山步道注视点较为发散，被试者普遍认为有神秘感。平坦步道注视点聚集程度较高，主要集中在与地平线交界处，并呈沿着步道方向伸展态势，访谈中被试者认为步道景观有较强的一致性（图 5）。

(a)

(b)

(c)

图 4

(a) 注视集中在标识；(b) 地平线与道路交界处；(c) 构筑物

(a)

(b)

图 5 眼动轨迹图

(a) 盘山步道；(b) 平坦步道

4 结论与讨论

通过分析眼动数据发现，注视点主要分布在道路尽端、形态特征明显的构筑物、色彩对比明显的标识上，其注视时长最长，首次注视时间最短。表明在湿地公园游步道景观中，独具特色的景观元素有较强吸引力。植物的注视点数量最多，注视点分布随机，表明植物有较强一致性，信息难以快速识别。研究发现，参与者的注视顺序一般为道路尽端—植物—构筑物—近景标识—建筑—天空—护栏—座椅。可见在湿地公园游步道设计中，道路近端是具有价值的设计节点，可着重加强该区域的植物配置、标识系统等景观要素的设计力度，引导人对植物、特色构筑物、标识的视觉关注，更好的发挥湿地公园的休闲娱乐功能。

在湿地景观步道的 3 种类型中，木栈道吸引力最强。这与王敏对广州花城广场的研究结果相似，其研究的热力图和访谈均表明参与者对木栈道较关注[15]。盘山步道注视点较为发散，被试者普遍认为有神秘感。平坦步道注视点集中，被试者认为景观有较高一致性。表明笔直平坦的步道有引导性，而自然蜿蜒的步道可以为游览者创造出一种神秘性和探索性的景观感受。因此设计中要依据不同的游憩需求，选择适宜的步道类型。另外不同游步道景观可能因步道的材质和色彩不同产生不同视觉偏好，需进一步深化和探究影响木栈道视觉偏好的具体因子。

参考文献

[1] 邵媛媛，周军伟，母锐敏，等. 中国城市发展与湿地保护研究[J]. 生态环境报，2018，27(02)：381-388.

[2] 刘滨谊，魏怡. 国家湿地公园规划设计的关键问题及对策——以江阴市国家湿地公园概念规划为例[J]. 风景园林，2006(04)：8-13.

[3] 谢冰涵，苑泽宁. 哈尔滨市主要湿地公园及可持续发展策略[J]. 哈尔滨师范大学自然科学学报，2015，31(05)：96-101.

[4] 王立龙，陆林，唐勇，等. 中国国家级湿地公园运行现状、区域分布格局与类型划分[J]. 生态学报，2010，30(09)：2406-2415.

[5] 朱怡诺，崔丽娟，李伟，等. 湿地公园游步道设计[J]. 湿地科学与管理，2016，12(04)：9-12.

[6] Meredith F D. Public aesthetic preferences to inform sustainable wetland management in Victoria，Australia[J]. Landscape and Urban Planning，2013，120.

[7] Cottet M，Piégay H，Bornette G. Does human perception of wetland aesthetics and healthiness relate to ecological functioning? [J]. Journal of Environmental Management，2013，128.

[8] Daniel F，Luca L. Shared ecological knowledge and wetland values：A case study[J]. Land Use Policy，2014，41.

[9] 卜文娟，陆诤岚. 湿地公园游步道设计的探讨——以杭州西溪国家湿地公园为例[J]. 人文地理，2009，24(04)：110-114.

[10] Lu Z L. Designing of scenic spots trail from the angle of ecological protection—A casestudy of Xixi national wetland park. Journal of Sustainable Development，2009，2(3)：166-171.

[11] 李海燕，马建武，宋钰红. 玉溪市九溪湿地公园道路规划与设计[J]. 绿色科技，2011(08)：71-74.

[12] 李晓颖. 湿地公园道路规划设计内涵分析[J]. 南京林业大学学报(人文社会科学版)，2012，12(03)：94-97+115.

[13] 陈菲，朱逊，张安. 严寒城市不同类型公共空间景观活力评价模型构建与比较分析[J]. 中国园林，2020，36(03)：92-96.

[14] 叶鹤宸，朱逊. 哈尔滨市秋季城市公园空间特征健康恢复性影响研究——以兆麟公园为例[J]. 西部人居环境学刊，2018，33(04)：73-79.

[15] 王敏，王盈蓄，黄海燕，田银生. 基于眼动实验方法的城市开敞空间视觉研究——广州花城广场案例[J]. 热带地理，2018，38(06)：741-750.

作者简介

张雅倩，1997年4月，女，汉族，内蒙古，哈尔滨工业大学建筑学院，寒地城乡人居环境科学与技术工业和信息化部重点实验室，研究方向为风景园林规划设计。电子邮箱：18804503301@163.com。

朱逊，1979年7月，女，满族，黑龙江，哈尔滨工业大学建筑学院，寒地城乡人居环境科学与技术工业和信息化部重点实验室，副教授，博士生导师，研究方向为风景园林规划设计及其理论。电子邮箱：zhuxun@hit.edu.cn。

高铭，1995年2月，男，汉族，吉林，哈尔滨工业大学建筑学院，寒地城乡人居环境科学与技术工业和信息化部重点实验室，研究方向为健康景观规划设计。电子邮箱：19s034123@stu.hit.edu.cn。

园林定额在工程造价管理中的作用研究

——以《深圳市园林建筑绿化工程消耗量定额（2017）》为例

Study on the Role of Garden Quota in Project Cost Management: Taking Shenzhen Garden Building Greening Engineering Consumption Quota (2017) as an Example

周燕飞　谢亚旗　钟文龙　张红标

摘　要：在市场经济越来越发达的今天，很多人认为定额是计划经济的产物，与目前的市场经济不符，阻碍建设工程市场化的发展，在这种新形势背景下，园林工程与一般的建筑、市政工程相比，具有工程分散、体量小、价值低、工期短等特点。园林定额在工程计价中发挥了怎样的作用，如何准确测定其消耗量，对园林工程造价管理到底有多大影响，对政府资金的投资能否提供科学的参考。本文针对园林工程的特点、定额的原理及其作用、园林定额在工程造价管理中的作用，以《深圳市园林建筑绿化工程消耗量定额（2017）》为例进行适宜分析与探讨。

关键词：园林定额；定额原理；造价管理；绿化工程

Abstract: in a market economy is more and more developed today, a lot of people think norm is the product of planned economy, in conformity with the current market economy, hamper the development of the construction market, in the background of the new situation, the garden engineering compared with the general construction, municipal engineering, with engineering scattered, small volume, low value, short construction period, etc. How does garden quota play a role in engineering valuation, how to accurately determine its consumption, how much influence does it have on the cost management of garden engineering, and whether it can provide scientific reference for the investment of government funds. According to the characteristics of garden engineering, the principle and function of quota, and the role of quota in project cost management, this paper takes Shenzhen Garden Building greening Engineering consumption Quota (2017) as an example for appropriate analysis and discussion.

Key words: Garden Quota; Norm Principle; Cost Management; Greening Projects

引言

近年来深圳积极推进“创建国家森林城市”“打造世界著名花城”，2020年是深圳建设经济特区40周年，也是打造“千园之城”的收获之年，深圳政府在城市环境建设和绿化美化方面进行了大量投入，新建大量郊野、街心、社区公园，并对原有的公园、绿地进行升级改造，工程规模越来越大，涉及面越来越广。原深圳园林定额于2000年发布实施，已执行十多年，随着园林建筑市场的不断发展及“四新”的出现，原园林定额已无法满足新时期园林绿化工程的计价需求。

近年来，我国建设工程计价依据由计划定额管制型向市场规范服务型转变，建设工程计价依据管理也朝着“市场主导、社会自主、政府服务”的方向转型与发展。在这种新形势下，本文针对园林工程的特点、定额的原理及作用、园林定额在工程造价管理中的作用，以《深圳市园林建筑绿化工程消耗量定额（2017）》（以下简称2017园林定额）为例分析与探讨。

1　园林绿化工程的特点

园林绿化是城市环境建设的重要组成部分，是利用植物人为地构造自然的生活空间，从而改善和美化生态环境。对园林建设整体来讲，起着装扮、修饰、润色等美化的作用，同一般建筑、市政工程相比，园林绿化工程具有其自身显著的特点。

1.1　完全平面、露天作业，受气候影响大

绿化工程大多是在宽广的地表面作业，极少在室内，因此受气候的影响较大，台风、暴雨、强光照射、旱情、寒流等气候随时都可能影响着植物的生长、发育，继而影响其种植和养护作业，绿化工在风吹、日晒、雨淋的露天环境下作业是绿化工程自身特性所决定的。

1.2　受植物种类、生长规律及生长环境的影响大

与一般建安工程不同，绿化工程是围绕有生命力的多品种、不同生长规律及适宜不同生长环境的植物来开展施工作业的，植物在均一性、固定性、精确性、可加工性方面不比人工材料，然而植物的萌芽、开花、结果、发育、叶色变化、落叶等季节性变化，却是人工材料所不及的。什么样的植物，在什么温度、光照、土壤、水分等环境及气候条件下易成活、生长、死亡或易受病虫侵害、易枯萎、落叶，这些因素决定着栽种、修剪、施肥、施药、清理等作业的时机、多少、程度。“恰当把握植物生长度，掌控挖、种、施、养、浇的度与量”是绿化工程所独有的

植生、养生特点。

1.3 劳动强度低、密度小，技术含量少、工种单一

从绿化工程施工的主要工序来看，定点放线、挖坑换土、掘苗运苗、种植修剪、施肥浇水、维护清理等绿化工的工作内容，与建安工程中砌筑工、木工、模板工、钢筋工等的工作内容及环境相比，在重体力消耗、多工种密集配合，高技能、多技术应用，作业环境复杂等方面，都存在质和量的差距。从而决定了绿化工程在劳动组织、人员调配、定额管理、质量控制、造价确定等方面与建安工程有着本质的不同。

1.4 富有弹性的线形流程型施工组织管理

绿化工程的纯平面操作、运输，其施工过程由单一工种依固定线形序列（清理—修整—挖翻—施肥—铺种—填土—修剪—浇水—清理）作业，不存在不同工种间的交叉作业，没有施工层、竖向工序、技术间歇和平行搭接时间等问题，各施工过程间的时间安排相对宽裕、富有弹性。从而决定了绿化工程的施工组织设计及管理相对固定、单一的特点。

2 定额的原理及作用

2.1 定额来源

定额即规定的额度，是指在一定生产技术条件下，生产单位合格产品所消耗的人力、物力和财力资源的数量标准。19世纪末，随着生产日益扩大，生产技术迅速发展，劳动分工和协作越来越细，生产科学管理的需求日益迫切。为加强生产的研究和管理[1]，被称为“科学管理之父”的美国工程师泰勒创建的“泰勒制”，就是通过对工人操作方法的研究，把工人的工作时间分成若干工序，用秒表逐一记录工人每一操作、动作及消耗的时间，分析研究，把各种最合理、有效的动作集中起来，制定出最节约工作时间的标准操作方法，并据此制定出科学的工时定额，作为衡量工作效率的尺度，形成标准工作机制。

2.2 定额功能

首先，定额是对生产环境、组织、条件、工序和规则的规定，包括对生产作业每一道工序的顺序、内容，即每一道工序做什么、什么人来做、达到或完成什么任务的规定[2]。清晰地标明了生产作业的对象、内容、条件、计量方式，以及作业主体、方式等。其次，定额是一定资源（劳动、材料、机械、资金等）消耗的种类、数量和数额标准，规定了在一定作业规则标准下，不同工、料、机等的消耗量或金额标准。

2.3 定额的作用

定额是对过去生产作业归纳与统计的标准，目的是为了管理现在或未来，作用便是作为标准来发挥计划、组织、指导与控制的管理功用。

生产计划：生产什么？生产多少？用什么生产？用多少生产？付出多少？而定额的消耗量标准正是为这些计划提供了基础。

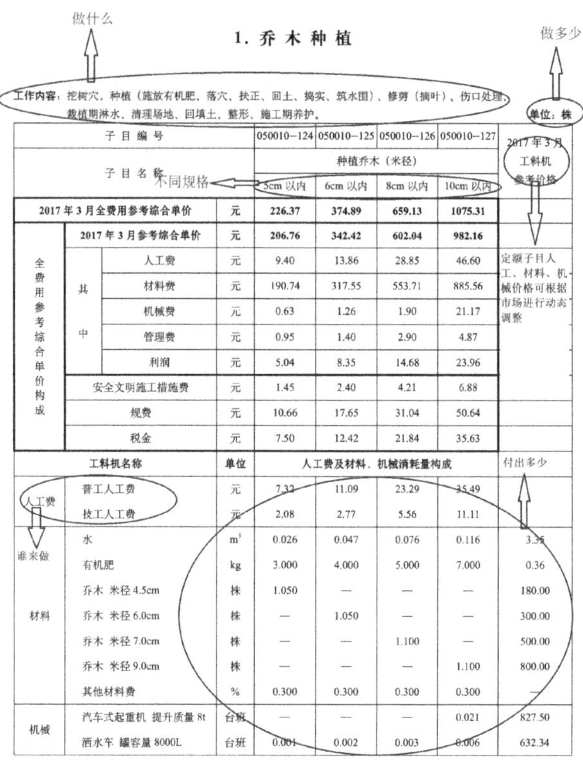

第十章 绿化种植工程 447

二、苗木种植工程

1. 乔木种植

工作内容：挖树穴，种植（施放有机肥、落穴、扶正、回土、捣实、筑水围）、修剪（摘叶）、伤口处理、栽植期淋水、清理场地、回填土、整形、施工期养护。

单位：株

子目编号			050010–124	050010–125	050010–126	050010–127	2017年3月工料机参考价格
子目名称			种植乔木（米径）				
			5cm以内	6cm以内	8cm以内	10cm以内	
2017年3月全费用参考综合单价		元	226.37	374.89	659.13	1075.31	
全费用参考综合单价构成	2017年3月参考综合单价	元	206.76	342.42	602.04	982.16	
	其中 人工费	元	9.40	13.86	28.85	46.60	定额子目人工、材料、机械价格可根据市场进行动态调整
	其中 材料费	元	190.74	317.55	553.71	885.56	
	其中 机械费	元	0.63	1.26	1.90	21.17	
	其中 管理费	元	0.95	1.40	2.90	4.87	
	其中 利润	元	5.04	8.35	14.68	23.96	
	安全文明施工措施费	元	1.45	2.40	4.21	6.88	
	规费	元	10.66	17.65	31.04	50.64	
	税金	元	7.50	12.42	21.84	35.63	
工料机名称		单位	人工费及材料、机械消耗量构成				
人工费	普工人工费	元	7.32	11.09	23.29	35.49	
	技工人工费	元	2.08	2.77	5.56	11.11	
材料	水	m^3	0.026	0.047	0.076	0.116	3.35
	有机肥	kg	3.000	4.000	5.000	7.000	0.36
	乔木 米径4.5cm	株	1.050	—	—	—	180.00
	乔木 米径6.0cm	株	—	1.050	—	—	300.00
	乔木 米径7.0cm	株	—	—	1.100	—	500.00
	乔木 米径9.0cm	株	—	—	—	1.100	800.00
	其他材料费	%	0.300	0.300	0.300	0.300	—
机械	汽车式起重机 提升质量8t	台班	—	—	—	0.021	827.50
	洒水车 罐容量8000L	台班	0.001	0.002	0.003	0.006	632.34

图1 2017园林定额原理示例[3]

生产组织：什么人生产？多少人生产？用多少时间生产？生产任务如何分解、组合与协调？生产程序如何？定额的标准工作内容、工序、工种、材料、机种的标准消耗量，为这些组织功能提供了作业和消耗标准。

生产指导：作为标准的定额为生产提供了目标、路径、步骤、程序、程度和质量等规范且量化的指导，包括工作范围、内容和采用手段、机具等。

生产控制：作为标准的定额为生产提供了衡量、比较和考核的量化标准与文字说明，包括衡量什么、如何衡量、允许偏差、控制程度和范围等。标准定额在这一管理过程中发挥着看板、连接和疏导的作用。

定额产生于企业劳动、生产管理实践，只要有生产、有资源消耗、有管理，就需要定额，有成本发生与付出，就需要定额计价。

3 深圳市园林定额在工程造价管理中的作用

2017园林定额自发布实施以来，经过3年多的市场检验，作为园林行业计价技术支撑和依据，贯穿使用于园林工程全寿命周期的各环节，定额从全面性、一致性、合理性、实际性等方面优化后，为政府投资项目的管理和计价提供科学的参考，统一的计量规则和计价方式，有效减

少工程计价中的争议和纠纷，促进行业健康发展，但定额也有一定的局限性，超过一定的边界便失效。

3.1 增加立体绿化计价体系，填补计价空白

随着城市建设的加快，城市可利用绿化空间越来越少，面对城市寸土寸金、绿化面积不达标、空气质量不理想等难题，立体绿化越来越得到重视。目前国内对于立体绿化的种植及养护缺少全面系统的计价标准，各地方的计量规则、计价方法各异，不同阶段、不同建设主体实际运用和理解也不一致，给立体绿化计价带来困难，阻碍了立体绿化的发展。2017园林定额修编全面系统地对立体绿化进行梳理研究，根据施工场地、对象进行分类，按照施工方式、工序确定定额子目，将立体绿化分为屋顶绿化、墙面绿化、桥体绿化、立体花卉等几个大的方面。墙面绿化根据不同的种植方式分为攀爬式、垂吊式、模块式、板槽式、水培式、布袋式等，通过现场实测、专家估算、市场推算等方式综合测定定额人工、材料、机械的消耗量，并从计量规则、计算方法、内容划分等方面进行了梳理，全面系统反映立体绿化施工、工料消耗及计价过程，为立体绿化的施工下料、工程计价提供详细数据参考，减少工程管理中的过程签证，简化项目管理工作。

3.2 优化乔木测量口径，将胸径调整为米径

一直以来，由于苗木市场的不规范，测量苗木粗细度的标准很多，其中常用且容易混用、乱用的有胸径、米径。不同规范，不同地区对乔木胸径的测量位置要求都有差异，有的规范要求1.3m，有的要求1.2m，而大多数苗圃在苗木交易时却按米径确定苗木价格。一般情况下，苗木随着高度的增长，直径会变小，直径的大小直接影响苗木的价格，特别对于一些名贵树种，不同的测量标准对苗木的价格影响较大，工程中也常出现用苗木交易时的米径值顶替设计、验收、计价中的胸径值，导致工程结算时出现纠纷。为改变不同标准在不同情况下的混用、乱用现象，2017园林定额修编时将乔木直径的测量标准由胸径调整为米径，与之配套的价格信息也以米径为主变量发布乔木的价格。调整后从前端的苗圃定价、苗木交易到定额测算及工程计价之间标准得以统一，有利于园林工程的进度款支付、结算审计等工作。

3.3 优化土球换算关系，按米径分档分区间取定

近年来深圳很多项目对绿化要求较高，要求种植后马上见到效果，因此设计上常常采用大树种植，全冠幅移植。将胸径20cm以上的乔木定义为大树的规定，已远远不能满足深圳市场的实际需求，深圳的园林工程中经常出现米径50cm以上的特大树种植。目前全国各地园林定额基本都规定：当设计未明确土球直径时，按照土球直径=7倍胸径取定。如果按照这种算法土球直径将达到3.5m以上，如此大规格的土球直径，首先受影响的就是苗木的运输，目前货车车厢的最大宽度为2.4m，受交规的影响，根本无法装车，无法运输。因此当乔木的规格大到一定程度的时候，这种简单粗暴的换算关系就与实际不符。

其次，土球的大小直接影响种植穴的开挖、回土、覆土，苗木运输设备的选择，种植时起吊机械的选择，苗木移植时的挖方量、回填量等，这些因素又会影响定额人工、材料、机械消耗量的测算，量和价的双重放大，最终导致绿化工程的价格与实际偏差甚远。

综上，2017园林定额修编时经过多方调研，根据深圳的气候情况及施工实际，对土球换算关系进行调整，以乔木米径为基础，土球直径按米径大小分档分区间取定。具体如下：

乔木米径	10cm以内	10～30cm	30～50cm	50～80cm	80cm以上
乔木土球直径	6倍	60～140cm	140～180cm	180～240cm	依据施工组织方案

经测算，乔木土球直径的取定方式调整后，乔木迁移、种植工程的造价大大降低，有效解决了定额计价虚高与市场不匹配的问题。

3.4 引入高空作业车、滑轮组及骡马等新做法

在城市轨道交通、道路施工过程中，绿地占用时常发生，为确保绿化成果，苗木迁移量越来越大，苗木修剪、起挖，运输、再次种植等都受到现场条件、交通情况等影响，2017园林定额修编时充分考虑相关因素，在城市园林绿化中，苗木砍伐、迁移、种植大型乔木时，从工作效率和机械化的投入程度，结合施工实际，引入多种起重机械、高空作业车，降低施工难度，增加施工安全性，提高施工效率。

对于郊野公园和山地公园等市政道路无法到达的地方，水泥、石子、砂等原材和苗木、植被等如何快速有效地运到各施工地点是一个难题，2017园林定额有针对性地引入滑轮组和骡马二次运输，根据地形的坡度、运输距离分别设定定额子目，有效解决郊野公园和山地公园材料二次运输的难题。

4 结论

先进合理的定额和科学的定额管理，是促进技术进步、保证工程质量、确定合理工期、降低工程造价、减少活劳动与物化劳动消耗、提高工程建设投资效益的重要保证。2017园林定额包括乔木、灌木、花坛、草皮等的种植养护，涵盖园路、园桥、园林小品等，统一的计价模式，统一的计量规则，作为建设单位和施工单位工程计价的桥梁，使不同利益主体站在同一标准线上，为双方有效沟通奠定基础，避免重复工作和时间浪费，提高政府公共资金投资效率。

然而定额非万能，2017园林定额也存在一些不足：①园林工程艺术性比较强，无法全面覆盖；②定额体量庞大，编测时会存在部分子目消耗量有偏差问题；③定额体现的是社会平均水平，不能体现优质优价原则[4]。针对以上问题，深圳造价管理部门积极将定额纳入地方工程建设标准管理体系，按照更高标准、更高要求，从全面性、

一致性、准确性、合理性等方面提升定额的编制质量，保证园林定额各专业、各工艺、各材种、各布局子目资源消耗的集体集中协调并行，且定额仅作为推荐性地标，最终由建设主体自主自愿选择采用定额计价，在园林工程计价中发挥基准、引导、示范和参考的作用。

参考文献

[1] 毛建军. 关于我国工程预算定额的理论及其运用研究[D]. 成都：西南财经大学，2003，5.

[2] 徐伟. 定额在施工企业管理中的作用[J]. 山西建筑，2013，(7)：222-223.

[3] 张红标，颜斌，陈南玲，等. 关于新时期政府定额定位与作用的探讨[J]. 工程造价管理，2020(03)：77-85.

[4] 张玉国. 浅谈定额计价模式和清单计价模式的优缺点[J]. 黑龙江科技信息，2011(29)：140.

作者简介

周燕飞，1984年10月生，女，汉族，四川广安，本科，深圳市建设工程造价管理站，高级工程师，研究方向为建设工程造价管理与研究。电子邮箱：278465753@qq.com。

谢亚旗，1990年7月生，男，汉族，河南太康，本科，深圳市建设工程造价管理站，助理工程师，研究方向为建设工程造价管理与研究。电子邮箱：1015779592@qq.com。

钟文龙，1988年12月生，男，汉族，广东梅州，本科，深圳市建设工程造价管理站，工程师，研究方向为建设工程造价管理与研究。电子邮箱：312844943@qq.com。

张红标，1962年11月生，男，汉族，山西太原，硕士研究生，深圳市建设工程造价管理站，教授级高级工程师，副总工程师，研究方向为建设工程造价管理与研究。电子邮箱：386111266@qq.com。

科技创新与应用

基于 CiteSpace 的乡村景观图谱分析

Analysis of Rural Landscape Atlas Based on CiteSpace

李达豪　王　通　彭琳玉

摘　要：本研究从总体研究概况的多角度分析入手，利用 CiteSpace 对知网中关于乡村景文献研究进行可视化和量化，为大量文献数据的定量分析提供了一种方法和方法。首先，通过网络分析，介绍了论文发表的数量、主题分布、作者网络以及参与乡村景观的研究机构。其次，通过关键词共现分析和关键词时区分析，确定了乡村景观基础研究内容的高频和高中间值。最后，通过共同引用聚类和名词术语突发检测，确定了 2000-2020 年乡村景观的研究前沿和趋势主题。结果表明，基础研究内容涉及保护、管理、生物多样性和土地利用。提取了五个更清晰的研究前沿路径和前 20 个研究趋势主题，以显示研究分支的多样化发展。所有这些都为读者提供了对乡村景观的一般初步了解，表明涉及多学科、多专业和多角度的合作和分析将成为该领域的主导趋势。
关键词：文献计量学；Citespace；乡村景观研究；前沿路径

Abstract: This study from the multiple perspectives analysis of overall research, using the research on knowledge network of rural JingWenXian CiteSpace visualization and quantitative, quantitative analysis for a large number of literature data provides a way and method in the first place, through the analysis of the network, the number of papers published theme distribution of the author are introduced network, and second, the participation of rural landscape research institutions, through the analysis of the keywords and keyword co-occurrence analysis time zone determines the rural landscape basic research contents of high frequency and high value in the middle Terms, in the end, through mutual reference clustering and sudden detection, determine the research frontiers of the rural landscape in 2000-2020 and the trend of theme results show that the basic research content involves the protection of biodiversity and land use management took five more clearly the research front of path and the trend of top 20 research subject, to show the diversified development of branch all offers a general preliminary understanding of rural landscape, indicates how professional and multi-angle cooperation involves multidisciplinary and analysis will become the dominant trend in this field.
Key words: Bibliometrics; Citespace; Rural Landscape Research; Front Path

引言

景观是指人们感知到的区域，是自然和（或）人为因素相互作用的结果[1]。几千年来，人类通过农业创造了景观。Sereni[2]一位农业历史学家写道："农业景观是人类在农业生产活动过程中对自然景观印象深刻的一种形式。" 2017 年，国际古迹遗址理事会（ICOMOS）和国际风景园林师联合会（IFLA）共同制定了一项关于乡村景观作为人类遗产重要组成部分的原则[3]。作为最常见的可持续文化景观类型之一，乡村景观的研究正受到越来越多的研究者的关注，其研究成果也在不断发展和更新。

根据主题词乡村景观在知网中查找，筛选核心期刊、中文社会科学引文索引和 EI 三类文献来源类别，共计 1499 篇文章。其中，主题为乡村景观的文章数量多达 826 篇。谢花林，刘黎明[4]回顾了乡村景观评价的研究进展。陈莹等人[5]简要介绍了近年来我国乡村景观的主要内容。随着这一领域迄今取得的进展，确定和分析乡村景观的总体状况也是十分重要的。

由于对数据和信息可视化的需求不断变化，美国国家科学院在 2003 年提出了映射知识领域的概念，该概念描述了一个新兴的跨学科科学领域，其目的是绘制图表、挖掘、分析、分类、导航和显示知识[6]。陈然后[7]使用这个概念来开发 CiteSpace，这是一种为大量出版物提供更科学的文献计量学分析方法的工具，可以清楚地绘制图表。自此，CiteSpace 成为最具代表性的知识映射工具之一。

本研究以文献计量学引文和共现分析为理论基础，利用 CiteSpace 对现有文献进行定量分析。目的是了解乡村景观的概况，解释主要研究的基本内容，识别趋势性的研究主题。试图为研究前沿寻找逻辑关联路径，获得乡村景观分支的发展，确定需要深入阅读的文献，使研究前沿路径更具逻辑性和科学性。此外，本研究的方法和途径提供了一种有价值的、直观的、可重复的和实用的方法来补充传统的系统评价和克服以往研究的局限性。这将有助于深入了解农村土地资源的主题和趋势，填补农村总体景观评价中的空白，为进一步的研究提供理论参考。

1　数据和方法

1.1　数据收集

选取 CNKI 数据库作为数据源。为了尽量贴近对乡村景观的基础研究以及乡村景观的变化趋势，选择近 20 年的研究，数据提取的时间跨度设定在 2000 年至 2020 年。检索条件：［（关键词＝'乡村景观' or keyword＝xls（'乡村景观'）］AND（ 主题％＝'乡村景观' or title＝xls

（‘乡村景观’）or v _ subject＝xls（‘乡村景观’）））AND（年 Between（‘2000’，‘2020’））；检索范围：期刊。根据筛选后选择了 1499 篇期刊文章。没有根据研究、出版类型、学科类别和研究所的全面性对地理学、生态学或景观科学进行进一步的选择。

1.2 分析方法

1.2.1 CiteSpace

CiteSpace 是一个基于 Java 的应用程序[8]。作为一种科学的文献数据挖掘和可视化软件，它结合聚类分析、社会网络分析等多种方法。它的新颖性在于对科研论文共引数据的深入挖掘、相关知识领域知识结构的调查、研究发展趋势和相关性的检测、科学文献关键点之间的中心性识别。可以用来研究某一专业的动态，从研究前沿到其智力基础的时变映射，然后以彩色地图集的形式呈现这些信息。

1.2.2 Cite 空间的设置

所选的 1499 篇文章被导入 CiteSpace 中，设置每年为一个时间段。因为在指定的时间跨度内，一年内发表文献数最多的是 2020 年预测的 287 篇文章，因此指定 TopN＝287 对数据进行全面的可视化分析。如前所述，首先设定为整个时间段；这有助于根据引用频率、中间中心性和筛选的另一个基础，从整个基础提供研究概况和主题。在过去十年中（2010-2020 年），搜索了具有很强时效性的研究前沿和趋势主题，并在软件中默认设置其余因素。

地图集主要以节点和线的形式出现，N—节点数，E—线数。节点的大小反映相关数据引用或发生的频率，线表示节点之间的关系，节点之间的线的厚度反映数据之间的链接强度。由于清晰直观，图形中的节点和线条没有完全呈现出来，而圆形紫色的外部节点代表了介于中间的数量，以判断论文的媒介效果。采用模数法和剪影法测定聚类效果。Q 值表示网络的模块化程度，$Q \geqslant 0.3$ 表示网络的模块化程度显著，随着 Q 值的增加，网络的聚类效果得到改善。轮廓（S）度量网络的同质性，$S \geqslant 0.5$ 表示聚类结果是合理的，当 S 接近 1 时，网络的同质性会增加。

1.2.3 分析路径

有 4 种主要的分析途径，都是利用 CiteSpace 进行的。

网络分析：这使我们能够确定乡村景观的总体状况，包括出版物的数量、相关期刊的国家、主题分布以及组织和作者的合作网络。分析的时间跨度为 2000-2020 年。

关键词的共现分析和时区图：结合高频、高中心性关键字与关键词时区图的分析，确定了乡村景观的智能基础。分析的时间跨度为 2000-2018 年。

研究前沿的共引聚类分析：研究前沿由一组共同引用的核心论文以及引用其中一篇或多篇核心论文的现有来源论文组成[9]。通过对共同引文的引用进行聚类，提取名词术语来命名文章的共引聚类。其次，根据这些集群筛选经常引用的参考文献，并对由此产生的文章进行深入阅读，以了解乡村景观目前的前沿情况。选定的时间跨度为 2009-2018 年。

名词术语突发检测：突发检测算法用于识别突发性术语，而不管其主机文章被引用的频率如何[10]。它是一种名词术语在短时间内被考察的现象，强调在一段时间内突然变化、突然暴发或急剧增加。根据一段时间内显著的词频趋势，可以辨别有趋势的研究主题。选定的时间跨度为 2009-2018 年。

2 结果和讨论

2.1 乡村景观研究综述

2.1.1 发表论文数量

自 2000 年以来，研究数量呈逐年增加趋势，2014 开始增长率尤其高。增长率在 2019 年后呈现稳定趋势，2019 年发表的文章数量最多（277 篇），这说明对于乡村的研究越来越多，有关于研究乡村聚落研究、乡村文化遗产等，但是并没有形成体系（图 1）。

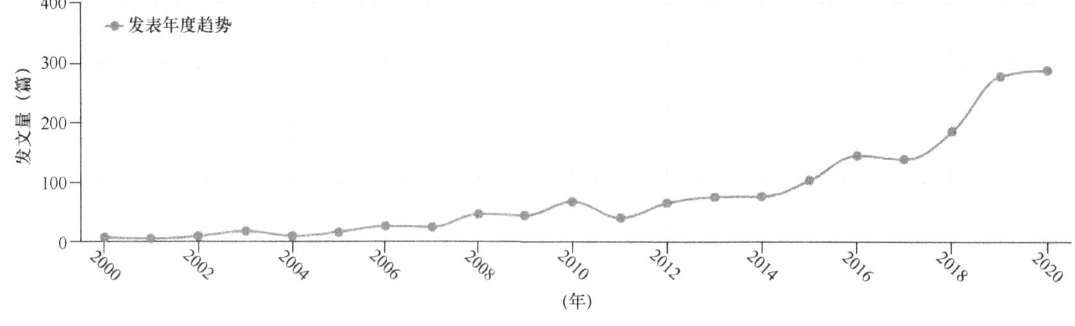

图 1 文献发表数量

2.1.2 研究学科分布

通过在知网中的“学科类别”选项将结果可视化，可以获得乡村景观的主题分布状态。乡村景观研究涉及 100 多个学科（图 2）。其中关于建筑科学与工程的达 64.3%，5 门学科的发表论文超过 1000 篇，其中包括环境科学与生态学、生态学、环境科学、环境研究、地理学等学科。11 门学科（如工程、社会科学和跨学科、农业、环境科学和生态学）的中间值超过 0.1。虽然在某些学科（如心理学、社会科学和跨学科）的出版物很少，但两者之间的中心价值相对较高，反映出这些学科在建立跨学科协作和研究体系方面发挥着关键作用。根据查找资料德胡环境科学和生态学与环境研究等类似领域有着密切的联系，也与地理、城市研究、公共行政、农业和社会科学等其他学科有着密切的跨学科关系。乡村研究长期被划分为两部分，聚落研究多集中于建筑学、规划学和人文地理学，其主要切入角度是物质性空间，讨论聚落地理、空间结构的、建筑形式等。

2.1.3　核心文章作者

在知网中作者分布领域中，19 位作者发表了 5 篇文章以上。此外，还有一些相对占优势的学术协会。其中包括刘黎明、王云才、陆琦和其他一些作者（图 3、图 4）。他们的学术背景包括农业、环境地理学、生态学、农业社会学、景观生态学等。乡村景观呈现多学科合作的趋势，乡村景观发展也需要多学科、多领域的合作。

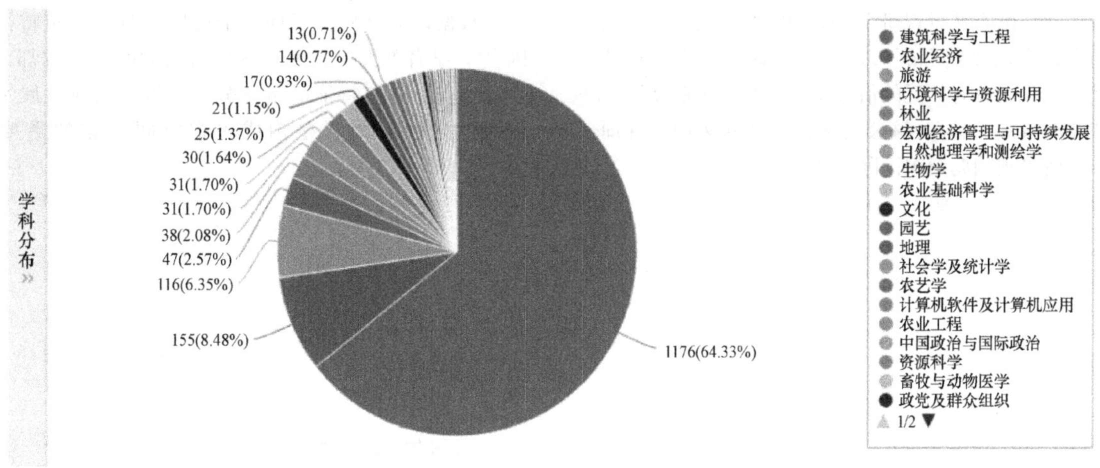

图 2　主要研究学科分布

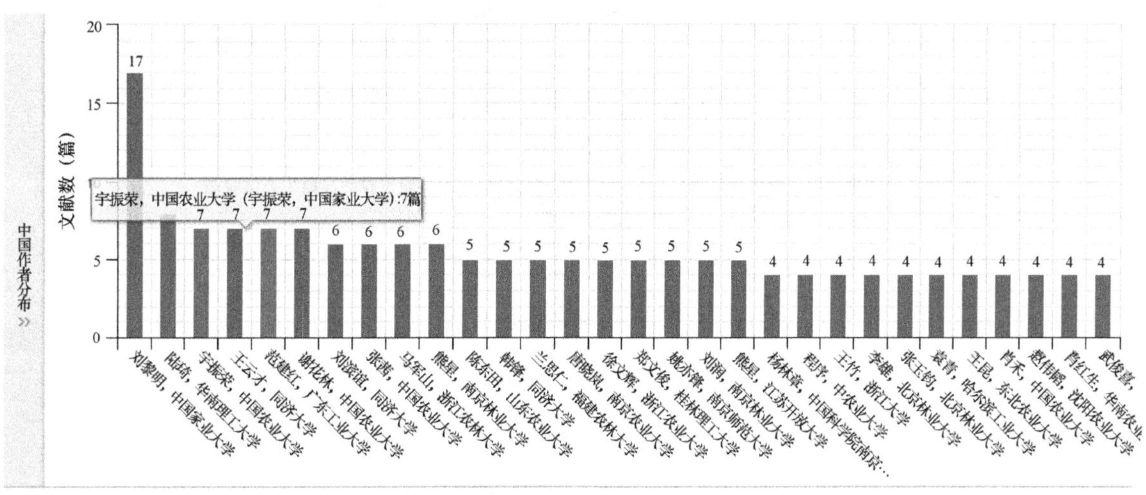

图 3　国内作者分布

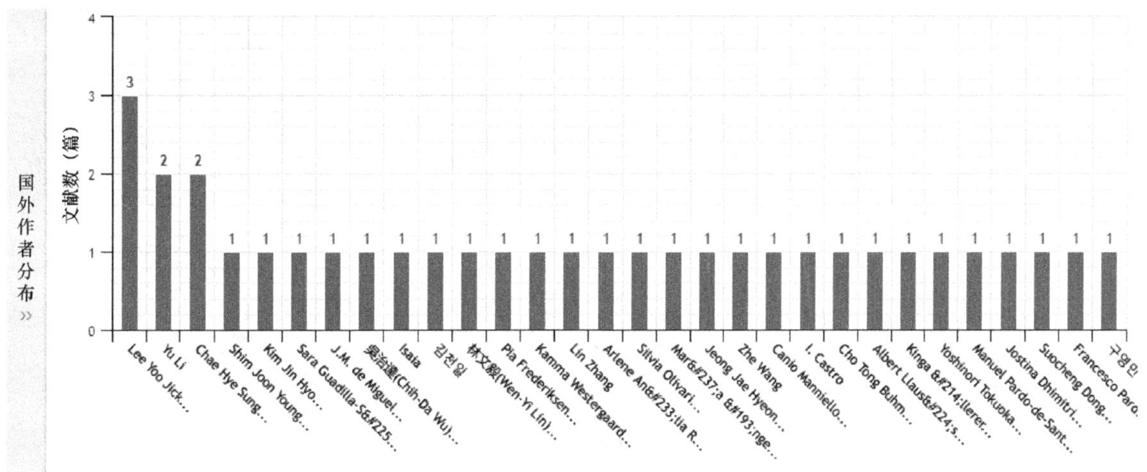

图 4　国外作者分布

2.1.4 文献发表国家

各国的合作网络显示了的线路，其中，美国学者发表的文章数量最多，为124篇。共有12个国家发表了200多篇文章。法国、新西兰、瑞士、美国、英国、德国和比利时之间的中心地位超过0.1（图5）。大多数高数量的出版物和高度的中间价值发生在欧洲国家，可能是由于类似的自然环境和地理环境，使欧洲国家形成了强有力的研究联系。欧洲国家在景观研究方面的联盟和组织，以及一些公约和政策的制定和颁布，对农村景观的研究和开发具有重要意义，具有广泛的借鉴意义。其中包括欧洲委员会的“欧洲景观公约”，该公约促进景观的保护、管理和规划，并就景观问题组织国际合作。

2.1.5 文献发表时间线

从2000年开始，乡村旅游最先提出来，随着新农村建设、美丽乡村建设、乡村生态旅游以及新型城镇化等理念和政策的提出，对于乡村方面的研究也呈现增长的态势（图6）。其中夹杂着多学科、多领域的研究，逐渐形成乡村景观体系，为乡村发展提供指导意见，张海洲等运用ArcGIS和地理探测器等工具，基于莫干山民宿的相关实测数据，量化分析了环莫干山民宿时空分布特征和成因[11]，学者刘大均采用GIS分析法对四川省成都市的民宿进行空间分布特征的量化分析，得出商业发展水平与交通可达性等因素是构成民宿空间分布的重要影响因子[12]。

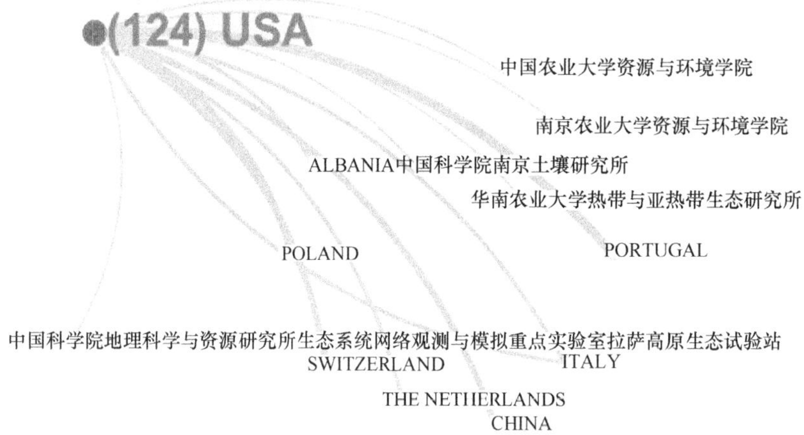

(124) USA
中国农业大学资源与环境学院
南京农业大学资源与环境学院
ALBANIA中国科学院南京土壤研究所
华南农业大学热带与亚热带生态研究所
POLAND
PORTUGAL
中国科学院地理科学与资源研究所生态系统网络观测与模拟重点实验室拉萨高原生态试验站
SWITZERLAND
ITALY
THE NETHERLANDS
CHINA

图5 文献来源国家

2000
2001
2004
2007
2010
2013
2016
2019
2020
#1 ...
#2 ...
#3 ...
#4 ...
#5 ...
#6 ...
#7 ...
#8 ...
#9 ...
#10 ...
乡村旅游
乡村景观

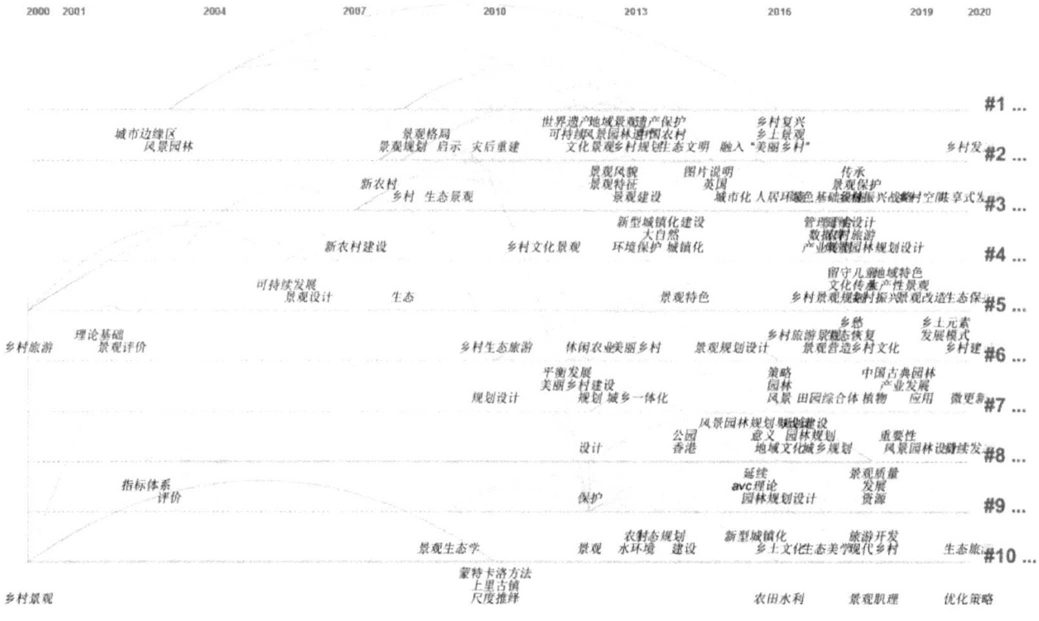

图6 文献发表时间线

2.2 乡村景观研究的主题与领域

根据关键词共现分析的结果，剔除检索词后，长期使用且频率较高的5个关键词为“景观”“生物多样性”“rural landscape”“乡村旅游”和“新农村建设”（图7），可视为乡村景观的主要领域和基本内容。其中，景观规划、新农村建设和乡村旅游具有较高的中间价值，是农村景观多学科交叉研究的媒介关键词。此外，城市化、农业、森林、多样性等关键词的共现频率均超过400。其中，城市化与农业具有较高的中间中心价值。在每一主题领域，我们根据引文频率从高到低、与主题关系更密切，选择了具有代表性的文章，并对研究内容进行了分析。

乡村景观以生态、环境、历史、文化等方面为保护对象[13]。以当地居民为主要保护主体[14]。农村景观保护研究起步早、频率高、中介中心性强，这是乡村景观的最终目标和宗旨。农村景观管理旨在规划和评估农村地区的土地利用和人类活动，与各利益攸关方和利益集团协调，在适当的空间尺度和时间内保持景观，并确保生态系统和资源的经济、社会和环境可持续性[15]。农村景观管理是许多乡村景观研究成果应用的途径[16]。土地利用是乡村景观的载体和载体，它在不同的时间、空间和强度的交互作用下，导致乡村景观的自然环境和人文环境发生变化[17]。农村景观的生物多样性和生态功能也一直是学者们关注的焦点。农业景观作为常见的乡村景观形式，结构多样，是促进和保护生物多样性的关键生境。

此外，这些关键词并不总是独立存在，但经常呈现相关的研究状况，例如：农业模式的变化对传统土地利用的影响[18]和保护生物多样性上的不同农业基质[19]。土地利用强度增加与农村景观异质性、生境多样性、物种丰富度和生物多样性呈负相关[20]。城市化的动态变化导致乡村景观形成新格局。景观生态学中的景观指标往往与城市梯度分析相结合，广泛用于研究乡村景观格局的变化。

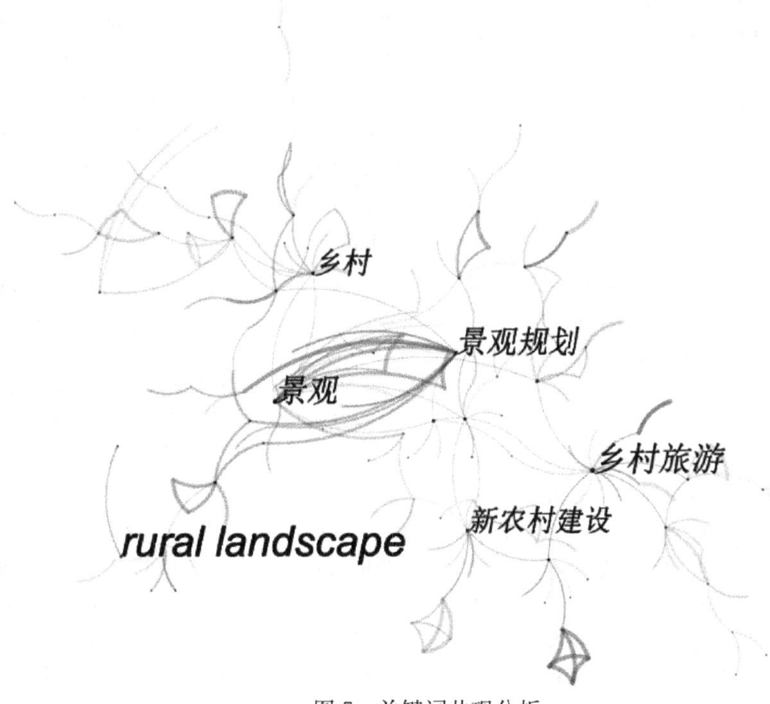

图7 关键词共现分析

2.3 近十年来乡村景观研究的前沿与热点

2.3.1 乡村景观研究的前沿

乡村景观研究的共引聚类视图是以被引用的引用作为节点类型生成的，每个时间段的最大显示是引用的总次数。为了保持聚类的清晰性，只突出和分类了其中引用次数最多、同质性最高的5个组，然后对这些组中衍生出的高度相关的名词术语进行了归纳（表1）。这些专题组中经常引用的参考文献被仔细阅读。其次，根据关键词共现时区图，通过对近十年来乡村景观基础专题研究的解读，得出了各种研究的分支。从而确定了乡村景观的前沿。我们发现了以下五条主要的研究路径，并对研究的核心内容进行了梳理。

共引聚类高频共词（前5名） 表1

序号	轮廓	年份（年）	核心内容
0	0.53	2008	改变乡村景观，生态政策，乡村土地拥有者
1	0.601	2012	畜牧生产区域，文化景观，土地规划
2	0.594	2006	城市化，乡村房子
3	0.546	2010	管理，保护
4	0.576	2010	农业废弃用地，环境改变，改变土地利用性质

（1）气候变化-景观识别和功能需求一农村景观转型研究路径。

农村景观转型的原因是自然环境，特别是近年来气候问题的加剧。气候变化将导致当前农业体系的转变。这种转型适应有助于了解农村景观中的农业现状，并促使农业系统适应景观、农村社区以及社会、政治和文化环境。另一个方面来自过去十年中自然、美学和生活方式的变化。新的土地管理人员和原住民以不同的方式理解和管理景观，从而对农村景观功能的转变产生不同的影响。主要用于生产农业的地区受到越来越多的关注。农村景观用地正在向多功能村转变，追求生产、景观保护和消费价值的统一。

（2）生态系统服务—定量评价—景观规划—农村文化景观研究路径的科学管理。

近年来，农村景观生态系统服务感知与评价的研究呈现出强劲的趋势[21]。其应用主要集中在对指导农业生产的生态系统服务价值的量化上、社区林业管理、农业生态转型、农村文化景观的有效管理。对农村景观服务价值的认识和评价，以管理和发展为导向，为支持和指导土地利用、景观规划和决策提供更科学的依据。

（3）以城市化、生物多样性和农村景观之间的协同关系为重点的研究路径。

虽然城市化对乡村景观和生物多样性的负面影响已得到广泛承认，但一些研究发现，城乡景观连通性和适度城市化景观可以为一些物种提供有利的生境[22]。2010-2014年，许多学者逐渐将他们的关注转移到城市化、农村景观和生物多样性协调发展的战略上。例如，他们发现，通过增加郊区景观中绿地的连通性和数量，可以提高半水生海龟的物种多样性，人口城市化的中介作用有助于加强农村景观的连通性，从而促进种子的传播。

（4）生物多样性管理—建立农业系统—农村景观保护研究路径。

农业用地的扩大将影响生物在森林中的迁移和分布以及基因的流动，而高投入的农业集约化伴随着农村景观生物多样性的丧失[23]。因此，促进农业系统中的农业生产与农村景观生物多样性保护之间的平衡是一个关键问题。研究表明，建立农业和林业混合系统可以提高农业的可持续性和生物多样性，同时保护具有文化和美学意义的景观。评价农业集约化和农村景观生物多样性的经济效益，可以为农业系统干预的合理性提供参考。有系统的农业景观保护规划，可在粮食安全、景观发展和农村景观生物多样性之间取得平衡。

（5）环境驱动-土地利用变化-区域尺度-乡村景观演变研究路径。

农村景观演变的主要驱动力包括气候变化、社会和经济城市化等。对乡村景观演变进行综合评价，将有利于景观的环境管理和空间规划，包括土地利用的变化和景观的构成与格局。近年来，学者们越来越倾向于从区域尺度上研究乡村景观的演变。可以在聚类分析中的名词中找到不同尺度的研究范围。世界卫生组织构建了一张覆盖全欧洲的线性景观要素密度图，根据地域类型，更好地反映区域尺度环境评价中的景观结构。

2.3.2 近十年来乡村景观研究中的趋势话题

通过对名词术语爆发的分析，对乡村中的高频词及其爆发的时间图进行了可视化，得到198个突发名词术语。图9显示频率最高的20组术语。

术语	年份	强度	年份	截至	2009-2020年
景观改变	2009	6.1166	2009	2012	
乡村景观	2009	6.0765	2009	2012	
生物多样性	2009	4.1802	2011	2013	
城市发展	2009	3.6148	2015	2016	
景观要素	2009	3.4013	2010	2014	
植物种类	2009	3.3525	2011	2015	
废弃地	2009	3.2955	2014	2016	
城市区域	2009	3.2472	2014	2016	
森林物种	2009	3.2088	2010	2014	
土地覆盖	2009	3.064	2009	2010	
生境型	2009	3.0405	2010	2013	
改变土地利用	2009	2.9824	2009	2012	
乡村生态	2009	2.9062	2013	2015	
都市圈	2009	2.868	2012	2013	
景观生态学	2009	2.7955	2009	2010	
食品安全	2009	2.7429	2016	2018	
农业生产	2009	2.6876	2010	2014	
物种多样性	2009	2.658	2009	2014	
空中摄影	2009	2.5881	2009	2015	
当地污染	2009	2.5704	2009	2012	

图8　前20名高频术语及其突发事件术语代表突发名词术语

在2009-2018年期间，生态学相关的研究课题在乡村景观研究中得到了广泛的应用，这代表了持续的频率。特别是，对农村景观植被类型的研究是5年来的一个热门话题。

就时间和内容而言，以往的研究主要集中在乡村景观的变化上。土地利用和土地覆被影响下的景观变化问题一直是4年来的一个趋势研究课题。自2012年以来，与城市化有关的问题已成为主要研究领域，特别是关于农村城市化和城市发展和扩展对农村景观的影响以及快速城市化、城市地区和城市农业的区域研究。随着人们对更好的生活条件、农村景观多样性和多功能需求的增加，粮食安全、绿地、文化生态系统服务等与农村景观相关的生活问题已成为新的研究热点。

航空摄影提供了高质量的图片，并被广泛用作乡村景观研究的基本工具。由于新工具的应用，对农村景观的研究日益侧重于运用这类数据和技术。

3　结论

乡村景观通过生态学的方法和策略作为载体，分析生物多样性、物种丰富度以及物种的行为和习性。农村风貌背后的社会形态与问题、政治取向、制度影响一直是人们十分关注的问题。公众的参与、农民的角色、需要从人文地理学的角度来认识乡村景观特征，以及更综合的规划视角和跨区域实践变得越来越重要。为从不同角度进行科学、全面的分析，还不断更新和整合农村景观特征、格局、结构和演变机制的研究工具、方法和技术。农村景观与当地自然资源、政治和经济政策、社会结构和文化意识有着全面、多样和牢固的联系。因此，应在推动景观发生这种变化的各种因素的背景下讨论农村景观，并导致以覆盖面广和主题系统复杂为特点的多种形式的研究。因此，今后应继续开展多学科、多专业、多角度的合作与分析。

本文利用 CiteSpace 这一提高我们对研究领域的认识的实用工具，对 1499 篇与乡村景观有关的论文进行了可视化研究。该方法克服了以往研究文献分析的局限性，降低了人工筛选的主观性和不可操作性。通过分析，我们得到了发表论文的数量、主题分布、作者网络、国家的基本情况以及参与乡村景观研究的研究机构。基础研究内容涉及保护、管理、生物多样性和土地利用。提取了 5 个更清晰的研究前沿路径和前 20 个研究趋势主题。它为农村景观的研究提供了一个全面的图景，填补了这方面的研究空白。然而，由于相关学科的复杂性，也存在一些局限性，如样本的局限性和作者的知识限制所产生的分析的深度和全面性不足等。由于文本的限制和某些聚类内容的全面性，使得研究路径不明显，没有进行进一步的分析。虽然乡村景观研究的前沿路径是基于聚类结果的，但仍然具有一定的主观性，需要进一步的梳理和分析。本研究仅反映了乡村景观研究的一般和基本状况。然而，对于大数据文献系统和较大的课题，引入了一种更科学的文献计量学分析方法和方法。考虑到这一研究领域的广泛性和复杂性，利用本研究中确定的主题研究领域进行进一步的聚类分析，找出其比较合适的相关性。结合乡村景观研究的时区图和共引聚类视图，筛选出更具体的研究路径，确定需要深入阅读的文献，进行进一步的研究和深入的分析。

参考文献

[1] Council of Europe (CoE). European Landscape. Convention. Availableonline: https://www.coe.int/en/web/conventions/full-list/-/conventions/treaty/176 (accessed on 3 March 2019).

[2] Sereni Emilio. History of the Italian Agricultural Landscape [M]. Princeton University Press: 2014-07-01.

[3] ICOMOS-IFLA. 19th General Assembly and Scientific Symposium "Heritage and Democracy". Available online

[4] 谢花林，刘黎明. 乡村景观评价研究进展及其指标体系初探[J]. 生态学杂志，2003(06)：97-101.

[5] 陈莹，王旭东，王鹏飞. 关于中国乡村景观研究现状的分析与思考[J]. 中国农学通报，2011，27(10)：297-300.

[6] Haijun Wang, Qingqing He, Xingjian Liu, Yanhua Zhuang, Song Hong. Global urbanization research from 1991 to 2009: A systematic research review [J]. Landscape and Urban Planning, 2011, 104(3).

[7] Chaomei Chen. Science Mapping: A Systematic Review of the Literature[J]. Journal of Data and Information Science, 2017, 2(02): 1-40.

[8] Clarivate Analytics. Research Fronts. Availableonline: https://clarivate.com/webofsciencegroup/essays/research-fronts/#clvNav (accessed on 10 August 2019).

[9] Joks Janssen, Luuk Knippenberg. The Heritage of the Productive Landscape: Landscape Design for Rural Areas in the Netherlands, 1954-1985[J]. Landscape Research, 2008, 33(1).

[10] Chaomei Chen, Zhigang Hu, Shengbo Liu, Hung Tseng. Emerging trends in regenerative medicine: a scientometric analysis in CiteSpace[J]. Expert Opinion on Biological Therapy, 2012, 12(5).

[11] 张海洲，陆林，张大鹏，虞虎，张潇. 环莫干山民宿的时空分布特征与成因[J]. 地理研究，2019，38(11)：2695-2715.

[12] 刘大均. 成都市民宿空间分布特征及影响因素研究[J]. 西华师范大学学报(自然科学版)，2018，39(01)：89-93.

[13] Joks Janssen, Luuk Knippenberg. The Heritage of the Productive Landscape: Landscape Design for Rural Areas in the Netherlands, 1954-1985[J]. Landscape Research, 2008, 33(1).

[14] Elizabeth Lokocz, Robert L. Ryan, Anna Jarita Sadler. Motivations for land protection and stewardship: Exploring place attachment and rural landscape character in Massachusetts[J]. Landscape and Urban Planning, 2010, 99(2).

[15] Franz Hochtl, Evelyn Rusdea, Harald Schaich, Peter Wattendorf, Claudia Bieling, Tatjana Reeg, Werner Konold. Building bridges, crossing borders: Integrative approaches to rural landscape management in Europe[J]. Norsk Geografisk Tidsskrift—Norwegian Journal of Geography, 2007, 61(4).

[16] Mauro Agnoletti, Antonio Santoro. Rural Landscape Planning and Forest Management in Tuscany (Italy)[J]. Forests, 2018, 9(8).

[17] Huirong Yu, Peter H. Verburg, Liming Liu, David A. Eitelberg. Spatial Analysis of Cultural Heritage Landscapes in Rural China: Land Use Change and Its Risks for Conservation[J]. Environmental Management, 2016, 57(6).

[18] Tobias Plieninger, Franz Höchtl, Theo Spek. Traditional land-use and nature conservation in European rural landscapes[J]. Environmental Science and Policy, 2006, 9(4).

[19] Celia A. Harvey, Arnulfo Medina, Dalia Merlo Sánchez, Sergio Vílchez, Blas Hernández, Joel C. Saenz, Jean Michel Maes, Fernando Casanoves, Fergus L. Sinclair. PATTERNS OF ANIMAL DIVERSITY IN DIFFERENT FORMS OF TREE COVER IN AGRICULTURAL LANDSCAPES[J]. Ecological Applications, 2006, 16(5).

[20] Yen-Chu Weng. Spatiotemporal changes of landscape pattern in response to urbanization[J]. Landscape and Urban Planning, 2007, 81(4).

[21] Christopher M. Raymond, Brett A. Bryan, Darla Hatton MacDonald, Andrea Cast, Sarah Strathearn, Agnes Grandgirard, Tina Kalivas. Mapping community values for natural capital and ecosystem services[J]. Ecological Economics, 2008, 68(5).

[22] Peter J. Meffert, John M. Marzluff, Frank Dziock. Unintentional habitats: Value of a city for the wheatear (Oenanthe oenanthe)[J]. Landscape and Urban Planning, 2012, 108(1).

[23] L. E. Jackson, M. M. Pulleman, L. Brussaard, K. S. Bawa, G. G. Brown, I. M. Cardoso, P. C. de Ruiter, L. García-Barrios, A. D. Hollander, P. Lavelle, E. Ouédraogo, U. Pas-

cual, S. Setty, S.M. Smukler, T. Tscharntke, M. Van Noordwijk. Social-ecological and regional adaptation of agrobiodiversity management across a global set of research regions[J]. Global Environmental Change, 2012, 22(3).

作者简介

李达豪，1996 年 12 月生，男，汉，广东珠海，在读研究生，研究方向为乡村景观。电子邮箱：450921479@qq. com。

王通，1982 年 10 月生，男，汉，湖北武汉，博士，华中科技大学，讲师，研究方向为乡村景观。

彭琳玉，1996 年 2 月生，女，汉，湖南邵阳，在读研究生，研究方向为乡村景观。

从第 21 届国际数字景观大会展望数字风景园林技术研究热点和前沿[①]

Prospecting the Research Hotspots and Frontiers of Digital Landscape Architecture Technology from the 21st Digital Landscape Architecture Conference

李 欣 何子琦 张 炜*

摘 要：数字技术的发展极大改变了风景园林学科的研究方法和研究内容。通过对 2020 年第 21 届和往届国际数字景观大会关注的热点问题进行梳理和总结，包括参数化、地理设计、可视化、数据分析等传统领域和无人机、控制论等研究领域。分析了数字技术研究的方向和发展趋势，跨学科合作、人工智能、交互式设计等将是研究热点方向。
关键词：风景园林；数字技术；国际数字景观大会；发展前景

Abstract: The development of digital technology has greatly changed the research methods and content of landscape architecture. Through combing and summarizing the core issues discussed in the past and the 21st International Digital Landscape Conference, focusing on traditional fields such as parameterization, geographic design, visualization, and data analysis, and new research fields such as drones and cybernetics. The direction and development trend of digital technology research are analyzed. Interdisciplinary cooperation, artificial intelligence, interactive design, etc. will be the research hotspots.
Key words: Landscape Architecture; Digital Technology; Digital Landscape Architecture Conference; Development Prospect

1 国际数字景观大会的背景概况

数字景观是指借助计算机技术，综合运用 GIS、遥感、遥测、多媒体技术、互联网技术、人工智能技术、虚拟现实技术、仿真技术和多传感应技术等数字技术对景观信息进行采集、监测、分析、模拟、创造、再现的过程、技术和方法[1]。从 CAD 等计算机辅助设计软件和 3S 技术开始，到近二三十年来出现的信息众包，参数化、可视化、AR/VR、物联网等，以及包括深度学习在内的 AI 技术，数字景观的发展不断影响改变着风景园林学科的技术和方法。

国际数字景观大会（Digital Landscape Architecture Conference）作为风景园林行业数字技术领域的国际会议，由德国安哈尔特大学（Anhalt University of Applied Sciences）主办，自 2000 年开始，至 2020 年已举办 21 届，议题紧跟行业热点、探讨未来发展，从最初的单一技术讨论，逐渐深入、趋于综合，发展到追求专业与技术相结合，风景园林与信息化、互联网、大数据、人工智能相融合（图 1）。

2000-2004 年，国际数字景观大会议题着眼 GIS、景观建模、测绘等技术方面，将数字化融入风景园林设计中。2005-2008 年，数字技术开始与风景园林专业知识结合，摆脱单一工具的性质，深入到专业分析层面。会议开始趋向综合性，更多的展示数字景观技术的综合性应用研究。2009 年风景园林信息模型（Landscape Information Modeling, LIM）的快速发展，为会议带来了新的方向。2010 年会议探讨了地理设计（Geo Design）。2011 年围绕增强现实（Augmented Reality, AR）和虚拟现实（Virtual Reality, VR）进行探讨。2012-2016 年，会议主题集中展示了数字技术在风景园林规划设计连通性、协作性、系统思维等中的优势。2017-2019 年，重点关注了“智慧城市”与“大数据”等热点，探讨了数字风景园林技术如何基于信息化在不同类型的城市场景下发挥作用、改善人居环境质量、为居民创造更智能化的宜居家园，将风景园林建设成科学的艺术。

2 2020 国际数字景观大会关注热点

受 COVID-19 影响，第 21 届国际数字景观大会于美国东部时间 2020 年 6 月 3～4 日在线上举办，会议由哈佛大学设计研究生院承办，以“控制论领域：信息、想象和影响（Cybernetic Ground: Information, Imagination, Impact）”为主题，来自 57 个国家的学者参加了此次会议。会议共设 12 个专题：控制论、景观算法、移动设备、数据科学、无人机、可视化、AR/VR、地理设计、气候变化、社交媒体、数字景观教育、数字景观在实践中的应用。从提交论文题目的词频分析来看（图 2），除去风景园林和设计这两个学科名称词汇，模拟、环境、空间、数据、跨学科、参数化等词汇出现频率较高，反映了本次会

① 项目基金：国家自然科学基金项目“城市绿色雨水基础设施生态系统服务效能监测和评价研究”（项目编号：51808245）资助。

议主要聚焦热点。本文将主要议题和研究方向归纳总结为以下几个方向（表 1）。

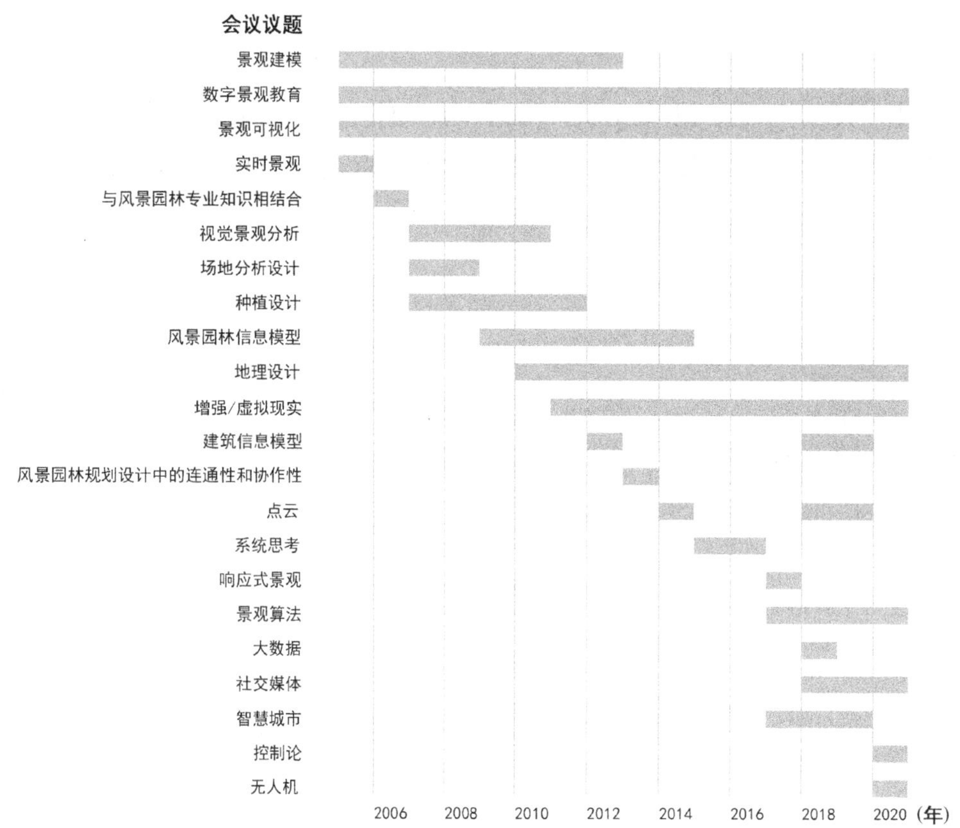

图 1　近 15 年数字景观大会关注的议题变化

（图片来源：根据近 15 年会议议题绘制）

图 2　会议题目词频分析

（图片来源：根据第 21 届会议题目绘制）

主要议题和研究方向　　表 1

主题	研究关键词	研究成果（方向）
控制论	参数分析、Grasshopper	维护和改善交通网络、城市社区的连通性
参数化	气候变化、Grasshopper	气候对小规模街道景观选址地点和设计方法的影响、评估城市景观形态和构成的变化、三维海堤模型、水文影响评价模型、可视化植物三维空间内的形态、噪声测绘
地理设计	地理环境分析、数字技术	城市公园的土地利用情况，地理设计过程分析新方法，数字化分析展现洪水的影响，推测、规划和评估土地利用和风景园林建筑设计的潜在变化，风景园林教育
过程模拟和可视化	AR、VR、沉浸式环境	交互式设计、可视化复杂物理模型、虚拟现实疗法、眼动追踪、风景园林教育、3D 点云模拟动画、评估城市公园开放空间

续表

主题	研究关键词	研究成果（方向）
数字测绘	无人机、遥感技术	获取高分辨率、高精度的三维地形数据，环境分析，风景园林教育
物联网应用下的数据监测分析	传感器、景观信息采集	手机应用开发，提升公共空间的性能，管理、整合多学科信息，采集用户与景观交互生成的数据
数字化技术支持下的公众参与	社交媒体、大数据	公共景观的价值和认知、构建信息化数字平台、风景园林教育

2.1 控制论在风景园林中的应用

控制论（Cybernetics）是综合性、边缘性、基础性的科学。控制论着眼于信息方面，研究系统的行为方式。是跨及人类工程学、控制工程学、逻辑学、社会学等众多学科的交叉学科[2]。当前控制论已被广泛应用于自动控制、人工智能、生命科学等领域。控制论与风景园林学科的结合，有利于进一步认识人工智能、机器学习等技术。本次会议追溯了控制论和系统思维的发展历史，并阐述了风景园林与控制论的关系。呼吁以控制论环境为基础的第四波控制论，以理解设计和机器智能等问题[3]。同时讨了风景园林的各种智能化道路，探讨未来有机、数字混合仿生景观的发展趋势[4]。

在实践应用方面，Joseph Claghorn[5]利用空间网络分析法研究英格兰和威尔士地区消失的人行路，并就如何维护和改善交通网络提供建议。Jörg Rekittke[6]利用数字化的工具对有争议的、潜在隐藏的或不可接近的景观和用地进行系统的分析。Adam Mekies[7]展示了风景园林师如何在设计实践中利用数字技术和信息化工具来影响预算、设计情况以及工作流程（图 3）。Hans-Georg Schwarz-v. Raumer 等[8]将 Circuitscape 的方法应用到城市社区中，证明了城市生态渗透率可以作为气流和生物流通性的指标来描述城市社区的连通性。James Melsom[9]将专有采矿和地质软件中的三维模型导入风景园林相关软件中，将地表条件与基础地质地形整合在一起，从而为风景园林应用提供高水平的查询，可视化等功能。

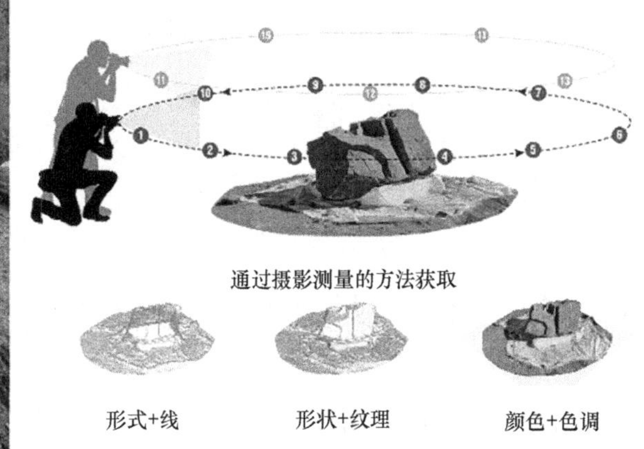

图 3 展示景观水景效果的数字 3D 模型，便于讨论施工顺序
（图片来源：根据文献［7］改绘）

2.2 参数化支持下的规划情景分析

参数化作为广泛应用的计算机辅助设计技术，已不仅仅局限于工业设计、建筑等领域。区别于传统的风景园林设计，参数化设计更多地倾向于对各种参数进行详细分析，并利用参数关系在数字化的基础上构建风景园林系统。本次会议主要围绕数字景观建筑对气候变化的作用进行。

在数字景观对气候变化作用的研究中，Yannis Zavoleas 等[10]通过数据驱动的方法提出了名为“生物庇护所”的沿海绿色基础设施建设项目，并通过算法设计测试了其三维海堤模型。Galen Newman[11]等则将数字模型运用到了弹性社区的设计中，使用土地利用变化预测模型（Land Change Modeling，LCM）预测了 3 种城市扩张情况，并根据每种情况制定了不同的规划方案，然后使用了长期水文影响评价模型（Long-Term Hydrologic Impact Assessment，L-THIA）来评估不同方案可能造成的影响，即在减少城市洪涝灾害、雨水径流和污染物排放方面的效果如何，是否能实现弹性社区的目标。Aidan Ackerman 等[12]在模拟强风暴对海平面上升所引起的海岸线侵蚀影响基础上，将相同的模型应用到了新的研究区域，并使用参数化建模工具创建了几种风景园林设计替代方案，然后通过粒子物理流体运动模拟检测了每种设计方案在防止海浪破坏海岸线方面的有效性，以实现防洪和减灾的目的。

FlorianZwangsleitner[13]以 Grasshopper 中的 Ladybug 插件为平台，通过参数化方法分析气候对小规模街道景观（包括小型公园和口袋公园）选址地点、设计方法的影响。Gabriela Arevalo Alvear[14]使用了由 OLIN 公司设计的 Grasshopper 插件，来可视化和研究植物三维空间内的形态。对设计中植物的开花序列进行动画化，以了解其全年的颜色和纹理变化。Siqing Chen 等[15]基于现场测量的交通噪声数据，采用GIS地理统计插值和参数化方法（Rhino和Grasshopper）对墨尔本CBD附近郊区进行了噪声测绘（图4）。

除了基于Grasshopper平台的景观算法设计，此次会议中较新的研究方向包括建筑信息模型（Building Information Modeling，BIM）与可视化编程平台结合来监测植物墙上植物的生长状态、分形几何的应用、利用ESA CCI的开放源码全球土地覆盖数据来评估城市空间形态和构成的变化、将地质技术和水文模拟包与三维建模工具相连接[16-18]。

在风景园林信息模型研究中，Le Zhang等[19]提出了一个基于智能方法的定量分析框架，该框架结合了规划支持系统（Planning Support Systems，PSS）、景观压力分析和生态模型，可以帮助设计人员做出景观设计和决策。

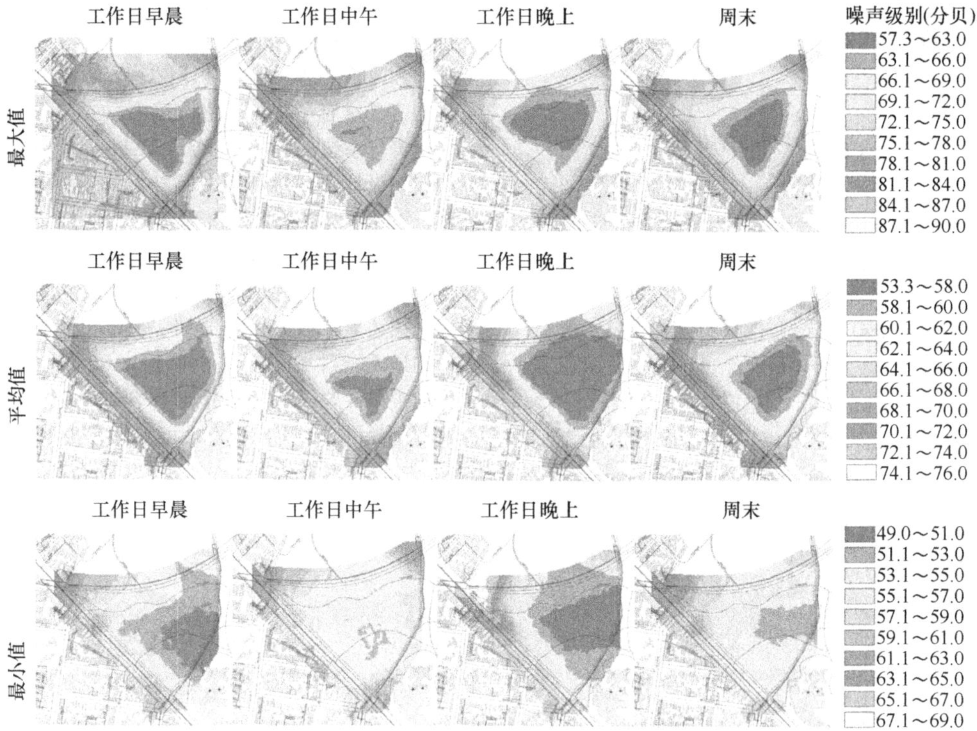

图4　墨尔本CBD附近郊区的基于GIS的工作日和周末噪声分布
（图片来源：根据文献［15］改绘）

2.3　风景园林与地理设计结合

地理设计（Geo Design）即通过设计改变地理[20]。随着GIS技术的兴起，地理设计打破了地理学、城市规划、园林学、建筑学与土木工程的界限[21]，展现了将技术带进艺术的设计思维和操作方式。地理设计为风景园林行业提供一种将设计与地理环境分析、系统思考和数字技术相融合的思维和方式。

此次会议中有许多关于地理设计方法的研究，例如Chiara Cocco[22]等提出了一种新的地理设计过程分析（Geodesign Process Analytics，GDPA）方法，能通过对地理设计工作中的规划支持系统日志数据进行分析和挖掘，使研究人员能够更好地了解设计演变和过程动力学。Ata Tara等[23]则通过将GIS与HEC-RAS（美国陆军工程兵团工程水文中心开发的河道水力计算程序）相结合，提出了一种能使设计师更加熟悉洪水影响的迭代且科学的设计方法（图5）。Luwei Wang等[24]提出了公园适宜性指数（Park Suitability Index，PSI）的概念，用以了解城市公园的土地利用规划和景观设计、评估城市化对公园资源可用性和多样性的影响。

在地理设计技术与应用方面，Matthew Kuniholm[25]用实际案例展示了将地理设计实践的技术特征和参与性特征结合起来的重要性。Werner Rolf等[26]展示了结合算法景观方法的地理设计在绿色基础设施规划中的优势。Yexuan Gu等[27]利用多元回归评估了地理设计过程原则和设计效果的弹性之间的关系，并填补了从实证角度定量分析景观设计质量的研究空白。Tijana Dabović[28]进一步拓展了对地理设计制度化方面的综述研究。

2.4　风景园林过程模拟和可视化

场景可视化可以帮助设计人员更好地基于实际场景进行风景园林设计和研究，本次会议主要围绕增强现实（AR）、虚拟现实（VR）和景观可视化等展开了讨论。

此次会议AR与VR多与GIS或Grasshopper结合应用，尽管目前仍存在可用性、成本和硬件障碍等方面的问题，但其能充分调动用户使用积极性并提高工作效率。其中Mariusz Hermansdorfer等[29]开发了一个Grasshopper插件——SandWorm，该插件可以直观地显示高程、轮廓线、坡度、纵横比和水流，针对实时交互进行了高度优化。Guoping Huang[30]提出了基于GIS的项目——虚拟中心场地（Virtual Central Grounds，VCG），该项目创建了一个地理数据库来存储带有书目链接的地理数据集。让

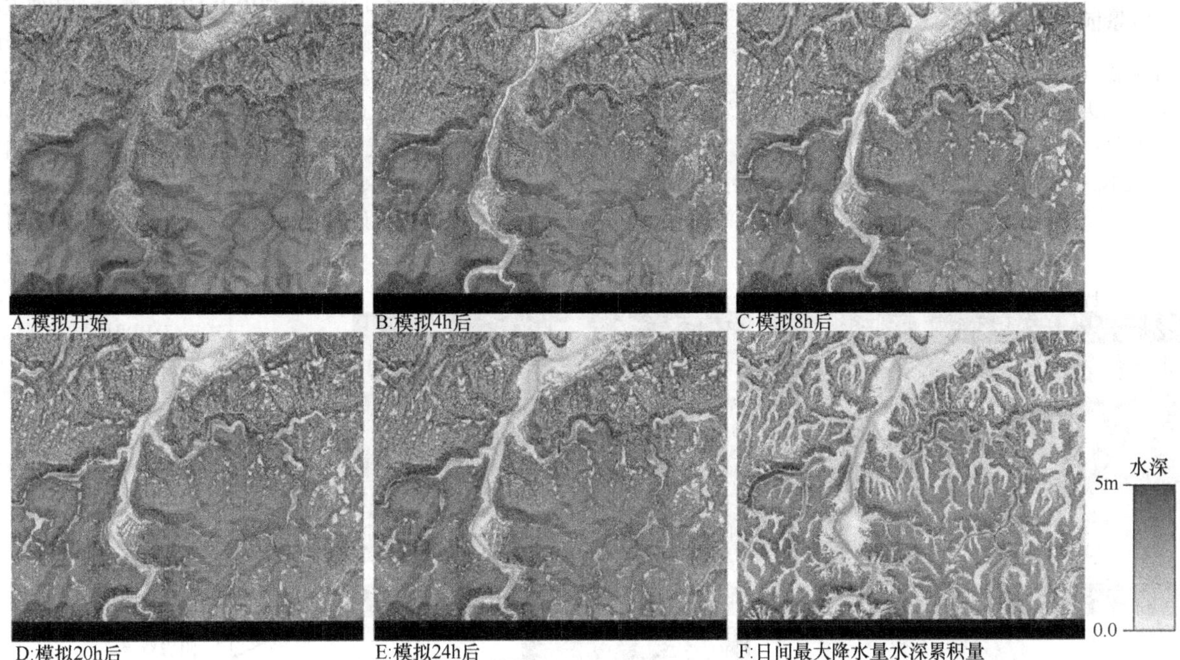

图 5　在 HEC-RAS 中模拟 500 年一遇的降雨事件在不同时间间隔内一天中的洪水情况
（图片来源：根据文献［23］改绘）

用户通过 VR 来探索弗吉尼亚大学学术村这一文化景观。Adam Tomkins 等[31]使用 AR 技术丰富 3D 打印的城市模型，通过使用数字孪生和精确的物理遮挡，来可视化复杂物理模型（例如大规模城市模型）内部和周围的各种数据和场景。AR 与 VR 与其他领域的结合，例如 Gideon Spanjar 等[32]借鉴了神经建筑学（Neuroarchitecture）领域的理论，在实验室环境下对 31 名参与者进行眼动追踪，以此评估在密集地区创建人性化街道景观的经典设计方案。在虚拟现实疗法（Virtual Reality Therapy，VRT）中，Hyunji Je 等[33]通过对脑电波变化的分析，证明交互作用下的虚拟花园的治疗效果比观看花园视频效果更好。风景园林设计师可以利用虚拟现实设计交互式治疗性景观。Mohammed Almahmood 等[34]使用了基于 Agent 的建模（ABM）和游戏引擎（Unity3D）技术，构建了一个可视化的交互式行人空间行为模拟，也展现了这些技术在风景园林建筑和城市设计领域中的潜力。Jens Fischer 等[35]则通过研究发现 3D 点云模拟动画可用于针对不同类型城市区域情感反应的研究。

StevenVelegrinis[36]提出使用数字工具实现经济、就业、氧气、能源、淡水、粮食、栖息地等产出量大于消耗量的城市景观，并以沙特阿拉伯的 NEOM 未来城市设计为例，展示了数字工具对于城市化的正面影响。Nastaran Tebyanian[37]通过对城市景观设计中不同设计阶段和主题的机器学习研究进行分类，探讨了机器学习在城市景观设计中的应用。

基于对现状和发展规律的认识，通过计算机软件和数字模型等技术对景观过程进行模拟，能够帮助设计人员更好地判断设计结果，认识到景观随时间变化的发展趋势[38]。Michael G. White 等[39]用植物模拟为例，展示了数字景观信息模型中基于个体的仿真模型（Individual Based Model，IBM）可以应用于场地内种植方案的生成和发展，并且随着时间发展，植物会更加适合该环境，有助于创造更加可持续化的未来城市（图 6）。

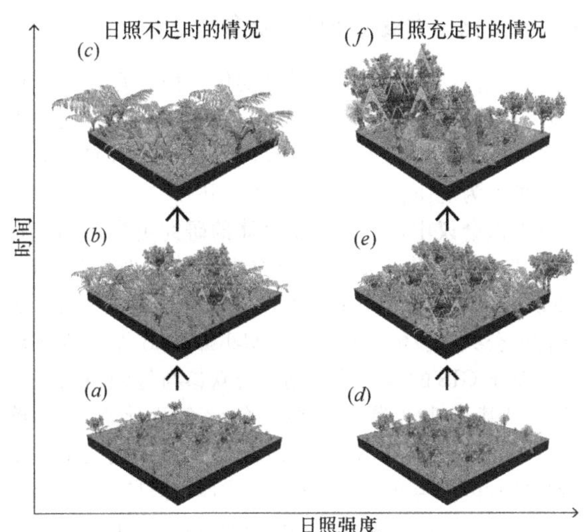

图 6　使用 IBM 方法生成种植方案，并提供可视化模型和说明文档，包括带注释的种植计划和预测性能图
（图片来源：根据文献［39］改绘）

Kian Wee Chen 等[40]以普林斯顿大学校园为例建立了 3D 城市模型，以此对校园内的通勤小汽车进行太阳能改造并评估了其可行性。Joshua Brook-Lawson 等[41]则比较了不同的流体力学（CFD）软件（Butterfly、Blue CFD-Core-2017、SimScale、ENVI-met）对于模拟城市开放空间中风环境的影响，以便设计人员能够更清楚地了解不同 CFD 软件的优缺点，并根据实际情况进行选择。

2.5 风景园林数字测绘

无人机（Unmanned Aerial Vehicle，UAV）是在一定范围内利用无线电遥控设备或自备程序控制装置操控的无人驾驶航空器，至今已有100余年历史。无人机的小体积、低成本、高时效、灵活性、探测精度高等特点让它迅速地融入了遥感领域，并为遥感技术带来了新的发展机遇。

其中Ahmet Cilek等[42]利用无人机，展示了2种主流类型的无人机获取高分辨率、高精度的三维地形数据的过程，能更简单地运用到风景园林规划和设计中，这种便利性也将大大提高GIS中的交互性和协作性。Keunhyun Park等[43]利用无人机技术进行视频数据收集，通过相关案例研究和与使用率高的公园进行对比，对空置公园与环境的关系进行统计分析，探索了部分社区公园使用率低的原因（图7）。

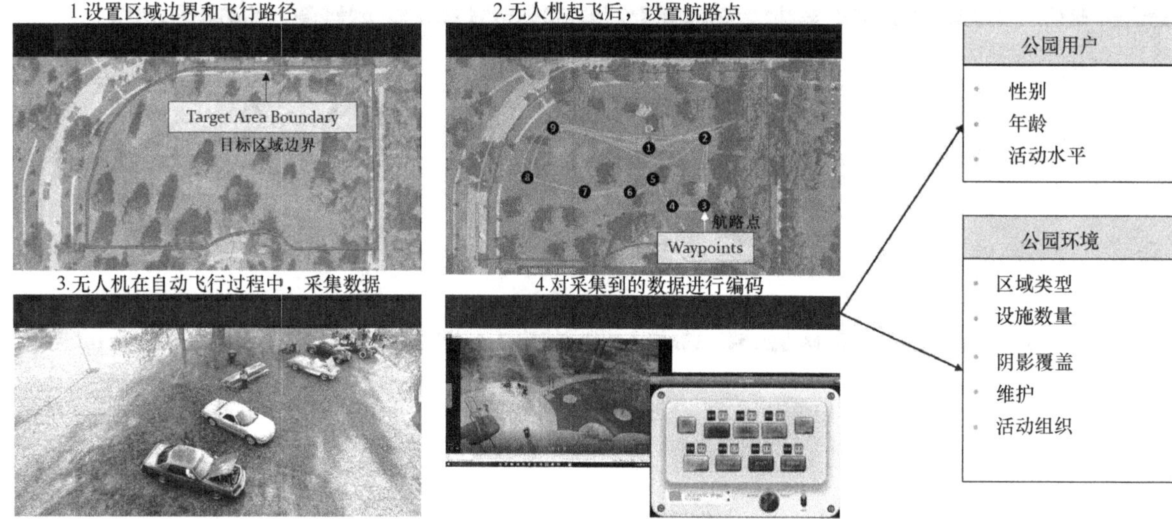

图7　使用无人机采集公园用户数据的过程
（图片来源：根据文献［43］改绘）

2.6 数字化技术支持下的公众参与

社交媒体数据是用户通过社交媒体向公众组织提供的一种开放性地理空间数据[44]。包括签到、POI兴趣点和点评数据等大数据类型，其反映的信息为研究社会活跃人群的行为规律和空间分布提供了基础[45]。

在此次会议中，关于社交媒体的研究更多地体现在将研究成果可视化，并致力于构建信息化的数字平台。Madeline Brown等[46]用来自Twitter的众包数据调查了美国东部的公共景观价值和认知。Mahsa Adib等[47]在环境规划、基于GIS的参与式规划、公众参与等领域的现有概念框架基础上，为社区参与的绿色雨水基础设施（Green Stormwater Infrastructure，GSI）发展构建了一个指导性的社区参与框架，并将参与式地理信息系统（Participatory Geographic Information Systems，PGIS）整合为该框架的组成部分，更好地将背景分析、主题教育和能力建设融入到社区参与过程中（图8）。Michaela F. Prescott等[48]基于振兴非正式住区及其环境（Revitalising Informal Settlements and their Environments，RISE）项目开发了一个数字平台，该平台提供的健康和环境数据将改善研究人员对污染接触途径的理解，并为日益增多的非正式住区水敏感型城市设计和基础设施的实施提供信息。

MelaniePiser等[49]使用一个具有社交媒体功能的数字参与化平台（PUBinPLAN）让孩子们在游戏中了解参与空间规划和智慧城市的建设，以期利用该平台培养孩子们的民主意识并进行环境教育。

2.7 物联网应用下的数据监测分析

随着互联网的发展，景观信息的采集作为风景园林设计和研究的基础，已不仅仅局限于纸质等介质，移动设备、社交媒体等大数据收集方式也逐渐加入其中。

Micah Taylor等[50]利用智能手机的普及，尝试在公众参与中用AR技术代替传统的人工宣传，并由此开发了一个可以让社区居民参与到设计决策中的手机App“youARhere”，增强社会参与和地方体验。Suat Batuhan Esirger等[51]提出了一项实证研究，展示了如何通过回收塑料进行城市家具的3D打印来构建智能系统，从而提升公共空间的性能。Mandana Moshrefzadeh等[52]针对多学科对农业景观研究的复杂需求，引入一个新的概念：农业景观的分布式数字孪生（Distributed Digital Twin），该概念能够支持管理不同类型的分布式数据信息资源，也为整合所有自然对象（如景观对象）的现存、历史和实时信息提供了基础。Anna Calissano等[53]用实例研究认为，在研究城市景观中人的运动数据中应该利用复杂数据（如生物特征数据、轨迹等），而非大数据。并且应将数学工具扩展运用到复杂数据的研究中，利用面向对象的数据分析（Object-Oriented Data Analysis，OODA）统计方法建立几何框架，而非传统的欧式统计（Euclidean statistics）框架，此类框架能够更方便地得到用户与景观交互生成的数据，也可以充分考虑到其他变量。

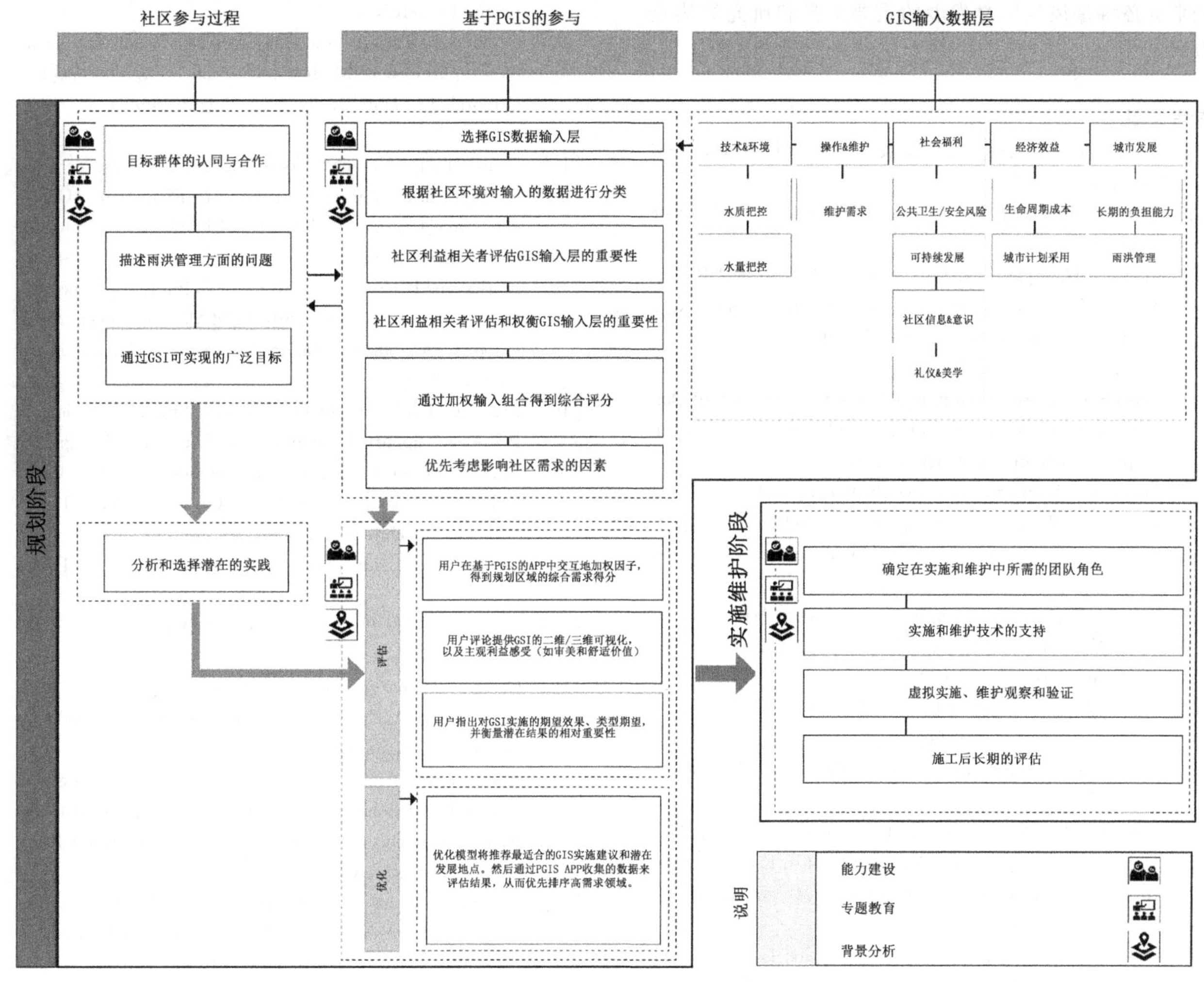

图 8　基于 PGIS 的社区参与 GSI 发展框架
（图片来源：根据文献［47］改绘）

3　数字风景园林技术的发展前景

（1）跨学科的资源共享与协作

互联网与计算机技术的迭代更新，为数字景观的发展提供了技术支撑。控制论、景观算法、移动设备、无人机、AR/VR、地理设计等与行业结合的日渐紧密。在数字技术的支持下，风景园林行业可以解决更多领域的问题，可以在各种尺度上解决地形、地质、水文、生态等问题。同时需要与各种专业结合，与建筑师、规划设计师、工程师等许多不同的利益相关者进行交流合作。

（2）行业模型模拟支持下的分析与设计

随着相关物理模型模拟技术的成熟工具，如有限元分析、流体力学、气候模拟等相关工具的应用和计算机算力的提升，风景园林行业内对这些行业模型的应用逐渐得到普及，提升了相应的风景园林规划设计决策过程的科学性和严谨性。

（3）数据科学和深度学习算法支持下的研究和实践方法革新

在风景园林行业中，人工智能在评估分析、规划管理、建设管理等方面均有应用，并在提升空间形象、解决人居环境问题等方面提供了有力的技术支持。随着大数据的普及和“智慧城市”的建设浪潮不断发展，人工智能在风景园林行业的应用会拥有更多可能。

（4）信息技术支持下的交互式设计与公众参与

数字技术将二维模型转换为三维场景，Grasshopper 等软件、AR/VR 等技术使得景观可视化越来越普及。交互式的体验可以“便利化”景观信息的采集技术，使设计师在设计过程中及时做出修改，有利于各方对规划设计方案提出意见，做出探讨。也可以增加公众在景观中的沉浸式游玩体验，方便交流。风景园林师在未来可能会更多地应用交互式设计，以提高工作效率。

4　结论与讨论

纵观 21 届国际数字景观大会，数字技术与风景园林的结合日渐紧密，技术的支持给风景园林行业的表达找到了背后的规则并且提供了科学的依据。数字景观的应用仍然存在一些问题，例如基础数据来源的准确性和可靠性有待提升，相关算法和技术尚不能解决风景园林学科中的复杂性社会问题等。但不可否认，数字技术的不断发展使得风景园林学科得以应对各种挑战，数字技术在未来也必将是风景园林发展的重要工具和研究的热点方向。

参考文献

[1] 刘颂. 数字景观的缘起、发展与应对[J]. 园林，2015(10)：12-15.

[2] 万百五. 控制论创立六十年[J]. 控制理论与应用，2008(04)：597-602.

[3] Zhang Z H. Cybernetic Environment：A Historical Reflection on System，Design，and Machine Intelligence[C]. Cambridge Digital Landscape Architecture Conference，2020.

[4] Ervin S M. A Brief History and Tentative Taxonomy of Digital Landscape Architecture[C]. Cambridge：Digital Landscape Architecture Conference，2020.

[5] Claghorn J. Using Spatial Network Analysis to Recover England's and Wales' Lost Footpaths and Rights of Way[C]. Cambridge：Digital Landscape Architecture Conference，2020.

[6] Rekittke J. Convergent Digitality for Design Action in Obstructed Landscapes[C]. Cambridge：Digital Landscape Architecture Conference，2020.

[7] Mekies A，Tal D. Three Cases of Re-configuring Scope，Agency，and Innovation for Landscape Architecture[C]. Cambridge：Digital Landscape Architecture Conference，2020.

[8] Schwarz-v R，Hans-G，Schulze K. Development and Application of Circuitscape Based Metrics for Urban Ecological Permeability Assessment[C]. Cambridge：Digital Landscape Architecture Conference，2020.

[9] Melsom J. Multi-scalar Geo-landscape Models：Interfacing Geological Models with Landscape Surface Data[C]. Cambridge：Digital Landscape Architecture Conference，2020.

[10] Zavoleas Y，Haeusler M H，Dunn K，et al. Designing Bio-Shelters：Improving Water Quality and Biodiversity in the Bays Precinct through Dynamic Data-Driven Approaches[C]. Cambridge：Digital Landscape Architecture Conference，2020.

[11] Newman，G，Kim Y，Joshi K，et al. Integrating Prediction and Performance Models into Scenario-based Resilient Community Design[C]. Cambridge：Digital Landscape Architecture Conference，2020.

[12] Ackerman A，Wang Y，Bryant M. Animation of High Wind-Speed Coastal Storm Events with Computational Fluid Dynamics：Digital Simulation of Protective Barrier Dunes[C]. Cambridge：Digital Landscape Architecture Conference，2020.

[13] Zwangsleitner F. Form Follows Comfort：An Evidence-based Approach to Enhancing Streetscapes[C]. Cambridge：Digital Landscape Architecture Conference，2020.

[14] Arevalo A G. New Technologies + Algorithmic Plant Communities：Parametric / Agent-based Workflows to Support Planting Design Documentation and Representation of Living Systems[C]. Cambridge：Digital Landscape Architecture Conference，2020.

[15] Chen S Q，Wang Z Z. Noise Mapping in an Urban Environment：Comparing GIS-based Spatial Modelling and Parametric Approaches[C]. Cambridge：Digital Landscape Architecture Conference，2020.

[16] Patuano A，Tara A. Fractal Geometry for Landscape Architecture：Review of Methodologies and Interpretations[C]. Cambridge：Digital Landscape Architecture Conference，2020.

[17] Cannatella D，Nijhuis S. Assessing Urban Landscape Composition and Configuration in the Pearl River Delta (China) over Time[C]. Cambridge：Digital Landscape Architecture Conference，2020.

[18] Hurkxkens I，Kowalewski B，Girot C. Informing Topology：Performative Landscapes with Rapid Mass Movement Simulation[C]. Cambridge：Digital Landscape Architecture Conference，2020.

[19] Zhang L，Deal B. Ecosystem Services，Smart Technologies，Planning Support Systems，and Landscape Design：A Framework for Optimizing the Benefits of Urban Green Space Using Smart Technologies[C]. Cambridge：Digital Landscape Architecture Conference，2020.

[20] Steinitz C. A Framework for Geodesign[M]. Esri Press，2012.

[21] 唐艳红. 地理设计：新思维与新手法[J]. 中国园林，2010，26(04)：35-36.

[22] Cocco C，Campagna M. A Quantitative Approach to Geodesign Process Analysis[C]. Cambridge：Digital Landscape Architecture Conference，2020.

[23] Tara A，Ninsalam Y，Tarakemeh N，et al. Designing with Nature-based Solutions to Mitigate Flooding in Mataniko River Catchment，Honiara[C]. Cambridge：Digital Landscape Architecture Conference，2020.

[24] Wang L，Murtha T，Brown M. Park Suitability Index：Developing a Landscape Metric for Analyzing Settlement Patterns in the Context of a Rapidly Urbanizing Area in Central Florida，USA[C]. Cambridge：Digital Landscape Architecture Conference，2020.

[25] Kuniholm M. Evaluating Participatory and Technological Integration in Geodesign Practice[C]. Cambridge：Digital Landscape Architecture Conference，2020.

[26] Rolf W，Peters D G. Algorithmic Landscapes Meet Geodesign for Effective Green Infrastructure Planning：Ideas and Perspectives[C]. Cambridge：Digital Landscape Architecture Conference，2020.

[27] Gu Y X，Deal B，Orland B，et al. Evaluating Practical Implementation of Geodesign and its Impacts on Resilience[C]. Cambridge：Digital Landscape Architecture Conference，2020.

[28] Dabović T. Geodesign Meets Its Institutional Design in the Cybernetic Loop[C]. Cambridge：Digital Landscape Architecture Conference，2020.

[29] Hermansdorfer M，Skov-Petersen H，Fricker P，et al. Bridging Tangible and Virtual Realities：Computational Procedures for Data-Informed Participatory Processes[C]. Cambridge：Digital Landscape Architecture Conference，2020.

[30] Huang G P. Digital Visualization in Web 3.0：A Case Study of Virtual Central Grounds Project[C]. Cambridge：Digital Landscape Architecture Conference，2020.

[31] Tomkins A，Lange E. Bridging the Analog-Digital Divide：Enhancing Urban Models with Augmented Reality[C]. Cambridge：Digital Landscape Architecture Conference，

2020.
[32] Spanjar G, Suurenbroek F. Eye-Tracking the City: Matching the Design of Streetscapes in High-Rise Environments with Users' Visual Experiences[C]. Cambridge: Digital Landscape Architecture Conference, 2020.
[33] Je H, Lee Y. Therapeutic Effects of Interactive Experiences in Virtual Gardens: Physiological Approach Using Electroencephalograms[C]. Cambridge: Digital Landscape Architecture Conference, 2020.
[34] Almahmood M, Skov-Petersen, Hans. Public Space Public Life 2.0: Agent-based Pedestrian Simulation as a Dynamic Visualisation of Social Life in Urban Spaces[C]. Cambridge: Digital Landscape Architecture Conference, 2020.
[35] Fischer J, Wissen Hayek Ulrike, Torres Marcelo Galleguillos, Weibel Bettina, Grêt-Regamey Adrienne. Investigating Effects of Animated 3D Point Cloud Simulations on Emotional Responses[C]. Cambridge: Digital Landscape Architecture Conference, 2020.
[36] Velegrinis S. Plus Urbanism: Using Digital Tools to Realise Urban Landscapes that Create More than They Consume[C]. Cambridge: Digital Landscape Architecture Conference, 2020.
[37] Tebyanian N. Application of Machine Learning for Urban Landscape Design: A Primer for Landscape Architects[C]. Cambridge: Digital Landscape Architecture Conference, 2020.
[38] 刘颂，张桐恺，李春晖. 数字景观技术研究应用进展[J]. 西部人居环境学刊，2016，31(04)：1-7.
[39] White M G, Haeusler M H, Zavoleas Y. Simulation of Plant-Agent Interactions in a Landscape Information Model [C]. Cambridge: Digital Landscape Architecture Conference, 2020.
[40] Chen K W, Meggers F. Modelling the Built Environment in 3D to Visualize Data from Different Disciplines: The Princeton University Campus[C]. Cambridge: Digital Landscape Architecture Conference, 2020.
[41] Brook-Lawson J, Holz S. CFD Comparison Project for Wind Simulation in Landscape Architecture[C]. Cambridge: Digital Landscape Architecture Conference, 2020.
[42] Cilek A, Berberoglu S, Donmez C, et al. Generation of High-Resolution 3-D Maps for Landscape Planning and Design Using UAV Technologies[C]. Cambridge: Digital Landscape Architecture Conference, 2020.
[43] Park K, Lee S, Choi D. Empty Parks: An Observational and Correlational Study Using Unmanned Aerial Vehicles (UAVs)[C]. Cambridge: Digital Landscape Architecture Conference, 2020.
[44] 黄秋雨，耿继原. 社交媒体数据的获取与处理分析研究[J]. 测绘与空间地理信息，2019，42(02)：141-144.
[45] 李方正，李雄，李婉仪，等. 大数据时代位置服务数据在风景园林中应用研究[J]. 北京：中国风景园林学会，2015：271-275.
[46] Brown M, Murtha T, Wang L W, et al. Mapping Landscape Values with Social Media[C]. Cambridge: Digital Landscape Architecture Conference, 2020.
[47] Adib M, Wu H. Fostering Community-Engaged Green Stormwater Infrastructure Through the Use of Participatory Geographic Information Systems (PGIS)[C]. Cambridge: Digital Landscape Architecture Conference, 2020.
[48] Prescott M F, Ramirez-Lovering D, Hamacher A. RISE Planetary Health Data Platform: Applied Challenges in the Development of an Interdisciplinary Data Visualisation Platform[C]. Cambridge: Digital Landscape Architecture Conference, 2020.
[49] Piser M, Wöllmann S, Zink R. Adolescents in Spatial Planning-A Digital Participation Platform for Smart Environmental and Democratic Education in Schools[C]. Cambridge: Digital Landscape Architecture Conference, 2020.
[50] Taylor M, Orland B, Li J X, et al. Crowdsourcing Environmental Narratives of Coastal Georgia using Mobile Augmented Reality and Data Collection[C]. Cambridge: Digital Landscape Architecture Conference, 2020.
[51] Esirger S B, Örnek M A. Recycled Plastic to Performative Urban Furniture[C]. Cambridge: Digital Landscape Architecture Conference, 2020.
[52] Moshrefzadeh M, Machl T, Gackstetter D, et al. Towards a Distributed Digital Twin of the Agricultural Landscape [C]. Cambridge: Digital Landscape Architecture Conference, 2020.
[53] Calissano A, Sturla P, Pucci P, et al. Going Beyond the Euclidean Setting in the Statistical Analysis of Human Movement in Urban Landscape[C]. Cambridge: Digital Landscape Architecture Conference, 2020.

作者简介

李欣，1997 年 3 月生，女，汉族，山东淄博，华中农业大学园艺林学学院硕士研究生在读，研究方向为城市绿色基础设施规划设计。电子邮箱：lixin997@webmail.hzau.edu.cn。

何子琦，1997 年 8 月生，女，汉族，四川绵阳，华中农业大学园艺林学学院硕士研究生在读，研究方向为城市绿色基础设施规划设计。电子邮箱：kise@webmail.hzau.edu.cn。

张炜，1988 年 12 月生，汉族，河北衡水，博士，华中农业大学园艺林学学院讲师，农业农村部华中地区都市农业重点实验室，研究方向为城市绿色基础设施规划设计。电子邮箱：zhang28163@mail.hzau.edu.cn。

基于空间句法的旧城居住区公共空间品质提升研究
——以济南历下区泺文路社区为例

Research on the Improvement of Public Space Quality in Old City Residential Area based on Space Syntax:
Take Luowenlu Community in Jinan as an Example

马小川

摘　要：研究旧城居住区公共空间品质的提升，在满足居民居住需求、优化城市环境、节约社会建设资源等方面都具有指导意义。以济南市中心老城区的泺文路社区作为研究实例，采用实地调研等方式，结合社区空间分布的区域、类型、交通可达性、周边环境影响特征等现状数据进行分析。采用空间句法中的整合度、空间视域分析及区域热力图等研究方法，分析泺文路社区的公共空间聚集度以及热力分布密度，为济南市旧城中心老旧小区公共空间的更新改造提供参考建议。
关键词：空间句法；老旧小区；住区更新；热力图

Abstract: The study of improving the quality of the old city residential public space, in meet the demand of residents living, optimization of the urban environment, saving has guiding significance to the construction of social resources, etc. Luowenlu community in the old downtown area of Jinan city is taken as the research example. Field research and other methods are adopted to analyze the current situation data such as the region, type, traffic accessibility and influence characteristics of surrounding environment of the community spatial distribution. This paper analyzes the public space clustering degree and thermal distribution density of Luowen Road community by means of space syntax, spatial perspective analysis and regional thermal diagram, so as to provide some Suggestions for the renovation of public space in the old residential area of Jinan old city center.
Key words: Space Syntax; Old Residential; Residential Renewal; Heat Map

1　研究概述

1.1　研究背景

在城市发展的过程中，位于旧城中心的居住区由于建设年代较早，已经难以满足居民日渐增长的居住需求。城市中心地带建设用地紧张，20世纪建设的老旧居住小区由于道路狭窄、绿化率和服务设施的不足，公共空间的品质已经远低于环境优美、功能齐全的新建小区。为了提高居民居住条件，杜绝大拆大建造成的资源浪费，2020年7月，《国务院办公厅关于全面推进城镇老旧小区改造工作的指导意见》（国办发［2020］23号）。全国各地的老旧小区改造全面展开，改造内容重点包含基础类、完善类和提升类三个方面，而居住区公共环境的空间品质改造成为改造任务中的重点和焦点。

我国有关旧城居住小区的更新改造研究晚于发达国家，但是由于我国人口基数大、城市更新速度较快，社会发展和关注度对此的关注度逐渐提升。以往国内关于旧居住区的相关研究以实地调研、问卷调查法和直观分析等定性方法研究为主，近年开始出现利用空间句法分析等开放数据的空间定量方法进行实际探讨，利用定量的研究方法分析老旧居住区改造的现状问题，更新现有的理论研究和方法应用，才能够为住区居民的生活质量做出有益的科学探索。

1.2　研究对象

本文的研究对象是位于济南市旧城中心的泺文路社区。泺文路社区位于济南历下区趵突泉片区，北临城市主干道泺源大街、著名5A景点趵突泉和泉城广场；南临山东省最具影响力的三甲综合医院山东大学齐鲁医院、三甲中医医院山东省中医和山东大学趵突泉校区。该片区地理位置优越，城市的旅游、教育和医疗资源都很丰富（图1）。泺文路社区的老旧小区以多层住宅为主，主要包含正觉寺小区和南券门巷小区等开放式居住区。因为城市中心地带的拆迁资金较高，该社区内的住宅建筑肌理近20年没有变化（图2）。该片区住宅区建设年代在20世纪80～90年代，层数多为5～6层。小区为缺少封闭式管理的开放式住宅，城市外部车辆也可通行。

2　研究方法

2.1　空间句法

空间句法（Space Syntax）起源于英国伦敦大学比尔·希列尔教授提出的一种建筑和城市空间对人的行为

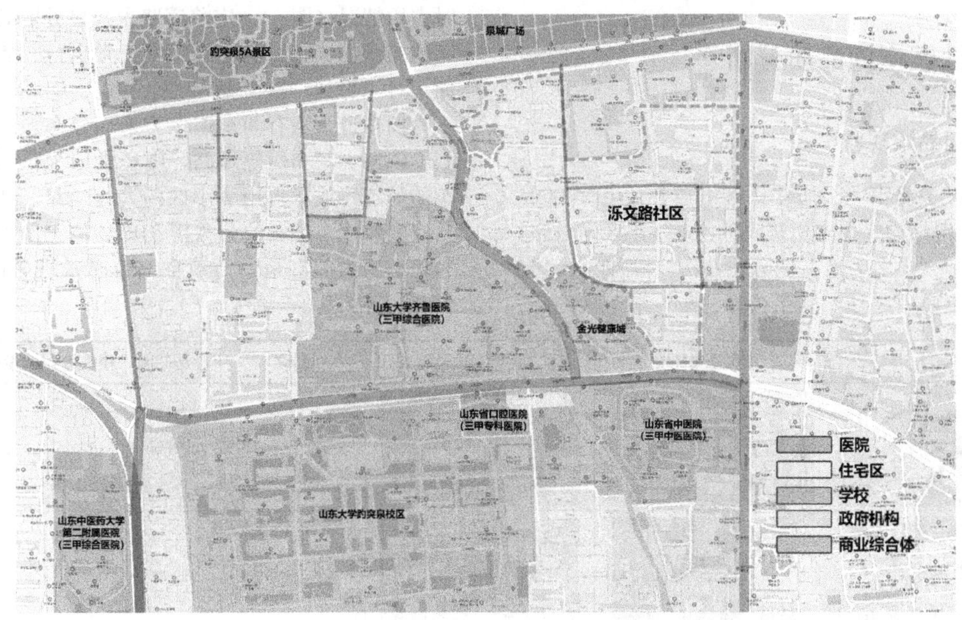

图 1　泺文路社区周边片区功能分区

图 2　2003-2019 年泺文路社区建筑肌理（自绘）

与社会交往等活动产生的影响理论[1]。比尔教授与其同事研发了计算机空间测算软件，将空间句法理论应用于空间几何逻辑之中，从而确立空间的拓扑、几何、实际距离等关系。这种测算过程将空间关系重构，找到自身组织逻辑与人的行为之间的联系，逐渐走向了建筑与城市规划等学科的实际应用中，并付诸实践应用。

空间句法理论应用重点关注 5 个测算值，包括连接值、控制值、深度值、整合度和穿行度。连接值（Connectivity），表示系统中某个空间相交的空间数；控制值（Control），表示某一空间与之相交的空间的控制程度，数值上等于与之相邻的空间的连接值的倒数之和；深度值（Depth）表示某一处空间到达其他空间所需经过的最小连接数；整合度（Integration），表示系统中某一空间与其他空间集聚或离散的紧密程度；穿行度（Choice），表示系统中某一空间被其他最短路径穿行的可能性。

利用 AutoCAD 软件对趵突泉片区的局部道路进行描绘，生成城市路网以及泺文路社区住宅的建筑肌理，再将 CAD 文件导入 Depth map 软件进行空间句法分析。本文中主要采用其中的整合度分析和空间视域分析，结合生成趵突泉片区的全集整合度以及泺文路社区的空间视域图，辅助了解旧城居住区的公共空间品质改造需求。

2.2　区域热力图

热力图是利用获取用户手机基站的方式来定位该区域的用户数量，通过用户数量渲染地图颜色。用特殊高亮的形式显示用户现时段定位的地理区域，意味着热力图可以直观地显示城市空间在这一时段内的具体人群密度。热力图显示颜色越深表示人员越多，颜色浅代表人比较少，可以较为直观地为用户提供出行参考。

根据 2018 年中国主要手机地图 APP 月活用户数据显示，高德地图和百度地图的月活用户数以绝对的优势领先于同领域手机地图 APP。高德地图以 3.7 亿人稳居榜首，百度地图以约 3.2 亿人排名第二。2011 年，百度推出了全球第一款免费智能热力图。而至现在随着百度地图的用户数的增长，区域实时热力图的准确性也同比提高，数据呈现较为客观，应用于大城市市中心的人群密度、分布分析有一定的参考价值。

本文中通过对济南泺文路社区及其周围城市空间进行了城市热力图的整点实时抓取，收集热力图像进行横向对比并叠加图像进行分析，总结泺文路社区的实时热力变化特点。

3 泺文路社区空间品质分析

3.1 社区空间品质现状

泺文路社区主要由 4 个居住小区组成，住宅多为 6 层的 20 世纪砖混结构。住宅建筑间距较近，小区间道路较为狭窄，停车方式多为地上侧方位停车，除却小区居民本身的停车位使用之外，也存在着一些外来车辆的临时占用情况（图 3）。宅前道路入户口处随处可见非机动车的随意摆放，影响着居民的正常出行。从现状道路剖面上可以看到，较为宽阔的全胜街、朝胜街等道路现状多为四车道，现有两车道作为地面停车。而相对较窄的南券门巷、三和街等道路，则经常因为机动车、非机动车的随意停放常占用了小区的人行道路。社区内部的公共空间较少，唯一的公共活动广场位于国兴街附近。而其他小区内部富余的活动空间也时常被居民自行占用，作晾晒等用途。

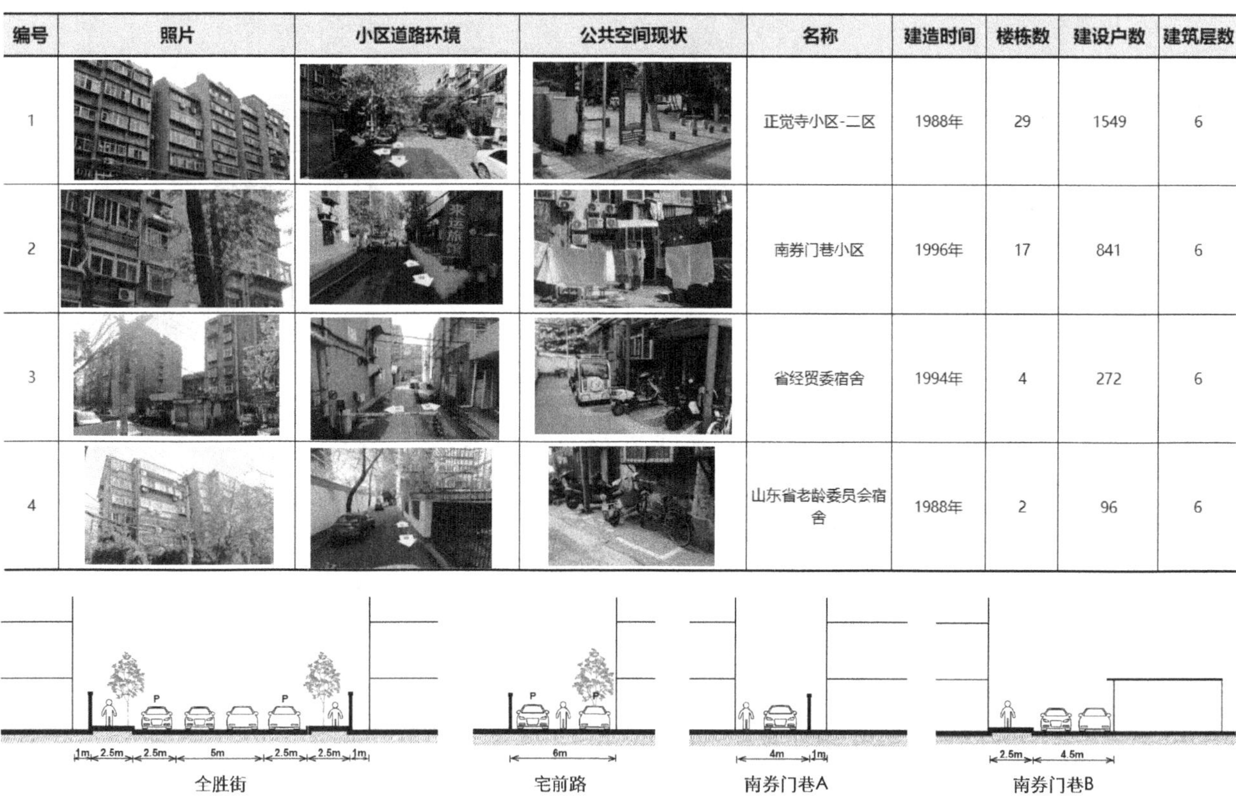

编号	照片	小区道路环境	公共空间现状	名称	建造时间	楼栋数	建设户数	建筑层数
1				正觉寺小区-二区	1988年	29	1549	6
2				南券门巷小区	1996年	17	841	6
3				省经贸委宿舍	1994年	4	272	6
4				山东省老龄委员会宿舍	1988年	2	96	6

图 3　泺文路社区居住小区现状

3.2 道路整合度分析

整合度表示系统中某一空间与其他空间集聚或离散的紧密程度，在空间句法的测算中以城市道路的轴线关系来分析区域内的整合度。该社区内的道路的整合度越大，轴线和轴线之间的交接关系阅读，那么这条道路在区域内的交通吸引力的潜力更大，且空间的公共性更高[2]。

从全局整合度图中可以看出（图 4），一部分道路整合度较高，而另一部分道路的整合度较低。与泺文路片区连接的城市主干道泺源大街、泺文路和文化西路是颜色最浅、整合度最高的 3 条道路，整合度值分别为 2.14、2.23、2.11，有着该区域最强的交通空间渗透能力。而社区内部空间整合度较高的道路为南券门巷、朝阳街、全胜街与三和街，整合度值在 1.78～1.88 之间，这几条道路的可达性较高，与周边的各个开放式旧居住区的联系非常紧密。这 4 条道路联系各个小区道路，是社区内最重要的交通空间，也是居住区重要的形象展示面。国兴街、南券门小巷以及各个小区内部道路因为与外部道路的连接较少或为尽端道路，空间的相对整合度较低，与其他道路之间的渗透关系较小。

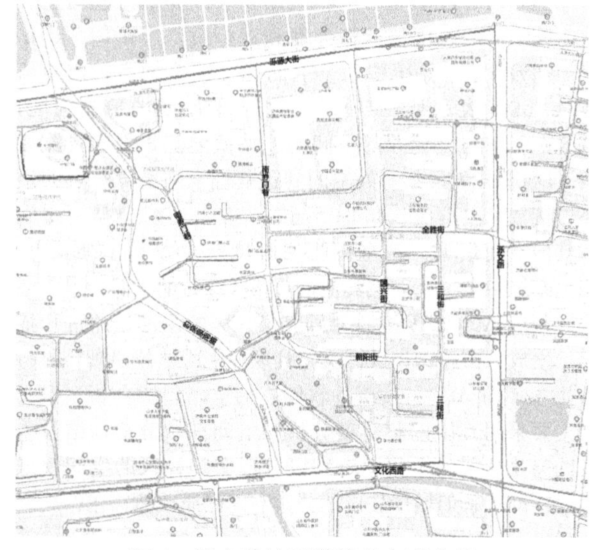

图 4　泺文路社区道路整合度分析

与主干道路相接的道路空间是改造的重点，这些部分车流密度较大，占用社区道路较多，需形成社区内部交通微系统，使外部车辆与内部车辆的使用分开，减小对居民安全出行的影响。而支路则需规范停车范围，减少乱停靠的现象，增大公共面积，提高居住环境的绿化程度。

3.3　公共空间视域分析

从泺文路社区的空间视域图可以看到（图5、图6），在道路较宽或交接处较多的空间，空间视域图呈现更多的灰色，主干路出现在全胜街与南券门巷交界处和全胜街与三和街交界处的空间。在泺文路社区中全胜街区域的视觉聚焦程度最高。朝阳街的部分道路交叉口处空间也有局部暖色出现。在社区空间使用中，主干路区域的可达性和居民吸引性较高，触发人群行为的可能性较大。作为整个社区公共空间中的视觉聚焦点与形象展示面，这部分空间在旧居住区的改造设计中是公共空间提升的重点。

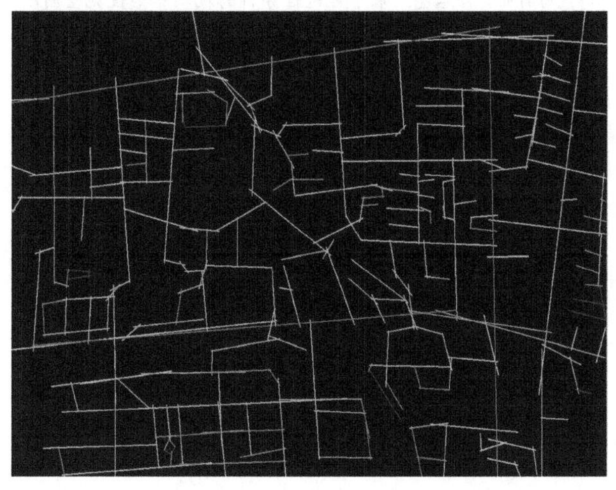

图5　泺文路社区轴线地图全局整合度

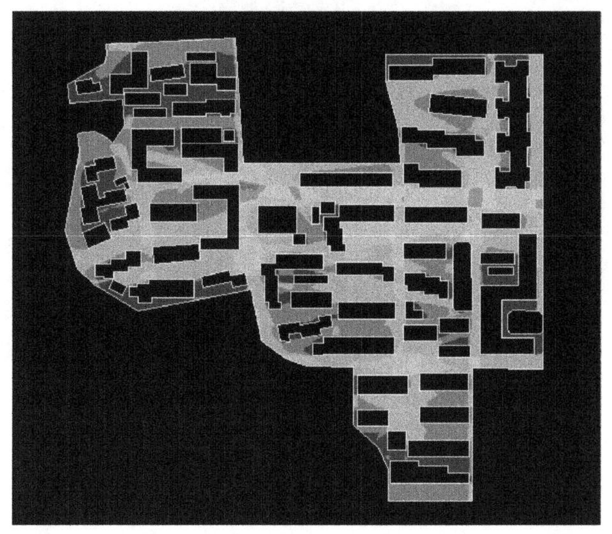

图6　社区空间视域图

社区中道路相对狭窄、可达性低或者建筑密度较大区域的可达性和公共性较低，人群活动较少。结合小区内部道路和宅间道路分析，主因是它们位于相对私密的住宅入户空间，与外界的交接相对较少。这部分空间作为小区内部居民公共空间而非社区公共空间，在改造更新时应以改善居住条件、提高小区内部环境品质为主，丰富公共空间的使用层次。

3.4　区域热力图分析

利用百度地图的热力图功能，截取了泺文路社区片区2020年6月2日0时至2020年6月2日23时的实时区域热力图并进行对比整理，得到该区域的热力图变化特征（图7）。可以看到6月2号0时至05时，泺文路社区区域呈热力值较低的状态。2号06时，受西南处齐鲁医院及泺文路泺源大街站、泺文路文化西路等公交站点的影响，热力开始出现早高峰聚集态势。07时至12时上午时段，受到香格里拉大酒店、天安时代广场的影响，社区北侧出现热力聚集，周边医院、各个道路交界处的热力范围逐渐增加，热力图出现大面积的高聚集图像并出现最高值。13时至15时，聚集减少且热力态势减弱，聚集密度降低，16至18时接近傍晚时间聚集增强，热力程度相对中午时段稍弱。19时至23时，周边商业综合体、医院对社区的影响变小，随着居民下班归家等活动，社区内部开始出现部分热力聚集。

随后将6月2日的24张热力图进行叠加，再将其叠加于泺文路社区地图，可以直观地看到一日内热力叠加热度最密集处（图7）。热力图聚集最密集区域为社区的西侧与趵突泉南路交接处、省经贸委宿舍以及东北处的老龄委会宿舍。结合实时热力图以及热力叠加图，可以直观分析出社区与城市互动程度最密集的区段，以及人群使用及密集分布时段，从而准确地提升居民的空间使用效率。

4　结语

泺文路社区位于济南重要的城市展示带上，但因老旧小区的城市形象落后，同时伴随着用地紧张、公共空间狭小等使用问题，旧居住区改造更新任务迫在眉睫。本文通过实地调研泺文路社区及其周边区域，评估现有老旧小区的现状空间品质，了解发现居民的实际需求和改造重点。结合空间句法以及区域热力图等直观定量分析方式，科学分析街道等空间的离散程度，并且结合空间视域和区域热力图分析，找到小区内部空间聚焦点，为将来的旧居住区空间品质提升做好理论基础。

以往常用经验思维来进行改造更新与城市设计。而在开放数据时代，将客观的数据对以往的实践加以佐证分析，结合实地考察，精准找出改造设计中的需求重点，为旧城居住区的城市更新该最早和开发建设方式转型提供一种科学的新方法。

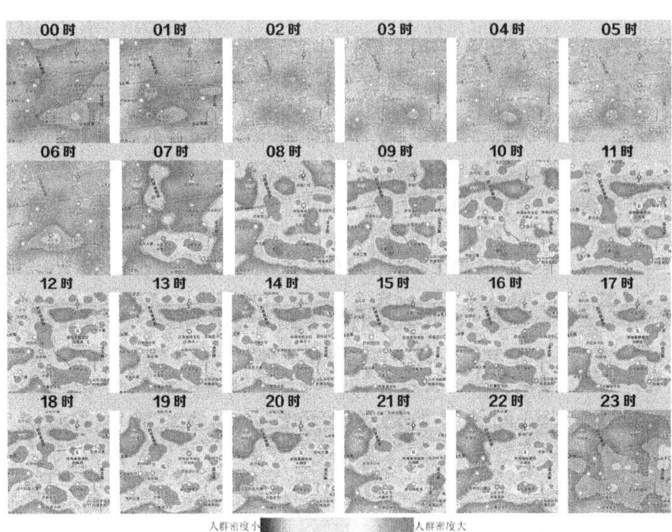

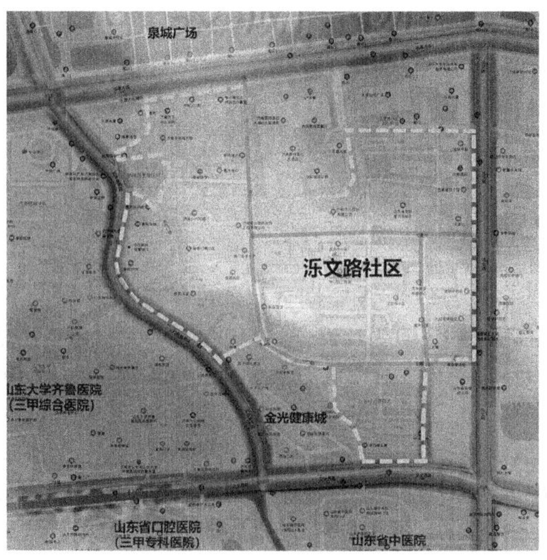

图 7　社区一日时热力图及地图叠加热力图

参考文献

[1]　张烙，张烁．基于空间句法与 PSPL 的入口空间微更新策略研究——以武汉市汉阳玫瑰街区为例[J]．华中建筑，2020，38(8)：75-79.

[2]　车鑫，程世丹．基于空间句法的教学空间可达性探究——以武汉大学工学部为例[J]．华中建筑，2020，38(8)：85-90.

[3]　龙瀛，沈尧．大尺度城市设计的时间、空间与人(TSP)模型——突破尺度与粒度的折中[J]．城市建筑，2016，(16)：33-37.

[4]　赵立志，王兆海，韦刚夫．北京 1980 年典型老旧住宅适老性改造初探[J]．城市发展研究，2016，23(4)：中插 23-中插 27.

[5]　马丽亚，修春亮．基于可达性分析的机构养老设施空间配置研究——以长春市为例[J]．老龄科学研究，2018，6(5)：62-71.

[6]　姜璐．基于空间句法的居住街区开放度研究——以四川地区为例[D]．四川：西南交通大学，2017.

[7]　申皓元．面向医养结合的既有住区更新规划研究——以大连市中心城区为例[D]．辽宁：大连理工大学，2018.

[8]　窦永佳．既有住宅区公共空间适老化可持续性更新方法研究[D]．江苏：东南大学，2017.

作者简介

马小川，1995 年 6 月生，女，汉族，硕士，重庆大学建筑城规学院，全日制建筑学专业硕士，研究方向为建筑设计及其理论。电子邮箱：mxcjzyx@163.com。

修复后土壤园林绿化再利用难点浅析①

Analysis on the Difficulties of Remediated Soil Reuse on Landscape Greening

王国玉　栾亚宁　穆晓红　白伟岚　曲　辰

摘　要：“世上没有绝对的垃圾，只有放错位置的资源”，修复后土壤作为一种环保达标的产出，其再利用已经成为多领域关注的热点。文章首先分析了现阶段我国土壤污染治理总体趋势、园林绿地土壤现状特征和国内外污染土壤修复利用情况，总结了修复后土壤具有低污染残留、理化性质改变、生态功能受损和“邻避”潜在属性的4大特征；在此基础上，从修复后土壤园林绿化应用角度提出“修复土壤特征限制、再利用影响不明，指标参数多样、标准覆盖不全，管理衔接缺位、资金保障缺乏”等方面再利用难点，并从基础研究、标准完善、策略优化、机制衔接和“邻避”缓解等方面给出针对性建议。

关键词：园林绿化；修复后土壤；再利用；环境

Abstract: “There is no absolute garbage in the world, only misplaced resources”. As an output of environmental protection standards after restoration, the reuse of soil has become a hot spot in many fields. The article first analyzes the overall trend of soil pollution control in China at this stage, the characteristics of soil in green space, as well as the remediation and reuse of contaminated soil at home and abroad, summarized the four major characteristics of the remediation soil with low pollution residue, changes in physical and chemical properties, damage to ecological functions and potential properties of "NIMBY"; on this basis, from the perspective of the application of soil landscaping after restoration, it is proposed that "the characteristics of restoration of soil are limited, the impact of reuse is unknown, the index parameters are diverse, the standard coverage is incomplete, the management connection is missing, and the funding guarantee is lacking", etc. And giving specific suggestions from basic research, standard improvement, strategy optimization, mechanism connection and "NIMBY" mitigation.

Key words: Landscaping; Remediated Soil; Reuse; Environment

“万物土中生”，土壤是人类生存、国家发展、生态文明建设的基础资源。伴随着快速工业化和城市化，我国的土壤环境形势日趋严峻，土壤污染问题日益突出。近年来，国家将污染场地治理纳入污染防治三大攻坚战，并将土壤环境指标作为美丽中国建设评估指标体系的重要内容，出台了一系列法规标准，基本建立了“一法两标三部令”[1]土壤污染防治法规标准体系。在此基础上，污染场地调查、风险评估和修复治理、建设用地土壤污染风险管控和修复名录建立，污染地块联动监管机制等方面工作取得了巨大进展，但土壤修复后再利用仍处于探索阶段。2019年中央财政安排土壤污染防治专项资金50亿元，比2018年增长42.90%，工业类污染场地修复工程占据行业市场的主要部分[2]（图1），可以预见土壤修复工程的“产能”将会持续急速扩大。由于我国的工业污染土壤修复大多是“地产驱动型”，多采用异位修复技术，修复合格土壤离场消纳问题日益突出。

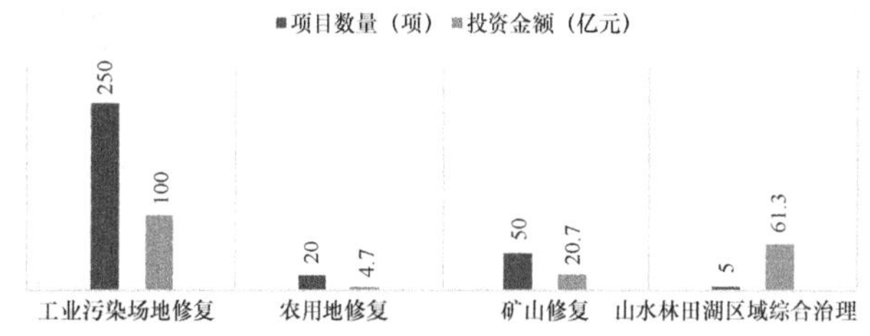

图1　2019年中国污染修复项目类型分布图
（数据来源：参考文献[2]）

作为重要的城市基础设施，在长期努力下，城市绿地总量水平和总体面貌获得了极大的提升，但内在生态质量效益水平却不容乐观，其重要原因之一是中国在城市绿化建设中普遍重视地上植物部分而忽略了地下土壤质量。土壤作为绿地植物生长的介质和功能发挥的载体，是整个绿地系统的基础，绿地能产生多大的环境效益与美学价值，在很大程度上取决于其土壤质量[3]。已有相关学者结合园林绿化工作实践，提出了“土质差、密实度高、土壤深度不足”等[4-6]“土质性缺土”，回填种植土土源短缺等[7]“资源性缺土”和管理体系不完善[7,8]造成的“功能性缺土”的突出问题，并在表土保护、原土改良、淤泥再利用等方面开展相关研究[3,9]，为解决绿化土壤紧张问题做了有益探索。

综上，修复后土壤用于园林绿化可以说是“有产出、有需求”，但因城镇绿地具有景观、游憩、防灾避险等综合功能，是为城市居民提供优质生态产品的重要载体，其自身生态品质也是居民百姓关注热点。因此，修复后土壤在园林绿化的应用也会受到格外关注，在技术、标准、机制等方面均存在一系列需要突破的难点。

①　基金项目：国家重点研发计划资助（编号：2018YFC1801402）。

1 修复后土壤再利用现状

1.1 国外土壤修复利用概况

经过多年的研究与实践，各国均建立了相对完善的技术政策体系[10,11]。其中，美国在1980-2002年，先后颁布了《超级基金法》《棕地行动议程》《小企业责任减免及棕地再生法》等多部法律，以明确棕地的责权关系、再开发用途、奖励机制以及风险评估问题。从实施路径、专项基金、技术标准、社会参与、奖励机制等多方面共同推进污染场地治理与再利用。荷兰通过立法和标准制定，引领污染场地的修复与再利用。作为欧盟成员国中最先制定土壤保护专门立法的国家之一，其《土壤保护法》于1987年生效；2008年，颁布《荷兰土壤质量法令》，该法建立了新的土壤质量标准框架，设立了10种不同土壤功能的国家标准。在修复标准方面，荷兰考虑了人类健康风险、生态风险和农业生产3个方面的因素，确立了自己的污染场地修复标准，并根据目标值、干预值（基于严重风险水平，确定修复的紧迫性）和国家土壤用途值（基于特殊土壤用途的相关风险）确定不同层次的修复目标。

从欧美等发达国家土壤污染修复历程来看，随着理念更新、技术进步，地块原位修复比例不断增加，异位修复或土壤外运比例逐年降低。以美国超级基金工程统计为例，1980-2010年期间，原位修复技术项目与异位修复技术项目数量比例由23.6%稳步增加到79.0%（图2）。

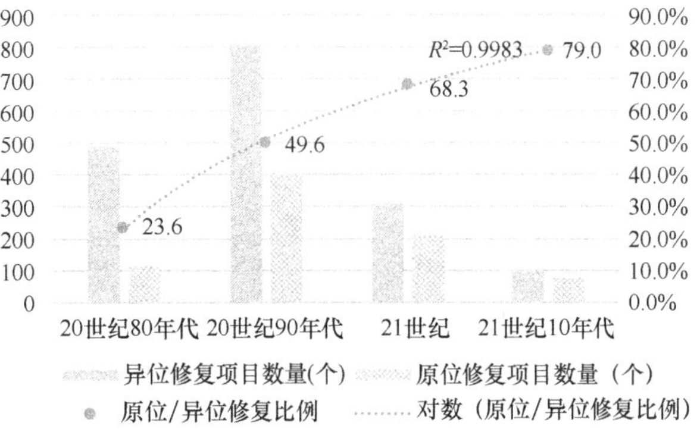

图2 美国超级基金工程原位/异位修复技术采用分析（数据来源：参考文献[12]）

1.2 我国修复后土壤再利用现状

我国人口密度高，城市规模大，土地开发利用强度较高，当前我国典型的污染场地主要还是工业企业拆迁后形成的待开发棕地。受地产开发驱动影响，多数修复地块需涉及土壤外运。笔者通过项目实地调研也发现，针对具有一定规模的污染场地，受修复工艺要求及效益驱动，污染土壤的修复主要是“外运—集中处理—修复后再利用”的流程。已有学者指出，从场地治理的角度，“外运”异地治理策略是中国当前棕地再生中采用最多的治理方式，但“外运”的过程易造成运输途中的二次污染及新棕地的产生，有时甚至只是简单的污染“转嫁”，不应提倡[13]。

现阶段我国环境行业主管部门及从业者的工作重心和关注重点还主要集中在场地环境调查、安全性评估和污染修复阶段。北京、上海、广东等发达省市，在修复后土壤再利用方面走在了全国前列。北京市出台了《污染场地修复后土壤再利用环境评估导则》DB11/T 1281—2015，明确了修复后土壤再利用环境评估的程序、方法、内容和技术要求，并明确环境敏感区作为修复后土壤不能再利用区域，包括自然保护区、饮用水水源保护区及其补给径流区、特殊地下水资源保护区、基本农田保护区、重要湿地等区域[14]。北京城市副中心绿心项目，在核心保育区运用“阻隔覆土＋生态恢复＋自然衰减＋环境监测＋制度控制”等系列技术，对原东方化工厂约15.73万m^2的中重度污染土壤实施全生命周期的风险管控。广东省编制了《广东省污染地块修复后土壤再利用技术指南（征求意见稿）》[15]，明确了原址和异址再利用方式，并针对建筑用地回填、道路设施用土、绿地用土等类型再利用提出了风险管控技术要点。上海结合世博会、迪士尼等重大项目开展了土壤修复再利用实践，并针对公园绿地开展了炮台湾公园、上钢六厂的钢雕公园、桃浦工业园区中心绿地等典型修复再利用项目建设。

以浙江省为例，在调研的53个修复地块中，由于土地开发利用强度较高，涉及土壤外运比例约为71%；从修复土壤再利用方式看，用于绿化用土的有2个，用于绿化区域下填用土的3个，项目数量占比9.4%；修复后土壤处理规模占比约为23.95%。可以预见，修复后土壤用于园林绿化有可能成为修复土壤消纳的主要方式之一。

2 修复后土壤特点

2.1 具有低污染残留特征

土壤修复是指采用物理、化学或生物的方法固定、转移、吸收、降解或转化场地土壤中的污染物，使其含量降低到可接受水平，或将有毒有害的污染物转化为无害物质的过程。《污染场地土壤修复技术导则》HJ25.4—2014明确了场地修复目标为由场地环境调查和风险评估确定的目标污染物对人体健康和生态受体不产生直接或潜在危害，或不具有环境风险的污染修复终点[16]。《土壤环境质量建设用地土壤污染风险管控标准（试行）》GB 36600－2018，给出了保护人体健康的建设用地土壤污染风险筛选值和管制值，并明确采取修复措施的场地，其修复目标应当低于风险管制值[17]。因此，污染场地修复后土壤必然会含有一定水平的低浓度污染残留。根据现有环境标准，残留水平的确定较多的考虑了人体健康暴露风险，对环境风险、生态风险的情景考虑较少。修复后土壤再利用过程中，低污染残留是否对周边环境、生态造成不可控的风险是当前急需关注的重点之一。

2.2 理化性质显著变化

目前，土壤修复市场主要应用的成熟技术主要包括淋洗、热脱附、固化稳定化等。伴随着目标污染物的移除或降低，土壤原有理化性质受修复技术和工艺的影响，往往会出现显著变化，部分甚至是不可逆变化，如：①土壤酸化，土壤pH低于正常范围（通常<5.5）；②土壤盐碱化，过量Na离子导致土壤硬化，降低水力传导能力；③土壤物理性状发生改变：包括土壤板结、容重增加、团聚性差，质地过于沙质或黏质等；④养分和有机质含量下降，N、P、K等微量元素浓度失衡；⑤有害物质积聚，抑制植物生长发育[18]。

2.3 原有生态功能受损

土壤中生活着丰富的微生物、植物和动物，其中地下丰富的土壤微生物和动物资源是土壤发挥物质循环、转化、储存和能量转换等生态功能的重要环节。现阶段我国土壤修复主要集中在对旧工业基地的化学和物理修复，生物、微生物等生物修复技术受修复速率慢，需要时间较长，难以处理深层污染等局限，应用范围有限。物理、化学处理在降低环境污染物浓度的同时常带来衍生影响，如汽油污染土壤在低温条件下（250℃）厌氧热处理，土壤微生物群落组成会发生改变，而在加热温度大于500℃时，土壤微生物群落基本无复活能力[19]。修复措施造成微生物、动物的养分制造、物质分解、结构改良等关键功能受损，甚至灭失。

2.4 具有“邻避”潜在属性

基于修复后土壤低污染残留、结构指标改变、生态功能受损的突出特点，且再利用后对环境、生态和人体健康的影响关系并不明确，加之缺乏公众宣传和科学监督，使得修复后土壤再利用，尤其是用于与人密切接触的环境中，存在着“邻避效应”的消极抵制，增加了再利用的难度。

3 园林绿化再利用难点

根据当前修复后土壤特点与园林绿化土壤现状特点及技术参数标准综合分析，修复后土壤园林绿化再利用的难点主要包括修复土壤特征限制、再利用影响不明，指标参数多样、标准覆盖不全，管理衔接缺位、资金保障缺乏等方面。

3.1 修复土壤特征限制、再利用影响不明

城市绿地土壤与自然土壤相比具有明显差异。修复后土壤园林绿化再利用，应充分考虑城市绿地土壤原本具有的土壤密实、结构差，土壤侵入体多，土壤养分匮缺和土壤污染等背景特征[20,21]。因此，修复后土壤低污染残留影响可能不是最突出的，但现行国标管制值范围内的低污染残留对有无影响，不同含量水平的环境影响大小尚不明确。已有研究表明，针对修复后场地用于园林绿化，除与污染物等土壤环境质量有关外，其土壤物理性质、土壤养分、土体分层类型等则对园林绿化的影响更大[22]。目前，针对不同修复技术类型来源的修复后土壤对植物生态影响的定量研究与分析尚在开展，修复后土壤园林绿化再利用的技术途径、风险控制措施等尚不明确。

3.2 指标参数多样、标准覆盖不全

在标准方面，工程建设阶段涉及绿地土壤的较少、级别不高，仅有行业标准《绿化种植土壤》CJ/T 340—2016和相关地方标准。近年来，结合城市更新、棕地开发等热点工作，逐步研究编制了《园林绿化用城镇搬迁地土壤质量分级》T/CHSLA 50005—2020《园林绿化棕地土壤质量分级（征求意见稿）》等团体标准。分析当前绿化土壤各标准[23-31]关注的土壤技术参数（表1），可以发现有机质含量、pH、土层厚度和容重、土壤肥力等指标对植物生长影响的重要性。综上，修复后土壤本体或经改良后，其肥力、结构、理化性质及其他基本指标均应满足在一定的范围之内，才能够被用作绿化土，为植物生长提供基本的土壤条件。

当前绿化土壤标准中选用的土壤指标情况　　表1

土壤指标		行业标准	地方标准							团体标准
		CJ/T 340—2016	上海	北京	重庆	广州	深圳	青岛	天津	T/CHSLA 50005—2020
物理性质	质地	√			√	√		√		√
	通气孔隙度		√	√	√	√	√			√
	土壤入渗率	√							√	
	石砾含量	√	√	√	√	√		√	√	
	土层厚度	√	√	√	√	√	√	√	√	√
	容重			√	√	√	√	√	√	√
化学性质	pH	√	√	√	√	√	√	√	√	√
	电导率		√		√	√	√		√	√
	含盐量	√	√	√	√	√	√	√	√	
	阳离子交换量	√	√		√					
	有机质含量	√	√	√	√	√	√	√	√	√

续表

土壤指标		行业标准	地方标准							团体标准
		CJ/T 340—2016	上海	北京	重庆	广州	深圳	青岛	天津	T/CHSLA 50005—2020
化学性质	有效磷	√	√	√	√	√	√	√	√	
	速效钾	√	√	√	√	√		√	√	
	碱解氮				√					
	水解性氮	√	√	√		√		√	√	
	有效硫	√								
	有效镁	√								
	有效钙	√								
	有效铁	√								
	有效锰	√								
	有效铜	√								
	有效锌	√								
	有效钼	√								
	可溶性氯	√								
	重金属含量	√	√		√			√	√	
土体特性	杂填土埋深									√
	不透水层埋深									√
地下水	地下水位									√

注：√—相应规定在规范中指出。

《土壤环境质量建设用地土壤污染风险管控标准（试行）》GB 36600－2018，从环境角度给出了各类污染物含量的风险筛选值和管制值。《污染场地土壤修复技术导则》HJ 25.4－2014 明确了场地修复的原则、程序、内容和技术要求，重点关注了污染物环境风险目标，以及技术经济可行性，对土壤生态的关注较少，导致修复副作用往往造成土壤生态的破坏，造成园林绿化再利用的巨大困难。

3.3　管理衔接缺位、资金保障缺乏

目前环境治理与风险评估工作重心仍主要集中自然资源主管部门的供地审批流程之前。自然资源空间规划、住房城乡建设部门开发建设和业主使用阶段的后期管理阶段，《土壤污染防治法》《土壤污染防治行动计划》等相关法规政策明确了“将建设用地土壤环境管理要求纳入城市规划和供地管理、土地开发利用必须符合土壤环境质量要求”的总体要求，但在具体操作层面，缺乏管理细则和技术标准的支撑。修复后场地和土壤的“供—建—用”全过程的风险管控流程与机制尚在完善。近年来，粤港澳大湾区在借鉴国外及港澳发达城市管理经验基础上，从城市群尺度逐步完善了生态环境、自然资源、城乡规划、土地储备、城乡建设等部门衔接有效的管控程序和制度体系[32]，相关探索有效支撑了污染场地安全再利用的流程化推进。

当前《关于进一步加强环境治理保护项目储备库建设工作的通知（环办规财〔2017〕19 号）》等文件政策在土壤修复环节形成了资金保障，明确将项目库建设作为财政专项资金分配的重要依据，对纳入储备库的项目给予资金支持，但并未涵盖治理完成后的土壤再利用环节。城市绿地若开展修复后土壤再利用多为异位修复，相比常规工程技术流程，修复土壤用于绿化种植土，技术上还需增加酸碱调节、土质增肥、配比调节等一系列改良措施，以及后续的污染残留监管设施设备等，以实现修复后土壤再利用环境风险的管控。这些工程措施必将会导致工程造价大幅提升，并且不属于现有工程建设造价范畴，修复后土壤再利用的资金保障缺乏。

4　相关建议

4.1　扎实启动基础研究

目前，针对研究重点关注还在修复过程。2018—2020 年期间，针对巨大环保需求和技术发展趋势，国家通过重点研发计划“场地土壤污染成因与治理技术”重点专项对相关研究形成滚动支持。初步统计，3 年间共计支持立项项目达 63 项，其中重点涉及污染场地中土壤污染成因、修复技术、风险管控等方面项目有 19 项，涉及再利用的项目仅有 1 项，修复后低污染安全再利用、环境风险管控等一系列技术研究刚刚起步。针对修复后土壤的安全再利用方面“评价—实施—监测—管控”的系统化、精细化基础研究尚待进一步扎实推进。

4.2　细化标准内容对接

尽快修订《污染场地土壤修复技术导则》HJ 25.4－

2014，增加土壤生态保护与修复内容，从技术、经济、生态多维度综合考虑，筛选可行的技术路线，进行污染土壤的修复，降低再利用难度。编制《修复后土壤园林绿化再利用及风险评估技术指南》，从选材、施工、管护、监测等不同阶段全面覆盖修复后土壤再利用情景，为系统化开展修复后土壤再利用形成标准引领。

4.3 协同优化再利用策略

（1）优化污染土壤修复技术，降低“再利用难度”，根据污染场地特征条件、修复目标和修复要求，以及后续再利用方式，合理选择确定污染场地修复总体思路，鼓励采用绿色的、可持续的和资源化修复。

（2）加强与国土空间规划基础数据库的空间匹配，优化城市空间布局，在“工业产业调整、退城入园”过程中腾退地块的城镇绿化再利用适宜性评价基础上，开展“棕地复绿、留白增绿”工程。针对大型污染地块，结合城市规划和景观设计，优化修复后土壤再利用模式，实现区域内“土方平衡”。

（3）实施修复后土壤园林绿化再利用分级分类管理，助力“永续利用”。结合园林绿地类型与功能定位，建立“一级禁用，二级慎用、三级可用”的修复后土壤再利用绿地清单。制定不同区域、不同绿地类型、不同群落配置模式的修复后土壤安全利用技术规范。

（4）结合智慧园林技术，构建土壤全生命周期管理数据库，支撑“土尽其用”。将土壤所在地块生产活动信息以及地块调查评估、风险评估、管控和修复工程、效果评估报告、再利用形式等信息纳入土壤全生命周期数据库。探索建立监测采集等风险管控体系，对一般区域采取定位监测等措施管控风险；对修复后土壤集中使用区域，采取定期监测、富集植物安全处置等措施，保障绿地环境安全和人体健康风险可控。

4.4 理顺管理机制，出台支持政策

在沿海发达地区机制建设探索的基础上，进一步理顺“场地调查—风险评估—修复/风险管控实施方案—修复/风险管控效果评估—供地审批—开发建设—使用维护”的污染地块土壤修复风险管控“全生命周期”管理机制，衔接生态环境、自然资源、国土规划、土地储备、城乡建设等管理环节。将修复后土壤再利用相关工作纳入国家和各级地方政府环保项目储备库建设工作范畴，配套出台相关资金保障文件，将修复后土壤用作园林绿化土的实施、监测、维护纳入专项资金支持。

4.5 加强环保宣传，有效防范再利用“邻避效应”

出台相关政策，引导规划设计方案编制过程中增加“土壤资源保护与修复利用”专章内容，并完善规划设计方案的公示与公众参与机制，加强公众引导与沟通，强化正确的风险认识和环保参与意识，有效缓解修复后土壤再利用过程中“邻避思想”严重的公众极端反映。

参考文献

[1] 王夏晖，孟玲珑. 我国土壤污染防治总体进展与新时期推进思路[J]. 中华环境，2020(06)：24-26.

[2] 王睿，刘媛. 2019年环保产业发展评述及发展展望——为决胜污染防治攻坚战贡献力量[J]. 中国环保产业，2020(04)：16-20.

[3] 施少华，梁晶，吕子文. 上海迪士尼一期绿化用土生产[J]. 园林，2014(07)：64-67.

[4] 黄修华. 关于城市园林绿化用土问题的探讨[J]. 现代园艺，2011(17)：111-112.

[5] 伍海兵，方海兰，彭红玲，等. 典型新建绿地上海辰山植物园的土壤物理性质分析[J]. 水土保持学报，2012，26(06)：85-90.

[6] 于法展，李保杰，刘尧让，等. 徐州市城区绿地土壤的理化特性[J]. 城市环境与城市生态，2006(05)：34-37.

[7] 狄多玉，吴永华. 兰州市园林绿化用土及绿地土壤质量管理现状与对策[J]. 甘肃林业科技，2008(02)：42-45.

[8] 裴建文. 城市园林绿化用土问题探讨[J]. 绿色科技，2012(02)：49-50.

[9] 柏营，金大成，方海兰. 河道淤泥用作绿化结构土的可行性探讨[J]. 上海交通大学学报(农业科学版)，2019，37(01)：36-40.

[10] 宋飏，林慧颖，王士君. 国外棕地再利用的经验与启示[J]. 世界地理研究，2015，24(03)：65-74.

[11] 张健健，姚菲雪. 欧美棕地政策比较及其对棕地景观修复的影响[J]. 生态经济，2018，34(04)：213-217.

[12] Office of Land and Emergency Management，Superfund Remedy Report-15th Edition. US EPA，2017，EPA-542-R-17-001.

[13] 郑晓笛. 棕地再生的风景园林学探索——以“棕色土方”联结污染治理与风景园林设计[J]. 中国园林，2015，31(04)：10-15.

[14] 污染场地修复后土壤再利用环境评估导则 DB11/T 1281-2015[S]. 北京市质量技术监督局. 2015.

[15] 广东省污染地块修复后土壤再利用技术指南(征求意见稿). http://gdee.gd.gov.cn/ggtz3126/content/post_2332804.html.

[16] HJ 25.4-2014. 污染场地土壤修复技术导则[S]. 环境保护部. 2014.

[17] 土壤环境质量建设用地土壤污染风险管控标准(试行)GB 36600—2018[S]. 生态环境部 国家市场监督管理总局. 2018.

[18] Allen，H.，et al.，The use of soil amendments for remediation，revitalization and reuse. US EPA，2007.

[19] 叶渊，许学慧，李彦希等. 热处理修复方式对污染土壤性质及生态功能的影响. 环境工程技术学报. https://kns.cnki.net/kcms/detail/11.5972.X.20200730.1734.002.html.

[20] 韩继红，李传省，黄秋萍. 城市土壤对园林植物生长的影响及其改善措施[J]. 中国园林，2003(07)：74-76.

[21] 李玉和. 城市土壤形成特点肥力评价及利用与管理[J]. 中国园林，1997(03)：20-23.

[22] 陈平，张浪，李跃忠等. 基于园林绿化用途城市搬迁地土壤质量评价的思考[J]. 园林，2019(08)：78-82.

[23] CJ/TJ 340-2016. 园林绿化栽植土质量标准[S]. 住房和城乡建设部. 2016.

[24] DG/TJ 08-231-2013. 园林绿化栽植土质量标准[S]. 上海市城乡建设和交通委员会. 2013.

[25] DB11/T 864-2012. 园林绿化种植土壤[S]. 北京市质量技术监督局. 2012.

[26] DB440100/T 106-2006. 园林种植土[S]. 广州市质量技

术监督局. 2006.
[27] DBJ/T 50-044-2019. 园林栽植土壤质量标准[S]. 重庆市建设委员会. 2019.
[28] DB3702/T 270-2018. 园林绿化种植土质量标准[S]. 青岛市质量技术监督局. 2018.
[29] DB440300/T 34-2008. 园林绿化种植土质量[S]. 深圳市质量技术监督局. 2006.
[30] DB/T 29-226-2014. 天津市园林绿化土壤质量标准[S]. 天津市城乡建设委员会. 2014.
[31] T/CHSLA 50005-2020. 园林绿化用城镇搬迁地土壤质量分级[S]. 中国风景园林学会. 2020.
[32] 常春英，董敏刚，邓一荣等. 粤港澳大湾区污染场地土壤风险管控制度体系建设与思考[J]. 环境科学，2019，40(12)：5570-5580.

作者简介

王国玉，1983年6月生，男，汉族，山东无棣，硕士，中国城市建设研究院有限公司，高级工程师，研究方向为城市生态与风景园林。电子邮箱：wanggy126@126.com。

栾亚宁，1983年12月生，女，汉族，山东烟台，博士，北京林业大学，副教授，研究方向为土壤学、园林废弃物再利用。

穆晓红，1988年8月生，女，汉族，河北邯郸，硕士，中国城市建设研究院有限公司，助理工程师，研究方向为城市生态学。

白伟岚，1968年2月生，女，汉族，北京，硕士，中国城市建设研究院有限公司，风景园林专业总工程师、教授高工、注册城乡规划师，研究方向为城市规划与城市生态。

曲辰，1993年9月生，女，汉族，河北迁安，硕士，中国城市建设研究院有限公司，助理工程师，研究方向为风景园林规划设计。

基于 POI 数据的城市公园服务功能区识别研究
——以重庆主城区 43 个公园为例

Research on the Identification of Urban Park Service Functional Area Based on POI Data:
A Case Study of 43 Parks in Chongqing's Main Urban Area

吴嘉铭

摘　要： 精准识别公园服务功能区对于完善公园及周边服务功能，推动公园城市理念的落实具有重要意义。本文选取公众认知度和地物一般面积对行业 POI 数据进行加权，构建公园服务功能区定量识别方法，以重庆市 43 个城市公园为例，输出城市公园服务功能区分布图并开展分析。将重庆城市公园服务功能区分为商业主导功能区、交通主导功能区、商业-居住混合功能区、商业一交通混合功能区、居住-交通混合功能区五大类，并基于百度地图对公园服务功能区识别图进行验证，结果表明，基于 POI 数据的城市公园服务功能区准确度较高，具有实际应用价值。
关键词： POI 数据；城市公园；服务功能区

Abstract: Accurate identification of park service functional areas is of great significance for improving the service functions of parks and surrounding areas and promoting the implementation of park city concept. In this paper, public awareness and general surface area are selected to weigh industry POI data, and a quantitative identification method for park service functional areas is constructed. Taking 43 urban parks in Chongqing as examples, the distribution map of service functional areas in urban parks is exported and analyzed. Chongqing city park service area can be divided into dominant function, traffic function, business-living mixed functional areas, business-traffic mix five functional areas, living-traffic mixed function, and based on baidu map figure of park service function recognition test, the results show that the urban park service function based on the POI data accuracy is higher, has practical application value.
Key words: POI Data; Urban Park; Service Functional Area

引言

如何提升公园服务功能以推动城市高品质建设已成为未来城市发展的重要议题，而对现状公园服务功能区的识别能在一定程度上指导未来公园城市建设。因此，科学识别不同公园服务功能区类型，并分析其空间布局对优化城市公园体系、指导城市绿地建设、实现城市高质量发展具有重要的理论与实践意义。

传统公园绿地规划中，往往采用实地调查、专家评判等经验型方法，工作量大，主观性强。随着遥感影像解译技术的发展，学者们尝试用遥感解译图像和 GIS 专题数据来识别城市用地功能，但仅凭遥感影像特征不能完全地反映城市内部土地功能信息，而影像数据获取时效性差，不能及时而高精度识别城市内部用地。

城市兴趣点（POI）数据具有数据量大、获取较便捷、分析方便等特征，其混合模式对于城市特征研究具有重要意义。用 POI 数据识别城市功能区在精确度与可操作性有所提升。姜佳怡等用 POI 数据对上海城市用地进行识别并评估了城市绿地，验证表明结果准确；窦旺胜等也利用 POI 数据对济南市内五区城市用地功能进行了较为准确的识别。目前，风景园林和城市规划领域的研究多集中于城市综合功能区的识别与优化策略，包括城市结构研究、城市边界提取、城市人口时空变化等多个方面，缺少对特定类别功能区的识别与符合度研究。

本文以充分反映人们生产与生活的 POI 数据对城市公园服务功能区类型进行研究，从 POI 数据的分布数量和混合模式两个层面，对公园服务功能区进行定量化研究。

1　研究数据与分析方法

1.1　研究范围及对象

本次研究的主体范围拟定为重庆市主城九区，并在主体研究范围内选取具有一定规模且较为典型的 43 个公园为研究对象，Luca Bertolini 指出人步行 15min 的距离约为 800m 的半径范围，因此将以公园为中心向外辐射半径为 800m 缓冲区作为公园服务功能区，进一步确定其为研究范围。

1.2　研究数据及数据处理

1.2.1　数据来源

POI 数据来源于 2018 年高德地图 API 开放平台，最终获得重庆市主城九区 34.2 万余条数据，其中每条 POI 数据包括经度、纬度、名称、地址、类型、行政区等多个属性。高德地图POI数据包含主要包括餐饮服务、购物服务、科教文化服务、风景名胜等14大类，基本涵盖了所有的设施类型，是实体对象在地图上的抽象表示，因此，可近似认为POI数据包含城市空间中的所有研究对象。

1.2.2 数据处理

在诸多的原始POI数据中，涉及较多不具有识别价值的POI数据，因此结合本次的研究内容，剔除掉原始POI数据中公众认知度较低的点。最终形成整理得到12个大类的POI，参考2011年最新版城市用地分类与规划建设用地标准，将POI数据类型与城市用地分类进行对应。并考虑到本次研究的对象为城市公园，最终将能够典型、有效地代表用地性质的POI数据与居住用地、商业服务设施用地、公共管理与公共服务设施用地、道路与交通设施用地进行对应（表1）。

POI数据分类及用地对应　　表1

序号		大类	小类
1	居住用地	居住	住宅、公寓等
2		生活服务	快递、美容美发、家政服务、电信服务等
3	公共管理与公共服务设施用地	文化教育	学校、图书馆、科技馆等
4		政府机构	政府、街道办等
5		医疗卫生	医院、卫生院、疾控等
6	商业服务设施用地	住宿服务	宾馆、酒店等
7		金融保险	银行、投资、保险等
8		公司企业	各类有限公司、企业等
9		餐饮服务	美食、咖啡、蛋糕甜品等
10		休闲娱乐	酒吧、KTV、网吧、电影院等
11		购物	超级市场、专卖店、家具、服务等
12	道路与交通设施用地	交通设施	停车场、公交站、加油站、车站等

2 研究方法

2.1 公园周边功能聚集特征分析

研究通过ArcGis10.2分析软件对公园800m缓冲区范围内的各类POI数据进行统计分析，分析不同数量等级的类型在城市空间中的分布。

2.2 公园周边功能区定量识别

对公园缓冲区内的城市功能进行研究，通过构建类别比例（Category Ratio，CR）来识别功能区性质，计算公式为：

$$C_i = \frac{d_i}{D} \times 100\%$$

式中C_i表示第i种类型POI数据点数量的占比；d_i表示第i种POI数据点数量；D_i表示单元中全类型行业POI数据点数量。根据公式计算出每一个缓冲区的数据点密度，研究确定类型比例值为50%作为判断缓冲区功能性质的标准。当缓冲区内某种POI类型比例占到50%及以上时，即确定该缓冲区为单一功能区，功能区性质由此POI类型而定，进而得到该公园主导服务类型为该类功能；当缓冲区内所有类型的POI比例均未达到50%时，即确定该缓冲区为混合功能区，功能区性质则由占比前两位的POI类型确定，得到该公园主导服务类型为这两种功能。

2.3 POI数据点赋值方法

POI数据作为点数据不具备地理实体的面积信息，且不同类型地理实体面积相差很大，因此，将地物一般面积范围作为影响频数密度加权得分的一个影响因子，以分级打分的方式确定最终得分；此外，每一地理实体均可影响一定的人口和面积，但因地理位置、规模大小不同，影响范围相差大。因此，对不同类型地理实体影响范围进行量化评估很有必要。依据赵卫峰等构建的POI显著度度量模型，用公众认知度指标作为影响频数密度加权的另一个影响因子。李强等的研究表明，当两个影响因子的权重比例为5：5的结果准确率较高。因此，本文将权重比例设为5：5，对各用地类型中不同POI数据权重进行叠加后，将各类型用地权重定为居住用地为100、商业服务业设施用地为20、道路与交通设施用地为100、公共管理与公共服务用地为40。

3 结果与分析

3.1 整体结果及分析

对43个公园800m缓冲区范围内的12类POI数据进行统计分析，并在Arcgis10.5根据自然断点分级的方法对其进行等级划分并进行可视化处理。

从分析结果来看，承载较多设施点的缓冲区主集中在沙坪坝区、渝中区、江北区、渝北区、南岸区的中心地带，并具有明显的多中心分布特征。从公园周边地区承载的各类设施来看，沙坪公园、动步公园、花卉园、龙头寺公园、黄葛渡公园等公园对各类都承载较高（表2）。其中也有几个较为突出的公园，例如，彩云湖国家湿地公园周边地区对公司企业类设施、购物服务类承载明显多于其他设施类型；大学城中央公园周边地区对文化教育设施承载突出；天宫殿公园对住宿服务设施承载突出。

各类设施高承载力公园　　表2

序号	设施类型	缓冲区内高承载公园
1	餐饮服务	沙坪公园、动步公园、花卉园、龙头寺公园、黄葛渡公园
2	公司企业	巴国城生态公园、彩云湖国家湿地公园、黄葛渡公园

续表

序号	设施类型	缓冲区内高承载公园
3	购物服务	沙坪公园、彩云湖国家湿地公园、花卉园、黄葛渡公园
4	交通设施	动步公园、大龙山公园、百林公园、花卉园、黄葛渡公园、南滨公园
5	金融保险	动步公园、百林公园、黄葛渡公园
6	居住	沙坪公园、鸿恩寺公园、花卉园、龙头寺公园、黄葛渡公园
7	医疗卫生	重庆珊瑚公园
8	生活服务	沙坪公园、花卉园、大龙山公园、龙头寺公园、黄葛渡公园、南滨公园
9	文化教育	大学城中央公园、沙坪公园、重庆珊瑚公园、黄葛渡公园
10	休闲娱乐	沙坪公园、黄葛渡公园
11	政府机构	沙坪公园、重庆珊瑚公园、鹅岭公园、玉合公园
12	住宿服务	天宫殿公园、黄葛渡公园

3.2 公园主导服务功能区划分结果

通过对各类设施的用地归类，并计算居住、公共管理与公共服务、商业服务3大用地类型内的设施数据点密度，对公园周边地区的开发情况进行识别，最终结果如下：

重庆市共5类公园功能区，包括2类单一功能区和3类混合功能区。单一功能区有商业类主导功能区和交通类主导功能区；混合功能区有商业-居住主导混合功能区、商业-交通主导混合功能区、居住-交通主导混合功能区。

3.2.1 单一功能区空间分布特征

单一功能区表示功能区单元内某一种POI类型的比例占50%以上，其功能性质由该POI类型决定。其中，商业主导功能区占单一功能区主体75%，交通类的功能区占比较小，无居住和公共服务主导的功能区。

商业主导功能区主要分布于九龙坡区、渝北区、南岸区、沙坪坝区和巴南区。通常分布于新居住区附近，且面积较小，导致缓冲区范围偏小，无法覆盖较多的居住用地，而由于公园周边商业价值高，商业服务设施多靠近公园布局，进而形成商业主导的功能区；交通主导的功能区多位于城市外围，离城市核心区较远，面积较大，如国博中心公园和中央公园，是提升城市形象、完善城市功能的重大项目，建设之初即被定位为两江新区新的重要增长极，会对主城格局产生重大影响，而由于离核心区较远，为提升通达性，周边交通设施丰富。

3.2.2 混合功能区空间分布特征

混合功能区含义为功能区单元内所有类型POI比例均没有超过50%，从而选取前两种比例最高的POI类型作为功能区性质。混合主导功能区一共有30个，占总数的69.8%。

混合功能区主要以商业-居住混合和商业-交通混合为主，均占混合功能区总数的46.7%，且具有以下特征：商业-居住混合区多位于老居住区附近，如龙头寺公园、鹅岭公园、鸿恩寺公园等，周边商业服务设施丰富，居民日常活动较为便利；商业-交通区多位于渝北区和两江四岸，前者属于新城区，商业服务设施相对较少，公园面积普遍较大且多位于交通干线周边；后者是城市核心区，多在滨江沿线布局公园，此类公园沿滨江路布局或位于滨江路以下，周边停车场、公交站等交通设施丰富。

3.3 识别结果检验

为检验公园服务功能区识别结果的准确性，将实验得到的功能区模式，以两个典型公园——沙坪公园、动步公园为例进行对比分析。结合百度地图对公园服务功能区识别结果进行检验。

（1）沙坪公园服务功能区，识别为商业-居住混合功能区，其中餐饮服务、生活服务、购物服务以及居住设施较多。对照该区域的百度地图，区域中有火锅店、推拿店等众多商业服务设施以及约七处居住小区，识别结果较准确（图1）。

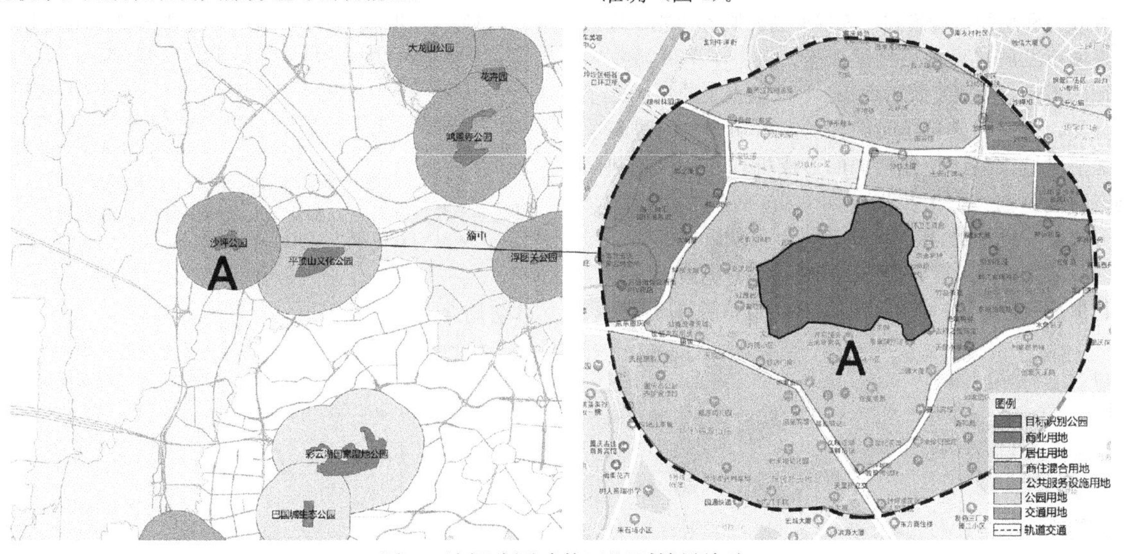

图1 沙坪公园功能区识别结果检验

（2）动步公园服务功能区，识别为商业-交通混合功能区，其中交通设施、餐饮服务设施和金融保险设施较多。对照该区域的百度地图，区域中有轨道交通环线-动步公园站、多处公交站、停车场以及火锅店、网咖等商业服务设施，识别结果较为准确（图 2）。

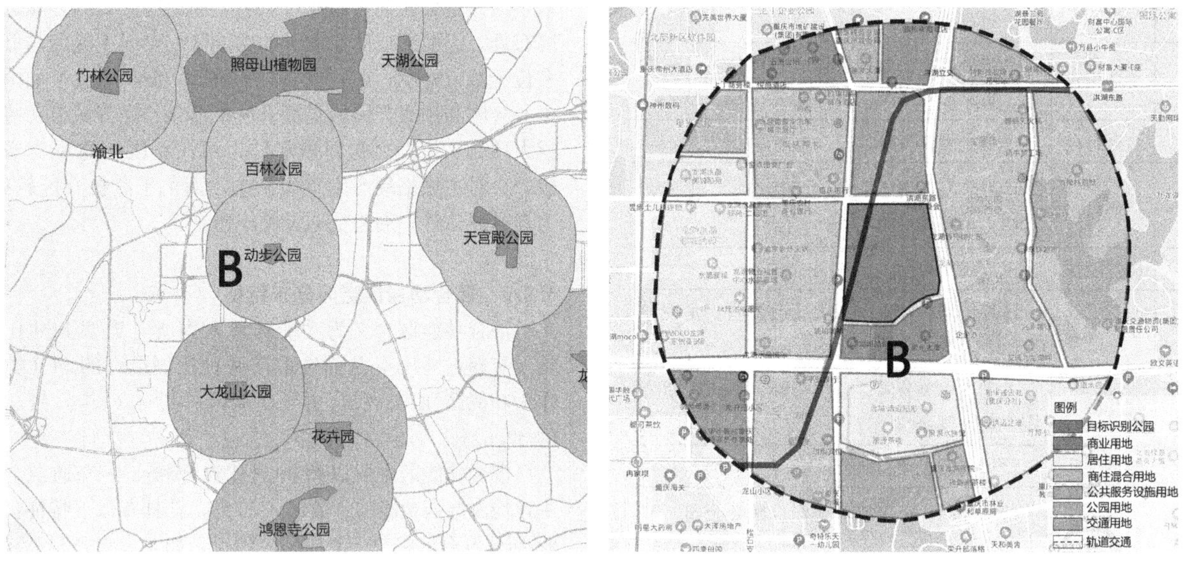

图 2　动步公园服务功能区识别结果检验

4　结论

以重庆主城区较为典型的 43 个公园为例，基于 POI 地理空间数据，从分布数量和主导开发模式两个角度进行分析，研究结果表明：

（1）从公园周边设施数量来看，重庆市高设施承载力的城市公园呈现多中心分布圈层化地域分布特征。

（2）从公园周边设施点混合模式来看，重庆市城市公园模式以混合功能区为主，其中商业-居住和商业-交通主导的混合功能区占比高，多分布于市内各区的核心地段和老城区；而单一功能区较少，多分布于市内各区的外围。

总体来看，基于 POI 数据定量识别城市公园服务功能区并将其可视化，有助于人们更加直观地了解公园的设施点承载力和功能混合模式，为提升公园服务功能，以促进未来城市发展建设提供科学依据。但由于 POI 数据分布特征的不足，对于建筑密度小、POI 数据少的地区无法进行分类，且只对某特定时间内的城市功能空间进行识别，无法对城市公园用地功能的形成机理和变化趋势进行动态分析，而本研究仅以公园 800m 缓冲区进行划分，划分尺度需更加细化。未来应融合多源数据、时序 POI 数据，细化研究尺度识别城市用地功能，提高识别精度，探讨形成机理，进一步完善对城市用地功能的研究。

参考文献

[1]　吴岩，王忠杰，束晨阳，等．“公园城市”的理念内涵和实践路径研究[J]．中国园林，2018，34(10)：30-33.

[2]　戴菲，姜佳怡，杨波．GIS 在国外风景园林领域研究前沿[J]．中国园林，2017，33(08)：52-58.

[3]　杜金龙，朱记伟，解建仓，等．基于 GIS 的城市土地利用研究进展[J]．国土资源遥感，2018，30(03)：9-17.

[4]　张铁映，李宏伟，许栋浩，等．采用密度聚类算法的兴趣点数据可视化方法[J]．测绘科学，2016，41(05)：157-162.

[5]　姜佳怡，戴菲，章俊华．基于 POI 数据的上海城市功能区识别与绿地空间评价[J]．中国园林，2019.

[6]　窦旺胜，王成新，薛明月，等．基于 POI 数据的城市用地功能识别与评价研究——以济南市内五区为例[J]．世界地理研究，2020，29(04)：804-813.

[7]　郑晓伟．基于开放数据的西安城市中心体系识别与优化[J]．规划师，2017(1)：57-64.

[8]　许泽宁，高晓路．基于电子地图兴趣点的城市建成区边界识别方法[J]．地理学报，2016，71(6)：928-939.

[9]　Becker R A，Caceres R，Hanson K，et al. A tale of one city：Using cellular network data for urban planning [J]. IEEE Pervasive Computing，2011，10(4)：18-26.

[10]　Luca B，Tejo S. Cities on Rails：The Redevelopment of Railway Station Areas[M]. New York：Routledge，1998.

[11]　赵卫锋，李清泉，李必军．利用城市 POI 数据提取分层地标[J]．遥感学报，2011，15(5)：973-988.

[12]　李强，郑新奇，晁怡．大数据支持的武汉市功能识别与分布特征研究 [J]．测绘科学，2020，45(5)：119-125.

作者简介

吴嘉铭，1994 年生，男，汉族，江苏苏州，重庆大学建筑城规学院城市规划专业硕士研究生。研究方向：建成环境与人群健康。电子邮箱：568553097@qq. com。

美国 EnviroAtlas 生态系统服务制图项目的实践意义与启发①

The Practical Significance and Enlightenment of the EnviroAtlas Project of the United States

徐 霞 张 炜

摘 要： 环境地图集（EnviroAtlas）项目由美国国家环境保护局及其合作单位所开发，面向公众提供了地理空间数据，便携式工具如交互式地图、生态健康浏览器以及与生态系统服务、人类健康有关的其他资源。本文分析了环境地图集项目背景以及它所提供的服务工具和数据资源，并以北卡罗莱纳州达勒姆市的植被规划和美国健康影响评估项目为例对其实践应用进行了分析。在风景园林与公共健康成为学科热点话题之际，其所提供的生态健康浏览器服务促进了人们对生态系统与公众健康关系的思考，因此引以为鉴，以期为国内风景园林学科的研究学者提供一个新的思路。

关键词： 生态系统服务；环境地图集；交互式地图；生态健康关系

Abstract: The EnviroAtlas project was developed by the United States Environmental Protection Agency and its partners. It provides geospatial data, portable tools such as InteractiveMap, Eco-health Relationship browsers, and others resources related to ecosystem services and human health to the public. This paper analyzes the background of the EnviroAtlas project, the service tools and data resources it provides, and analyzes its practical application using the vegetation planning in Durham, North Carolina and the US Health Impact Assessment project as examples. In addition , at a time when landscape architecture and public health become a hot topic in the subject, the Eco-Health Relationship Browser service provided by it has promoted people's thinking about the relationship between ecosystems and public health, which provides a new idea for research scholars of landscape architecture in China. So we can draw lessons from it and use it to accelerate the development of the discipline.

Key words: Ecosystem Services; Enviro Atlas; InteractiveMap; Eco-Health Relationship

1 Enviro Atlas 项目发展背景

地球作为最大的生态系统，为人类提供了诸如清洁的空气、干净和充足的水资源、食物、材料和文化美学等赖以生存和发展的物质基础。人类从自然中获得的这些物质基础和好处称为生态系统商品和服务，简称为生态系统服务（Ecosystem Service，ES），这些服务和收益影响着人类的健康、安全及福祉和社会的经济发展[1]。

由于生态系统服务的多样性和复杂性、数据信息的不完整和技术体系尚不完善等因素，生态系统服务的量化评估存在着一定困难。加之人们对自然环境与人类福祉之间联系往往缺乏认识，导致规划工作难以结合生态系统服务的客观价值。针对这些问题，美国国家环境保护局（Environment Protection Agency，EPA）及合作单位将有效衡量和传达人类从生态系统中获得的服务的类型、质量和程度的方法纳入规划决策之中[2]。2014 年 5 月，美国国家环境保护局美国国家地质调查局（United States Geological Survey，USGS）、美国农业部（United States Department of Agriculture，USDA）以及其他联邦和非营利组织、大学和社区合作建立了环境地图集（EnviroAtlas）项目[2]（图 1）。

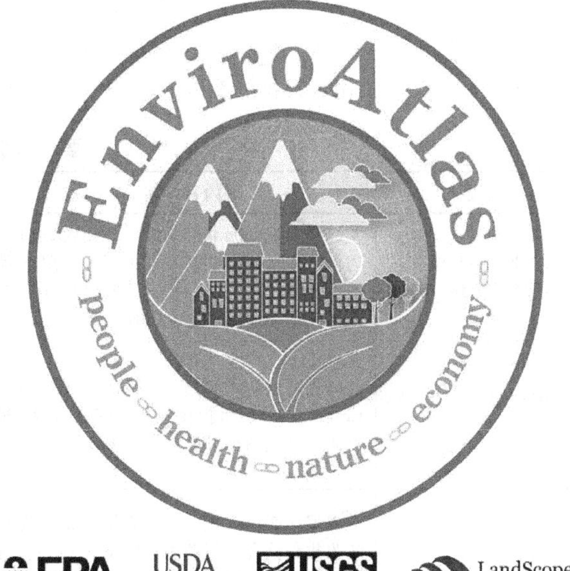

图 1 环境地图集的项目图标

EnviroAtlas 提供了基于网络的交互工具，面向公众提供了地理空间数据，便携式工具如交互式地图、生态健

① 项目基金：国家自然科学基金项目“城市绿色雨水基础设施生态系统服务效能监测和评价研究”（项目编号：51808245）资助。

康浏览器以及与生态系统服务以及人类健康有关的其他资源[2]。EnviroAtlas是一个不断发展的项目，美国国家环境保护局及其合作单位每年会添加新的数据、功能和工具到交互式地图、生态浏览器和其他EnviroAtlas应用程序中，并且会定期发布公告，向使用者展示他们做出的更改以及未来的工作计划[3]。

自EnviroAtlas项目发布以来，EPA和相关机构一直通过项目更新和技术进步不断更新提供的数据、工具和资源，包括：

(1) 在美国范围内以更高的分辨率量化生态系统服务及其社会效益；

(2) 将生态系统服务与公共卫生开展联合研究；

(3) 提供易于使用的可以支持各级政府、研究和环境教育的决策的地图应用程序；

(4) 使用生态健康关系浏览器可视化生态系统、生态系统提供的服务及其对人类健康和福祉的影响三者之间的联系；

(5) 提供用于动态分析和深入研究生态系统服务的交互式工具和资源[2]。

美国国家环境保护局及其合作单位正将现有的科学研究成果整合到交互式地图中，以此来分析生态系统的生产指标以及从生态系统服务中受益最大的人群。研究还聚焦于可能改变生态系统服务或人类对生态系统服务的需求的驱动因素，如用地类型的改变、点源和面源污染、不透水地表、环境修复、人口增长、交通和能源的发展潜力等[2]。

2 EnviroAtlas项目所提供的服务和工具

作为衡量生态系统服务类型、质量和程度的工具，EnviroAtlas主要为使用者提供了交互式地图（InteractiveMap）和生态健康关系浏览器两款应用。此外，EnviroAtlas还提供了一些可下载工具和其他在交互式地图应用程序中使用的工具。

2.1 交互式地图

交互式地图是环境地图集的主要应用程序之一，它是一个基于网络的多尺度的在线地理信息系统网站，用户可按需进行访问查阅和资料下载[5]。

EnviroAtlas提供了400多个空间数据层。多数数据层是在全国范围内进行提取的，显示的是美国本土范围内的空间信息，其中还包括针对特定社区的详细数据[5]。EPA及其合作伙伴每年创建的新的社区和国家的数据层也会被添加到交互式地图中。

根据内容和性质的差异，交互式地图中的数据主要被分为5个类别：要素数据合集、环境地图集数据、人口统计数据、时间序列层以及新增数据[5]。

要素数据合集是突出显示不同环境、场景规划决策的数据集群，这些数据集可以使用户按需浏览和了解相关主题的精选数据，用于自身的研究、学习和规划，在交互式地图中可供使用的精选数据合集主要包括以下内容（表1）：农业侵蚀和泥沙损害水道、建设绿色通道：案例研究、流域氮素投入、城市热岛和弱势人口[5-9]。

环境地图集数据大部分由EnviroAtlas团队及其合作伙伴共同开发，主要有4个主题类别（图2），并使用了部分外部数据集，如保护区数据等[10]。

人口统计数据层包含数百个人口统计数据集，这些数据集来自2012-2016年美国社区调查（American Community Survey，ACS）以及美国2000年和2010年人口普查。时间序列层则是1950-2005年的历史气候数据层集和预测当前气候走向的数据集。新增数据允许用户自行的将外部数据添加到EnviroAtlas应用程序中。

要素数据合集包含内容 **表1**

主题	内容详情	参考数据层	其他
农业侵蚀和沉积物所损害的流域	以俄亥俄州西北部的俄亥俄州农村地区为例，通过研究和学习农田侵蚀、湿地侵蚀和沉积物对河流的损害之间的相互作用来协助受损河流的修复工作	县农田表层侵蚀沉积物（t） 受泥沙或沉积物影响的河流长度（km） 农业用地中潜在的可恢复性湿地NHD流域	创建日期：2018年10月12日 更新日期：2019年5月16日
城市绿道建设：案例研究	以佛罗里达州坦帕北部地区为例，利用EnviroAtlas项目提供的地图工具和数据资源，完成城市绿道规划方案	观鸟娱乐需求 植被景观最差地区的居住人口 平均下降温度（摄氏） 因植被覆盖减少的年径流量 每年树木覆盖所去除的臭氧	创建日期：2019年4月12日 更新日期：2019年5月21日
流域氮素投入	以尼乌斯河流域的景象为例，通过数据的收集和整合，帮助用户探索北卡罗来纳州的土地营养管理问题和潜在的可恢复性湿地，有效修复因农业区养分负荷过多而受损的流域	施氮量（kg（N/ha/yr）） 施肥（kg（N/ha/yr）） 没有缓冲带的农业区的百分比 尼乌斯河流域 尼乌斯河 农业用地中潜在的可恢复性湿地	创建日期：2018年10月12日 更新日期：2020年10月3日
俄勒冈州波特兰市的城市热岛效应和弱势社区	以解决俄勒冈州波特兰市的城市热岛效应为例，通过植被覆盖率、绿地率、收入低于贫困线的人口百分比等数据，选择弱势人群受益最大的地点，加强绿色基础设施建设，来帮助降低温度，缓解城市热岛效应	收入低于贫困水平两倍的人口百分比 人口普查组 夜间平均降低温度（℃） 人行道树木覆盖率 1/4km^{2}内的绿地率	创建日期：2018年10月13日 更新日期：2019年5月16日

图 2 环境地图集数据主题

这些数据层描述了由美国国家环保局及其合作伙伴计算或建模的环境指标，在 EnviroAtlas 文档中可称为"指标"或"层"、导航工具、位置书签、特征标识和地图定位器（概览）等，这些环境指标的设立有助于用户对地图层的探索，更好地按需进行资料的勘察及获取[2]。

2.2 生态健康关系浏览器

生态健康关系浏览器展示了生态系统、生态系统提供的服务和人类健康之间联系的科学证据（图 3），其主要组成部分和内容如下（表 2）。该浏览器主要提供有关

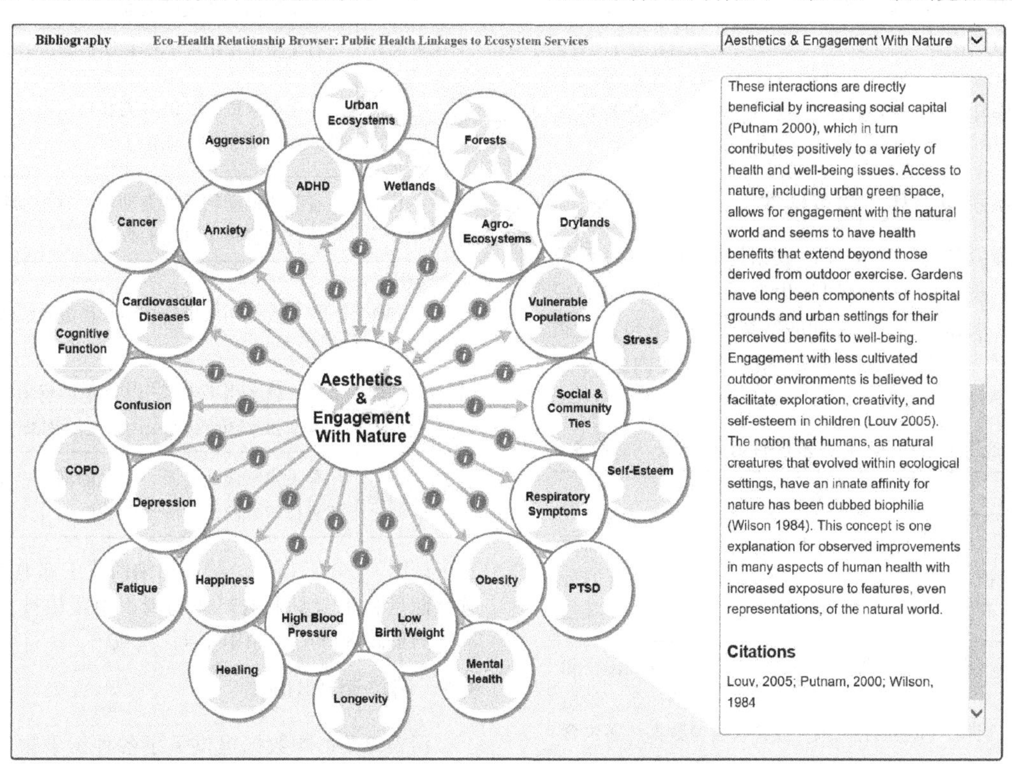

图 3 生态健康浏览器界面

美国主要的生态系统，它们提供的服务及其退化和损失如何影响人类生存和发展的信息，并科学研究记录了周围生态系统提供的有形和无形的服务和收益[4]。

生态健康浏览器的组成部分和主要内容　表2

组成部分	内　容
生态系统	森林、湿地、旱地、农业生态系统、城市生态系统
生态系统服务	空气质量、水质、减轻热危害、减轻水灾、娱乐与体育活动、审美与自然互动
健康状况	多动症，攻击性，焦虑症，关节炎，哮喘，支气管炎，癌症，心血管疾病，认知功能：困惑，COPD；抑郁症，糖尿病，疲劳，肠胃疾病，幸福，治愈，中暑，高血压力，炎症，肾功能不全，长寿，低出生体重，精神健康，偏头痛，流产，死亡率，肥胖，早产，PTSD，呼吸道症状，自尊，社会和社区纽带，压力，甲状腺功能障碍，弱势群体

3　EnviroAtlas 提供的数据资源

EnviroAtlas 使用 7 项收益类型组织有关生态系统服务的信息和数据。生态系统服务的受益类型包括[1]：

（1）洁净空气；

（2）清洁充足的水资源；

（3）气候调节；

（4）自然灾害的缓解；

（5）娱乐、文化和美学价值；

（6）食物、燃料和原材料供给

（7）生物多样性

EnviroAtlas 数据层主要分为 4 个类别：生态系统服务和生物多样性、污染源及影响、建筑空间与社会环境信息和环境边界[5]。

3.1　生态系统服务和生物多样性

生态系统服务与生物多样性数据提供有关生态系统服务收益的数据，以表明它们与生态系统服务相关的变化的供应、需求和驱动因素之间的联系[5]，其下包含了碳储存、农业生产、土地覆盖类型、景观格局在内的共 19 个主题数据层（表 3）。

生态系统服务与生物多样性数据类型　表3

主题	数据的主要内容
碳储存	以社区为单位，根据人口普查组区块汇总的数据，记录了社区每年植被所固定的二氧化碳的量和因此所产生的价值
农业生产	有关各地区棉类作物、瓜果作物、谷类作物和粮食作物、蔬菜作物等农作物每年的产量、种植面积、作物的种类数、经济收益等数据，还包含了与 2008-2016 年农田租金有关的信息

续表

主题	数据的主要内容
生态系统市场	主要涉及与森林碳固定、濒危物种及其栖息地的保护、河流治理、湿地管理和修复等与生态系统服务有关的市场项目信息
潜在能源	主要介绍了太阳能和风能的潜在能量信息
户外活动	总结了社区居民户外娱乐的需求，在此基础上分析了城市绿地率、公园的服务半径以及现有的游憩性场所的使用状况
健康和经济产出	主要是关于由植被覆盖去除二氧化硫、二氧化氮、颗粒物 PM2.5、一氧化氮等空气污染物所带来的健康效益（哮喘、呼吸性疾病的发生率降低）和经济效益（维护环境的成本和公众用于医疗的费用降低）的数据
土地覆盖：近水	关于近水流域的土地覆盖类型、植被覆盖率和泛洪区相关的数据
土地覆盖：类型	关于全国土地覆盖类型的数据和各类用地的人均面积的数据
景观格局	在整个国土空间范围上，系统宏观地分析了生态系统的类型、形式和连接性以及形成的景观格局
道路周边环境	有关城市道路的密度、道路的植被覆盖率、道路绿地率和道路周边的居住人口的等说明道路周边环境的数据
污染净化：空气	展现了植被对空气的净化能力，包含与植被去除空气污染物如一氧化氮、二氧化硫、颗粒物 PM10 等信息相关的数据
污染净化：水体	展现了植被对水体的净化能力，包含与植被去除水体污染物如悬浮固体、亚硝酸盐、硝酸盐、铜离子等信息相关的数据
保护区	有关土地保护的类型和保护状态的数据
物种：面临风险和优先类型	与当前濒危物种的种类和丰富度，以及这些物种濒危程度相关的数据
物种：其他类型	有关两栖动物、鸟类动物、脊椎动物、哺乳动物等各类物种丰富度的数据
水资源供给，雨水径流和汇流	有关农业用水供给、雨水径流和汇流的数据
水资源利用	有关国家用水类型和用水量的数据
天气和气候	有关年平均降水量和年平均降低温度的数据
湿地和洼地	有关国家湿地名录、湿地的面积、湿地的现状和潜在的可恢复性湿地的数据

如图 4～图 5 所示，美国田纳西州中部地上生物量中碳存储量和北卡罗来纳州达勒姆市中距植被覆盖率小于 25%的道路 300m 范围内的居住人数[2]。

3.2　污染源及影响

污染源及影响数据提供关于各种污染物的信息，包括环境保护局记录的污染物设施以及受污染的水体，具

图 4　田纳西州中部地上生物量中碳存储量图

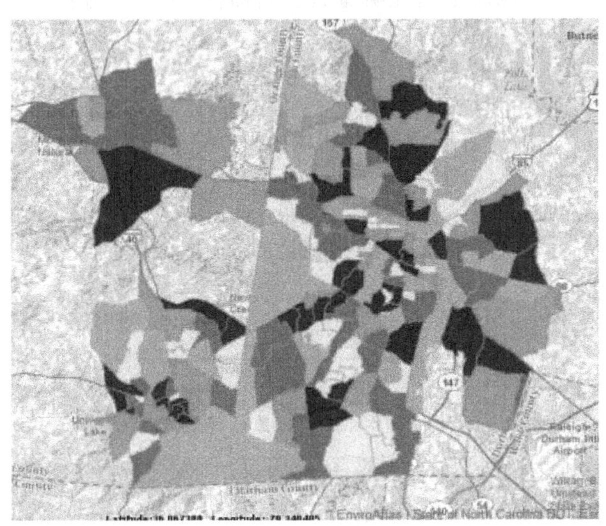

图 5　北卡罗来纳州达勒姆地区的社区地图

体数据类别见表 4。

污染源及影响数据类型　　　　表 4

主题	数据的主要内容
EPA 监管设施	包含来自向 EPA 报告空气污染、废弃物场址、超级基金等情况的不同设施的数据
受污染的水域	显示了由 HUC12 概述的受各种污染物污染的国家 303d 受损水域和河流长度
全国空气有害物质评估	EnviroAtlas 提供了 EPA 基于 2010 年人口普查地区、县和州的环境数据和健康结果数据而编制的空气有害物质评估（NAA2014），以此来评估有害空气物质对健康的风险
污染物：其他类型	包括关于氮和磷投入量的国家数据和与营养物污染有关的其他数据
污染物：富营养物	含有除营养物质以外的其他污染物的国家数据

3.3　建筑空间与社会环境信息

包含与建筑环境相关的数据，包括通勤率和空置率（表 5）。

建筑空间与社会环境信息数据类型　　　　表 5

主题	数据的主要内容
通勤和步行性	包含有关通勤、旅行时间和可步行性指标的国家和社区范围数据
就业	关于就业和工人的全国范围数据
住房和学校	关于日托中心和学校等设施的国家和社区范围数据
人口分布	关于日托中心和学校等设施的国家和社区范围数据
生活质量	包括由全国人口普查小组提供的生活质量的收入阈值数据
空地	包括有关住宅和办公空缺率的衡量标准的数据

3.4　环境边界

环境边界包括 3 种类型：生态边界（GAP 生态系统和美国环保局生态区）、水文特征（水文单元代码边界和标签，NHD+V2 数据集和水体数据）和行政边界（包括政治边界、环境地图集社区边界、景观保护合作社和美国环保局地区）。

4　EnviroAtlas 项目的实践应用

EnviroAtlas 所提供的数据和资源已被用于美国一系列的不同尺度的项目建设之中，如北卡罗来纳州达勒姆市的植被规划和佛罗里达州坦帕湾镇农村地区健康影响评估[11]。

4.1　北卡罗来纳州达勒姆市的植被规划

美国北卡罗来纳州达勒姆市（Durham）在快速的城市化过程中，面临热岛效应、城市管网污染、空气质量下降等环境问题的困扰[12]。20 世纪 30 年代，达勒姆市开展了大规模植树活动，在整个城市增植了以柳叶栎（*Quercus phellos*）为主约 13000 棵树。但随着时间的推移，这些树木逐渐衰老，不能在像以前一样为社区的居民带来便利[13]。因此达勒姆市林业部门邀请美国环境保护署协助制定该市的植被规划种植方案，以改善公共环境并提升社区居民健康水平。

环境保护局的研究人员根据 EnviroAtlas 的数据层，首先确定了达勒姆市每个社区的植被覆盖率，以及每个社区中植被覆盖率偏低的地带和还能种树的地点——这些地点要求有能够容纳一棵成熟的树木的足够空间，并且尚未被其他覆盖物、不透水的表面或水体占用。

为了提升树木种植所获收益，研究人员以健康为出发点，优先考虑儿童的健康需求。儿童的成长中容易患哮喘和急性呼吸道疾病，这些疾病的发生率还可能会随着工业排气、汽车尾气排放和燃煤发电厂毒气排放的加重而提高[12]。相对其他年龄阶层的人群而言，儿童是对环境要求最高且敏感性极强的人群，他们比成年人更多的暴露于空气的有害污染物，因此受到的健康威胁就更大。植被作为天然过滤器，可以为城市居民提供清洁的空气，帮助减缓由于空气污染物对健康的影响，这对儿童的身心发展尤为有益。

在此目标的驱使下，研究人员对每个社区的居民的年龄阶层进行了分析，并标记出 13 岁以下的人口百分比，将其与植被覆盖率数据层进行空间叠加，以说明植被提供的服务可以与高度脆弱的人类生活保持一致。

为了评估社区对植被的需求迫切性，研究人员基于社区植被覆盖率以及 13 岁以下的人口百分比对社区进行划分，将植被覆盖率低于 45%且 13 岁以下的人口百分比大于 18%的社区列为初级优先块区。

在此基础上，研究人员将学校和日托中心的位置和数量也纳入权衡因素中，以此进一步确定社区对植被需求的迫切性和规划的优先次序。至此，完成整个方案的设定。

4.2 美国健康影响评估项目

健康影响评估（Health Impact Assessment ，HIA）是在计划、项目或政策建立或实施之前帮助评估其可能对大众产生的潜在健康影响的工具和方法，并以此为依据提供改善公众健康的建议[14]。在 20 世纪 90 年代初，加拿大、澳大利亚等国家初步将健康影响评估导入到环境影响评价体系中，更加精确完整地完成对公众健康的评价。随着环境问题日益突出，人们对健康的重视程度和对健康的理解程度逐渐加深，美国和英国等也相继建立了独立的 HIA 制度[15]。

作为对健康影响进行评估的工具，HIA 使用一系列数据源和分析方法，并考虑利益相关者的意见，来评估拟议政策、计划、程序或项目对人口健康状况的潜在影响以及这些影响在人口中的分布，并提供有关监测和管理这些影响的建议[16]，其目标是为决策过程提供建议，促进公共健康。由此可见，HIA 对帮助社区居民、决策者或从业人员提高对健康的认知并做出改善公共健康的正确决策具有象征性意义。

在美国，从社区到州县、联邦司法机构，使用 HIA 将健康因子纳入决策过程的趋势正在上升，实施 HIA 主要包括 6 个步骤（图 6）[16]：

（1）筛选：首先明确 HIA 对即将开展或实施计划、项目或政策是有作用的；

（2）范围界定：明确 HIA 的范畴并确定需要考虑的健康风险和益处；

（3）评估：评估决策影响的人口并量化其对健康的影响；

（4）建议：针对评估的结果，给出能促进对健康的积极影响，最大限度地减少对健康的负面影响的建议；

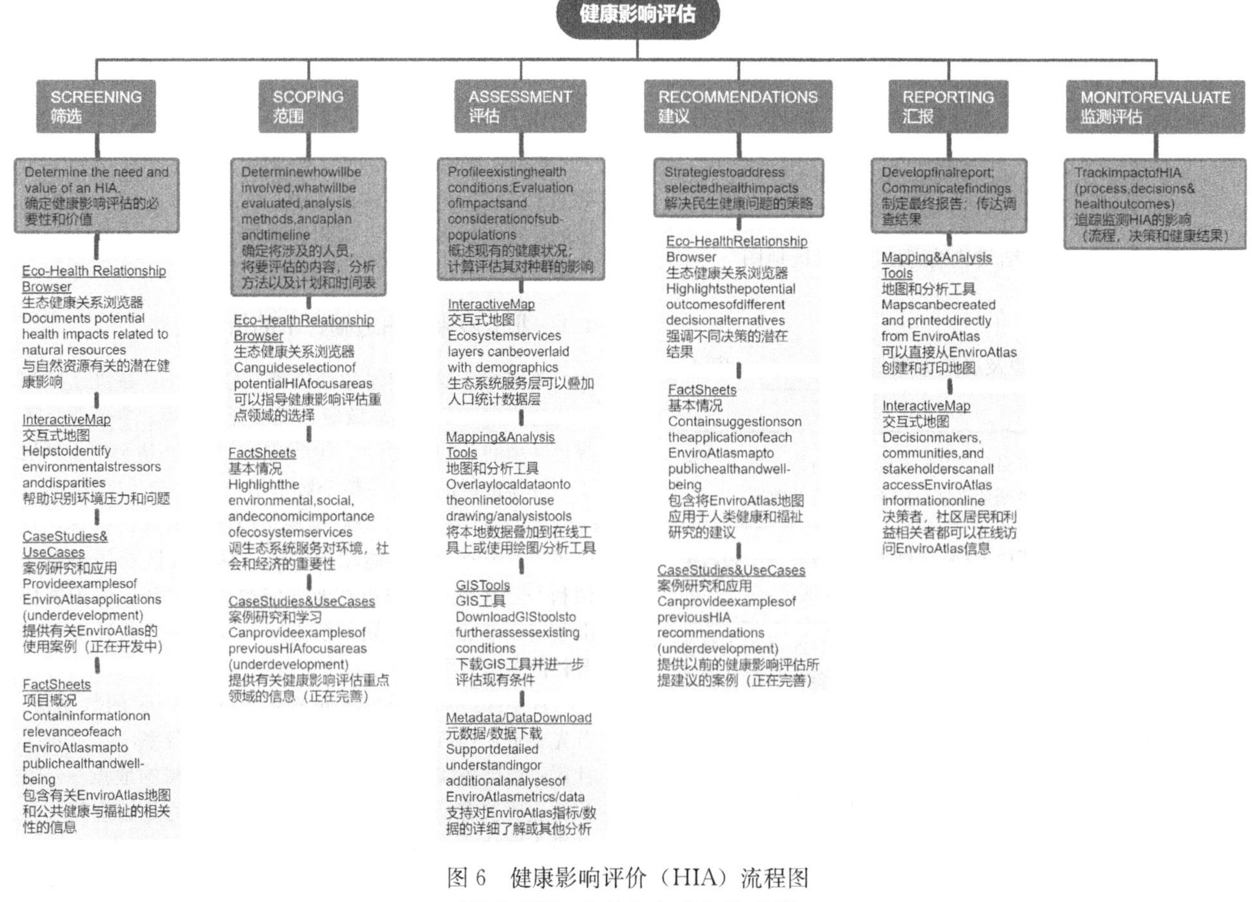

图 6 健康影响评价（HIA）流程图

（图片来源：改绘自参考文献［2］）

（5）报告：向决策者、受影响社区居民和其他利益攸关方报告结果；

（6）监视和评估：在后期，追踪评估 HIA 对决定和健康状况的影响。

在美国健康影响评估（HIA）的过程中，实践者可以使用环境地图集所提供的地图、资源和工具来更好地理解生态系统服务在公共卫生领域中对公众健康产生的影响和作用。

如在佛罗里达州坦帕湾镇农村地区健康影响评估项目中，为了判断是否采取让企业和组织为当地公园提供免费的户外运动服务的政策的时候，地方政府利用环境地图集所提供的地图工具和数据信息对当前环境状况，以及该政策对包括弱势人群内的不同人群的影响进行了分析评估，并利用生态健康关系浏览器所提供的信息，识别拟议政策可以带来的短期和长期的健康效益，完成最后的决策[17]。

5 结论与启发

EnviroAtlas 作为基于网络的开放式交互式工具，旨在将环境、人口和经济数据汇集在生态系统服务的整体框架中，加强人们对人与自然生态系统关系的认知和思考[18]。与此同时，作为一项研究资源合集，环境地图集为政府机构和社会公众提供了一致、系统的信息导向来支持相关管理决策。还为从事生态系统服务科学领域的研究学者提供了信息平台，推动了生态系统服务的理论研究和实践应用。其优势主要包括以下几个方面：

（1）构建了基础研究与项目实践接合的数据平台

作为网络开放性资源平台，EnviroAtlas 通过为使用者提供一系列的工具和丰富的数据来促进大众对生态系统服务与人类健康的关系的思考和研究的同时，也在根据社会的发展和学科需求的改变做出调整和完善。为了促进项目的发展和推进生态系统服务与人类健康关系的研究，EPA 及其合作伙伴在 EnviroAtlas 项目的基础上构建了基础研究与项目实践接合的数据平台，任何与环境地图集有关的研究或者利用环境地图集所提供的工具和数据所开展的与生态系统服务和人类健康有关的研究，都会以同行评议的文献和会议海报的方式记录下来[19]，为此领域的先行者和未来研究学者提供了学术交流和借鉴的云平台。

此外，该平台还提供了一系列使用 EnviroAtlas 数据集和工具用于不同尺度之下的项目研究的案例，供使用者参考和学习[11]，如波特兰利用环境地图集制定减缓因过度城市化而造成的城市热岛效应的方案[20]；布朗菲尔德利用环境地图集所提供的高分辨率数据，采取交互式地图工具与健康影响评估相结合的方式，模拟出绿色基础设施可为当地居民带来的健康效益，以此来决定是否将绿色基础设施建设纳入城市更新规划的范畴中[21]。而且，EnviroAtlas 所提供的一系列工具、数据和平台都是基于网络浏览器使用，无需额外软件，增加了使用的便捷性。

（2）实现了不同行业数据标准的统一整合和可视化

EnviroAtlas 使用 Esri 公司的 ArcGIS Server 及开放地理空间联盟（Open Geospatial Consortium，OCG）的服务格式，整合了多种不同行业的数据类型，包括模型模拟结果、现场调研数据以及来自发表文献、政府和非政府机构的相关数据，这些数据呈现了与自然环境、社区基础设施、人工和公众健康数据有关的信息。此外，EnviroAtlas 地图不仅包含了生态系统服务的供给、需求和相关影响因素等多方面的信息，而且包含了土地覆盖、水体、湿地和人口等方面的支撑数据，同时还提供了建成环境和社会基础设施方面的信息，如交通、材料和废弃物管理、基础设施和城市用地方面的数据，实现了不同行业数据标准的整合和可视化[22]。

（3）建立了公众参与下的持久的维护与更新机制

EnviroAtlas 项目自 2014 年 5 月面向公众开放以来，EPA 及其合作伙伴会定期对其进行更新，其项目的进度是全程公开的，使用者可以在其定期发布的公告中或最新出版刊物中了解这项项目的最新变化和新增加或更改的内容。EnviroAtlas 项目的许多数据层均来源于多分辨率土地特征协会（Multi-Resolution Land Characteristics Consortium，MRLC）的国家土地覆盖数据库（National Land Cover Database，NLCD），该数据库每 5 年更新 1 次，使用者可以在每项数据集的元数据中查看数据集建立和更新的时间[23]。此外，EnviroAtlas 项目还为公众参与提供了一系列的技术资源，包括地理空间计算工具的提供和交互地图和插件代码的开源协作，以帮助用户利用该项目所提供的数据层完成不同的空间尺度上的分析[24]。

随着我国近年来相关开放数据项目建设的不断推进，可以借鉴美国 EnviroAtlas 项目的相关成果经验，促进行业信息和研究数据的开放和公开，建构政府决策、科学研究和公众参与统一的数据交换和共享平台。

参考文献

[1] Ecosystem Services-EnviroAtlas：EnviroAtlas：US EPA [EB/OL].（2015-01-16）[2020-07-26]. https：//www.epa.gov/enviroatlas/ecosystem-services-enviroatlas-0.

[2] EnviroAtlas Fact Sheets. EnviroAtlas：US EPA[EB/OL].（2015-05-16）[2020-07-30]. https：//www.epa.gov/enviroatlas/enviroatlas-fact-sheets.

[3] Status of EnviroAtlas. EnviroAtlas：US EPA[EB/OL].（2015-01-16）[2020-07-30]. https：//www.epa.gov/enviroatlas/status-enviroatlas.

[4] EnviroAtlas Eco-Health Relationship Browser. EnviroAtlas：US EPA[EB/OL].（2016-01-16）[2020-08-13]. https：//www.epa.gov/enviroatlas/enviroatlas-eco-health-relationship-browser.

[5] EnviroAtlas Interactive Map. EnviroAtlas：US EPA[EB/OL].（2015-01-16）[2020-07-26]. https：//www.epa.gov/enviroatlas/enviroatlas-interactive-map.

[6] Building a Greenway：A Case Study[EB/OL].（2019-05-21）[2020-08-10]. https：//epa.maps.arcgis.com/home/item.html? id=4cfb477805224007ad5e7e4b79bd58eb.

[7] Nitrogen Inputs to Watersheds[EB/OL].（2020-10-03）[2020-10-5]. https：//epa.maps.arcgis.com/home/item.

html? id=36c24a79deb548cd9906f33b1a474dc3.
[8] Urban Heat Islands and Vulnerable Communities in Portland, OR[EB/OL]. (2019-05-10) [2020-08-10]. https://epa.maps.arcgis.com/home/item.html? id=5a2372e6464246828510e7c34cacd22d.
[9] Agricultural Erosion and Sediment-Impaired Waterways [EB/OL]. (2019-05-16) [2020-08-26]. https://epa.maps.arcgis.com/home/item.html? id=4827c983140f42bb97226b9ddc8af942.
[10] ArcGIS Web Application[EB/OL]. (2015-03-16) [2020-07-30]. https://enviroatlas.epa.gov/enviroatlas/interactivemap/.
[11] EnviroAtlas Use Cases. EnviroAtlas: US EPA [EB/OL]. (2016-01-16) [2020-08-30]. https://www.epa.gov/enviroatlas/enviroatlas-use-cases.
[12] Prioritizing Tree Planting in Durham, NC[EB/OL]. (2016-02-28) [2020-09-26]. https://epa.maps.arcgis.com/apps/MapJournal/index.html? appid = 0659c53852f4425fb3460e78de67a3ef.
[13] Going Back to our Roots: EPA Researchers Help the City of Durham, North Carolina Site New Trees. EPA Science Matters Newsletter: US EPA [EB/OL]. (2016-01-16) [2020-08-26]. https://www.epa.gov/sciencematters/going-back-our-roots-epa-researchers-help-city-durham-north-carolina-site-new-trees.
[14] CDC - Healthy Places - Health impact assessment (HIA) [EB/OL]. (2016-01-16) [2020-10-01]. https://www.cdc.gov/healthyplaces/hia.htm.
[15] 邢宇航，韦余东，李娜，等. 健康影响评估研究进展[J]. 预防医学，2019，31(008)：791-794.
[16] Using EnviroAtlas in Health Impact Assessment. EnviroAtlas: US EPA [EB/OL]. (2015-04-30) [2020-08-26]. https://www.epa.gov/enviroatlas/using-enviroatlas-health-impact-assessment.
[17] The use of EnviroAtlas in a Health Impact Assessment (HIA), Town 'n' Country area of Tampa Bay, Florida. EnviroAtlas: US EPA [EB/OL]. (2019-01-16) [2020-09-26]. https://www.epa.gov/enviroatlas/use-enviroatlas-health-impact-assessment-hia-town-n-country-area-tampa-bay-florida.
[18] Pickard B R, Daniel J, Mehaffey M, et al. EnviroAtlas: A new geospatial tool to foster ecosystem services science and resource management [J]. Ecosyst. Serv., 2015, 14: 45-55.
[19] EnviroAtlas Publications. EnviroAtlas: US EPA [EB/OL]. (2020-04-03) [2020-09-26]. https://www.epa.gov/enviroatlas/enviroatlas-publications.
[20] Using EnviroAtlas to Identify Locations for Urban Heat Island Abatement. EnviroAtlas: US EPA[EB/OL]. (2019-05-16) [2020-09-26]. https://www.epa.gov/enviroatlas/using-enviroatlas-identify-locations-urban-heat-island-abatement.
[21] Integrating Local "Green" Assets into Brownfields Redevelopment: Tools and Examples [EB/OL]. (2019-05-16) [2020-08-20]. https://www.epa.gov/sites/production/files/2015-12/documents/bf_hia_poster.pdf0.
[22] ArcGIS[EB/OL]. (2019-01-16) [2020-10-06]. https://epa.maps.arcgis.com/home/search.html? q = owner%3A%22enviroatlas_EPA%22#content.
[23] Frequently Asked Questions-EnviroAtlas. EnviroAtlas: US EPA[EB/OL]. (2015-03-16) [2020-07-26]. https://www.epa.gov/enviroatlas/frequently-asked-questions-enviroatlas.
[24] Technical Resources. EnviroAtlas: US EPA [EB/OL]. (2020-05-16) [2020-10-01]. https://www.epa.gov/enviroatlas/technical-resources.

作者简介

徐霞，1997 年 7 月生，女，汉族，重庆垫江，华中农业大学园艺林学学院硕士研究生在读，研究方向为城市绿色基础设施规划设计。电子邮箱：xuxia@webmail.hzau.edu.cn。

张炜，1988 年 12 月生，汉族，河北衡水，博士，华中农业大学园艺林学学院讲师，农业农村部华中地区都市农业重点实验室，研究方向为城市绿色基础设施规划设计。电子邮箱：zhang28163@mail.hzau.edu.cn。

历史文化街区游憩领域圈规模研究①

Research on the Circle Scale of Recreation Domain in Historic Conservation Area

游佩逸　李静波*

摘　要：“存量优化”背景下，历史文化街区逐渐成为新型游憩地，探讨游憩领域圈是认识和研究历史文化街区游憩空间的重要基础信息，也是优化街区游憩空间格局、实施规划调控管理的前提。而以往关于游憩领域圈的研究往往在于定性的描述，缺乏量化游憩领域圈规模的手段与方法，对游憩空间边界的研究也鲜有在街区尺度下进行的。因此，如何在街区尺度下来量化游憩领域圈的边界，并提出识别边界的指标是值得探讨的。本研究基于行为注记法收集的游憩人群点数据和游憩领域圈之间的关联性，通过核密度分析和游憩点密度等值线的变化趋势，来识别游憩空间边界的阈值，提出了“游憩领域圈面积”“可游憩面积”和“人均游憩面积”等指标来量化历史文化街区游憩领域圈。并运用此方法，以武汉市江汉路及中山大道片为例进行实证分析，求得其各项指标，证明了此方法的适用性。

关键词：历史文化街区；游憩领域圈；边界；核密度分析；指标

Abstract: Under the background of "stock optimization", historical and cultural blocks have gradually become a new type of recreational area. The exploration of recreational circles is an important basic information for understanding and studying the recreational space of historical and cultural blocks, and it is also a prerequisite for optimizing the pattern of recreational space in blocks and implementing planning, regulation and management. In the past, the research on the recreational circle is often based on qualitative description, and lack of means and methods to quantify the scale of the recreational circle, and the research on the boundary of the recreational space is rarely carried out at the block scale. Therefore, how to quantify the boundaries of the recreational domain circle at the block scale and propose indicators to identify the boundaries is worth exploring. This study is based on the correlation between the recreational crowd point data collected by the behavioral annotation method and the recreational domain circle. Through the kernel density analysis and the change trend of the recreational point density contours, the threshold value of the recreational space boundary is identified. Indicators such as "domain area", "recreation area" and "per capita recreation area" are used to quantify the recreation area of historical and cultural blocks. And use this method to take the Jianghan Road and Zhongshan Avenue slices in Wuhan as examples to conduct an empirical analysis, obtain various indicators, and prove the applicability of this method.

Key words: Historic Conservation Area; Recreation Area Circle; Boundary; Nuclear Density Analysis; Index

引言

历史文化街区，作为城市历史保护规划的法定对象，一直是探索旧城更新模式的重点样本。当前，消费文化主导下，历史文化街区作为新型游憩地，逐渐成为一种历史空间再生产模式。游憩消费为旧街区注入了新的社会、经济、文化活力。

近年来，有关于游憩空间的研究大致可分为3个方面：一是游憩空间类型、形态和空间格局研究，一般从城市角度出发；二是游憩空间演化和再生产机制研究，研究范围相对具体；三是游憩空间感知和满意度评价研究，多用量化数据分析。总体而言，游憩空间的研究多停留在定性分析层面，尚未构建衡量空间绩效与空间品质的规模指标。同时，对于规模量化的研究也大多从宏观的视角出发，基于地理信息，以城市为研究对象来探究城市的各种空间规模，如王圣音等根据POI数据，用核密度的方法对北京市人流集中区域进行了图示化[1]；宋程等运用手机信令数据、互联网位置数据、兴趣点等多源数据，分别建立动态和静态指标，以综合识别城市活力区和中心城市边界[2]。而在街区尺度上，针对历史文化街区的活力复兴，需要对游憩领域圈的空间规模进行计算研究，为优化历史文化街区空间格局、实施规划调控管理提供科学依据。

1　游憩领域圈

游憩起源于1933年的《雅典宪章》，吴承照、黄羊山、汪欣梦等学者都曾在活动范围和空间界定上对游憩概念进行了解读。秦学认为，游憩活动是人在自然或是人造环境中的自发行为，而游憩空间的大小则取决于环境条件和我们所使用人主观行为的限制[3]。领域也是空间概念的一个维度。关于领域的一个经典解释是Sack于1986年在《人文领域性》一书中将其定义为“被管制的有界空间（a regulated-bounded space）”[4]。领域是空间权力化的产物，在人与人交往的社会空间中，不同社会属性的个人往往导致交往活动本身具有高度的时空选择性与排他性，因此，具有

① 基金项目：教育部人文社会科学研究青年基金项目（项目批准号：17YJC760038）。

相同或相似特征属性的人群，在进行游憩活动时，所占据的某一时空范围，即所定义的游憩领域圈。

Joe Painter 认为领域概念 3 个要素为空间、权力和边界[5]。边界是能够将特定权力逐渐固化为空间的一种工具，这就注定了边界在讨论游憩领域圈时的重要性。

2 游憩领域圈规模测度方法

2.1 采集游憩数据

环境行为学主要考察人与环境之间的关系，并广泛应用于建筑、城市规划和景观等领域，行为注记法是环境行为学中时常用到的统计方法[6]。本研究运用行为注记法来收集研究区游憩人群的数据。其步骤大致为：首先预调研确定研究区域的范围和功能布局，以及根据游憩人群情况判断该区域进行游憩领域圈分析的可行性。其次采集街区内游憩人群的活动信息，在工作日与非工作日，由 12 名观测员组成观测团队，观测员每隔 1h 分区定点用快照法进行游憩活动注记，根据经验目测记录游憩者人物基本属性、游憩行为类型数据和空间地理位置。最后经过数据统计与整理，将游憩人群点数据信息导入 ArcGIS 里，得到可用数据 10299 条。

2.2 绘制游憩地图

本研究地理数据主要为通过中国地理信息公共服务——天地图下载得到的经纬度数据，然后将研究区地图导入 ArcGIS 中投影转换得到平面底图，和行为注记法收集到的游憩人群点信息进行叠加得到研究区游憩地图（图 1）。图上反映了游憩人群的空间地理位置、游憩者人物基本属性和游憩行为类型。

2.3 识别密度边界

2.3.1 游憩人群核密度分析

游憩领域圈的形成是游憩者作为样本点而集聚的结果，而在空间统计分析中，核密度估计法被广泛应用于对空间点群的分布热点以及分布密度的研究。因此，本研究主要借助 ArcGIS 软件对研究区域的游憩人群点进行核密度分析。核密度估计（Kernel Density Estimation）是一种基于已有的样本量来测量区域核密度的方法，其计算方程式可以表示为：

$$f(s)=\sum_{i=1}^{n}\frac{1}{h^2}k\left(\frac{s-c_i}{h}\right)$$

式中，$f(s)$ 为任意位置 s 处的核密度计算函数；h 为距离衰减阈值；n 为与位置 s 的距离小于或等于 h 的要素点数；k 函数则表示空间权重函数。

在核密度函数中，k 值和阈值 h 都是关键的参数值。大量研究中发现，空间权重 k 值对整个核密度分析的最终结果影响不大，但是选择不同的 h 值会对核密度分析的结果产生决定性的影响。阈值 h 取值较小时，核密度分析的结果会大量的集中在密度值高和低的区域，更易于解释密度分布的局部特征，而阈值 h 取值较大时，更易于解释

图 1 中山大道游憩人群分布图
（图片来源：作者自绘）

密度值分布的整体概况[7]。

Hinneburg 等认为阈值和密度中心数量有一定的关系，同时存在一定数量上的阈值区域使得核密度整个密度中心保持稳定[8]。我们选定特定阈值 h（在实际操作过程中，阈值 h 的设置要根据点数据的实际空间尺度和研究问题来进一步确认），对研究区域游憩点数据进行核密度分析，得到了研究区游憩人群核密度分析图。

2.3.2 识别领域圈密度等值线

在得到研究区核密度图之后，需要提取游憩领域圈的核密度等值线。核密度等值线是一条不规则的闭合曲线，其中心位于街道内游憩活动密度最高的点，曲线由中心逐渐向外扩散，在靠近中心处，等值线的间距相对越小，距离密度中心越远，间距越大（图 2）。因此，边界识别的关键就在于确定核密度等值线由密至疏的临界值。许泽宁等[9]提出了一种 Densi-Graph 分析方法来解释不同城市 POI 密度等值线的变化趋势，实现了识别城市建成区边界的目标，并在此基础上对全国的部分城市进行了实证性分析。在这种方法上 He Zhu 等[10]提出了一种“密度边界识别”（DBI）的方法来识别多中心的城市 RBD 边界，并将其应用到前门地区以确定其 RBD 边界。

在量化历史文化街区游憩领域圈时，我们的基本思路是观察限定密度轮廓的密度值 n 和高密度中心到限定密度轮廓的距离 d 之间的关系。在这里，我们定义限定密度值 n 的闭合曲线的面积为 S_n，以 S_n^(1/2) 作为理论半

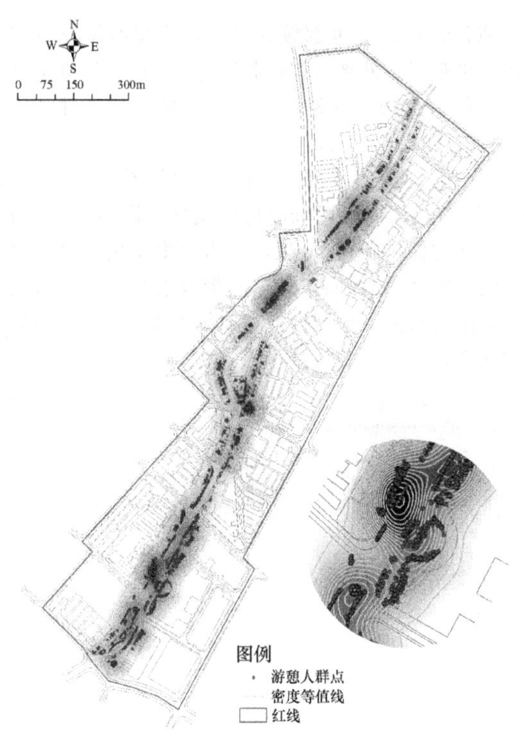

图 2 游憩点核密度等值线示意
(图片来源：作者自绘)

径来表达 d。我们以密度值 n 为 x 轴，理论半径 d 为 y 轴绘制密度值 n 与理论半径 d 的函数关系图，即 $f(x)=n/d$。同时定义 K 是 $f(x)=n/d$ 的倒数，其表达式为：

$$K=\lim_{\Delta d\to 0}\frac{\Delta n}{\Delta d}$$

在理论上而言，如果整个核密度分析只有一个密度中心，且所有密度的等值线具有相同的间隔，那么随着密度值 n 的变化，其理论半径 d 的变化量是相同的，此时的 K 应该为一个常数。复杂条件下 K 值是在一直变化的，绘制武汉市江汉路及中山大道片密度值 n 与距离 d 的关系图，如图 3 所示，其斜率一直在变化，由中心往外扩散中，起初很低然后变高。

接下来我们需要确定历史文化街区游憩领域圈的临界值。因为历史街区复杂的空间条件，实际上其游憩领域圈并非以单一中心向外，而往往是多中心且非均匀的向外扩张。这里我们定义 $\Delta K=K_i-K_j$，其中 i 和 j 分别对应着密度轮廓 i 和密度轮廓 j 的值，且满足 $i>j$，并以密度值 n 为 x 轴，以 ΔK 为 y 轴绘制 $\Delta K-n$ 散点图（图 4）。如果 $\Delta K<0$，那么密度等值线表现为稀疏扩散，如果 $\Delta K>0$，那么密度等值线表现为紧密收缩。那么 $\Delta K=0$ 则是我们想要得到的理想结果。但实际 ΔK 会受到多个密度中心的影响而波动，那么我们不能单单用 ΔK 来确定临界值。这时我们引入公差值 $P=|\Delta K/K|$，P 值为一个无量纲的常数，存在这样一个 P 值为函数波动的一个拐点，此时对应的密度值即为历史文化街区游憩领域圈边界的临界值。参照统计学意义检验的相关概念和前人研究经验，认为 P 值为 0.05 时可作为密度和理论半径关系变化的拐点，以此来进行游憩领域圈边界识别的条件。根据此密度临界值，我们可以提取该密度值的核密度等值线，此时等值线围合而成的空间即为该历史文化街区游憩领域圈。

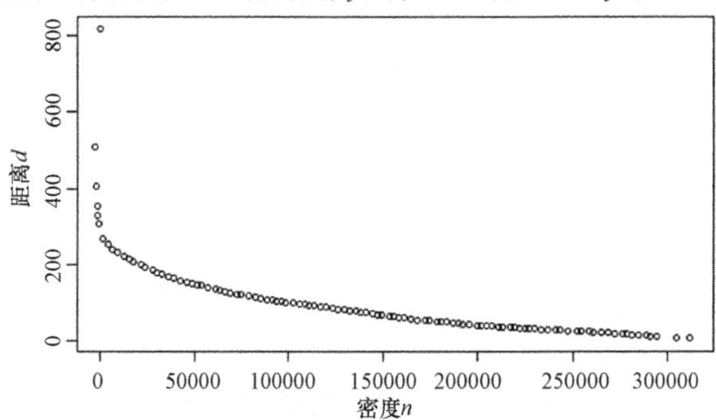

图 3 街区 n-d 密度轮廓散点图
(图片来源：作者自绘)

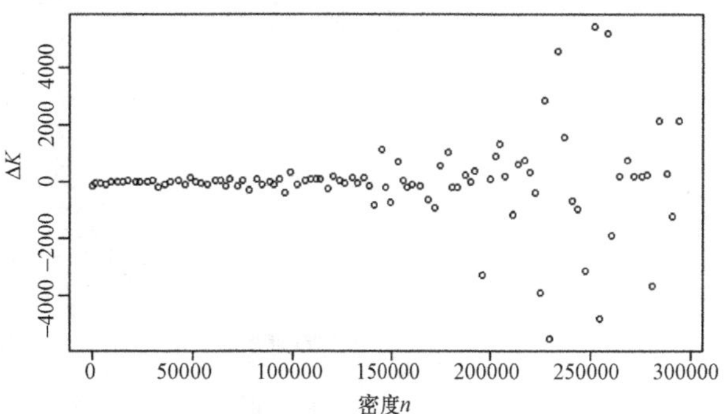

图 4 街区 ΔK-n 密度轮廓散点图
(图片来源：作者自绘)

2.4 计算游憩规模

为了以实践指标来检验游憩领域圈边界识别理论，用指标“游憩领域圈面积”和“人均游憩面积”来量化历史文化街区游憩领域圈。“游憩领域圈面积”可通过测量临界值核密度等值线围合空间面积得到，“人均游憩面积”等于“游憩领域圈面积”除以该领域圈内的游憩人群数量。

2.5 校验数值误差

不同的阈值 h 和 P 值的选取会影响理论识别游憩领域圈的大小，在判断临界值的选取时，阈值与 P 值的选取也应具有实践意义。所以引入“街段可游憩面积”S_k 来作为校验指标的选择。该校验的标准为：$S_k>S_1$，其中 S_k 为游憩领域圈所占据街区广场面积、绿地面积、人行通道面积和临街商铺一层商业面积之和，S_1 为游憩领域圈面积，其理论极限值为 $S_k=S_1$，但是因为领域圈大小和可游憩范围是相互变化的，实际中很难达到理论极限。

3 游憩领域圈规模实证分析

3.1 研究区域概况

武汉属于国务院 1986 年公布的第二批历史文化名城，具有悠久的文化底蕴。在主城分级保护中，设置了历史文化街区、历史地段和传统特色街区三个大类，其中武汉历史文化街区有江汉路及中山大道片、“八七”会址片、一元路片、青岛路片区和昙华林片（图 5）。

2015 年江汉路及中山大道历史文化街区被国家住房和城乡建设部、国家文物局联合公布为第一批中国历史文化街区，其从南至北贯穿汉口近代原租界、华界区，街区南起三民路，北至黄兴路，西至泰宁街，东达沿江大道。街区空间结构以南北向中山大道和东西向江汉路垂直相交形成的“十字轴”为基础，使其分为北部租界风貌区和南部特色商贸区。该区域分布着众多近代商业、金融、宗教文物建筑和大量的传统里分住宅区，且街区的基础设施和景观环境也都较为良好，使其不仅吸引着本地居民，也吸引着外来游客在此游憩。因此，该场地具备形成多样化的游憩空间格局和游憩领域圈的条件，最终本文选择“贯穿整个街区、串联各个街块”的“主动脉”——中山大道为实证场地，其面积约为 64.85hm²（图 6）。同时，该街区两轴的历史文化资源也十分丰富，其中共有文化保护单位 26 处，优秀历史文化建筑 40 处，不可移动文物 23 处，而正是这些带有浓厚历史色彩的文化建筑，融合着武汉地域性特点，集中体现了汉口租界区独特的城市印记和景观特色（图 7）。

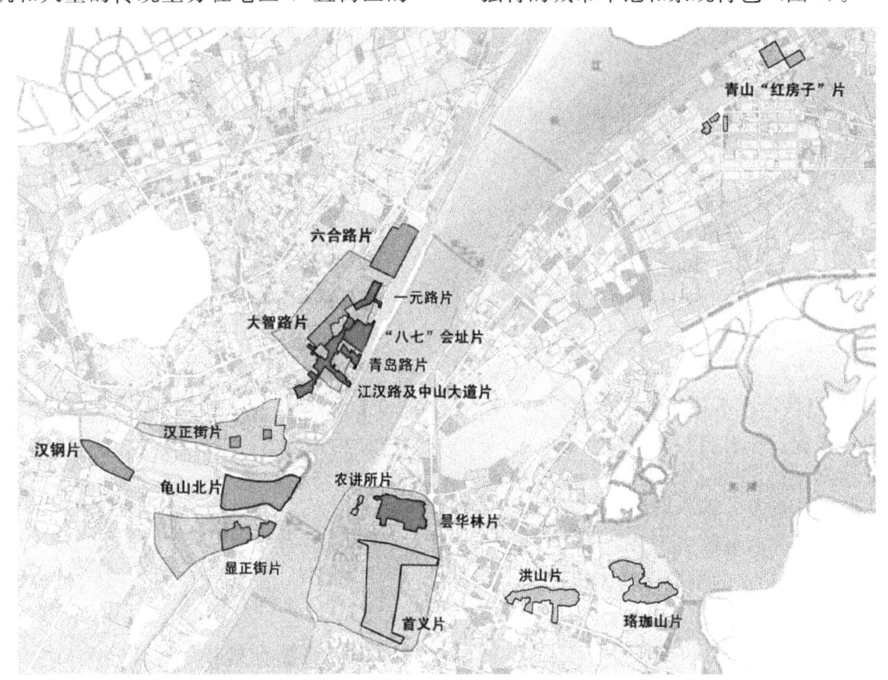

图 5　武汉市历史风貌区分布图
（图片来源：武汉市自然资源和规划局官网）

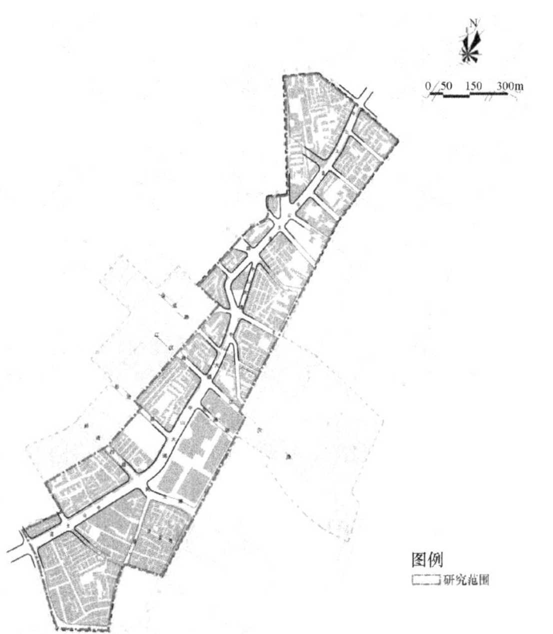

图 6　中山大道范围图
（图片来源：改绘自《江汉路及中山大道片历史文化保护街区保护规划区位图》）

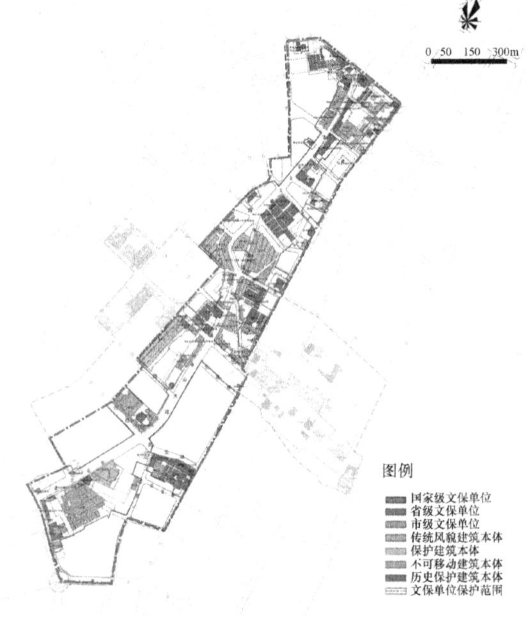

图 7　中山大道历史建筑分布图
（图片来源：改绘自《江汉路及中山大道片历史文化保护街区保护规划紫线》）

3.2 敏感参数对照

阈值 h 的选择主要与分析场地的尺度以及地理事件的特征相关，一些学者研究了国外近百个城市中心街区的规模，发现绝大部分城市的街区边长主要在 50～150m 之间[11]。为了得到历史文化街区游憩尺度的适合阈值 h，本研究选择了以 h 为 150m 以内的各个数据进行分析试验，最终挑选 30m、50m 和 100m（图 8）作为阈值 h 进行结果分析，并根据指标进行了检测。

根据游憩领域圈规模测度方法分别识别出阈值为 30m、50m 和 100m 的武汉江汉路及中山大道片游憩领域圈的轮廓边界，并各自计算其可游憩面积、游憩领域圈面积和相对误差。根据图表显示，阈值取 30m 的游憩领域圈分布过于零碎（图 9），而阈值取 100m 的游憩领域圈向外扩散幅度则太大（图 10），阈值取 50m 的游憩领域圈呈多组团分布，且其数据结果误差最小。所以本文选取阈值为 50m 作为此街区尺度下游憩领域圈边界识别的指标，此指标下得到的结果误差较小，可信度较高。

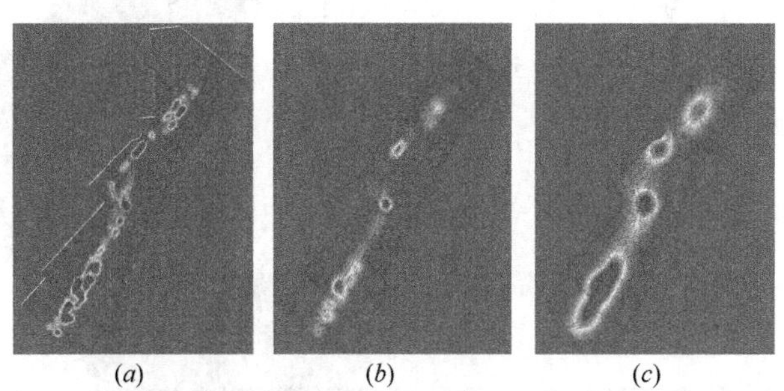

图 8　不同阈值情况下的核密度估计结果

(a) 30m；(b) 50m；(c) 100m

（图片来源：作者自绘）

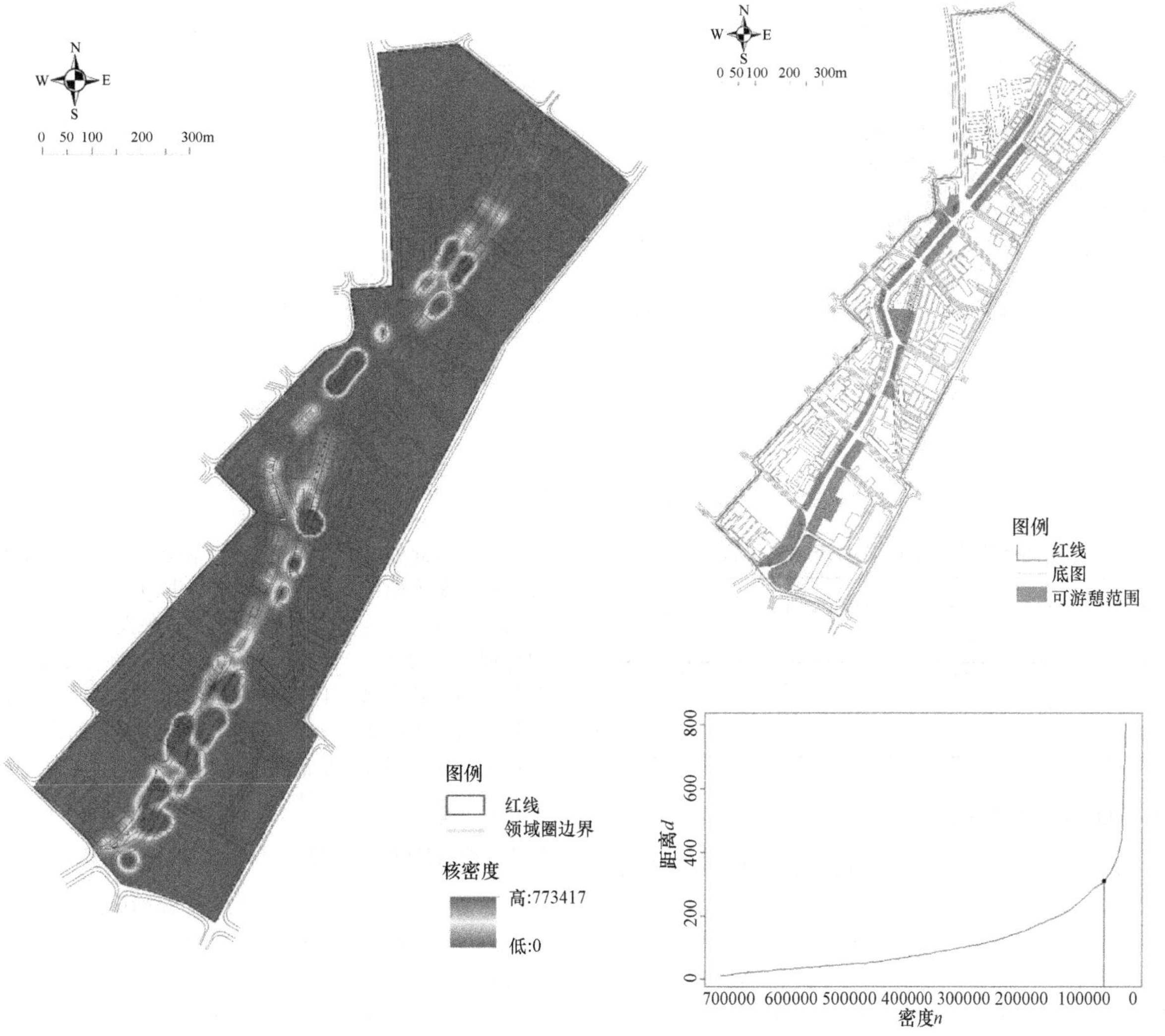

图 9　中山大道游憩领域圈（h=30m）

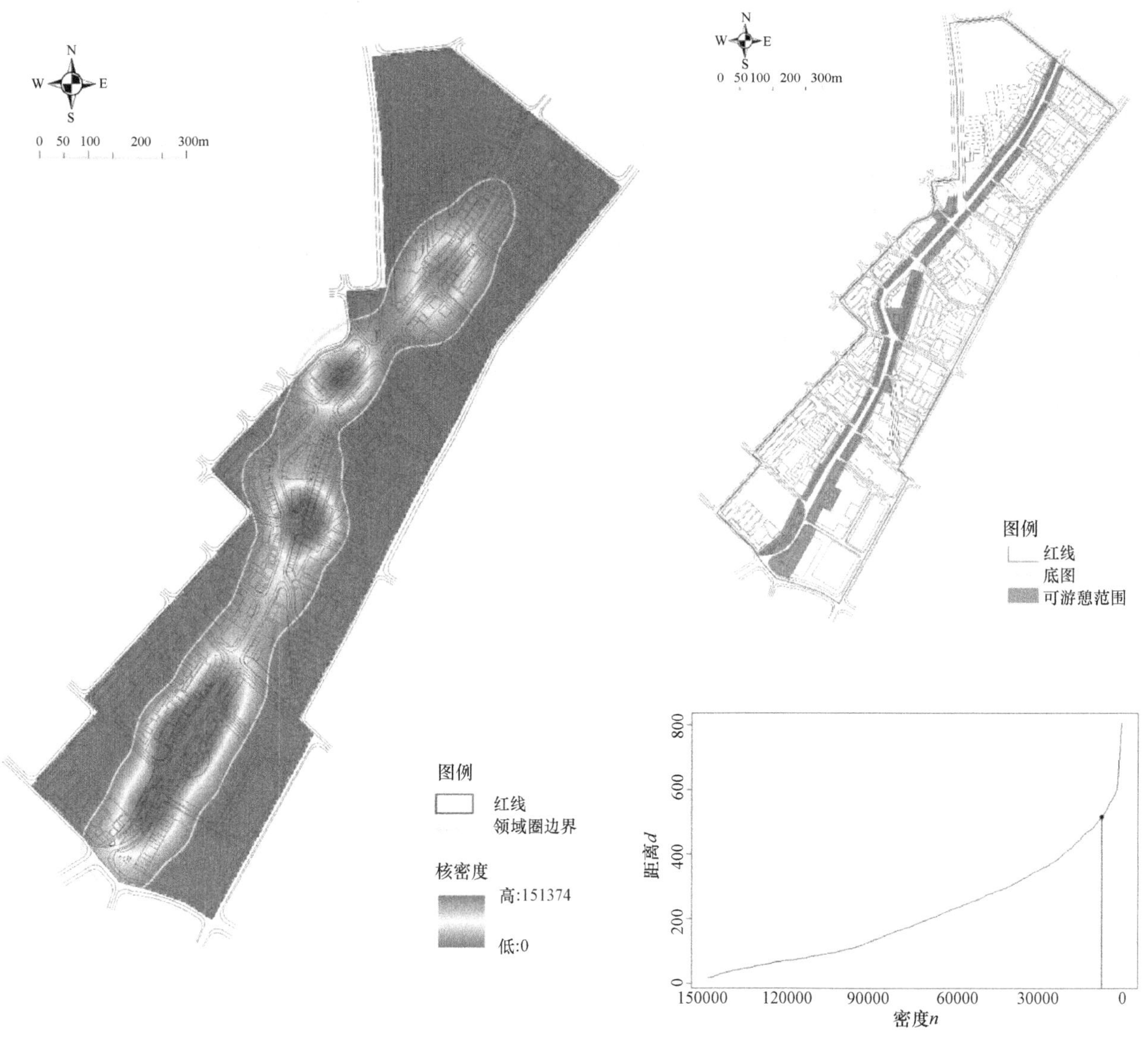

图 10 中山大道游憩领域圈（h=100m）

不同阈值下中山大道游憩领域圈数据　　表 1

阈值 h (m)	可游憩面积 (m^2)	领域圈面积 (m^2)	相对误差
30	65729	55343.54	0.158
50	54502	52503.26	0.036
100	85672	269487	2.145

3.3 领域圈空间规模

在阈值 h 为 50、P 值为 0.05 时，绘制区域游憩点核密度图的密度等值线（图 11）。可以发现，江汉路及中山大道片游憩领域圈呈现 4 组团式分布。将此游憩领域圈由北到南分别编号为 A、B、C、D 4 块组团，A 组团位于合作路两端，此地为该区域最大的数码产品购物中心，且有一块大面积的广场，优秀的商业条件和活动场地为此地形成游憩领域圈打下了基础。从实际数据来看，此地的人均游憩面积最大的原因是场地较为单一的业态环境让部分游憩者流失。B 组团位于吉庆街，此地为中山大道有名的美食街，大量的本地居民和外来游憩者在这里聚集品尝美食，由此处的美食文化形成了游憩领域圈。C 组团依托于武汉美术馆前广场和南京路与中山大道交叉路口形成游憩领域圈，这里每天有大量的游憩人群在广场上驻足停留或是拍照。D 组团为面积最大和游憩人数最多的游憩领域圈，其南起民生路和中山大道相交路口，北至江汉路步行街与中山大道相交路口，此地有大片的街头绿地和广场空间，同时也是地铁站出入口，良好的物质空间基础让游憩领域圈得以形成。

3.4 领域圈人流密度

分别计算组团 A、B、C、D 其游憩领域圈面积、可游憩面积、领域圈内游憩人群数量和人均游憩面积（表 2）。整体而言，武汉市江汉路及中山大道片游憩领域圈总面积为 52503.26m^2，人均游憩面积为 6.88m^2，其可游憩面积也都接近于领域圈面积，符合实际校验。同时人均公共绿地面积也可作为校对的一个参考因素，全国绿化委在 2008 年发布的《2008 年中国国土绿化状况公报》显示，我国 2008 年人均公共绿地面积为 8.98m^2，相较而言，历史街区的用地更加紧凑，人均游憩面积也相对略低。

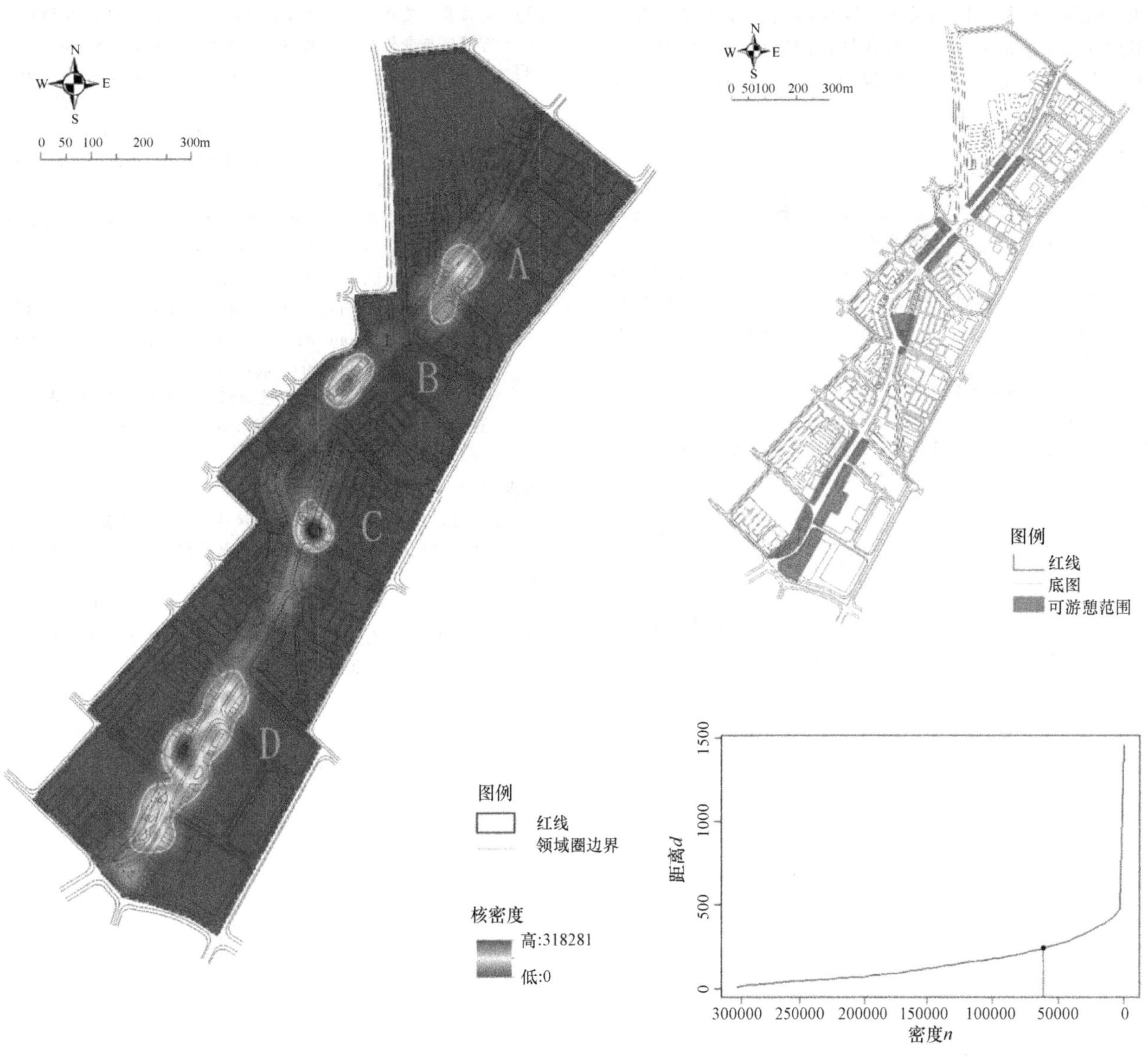

图 11　中山大道游憩领域圈（h=50m）

中山大道游憩领域圈详细数据　表 2

领域圈	面积（m²）	可游憩面积（m²）	游憩人数（个）	人均游憩面积（m²/人）
A	9217.02	9286	976	9.44
B	6530.44	8249	1028	6.35
C	5401.70	5490	1049	5.15
D	31354.10	31477	4583	6.84
总计	52503.26	54502	7636	6.88

4　结语

历史文化街区游憩领域圈的识别是研究历史文化街区和游憩空间十分重要的一环。根据前人的研究与实践，本文利用历史街区游憩点核密度等值线的分布规律成功识别出了武汉市江汉路和中山大道片游憩领域圈边界。与其他城市尺度的识别相比，街区尺度的边界识别更小、更微观。同时，从游憩角度切入边界识别也填补了历史文化街区游憩空间在边界量化上的缺失。本文的主要结论有：

（1）在街区尺度上，运用行为注记法收集游憩人群数据，再根据游憩点核密度等值线的分布规律来识别历史文化街区游憩领域圈边界的方法是一种行之有效的手段，其得到结果清晰、数据直观可信。这一方法对于其他街区尺度的游憩空间边界量化具有一定的借鉴价值。

（2）利用上述方法对武汉江汉路及中山大道片游憩领域圈边界进行了识别，提出了判别历史文化街区游憩空间边界的关键指标。在此街区尺度上，阈值 h=50m、P=0.05 是适合游憩领域圈边界识别的取值，并可根据“可游憩面积”和“游憩领域圈”面积的大小差值来从实践上检验其结果的可靠性。

（3）根据游憩人群点数据进行核密度分析，武汉市江汉路及中山大道片人群的游憩活动呈现聚类分布，形成了游憩领域圈，且其游憩领域圈呈 4 组团式分布。

研究解决了历史文化街区游憩领域圈边界的设定和指标计算，其最大创新点在于：在街区尺度下，以实践指标来检验游憩领域圈边界识别理论，量化了领域圈面积和人均游憩面积。以后关于街区尺度的边界研究可以采用此方法和指标来进行分析比较，同时也期待这个方法可以为街区尺度游憩空间的规划调控、空间管理提供理论和技术支持。

参考文献

[1] 王圣音，刘瑜，陈泽东，等. 大众点评数据下的城市场所范围感知方法[J]. 测绘学报，2018，47(08)：1105-1113.

[2] 宋程，陈嘉超，李彩霞，等. 基于大数据的城市活力区和中心城区边界识别——以广州市为例[J/OL]. 城市交通：1-8 [2020-07-17]. https：//doi. org/10. 13813/j. cn11-5141/u. 2020. 0028.

[3] 秦学. 城市游憩空间结构系统分析——以宁波市为例[J]. 经济地理，2003(02)：267-271+288.

[4] 刘云刚，叶清露，许晓霞. 空间、权力与领域：领域的政治地理研究综述与展望[J]. 人文地理，2015，30(03)：1-6.

[5] 邢瑞磊，戴安琪. 空间、权力关系与秩序——复合世界的区域空间整合机制[J]. 欧洲研究，2018，36(02)：65-90+7.

[6] 顾至欣，陆明华，张宁. 基于行为注记法的休闲街区夜间旅游活动研究[J]. 地域研究与开发，2016，35(03)：86-91.

[7] 禹文豪，艾廷华. 核密度估计法支持下的网络空间POI点可视化与分析[J]. 测绘学报，2015，44(01)：82-90.

[8] Hinneburg A，Keim D. An Efficient Approach to Clustering in Large Multimedia Databases with Noise. First publ. in：Proceedings of the 4th International Conference on Knowledge Discovery and Datamining (KDD'98)，New York，NY，September，1998.

[9] 许泽宁，高晓路. 基于电子地图兴趣点的城市建成区边界识别方法[J]. 地理学报，2016，71(06)：928-939.

[10] Zhu H，Liu J，Liu H，et al. Recreational business district boundary identifying and spatial structure influence in historic area development：A case study of Qianmen area，China[J]. Habitat International，2017，63：11-20.

[11] 方彬，葛幼松. 街区制发展历程中的街区形态演变与街区适宜尺度探讨[J]. 城市发展研究，2019，26(11)：34-40.

作者简介

游佩逸，1993年3月生，男，汉族，湖北，硕士，华中农业大学学生，研究方向为游憩社会学。电子邮箱：707702395@qq.com。

李静波，1982年10月生，男，汉，四川成都，博士，现供职于华中农业大学风景园林系，副教授，研究方向为游憩社会学。电子邮箱：jingbol@mail. hzau. edu. cn。

摘要

公园城市背景下的“浙派园林学”体系构建

Construction of "Zhejiang-Style Landscape Architecture" System under the Background of Park City

陈　波　王月瑶

摘　要：在“公园城市”理念大背景下，作为“东方自然山水式生态美学思想”的杰出典范，浙派园林日益呈现无与伦比的重要作用。在分析公园城市理念、浙派园林产生与发展的基础上，构建了“浙派园林学”学术体系。该体系主要由核心理念、设计方法、造园意匠、造园要素和造园技法5大部分构建而成，将切实为公园城市建设的美好蓝图转化为中国大地上的鲜活实践作出贡献。

关键词：风景园林；生态文明建设；公园城市；浙派园林学；生态人居

Abstract: Under the background of the concept of "Park City", as an outstanding example of "Oriental Natural Landscape Ecological Aesthetics", the Zhejiang-style garden plays an increasingly important role. Based on the analysis of the concept of the park city and the emergence and development of the Zhejiang-style garden, this paper constructed the academic system of the Zhejiang-style of landscape architecture. The system is composed of five major parts: the core concept, the design methods, the ideas of gardening, the elements of gardening and the techniques of gardening, it will contribute to the transformation of the blueprint of the park city construction into the living practice of China.

Key words: Landscape Architecture; Ecological Civilization Construction; Park City; Zhejiang-style of Landscape Architecture; Ecological Habitat

以小清河滨河公园设计为例探讨公园中的城市发展趋势

Discussion on Development Trend of City in Park: Taking the Riverside Park of Xiaoqing River Design as an Example

陈朝霞　刁文妍

摘　要：伴随着城市的发展，人与自然、人与环境不断探寻着更恰当的平衡关系，“公园城市”理念的提出，为城市建设提出了更广阔的思路。公园中的城市，城市就是公园，绿地不仅仅是城市布局中的底色，而且承载着人们的各种活动，成为城市设计中的重要组成部分。在“公园城市”的理念下，对济南小清河滨河公园的建设经验进行总结，分析“功能、串联、艺术”的主要思路，为“公园城市”理念的落实提供了借鉴。“公园城市”不仅是一种理念，他将会是城市园林建设的行动指南，是生态建设持续发展的动力。

关键词：公园城市；千园之城；滨河公园；绿道串联；色彩艺术

Abstract: With the development of cities, people and nature, people and environment are constantly searching for a more appropriate balance relationship. The concept of *City in Park* puts forward a broader idea for urban construction. The city in the park, the city is the park. The green space is not only the background of the city, but also carries people's various activities, and has become an important part of urban design. Under the concept of *City in Park*, this paper summarizes the construction experience of Riverside Park of Xiaoqing River in Jinan, analyzes the main ideas of function, series and art, and provides a reference for the implementation of the concept of *City in Park*. *City in Park* is not only an idea, but also an action guide for urban landscape construction and a driving force for sustainable development of ecological construction.

Key words: City in Park; City of Thousand Gardens; Riverside Park; Greenways Series; Color Art

公园城市研究进展与启示

The Progress and Enlightenment of Research on Park City

陈 冲 彭旭路

摘 要：通过搜索公园城市研究的中文文献，梳理了研究的数量、领域、学科、热点，总结了近年来中国学者对公园城市的研究成果，归纳其理论研究特点体现出绿地观、空间观、全域观、品牌观4大方向；实践研究特点在于按照规划尺度层层递进，以点带面地示范引导，以逐步实现“人、城、境、业、制”统筹的综合目标。研究未尽之处在于理论深度不够，方法在不断探索，技术支撑体系不够完善。最后从3个方面提出了研究启示。

关键词：风景园林；公园城市；研究进展；启示

Abstract: The numbers, fields, subjects and hot spots in park city research were analyzed from Chinese literature. The research results of Chinese scholars on park cities in recent years had been summarized. The theoretical research characteristics embodies the four major directions of green space view, space view, comprehensive view and brand view. Practical research is characterized by step by step according to the planning scale, with demonstration and guidance from point to point. In order to realize the overall goal of activity, livability background, industry and system. The unfinished part of the research lies in the lack of theoretical depth, the continuous exploration of methods, and the insufficient technical support system. Finally, the research enlightenment is proposed from three aspects.

Key words: Landscape Architecture; Park City; Research Progress; Enlightenment

韧性协同视角下公园城市规划设计的思考①

The Reflection on Planning and Design of Park City from the Resilient Perspective

陈思裕 邱 建

摘 要：2018年，在生态文明建设的背景下，公园城市的建设模式被首次正式提出，成都市率先展开了公园城市实践，在城市规划和建设中突出城市的生态价值，但从城市韧性的角度来考虑公园城市规划设计的理论较为缺乏。本论文基于城市韧性理论，在梳理相关文献研究和总结成都市公园城市实践的基础上，从公园城市韧性的内涵和公园城市规划设计要素展开探讨，为不同背景的城市开展公园城市韧性协同规划开展理论研究和实践提供参考。

关键词：公园城市；韧性；规划设计

Abstract: The urban development mode of Park City was firstly formally proposed in the background of ecological civilization in 2018. The city of Chengdu took the lead in the practice of Park City, highlighting the ecological value of the city in urban planning and development. However, the research about Park City planning and design from resilience perspective is missing. In the article, relevant literatures are reviewed and Park City practice in Chengdu is summarized. Based on the theory of urban resilience, the connotation of Park City resilience and the elements of Park City planning and design are discussed. Hopefully, the article can provide references for the research and practice of planning and design of resilient Park City with different context.

Key words: Park City; Resilience; Planning and Design

① 基金项目：国家自然科学基金资助项目（51678487），四川省科技计划重点研发项目（2020YFS0054）。

公园城市思想下的城市近郊旅游地规划方法探索

——以烟台市养马岛为例

Exploration of the Planning Method of Suburban Tourist Area under the Concept of Park City:

Yantai Yangma Island Case

程冰月

摘　要：随着城镇近郊地区农林产业功能弱化、旅游功能突显，近郊旅游地逐渐成为规划实践中一种非常重要的客体类型。然而，目前城郊旅游地由于空间复杂、缺乏规划方法而问题频出。本文以烟台市养马岛为例，探讨了在“公园城市”发展思想下，城市近郊旅游地规划的编制方法。提出生态引领、深挖文化、优化存量、以人为本四个规划原则，并具体探索了落实理念的规划设计方法，以期为其他同类型城郊旅游地规划提供经验借鉴。

关键词：公园城市；城郊旅游地；规划方法；养马岛

Abstract: With the weakening of agricultural and forestry functions and prominent of tourism functions in suburbs, suburban tourist destinations have gradually become a very important object type in planning practice. However, the current suburban tourist destinations have frequent problems due to the complex space and lack of planning methods. Taking Yangma Island in Yantai City as an example, this paper discusses the planning method of suburban tourist destinations under the concept of "Park City". It puts forward four planning principles: ecological guidance, deep digging of culture, optimization of stock, and people-oriented, and planning methods to implement the concept are explored in detail, in order to provide experience for other similar types of suburban tourism planning.

Key words: Park City; Suburban Tourist Destination; Planning Method; Yangma Island

非专业视角下的“公园城市”理念与认知[①]

The Concept and Cognition of “Park City” from the Non-professional Perspective

樊雨濛　赵纪军*

摘　要：自“公园城市”理念的提出，其定义、内涵与外延引起学界的广泛讨论。但除城市规划、风景园林等专业领域外，非专业视角下的“公园城市”理念与认知还未有相关研究。本文试以非专业，乃至大众视角下公园城市的城市建设内涵、城市政策导向、城市风貌建设、城市幸福获得感、城市附加值、城市建设愿景6个方面，梳理并探讨公园城市是什么？为什么？怎样建？以期为专业学者进一步研究公园城市理论以及投入公园城市建设提供某些参考。

关键词：公园城市；非专业视角；理念；认知

Abstract: Since the concept of “Park City” was put forward, its definition, connotation and extension have caused extensive discussions in the academic circle. However, apart from professional fields such as urban planning and landscape architecture, there is no relevant research on the concept and cognition of “Park City” from a non-professional perspective. This article tries to sort out and discuss what a Park City is, how to build it from the non-professional and even the general public's perspectives: the connotation of urban construction, the guidance of urban

① 基金项目：国家自然科学基金面上项目（编号52078227）资助。

policy, the construction of urban landscape, the sense of urban happiness, the added value of city and the vision of urban construction. It hopes to provide a basic reference for professionals to further study Park City theory and invest in Park City construction.
Key words: Park City; Non-professional Perspective; Concept; Cognition

不一样的风景：柏林特色公共空间对中国的启示

Different Scenery: Inspiration of Berlin Public Space to China

解铭威　韩静怡　王向荣*

摘　要： 柏林城市公共空间种类丰富、特色鲜明，经过近百年的发展，形成了自己独特的公共空间开发模式与城市更新理论，并进行了广泛的建设更新实践。概述了柏林城市公共空间的发展历程，由战后大拆大建逐渐转变为有序更新。从城市公园与园林展、批判性重建、谨慎城市更新、跨国空间、社区花园、交通设施公共空间等 6 个方面，分别选取典型实例介绍了柏林城市公共空间的特点、发展与营建模式，总结柏林公共空间塑造的经验教训，以期为中国城市公共空间的营建提供参考。
关键词： 柏林；公共空间；跨国空间；城市更新；社区花园

Abstract: Berlin has rich types of public space. After nearly a hundred years of development, it has formed its own unique public space development mode and urban renewal theory, and has carried out extensive construction and renewal practice. This paper summarizes the development process of Berlin' s urban public space, which has gradually changed from large-scale demolition and construction to orderly renewal. From six aspects of urban park and garden exhibition, critical reconstruction, cautious urban renewal, transnational space, community garden and public space of transportation facilities, this paper introduces the characteristics, development and construction mode of urban public space in Berlin, summarizes the experience and lessons of public space shaping in Berlin, so as to provide reference for the construction of urban public space in China.
Key words: Berlin; Public Space; Transnational Space; Urban Renewal; Community Garden

改革开放以来城市绿色高质量发展之路

——新时代公园城市理念的历史逻辑与发展路径

The Road of Green and High-quality Urban Development Since the Reform and Opening up:

Historical Logic and Development Path of the Concept of Park City in the New Era

韩若楠　王凯平　张云路*　李　雄

摘要

摘　要： 改革开放以来随着我国社会经济的快速发展，城市生态建设与社会经济发展的关系完成从服从到共生、从被动应对到主动响应的转变，经历了“从属-融入-协同-引领”与经济建设 4 个不同阶段的关系变迁。而在这一过程中，针对各个阶段的城市问题和需求，国家提出不同的城市绿色发展理念，从卫生城市建设，到宜居城市打造，以及海绵城市、生态园林城市和森林城市等创建。进入新时代，习近平总书记在成都提出了公园城市的理念，构筑了我国绿色城市新发展的宏伟蓝图。本文站在历史角度，回溯改革开放以来我国城市绿色高质量发展的进程，从“生态统筹发展，绿地质量提升，公园体系建设，韧性载体营造，健康主动响应，文化贯彻引领，公园+模式提出，管理机制构建”8 个维度出发，探究了新时代我国公园城市理念的历史逻辑与发展路径，为构建新时代应对城市问题，满足人们美好生活需要的公园城市新模式提供理论参考和专业支撑。
关键词：公园城市；改革开放；城市人居生态环境；风景园林；理论体系

Abstract: With the rapid development of China's social economy since the reform and opening up, the relationship between urban ecological construction and social economic development has changed from subordination to symbiosis, from passive response to active response, and experienced four different stages of "subordination-integration-synerge-guidance" and economic construction. In this process, according to the urban problems and needs at various stages, the state proposes different urban green development concepts, from the construction of healthy cities to the construction of livable cities, as well as the creation of sponge cities, ecological garden cities and forest cities. Entering a new era, General Secretary Xi Jinping put forward the concept of park city in Chengdu, and built a grand blueprint for the new development of green cities in China. This article stands in the historical Angle, back in the city green in China since reform and opening up the development of high quality process, from the "ecological development as a whole, quality improvement, park system, toughness carrier construction, healthy active response, culture into lead, park + mode, management mechanism to build" eight dimensions, explore the history of the Chinese concept of park city new era logic and the development path, to build a new era of urban problems, meet the needs of the people a better life park city new model to provide theoretical reference and professional support.
Key words: Park City; Reform and Opening up; Urban Habitat Ecological Environment; Landscape Architecture; the Theoretical System

"公园城市"的绿色治理实现路径研究

——以杭州为例

Research on the Realization Path of Green Governance of "Park City":

A Case Study of Hangzhou City

胡　月

摘　要：本文重点分析杭州的实际发展现状，了解公园城市和绿色治理的相关理论，以此为基础研究公园城市在绿色治理方面所遇到的各项难题。通过深入的分析成因在进一步提出与治理相关的实现方法。可以看到方式涉及产业继承以及提高技术创新等多项要素，科学用的方式较多，而且政府在环境保护当中占据重要地位，为真正提高能源的利用效率，要从政府引导的角度入手，重视公园城市的绿色治理之路。
关键词：杭州市；公园城市；绿色治理

Abstract: This paper focuses on the analysis of the actual development of Hangzhou, understand the theory of Park City and Green Governance, based on this, the paper studies the problems of green governance in Park City. Through in-depth analysis of the causes of further governance-related implementation methods. It can be seen that the way involves a number of factors such as industrial inheritance and the improvement of technological innovation. And the government plays an important role in environmental protection, to really improve the efficiency of energy use, we need to start with a government-directed approach, attach importance to the Green Management Road of the park city.
Key words: Hangzhou; Park City; Green Governance

从城市治理角度探讨深圳公园城市建设

Research on Shenzhen Park City Construction from the Perspective of Urban Governance

黄思涵　于光宇　赵纯燕　邓慧弢

摘　要：中国城市发展进入高度城镇化阶段，习近平总书记指出“城市管理应该像绣花一样精细”。体现存量时代的城市发展思维的转变，从快速化的“城市建设”转变到精细化的“城市治理”。城市治理是从以人为本角度自下而上地构建全周期的城市营造方式，如何让城市环境匹配市民对美好公共生活的向往，将成为城市治理的重要课题。2018 年 2 月，习近平总书记提出“公园城市”理念，核心通过对城市绿色公共空间的治理，以弹性和可持续性的方式，激活城市的公共价值，提升城市的健康价值，将成为城市治理的重要方向。深圳作为中国的超大城市之一，已成为“高密度、高强度、高建成度”的“三高”城市。迈入存量发展时代，需要通过城市治理的方式，更精细化与系统化地提升城市环境品质。本文在深圳提出从“千园之城”到“公园城市”的发展目标下，通过对深圳公园城市工作的研究，尝试从城市治理的角度，构建深圳公园城市的工作框架，提出补短板、系统化、全周期三大核心思路。补短板是通过分析“需求”反思“供给”，明确深圳公园城市的方向；系统化是突破边界思维，重构城绿关系；全周期是通过学习国际先进城市，尝试制定从规划、建设、到管理全周期的深圳公园城市体系。

关键词：公园城市；城市治理；补短板；系统化；全周期

Abstract: Urban development in China has entered a highly urbanized stage. President Xi Jinping pointed out that urban management should be as elaborate as embroidery needle, reflecting the change in urban development thinking in the stock age, from rapid urban construction to refined urban governance. Urban governance is building a full-cycle city construction method from the bottom-up perspective with a people-oriented perspective. How to match the urban environment with the citizens' yearning for a better public life will become an important topic of urban governance. In February 2018, President Xi Jinping put forward the concept of Park City. Through the governance of urban green public space, it will become an important direction of activating the public value of the city in a flexible and sustainable way and enhancing the health value of the city. As one of China's megacities, Shenzhen has become a high-density, high-strength, and high-level city with three highs. Entering the development of stock age, it is necessary to improve the quality of the urban environment in a more refined and systematic manner through urban governance. Underthe development goal of Shenzhen's development from a thousand parks city to city in park, this article attempts to build a framework for Shenzhen park city from the perspective of urban governance through the study of Shenzhen park city work, and proposes to make up for shortcomings, Three core ideas of systematization and full cycle. To make up for shortcomings is to clarify the direction of Shenzhen park city by analyzing demand and reflecting on supply; systematization is to break through the boundary thinking and reconstruct the relationship between urban and green; the whole cycle is to learn from international advanced cities and try to formulate planning, construction, To manage the full-cycle Shenzhen park city system.

Key words: Park City; Urban Governance; Make up for Shortcomings; Systematization; Full Cycle

生态都市主义视角下公园城市实践策略

——以习水县中心城区总体城市设计为例

Practice Strategy of Park City from the Perspective of Eco Urbanism:

Taking the Overall Urban Design of Xishui County as an Example

李和平　陶文珺

摘　要：目前中国快速的城镇化过程中，面临着前所未有的挑战，短短 30 年内完成半数人口的大搬迁留下了诸多问题，生态安全危机、粮食安全危机、文化遗产、社会结构的破坏等都在警示我们：必须适当及时改变关于城市和城市化的理念、方法、技术。2018年，习近平总书记提出"公园城市"这一理念。而目前，在全球生态话语体系中的盛行的生态都市主义理念为中国公园城市建设提供了一个崭新的途径，理念如何落实到公园城市建设实践中，是现阶段规划领域值得积极探讨的问题。本研究通过习水县中心城区总体城市设计，将生态都市主义的核心理念融入公园城市规划中，探讨公园城市的规划建设思路，总结出4条公园城市实践策略，分别从愿景引导、刚性原则、空间手段、可持续发展方式入手，旨在为目前中国公园城市实践提供借鉴。
关键词：生态都市主义；公园城市；实践策略；习水县

Abstract: in the process of rapid urbanization, we are faced with unprecedented challenges. In a short period of 30 years, half of the population has been relocated, leaving many problems. Ecological security crisis, food security crisis, cultural heritage, social structure damage and so on are warning us that we must appropriately and timely change the concept, method and technology of city and urbanization. In 2017, general secretary Xi Jinping put forward the proposition of "Park City". At present, the concept of ecological urbanism prevailing in the global ecological discourse system provides a new way for China's Park City construction. How to implement the concept into the practice of Park City construction is a problem worthy of active discussion in the field of planning at this stage. Through the overall urban design of Xishui County Central City, this paper integrates the core concept of eco urbanism into the park city planning, discusses the planning and construction ideas of Park City, and summarizes four park city planning countermeasures, starting from the vision guidance, rigid principle, spatial approach and sustainable development mode, aiming to provide reference for the current practice of Park City in China.
Key words: Eco Urbanism; Park City; Practice Strategy; Xishui County

日本的公园城市基本理念和实践

Park City Theory and Practice of Japan

李玉红　进士五十八

摘　要：城市公园与人们的生活密切相关，方便而优质的公园绿地给人们的日常生活带来极大享受。随着中国经济增长，城市建设迅速发展，城市公园数量增加之外，还出现多种形式，"公园城市"理论和实践逐渐出现需求并引起关注，但是，公园城市并非就是建设很多城市公园。日本公园制度起源于1873年的太政官布达第16号，城市公园建设方面没有预算，直至1956年制定《城市公园法》后制定了城市公园建设五年规划，国家实行的大规模城市公园建设，随后进行了部分修正，掀起了新一轮公园建设高潮。随着社会经济发展和人们生活需求，日本城市公园建设内容不断充实并出现多种形式和良好成效，例如绿色基础设施、公园城市等。因此，本文通过研究日本相关建设理念和实践案例，希望有参考价值。
关键词：日本；公园城市；实践；理念；多样性

Abstract: Park City is closely related to people's lives, convenient and high-quality parks and green spaces bring great enjoyment to people's daily lives. With the economic growth and rapid development of urban construction in China, in addition to the increase in the number of urban parks, various form of parks have emerged, and the theory and practice of "Park City" have gradually appeared in demand and attracted attention. However, the park city is not just the construction of many city parks. In Japan the park system originated from No. 16 of the Chief Minister Buda in 1873. There was no budget for the construction of urban parks until the five-year plan for urban park construction was formulated after the "City Park Law" was enacted in 1956, the state implemented large-scale urban park construction. Partial amendments were subsequently made, which set off a new round of park construction climax. With the development of social economy and people's needs in life, the content of urban park construction in Japan has been continuously enriched with various forms and good results such as green infrastructure, park cities, etc.. This article hopes to have reference value by studying relevant construction concepts and practice cases in Japan.
Key words: Japan; Park City; Theory; Practice; Diversity

基于治理理论的我国城市公共空间更新模式的探索①

——以上海黄浦江两岸地区为例

Exploration of the Regeneration Mode of Urban Public Space in China Based on Governance Theory：

A Case Study of Shanghai's Huangpu River

梁引馨　金云峰　崔钰晗　袁轶男

摘　要：在我国治理现代化的背景下，本文梳理了我国城市公共空间更新所面临的问题，基于治理理论的内涵在政府主导、市场运作、公众参与3个方面对城市公共空间更新的模式进行探索，结合上海市黄浦江两岸公共空间更新实践案例，探索其在更新治理方面的成功路径，以期为其他地区城市公共空间的更新提供经验借鉴。
关键词：风景园林；景观治理；公共空间；城市更新；滨江空间

Abstract: In the context of the modernization of governance in China, this article sorts out the problems facing the regeneration of urban public space. Based on the connotation of governance theory, we explore the mode of urban public space regeneration in three aspects: government dominance, market operation, and public participation. In the practical cases of regeneration of public space of the Huangpu River, we explore its successful experience in regeneration governance, in order to provide experience for the regeneration of urban public spaces in other regions.
Key words: Landscape Architecture; Landscape Governance; Public Space; City Regeneration; Riverside Space

公园城市理念下公园绿地生态系统文化服务供需平衡研究①

Balance Between the Cultural Ecosystem Services Supply and Demand of Urban Park Viewing from Park City Idea

刘　颂　杨　莹　颜文涛

摘　要：作为重要的公共生态产品，公园绿地资源配置和空间布局的合理性对践行公园城市绿色公平的发展理念，满足人民日益增长的对文化休闲和生态环境的需要具有重要意义。当前强调规模数量和空间形态的布局原则有一定的局限性。以公园绿地文化服务供需平衡为导向，初步建立了综合数量均衡、效度满意度和空间匹配3个维度的分析框架，提出在完善公园绿地文化服务供需评价指标体系、明确供需服务流机制、集成供需平衡分析框架等方面是未来进一步研究的方向。
关键词：公园绿地；生态系统文化服务；供需平衡；分析框架；公园城市

Abstract: As an important public ecological product, the rationality of urban parks resource allocation and spatial layout is of great significance to the practice of the green and fair development concept of park cities and the satisfaction of people's growing needs for ecological environment. At present, the layout principles that emphasize scale, quantity and spatial form have some limitations. Aiming at balancing between culture ecosystem service supply and demand of urban parks, an analysis framework is preliminary established, including equilibrium quantity, validity of satisfaction and space matching. It is also point out that culture ecosystem service evaluation index system of supply and demand, service flow of supply and demand mechanism, the integration of e analysis framework and so on t need to be studied further.
Key words: Urban Park; Cultural Ecosystem Services; Balance of Supply and Demand; Analytical Framework; Park City

① 基金上海市科学技术委员会创新研究课题：城市生态廊道农林湿复合生态功能构建技术及应用示范（19DZ1203402）。

紧凑城市视角下老城区公园城市建设策略研究

——以成都市少城片区为例

Park City Development Strategy of Old City from the perspective of Compact City:

A Case study of Shaocheng District of Chengdu

权淞立　杨青娟*

摘　要：城镇化给中国城市带来的不仅是发展的契机，也是随着城市密度不断提高而滋生出来的一系列问题，也说明了城市形态注定将向着高密度的方向发展。紧凑型城市强调在密集的城市中通过复合的用地功能和高效的交通体系来实现集约化、高效能的发展。本文通过分析紧凑城市的相关理论和研究，探讨了紧凑城市的理论与公园城市理论的契合关系，并从紧凑城市理论的视角出发提出成都市少城片区公园社区的建设策略。

关键词：紧凑型城市；公园城市；公园社区；成都市；少城片区

Abstract: Urbanization brings not only opportunities for the development of Chinese cities, but also a series of problems arising from the continuous improvement of urban density, which also determines the development of urban form towards the direction of high density. Compact cities emphasize intensive and efficient development in dense cities through multi-functions of land use and funny transportation systems. By analyzing the relevant theories and researches of compact city, this paper clarifies the relationship between the theory of compact city and the theory of park city, and puts forward the strategies of Chengdu Shaocheng district in the process of park community construction from the perspective of compact city theory.

Key words: Compact City; Park City; Park Community; Chengdu; Shaocheng District

公园城市理念下长城文化遗产载体的应用[①]

——以山海关区为例

Application of the Great Wall Cultural Heritage Carrier under the Concept of Park City:

A Case Study of Shanhaiguan

尚筱玥　姚　旺　李　严　张玉坤

摘　要：公园城市理念的提出，为新时代背景下文化遗产作为特殊载体参与城市空间提升提供了良好的机遇，城市历史文脉的保护是激发城市精神的内在要求。本文以山海关区为例，以长城文化遗产为主要研究对象，结合史料及航片深入挖掘遗产全貌，通过驿传路线与烽传路线链接成网络体系，进而从公众参与、智慧城市、环境治理3方面提出更新策略，实现城市空间与城市文化的有效融合。

关键词：公园城市；文化遗产；长城；山海关

Abstract: The proposal of the park city concept provides a good opportunity for cultural heritage as a special carrier to participate in the promotion of urban space under the background of the new era. The protection of urban historical context is an inherent requirement to inspire urban spirit. This article takes Shanhaiguan District as an example, takes the Great Wall cultural heritage as the main research object, combines his-

torical materials and aerial photos to dig into the full picture of the heritage, and links the post route and the beacon route to form a network system, and then from public participation, smart city, environmental governance On the one hand, a renewal strategy is proposed to realize the effective integration of urban space and urban culture.
Key words: Park City; Cultural Heritage; Great Wall; Shanhaiguan

城市动物园发展方向的思考与探索

Thinking and Exploration of the Development Direction of Urban Zoo

沈实现

摘　要：本文追溯了城市动物园的发展历史，分析目前中国城市动物园在场馆、科研、营收等方面的困境和在客流量、交通、地段方面的优势。然后，文章结合国外城市动物园更新发展的实例，思考当下城市动物园在功能布局、交通游线、特色主题、游览方式、商业运营等方面的新趋向，并以杭州动物园改造为例，探索国内类似城市动物园可持续发展的道路。
关键词：城市动物园；发展方向；思考；探索

Abstract: This article summarizes the development history of urban zoos, and analyzes the negative in site, research, and revenue of current Chinese urban zoos and their positive in passenger flow, transportation, and location. Then, combining the examples of the renewal and development of foreign urban zoos, the paper considers the present trends of urban zoos in terms of functional layout, transportation routes, special themes, tour methods, and commercial operations. Taking the renew of Hangzhou zoo as an example, we explore the sustainable development path of similar urban zoos in China.
Key words: Urban Zoo; Direction; Thinking; Exploration

城市历史视角下的南昌公园城市建设实践

Practice of Nanchang Park City Construction From the Perspective of Urban History

苏　源　张　蓓　周真真

摘　要：汉代灌婴平定豫章之后筑城设南昌县，开创了南昌的建城史，城市园林景观开始蓬勃发展。本文运用史料归纳、田野调查等方法，从城市历史角度对当前南昌公园城市主要建设的绿道、公园、绿地 3 个方面进行研究，并对其发展及保护策略进行探讨。
关键词：公园城市；南昌；城市历史；策略

Abstract: After Guanying subdued Yuzhang in Han Dynasty, Nanchang County was built, which created the history of Nanchang city construction, and urban gardens began to flourish. This paper uses the methods of historical data induction and field investigation to study the current Park City Construction from the perspective of urban history and discusses its development and protection strategies.
Key words: Park City; Nanchang; City History; Strategy

西班牙风景园林的历史及融合发展

History and Integrating Development of Spanish Landscape Architecture

孙　力　张德顺　Luz Pardo del Viejo　姚驰远

摘　要： 西班牙风景园林随着艺术和文化的发展不断演变，其风格的形成受到史上众多形式的影响，从罗马园林、伊斯兰园林，到意大利、法国和英国园林，再到20世纪先锋派的出现和前沿科技的运用，其设计理念和设计元素不断进化，都市主义和风景园林已经形成了构思景观及其在环境中地位的新思路。本文将详细介绍园林植物在西班牙历史中对园林和建筑的重要意义。
关键词： 园林植物；历史；西班牙；植被；城市空间

Abstract: The landscaping in Spain has had a constant evolution with the different stylistic seals developed in the art and the Spanish culture, while it has been marked by numerous influences throughout its history, from the Roman and Islamic garden, to the Italian, French and English, until the emergence of the avant-garde and the use of new technologies in the 20th century, which along with the development of design, urbanism and landscape architecture have led to a new way of conceiving the landscape and its location in the environment. This essay will help us to better understand the importance that vegetation has had in relation to landscape and architecture in Spain throughout history.
Key words: Landscape Plant; History; Spain; Vegetation; Urban Space

公园城市背景下的滨水空间规划途径探究

——以成都府南河滨水绿地为例

Exploration of Waterfront Space Planning Approach under the Background of Park City:

Taking Chengdu Funan River Waterfront Green Space as an Example

王佳欣

摘　要： 公园城市的核心是以人为本，不断提高居民生活质量，以生态文明思想来引领城市发展，形成“人、城、境、业”高度和谐统一的城市发展新范式。滨水空间作为城市公共空间最为重要的一部分，与人民的幸福感和生活质量息息相关。本文基于公园城市的理念对城市滨水空间进行解读，提出生态优先，绿色发展；功能复合，时空可达以及场景营造，文脉体现3大特征。并且通过对成都主城区府南河滨水绿地进行实地调研，与公园城市“绿色、共享、创新、开放、协调”的理念相结合提出城市滨水空间的规划途径。
关键词： 公园城市；滨水空间；府南河；公共空间

Abstract: The core of park city is to put people first, constantly improve the quality of life of residents, and lead the city development with the idea of ecological civilization, forming a highly harmonious and unified new urban development paradigm of "people, city, environment and industry". As the most important part of urban public space, waterfront space is closely related to people's happiness and life quality. Based on the concept of park city, this paper interprets the urban waterfront space and puts forward ecological priority and green development. Function compound, time and space accessible and scene creation, context reflects three characteristics. And through the field investigation of funan River waterfront green space in the main urban area of Chengdu, combined with the concept of "green, sharing, innovation, openness and coordination" of park city, the planning approach of urban waterfront space is proposed.
Key words: Park City; Waterfront Space; Funan River; Public Space

基于人体舒适度的园林建筑设计策略研究

——以厦门中山公园为例

Study on the Optimization Strategy of Landscape Architecture Design Based on Human Comfort：

A Case Study of Zhongshan Park in Xiamen Province

王 娟

摘 要：公园城市背景下，作为城市环境重要组成部分的城市公园备受关注，而城市公园中的园林建筑设计尤为关键。通过园林建筑优化设计营造舒适的微气候环境，不仅体现人性化设计，也能降低能耗，为使用者提供自然、安全、舒适的空间环境。本文通过分析厦门中山公园内各个园林建筑测点建筑形制、建筑材料、屋顶形式、周边植物水系情况、下垫面材质和周边建筑情况与人体热舒适度评价的关系，得出影响园林建筑人体舒适度的景观要素，进而提出改善城市公园微气候舒适度的策略。

关键词：公园城市；园林建筑；微气候；舒适度

Abstract: Under the background of Park City, urban park, as an important part of urban environment, attracts much attention, and the landscape architecture design in urban park is particularly critical. Through the optimization design of landscape architecture to create a comfortable microclimate environment, not only reflects the humanized design, but also can reduce energy consumption, providing users with a natural, safe and comfortable space environment. This article analyzes the architectural form, building materials, roof form, surrounding plant water system, underlying surface material and surrounding buildings of each garden building measuring point in Zhongshan Park. The relationship between these landscape elements and human thermal comfort evaluation is obtained. The article then obtains the landscape elements that affect the human comfort of landscape architecture, and puts forward the strategies to improve the microclimate comfort of urban parks.

Key words: Park City; Garden Architecture; Microclimate; Comfort

基于 SWOT 分析法的公园城市建设路径探析

——以山西省太原市为例

Analysis on the Construction Path of Park City Based on SWOT Analysis Method：

Taking Taiyuan City, Shanxi Province as an Example

王紫彦　牛莉芹

摘 要：建设公园城市是城市实现转型发展的未来路径选择，也是应对我国社会主要矛盾转变的有效措施。本文采用 SWOT 分析法，以太原市为例，提出打造特色城市品牌铸就新时代城市理念。首先，对太原市建设公园城市的内外优劣势分别展开分析；其次，在明确优劣势的基础上总结出 4 条战略路径；最后，结合太原市现状及其战略提出建设公园城市的相应建议，助推太原市的转型发展，从而实现城市经济发展与生态安全相协调，以期为其他城市建设公园城市提供样板。

关键词：公园城市；城市品牌；太原；新时代城市理念

Abstract: The construction of Park City is not only the choice of the future path for the transformation and development of the city, but also

an effective measure to deal with the transformation of the main social contradictions in China. This paper uses SWOT analysis method, taking Taiyuan City as an example, and puts forward the idea of building characteristic city brand and building a new era of city. First of all, it analyzes the advantages and disadvantages of Taiyuan's construction of Park City; secondly, it summarizes four strategies based on the clear advantages and disadvantages; finally, combined with the current situation and development strategy of Taiyuan City, this paper puts forward the corresponding suggestions of building a park city, promoting the transformation and development of Taiyuan City, and realizing the coordinated development of urban economic development and ecological security, so as to provide reference for other cities to build park cities.
Key words: Park City; City Brand; Taiyuan; New Era City Concept

多元利益主体视角下的成都市公园城市建设政策体系及推进策略研究

Research on the Policy System and Promotion Strategy of Chengdu Park City Construction from the Perspective of Multiple Stakeholders

魏琪力　王诗源　李春容　罗言云　杨宇萩　王倩娜*

摘　要：自习近平总书记视察天府新区时提出"公园城市"概念以来，成都市加快推进建设美丽宜居公园城市，并出台了一系列法律法规、公共政策及技术标准规范，初步形成了较为系统的政策支撑体系，但仍有待进一步提升。从政府、设计施工方、成都常住居民三方利益主体视角出发，提出了7大指标评价体系，采用问卷调查及典型案例实地调研的方法，评估公园城市政策体系引导下的实施效果，分析并总结了公园城市建设中存在的相关政策法规、监管力度、公众参与及反馈机制不完善等问题。基于三方利益主体视角，指出成都市公园城市建设的政策体系应进一步从政府引导、监督机制、管理模式、公众参与机制等方面提供有力支撑，从而保证公园城市建设从政策到规划再到实施的有效传导。
关键词：风景园林；公园城市；政策体系；定量分析；多元利益主体视角

Abstract: Since General Secretary Xi Jinping proposed the concept of "Park City" when inspecting Tianfu New Area, Chengdu has accelerated the construction of a beautiful and livable park city, and has issued a series of laws and regulations, public policies, and technical standards and regulations, which initially formed a relatively systematic policy support System, but still needs to be further improved. From the perspective of the three stakeholders of government, design and construction parties, and permanent residents of Chengdu, put forwards seven major index evaluation systems, and uses questionnaire surveys and typical case field investigation methods to evaluate the implementation effect under the guidance of the park city policy system, analyzes and summarizes the relevant policies and regulations, supervision efforts, public participation and imperfect feedback mechanism in the construction of park cities. Based on the perspective of tripartite stakeholders, the study pointed out that the policy system of park city construction in Chengdu should further provide strong support from government guidance, supervision mechanism, management mode, public participation mechanism, so as to ensure the effective transmission of park city construction from policy to planning and then to implementation.
Key words: Landscape Architecture; Park City; Policy System; Quantitative Analysis; Multiple Stakeholders

基于视觉景观的公园城市绿地系统构建研究

The Construction of Green Space System of Park City Based on Visual Landscape Management

吴倩薇

摘　要：绿地系统是公园城市的标志之一，是连接自然与人文的着力点。目前，城市绿地系统主要由自然廊道与人工廊道构成，其中，人工廊道构建的理论探讨相对薄弱。本文依托富顺县新湾示范区总体概念规划的实践，引入视觉景观概念，借鉴美国的视觉景观管理经验，在顺应生态本底的基础上，以生态文化复合的“景观美”作为完善公园城市绿地系统的依据之一，形成居民提供美的视觉体验、引导城市居民主动管理与保护城市生态的绿地系统网络。

关键词：视觉景观管理；景观格局；绿地系统规划

Abstract: Green space system is one of the symbols of park city and the focal point connecting nature and humanity. At present, the urban green space system is mainly composed of natural corridors and artificial corridors, among which the theoretical discussion on the construction of artificial corridors is relatively weak. Overall concept in this paper, based on a new bay FuShun County demonstration area planning practice, the introduction of visual landscape concept, draw lessons from the visual landscape management experience, with the ecological background, on the basis of compound ecological culture of "landscape beauty" as the basis of urban green space system perfect park, one of the forms for residents to provide visual experience, guide urban residents active management and protection of urban ecological green space system network.

Key words: Visual Landscape Management; Landscape Pattern; Green Space System Planning

古代城市园林选址布局对当代公园城市建设的借鉴
——以福州为例

The Use of Ancient City Garden Site Selection and Layout for Contemporary Park City Construction: Take Fuzhou as an Example

吴怡婧　周向频

摘　要：古代城市园林在选址布局中因借自然、充分利用环境资源，使得山、水、城、园有机融合，其理念和手法对如今公园城市建设的空间格局规划有重要的借鉴意义。福州是一个依山傍水而建的城市，在山水格局上具有独特性，本文以福州古代园林的选址布局为例，尝试总结历史上城市、园林与山水融合的规划理念，并对今天的公园城市建设提出相应的参考建议。

关键词：园林选址；公园城市；福州古代园林

Abstract: The ancient urban gardens used nature and made full use of environmental resources in the site selection and layout, so that the mountains, water, city, and gardens were organically integrated. The concepts and methods have important reference significance for the spatial pattern planning of the park city construction today. Fuzhou is a city built on mountains and rivers. It has a unique landscape pattern. This article takes the location and layout of ancient gardens in Fuzhou as an example. The construction of the park city puts forward corresponding reference suggestions.

Key words: Garden Site Selection; Park City; Fuzhou Ancient Gardens

儿童视角下城市综合公园评价指标体系构建及实例研究

——以西安市环城公园为例

Construction of Evaluation Index System of Urban Comprehensive Parks from Children's Perspective and Case Study:

A Case Study of Xi'an Park Around City

席亚斐　吴　淼*　周亚强　刘小科

摘　要：随着社会的发展与进步，城市综合公园内容的建设日益丰富，作为儿童户外活动的场地，大多城市综合公园设计都忽略了儿童的使用需求。本文从儿童视角出发，通过层次分析法建立起总体空间布局、景观要素、管理维护、能力与认知培养、配套设施5个项目层共30个指标层的城市综合公园评价体系。以西安市环城公园作为实例研究，运用IPA分析法对评价结果进行分析并提出优化策略。此评价体系将有利于城市综合公园建设的进一步完善与提升。

关键词：儿童视角；城市综合公园；评价体系；实例研究

Abstract: With the development and progress of society, the content of urban comprehensive parks is becoming more and more abundant. As a venue for children's outdoor activities, most urban comprehensive park designs ignore the needs of children. From the perspective of children, this article uses Analytic Hierarchy Process to establish a comprehensive urban park evaluation system with 30 index levels including overall spatial layout, landscape elements, management and maintenance, ability and cognition training, and supporting facilities; Taking Xi'an park around city as a case study, using IPA analysis method to analyze the evaluation results and propose optimization strategies. This evaluation system will be conducive to the further improvement and promotion of the construction of urban comprehensive parks.

Key words: Children's Perspective; Urban Comprehensive Park; Evaluation System; Case Study

公园城市理论引导的城市转型发展逻辑与战略

——以黑龙江省伊春市为例

The Logic and Strategies of Urban Transformation and Development Under the Guidance of Park City Theory:

A Case Study of Yichun City, Heilongjiang Province

薛竣桓　王云才*

摘　要：城市是一个复杂的人工系统，快速掠夺式的发展已经造成城市生态环境破坏，整体人居环境质量较低等一系列城市问题。以林业资源型城市为研究对象，提出城市转型发展需要公园城市理论的引导，在建立公园城市理论引导的城市转型发展逻辑和框架的基础上，结合伊春市转型发展实践，建立生态环境转型、城市空间转型、产业结构转型的综合转型发展框架，提出多措施管控保障人居背景“境”发展，4个变革带动人居环境“城”发展，核心产业引领人居产业“业”发展的公园城市战略。

关键词：风景园林；城市；转型发展；公园城市；伊春市

Abstract: Urban is a complex artificial system. The rapid predatory development has led to a series of urban problems, such as destruction of urban ecological environment and the low quality of overall human settlements environment. This paper takes the forestry resource-based city

as a typical case, proposing that urban transformation and development must be under the guidance of the park city theory. It is crucially important to build an urban transformation and development framework inspired by the park city theory. Based on the practices of transformation and development in Yichun city, it has put forward transformation and development countermeasures including ecological environment, urban space and industrial structure transformation, and proposed park city strategies including multi measures management to ensure the development of "environment" of human settlement background, four changes to promote the development of "city" of human settlements environment and the core industry to lead the development of "industry" of human settlements industry.
Key words: Landscape Architecture; City; Transformation and Development; Park City; Yichun City

公园城市视角下关于城市历史公园更新的思考

——以重庆市渝中区鹅岭公园为例

Discussion on Urban Historical Park's Renewal based on the Concept of Park City: Taking Chongqing Eling Park as an Example

鄢雨晴　杜春兰

摘　要：城市历史公园是城市中宝贵的公共绿色空间资源，然而在过去快速发展的背景之下，大多城市历史公园经受着功能单一、设施老化和逐渐与城市其他公共空间脱节的困境。在新时代的公园城市建设背景之下，城市历史公园如何融入城市建设与发展，利用其自身文化底蕴提升现代社会服务能力，吻合公园城市建设理念成为笔者关心的议题。本文以重庆市渝中区鹅岭公园为例，总结其在新时代背景下的发展困境，提出了在公园城市视角下城市历史公园从城市格局、文化传承和社会服务角度的更新方法。
关键词：城市历史公园；公园城市；公共空间；更新

Abstract: Urban historical parks are valuable public green space resources in cities. However, under the background of rapid development in the past, most urban historical parks suffer from the dilemma of single function, aging facilities, and gradually disjointed from other public spaces in the city. Under the background of the construction of park cities in the new era, how the urban historical parks integrate into the urban construction and development, use their own culture to enhance modern social service capabilities, and conform to the concept of park city construction have become the concern for the author. This paper will take the Chongqing Eling Park as an example, summarize its development dilemma in the context of the new era, and then propose an update method for urban historical parks from the perspective of urban structure, cultural and social services from the perspective of the park city.
Key words: Urban Historical Parks; Park City; Public Space; Renewal

栖息地质量评价视角下城市河流生态建设要点

Key Points and Methods of Urban River Ecological Construction Based on Habitat Quality Assessment

缪　琳　尹　豪*

摘

要

摘　要：河流栖息地质量评价是河流生态修复项目的基础，也是判断修复手段是否成功的重要依据。但是目前我国河流栖息地质量评价的重点在于大型河流，对于尺度较小的城市河流缺少合适的评价方法。通过借鉴国外河流栖息地质量评价相关方法，选择适合城市中进行河流栖息地质量评价的指标，将各指标的适宜条件作为修复策略制定的依据。基于栖息地质量评价的城市河流生态建设可以弥补过去对中小尺度、生物数据缺失的城市河流健康评价的不足，对未来城市河流的可持续建设有着指导和借鉴意义。
关键词： 栖息地质量评价；河流栖息地；生态建设；生态修复；城市河流

Abstract: River habitat quality assessment is an important basis of river restoration projects as well as for judging whether the restoration measures are successful. However, the current studies of river habitat assessment in China focus merely on large rivers and there is accordingly a lack of appropriate evaluation methods for smaller urban river. The study referred to related domestic and foreign cases, selected indexes suitable for river habitat quality assessment in cities, which serves as a foundation for the formulation of restoration strategies. Methods of urban river ecological construction based on habitat quality assessment can remedy the lack of past studies on river assessment of small and medium scale rivers with missing biological data, and can be counted as a guidance as well as a reference for the sustainable construction of urban water body in the future.
Key words: Habitat Assessment; River Habitat; Ecological Construction; River Restoration; Urban River

公园城市视角下的深圳城市公园优化提升策略探析

Preliminary Study on the Optimization and Promotion Strategy of Shenzhen Urban Parks from the Perspective of Park City

于光宇　宋佳骏

摘　要： 本文从理论研究和项目实践两方面探索城市公园在公园城市建设过程中的优化提升方式与实施落地路径。一是在《公园城市成都共识2019》的基础上，从实际的空间营造角度进一步研究公园城市理念，并通过总结梳理“公园”在不同时期的内涵变化，展望性地提出公园城市时期公园内涵及功能的四重转变。二是结合编制《深圳市公园城市规划纲要》以及深圳市福田区公园城区建设发展规划项目实践，提出城市公园在公园城市建设时代的理想蓝图，即从城市公园到公园城市活力区，并提出“开放公园边界”“提升功能活力”“拓展公园体验”三大优化策略，最终形成详尽的可供城市管理者与城市规划设计者理解使用的指标控制与建设指引，希望对其他城市和深圳同样面临公园城市建设中城市公园的规划设计与改造提升提供些许借鉴。
关键词： 生态文明建设；公园城市规划；城市公园；优化提升策略

Abstract: This article explores the optimization and promotion methods and implementation paths of urban parks in the process of park city construction from both theoretical research and project practice. The first is to study the concept of park city from the perspective of actual space construction based on the consensus of Chengdu park city, and through summarizing and combing the connotation changes of "park" in different periods, prospectively proposes the four-fold transformation of parks during the park city period. The second is to combine the project practice of the compilation of "Shenzhen Park City Planning Outline" and "Shenzhen Futian District Park City Construction Development Plan", starting from the dual orientation of problems and goals, and creatively proposing an ideal blueprint for urban parks in the era of park city construction, namely From the city park to the park city vitality area, and propose three optimization strategies of "opening the boundary of the park", "improving functional vitality" and "expanding the park experience", and finally form detailed information that can be easily understood and used by city managers and urban planners. The index control and construction guidelines are expected to provide some reference for the planning, design, renovation and upgrading of urban parks in other cities that are also facing parks in Shenzhen.
Key words: Ecological Civilization Construction; Park City Planning; City Parks; Optimization and Promotion Strategies

公园城市语境下成都市新都区城市魅力空间组织研究

Research on the Construction of Urban Charm Space of Xindu District of Chengdu City in the Context of Park City

张利欣　李洁莲

摘　要：公园城市是社会主义新时代和生态文明新阶段下对城市建设发展提出的新要求与新理念，对于开辟城市转型升级新路径、开创城市建设发展新局面具有重大的意义。本文基于公园城市建设新理念，以成都市新都区为例，在充分挖掘其生态、文化、生产与生活魅力要素后，从区域、城区、片区 3 个尺度分别运用体系组织、系统引领和场景营造等不同的空间组织手法，详细地论述了新都以公园城市新理念为指引，以绿色空间格局为基底，统筹新都各城市魅力要素，打造新都宜居公园城市名牌。

关键词：公园城市；体系组织；系统引领；场景营造

Abstract: Park City is a new requirement and new concept for urban construction and development in the new era of socialism and ecological civilization. It is of great significance to open up a new path of urban transformation and upgrading and create a new situation of urban construction and development. Based on the new concept of Park City construction, this paper takes Xindu District of Chengdu as an example. After fully excavating its ecological, cultural, production and life charm elements, this paper discusses in detail the green spatial pattern of Xindu District guided by the new concept of Park City by using different spatial organization methods such as system organization, system guidance and scene creation from the three scales of region, city and district As the base, coordinate the charm elements of Xindu District, and create the city famous brand of livable Park in Xindu.

Key words: Park City; System Organization; System Leading; Scene Building

巴塞罗那城市公园发展历程与特征研究①

The Research on the Development History and Characteristics of Urban Park in Barcelona

张思凝

摘　要：巴塞罗那城市规划与空间更新作为世界典范，其城市公园更新与发展的历程也值得学习与借鉴。本文结合对巴塞罗那城市更新计划与政策背景的分析，梳理与分析了巴塞罗那城市公园发展的历史进程，将其分为 3 个主要阶段：注重将自然引入城市的萌芽期；寻求人与自然和谐的发展期；思考人、自然与城市关系的成熟期。通过实地勘察与多源数据分析，总结了城市公园更新的 6 大特征，并辅以相关典型案例论证。以期为我国城市公园更新提供重要的借鉴经验与参考依据。

关键词：风景园林；城市公园；公园更新；公共空间；巴塞罗那

Abstract: The urban planning and public spaces renewal in Barcelona has become a model for the world. The course of urban parks renewal is also worth learning from. Considering the analysis of the background of Barcelona's urban renewal plan and policy, this paper analyzes the historical process of Barcelona's urban park renewal, and divides it into three main development stages. Through field investigation and multi-source data analysis, six characteristics of urban park renewal are summarized with related examples. This paper aims to provide important experience and reference for the renewal of urban parks in China.

Key words: Landscape Architecture; Urban Parks; Park Renewal; Public Space; Barcelona

① 基金项目：国家自然科学基金青年科学基金项目（supported by the National Natural Science Foundation of China）（52008345）；中央高校基本科研业务费专项资金资助（supported by the Fundamental Research Funds for the Central Universities）（2682020CX43）。

绿地公平视角下的公园城市规划建设策略

Park City Planning and Construction Strategy from the Perspective of Green Space Equity

赵广旭　戴　菲　陈　明*

摘　要： 公园城市的建设需践行生态优先的原则与以人为中心公平共享的理念，本文针对公园城市的相关理论及绿地公平性的影响因素进行梳理，尝试从绿地公平视角提出公园城市规划建设策略。分别从完善多层级绿地系统结构、城乡绿地统筹、健全自主治理与智慧化管理3大方面提出具体规划建设举措，以解决居民绿地使用不公平性、城乡区域绿地差异不公平性、公众参与的机会不公平性，为公园城市建设提出新的思路。

关键词： 公园城市；绿地公平；城乡统筹；建设方法

Abstract: The construction of park cities needs to practice the principle of ecological priority and the concept of fair sharing with people as the center. This article combs the related theories of park cities and the influencing factors of green space fairness, and tries to propose park city planning and construction strategies from the perspective of green space fairness. Propose specific planning and construction measures from three aspects: perfecting the multi-level green space system structure, urban and rural green space coordination, sound autonomous governance and smart management, to solve the unfair use of residential green space, the unfairness of urban and rural green space differences, and opportunities for public participation Unfairness provides new ideas for park city construction.

Key words: Park City; Green Space Equity; Urban and Rural Integration; Construction Methods

公园城市视角下桂林老旧公园有机更新的困境与路径探析

A Study on the Predicaments and Paths of the Organic Renewal of Guilin's Old Parks from the Perspective of Park City

朱莉莎　王　晓*

摘　要： 城镇化与城市公园建设发展呈正相关的关系，在新时代背景下，城市公园，特别是转型期前建设的老旧公园，面临着转型的迫切需求。公园城市理念的提出，给老旧公园更新提供了理论支撑。桂林市的公园建设发展是全国的缩影之一，面临缺少城市公园景观体系、封闭化景区管理、设施陈旧、传统经营模式不可持续等困境。对此，营建城市公园综合体、完善共享共治的管理体制或为老旧公园有机更新的新出路。

关键词： 新时代；公园城市；老旧公园；有机更新

Abstract: There is a positive correlation between urbanization and urban park construction and development. In the new era, urban parks, especially the old parks built before the transition, are facing urgent demands for transformation. The idea of park city provides the renewal of old parks with theoretical support. As a microcosm of the whole country, Guilin faces many predicaments such as lack of urban park landscape system, closed management of scenic area, obsolete facilities and unsustainability of the traditional business model. Thus, to build urban park complex and to improve a sharing governance may be some new ways out.

Key words: New Age; Park City; Old Park; Organic Renewal

国土空间规划体系下公园城市在县级层面的实践研究

——以四川省威远县为例

Research on the Practice of Park City at the County Level under the Territorial Spatial Planning System:

A Case Study of Weiyuan County, Sichuan Province

庄凯月　杨培峰

摘　要：公园城市是实现国土空间规划改革和推进生态文明的重要载体。在花园城市建设过程中突显出了土地矛盾、在地性缺少和县域层面公园城市实践探索的缺失问题，而且在新时代国土空间规划改革的新语境下，对花园城市的建设提出了突显山水林田湖草生命共同体理论价值、实现全域公园绿地系统整合发展和谋划复合型生态体系的新要求。因此本文以四川省威远县为例，提出了公园城市的多维度构建模式：宏观层面建构全域公园生态格局，中观层面打造公园形态系统，微观层面形成全域公园体系，探讨了县域层面公园城市的建设，倡导人、城、境、业的全域一体结构与实现路径。

关键词：公园城市；县级层面；国土空间规划；山水林田湖草生命共同体；威远县

Abstract: Park city is an important carrier for realizing the reform of territorial spatial planning and promoting ecological civilization. In the process of Park city construction, the problems of land contradictions, lack of locality and the lack of practical exploration of park cities at the county level have been highlighted. And in the new context of the reform of territorial spatial planning, the construction of park cities makes new requirements for highlighting the theoretical value of the life community of mountain-river-forest-land-lake-meadow, realizing the integrated development of the entire park green space system, and planning a complex ecosystem. Therefore, this paper takes Weiyuan County, Sichuan Province as an example, and proposes a multi-dimensional construction model of park cities: the macro-level construction of the global park ecological pattern, the meso-level construction of the park form system, the micro-level formation of the global park city's system. and this study discusses the construction of a park city at the county level, and advocated the integrated structure and realization path of people, city, environment and industry.

Key words: Park City; County Level; Territorial Spatial Planning; A Shared Life Community of Mountain-river-forest-land-lake-meadow; Weiyuan County

疫情期间绿地及开敞空间拓展功能研究

Study of New Functions about Green Space and Open Space in the Pandemic Situation

蔡丽敏

摘　要：疫情期间绿地及开敞空间在发挥原有休闲、游憩、运动等功能的基础上，承接了很多新功能。本文通过网络数据收集，统计出绿地及开敞空间拓展的新功能，包括会议典礼、医疗检测、户外办公、文体演艺、商业售卖和展览活动等6大类。本文对6类新功能使用空间类型和来源进行分析，总结新功能拓展的基础及原因，并对后疫情时代绿地及开敞空间的建设方向提出建议。

关键词：绿地；开敞空间；服务功能；后疫情时代

Abstract: Green space and open space are the main space for residents to have leisure, recreations, sports and other activities. This article collected network news data, which to study the new functions of green space and open space in the course of pandemic prevention and control. The study shows that there are six kinds of new functions, include meeting and ceremony, medical testing, outdoor office, performing activity, commercial sale and exhibition. The study also analyzed the space types and causing reason about the new functions, summarized the foundation and referential experiences. At the end of this article, some suggestions were provided for the construction of green space and open space in post-pandemic era.

Key words: Green Space; Open Space; Functions; Post-Pandemic Era

基于图像语义分割的城市绿道服务效能研究

Research on Service Effectiveness of Urban Greenway Based on Image Semantic Segmentation

蔡诗韵　谭少华

摘　要： 快速城市化带来了道路拥堵、空气污染、能源过度消耗等问题，而城市绿道是城市绿色网络的主要组成部分，与居民日常出行密切相关，因此提高绿道的服务效能可以转变居民交通观念、引领低碳生活方式。本文以重庆大学城中路为研究对象，通过图像语义分割法从绿视率、天空可见度、建筑界面、步行空间和街道家具来分析绿道的使用效能，用现场问卷的方法从使用者社会特征和行为特征来分析绿道的感知效能。最后叠加分析使用效能和感知效能发现，由于人群对空间活力的需求导致两者存在矛盾之处。

关键词： 城市绿道；语义分割；使用效能；感知效能

Abstract: Rapid urbanization has brought many problems such as road congestion, air pollution, and excessive energy consumption. Urban greenways are a major part of the urban greenway network and are closely related to residents' daily travel. Therefore, improving the service efficiency of greenways can change residents' transportation concepts and lead a low-carbon lifestyle. This paper takes Chongqing University Town Middle Road as the research object, uses image semantic segmentation to analyze the use efficiency of greenways in terms of green vision, sky visibility, architectural interfaces, pedestrian spaces and street furniture, and uses on-site questionnaires to analyze the social characteristics of users and behavior characteristics to analyze the perceived efficacy of greenways. Finally, the superimposed analysis of use efficiency and perception efficiency found that there are contradictions between the two due to the crowd's demand for spatial vitality.

Key words: Urban Greenway; Semantic Segmentation; Use Efficiency; Perceived Efficacy

沉浸式动物园的生态景观营造

——以长春市野生动物园为例

Ecological Landscape Construction of Immersive Zoo: Taking Changchun Wildlife Park as an Example

曹艺砾　王　坤　王中龙

摘　要： 随着城市化进程的加快，人类生活环境日益恶化，人们亲近自然的愿望愈发迫切。动物园作为我们日常生活中能近距离亲近自然、了解动物的重要场所越来越受到人们的欢迎。本文以沉浸式动物园为研究对象，对沉浸式动物园的概念进行了详细说明，并从“动物沉浸”“游客沉浸”和“工作人员沉浸”3个方面详细阐述了沉浸式动物园的生态景观营造方法。最后，以长春市野生动物园为例介绍了沉浸式动物园生态景观营造的实际案例。

关键词： 沉浸式动物园；生态景观营造

Abstract: With the city developing, The human living environment is deteriorating. People's desire to get close to nature is becoming more and more urgent. zoos are becoming more and more popular, because of The zoo is an important place where we can get close to nature and learn about animals in our daily lives. This article takes the immersive zoo as the research object, explain the concept of the immersive zoo in detail, and elaborates the ecological landscape construction of the immersive zoo from three aspects: "animal immersion", "visitor immersion" and "staff immersion" method. Finally, the Changchun Wildlife Park is taken as an example to introduce the actual case of immersive zoo ecological landscape construction.

Key words: Immersive Zoo; Construction of Ecological Landscape

基于公共健康效益的城市蓝色空间规划设计探析

Preliminary Study on Urban Blue Space Planning and Design Based on Public Health Benefits

岑清雅　裘鸿菲

摘　要： 城市蓝色空间作为重要公共空间，逐渐成为促进城市健康的关键之一。城市蓝色空间健康效益主要为降低伤害、身心恢复和建设能力，发挥城市蓝色空间健康效益的关键点在于提高居民访问蓝色空间的频率和时长。在规划层面提高蓝色空间的生态性、安全性、公平性、可达性和可见性，设计层面从体验、象征、社交、活动等4个治疗景观空间综合考虑。在此基础上提出基于公共健康的城市蓝色空间规划设计策略，以期提升健康人居环境，推动居民进行有益的健康活动。

关键词： 城市蓝色空间；公共健康；设计策略

Abstract: As an important public space, urban blue space has gradually become one of the keys to promote urban health. The health benefits of urban blue space are mainly aimed at reducing injury, physical and mental recovery and building capacity. The key point to bring into play the health benefits of urban blue space is to improve the frequency and duration of residents' visits to the blue space. At the planning level, the ecological, safety, fairness and accessibility of the blue space should be improved. At the design level, four therapeutic landscape spaces, including experience, symbol, social contact and activity, should be comprehensively considered. On this basis, the urban blue space planning and design strategy based on public health is proposed in order to improve the healthy living environment and promote healthy activities of residents.

Key words: Urban Blue Space; Public Health; Design Strategy

促进人群健康的山地城市社区生活圈公共开放空间优化研究

Research on Optimization of Public Open Space in Mountain City Community Living Circles Promoting Population Health

陈多多　谭少华

摘
要

摘　要： 健康城市议题的提出越发强调规划与风景园林学科创造主动干预的人居环境引领人群健康。城市社区公共开放空间是居民日常生活的重要载体，与人群健康有密切关系。本文以山地城市社区公共开放空间为对象。以促进人群健康为目标，在分析其的特点与问题的基础上，结合生活圈理论内涵，探讨促进人群健康的山地城市社区生活圈公共开放空间内涵和规划设计干预机制。在此基础上，基于公共开放空间组织设计与规划实施引导两个层面，从功能配置、空间布局、微观设计、导控机制等方面提出山地城市社区生活圈公共开放空间的优化策略，促进人群健康发展。

关键词：人群健康；山地城市；社区生活圈；公共开放空间；优化策略

Abstract: The proposal of healthy city have increasingly emphasized urban planning and landscape architecture disciplines to create a living environment that actively intervenes to lead population health. The public open space in urban communities is an important carrier of residents' daily life and is closely related to the health of the population. This paper takes public open space in mountainous city communities as the object. With the goal of promoting the health of the population, based on the analysis of its characteristics and problems, combined with the theoretical connotation of life circles, this paper explores the connotation and plan and design intervention mechanisms of public open space in mountain city community life circles that promote population health. On this basis, based on the two levels of public open space organization design and planning implementation guidance, the optimization strategy of public open space in the community living circle of mountain cities is proposed from the aspects of functional configuration, spatial layout, micro-design, and guidance and control mechanism to promote population health.

Key words: Population Health; Mountain City; Community Life Circle; Public Open Space; Optimization Strategy

健康导向下的城市公园更新策略研究

——以重庆九曲河湿地公园为例

Research on the Strategy of Urban Park Renewal Under the Direction of Health:

A Case Study of Chongqing Jiuqu River Wetland Park

程懿昕　杜春兰

摘　要：随着城市快速化发展与后疫情时代的到来，公共健康的问题受到越来越多的关注。众多研究表明城市公园环境对公众健康具有积极作用，在城市公园更新的过程中，充分考虑城市公园健康价值与效益，有利于城市公园的高效利用与可持续发展。文章从客观物质空间层面和主观体验感知层面分析城市公园健康效益的影响要素，以重庆九曲河湿地公园为例，以健康为导向，结合城市公园的特征，关注使用者多维度的健康需求，从健康服务空间设计与健康生活引导机制两个方面建立城市公园更新策略。

关键词：健康导向；城市公园；公园更新

Abstract: With the rapid development of the city and the arrival of the post epidemic era, public health issues have attracted more and more attention. Many studies have shown that urban park environment has a positive effect on public health. In the process of urban park renewal, full consideration of Urban Park health value and benefit is conducive to the efficient utilization and sustainable development of urban park. This paper analyzes the influencing factors of Urban Park health benefits from the objective material space level and the subjective experience perception level. Taking Chongqing Jiuqu River Wetland Park as an example, taking the health as the guidance, combining with the characteristics of urban park, paying attention to the multi-dimensional health needs of the public, and establishing the urban park renewal strategy from two aspects of health service space design and healthy life guidance mechanism.

Key words: Health-Oriented; Urban Park; Park Renewal

空间正义视角下的老旧社区健康景观营造策略探究

Research on the Construction Strategy of Health Landscape in Old Community from the Perspective of Spatial Justice

邓代江　杜春兰

摘　要：随着新常态背景下城市建设进入提质增效阶段，社区作为城市的基本单元，其健康景观的营造逐渐成为衡量社区及城市可持续发展的重要方面而得到大力发展。然而老旧社区更新中，条件不足和管理不善的现实情况往往造成健康景观策略实施不充分和不平衡。本文以空间正义的视角切入，通过分析当前老旧社区中健康景观建设中决策、过程、结果的"非正义性"及其所造成的居民心理、生理、社会3个维度的健康损害，提出以公众参与促进社区居民的社会健康、以科学设计满足社区居民心理及生理健康的老旧社区科学合理的健康景观营造途径。

关键词：空间正义；健康景观；老旧社区；城市更新

Abstract: With the urban construction under the background of the new normal into the stage of improving quality and efficiency, as the basic unit of the city, the construction of healthy landscape in the community has gradually become an important aspect to measure the sustainable development of the community and the city, which needs to be vigorously developed. However, in the renewal of old communities, insufficient conditions and poor management often result in inadequate and unbalanced implementation of health landscape strategies. From the perspective of spatial justice, this paper analyzes the "injustice" of decision-making, process and result in the construction of healthy landscape in old communities, summarizes the three dimensions of residents' psychological, physiological and social health damage caused by them, and puts forward scientific and complete ways of health landscape construction with promote the social health of community residents with public participation, and to meet the psychological and physiological health of community residents with scientific design.

Key words: Spatial Justice; Health Landscape; Old Community; Urban Renewal

公园城市理论下北京市居民城市公园与休闲健康生活的半耦合关系探讨[①]

The Semi-coupling Relationship Between Urban Parks and Leisure and Healthy Life of Beijing Residents under the Theory of Park City

丁呼捷　林　箐*

摘　要：随着公园城市理论提出，公园作为城市外部空间的重要组成部分，它与居民的休闲健康生活联系紧密。本研究通过对北京的4个具有代表意义的城市公园进行使用者及其行为特征的分析，研究居民利用公园进行的活动、使用人群类别以及使用时间，分析居民在生活中对公园的使用和认知情况。本次研究结果将有助于探讨北京居民城市公园与休闲健康生活的关系，此外也为公园城市理论下北京未来公园的发展、设计和管理提供了借鉴和指导。

关键词：公园城市；城市公园；城市居民；休闲健康生活；行为特征；城市休闲

Abstract: With the introduction of park city theory, parks, as an important part of the city's external space, are closely related to residents' leisure and healthy life. This study analyzes the users and behavioral characteristics of four representative urban parks in Beijing, examines the

① 基金项目：北京市共建项目专项资助"城乡生态环境北京实验室"。

activities, categories of users, and time of use of the parks, and analyzes the residents' use and perceptions of the parks in their lives. The results of this study will help to explore the relationship between urban parks and the leisure and healthy life of Beijing residents, and also provide reference and guidance for the development, design and management of future parks in Beijing under the park city theory.
Key words: Park City; Urban Parks; Urban Residents; Leisure and Healthy Living; Behavioral Characteristics; Urban Recreation.

社区公园健康空间营造初探

A Preliminary Study on the Construction of Healthy Space in Community Parks

杜丹妮　李　岩

摘　要： 近年来，北京深入落实“疏解整治促提升留白增绿”和“高质量发展”专项行动，在社区公园建设中有了显著成效。当前，新冠肺炎疫情的肆虐提醒我们公园健康空间的营造尤为重要。本文通过分析多个“留白增绿”项目，逐步探究如何营造健康、优美、生态、安全的社区公园，降低病毒、污染物的传播率，并总结出 8 个健康空间的营造要点，以期为构建“健康公共空间环境”提供经验和借鉴。
关键词： 健康环境；隔离；空间；通风廊道；芳香植物

Abstract: In recent years, Beijing has deeply implemented the special actions of "Relieving and Renovating, Promoting the Improvement of White Space and Greening" and "High-Quality Development", which has achieved remarkable results in the construction of community parks. At present, the COVID-19 reminds us that the creation of a healthy space in parks is particularly important. This article analyzes a number of projects to explore how to create a healthy, beautiful, ecological and safe community park to reduce the transmission rate of pollutants, and summarizes eight key points for creating a healthy space, with a view to building a "healthy public space Environment" provides experience and reference.
Key words: Healthy Environment; Isolation; Space; Ventilation Corridor; Aromatic Plants

四川成都洛带古镇人居环境特色研究

Study on Characteristics of Human Settlements in Luodai Ancient Town, Chengdu, Sichuan Province

费　月　冯一博

摘　要： 历史城镇作为人类聚居生产生活的重要活动场所，时间与文化的积淀，造就了各具特色的人居环境，为现代城镇人居环境的营造提供了宝贵思路。研究选取成都市洛带古镇为研究对象，通过实地调研和设计分析的方法，立足于客家建筑文化和地域特性，对古镇的选址布局、内部空间营造、景观环境经进行分析。认为洛带古镇的人居环境存在以下特征：坐落在在龙泉山下，古镇与山体形成轴线关系，布局呈龙骨状延展；公共空间开放与半开放结合，呈规律分布在古镇各个节点上；景观空间的营造人文与自然相结合。
关键词： 洛带古镇；人居环境；客家文化；空间营造

Abstract: Historical town as an important place for human beings to live, the accumulation of time and culture has created unique living environment, which provides valuable ideas for the construction of modern urban living environment. This paper selects Luodai Ancient Town in Chengdu as the research object. Based on the Hakka architectural culture and regional characteristics, this paper analyzes the location and layout, internal space construction and landscape environment of Luodai Ancient Town. We considered that the living environment of Luodai Ancient Town has the following characteristics: located at the foot of Longquan Mountain, the ancient town forms an axial relationship with the mountain, and its layout is extended in a keel shape; the combination of open and semi open public space is regularly distributed in the ancient town; the construction of landscape space is combined with humanity and nature.

Key words: Luodai Ancient Town; Human Settlement Environment; Hakka Culture; Space Construction

自然与健康：Kaplan注意力恢复理论研究探析[①]

Nature and Health: Kaplan's Attention Restoration Theory

高 铭 朱 逊* 张雅倩

摘 要： 城市自然环境的有助于压力人群的注意力缓解，以卡普兰夫妇为代表的注意力恢复理论表明：具有迷人性、逃离性、兼容性和延展性的自然环境具有恢复性，恢复性效果可以帮助人们缓解压力，提高注意力，提升自身的感知。以科学引文检索（SCI）核心合集数据库为依据，分析卡普兰夫妇近20年核心文献，重点总结了恢复性理论的发展历程和注意力恢复理论的效应机制与空间特征，以及环境特征影响因素等基础研究成果。明晰了恢复性研究在拓展实证研究量表方式、梳理量化理论方向。旨在最大限度地发挥城市自然环境的恢复性效果、为促进城市人居可持续发展提供理论依据。

关键词： 注意力恢复理论；卡普兰；心理健康；自然环境

Abstract: The urban natural environment is conducive to the alleviation of stress crowd's attention. The attention restoration theory represented by Kaplan and his wife shows that the natural environment with charm, escape, compatibility, and extensibility is restorative. The restorative effect can help people relieve pressure, improve their attention, and enhance their perception. Based on the core collection database of Science Citation retrieval (SCI), this paper analyzes Kaplan's core literature in the recent 20 years. It summarizes the development process of attention restoration theory, the effect mechanism and spatial characteristics of attention recovery theory, and the influencing factors of environmental characteristics. Restorative research is expanding the scale of empirical research and combing the direction of a quantitative theory. The purpose is to maximize the restorative effect of the urban natural environment and provide a theoretical basis for promoting urban human settlements' sustainable development.

Key words: Attention Restoration Theory; Kaplan; Mental Health; Natural Environment

基于国外经验对比的中国康养资源承载力评价体系现状及展望

Current Situation and Prospect of Evaluation System of China's Health Care Resources Carrying Capacity Based on Foreign Experience Comparison

顾越天

摘要

摘 要： 目前国内康养产业发展欣欣向荣，一些城镇逐渐开始产业转型实践，依托优质森林、名胜风景、温泉等资源建设康养基地。目前康养基地建设普遍开发过度。本文首先通过梳理国内外康养基地发展建设现状、康养资源研究进程；其次，对比国内其他自然保护地建设开发中对资源承载力评价的运用情况，发现目前国内康养基地建设尚缺乏对相关康养资源承载力的评价。最后，提出康养基地建设与资源承载力评价结合的可能性与展望。

---

① 基本项目：黑龙江省哲学社会科学研究规划项目（编号18SHC229）；黑龙江省教育科学十三五规划课题（编号GJB1320074）共同自助。

关键词：森林康养；康养资源承载力；承载力评价

Abstract: At present, the development of domestic health care industry is booming, and some cities and towns gradually begin to practice industrial transformation, relying on high-quality forests, scenic spots, hot springs and other resources to build health care bases. At present, the construction of health care base is generally over developed. In this paper, first of all, through combing the development and construction status of domestic and foreign health care base, the research process of health care resources; secondly, compared with the application of resource carrying capacity evaluation in the construction and development of other nature reserves in China, it is found that there is still a lack of evaluation on the bearing capacity of relevant rehabilitation resources in the construction and development of domestic health care bases. Finally, the possibility and Prospect of the combination of health care base construction and resource carrying capacity evaluation are put forward.
Key words: Forest Health Care; Carrying Capacity of Health Care Resources; Evaluation of Carrying Capacity

新冠疫情背景下构建城市绿地康复景观的设计策略

Design Strategy for Therapeutic Landscape of Urban Green Space in the Background of COVID-19

韩开雪　韩　飞

摘　要： 新型冠状病毒肺炎疫情期间，城市绿地成为公众日常生活中不可或缺的公共活动空间，对疫情防控和促进公众身心健康具有积极意义。新冠疫情背景下，公众对健康的关注和生活习惯的改变为康复景观带来了极大的机遇和挑战。本文首先剖析城市绿地康复景观改善健康的作用机制。其次提出构建城市绿地康复景观的 3 大策略，即物质环境促进生理健康、活动空间促进心理健康、社会交往活动促进社会健康。最后详细阐述城市绿地康复景观的物质环境、活动空间和交往场所的设计要点，以期为后疫情时代城市绿地更好地促进公共健康提供参考意见。
关键词： 城市绿地；康复景观；身心健康；设计策略

Abstract: During the COVID-19 epidemic, urban green space has become an indispensable space for public activities in the daily life, which has positive significance for prevention and control of epidemic and the promotion of public physical and mental health. Against the background of the COVID-19, the public's attention to health and changes in living habits have brought great opportunities and challenges to the therapeutic landscape. First, this paper analyzes the improving health mechanism of therapeutic landscape in the urban green space. Secondly, three strategies for constructing urban green space rehabilitation landscape are proposed, including physical environment promotes physical health, activity space promotes mental health and social interaction activities promote social health. Finally, this paper elaborates the design points of the physical environment, activity space and communication places.
Key words: Urban Green Space; Therapeutic Landscape; Physical and Mental Health; Design Strategy

基于类型学理论的重庆两江区域公共性滨水空间研究

Research on The Public Waterfront Space of Chongqing Liangjiang Region Based on Typology Theory

韩　悦

摘　要： 城市滨水空间是构成城市形态和城市景观的重要组成部分，同时也是城市陆地空间向水域空间过渡的地段。本文以类型学理论作为支撑，以探究城市健康滨水空间表达和评析为目的，选择重庆两江区域城市滨水空间为研究对象，通过实地调研和图解分析，对类型学理论进行研究梳理，对调研区域的空间体验进行评述，期望为山地城市中的滨水空间健康设计提供新的思路。
关键词：类型学；滨水空间；原型与演变；空间体验

Abstract: Urban waterfront space is an important part of urban form and urban landscape, as well as a part of the transition from urban land space to water space. Based on the typology theory as the support, to explore the city waterfront space expression and health evaluation, for the purpose of choosing the chongqing liangjiang area urban waterfront space as the research object, through field investigation and graphical methods, and to study the theory of typology, summarizes the research area of spatial experience and expectations for health in the mountain city waterfront space design provides new train of thought.
Key words: Typology; Waterfront Space; Prototype and Evolution; Spatial Experience

追溯田园空间

——探析可食景观在城市社区中的应用

Retrospection of Rural Space:

Analysis of the Application of Edible Landscape in Urban Community

胡欣萌

摘　要：随着城市化的快速发展，城市发展面临着生态空间不足、城市活力缺失和粮食生产压力等问题，这些都引起了人们不断向往田园生活，渴望与自然亲密接触，并且对城市社区景观营造的重要性进行思考。可食景观作为一种特殊功能类型的景观，在解决中国当下城市社区面临的各种问题发挥了积极的作用。因此，本文将讨论在城市社区环境中融入可食景观的可行性，探究其营造原则和方法，并结合不同空间载体的具有代表性的社区可食景观案例，为未来中国城市社区可食景观的发展提供借鉴。
关键词：城市社区营造；可食性景观；可持续发展；景观设计

Abstract: With the rapid development of urbanization, urban development is facing problems such as insufficient ecological space, lack of urban vitality, and pressure on food production, which have caused people to yearn for rural life, desire to be intimate contact with nature, and are important for the urban community landscape Think about sex. Edible landscape, as a special type of landscape, has played an active role in solving various problems facing urban communities in China today. Therefore, this article will discuss the feasibility of incorporating edible landscapes in urban community environments, explore its construction principles and methods, and combine representative cases of edible landscapes in different space carriers to provide edible landscapes for Chinese urban communities in the future. Development provides lessons.
Key words:Urban Community Construction; Edible Landscape; Sustainable Development; Landscape Design

健康中国理念视角下的重庆山城步道复兴策略研究

Research on Rehabilitation Strategy of Chongqing Mountain City Trail from the Perspective of Healthy Chinese Concept

摘

要

皇甫苗华

摘　要：山城步道是山地城市中重要的日常步行空间，伴随着城市多年以机动车为主导的发展模式，出现了持续衰败，抓住国家积极推进实施“健康中国”建设的机遇是其实现复兴的关键。基于健康中国的内涵，明晰山城步道建设要求，针对重庆山城步道现存问题，有针对性地就步道的布局体系、步道类型、环境质量、管理维护4个方面的改善提出对策，实现自身复兴并助力健康中国的建设。
关键词：健康中国；山城步道；重庆；复兴

Abstract: The mountain city trail is an important daily walking space in the mountain city. With the development mode dominated by motor vehicles for many years, the city has been in continuous decline. Seizing the opportunity of the country to actively promote the construction of "healthy China" is the key to its rejuvenation. Based on the connotation of healthy China, this paper clarifies the construction requirements of mountain city trail, and proposes countermeasures to improve the existing problems of Chongqing mountain City trail, including the layout system, trail type, environmental quality, management and maintenance, so as to realize its own rejuvenation and help the construction of a healthy China.
Key words: Healthy China; Mountain City Trail; Chongqing; Renaissance

基于古代城水关系的公园城市营建探讨[①]

——以抚州为例

Discussion on the Construction of Park City Based on the Historical Relationship between Urban Form and River System:

A Case of Fuzhou

蒋羊瑾　林　箐*

摘　要：抚州在抚河水系的滋养下孕育出丰富的自然与人文景观，涵养着“远色入江湖，烟波古临川”的悠远意境。本文以抚州主城区为例，通过追溯古代抚州城市营建与抚河水系的历史演变关系，总结出古代抚州城水关系的智慧体现于集山川风气之会的城水格局、通达完善的水网交通及城水交融的风景环境，并探讨现代抚州城市基于古代城水关系的公园城市营建可行性，并结合抚州主城区的发展现状给予相应启示。
关键词：城水关系；公园城市；抚河

Abstract: Affected by the Fu River, Fuzhou has formed a rich natural and cultural landscape. Taking the urban area of Fuzhou as an example, this paper traces the historical relationship between the ancient city and the Fu River system, and concludes that the wisdom of the relationship between the city and water in ancient Fuzhou is embodied in the excellent layout of the city and rivers, well-connected water system network, and the landscape environment where the city meets the water. It also discusses the feasibility of constructing a park city based on the relationship between the ancient city and water in modern Fuzhou, and puts forward corresponding enlightenment in combination with the development status of the urban area of Fuzhou.
Key words: Relationship Between City and River; Park City; Fu River

① 基金项目：北京林业大学建设世界一流学科和特色发展引导专项资金资助——传统人居视野下城一湖系统的结构与格局及其转化研究（2019XKJS0315）。

基于巢湖流域水环境的合肥城市山水格局形成机制探究

The Formation Mechanism of The "Mountain-City-River-Lake" Pattern of Hefei, a Pivotal City on the Jianghuai Plain in East China, Based on the Formation of the Urban Pattern of the Chaohu Lake Basin

韩静怡　解铭威*

摘　要：合肥市位于长三角冲积平原与内陆交界处，紧邻巢湖和淮河水系，自新石器时代就有人类活动，经千余年的城址更迭和城市建设，形成了现今“山—城—河—湖”的城市山水格局；其发展历程和空间格局在长三角区域的城市中居有较强的独特性。研究基于巢湖流域水环境，从区域自然条件、人文营造两方面分析合肥城市格局形成的原因、机制和发展方式。研究表明，合肥市的城市选址和发展得益于北山南水的区域自然条件，随着农业、经济发展、军事防御与自然山水在历史长河中的发展演变，城市随之演变适应外界变化，最终形成了独特的城市形态，此过程体现了人工和自然力量的融合。本文从时间和空间两个维度进行分析研究，总结历史城市营建经验，以期为飞速发展中的长三角城市提出关于城市建设的若干启示。

关键词：长三角；合肥；城市山水格局；城市营建；公园城市

Abstract: As the gateway city at the junction of the alluvial plain and the inland of the Yangtze River Delta, Hefei is close to the Chaohu Lake and the Huaihe River system. Human activities have existed since the Neolithic Age. After more than a thousand years of city site change and urban construction, Hefei formed a "mountain-city-river" The urban landscape pattern of "Lake"; its development process and spatial pattern have strong uniqueness among cities in the Yangtze River Delta region. Based on the water environment of the Chaohu Lake Basin, the research analyzes the reasons, mechanisms and development practices of Hefei's urban pattern from two aspects: regional natural conditions and urban space construction. Studies have shown that Hefei's urban site selection and development benefited from the regional natural conditions of Beishan and Nanshui. Later, in the process of urban construction, it was due to various needs for agricultural and economic development, as well as changes in military defense levels. The spatial pattern is also constantly evolving, and has formed a unique urban form, reflecting the fusion of artificial and natural forces. And from the time and space dimensions to contemporary Chinese cities, especially the rapid development of cities in the Yangtze River Delta, some enlightenments on the construction of park cities.

Key words: Yangtze River Delta; Hefei; Urban Landscape Pattern; Urban Construction; Park City

文化多样性视角下的我国城市墓园植物景观提升策略探索

Study on the Promotion Strategy of China Urban Cemetery's Plant Landscape from the Perspective of Culture Diversity

金亚璐　杨　凡　包志毅*

摘　要：城市墓园作为特殊的城市绿色公共空间，具有复杂且深厚的文化内涵。本文从我国城市墓园植物景观发展历史与现状入手，剖析其与文化多样性间的关系，提炼我国传统墓葬文化对墓园植物景观的影响，并结合优秀案例，探索总结我国城市墓园植物景观的提升策略：①挖掘传统文化树种，丰富群落结构和色彩；②注重传统文化与地域文化的融合；③以人为本，营造多重文化氛围，为城市绿色公共空间的优化建言献策。

关键词：文化多样性；墓园植物景观；提升策略；城市绿色公共空间

Abstract: As a special urban green public space, urban cemetery has complex and profound cultural connotation. This paper summarizes the development history and current situation of plant landscape in urban cemeteries in China, analyzes the relationship between plant landscape and cultural diversity in urban cemetery and refines our traditional burial culture influence on cemetery plant landscape. Finally, this paper summarizes the plant landscape of our country city cemetery promotion strategies combined with excellent examples: ① Mining traditional culture tree species, community structure and rich colors; ② Pay attention to the integration of traditional culture and regional culture; ③ Put people first, create a multi-cultural atmosphere, and make suggestions for the optimization of urban green public space.

Key words: Cultural Diversity; Cemetery Plant Landscape; Construction Strategy; Urban Green Public Space

公共健康视角下城市滨水空间景观发展探讨

——以重庆北滨路为例

Discussion on Spatial Development of urban Waterfront Landscape from the Perspective of Public Health:

Taking Beibin Road, Chongqing as an Example

李　晨

摘　要：公共健康作为当代城市发展的基础，日益受到人们的密切关注。滨水空间作为邻水城市重要组成体系，但是随着城市化发展进程的加剧较多出现生态景观单一混乱、利用使用不得当等问题出现。文章引入公共健康理论，以滨水空间与自然的关系、滨水空间与城市的关系、滨水空间与居民的关系 3 方面作为评价体系，并将其运用到重庆北滨路段，针对生态景观、城市发展、人居环境发掘问题并探究策略研究，以期为城市滨水空间景观发展提供可借鉴的思路。

关键词：公共健康；滨水空间；景观构成；发展路径

Abstract: Public health, as the foundation of contemporary urban development, has attracted more and more attention. Waterfront space is an important component system of neighboring cities, but with the aggravation of the urbanization process, there are many problems such as single chaotic ecological landscape and improper utilization. Article introducing the theory of public health, waterfront space and the natural relations, waterfront space and urban residents, waterfront space and the relationship between three aspects as the relation of evaluation system, and applied to the north shore of chongqing road, in view of the ecological landscape, urban development, residential environment, to discover problems and explore strategies research, in order to provides referential space for urban waterfront landscape development train of thought.

Key words: Public Health; Waterfront Space; Landscape Composition; Development Path

积极老龄化视角下的城市老旧社区公共空间提升策略研究
——以重庆渝中宏声巷社区为例

Research on the Public Space Promotion Strategy of Old Urban Communities from the Perspective of Active Aging: A Case Study of Hongshengxiang Community in Chongqing Yuzhong

李岱珍

摘　要：社区公共空间是与老年人群日常生活联系最紧密的户外活动空间，在促进老年人群身心健康以及帮助其建立有效的社会联系方面的作用不容忽视，更是积极老龄化政策重要的空间落实。本文通过梳理“积极老龄化”内涵，从个人健康和社会健康两个维度分析社区公共空间对实现“积极老龄化”的效用。并以重庆市渝中宏声巷社区为例，针对现状存在问题，提出典型山地城市老旧社区公共空间的“积极老龄化”提升策略。

关键词：积极老龄化；城市老旧社区；公共空间；社会健康

Abstract: Community public space is closely connected with the daily life of the elderly. Its role in promoting the physical and mental health of the elderly and helping them establish effective social connections cannot be ignored. It is also an important space for the implementation of active aging policies. Through combing the connotation of "active aging", this paper analyzes the utility of community public space in realizing " active aging" from the two dimensions of personal health and social health. Taking the Hongshengxiang community in Yuzhong, Chongqing City as an example, in response to the existing problems, a strategy of "active aging" for the public space in the typical old community of mountain cities is proposed.

Key words: Active-ageing; Old Urban Community; Public Space; Social Health

名人故居的声景感知恢复效益[①]

The Soundscape Perception Benefit of Celebrity's Former Residence

李景瑞　赵　巍　瑞庆璇　李红雨

摘　要：由于城市化的高速发展，民众对于生活环境质量的日益重视，名人故居类场所作为日常的纪念性景观在人们的生活中越发重要。声音作为环境中不可缺少的元素之一，在感知恢复方向具有积极的影响。本研究通过现场问卷调研，对使用者的声景感知、声景恢复效益及影响因素、恢复性评价与健康效益评估进行分析。结果表明，声压级与声源对声景感知会产生相应影响；使用者年龄、性别以及场地功能的不同均使声景恢复效益受到影响；声景恢复性评级与健康效益评估存在着显著相关关系，环境的迷人性、逃离性以及兼容性起到主导作用。本文以声景为视角，研究了名人故居的声景感知恢复效益，以便为相关设计提供参考。

关键词：声景感知；感知恢复；名人故居

Abstract: Due to the rapid development of urbanization, the people are paying more and more attention to the quality of the living environment, and the former residences of celebrities are becoming more and more important in people's lives as daily memorial landscapes. As one of the indispensable elements in the environment, sound has a positive impact on the direction of perception recovery. This study analyzed the us-

① 基金项目：黑龙江省政府博士后资助项目（编号：LBH-Z17078），黑龙江省哲学社会科学研究规划项目（编号：18SHC229），黑龙江省哲学社会科学研究规划项目（编号：18SHC229）。

er' s soundscape perception, soundscape restoration benefits and influencing factors, restoration evaluation and health benefit evaluation through on-site questionnaire surveys. The results show that the sound pressure level and sound source will have a corresponding effect on the perception of the soundscape. The differences in age, gender and venue functions of users all affect the soundscape restoration benefits. There is a significant correlation between the soundscape restoration rating and the health benefit evaluation, and the charming, escape and compatibility of the environment play a leading role. From the perspective of soundscape, this paper studies the soundscape perception recovery benefits of celebrity' s former residences in order to provide references for related designs.
Key words: Soundscape Perception; Perceptual Recovery; Former Residence of Celebrities

公园城市背景下以公共健康为导向的城市蓝绿空间评价体系初探

A Preliminary Study on Urban Green and Blue Space Evaluation System Oriented by Public Health under the Background of Park City

李柳意　郑　曦*

摘　要：在公园城市背景下，城市绿地系统和公园体系亟待优化和重组，“内外兼修”提升生态环境和人民生活质量。本文从公共健康的角度出发，探讨城市蓝绿空间如何创造优美人居环境、提高公众健康和幸福感。通过整理国内外文献和工具，筛选、整合国内外评价指标，本文从经济、社交、生态、美学和设施5个方面，共选取30个评价因子，58个评价指标，初步建立城市蓝绿空间公共健康评价体系。为城市蓝绿空间的规划提供新视角，弥补了“双评价”体系中缺乏对公共健康关注的不足，以期构建高质量城市蓝绿空间。
关键词：公共健康；公园城市；蓝绿空间；评价体系；指标

Abstract: Under the background of Park City, the urban green space system and park system need to be optimized and reorganized, and the ecological environment and people' s life quality can be improved by "building both inside and outside". From the perspective of public health, this paper discusses how to create a beautiful living environment and improve public health and well-being. By sorting out domestic and foreign literature and tools, screening and integrating domestic and foreign evaluation indicators, this paper selects 30 evaluation indicators and 58 evaluation factors from five aspects of economy, social, ecological, aesthetic and facilities, and initially establishes the public health evaluation system of urban blue-green space. It provides a new perspective for the planning of urban blue-green space, and makes up for the lack of attention to public health in the "double evaluation" system, so as to build high-quality urban blue-green space.
Key words: Public Health; Park City; Blue-green Space; Evaluation System; Index

城市森林公园儿童活动场地的景观设计研究与实践

——以北京副中心城市绿心森林公园儿童园为例

Landscape Design and Practice of Children's Activities in Urban Forest Park: A Case Study of Children' s Park in Beijing' s Central Green Forest Park

李　潇　李金晨

摘　要：儿童活动场地是儿童接触自然、认知世界的趣味性空间，对于儿童的健康成长有着积极的推动和引导作用。城市森林公园的建设为城市楼宇中生活的儿童提供了一个自然绿色的生态环境，如何通过景观设计更加有效地激发城市森林公园中儿童活动场地的特性至关重要。本文首先从儿童视角出发，分析研究城市森林公园对城市儿童身心发展的重要作用和儿童在自然环境中的景观感知偏好。其次根据前期的设计研究梳理城市森林公园儿童活动场地的设计要点。然后结合实际项目，以北京副中心城市绿心森林公园中的儿童园（景点命名为“林源撷趣”）为实例，进行从设计阶段到施工阶段的论述，旨在建设一个具有创意主题、科普展示、益智探险、亲子互动的自然体验式儿童活动场地。最后对设计实例进行总结和展望。
关键词：城市森林公园；儿童活动场地；景观感知；自然体验

Abstract: Children' s playground is an interesting space for children to get in touch with nature and learn about the world. It plays an active role in promoting and guiding the healthy growth of children. The construction of urban forest park provides a green ecological environment for the children living in the city. How to more effectively vitalize the characteristics of children' s playgrounds in urban forest parks through landscape design is critical. Firstly, this paper analyzes the important role of urban forest park in the physical and mental development of urban children and the landscape perception preference of children in the natural environment. Secondly, according to the preliminary design research, comb the design points of the children' s activity playgrounds in the urban forest park. Then combine the actual case, take the children' s park (the Lin Yuan Xie Qu) in Central Green Forest Park as an example to introduce the key points from the design stage to the construction stage, aiming to build a natural experience-style children' s activity space of creative theme, science display, puzzle adventure and parent-child interaction. Finally, summarize and prospect the design case.
Key words: Urban Forest Park; Playgrounds for Children; Landscape Perception; Natural Experience

重庆解放碑步行街公共空间与公共活动多样性调查

Investigation on the Public Space and Public Activity Diversity of Chongqing Jiefangbei Pedestrian Street

李姿默　孙　锟

摘　要：重庆解放碑步行街现状的公共空间环境脱胎于自20世纪初期不同历史阶段的积累和叠加，要研究其现状的公共空间多样性，必先探寻其历史演变。本文将通过文献梳理和网络调研总结出解放碑步行街公共空间类型历史演变，作为对现状公共空间多样性的分析的支撑。解放碑作为重庆重要的地标性建筑与精神象征，其公共空间所容纳的活动不同于一般的以商业活动为主商业街，更多的是包含有文化内涵的公共活动，因此解放碑步行街的公共空间需要迎合多样的公共活动需求，除了通过性空间，还需要营造多样的公共活动空间类型。在此次对于解放碑步行街公共空间的多样性调研中，我们从环境、设施与活动3个方面分析公共活动空间的多样性以及公共空间的品质对解放碑商业街的活力的影响。
关键词：解放碑；公共空间；多样性；公共活动

Abstract: The current public space environment of Chongqing Jiefangbei Pedestrian Street was born out of the accumulation and superposition of different historical stages since the beginning of the last century. To study the current public space diversity, we must first explore its historical evolution. This paper will summarize the historical evolution of the public space types of Jiefangbei Pedestrian Street through literature review and online research, as a support for the analysis of the current public space diversity. Jiefangbei is an important landmark and spiritual symbol of Chongqing. The activities contained in its public space are different from the general commercial street, which is more of a public activity with cultural connotations. Therefore, the public space of Jiefangbei pedestrian street The space needs to cater to the needs of diverse public activities. In addition to the transitive space, it is also necessary to create a variety of public activity space types. In this survey on the diversity of public space in Jiefangbei Pedestrian Street, we analyzed the impact of the diversity of public activity spaces and the quality of public space on the vitality of Jiefangbei Commercial Street from the three aspects of environment, facilities and activities.
Key words: Jiefangbei; Public Space; Diversity; Public Event

基于 GIS 的贵阳市开敞空间布局适宜性研究[①]

Study on the Open Spaces Planning Arrangement in Guiyang City base on GIS

梁 晨[*] 李加忠 龚 宇

摘 要：随着城市的快速发展，城市开敞公园系统的公平合理布局建设对于人民健康生活具有越来越重要的意义。本文选取贵阳市中心城区作为研究范围，在分析贵阳市开敞空间历史发展演变与现状分布状况的基础上，立足其现状用地条件等地域特征，对贵阳市中心城区各级别开敞空间的布局适宜性进行研究。针对各层级城市开敞空间布局的影响因素，建立开敞空间布局适宜性指标体系，基于 GIS 平台对各级别开敞空间的布局适宜性进行综合评价，从而得出各级城市开敞空间的分布适宜性分级图，并依据贵阳市的现状用地条件等因素对开敞空间的适宜性布局进行筛选，最终得到各层级城市开敞空间的适宜性布局，用于指导贵阳市中心城区开敞空间系统的规划设计，为复杂的城市开敞空间规划布局提供一种较为清晰的思路和便捷的方法。
关键词：城市开敞空间；可达性；布局；适宜性

Abstract: In the current rapid urbanization process, the fair and reasonable layout and construction of the urban open space system is becoming more and more important for the healthy life of the people. Based on the scale and service radius of the open space, it is divided into three levels: city class, community class and neighborhood class in guiyang city. In this study, Basing of factors which affect the open spaces planning arrangement, applying GIS database comprehensively evaluate, open spaces are planned arrangement, assessed result guides planning arrangement of the open space in Guiyang city. It provides a clear idea and convenient method for the planning of the open space.
Key words: Open Spaces; Accessibility; Planning Arrangement; Suitability

公园城市背景下医院界面的设计策略

The Design Strategy of Hospital Interface under the Background of Park City

林永杰

摘 要：在公园城市的推进和后疫情时代的大背景下，人们再次重视了对于城市公共空间和健康生活的思考。本文针对医院界面的外部环境设计，结合当今城市及医院设计的现状及问题，分析并总结了国内外的数家医院界面设计案例，提出城市节点引入医院、医院景观渗入城市、梳理和串联城市交通和“平战双轨”的设计预留 4 项针对提升医院界面公共性的设计策略，希望为我国医院外部空间设计提供思路。
关键词：公共空间；界面；医院；公园城市

Abstract: In the context of park city promotion and post-epidemic era, people once again attach importance to thinking about urban public space and healthy life. Hospital exterior environment design of the interface, the author of this paper, combined with the modern city and the present situation and problems of hospital design, analyzes and sums up the several hospital interface design case at home and abroad, puts forward the city node is introduced into the hospital, hospital landscape into the city, and series design of urban traffic and toward "discussed" reserved four interface design of publicity strategy for hospital, hope to provide external space design in China.
Key words: Public Space; Interface; Hospital; Park City

① 基金项目：北京清华同衡规划设计研究院有限公司风景园林中心科研项目（A038-KT1902-00）。

基于GIS和地统计学的城市公园绿地土壤性质空间变异性研究

Spatial Variability of Soil Properties in Urban Park Green Space based on GIS and Geo-statistics

刘秀萍 李新宇* 戴子云 赵松婷

摘 要： 为推进城市公园绿地土壤精细化管理与合理施肥，以北京市望和公园为例，基于地统计学和GIS方法研究9项土壤性质指标的空间变异和分布特征。结果表明：望和公园内大部分土壤存在压实效应，整体偏碱性，土壤肥力状况良好；望和公园绿地土壤容重、毛管孔隙度、有机质的空间变异函数服从高斯模型，其他指标服从指数模型；通过Kriging插值得到望和公园各项土壤性质的空间分布特征，总体来看，公园西南部的土壤质量相对较好。

关键词： 土壤性质；地统计学；GIS；空间分布；变异性

Abstract: In order to promote accurate management and proper fertilization of soil in urban park green space, taking Wanghe Park as an example, the spatial variation characteristics of nine soil property indexes were studied based on Geo-statistics and GIS. The results showed that: Most of the soil in Wanghe Park has compressive effect, and the whole soil was slightly alkaline. The soil fertility was in good condition. The spatial variation functions of soil bulk density, capillary porosity and organic matter in wanghe Park green space obey the Gaussian model, while the other indexes obey the exponential model. Spatial distribution characteristics of various soil properties in Wanghe Park were obtained through Kriging interpolation. Generally speaking, the soil quality in the southwest of the park is relatively good.

Key words: Soil Properties; Geo-statistics; GIS; Spatial Distribution; Variability

城市郊野地区的再野化营建

——以重庆市中梁山矿坑群为例

Rewilding Construction in Urban Suburbs:

Taking Zhongliangshan Mine Group in Chongqing as an Example

龙 彬 李 静 熊梦琦

摘 要： 再野化是通过降低人类干扰、恢复特定区域自然过程，从而修复生态系统的完整性和生物多样性的一种生态修复的方法。本文以城市郊野地区废弃矿地作为研究对象，从土地韧性、生态基底和人-林关系3个角度出发分析城市郊野地区的去野化现象；形成修复、融合和重建3种建议，并以重庆市中梁山废弃矿坑群为例，进行再野化实施路径探讨。以帮助提高城市郊野地区的生态环境质量，并期为国内的再野化研究实践提供新思路。

关键词： 城市郊野地区；再野化；生态修复；中梁山矿坑群

Abstract: Rewilding is a method of ecological restoration that restores the integrity of the ecosystem and biodiversity by reducing human disturbance and restoring natural processes in a specific area. This paper takes abandoned mines in urban suburbs as the research object, analyzes the dewilding phenomenon in urban suburbs from three perspectives of land resilience, ecological base and human-forest relationship; forms three suggestions for restoration, integration and reconstruction, and takes Chongqing Take the abandoned mine pit group in Zhongliang Mountain of the city as an example to discuss the implementation path of rewilding. To help improve the quality of the ecological environment in urban suburban areas, and to provide new ideas for domestic rewilding research and practice.

Key words: Urban Suburbs; Rewilding; Ecological Restoration; Zhongliangshan Mine Group

基于健康生活视角的东北老工业城市公共绿地研究

Research On the Public Green Space of Northeast Old Industrial City Based on the Perspective of Healthy Life

潘晓钰　吴远翔*

摘　要： 健康生活是全球范围内城市面临的重要问题，其中东北老工业城市的老龄化加剧，只有提供可达性较好且充足的公共绿地才能实现居民健康生活的需要。本文以哈尔滨市香坊区为例，主要采用偏好-指标测度法，通过问卷调查得到东北老工业城市居民的公共绿地偏好，选取国家指标量化公共绿地，最终结合可达性进行空间制图。本文得出公共绿地面积 244.5hm^2，且其可达性能实现居民健康生活的需要，并为东北老工业城市公共绿地规划提供参考依据。

关键词： 健康生活；公共绿地；可达性；东北老工业城市；哈尔滨市香坊区

Abstract: Healthy life is an important problem faced by cities all over the world. The aging of the old industrial cities in Northeast China is aggravating. Only by providing sufficient and accessible public green space can we meet the needs of residents' healthy life. Taking Xiangfang District of Harbin as an example, this paper mainly uses the preference index measurement method, obtains the residents' preference for public green space through questionnaire survey, and then quantifies the public green space through national indicators, and finally carries out spatial mapping combined with accessibility. The results show that the area of public green space is 244.5ha, and its accessibility can meet the needs of residents' healthy life, and provide reference for the planning of public green space in northeast old industrial cities.

Key words: Healthy Life; Public Green Space; Accessibility; Northeast Old Industrial City; XiangFang District of Harbin

基于行为观察法的地铁出入口空间景观研究

Research on Spatial Landscape of Rail Transit Entrance and Exit Based on Behavior Observation

彭　佳

摘　要： 以地铁出入口空间为研究对象，根据其所在的不同的城市空间环境，将地铁出入口空间分为交通型、生活型、商业性和复合型 4 种空间类型。光谷大道和珞雄路两处地铁的出入口作为调研样本，通过行为观察法了解人们乘坐地铁的行为特征和使用方式。研究在不同情景下出入口的人群数量变化，活动类型与环境之间的关系，得出结论并提出地铁出入口空间景观布局建议。

关键词： 风景园林；地铁出入口；规划布局；行为观察法

Abstract: Taking the subway entrance and exit space as the research object, according to the different urban space environment in which it is located, the subway entrance and exit space is divided into four types: transportation space, living space, commercial space and composite space. The two subway entrances and exits of Guanggu Avenue and Luoxiong Road in Wuhan were selected as research samples to understand the behavior characteristics and usage of people taking the subway through behavior observation methods. Study the relationship between the number of entrances and exits under different scenarios, the relationship between the type of activities and the environment, draw conclusions and put forward suggestions on the spatial layout of subway entrances and exits.

Key words: Landscape Architecture; Rail Transit; Planning Layout; Behavior Observation

公园城市背景下绿道驿站与人群行为的关系探讨
——以锦江绿道太升桥至华新路桥段为例

Discussion on the Relationship between Greenway Station and Crowd Behavior under the Background of "Park City":
Taking Jinjiang Greenway from Taisheng Bridge to Huaxin Road Bridge as an Example

唐雨倩

摘 要：在公园城市的建设越来越火热之时，目之所见地，绿道的发展也蓬勃壮大；随之而产生的，作为绿道附属建设的驿站也越来越受到人们的重视。驿站是绿道的展示窗口之一，作为承载了人们日常生活、休憩、娱乐、换乘等健康生活的公共空间，可以说，人群在绿道中的活动与驿站是息息相关的，它的建设有时甚至直接影响着绿道的使用率。本文就国内外驿站建设的研究出发，论述了现今绿道中驿站发展的现状，并以成都市锦江绿道太升桥至华新路桥段为例探讨绿道的规划布局建设与人群行为的相互影响关系，最后对驿站的建设提出一些自己的看法。

关键词：绿道；驿站；人群行为；健康生活

Abstract: As the construction of the park city is getting hotter and hotter, the development of green roads is also booming. As a result, the station as an auxiliary construction of the greenway has also received more and more attention. The station is one of the display windows of the greenway. Its construction sometimes even directly affects the utilization rate of the greenway. It provides people with public space for healthy lifestyle like rest, entertainment, communication, transfer, etc. It can be said that part of the crowd's activities on the green road are closely related to the station. Based on the research of domestic and foreign station construction, this paper discusses the current status of station development in the current greenway, and uses the section of Taisheng Bridge to Huaxin Road of Jinjiang Green Road in Chengdu as an example to explore the interaction between the planning and construction of greenway and crowd behavior Relationship, and finally put forward some views on the construction of the station.

Key words: Greenway; Station; Crowd Behavior; Healthy Lifestyle

健身、社交、生活：专类公园的日常触媒倾向

Fitness, Social & Live: Daily Catalyst of Specialized Parks in China

王淳淳　金云峰　陶　楠　陈丽花

摘 要：专类公园是公园绿地中强调特殊性的类型，也是城乡绿地系统的重要构成。现有专类公园研究大部分是内向的，围绕其特殊性探索自身规划设计、发展演变、保护管理等方面的发展，而缺少外向地将其置入到城市系统中的视角，去检视和反馈日常生活、城市发展对专类公园提出的需求。当下存量更新的发展背景、"人民城市"的建设方向以及城市内部绿地资源紧缺和不均的问题，都对专类公园产生了多元化的要求。本文总结我国专类公园发展现状，探讨当下专类公园在越发丰富的个体日常需求下的价值转向与立足点，为城乡绿地体系构建和规划提供思路。

关键词：风景园林；景观更新；专类公园；公共空间；日常生活

Abstract: Specialized parks are type of emphasis particularity among green space, and it is also an important component of the green space system. Most of the existing research on specialized parks is introverted, exploring the development of its own planning, design, evolution, protection management and other aspects around its particularity, but lacks the perspective of putting it into the urban system from the outside, to review and feedback Daily life and urban development which put forward demands on specialized parks. Currently development background

of renewal, People City construction need and the shortage and unevenness of green space resources within the city all have diversified requirements for specialized parks. This article summarizes the development status of specialized parks in my country, discusses the value shift and foothold of the current specialized parks under the increasingly abundant individual daily needs, and provides ideas for the construction and planning of urban green space systems.
Key words: Landscape Architecture; Landscape Renewal; Specialized Parks; Public Space; Daily Routine

健康视角下侗族传统人居空间环境适应智慧

——以广西高秀侗寨为例

The Wisdom of Adaptation of Dong's Traditional Residential Space Environment from the Perspective of Health:

Take the Dong Village in Gaoxiu, Guangxi as an Example

王　娜　郑文俊

摘　要： 健康的人居空间是高质量生存的保障，侗寨是为数不多的少数民族人居空间环境适应智慧的鲜活载体。其凭借健康的生态系统，居民的巧妙智慧，与自然环境相联系或相适应，在低技术条件下创造出健康宜居的人居空间。本文以高秀侗寨为研究对象，对高秀侗寨的道路体系、鼓楼空间、民居建筑等空间要素的环境适应智慧进行解析，展现侗寨空间形态美、功能实用美及其民族特色美。在健康视角下分析人居空间的适应形态和适应方式，传承尊重自然、适应环境的营造智慧。
关键词： 侗寨；鼓楼空间；建筑空间；选址布局；街巷空间

Abstract: Healthy living space is the guarantee of high quality of life, dong Village is one of the few minority living space environment adaptation wisdom of the living carrier. By virtue of its healthy ecosystem and the smart wisdom of residents, it is connected with or adapted to the natural environment to create a healthy and livable living space under low-technology conditions. Taking The Gaoxiu Dong Village as the research object, this paper analyzes the environmental adaptation wisdom of the spatial elements such as road system, drum tower space and residential building in Gaoxiu Dong Village, so as to show the spatial form beauty, functional practical beauty and national characteristic beauty of Dong Village. From the perspective of health, it analyzes the adaptive form and mode of human living space, and inherits the wisdom of building with respect to nature and environment.
Key words: Dong Village; Drum Tower Space; Architectural Space; Site Layout; Street Spaces

空间行为视角下的地下过街人行通道优化策略研究

Research on Optimization Strategy of Underground Pedestrian Passage from the Perspective of Spatial Behavior

王　怡

摘　要： 以车行交通为主的城市化发展逐步影响着地面步行交通安全，步行化城市发展的倡导使得地下过街步行空间逐渐成为城市公共空间中必不可少的组成部分。空间行为"警惕性高""目的性强""时序性短"等是当前城市地下过街公共空间面临的主要问题。文本通过实地调研，运用驻点观察法，活动分析法，从空间行为的视角出发，针对地下过街公共空间通行、停留、休闲体验、互动交往四类行为空间进行探究，从空间形态、空间品质、空间功能、空间文化 4 个方面对地下过街人行通道提出优化更新策略，为城市地下公共空间未来发展提供借鉴。
关键词： 地下过街人行通道；空间行为；行为空间

Abstract: taking public transportation is given priority to the development of urbanization gradually affects the pedestrian traffic safety on the ground, on foot, advocate make underground walk across the street space of the city's development gradually become an indispensable part of urban public space in high vigilance purpose strong temporal short space behavior is the current of the main problems in the urban underground public space crossing the text through on-the-spot investigation, using the stationary point observation, activity analysis, from the perspective of space behavior, in view of the underground public space traffic crossing the street to stay leisure interactive experience explore the space of four types of behavior, from spatial form space quality Space function Four aspects of space culture put forward optimization and renewal strategies for underground crossing and pedestrian passage to provide reference for the future development of urban underground public space.
Key words: Underground Crossing Street Pedestrian Passage; Spatial Behavior; Behavior Space

健康街道导向下街道更新研究

——以重庆市渝北区余松路为例

Research on Street Renewal under the guidance of healthy Street:

A Case Study of Yusong Road in Yubei District of Chongqing

吴 鹏 刘 磊

摘　要： 近年来，公共空间与公共健康受到社会越来越多的关注。街道是使用频率最高、与居民生活最密切的公共空间。街道空间与公共健康的研究对后疫情时期的公共卫生发展具有重要意义。本研究梳理了健康街道的相关概念与实践内容，总结概括了构建健康街道的 5 大设计要素，即出行可达性、空间安全性、交往互动性、环境舒适性以及功能复合性，并根据设计要素构建街道外在环境健康评价模型，筛选可建设性较强的街道，最后以重庆市渝北区余松路为例，对健康街道理论进行实践探索。
关键词： 健康街道；公共健康；设计要素；街道更新

Abstract: In recent years, more and more attention has been paid to public space and public health. Street is the most frequently used form of public space. The research on street space and public health is of great significance to the development of new public health in the post epidemic period. This study combs the related concepts and practice contents of healthy streets, summarizes the five core elements of building healthy streets, including travel accessibility, space safety, interaction, environmental comfort and complexity. According to the core elements, the evaluation model of the external environment of streets is constructed, and the constructive streets are selected. Finally, this study explores the theory of healthy streets according to Yusong road in Yubei District, Chongqing.
Key words: Health Street; Public Health; Design Elements; Street Renewal

3-6岁儿童对户外游戏空间的需求研究(以北京地区儿童为例)

Research on the Demand of 3-6-year-old Children for Outdoor Play Space

吴 桐

摘 要：近年来“儿童友好型城市”概念成为城市建设热点。然而，完全从儿童视角去探索其对户外游戏空间的需求及原因的研究相对较少。本研究以此为研究对象，将儿童生理发展，认知发展与户外游戏空间设计理论进行耦合研究，探讨儿童行为，心理及户外游戏空间的相互作用。通过文献整理、现场调研、访谈问卷以及后续的数据分析，得出以下结论：①3-6岁儿童对于户外游戏空间的选择除了基于个人偏好以外，还有一个更重要的因素是日常习惯性空间；②城市自然环境与原生自然环境的不同导致儿童乃至成人环境伦理上的迷茫，也从某种角度导致儿童对于自然环境的漠视。

关键词：3-6岁儿童；认知发展；户外游戏空间；儿童友好

Abstract: In recent years, the conception of "child-friendly cities" has become a hot spot in urban construction. However, there are only a few studies to explore the needs and reasons for outdoor play spaces from the perspective of children. This research is based on children's perspective, coupling children's physical development, cognitive development, and theories of outdoor play space design, and exploring the interaction of children's behaviors, psychology, and outdoor play space. After the literature collation, field research, interview questionnaires, and the subsequent data analysis, the following conclusions are drawn: 1. Apart from personal preference, there is a more important factor for children aged 3-6 to choose outdoor play space, which is daily habits space. 2. The differences between the urban natural environment and the original natural environment causes children and even adults to be confused in environmental ethics, it also leads to children's indifference to the natural environment partly.

Key words: Children Aged 3-6; Cognitive Development; Outdoor Play Spaces; Child-friendly

城市中心城区公园连接道系统的整合

Integration of Urban Central District Park Connectivity System

许哲瑶

摘 要：建设多功能公园连接道系统是应对城市中心城区人口基数大，规划土地紧缺，建设健康城市的重要规划举措。本文以广州中心城区为例，着眼于利用道路防护绿地、灰色空间和河涌水系缓冲区等城市低效空间，增进城市公园的可达性和生物多样性，提升环境宜居品质和活力城市形象。为寻求休闲健身、生态保护、公众教育和社会凝聚力等多目标的平衡，提出公园连接道规划设计5项策略，包括提质升级线性游憩空间、盘活低效城市空间、提升公园接入绿道连通性以及打通水绿空间，连线成公园环。以期为特大城市中心城区的绿色空间网络体系建设提供参考。

关键词：整合；公园连接道；系统；城市中心区

Abstract: The construction of multi-function park connection system is an important planning measure to deal with the large population base, the shortage of planning land and the construction of healthy city in the central urban area. Taking the central urban area of Guangzhou as an example, this paper focuses on using urban inefficient space such as road protection green space, gray space and river system buffer zone to enhance the accessibility and biodiversity of urban parks, and to enhance the quality of environmental livability and the image of dynamic cities. In order to seek the balance of leisure fitness, ecological protection, public education and social cohesion, five strategies of park link planning and design are put forward, including upgrading linear recreation space, activating inefficient urban space, enhancing park access to green road connectivity and opening water green space, connecting to park ring. In order to provide a reference for the construction of green space network system in the central urban area of large cities.

Key words: Integration; Park Link; System; City Center

公园城市背景下背街小巷行道树对街道夏季微气候的影响研究

——以成都市青羊区为例

A Study on the Influence of Back Street and Laneway Trees on Street Summer Microclimate under the Background of Park City:

A Case Study of Qingyang District, Chengdu

姚鳗卿　陈莹莹　宗　桦*

摘　要： 在公园城市建设的背景下，通过对居民使用率极高的背街小巷进行研究，为城市居民营造更加舒适的街道空间提供新的思路与支撑。以成都市青羊区的12条背街小巷为研究对象，对其夏季微气候要素进行全天候实测证明，背街小巷的微气候波动规律与街道朝向、树种类型密切相关。背街小巷的微气候环境较为舒适，平均空气温度29.74℃，平均太阳辐射30.07W/m²，平均相对湿度61.42%，风速在0～3.9m/s之间。其中东西走向背街小巷较南北走向而言，微气候数据日波动幅度更加平缓，种植常绿乔木的背街小巷其微气候数据与叶面积指数均明显优于落叶乔木的街道。可以预见，对城市街道微气候和城市街道行道树的研究将会成为未来景观行业的研究热点。

关键词： 公园城市；成都市；微气候；街道朝向；行道树

Abstract: In the context of the construction of the park city, through the study of the back streets and alleys with a high usage rate of residents, new ideas and support for urban residents to create a more comfortable street space are provided. Taking 12 back streets and alleys in Qingyang District of Chengdu as the research object, the all-weather measurement of the summer microclimate elements proves that the microclimate fluctuation rules of back streets and alleys are closely related to street orientation and tree types. The microclimate environment in the back streets is relatively comfortable, with an average air temperature of 29.74°C, an average solar radiation of 30.07 W/m², an average relative humidity of 61.42%, and a wind speed between 0 and 3.9 m/s. Compared with the north-south direction, the microclimate data of the backstreet alleys in the east-west direction fluctuate more slowly. The microclimate data and leaf area index of the backstreet alleys planted with evergreen trees are significantly better than those of the streets with deciduous trees. It is foreseeable that the research on the microclimate of urban streets and street trees in urban streets will become a research hotspot in the landscape industry in the future.

Key words: Park City; Chengdu City; Microclimate; Street Orientation; Street Trees

公园城市语境下的公园边界空间对公共健康的影响研究及设计策略

Research and Design Strategy on the Impact of Park Boundary Space on Public Health in the Context of "Park City"

尹子佩

摘

要

摘　要： 新型冠状病毒肺炎疫情的暴发使得公共健康成为以公园体系为主体的城市绿色空间建设的重要导向。公园边界空间作公园与城市的过渡，承载着丰富的活动内容及生态功能，对发挥城市公园的健康效益有重要影响。我国长期的封闭式公园建设模式使得边界空间往往被设计者忽略，造成了公园与城市的割裂。本文从环境生态和行为心理两方面探究城市公园边界空间对公共健康的影响。并结合公园城市理念，提出从空间上柔化、系统上串联、功能上溶解3方面的设计策略，以期为公园边界空间的优化设计提供理论指导，以及对公园城市理论与规划研究具有积极意义。
关键词： 公共健康；公园城市；边界空间；风景园林

Abstract: The COVID-19 outbreak has made public health an important guide for the construction of green space in cities with park system as the main body. As the transition between the park and the city, the boundary space of the park carries rich activities and ecological functions, which has an important impact on the health benefits of the urban park. The long-term construction mode of closed parks in China makes the boundary space often ignored by designers, which leads to the separation of parks and cities. This paper explores the impact of boundary space in urban parks on public health from the aspects of environmental ecology and behavioral psychology. Combined with the concept of park city, this paper proposes three design strategies, namely spatial flexibility, systematic series and functional dissolution, in order to provide theoretical guidance for the optimal design of park boundary space, and to have positive significance for the research of park city theory and planning.
Key words: Public Health; Park City; Boundary Space; Landscape Architecture

积极缝补：武汉城市段高铁高架桥下空间利用调研及思考

Positive Mended: Research and Reflection on Utilization of the Space under High-speed Railway Viaduct of Wuhan Urban Section

张明明　张　雨　殷利华*

摘　要： 时速高达350km的高速铁路兴起时间虽短，但对我国生产、生活、生态环境均产生了深远影响。面对保证高铁高速、安全运行而建设的大量高架桥，其城市段的桥下空间是否可以在保证桥体安全的基本原则上，进行桥下空间与周围用地整合利用，尽量修补高铁对城市空间的“割裂”和“孤立”，是本文关注的重点。文章先梳理国内外高铁桥下空间利用情况，再对武汉城市段高铁桥下空间情况开展调研，并针对东湖花木城的商业利用与大道物流中心的仓储物流两种形式进行详细探究，尝试为高铁高架桥下空间市民活动利用与选择、安全维护管理、绿化策略及综合提升提出建议。
关键词： 城市设计；高架桥下空间利用；空间织补；高速铁路；安全利用

Abstract: The rise of high-speed railway with a speed of up to 350 kilometers per hour is short, but it has a profound influence on China's production, life and ecological environment. In the face of a large number of viaducts built to ensure the high-speed and safe operation of high-speed railway, the focus of this paper is whether the space under the viaducts in urban sections can be integrated and utilized with surrounding land in the basic principle of ensuring the safety of the viaduct body, so as to repair the "split" and "isolated" urban space caused by high-speed railway as far as possible. This paper summarizes the situation of space utilization under high-speed railway viaducts at home and abroad, then conducts an investigation on the situation of space utilization under high-speed railway viaducts in Wuhan urban section, and conducts a detailed study on the two forms of commercial utilization of East Lake Huamucheng and storage logistics of Dadao logistics center. And it tries to put forward suggestions for the use and selection of the space under the viaduct, safety maintenance management, greening strategy and comprehensive improvement.
Key words: Urban Design; Space Utilization Under the Viaduct; Space Darning; High-speed Railway; Safe Usage

冰雪空间文化基因研究

Research on the Cultural Gene of Ice and Snow Space

张　鹏

摘　要：我国冰雪文化产业的快速发展带来对冰雪空间的关注，城市冰雪空间由于时效性阶段性更替城市景观演变和对旅游产业产生极大吸引力，成为北方冰雪资源丰富的城市重要的经济载体，但对其文化肌理的理论探讨较少，成为冰雪产业薄弱的一环。本文以冰雪空间作为讨论对象，对其文化内因进行梳理，以文化基因的视角从冰雪山水画、符号学、“白”的偏好三个层面分析冰雪文化的文化肌理，一定程度上填充冰雪空间的文化理论，对冰雪认识论的逻辑构建作一定层次的补充。

关键词：冰雪空间；文化基因；冰雪山水画；符号学；留白

Abstract: Ice and Snow culture industry in China with the rapid development of space drive on snow and ice, urban ice and snow space due to the timeliness periodic change of city landscape evolution and appeal to the tourism industry to become an important economic carrier of cities of rich northern ice and snow resources, but the cultural texture of theory study is rather less, being a weak link in snow and ice industry. Based on space of the ice and snow as the discussion object, carding the culture internal cause, in the perspective of cultural gene from ice and snow landscape painting, semiology, "white" preference, from three aspects of texture analysis of ice and snow culture, partly filled with ice and snow culture theory of the space, the logic of epistemology of snow and ice added a certain level of building.

Key words: Ice and Snow Space; Cultural Gene; Ice and Snow Landscape Painting; Semiology; Blank Space

老旧小区自发性种植引导策略研究

——武汉市桥西社区为例①

Study on the Spontaneous Planting Guiding Strategy in the Old Community: A Case Study of Qiaoxi Community in Wuhan City

张　雨　高映歆　殷利华*

摘　要：绿化景观改造是老旧小区改造中的重要内容，但如何有效改造大量自发种植空间及景观值得思考。为了平衡居民种植诉求与绿化景观之间的矛盾，本文选取武汉市桥西社区为样本，采用实地测绘和居民访谈研究方法，对自发性种植收集相关数据，得到桥西社区自发性种植场地的分布图，总结出自发性种植的场地分布特征、空间特征、种植种类、形式，结合实际情况提出桥西社区自发性种植的居民共建的管理建议、用地分类的规划建议及积极增绿的建造建议，旨在为武汉老旧小区自发性种植的规范化引导和良好景观效果的营造提供参考。

关键词：风景园林；老旧小区改造；自发性种植；景观提升；公众参与

Abstract: The greening landscape reconstruction is an important part of the old residential area reconstruction, but there are a lot of irregular spontaneous planting phenomena in the old residential area, which restrict and affect the greening landscape reconstruction of the old residential area. Residents in order to balance the contradiction between the growing demands and greening landscape, this article selects southwest community as sample, with the method of field surveying and mapping of the spontaneous behavior investigation, data collection, and carries on the interview to residents of the village, the resulting southwest community spontaneous planting layout of the site, and planting, plant spe-

摘

要

① 基金项目：本文受国家自然科学基金（NO. 51678260）、华中科技大学院系自主创新研究基金（NO. 2016YXMS053）、教育部2019年第二批产学合作协同育人项目（NO. 201902112040）共同资助。

cies, conclude that spontaneous planting field distribution features, spatial characteristics, combined with the actual situation proposed southwest community spontaneous plant to guide the design strategy, aims at the standardization of the spontaneous planting other old village guide and good landscape effect of construction to provide a reference.
Key words: Landscape Architecture; Old Community Reconstruction; Spontaneous Planting; Landscape Enhancement; Public Participation

公共健康视角下青岛德占时期城市园林建设研究

Research on Urban Landscape Construction during The German Occupation of Qingdao from the Perspective of Public Health

张沚晴　李见哲　王向荣*

摘　要： 作为我国最早将城市绿地系统纳入城市建设计划的青岛，早在德占时期（1897-1914 年）就认识到了城市园林建设对促进公共健康的积极意义，并以其作为城市规划的目的之一辅助推进了一系列的园林建设，成为同时期我国城市造林与造园的典范。本文以青岛德占时期的城市园林建设为例，立足公共健康的视角探讨这一时期园林发展的背景，梳理城市园林建设在城市公共健康领域的两大作用——改善城市环境、促进身心健康；并总结这一过程中推进城市园林建设的多方因素——政策扶持、科研加入与公众引导。借此理解城市园林建设促进公共健康的目的、手段和价值，以期对我国当前区域“健康人居”建设有所启发。
关键词： 青岛；殖民地城市；公共健康；园林建设

Abstract: Qingdao, which was the first city in China to incorporate the urban green space system into the urban construction plan, recognized the positive significance of urban landscape construction for promoting public health as early as the German Occupation period (1897-1914). In order to realize public health as one of the purposes of urban planning, Qingdao has promoted a series of garden construction plans, which has become a model of urban afforestation and garden building in China in the same period. This paper takes the urban garden construction in the German Occupation period of Qingdao as an example, discusses the background of garden development in this period from the perspective of public health, and summarizes the three connotations of urban garden construction in the field of urban public health—improving urban environment, and promoting physical and mental health; and sums up the multiple motives of promoting urban landscape construction in this process—policy support, scientific research participation and public guidance. By this way, we can understand the purpose, means and value of urban landscape construction to promote public health, so as to enlighten the construction of "healthy human settlements" in the current region of China.
Key words: Qingdao; Colonial City; Public Health; Landscape Construction

基于韧性视角的社区公共空间灾害应对评价体系研究

Research on the Evaluation System of Community Public Space Disaster Response Based on the Perspective of Resilience

赵　涵

摘要

摘　要： 2019 年年末暴发的新型冠状病毒肺炎疫情已在全球肆虐。面对突如其来的重大公共卫生事件，世界各大城市都面临严峻的疫情防控挑战。北京作为拥有庞大人口规模与高度人员流动性的中心城市，增强城市韧性、提升应对突发灾害的响应能力应当成为北京市的策略性选择。韧性城市建设是城市系统的综合工程。本次疫情中，社区作为城市的最基本单元，成为居民居家隔离与外界联系的重要纽带。重视并加强基层社区建设，提升社区这一城市灾害应对基本单元的管理水平，是提升应对重大突发灾害能力、增强城市韧性的基础。

关键词：韧性社区；评价体系

Abstract: The new type of coronary pneumonia that broke out in late 2019 has raged in many countries around the world. In the face of sudden major public health incidents, major cities in the world are facing severe epidemic prevention and control challenges. As a central city with a large population and high mobility, Beijing should be a strategic choice for Beijing to enhance its resilience and improve its ability to respond to sudden disasters. Resilient city construction is a comprehensive project of the city system. In this epidemic, the community, as the most basic unit of the city, has become an important link between residents' home isolation and the outside world. Attaching importance to and strengthening the construction of grassroots communities and improving the management level of the community, the basic unit of urban disaster response, is the basis for improving the ability to jointly respond to major emergencies and enhancing urban resilience.
Key words: Resilient Community; Evaluation System

空间句法视角下的历史文化街区健身空间构建策略研究

——以重庆市磁器口历史文化街区为例

Research on the Construction Strategy of Fitness Space in Historical and Cultural Blocks from the Perspective of Space Syntax:

Taking Ciqikou District in Chongqing as an Example

邹宇航

摘　要：为推进健康中国建设，提高人民健康水平，国家制定的《"健康中国 2030"规划纲要》确定了以全民健康为价值导向的城市建设新方向。历史文化街区是人类活动重要物质空间凭证，但因其基础设施薄弱、配套设施不全，难以满足原住民对健康品质生活的追求。本文通过空间句法对现有健身空间节点使用频率、可达性、整体性进行量化分析，以磁器口历史文化街区原住民对健身空间的需求为出发点，提出街区健身空间构建策略，旨在为历史文化街区健康发展提供参考。
关键词：空间句法；历史文化街区；磁器口；健身空间

Abstract: In order to promote the construction of a healthy China and improve people's health level, according to the "healthy China 2030" planning outline formulated by the national strategic deployment, a new direction of Urban Construction Guided by the value of national health is put forward. Historical and cultural district is an important material space voucher for human activities. However, due to its weak infrastructure and incomplete supporting facilities, it is difficult to meet the Aboriginal people's pursuit of healthy and quality life. In this paper, through the space syntax of the existing fitness space node frequency, accessibility, integrity of quantitative analysis, to Ciqikou historical and Cultural District Aboriginal demand for fitness space as a starting point, put forward block fitness space construction strategy, in order to provide a reference for the healthy development of historical and cultural district.
Key words: Space Syntax; Historical and Cultural District; Ciqikou District; Fitness Space

以动物栖息为导向的城市森林营建策略探讨

Exploring Strategies for Building Urban Forests Oriented to Animal Habitats

刘芝若　尹　豪*

摘　要：将森林引入城市，改善城市人居环境，城市森林已成为我国城市生态建设的重要趋势，且于实践中积极探索这一新型绿化模式。目前中国城市也面临着生物多样性锐减的问题，生物多样性也是城市森林发挥生态功能的基础。本文以打造适宜动物栖息地、提升生物多样性为目标的城市森林为研究对象，分析总结城市森林典型动物栖息所需条件，从风景园林的视角，提出 3 大城市森林营建策略，使城市森林成为适宜更多动物栖息的绿色空间，促进城市生态系统可持续发展。

关键词：动物栖息；城市森林；生物多样性

Abstract: Bringing forests into cities to improve urban habitat. Urban forestry has become an important trend in China's urban ecological construction, and this new greening model is actively explored in practice. At present, Chinese cities are also facing the problem of sharp decline in biodiversity, and biodiversity is also the basis for urban forests to perform ecological functions. In this paper, we analyze and summarize the conditions required for typical animal habitats in urban forests and propose forest construction strategies for three major cities from the perspective of landscape architecture, so that urban forests can become a green space suitable for more animals and promote the sustainable development of urban ecosystems.

Key words: Animal Habitat; Urban Forest; Biodiversity

北京市地方标准《绿地保育式生物防治技术规程》解读

Interpretation of Beijing Local Standard *Technical Regulations of Conservation Biological Control for Urban Green Space*

任斌斌　王建红*　王幸大　车少臣　李　广　邵金丽　刘　倩　李　薇

摘　要：保育式生物防治是指通过改善天敌生存、繁殖、栖息和觅食的生态环境以及合理使用农药等手段提高天敌控害能力的生物防治方法。北京市地方标准《绿地保育式生物防治技术规程》DB 11/T 1733—2020 是全国首个保育式生物防治领域技术标准，也是城市绿地病虫害防治技术的创新与革命。对标准编写背景与主要内容进行介绍和解读，对核心技术指标进行说明和解释，以此推动标准在北京地区的科学实施和全国范围内城市绿地有害生物综合治理模式创新，对于提升城市生态系统的自我调控能力，保护城市生物多样性，维护城市生态平衡具有重要意义。

关键词：风景园林；城市绿地；保育式生物防治技术；北京市地方标准；解读

Abstract: Conservation biological control is a biological control method that improves the control ability of natural enemies by means of improving the ecological environment of natural enemies' survival, reproduction, habitat and foraging and rational use of pesticides. Beijing local standard *Conservation Biological Control for Urban Green Space* (DB11/1733—2020) is the first national conservation biological control technical standard, is also the urban green space pest control technology innovation and revolution. This paper introduces and interprets the background and main contents of the standard, and explains the core technical indicators in order to promote the scientific implementation of the standards in the Beijing area and nationwide pest comprehensive governance model innovation of urban green space. It is of great significance to improve the self-regulation ability of urban ecosystem, protect urban biodiversity and maintain urban ecological balance.

Key words: Landscape Architecture; Urban Green Space; Technology of Conservation Biological Control; Beijing Local Standard; Interpretation

拒绝还是接纳？后疫情时代都市野生动物“市民”栖息策略浅析

Reject or Accept? Analysis on the Survival Strategy of Urban Wild Animals "Citizens" in the Post-epidemic Era

武 岳 余 洋*

摘 要： 后疫情时代人们对野生动物的态度相较敏感。城市中生物多样性的恢复，使得如何解决人与野生动物在城市中的共存的问题越发不可回避。就当下城市中野生动物与人的紧张关系反思，通过明确生物多样性的正向作用、构建可视化野生动物“大数据”网络、完善疫情相应机制等借助多学科合作，共同探索人与城市中野生动物的冲突问题，分别从公众参与策略、景观配合策略、应急响应策略为野生动物成为新“市民”的栖息创造条件，并关注未来城市生物多样性与人类福祉的发展可能。

关键词： 野生动物；城市生物多样性；人类福祉；生态景观

Abstract: People are more sensitive to wild animals in the post-epidemic era. The restoration of biodiversity in cities has made the problem of how to solve the coexistence of humans and wild animals in cities increasingly unavoidable. Reflect on the current tension between wild animals and people in the city, and through clarifying the positive role of biodiversity, building a visualized wild animal "big data" network, and improving the epidemic response mechanism, we can jointly explore people and the wild in the city with the help of multidisciplinary cooperation. Animal conflict issues include public participation strategies, landscape coordination strategies, and emergency response strategies to create conditions for wild animals to become a habitat for new "citizens", and pay attention to the future development of urban biodiversity and human well-being.

Key words: Wild Animals; Urban Biodiversity; Human Well-being; Ecological Landscape

基于城市生态保护修复的小微湿地建设

——以北京亚运村小微湿地为例

The Construction of Micro Wetland Based on Urban Ecological Protection: For Example of the Micro Wetland in Asian Games Village of Beijing

夏 康

摘 要： 本文以小微湿地作为切入点，解析其在城市生态保护修复中的应用。同时在北京新总规的指导思想下，以北京市首个小微湿地保护修复示范建设项目亚运村小微湿地为例，从场地选址、空间组织、生境规划、效益评价等方面，总结小微湿地的建设策略，为城市小微湿地的保护建设起到积极的示范和推动作用，以落实人与自然和谐发展。

关键词： 小微湿地；生态保护修复；北京亚运村

Abstract: In this paper, the application of small and micro wetlands in urban ecological protection and restoration is analyzed. New rules in Beijing at the same time, under the guiding thought of to Beijing the first small small wetland protection and restoration of wetland demonstration project Asian games village as an example, from planning, site location, spatial organization, habitat benefit evaluation, etc., summarizes the small micro wetland construction strategy, small micro wetland protection for the city construction play a positive role in demonstration and promotion of, to implement the harmonious development of man and nature.

Key words: Micro Wetland; Ecological Protection and Restoration; Beijing Asian Games Village

基于生态敏感性的河道岸线功能划分研究①

Study on Functional Division of River Bank Based on Ecological Sensitivity

陈圣天　付　晖*　陈永根

摘　要： 河湖岸线作为一种宝贵的资源，不仅具有重要的生态价值，而且开发利用价值也极高。本文以袁河渝水段两侧河岸线进深300m范围为研究对象，运用ArcGIS技术，以影响岸线功能的归一化植物指数（NDVI）、土地用途管制分区、基本农田分布、人为活跃度为评价因子建立指标体系，采用层次分析法（AHP）进行综合因子生态敏感性分析。最终将袁河渝水段岸线划分为保留区、控制利用区、可开发利用区3类，分别占比：17.64%、55.20%、27.16%。同时，提出了各功能区的保护利用对策，其中，保留区重点考虑整治保护工作，严禁各类不符合该地主导功能的开发活动；控制利用区必须把握好保护与利用之间的平衡，限制开发利用的方向与方式，鼓励绿色开发；可开发利用区则更偏向于考虑其开发利用价值，提高利用率。

关键词： 岸线资源；生态敏感性；保护利用；岸线功能区

Abstract: As a precious resource, river and lake shoreline not only has important ecological value, but also has high development and utilization value. In this paper, the study was carried out at a depth of 300m on both sides of the Yushui section of the Yuan River, and the normalized vegetation index (NDVI), land use control zoning, basic farmland distribution, and anthropogenic activity were used as evaluation factors to establish an indicator system using ArcGIS technology, and a comprehensive factor ecological sensitivity analysis was performed using AHP. In the end, the bankline of the Yuan River section was divided into three categories: reserved area, controlled utilization area, and exploitable utilization area, accounting for 17.64%, 55.20%, and 27.16% respectively. At the same time, it proposes the protection and utilization of each functional area, among which, the reserved area focuses on remediation and protection work, and strictly prohibits all kinds of development activities that are not in line with the dominant function of the place; control and utilization area must grasp the balance between protection and utilization, restrict the direction and manner of development and utilization, and encourage green development; development and utilization area is more inclined to consider its development and utilization value, and improve the utilization rate.

Key words: Shoreline Resources; Ecological Sensitivity; Protection And Utilization; Shoreline Ribbon

基于GIS的城市建成区绿道规划研究

——以杭州城东新城区域绿道规划为例

Study on Greenway Planning of Urban Built up Area Based on GIS:

A Case Study of Greenway Planning in the East New Town of Hangzhou

段金玉　谭　欣

摘　要： 为全面巩固杭州市“国家生态园林城市”的创建成果，加快推进建设独特韵味的世界名城，深入贯彻落实市政府建设高品质绿色开放空间要求，坚持钱江新城“生态立城”理念，近年来，杭州市江干区着力打造沿江景观带、江河汇汇中公园、钱唐农园、彭埠入城口区域景观、元宝塘公园、东西广场等项目，高品质建设沿河绿道、沿线防护绿廊、社区公园。但存在着钱江新城、钱江新城二期、江河汇流区、城东新城、上城区块各成体系，绿道、慢行系统连续贯通缺乏考虑，近远期建设计划安排缺少统筹，临时、永久绿化需要系统研究等问题，亟需开展城东、江河汇、钱江新城二期区域范围绿道系统规划。本次规划以GIS为技术平台，将兼顾公平及效率的规划理念融入绿道系统规划之中。

① 基金项目：基于多维教学模式的《风景园林工程》课程教学改革与创新研究（hdjy1956）、海南省哲学社会科学规划课题（HNSK（QN）18-06）及海南省自然科学基金（318QN194）。

关键词：公平及效率；城市建成区；GIS；绿道规划

Abstract: In order to comprehensively consolidate the achievements of Hangzhou' s "national ecological garden city", accelerate the construction of a world-famous city with unique charm, thoroughly implement the requirements of the municipal government for the construction of high-quality green open space, and adhere to the concept of "ecological city" in Qianjiang New City, Jianggan District of Hangzhou has made great efforts to build riverside landscape belt, river Huizhong Park, Qiantang agricultural park and Pengbu entrance in recent years Regional landscape, yuanbaotang Park, east west square and other projects, high-quality construction along the river greenway, along the protective greenway, community park. However, there are some problems, such as Qianjiang New City, Qianjiang New City Phase II, river confluence area, Chengdong new city and Shangcheng block, lack of consideration for continuous connection of Greenway and slow traffic system, lack of overall planning of short and long-term construction plan, and systematic study of temporary and permanent greening, etc. , so it is necessary to carry out regional greenway system planning of Chengdong, Jianghui and Qianjiang New City Phase II. The planning takes GIS as the technical platform, and integrates the planning concept of fairness and efficiency into the planning of Greenway system.

Key words: Fairness and Efficiency; Urban Built-up Area; GIS; Greenway Planning

岭南水乡绿色基础设施构建策略初探

——以鹤山市古劳水乡为例

Preliminary Study on the Construction Strategy of Green Infrastructure in Lingnan Waterside Village:

A Case Study of Gulao Waterside Village in Heshan City

蒋　迪

摘　要：当前城市化进程日益加快，建设用地侵占农田、水体等乡村传统空间现象频发，致使岭南水乡生态支撑功能下降、生态基底遭到破坏，绿色基础设施整体性受到严重威胁。本文以古劳水乡为例，剖析其现阶段在绿色基础设施网络建设方面的问题，并提出优化策略以恢复水乡自然生态系统服务功能，同时提升其社会经济文化价值，实现古劳水乡的可持续发展，为类似地区绿色基础设施构建提供借鉴。

关键词：岭南水乡；绿色基础设施；构建策略

Abstract: The process of urbanization is accelerating, and farmland and water bodies being occupied by construction land frequently has caused the decline of the ecological support function of the Lingnan waterside village, the destruction of the ecological base, and the serious threat to the integrity of green infrastructure. This article takes Gulao waterside village as an example, analyzes its current problems in the construction of the green infrastructure network, and proposes optimization strategies to achieve the sustainable development of Gulao waterside village , by restoring the natural ecosystem service functions of the water village and enhancing its socio-economic and cultural value, and provides a reference for the construction of green infrastructure in similar areas.

Key words: Lingnan Waterside Village; Green Infrastructure; Construction Strategy

基于生态系统健康评价的矿业城市绿色基础设施规划研究[①]

Green Infrastructure Planning of Mining Cities Based on Ecosystem Health Assessment

金 华 吴远翔* 潘晓钰

摘 要：采矿行为给矿业城市生态系统和人民生活带来了诸多恶劣影响。在闭矿后，怎样解决生态问题，如何为人们提供生态宜居、健康美好、卫生安全的城市生活环境，成为实现矿业城市人民生活健康、推进公园城市建设的重要议题。本文以鹤岗市为例，依托"活力-组织力-恢复力-生态系统服务"研究框架对城市生态系统健康进行评估。与传统模型不同的是，本文针对矿业城市的生态特点，拓展恢复力的内涵，将对生态系统恢复力有重要影响的土地塌陷和土壤污染两个因子也纳入生态系统健康评价模型中。最终，依据评价结果分析并提出矿业城市绿色基础设施规划建议。

关键词：绿色基础设施；生态系统健康评价；矿业城市；鹤岗矿区

Abstract: Mining behavior has brought a lot of bad effects on the ecosystem and people's life of mining cities. After the closure of the mine, how to solve the ecological problems, how to provide people with ecological livable, healthy and safe urban living environment, has become an important issue. It is important issue to promote people's living health and Park City Construction in mining cities. Taking Hegang as an example, this paper evaluates the urban ecosystem health based on the research framework of "vitality, organization, resilience and ecosystem services". Different from the traditional model, according to the ecological characteristics of mining cities, this paper expands the connotation of resilience, including land subsidence and soil pollution, which have an important impact on ecosystem resilience, into the ecosystem health assessment model. Finally, according to the evaluation results, this paper analyzes and puts forward suggestions for green infrastructure planning of mining cities.

Key words: Green Infrastructure; Ecosystem Health; Mining City; Hegang Mining Area

基于文献计量分析的绿色基础设施研究进展[②]

Research Progress of Green Infrastructure Based on Bibliometric Analysis

李涵璟 许 涛*

摘 要：随着"城市双修""海绵城市""公园城市"等一系列城市建设工作地推进，绿色基础设施作为城市基础设施的重要组成部分，越来越受到学者们的关注。本文利用 web of science 核心期刊数据库分析绿色基础设施的研究现状以及未来发展趋势，探讨绿色基础设施的相关研究热点。研究发现绿色基础设施相关文章历年发表数量呈指数上升；关注度最高的国家为美国；发文量最高的机构为瑞典农业大学。在研究热点分布上，研究关键词排序为：绿色基础设施、生态服务等；在研究突显方面，生态系统、土地利用、景观连接度这 3 个研究方向突显度最强，围绕其展开的研究最为丰富。研究热点分布大致分为 3 个阶段：第一阶段聚焦于绿色基础设施，绿地空间等；第二阶段研究为生态系统服务、框架、景观格局等；第三阶段研究对象为城市景观、林地等。

关键词：知识图谱；绿色基础设施；Citespace；文献计量分析

Abstract: With the development of a series of urban construction such as "double urban repair", "sponge city" and "park city", green infrastructure, as an important part of urban infrastructure, has attracted more and more attention from scholars. This paper USES the Web of Sci-

① 基金项目：国家自然科学基金面上项目"城市绿色基础设施的生态系统服务供需影响机制与空间优化途径研究——以东北地区为例"（编号：52078160）资助。

② 基金项目：国家自然科学基金青年项目"基于雨洪调蓄能力的城市绿地系统格局优化研究"（编号 51808385）资助。

ence core journal database to analyze the research status and future development trend of green infrastructure, and discusses relevant research hotspots of green infrastructure. The research found that the number of green infrastructure related articles published over the years has increased exponentially. The country with the most attention is the United States. The institution with the highest volume of publications is The Swedish Agricultural University. In terms of the distribution of research hotspots, the research keywords are: green infrastructure, ecological services, etc. In terms of research prominence, ecological system, land use and landscape connectivity are the three research directions with the strongest prominence and the most abundant research around them. Research hotspots are roughly divided into three stages: the first stage focuses on green infrastructure, green space, etc. The second stage is ecosystem service, framework, landscape pattern, etc. In the third stage, the research objects are urban landscape, forest land, etc.
Key words: Knowledge Map; Green Infrastructure; Citespace; Bibliometric Analysis

绿色基础设施对提升城市水文调节服务能力的研究

A Study of Green Infrastructure's Role in Enhancing the Capacity of Urban Hydrological Regulation

马薛骑　裘鸿菲

摘　要： 快速化的城市建设和过量灰色基础设施的运用削弱了城市的水文调节服务能力，加大了城市排水系统和净化系统的压力，使城市面临着雨洪灾害、水体污染等威胁。本文首先对绿色基础设施进行概述与分类；其次比较了不同国家和区域的GI体系；最后分析了不同尺度上的雨水管理典型实践案例，结合我国的基本国情，提出了提升绿色基础设施水文调节服务能力的几点建议，以期对尚处于探索阶段的我国绿色基础设施的规划与雨水管理体系的建设提供借鉴。
关键词： 绿色基础设施；水文调节服务能力；雨洪管理

Abstract: Rapid urban construction and the excessive use of gray infrastructure have weakened the hydrological regulation capacity of cities, bringing huge pressure on urban drainage and purification systems, and making cities vulnerable to threats such as rainstorms, floods and water pollution. This paper firstly summarizes and classifies green infrastructure into certain types, then compares the GI systems of different countries and regions. Based on the previous research, detailed analysis of typical cases of rainwater management on different scales is conducted. This paper then puts forward several suggestions about improving the hydrological regulation capacity of green infrastructure with consideration of China's national realities. Given the planning of green infrastructure and construction of rainwater management system in China is still in the preliminary stage, this paper can serve as future reference.
Key words: Green Infrastructure; Hydrological Regulation Service Capacity; Stormwater Management

公共安全与风险应对下防护绿地类型的效用与功能研究

Research on the Utility and Function of Protective Greenbelt Type under Public Safety and Risk Response

彭　茜　金云峰*　梁引馨　崔钰晗

摘

要

摘　要： 城市绿地系统作为城市的保护伞，防护绿地的功能和效用一直未被学界重视。文章通过分析大流行病如何刺激城市为人们创造更多城市绿色空间，追溯到人渴望亲近自然，向往自然的栖居本性，从而引出研究问题，着重探究防护绿地未被重视的深层原因，以及适合我国绿地系统规划编制的防护功能提升与布局优化方法。依据时效原则，分为日常防护与灾时防护两种功能，思考绿地空间的多维功能，构建了用于结合规划编制的绿地系统防护功能规划体系，以期发挥绿地系统的多元功能，适应城市新发展。
关键词： 风景园林；绿地系统；防护绿地；日常防护；灾时防护；绿地规划

Abstract: By analyzing how the pandemic stimulates cities to create more urban green spaces for people, people gradually desire to be close to nature and yearn for the nature of natural habitation, which leads to research questions, focusing on exploring the deep reasons for the protection of green space alternatives and suitable green spaces The protection function enhancement and layout optimization method of system planning. According to the principle of timeliness, it is divided into two functions: daily protection and disaster protection. Considering the multi-dimensional functions of green space space, a green space system protection function planning system combined with planning and planning is constructed, in order to play the multiple functions of the green space system and adapt to new urban development .
Key words: Landscape Architecture; Green Space System; Protective Green Space; Daily Protection; Disaster Protection; Green Space Planning

公园城市视角下北京市中心城区绿道优化研究

Study on Greenway Optimization in Central Urban Area of Beijing from the Perspective of Park City

苏俊伊　刘志成*

摘　要： 绿道作为一种线型绿色开敞空间，连接各类绿地，在城市绿色网络的构建中起到非常重要的作用。公园城市理念提出对绿道建设与优化提出了新的要求，但传统的基于问卷调查与样本统计的调查方法对于绿道的研究无法实时同步，数据偏差较大。本研究借助百度街景及 Keep 软件等多源数据平台，以北京市中心城区重要市级绿道——西北土城绿道、环二环绿道及三山五园绿道为研究对象，综合考虑生态性、公共性、可持续性 3 方面因素，分析人群活动强度、空间开敞性、绿地养护强度、立体绿量，对已建成城市绿道进行分析评估，以此为城市绿道的优化提供科学合理的技术支持。
关键词： 风景园林；城市绿道；公园城市；多源数据

Abstract: As a green lining open space, greenways connect all kinds of green spaces and have an important role on the construction of urban green network. The concept of park city puts forward new requirements for greenway construction and optimization. However, traditional survey methods, based on questionnaire survey and sample statistics, cannot synchronize the research on greenway in real time. The data deviation is large. In this study, representative greenways in Beijing urban area—the Northwest Tucheng greenway, Second Ring Road greenway and the Three Mountains and Five Gardens greenway—are taken as the research objects. Through the utilization of big geodata information of each platform, including Baidu street view and sports software, comprehensively considering ecosystem, publicness and sustainability factors, analyzing the intensity of crowd activity, space openness, green space conservation intensity and three-dimensional green quantity, the completed urban greenway was analyzed and evaluated, so as to provide scientific and reasonable technical support for the optimization of urban greenway.
Key words: Landscape Architecture; Urban Greenway; Park City; Multi-source Data

长江流域江心洲绿色基础设施韧性规划探析

Analysis of Green Infrastructure Tenacity Planning for Yangtze River Basin

杨诗扬　赵晨晔　张清海*

摘　要： 近年来极端天气导致的自然灾害频发，江心洲（江中洲岛的统称）由于特殊的地理位置所受干扰更大，为了构建良好的江心洲绿色基础设施系统，提出将韧性规划与江心洲的绿色基础设施构建相结合，以长江流域江心洲为研究对象，将其绿色基础设施细分为水系网络、绿道网络、农林绿色斑块、生态绿地斑块及社区内部绿色基础设施5大类。将PDCA循环模型纳入韧性规划流程中，江心洲绿色基础设施韧性规划流程可归纳为4步：场地现状要素分析，进行风险识别；景观韧性状态评估；制定提升韧性的框架策略；规划结果评价与动态反馈。
关键词： 绿色基础设施；韧性规划；动态适应；江心洲

Abstract: In recent years, natural disasters caused by extreme weather have occurred frequently. central bar (collectively referred to as Island in the river) is more affected by its interference due to its special geographical location. In order to build a good central bar green infrastructure system, it is proposed to combine resilience planning with central bar's green foundation. Taking the Yangtze River Delta as the research object, the green infrastructure is divided into five categories: water network, greenway network, agricultural and forestry green patch, ecological green patch and green infrastructure within community. Incorporating the PDCA cycle model into the resilience planning process, the central bar green infrastructure resilience planning process can be summarized into four steps: site status element analysis, risk identification; landscape resilience status assessment; development of framework strategies to improve resilience; Evaluation of planning results and dynamic feedback.
Key words: Green Infrastructure; Resilience Planning; Dynamic Adaptation; Central Bar

南昌市西湖区城市公园可达性评价研究——基于老年人步行视角

Study on the Accessibility to Urban Park in Xihu District of Nanchang City based on Walking of Old Adults

张绿水　尹中健　赵小利　刘　昊*

摘　要： 城市公园是城市中为数不多的既保留着自然痕迹，又便于老年人到达的绿色空间，成为老年人开展休闲娱乐、体育健身和人际交往等活动的主要场所，因此其合理布局对提高老年人的晚年生活质量意义重大。本文运用ArcGIS软件中的网络分析法，对基于老年人步行的南昌市西湖区城市公园的可达性进行了评价与分析，并提出了增加城市公园数量、完善城市道路交通网络和加强城市绿道规划建设3条城市公园布局优化策略。研究结果可为南昌市西湖区的城市公园优化布局供参考和借鉴，使城市公园能更好地满足老年人的户外休闲需求，并提升老年人的幸福感和获得感。
关键词： 老年人；可达性；城市公园；布局优化；ArcGIS

Abstract: Urban parks are one of the few green spaces in the city that retain natural traces and are easy for the elderly to reach. They have become the main place for the elderly to carry out activities such as recreation, sports, fitness, and interpersonal communication. Therefore, its reasonable layout is of great significance to improve the quality of life of the elderly. This article uses the network analysis method in ArcGIS software to evaluate and analyze the accessibility to urban parks of the Xihu District in Nanchang City based on the elderly walking. It also proposes three strategies for optimizing the layout of urban parks, such as increasing the number of urban parks, improving urban road transportation networks, and strengthening urban greenway planning and construction. The research results can provide reference and reference for the optimized layout of urban parks in Xihu District of Nanchang City, so that urban parks can better meet the outdoor leisure needs of the elderly, and enhance the elderly's sense of happiness and gain.
Key words: Old adults; Accessibility; Urban Park; Layout Optimization; ArcGIS

新加坡 ABC 水计划的后期管理与启示

Final-period Management of ABC Water Plan in Singapore and Its Enlightenment

钟秀惠　李　胜*

摘　要：经过长时间的学习与借鉴，新加坡政府制定了独具新加坡国家特色且科学合理的城市水资源管理策略——新加坡 ABC 水计划。新加坡之所以能够成功执行水计划，以设计为前提是必然的，后期管理方面是设计的延续。ABC 水计划是具有整体性、可持续性和公众参与特点的创新性计划，我国海绵城市的建设不应只关注工程技术的发展完善，后期管理是促进项目可持续的关键。
关键词：新加坡 ABC 水计划；可持续性；海绵城市；后期管理

Abstract: After a long period of study and reference, Singapore has formed a scientific and reasonable urban water resources management strategy with unique national characteristics-Singapore ABC Water Plan. Singapore can successfully implement the water plan, it is inevitable that the design is the premise, and the later management is the continuation of the design. ABC water plan is an innovative plan with the characteristics of integrity, sustainability and public participation. The construction of sponge city in China should not only pay attention to the development and perfection of engineering technology, but also final-period management is the key to promote the sustainability of the project.
Key words: ABC Water Plan in Singapore; Sustainability; Sponge City; Final-period Management

基于水文过程的城市内涝成因研究[①]

Study on the Cause of Urban Waterlogging Based on Hydrological Process

周　燕　田　亮　刘雅婧　冉玲于

摘　要：当今城市内涝灾害频发，为了探究自身原因，发现相较于自然水文过程而言，城市水文过程由于城市化建设的影响而发生了变化。以水文过程为视角，辨析了水文过程的空间尺度，从产流过程和汇流过程两大水文机制的基础上对比自然水文过程和城市水文过程，并从定性和定量两个角度进行了验证，发现城市内涝灾害发生的根本的空间原因是城市水文过程的产流过程被减弱，而汇流过程被增强，进而导致内涝。研究为内涝缓解的空间策略提供了新的研究方向，为城市规划学与水文学之间的学科交叉构建了新的耦合机制，也为我国海绵城市建设补充了更为新的理论基础。
关键字：海绵城市；内涝成因；自然水文过程；城市水文过程；产流过程；汇流过程

Abstract: Nowadays, the frequent occurrence of urban waterlogging has become one of the major disasters endangering urban public safety. In order to explore the causes of the city itself, it is found that compared with the natural hydrological process, the urban hydrological process has changed due to the impact of urbanization. In the perspective of hydrological processes, this paper analyzes the spatial scale of hydrological processes, clear to study the watershed hydrological processes to explore whole scale, comparing natural hydrological process and urban hydrological processes on the basis of the hydrological runoff and conflux process mechanism, and from the perspective of both qualitative and quantitative validation, find the root of the urban waterlogging disaster space reason is in the process of urban hydrological runoff process is abate, and flow process is enhanced, leading to waterlogging. This study provides a new research direction for the spatial strategy of waterlogging mitigation, establishes a new coupling mechanism between urban planning and hydrology, and supplements a new theoretical basis for sponge city construction in China.
Key words: Sponge City; Waterlogging; Natural Hydrological Process; Urban Hydrological Process; Runoff Process; Conflux Process

① 基金项目：①2018 年武汉大学自主科研项目（2042018kf0250），雨洪安全视角下的城市水生态基础设施集水潜力研究——以武汉市大东湖片区为例；②2017 年国家自然科学基金青年基金（51708426），响应城市内涝机制的减灾型景观地形设计与量化调控方法研究。

基于空间句法的古镇空间形态演变分析

——以成都蒲江县西来古镇为例

Analysis of the Evolution of Ancient Towns' Spatial Forms Based on Space Syntax:

A Case Study of Xilai Ancient Town, Pujiang County, Chengdu

陈　倩　杨青娟

摘　要： 随着城乡融合和乡村旅游业的快速发展，近年来出现了许多古镇扩张和旅游规划的项目，在一些自发扩张的古镇中，由于缺少系统和科学的规划出现了古镇中典型历史街区可达性降低、历史街区与新建街区风貌差异大、古镇内部逐渐衰落等问题。因此以成都市蒲江县西来古镇为例，运用文献研究、空间句法等方法，对西来古镇整体空间形态、道路结构等特征进行分析，利用空间句法轴线图计算出不同历史阶段的西来古镇各空间的整合度、平均深度等数据，通过综合整合度-选择度散点图筛选出不同阶段整合度高的街道，并对其数据进行对比分析，并针对提高历史街区空间整合度和古镇整体风貌提出建议，以保护古镇传统文化、促进古镇旅游发展。
关键词： 空间句法；可达性；空间形态；古镇

Abstract: With the rapid development of urban-rural integration and rural tourism, many ancient town expansion and tourism planning projects have emerged in recent years. In some spontaneously expanding ancient towns, the accessibility of typical historic blocks in ancient towns has appeared due to lack of systematic and scientific planning. Decrease, the style and appearance of the historic district and the newly built district are very different, and the interior of the ancient town is gradually declining. Therefore, taking the ancient town of Xilai in Pujiang County, Chengdu as an example, using literature research, space syntax and other methods, the characteristics of the overall spatial form and road structure of the ancient town of Xilaiare analyzed, and the spatial syntax axis diagrams are used to calculate the ancient towns in different historical stages. The integration degree and average depth of each space are used to screen out the streets with high integration degree in different stages through the comprehensive integration degree-selection degree scatter plot, and the data are compared and analyzed, and the spatial integration degree of the historical district and the overall ancient town are improved. The style and features make suggestions to protect the traditional culture of the ancient town and promote the tourism development of the ancient town.
Key words: Spatial Syntax; Accessibility; Spatial Form; Ancient Town

规划、反馈与调整

——自然公园科普资源动态化规划管理研究

Planning, Feedback and Adjustment:

A Study on the Dynamic Planning and Management of Science Popularization Resources in Natural Park

董享帝　欧　静*

摘　要： 在自然保护地重新整合分类的新时期，对自然公园科普教育建设进行目标定位，应作为保护地开展科普教育的主力军。基于此，以自然公园为代表，研究保护地开展科普教育的物质基础——科普资源。围绕资源规划、资源反馈、资源调整3个阶段，对自然公园的科普资源进行动态化规划管理研究，以期通过构建自然公园科普资源动态化规划管理模式，为我国自然保护地科普建设提供参考。
关键词： 自然公园；科普资源；实地调查；动态化规划管理

Abstract: In the new era of the reintegration and classification of protection areas, the goal of the construction of science popularization educa-

tion in nature parks should be positioned: the main force of science popularization education in the protected areas. Based on this, taking the natural park as the representative, the research protected areas to develop the material basis of popular science education — popular science resources. Around the three stages of resource planning, resource feedback and resource adjustment, this paper studies the dynamic planning and management of science popularization resources, in order to build natural science park resource dynamic planning management model, scientific construction to provide the reference for our country natural protected area.
Key words: Natural Park; Popular Science Resources; Field Survey; Dynamic Planning and Management

英国国土空间宁静地评估框架研究以及对我国的启示[①]

Research on the Framework of the Tranquility Evaluation of the British Territory and Space and Its Enlightenment for China

冯婧婕　许晓青*

摘　要：声景资源对当下我国国土空间规划具有重要意义。本文以英国声景资源识别与制图为例，梳理了国土尺度的“宁静度评估”。概述了其发展历史与相关研究，宁静评估的价值导向与方法选择，并总结出英国国土尺度宁静地评估框架的关键步骤。其特点表现在：①英国宁静度评估广泛纳入公众参与形成感知指标；②运用了主客结合的量化评价方法；③评价方法和评价指标的选取可操作性强。基于此，对我国国土尺度宁静地识别与管理提出了4点建议。
关键词：宁静地；声景规划管理；英国；风景园林；国土空间

Abstract: Soundscape resources are of great significance to our country's current territorial and spatial planning. This paper takes the identification and mapping of soundscape resources in the United Kingdom as an example, and sorts out the "tranquility evaluation" at the national scale. It summarizes the history and related research, the value orientation and method selection of tranquility assessment, and points out the key steps of the British territorial-scale peaceful assessment framework. Its characteristics are as follows: ①the UK's tranquility assessment is widely incorporated into public participation to form perception indicators; ②the quantitative evaluation method combining subject and object is used; ③ the selection of evaluation methods and evaluation indicators is highly operable. Based on this, four suggestions are put forward for the peaceful identification and management of my country's territorial scale.
Key words: Tranquil Area; Soundscape Planning and Management; Britain; Landscape Architecture; Territory and Space

① 基金项目：国家自然科学基金青年基金“我国国家公园声景可接受影响阈值及保护管理研究”（编号51808394）、浦江人才计划项目“武陵源国家公园声景”（编号18PJC113）。

基于 InVEST 模型的蒙山风景区生境质量评价及规划优化研究[①]

Study on Habitat Quality Evaluation and Planning Optimization of Mengshan Scenic Spot Based on InVEST Model

李 豪 吴明豪 刘志成*

摘 要：在生态文明引领城市发展新模式的背景下，加强对风景名胜区的生境质量研究具有重要意义。通过运用 InVEST 模型，并借助 ArcGIS 软件研究临沂市蒙山风景区 2000～2020 年的土地利用变化和生境质量、生境退化度的时空变化。结果表明，研究区其他用地类型向建设用地的转化最为剧烈，其中以耕地和林地为主；生境质量空间分布表现为中部高、西北和东部居中、南部和北部低的态势。20 年间，平均生境质量持续下降，平均生境退化度持续上升，区域生态系统受到了一定程度的破坏。研究结果有助于揭示蒙山风景区生境质量的时空变化过程和特征，为蒙山风景区的生物多样性保护和生态旅游规划提供理论支持和决策依据。

关键词：蒙山风景区；风景名胜区；InVEST 模型；生境质量；土地利用变化

Abstract: Under the background of creating a new model of ecological civilization leading the development of cities, it is of great significance to strengthen the study of habitat quality in scenic spots. Through the use of InVEST model and ArcGIS software to study the land use change, habitat quality, and the temporal and spatial changes of habitat degradation in Mengshan Scenic Spot of Linyi City from 2000 to 2020. The results show that the conversion of other land types in the study area to construction land is the most intense, of which cultivated land and forest land are the main ones; the spatial distribution of habitat quality is high in the middle, middle in the northwest and east, and low in the south and north. In the past 20 years, the average habitat quality has continued to decline, the average habitat degradation has continued to rise, and the ecosystem has been damaged to a certain extent. The research results are helpful to reveal the temporal and spatial change process and characteristics of the habitat quality of Mengshan Scenic Spot and can provide theoretical support and decision-making basis for the biodiversity conservation and ecotourism planning of Mengshan Scenic Spot.

Key words: Mengshan Scenic Spot; Scenic Spots; Habitat Quality; Invest Model; Land Use Change

公园城市理念下城中型自然保护地的整合优化研究

——以武汉市东湖自然保护地为例

Research on the Integrated Optimization of the Nature Reserve in the inner City under the Park City Concept: Take Wuhan Donghu Nature Reserve as an Example

龙婷婷 罗晶晶

摘 要：自然保护地整合优化是我国建立自然保护地体系的重要基础，而公园城市理念对生态保护和生态公共服务提出更高要求。本文以武汉市东湖自然保护地整合优化为例，考虑城中型自然保护地与城市空间耦合的特征，提出兼顾生态保护和生态公共服务的整合优化思路：科学厘清并调入高生态品质空间；人流密集的生态服务区域作为其他生态空间管控，强化公园城市生态公共性建设；解决历史遗留问

① 基金项目：北京林业大学建设世界一流学科和特色发展引导专项资金资助——京津冀生态空间多维度协同发展与环首都生态空间格局优化、实施策略研究（2019XKJS0318）。

题；最后结合道路、河湖、用地边界等进行详细范围划定。
关键词： 城中型自然保护地；公园城市；整合优化

Abstract: The integrated optimization of nature reserves is an important basis for the gradual establishment of the "nature reserve system with national park as the main body", then the concept of park city construction puts forward higher requirements on Ecological protection and ecological public services. This paper takes the integrated optimization of Wuhan Donghu Nature Reserve as an example, considering the complementary characteristics of nature reserves in the inner city and urban spaces, puts forward ideas for the integrated optimization of natural reserves that takes into account ecological background protection and ecological service needs: Scientifically clarify and transfer in the high ecological quality space; Ecological service areas with dense populations are used as other ecological spaces for management and control, to strengthen the public ecological public construction of park cities; Solve real conflicts and problems left over from history. Finally, a detailed scope delineation is carried out in conjunction with roads, rivers and lakes, and land boundaries, etc.
Key words: Nature Reserve in the Inner City; Park City; Integrated Optimization

基于 GIS 的景观生态风险评估

——以北京市浅山区为例

GIS-Based Landscape Ecological Risk Assessment:

A Case Study of Beijing's Shallow Mountainous Areas

倪 畅 周 凯 郑 曦*

摘　要： 随着城市扩张蔓延，自然环境变化，使得处于城市中深山区与山前平原过渡地带的浅山地区易受到多源因素的综合作用。识别浅山地区景观生态风险，实现生态安全格局优化，是保证城市区域生态健康稳定的基础。在总结国内外相关研究的基础上，以北京市浅山区生态环境为出发点，利用景观生态学方法、空间主成分分析法和 GIS 技术，从景观格局、自然条件、人类社会 3 个方面选区 16 个要素作为约束条件，并采用空间主成分分析筛选出要素，对景观生态风险进行评估。结果表明：浅山地区景观生态风险受人类社会因素影响最为明显，景观生态风险水平不平衡，其变化与土地利用变化趋势基本吻合。
关键词： 风景园林；城市浅山地区；景观生态风险；空间主成分分析

Abstract: With the spread of urban expansion and changes in the natural environment, the shallow mountain areas in the transition zone between the deep mountainous areas in the city and the pre-mountain plains are vulnerable to the combined effects of multi-source factors. Identifying ecological risks in shallow mountain landscapes and optimizing the ecological safety pattern is the basis for ensuring the ecological safety and stability of urban areas. On the basis of summarizing relevant domestic and international studies, taking the ecological environment of Beijing's shallow mountainous areas as a starting point, the landscape ecology method, spatial principal component analysis and GIS technology were used to select 16 elements as constraints from the three aspects of landscape pattern, natural conditions and human society, and spatial principal component analysis was used to screen out elements and assess the ecological risk of the landscape. The results showed that the ecological risk in the shallow hills was most obviously influenced by human and social factors, and the level of ecological risk in the landscape was unbalanced, and its change was basically consistent with the trend of land use change.
Key words: Landscape Architecture; Shallow Mountain Area; Landscape Ecological Risk; SPCA

美国自然风景河流保护背后的河流价值认知演变

Evolution of River Value Perception Behind U. S. Wild and Scenic Rivers Protection

苏 晴 曹 磊 杨冬冬*

摘 要：作为最早设立河流自然保护地的国家，美国的自然风景河流保护对中国探索河流保护路径具有借鉴意义，而认识其背后价值观念的演变有利于对美国风景河流保护各发展阶段深入理解。通过梳理与美国自然风景河流保护地形成相关的历史进程，归纳各发展阶段集中体现出的河流利用或保护举措，有助于明晰美国河流价值认知方面的发展脉络并比较各阶段的异同，进而对中国河流保护产生启发。

关键词：风景园林；自然风景河流保护；河流自然保护地；价值认知演变

Abstract: As the first country to establish river protected areas, the protection of wild and scenic rivers in the United States can be used as a reference for China to explore the path of river protection. Understanding the cognitive evolution of river values behind it can give a better comprehension of the various development stages of scenic river protection in the United States. By examining the historical process related to the formation of wild and scenic river protected areas in the United States, this paper summarizes the river utilization or protection measures in each development stage, clarifies the development context of river value perception, and compares the similarities and differences at each stage, which inspires the river protection in China.

Key words: Landscape Architecture; Wild and Scenic Rivers Protection; River Protected Areas; Evolution of Value Perception

基于游客与居民感知的西来古镇乡土景观元素开发保护研究

Research on the Development and Protection of Local Landscape Elements in Xilai Ancient Town Based on the Perception of Tourists and Residents

张弘毅 杨青娟*

摘 要：本次研究选取四川省蒲江县西来古镇作为研究对象，对西来古镇所特有的乡土景观元素进行提取和分类，采用文献阅读法、专家评价法、问卷调查等方法对西来古镇的乡村景观元素从乡土景观价值和开发吸引力价值两个角度进行评价，本次研究可以得出西来古镇不同类别乡土景观元素在居民和游客的感知情况差异，以及不同元素在本身在不同人群的感知下乡土景观价值和开发吸引力价值之间的异同，从而为西来古镇乡土景观保护与未来发展提供借鉴与参考。

关键词：乡土景观；景观感知；古镇开发与保护

Abstract: This paper selects Xilai ancient town in Pujiang County of Sichuan Province as the research object, extracts and classifies the unique local landscape elements of Xilai ancient town, and evaluates the rural landscape elements of Xilai ancient town from the perspectives of local landscape value and development attraction value by using the methods of literature reading, expert evaluation and questionnaire survey The differences of perception of different types of local landscape elements between residents and tourists, as well as the similarities and differences between the value of rural landscape and the development attraction value of different elements in the perception of different groups of people, so as to provide reference for the protection and future development of rural landscape in Xilai ancient town.

Key words: Vernacular Landscape; Landscape Perception; Development and Protection of Ancient Towns

莫斯科城市绿地系统规划演进研究[①]

Study on the Evolution of the Planning of the Moscow Urban Green Space System

TARASOVA ALEKSANDRA　朱　逊*　张雅倩

摘　要：本论文考察了莫斯科绿地系统的形成和发展历史以及影响其形成的一些因素。莫斯科绿地的全盛时期始于17世纪，第一批公园和街心公园仅在19世纪初才开始出现。在苏联时期，宫殿、私人花园和公园向公众开放，这一时期的城市绿地活动变得更加系统化，并制定了大众普遍接受的园林绿化标准。但是由于政治原因1991年后走向衰败，大量绿地缺乏管理维护被废弃和侵占，目前莫斯科逐渐开始恢复绿地建设。

关键词：绿地系统规划；莫斯科；历史演进；苏联时期

Abstract: The article examines the history of the formation and development of the green space system in Moscow and some factors that influenced its formation. It is noted that the heyday of gardening in Moscow began in the 17th century, the first public parks and squares began to appear only in the early 19th century. In Soviet times, Palace and private gardens and parks were open to the public. In addition, urban landscaping activities have become even more systematic, and generally accepted standards for landscaping have been developed. However, due to political reasons, it declined after 1991, and a large amount of green space was abandoned and occupied without management and maintenance. At present, Moscow is gradually beginning to restore green space construction.

Key words: Green Space System; Moscow; Historical Evolution; Soviet Period

草原传统人居环境营造中的自然智慧初探

——以新疆维吾尔自治区哈萨克族传统人居环境为例[②]

A Preliminary Study on the Natural Intelligence in the Traditional Grassland Human Settlement Environment:

Taking the traditional human settlement environment of Xinjiang Kazakh as an example

阿拉衣·阿不都艾力　刘珂秀　刘滨谊*

摘　要：草原游牧民族在"以畜为本、以草为根、逐水草而居"的基本生态原则下营造了特色草原传统人居环境，它是人与自然协调发展的产物，有传统人居环境超强的生命力，更体现中国人"天、地、人"三位一体的人居环境观。本文以新疆维吾尔自治区哈萨克族传统人居环境作为草原传统人居环境研究的典型案例，对草原传统人居环境背景、草原传统人居环境活动方式、草原传统人居环境建设进行调研并三位一体的综合分析，从"天人互益"的合理有效利用草原人居环境背景、与自然协调生存的草原人居活动，以朴素和适应自然的草原人居环境建设，来解读草原传统人居环境：背景—活动—建设三元耦合，构建草原传统人居环境自然智慧，即自然与人类集和智慧。

关键词：草原传统人居环境；自然智慧；三元论；哈萨克族；可持续发展

Abstract: Under the principles of 'livestock-oriented, grass-rooted, living by water and grass', the nomad has built the characteristic traditional grassland human settlement environment, which is a coordinated product between development of mankind and nature. It has strong vitality and represents the Chinese ternary viewpoint of human settlement - a combination of world, earth, and human. Taking the traditional human

① 住房和城乡建设部科技示范项目（编号S20190788）。

② 基金项目：新疆农业大学校前期资助课题（XJAU201624）。

settlement environment of Xinjiang Kazakh as a typical case, this research makes a comprehensive ternary analysis of the background, activities, and construction of traditional grassland human settlement environment. With the belief of mutual benefits between nature and mankind, the research interprets the ternary coupling interactions between background, activities, and construction through analysis of the background that making effective and rational uses of grassland human settlement environment, of the activities that co-exist and co-develop with the nature, of the construction technologies that simple yet adaptive to the natural environment. The natural intelligence is a combination of natural and human wisdoms.
Key words: Traditional Grassland Human Settlement Environment; Natural Intelligence; Trilism Theory; Kazakh, Sustainable Development

基于网络游记数据的泸沽湖风景区旅游形象优化提升分析[①]

Investigation about Tourism Image Optimization of Lugu lake Scenic Area Based on Internet Reviews

董 乐 许 琛 陈保禄*

摘 要：旅游形象对景区特色塑造和提升景区竞争力具有重要意义，很多景区面临忽视自身文化价值、同质化、定位不突出等问题，明确景区旅游形象至关重要。随着互联网用户增多，通过对旅游者游记内容分析，有助于发掘景区特征风貌、塑造景区旅游形象、提升游客满意度。本文以泸沽湖风景区为例，基于携程网泸沽湖风景区游客游记数据，提取出泸沽湖风景区旅游资源、旅游基础设施和配套服务设施信息，进行游客行为及游客对泸沽湖景区的情感分析。依据游记分析结果，从泸沽湖景区营销及精准服务、景区形象塑造、设施提升、与周边景点联动发展等方面，提出景区旅游形象优化建议。
关键词：网络点评数据；泸沽湖风景区；旅游形象感知

Abstract: Tourism image is of great significant to construction of scenic areas and enhancement of scenic competitiveness. However, many scenic areas are facing problems such as ignoring their own cultural values, homogenization and self-positioning. It is meaningful to define what the tourism image actually is. For the past few years, the number of internet users are increasing dramatically, whose comments boost the progress of intelligent tourism. The utilization of these online information now becomes an important way for tourists to generate how the destinations look like. In the age of big data, analysis of online comments is helpful to explore cultural features, shape the scenic areas' image and improve tourists' satisfaction. This essay takes Lugu lake scenic area as an example, consist of three parts. The first part focus on comments extraction about tourism resources, infrastructures and service. After that, the second part mainly deals with the analysis of tourists' behaviors and perception. Lastly, the third part proposes the optimization strategy in scenic marketing and precision services, scenic image creation, facilities improvement, linkage development with surrounding attractions and other perspectives.
Key words: Online Comments Data; Lugu Lake Scenic Area; Tourism Image

① 基金项目：长三角城市群智能规划协同创新中心与上海同济城市规划设计研究院有限公司科研课题：德国自然保护与开发的空间管控方法研究（KY-2019-YB-A02）。

西方现代园林对古典园林的继承与发展

——以德国联邦园林展为例

The Inheritance and Development of Western Modern Garden to Classical Garden:

A Case Study of the Bundesgartenschau in Germany

霍　达

摘　要： 自19世纪起欧洲各国逐渐兴起了园林展的建设热潮，其中德国的联邦园林展承载了自第二次世界大战以来本国园林的发展与变迁。本文以德国园林为背景，介绍德国联邦园林展的起源与发展，并以时间为轴线叙述联邦园林展在不同时期背景下的功能变迁，以此来探讨现代的德国联邦园林展是如何对西方古典园林进行继承与发展。

关键词： 联邦园林展；城市建设；环境保护

Abstract: Since the 19th century, European countries have gradually initiated the upsurge of garden exhibition, among which the German Bundesgartenschau bears the development and change of the national garden since the World War Ⅱ. Based on the background of German gardens, this paper introduces the origin and development of the Germany Bundesgartenschau, and focuses on the functional changes of the Bundesgartenschau in different periods based on the axis of time, so as to discuss how the modern German Bundesgartenschau inherits and develops the western classical gardens.

Key words: Bundesgartenschau; Urban Construction; Environmental Protection

数字景观设计在居住区植物配置上的应用

——以苏州弘阳上熙名苑项目为例

Application of Digital Landscape Plant Design in Residential Area:

Case Study of Landscape Site of Residential Area in Suzhou

季浩宁　周　旋

摘　要： 本文以华东区域居住区植物景观设计作为尝试研究，通过分析景观空间功能需求，构建基于环境、设计原则和限制因素为前提条件，应用软件模拟，找出科学的思路，设计形成量化固化的植物搭配模块，用以拼接组装成居住区植物景观。文中梳理出植物景观模块化设计流程、方法，以此指导和检验了居住区植物景观设计布局的合理性、科学性、多样性。同时，进一步验证软件模拟与数字量化技术在风景园林工程实践——即植物景观设计中具有广阔的应用前景。

关键词： 数字技术；客观推导逻辑；居住区植物景观；植物景观模块；植物数据库网站

Abstract: This study takes the residential area plant landscape design in Eastern China as the primary research attempt. By analyzing the functional requirements of landscape (in clients' angle), we combined analysis ideas based on environment, design principles and constraints together, designed and formed variety of plant landscape modules. Use it to splicing and assembling into a plant landscape in residential area. Therefore, the modular design process and method of plant landscape is a guidance and test the rationality, scientificity and diversity of the plant landscape design layout in the residential area, so that the plant landscape environment of the residential area will be more comfortable and pleasant. At the same time, it is further verified that software simulation and digital quantization technology have broad application pros-

pects and theoretical guiding significance in landscape architecture projects, especially in plant landscape design.
Key words: Digital Technology; Objective Logic; Residential Area Plant Landscape; Plant Landscape Module; Plant Database Website

重庆马元溪滨河公园综合景观设计

Comprehensive Landscape Design of Chongqing Mayuanxi Riverside Park

李国庆* 朱 捷 吴国铧

摘 要： 滨河公园的景观环境营造日益引起社会的广泛关注，但由于其涉及面广，技术难度大和修复时间长等特点，需要景观设计者以更全面、更长远的视角及更综合的专业素养进行探索、研究及设计。以重庆马元溪滨河公园综合景观设计为例，将河道治理、生态修复、景观营造、项目策划及文化展现等进行融合，其中以新型护岸技术-植被混凝土及雨污水生态处理技术—雨水花园为特色，并系统地提出了关于城市滨河公园综合景观设计的思路，以期对该领域的研究做一次有益的探索。
关键词： 滨河公园；景观设计；马元溪

Abstract: The construction of landscape environment of riverside park has attracted more and more attention of the society. However, due to its wide coverage, technical difficulties and long repair time, designers need to explore, research and design with a more comprehensive and longer-term planning perspective, and a more comprehensive professional strength. This paper takes the comprehensive regulation and landscape design of Mayuanxi River in Chongqing as an example, integrates the regulation, ecological restoration, landscape construction, project planning and cultural display of the river, and systematically puts forward the ideas and strategies for the comprehensive regulation and landscape design of the river, with a view to making a beneficial exploration for the research in this field, among them, the new revetment technology vegetation concrete and rainwater ecological treatment technology rainwater garden are featured.
Key words: Riverside Park; Landscape Design; Mayuanxi

叙事视角下城市记忆场所更新的“时空耦合”设计

——海盐中心茧厂空间场所更新改造为例[①]

Time-Space Coupling Renewal Design of Urban Memory Place With the Narrative Perspective:

Taking the Space Renovation of Haiyan Central Cocoon Factory as an Example

李佳芯 陆邵明 陶 聪

摘
要

摘 要： 当前，虽然很多工业遗产得到了较好的保护，但是大量近现代承载着社会情感与集体记忆的记忆场所，正面临着被废弃、被消融的危机。记忆场所不仅是老年人的情感寄托，也应是年轻人增强地域认同感的媒介。而这其中不可避免的会产生“旧时”和“现空”对立的矛盾，本文指出记忆场所更新改造中所遇到的4个“时”与“空”分离的问题。尝试从用叙事视角来筛选、建构、组织记忆场所空间物质要素的语义、线索、结构和其背后隐性的人文事件和社会文化情感。通过叙事编排，实现“时”与“空”的耦合，探索更有效的强化空间的文化意义和情感关联，提高场所的感知、体验性的途径。

① 基金项目：国家自然科学青年基金（编号51708343），国家社科基金重大项目（14ZDB139）；国家自然科学基金项目（51278292，41471120）。

关键词：叙事视角；记忆场所；更新改造；时空耦合

Abstract: At present, many industrial heritages have been well protected, but a large number of modern memory sites bearing social emotions and collective memory are facing the crisis of being abandoned and melted. Memory place is not only the emotional sustenance of the elderly, but also the medium for young people to enhance their sense of regional identity. This paper points out that there are four problems of separation of "time" and "space" in the renewal of memory place. From the perspective of narrative, this paper tries to screen, construct and organize the semantics, clues and structures of the material elements of the place space, as well as the hidden humanistic events and social and cultural emotions behind them. Explore more effective ways to strengthen the cultural significance and emotional connection of space, and improve the perception and experience of the place.

Key words: Narrative Perspective; Memory Place; Renewal and Transformation; Space-time Relationship

基于 SBE 法的大学校园景观美景度评价

——以西南林业大学和云南大学为例①

Evaluation of Campus Landscape Beauty Based on SBE:

A Case Study of Southwest Forestry University and Yunnan University

李瞒瞒　韩　丽　魏翠梅　樊智丰　马长乐*

摘　要：大学校园景观美景度是体现校园景观环境是否满足高校师生基本的学习交流和生活发展的量化体现。以昆明市内两所高校——西南林业大学和云南大学为研究对象，选择校园植物、园路、地形、建筑及小品作为评价校园景观美景度的影响因子，采用问卷评价法对拍摄的 30 张照片进行评价，并对数据进行标准化处理、相关性分析、回归分析和数学方程建模等一系列研究。结果表明：西南林业大学和云南大学的校园环境景观美景度质量等级均为一般，云南大学校园景观美景度的稳定性比西南林业大学好；植物和园路是影响两所高校校园景观美景度的主要景观因子。研究结果可为高校校园景观环境质量提升、改造及管理提供参考。

关键词：SBE 法；景观评价；高校景观

Abstract: The beauty degree of campus landscape is a quantitative reflection of whether the campus landscape environment meets the basic learning exchange and life development of college teachers and students. In order to evaluate the beauty of the campus landscape, we selected the campus plants, paths, topography and architecture as the influential factors, and selected Southwest Forestry University and Yunnan University as the research object. Thirty photos were evaluated by questionnaire, and the data were processed by standardization, correlation analysis, regression analysis and mathematical equation modeling. The results showed that the landscape quality of Southwest Forestry University and Yunnan University were both ordinary, and the stability of landscape quality of Yunnan University was better than that of Southwest Forestry University . Plants and garden roads are the main landscape factors that influence the landscape beauty of the two universities. The research results can provide reference for the improvement, transformation and management of campus landscape enviroment quality.

Key words: SBE Method; Landscape Evaluation; University Landscape

① 基金项目：本项目由国家林业和草原局西南风景园林工程技术研究中心支持完成，云南省教育厅科学研究基金项目（2019Y0149）资助，西南林业大学 2016—2019 年大学生创新创业国家级项目（201910677012）资助。

中国传统理想人居的园林艺术特征

——以《红楼梦》大观园为例

Garden art characteristics of Chinese traditional ideal human living environment:

Take the Grand View Garden of "*A Dream of Red Mansions*" as an Example

李庆军　黄河三角洲（滨州）国家农业科技园区管理委员会

摘　要：揭示我国传统理想人居的园林艺术特征是理解中国自然山水园林本质特征和研究古人关于人居环境的营造法式的基础，也是传承中华优秀传统文化的重要途径。从分析《红楼梦》中大观园的位置地形、尺寸轮廓、建筑布局及类型、掇山理水艺术出发，分析了各景观元素的方位、色彩、植物的搭配与宅院布局理论之间的内在联系。揭示了《红楼梦》所蕴含的深厚的文化内涵和传统智慧。另外，从多样统一、对称均衡、对比调和3方面研究了大观园的形式美。本研究表明，《红楼梦》中的大观园造园手法精湛，外观和谐优美，内容丰富多彩，布局合理宜居，为弘扬、建设和发展中式园林提供了理论基础和参考样板。

关键词：大观园；营造；布局；形式美

Abstract: Revealing the artistic characteristics of traditional ideal human settlement is the basis of studying the construction method of ancient human settlement environment and understanding the value connotation of Chinese natural landscape garden. It is also an important way to inherit Chinese excellent traditional culture. Based on the analysis of the location, topography, size and outline, architectural layout and type, mountain arrangement and water management art of the Grand View Garden in A Dream of Red Mansions. This paper combs the internal relationship between the landscape elements such as architectural orientation, color matching, plant allocation and the geomantic geomantic theories including four images, eight trigrams, five elements, yin and Yang. It reveals the rich cultural connotation and traditional wisdom contained in the book. In addition, the paper analysis the formal beauty of Grand View Garden in three aspects: diversity and unity, symmetry and balance, contrast and harmony. This study shows that the Grand View Garden in A Dream of Red Mansions has exquisite gardening techniques, harmonious and beautiful appearance, rich and colorful contents, reasonable and livable layout, which provides a theoretical basis and reference model for the construction and development of Chinese garden.

Key words: Grand View Garden; Construction; Layout; Formal Beauty

钱塘江中游传统村落八景文化现象初探

The Study of Eight Sights of Traditional Villages in Qiantang River Middle Reaches

李　烨　何嘉丽　王　欣*

摘　要：将钱塘江中游传统村落八景进行地理特性划分，以八景及八景诗作为研究对象，通过分类统计剖析近江平原、丘陵区域、山间盆地区域传统村落八景系统构成，总结传统村落八景核心特征，为识别钱塘江流域传统村落八景文化现象特征提供支撑，为当代传统村落文化景观遗产保护与发展提供新的视角。

关键词：风景园林；钱塘江中游；传统村落；八景文化

Abstract: Based on the geographical characteristics of the eight sights of traditional villages in Qiantang River Middle Reaches, this paper takes the eight sights and eight sights poems as the research objects, analyzes the eight sights of the traditional villages in the riparian plains, hilly

areas, and mountain basins. Through the classification and statistics, the paper summarizes the core characteristics of the eight sights of the traditional villages in Qiantang River Middle Reaches. It provides support for the identification of the cultural phenomenon characteristics of the traditional villages in Qiantang River Middle Reaches, and a new perspective for the protection and development of landscape heritage.
Key words: Landscape Architecture; Qiantang River Middle Reaches; Traditional Village; Eight Sights

基于叙述性偏好法的街道绿色空间景观偏好研究

Research on Street Green Space Landscape Preference Based on Stated Preference Method

蔺阿琳　娄健坤　滕书言

摘　要： 随着城市居民接触街道绿色空间的时间和频率增加，公众对其景观设计的需求已成为研究热点。本文应用叙述性偏好法，通过构建街道虚拟环境，以网络问卷形式调查公众对街道绿色空间景观选择偏好。研究表明，公众更偏好于大乔木对称式种植，机非隔离带树下空间种植灌木、慢行隔离带种植绿篱；草本层种植花卉的偏好程度较低；人行道界面则倾向于建筑前有绿化。此外，街道绿色空间整体色调宜简单明亮。研究丰富了理论层面认识，对以人为本的街道绿色空间景观设计具有一定的指导作用。
关键词： 景观偏好；绿色空间；街道；叙述性偏好法

Abstract: With the increase of time and frequency of the public's contact with street green space, the public demand for its landscape design has become a research hotspot. By using Stated Preference method, the paper investigates the public's landscape preference for street green space through online questionnaire, which is based on street virtual environment. The results show that the public prefer large arbor trees in symmetrical planted, shrubs in the median strip between motor vehicles and non-motor vehicles, hedges in the median strip between non-motor vehicles and sidewalk. Moreover, the public have a lower preference for planting flowers in the herb layer, while the sidewalk interface tends to have greening in front of the building. In addition, the overall tone of the street green space should be simple and bright. The research enriches the theoretical understanding and plays a guiding role in people-oriented street green space landscape design.
Key words: Landscape Preference; Green Space; Street; Stated Preference Method

健康需求视角下森林康养资源识别与空间评价研究

——以三明市天芳悦潭森林康养基地为例

Research on Identification of Forest Health Resources and Spatial Evaluation From the Perspective of Health Needs:

A Case Study of Tianfangyuetan Base of Forest Health and Wellness, Sanming City

刘　恋　马　嘉　李　雄*

摘　要： 森林康养基地凭借优质森林资源以发展系列康养活动项目，是建设健康中国、实施乡村振兴战略的重要措施。本文旨在分析基地资源环境本底与森林康养活动之间的科学关系，建立多维度森林康养活动与环境的空间关联指标，形成基地布局优化策略。研究基于康养资源识别分析，结合频数统计法、层次分析法，归纳森林康养基地（康养疗愈度、环境舒适度、设施便捷度）3个维度的资源因子指标体系，以清流县天芳悦潭景区为例，通过“指标评价-权重叠加-优化布局”的途径，构建康养规划空间结构。同时为其他康养基地的规划与建设提供借鉴。
关键词： 森林康养；森林康养基地；空间评价

Abstract: Based on high-quality forest resources, the forest health and maintenance base develops a series of health and maintenance activities, which is an important measure to build a Healthy China and implement the rural revitalization strategy. The purpose of this paper is to analyze the scientific relationship between the resource environment background of the base and the forest health and maintenance activities, establish the multi-dimensional spatial correlation index between the forest health, activities and the environment, and form the base layout optimization strategy. Research based on the healthy resource recognition analysis, combined with the frequency statistics method, analytic hierarchy process (AHP), inductive forest, raising three dimension system, of resource factor index to Tianfang Yuetan Forest Wellness Area, Qingliu as an example, through "indicators assessment-weighted superposition-optimized layout", building, planning and spatial structure. At the same time for other forest wellness area planning and construction of reference.
Key words: Forest Health; Forest Wellness Area; Spatial Evaluation

基于 CiteSpace 的我国风景园林空间类型研究进展

Research progress of Domestic Landscape Architecture Space Type Based on Cite Space

刘 欣 熊和平

摘 要： 以中国知网中 2000-2020 年 478 篇关于风景园林空间类型的研究文献作为分析对象，利用知识图谱分析工具 CiteSpace 软件进行数据挖掘，客观展现文献发表数量与研究趋势，利用关键词共现分析把握研究热点，研究发现：①近年来关于风景园林空间类型的研究呈增长趋势，目前已进入深化发展阶段，但总体发文量较少；②研究热点主要包括风景园林空间类型的划分与设计营造、主要空间类型与评价优化、保护。文章最后提出我国风景园林空间类型研究的未来展望，以期为形成完善的理论体系提供参考。
关键词： CiteSpace；风景园林；空间类型；研究进展

Abstract: Taking the 478 research literatures on landscape architecture space types in CNKI from 2000 to 2020 as the analysis object, using the knowledge graph analysis tool CiteSpace software for data mining, objectively displaying the number of literature published and research trends, using keyword co-occurrence analysis to grasp Research hotspots and findings: ①Research on landscape architecture space types has shown an increasing trend in recent years, and has now entered a stage of deepening development, but the overall amount of publications is relatively small; ②Research focuses mainly include the division and design of landscape architecture space types, main space types and evaluation optimization, protection. The article finally mentions the future prospects of the research on the spatial types of landscape architecture in my country, hoping to provide a reference for the formation of a complete theoretical system.
Key words: CiteSpace; Landscape Architecture; Space Type; Research Progress

基于开放景观空间的桂林环城水系的演进①

The Evolution of Guilin's Surrounding Water System Based on Open Landscape Space

龙良初　赵鸿钰　贾　珍

摘　要： 桂林自然山水环境得天独厚，城市水系十分发达，经过千年的建城活动，山水与城市交互，形成了中国典型的山水城市传统格局。自唐以来，历代筑城，城池在不断扩展，但以山水为要素的山水城市传统格局及其重要组成部分的城市水系依然保持完整。本文通过对桂林城市水系的形成和演变研究，结合不同时期的规划实践，探讨城市文明进程中城市水系对开放景观空间和城市生活空间的积极作用，以及对城市传统格局的传承的重要意义。

关键词： 开放景观空间；桂林；环城水系；城市传统格局；演进

Abstract: Guilin has a unique natural landscape environment, and the urban water system is very developed. After thousands of years of city-building activities, the landscape and the city interact, forming a typical traditional landscape city pattern in China. Since the Tang Dynasty, cities have been built in successive dynasties, but the traditional landscape city pattern and its important part of the urban water system with landscape as the element remain intact. Based on the study of the formation and evolution of guilin urban water system and the planning practice in different periods, this paper discusses the positive role of urban water system in the process of urban civilization in the open landscape space and urban living space, as well as the important significance of inheriting the traditional pattern of the city.

Key words: Open Landscape Space; Guilin; Water System Around the City; Urban Traditional Pattern; Evolution

国内外八景文化及其研究综述①

Research Overview of "Eight Scenes" at Home and Abroad

潘莹紫　江佩宜　余思奇　万　敏*

摘　要： 以八景文化为研究对象，借助中国知网（CNKI）、中国台湾地区学术文献（TWS）、日本学术情报（CiNii）3个数据库，以“八景”为主题词进行文献检索。从八景起源、八景本土发展和八景国外传播3方面进行归纳。其中本土发展包含大陆与中国台湾地区，国外传播集中在日本和朝鲜半岛。梳理八景研究动态，显示出八景发展的“地方性”特点，以期对国内风景园林规划设计，特别是城市风貌塑造方面提供有力借鉴。

关键词： 八景；研究进展；地方性；国内外

Abstract: Talking "Eight Scenes" for research object, with the help of CNKI, TWS and CiNii, literature were searched by "Eight Scenes". The progress included the origin summary of "Eight Scenes", local development and overseas communication. Local development obtained Mainland and Taiwan, meanwhile, foreign communication explored the influence of "Eight Scenes of Xiaoxiang" on Japan and the Korean Peninsula, and the phenomenon of cultural output. This study would provide a powerful reference for domestic landscape architecture planning and design, especially in urban landscape shaping.

Key words: "Eight Scenes"; Research Overview; Local; Home and Abroad

① 基金项目：国家自然科学基金：“绿网城市理论及其实践引导研究”（批准号51678258）。

传统城市公园的困境与重生

——以南京玄武湖菱洲岛乐园营造为例

Dilemma and Revival of Traditional Urban Park：

Renewal Practice of Lingzhou ZNC Land Park of Nanjing Xuanwu Lake

石　可

摘　要：在从增量时代迈入存量时代的城市化过程中，城市核心区传统公园的保护更新越来越引起广泛的关注。传统城市公园的提升改造一直面临建设资金匮乏，营建脱离运维，管理模式保守的多重困境。本文以南京玄武湖菱洲岛儿童乐园的规划设计过程为例，介绍了在城市双修的背景下，突破过去单一由政府负责园林建设和管理的传统模式，由政府牵头，引入社会资本和运营资源，对传统公园实施合作式保护更新的实践，以期为未来传统城市公园保护更新和可持续发展提供借鉴。

关键词：传统公园；保护更新；可持续发展；玄武湖

Abstract: When China's urbanization has changed from incremental inventory development, the protective regeneration of traditional parks in central city attracted greater attention than ever. The renewal of traditional urban parks always faces the lack of funds, separation between construction and afterwards management, over-conservative management, etc. This article takes the renewal practice of Lingzhou ZNC Land Park of Nanjing Xuanwu Lake as the example, trying to introduce a new protective regeneration mode of traditional urban park, which broke the old construction and management mode in charged by the government. The private capitals and public management resources were introduced and management in the cooperation of this practice. This article also proposes the renewal strategies of Lingzhou ZNC Land Park, in terms of zoning plan, affiliate facilities, plant environment, lighting system , etc. , so that to provide a reference for future protective regeneration and sustainable renewal of traditional urban parks.

Key words: Traditional Park; Protective Regeneration; Sustainable Development; Xuanwu Lake

近郊单位社区适老化更新研究

——以重庆市北碚区磨心坡社区为例

Research on the Renewal of Suitable Aging in Suburban Unit Community：

A Case Study of Moxinpo Community in Beibei District，Chongqing City

唐芝玉

摘要

摘　要：近年来，老年人口不断增长，社区养老逐渐发展成为辅助居家养老的最佳模式。而处于近郊的老旧单位社区，多为工厂遗留附属区，兼具城市社区与传统乡村院落的特点，普遍存在人口流失、设施老旧、活力不足等问题，亟待更新。本文以重庆市北碚区磨心坡社区为例，通过实地调研、访谈，发现社区内部高差大，可达性差，活动空间、设施匮乏，建筑损坏严重，安全性差等问题。同时结合空间句法，得出社区内部空间呈现以社区公园为中心的内向型的结构特点，北部沿街道成线性的结构特点，为活动空间布置提供依据。最后提出五大更新策略：建立社区生活圈，完善服务设施；梳理空间结构，建立步道体系；构建多元空间，创造活动场所；适度开发旅游，吸引青年回归；鼓励公众参与，搭建共治平台。旨在为近郊单位社区更新提供支持与借鉴。

关键词：单位社区；适老化更新；空间句法

Abstract: In recent years, the elderly population has continued to grow, and community care has gradually developed into the best mode of as-

sisting home care. The old unit communities in the suburbs are mostly affiliated areas left by factories. They have the characteristics of both urban communities and traditional rural courtyards. They have problems such as population loss, old facilities, and insufficient vitality, and they need to be updated urgently. Taking the Moxinpo community in Beibei District, Chongqing City as an example, through field investigations and interviews, it is found that the community has large height differences, poor accessibility, lack of activity space and facilities, serious building damage, and poor safety. At the same time, combined with the space syntax, it is concluded that the internal space of the community presents an introverted structural characteristic centered on the community park, and the linear structural characteristic along the street in the north provides a basis for the arrangement of the activity space. Finally, five major renewal strategies are proposed: establishing a community life circle and improving service facilities; sorting out the spatial structure and establishing a trail system; constructing multiple spaces and creating venues for activities; appropriately developing tourism to attract youth to return; encouraging public participation and building a platform for co-governance. It aims to provide support and reference for the community renewal of the suburban units.
Key words: Unit Community; Suitable for Aging Update; Spatial Syntax

研诗写意——浅析乾隆南苑御制诗在南苑森林湿地公园规划设计中意境表达的指导作用[①]

On the Guiding Role of Qianlong Nanyuan Imperial Poems in the Expression of Artistic Conception in the Planning and Design of Nanyuan Forest Wetland Park

王　坤　韩炳越*　刘　华

摘　要：南苑是清代北京最大的皇家苑囿，乾隆曾多次巡幸南苑并留下多达四百余首描绘南苑生产、狩猎、阅武、外交、巡幸驻跸的诗文。文章基于中国园林与诗文之间意境表达关系的研究，通过剖析乾隆南苑御制诗诗文的特征，分析得出乾隆南苑御制诗在南苑森林湿地公园中意境表达的指导作用。
关键词：南苑森林湿地公园；乾隆南苑御制诗；南苑；意境

Abstract: Nanyuan is the largest royal garden in Beijing in the Qing Dynasty. Ganlong visited Nanyuan many times and left up to 400 poems depicting Nanyuan's production, hunting, military reading, diplomacy and visiting. Based on the research on the relationship between Chinese gardens and poems, this paper analyzes the characteristics of poems and poems of royal poems of Ganlong Nanyuan, and obtains the guiding function of artistic conception expression of royal poems of Ganlong Nanyuan in Nanyuan Forest Wetland Park. Key words: Nanyuan Forest Wetland Park; Ganlong Nanyuan Imperial Poems; Nanyuan; Artistic conception.
Key words: Nanyuan Forest Wetland Park; Ganlong Nanyuan Imperial Poems; Nanyuan; Artistic Conception

① 基金项目：中国城市规划设计研究院科技创新基金项目（编号 C-201734）资助。

重庆山地滨水空间景观更新设计研究

——以重庆朝天门码头为例

Research on landscape Renewal design of Chongqing Mountainous waterfront Space：

A Case Study of Chongqing Chaotianmen Wharf

吴　霁　吴祥艳

摘　要：近几年由于直播软件的快速普及与网络信息化发展，重庆这座山地之城逐渐活跃在大众视野中，随之成为了所谓的“网红城市”。网红效应给城市带来了巨大利益与公共影响力，极具重庆特色的山地滨水空间的商业价值也受到了社会的重视。但在城市建设过程中，一味追求经济效益，不合理地利用与开发，滨江区域缺乏设计与监督管理，导致了山地滨水区文化缺失、场地割裂和生态破坏等诸多问题。本文以重庆朝天门码头为例，通过彰显文化特色、加强内外连接、丰富场地功能与生态环境修复4个方面进行景观规划设计，重新构建滨水景观空间，思考城市与山水格局的关系，探索未来重庆城市公共空间发展的道路。

关键词：山地滨水空间；朝天门码头；景观更新设计

Abstract: In recent years, due to the rapid popularization of live streaming software and the development of web information, Chongqing, a mountain city, has gradually become active in the public's vision, and has subsequently become the so-called "web celebrity city". The web celebrity effect has brought huge benefits and public influence to the city, and the commercial value of the mountainous waterfront space with Chongqing characteristics has also been valued by the society. However, in the process of urban construction, the blind pursuit of economic benefits, unreasonable utilization and development and the lack of design and supervision and management in the riverside area have led to the lack of culture, site separation and ecological destruction in the mountainous waterfront area. Taking Chongqing Chaotianmen Wharf as an example, this paper carries out landscape planning and design from four aspects, namely, highlighting cultural characteristics, strengthening internal and external connections, enriching site functions and ecological environment restoration, and reconstructing waterfront landscape space, reflecting on the relationship between city and landscape pattern, and exploring the development path of Chongqing's urban public space in the future.

Key words: Mountain Waterfront; Chaotianmen Dock; Landscape Renewal Desige

基于雨水利用的城市绿地设计策略研究

——以武汉市青山区为例

Research on Urban Green Space Design Strategy Based on Rainwater Utilization：

A Case Study of Qingshan District in Wuhan

叶　阳　裘鸿菲*

摘　要：我国绿地雨水利用的研究与应用已有多年经验，但仍缺乏评价城市绿地雨水利用的环境容纳量并总结城市绿地设计策略的研究。以武汉市青山区为例，通过建立排水系统SWMM模型，从绿地雨水利用能力、单位面积流量和绿地对雨洪风险的控制3方面探讨绿地雨水利用环境容纳量。结果表明，研究区域内绿地使地表径流减少了14.1%，绿地平均利用效率为0.13m³/m²，最低绿地率为36%，绿地系统规划时要充分考虑所在排水系统的径流系数要求。绿地率与单位面积流量的相关性（$R^2=0.795\sim0.997$）表明小重现期下应加强重点部位的绿地建设以利用雨水，中等重现期下建设绿地是应对雨洪风险的优先对策，大重现期下应通过各类手段保护绿地，确保滞留雨水在其最大限度内。结合实际案例总结了绿地低影响开发设施设计策略：道路绿地低影响开发设施的比选、布局和结构，以及公园绿地雨水利用过程及指标计算方法。结合定量与定性方法，提出了基于雨水利用的绿地设计策略，为相关研究与实践提供了借鉴。

关键词：绿地；雨水利用；设计策略；武汉市

Abstract: There are many years of experience in the research and application of green space rainwater utilization in China, but there is still a lack of research on the evaluation of the environmental capacity of urban green space rainwater utilization and the summary of urban green space design strategy. Taking Qingshan District of Wuhan City as an example, through the establishment of SWMM model of drainage system, this paper discusses the environmental capacity of green space rainwater utilization from three aspects: rainwater utilization capacity of green space, flow per unit area and control of green space to rain flood risk. The results show that the green space reduces the surface runoff by 14.1%, the average utilization efficiency of green space is 0.13m³/m², and the minimum green space rate is 36%. The runoff coefficient requirements of the drainage system should be fully considered when planning the green space system. The correlation between green space rate and unit area flow (R^2=0.795～0.997) shows that green space construction in key parts should be strengthened in small return period to make use of rainwater; green space construction in medium return period is the priority countermeasure to deal with rain flood risk; in large return period, green space should be protected by various means to ensure that the retained rainwater is within its maximum limit. On the basis of theory, combined with practical cases, the design strategy of green space low impact development facilities is summarized. It includes the selection, layout and structure of low impact development facilities of road green space, and the rainwater utilization process and index calculation method of park green space. Combined with quantitative and qualitative methods, the green space design strategy based on rainwater utilization is proposed, which provides reference for related research and practice.

Key words: Green Space; Rainwater Utilization; Design Strategy; Wuhan

浅析苏州当代城墙保护与利用方式及其带来的启示

Analysis on the Protection and Utilization of Suzhou City Wall and Its Enlightenment

殷涵楚

摘　要：古城墙在城市的发展过程中扮演的角色在不断发生变化，是城市历史的重要记录载体。但自从中华人民共和国成立以来，无数城墙因为制约城市交通发展而被毁坏，有些城墙幸运地被保留下来，但却没能被合理对待。本文通过剖析城墙功能的变化，城墙面临的问题，以及总结苏州城墙的保护利用方式，为其他城市提供城墙保护的新思路，以期在城市化进程中有更多城市能够为城墙找到适宜的生存方式。

关键词：城墙遗址；城墙保护；古城风貌；苏州

Abstract: The role of the ancient city wall in the development of the city is constantly changing, and the city wall is an important record carrier of urban history. However, since the founding of the People's Republic of China, countless city walls have been destroyed because of restricting the development of urban traffic. Some city walls have been fortunately preserved, but they have not been treated properly. This article analyzes the changes in the function of the city wall, the problems of the city wall, and summarizes the protection and utilization of the city wall in Suzhou, and provides other cities with new ideas for city wall protection, hoping that more cities can find a suitable way of survival for the city wall in the process of urbanization.

Key words: Ruins of the City Wall; City Wall Protection; Appearance of Ancient City; Suzhou

交旅融合背景下阳朔至荔浦高速公路某服务区体验式景观设计

Experiential Landscape Design of the Expressway Service Area from Yangshuo to Lipu under the Background of Transportation and Tourism Integration

张俊杰　周韦世　艾　乔*　姚　阳　罗维维

摘　要： 交通运输与旅游产业融合发展备受重视。高速公路服务区的景观设计可调动周边旅游和景观资源对服务区进行功能创新拓展。为了满足游客体验乡村健康生活的精神诉求，增强荔浦乡村旅游发展活力，本文以广西阳朔至荔浦公路某服务区为例，依据场地地形和农田肌理，通过游客参与农业生产和技术、乡村生态栖居以及农耕研学等活动打造体验式农业景观。以期传承喀斯特农耕文化，推动地方“旅游＋交通”产业融合模式的发展。

关键词： 交通；乡村旅游；休闲农业；康复景观

Abstract: The integrated development of transportation and tourism industry has attracted much attention. The landscape design of expressway service area could mobilize the surrounding tourism and landscape resources to innovate and expand the function of the service area. In order to meet the spiritual demands of tourists to experience healthy rural life, and enhance the vitality of rural tourism development in Lipu, taking the service area of Yangshuo to Lipu highway in Guangxi as an example. According to the site topography and agricultural texture, the experiential agricultural landscape was created by way of the tourists' participation in agricultural production and technology, rural ecological habitation and agricultural learning and research. It is expected that the karst farming culture will be inherited, and the development of the integration mode of local "tourism ＋ transportation" industry will be promoted.

Key words: Transportation; Rural Tourism; Leisure Agriculture; Health Recuperation

陈封怀的植物园规划设计理念与实践研究①

Research on Chen Fenghuai's Botanical Garden Planning and Design Concept and Practice

钟　迪　赵纪军*

摘　要： 陈封怀先生是中国著名植物分类学家、植物园专家，被誉为“中国植物园之父”。20世纪30～70年代，陈封怀先生主持规划多个植物园的建设，其在园林规划设计方面的理论与实践成果非常丰富，因此，系统研究其规划设计及其理论能够从另一视角深入了解陈封怀先生。在相关研究的基础上，通过全面梳理文献资料，从教育背景了解规划思想形成的时代背景与成因，结合理念发展历程在其实践中具体体现，详细阐述陈封怀先生在园林规划设计方面取得的成果，解析其规划设计思想以及对园林规划建设的贡献，并能为我们提供持续的理论指导与实践启迪。

关键词： 风景园林；陈封怀；规划设计；理论与实践

Abstract: Mr. Chen Fenghuai is a famous Chinese plant taxonomist and botanical garden expert, and is known as the "Father of Chinese Botanical Gardens". From the 1930s to the 1970s, Mr. Fenghuai Chen presided over the planning of the construction of several botanical gardens. His theoretical and practical achievements in garden planning and design were very rich. Therefore, systematic research on its planning

① 基金项目：国家自然科学基金面上项目（编号52078227）资助。

and design and theories can provide an in-depth understanding from another perspective. On the basis of relevant research, through comprehensively combing the literature and materials, understanding the era background and causes of the formation of planning ideas from the educational background, combining the development of the concept in its practice, and elaborating in detail the achievements of Mr. Chen Fenghuai in garden planning and design Achievements, analyze its planning and design thinking and its contribution to garden planning and construction, and can provide us with continuous theoretical guidance and practical enlightenment.
Key words: Landscape Architecture; Chen Fenghuai; Planning and Design; Theory and Practic

乡土景观之聚落图式研究

——以蒙古族聚落形式为例

A Study on the Settlement Schema of the Vernacular Landscape:

Taking the Mongolian Settlement Form as an Example

朱　敏*　李　森　毕启东

摘　要：随着“全球化”进程推动与之相对应“地域性”概念同样受到了极大的重视，乡愁记忆以乡土景观为载体，以记忆打捞地域特色景观的缘起、特征，塑造独特的地域性景观风貌，这一手段成为风景园林规划设计中关键一步。图式是指围绕确定主题形成的表征方式反映一种理论的形式，聚落图式则是地域内居民长期生活方式、居住模式的一种表征形式。同样蒙古族聚落形势则是草原牧民生活智慧的体现方式，反映着在一定历史背景下人与自然相协调的一种生活状态。游牧民族景观的乡土性体现在：其生活本身便是以自然环境为基础，形成“逐水草而居”的居住聚落形态，蒙古族聚落形势和谐的统一了“天、地、人”三者的关系，以“天”为尊，以“地”为基，以“人”为核心的生活居住模式反映着最原始、最朴素的生态理念。本文主要就乡土景观背景下讨论内蒙古游牧文化中的聚落图式发展以及特征。
关键词：乡土景观；居住模式；蒙古族聚落形式；生态理念

Abstract: With the promotion of the process of "globalization", the corresponding concept of "regionality" has also received great attention. The nostalgia memory takes the rural landscape as the carrier, and uses the memory to salvage the origin and characteristics of the regional characteristic landscape to create a unique regional landscape Style, this method has become a key step in the planning and design of landscape architecture. Schema refers to a form in which the representational method formed around a certain theme reflects a theoretical form, and the settlement schema is a representation form of the long-term lifestyle and living mode of residents in the region. Similarly, the Mongolian settlement situation is the embodiment of the wisdom of the grassland herdsmen' s life, reflecting a living state in which man and nature are in harmony under a certain historical background. The vernacular nature of the nomadic landscape is reflected in the fact that their life itself is based on the natural environment, forming a residential settlement that "lives by water and grass". The Mongolian settlement harmoniously unifies the three aspects of "heaven, earth, and people". Relations, the "heaven" as the respect, the "earth" as the foundation, and the "people" as the core of the living and living mode reflects the most primitive and simple ecological concept. This article mainly discusses the development and characteristics of settlement patterns in the nomadic culture of Inner Mongolia in the context of rural landscapes.
Key words: Rural Landscape; Residential Pattern; Mongolian Settlement Form; Ecological Concept

环滇池湿地公园园林植物外来物种入侵风险评估研究

Invasive Risk Assessment of Alien Species of Landscape Plants in the Wetland Parks around Dianchi Lake

陈云彪　穆艳霞

摘　要： 园林植物引种是造成外来物种入侵的重要途径之一，湿地公园生态系统具有高脆弱性，易受到外来物种入侵影响。本研究根据实地调查和查阅相关资料，总结了环滇池湿地公园园林植物外来物种的物种组成、生活型和原产地等信息，并构建入侵风险评估体系，进行风险评估和等级划分。结果表明，环滇池湿地公园园林植物外来物种共130种，隶属于55科105属，物种数量最多的前5个科分别是菊科、豆科、唇形科、石蒜科、马鞭草科，共有40种，生活型以多年生草本种类最多（55种），原产地以美洲最多（57种）。高入侵风险的外来物种共29种，中入侵风险有7种，两者之和的优势科为豆科、菊科等，优势生活型为多年生草本，主要原产地为美洲，低入侵风险有87种。评估结果可为环滇池湿地公园园林植物外来物种的风险管理和监测防控提供科学依据。

关键词： 滇池；湿地公园；园林植物；外来物种；入侵风险评估

Abstract: The introduction of landscape plants is one of the important ways to cause the invasion of alien species. The wetland park ecosystem is highly vulnerable to the invasion of alien species. Based on field investigations and related information, this study concluded information on the species composition, life forms and origins of alien species of landscape plants in the wetland parks around Dianchi Lake, and constructed an invasion risk assessment system for risk assessment and grading. The results showed that there were 130 species of landscape plants in the wetland parks around Dianchi Lake, belonging to 55 families and 105 genera. The top 5 families with the largest number of species were Compositae, Leguminosae, Lamiaceae, Amaryllidaceae, and Verbenaceae, which were a total of 40 species; the life form had the most species of perennial herbs (55 species), and the most main origin was the Americas (57 species). There were 29 species of high-risk alien species, and 7 species of medium-invasion risk. The dominant families of the two were Leguminosae, Compositae, etc., the dominant life form was perennial herb, the main origin was America, and there were 87 species with low risk of invasion. The assessment results can provide a scientific basis for the risk management, monitoring and control of alien species of landscape plants in the wetland park around Dianchi Lake.

Key words: Dianchi Lake; Wetland Parks; Landscape Plants; Alien Species; Invasion Risk Assessment

景园复合式植物群落形态量化研究

——以杭州城市公园为例

A Form Quantification Study on the Landscape Compound Plant Communities: The Case of Urban Parks in Hangzhou City

樊益扬　成玉宁*

摘　要： 景园植物群落是城市绿地中的基本物质单元，形态作为其内部植物共同适应生存环境结果的外在表现，是决定景观观赏效益的关键要素之一。研究以杭州城市公园为例，选取了其中14个具有示范意义的典型复合式植物群落作为研究对象，采用9类、16个量化指标系统地表征植物群落形态特点，最终基于各指标阈值与形态较优条件的比对，生成特定地域条件下的景园复合式植物群落配置范式，为科学引导植物景观构建提供了方法与技术支持。

关键词： 城市公园；植物群落；形态量化

Abstract: The landscape garden plant community is the basic material unit in the urban green space, and its form as the external manifestation of the results of the internal plants adapting to the living environment is one of the key elements that determine the visual effect. Taking Hangzhou City Parks as

examples, the study selected 14 typical compound plant communities with demonstrative significance as the research objects, and used 9 categories and 16 quantitative indicators to systematically characterize the formal characteristics of plant communities. Finally, based on the threshold of each indicator and the better condition of the form, a landscape compound plant community configuration paradigm in a specific area was generated. The findings can provide methods and technical support to scientifically guide the construction of plant landscape.
Key words: Urban Park; Plant Community; Form Quantification

白玉兰根围细菌及菌根真菌遗传多样性分析

Analysis on Community Structure of Bacteria and Mycorrhizal Fungi in *Magnolia Denudata* Rhizosphere

何小丽

摘　要：为了解白玉兰根围土壤细菌群落及菌根真菌分布特点，从浙江嵊州选取1～4号4块白玉兰林进行土样采集，分析其根围细菌群落及菌根真菌多样性。研究结果表明，4块样地根围细菌遗传多样性差异不明显，主要优势菌群有苯基杆菌属（*Phenylobacterium*）2.1%、纤线杆菌属（*Ktedonobacter*）2.1%、节杆菌属（*Arthrobacter*）1.7%、伯克氏菌属（*Burkholderia*）1.2%、假单胞菌属（*Pseudomonas*）1.2%等细菌；同时4块菌根真菌遗传多样性差异显著，4号样地白玉兰菌根真菌优势菌为伞状霉属（*Umbelopsis*），1号和3号样地菌根真菌优势菌为*Aphelidium*和*Geminibasidium*，分别占24.5%和31.9%。通过调节白玉兰根围细菌及菌根真菌环境影响因子，可以调控白玉兰土壤微生物的菌群结构，也可以直接加入相应的微生物菌剂进行菌群结构调整，从而起到促进白玉兰生长的作用。
关键词：白玉兰；根围细菌；菌根真菌

Abstract: To explore characteristic of community structure of bacteria and mycorrhizal fungi in *magnolia denudata* rhizosphere, the research collected samples from four areas of Shengzhou in Zhejiang province. Results showed that the insignificant difference existed in bacterial community diversity and mycorrhizal fungi community diversity not. The dorminant species of bacteria were *Phenylobacterium* 2.1%, *Ktedonobacter* 2.1%, *Arthrobacter* 1.7%, *Burkholderia* 1.2%, and mycorrhizal fungi were *Aphelidium*, *Geminibasidium*, *Umbelopsis* and so on. The dorminant species of mycorrhizal fungi in magnolia forest No. 4 was *Umbelopsis*. The results of CCA showed that change of environment factor and bacterial agent addition can change the community of microbiology in magnolia denudate rhizosphere to promote the growth of *magnolia denudata*.
Key words: *Magnolia denudata*; Rhizosphere Bacteria; Mycorrhizal Fungi

美国康奈尔大学“创造都市伊甸园”课程介绍与评析①

Introduction and Review of "Creating the Urban Eden" Course at Cornell University

洪 泉 ［美］ 尼娜·劳伦·巴苏克 唐慧超

摘 要：“风景园林植物应用”是我国风景园林学专业教育的“核心知识领域”之一，但目前普遍存在学生的植物应用能力不足、实践技能缺乏等问题。介绍美国康奈尔大学风景园林专业“创造都市伊甸园”课程的教学理念、课程目标、教学内容、过程与方法、课程作业设置等方面的内容。认为该课程具有内容综合且连贯性强，强调从实验中获得知识、从实践中获得技能，积极利用校园展开多种教学活动，开发网络平台辅助教学等特点，对国内相关课程设置和教学设计具有借鉴意义。
关键词：风景园林教育；园林植物；课程；康奈尔大学；场地评估

Abstract: "Landscape garden plant application" is one of the "core knowledge areas" of professional landscape architecture education in China, but there are generally problems such as insufficient plant application ability and lack of practical skills among students. Introduce the teaching concepts, course objectives, teaching content, process and methods, course assignments, and other aspects of the "Creating an Urban Eden" course at Cornell University in the United States. The content of the course is comprehensive and coherent, emphasizing the acquisition of knowledge from experiments and skills from practice, the active use of campuses to carry out a variety of teaching activities, the development of network platforms to assist teaching, and other characteristics, which has reference significance for domestic related curriculum and teaching design.
Key words: Landscape Education; Landscape Plants; Course; Cornell University; Site Assessment

花园城市建设背景下舟山市园林彩化植物综合评价

Selection and Comprehensive Evaluation of Landscape Colored Plants in Zhoushan under the Background of Garden City Construction

李上善 朱怀真 张明月 包志毅*

摘 要：根据舟山市花园城市建设需要与园林绿地彩化植物应用现状，运用层次分析法，从美学价值、生态适应性、栽培管护特性及生态价值4个方面，确定了舟山市园林彩化植物选择的3级18个指标，建立了综合评价模型。结果表明，28种舟山市本地彩化植物可分为3个等级，其中Ⅰ级彩化植物（分值≥3.3）10种应大力推广应用，Ⅱ级彩化植物（3.3>分值≥3）11种可作为城市彩化植物多样性的有益补充，Ⅲ级彩化植物（分值<3）7种作为城市彩化提升植物仍有一定的差距。并参考综合评价及各层次评价结果，推荐适合舟山彩化应用的植物21种，为舟山市花园城市彩化建设提供参考依据。
关键词：花园城市；舟山市；彩化植物；层次分析法

Abstract: According to the needs of the garden city construction in Zhoushan City and the application status of colored plants in gardens and green spaces, the analytic hierarchy process was used to determine the selection of colored plants in Zhoushan from four aspects: aesthetic value, ecological adaptability, cultivation management and protection characteristics and ecological value 18 indicators at 3 levels, a comprehensive evaluation model was established. The results showed that 28kinds of local colored plants in Zhoushan City can be divided into 3 grades according to their different life types. Among them, 10 kinds of colorized plants of grade Ⅰ (score>3.3) should be promoted and applied, and colorized plants of grade II (3.3 > Score ≥3) 11species can be used as a beneficial supplement to the diversity of urban colorization plants,

① 基金项目：国家留学基金委资助项目（201908330121），国家留学基金委资助项目（201908330122），浙江省重点研发项目（2019C02023）。

and 7species of grade III colorization plants (point value <3) still have a certain gap as urban colorization promotion plants. And referring to the comprehensive evaluation and the evaluation results of each level, 21 kinds of plants suitable for Zhoushan colorization application are recommended, which provides a reference for the colorization construction of the garden city of Zhoushan City.
Key words: Garden City; Zhoushan City; Colored Plants; Analytic Hierarchy Process

公园城市理念下的校园开放空间体系与特色景观研究[①]

——以南京农业大学卫岗校区为例

Research on Campus Open Space System and Characteristic Landscape with Park City Concept:

Taking Nanjing Agricultural University Weigang District as an Example

邵海燕　马锦义*　郜　晴

摘　要：公园城市理念促进城市开放空间进一步扩展和延伸。大学校园作为城市开放空间的补充，有能力承载更多社会服务功能，缓解城市公园的建设压力。以南京农业大学卫岗校区为例，提出创建高校校园开放空间体系，营造自然与人文特色景观的思路和方法。
关键词：公园城市；校园；开放空间；特色景观

Abstract: The park city concept promotes the further extension of urban open space. As a supplement to urban open space, university campus is capable of carrying more social service functions and easing the construction pressure of urban parks. Taking Nanjing Agricultural University Weigang district as an example, this paper puts forward some ideas and methods of building the open space system of university campus and constructing the natural and humanistic characteristic landscape.
Key words: Park City; Campus; Open Space; Distinctive Landscape

2019 北京世园会室外展区草本植物种类与应用调查

Research on the Application Characteristics of Herbaceous in the Outdoor Exhibition Garden of the International Horticultural Exhibition 2019, Beijing

沈　倩　张　清　董　丽*

摘　要：2019 年北京世界园艺博览会园区中草本植物种类最为丰富。研究选择 174 个样地对全园室外展区草本植物种类与应用形式展开调查，主要分析其科属构成、物种来源、观赏特征、应用频度、应用形式等。结果表明：记录草本植物 585 种，隶属于 105 科 417 属，乡土植物占 32.65%，观花植物及多年生草本应用较多；不同片区草本植物应用频度前十的物种重复率较高；除此之外，探讨了室外展区草本植物景观的应用形式，主要包括花丛、花境、花带、花海等地被式种植，以及花钵、花坛、立体绿化等立体式种植。最后总结当前草本植物景观特点，并积极探索展区会后草本植物景观的可持续性改造。
关键词：北京世园会；室外展区；草本植物；物种构成；应用形式

① 基金项目：中央高校基本科研业务费项目，南京农业大学卫岗校区校园环境景观提升设计研究（KYZ202009）。

Abstract: There are the most abundant herbaceous plants in the park of the World Horticultural Exposition 2019. 174 sample plots were selected to investigate the species and application forms of herbaceous plants in the outdoor exhibition area of the park. The characteristics of family and genus composition, species source, ornamental characteristics, application frequency characteristics and application form characteristics were mainly analyzed. The results showed that: 585 species of herbaceous plants were recorded, belonging to 105 families and 417 genera, and native plants accounted for 32.65%, in addition, ornamental plants and perennial herbs were widely used. The top ten species repetition rate of herbaceous in different areas was high. Then application forms of herbaceous landscape in outdoor exhibition area were discussed, including flowers bush, flower border, flower belt and flower sea and other ground cover planting, as well as flower bowl, flower bed, vertical greening and other vertical planting. Finally, the characteristics of herbaceous landscape were summarized, and the sustainable transformation of herbaceous landscape after the exhibition was actively explored. Finally, the paper summarized the present characteristics of herbaceous landscape and actively explores the sustainable transformation of herbaceous landscape after the exhibition.

Key words: International Horticultural Exposition in Beijing; Outdoor Exhibition Areas; Herbaceous; Species Composition; Application Forms

濒危兰科植物三蕊兰全长转录组 SSR 序列特征及其功能分析①

The Characteristics and Putative Functions of SSR in Full Length Transcriptome of Endangered *Neuwiedia singapureana* (Orchidaceae)

王 涛 罗樊强 池 淼 杨 禹 张 毓*

摘 要: 本研究通过分析濒危兰科植物三蕊兰（*Neuwiedia singapureana*）全长转录组中简单重复序列（SSR）信息，以及含 SSR 的 Transcript 基因功能，为开发三蕊兰新型分子标记奠定基础。利用 MISA 软件搜索三蕊兰全长转录组 31695 条 Transcript 中分布的 SSR，对 SSR 所在的 Transcript 使用 BlastX 比对 GO 及 KEGG 数据库，进行潜在功能注释。共检测出 6768 个 SSR 位点，分布于 5115 条 Transcript 中。分析获得的碱基重复模式中，以二核苷酸类重复（AG/CT）n 比例最高（39.1%）。在 5115 条含 SSR 的 Transcript 中，有 1034 条被基因本体（GO）分类注释到分子功能类中，而生物进程及细胞组分类分别有 1075 条和 644 条。1353 条 Transcript 能被注释到 122 个 KEGG 通路图中，其中被注释到新陈代谢（metabolism）及遗传信息处理（genetic information processing）类的 Transcripts 最多。三蕊兰转录组 SSR 的类型丰富、多态性潜能较高，关联功能相关基因的 SSR 开发对三蕊兰生物学性状的分子标记辅助育种具有巨大潜力。

关键词: 三蕊兰；全长转录组；SSR

Abstract: Simple repeat sequence (SSR) information and SSR gene function in the full-length transcriptome were analyzed to lay the foundation for the development of new molecular markers of *Neuwiedia singapureana* orchid. The MISA software was used to search the SSRs in the full-length transcripts of *N. singapureana*, and compare the GO and KEGG databases with BlastX software in the transcripts containing SSR to annotate the putative functions. The results showed that 5115 transcripts contain 6768 SSR sequences. Among the base repetition patterns, the dinucleotide repetition (AG/CT)n ratio was the highest with 39.1%. 1034 transcripts containing SSR were annotated to the molecular function class by gene ontology (GO) classification, while there are 1075 items and 644 items in biological process and cell group classification respectively. 1353 transcripts could be found in 122 KEGG pathways, in which the transcripts were mostly found in metabolism and genetic information processing. The transcriptional SSR of *N. singapureana* is rich in types and has high potential polymorphism. The SSR exploitation of related functional genes has great potential for molecular marker-assisted breeding of *N. singapureana* orchid.

Key words: *Neuwiedia singapureana*; Full-length Transcriptome; SSR

遗产保护视角下对于杭州行道树建设规划的思考

——以杭州市西湖区为例

The Planning of Hangzhou Street Tree Construction from the Perspective of Heritage Protection:

Take Xihu District of Hangzhou City as an Example

张明月　朱怀真　李上善　杨　凡　包志毅*

摘　要：本文选取杭州市西湖区为对象，采用现场调研、GIS数据处理的方法对区内行道树进行种类、数量、道路绿化覆盖率、品质等方面的调查分析，发现杭州市行道树存在树种应用单调、常绿树种数量偏多、树龄幼龄化、绿化覆盖率不足等问题，从古树遗产保护的视角对杭州市行道树建设规划提出城市道路绿化增彩、制订杭州市行道树规划保护方案、开展城市林荫道建设等建议，旨在为未来杭州市行道树建设规划保护提供建议与思路。

关键词：遗产保护；行道树；潜力；保护规划

Abstract: This paper selects the West Lake District as the object, uses on-site surveys and GIS data processing methods to investigate and analyze the types, the road green coverage in the area, quantity, and quality of the street trees in the area. There are problems such as monotonous application of tree species, a large number of evergreen tree species, young trees, insufficient green coverage, etc. for street trees in Hangzhou. From the perspective of the protection of ancient tree heritage, suggestions on the construction of street trees in Hangzhou are proposed to enhance the greening of urban roads, formulate the protection plan of street trees in Hangzhou, and carry out the construction of urban boulevards, aiming to provide suggestions and ideas for the future planning and protection of street trees in Hangzhou.

Key words: Heritage Protection; Street Trees; Potential; Protection Planning

北京常见的几种园林树木的修剪反应探究

Research on Pruning of Several Landscape Plants in Beijing

周佳敏　马天赫

摘　要：本文以修剪部位、修剪方式以及萌芽类型为指标，以随机抽样取平均的统计方式为方法，分析了修剪对植物发枝数量和萌芽类型的影响以及树种与修剪方式的相互影响的关系。得到了以下结论：①修剪方式对萌芽类型和发枝数量的影响因树种而异，萌芽类型有一种或多种可能性。加杨、玉兰、山桃、月季、牡丹的发枝数量在不同修剪部位相近，毛白杨、珍珠梅则有较大差异。②以愈伤组织发枝的树种于形成更多的枝条。③树种是影响萌芽类型和发枝数量的决定性因素。通过调研进一步探究了研究对象的修剪后的形态变化规律，为园林植物的修剪方式的研究提供思路。

关键词：植物造景；园林植物；园林植物修剪

Abstract: This paper use the pruning part, pruning method and germination type as indicators, and take the statistical method of random sampling as the method to analyze the influence of pruning on the number of hair branch and the type of germination. What's more, it also analysed the relationship between tree species and pruning methods. The following conclusions were obtained: 1. Different tree species have different germination types and hair branch numbers. the germination type has one or more possibilities. The number of hair branches of *Populus tomentosa*, *Magnolia denudata*, *Prunus davidiana*, *Rosa×hybrida*, and *Paeonia suffruticosa* are similar in different pruning parts, but it has dig differences between *Populus tomentosa* and *Sorbaria sorbifolia*. 2. The tree species with callus shoot tend to form more branches. 3. Tree species are the decisive factors influencing the type of germination and the number of hair shoots. Through the investigation, the morpho-

logical changes of the research objects were further explored, which provided a way of thinking for the study of the pruning methods of garden plants.
Key words: Plant Landscaping; Garden Plants; Garden Plant Pruning

西北高寒高原地区的土壤盐碱化改良策略探究

A Review Study on Soil Salinization Improvement Strategies for Northwest Alpine Plateau

聂浦珍　骆天庆*

摘　要： 西北高寒高原地区盐碱地面积广阔，随着西部发展的不断推进，土壤盐碱化改良问题日益突出。但相关研究匮乏。本文利用"中国知网"与"Web of Science"数据库，检索高寒高原和荒漠地区土壤盐碱化改良的研究文献，归纳生物、工程、农艺、化学4种改良方法及具体技术研究进展，提出西北高寒高原地区土壤盐碱化改良的适用方法及后续研究方向的建议。
关键词： 土壤盐碱化；改良方法；研究方向；西北高寒高原地区

Abstract: The area of salinization in the northwest alpine plateau is vast. With the continuous development of the West, the problem of soil salinization has become increasingly serious. But related research is scarce. This article retrieved the "CNKI" and "Web of Science" databases for literature on soil salinization improvement in alpine plateaus and deserts. Four methods of biology, engineering, agriculture and chemics were summarized. So did relative techniques. The applicable methods of soil salinization improvement for the northwest alpine plateau and further research directions were discussed.
Key words: Soil Salinization; Method for Improving; Research Direction; Northwest Alpine Plateau

基于公共卫生视角下的公园绿化养护优化管理
——以北京动物园为例

Optimal Management of Park Greening Maintenance Based on the Perspective of Public Health: Taking Beijing Zoo as an Example

郭金辉　牟宁宁*　崔雅芳

摘　要： 公园绿地在营建绿色空间、疏解公众心理等方面发挥着积极作用。本文在总结新型冠状病毒肺炎疫情下北京动物园园林养护管理工作的基础上，旨在通过整合公园园林绿化养护管理基本工作内容，以强化公园绿地部分功能作用为切入点，结合公共卫生和疫情防控特点，探讨优化疫情常态化下北京动物园绿地养护管理工作模式，期望为其他公园在疫情期间绿地养护管理的运行和景观生态环境的改善提供参考和帮助。
关键词： 公共卫生；公园绿地；功能作用；园林绿化养护

Abstract: Park green space play an active role in building green spaces and relieving public psychology. Based on the summary of the Beijing Zoo's garden maintenance management work under the COVID-19 pandemic epidemic, this paper aims to integrate the basic work content of

park landscaping maintenance management, and to strengthen some of the functions of park green space as the starting point, combined with the characteristics of public health and epidemic prevention and control, optimize the work mode of Beijing Zoo's green space maintenance management under the normalization of the epidemic, so as to provide reference and help for the operation of green space maintenance management and the improvement of the landscape ecological environment in other parks during the epidemic.
Key words: Public Health; Park Green Space; Function; Landscape Maintenance

叙事语境下水西庄人—事—意—景关联探讨

The Correlation Study on Human, Matter, Meaning and Scenery of Shuixiizhuang by Narrative Context

秦　荣　刘庭风

摘　要： 景观叙事对于文化的传承与传播具有积极的意义。建筑因由人的参与而复杂多变，以景观叙事的视角对天津历史园林水西庄人-事-意-景关系进行梳理研究，有助于分析、理解园林创作的动因意图，重新审视传统园林营建的空间认知及形态构成，诠释景观意象及园林文化。以期对创新传承当代园林文化起到积极的借鉴及推动作用。
关键词： 景观叙事；水西庄；人物事件；关联关系；叙事表达

Abstract: landscape narrative has a positive significance for cultural heritage and communication. The architecture is complex and changeable because of the participation of human beings. From the perspective of landscape narrative, this paper studies the relationship between human, matter, meaning and landscape in shuixizhuang, a historical garden of Tianjin. It is helpful to analyze and understand the motivation and intention of garden creation, re-examine the spatial cognition and form composition of traditional garden construction, and interpret the landscape image and garden culture. In order to play a positive role in innovation and inheritance of contemporary garden culture.
Key words: Landscape Narrative; Shuixizhuang; Character Events; Relevance; Narrative Expression

基于深度学习的生活圈街道空间视觉环境识别及居民感知影响研究

Research on Visual Environment Recognition and Residents' Perception Influence Mechanism of Streets Space in Life Circle Based on Deep Learning

胡一可　温　雯　耿华雄

摘　要： 社区生活圈作为居民生活的基本单元，是城市发展研究的重要领域。本文首先通过计量分析和人工检阅结合的述评方式对社区生活圈、深度学习空间数据采集分析、人本角度生活圈街道等研究热点进行分类整理与总结归纳；其次，对现状研究进行延伸提出一套研究框架，并将框架运用于深度学习构建视觉环境评价与居民感知影响机制；最后，总结世界街道图像分割开源数据集技术途径，并对未来发展方向进行展望，为深度学习现有生活圈规划设计理论和量化测度研究方法的应用上添砖加瓦。
关键词： 深度学习；社区生活圈；街道空间；视觉感知；影响机制

Abstract: Community life circle is the basic element of residents' life and urban governance. We use a combination of quantitative analysis and manual review to classify and summarize the research hotspots of community life circles, deep learning spatial data collection and analysis, and people-oriented life circles and streets. Then, an extension of existing research is proposed. A set of research frameworks are used in deep learning to construct visual environment evaluation and residents' perception influence mechanism. In the end, we summarize the world open source data set and propose the application prospects of deep learning in the subject, and provide scientific basis for the formulation and revision of urban street space and lifecircle planning guidelines.

Key words: Deep Learning; Community Living Circle; Street Space; Visual Perception; Influence Mechanism

新基建背景下生态园林智慧管养的探索与思考

Exploration and Thinking of Intelligent Management about Ecological Landscape under the Background of New Infrastructure

胡优华

摘 要：随着人工智能、大数据、区块链、5G和物联网等新一代信息技术的兴起和推广应用，城市生态园林数字化建设目前在国内已普遍开展，“新基建”的不断推进，也为智慧园林的实现提供有力支撑。在此背景下，通过整合多种信息资源，构建一个综合性的生态园林智慧管养体系，实现风景园林的数字化转型，使园林绿化管养工作变得更精细、更智慧。

关键词：新基建；智慧生态园林；智慧管养；数字化

Abstract: With the rise and application of new generation information technologies such as artificial intelligence, big data, block chain, 5G and Internet of Things, the digital construction of urban ecological landscape has been widely carried out in China. The continuous advancement of "new infrastructure" has also provided strong support for the realization of smart landscape. In this context, a comprehensive ecological garden intelligent management system is constructed by integrating various information resources. As a result, the digital transformation of landscape architecture will be realized , and the landscaping management and maintenance work will become more refined and more intelligent.

Key words: New Infrastructure; Intelligent Ecological Landscape; Intelligent Management and Maintenance; Digitization